ISIS Cumulative Bibliography

ISIS Cumulative Bibliography

A Bibliography of the History of Science
formed from ISIS Critical Bibliographies 1–90
1913–1965

Edited by Magda Whitrow

Volume 6

AUTHOR INDEX

Mansell Publishing Limited
London and New York
in conjunction with the History of Science Society
1984

First published 1984 by Mansell Publishing Limited
(A subsidiary of The H.W. Wilson Company)
6 All Saints Street, London N1 9RL, England
950 University Avenue, Bronx, New York 10452, U.S.A.

© 1984 History of Science Society and Mansell Publishing Limited

All rights reserved. No part of this publication may be reproduced or transmitted in any form or by any means, electronic or mechanical, including photocopy, recording or any information storage and retrieval system, without permission in writing from the publishers or their appointed agents.

British Cataloguing in Publication Data

ISIS cumulative bibliography
  Vol. 6 : Author index
  1. Science–History–Bibliography
  I. Whitrow, Magda   II. History of Science
Society
016.509   Z7405.H6

ISBN 0-7201-16864

Index typeset by Unwin Brothers, Old Woking, Surrey
Printed and bound in Great Britain at The Camelot Press Limited, Southampton

Introduction

It is thanks to the generous grants from the British Academy, the British Library, Imperial Chemical Industries, the Royal Society and the Wellcome Trust that it has been possible to produce this Index, the need for which has been voiced by many users. I want above all to express my gratitude and that of the History of Science Society to these institutions.

In view of the large number of entries involved (about 75,000) it was necessary to use a computer. For reasons of economy it has not been possible to give all the details that I should have liked to supply to ease the task of searching. Apart from the volume and page number, only the column is given, but there is no indication of the subject. This is, of course, particularly regrettable in the case of prolific authors under whom there are many page references. However, a chart is provided on the bookmark which I hope will make it possible for the user to match the page reference given with the subject to be found on the page. For example, anyone wishing to retrieve, say, an article or book on the history of astronomy by a certain author would be helped by comparing the page references given under the author's name with the relevant pages on the bookmark. In entries by more than one author, the name appearing first is also given in brackets after the name of each of the other authors.

As the entries were taken from the original sources, the same author sometimes appeared in different guises. The checking of the sorted entries, therefore, proved a considerable task, particularly in the case of names transliterated from the Arabic, Chinese and Russian and of different forms used for names in other languages. Even in the case of English names sometimes only one initial and at other times two were given, making it necessary to ascertain whether one or more authors were involved. Moreover, double-barrelled names and the names of women authors who changed their names on marriage appeared in different forms. To indicate where a different form of name sometimes appears in the entry, the alternative form has been included in square brackets after the author's name and there are, of course, *see* references from the alternative name form.

For reasons of economy initials only are given, resulting occasionally in page references appearing under one name but referring to more than one author. Also, it is hoped that users will not feel frustrated when turning up the same entry more than once: some entries were repeated if they dealt with more than one personality and, in the subject and period volumes, if their inclusion avoided unnecessary references. Authors whose texts appear under the personalities in Volumes 1 and 2 are not included.

Technical constraints upon the computer sorting of the entries have brought about some apparent eccentricities in the alphabetical sequence of names. Although it is normal practice for names beginning with De, La or Le to be filed as if they were written in one word with the following part of the name so that, for example, Le Gendre and Legendre would be filed together, here Le Gendre appears under Le whereas Legendre is filed with the names beginning with Leg.

Similarly, double names without a hyphen precede those followed by initials, whereas hyphenated names appear at the end of the sequence. For example, Sanchez Perez, J.A. precedes Sanchez, A.L. which is followed by Sanchez-Capelot, F. Diacritical marks have been ignored. Names beginning with Mc and Mac are in two separate sequences. I have attempted to ease any searching problems the user may encounter by the insertion of cross references.

The programming, key-boarding and sorting of the entries were in the hands of AM Programmers, whom I would like to thank for their co-operation. My thanks are also due to Dr Frank James for doing some of the checking and to Mr Grant Shipcott, Production Manager of Mansell, for his valuable assistance.

MAGDA WHITROW

Synopsis of Contents of Volumes 1–5

Volume 1 *Personalities A-J*

pp.
- **1–93**   **A**
  - 49–51   Archimedes
  - 53–69   Aristotle
  - 84–87   Averroes
  - 87–93   Avicenna
- **94–211**   **B**
  - 94–97   Bacon
  - 152–155   al-Biruni
  - 162–165   Boerhaave
  - 182–185   Boyle
- **212–302**   **C**
  - 267–270   Columbus
  - 279–284   Copernicus
- **302–368**   **D**
  - 311–320   Darwin
  - 331–339   Descartes
  - 341–344   Diderot
- **368–400**   **E**
  - 374–377   Einstein
  - 390–393   Euclid
  - 394–398   Euler
- **400–447**   **F**
  - 406–409   Faraday
  - 433–437   Franklin
- **447–525**   **G**
  - 449–455   Galen
  - 456–466   Galileo
  - 495–501   Goethe
- **525–613**   **H**
  - 542–547   Harvey
  - 573–582   Hippocrates
  - 602–605   Humboldt
- **614–635**   **I**
- **635–664**   **J**

Volume 2 *Personalities K-Z*

pp.
- **1–34**   **K**
  - 3–5   Kant
  - 11–15   Kepler
- **34–121**   **L**
  - 52–56   Lavoisier
  - 63–68   Leibniz
  - 71–81   Leonardo
  - 94–99   Linnaeus
  - 108–111   Lomonosov
- **121–210**   **M**
  - 131–135   Maimonides
- **210–242**   **N**
  - 221–232   Newton
- **242–262**   **O**
- **262–369**   **P**
  - 270–276   Paracelsus
  - 280–284   Pascal
  - 285–287   Pasteur
  - 324–332   Plato
  - 352–354   Priestley
  - 358–364   Ptolemy
  - 367–369   Pythagoras
- **370–374**   **Q**
- **375–429**   **R**
- **429–523**   **S**
- **524–566**   **T**
  - 539–542   Thomas Aquinas
- **566–569**   **U**
- **569–603**   **V**
  - 583–588   Vesalius
- **603–641**   **W**
- **641–652**   **XYZ**

Volume 2 *Institutions*

pp. 657–776

Volume 3 *Subjects*

pp.

1–30	history of science in general	271–276	natural history
30–48	philosophy of science	277–302	biology
49–59	social relations	302–315	botany
59–65	relations with humanities	315–330	zoology
66–82	history of science in different countries	331–359	sciences of man
82–87	techniques and instruments	360–422	medicine, general
87–89	pseudosciences	422–457	anatomy, physiology, specialties of medicine
89–98	philosophy	458–499	pathology and clinical medicine
99–133	mathematics	499–518	pharmacy
134–177	physics	518–520	veterinary medicine
177–199	chemistry	521–538	agriculture
199–221	astronomy	539–603	technology
222–271	earth sciences	604–620	ancillary disciplines

Volume 4 *Civilizations and Periods*

pp.
- 3–16 prehistory
- 17–34 ancient Near East
- 34–56 ancient Egypt
- 56–71 Sumer; Babylonia; Assyria
- 72–83 ancient Palestine
- 84–86 preclassical antiquity
- 87–97 classical antiquity
- 97–145 Greece
- 145–163 Rome
- 163–168 early Christian civilizations
- 169–183 W. Asia
- 184–212 India
- 213–255 Far East
- 256–263 S.E. Asia
- 264–267 Africa
- 268–284 America
- 285–291 ancient and mediaeval periods
- 293–371 middle ages, in general; Latin Europe
- 293–331 science and the sciences
- 331–358 medicine
- 358–367 agriculture; technology
- 367–371 ancillary disciplines
- 372–382 Byzantium; Armenia
- 383–442 Islam; Hebrew
- 443–446 middle ages and Renaissance

Volume 5 *Civilizations and Periods*

pp.
- 3–99 Renaissance and Reformation
- 3–50 science and the sciences
- 50–86 medicine
- 86–96 agriculture; technology
- 96–99 ancillary disciplines
- 101–183 seventeenth century
- 101–147 science and the sciences
- 147–174 medicine
- 174–181 agriculture; technology
- 181–183 ancillary disciplines
- 185–297 eighteenth century
- 185–241 science and the sciences
- 241–280 medicine
- 280–295 agriculture; technology
- 295–297 ancillary disciplines
- 299–433 nineteenth century
- 299–363 science and the sciences
- 363–410 medicine
- 410–431 agriculture; technology
- 431–433 ancillary disciplines

Volume 5 *Addenda to Volumes 1, 2 and 3*

pp.
- 437–496 Addenda to Volumes 1 and 2, Personalities
- 497–531 Addenda to Volume 2, Institutions
- 532–552 Addenda to Volume 3, Subjects

The Index

AABOE, A.
1:573a
2:7a, 360b(2)
4:20b, 63a, 115b, 116a(2), 397b
AAGAARD, B.
3:269a, 534b, 535a
AALST, J.A. VAN
4:225a
AANDERNA, S. (DREBEN)
1:561a
ABADIE, A. (LAIGNEL-LAVASTINE)
1:520b
2:116a, 317b
3:344b
ABASCAL, H. [ABASCAL Y VERA, H.]
1:418a
3:393b, 465a, 477a(3)
5:246a, 511b
ABASCAL, H. (HURTADO GALTES)
1:418b
ABB, G.
3:74b
ABBA, F.
1:206a, 647b
2:431a
5:395b
ABBAGNANO, N.
3:1b
ABBE, T.
1:1a
3:224a
5:333a
ABBOT, C.G.
2:45b(3), 229b, 469a, 639b(2), 759a
3:1b, 168b, 193a, 200b(2), 242b, 559a, 560a
5:119a, 527a
ABBOTT, E.A.
5:303a
ABBOTT, G.F.
2:547b
ABBOTT, J.B.
2:630a
ABBOTT, M.
3:239b
ABBOTT, M.E.
2:257a(2)
3:388b
ABBOTT, N.
4:395a
ABBUD, F.
1:620a
4:404a
ABD AL-AZIZ IBN 'ABDALLAH
1:618a
4:393b
ABD AL-MALIK, B. (HITTI)
2:742a
ABD AL-RAHMAN ISMA IL
3:406a
ABD AL-RAZIQ, M.
1:405a
ABD AL-SALAM, H.
1:43b
4:424a

ABD ALLAH AL-RAJRAJI ('ALUSH)
2:743a
4:385a
ABDERHALDEN, E.
2:687b
ABDERHALDEN, R.
3:447b
ABDUL HAMID, K.
1:626b
ABDUL-WAHEED, K.
4:383a
ABEGG, D.
4:200a(2)
ABEILLE, L.
2:127b
ABEL, A.
1:54a, 617a
ABEL, J.J.
3:49a, 183a, 287b, 378b, 446b, 447b(2), 464b, 496b
ABEL, K.
1:578b
2:330a
ABEL, W.
3:521a, 524a
ABEL-SMITH, B.
3:421b
ABELE, J.
3:86a, 158a
ABELL, I.
2:123a
ABELL, W.
1:445b
ABELS A.
3:518b
ABENIUS, M.
2:96b
ABERG, B.
1:583b
ABETTI, G.
1:456a, 459b, 462b, 464a(2), 465b(2)
2:165b, 459a, 713a
3:199a(3), 200b, 203b, 210b, 211a, 212a, 597a
5:107b, 117a, 474b, 500a
ABGARYAN, G.V.
3:12b
ABICH, A.M.
See MEYER-ABICH, A.
ABRAHAM, E.P. (FLOREY)
3:517a
ABRAHAM, J.J.
1:428a
2:84a(2)
3:486b
ABRAHAMS, H.J.
2:55b, 353b
5:187b, 231b
ABRAMIAN, R.A.
1:39a
ABRAMIAN, R.A. (TUMANIAN)
1:39a
4:382a
ABRAMS, J.W.
3:247b

ABRAMYAN, A.G. (PETROSIAN)
1:391b(2)
4:381b
ABRIGHI, G.
1:424b
ABRUZZESE, G.
2:462a
ABT, G.
3:468b
ABT, I.A.
1:437a, 600b
3:456a
ACEBAL, I.
1:111a
ACHALME, P.J.
3:191a, 286b
ACHARD, C.
5:443b
ACHARD, F.
2:460b(2)
5:418a(2), 418b, 420b
ACHEL, H.I.
1:380b(2)
ACHELIS, E.
3:219b(2)
ACHELIS, J.D.
2:273b(2), 274a, 274b, 275b
3:377b
5:53a, 74b, 479a
ACHELIS, T.O.
3:398b
ACHILLE-DELMAS, F.
3:483b
ACHINSTEIN, P.
3:37b, 40a, 40b
ACKERKNECHT, E.H.
1:113b, 140b, 191b, 195b, 326b(2), 365a, 427a, 466a(3), 604b
2:165b, 372a, 405b, 452a, 477a(2), 593a, 594a(2), 737a
3:343a, 360a(2), 375b(2), 376b, 379b, 380a, 385a, 388b, 408a, 429b, 433b, 456b, 458a(2), 460b, 465a, 468a, 478a, 478b, 482b, 483a, 489a, 499a
4:8a, 9a(2), 10a, 10b, 11a(4), 270b, 272a, 272b, 273a(2), 280b, 282b
5:239b, 352a, 361a, 365a, 370b(2), 372a, 375a, 390b(2), 397b, 400b, 451a, 470b, 476b, 480b, 531b
ACKERMAN, C.W.
1:368b
ACKERMAN, E.A.
3:246a
ACKERMANN, A.S.E.
3:87a, 568b
ACKERMANN, W.
3:108a
ACKERMANN, W. (HILBERT)
3:109a
ACTON, A.
2:519b
ACUNA, C. DE
5:38a
ADADE, H.
5:35b

ADAM

ADAM, A.
1:471a
ADAM, C.
1:271a, 331b, 334a(3), 613a
ADAM, H.A.
3:433b
ADAM, W.
2:297b(2)
ADAMA VAN SCHELTEMA, F.
4:361b
ADAMI, J.G.
2:622b
5:266a
ADAMI, M.
1:10b
ADAMI, V.
5:339a, 502a, 508b
ADAMS, C.C.
2:439b, 675b, 731a(2)
3:55a, 87a(2), 275a, 299b, 412b, 586a, 593a, 614a
5:527a
ADAMS, C.R.
1:48b
2:423b
ADAMS, C.W.
1:464a
2:183b, 184a, 458b
3:30a, 48a, 120b
5:108a, 320b
ADAMS, E.D.
2:731b
3:259b, 260b, 569a
ADAMS, E.L.
1:114a, 646a
ADAMS, E.P.
3:153a
ADAMS, F.D.
1:607a
2:120b, 301a
3:228a, 230a(2), 238a, 241a, 273a
4:321a
5:129b(2), 130b, 218a, 334a, 334b(2), 438a, 453b, 471b, 483a, 540a
ADAMS, G.P.
3:41a
ADAMS, G.W.
2:766b
5:398a
ADAMS, H.
5:458a, 551b
ADAMS, H.P.
2:590a
ADAMS, J.W.R.
3:565a
ADAMS, M.
3:53a
ADAMS, P.G.
5:223a
ADAMS, R.
2:546b
3:179a
4:262b
ADAMS, R.M.
4:179a
ADAMS, R.M. (KRAELING)
4:32b
ADAMS, R.P.
3:59b
ADAMS, V.K.
3:390a
ADAMS, W.S.
1:530a, 599b
3:200b, 211a
5:518b

ADDIS, L.C.
2:4a
ADDISON, J.
3:565a
ADDISON, W.H.F.
1:100b
ADHEMAR, J.
2:539a
ADHEMAR, R. D'
1:602a, 658b
2:338a
ADICKES, E.
2:3b(2), 4a(2)
ADJAN, A.
3:533a
ADLER, C.
1:12a
2:45b
ADLER, E.N.
1:65a
3:259a
4:324a
ADLER, F.H.
1:506b
ADLER, M.
2:310a
ADLER, M.J.
3:341b
ADLER, O.
2:27a
ADLER, S.
1:314a
2:125b
5:548a
ADLUNG, A.
3:505b
4:356a
ADNAN, A. [ADNAN ADIVAR, A.]
3:64a
4:234a, 381b, 389b(4)
ADNEY, E.T.
4:275a
ADOLPH, E.F.
2:161b
5:386a
ADOLPH, W.H.
4:224a, 224b
ADONTZ, N.
2:203a
ADRIAN, E.D.
2:473a(2)
3:58b
ADRIAN, L.
2:224a
ADRIAN, W.
3:537a
ADRIANI, N.
4:259b
ADRICHEM, D. VAN
4:184a
ADUT, A.
2:539a
5:168b
ADWENTOWSKI, K.
1:340b
2:249b
3:160b
5:318a
AEBISCHER, P.
4:357a
AERNOUTS, R.
5:277b, 500a
AESCOLY, A.Z.
2:397a(2)
5:42a

AFFIFI, A.E.
1:620b
4:388a
AFRICA, T.W.
1:53b, 155b, 217a, 281b, 282b
2:145b, 369a
4:154b
AGA-OGLU, M.
1:2a, 644a
2:207a
4:403b, 427b, 429b, 430a
AGAEV, G.N. (GUSEINOV)
3:116b
AGAR, W.E.
3:286a
AGAR, W.M.
3:64a
AGASSI, J.
1:408a
3:25b, 138b(2)
AGEEV, N.V.
2:110a
5:207a, 212a
AGEORGES, J.
1:272b
5:440a
AGER, J.C.
2:519b
AGGEBO, A.
1:418b
3:371b
AGHA, M. (KENNEDY)
4:404a
AGNEW, L.R.C.
1:517a
2:235b, 312a, 480a, 575a, 583b, 606a
3:372a, 373b
5:160a, 404a
AGNEW, P.G.
3:108a
AGOSTINI, A.
1:46a, 175a, 234b(2), 240a, 348b, 383a, 391b(2), 396b, 445b, 482b, 507b(3), 564a
2:51a, 64b(2), 77a, 81b, 145a, 171b(6), 212a, 263a(2), 268b, 292a, 422a, 430b, 435b(2), 553b(8), 554a, 741a
3:77a, 116a, 118b, 120b, 121a, 121b, 126b, 130b(2), 221b
5:6a, 13b(2), 15a, 15b, 18a, 114a, 115b, 118a, 199a, 199b(3), 201a, 313a
AGOSTINI, A.M. DE
3:260b
AGOSTINI, E. DE
2:760a
3:247a
AGRAMONTE, A.
3:477a
AGRIFOGLIO, L.
5:74a
AGUILAR, H.D.
3:490b
AGUS, I.A.
2:166a
4:301a
AHARONI, I.
4:78b
AHL, A.W.
4:176a
AHLBERG, C.D.
3:52b
AHLBERG, K.
2:446b
AHLSTROM, O.
3:162b

AHLSTROM, O. (HOLMBERG)
1:144b
5:318b
AHMAD ALLUH KHAN
4:206a
AHMAD ISA [AHMED ISSA]
3:304b
4:419a, 419b(3)
AHMAD, K.S.
3:244a
AHMAD, N.
4:408b, 409b(2), 412b
AHMAD, S.M.
2:155b
AHMED ISSA
See AHMAD ISA
AHMEDALI, A.
1:620a
2:647b
AHRENFELDT, R.H.
2:482b(2)
5:145b(2)
AHRENS, W.
1:205b, 518b(2)
3:133b
4:308a, 396a(3)
AHRENS, W. (STACKEL)
1:396a, 447b, 638a
AICHEL, O.
4:280b
AIGNER, E.
3:243b
5:530b
AIGRAN, R.
3:614b
AIKAWA, H.
3:543b
AIKEN, P.
1:24a, 248a(2), 248b
2:542b, 593a(3)
4:328b, 335b
AINAUD DE LASARTE, J.
2:294b
AINI, M.A.
1:620b
AINSWORTH, G.C.
2:302a
3:477b, 519b
AINSWORTH, M.
3:610b
AIRY, W.
4:19b, 390b
AITCHISON, L.
3:573a
AITKEN, A.C.
2:624b
AITKEN, H.G.J.
2:529b
3:550b
AITKEN, J.
1:19b
AITKEN, R.G.
1:219a
3:213b
AITKEN, W.
3:598a
AITON, A.S.
1:286b
5:43a, 45a
AITON, E.J.
1:138b, 239b, 337a(3), 338b, 459b, 464a(2)
2:68a(2), 231b, 232a
3:209b, 243a
5:118a, 126a, 126b(2), 130b(2), 219b

AIYAR, M.S.R.
4:195a(2)
AIYER, A.K.Y.N.
4:208a
AKELEY, M.L.J.
1:19b, 368b
2:342b
3:266a
AKERLUND, H.
4:361b
AKERMAN, A.
3:309b
AKERSTROM, A.
1:583b
AKERT, K.
2:520a
AKESSON, E.
2:491a, 615a
3:354b
5:487a
AKOPOVA, M.G. (PAZUKHIN)
4:31b
AKSEL, H.A.
3:405b
AL-AQIQI, N.
See AQIQI, N. AL-
AL-BADAWI, 'A. AL-R.
See BADAWI, 'A. AL-R. AL-
AL-DURI, A. AL-A.
4:433b
AL-HAMDANI, H.F.
2:703b
AL-HASMI, M.Y.
See HASCHMI, M.Y.
AL-HIFNI, M.A.
See HIFNI, M.A. AL-
AL-MA'LUF, A.I.
See MA'LUF, A.I. AL-
AL-QASIM IBN IBRAHIM AL HASANI
1:618b
AL-SARRAF, A.H.
2:250a
ALAJOUANINE, T.
1:356a
3:395b
5:381b
ALAUX, J.P.
1:267b
ALBAREDA HERRERA, J.M.
3:49b
ALBAREDA, A.M.
3:12a
ALBARIC, -.
1:367b
5:68a
ALBARRACIN TEULON, A.
1:53a
ALBASINI, P.C.
4:334b
5:489a
ALBEE, F.H.
3:489a
ALBENINO, N. DE
2:320b, 579a
ALBERGAMO, F.
2:393b
3:1b, 34a, 154b
ALBERT, G.
4:27b
ALBERTI, A.
3:572a
ALBERTI, G.
1:52b, 122a
2:70b, 391b, 525a
3:370a, 414b, 429b

5:154b, 282a, 412a
ALBERTI, J.G.
3:399a
5:372a
ALBERTI, S.G.
4:289a
ALBERTINI, -.
1:643a
ALBERTOTTI, G.
2:581b
3:440a
4:344b(2)
5:158a
ALBERTS, H.W. (NADAL)
5:174b
ALBERTSON, J.
3:155a
ALBINUS, B.S. (BOERHAAVE)
2:583b
ALBION, R.G.
3:584a, 594a, 603a
ALBO, J.
4:437a
ALBON, G. D'
1:218a
ALBRECHT, B.
3:125b
ALBRECHT, R. (FISCHER)
2:15b
5:384b
ALBRECHT-CARRIE, R.
3:22a
ALBRIGHT, W.F.
1:190a
2:440a
4:18a, 23b, 39b, 56a, 65a(2), 72a(2), 74a, 75a, 75b, 82b(2), 173b, 439a
ALBRITTON, C.C.
3:229b
ALBU, A.
3:72b
ALBURY, M.N. (PEDERSON)
3:415a
ALCALDE, A.F. DE
2:172b, 206a
3:618a
5:57b
ALCALDE-MONGRUT, A.
2:238b
5:422b(2)
ALCIATORE, J.C.
1:556b
2:504a
ALCOCK, A.
5:397b, 473a
ALCOCK, A. (MANSON-BAHR)
2:142b
ALDAY REDONNET, T.
3:513a
ALDEN, R.H.
3:275b
ALDENBURGK, J.G.
5:136b
ALDERMAN, A.R.
2:159b
ALDERS, J.C.
3:78a
5:186a
ALDERSMITH, H. (DAVIDSON)
4:51b
ALDINGTON, J.N.
3:588a
ALDINGTON, R.
2:600b

ALDIS

ALDIS, H.G.
 3:594b
ALDRED, C.
 1:630b
 4:47b
ALDREDGE, R.C.
 3:224a
ALDRICH, C.R.
 4:7a
ALDRICH, V.C.
 1:335a
ALDRIDGE, A.O.
 1:371b, 434a, 436b
 5:217b, 218b, 241b
ALDRIDGE, H.R. (HARTLEY)
 1:653a
ALEGRIA, C.
 1:74a
 5:398b
ALEKSANDROV, A.A.
 2:152a
 5:423b
ALEKSANDROV, P.S.
 1:236a
 2:27b, 103b, 238a, 505b, 726a, 726b
 3:116b(2), 117a
ALEKSEEV, A.I.
 2:442a, 561b
 3:241b
 5:219b
ALEKSEEV, V.V.
 3:569b
ALESSANDRINO, E.
 1:104b
 5:93a
ALESSIO, F.
 1:147a, 584a
 4:311b
 5:119b
ALEXANDER, A.
 2:290a
ALEXANDER, A.F. O'D.
 3:212a
ALEXANDER, C.M.
 2:400b
 5:341a
ALEXANDER, E.H.
 1:412b(2)
ALEXANDER, F.
 3:436b, 437a(2)
ALEXANDER, H.B.
 3:96a
ALEXANDER, J.
 3:143b, 176b
 4:85a
ALEXANDER, M.
 2:56a
 5:209b
ALEXANDER, P.
 3:36b(2)
ALEXANDER, P.F.
 5:35b, 36b, 43b(2)
ALEXANDER, W.B.
 3:327a
ALEXANDERSON, B.
 1:576b
ALEXANDROVA, N.V.
 3:125b
ALEXEIEV, I.S.
 1:166a
ALFANO, G.B.
 3:237a
ALFARIC, P.
 1:82a

ALFIERI, V.E.
 4:113a
ALFONS, S.
 1:523a
ALFONSI, T.
 1:293a
ALGOUD, H.
 3:586a
ALI COHEN, M.L.A.S.
 2:647a
 4:421b
ALI, A.Y.
 1:33b
ALI, Z.
 4:383a, 415b, 423b, 424a
ALIBAUX, H.
 3:584b
ALIHAN, M.A.
 3:357a
ALIKHANOV, A.I.
 1:74a
 2:33b
ALIMARIN, I.P.
 2:110a
 5:211a
ALIMOV, N.G.
 1:391b
ALIMSKY, I.E.
 1:478b
ALIOTTA, A.
 1:456a
ALIVISATOS, C.N.
 2:367a, 549b
ALLAINES, C. D'
 3:485b
ALLAIX, H.
 4:8a
ALLAN, D.J.
 1:54a, 66b
 2:479b
ALLARD, H.A.
 1:105b
 5:355b
ALLARD, J.L.
 1:335a
ALLARIA, G.B.
 3:456a, 496a
ALLBUTT, T.C.
 3:47b
 4:153a, 377a
 5:543b
ALLCHIN, F.R.
 4:210a
ALLCROFT, A.H.
 3:609a
ALLEE, W.C.
 3:356b
ALLEE, W.C. (HESSE)
 3:319b
ALLEGRI, L.
 1:393a
 2:430b
ALLEMAN, A.
 1:149b
 5:519a, 543b
ALLEN, A.A.
 3:327b
ALLEN, C.W.
 3:207b
ALLEN, D.C.
 1:655a
 5:25b
ALLEN, E.B.
 4:165a, 165b

ALLEN, E.G.
 1:1b, 232b, 330a
 2:69b, 623a
 3:327b
 5:46b, 145b, 238b
ALLEN, E.S.
 2:602a
 3:103a
ALLEN, E.T.
 1:572a
ALLEN, E.Y.
 3:507a
ALLEN, F.
 2:229b
 3:7a
 5:119a
ALLEN, F.H.
 2:97b
 5:239b
ALLEN, F.P.
 3:315b
 5:518a
ALLEN, F.R.
 3:545a
ALLEN, G.M.
 3:328b
ALLEN, H.B.
 1:434a, 437b
ALLEN, H.S.
 1:110a, 266b, 512b, 660b
 3:153a(2)
 5:108a
ALLEN, L. (CHAPIN)
 2:770a
 5:544b
ALLEN, P.
 2:751a
 5:125a, 150b, 229b, 390b
ALLEN, P.S.
 1:34a, 384b(2)
 5:3a
ALLEN, R.C.
 5:346b
ALLEN, R.M.
 3:163a
ALLEN, T.G.
 4:36b
ALLEN, T.W.
 1:590b(2)
ALLEN, W.
 2:103a, 398a, 524b
ALLEN, W.E.D.
 1:326b
 5:222b(2)
ALLENDE LEZAMA, L.
 3:41a
ALLENDY, R.
 2:270a
 3:198a, 387a
ALLERS, R.
 1:47b
 2:90a
 5:170a, 323b
ALLIAUME, M.
 3:116a, 152b, 204a
ALLIBONE, T.E.
 3:566b
ALLIER, R.
 3:349b
 4:7a, 7b
ALLINE, H.A.
 2:327a
ALLISON, I.S. (CRESSMAN)
 3:333a

ALLISON, R.S.
3:482a
5:511a
ALLISON, S.K.
1:272b
ALLIX, A.
4:325b
ALLODI, F.
1:297a, 463b
2:154a
3:298a, 444b
5:120a, 206a
ALLOTE DE LA FUYE, M.
2:582a
ALLOTT, K.
2:582a
ALLOTTE DE LA FUIJE, F.M.
4:60b, 68a
ALLOUCHE, I.S.
1:618a, 640b
4:429a
ALLOUSE, B.E.
3:328b
ALLPORT, G.W. (BRUNER)
3:342a
ALLPORT, W.H.
5:162a
ALLUILI, R.
2:340a
ALLYN, H.B.
4:350a
ALM, G. (ENGEL)
2:391a
ALMAGIA, R.
1:22a, 262a, 267b, 268b(3), 269b, 270a, 285a(2), 286b(3), 472a, 513b, 589b(2)
2:78a, 129b(3), 173b, 312b, 414b(2), 415a, 493a, 599a, 669b(2)
3:240a, 244a, 247a, 250b, 252a, 254b, 256a(2), 257b, 259a
4:24a, 323b
5:26b, 27a(2), 29b(4), 30b, 31a(2), 31b, 32a, 33a(6), 33b(2), 34a, 44a, 102b, 130a, 130b, 132a, 133a(3), 450b, 492a
ALMAGRO, M.
4:408a
ALMAN, D.
3:52a
ALMBERG, N.
1:58b
2:331b
ALMEIDA E VASCONCELLOS, F. DE [VASCONCELLOS, F. DE A.]
1:320a(3), 564b
2:530b
4:20b, 193b
ALMELA Y VIVES, F.
4:391a
ALMHULT, A.
3:79a
ALMKVIST, J.
3:492a
4:426b
ALMQUIST, E.
3:278b, 290b
ALMQUIST, J.E.
1:123a
5:182b
ALOISI, P.
1:519b
ALONSO ALONSO, M. [ALONSO, M.]
1:4a(2), 86a(3), 89a, 405b(2), 503a, 522b(4), 606a, 654b, 655a(2)
2:355b, 359b, 363a, 490a
4:298b, 436a, 437b

ALONSO, A.E.
2:759b
3:386a, 417b
5:246a
ALONSO, M.
See ALONSO ALONSO, M.
ALOS-MONER, R. D'
2:572a
ALPERT, D.
3:146a
ALPERT, H.
1:366b
2:729a(4)
3:11b, 20a, 54a, 246b, 349b(3), 359a
5:519b
ALPHANDERY, M.F.
3:548a
ALPHEN, J. VAN
2:744b
5:535b
ALQUIE, F.
1:335a
3:93a
ALSDORF, L.
4:197a
ALSO, H. D'
1:106a, 302a, 478b
ALSOBROOK, J.W.
1:364a
ALSOP, G.F.
2:774b
3:391a
ALSTON, A.H.G.
3:511a
ALSTON, M.N.
4:343a
ALTAMIRA Y CREVEA, R.
3:605b
ALTAZAN, M.A.H.
2:275a
5:81b
ALTEKAR, A.S.
4:210b, 212b
ALTENA, C.O. VAN R.
2:448a
5:228a
ALTER, G.
1:327a, 469a
5:20b
ALTFELD, E.
2:532b
ALTHEIM, F.
1:381b
2:345b, 649b
4:392b
ALTHIN, T.
2:51a, 558b, 686a
3:173b
ALTKIRCH, E.
1:200a
2:497a
ALTMANN, A.
4:77a
ALTOLAGUIRRE, A. DE
1:269a
5:448b
ALTON, A.S. (KARPINSKI)
5:7b
ALTON, E.J.
1:397a
2:231a
ALTROCCHI, R.
1:308a
2:180a

ALTSCHULE, M.D.
3:433b
5:257a
ALTSHILLER-COURT, N.
1:403a
3:113b
5:314a(2), 454b(2)
ALUNY, N.
1:365a
ALUSH, Y.S.
2:743a
4:385a
ALVAREZ CONDE, J.
2:552b
ALVAREZ LOPEZ, E.
1:63a, 93b
4:123b
ALVAREZ, W.C.
2:70b
3:365a, 491a, 514b
ALVAREZ-SIERRA, J.
2:674a
3:384b, 418b
ALVERNY, M.T. D'
1:89a, 117a, 628b
2:144b, 346a
4:295a, 314b, 443b
ALY, W.
2:510b
ALZONA, L.
1:267a
5:400b, 406a
AMACHER, M.P.
2:56b, 459a
5:380b
AMADO LORIGA, S.
3:116a
AMADOU, R.
5:168a, 171a, 451b
AMADUZZI, L.
1:376b
2:112a, 167b, 403b
3:148b
5:538a
AMALDI, E.
1:413b
AMALDI, U.
3:128b
AMAND, D.
1:224b
4:105b
AMANO, M.
4:238b, 239a
AMARAL, A. DO
2:219b
AMBACHER, M.
1:94b
3:37b
AMBARD, L.
3:277a
AMBERG, L.O. (WEEKS)
1:251b
AMBLER, C.H.
3:553a
AMBRONN, L.
3:204b
AMEISENOWA, Z.
1:211a
2:670a
3:424a
4:313b
5:21a, 62a
AMELIA, M.
1:185b

AMERBACH, B. (AMERBACH, J.)
5:4b
AMERBACH, J.
5:4b
AMERY, G.D. (WATSON)
5:281a
AMERYCKX, J.
3:261b
AMES, A.
3:441b
AMES, J.S.
1:376b, 559b
3:152a, 559a
5:320a
AMES, R.
2:195a
AMI, H.M.
1:195a
5:345a
AMIEL, J.
3:192a
AMIN, A.
4:383a
AMITIN-SHAPIRO, Z.A.
3:388a
AMLINSKII, I.E.
3:296b, 324b
AMMAR, A.R. (GHALIOUNGUI)
4:47b
AMMONS, C.H.
1:105a
5:362b
AMMONS, R.B. (AMMONS, C.H.)
1:105a
5:362b
AMODEO, A.F.
4:394a
AMODEO, F.
1:421b(2), 489b
2:152b, 264a, 560a
3:115b(2), 129b, 130a
5:285b, 314b
AMRINE, M.
3:602a
AMSCHLER, W.
4:68b
AMSLER, H.
4:357a
5:84a
AMSLER, M.
3:439b
AMSTUTZ, G.C.
3:238a
AMUNDSEN, R.
3:266b(2)
ANAGNINE, E.
2:313a
ANANIKIAN, M.H.
4:381b
ANASTASI, A.
3:357b
ANASTOS, M.V.
1:65b, 268b, 288b(2)
2:333b(4), 510b(2), 576a
4:120a, 288a, 374a, 375b, 376a(2)
5:27b
ANAWATI, G.C.
1:87a(2)
4:290a
ANDEL, M.A. VAN
1:107a, 172b, 173a, 515b
2:60b, 211a, 319b(3), 490a, 629a
3:385a, 386a, 387a(2), 450b, 454a,
465b(2), 470a(2), 470b, 472a, 483b,
489a, 496b, 499a, 509b, 513b(8),
514a, 514b(3), 515a
4:11a, 29a, 339b, 352a, 357b
5:67a, 72b, 141b, 148a, 163a, 164b,
168a, 169a, 172b, 270a, 270b, 366a,
373a, 389b, 394a, 520a
ANDERS, H.K. (CALEY)
5:325a
ANDERS, O.U.
1:404a
2:489a
3:188a
ANDERSEN, D.
5:172a
ANDERSEN, E.
3:248b
ANDERSEN, R.
4:280a
ANDERSON, A. (SINGER)
4:350a
ANDERSON, A.R.
1:28b
3:350b
ANDERSON, A.W.
1:321a
4:78a
ANDERSON, B.
2:573a
ANDERSON, C.
3:547a
ANDERSON, C.D.
3:171a
ANDERSON, D.L.
1:294b
2:184a, 545b
3:171a
ANDERSON, E.
3:305a, 528a, 528b
ANDERSON, E.N. (CATE)
2:544b
4:293a
ANDERSON, E.W.
3:592b
ANDERSON, F.
5:244b, 366a
ANDERSON, F.H.
1:95a, 95b
ANDERSON, F.J.
5:269b, 368b, 398a
ANDERSON, G.
5:377b, 486b
ANDERSON, G.W.
3:524a
ANDERSON, H.B.
1:208a
ANDERSON, J.G.C.
2:510b
ANDERSON, J.Q.
2:86a
5:400a
ANDERSON, L.F.
5:432b, 495b, 518a
ANDERSON, O.E.
3:564b
ANDERSON, O.E. (HEWLETT)
2:766b
3:568a
ANDERSON, O.S.
1:124a
ANDERSON, O.W.
3:411b, 412a, 417a
ANDERSON, O.W. (LERNER)
3:410a
ANDERSON, P.B.
1:127b, 203a
ANDERSON, R.C.
3:603a
5:89b, 286a
ANDERSON, R.H.
3:526a
ANDERSON, W.E.
1:371b
ANDERSON, W.W.
1:253a
ANDERSSON, I.
1:387b
2:570b
5:25a
ANDERSSON, J.G.
2:732b
3:233a, 268a
4:213b, 215a(2), 240a
5:504a
ANDERSSON, O.
1:441a
3:437a, 592b
ANDING, E.
1:538a
ANDOUIN, J.V.
5:55b
ANDOYER, H.
2:47a
3:120b
ANDRADE, E.N. DA C
1:186b
ANDRADE, E.N. DA C.
1:323a, 355b, 434a(3), 457b, 465b,
497b, 588a, 592b(3), 593a
2:221a(3), 222a(3), 224a(2), 230a,
298b, 321b, 381a, 427b, 428b, 601b,
627a, 749a(3), 750a
3:72a, 72b, 136b, 140a, 164a, 168b(4)
5:101a(2), 117a, 177a
ANDRADE, E.N. DA C. (GUNTHER)
1:593b
ANDRADE, E.N. DA C. (JAMES)
1:593a
ANDRADE, E.N. DA C. (SPENCER JONES)
1:370a
ANDRADE, J.
3:589a(2)
ANDRAE, W.
4:32b, 70a
ANDRAS, D.D.
3:399b
ANDRE, E.
3:195b
ANDRE, G.
1:141b
5:354a
ANDRE, J.
1:213b, 231a
4:151b, 152a, 153a
ANDRE, P.J.D.
4:414b
ANDRE-BONNET, J.L.
3:493b
ANDREADES, A.
1:129a
4:128a, 379b
ANDREAE, S.J.F.
1:106a
5:133a
ANDREASEN, E.
1:638b
5:384b
ANDREE, J.
4:31a

ANDREE, K.
1:586a
5:228a, 333b
ANDREE, R.V.
3:111a
ANDREEV, A.I.
5:340a
ANDREEV, B.V.
2:290b
ANDREEV, S.V.
1:581b
3:459a
ANDREEVA, V.N.
2:291a
ANDREOLI, A.
3:430b
ANDREWS, A.C.
4:29b, 91b(2), 95a, 95b(7), 124b
ANDREWS, E.
3:284b, 379a, 394b, 491a
ANDREWS, E.D.
2:758a
3:593a
5:294a
ANDREWS, E.W.
4:277a
ANDREWS, F.H.
4:242b
ANDREWS, G.G.
5:216b
ANDREWS, K.R.
5:44a
ANDREWS, M.C.
4:323a, 444b
5:32a, 32b(2)
ANDREWS, P. (DREBEN)
1:561a
ANDREWS, R.C.
2:644a
3:263b(2), 276a(2), 534b, 535a
ANDRIANAKOS, T.K.
3:453a, 492a
ANDRIEU, R.
3:446b
ANDRIEUX, L.
1:471a
ANDRISSI, G.L.
4:22b
ANESAKI, M.
4:252a
5:139a
ANESAKI, M. (FERGUSON)
4:213b
ANFT, B.
2:424b(2)
ANGEL, E. (MAY)
3:434b
ANGEL, J.L.
4:84a
ANGEL, R.W.
1:443a, 636b
2:473a
3:344a
ANGELITCH, T.P.
1:176b
2:182b
5:203b
ANGELL, J.R.
3:59b
ANGELL, J.R. (GREGORY)
2:256b
ANGELROTH, H.
2:450b
ANGLAS, J.
3:138b

ANGRESS, S.
3:531a
ANILE, A.
3:424a
ANISIMOV, I.A.
2:179b
3:562a
ANISIMOVA, K.M.
1:48b
ANKER, J.
2:205b(2), 245a, 769b
3:277a, 327a, 476b, 511a
5:234a, 235b, 237b, 506a
ANLICKER, E. (BONACKER)
2:359b
ANNAN, G.L.
3:384b
ANNECKE, K.
3:472a
ANNELL, G.
1:387b
ANNING, S.T.
2:714a(2)
3:419a, 445b, 507a
4:351a
5:448a
ANOKHINE, P.K.
2:291b
ANREP, G.V.
2:291a
ANSCHUTZ, R.
2:9a, 27a, 113a
5:328a
ANSCHUTZ, W.
4:347a
5:525b
ANSELM, H.
3:575a
ANSHEN, R.N.
3:53a(2), 56a
ANTEUNIS, A.
3:425a
ANTEVS, E.
4:268a, 269a
ANTHES, R.
4:37a, 37b
ANTHIAUME, A.
2:84b
3:555b
5:131a, 134b
ANTHONY, H.D.
1:235a
2:221b
3:1b
5:185b, 204b
ANTHONY, H.E.
1:104b
5:43a
ANTHONY, L.P.
3:495a
ANTHONY, R.
1:301b
2:59b, 530b, 727b
3:282a, 297a, 319a, 340b
ANTHONY, S.
3:342b, 429a
ANTHOUARD, R.
1:225a(2)
ANTICH, B.
2:749a
ANTONELLI, E.
1:290b, 649b
2:608b
5:315a

ANTONI, N.
1:387b
5:65a
ANTONIADI, E.M.
1:230a, 440b
2:226a, 448b
3:212b(2)
4:40a(2), 89b, 119a
5:109b, 331a
ANTROPOFF, A. VON
3:188a
ANTSELIOVICH, E.S.
1:462b
ANTUNA, M.M.
1:31a, 618b(2)
2:388a
ANTWERP, L.D. VAN
2:485b, 712a
5:367b
ANTZ, E.L.
3:581a
5:89a
ANZ, H.
3:203a, 247a
5:510b, 539b, 540b
AOMI-NO MABITO GENKAI
2:3a
APARISI-SERRES, -.
2:546b
APENES, O.
3:254b
APERLO, G.
2:74b, 346b
3:401a
APERT, E.
3:335b, 468a
5:70a
APINIS, A.A. (RABINOVICH)
3:209a
APMANN, R.P.
1:181b
2:545a
5:317a
APOSTLE, H.G.
1:61a
4:107b
APPELL, P.
2:100a, 338a
3:74a
APPELMANS, M.
2:760b
3:440a
APPLEBAUM, W.
1:183a, 583b
APPLETON, E.
2:48b
3:225a
APPLETON, E.V.
1:368a
APPLEY, M.H. (COFER)
3:345a
APPLEYARD, R.
1:406b
2:160b, 180b, 279b, 705b
3:569a, 598a
5:320b
APPUHN, H.
5:65a
AQIQI, N. AL-
4:387a
ARA, P.
2:380b
ARAFAT, W. (WINTER)
1:617b
2:564b

ARAM
    4:398b
ARAM, K.
    3:87a
ARAOZ ALFARO, G.
    1:208a
ARAUJO, C. DA S.
    5:276b(2)
ARBER, A.
    1:99b, 107b, 165a, 295b, 499b, 513b(5)
    2:34b, 139a(3), 332b, 385b, 440a, 458a,
        471b, 497b, 551a, 616b
    3:25b, 96a, 279a, 302a, 303a, 305b,
        309b(3)
    5:84a(2), 84b, 143b, 172b
ARBER, E.A.N.
    3:272b
ARBERRY, A.J.
    1:658a(2)
    2:8b, 377a, 516a
    4:169a, 176b(2), 386a, 390b, 414a, 434a
ARBOUSSE-BASTIDE, P.
    1:272b
ARBUZOB, A.E.
    2:109a
ARCADI, J.A.
    1:196a
    5:388a
ARCARI, P.M.
    1:202b
ARCHANGELSKII, P.F.
    1:445a
    5:287b(2), 442a, 477b
ARCHER, G.L.
    3:599a
ARCHER, M.
    3:273b
    5:512b
ARCHER, M. (MAUER)
    2:583a
ARCHER, P.
    1:512a
ARCHER, S.
    3:56a
ARCHER, W.H.
    2:618a(2)
ARCHIBALD, R.C.
    1:50a, 62b, 170b, 192a, 208b, 215a(2),
        221b, 224b, 227a, 240b, 286b,
        329a(4), 391b, 396b, 440b, 474a(2),
        509b, 534a(2), 549b
    2:14b, 23b, 69b, 71a, 104b, 113a, 138a,
        166b, 175b, 190b, 212a, 219b(2),
        220b, 249b(2), 269b, 295a(2), 296a,
        320a, 398a, 401b, 448b, 480a,
        522b(2), 565a, 591a, 608a, 636a,
        658a, 663a, 699b, 729a, 771b
    3:99a, 103a(2), 113a(2), 113b(2), 114a,
        114b, 115a, 115b, 120b, 121a(3),
        122b, 125a, 126a, 126b, 128b(2),
        129b, 130b
    4:20b, 39a, 58b(3), 59a, 110a, 112b
    5:14b, 16a, 17b, 112b, 113b, 116b, 154a,
        197b, 199b, 202a, 287a, 311a, 313a,
        313b, 314a(2), 428a, 438a, 454a,
        469a, 486a, 536b
ARCHIBALD, R.C. (BATEMAN)
    1:145a
    5:313a
ARCHIBALD, R.C. (JOHNSON)
    3:103b
ARCHIBALD, R.G.
    1:142b, 349a, 396a, 501b
    2:610b
    3:122b(2)
    5:199a(2), 312b

ARCHIBALD, R.G. (CHALMERS)
    5:270b, 440a
ARCHIBALD, R.S.
    2:338a
ARCHILA, R.
    1:121b(2), 231b
    3:392b(2), 393a
ARCIERI, G.P.
    1:25b(2), 116a, 239a(2), 437a, 545b,
        546a
    2:286a, 369a(2), 596b
    4:92a
    5:400a
ARCINIEGAS, G.
    1:602b
ARDEN-CLOSE, C.F. (CRONE)
    1:572b
ARDERN, L.L.
    1:304b, 660b
    2:721a
ARDERNE, J.
    4:344b
ARENDS, G.
    3:510b
ARENDT, F.
    1:46a, 49a, 398b
ARENDT, H.
    3:354b
ARENDT, T.
    2:455a
    5:331b
ARENDT, V.V.
    4:32b, 33a, 367b, 380b
ARENS, F.
    3:607a
    5:469a
ARENSBERG, W.
    1:308a
ARENSDORFF, L.
    4:267a
ARENTS, G.
    2:696b
    3:415b, 416a(2)
    5:60a
AREVALO, C.
    1:469b
    5:231b
ARGAND, E.
    3:237a
ARGAWALA, V.S.
    4:198b
ARGENTI, P.P.
    3:262a
    4:127b
ARGLES, M.
    3:72b
ARIENS KAPPERS, C.U.
    3:296b, 430b, 433b(2)
ARIES, E.
    1:225a
ARIETI, S.
    3:435a
ARINCHIN, N.I.
    2:28a
    3:446b
ARISTOV, A.V.
    2:518b
ARIYAMA, K.
    3:153a, 175b
ARKELL, A.J.
    4:211b
ARKELL, W.J. (SANDFORD)
    4:34a
ARLT, C.F.
    3:440b

ARMAINGAULD, A.
    2:102a
ARMAO, E.
    1:286b
    5:221b, 330a, 447a, 476b
ARMAS, J. DE
    1:565a(2)
    3:381a
    5:375a
ARMATTOE, R.E.G.
    1:229a
    3:74b
ARMBRECHT, E.C.
    1:601b
ARMBRUSTER, L.
    3:533a
ARMELLINI, G.
    1:457b
    3:202a
ARMIJO, R.
    2:487b
    5:393b
ARMITAGE, A.
    1:38a, 105b, 174a, 244a, 279b(3), 280a,
        280b, 332b, 352b, 402b, 565b
    2:34b(2), 312a, 317b, 360b, 718a, 737b,
        750a
    3:23a, 157b, 199a
    5:125a, 126b, 127a, 229a
ARMSTRONG, A.
    3:600b
ARMSTRONG, D.M.
    1:134a(2)
    3:28a, 343b
ARMSTRONG, E.
    1:389b
    2:145a
    5:94a, 321b
ARMSTRONG, E.A.
    3:328a
ARMSTRONG, E.F.
    1:295a, 427b
    3:177a
    5:91a
ARMSTRONG, E.V.
    1:492a
    2:484b, 690b(4)
ARMSTRONG, G.T.
    3:160b, 190b
ARMSTRONG, H. E.
    1:340b
ARMSTRONG, H.E.
    1:141a, 251b
    2:189a, 630a
    3:580a
    5:425a
ARMSTRONG, J.M.
    2:364b
ARMSTRONG, T.E.
    3:267b
ARMSTRONG-JONES, R.
    2:8b(2)
ARMYTAGE, W.H.G.
    1:207b, 285a, 390a, 513a, 572a
    2:126a, 333b, 346a, 353a, 408b(2),
        613a, 659b, 751a
    3:(2), 72b, 539a, 544a, 545b, 547b, 616a
    5:105a, 106b, 208b, 277a, 301b, 414a,
        414b, 449b
ARNDT, W.
    3:313b
ARNE, J.T.
    4:391a
ARNE, T.J.
    4:241b, 326a

5:134a
ARNECKE, F.
 5:49b
ARNESON, E.P.
 3:248a
ARNETT, J.H.
 3:443a
ARNHOLD, E.
 1:495a
ARNIM, H. VON
 2:337a
ARNIM, S. VON
 1:228a
ARNIM, S.S.
 2:61b
 5:169b
ARNOLD, C.H.
 3:452a
ARNOLD, D.
 4:10a
ARNOLD, E.V.
 4:158b
ARNOLD, G.
 3:557a
ARNOLD, H.
 3:430a
 4:363b
ARNOLD, H.L.
 1:470b
 2:766b
 3:480a
ARNOLD, J.R.
 3:175a
ARNOLD, M. (JOY)
 2:456b
ARNOLD, M.K.
 1:110b
ARNOLD, T.W.
 1:154b, 197a
 4:383a, 424a, 435a
ARNOULD, M.A.
 3:78a
ARNOULD, M.F.
 1:130b
 3:529b
ARNOUX, A.
 1:467a
ARON, M.
 1:659a
ARON, R.
 1:234b
ARON, W.
 1:442b
 2:498a
ARONS, A.B.
 2:228b
 3:27b
ARONSON, S.
 2:83a
 3:492b
 5:204b
AROU, R.
 2:282b
ARREAT, L.
 3:47a
ARRHENIUS, S.A.
 2:259b
 3:184a, 192a, 213b(2), 214a, 215a
 5:324b, 326b, 478b
ARRIGHETTI, G.
 4:119a
ARRIGHI, G.
 1:36b, 175b, 176b, 276b, 309b, 507b(3)
 2:141a, 141b, 167a, 177b, 214a(3), 343a, 437a, 439a, 504b, 721b

4:307a, 307b, 319a
 5:5a, 13b, 158b, 193a(2), 201a, 206b, 216b(2), 330b, 431a, 449a
ARRIGONI, C.
 1:215a
 5:402b
ARRINGTON, G.E.
 3:439b
ARRINGTON, G.E. (RIESE)
 2:205a
 5:383b
ARROW, G.J.
 3:322b
ARROWOOD, C.F.
 1:427b
ARRUGA, A. (AMSLER)
 3:439b
ARSALAN, S.
 4:387b
ARSANDAUX, H. (RIVET)
 4:283a
ARSHAN, B.
 1:436b
 5:205b
ARSHAVSKII, I.A.
 2:603b
 3:428b
ARTAMONOV, I.D.
 3:588a
ARTELT, W.
 1:288b, 345a, 579a, 591b
 2:43b, 114a, 145a, 172a, 176b, 214b, 270a, 274b, 289a, 319b, 514b, 587b, 702b, 705a, 754b
 3:20a, 20b, 369b, 372a, 374a, 387b, 398a, 398b, 426a, 484b, 493b, 494b, 516a
 4:9b, 12a, 28b, 93a, 136b, 138b, 337a, 343a(2), 445b
 5:59b, 155b, 167b, 244a, 263b, 400b, 456b, 507a, 544a
ARTHAUD, G.
 4:85a
ARTHOS, J.
 3:65a
 5:229a
ARTHUR, J.
 2:731a
 3:591b
ARTHUS, N.M.
 3:464b, 468a(2)
ARTIGAS, M.
 2:171b
ARTIGNAN, J.
 4:95b, 382b
ARTINANO Y DE GALDACANO, G. DE
 3:555b
ARTOBOLEVSKII, I.I.
 3:130a, 562a
ARTOM, E.
 1:462a
 4:108b
 5:115b
ARTSCHWAGER, E.F.
 3:304b
ARTZ, F.B.
 4:303b
 5:176a, 284b, 415a
ARUTIUNIAN, A.K.
 4:382b
ARZT, T.
 5:380b
ASBELL, M.B.
 2:134b, 156a
 4:49a, 73b, 138a, 442a

5:274b, 548a
ASCHNER, B.
 2:275a, 275b
 3:375b(3), 378a, 459a, 483a
 5:71b, 83b
ASCHOFF, L.
 1:546a
 2:594a
 3:298b, 360a, 445a, 473b
ASCOLI, A.
 3:301a
ASCOLI, G.
 5:104a
ASGIS, A.J.
 3:443b
ASH, E.C.
 3:532b
ASH, L.
 3:372a
ASHBROOK, J.
 1:19b, 176b, 195a, 227a, 553b, 566a, 612b
 2:24a, 30b, 49b, 285a, 293b, 313a, 317b, 445b, 451a, 459b, 513a(2), 608b, 614a
 3:212b(2), 213b, 215a
 4:287b
 5:125a, 214a, 215a, 215b, 216a, 329b, 330a, 330b, 331a, 331b, 332a(6), 332b, 428b, 488b, 523b
ASHBURN, P.M.
 3:461a
 5:270a
ASHBY, E.
 3:49a, 545a
ASHBY, T.
 4:158b, 159a
 5:457a
ASHBY, W.R.
 3:430b
ASHCROFT, E.W.
 1:406b
ASHDOWN, A.A.
 1:141a
ASHDOWN, C.H.
 4:367b
ASHHURST, A.P.C.
 2:101a
 5:409b
ASHLEY, W.
 1:158b
 2:148b
 3:537a
 5:174a
ASHLEY-MONTAGU, M.F.
 See MONTAGU, M.F.A.
ASHMAN, R.
 3:70a
ASHMORE, J.
 3:59b
ASHTON, H.
 4:264b
ASHTON, T.S.
 1:287b, 310a
 2:513b, 721a
 3:132b
 5:290b, 413b, 423a
ASHWORTH, J.H.
 1:312a
 2:506b
ASIMOV, I.
 3:14b, 45b, 47b, 277a
ASIN PALACIOS, M.
 1:1a, 30b, 84a(4), 86b, 117a, 307b(4), 405b, 483a, 483b(3), 614b(2), 620a, 621a(2), 623b(5), 626a, 627b, 640b,

ASKENASI

ASKENASI (cont.)
661a(2)
2:147a, 202b, 282b, 309a, 388a, 399a, 468a, 478b, 540a, 563a
4:141a(3), 297a, 392a(2), 393a, 413b, 414a, 414b, 434a, 434b
5:137a
ASKENASI, J.
1:129a, 441b
2:652b
ASLAN, K.
4:381a
ASLIN, M.S.
3:521b
ASMALSKY, F.
2:144b
4:156b
ASMOUS, V.C.
1:145a
2:266b, 392a, 549b, 581b
3:307a
5:354a
ASMUNDSON, V.G.
3:533a
ASMUS, R.
1:76a
ASMUS, V.F.
2:5a
5:215a
ASPELIN, G.
1:296b
2:106a
3:90a
5:109b
ASRATYAN, E.A.
2:459a
ASSAF, S.
2:429b
ASSEN, J. VAN (MEYERDING)
2:156b
5:403a
ASSIRELLI, O.
2:559a
ASTEGIANO, G.
1:354b
ASTER, E. VON
1:331b
3:14b
ASTIN, A.V.
3:52b
ASTON, F.W.
3:188a(4), 189a
ASTRUC, P.
1:212a, 344a
2:197a, 375b, 593a
5:242b
ATANASSIEVITCH, X.
1:201a(2), 383b
2:369a
4:113a
5:11b, 12b
ATES, A.
1:12a
ATHANASSOFF, D.
2:464b
ATKINS, W.R.G.
2:644b
ATKINSON, A.D.
1:330b, 655b
2:749a, 751b
3:72a
ATKINSON, B.F.C.
4:144b
ATKINSON, F.
3:564b

ATKINSON, G.
5:27b, 134b, 195a
ATKINSON, R.J.C.
4:6a
ATLAS, S.
2:131a, 429b
ATORS, K.I.
3:543b
ATTWATER, A.
2:739a
3:616b
ATWOOD, A.C. (BLAKE)
3:311a
ATWOOD, M.A.
3:196a
ATZ, J.W.
3:325a
ATZENI, V.
3:354b
AUBANEL, P.
1:456a
2:568a
AUBERT DE LA RUE, E.
3:225b
AUBERT, M.
2:769b
4:300b
AUBERT, P.
5:170a
AUBERT, T.
1:79b
AUBOYER, J.
2:155a
4:201a
AUBRY, A.
1:333b, 413b
3:125b
AUBRY, M.
3:442b
AUBRY, P.V.
1:142a
2:190a, 213b
AUCHMUTY, J.J.
2:59a
AUCHTER, H.
1:139b
2:66b, 227a, 529b
AUDEBEAU, C.
4:30b, 50b
AUDIN, M.
2:736b
3:584b
5:93a
AUDISIO, F.
3:124a
AUDISIO, G.
4:432a
AUDOUIN-DUBREUIL, L. (HAARDT)
3:263a, 265b
AUDRY, S.
2:51a
AUDUBERT, R.
1:47b
AUDUBON, M.R.
1:80a
AUDUS, L.J.
3:310b
AUER, A.
1:165a, 651b
4:444a
AUER, E.
3:479b
AUERBACH, E.
1:307b

AUERBACH, F.
1:1b
2:775b(2)
3:35a, 134a(2), 141a, 592b(2)
AUFFRAY, Y.
5:365a
AUFRERE, L.
1:178b(2)
4:3b
5:432a
AUGE-LARIBE, M.
3:521a
AUGER, L.
1:332b, 335a
2:175a, 199b, 407a(3), 443a
5:119a, 121a, 124a, 127b
AUGER, P.
3:1b, 27b, 71a, 137b, 166a, 172a, 181a
AUGER, P.E.
3:574a
AUGUSTIN, H.
2:509a
5:383a
AUGUSTIN-NORMAND, P.
5:417a, 483a
AULIE, R.P.
2:635b
AUNG, M.H.
4:257a
AURIC, A.
1:512a
AURNER, N.S.
1:235b
AUROUSSEAU, L.
2:136a
AUROUSSEAU, M.
3:245a, 246a
AUSSERER, K.
1:157a
5:131b
AUSTIN, A.L. (STEWART)
3:421b
AUSTIN, H.D.
1:74a
2:405a, 566b
4:302b
AUSTIN, R.B.
3:390a
AUSTIN, R.G.
4:111b
AUSUBEL, H.
1:262b
2:139b
3:605a
AUTENRIETH, -.
5:396b
AUVIGNE, R.
5:282b
AVAKUMOVIC, I. (WOODCOCK)
2:31a
AVALON, A.
4:200a
AVALON, J.
1:35b, 427a(2), 481a, 488a(2)
2:157a, 315a, 351a, 397a
3:387b
4:49a, 335b, 348b
5:78b(2), 170a, 268a, 274a
AVELOT, R.
4:265a, 265b
AVENARIUS, R.H.L.
5:308b
AVENEL, G.D'
3:553a

AVERBUKH, A.I.
  2:170a, 237a, 306b, 769a
  5:431b
AVERDUNK, H.
  2:172b
AVERY, G.S.
  1:317b
  5:354a
AVERY, H.
  1:126b
AVEZAC, M.A.P. D'
  2:522b
AVI-YONAH, M.
  4:146a
AWAD, G.
  4:435b
AWBERY, J.H.
  1:660b
  2:93a
  5:420a
AWECKER, H.
  3:85a
AXELSON, B.
  2:463a
AXELSON, E.
  3:266a
AYAD, M.K.
  1:625a
AYALON, D.
  4:433b
AYBERK, N.F. (UNVER)
  3:440a
AYDINER, H.
  3:406a
AYER, A.J.
  3:42a, 93a
AYMARD, J.
  4:158b
AYNSLEY, E.E.
  1:350a
AYRES, C.
  1:610a
AYRES, E.
  3:546a
AYSCOUGH, F.
  4:233a
AYUSAWA, S.
  2:399b
  4:252a
  5:29b
AYYANGAR, S.K.
  4:184a
AZAIS, R.P.
  4:264a
AZEVEDO DA SILVA RAMOS, B. DE
  4:276a
AZEVEDO, J.F. DE
  See FRAGA DE AZEVEDO, J.
AZNAR-GARCIA, J.
  3:447b
AZO, R.F. (STAPLETON)
  1:636a
  2:17b, 389a
  4:399a
BAAS BECKING, L.G.M. (VEENDORP)
  2:715a
BAAS BECKING, L.G.M. (VENDORP)
  3:308b
BAAS, K.
  2:411a, 624b(2)
  3:421b
  4:339a, 340b(2), 341a, 346b
BABARIN, P.
  1:168b(2)
  5:314b

BABB, L.
  5:157b(2)
BABCOCK, E.B.
  1:127a
  3:293b(2)
  5:351a
BABCOCK, H.D.
  3:167b
BABCOCK, W.H.
  4:324a, 327b
BABELON, E.
  1:643b
  2:443b
BABELON, J.
  2:146a
  4:153a
BABICZ, J.
  2:211b, 339b, 384b
  5:337a, 361a
BABINGER, F.
  1:119b(2), 356a
  2:206b, 385a(2), 439b, 451a, 451b, 473a
  4:169a, 433b, 435a
  5:127b, 137a, 158b
BABINI, J.
  1:36a, 49a, 50a, 104a
  2:71a, 181b, 287b(2)
  3:1b, 16b(2), 70b(2), 71a, 124a
  5:310b, 484a, 488a
BABINI, J. (PAPP)
  3:5a
  5:3b, 102a, 185a, 230a, 242a, 299b,
    332b, 347b
BABINI, J. (REY PASTOR)
  3:101a
BABINI, R.D. DE
  3:10a
BABKIN, B.P.
  2:290b, 291a
BABSON, G.M.
  2:224a
BACCHI DELLA LEGA, A.
  2:575b
BACCHIANI, A.
  2:582a, 582b
  5:37a
BACCHINI, A.
  2:43a
BACCOU, R.
  4:98b
BACH, A.
  1:115b, 495a
  2:51b
  5:225a
BACH, J.
  5:34a
BACH, L.
  2:163b
BACHATLY, C.
  4:34a
BACHE, F.
  1:437a
  5:219b
BACHELARD, G.
  1:337a
  3:16b, 30a(2), 42a, 43b, 45b, 142b,
    147b, 159a, 170a, 182b
  5:128b
BACHELARD, S.
  1:609a
  3:97a, 142b
BACHELIER, L.
  3:132a
BACHELIN, H. (CELLIER)
  3:592b

BACHHOFER, L.
  4:211a
BACHMACOVA, I.
  See BASHMAKOVA, I.G.
BACHMAN, G.W.
  3:417a
BACHMAN, M.
  3:382a
  5:463b
BACHMANN, P.
  1:413a
  3:123a
BACHOFFNER, P.
  1:523b
  2:481a
  4:354b
BACHRACH, A.G.H.
  1:613a
  5:104a
BACHTOLD-STAUBLI, H.
  3:353a
BACK, W.
  5:334a
BACKBIER, F.G.
  5:116b
BACKER, H.J.
  1:164a
  3:187a
  5:212b
BACKMAN, E.L.
  3:387b
BACLAJANSCHII, A. (BOLOGA)
  5:394b
BACON, E.
  4:18b
BACON, F.
  3:555b
BACON, J.R.
  4:122b
BACOT, J.
  2:149b, 182b
BACQ, Z.M.
  3:287b(2)
BACQUIE, -.
  5:291b
BACRI, J.
  4:446b
BACSTROM, S.
  5:212b
BADASH, L.
  2:353b
  5:209b
BADAWI, 'A.AL-R. AL-
  1:65b, 562a, 621a
  4:388a, 392b
BADCOCK, A.W.
  2:751a, 751b
  5:202b, 205b
BADDELEY, J.F.
  4:169b
BADDILEY, J.
  1:509b
BADE, P.
  3:489b
  5:507a
BADE, W.F.
  2:207b
BADER, A.
  5:383b
BADEY, L.
  1:204b
  5:241b
BADOLLE, M.
  1:112a
  4:98a

BAEGE

BAEGE, B.
3:532b
BAEHNI, C.
1:220a, 314a, 499b
2:97b
3:313a(2)
BAEHR, G.
3:421a
BAEHR, U.
3:218b
4:23b, 41b
BAEKELAND, L.H.
1:471a
2:620b
3:583b
5:422a
BAEKELMANS, W.
3:118b
BAER, F.
1:3b, 293a
2:129b
4:439a
BAER, K.A.
1:415b, 500b
3:500b
5:166b
BAER, M.
5:251a
BAER, W.H. (POLLAK)
2:649a
BAERENTSEN, K.
1:112b
5:172a, 279a
BAERLEIN, H.
1:6a
BAERWALD, R.
3:346b
BAETSLE, P.L.
3:249a
BAEUMKER, C.
1:32b, 98b, 522b
2:369a, 633a(2)
4:297b, 305b, 345a
BAEYER, J.F.W.A. VON
2:501b
BAFFIONI, G.
1:52b, 575b
2:266a, 537a
4:377a
BAFFONI, A.
3:443a
BAGBY, P.
3:350b
BAGCHI, P.C.
4:170a
BAGINSKI, H.
2:412a
5:342b
BAGLEY, W.C.
5:411a
BAGLIONI, S.
1:122a, 220b, 398a
2:194a, 391b
3:401b, 428a
4:27a, 80a
5:145b, 260a, 475b, 547a
BAGNOLD, R.A.
3:263a
BAGROW, L.
1:444a, 468a, 472a, 589b
2:22a, 255b, 342a, 361b, 395a, 421b, 498b, 594b, 606a, 649a
3:250b(2), 251b, 257b
4:230a, 323b
5:28a, 29b, 30b(2), 32a, 33b, 131b, 133b(2), 134a, 221b
BAGUR, D.B.
5:405a
BAIAO, A.
5:35b
BAIDAFF, B.I.
1:394a
BAIDUKOV, G.F.
3:266a
BAIER, E.
1:499b
BAIER, W.
3:596b
BAIKIE, J.
4:34b
BAIKOV, A.A.
2:660a, 742b
3:206b
BAIL, -.
1:432b
5:79b
BAILAR, J.C.
3:183a
BAILBY, -.
4:129b
BAILEY, C.
1:383b
2:116b
4:113a, 145a
BAILEY, C.E.G.
3:65a
BAILEY, E.
2:120b(2), 183b, 698a
3:232a
BAILEY, E.B.
1:475b, 552a, 609b(2)
3:237b
BAILEY, E.W. (RITTER)
3:280b
BAILEY, G.H.
1:569a
BAILEY, H.
3:370b
BAILEY, H.S. (TUCKER)
3:131a
BAILEY, H.W.
4:172b, 203a, 254a
BAILEY, I.W.
3:304b, 309b
BAILEY, J.W.
1:102b
BAILEY, K.C.
2:334b, 334b(2)
4:149b, 161a(2)
BAILEY, L.H.
3:304b, 305a
BAILEY, P.
2:601b
5:244a
BAILEY, S.I.
2:700b
3:205b
BAILEY, V.
2:219b
5:339a
BAILEY, V.A.
2:145b, 344b
BAILEY, W.
3:236b
BAILKEY, N.M.
2:1a
4:71a
BAILLAUD, B.
2:737b
3:206a
5:330a, 444a, 445a, 450b, 463a, 481b
BAILLAUD, R.
2:84b
3:86a
5:513b
BAILLET, J.
4:37b(2)
BAILLET, L.
3:518a
BAILLIE, G.H.
1:612b
3:589a, 590b
BAILLIE, J.
3:62a(2)
BAILLOT, A.
2:452b
5:309a
BAILY, J.L.
2:723a, 723b
5:229b
BAILYN, B.
5:286a
BAILYN, L. (BAILYN, B.)
5:286a
BAIN, D.C.
5:82b
BAIN, H.M. (ROSENBERG)
3:603a
BAIN, J.
3:416a
BAINES, J.W. (BRADLEY)
2:721b
3:616a
BAINES, W.H.
4:225a
BAINTON, R.H.
1:231b, 386a
2:465a(3), 466a, 559a
5:66b
BAIRSTOW, L.
1:202a
2:45b
BAISIER, L.
4:321a
BAISSETTE, G.
1:573b(2)
BAITSELL, G.A.
3:288b, 334a
BAJRASZEWSKA-ZIEBA, A.
2:490b
5:175b
BAKAN, D.
1:441a
BAKELESS, J.
1:258a
2:86a
BAKER, A.A.
3:188b
BAKER, B.B.
1:612a
BAKER, C.
4:88b
BAKER, E.F.
3:547a
BAKER, G.L.
2:767a
3:523a
BAKER, G.P.
4:210a(2)
BAKER, H.
3:90a
4:286a
BAKER, H.F.
1:129b
2:122a

BAKER, H.G.
  1:118b, 220a, 318a, 594b
  3:290b
  5:234b, 290a, 356a
BAKER, J.N.L.
  1:226a
  2:188b, 491a
  3:244a, 258a
  5:130b, 134b, 221a, 337b
BAKER, J.R.
  1:195a, 527a
  2:200b, 527b, 529b, 557a(2), 595a
  3:47b, 50a, 52a, 58b(3), 285b, 298b
  5:232b, 302a, 351b
BAKER, J.R. (DALE)
  2:121b
BAKER, J.R. (THOMPSON)
  3:48a
BAKER, J.T.
  5:187a(2)
BAKER, K.M.
  1:274b
  5:187a
BAKER, M.P.
  2:639b
BAKER, O.
  3:593b
BAKER, P.H.J.
  3:565a
BAKER, R.
  1:157a
BAKER, R.A.
  3:52b
BAKER, R.M.
  2:201b
BAKER, R.P.
  1:369a
  2:574a, 744a
  3:68b
  5:304a
BAKER, R.ST.B.
  3:314a
BAKHMUTSKAIA, E.I.
  2:256b, 503b
  4:193b
BAKHVALOV, S.V.
  1:491b
BAKKER, C.
  1:64a, 381b
  2:254a
  3:403b, 444a, 451a, 511a
  4:92b(2), 137b, 172a
  5:170b, 171a, 261a, 545a
BAKOS, J.
  1:109b
  2:202b
  4:439b
BALASHEV, L.L.
  1:318a, 382a
  5:351a
BALCKE, C.
  2:688a
  3:620b
BALD, R.C.
  1:241b
  5:282b
BALDACCI, A.
  1:26b
  2:78a(3), 78b(3)
  3:312a
  5:83a, 438a
BALDENSPERGER, F.
  1:108b, 247a
  2:88a
  5:195a, 308a, 352b, 414a

BALDERSTON, W.
  1:565b
BALDET, F.
  1:421b
  2:34a
BALDINGER, M.
  3:495a
BALDINO, M.
  1:240a
  5:237b
BALDRY, H.C.
  4:144b
BALDRY, H.C.
  1:567a
BALDWIN, A.W.
  2:174a
  5:426b
BALDWIN, E.
  3:286b(2)
BALDWIN, F.G.C.
  3:598b
BALDWIN, R.T.
  3:580b
BALEN, W.J. VAN
  4:281a
BALFOUR, A.
  3:478a
BALFOUR, D.C.
  3:369b
BALFOUR, M.I.
  3:406b
BALIC, C.
  1:365a(2)
BALINT-NAGY, S.
  2:437a
  5:53b
BALIS, J.
  3:307a
BALK, N.
  4:9b
BALKE, S.
  3:184a, 566b
BALL, C.J.
  4:71a, 245b
BALL, G.B.
  1:351a
BALL, J.
  2:2b
  4:42b, 90b
  5:541b
BALL, J.M.
  1:536a
  2:546a
  5:365a, 378a, 404b, 466a, 471b, 475b, 494b
BALL, N.T.
  3:550b
BALL, S.H.
  2:334b
  4:149b
BALL, W.R.R.
  1:394b
BALL, W.W.R.
  3:99a, 111a, 133b
BALLABH, R.
  4:191b, 195b
BALLANCE, C.A.
  3:490a
BALLAND, A.
  2:279a, 419a
  3:507b(2)
  5:252a
BALLARD, C.W.
  2:674a
  3:510a

BALLARD, J.F.
  2:671b
  5:51b
BALLARD, J.F. (VIETS)
  5:73b
BALLARD, K.E.
  2:66a
  5:103b
BALLENEGGER, R.
  3:525b
BALLENTYNE, D.W.G.
  3:183b
BALLESTEROS BERETTA, A.
  1:31a
  5:37a
BALLINTIJN, G.
  2:424b
BALLOT, C.
  1:639b
  5:292b
BALLY, E.
  3:126b
BALLY, W.
  3:583b
BALME, D.M.
  1:63a
  2:538a
  4:111b, 113a, 124a
  5:439b
BALMER, H.
  3:14b, 234a(2)
BALMER, L.
  2:550a
BALOGH, J.
  3:610a
BALSAC, R. DE
  1:241b
  5:60b
BALSS, H,
  2:5a
BALSS, H.
  1:22a(2), 24b(3), 64a, 453a
  2:19a
  3:324b
  4:91a, 124a(3), 287b, 329b
  5:46b
BALTA, J.
  2:378b
BALTAR DOMINGUEZ, R.
  4:339a
BALTZER, F.
  1:181b(2), 182a
  3:294a
  5:444a
BALY, E.C.C.
  1:266a, 301a
BALZ, A.G.A.
  1:180a, 331b(2), 335a
  5:231a
BALZ, E.O.E. VON
  3:406b
BALZAC, J.B.M.B. DE
  4:332b
BALZLI, H.
  4:334b
BAMBOAT, Z.
  5:226a
BAMFORD, P.W.
  5:295b
BANACHIEWICZ, T.
  3:203b
BANCROFT, J.A.
  3:572b
BANCROFT, W.D.
  3:36b

BANDELIER, A.F.A.
2:199a
4:269a
BANDTLOW, F.W.O.
2:650a
BANDYOPADHYAY, P.
3:142b
BANERJEE, B.
2:211a(2)
BANERJEE, B. (PATHAK)
4:181a, 195a
BANERJEE, G.N.
4:187b
BANERJEE, N.
2:8a
BANERJI, S.K.
3:224b
BANFI, A.
1:456a
BANFI, F.
2:524b
5:32a, 470a
BANINA, N.N.
1:166a
5:357b
BANKOFF, G.A.
3:485b
BANKS, A.L.
2:511a
BANNERJEA, B.
4:188b(2)
BANNERMAN, D.A.
3:328b
BANNING, P.W.
3:87a
BANNISTER, C.O. (GARLAND)
4:52b
BANNISTER, F.A.
2:548b
BANSE, E.
1:602a
3:244a, 258b
BANUS Y COMAS, C.
4:326a
BAPAT, P.V.
4:203a
BAR-SELA, A.
1:581a
2:134b
4:440b
BARABASHEV, N.I.
2:269a
BARACH, J.H.
3:378a, 448b
BARADLAI, D.
2:272a
BARADLAY, J.
3:506a
BARAGAR, C.A.
2:620a
5:241b
BARAHONA, R.
3:461b
BARAJAS-GARCIA-ANSORENA, J.M.
3:442a
BARANI, S.H.
1:87b, 152a(2), 154b
2:140b, 250b
4:406b, 409b
BARANOV, P.A.
3:310a, 312a
BARANOVSKAYA, L.S.
4:181a
BARANOWSKI, H.
1:279b

BARANY, R.
3:442a
BARATONO, A.
2:497b
BARATTA, M.
1:220b, 472a
2:78a(4), 265a
3:554a
5:33b, 34b, 89a, 416a
BARB, A.A.
3:513b
BARBAGALLO, C.
3:1b
BARBARIN, P.
1:596b
2:549b
3:130b, 143b
5:310a
BARBAROSSA, C.
5:57b
BARBAULT, A.
3:220b
BARBE, A.
5:382b
BARBEAU, M.
4:272a
BARBENSI, G.
1:139b, 174a(2)
2:263a
5:156b
BARBER, B.
3:28b, 52b, 53a, 55a, 55a(2)
4:274a
BARBER, B. (MERTON)
2:492b
BARBER, G.L.
1:383a
4:144a
BARBER, H.L.
3:557a
BARBER, M.A.
3:478a
BARBEZIEUX, G.
4:94b
BARBIELLINI AMIDEI, A.
3:400b
BARBIERI, L.L.
4:237b
BARBILLION, L.
1:550b, 660b
2:35a, 37b, 304a, 555a
3:360a
5:49b, 53b, 144a, 173a, 254b, 266b
BARBOSA SUEIRO, M.B.
1:130b
3:297a
4:342a
BARBOSA, A.
2:598a
5:22b
BARBOT, A.
1:638a
BARBOT, M.
3:396a
BARBOUR, A.H.F.
2:492a
BARBOUR, J.M.
1:222a
2:368b
3:159a(2)
4:112b, 223b
5:113a
BARBU, G.
3:372b, 404b

BARCINSKI, F.
2:241a
BARCLAY, A.E.
3:455a
BARCLAY, E.N.
5:360a
BARCLAY, W.
4:33b
BARCROFT, J.
1:258a
3:446b, 464a
BARD, P.
1:275b
BARDE, R.
4:223a
BARDECHE, M.
3:597a
BARDHAN, U.C.
4:191b, 286b
BARDONG, K.
1:449b, 574a
BARDUZZI, D.
1:207a, 237b, 404a, 457b, 459b, 571a, 653b
2:157b, 364a, 495a, 566b(2), 572b, 602b, 758b
3:360a, 375a
4:153a, 153b(2), 331b, 339a, 349a
5:62b, 156a
BARGAGLI-PETRUCCI, G.
2:376b
BARGALLO, M.
1:469a(2)
2:58b, 110a, 165b
3:571b
5:91a, 211a, 212a, 424a(2)
BARGE, J.A.J.
2:715a
3:425b
5:249b, 516b
BARGER, E.
4:180a
BARGER, G.
3:464a
BARGHEER, E.
3:443b
BARGRAVE-WEAVER, D.
1:39a
4:117b
BARGUET, P.
2:17a
4:55a
BARIETY, M.
1:30a, 42b
2:91b
3:360a
4:377a
5:263a
BARJAC, C.
1:428a
BARJON, L.
2:530a
3:381a
BARK, W.
1:164b(2)
2:535b
4:293a
BARKER, E.
3:1b, 48b, 71a, 616b
BARKER, J.E.
1:344a
5:188b
BARKER, T.C.
2:316b
3:581b

BARKER, W.H.
3:250b
BARKHUUS, A.
3:407a, 409b, 460b
BARKLEY, A.H.
1:196b, 203a, 216a, 361a
2:377a
5:368a
BARKOV, A.
2:726a
3:247a
BARLOW, F.
3:106a
BARLOW, N.
1:315b(2), 319b
BARMAN, C.
3:551a
BARNABY, K.C.
3:555b
5:524a
BARNARD, C.C.
1:488a
2:402a
5:74b
BARNARD, C.I.
3:345a, 550a
BARNARD, F.P.
3:120a
BARNARD, H.C.
3:617a
5:182b, 522b
BARNARD, K.H.
2:484a
5:358a
BARNARD, N.
4:241b
BARNECK, A.
3:86a
BARNES, A.
2:59a
BARNES, A.S.
3:616a
BARNES, B.A.
3:464a
BARNES, E.C.
2:643a(2)
BARNES, E.W.
3:62a(3)
BARNES, H.
4:153b
BARNES, H.E.
1:95b
3:1b, 16b, 22a, 331a, 348a, 349a,
354b(3), 384b, 545b, 607a
BARNES, S.B.
3:605b
5:102b
BARNES, W.H.
1:198a, 429a
2:528a
5:154a, 539a
BARNETT, G.R. (NOVAK)
3:66a
BARNETT, L.
1:376b
3:150b
BARNETT, L.D.
4:186b(2)
BARNETT, M.K.
1:225a
3:159a, 160a
BARNETT, P.R.
1:525a(2)
2:750a

BARNETT, S.A.
1:316a
3:288b
BARNHARDT, J.H.
2:730b
5:304a
BARNHART, J.H.
3:303b
BARNICH, G.
2:490b
BARNICKEL, J.B.
1:259a
5:24b
BARNOUW, A.J.
3:77b
BARNS, J.W.B.
1:575b
BAROCAS, V.
3:207a
BARON CASTRO, R.
5:36a
BARON, H.
1:476a, 518a
5:5b(3), 6a, 11a
BARON, R.
1:601a, 601b
4:309a(2), 309b
BARON, S.
2:416b(2)
5:181a
BARON, S.W.
2:131b(2), 503b
3:357b
4:74a, 299b
BARON, W.
1:15b, 159b(2), 195a, 318a, 566a
5:186b, 232a, 349b
BARONCINI, R.
2:572b
BARR, E.S.
1:297b, 298a, 463b, 566a, 656b, 657a
2:45b, 167b, 509b
3:14a, 137b, 165b, 167b, 168a
5:320b, 538a
BARR, M.M.H.
2:600b, 602a
BARRAUD, G.
1:453a
2:92a
3:456a
4:94b, 95a, 128a, 130a, 131b, 289a
5:53b
BARRE, P. (LAIGNEL-LAVASTINE)
1:309b
5:257a
BARREIRO, A.J.
1:262b
4:261a
5:135a
BARREIRO, P.A.
1:568b
5:224b
BARRELL, H.
2:386a, 386b, 728b
5:316a
BARRESI, G.
3:225a(2)
BARRET, LE R.C.
4:207a
BARRETO DE ARAGAO, E.M.
3:482b
BARRETT, F.
3:197b
BARRETT, H.M.
1:164b

BARRETT, J.T.
5:267a
BARRETT, N.R.
2:487b
BARRETT, O.W. (VERRILL)
3:527b
4:274b
BARRETT, P.H.
1:314a
BARRETT, W.F.
2:762a
3:243b, 348b
BARROIS, A.
4:57b
BARROIS, C.
1:140b, 506b
2:634a
3:578a
5:495a
BARROIS, H.
4:75b
BARROS, B.
3:430b
BARRUCAND, D. (KISSEL)
1:138a
2:89b
5:362b
BARRY, F.
3:16b, 42a
BARRY, I.
2:191b
BARRY, M.E.
3:560a
BARRY, M.I. (DEFERRARI)
2:261a, 539b
BARSKY, A.J.
1:432b
5:79a
BARTELS, J. (CHAPMAN)
3:234a
BARTELS, M.
4:273b
BARTELS, M. (PLOSS)
3:452b
4:8b
BARTELS, P. (PLOSS)
3:452b
4:8b
BARTELS, W. VON
4:86b, 235b
BARTH, A.
4:185b
BARTH, H.
1:335a
5:103b
BARTH, K.
1:43a
BARTHEL, E.
1:498b
2:41b
3:42a
BARTHELEMY, R.
1:247a, 295a
5:430b
BARTHELMESS, A.
3:293a
BARTHOLD, V.V.
4:169a, 179a, 180b(2)
BARTHOLD, W.
2:567a
4:177a
5:534a
BARTLETT, A.A.
1:272b
3:171a

BARTLETT

BARTLETT, F.C.
2:123a, 210b
4:8b
BARTLETT, H.H.
3:313a
4:252b
BARTLETT, R.A.
1:549a
2:20b, 348b, 621b
5:335a
BARTLETT, W.
1:138a
BARTLEY, W.W.
3:36b
BARTOK, I.
3:440a(2)
BARTON, B.S.
1:114a
BARTON, D.B.
3:571b
BARTON, G.A.
4:57a, 69a, 71a
BARTON, S.G.
1:362a
2:392b
3:212b
5:24a
BARTON, V.P.
3:148b
BARTOS, F.M.
1:271a, 280b
BARTOW, E.
3:412b
BARTRAM, W.
1:428a
BARTSCH, P.
1:304a
3:321a
BARUA, B.M.
1:77a, 147a
4:189a, 201b
BARUCH, J.Z.
4:79b, 81a
BARUK, H.
3:387b, 433b, 435b, 458a
4:74b, 79b
BARUZI, J.
3:94b, 96b
BARWICK, G.F.
2:673a
3:619b
BARY, A. DE
2:462b
BARYCZ, H.
1:282b, 550b
2:124b(2), 685b(2)
3:2a, 618a
5:8b, 306b, 433a
BARZINI, L.
1:224a
5:140a
BARZUN, J.
1:319a
2:153a, 604b
3:53a, 615b
BASALLA, G.
1:315b, 317b, 546a
2:491a
5:356b
BASANOFF, A.
4:366b
5:521b
BASCHIN, O.
2:747b
3:246b

5:341b, 462b
BASCHMAKOFF, A.
3:557a
BASCOM, W.
2:187b
3:231b
BASDEN, E.B.
1:538b
5:358b
BASH, K.W.
3:342b
BASHAM, A.L.
4:187a, 198b
BASHFORD, H.
1:440a
BASHFORD, H.H.
3:381a
BASHMAKOVA, I.G. [BACHMACOVA, I.]
1:50b(3), 391b, 394b, 396b
2:227a, 610b, 651b
3:21a, 121a
4:106b(3), 108b
5:113a, 198b, 199a, 312b
BASHMAKOVA, I.G. (IUSHKEVICH)
2:104b
BASILEVSKAIA, N.A.
1:210b
BASLEZ, L.
4:48b
BASMADJIAN, K.J.
1:36b(2), 349b, 452a
2:166b
3:404b
4:124b, 382a(3), 382b
BASMADSCHI, F.
4:65b
BASS, L.W. (HAMOR)
3:13a
BASSERMANN-JORDAN, E. VON
3:589a(3)
BASSETT, P.R.
3:560a
BASSETT, W.
3:270b
BASSLER, A.
3:443b
BASSLER, R.S.
3:231b, 238a
BASSO, L.
3:49b
BAST, T.H.
1:100b, 206b, 583a
2:33b, 489a
BASTENIE, P.A.
3:403a
BASTENIER, H.
3:480a
BASTGEN, -.
1:245a
4:293a
BASTGEN,-.
1:26a
BASTHOLM, E.
3:430b
4:348a
BASTIAN, E.
3:507b
BASTIAN, H.
4:3a
BASTIAN, H.C.
3:287b(3)
BASTIDE, R.
3:89a

BASTIN, F.E.
3:269a
BATAILLON, L.
1:10a
BATAILLON, M.
1:384b
2:597b
5:36b
BATARD, Y.
1:308b
4:299b
BATCHELDER, C.F.
2:162b, 732a
3:327b
BATCHELDER, P.M.
2:610b
5:199a
BATCHELOR, J.
4:252b
BATCHELOR, L.D. (WEBBER)
3:530b
BATEMAN, A.M.
3:238b
BATEMAN, D.
2:204a
BATEMAN, H.
1:145a, 534a, 535b
5:113a, 313a
BATEN, W.D.
3:131b
BATES, D.
4:261a
BATES, D.G.
2:644b
5:385a
BATES, H. W.
5:346b
BATES, L.F.
1:400a
BATES, M.
3:274a, 358a
BATES, M.S.
1:537a
4:241a
BATES, O.
4:50b
BATES, R.S.
2:521a
3:69b
BATESON, B.
1:117b
BATESON, G.
4:259a, 261a
BATESON, W.
2:168b, 670b
3:79a, 278a, 292b, 293a
5:498b
BATHE, D.
2:300b
BATHE, D. (BATHE, G.)
1:399a
5:287a
BATHE, G.
1:399a(3)
2:733a
3:537b, 554a
5:287a, 288a, 416b, 419b
BATHE, G. (BATHE, D.)
2:300b
BATHER, F.A.
2:486b
BATIFFOL, P.
1:511b
BATIUSHKOVA, I.V.
2:110b

3:232b, 236b, 237a
5:336b, 498b
BATLLORI, M.
1:70b
2:320b
BATRA, R.L.
4:195a
BATTELLI, G.
1:255b
2:50a
3:610a
4:302b, 331b
BATTEN, M.I.
3:565a
BATTEUX, L.A.
3:597b
BATTISON, E.A.
2:666b
3:563a, 590b
BATTISTINI, G.
2:559b
4:347a
BATTISTINI, M.
1:223a, 250a, 262b
2:119b, 218a, 254a, 285a, 348a, 372a, 378a, 494b, 566b
4:337b(2)
5:168a, 172a, 179a, 306b, 373a, 451a
BATTON, A.
2:428b
BATTS, G.C.
1:233b
BAUCH, B.
3:36b
BAUD, M.
4:37a
BAUDE, E.L.A.
3:452a
BAUDET, P.
3:563b
BAUDIN, E.
1:335b
2:282b
BAUDIN, L.
4:280b
BAUDOT, M.
1:438b
BAUDOUIN, C.
1:662b
2:551b
BAUDOUIN, M.
1:355b(2)
3:497a, 514b
4:6a, 9b, 10a(2), 10b, 11a, 12a(2), 15b, 27b, 156a
5:243a, 275b
BAUDOUX, C.
1:393a(2), 633b
2:303b, 550a
4:174a, 386b
BAUDRY, L.
1:207b, 652a
2:243b(2), 244a(3)
BAUER, A.
2:452a
BAUER, D. DE F.
1:113b
5:385b
BAUER, E.
1:290a
3:37b, 138b, 151a, 165b
BAUER, G.K.
4:315b
BAUER, H.
4:33a, 74b, 405a

BAUER, L.A.
2:106b
5:336a
BAUER, S.H. (CORSON)
1:324a
BAUER, W.
3:482a
BAUGH, A.C.
1:247b
BAUM, F.
1:142a
5:205b
BAUM, H.W.
1:658a
BAUMANN, B.B.
4:46b
BAUMANN, D.
1:481b
5:64a
BAUMANN, E.D.
1:13a, 259b, 325b, 326a, 386a, 574a, 577b
2:108b, 165b, 350a, 354a, 414a, 523a(2), 625a
3:402b, 438a, 451a, 484b
4:27b, 93a(4), 93a(6), 94a(3), 94b(4), 133b, 136a, 137a
5:152b, 164a, 164b, 265a(2)
BAUMANN, H.
1:24b
4:330a
BAUMANN, R.
3:570b
BAUME, G.
3:189a
BAUMER, F.
2:270a
BAUMER, F.L.
3:16a, 64a
BAUMERT, G.
3:348b
BAUMGARDT, C.
2:11b
BAUMGARDT, D.
3:92b
BAUMGARTEL, E.J.
1:563a
2:665a
4:34a
BAUMGARTEN, E.
1:433b
BAUMGARTEN, F.
3:344b
4:87b, 97a
BAUMGARTNER, F.
3:187b
BAUMGARTNER, L.
1:301a, 430b, 432b, 444b, 597a(2)
2:23a(3), 78b
5:251a, 387a
BAUMGARTNER, W.
4:20a
BAUMLER, E.
3:177a
BAUR, L.
1:516a
2:541a
4:297b
BAUR, M.L.
3:492b
BAUR, P.C.
1:254b
BAUVERIE, J.
3:281b

BAVINK, B.
3:30a(2), 40b, 62a, 172b, 215b
BAVINK, G.
2:123b
BAWDEN, A.T.
3:53a
BAWN, C.E.H.
2:556b
BAXA, J.
3:538a
BAXTER, G.P.
2:401a
BAXTER, J.H.
4:369a
BAXTER, J.P.
3:70a, 480a, 547a
5:529b
BAY, J.C.
1:481a
2:463a, 557a
3:273b, 314b
BAYATLI, O.
4:175a
BAYER, F.W.
5:365b
BAYER, J.
5:264a
BAYER, O.
2:237b
BAYES, T.
1:221a
5:199b
BAYET, A.
3:61a
BAYET, J.
4:88b
BAYLDON, F.J.
2:552b
5:140a
BAYLEY, C.C.
1:246a
2:304b
BAYLEY, H.
3:612a
BAYLISS, W.M.
3:282a, 286b, 426a
BAYM, M.I.
1:10b, 642b
BAYNES, N.H.
1:209a
BAYON, H.P.
1:217a, 338a, 543a, 545b, 546a(2), 547a, 589b, 650a
2:144a, 213b, 274b, 375b, 423a, 465b, 559b, 571a, 754b
3:445a
4:28a, 331b, 338a, 417a
5:64b, 86b, 252b, 390a
BAZILEVSKAIA, N.A.
2:568a
5:352b, 355a
BAZIN, G.
3:303b
BAZIN, L.
4:171a
BAZIN, R.
1:428a(2)
3:263a
BAZY, P.
1:291b
5:403b
BAZZI, F.
1:148a
2:429a, 669b(2)
3:430a

BAZZOCCHI
    4:347a
    5:51a, 266b, 381b, 469b
BAZZOCCHI, G.
    3:478a
BEACH, A.G.
    2:721b
    3:615a
BEACH, J.W.
    5:346a
BEADLE, G.W.
    1:470b
    2:208a
    3:296a, 313b
BEAGLEHOLE, J.C.
    3:270a
BEAL, E.G.
    1:381a
    2:715b
    4:250a
BEALE, G.H.
    2:549b
    3:295b
BEALE, H.B.
    3:177a
BEALL, O.T.
    1:64b
    2:156a(2)
    5:161b
BEAMAN, A.G.
    1:295b
BEANS, G.H.
    5:29a(2), 35a
BEARD, C.A.
    3:546b
BEARD, J.H.
    1:258a
    2:86a
    5:366a
BEARD, C.A.
    3:546b
BEARDSLEE, J.W.
    4:101a
BEARDSLEY, E.H.
    5:323a
BEARDSLEY, G.H.
    4:91b
BEARDSLY, H.
    4:243a
BEARE, T.H.
    5:454a
BEARN, J.G.
    3:430a
BEASLEY, H.G.
    4:263b
BEATTIE, J.
    1:120a
BEATTIE, L.M.
    1:48b
BEATTY, E.C.O.
    2:298a
BEATTY, F.M.
    2:501a
BEATTY, L.B.
    3:120b
BEATY, J.J.
    2:267a
BEAUCHAT, H.
    4:268a
BEAUDOUIN, F.
    1:181b
    2:114a, 137a, 738a
    5:151a
BEAUDOUIN, F. (LETACQ)
    1:324a
    5:365a

BEAUGE, C.
    3:507a
    4:425b
BEAUJARD, A.
    2:460a
BEAUJEU, J.
    4:95b, 146a
BEAUJOUAN, G.
    1:447b
    2:669b, 737b, 754b
    3:73b, 249b
    4:293a, 295b(2), 307b, 308a(4), 322b, 360b
    5:8a, 13b, 21b, 28a
BEAUJOUAN, G. (SARTON)
    2:37b, 38a, 194a, 526b
BEAUMONT, W.
    2:754a
    3:391b
BEAUNIER, A.
    2:281a, 284b
BEAURECUEIL, S. DE
    1:484a
    2:540b
BEAUREPAIRE ARAGAO, H. DE
    2:705b
    3:467b
BEAUVAIS, R. DE
    1:326a
BEAUVERIE, J.
    1:382b
    2:511a
BEAVER, J.
    2:624a
BEAZLEY, C.R.
    4:293a
BECCARI, A.
    3:2a, 90b
BECCARIA, A.
    1:452a, 574b
    4:297a, 332b
BECH, J.A.A.
    5:74a
BECHER, E.
    3:59b
BECHERER, A.
    2:96a
BECHERT, K.
    2:491b
BECHET, P.E.
    1:288a
    2:48b, 213b, 662b, 753b
    3:365a, 449b(2), 450a
BECK, A.
    2:673a
    3:412b, 473a
    5:370a
BECK, A. (KAUFFMAN)
    2:33b
BECK, B.F.
    3:415a
BECK, C.S.
    3:491b
BECK, C.W.
    2:500a
BECK, H.
    1:602a, 603b
    2:393b
    3:265b
BECK, H.C.
    4:32a, 211b
BECK, H.C. (SELIGMAN)
    4:242a(2)
BECK, L.J.
    1:335b

BECK, L.W.
    2:4a
BECK, M.
    3:43b
BECK, R.
    2:619b
BECK, S.J.
    3:340b
BECK, W.S.
    3:279b
BECKER, A.
    1:58a, 587b
    2:524a
BECKER, B.
    1:231b
    2:465b
BECKER, C.H.
    1:502a
    2:179b, 496a
    4:383a
BECKER, C.J.
    4:12b
BECKER, C.L.
    5:186b
BECKER, C.O.
    2:220b
    4:283a
BECKER, E.
    5:165b
BECKER, E.L. (CAMERON)
    1:192b
BECKER, E.T.
    4:198a
BECKER, F.
    3:199a(2), 551a, 587a
BECKER, G.
    1:402b
    2:555a
BECKER, H. (BARNES)
    3:354b
BECKER, K.
    3:306a
BECKER, M.J.
    3:551b
BECKER, O.
    1:61a(3), 324b, 390b, 392a, 393b(3), 573b(2)
    2:235a, 328a, 328b, 479b
    3:99a, 107a, 108a, 129a
    4:51b, 61a, 89a(2), 109a, 110b(3)
BECKERLEGGE, O.A.
    1:66b
BECKETT, F.
    1:187b
    5:22a
BECKH, M.
    5:419a
BECKING, L.B.
    2:60b
BECKINGHAM, C.F.
    1:34a, 102a
    4:264a, 395a
    5:40a, 137b, 140a
BECKINSALE, R.P. (CHORLEY)
    3:240a
BECKMAN, H.
    4:4a
BECKMAN, L.O.
    3:258a
BECKMANN, F.
    1:214a
    4:151a
BECKMANN, H.
    3:569b
    5:498b

BECKNER, L.V.
3:58b
BECKNER, M.
3:280a
BECKWITH, J.
4:167b
BECKWITH, M.W.
4:261b
BECLERE, C.
2:760b
3:452b
BECQUEREL, J.
1:123a(2)
3:148b, 173b(2)
BECQUEREL, P.
3:305b, 309b
5:448a
BEDARIDA, A.M.
1:147b
BEDARIDA, H.
5:249a
BEDDIE, J.S.
4:371b(2)
BEDEAU, F.
3:599b
BEDEL, C.
1:209b
3:179a, 193a, 195a
5:170b
BEDEL, M.C.
5:122b
BEDEVIAN, A.K.
3:304b
BEDIER, J.
1:193a
BEDINI, S.A.
1:174b, 218b(3), 330a, 465a, 476a, 647a
2:556b(2)
3:83b, 589a, 591a
4:249a, 365b
5:93a, 108b, 120b, 125a, 131a, 179b(2), 180a(2), 215a, 293b, 446b
BEDNARKSI, A.
2:633a
BEDNARSKI, A.
1:99a
2:294a(2)
3:440a
4:344a(2)
BEDORET, H.
1:92a, 405b, 406a
BEDSON, S.P.
2:60a
BEEBE, J.
5:243a
BEEBE, L.
5:273a
BEEBE, W.
3:274a, 320b
BEEBE-CENTER, J.G. (GARDINER)
3:345a
BEEBY-THOMPSON, A.
3:578b
BEECHER, H.K.
2:201b, 400b, 618a
3:427b, 459b
5:404a, 475b
BEEGER, N.G.W.H.
1:42a
5:198b
BEEKMAN, A.A.
3:240b, 242a
BEEKMAN, F.
1:148b, 291b, 296b, 539b, 607a(2), 607b(3), 608a(4)

2:190b
5:155a, 246b, 259a, 271b, 272a, 403a
BEEMELMANS, F.
2:541b
4:298a
BEER, A.
1:614a
2:212a, 543b
4:220a, 226b, 228a
BEER, A. (SAXL)
4:405b
BEER, E.J.
3:586b
BEER, E.S. DE
See DE BEER, E.S.
BEER, G.R. DE
See DE BEER, G.R.
BEER, J.J.
1:586b
2:703b
3:50a, 582a, 583a
5:291b, 323a, 423a
BEER, K.
2:618b
5:53b
BEER, M.
4:26a, 331a
BEER, R.
1:452a
BEER, R.R.
1:531b
BEER, S.H.
3:90b
5:494b
BEESON, B.B.
1:244b, 250a, 288a, 331a
2:253b
BEESON, C.H.
2:382b
BEESON, K.H.
5:282b
BEESTON, A.F.L.
1:630a
4:411b
BEFAHY, E.
4:147b
BEGGEROW, H.
3:42a
BEGHIN, H.
3:211b
BEGHOFF, E.
3:379b
BEGOUEN, H.
3:291b
BEGUIN, A.
2:280b
BEGUINOT, A.
1:193b, 309b
3:306b
4:328b
5:355b
BEHAEGEL, T.
1:555a
BEHAGHEL, O.
2:90a
BEHAL, A.
2:188a
BEHANAH, K.T.
4:200a
BEHLES, J.
1:506b
BEHMANN, H.
3:108a
BEHNEMAN, H.M.F.
2:546a

5:400b
BEHNKE, H.
2:551a(2)
BEHNKE, H.D.
5:263a
BEHRE, J.
3:441a
BEHREND, F.
2:313b
5:78a
BEHREND, M.
2:740a
3:486b
BEHRMAN, S.
1:410a
2:726a
5:383b
BEICHERT, E.
1:406a
BEICK, W.
4:31b
BEIDLEMAN, R.G.
5:477b
BEIERLEIN, P.R.
1:386b
2:27b
BEIJERMAN, J.J.
2:162a
5:164b
BEILLE, L.
2:203a
BEIN, W.
3:197b
BEINS, J.F.A.
3:455b
BEKESY, G. VON
3:442a
BEKHTEREV, V.M.
3:612b
BEKSAN, F.K.
2:471a, 647a
5:74b
BEL GEDDES, J.
3:456a
BEL, A.
4:431a
BELAIEW, N.T.
4:57b(3), 432b
BELAR, A.
2:228b
BELAR, G. (STERN)
3:337b
BELAVAL, Y.
1:338b
2:29b, 63b(2)
BELFROID, J.
1:390a
3:116b
BELGER, M. (UNVER)
1:135b
3:479a
5:373b
BELIAEV, A.I.
1:411b, 630b
BELIAEV, V.I. (VILENCHIK)
2:29b
BELIN, J.P.
5:196a, 297b
BELIN-MILLERON, J.
2:296a, 413b
3:287b, 304a, 305a
4:6b
5:141a, 542b(3)
BELITZ, W.
4:29a, 29b

BELKE

BELKE, I.
 2:560a
BELKIN, R.I.
 2:164a
 5:333b
BELKIN, S.
 1:45b, 660a
BELL, A.E.
 1:584a, 611a(2), 612b
 3:38b, 148a, 155b
 5:101a(2), 103a, 477a
BELL, A.F.G.
 1:53a, 287a, 291b
 2:70b, 437b
 5:9b
BELL, A.G.
 3:532a
BELL, C.
 3:263b
 4:180b
BELL, C.D.J.
 See JARRET-BELL, C.D.
BELL, E.
 4:32b, 54a, 142b
BELL, E.T.
 1:158b, 168b, 413a
 2:16a, 30b, 100a, 222a
 3:99a(4), 103b, 104a, 119b(2), 121b, 123b, 124b, 215b
 5:312b, 313a
BELL, H.I.
 1:135a, 295a
 4:37a, 98b, 333a
BELL, H.J.
 4:103a
BELL, L.
 3:207a
 5:125a, 214b
BELL, P.R.
 1:312a
BELL, R.A.
 2:772a
 3:146a
BELL, R.M.
 3:145a
BELL, R.P.
 1:194a
BELL, W.
 2:485a
BELL, W. (LABAREE)
 1:436a
BELL, W.G.
 3:601a
 5:105b, 165a
BELL, W.H.
 4:274b
BELL, W.H. (CASTETTER)
 4:274a, 274b
BELL, W.J.
 1:39b, 266a, 279a, 296b, 297a, 435a, 569a
 2:32a, 198b, 473b, 563b, 663b(2)
 3:66b, 390a
 5:189a(2), 189b, 224a, 244b, 245b(2), 269b, 323a, 330b, 395b, 456b
BELLAGARDA, G.
 3:465b
 5:72a, 164a, 442b, 443b, 491a
BELLAIRS, A. D'A.
 3:326a
BELLAMY, H.S.
 3:212a
 4:165a
BELLEI, A.
 2:586b

BELLER, W. (STEHLING)
 3:559b
BELLESSORT, A.
 2:46b, 595b, 600b
BELLET, D.
 3:539a, 586a
 5:283b
BELLIN DU COTEAU, M.
 3:413b
BELLINCIONI, G.
 2:80a
BELLINGER, R.R. (WINSLOW)
 1:453b, 579a
 4:132b
BELLINGTON, E.F.
 3:479b
BELLINI, A.
 1:223a
BELLIVIER, A.
 2:338a
BELLO, E.
 2:592b
 4:282b
BELLON, L.
 3:242b
 5:513a
BELLON, W.
 1:221b
BELLONI, G.
 1:13a, 44b
 4:153b
BELLONI, L.
 1:13a, 91a, 111a, 116a, 116b, 158b, 164a, 200b, 263b, 266a, 402a(2), 470a, 519b, 587a, 607b
 2:5b, 61b, 112b, 129b, 139b, 163b, 174a, 197b, 202a, 391a(2), 404a, 445a, 494b, 525b, 557a, 572b, 583a, 585a, 724a, 756b
 3:301a, 365a, 454b, 492a
 4:92a, 342a(2), 343b, 346b, 353a
 5:62a, 66a, 69a, 97a, 142b, 143a, 152a, 156b, 160a, 233a, 237a, 239b, 255b, 260a(2), 267b, 272b, 274a, 348b, 390b, 440b
BELLONI, L. (CASTIGLIONI)
 2:735b
 3:401a
BELLOT, A.
 3:256b
BELLOT, H.H.L.
 2:768a
 3:616b
BELLUCCI, G.
 3:563a
BELMOND, E.
 1:365a
BELOHLAVECK, B.
 2:742a
 5:152a
BELOHLAVEK, C.
 4:349a
BELOKON:, I.P.
 2:647b
 3:310b
BELOPOL:SKII, A.A.
 2:222a
BELOT, E.
 3:39a, 205a, 209b(2)
BELOV, N.V.
 2:581b
BELOW, G. VON
 3:607a
BELOW, K.H.
 4:153b

BELOWSKI, E.
 2:117b
BELOZEROV, S.E.
 2:745b
 3:116b
BELPAIRE, B.
 4:229a
BELT, E.
 2:78b(2)
 5:63a
BELTCHENKO, K.A.
 2:394a
 5:337a
BELTRAMI, L.
 1:174b, 466b
 2:73b(5), 75a, 76a, 78a, 80a, 581a
 5:95b
BELTRAN Y ROZPIDE, R.
 1:238b, 269a
 2:112a
 5:27b, 36a
BELTRAN, E.
 1:1b, 199b, 216a, 277a, 363a(2), 363b(2), 478b, 488b, 551b, 552a, 565a(2)
 2:39b(2), 177a, 398a, 404b, 459a, 552b, 637a, 759b(2)
 3:274a(2), 274a, 275b, 281b, 283b, 284b(3), 317a(2), 320b, 412a, 477b, 478a, 531a
 5:346a(2), 527a
BELTRAN, J.R.
 1:73a, 504b, 577b
 2:127b, 414b(2), 578b, 646a, 657a, 675a, 705b, 755b
 3:372a, 375a, 375b, 393b, 408a, 410b, 467b, 516a
 4:156a
 5:146b, 167b, 251a(2), 369a, 383a, 393a, 395b, 398b, 407a, 502a(2)
BELUSOV, V.V.
 3:237b
BELVALKAR, S.K.
 4:189a
BELYI, I.A.
 5:115a
BELYI, S.A.
 1:397a
BEMMELEN, W. VAN
 3:250a
BEMOL, M.
 2:571b
 3:74b
BEMROSE, J.
 1:322a, 380a
 5:167b
BEN YAHIA, B.
 1:43b, 87b, 276a
 2:562b(2)
 4:343b, 417a, 425a
 5:364a, 373b
BEN-AMI, M.
 2:154b
BEN-AMRAM, H.
 3:478a
BEN-MENAHEM, N.
 4:75a
BENAKIS, L.
 1:65b
 2:358a
 4:374a
BENARD, R.
 1:260a, 359b
 2:743b
 3:396a, 457a

BERG

5:169b, 403b
BENASSI, E.
  1:252a, 491a
  2:43a, 128a, 197a, 198a, 262b, 551b
  5:242a, 255a
BENAZET, A.
  4:257a
BENCKER, H.L.G.
  3:243a, 243b
BENCZE, J.
  3:199b
BENDA, J.
  3:25b, 144a
BENDANN, E.
  3:413a
BENDER, G.
  1:281b
BENDER, G.A.
  3:360b, 499a
BENDER, W.
  3:141a
BENDHEIM, O.L.
  1:586b
  3:430b
  5:380b
BENDIX, R.
  2:615a
BENDZ, G.
  4:155a
  5:446a
BENEDEK, T.G.
  1:189a
  2:304b, 411b
  4:348b
  5:53b, 264a
BENEDEK, T.G. (ZAKON)
  1:517a
  3:477b
  5:397a
BENEDETTI, R. DE
  3:2a
BENEDETTI-PICHLER, A.A.
  4:242a
BENEDICENTI, A.
  3:365a, 483a
BENEDICKS, C.
  3:147a
BENEDICT,
  1:402b
BENEDICT, R.
  3:337b, 338a
  4:261a, 269b
BENEDICT, R.C.
  1:96b, 196b, 300a, 556a
  2:674a
  3:284a, 309b
  5:143b
BENEDICT, S.R.
  1:482b
  4:192b
  5:15a
BENEKE, R.
  1:128b
  2:164b, 393b
  3:497a
  5:511a
BENESCH, O.
  2:76b
  5:5a
BENEZE, G.
  1:428a
BENFEY, O.T.
  2:9a, 357a
  3:189b, 190a, 191a

BENINI, R.
  1:309a
  4:326a
BENISCH DARLANG, E.
  1:495a
  5:225a
BENISON, S.
  3:11b
BENIVIENI, A.
  5:59b
BENJAMIN, A.C.
  3:28b, 30a, 33a(2), 36a, 40a, 40b
BENJAMIN, F.S.
  1:218b, 651b
  2:533b
  4:317a, 405a
BENJAMIN, H.
  2:502b
BENJAMIN, J.A.
  1:178a
  2:587b
  5:67b
BENJAMIN, M.
  2:759a
BENNETT, A.
  4:189a
BENNETT, A.A.
  1:48b
BENNETT, G.W.
  1:509b
BENNETT, H.S.
  1:247b
  5:94a
BENNETT, I.E.
  3:553b
BENNETT, J.
  3:44a
BENNETT, J.L.
  3:28a
BENNETT, L.R.
  2:438a
  5:259b
BENNETT, M.K.
  3:358b, 522a
BENNETT, R.F.
  2:688b
  4:299a
BENNETT, W.C.
  2:767a
  3:338b
  4:277a, 283b
BENOIT, M.
  1:390a
  5:172a
BENOIT-LEVY, J.
  3:597a
BENRATH, A.
  2:9a, 90a
  5:323b
BENRUBI, I.
  1:132b
  3:94b
BENSA, E.
  2:145b
BENSAUDE, J.
  5:22b, 28b, 29a
BENSE, M.
  3:99a
BENSEL, J.F.
  1:577b
BENSION, A.
  4:303a, 391b, 436b
  5:476a
BENSON, E.F.
  1:357b

2:128a
BENSON, S.B. (RITTER)
  3:328a
BENSON, W.N.
  1:128b
BENT, Q.
  3:574a
BENTHAM, M.A.
  5:119a
BENTLEY, A.
  3:355b
BENTLEY, A.F.
  3:41b, 110a
BENTLEY, H.C.
  3:133a
BENTON, A.L.
  1:323b
  2:107b
  3:430b
  5:381b
BENTON, W.A.
  2:641a
  3:85b
  5:285a
BENTWICH, J.
  2:743b
  3:22b
BENTWICH, N.
  2:446b
  4:91b
BENVENISTE, E.
  3:264b
  4:27a
BENVENISTE, E. (GAUTHIOT)
  4:190b
BENZ, E.
  2:520a
  4:105a
BEQUAERT, J.
  3:312b
BERALDI, H.
  2:381a
  5:344a
BERARD, V.
  1:591a(2)
  2:330a
BERARDI, P. (DEL GAUDIO)
  3:491b
BERCH, A.
  1:130b
  5:549b
BERCHER, L.
  2:675b
  3:619a
BERCK, F.
  3:578a
BERCOVY, D.
  1:148b
BERCZELLER, L.
  3:414a
BERDROW, W.
  2:31b(2)
  3:548b
BERENCE, F.
  2:72a
BERENDES, J.
  3:385b
BERESFORD, M.W.
  4:323a
BERG, A.
  2:25b
  3:298b, 455a, 465b, 498a
BERG, A. (FREUND)
  3:285b

BERG

BERG, A. (GOTTLIEB)
3:398a
BERG, C.
3:437b, 449b
BERG, F.
1:143a, 378a, 532a
2:98b, 415a(2), 443a, 635a
3:408a, 440a, 457a
5:257b, 263a, 379a, 485a
BERG, F. (AMSLER)
3:439b
BERG, F.T.
5:394a
BERG, G.
4:14a
BERG, J.
1:169b
3:92b
BERG, L.
1:133a, 253a
2:24b, 551b
3:247a, 261b, 288b
5:226a, 227b
BERG, W.S. VAN DEN
2:234b
4:355a
BERGDOLT, E.
1:620b, 623b
4:398b, 427b
BERGELL, P.
2:48b, 213b
BERGEMA, H.
3:90b
BERGENDOFF, C.
1:151a
BERGENGREN, E.
2:237a
BERGER, A.
1:551a
3:263b
BERGER, J.A.
5:249b, 252b, 376b, 505a
BERGER, P.
2:41b
BERGER, S.
4:42a
BERGERON, M.
3:430a
BERGERON, M. (BELLIN DU COTEAU)
3:413b
BERGET, A.
3:223b, 242a
BERGEY, D.H.
5:352b
BERGFELD, E.
1:392a
3:131a
BERGH VAN EYSINGA, E.G. VAN DEN
4:163b
BERGH, L.P.C. VAN DEN
4:325b
BERGHAUS, E.
3:557b
BERGHOFF, E.
1:155b, 222b
2:218b, 276a
3:461a
5:164a
BERGHOFF, L.
3:375a
BERGHUYS, J.J.W.
3:127a
BERGMAN, E.
3:379a

BERGMAN, P.G.
1:376b
3:148b
BERGMANN, A.
1:246a, 603b
BERGMANN, E.
1:533a(2), 588b
2:42a, 42b
5:231a
BERGMANN, G.
2:612b
3:45a, 96a, 341a
BERGMANN, H.
2:131a(2)
3:124b, 142b
5:197a
BERGMARK, M.
3:509b, 511a
BERGNER, E.
2:415a, 699b
5:248b
BERGONZI, B.
2:618a
5:303a
BERGOUNIOUX, J.
1:118a, 231a, 310b, 327b, 467b
2:192a, 204a, 261a, 396a, 675b
5:60b, 151a, 151b(2), 154b, 155a, 398b, 450b, 502b
BERGSOE, P.
4:283a(2), 283b(2)
BERGSON, H.
1:137a, 377b(2)
3:93a, 95a, 96b, 151b
BERGSTRAND, H.
2:763b
3:403b
BERGSTRAND, O.
1:237a
2:141b
BERGSTRASSER, G.
1:392b, 449a, 606a
2:269a
4:389a, 396a
BERINGER, C.C.
3:228a
BERIOZKINA, E.I.
2:517a
4:222a
BERKEBILE, D.H.
1:186a, 367a
5:295a, 417b
BERKELEY, D.S. (BERKELEY, E.)
1:259b
BERKELEY, E.
1:259b
BERKELEY, E.C.
3:591b, 600b
BERKELEY, F.L.
3:67b
BERKELEY, L.M.
2:81b
5:198b, 312a
BERKEY, C.P.
3:233a
BERKEY, C.P. (FAIRBANKS)
2:298b
BERKNER, L.V.
3:53b, 570b
BERKOV, P.N.
2:109a
BERKSON, J.
3:428a
BERKSON, L.B.
3:614a

BERLIN, I.
3:606a
BERLINCOURT, T.G.
3:165b
BERLINER, A.
4:254a
BERMAN, A.
2:56b, 377b, 546a, 669b
3:507a, 507b(2)
5:277a, 400b, 407b(2), 408b(5), 409a
BERMAN, E.D.
1:645b
BERMANT, A.F. (SMIRNOV)
1:502b
BERNABEO, R.
1:132b
3:515b
BERNACCHI, L.C.
2:242a
3:268a
BERNAL, J.D.
1:656b, 657a
2:45a, 109a, 578a
3:53b, 56a, 57a(2), 57b, 175a, 286b
5:187b, 299a, 302a, 414a
BERNAL, J.D. (NESMEIANOV)
1:656b
BERNARD, A.
5:388a, 456b
BERNARD, C.J.
2:557b
3:305a
5:355b
BERNARD, G.P.
2:278b
5:389a
BERNARD, H.
1:255a, 259a, 465b(2), 494b
2:15a, 152b, 399b(2), 446a(2), 580b, 625a, 729b
3:257a
4:218b, 219a, 220a, 226a, 228a, 230a(2), 242b, 260b
5:51a, 51b, 134a, 137b, 292b, 443b, 485b, 523a, 541a
BERNARD, J.
2:465b
3:59b
BERNARD, L.
1:145a, 574a
2:114a
5:151a, 398b
BERNARD, L.L.
2:495b
BERNARD, N.
1:216b
3:308b(2)
BERNARD, T.
4:189a
BERNARD-MAITRE, H.
1:178a, 631b, 664a
2:672a
3:591a
4:217a, 226a
BERNARDIS, G. DE
2:572a
3:451b
BERNAYS, P.
2:217b
3:106a, 122b
BERNDT, C.H. (BERNDT, R.M.)
4:261a
BERNDT, C.H. (ELKIN)
4:263b

BERNDT, G.
3:563a
BERNDT, R.M.
4:261a, 261b
BERNDT, R.M. (ELKIN)
4:263b
BERNER, A.
4:400b
BERNERI, M.L.
3:59b
BERNFELD, W.
4:346b
BERNHAIMER, C.
1:224a
BERNHARD, H.
1:174b
BERNHARD, M.
1:47a
BERNHARD, O.
1:381b
3:498a
4:91a, 91b, 92b, 137b
BERNHARD, R.
1:443a
BERNHART, J.
4:305a
BERNHEIM, B.M.
2:710b
3:418a, 485b
BERNHEIMER, R.
4:302b
BERNOT, L.
3:548a
BERNSHTEIN, S.N.
2:481a
BERNSTEIN, A.
4:80b
BERNSTEIN, H.T.
2:160b
3:555b
5:318b, 538a
BERNTHSEN, A.
2:9a
BERNUS, A. VON
3:196a, 198a, 387a
BERNY, A.
3:291a
BERR, H.
1:199b
2:198b, 678a
3:606a, 607a
BERRILL, N.J.
1:270a
5:36b
BERRIMAN, A.E.
3:84a
BERRY, A.
3:199a
BERRY, A.J.
1:235a
2:676b
3:177a(2), 185b, 190b
BERRY, B.
4:159b
BERRY, E.W.
3:272b
BERRY, L.H.
3:482b
BERRY, P.G.
3:570a
BERRY, S.S.
3:330b
BERRY, T.J.
1:515b
2:534b

5:403b
BERSOT, H. (DESRUELLE)
4:420b
BERT, P.
1:140b
3:225b
5:352b
BERTACCHI, C.
2:76b
3:247a(2)
BERTALANFFY, L. VON
3:34b, 279b, 280b, 286a
BERTARELLI, A. (GUASTI)
2:647b
BERTARELLI, E.
1:502a
BERTAUT, J.
2:144a, 582a
5:170a, 401b
BERTELE, H. VON
1:75a, 190b, 204a
3:589b
5:92b, 428a
BERTELLI, D.
1:230a, 402a
2:632b
5:63a
BERTELLI, S.
3:479a
BERTHE DE BESAUCELE, L.
1:338b
5:196a
BERTHELOT, A.
1:18a
2:361b(4), 510b
4:25a, 120b(2), 121b(3), 122a, 151a
BERTHELOT, D.
1:225a
BERTHELOT, M.
4:287a
BERTHELOT, M.P.E.
4:114a
BERTHELOT, R.
1:497b, 499b, 551a
2:40b, 235b, 338b
3:74a, 95a
4:171b(2)
5:349a
BERTHIER, A.G.
3:73a
BERTHIER, J.
3:10a
BERTHOLD, A.A.
1:141b
BERTHOLD, G.
1:72a, 274b, 518b
5:240a
BERTHOUD, A.
3:168b, 191a
BERTIN, L.
1:204b
2:95b
3:315a
BERTOLDI, V. (PEDROTTI)
3:306b
BERTOLINI, G.L.
4:322a
BERTOLINI, L.D.
1:515a
2:342a, 648a
5:221b
BERTOLOTTI, M.
1:28b
4:135a

BERTONE, C.
2:190a
3:411a
5:59a, 250b, 265a
BERTONE, C. (GIORDANO)
2:440b
BERTONI, G.
1:518a
BERTRAM, H.
4:289b(2)
5:73b
BERTRAND, F.L.
1:150b
3:614a
5:362a
BERTRAND, G.
1:143a, 419b
2:54b, 55a(2), 353b, 447a
5:210a, 264b, 321a, 480b, 539a
BERTRAND, J.B.
3:411a
BERTRAND, L.
1:81a, 236a
2:158a, 490b
3:471b
BERTRAND-BARRAUD, D.
3:340b(2)
BERTRANG, A.
4:158a
BERTSCH, F. (BERTSCH, K.)
3:527b
BERTSCH, K.
3:527b
BERUTI, J.A.
2:462a
BESANT, A.
3:188a
BESCHORNER, H.
2:244a
3:245b, 261a
5:28a
BESIO MORENO, N.
2:759b
3:71a, 467b
BESKOW, K.
2:85a, 94b
BESNIER, M.
3:271b
4:160a(2), 160b
BESOMBES, A.
1:410a
BESPAMIATNYKH, N.D.
2:104b
5:312b
BESREDKA, A.
2:163b
3:468b
BESSEL-HAGEN, E.
2:38a, 533b
BESSELAAR, J.J. VAN DEN
1:230b
BESSIERE, A.C.R.
3:438b
BESSIM, O.
3:453b
BESSLER, O.
1:192a
5:84a
BESSMERTNY, A.
3:271a
BESSMERTNY, B.
See BESSMERTNY-HEIMANN, B.
BESSMERTNY-HEIMANN, B.
[BESSMERTNY, B.]
1:343a

BESSON
    2:28a, 265b, 443b, 601a
    5:186a(3)
BESSON, L.
    3:225a
BESSON, M.
    1:234a
    3:351b
    5:140a
BESSY, M.
    2:119a, 167b
BEST, C.H.
    1:108a
BEST, E.
    4:261b(4), 262b, 263a, 263b(2)
BEST, G.
    1:444b(2)
BEST, J.H.
    3:62a
BESTERMAN, T.
    1:438a
    2:107a, 765a
    3:51b, 346b
BESTERMAN, T. (BARRETT)
    3:243b
BESWICK, T.S.L.
    2:627b
    3:450a
    5:387b
BETEAU, J.P.
    4:137a
BETH, E.W.
    3:33a(2), 41b, 97a, 108a, 108b, 110a,
    110b, 116b
BETH, K.
    2:68a
    5:142b
BETHGE, K.
    3:536a
BETSCH, C.
    3:108b
BETSCHART, I.
    2:270a, 270b(2)
BETT, H.
    1:489b
BETT, W.R.
    1:158a, 438a, 503b
    2:257a, 408a, 710b
    3:375a, 394a, 458a(2)
BETT, Y.W.R.
    2:264b
    3:430a
BETTEN, F.S.
    4:322a
BETTENCOURT FERREIRA, J.
    1:415b
    3:464b
    5:224b
BETTEX, A.
    3:258a
BETTI, M.
    2:449a
    5:194b, 346a, 508a
BETTICA-GIOVANNINI, R.
    3:420a
    4:445b
BETTMANN, O.L.
    3:360b
BETTONI, E.
    1:365a
BETTONI, P.
    3:222a
BETTS, E.M.
    1:646b
    2:377b

BETTS, J.R.
    1:110b, 319a
    5:345b, 350b
BETZ, F.
    2:696a
    3:230b
BETZ, H.
    2:34a
    5:263a
BETZENDORFER, W.
    4:305a
BEUMER, M.G.
    2:368b
    3:129a
BEURDEN, A.F. VAN
    2:758b
    3:420b
BEUTEL, E.
    3:129b
BEVAN, A.A.
    1:347a
BEVAN, E.R.
    3:94a
    4:75a
BEVENOT, H.G.
    2:772b
    3:204b
    4:288a
    5:125a, 128a(2)
BEVER, M.B.
    2:58b
    5:422b
BEVERIDGE, W.I.B.
    3:37b
BEVINGTON, M.M.
    5:305a
BEWS, J.W.
    3:299a
BEYDALS, P.
    1:506a
    2:60b, 61a(2), 64a
BEYER, H.
    4:278a, 280a(2)
BEYER, H.O.
    3:213a
    4:258a, 261a
BEYER, R.T.
    3:158b, 173a
BEYERMAN, J.J.
    5:155a
BEYLEN, J. VAN
    2:173b
    5:89b
BEYLER, R.E.
    3:195b
BEYNE, J.
    2:284a
    5:143a
BEYNON, H. (GREIG)
    1:605a
BEZANCON, F.
    3:475b
BEZBORODOV, M.A.
    2:111a
    3:581a, 582a
    4:363b
    5:291a, 291b
BEZDECHI, S.
    1:398a
    4:133b
BEZEMER, T.J.
    4:258a
BEZOLD, C.
    2:499b
    4:63b, 228b

BEZOLD, F. VON
    2:671b
    3:617a
BHANDARKAR, D.R.
    1:77a
BHANDARKAR, R.G.
    4:190a
BHARATI, B.P.
    4:201b
BHATIA, S.L.
    3:59b
BHATTACHARYA, S.
    4:185b
BHATTACHARYYA, K.
    3:14a
BHATTACHARYYA, T.
    4:210b
BIACH, R.
    1:432b
BIAGI, B.
    2:493b
BIALETSKIN, K.A.
    3:573b
BIALOBRZESKI, C.
    1:297b
    3:33a, 60a
BIANCHI, E.
    1:176a
    2:12a
BIANCHI, L.
    1:261b
    4:118a
BIANCHI, U.
    2:177b
BIANCHI, V.
    1:418a
    3:478b, 501a
BIANCOLI, B.
    1:457b
BIANU, I.
    3:611a
BIASSUTI, R.
    1:472a
    5:134a
BIASUTTI, R.
    3:256a
BIBBY, C.
    1:610a, 610b
    2:626b
    3:60a
    5:350a
BIBBY, G.
    3:608b
BICHOWSKY, F.R.
    1:398a
    4:141a
BICK, E.C.
    1:526a
BICK, E.M.
    1:13a, 589a
BICKEL, E.
    1:590b
BICKERMANN, E.
    1:660a
BICKERTON, T.H.
    3:394a
BICKNELL, P.F.
    1:401a
BIDDER, H.
    1:515b
BIDDLE, M.
    3:303a
BIDER, E.
    2:598b

BIDEZ, J.
1:13a, 52b, 58a(3), 115b, 393b, 614a
2:259a, 310a, 311b, 325a(3), 329b,
330a, 345b, 355b(2), 651b, 706a
3:52a, 219b
4:88a, 92a, 100b, 103b, 116a, 123a,
134a, 144a, 165b, 177a
5:465a
BIDNEY, D.
2:497b(2)
3:349b
BIDWELL, P.W.
3:522b
BIEBERBACH, L.
1:473a
3:106a
5:314b
BIECHER, R.
2:5b
5:80b
BIED-CHARRETON, R.
3:565b
BIEDA, F.
1:517b
3:272b
BIEDENKAPP, G.
2:506a
5:417b
BIEGEL, R.A.
4:41a
BIEK, L.
3:609b
4:31a
BIELING, R. (ZEISS)
1:125b
BIELSCHOWSKY, A.
1:495a
BIENFANG, R.
3:507b(2)
BIENKOWSKA, B.
2:772a
3:11b
BIENVENU, -.
1:342b
5:241b
BIER, A.
1:577b
BIERBAUM, M.
2:504a
BIERENS DE HAAN, D.
3:78a
BIERENS DE HAAN, J.A.
2:702a
3:78b, 320a
BIERMANN, B.
1:495b
BIERMANN, K.R.
1:138b, 139a, 293a, 350a, 378a(2),
395a, 396a(2), 473a, 473b, 570b,
602b, 603a, 603b, 604a(2)
2:38a, 322b, 687b(2)
5:111a, 116a, 311a, 507a, 534b
BIERMANN, L.
2:711b, 722a
3:145b
BIERS, P.
1:175a
BIESBROECK, G. VAN
2:409b(2)
BIETER, R.N.
1:633a
BIEZENO, C.B.
2:557a
BIGELOW, C.E. (ECKMAN)
3:388b

BIGELOW, H.B.
3:242a(2)
BIGELOW, J.
1:267b
5:29b
BIGELOW, K.W.
3:357a
BIGELOW, R.P.
1:195a
2:538a, 565a
BIGELOW, R.P. (SEDGWICK)
3:6a
BIGGAR, H.P.
1:228a
2:407a
5:483b
BIGGER, J.W.
3:301a
BIGGERSTAFF, K.
4:246b
BIGNONE, E.
1:58b, 381b, 383b
2:117a
BIGOT, A.
2:707b
3:230a
BIGOURDAN, G.
1:414b
2:34b, 39b, 69b(4), 175a, 572b, 657b,
658a, 675a, 732b(9)
3:203a, 205a, 206a(6), 213a, 218b(3),
219a
4:41b, 64b
5:107a(2), 125a(2), 174a, 214a,
214b(2), 218b, 338a, 513b, 520b
BIJL, W.F.T. VAN DER
2:775b
3:488a
5:59a
BIJLMER, H.J.T.
4:258b
BIK, J.G.W.F.
1:158b
BILA, C.
5:195a
BILABEL, F.
4:140b
BILANCINI, R.
3:226b
BILANCIONI, G.
1:147b(4), 215b(2), 223a, 239a, 252a,
309b, 310a, 398a(2), 424a, 449b,
467b, 533a, 546a
2:78b(7), 79a, 80a, 81b, 128a, 163a,
197a(2), 317a, 383b, 445a, 520b,
572b(2), 599b
3:76b(3), 400b(2), 441a, 442b
5:48a, 56b, 65a, 65b(4), 66a, 67a, 72b,
158a, 255b, 256b, 257a, 258a(2),
384b, 473b
BILIKIEWICZ, T.
1:658b(2)
5:232b
BILKIEWICZOWA, K.
5:152a
BILLARD, A.
2:618b
BILLIARD, R.
2:596a
4:157b
BILLINGS, C.M.
2:745a
3:203a
BILLINGS, J.S.
1:150a

3:372a
BILLINGS, T.H.
2:310a
BILLINGTON, J.H.
3:79a
BILLROTH, T.
3:398a
5:544b
BILSEN, A. VAN
2:331b, 355b
BILT, J. VAN DER
2:403a, 409b, 715a
5:331a, 530a
BILTZ, H.
1:206a, 408b
3:187a
5:324a
BINDONI, G.
1:308a
BINET, L.
2:79a, 738a
3:73b, 396a
BINET, M.E.
2:582a
BING, F.C.
2:129a
5:376a
BING, G.
2:772a
3:92b
BING, M.
4:200a
BINGEN, J.
4:118b
BINGER, C.
3:381a
BINGHAM, H.
4:276a, 277a(2)
BINING, A.C.
5:289b
BINNS, L.E.
1:384b
BINSWANGER, L.
1:441a, 560a
3:346a
4:126a
BIQUARD, P.
1:656b
3:174a
BIRAUD, Y.
3:467a
BIRCH, L.C.
1:318a
3:27b
BIRCH, T.B.
2:244a
4:307a
BIRCHENOUGH, C.
3:616a
BIRCHER, E.
3:515a, 538a
BIRCHLER, L.
2:271a
BIRD, G.
2:4b
BIRD, J.M.
3:152a
BIRD, O.
4:286a
BIRD, V.E.
3:546b
BIREMBAUT, A.
1:330b, 382b(2), 425b(2)
2:52b, 53a, 54b, 86b, 129a, 390a(3),
574a, 658a, 719a, 774b

BIRJUKOV
  3:85a, 579a
  5:205a, 209a, 218a, 219a, 289b, 291a, 425a
BIRJUKOV, B.V.
  1:439b
BIRK, A.
  3:554a
  4:30b, 179a
  5:286b
BIRKELAND, J.
  3:301b
BIRKEMEIER, W.
  3:112a
BIRKENHEAD, F.W.F.S.
  1:250b
BIRKENMAJER, A.
  1:4b, 21a, 22a, 23a, 34b, 57b, 66b(2), 92a, 97a, 97b, 117a, 128b(2), 200a, 202b, 238b, 280b(2), 282b, 283a(2), 284a(2), 306b, 321a, 345b, 349a, 392a, 406a, 424b, 430a(3), 479b, 488b, 516a, 557b, 570b, 641b, 644b
  2:19b, 82a, 314a(2), 412b, 477b, 478b, 487b, 490a, 540a(2), 582b, 595b, 628b, 633a(4), 659b(2), 685b
  3:13a, 76a, 76b(2), 203b, 620b
  4:303b, 315b, 327b, 334a, 371b(2)
  5:12b(2), 17b, 21b, 23a, 73a, 187b, 439b, 462a, 501b
BIRKENMAJER, L.A.
  1:128b, 140a, 148a, 280a(3), 280b, 281b(2), 283b
  2:610a, 634a
  5:33a
BIRKET-SMITH, K.
  1:133a
  4:269b, 270b
BIRKETT, H.S.
  3:388b
BIRKHAUG, K.E.
  1:216b
  2:287b
BIRKHOFF, G.
  1:467a
  5:312b
BIRKHOFF, G.D.
  2:48b, 228b
  3:37b, 113a, 114a, 143b, 148b(2), 209b
  5:538a
BIRKNER, F.
  3:338a
BIRKOFER, L.
  1:552b
BIRKOFF, G.D.
  3:44a
BIRKS, J.B.
  2:428a(2)
BIRLEY, R.
  1:183b, 541a
BIRMAN-BERA, -.
  3:442b
BIRNBAUM, A.
  2:597a
BIRNBAUM, K.
  4:343b
BIRO, E.
  1:400b
  5:383b
BIRR, K.
  2:695b
  3:11b, 569a
BIRREN, F.
  3:164a(2)
BIRTNER, H. (FRIEDLANDER)
  2:21a, 316b

BIRTWISTLE, G.
  3:153a
BIRZISKA, V.
  3:131b
BISCHLER, W.
  3:433a
  4:10a
BISCHOFF, C.
  1:345b
  5:347a
BISCHOFF, I.
  2:393b, 692a
  3:589a
  5:428a
BISCHOP, W.J.
  2:235b
BISCIONE, C. (D'ALFONSO)
  3:412a
BISE, P.
  1:560a, 582a
BISHOP, A.S.
  3:567b
BISHOP, C.W.
  2:297a
  3:270b, 526a
  4:29a, 213a(2), 240b, 243a
BISHOP, L.F.
  2:203a
  3:444b(2)
BISHOP, M.
  2:280b
BISHOP, M.G.
  1:242a(2)
BISHOP, P.W.
  2:767b
  3:549b
BISHOP, P.W. (SCHWARTZ)
  3:6a
BISHOP, R.P.
  1:487a
  5:29b
BISHOP, W.J.
  1:233a, 347a
  2:577a
  3:14a, 369b, 370a, 381a, 382a, 394b, 395a, 395b, 485b
  5:153a, 267a
BISHOP, W.J. (BAILEY)
  3:370b
BISHOP, W.J. (POYNTER)
  2:523a
  3:373a
BISSELING, G.H.
  2:566b
  3:493b
  5:80a, 259a
BISSING, F.W. VON
  4:24a, 54b, 100b
BISSON, L.A.
  2:357a
  3:396b
BISWAS, H.G.
  3:469b
BISWAS, P.
  4:206a
BITSCHAI, J.
  3:450b
BITTAR, E.E.
  1:619a(2)
BITTARD, A.L.
  3:397a
BITTEL, K.
  2:176a, 272a
  4:173a

BITTEL, K. (TISCHNER)
  2:176a
BITTER, F.
  3:164a
BITTER, G.
  1:203a
BITTERAUF, K.E.
  1:63a
BITTERLING, R.
  1:602b
BITTERMANN, H.R.
  1:245a, 542a
  4:365b
BITTING, A.W.
  1:46b
  3:535a
  5:412b
BIXBY, W.
  1:464a
  2:231a
  3:14b
BIXLER, E.S.
  2:367a
  5:256b
BIZARD, L.
  3:417b
BIZZARINI, G.
  1:239b, 465a
  2:143a, 602b
  3:457b
  5:542a
BIZZARRINI, G.
  1:485a
  3:301b
  5:543a
BJERKNES, C.A.
  1:2b
BJERKNES, J.
  3:222a
BJERKNES, V.K.F.
  1:155b(2)
  3:165b
BJERKNESS, V.
  3:223b
BJERRUM, N.
  2:246a, 634b
  5:327b
BJORCK, G.
  4:331b
BJORCK, G.
  1:15a, 46b, 641b
  2:422b, 554b
  4:127a, 139a(3)
  5:52a
BJORKBOM, C.
  5:288a
BJORKMAN, E.
  3:271a
BJORNBO, A.A.
  3:102b
  4:307a
BLACHER, L.J.
  See BLIAKHER, L.I.
BLACHERE, R.
  2:432b, 433a, 726a
  4:384b, 385a, 387b, 390a, 409b, 412a(2)
BLACK, A.
  3:551b
BLACK, A.D.
  3:494a
BLACK, C.E.
  5:368b
BLACK, D.A.K.
  1:162a, 655b

BLACK, F.A.
3:219b
BLACK, G.F.
3:338b, 346a, 354a(3)
5:147a
BLACK, J.B.
1:485b, 605b
2:407a, 600b
5:295b
BLACK, M.
3:45a, 90b, 108b
BLACKETT, P.M.S.
2:629a
3:602a, 602b
BLACKLOW, W. (DEASON)
3:13a
BLACKMAN, A.M.
4:41a
BLACKMAN, V.H.
1:409b
BLACKMAN, W.S.
4:44a
BLACKWELDER, R.E.
3:281a
BLACKWELL, D.E.
3:205a
BLAESSINGER, E.
3:481a
5:508b
BLAGDEN, C.O.
2:424b
BLAGDEN, C.O. (EDWARDS)
2:201a
4:260b
BLAIR, A.
2:237b
BLAIR, C.J.
4:194a
BLAIR, G.A.
3:157b
BLAIR, G.W.S.
3:138b
BLAKE, G.G.
3:598a
BLAKE, J.B.
1:412a, 648b
2:233b, 471b, 612a
3:368b, 381a, 410a, 412a, 417b, 425b
5:250b, 267a(2), 375b, 376a, 408b
BLAKE, J.W.
5:42a(2)
BLAKE, M.E.
4:161a(2)
BLAKE, R.M.
3:34a, 38b
BLAKE, R.P.
1:622b
2:709b
4:163b, 430a
BLAKE, S.F.
3:311a
BLAKELEY, T.J.
3:80a
BLAKELEY, T.J. (BOCHENSKI)
3:94b
BLAKESLEE, A.F.
2:603a
3:54a
BLAKEY, W.
3:583b
BLALOCK, A.
1:534b
BLANC, E.
1:475a

BLANC, H.
2:714a
3:318a
BLANCHARD, R.
2:384a, 667a, 738a
5:175b, 247a, 247b, 272b, 455a, 497b, 504b, 521b
BLANCHE, R.
2:622a
3:43b
BLANCHET, A.
1:120b
3:425b
4:16a
5:295b
BLANCHET, L.
1:218a, 333b
4:103b
BLANCK, A.
1:143b
BLANCO, A.G.
2:171b
BLAND, D.
3:596a
BLAND, F.
1:298b
5:286b
BLANDINO, G.
3:286a
BLANK, M.
1:164a
5:263b
BLANKENHORN, M.A.
2:629a
BLANQUIERE, H.
1:412b
BLANSHARD, B.
3:42a
BLANTON, W.B.
1:341a
2:610b, 611a, 722b
3:513b
5:54b, 150a, 164a, 241b, 244b, 366a
BLARINGHEM, L.
2:287a
3:309a
5:348a
BLASCHKE, M.
3:223b
BLASCHKE, W.
2:76b
3:126b
BLASER, J.
5:227b
BLASER, R.
2:272a
BLASER, R.H.
2:270b(2), 274b
BLASIUS, W. (SCHMIDT)
1:482a, 532b
BLATTER, E.
3:312a
BLAU, J.L.
1:319a
5:195b, 309a, 350b
BLAZQUEZ, A.
3:256a(2)
4:25a
BLEGEN, C.W.
4:118a
BLEICH, A.R.
2:410a
3:167a, 498a
BLENCH, B.J.R.
1:597b

5:333a
BLENKINSOP, L.J.
3:520a
BLENNER-HASSETT, R.
2:56b
4:325a
BLERSCH, K.
4:134b
BLEULER, E.
3:282a, 463b
BLEWITT, M.
3:249b
BLEYER, A.
3:430a
BLIAKHER, L.I. [BLACHER, L.J.]
1:108a, 204b, 312a, 343a
2:29a(3), 110b, 164a, 488a
3:286b, 296a(2), 298a
BLIAKHAR, L.I.
3:321b
BLIAKHER, L.I.
5:232a, 351b, 487a
BLIEMETZRIEDER, F.
1:11b, 306b
4:297a
BLIGH, E.W.
1:346a
BLIGH, E.W. (STUBBS)
3:364b
BLIGH, N.M.
2:322b
3:153a, 187b
BLIJ, F. VAN DER
1:474a
BLIN-STOYLE, R.J.
3:134a
BLIND, A.
1:42b
2:754b
3:591a
4:339a
5:69b
BLINDERMAN, C.S.
1:610a
BLISS, D.P.
3:596a
BLISS, H.E.
3:41b(2)
BLITTERSDORF, F.
3:465b
BLOCH, C.
2:596b
BLOCH, E.
1:65b, 89b, 337a, 526b
2:162b
3:43b, 153a, 181b, 182a, 191b, 356b(2)
5:122b
BLOCH, I.
3:416a
BLOCH, J.
1:505a
3:528a
4:208b, 442b
5:94b, 98b, 534b, 551b, 552a
BLOCH, L.
1:194b, 375b
2:228a
3:146a
BLOCH, M.
1:163a, 210a, 255a, 403b, 408b
2:321b, 660a
3:484a, 565a
5:329a
BLOCH, M. (LEFEBVRE DES NOETTES)

BLOCH
3:565a
BLOCH, M.R.
3:537b(2)
BLOCHET, E.
4:41b, 43b, 103b, 115b, 165a, 195b
BLOCHMAN, L.G.
2:499b
BLOCK, E.
5:121a
BLOCK, E.A.
2:184b
5:164a
BLOCK, W.
3:589b
BLODGETT, A.N.
2:288a
BLODGETT, K.B
2:45b
BLOEDNER, A.E.
1:638a
4:347a
BLOEDNER, K.
2:305b(2)
4:347a
BLOK, P.J.
1:351b
BLOK, P.J. (MOLHUYSEN)
3:78a
BLOKH, M.A.
1:92b, 132a, 585b(4)
2:52a, 58a(3), 170a
3:20a, 28b(2), 179a, 180a, 180b, 182a, 186b(4), 192a(2)
5:326b, 498b
BLOKHINTSEV, D.I.
2:70a
3:172a
BLOM, F.
4:278a
BLONDEL, -.
3:379a
BLONDEL, C.
1:273b, 366b, 466a
2:528a
3:341a, 357b, 437a
5:240a, 361b
BLONDEL, M.
1:82a
BLONDHEIM, D.S.
4:367a
BLONDHEIM, S.H.
4:81a
BLOOM, A.
1:91a
2:647a
4:28a, 420a
BLOOM, J.D.
3:72b
BLOOM, J.H.
3:394b
BLOOM, S.
1:418b
BLOOMFIELD, A.L.
3:459a, 477a
BLOOMFIELD, J.J. (BELLINGTON)
3:479b
BLOOMFIELD, L.
3:41b(2), 612b
BLOOMFIELD, M.
4:192a
BLOSS, J.F.E.
3:479b
BLUCH, O.
2:344b

BLUCK, R.S.
2:324a
BLUDAU, A.
1:389b
BLUE, R.C.
4:245a
BLUH, O.
2:161b, 226a(2), 498a(2)
3:49a, 134a, 138a(3), 144a(2), 215b, 380a
4:101b
5:502a
BLUHER, H.
3:438b
BLUHM, R.K.
2:248a, 749a, 751b
3:72a
5:524a
BLUM, A.
3:15b, 584a(2), 594b
4:364a
5:95a
BLUM, C.
4:373a
BLUM, H.F.
3:290b, 292a, 464a
BLUM, R.
1:285a, 577b
2:244b
BLUMBERG, A.E.
3:33a
BLUMBERG, B.S.
1:275b(2)
5:156b
BLUMBERG, H.
1:406^
BLUMBERG, J.L. (BLUMBERG, B.S.)
1:275b
5:156b
BLUMENBERG, H.
1:282b(2)
2:167a
5:7a, 23a
BLUMENTHAL, A. VON
1:39a, 328a
BLUMER, G.
1:550a
2:503a
BLUMER, W.
1:492a
2:561a
5:21a, 29b
BLUMNER, H.
4:96b
BLUNCK, R.
2:90a
BLUNT, W.
3:303a, 303b(2)
BLUNT, W. (SITWELL)
5:353b
BLUTH, K.T.
2:240b
BLUTHNER, G.
3:495a
BOAK, A.E.R.
2:594b
BOARDMAN, P.L.
1:475b(2)
5:432b
BOAS HALL, M. [BOAS, M.]
1:96a, 151a, 183a, 183b, 184a(3), 187b, 233b, 487a, 564a
2:177b, 182b, 230b(2), 323a, 469a
4:141a
5:3a(2), 19a, 103a, 119a, 121a, 122a(2), 122b, 123a(2), 186a, 444b
BOAS HALL, M. (HALL)
1:258b
2:222b, 228a, 229a, 230b, 248a(2)
3:3b
5:121a
BOAS, E.P.
2:29b
5:385a
BOAS, F.
3:58b, 274a, 331a, 349b, 350b
4:7a, 268a, 276a
BOAS, G.
1:59a, 61b
2:178b, 191b
3:91a
4:105a, 303a, 318a
5:142a, 490a
BOAS, G.F.
3:609b
BOAS, L. (BOAS, R.)
2:156a
BOAS, M.
See BOAS HALL, M.
BOAS, R.
2:156a
BOATNER, C.H.
2:39b
5:191a
BOBART, H.H.
3:593b
BOBER, H.
4:318a
BOBER, H. (MACKINNEY)
4:348a
BOBER, M.M.
2:153a
5:431b
BOBRINSKOY, G.V.
4:57a, 212a
BOBROV, E.A.
3:339a
BOBROVNIKOFF, N.T.
1:533b
3:213b
BOBULA, I.
4:69a
BOCCARDI, J.
2:448b, 459a
3:7b, 205a(2), 212b, 247b
BOCHALLI, R.
2:25b, 583b
3:475a
BOCHENSKI, I.M.
3:94b(2)
4:106a
BOCHNER, S.
1:61b
2:602b
3:143b, 157a
4:112a
BOCK, A.W.
4:354b
BOCK, E. DE
3:595b
BOCK, K.E.
3:348b
BOCKMANN, P.
1:497b
5:303a
BOCKSTAELE, P.
1:50a
2:172b, 403a, 414a, 722b
3:10b(2), 77b, 104b, 115a, 116a, 196a, 254a(2)

4:38a, 59a
5:14a, 474a
BODA, K.
3:207b
BODDE, D.
2:3a(2), 46a(2)
4:217a(3), 218b, 219a, 220a(2), 222a, 227b, 240a
BODDING, P.O.
4:204a
BODE, H.
3:48b
BODE, W. VON
1:161a
2:72a
BODEMER, C.W.
5:232b
BODENHEIMER, F.S.
1:4a, 63a, 63b, 548a
2:71a, 78b, 397a, 440b(2), 464a, 558b, 642a, 651a
3:16b, 276b, 277a, 278a, 278b, 285a, 297a, 315b, 319b, 322a, 429a
4:65b, 78a(2), 78b(2), 125b, 139b, 310a, 436a, 439b(2)
5:47a, 145a, 238a, 239a, 347a, 437a, 468a
BODENHEIMER, F.S. (KOPF)
1:627a
4:413a
BODEWIG, E.
2:542a
4:307a
BODILLY, R.B.
1:642b
5:140a
BODMAN, F.
1:528a
BODMAN, G.
1:523b
2:239a
BODRERO, E.
2:527b
BODY, J.H.R.
3:569b
BOEGEHOLD, H.
1:352b, 438a
2:230a
5:205b, 452a
BOEHM, A.
2:66a, 68b
3:95b
BOEHNER, P.
2:243b
4:306b
BOEKE, J.
2:583b
BOENHEIM, F.
1:544a, 599a
2:153a, 365a, 450a, 466a, 594b
3:445a
5:365b
BOER, T.J. DE
4:392a
BOERHAAVE, H.
2:583b
BOERHAAVE-BEEKMAN, W.
3:583b
BOERLIN, P.H.
2:548b
5:62a
BOERMA, N.J.A.F.
1:241a
3:492a
5:152b

BOERNER, F. (SUNDERMAN)
3:459b
BOERS, K.
3:519a(2)
BOERSCHMANN, E.
4:242b(2), 243a
BOERSMA, J.
1:527a
BOESCH, H.
1:420a
BOESMAN, T.
5:79a
BOESSNECK, J.
4:50a
BOETHIUS, A.
2:597a
BOEV, G.P.
4:39b
BOEWE, C.
2:377b
BOEYNAEMS, P.
1:261b, 472a
2:242a, 265b, 585b
5:152b
BOFFITI, G.
3:560b
BOFFITO, G.
1:236a, 308b, 309a(4), 309b, 444a, 444b, 456a, 459b(2), 564a, 573a, 628a
2:39b, 195a, 268b, 314b, 361b, 580a
4:115b, 121a, 299b, 307a, 316b(2), 322b, 345a, 365b
5:16a, 213b, 287a
BOGAERT, E.W.
3:562a
BOGART, E.L.
3:522b
BOGATSKII, A.V.
1:210a
BOGAYEVSKI, B.L.
4:13a
BOGDANOVA, I.P.
1:444a
BOGEL, K.
4:107a
BOGERT, M.T.
2:484b
5:487a
BOGGIO, T. (BURALI-FORTI)
3:148b
BOGGS, S.W.
3:54a, 252b, 253a, 254b, 545a
5:338b
BOGODORSKII, A.F.
2:17a
BOGOIAVLENSKII, N.A.
2:714b
3:404b
4:207a, 352a
BOGOLIUBOV, A.N
1:168a
BOGOLIUBOV, A.N.
1:397a
5:287a
BOGORAS, W.
3:260b
BOGORAS, W.G.
4:272a
BOGUE, A.G.
5:410b
BOGUE, D.J.
3:359a
BOGUET, H.
5:147a

BOGUSCH, E.R.
3:315b, 529b
BOHATEC, J.
1:203b, 217a
BOHDANOWICZ, L.
2:29b
BOHLIN, T.
2:19a
BOHM, D.
3:142b, 153a
BOHM, W.
1:338a
2:162b(2)
3:182b
5:207b
BOHME, J.
1:590b
BOHN, G.
3:282a, 284b, 287a
BOHNE, G.
4:446a
BOHNE, N.
5:372a, 510a
BOHNER, H.
2:474b
BOHNER, K.
3:509b, 526b
BOHR, N.
2:160a, 428a, 705b
3:33a, 142b, 143b, 153a, 155a, 168a, 168b(3), 170b(2), 171a(2), 173a(3), 283a(2), 567a
BOHRINGER, P.H.
3:329a
BOIG, F.S.
3:188b, 194b
BOING, H.
5:266b
BOIRAC, E.
3:346b
BOIS, D.G.J.M.
3:527a
BOISACQ, E.
4:120a, 290b
BOISCHOT, P.
1:40b
BOISMOREAU, E.
3:470b
BOISMOREAU, E. (BAUDOUIN)
4:9b
BOISSIER, R.
2:42a
BOISSIERE, C. DE
2:369a
5:17b
BOISSONNADE, -.
2:741b
3:617a
BOISSONNADE, P.
4:326b, 360b
BOJUNGA, R.G.
3:579a
BOK, B.J.
3:207a, 220b
BOKAY, J. VON
1:590a
3:456a
5:265a, 394a, 476b
BOKELMANN, F.
3:460a
BOKER, H.
1:500b
2:709b
BOKER, R.
1:39b, 48a(2), 260b

BOKII

4:22b, 23a, 115b, 117a(2)
BOKII, G.B.
  3:176a
BOKLUND, U.
  2:54a, 447a(2)
BOKSER, B.Z.
  2:108a, 131b
  4:436b
BOL'SHAKOV, K.A.
  2:111a, 726b
  3:571a
BOLDRINI, B.
  1:220b
  5:270b
BOLDT, A.
  2:393b
BOLDUAN, C.F.
  1:149a
  3:411a
BOLER, J.F.
  1:365a
  2:296a
BOLGAR, R.R.
  4:88a
BOLITHO, H.
  2:189b
  3:533b
BOLKESTEIN, H.
  2:538a
  4:27a
BOLL, F.
  2:360b
  3:221a
  4:22b, 23a, 89a, 117a
BOLL, M.
  3:40a, 43b, 45a, 97a, 106a, 138b, 153a, 182b, 191a, 343a
BOLL, M. (URBAIN)
  3:7a
BOLL, T.E.M.
  2:480b, 722b
  3:435b
BOLOGA, V.L.
  1:94a, 116b, 238a, 292a, 310b, 389b(2), 390a, 491a, 520a, 523a, 581b
  2:188b(3), 189a, 276a, 367a, 412a, 415a, 461a, 510a, 526a, 681a, 706a(3), 709a
  3:19b, 24a(2), 81a, 274b, 372a, 375b, 376b(2), 377a, 405a(9), 405b(3), 417b, 460a, 473b, 497b, 514a
  4:9b, 11b, 67b, 153b, 155a(2), 157a, 353b
  5:10a, 75b, 153a(3), 240b, 248b, 268a(2), 307b(2), 373b, 394b(2), 405b, 451b, 460a, 545a, 547a, 547b
BOLOGA, V.L. (RUSSU)
  5:403a
BOLOTTE, M.
  5:252b, 507a
BOLSHAKOV, K.A.
  See BOL'SHAKOV, K.A.
BOLT, R.H.
  3:54a
BOLTE, O.
  3:449b
BOLTEN, G.C.
  3:433a
BOLTON, C.K.
  5:37a
BOLTON, H.E.
  1:45a, 293b, 388b
  2:21a, 267a
  5:223b(3)

BOLTON, L.
  3:86a, 148b
BOLUS, E.J.
  4:389a
BOLZA, A.
  2:26b
  5:429a
BOLZA, O.
  2:228b
BOLZANO, B.
  3:106a
BOLZAU, E.L.
  2:308a
BOMBE, H.
  3:557b
BOMER, F.
  2:140a
  4:305b
BOMPIANI, E.
  1:327b
  3:115b
  5:16b
BON, H.
  3:384b, 467b
BONA, E.
  2:137a
  5:223a
BONACELLI, B.
  4:139a
BONACINA, L.C.W.
  2:637b
  3:45b
BONACKER, W.
  1:378a, 662b
  2:359b
  3:252b
  4:42b
  5:33b, 133a
BONAR, J.
  2:139b
  3:358a
BONASERA, F.
  2:200b
  5:124b
BONAVIT, J.
  3:615b
  5:526a
BONCOMPAGNI LUDOVISI, T.
  1:170b
  5:542b
BOND, E.B.
  2:428a
BOND, E.D.
  2:22a, 436a
  5:382b
BOND, J.D.
  2:401a
  4:286b
BOND, T.E.T.
  1:316a, 440a
  2:558b, 626a
  5:349b
BOND, W.H. (FAYE)
  4:443a
BONDI, H.
  3:217a
BONE, E.
  2:530a
  3:333a(2)
BONE, W.A.
  2:21a, 606b
  5:423b, 424b
BONE, W.A. (HULME)
  3:575b

BONELLI, L. (FERRARI)
  5:165a
BONELLI, M.L.
  1:36b, 218b, 287a, 350a, 457b, 459b(2), 460a
  2:184b, 195a, 233a, 279a, 343b, 380b, 553a, 556b, 598a(2), 659a, 708b(4)
  3:83b
  5:118b, 129a, 132a, 158b, 179b, 293b, 465a
BONER, H.A.
  2:140a
BONESCHI, P.
  4:390b
BONHOFF, F.
  4:352b
BONI, A.
  3:597b
BONI, B.
  1:28a, 109a, 137b, 145a, 378b, 379a
  2:162b, 181b, 574b, 693b
  3:564a, 575a
  4:312b, 313a
  5:91a(2), 96a, 423b(2)
BONI, N.
  1:374a
BONILLA-NAAR, A.
  3:392b
BONIN, W. VON
  3:181a
BONINO, A.
  3:455a
BONITZ, H.
  1:53b
BONJOUR, E.
  2:26b, 667b
  3:617a
BONNARD, A.
  4:97a
BONNARD, L.
  4:151b
BONNAUD, R.
  1:164b
  4:146b
BONNE, J.
  1:23b
  4:298a
BONNEMAIN, H.
  5:277b
BONNER, C.
  4:165a
BONNER, J.C.
  1:539b
  3:532a
  5:411b
BONNER, J.T.
  2:544a
  3:281a, 296a, 298b
BONNER, S.F.
  1:348a
BONNER, T.N.
  1:322a
  3:380b, 388b(2), 391a, 392a
  5:366a
BONNEROT, J.
  2:737b(2)
  3:617a
BONNET, A.
  3:455a
BONNET, E.
  1:25a, 532a
  2:351a, 555a
  5:141b, 144a, 151a, 173a, 185b, 268a
BONNET, P.
  3:321a

BONNET-ROY, F.
 1:106a, 212a
 2:526b
BONNET-ROY, F. (DUMESNIL)
 3:370b
BONNETTE, -.
 1:320b
 2:48b, 299a(2)
 5:403a
BONNEY, T.G.
 2:749a
BONNIER, G.
 3:288a
BONNO, G.
 2:105a, 106a, 601a
 5:104a
BONNY, J.B.
 2:726a
 3:551a
BONO, B.V.F.
 5:27b
BONOLA, A.
 2:367a
BONOLA, R.
 1:168b
 2:104a
 3:130b
 5:314b
BONOMO, G.C.
 2:43b
BONORA, F.
 3:379a
BONOW, E.R.
 3:504b
BONSACK, F.
 3:151b, 160a
BONSER, W.
 4:336a, 348a, 349a(2)
BONTINCK, E.
 1:117a
BONUZZI, S.
 3:455b
BONVALOT, G.
 2:340a
BOODBERG, P.A.
 2:538b
 4:181a, 232a, 246a, 376b
BOODIN, J.E.
 3:33a, 356a
BOOK, F.
 1:549b
BOOKER, P.J.
 2:190b
 3:549b
 5:284a, 284b
BOOMANS, D. (HERMANT)
 3:386b
BOONE, R.
 3:412b
BOORSCH, J.
 1:331b
BOORSMA, P.
 3:565b
BOORSTIN, D.J.
 1:156b, 645b
 5:188b, 189a
BOOTAGEZEL, J.J.
 5:420a, 450a
BOOTH, A.D.
 3:612a
BOOTH, C.C.
 1:164a, 572a(2)
 5:270b
BOOTH, E.P.
 3:62a

BOOTH, H.C.
 3:588b
BOOTS, J.L.
 4:247a
BOOTSGEZEL, J.J.
 1:157b, 216a
 2:220a(2)
 3:566a
BOPP, F.
 1:552b
BOPP, F. (SOMMERFELD)
 2:323a
 3:154b
BOPP, K.
 1:72a, 394b, 403a, 410a
 2:14a, 38a, 41b, 66b, 443a
 3:126b
 5:110b, 118a, 199b, 446b
 2:238b
BOQUET, F.
 2:34b, 737b
 3:199a
 5:125a
BOR, E.
 3:311a
BORAK, J.
 3:430b
BORCHARDT, D.H.
 5:93b
BORCHARDT, L.
 4:35a, 35b, 36a, 38b, 42a, 51a(3), 54a, 116b
BORCHARDT, P.
 1:129a(4)
 2:303b, 330a
 4:77b, 123a, 264b, 439b(4)
BORCHART, L.
 4:98b
BORCHERT, E.
 2:253a
 4:311a
BORCHGRAVE, E.J.Y.M. DE
 2:706a
 3:52a
BORD, B.
 2:216a
 4:66b
BORDAGE, E.
 1:137b
 2:601b
 5:230a
BORDEAUX, A.
 5:299a
BORDEN, W.C.
 3:489a
BORDET, J.
 2:234b
BOREAUX, C.
 2:718b
BOREE, W.
 4:73a
BOREL, E.
 1:289a(2), 310a
 2:301b, 527a
 3:28b, 57b, 131b(2), 147a, 155b
BOREL, E. (PAINLEVE)
 3:559b
BOREUX, C.
 4:42a
BORGEAUD, M.A.
 3:255b
BORGES DE SOUSA, R.
 2:152a
 5:253b

BORGHI, B.
 3:360b
BORICEVSKII, I.A.
 1:27b, 328b, 383b
 2:228a
 4:113a
 5:202b
BORING, E.G.
 3:16b, 26a, 28a, 28b, 29a, 339a(3), 342b, 343b(3), 344b
BORINO, G.B.
 1:511b
BORISIAK, A.A.
 2:29a
 3:273b
BORISSOV, A.
 1:620b
 2:532b
BORK, A.J. VAN
 3:332b
BORK, A.M.
 2:160b
 5:316b
BORK, A.M. (ARONS)
 2:228b
 3:27b
BORK, F.
 3:199a, 219b
 4:59b, 149a
BORKOWSKY, E.
 2:716b
 3:508a
BORMAN, J.B.
 3:491a
BORN, A.
 3:234a
BORN, E.
 3:558b
BORN, L.K.
 3:72a
BORN, M.
 2:185a, 321b, 491b
 3:134a(2), 136b, 138b(3), 140b, 142b, 144b, 148b, 164a, 168b(3), 176b, 201b
 5:537b
BORN, W.
 3:307b, 316b, 346a, 371a, 435a
BORNHARDT, W.
 5:550b
BORNHAUSER, S.
 5:387b
BORODIN, G.
 3:79a
BORODIN, N.M.
 3:80b
BORRADAILE, L.A.
 3:319b
BORRAS, J.A.
 1:411b
 5:271b
BORREN, C. VAN DEN
 1:362b
BORTHWICK, E.K.
 4:114b
BORTOLOTTI, E.
 1:46a(3), 169b, 170a(6), 170b, 219b, 223a, 223b, 232b(3), 234b(2), 289a, 348b, 410b, 415a(2), 519b
 2:71a(6), 138a, 141b, 150a, 171b, 316b, 368a, 368b, 422a, 528b(2), 534b, 553a, 553b(4), 554a(9), 659b(2), 671a(2)
 3:77a, 101b, 115b, 116a(2), 119a, 119b, 121a, 121b, 124a(2)
 4:21b, 22a, 38b, 59b(3), 60b(4),

BORTON
109a(3), 110a, 307a(2), 309a, 444a
5:13a, 13b(2), 15b(6), 16b(3), 112a,
113b, 114a, 193a, 197a, 200a, 297a,
306b, 312b, 498a, 501b, 514a,
536a(2), 536b(2), 537a(2)

BORTON, H.
4:248a, 255b

BORUP, G.
2:302a

BORUTTAU, H.
1:203a
2:79a(2)
3:431a

BORZA, A.
2:480b(2)
3:511a
5:228a, 228b

BORZI, A.
3:304a

BOSANQUET, H.
1:175b

BOSCH ARANA, G.
3:489a

BOSCH, F.
3:277a
4:110b

BOSE, D.M.
1:177b(2)
2:321b
3:55b, 81b, 295a
4:187a, 194b
5:320b, 500a

BOSE, J.C.
3:297a, 309b
5:443b

BOSE, P.N.
4:209a

BOSENBERG, H.
2:122a
5:417a

BOSKOFF, P.S.
2:373b
5:97b

BOSLER, J.
2:106b

BOSMANS, H.
1:45b, 51b, 221b, 234b(2), 240a, 261a,
334a, 336b, 348b, 363a, 392a,
403b(2), 410b, 413a, 465a, 490b(3),
505a, 513b, 601b, 612a, 612b, 613a,
650b, 658b, 659a
2:175b, 196b, 212a, 260b, 282b(4),
283a(2), 399b, 407a, 430b, 431b,
434a(2), 501a, 507b, 508a(6),
525a(3), 526a, 543b(2), 571b,
580b(4), 591a, 611b, 628b
3:108a
4:307b, 311b
5:13b, 14a, 15b, 16a(3), 29a, 111a,
111b, 112a(2), 113a(2), 114a, 116a,
117b, 118b, 439a

BOSS, J.
4:81b

BOSS, V.
1:199a
2:232a
5:203a, 445b

BOSSERT, G.
1:246b
2:420b
5:56a

BOSSERT, H.T.
4:84b, 85a

BOSSHARDT, W.
3:263b

BOSSIERE, C.G.
3:29a

BOSSU, L.
5:74a

BOSSUAT, R.
1:256a
2:181b

BOSTEELS, G.
3:118b

BOSTOCK, J.K.
1:21b

BOSWELL, E.
2:746b
5:150b

BOSWELL, H. (COPLEY)
3:511b

BOSWELL, P.G.H.
1:513a
2:614a

BOSWORTH, C.E.
2:17b

BOTH, E.E.
3:211b

BOTLEY, C.M.
3:225a

BOTSFORD, G.W.
4:97a(2)

BOTSFORD, J.B.
5:241a

BOTTAZZI, F.
1:591b
2:74b, 76b

BOTTCHER, H.M.
3:511b

BOTTCHER, J.
3:246a

BOTTEMA, O.
1:508a, 638a
2:343b
3:127a
5:310b

BOTTENBERG, H.
3:496b

BOTTERO, A.
1:427a
3:490b(2)
5:403b

BOTTGER, G.C. (REHLER)
3:603a

BOTTGER, H.
2:78b, 179b, 462b
3:472b
5:45b, 383b

BOTTINELLI, E.P.
1:290b

BOTTO-MICCA, A.
See MICCA, A.B.

BOTTOM, V.E.
2:91b
3:570b

BOUARD, M. DE
1:23b, 66b
2:404b
4:304b

BOUASSE, H.
1:377b
3:148b, 235b

BOUBIER, M.
3:326b(2), 328a

BOUCHACOURT, L.
1:247a
3:454a
5:402a

BOUCHARD, G.
1:251b, 524b

BOUCHENY, G.
1:40b
2:119a

BOUCHER, C.T.G.
2:220b, 396a(2)
5:415b, 416a, 550b

BOUCHER, J.
2:286b, 598b
5:393b

BOUCHER, J.N.
1:145a
2:10a
5:423b

BOUCHER, M.
2:16b

BOUCKAERT, J.J.
1:569b

BOUCKAERT, T.
2:453b

BOUDET, J.
3:412b

BOUDON, P.
1:178b

BOUGAULT, J.
2:593a

BOUGHTON, T.
3:560b

BOUGLE, C.
1:332b

BOUILLIER, V.
2:89a

BOUISSON, M.
3:87a

BOULE, M.
3:333a(3), 333b
4:215a
5:360b

BOULENGER, J.R.
2:375a

BOULET, M. (DAHL)
5:182b

BOULGER, G.S.
1:594b

BOULGER, G.S. (BRITTEN)
3:305b

BOULIGAND, G.
1:146a, 310a, 330b, 392a
2:190b, 312a, 351a
3:2a, 25b, 37b, 105a, 107a(4), 108b,
110a(2), 110b(2), 112b, 127b, 128a,
142b
5:115b, 198b, 203b, 314b, 537b

BOULLE, M.
1:21a

BOULLET, J.
3:329a, 513b

BOULTER, B.C.
1:516a

BOULTON, H.E.
3:583b

BOULTON, W.H.
3:553a

BOUMA, P.J.
3:440b

BOUMPHREY, G.M.
3:557a, 587a

BOUNHIOL, J.P.
3:279b

BOUNOURE, L.
1:296b, 596b
3:279b, 280b

BOUQUET, H.
1:180b, 302a, 581b
2:519a
3:396b, 518b

BOURBAKI, N.
3:99a
BOURCART, J.
2:143a, 616a
5:336b
BOURDIER, F.
1:204a, 204b, 313a, 343b
3:288a, 290b
BOURDILLON, A.F.C.
2:742a
BOURDON, B.
3:344a
BOURDON, C.
4:429a
BOURDON, J.
2:113b
4:331b
BOURDON, L.
2:553a
5:26b
BOURGEAT, J.
5:173a, 173b
BOURGEOIS, R.
1:415b
BOURGERY, A.
2:463a
BOURGES, H.
1:180b
2:213b
5:398b
BOURGEY, L.
1:577b
4:128a, 131a
BOURGIN, G. (BOURGIN, H.)
5:290a
BOURGIN, H.
3:356b
5:290a
BOURGOIS, L.
4:249b
BOURGOUIN, L.
3:2a
BOURGUIGNON, M.
2:671b
3:575a, 576a
BOURICIUS, L.G.N.
2:759a(2)
3:420b, 436b
5:527a
BOURKE, V.J.
1:23a, 81b
2:540b
BOURNE, G.H.
3:415a
BOUSFIELD, M.O.
3:392b
BOUSQUET, G.H.
2:277b
4:423b
BOUSSAC, P.H.
4:36b
BOUSSEL, P.
3:499a
BOUTAN, L.M.A.
3:534b
BOUTAREL, M.
3:396b
BOUTARIC, A.
1:141a, 524b
3:152b, 159a, 166b, 169a, 171a, 192a, 192b, 217a, 548a
BOUTARIC, A. (SERGESCU)
3:73b
BOUTEILLER, M.
3:386a

BOUTEMY, A.
4:368a
BOUTEN, J.
1:494a
5:241a
BOUTHILLON, L.
3:570b
BOUTROUX, E.
1:335b
2:4b
3:46b(2)
BOUTROUX, L.
1:69b
2:360a, 368b
BOUTROUX, P.
1:336b, 457b
2:175a, 228b, 527b
3:37b, 73a, 106b, 107a(2), 124a, 124b, 128a
5:118a, 537b
BOUTRY, G.A.
1:440b
2:283b
3:54a
BOUVAT, L.
4:390b
BOUVET, M.
1:429a
2:279a, 419a, 577a, 718b, 736b
3:505a(5), 513b, 514b
5:172a, 225a, 276b, 277b, 408a(2), 508b
BOUVIER, A.
2:651a
BOUVIER, E.L.
1:401a
BOUVIER, R.
1:172a(2), 263b
2:123b
BOUVIER, R. (VIDAL)
4:183a
BOUWSMA, O.K.
1:335b
BOUYGES, M. [BOUYGES, P.M.]
1:65b(2), 84b, 97b, 406a, 483b, 522b
2:234a, 524a(2)
4:124b, 297a, 387b
BOUYGES, P.M.
See BOUYGES, M.
BOUYN, E.H. DE
5:417b
BOUYSSONIE, J. (CAPITAN)
4:14b
BOVENTER, K.
2:166a
BOVET, D.
3:513a
BOVET-NITTI, F. (BOVET)
3:513a
BOVIN, E.
1:236b
2:462a
BOWDEN, B.V.
1:94a
BOWDEN, W.
5:284b
BOWEN, C.D.
1:95b
BOWEN, E.G.
4:324a
BOWEN, E.J.
2:627b
BOWEN, E.J. (PURVER)
2:750b
BOWEN, F.C.
5:416b, 519b

BOWEN, H.
1:33a
2:249b
BOWEN, H. (GIBB)
4:388a
BOWEN, H.G.
1:370b
3:539a, 570b, 603b
BOWEN, I.S.
3:207a
BOWEN, M.
1:262b
BOWEN, R.L.
3:534b(2)
4:52a(4), 159b, 173b, 386b, 429a
BOWEN, W.H.
1:501a
5:38a, 87a, 458b
BOWER, F.O.
1:494a, 594b
2:746b
3:302a(2), 305b
BOWERS, A.W.
4:271b
BOWERS, R.A.
2:744a(2)
3:504b
BOWERS, R.H.
1:96a
5:110b
BOWERS, R.H. (BUHLER)
1:246a
2:267b, 315a
4:321a, 348b
5:85b
BOWES, J.
3:110b
BOWIE, W.
3:234a(3), 248a
5:336a, 480a
BOWMAN, A.K.
2:123b
BOWMAN, F.L.
5:223a
BOWMAN, I.
1:322a
2:395b
3:57a, 246a, 254b, 259a, 349a, 358a(2)
BOWMAN, J.
1:46b
BOWN, R.
3:570b
BOWSKY, W.M.
4:350b
BOWSMA, O.K.
1:335b
BOXER, C.R.
2:189a, 255a
3:270a
4:248a
5:140a, 180b(2), 541b
BOYANCE, P.
1:256a(2)
2:457a(2)
4:102b, 109a
BOYCE, G.C.
2:318a, 742a
3:618a
4:293a, 369b, 370b(2)
BOYCE, H.
1:529a
5:90b
BOYD, C.E.
2:744a
4:163b

BOYD, J.D.
  2:381a, 606a
  5:380b
BOYD, J.P.
  1:145a, 647a
  2:493b
  5:228a
BOYD, L.G.
  4:47b
BOYD, L.J.
  3:444b
BOYD, M.L.
  3:238b, 577a
BOYD, T.A.
  3:49b
BOYD, W.C. (BOYD, L.G.)
  4:47b
BOYDEN, A.
  3:468a
BOYDEN, E.A.
  2:86a
BOYDEN, E.A. (LEVIN)
  3:319a
  4:80a(2)
  5:545b
BOYER, A.
  3:535a
BOYER, A.M.
  4:180a
BOYER, C.
  1:82a
BOYER, C.A.
  1:61a, 188a
  4:108a, 192b
BOYER, C.B.
  1:51a, 61b(2), 62b, 223b, 225a, 234b, 257a, 284a, 336b(3), 337a, 413b(3), 487b, 489a, 516b, 606a, 612a
  2:14a, 39a, 227a, 281a, 283a(2), 533b, 591a
  3:24b, 47a, 103a, 103b, 105a, 118b(2), 121b, 124a(3), 124b, 125b(2), 129b(6), 160a, 160b, 163b, 209b, 226a(2)
  4:61b, 111a(2), 111b, 112b, 119a, 320b(2)
  5:14b, 15a, 26a, 113a, 114b, 115b, 126b, 129a(2), 196b, 198a, 201a(2)
BOYER, C.S.
  3:574b
BOYER, J.
  3:99a, 106a
BOYER, M.N.
  4:361a(3), 362a(2)
BOYES, J.
  2:377a
  5:246a
BOYLE, V.C.
  5:416b
BOYNE, R.
  3:571a
BOYNTON, H.
  3:16a
BOYNTON, M.F.
  2:534b
  3:316b
BOYS, C.V.
  1:192b, 609b
  2:138b
  3:158a
  5:198b
BOZEC, A. LE
  See LE BOZEC, A.
BOZZI, E.
  1:232a
  5:162a
BRAAMS, W.
  4:94a
BRAAS, -.
  1:128a
BRABAZON, J.T.C.M.B.
  3:559a
BRABICH, V.M. (DOBROVOLSKII)
  4:148b
BRACHET, A.
  1:128a
  3:296a, 298a
BRACHWITZ, R.
  4:254a
BRACKEN, H.M.
  1:133b, 241b
BRACKETT, F.S.
  3:309b
BRACKETT, R.M.
  2:504a
BRACKETT, R.N.
  1:260a
BRADBROOK, M.C.
  2:378b
  5:8a
BRADDICK, H.J.J.
  3:141a
BRADFORD TITCHENER, E.
  2:640b
BRADFORD, C.A.
  3:413a
BRADFORD, J.R.
  1:125b, 199a
BRADFORD, R.
  3:66b
BRADIMOLLER, H.
  3:492a
BRADLAUGH BONNER, H.
  2:420a
BRADLEY, A.D.
  1:160a, 173a, 255b
  2:457a, 579b, 757a
  5:198a(2), 200a, 218b, 310b
BRADLEY, A.G.
  2:721b
  3:616a
BRADLEY, C.D.
  1:292b, 322a
  2:213b, 250b
BRADLEY, J.
  1:436b
  3:182b, 191a
  5:206a
BRADLEY, J.H.
  3:279b
BRADLEY, L.J.H.
  2:62b
BRADLEY, M.D. (BRADLEY, C.D.)
  1:292b, 322a
  2:213b, 250b
BRADLEY, R.D.
  3:142b
BRADSHAW, M.J.
  3:94a
BRADTMOLLER, H.
  5:510b
BRADY, I.
  2:602b
  5:48b
BRADY, T.A.
  4:103b
BRAGA, G.C.
  1:383b
BRAGARD, R.
  1:165a
  4:148b
BRAGG, L.
  2:678a(2)
  5:316b
BRAGG, W.
  2:565b, 749a
  3:72a, 159a, 169a
BRAGG, W.H.
  1:407a, 408a(2)
  2:423b
  3:62a, 140a, 160a, 161a, 165b, 174a, 176a(3), 539a
  5:308a, 319a, 321a
BRAGG, W.L.
  1:186b
BRAGG, W.L. (BOND)
  2:428a
BRAGMAN, L.J.
  1:297a, 330a, 380b, 541a, 639a
  2:21a, 36b, 134b, 341b, 507a, 624a
  3:365a, 390a
  4:171b, 339a
  5:261a, 366a, 544b
BRAIDWOOD, R.J.
  4:3a, 68a
BRAIN, R.
  1:547a
  2:56b
  3:62a, 343b, 431a
  5:157b
BRAITHWAITE, R.B.
  1:227b
  3:36b
  5:309b
BRAMBILLA, G.
  2:43b
  5:269a
BRAMMER, C.
  3:447a
BRAMPTON, C.K.
  2:243b, 244a, 694a, 734b
  4:310b, 370b
BRAMWELL, J.G.
  3:271a
BRANALD, A.
  5:415a
BRAND, D.D.
  1:569a
BRAND, J.L.
  1:340a
  2:479b
  5:375a, 376b
BRAND, K.
  2:90b(2)
  5:406b
BRAND, W.
  1:632a
  2:546b
  3:108b
  4:348b
  5:72a
BRANDEL, I.W.
  3:509a
BRANDENBURG, D.J.
  1:344a
  5:280b
BRANDES, G.
  1:495b
BRANDI, K.
  3:604a
BRANDNER, G. DE
  2:372b(2)
  5:337b(2)
BRANDT, B.
  4:323a

BRANDT, F.
  1:584a
BRANDT, J. VAN DEN
  2:739b
  3:620b
  4:219b
BRANDT, O.
  3:84a
BRANDT, W.I.
  1:359b
BRANDWOOD, L. (BOOTH)
  3:612a
BRANFORD, B.
  3:111b
BRANFORD, V.
  3:355b
BRANHAM, V.C.
  3:357b
BRANLY, E.
  2:145b
BRANNER, J.C.
  3:232a
BRANNON, P.A.
  5:414a
BRANS, P.H.
  2:678b
  3:78b, 403a, 502a
  5:548b
BRANSON, C.C.
  3:70a
BRANZI, A.
  2:139b
  5:169b
BRASCH, F.E.
  1:282b(2), 376a, 376b, 510a, 565b, 646a
  2:108a, 219b, 222a(3), 222b, 224a(2), 225b(3), 422b, 484a(2), 632b, 660a, 662a(3), 701b, 751b
  3:14b, 20b, 22b, 80b, 152b, 382b
  5:187b, 189a, 219a, 498b, 532b
BRASCH, F.E. (SAMPSON)
  1:359a
BRASHEAR, A.D.
  3:496a
BRASILLACH, R. (BARDECHE)
  3:597a
BRASS, E.
  3:535b
BRATER, E.
  5:213a
BRATESCU, C.
  2:361b
  4:121b
BRATESCU, G.
  1:580a
  4:94a
  5:58a
BRATESCU, G. (BARBU)
  3:404b
BRATIANU, G.I.
  4:326a
BRATKOWSKI, W.
  3:585a
BRATT, E.
  3:256b
BRATTAIN, W.H. (PEARSON)
  3:176b
BRAUCHLE, A.
  3:346a, 499a
BRAUER, K.
  1:496b
  2:204a, 604a
  5:274b
BRAUER, L.
  3:51b(2)

BRAUN, A.
  3:384b, 459b
BRAUN, G.
  2:594b, 776b
  5:39b, 92a, 179a, 391b
BRAUN-RONSDORF, M.
  3:585a, 586b
  4:364b
BRAUNER, B.
  1:407a
BRAUNER, L.
  3:591a
BRAUNHOLTZ, H.J.
  2:673a
  3:338a
BRAUNING-OKTAVIO, H.
  1:219a, 499b
  2:174a, 247a
BRAUNLICH, E.
  2:16b
  4:175b(2)
BRAUNS, R.
  3:232b
BRAVMANN, M.
  4:434b
BRAVO, T.
  1:108a
BRAWER, A.J.
  3:262a
BRAY, E.
  1:170b
  2:149b
  3:293a
  5:351a, 450b
BRAY, G.W.
  3:465b
BRAYTON, A.
  1:133b
  5:225a, 442a
BRAZIER, M.A.B.
  3:431a(2)
  5:380b
BRAZIER, M.A.B. (MAGOUN)
  3:79b
BREARLEY, H.C.
  2:745a
  3:589b
BREARLEY, M.
  1:523a
BREARLEY, R.
  2:735b
  4:338a
BREASTED, J.H.
  2:502b(2), 680a
  3:28a, 334a, 608b
  4:17a, 18b, 34a, 37b(2), 40a, 45a, 45b, 52a, 71b
BREBNER, J.B.
  3:260a
BREDER, C.M. (GUDGER)
  3:464b
BREDIG, G.
  3:182b
BREDNOW, W.
  1:600b
BREED, F.S.
  3:48b
BREEDE, E.
  4:444b
BREEN, Q.
  2:313a
BREHAUT, E.
  1:633b
  4:296a

BREHIER, E.
  1:256a
  2:336a, 336b
  3:91a, 94b
  4:88b(2), 98b, 103b(2), 303b, 444a
  5:105a, 109b, 195a, 308b
BREHIER, L.
  3:65b
  4:381b
BREIDENBACH, W.
  2:5a
  3:129a
  5:199a
BREIT, E.
  1:239a
  5:10a
BREITENBACH, W.
  1:526b
  5:356b
BREITFUSS, L.
  3:257a
  5:222b, 451a, 476a
BREITHAUPT, G.
  3:249a
BREITINGER, E.
  4:11b
BREITNER, B.
  2:275b
  3:397a(2)
  5:67a
BREITSPRECHER, G.
  5:280a
BRELOER, B.
  2:165b(3)
  4:201a
BRELSFORD, W.V.
  4:265a
BREMECKER, E.
  3:575a
BREMM, J.
  1:382b
  5:379a
BREMNER, J.P.
  1:271a
  5:354a, 357a, 379a
BREMNER, M.D.K.
  3:493b
BREMOND, A. (SOUILHE)
  3:92a
BRENNECKE, R.
  1:397a
  5:204b
BRENNI, L.
  3:586b
BRENNSOHN, I.
  3:404b
BRENZONI, R.
  5:458b
BRESGEN, M.
  3:442b
BRESSE, G.
  2:171a
BRESSLAU, H.
  3:75a
BRETCHER, E.
  1:413b
BRETEILLE, R.C.
  3:483b
BRETSCHER, K.
  3:328b
BRETSCHNEIDER, H.
  5:357a
BRETT, G.
  4:379b

BRETT

BRETT, G.S.
 1:497b
 3:339a(2)
BRETT, R.D.
 3:560b
BRETT, R.L.
 1:319a
BRETT-JAMES, N.G.
 5:132b
BRETT-MAJES, N.G.
 1:508b
 2:307a
BRETTSCHNEIDER, B.D.
 1:30a
 3:95b
BRETZ, C.A.
 1:150a
BRETZ, J.H.
 3:240b
BREUER, J.
 2:612b
BREUIL, H.
 1:179b
 4:3b, 240b
BREUKINK, H.
 3:436a
BREUNIG, E.
 3:599b
BREWER, C.
 1:144a
BREWER, G.
 2:45b, 639b
BREWINGTON, M.V.
 2:738b
 3:250b
BREWSTER, E.H.
 1:203b
BREWSTER, E.T.
 3:62a, 228a, 288a
BREWSTER, P.G.
 5:149a
BREYDY, M.
 1:482b
BREYER, J.
 1:309a
 4:313b
BREYSIG, K.
 2:3b
 3:283b, 344a
BRICARD, R.
 1:396a, 413a, 490b
 3:123b
 5:199a
BRICE, W.C.
 4:260a
BRICKMAN, B.
 2:288b
 5:12b
BRIDBURY, A.R.
 4:360a
BRIDENBAUGH, C.
 1:170b
 5:243b, 294a
BRIDGES, J.H.
 1:97a
BRIDGES, R.
 1:310b
BRIDGES, R. (MORTON)
 3:423b
BRIDGES, T.C.
 3:14b
BRIDGMAN, P.W.
 1:192a
 2:121a, 124a
 3:35a, 37b(2), 45a, 52b, 54a, 54b, 58b, 122b, 138b(2), 139a, 140b, 141a, 141b(2), 146a, 146b, 148b, 155a, 160a, 217b, 347b, 355b
 5:461a
BRIDGWATER, D. (GLOAG)
 3:588a
BRIE, F.
 1:319a
 5:350b
BRIEGER, W.
 1:62b, 492a
 4:140b
BRIEM, H.
 5:549b
BRIEN, P.
 1:312a, 316a, 318a
 2:40b, 297b
 5:348a, 351a
BRIEN, P. (STRAELEN)
 1:313a
BRIERE, O.
 3:95a
BRIFFAULT, R.
 3:349b
BRIGGS, A.
 3:545b
 5:299a, 393b
BRIGGS, G.E.
 1:156b
 2:619a
BRIGGS, L.C.
 4:390b
BRIGGS, L.J.
 3:84b
BRIGGS, L.P.
 4:256a
BRIGGS, M.S.
 3:587a, 587b
 4:431a
BRIGHAM, A.P.
 2:666a, 747b
 3:246b
BRIGHETTI, A.
 3:430b
BRIGHT, A.A.
 3:588a
BRIGHT, L.
 2:623b(2)
 3:139a
BRIGHT, R.
 1:192b
BRIGHT, T.
 5:64b
BRIGHTFIELD, M.F.
 5:365b, 370a, 418b
BRIGHTMAN, R.
 2:300a
 5:426a
BRILL, A.A.
 1:441a
BRILL, R.H.
 3:581b
BRILLOUIN, L.
 1:166a
 3:66b, 153a, 171a
BRILLOUIN, M.
 2:339a
BRIM, C.J.
 2:60b, 612a
 3:444b
 4:79a, 81a
BRIMLEY, H.H.
 3:275b
BRINCH, O.
 1:558b
BRINDLEY, W.H.
 2:22a, 721a
BRING, S.E.
 1:303b, 476b
 2:610b, 718a, 772a
 3:620b
 5:225b
BRINITZER, C.
 2:89a
BRINKMANN, D.
 3:342b
BRINKMANN, W.
 3:533b
BRINNER, L.
 3:535a
BRINTON, C.
 2:235b
 3:2a(2), 56a
 5:305b
BRINTON, H.
 3:207b
BRION, M.
 1:229b
 2:72a
BRISCOE, H.V.A.
 2:401a
BRITO, R.
 5:72a
BRITTAIN, R.
 3:553b(2)
BRITTAIN, R.P.
 3:483a
BRITTAIN, R.P. (POLSON)
 3:413a
BRITTEN, F.J.
 3:589b, 590a
BRITTEN, J.
 2:97b
 3:305b
 5:235b
BRITTON, C.E.
 4:287b
BRITTON, H.T.S.
 3:177a
BRITTON, N.P.
 4:430b
BRITTON, R.S.
 3:596a
 4:220b
BRITTON, S.C.
 4:209b
BRIX, P.
 2:28a
BRIZIO, A.M.
 2:77a
 5:18a
BROAD, C.D.
 1:95b, 96a
 2:222b
 3:35a
BROADBENT, D.E.
 3:343b
BROADHURST, J.
 2:298b
 5:149a
BROADHURST, R.J.C.
 1:624b
 4:411a
BROCARD, H.
 1:330b, 413a, 413b
 2:175a
BROCH, H.
 3:317b
BROCHE, G.E.
 2:369b

38

BROCHER, H.
3:91a
BROCK, A.ST.H.
3:577b(2)
BROCK, F.
2:566b
3:283a
BROCK, T.D.
3:301a
BROCK, W.H.
1:192a
2:357a
5:445a
BROCKBANK, E.M.
1:304b, 415b
2:257a, 679b, 721a, 770a
3:394b, 395a, 436b
BROCKBANK, W.
1:506a
2:8b, 402b, 582a, 591a(2), 648b, 721a
3:394a, 419a, 496b
5:155a, 162b, 169b, 171b, 246a, 262b, 370a, 454b, 477a, 487a, 490a, 495b
BROCKELMANN, C.
4:181b, 383a
BROCKER, W.
1:609a
5:301b
BROCKINGTON, F.
5:375a, 394a
BROCKLEHURST, H.J. (FLEMING)
3:540a
BROCKMAN, C.J.
3:190b(2)
5:319b
BROCKMAN, W.
3:371a
BROCKWELL, M.W.
1:384b
BRODA, E.
1:168a
BRODBECK, M.
3:33a
BRODE, W.R.
1:192b
BRODERICK, A.H.
1:191b
BRODERICK, J.T.
2:400a, 503b, 624a
BRODETSKY, A.
2:222b
BRODETSKY, S.
2:221b
3:107a
BRODIE, B.
3:603a
BRODIER, L.
1:33b, 103a, 645b, 178a
2:498b
5:161b
BRODIN, G.
4:357a
BRODMAN, E.
1:357a(2)
2:401b(2), 633a
3:368b
BRODMANN, C.
4:354a
BRODNY, L. (BITSCHAI)
3:450b
BRODRICK, J.
1:127a
2:709b
BRODY, H.
2:202b

BRODY, I.A.
2:711b
4:418a
BROEHL, W.G.
2:674b, 693a, 711a
3:563a
BROEK, A.J.P. VAN DEN
2:79a, 81b, 586b, 587a
5:68a
BROEK, J.O.M.
4:259a
5:139b
BROEKAERT, A.
2:265b
BROGDEN, S.
3:221a
BROGGER, A.W.
4:324a, 325a, 325b, 361b
BROGLIE, L. DE
1:27a, 37b, 159a(2), 174a, 311a, 374b, 376b, 402b(2), 440b, 457b, 656b
2:112a, 258b, 268b, 301b(2), 312a, 321b, 705a
3:14b, 29a, 60a, 73a, 134a(2), 134b(2), 139a, 142b(2), 145a, 153a, 153b(4), 155a(3), 161a(3), 162b, 175b
5:305b
BROGLIE, M. DE
1:78a, 189a, 194b
2:428a, 705b
3:136b, 144a, 167a, 174a(2)
BROHIER, R.L.
4:209b
BROHMER, P. (RELING)
3:306a
BROILI, F.
3:273a
BROMBERG, W.
3:433b, 434b
BROMEHEAD, C.E.N.
2:331a, 659a
3:238b, 239a, 239b, 250a, 514b, 552a, 552b
4:31a, 141a, 149b, 254b
5:141a
BROMS, A.
3:215b
BRONDEGAARD, V.J.
2:98b
3:455a, 511b, 518b
5:278b
BRONK, D.W.
2:352a, 663b
3:60a
BRONOWSKI, J.
3:2a, 35a(2), 40a, 60a(2), 151a, 539a
BRONSART, H. VON
3:214b
BRONSHTEIN, I.N.
2:104b
BRONSON, W.C.
2:674
3:615a
BRONTMAN, L.K.
3:267b
BROODBANK, J.G.
3:554a
BROOK, C.
2:605a
BROOK, M.
2:611a
5:323b
BROOKE, E.S. (THORNTON)
3:370b

BROOKE, H.C.
3:459a
4:348b
5:395b
BROOKE, Z.N.
4:296b
BROOKS, A. (DEERR)
3:538a, 538b, 564b
5:284a
BROOKS, A.A.
3:245a
BROOKS, B.A.
4:66b
BROOKS, C.E.P.
3:226a, 227a(2), 228a
BROOKS, C.MCC.
3:426a(2)
BROOKS, E.C.
5:412a
BROOKS, E.ST.J.
2:482b
BROOKS, F.T.
1:205b, 571b
BROOKS, J.
3:53b
BROOKS, J.E.
3:415b
BROOM, L. (MERTON)
3:355a
BROOM, R.
3:333a(2)
BROPHY, J.
1:127a, 218a, 456b
BROPHY, L.P.
3:602b
5:529a
BROSE, H.L.
1:376b
3:148b
BROSSE, T. (LAUBRY)
4:201a
BROTHERSTON, J.H.F.
5:251a, 375a
BROTHWELL, D.R.
3:609b
4:11a
BROTHWELL, D.R. (MORSE)
4:48b
BROTMACHER, L.
4:266a
BROUGH, J.
4:201a
BROUGHER, J.C.
2:471b
BROUGHTON, J.M.
2:639b
BROUWER, D.
3:86a(2)
BROUWER, L.E.J.
3:106a, 110a
BROUZAS, C.G.
4:91b
BROWE, P.
4:330b
BROWER, H. (MASTERSON)
1:133a
2:266b
5:224b
BROWIN, F.W. (HARRIS)
2:480a
5:403b
BROWING, W.
3:392a
BROWN, A.
1:52a

BROWN

3:486a
BROWN, A. (TELLER)
3:602a
BROWN, A.W.
5:395b, 517b
BROWN, B.
4:123a
BROWN, B.H.
1:343a, 394b
2:227a
5:113a, 312a
BROWN, B.J.W.
3:201b
BROWN, C.A.
5:321b
BROWN, C.B.
1:196a
5:340b, 534a
BROWN, C.L.M.
3:559a
BROWN, C.M.
2:499a
BROWN, E.W.
1:571b
3:86a, 101b
BROWN, F.M.
4:268b
BROWN, G.B.
3:37b, 139a, 140b, 148a
4:159a
BROWN, G.L.
2:127b
BROWN, G.S.
3:39a
BROWN, H.
1:119b, 184a, 191b, 204b, 330a, 423b, 507a, 584a, 600b, 664b
2:158a, 175a, 601a(2), 658a, 659a, 687b, 751b(2)
3:17a, 29a, 60a(2), 61a
5:5b, 104a, 104b, 107a, 117a, 173b, 189a, 196a
BROWN, H.B.
3:529a
BROWN, H.C.
1:290b
2:9a
5:326a
BROWN, H.M.
3:344a
BROWN, J.C.
3:177a
BROWN, J.F.
1:442b
3:437b
BROWN, J.J.
1:655b
5:292b
BROWN, J.L.
1:161a
5:96a
BROWN, J.M.
4:260a
BROWN, J.N. (BEESON)
2:382b
BROWN, J.N.E.
2:101a, 523a
BROWN, J.R.
2:427a
5:333a
BROWN, K.E.
3:114a
BROWN, L.
2:25b
3:475a

BROWN, L.A.
1:230a
3:250b, 407b
5:131b, 219b, 221b, 528b
BROWN, L.F.
4:371a
BROWN, L.N.
4:255a
BROWN, L.P.
5:461b
BROWN, M.E.
2:32a
BROWN, P.
3:167b
BROWN, P.E.
2:487b, 488a
BROWN, P.H.
1:495b
BROWN, R.H.
1:324a
5:223a, 339a
BROWN, R.N.R.
1:199a
3:276b
BROWN, R.R.
1:233b
4:270b
5:361b
BROWN, R.W.
3:47b, 615a
BROWN, S.C.
2:83a, 423b(3), 424a(7)
5:205a, 235a, 317b, 318a
BROWN, S.H. (POSEY)
2:774a
3:440b
BROWN, T.J.
1:133b, 183b, 605b
2:92a
BROWN, T.S.
4:144a
BROWN, W.L.
3:429b
BROWN, W.L. (ANDERSON)
3:528b
BROWN, W.N.
4:184a
BROWN, W.S.
3:49a
BROWNE, C.A.
1:8b(2), 48b, 381a, 602b, 604a, 645b, 647a
2:264b, 352a, 353a, 484b(2), 501b, 537b, 582a, 611a, 632a(3), 637a, 662b
3:24b, 70b, 183b, 184b, 185a, 244b, 523a, 525a(2), 525b, 538b, 579b(2), 580b, 602b, 605a
4:114b(2), 275b, 374a
5:20a, 102a, 173b, 178b, 213a, 264b, 281b, 303a(2), 322b(2), 327b, 329b, 534b, 549a, 550b
BROWNE, E.G.
1:410a, 572b, 620a
4:415b, 433b
BROWNE, G.B.
1:607b
2:747a
3:371b
BROWNE, G.F.
1:123b
BROWNE, L.M. (BROWNE, C.A.)
3:183b
BROWNE, T.
1:655b

BROWNING, C.H.
1:125b, 372b
BROWNING, J.
1:198b
3:601b
5:431a
BROWNING, W.
3:230b, 336a, 382b
5:334a, 368b
BROWNLIE, D.
1:161b(2)
2:288b
5:290b
BROZEK, J.
3:80a, 295a
BROZOVIC, L.
1:353a
BRUCE, C.G.
3:270a
BRUCE, D.
3:408a
BRUCE, G.M.
4:27b, 351b, 353b
BRUCE, J.P.
1:254b
BRUCE, R.E.
4:286a
BRUCE, R.V.
2:92b
5:431a
BRUCE, W.C.
1:433b
BRUCE-MITFORD, R.L.S.
4:366a, 366b(2)
BRUCH, J.L.
1:643a
BRUCHE, E.
3:145a, 167b
5:507a
BRUCHER, H.
1:167b, 526b
3:295b
BRUCK, D.
3:465a
BRUCK, F.
2:101b(2), 462a(3), 595a
BRUCK, W.
3:494b
5:80a
BRUCKER, G.A.
1:103a
BRUCKNER, A.
4:368b
BRUCKNER, G.
1:287b(2), 288a
3:278b
BRUEL, O.
1:441b
BRUERS, A.
1:489b
BRUES, A.
3:383a
BRUES, C.T.
3:286a, 322b
BRUESCH, S.R.
1:657b
BRUGMANS, H.L.
1:338b, 611a
5:107a
BRUGSCH, M.
3:546b
BRUGSCH, T.
2:699b
3:398a

BRUIJN, J.V. DE
  2:476a
BRUINS, E.M.
  1:564a
  2:269b, 328b
  3:25a
  4:20b, 22a, 38b, 58b(3), 59a(2), 61a(2),
    110a
BRUINS, L.H.
  2:394a
  5:266b
BRULL, E.
  3:142a, 146b
BRUMBAUGH, R.S.
  2:328b(2), 330a
  4:106a, 107b, 124a
BRUMER, M.G.
  2:190b
  5:207a
BRUN, J.
  1:54a
  2:324a, 719b
BRUN, V.
  1:2b
  2:620b
  5:199a
BRUNEL, C.
  4:356a
  5:82b(2)
BRUNEL, J.
  3:516b
BRUNEL, R.
  2:660a
BRUNELLI, B.
  2:572a
BRUNELLI, G.
  1:318a
  3:288b
BRUNER, J.S.
  1:442b
  3:342a
BRUNET, A. (PARE)
  4:369b
BRUNET, E.
  2:675b
  3:619a
BRUNET, G.
  2:433b
BRUNET, L.
  2:103a, 386a, 619b
  3:10b, 34a, 541b
BRUNET, P.
  1:17b, 138b, 149b, 176a, 204b, 205a,
    257a(2), 260b, 271a, 281b, 362a,
    407a, 518b(2)
  2:40a, 137b, 148a, 158a(2), 177b, 227a,
    232a, 261b, 265b, 690a
  3:11b, 23b, 24a, 158a, 290b
  4:18b, 114a, 374a
  5:8a, 26b, 103a, 129a, 197b, 202b,
    202b(3), 203a, 213a, 232a, 316a,
    458a, 458b, 461a, 532b
BRUNHES, J.
  3:358a
BRUNHOLD, F.
  1:128b
  4:331b
BRUNHOLZL, F.
  4:335a
BRUNI, G.
  3:280b
BRUNING, F.
  3:487b
BRUNN, A. VON (KRUDY)
  3:207a

BRUNN, L. VON
  1:577b
  4:135b
BRUNN, W. VON
  1:113b, 132b, 150a, 249a, 344b, 449b,
    525a, 575a
  2:25b, 44b(4), 164b(2), 274a, 275b(2),
    404a, 415b, 514b(2), 687a, 704b, 714b
  3:372a, 374a, 379a, 397b, 436a, 465a,
    484b, 485b(2), 487b, 489a, 491b,
    496b, 507b, 508a, 511b
  4:10b, 11b(2), 94b, 128a, 129a, 184a,
    210b, 353a
  5:65a, 71b, 76b, 79a, 271b, 401b(2),
    506b, 543a, 546b, 548a
BRUNN, W.A.L. VON
  5:364a, 460b
BRUNN-FAHRNI, R. VON
  3:517b
BRUNNER, C.
  4:337a
  5:151b
BRUNNER, F.
  2:66a
BRUNNER, H.G.H.
  5:74a, 165b
BRUNNER, W.
  3:217b
BRUNNGRABER, R.
  3:174a
BRUNO, A.M.L.
  1:536a
  4:67a
BRUNO, G.
  1:236b(2)
  5:62a
BRUNOLD, C.
  2:283b(2)
  3:24a(3), 148a, 159a, 179a, 191b
  5:118b
BRUNOT, F.
  3:611b
  5:296a
BRUNOT, L.
  4:427b, 429b
BRUNS, G.
  4:379b
BRUNS, H.
  5:539a
BRUNSCHVICG, L.
  1:181b(2), 331b, 336b
  2:85b, 178b, 280b(2), 281a, 369a, 497a
  3:43b, 46a, 90a, 91a(3), 107a, 110a,
    139a, 143a, 332a
  4:7a
BRUNSCHVIG, R
  4:391b(2)
BRUNSCHVIG, R.
  1:625b
  4:409a
BRUNSCHWIG, A.
  1:201b
  2:105a
  5:390a
BRUNSWICK, D. (DERI)
  1:442b
  2:479a
BRUNSWIG, A.
  2:63b
BRUNSWIK, E.
  3:340b(2), 341b
BRUSCH, J.
  3:520a
BRUSH, S.G.
  1:259a, 323a, 560b(2), 634a

  2:70a, 160b, 612b(2), 751b
  3:160b, 166b
  5:318b(3)
BRUSION, -.
  1:180b
  2:147b
BRUTAILS, J.A.
  4:302a
BRUTTINI, A.
  3:531a
BRUWER, A.J.
  3:463a
BRUYERE, J.
  3:548a
BRUYN, J.A. DE
  5:165b
BRUYNE, E. DE
  4:306a
BRUYNOGHE, R.
  1:125b, 431b
  2:22b
  5:394b, 396a
BRUZZO, G.
  2:150a
BRY, I.
  3:58a
BRY, T. DE
  1:505b, 540a
  2:50a
BRYAN, G.H.
  1:363a
BRYAN, G.S.
  1:370b
BRYAN, J.H.
  3:442b
BRYAN, K.
  4:268a
BRYANT, L.M.
  1:364b
  2:225b
  5:185b
BRYANT, W.W.
  1:456b
  2:11b
BRYK, F.
  2:94b
  3:492a
BRYNILDSEN, A.
  2:530a
BRYSON, G.
  5:241a
BRYSON, L.
  3:58b
BRYSON, V.
  2:605a
  3:301a
BRZEK, G.
  2:24a, 502a
  3:317b
BRZHECHKA, V.F.
  1:169b
BUBERL, P.
  1:349b
BUBLEINIKOV, F.D.
  1:457b
BUBNOFF, S. VON
  3:229b
BUCCAR, M. DE
  3:539a
BUCCARELLI, G.
  3:453b
BUCERIUS, W.
  2:166a
BUCH, L. VON
  2:6b

BUCHAN, J.
  3:258a
BUCHANAN, C. (PATTERSON)
  3:192a
BUCHANAN, E.D.
  3:301a
BUCHANAN, H. (SITWELL)
  5:359b
BUCHANAN, J.A.
  2:118a
  5:409b
BUCHANAN, R.E. (BUCHANAN, E.D.)
  3:301a
BUCHANAN, S.
  3:113a, 377b
BUCHDAHL, G.
  1:219a, 335b, 593a
  2:106a, 226a, 228b, 676b
  3:23a, 34a, 37b, 39a(2), 47a, 140b, 170a
  5:186b, 202b
BUCHEL, C.
  1:349a
BUCHEL, W.
  3:152b
BUCHER, H.W.
  2:550b
BUCHER, O.
  5:156a
BUCHET, C.
  3:507b
BUCHHEIM, E.
  4:94b
BUCHHEIM, L.
  4:48a, 48b, 166b
BUCHHEIT, G.
  4:444b
BUCHHEIT, V.
  4:91a
BUCHHOLTZ, A.
  1:132b
BUCHHOLZ, A.
  1:75b
  3:80b
  5:194b
BUCHHOLZ, E.
  2:703a
  3:617b
  5:246a
BUCHKA, K. VON
  2:435a
BUCHLER, J.
  2:295a
BUCHNER, E.
  3:75a, 485a, 604b
  5:192b, 248b
BUCHNER, P.
  1:614a
BUCHODOLSKI, B.
  1:97a
BUCHTHAL, H.
  4:432b
BUCHWALD, G.
  5:98a
BUCHWALD, W.
  4:286a
BUCK, A. DE
  4:37a, 44a
BUCK, A.H.
  3:360b
  5:363a
BUCK, C.D.
  3:90b
  4:144b
BUCK, F.
  4:280a
BUCK, J.L.
  3:526a
  4:239a
BUCK, P.
  4:260a
BUCK, P.H.
  3:615b
  4:262a
BUCKLER, F.W.
  1:245a, 419a, 542a
  4:389a
BUCKLER, G.
  1:42b
BUCKLER, W.H.
  4:138a
BUCKLEY, F.
  3:581b
BUCKLEY, H.
  3:134b
BUCKLEY, W.
  3:581b
BUCKMINSTER, T.
  5:25a
BUCKTON, A.M.
  1:407b
  2:90b
BUCZEK, K.
  2:205b
BUDD, R.
  3:558a
BUDDHI, J.
  1:644a
  2:573a
BUDGE, E.A.W.
  2:364a
  3:351b, 510a
  4:44a, 46b, 55a, 55b, 56b, 58a
BUDRYK, W.
  1:16b
BUDYLINA, M.V.
  1:334a
  2:65a, 547b
BUEHLER-OPPENHEIM, A. (BUEHLER-OPP., K.)
  2:667b
  3:585b
BUEHLER-OPPENHEIM, K. [BUHLER, K.] [BUHLER-OPPENHEIM, K.]
  2:667b
  3:415b, 513b, 532a, 585b
  4:16a
BUEN, R. DE
  3:242b
BUER, M.C.
  5:251a, 393a
BUERRIERI, L.
  3:371b
BUESS, H.
  1:94a, 156a, 171a, 424a, 481b, 533a(2)
  2:33b, 423a, 491b, 652b
  3:20b, 21a, 160b, 240a, 309b, 373b, 397b, 444b, 445b, 453b, 461a, 492b(3), 511b, 515a, 516a
  5:68b, 119a, 151b(2), 155a, 163b, 172a, 255a, 258b, 259a, 357b, 379a, 398a, 457b, 461a(2), 506b, 526a
BUESS, H. (JOOS-RENFER)
  5:263b
BUFF, C.
  1:503a
  5:249b
BUFFENOIR, H.
  2:418b
BUFFET, B.
  3:552a
BUGAJ, R.S.
  5:81a
BUGGE, G.
  2:548b
  3:180b, 182a
  4:10b
  5:425b
BUGIEL, V.
  1:160a, 661a
  2:574b, 685b, 738a
  3:372b, 400a(2), 420a
  4:130a, 335b(2), 343a, 348a
  5:55b, 249a, 451b, 522b
BUGLER, G.
  2:148a
  3:271a
BUGYI, B.
  2:411a
  3:463a
  4:10b
  5:152a
BUHL, A.
  1:46b, 108b, 562b
  5:315a
BUHL, M.L.
  4:43a
BUHLER, A.
  3:471a, 582a
  4:15b(3)
BUHLER, C.F.
  1:184a, 246a, 289b
  2:267b, 315a
  4:305a, 319b, 321a, 348b, 352a, 357a
  5:4b(2), 25a, 85b, 93b
BUHLER, H.V.
  2:243a, 682a
  5:56a
BUHLER, J.
  4:293a
BUHLER, K.
  See BUEHLER-OPPENHEIM, K.
BUHLER-OPPENHEIM, K.
  See BUEHLER-OPPENHEIM, K.
BUHOT, R.
  3:597a
BUICK, T.L.
  3:328b
BUISSERET, J.
  3:488a
BUJAK, F.
  3:49b, 247a
BUKINICH, D.D. (VAVILOV)
  3:528a
BUKOV, G.V.
  1:640a
BUKOWSKI, J.
  2:633b
BULAT, W.
  1:323b
BULEY, R.C. (PICKARD)
  5:366b
BULIT, -.
  4:423b
BULL, G.A.
  2:748b
  3:223a
BULL, L.
  1:222a
  5:453b
BULL, L.S.
  2:466b
  4:40b
BULLARD, E.C.
  1:533b(3)
  3:234a

BULLARD, F.M.
3:236a
BULLER, A.H. R.
3:528a
BULLING, K.
1:495b
5:297b
BULLOCH, W.
1:251b
2:101b
3:301a
BULLOCK, F.
1:253a
3:519a
4:139a
BULLOCK, W.O.
1:361a
BULLOFF, J.J.
3:192b
BULLON Y FERNANDEZ, E.
2:596a
4:150a
BULLOUGH, B.
3:421b
BULLOUGH, B. (BULLOUGH, V.L.)
3:416a
BULLOUGH, V.L.
1:606a
2:725a(2), 738a
3:416a
4:334b, 335a, 336a, 337a, 338a, 341a, 352b
5:51b, 501b, 520b
BULLOUGH, V.L. (BULLOUGH, B.)
3:421b
BULMER, R. (BULMER, S.)
4:260a
BULMER, S.
4:260a
BULPIT, W.T.
1:596a
BUMPUS, H.C.
1:205b
BUMSTEAD, H.A.
3:136b
BUNAKOV, Y.
4:220b
BUNBURY, E.H.
4:24a, 90b
BUNGE, M.
1:168a, 285a, 555a
2:64b, 160b, 222b, 235b
3:30a(3), 44a(3)
BUNGE, P.
4:16b
BUNIM, M.S.
4:310a
BUNNELL, K.P.
3:502a
BUNNELL, K.P. (NEWCOMER)
3:502a
BUNT, L.N.H.
3:105a
4:20b
BUNTEN, A.C.
1:95b, 110b
BUNTING, B.T.
2:201b
5:411a
BUNTING, C.H.
2:184a
BUNZEL, R.L.
4:275b
BUNZEL, R.L. (MEAD)
3:332b

BUONOCORE, E.
4:167a, 289b
BURALI-FORTI, C.
3:108b, 126b, 148b
BURAT, -.
3:255b
BURBACH, M.
2:542a
BURBURE, A. DE
2:128a
BURCH, G.B.
1:39b
4:105b, 117b, 303b
BURCH, V.
2:479a, 543a
BURCHARD, J.E.
3:53b
BURCHARDT, H.
3:262a
BURCHELL, H.B.
1:479a
5:259b
BURCKHARD, G.
3:454a, 469a
BURCKHARDT, A.
2:272a
BURCKHARDT, J.
5:8b, 9a
BURCKHARDT, J.J.
2:449b
4:116b
BURCKHARDT, M.
5:9a
BURCKHARDT, R.
2:491b
3:315a
BURCKHARDT, T.
3:196a
BURDACH, K.
2:304b
BURDELL, E.S.
3:62a
BURDETT, F.D.
3:313b
BURDOWICZNOWICKA, M. (STASIEWICZ)
3:24b
BUREAU, F.
1:429b
BUREN, A.W. VAN
2:575b
4:152a
BURES, C.E.
3:39a
BURETH, P.
1:266a
BURG, F.
5:40a
BURGER, D.
1:51a, 370b, 445a, 464a, 611a
2:423b, 519b, 553a, 603a(2), 695b, 729b, 740b
3:20b(2), 65a, 73b, 77b(2), 124b, 143b, 145b, 147a, 224b, 588a, 596b
4:141b
5:7b, 130b, 145a, 427b, 429b, 494b, 509b
BURGER, H.
1:369b
2:533b, 648a, 649a
3:383b, 386a, 442b, 485a
4:397b
5:27a
BURGER, W.
1:446b

5:360b
BURGERSTEIN, A.
4:328b
BURGESS, E.M.
4:366a
BURGESS, J.S.
4:240b
BURGESTEIN, A.
4:244b
BURGET, G.E.
1:530b
2:494a
BURGH, R.F. (MORRIS)
4:275b
BURGHAM, E.
4:201b, 204a
BURGSTALLER, S.
3:172b
BURGUNDER, H.
2:639b
BURI, F.
2:456b
BURIAN, H.M.
2:686b
3:439b
BURIAN, V.
5:132a
BURIANEK, P. (KRUTA)
2:366b
5:385a
BURILL, I.M. (LAIGNEL-LAVASTINE)
2:467a
5:163a
BURILLO MAZERES, J.
3:513b
BURKART, F.
3:473b
BURKE, J.
2:118a
5:384b
BURKE, J.B.
3:147b
BURKE, J.E. (LEVEY)
4:69b
BURKE, M.L.
3:606a
BURKE, M.N.
2:744a
3:367b
BURKE, R.M.
3:475a
BURKE-GAFFNEY, M.W.
1:411a(2)
2:11b, 337b(2)
5:384a(2)
BURKE-GAFFNEY, W.
1:62b, 353b
2:14b
4:133b
BURKERT, W.
2:310b, 325a, 367b
4:98b
BURKHANOV, V.F.
2:212a
BURKHARDT, H.
3:125a
BURKILL, A.
1:132b
BURKILL, H.H.
4:259b
BURKILL, H.M.
2:758b
3:307b
BURKILL, I.H.
2:350a

BURKILL

BURKILL
3:276b, 511b
4:172b, 199a

BURKILL, J.C.
2:58a

BURKITT, M.C.
2:188a, 242b
3:230a, 235a, 608b
4:12a

BURKS, B.S.
3:345b

BURLA, H.
1:311a, 312a

BURLAND, C.A.
3:254b

BURLINGAME, R.
3:545b(2), 562a
5:284a, 414b

BURLINGTON, R.S.
3:84b

BURMESTER, L.
3:176a

BURN, A.R.
1:567a
4:17a, 97a

BURN, C.B.
3:388b

BURNE, C.S.
3:351b

BURNE, E.L.
3:564b

BURNE, R.H.
2:392a

BURNELLE, L.
1:633b

BURNER, G.
2:251b

BURNET, F.M.
3:467a, 469a

BURNET, J.
1:54b
2:331a
4:101b, 103b(2)

BURNET, M.
3:466a

BURNEY, S.H.
1:87b
2:237a

BURNHAM, J.B.
3:263b

BURNHAM, J.C.
2:610a
5:382b

BURNS, C.D.
1:338b, 359b
2:64a, 64b, 670b
3:616b

BURNS, C.L.C.
1:416a

BURNS, E.M.
1:658b

BURNS, J.E.
5:312b

BURNS, R.M.
3:48b

BURNS, T.
1:319a

BURPEE, L.J.
2:52a
3:259b(2)

BURR, A.C.
3:159a

BURR, A.R.
2:186a(2)

BURR, C.W.
1:207b, 330b, 449b, 539a, 642a
2:103b, 144a, 624b
5:242b, 400a

BURR, G.L.
5:147a

BURR, G.O. (ROSENDAHL)
1:540b

BURR, H.S.
2:24b, 775a
3:432a

BURR, M.
2:203b

BURRAGE, H.S.
5:44a

BURRAGE, W.L. (KELLY)
3:390a

BURRARD, S.
3:270a

BURRELL, H.J.
3:329a

BURRISS, E.E.
4:147a

BURROUGHS, R.D.
1:258a
2:86a
5:346b

BURROW, J.G.
3:391b
5:499a

BURROW, J.W.
2:665b, 692a
5:360b

BURROWS, E.
4:74b

BURROWS, E.H.
1:78b
3:407a
5:404b

BURROWS, M.
4:75a

BURRUS, E.J.
2:648a
5:135a

BURSKI, H.A. VON
2:11a
4:433b

BURSKII, M.I. (DOBIASH-
ROZHDESTVENSKAYA)
4:358b

BURSTALL, A.F.
3:542b, 561a
5:520a

BURSTEIN, S.R.
4:446a

BURSTYN, H.L.
1:159b, 464a(2)
3:243a
5:337a

BURSZTA, J.
5:286a

BURT, C.
1:118a, 662b
5:457a

BURT, F.A.
3:230a

BURT, L.N.
2:549a
5:426b

BURTON, E.F.
2:428a

BURTON, M.
3:191a

BURTON, R.F.
1:128a

BURTON, W.
3:581a

BURTT, E.A.
5:102b

BURY, J.B.
3:607a
4:97a(2), 372a

BURZIO, F.
2:38a

BUSACCA, A.
3:515b

BUSACCHI, V.
1:122a, 230b, 465a, 514b, 543a, 545b
2:153b, 157b(2), 461b, 671a(2)
3:360b, 401a(2), 447b, 462b
4:445b
5:63a, 64a, 71a, 145a, 173b

BUSARD, H.L.L.
2:253a, 591a
4:309a

BUSCH, H.
1:598b

BUSCH, W.
3:234b, 250a

BUSCHAN, G.
4:10a, 171b

BUSCHBECK, E.H.
3:75a

BUSCHER, H.
2:268a

BUSCO, P.
2:178b
3:218a

BUSER, E.R.
3:497a

BUSH, D.
3:65a

BUSH, G.P.
3:49b

BUSH, V.
1:192b
2:11b, 545a
3:26a, 29a

BUSH-BROWN, L.
3:304a

BUSHELL, W.F.
1:596a

BUSHNELL, D.
2:752b, 766a
3:205b, 603b

BUSHNELL, D. (KOMONS)
2:766a
3:173b, 568a

BUSHNELL, D.I.
1:324a, 369a, 485b
2:3a, 33b, 50a, 69b, 442a, 501a
4:268a, 270b(3)
5:38a, 48b, 239b, 340a(4), 361b

BUSHNELL, G.H.
4:34b

BUSHNELL, J.C.
3:40a

BUSINK, T.A.
4:51a, 69a

BUSLEYDEN, J. DE
2:682b

BUSNELL, M.D.
1:342a

BUSQUET, -.
1:423a
2:657b
5:163b

BUSQUETS MULET, J. (MILLAS VALLICROSA)
4:390a, 436b

BUSSCHER, J. DE
1:12a

BUSSE, W.F.
3:175b
BUSSE-WILSON, E.
1:379b
BUSSEMAKER, U.C.
2:130a
4:378a
BUSSEY, W.H.
1:413a
2:158b, 283a, 502b
3:108a
5:111a
BUSSI, E.
2:163a
4:411b
BUSULINI, B.
1:51b, 462b
BUTAVAND, F.
3:171a
BUTCHER, R.W.
1:408b
5:352b
BUTENANDT, A.
2:631a
BUTLER, A.J.
4:158a
BUTLER, B.C.
2:474b
5:368a
BUTLER, C.S.
1:216a
3:376b, 473b
4:156a
BUTLER, E.M.
3:87a
4:100b
BUTLER, F. (MARTIN)
2:480a
5:392a
BUTLER, H.C.
3:263a
BUTLER, H.E.
3:221a
BUTLER, J.A.V.
3:53b, 279b
BUTLER, J.R.
5:236b
BUTLER, P.
5:5a, 93b
BUTLER, S.T.
2:446a
BUTLIN, R.A.
3:522a
BUTT, D.K. (BERNAL)
1:656b, 657a
3:175a
BUTT, N.I. (HARRIS)
3:53b
BUTTERFIELD, H.
3:2a, 7b, 17a(2), 604a, 607b
BUTTERFIELD, L.H.
2:425a(3), 688b
3:605a
5:245a, 477b
BUTTERSACK, F.
1:33b
2:19a
3:377b
BUTTGENBACH, H.
1:239b
5:447b
BUTTLER, W.
4:16a
BUTTMANN, G.
1:565b

BUTTNER, J.W.E.
1:420a
BUTTNER, L.
3:399b
BUTTRESS, F.A.
3:526a
BUTTS, R.E.
1:27b
5:187a
BUTURA, V. (BORZA)
3:511a
BUTZBERGER, F.
2:502b
BUTZE, H.
3:258a
BUU NGUYEN-THANH
5:270a,270b
BUVE, A.
2:173a(2)
BUWALDA, J.M.
5:165b, 261b
BUWALDA-PREY, E.O. (BUWALDA)
5:165b
BUXANT, F.
2:724b
3:307b
BUXBAUM, B.
1:161b
5:420a(3)
BUXTON, D.R.
4:365a
BUXTON, L.H.D.
1:94a
2:146a
4:3a
BUXTON, L.H.D. (RAY)
4:266b
BUYERS, R.F. (LANGE)
2:749b
3:72b
BUZELLO, H.
2:124a
3:43b
5:301a
BUZESKUL, V.P.
3:608a
BUZUN, H.
5:415b, 468a
BYCHKOV, V.P.
2:709a
3:117a
BYCHOWSKI, G.
3:438a
BYERS, J.
3:453b
BYKOV, G.V.
1:210a, 210b(5)
2:7b, 149a, 545b, 625a, 640b
3:171a, 191a(3), 192a, 195a(3)
5:322a, 322b, 326a(3), 446a
BYKOV, G.V. (KAZANSKY)
1:210b, 290b
2:9b, 149a
5:326b
BYKOV, G.V. (SHAMIN)
1:210b, 307a
BYLES, A.J.
3:579a
BYLOFF, F.
3:354b, 451b
BYNE, A. (BYNE, M.S.)
5:549b
BYNE, M.S.
5:549b

BYRD, R.E.
3:268a
BYRNE, E.H.
4:361b, 366a
BYRNE, J.J.
1:590a
5:266a
BYSE, C.
2:520a
CABALLERO, R.
1:574a(2)
CABANELAS, D.
1:483a, 484a
CABANES, A.
1:13a, 246a, 332b, 559a
2:282a, 588a
3:360b, 382a, 383b, 385a, 419b, 433b,
435a, 489a, 498b, 499a, 499b
CABANES, C.
1:53a
2:193b(3), 268b, 373b
5:287b, 293a, 427b
CABANIS, C.J.
1:330a
2:438a, 727a
3:507a
CABANISS, A.
1:20b
CABANISS, J.A.
1:16b
CABANNES, J.
2:284a, 301b, 379a
3:175b
CABBADIAS, P.
4:140b
CABEEN, D.C.
2:193a
CABLE, M.
3:263b(2)
CABOT, P.S. DE Q.
3:342b
CABRERA, E.S.
1:392a
CADBURY, H.J.
1:79b, 266b
2:298a, 497a, 750a
CADBURY, W.W.
4:233b
CADDEO, R.
1:213a
2:233a, 569b
4:327a
5:43a
CADET DE GASSICOURT, -.
2:401a
5:402a
CADET DE GASSICOURT, A.
1:213a
5:398b
CADET DE GASSICOURT, F.
1:431a
5:77b
CADY, W.G.
3:166a
CAETANI, G.
2:76b
CAETANI, L.
4:389a
CAFIERO, L.
2:124a
CAFMEYER, M.
2:709b
3:219a
CAGANT, R.
1:285b

CAGIGAS, I. DE L.
  4:415b
CAGNAT, R.
  2:155a, 394a
  4:149a, 161b(2)
CAGNETTO, G.
  2:197a
CAHAN, A.
  2:31a
CAHEN, C.
  1:35a, 93b, 615b, 627b
  2:435a(2), 528b, 569a
  4:411b, 428b, 433a
CAHEN, G.
  3:2a
  5:222b
CAHEN, L.
  1:290b
  3:599a
  5:206a, 430a
CAHEN, M.
  4:368b
CAHEN-SALVADOR, G.
  2:296a
CAHIERRE, L.
  5:220b, 497b
CAHILL, B.J.S.
  3:223b
CAHN, T.
  1:478b
  3:286a
CAILLET, A.L.
  3:347b
CAILLET, E.
  3:346b
  5:192a
CAILLET, M. (BLANQUIERE)
  1:412b
CAILLEUX, A.
  3:228a, 302a
CAILLIET, E.
  2:280b
CAIN, J.J.
  3:318b
CAIN, S.A. (MCVAUGH)
  1:410a
CAIRES, A. DE
  3:450a
  4:418b
  5:67b, 499b
CAIRNS, H.
  3:349b
CAIRNS, S.S.
  3:114a
CAIRNS, W.D.
  2:212a
CAIZERGUES, J.P.
  5:261a
CAJORI, F.
  1:27b, 49a, 61a, 69a(2), 96a, 111b,
  134a(2), 167b, 208b, 221b, 257a,
  323a, 329b, 338b, 360b, 386b, 390a,
  393b(2), 396b, 403b, 439a, 462b(2),
  473a, 523a, 539a, 540a, 548a(3),
  652b, 663b
  2:12a, 18b, 66b(5), 125b, 154b, 173b,
  187b, 203b, 212a, 212b(2), 222b,
  223b, 225b, 227a(5), 228b(3),
  231b(2), 259a, 260b(5), 263a, 292a,
  305b, 307b, 320a, 378a, 390b, 408a,
  417b, 434a, 454b, 513a, 518a, 525a,
  575a, 610b, 637a(2), 639a, 649b(2),
  766b
  3:99b(2), 105a, 111a(8), 111b(2), 114a,
  118a, 118b, 119b(4), 120a, 124a(2),
  125b(3), 126a(2), 127b(2), 129b,
  130a, 134b, 146a, 203a, 205b, 217a,
  219b, 248a(2), 249a
  4:63a, 107b, 278b
  5:14b, 15a(4), 15b, 16a, 111b(3), 112a,
  112b, 113a, 115a, 115b, 130b, 196b,
  197b, 199b(3), 200a(3), 216b, 304b,
  310a, 313a(2), 313b(2), 317b, 338a,
  527b, 537b, 538a
CALABRESI, M.
  2:43b
CALAMIDA, U.
  2:647b
  5:155b
CALANDRA, E.
  3:400b
CALCOEN, R.
  1:319a
  5:351a
CALDER, R.
  2:719a
  3:35a, 37b, 56a, 360b(2), 501a, 524a,
  539a, 583b
  5:532a
CALDER, W.M.
  4:117b, 164a
CALDERINI, A.
  4:97b, 122a(2)
CALDIN, E.F.
  3:35a, 182a, 182b
CALETTI, A.
  1:263a
  5:338b
CALEY, E.R.
  2:22b
  3:582a, 609b
  4:22b, 31b, 32a, 142a, 143a, 161a, 179b
  5:325a, 551a
CALHOUN, D.H.
  3:551a
CALHOUN, G.M.
  4:140b, 142a
CALICE, F.
  4:33b
CALKINS, G.N.
  3:321a
CALLAHAN, J.F.
  4:88b
CALLANDREAU, E.
  3:99b
CALLATAY, V. DE
  3:212a
CALLENDER, C. (TAX)
  1:318b
  3:290a, 335a
CALLENDER, G.
  1:357b
CALLENFELS, P.V. VAN S.
  4:259a
CALLEWAERT, H.
  3:610a
CALLMER, C.
  1:156a
  5:225b, 296b, 297a
CALLOMON, F.
  1:600b
  2:107a, 204b, 599a
  3:368a
  5:363b(2)
CALLOT, E.
  1:290b
  5:45a, 347b
CALLUS, D.A.
  1:65a, 516a(2), 516a
  2:309b, 542a
  4:300a, 330a
CALMAN, W.T.
  1:26a, 313a, 539b
  2:11a, 122a, 157b, 544a
  3:320b(2)
  5:349b
CALMETTE, A.
  2:26a, 286a
CALMETTES, P. (NEGRIER)
  3:413b
CALO, P.
  3:233b
CALOGERO, G.
  1:60b
CALVANICO, R.
  4:337b
CALVERLEY, E.E.
  1:3b
  2:123a
  4:392b
CALVERT, E.M.
  2:24b
CALVERT, H.R.
  2:764b
  3:85a
  5:179b
CALVERT, P.P.
  1:279b
  3:322a
CALVERT, R.T.C. (CALVERT, E.M.)
  2:24b
CALVI, G.
  2:72a, 75a
CALVI, I.
  2:80a
  5:86b
CALVO FONSECA, R.
  2:592b
CALZECCHI-NONESTI, T.
  5:319b
CAM, G.A.
  2:173b
CAMAC, C.N.B.
  3:360b, 371b
CAMBEL, H.
  4:72a
CAMBIER, R.
  1:222a
  5:42a
CAMBURSANO, O.
  5:116b
CAMDEN, C.
  2:469a
  5:25a, 50a, 54b
CAMELIN, J.
  2:719b
  3:396b
CAMERON, F.
  1:290a
CAMERON, G.G.
  4:18a, 176a
CAMERON, G.R.
  1:647b
  2:26b, 197a, 280a
  3:511b
CAMERON, H.C.
  1:107a, 294a
  2:100b(2), 351b
  5:292b
CAMERON, J.
  3:336a
CAMERON, J.S.
  1:192b
CAMERON, J.W. (MANGELSDORF)
  3:528b

CAMERON, K.W.
2:140b
CAMERON, R.
1:277b
CAMERON, T.W.M.
3:288b
CAMMANN, S.
1:447b, 600a
4:220b, 223b, 243b
5:226a
CAMP, C.L.
2:643b
CAMPAIGNE, E.
1:72a
2:634b
3:191a
5:322a
CAMPAILLA, G.
1:218a
5:268a
CAMPANA, A.
2:81b
5:53a
CAMPANELLA, T.
5:105a
CAMPARI, R.
4:387b
CAMPBELL, A.
2:97a, 426b
CAMPBELL, A.M.
4:350b
CAMPBELL, C.D.
2:427a
CAMPBELL, C.M.
3:434b
CAMPBELL, D.
1:449b
4:415b
5:53a
CAMPBELL, D.A.
2:298b
5:125b, 482b
CAMPBELL, D.H.
1:606a
3:309a
CAMPBELL, D.J.
2:335a
CAMPBELL, E.M.T.
2:263b
5:222a
CAMPBELL, E.P.
3:469a
CAMPBELL, F.L.
1:3a
2:772a
CAMPBELL, G.
1:277b
CAMPBELL, G.A.
2:664b, 713a
3:598b
CAMPBELL, J.
3:87a
CAMPBELL, J.F.
1:182a
5:338a
CAMPBELL, J.M.
2:366b
3:494a, 494b(2), 495b, 496a(2)
CAMPBELL, M.
1:357a
CAMPBELL, N.
3:35a
CAMPBELL, N.R.
3:84a, 140a, 148b, 164a, 168a(2), 169a

CAMPBELL, P.
5:223b
CAMPBELL, R. (PACK)
1:438b
5:385a
CAMPBELL, R.J.
2:103a
CAMPBELL, T.
2:710a
CAMPBELL, W.A. (AYNSLEY)
1:350a
CAMPBELL, W.J.
1:433b
CAMPBELL, W.W.
2:220a
CAMPI, P.
3:172b
CAMPION, S.
1:290b
CAMUS, J.
2:603b
CANAAN, T.
4:73b, 391b(2)
CANANO, G.B.
1:226b
CANARD, M.
4:433b
CANBY, E.T.
3:164b
CANCALON, -.
2:37a
CANDIDO, G.
1:247a, 403a
2:88b, 269b, 508b
3:99b, 126b
5:201a, 471a
CANDOLLE, A. DE
3:2a
CANESTRINI, G.
2:80a
CANEVA, G.
3:482a
CANEZZA, A.
2:710a
3:420a
4:219b
CANFIELD, J.
3:281a
CANGEMI, F.B.
5:166a
CANGUILHEM, G.
1:94b, 316a, 317b, 457b
2:606b
3:25b, 278a
5:255b, 361b
CANNEGIETER, H.G.
2:774b
3:223b
CANNENBURG, W.
5:134a
CANNENBURG, W.V.
1:480b
CANNIZZARO, S.
3:191a
5:322a
CANNON, C.L.
3:67b
CANNON, D.F.
2:380b
CANNON, H.G.
2:39b
3:288b, 293a
CANNON, W.B.
1:182a(2), 300b
2:108a, 700a

3:50b, 356a, 426b, 427b(2), 431a(2)
5:379a
CANNON, W.F.
1:565b(2)
2:120b, 622a
3:229b
5:299a(3), 300b, 302b, 334a
CANOUTAS, S.G.
1:267b
CANTARELLA, R.
1:581a
4:338a
CANTECOR, G.
1:332b(2), 335a
CANTERA, F. [CANTERA BURGOS, F.]
2:131a, 364b, 646b
CANTWELL, R.
2:630a
CANY, G.
5:275a
CAO, G.B.
4:325b
CAPART, J.
1:227b, 388a, 574b
2:21a, 214a, 305a, 564b
4:40a, 41a, 41b, 50b(2), 51a, 52a(2),
   52b, 54b(2), 55a, 129a
5:476b
CAPART, J. (NEUGEBAUER)
4:41a
CAPART, J. (VERGOTE)
1:295b
CAPART, J. (WEILL)
4:57a
CAPE, E.P.
2:610a
CAPEK, A.
3:416a
CAPEK, M.
1:471b
2:223b, 393b
3:139a
CAPELLE, -.
4:90a
CAPELLE, W.
1:560a, 574a
4:118b, 119a, 120b
CAPELLO, C.F.
3:256a
CAPENER, N.
2:472a, 692a
5:246b
CAPEZZUOLI, C. (LEONCINI)
1:222a
CAPITAINE, P.A.
1:414b
CAPITAN, L.
4:14b(2)
CAPPAMAIR, S.C. (MOSS)
3:351a
CAPPARELLI, V.
2:367b, 369a
3:428b
4:98b
CAPPARONI, A.
2:745b
3:420a
CAPPARONI, E.
4:379a
CAPPARONI, P.
1:14b, 30b(3), 34b(2), 48b, 52a, 76a,
   112b, 174a, 223b, 242b, 349b, 490b,
   653b
2:21a, 70b, 79a, 81b, 118b, 139a(2),
   262b, 272a, 344a, 367b, 405b(2),

CAPPELER
466b, 494a, 525b, 572a(2), 580b, 754b, 756b, 772b
3:274b, 370a, 400b, 424a
4:48a, 135a, 153a, 153b, 343a(2), 345a, 377b
5:46a, 47a, 57a, 62b, 70b, 71a, 71b, 74b, 78a, 79a, 83b, 141a, 161a, 162a, 168b, 173b, 267b, 276b, 278a, 362a, 447b, 457b, 492a, 519a, 526a, 544a

CAPPELER, M.A.
5:207a

CAPPELLINI, I.
1:44b, 326b
2:213b, 670a
4:338a(2), 351b

CAPPON, L.J.
1:258a
2:86a
3:605a

CAPREZ, H.
4:334b

CAQUOT, A.
2:268b

CARACI, G.
1:45a, 129a, 267a, 268b, 472a, 472b, 590a(2)
2:129a(3), 249a, 263b, 341b, 394a, 400a, 649a(2)
3:253a
5:29a, 29b(2), 31a, 32a, 33a(2), 34b(3), 134a, 134b, 222b

CARAMELIA, S.
1:166b
2:336a
5:27b, 41b

CARATHEODORY, C.
5:114a

CARATHEODORY, C. (SOMMERFELD)
1:571a

CARBIA, R.D.
5:36a(2)

CARBONARA, C.
1:456b

CARBONARA, C. (ALIOTTA)
1:456a

CARBONE, D.
1:222b(2)

CARBONELL, D.
5:390a, 443b

CARBONELLI, G.
3:180a
4:312b, 343a
5:51b(2), 54a, 83a

CARBONERA, G.
3:258a, 265b
5:36a

CARCOPINO, J.
1:214a, 256a(2)
2:159b
4:146b, 149a, 158b, 161b

CARDEW, F.
1:298b, 594b
5:174b, 235b, 353a, 490a

CARDIFF, I.D.
3:2a

CARDINI, M.
1:453b
2:174a, 391a(2), 494a(2)
4:136a

CARDINI, M.T.
1:61a
3:23b
4:108b
5:522a

CARDINNE-PETIT, R.
1:189a

CARDONER PLANAS, A.
1:3a, 661b
2:667a
3:488a
4:338b, 351b, 441a

CARDONER, A.
1:521b
4:349b, 354a
5:249b

CARDOSO DE MORAES, C.
3:482a

CARDOSO PEREIRA, A.
2:149b
5:325a

CARDOZO, M.
4:16b

CARDWELL, D.S.L.
3:7b, 72b
5:185a, 287b

CARDWELL, D.S.L. (MELLOR)
3:582b

CAREY, S.P.
1:224a

CARGILL, O.
3:66b

CARL, H.
2:271a

CARLBERG, P.
1:449a
5:423b

CARLEBACH, J.
3:157b

CARLES, J.
2:121b, 530a
3:525b

CARLONI, F.
3:414a

CARLSON, A.J.
2:186a
3:415a

CARLSON, E.T.
2:176b, 349b
5:400b, 404b

CARLSON, E.T. (DAIN)
5:382a

CARLSON, E.T. (WOODS)
2:317a

CARLSON, W.S.
3:267b

CARLSTON, C.W.
1:100a, 361a, 567a
5:337a

CARLTON, W.
1:192b

CARMAN, W.
3:601a

CARMICHAEL, E. (LARK-HOROVITZ)
3:4a

CARMICHAEL, E.B.
1:105a, 520b
2:240a, 344a, 641a
3:66b
5:407a

CARMICHAEL, L.
1:559b
2:759a, 765a
3:68b

CARMICHAEL, R.D.
1:413a
3:40a(2), 112b, 149a(2)
4:3a

CARMODY, F.J.
1:86a, 155b

2:50a(2), 392b, 533b
4:166a(2), 293a, 294b, 315a, 323b, 394b, 402a(2)
5:21a

CARNAP, R.
3:40a(4), 41b(3), 93a, 97a, 108b(2), 132a, 147b

CARNEAL, G.
1:325b

CARNEGIE, A.
2:613a(2)

CARNEGIE, F.
2:158a

CARNOY, A.
3:119a
4:124b

CARNOY, A.J.
3:611b

CARNUS, J.
1:119b
5:127b

CARO-DELVAILLE, H.
3:103a

CAROE, A.D.R.
2:748a

CAROE, G.N. (BRAGG)
1:186b

CAROE, K.
1:254a, 389a
3:403b, 489a
5:82b, 250a

CARON, M.
3:196a

CARON, P.
3:604a

CAROTENUTO, S.
1:456b

CAROZZI, A.V.
2:40b, 619b
5:219b, 228a

CARPANI, E.G.
2:46a, 87b
4:220b

CARPELAN, T.
2:701b
5:433b

CARPENTER, E.S. (SPECK)
4:274a

CARPENTER, F.M.
2:621b
3:273a

CARPENTER, G.D.H. [HALE CARPENTER, G.D.]
1:226a, 314a, 380b
2:348b

CARPENTER, H.
4:52b

CARPENTER, H.C.H.
1:488a

CARPENTER, M.M.
3:322b

CARPENTER, N.C.
2:375a

CARPENTER, R.
1:592a
4:98a(2), 127b, 144b

CARPENTER, S.C.
4:79a

CARPENTIER, F.
2:84a

CARPI, G. DA (CANANO)
1:226b

CARR, C.C.
2:661b
3:576a

CARR, D.P.
5:418a
CARR, H.W.
2:63b, 281b
3:93a, 150a
CARR, J.D.
1:357a
CARRA DE VAUX, -.
1:205b
3:118b
4:396a
CARRA DE VAUX, B.
4:383a(2), 407a
CARRE, A.L.J.
4:154a
CARRE, H.
1:225a, 558a
2:114a, 572b
5:163b
CARRE, J.M.
2:539a
5:137b, 541b
CARRE, J.R.
1:425a
2:280b, 601a
CARRE, M.H.
1:183a
5:101a
CARREA, J.U.
3:495b
CARREL, A.
3:283b
CARRERAS I VALLS, R.
1:212a(2), 212b, 267b(2), 415b
CARRERAS Y ARTAU, J.
1:70b(2), 71a
CARRERAS Y ARTAU, T.
5:307a
CARRETTE, P.
2:317a, 348b, 531b
CARRIER, E.H.
3:523a
CARRIER, L.
3:522b
CARRIGAN, J.A.
5:397a, 406b
CARRILLO, P.E.
3:392b
CARRINGTON DA COSTA, J.
2:218a
CARRINGTON, H.
1:277b
3:157b, 347b
CARRINGTON, R.
3:329a, 334a
CARRO, J. DE
2:145a
CARROLL, L.
3:133b
CARROLL, M.T.A.
1:123b
CARRUCCIO, E.
1:234a, 336b, 462a(2)
2:66b, 68b, 71a, 141b
3:108b
4:149a, 286a
5:111a, 114a, 478a
CARRUCIO, E.
3:99b
CARRUTHERS, D.
3:276a, 329a
5:225b
CARRUTHERS, J.
1:277b
2:60a

CARRUTHERS, J.N.
3:242a
CARSLAW, H.S.
2:212a
3:131a
CARSON, G.
5:406b
CARSON, H.W.
3:444a
CARSON, R.L.
3:299b
CARSUN CHANG
2:609b
CARSWELL, C.M.
1:160a, 160b, 248a
CARSWELL, J.
2:384a
CARTA, F.
5:234a
CARTAILHAC, E.
2:706b
3:332b
5:514a, 551b
CARTAN, E.
1:310a
2:190a, 403a
CARTER, C.E.O.
3:221a, 221b
CARTER, C.F.
3:57a
CARTER, G.F.
4:268a
CARTER, G.F. (WHITAKER)
4:328b
CARTER, G.S.
1:316a(2)
3:288b
CARTER, H.
1:224b
2:564b
3:346b
4:35a
CARTER, H.R.
3:477a
CARTER, H.S.
2:166a
CARTER, J.
3:522a
CARTER, T.F.
3:596a
4:244a
CARTER, W.E.
2:611a
CARTER, W.L.
4:95b
CARTERON, H.
1:62a, 337a
CARTIER, J.
5:43a
CARTOGAN, N. (BIANU)
3:611a
CARTON, R.
1:98b(4)
4:297b
CARTWRIGHT, F.F.
1:123b, 322b, 323a, 569b
2:100b
5:274b, 404a, 404b
CARTY, J.J.
1:126a
3:598a
CARUGO, A.
3:76b, 108b, 544a
CARUS, C.G.
1:495b

2:260a
CARUS, E.H.
3:126b
CARUS, P.
1:203b, 496a, 526b, 527a(2)
2:42b, 420a
3:43b(2), 150a, 151b
4:190b
CARUSI, E.
2:76a
CARVALHO, A. DA S. [SILVA
CARVALHO, A. DA]
1:26b, 224a, 229a, 424a
2:36b, 716a
3:488a
4:339b
5:76a, 402a
CARVALHO, J. DE
1:150b, 232a
2:129a, 232a
5:203a
CARVALHO, S.
2:255a, 614b
3:450b
5:169a
CARVER, W.B.
3:112a
CARY, J.
2:611a
CARY, M.
4:24b, 122b
CASALI, C.
2:389a
5:281b
CASAMORATA, C.
2:205b
CASANOVA, G.
3:110b
CASANOVA, P.
2:242a, 661b
4:145b, 390b, 406a, 434a
CASANOWICZ, I.M.
2:767b
4:181b, 376a
CASARA, G.
1:431b
5:16b
CASARI, E.
4:106a
CASARINI, A.
1:164a, 633a
2:440a, 645a
3:480a
4:353a
5:77a, 402b
CASAROTTO, G.
4:95a
CASEVITZ, T. (LE VERRIER)
2:37a, 201a
CASEY, M.
1:290a
CASH, R.C.
2:622b(2)
CASIMIR, H.B.G.
2:740b
3:145b, 544a
CASINI ROPA, E.
3:491b
CASINI, P.
1:313a, 381b
2:117a
4:91a, 124a, 152a
CASKEL, W.
2:701b
4:386b, 422a

CASKIE

CASKIE, J.A.
2:159a
CASOLI, V.
2:724b
4:334b
5:57a, 459b, 504b, 545a
CASPAR, M.
2:11b, 12a(3), 14a, 14b
5:114a
CASPARI, F.
1:216b, 386a
2:364a
4:141a
CASPARI-ROSEN, B.
3:370a, 480a
CASPARI-ROSEN, B. (ROSEN)
3:381b
CASPARIS, P.
2:560b
CASPARY, R.
3:306a
CASPERSSON, T.O.
3:298b
5:515b
CASSEDY, J.H.
1:11a, 243b
2:487b
3:410a, 410b
5:530a
CASSIDY, E.P.
1:202a
5:80b
CASSIDY, F.P.
4:305a
CASSINA, U.
1:153b, 223b, 393b, 477b
2:292b, 528b, 608a
3:99b, 108b, 118b, 130a
4:396a
5:115a, 115b, 491a, 537a
CASSIRER, E.
1:182a, 299a(2), 331b, 335b, 377b, 461b, 495b
2:66b, 226a, 313a, 332b
3:42a(2), 43b, 89a, 90a, 107a, 143a, 150b
5:3a, 11a, 11b(2), 110a, 195a
CASSIRER, E. (KOYRE)
5:3a
CASSIRER, E.A.
2:583b
CASSIRER, H.
1:64b
CASSON, H.N.
2:10a
CASSON, L.
4:25a, 30b(2), 52a, 151b(2)
5:471b
CASSON, S.
3:331a
4:143a
CASSON, S. (HARDIE)
1:590b
CASTAGNE, J.
4:170b, 418b
CASTALDI, L.
1:166b, 239b, 252a, 257a(2), 267a, 359b, 463b, 467b(2), 477a, 491a
2:41a, 71b, 79a, 100a, 137a, 139a, 263a(2), 284b, 459b, 517, 549a(2), 572a, 675b, 760a
3:373b
4:7a, 86a
5:89a, 160a, 254a, 255b, 264b, 307a, 359b, 362a, 372b, 378a, 387a, 397b, 478b
CASTALDI, L. (BRUNELLI)
2:572a
CASTELFRANCHI, G.
3:172b(2)
CASTELLANI, C.
2:128a, 494a, 507a
5:162a, 163a
CASTELLANOS, A.
1:172a
CASTELLANOS, J. DE
1:357b
5:38a
CASTELNUOVO, G.
2:23b
3:125b, 151a
5:453b
CASTER, M.
1:28a
2:116a, 116b
CASTERET, N.
2:151a
3:299b
5:336b
CASTETTER, E.F.
4:274a(2), 274b(3)
CASTETTER, E.F. (BELL)
4:274b
CASTIGLIONI, A
3:377a(2)
CASTIGLIONI, A.
1:102a, 109b, 116b, 130a, 162a, 223a, 236b, 238a, 309b, 431a(2), 443b, 465a, 470b, 484b, 573b, 581b(2), 643a
2:131b, 141a, 197b, 218b(2), 271a, 315a, 335a(2), 379b, 439a(2), 440b, 460a, 572b(2), 583b, 671a, 735b(5), 754b, 771a
3:89a(2), 360b(2), 361a, 365a, 372a, 376b, 379a, 383b, 398a, 398b, 400b(3), 401a(5), 401b(2), 445a, 446a, 464b, 475a, 475b, 491a, 508b, 513b
4:12a, 25b, 81b, 153a, 171b, 172a, 271b, 273a, 274a, 290a
5:9a, 18a, 45a, 45b, 52b, 56b, 59b, 60a, 70b(2), 79a, 249a(2), 263a, 372b, 531a, 545b
CASTILLEJO, J.
3:618a
CASTILLO DE LUCAS, A.
2:69a
3:402a
CASTLE, C.S.
3:53a
CASTLE, W.R.
1:17b
CASTRIES, H. DE
1:262b
5:137b
CASTRO, A.
4:390a
CASTRO, J.P. DE
1:502a
CASTRO, M.
4:281a
CASWELL, J.E.
3:267b
CATALANO, F.E.
3:488b
CATCHPOLE, H.R.
1:506a
CATE, J.L.
2:544b
4:293a
CATELAN, -.
3:413a
CATH, P.G.
1:566b
2:338a
CATHCART, E.P.
2:119b, 126a, 393b
CATHELIN, F.
3:488b
CATHERWOOD, F. (STEPHENS)
4:276b
CATLIN, G.E.G.
1:584a
CATOIRE, P.
2:583a
CATON, C.E.
3:98a
CATON, R.
2:685a(2)
4:132a(2)
CATON, R. (BUCKLER)
4:138a
CATON-THOMPSON, G.
4:34a, 42b, 264a(2)
CATONE, G.
2:518b
3:266b
CATTANEO, L.
3:442b
CATTAUI, G.
2:357a
3:74b
CATTELAIN, E.
2:593a
3:602b
CATTELL, J.M.
2:774a
3:341b, 614b, 615a
CATTELL, R.B.
3:53b
CAU, G.
2:263a, 599b(2)
3:451a
CAUDWELL, C.
3:144a
CAUGHEY, J.W.
1:106b
CAULFIELD, E.
5:252b(2), 262a(2)
CAULLERY, M.
1:240b, 557b
2:42a, 158a(2), 297b, 390a, 390b, 494a, 660a
3:68b, 73a(2), 277a, 281a, 284a, 284b, 288a, 294a, 298a, 299b, 300b, 318b
5:141b
CAUSEY, G.
2:455b
CAUSSE, A.
4:75a
CAUSSY, F.
2:600b
CAUVERT, G.
4:277b
CAUVET, G.
4:269b
CAVAIGNAC, E.
2:651b
3:607a
4:23b, 149a, 177b(2)
CAVAILLES, J.
3:30b, 107a, 108b, 122b
CAVALLARO, V.G.
3:129a
5:314a

CAVALLERA, F.
1:649a
CAVARD, P.
2:465a
CAVAZZOCCA-MAZZANTI, V.
1:424b
5:409a
CAVAZZONI, L.
1:348b, 349a
CAVE, A.J.E.
2:261b
4:47a
5:387a
CAVEN, R.M.
3:183a
CAVINS, H.M.
2:664a
5:374b
CAWADIAS, A.
1:13a
3:377a
CAWADIAS, A.P.
1:173b, 288a
3:351a, 443b, 458a
4:128a
5:259b, 370b, 389b
CAWLEY, R.R.
5:35b
CAWS, P.
3:33a
CAWTHORNE, T.
1:214a, 506a
4:154b
5:258a
CAZALA, R.
3:508b
CAZALAS, -.
4:60b
CAZALAS, E.
1:18a, 498b
2:528b
3:123b
5:15b, 312b
CAZE, M.
2:681b
5:277a
CAZELLES, R.
1:653a
CAZENAVE, J.
4:352a, 415b
CAZENEUVE, J.
4:13a
CAZZANIGA, A.
1:213a, 480b
5:269a, 364b, 372b
CEBRIAN, K.
2:361b
4:24b
CEDERBERG, A.R.
2:347a
CELADA, B.
4:37b
CELERIER, J.
4:412a
CELESIA, P.
1:236b
CELESTINO DA COSTA, A.
1:185b
CELINE, L.F.
2:461b
CELINZEV, V.V.
2:31b
CELLI, ANGELO
3:478b

CELLI, ANNA
See CELLI-FRAENTZEL, A.
CELLI, Q.
4:130a
CELLI-FRAENTZEL, A. [CELLI, ANNA]
1:125b, 236b
2:78a, 556a
3:411a, 478b(2)
4:154a, 321a, 351a, 339b
5:89a, 166b(2), 397b
CELLIER, A.
3:592b
CELORIA, G.
2:254a, 554b
5:23b
CENAKAL, V.L.
See CHENAKAL, V.L.
CENNINI, C.
4:365b(2)
CERAM, C.W.
3:608b
CERASOLI, E.
3:166b, 192a
CERCLER, R.
2:156b
CERIGHELLI, R.
2:265b
5:87a
CERKOVNIKOV, E.
1:252b
CERLAND, E.
4:381a
CERMELJ, L.
1:176b
CERNA, D.
4:282a
CERNIKOV, A.
5:227a
CERNY, J.
4:52b, 56a
CERNY, K.
1:350a
5:217b
CERNYSEV, A.A.
3:570a
CERRETA, F.
2:312b
CERULLI, E.
1:307b(2)
CESARI, C.
2:416b, 476a
CESCINSKY, H.
3:590b
CESSI, R. (ALBERTI)
3:572a
CESVET, H.
2:702b
3:163b
CETTO, A.M.
1:519b
2:652a
5:63a, 155b, 254b
CEUILLERON, J.
3:177a
CEUSTER, P. DE
3:408a
CEVAT, I. (UNVER)
3:497b
CEVIDALLI, A.
2:364a
5:400a
CEZARD, P.
3:196a
CH'AO YUAN-FANG

4:236b
CH'EN CHIH
4:234b
CH'EN HUAN
1:598b
2:500a
CH'EN KUO FU (DAVIS)
4:224b
2:25a, 470b
CH'EN PANG-HSIEN
4:233b, 234b, 237a
CH'EN PAO-TSUNG
2:33a(2)
CH'EN TSUN-KUEI
4:225b
CH'EN YUAN
2:115b
4:228a, 245b, 406b
5:539b
CH'EN, G.
2:561b
5:416b, 427a
CH'EN, K.
1:598b
2:400a(2)
4:229b, 230b
CH'IANG I-HUNG (HOEPPLI)
4:237a(5)
CH'IEN CHUNG-SHU
4:215b, 219a
5:191a
CH'IEN PAO-TSUNG
1:243a
4:222a, 222b, 223b, 228a(2)
CH'IU CH'ANG-CH'UN
4:224b
CH'IU, A.K.
4:213b
CH'U CHIH-SHENG
4:238b
CHABANIER, E.
1:61a
2:361b(2), 363a, 387a(2)
3:270a
4:89b, 121a(2), 286b, 322a, 322b
CHABE, A.A.
2:193a
5:258a
CHABRIE, R.
1:185a
4:219b
CHABRIER, M. (DUJARRIC DE LA RIVIERE)
2:52b
CHACE, A.B.
4:38b
CHADWICK, H.M.
4:17b, 285b
5:532a
CHADWICK, J.
3:171b
4:85a
CHADWICK, J. (EVE)
2:428a
CHADWICK, J. (VENTRIS)
4:85b
CHADWICK, N.K. (CHADWICK, H.M.)
4:17b, 285b
5:532a
CHAGAS, C.
3:284b, 393b
CHAILAN, E.
3:219b
CHAIN, V.E. (TIKHOMIROV)
3:229a

CHAINE, J.
  1:302a, 478b
  3:296b
  5:351a
CHAINE, M.
  3:220b
  4:164a
CHAKERIAN, G.D.
  5:314a, 454b, 486a
CHAKHPARONOV, M.I.
  3:182a
CHAKRABERTY, C.
  1:244b
  2:517b
  3:312a
  4:199a, 201b, 205b, 207b
CHAKRAVARTI, G.
  4:191a, 193a
CHAKRAVARTI, N.P.
  4:169b
CHAKRAVARTI, S.N.
  4:212a
CHAKRAVARTY, R. (PAL)
  4:206a
CHALDECOTT, J.A.
  2:531a
  5:119a, 205b
CHALEIL, P.
  2:384b
CHALFANT, F.H.
  2:685b
  4:220b
CHALIAN, W.
  3:475a
CHALKE, H.D.
  3:475b, 476a
CHALLENGER, F.
  2:21a
CHALLINOR, J.
  2:615b
  3:229a, 231a
  5:218a
CHALMERS, A.J.
  5:270b, 440a
CHALMERS, A.K.
  3:410b
CHALMERS, D.
  3:583b
CHALMERS, G.K.
  1:197b, 198a(2)
  4:55b
  5:121a(2)
CHALMERS, S.
  2:560a
  3:498a
CHALMERS, T.W.
  3:134b, 174a, 177a
CHALOIAN, V.K.
  2:337b
  5:186b
CHALON, J.
  3:314b
CHALONER, W.H.
  2:140b
  3:547b
CHALONGE, D.
  1:370a
CHALUBINSKA, A.
  3:256a
  5:337b
CHALUS, P.
  1:140b
  2:548a
  3:25a, 435a, 437a
  4:144a

CHAMBADAL, P.
  3:140a
CHAMBARD, R. (AZAIS)
  4:264a
CHAMBERLAIN, H.S.
  1:495b
CHAMBERLAIN, P.M.
  3:589b
CHAMBERLAIN, R.S.
  5:38b
CHAMBERLAIN, W.P.
  3:480a
CHAMBERLIN, T.C.
  2:774a
  3:69b, 208b(2), 211b(3), 230b, 235a
CHAMBERS, J.S.
  3:468b
CHAMBERS, R.W.
  1:123b
  2:195a
CHAMBLISS, C.E.
  3:528a
CHAMBON, R.
  5:426a
CHAMCOWNA, M.
  2:27b, 487b, 685b
  5:297a(2), 506a
CHAMINAUD, A.
  2:208b
CHAMISSO, A. VON
  1:253b
CHAMOT, M.
  4:366a
CHAMP, -. DE
  1:251b
CHAMPAULT, P.
  2:82b, 555b
  3:348a
CHAMPEIER, G.
  2:57b
CHAMPION, P.
  2:113b, 413b
CHAMPNEYS, A.C. (BRADLEY)
  2:721b
  3:616a
CHAMPNEYS, M.C.
  3:616a
CHAN WING-TSIT
  4:217b
CHANCE, B.
  1:134a, 182a, 192b(2), 297a(2), 498b, 574a
  2:56b, 102a, 398a, 445a, 482b
  3:439b
  5:53a, 149b, 158a, 258a, 279a, 383b
CHANDLER, C.L.
  5:286a
CHANDLER, D.
  3:578b
CHANDLER, S.B.
  2:125b, 469b
  5:63b, 366a
CHANDRASEKHAR, S.
  1:645a
CHANEY, R.W.
  3:314b
CHANG CHIA-CHU
  2:472b
CHANG CHIH-I (FEI HSIAO-TUNG)
  3:524b
  4:239a
CHANG CHUNG-CHING
  4:236b
CHANG CHUNG-YUAN
  4:221b

CHANG HUI-CHIEN
  2:88a
CHANG HUNG-CHAO
  3:233a,233b
  4:229a
  5:504a
CHANG SHEN-WEI
  4:238a
CHANG TIEN-TSE
  4:216b
  5:139a
CHANG TSAN-CH'EN
  4:237a
CHANG TZU-KAO
  4:224a,241b
CHANG WING-TSIT
  4:221b
CHANG, C.
  3:82a
  4:221b
CHANG, T.T.
  1:252a
  4:235a
CHANG, Y.C.
  1:243a
CHAO,
  See also CH'AO
CHAO CHI-SHENG
  3:13a
CHAO HSUEH-MIN
  4:241b
CHAO JU-KUA
  4:216b
CHAO YUAN FANG
  See CH'AO YUAN FANG
CHAO YUEN REN
  4:245b
CHAO YUEN-REN
  4:227b
CHAO YUN-TS'UNG (DAVIS)
  1:243a(6),597a
  2:5b, 473b
  4:224b, 225a
CHAO, C. (RUFUS)
  2:643b
  4:247a
CHAPELLE, H.I.
  3:555a(2), 556a
  5:416b
CHAPELLE, H.I. (ADNEY)
  4:275a
CHAPIN, S.L.
  2:296a
CHAPIN, W.A.R.
  2:770a
  5:544b
CHAPIRO, J.
  1:384b
CHAPLIN, A.
  5:246b, 399a
CHAPLIN, C.S.
  1:374b
CHAPLIN, D.
  4:207b
CHAPLIN, T.H.A.
  2:213a(3)
CHAPLIN, W.R.
  2:203b
CHAPMAN, A.
  3:273a
CHAPMAN, A.C.
  1:449b
  2:62a, 564b
  3:184a, 301a, 301b
  4:53b

5:143a
CHAPMAN, C.
    2:179b
CHAPMAN, C.B.
    2:501b
CHAPMAN, F.M.
    3:328a
CHAPMAN, J. (DAWSON)
    2:633a
CHAPMAN, P.F. (NIERENSTEIN)
    2:239b
CHAPMAN, S.
    1:254a, 487a, 533b(3), 604b
    2:283b
    3:234a
    5:218b, 336a, 540a
CHAPMAN, S. (THOMPSON)
    5:493a
CHAPMAN-HUSTON, D.
    2:661b
    3:508a
CHAPOT, V.
    1:73a
    3:609a
    4:88a, 96a, 151b
CHAPOT, V. (CAGNAT)
    4:161b
CHAPOUTHIER, F.
    4:85b
CHAPPELIER, A.
    2:343a
    5:170b
CHAPPELL, A.F.
    2:375a
CHAPPELL, V.C.
    2:649b
    5:537b
CHAPPLE, E.D.
    3:331a
CHAPUIS, A.
    1:190b
    3:590b, 591a(2)
    4:243a
CHARBONNEAU-LASSAY, L.
    4:329a
CHARBONNEL, J.R.
    5:12a
CHARBONNIER, P.
    3:157b
CHARCOT, J.B.
    1:268a
CHARD, T.
    1:263a
CHARDIN, P.M.
    2:694a
    4:219b
CHARDON, C.E.
    3:275b
CHAREWICZOWA, L.
    3:471b
CHARIGNON, A.J.H.
    2:317b, 341b
    4:327a
    5:41b
CHARLES, J.
    1:99a
    3:409b
    5:374b, 447b, 455a, 486b
CHARLES, T.E.
    3:478b
CHARLES-ROUX, F.
    2:213a
    5:225b
CHARLESTON, R.J. (LAMM)
    4:53b

CHARLESWORTH, M.P.
    4:151a
CHARLETY, S.
    2:737b
    3:617a
    5:552a
CHARLIAT, P.J.
    2:657b
    5:221a
CHARLIER, C.V.L.
    3:202a
CHARLIER, G.
    1:343b
CHARLTON, D.G.
    5:305b
CHARLTON, H.B.
    2:770a
    3:616b
CHARLTON, K.
    1:587b
    5:97b
CHARLTON, M.
    1:121b
    2:625a
    3:388b
CHARLTON, T.M.
    3:587a
    5:415b, 449b, 476a
CHARPENTIER, E.
    4:350b
CHARPENTIER, J.
    1:46b, 104a, 411a
    3:263b
    4:197a
    5:41b
CHARR, R.
    4:233b
CHARZYNSKI, Z.
    2:636a, 648a
CHASE, C.B.
    2:600b
CHASE, C.T.
    3:134b(2)
CHASE, F.M.
    3:529b
CHASLIN, P.
    3:105b
CHASSELOUP LAUBAT, F. DE
    1:440b
    5:291b
CHASSIGNEUX, E.
    3:270b
CHASSINAT, E.
    4:54a, 166b
CHASTAIN, A.
    1:11b
    5:236a
CHASTEL, A.
    1:416b
    2:71b(2)
    5:12a
CHASTON, J.C.
    2:410a
CHATEAU, J.
    2:191b
CHATELAIN, M.
    2:170b
    5:307b
CHATELAIN, M.A.
    2:107b
    3:588a
    5:427b
CHATFIELD, C.
    3:415a

CHATLEY, H.
    4:40a(3), 40b, 41a, 214b, 219a, 225b,
        227a, 227b, 228a(2), 241a(2)
CHATLEY, H. (ANTONIADI)
    4:40a
CHATLEY, H. (EISLER)
    4:40a
CHATT, E.M.
    3:529b
CHATTERJEE, A.K. (THOMPSON)
    4:143b
CHATTERJEE, D.
    2:676a
    3:307b
CHATTERJEE, S.P.
    3:81a, 265a
CHATTERJI, B.R.
    4:256b
CHATTERJI, S.K.
    1:658a
CHATTERTON, E.K.
    2:485b
    3:554a, 554b, 555b(2)
CHAUCHARD, P.
    3:93a
CHAUDHURI, B.D. (SAHA)
    3:602a
CHAUDHURI, T.C.
    2:381a
CHAUDRON, G.
    2:55a, 58b
    5:422b
CHAUFFARD, A.
    1:366a
CHAUFFOUR, H.
    3:164b
CHAUMARTIN, H.
    1:44a(2), 344b
    2:752b
    3:361a, 365a, 450b(3)
    4:335b, 345b
    5:67b, 525a(2)
CHAURAND DE ST. EUSTACHE, E. DE
    3:254a
CHAUSSADE, A.
    2:277b
CHAUVE-BERTRAND, -.
    3:219b
CHAUVEAU, B.
    3:226a
CHAUVEAU, C.
    3:442a
CHAUVEL, A.
    4:365a
CHAUVELOT, R.
    2:277b
    5:68a
CHAUVET, P.
    5:265b
CHAUVET, S.
    4:9a
CHAUVIRE, R.
    1:161b
CHAUVOIS, L.
    1:73a(3), 507b, 542b(2), 543a(2)
    2:466a(2)
    5:440a
CHAVANNE, G.
    1:514a
CHAVANNES, E.
    2:102b, 727a
    4:216a
CHAVANT, F.
    3:450b
    4:345a

CHAVARRIA, A.P.
2:261a
5:69b
CHAVELIER, J.
1:643b
5:288b
CHAVEZ, I.
3:392b
CHAVIGNY, J.
2:268b
CHAVIGNY, P.
3:413b
CHAYAPPA, M.
3:28a, 60a
CHAZY, J.
2:265a
3:152b, 210a
CHEADLE, V.I.
3:283b
CHEBOTAREV, A.S.
3:132b
CHEBOTAREV, N.G.
1:249b
2:38a
5:199a
CHEBYSHEV, P.L.
5:429a
CHECCHIA, N.
3:36a
CHECKLAND, S.G.
5:414b
CHEELY, W.W.
3:514a
CHEESMAN, R.E.
3:265b
CHEHADE, A.K.
1:619a
CHEIKHO, L.
1:65b, 109b, 202b
2:332a
4:164b, 385a, 388a
5:465a
CHEINISSE, L.
2:465b
CHEKANOV, A.A.
2:111a
5:284a
CHELINTSEV, V.V.
2:171a
5:328a, 328b
CHEMNITIUS, F.
5:178a, 515a
CHEN,
See also CH'EN
CHEN HAN-SENG
3:524b
4:239a
CHEN NING YANG
3:171b
CHEN, K.K.
1:599a
3:508b
4:238a
CHENAKAL, V.L. [CENAKAL, V.L.]
1:151a, 394b, 566a
2:108b(2), 109a, 474a
3:162b
5:187b, 205b, 214a(2), 214b, 215b, 288b, 516a(3)
CHENEKAL, T.V.
2:108b
CHENEVIER, R.
2:145b
CHENEY, E.P.
3:58b

CHENEY, R.H. (BALLARD)
2:674a
3:510a
CHENG TE-K'UN
2:609a
4:215a
CHENG, D.C.T.
4:223a, 223b
CHENU, M.D.
2:19b, 23a, 542b
4:305b, 311a, 369a
CHERBLANC, E.
3:585a(2), 586a
CHEREPNEV, A.I.
2:627b
CHERNEGA, N.A. (BOGODORSKII)
2:17a
CHERNIAEV, M.P.
2:195a, 218b
CHERNIAK, A.J.
1:411b
CHERNIAVSKII, A. [TCHERNIAVSKY, A.]
1:426a
2:441a
3:17a
CHERNICK, C.L.
3:193a
CHERNISS, H.
1:59a(2)
2:328b, 331b, 658b
4:102a, 104b
CHERNOV, G.N.
2:30b
CHERNOV, G.N. (BLIAKHER)
1:108a
CHERNOV, L.A.
1:41a
CHERPIN, J.
1:320b
2:317a
CHERRY, C.
3:594a
CHERRY-GARRARD, A.G.B.
2:458a
3:268a
CHERWELL, LORD [LINDEMANN, F.A.]
2:218a
3:154a
CHESNEY, A.M.
1:9b, 489a
2:710b(2)
3:391a, 418a
5:367b
CHESNOVA, L.V.
1:210b
2:164a
5:358b
CHESSMAN, D.F.
2:575b
CHEUCOS, H.G.
5:368b(2)
CHEVALIER, A.
1:11a, 11b(2), 339b, 364a
2:40a, 738a
3:396a
4:12b
5:232b, 349a, 354a, 519a
CHEVALIER, A.G.
1:276a
2:213b, 375b, 725a
4:338a

5:173b, 247b, 370a, 399a, 460a, 473a, 518b, 521b, 525b
CHEVALIER, J.
1:331b
2:282b
3:96a, 614b
5:103b
CHEVALLEY, C.
1:570b
2:621a
3:108b
CHEVALLIER, P.
1:71b
2:282a
3:193a
4:312a
5:463a
CHEVALLIER, R.
3:237a
CHEVASSU, M.
1:366a, 379b
2:82b, 164b(2), 407b(3)
3:451a
5:272a, 277a, 366a, 469b
CHEVENARD, P.
1:73a
CHEVKI, O.
3:405b
CHEVREAU, A.
1:115b
CHEW, S.C.
5:6b(2)
CHEWINGS, C.
4:260a
CHEYNE, G.
2:401b
CHEYNE, W.W.
2:100b, 101b
CHEYNEY, E.P.
2:739a
3:615a
CHEYNIER, A.
1:660b
CHI CH'UI
4:232a
CHIA SSU-HSIEH
4:240a
CHIADINI, M.
2:135b, 197a
CHIANG,
See also CH'IANG
CHIANG KAI-SHEK
3:36a
CHIANG LIANG-FU
4:218b
CHIAPPELLI, A.
1:28a, 639a
4:319b, 351b(2)
CHIAPPELLI, L.
2:756b
4:341b
CHIARI, A.
4:107b
CHICK, H.
2:716a
3:467b
CHIDSEY, D.B.
1:379b, 487a
CHIEN
See CH'IEN
CHIERA, E.
4:56a
CHIH KWAN-CHAO
4:220a

CHIKASHIGE, M.
  4:214a, 243b
CHIKOLEV, V.N. (MANGIN)
  5:427b
CHIKOLVE, V.N. (MANGIN)
  2:141b
CHILD, A.
  3:55b(2)
CHILD, C.D. (MERRITT)
  3:161b
CHILD, E.
  3:187a
CHILD, J.M.
  1:51a, 111b(3), 413a, 535b
  2:64a, 66b, 67a, 124a, 227a, 297a
  3:156a
  5:317a
CHILDE, A.
  4:41a
CHILDE, V.G.
  2:692a
  3:55b, 87a, 349b, 609a
  4:4a, 6a, 17a(4), 18a, 18b(2), 51a, 186b
  5:360b
CHILDS, J.B.
  5:98b
CHILDS, ST.J.R.
  5:166b
CHILTON, D.
  5:27b
CHIN P'ING MEI
  4:233a
CHINARD, G.
  1:212a, 247a, 273b, 339b, 340a, 421b,
    434a(2), 436a, 556a, 645b, 646a
  2:36b, 62b, 280b, 397a, 444b
  5:167b, 233a, 247b, 455b
CHIO, F.
  2:38a
CHIOVENDA, E.
  1:106a, 193b, 199a, 293b
  5:227a, 355b
CHIPMAN, R.A.
  1:509b(2)
  5:320a
CHIPPAUX, C.
  4:8a
CHIRIKOV, M.V.
  3:125a
CHISHOLM, A.H.
  1:487a
  2:68b
  5:342a
CHISHOLM, G.G.
  1:113b
CHISHOLM, R.M.
  2:467b
  4:105a
CHISTIAKOV, V.D.
  4:170b
CHITTENDEN, R.H.
  1:121a
  2:775a
  3:68b, 429b
CHIU,
  See also CH'IU
CHIU K'AI-MING
  4:235b
CHIZHOV, V.A. (PAZUKHIN)
  4:31b
CHMELA, T.
  3:471b
CHOATE, H.A.
  1:114b, 446a, 515a
  5:45b

CHOCHOD, L.
  4:228b(2)
CHODAT, R.
  1:220b
CHODOS, I.
  2:215a
  4:441a
CHOEN, M. (MEILLET)
  3:612b
CHOISNARD, P.
  2:12b, 360b, 542a
  3:348a
  4:319b
  5:540a
CHOISY, E.
  1:217a
CHOISY, M.
  1:441a
CHOLLOT-LEGOUX, M.
  4:13a
CHOLMELEY, H.P.
  1:652b
  4:331b
CHOLODNY, N.
  1:317b
  3:297a
CHOMSKY, W.
  4:83a
CHOPRA, R.N.
  3:507a
  4:207b
CHOQUETTE, I.
  1:43a
CHORLEY, R.J.
  2:515a
  3:240a(2)
CHOSSAT, M.
  1:601a
CHOU TA-KUAN
  4:231a(2), 257a, 258a
CHOU YAO
  4:232a
CHOU YI-LIANG
  2:153a
  4:220a, 412b
CHOU, K.C.
  3:213b
CHOUARD, P.
  1:388b
  3:305b, 309a, 523b, 525b(2)
CHOUDHURY, M.
  2:8a
  4:188a
CHOUKHARDINE, S.V.
  5:288b
CHOUKROUN, J.
  1:380b(2)
CHOULANT, J.L.
  3:423a
  5:44b, 51a
CHOULANT, L.
  1:23b
  3:13a, 368b(2)
  4:26b
CHOW VEN-TE
  3:552a
CHOWANIEC, C.
  2:610a
  5:32a
CHRIMES, K.M.T.
  1:44b
CHRIST, H.
  1:160b, 262a(2), 532a
  2:35a, 107b, 181b, 382a
  3:531b

  5:46a(2), 143b, 174b, 233a, 235b
CHRISTENSEN, A.
  1:209a
  4:176a, 178a
CHRISTENSEN, C.
  3:307a(2)
CHRISTENSEN, L.
  3:268a
CHRISTERN, H.
  3:606a
CHRISTIAN, H.A.
  1:192b
  3:451a
CHRISTIAN, P.
  3:87b
CHRISTIAN, S.M.
  3:67a
CHRISTIANSEN, C.C.
  3:580a
CHRISTIANSEN, J.
  3:414a
CHRISTIANSON, J.
  1:187b
CHRISTIE, E.W.H.
  3:268a
CHRISTIE, I.
  1:254a
  5:374a
CHRISTIE, M.E.
  3:523b
CHRISTMAN, R.G.
  3:79a
CHRISTMANN, F.
  3:282a
CHRISTOFFEL, H.
  3:451a
CHRISTOFLE, M.
  4:158b
CHRISTOPHE, M.
  3:479a
CHRISTOPHER, J.B. (BRINTON)
  3:2a
CHRISTOPHERS, S.R.
  1:642b
  2:506a
CHROUST, A.H.
  1:66b
CHU,
  See also CH'U
CHU CO-CHING
  4:227a(2)
CHU HSI
  4:232b
CHU K'O-CHEN
  2:94b
CHU SHIH-CHIA
  2:683a
  4:218b, 245b
CHUBB, T.
  3:255a(2)
CHUBB, T.C.
  1:160b
CHUDOVICHEVA, N.A.
  1:382b
  5:20b
CHUKAREV, S.A.
  2:33b
CHUMNITIUS, F.
  3:185b
CHUN, C.
  3:277a
CHUNG KEI WON
  4:412b
CHUNG SE KIMM
  2:31b

CHUONG VAN VINH
4:257b
CHURCH, A.
3:98a, 110a
CHURCH, F.H.
3:475a
4:45a, 206b
CHURCH, H.M.
2:98b
CHURCH, J.E.
3:226a
CHURCHILL, E.D.
3:489a
CHURCHMAN, C.W.
3:39a, 84b
CHURKIN, V.G.
2:70a
3:253b
CHWISTEK, L.
3:35a
CHWOLSON, O.D.
See KHWOL'SON, O.D.
CIACERI, E.
1:256a
CIANFRANI, T.
3:452a
CIAPPONI, L.A.
2:597a
CIARCIA, S.
4:317a
CIASCA, R.
1:309b
4:337b, 355b
CICCOTTI, E.
4:92a, 152b
CICONE, C.
1:239a
CIDADE, H.
1:159b
5:109b, 443a
CIDADE, H. (BAIAO)
5:35b
CIFERRI, R.
1:127a
5:412a
CIM, A.
3:49b
CINALIA, F.
5:162b
CINTI, D.
1:456a
2:408b
CIOCCO, A.
3:412a, 422a, 460a
CIOFFARRI, V.
1:309a
CIPRIANI, M.
3:450a, 463a, 474b
CIRENAICA, U.S.
4:25a
CIRES, E. DE
2:592b
5:409b
CISNEROS, M.Z. [ZUNIGA CISNEROS, M.]
2:477a
3:402a
4:341b
CISSARZ, A.
3:230a
CITTERT, M. VAN
3:83b
CITTERT, P.H. VAN
1:36b
2:769a
3:163b, 208a, 234b
5:319a, 530b
CITTERT-EYMERS, J.G. VAN
1:124b
CITTERT-EYMERS, J.G. VAN (CITTERT)
1:36b
5:319a
CIULLINI, R.
3:256a
CIVIL, M.
4:67b(2)
CIVININI, F.
5:388b
CIVININI, P.
1:504a
CIZEVSKY, D.
1:271a
CLAAS, W.
2:424a
3:565b, 573b
5:294b
CLAGETT, M.
1:11b, 32a, 51b(7), 66b(2), 392b(2), 479a, 479b, 651b
2:149a(2), 209a, 252b, 253a(2), 440b, 479b, 521b, 628b(2), 774a
4:100b, 293a(2), 295a(2), 307b, 309b(5), 310b(3), 311a(4), 312a, 374a
CLAGETT, M. (MOODY)
1:50a, 147a, 391a, 659a
2:533a
4:302a, 311b
CLAGHORN, G.S.
1:59a
2:331b
CLAIR, A.
3:414b
CLAP, V.
1:505a
CLAPAREDE, E.
3:614a
CLAPAREDE, E. (FEHR)
3:106a
CLAPESATTLE, H.
2:162b
CLAPP, M.
1:149a
CLAPP, W.F.
3:324a, 556a
CLAPPERTON, R.H.
3:584a
CLARENCE, E.W.
3:239a, 351b
CLARINVAL, A.
3:157a
CLARK, A.C.
3:605a
CLARK, A.H.
2:759a
CLARK, A.H. (COLLINS)
3:275b
CLARK, A.S. (CLARK)
3:361a(2)
CLARK, A.S. (CLARK, P.F.)
3:277a
CLARK, C.
2:469a
5:7b
CLARK, C.H.D.
3:169a
CLARK, C.U.
5:74a
CLARK, E. (BURNET)
3:469a
CLARK, E.K.
2:714a
3:73a, 562b
CLARK, F. LE G.
3:358b, 522a
CLARK, G.
4:24a
CLARK, G. (BARKER)
3:1b, 71a
CLARK, G.N.
2:351a, 746b
3:395a, 607a
5:101a, 104b(2), 105b
CLARK, H.H.
5:190a
CLARK, H.O.
3:547b, 564b, 565b, 583a
CLARK, J.A.
3:528b
CLARK, J.E.
3:300b(2)
CLARK, J.G.D.
4:3a(2), 4a, 12b, 13a(2), 15b, 29b
CLARK, J.H.
2:740a
3:462a
CLARK, J.M.
2:753a
4:444b
CLARK, J.S.
3:495a
CLARK, J.T.
1:59a, 462b, 463a, 471b
3:97a
CLARK, K.
2:71b, 72a
5:427a
CLARK, K.W.
2:758b
4:163b
CLARK, L.K.
4:3b
CLARK, P.F.
2:101a, 486a
3:277a, 302a, 361a(2)
CLARK, P.L.
2:76b
CLARK, R.
2:709a
CLARK, R.A.
2:385b
CLARK, R.B.
3:246b
CLARK, R.E.D.
1:313a
3:62b, 288b
CLARK, R.H.
3:557b
CLARK, R.T.
1:561a
CLARK, R.W.
3:269a, 602a
CLARK, S.P.
1:437a
2:739a
3:418a, 418b
CLARK, V.S.
3:546b
CLARK, W. (LEWIS)
1:258a, 258b
CLARK, W.B.
1:277b, 437a
CLARK, W.E.
2:46a, 50b
4:187a, 192a

CLARK, W.E. LE G.
 2:637b
 3:331b, 333b, 334a
CLARK-KENNEDY, A.E.
 1:530b(2)
 2:717a
 3:376b, 419a
CLARKE, B.R.
 1:250a
 5:396b
CLARKE, D.
 2:354b, 747a
CLARKE, E.
 1:64b(2), 579a
 4:133a(2), 134a
CLARKE, E. (O'MALLEY)
 3:442a
CLARKE, F.M.
 1:157b
 2:390b
 5:200a
CLARKE, F.P.
 2:541b
 3:91a
CLARKE, J.F.
 2:598a
 5:429a
CLARKE, J.M.
 1:373b, 531a
 5:343b
CLARKE, L.C.G.
 1:105a
CLARKE, L.W.
 4:75a, 115b
CLARKE, M.L.
 2:346a
 3:616a
 4:98a
CLARKE, N.
 3:138a
CLARKE, S.
 4:52a, 54a
CLARKE, T.W.
 1:227a, 657b
 3:516a
CLARKSON, J.D.
 3:356b
CLARKSON, R.E.
 3:530b
CLARO, J.A.
 1:469b
 5:243b, 369a
CLASEN, K.H.
 2:4a
CLASON, E.
 2:570b
 4:348a
CLASSEN, J.
 2:447b
 3:221a
 5:125b, 127a, 485a
CLASSEN, W.
 4:163a
CLAUDE, D.
 5:84a, 172b
CLAUDE, G.
 3:49b, 336b, 580b
CLAUDIAN, J.
 3:465a
CLAUSEN, J.C.
 3:309a
CLAVELIN, M.
 1:461b, 462b
 5:103a, 113b

CLAVIN, M.
 3:288a
CLAWSON, D.
 4:73b
CLAY, A.T.
 4:65a
CLAY, R.S.
 3:162b, 163a, 597a
 5:293b
CLAYTON, A.K.
 2:220b
CLAYTON, H.H.
 3:227b
CLEAVE, J.P. (BOOTH)
 3:612a
CLEAVES, F.W.
 1:243a, 572b
 2:764b
 4:182a
CLEGHORN, W.
 5:211b
CLELAND, R.E.
 2:603a
 3:309a
 5:493a
CLEMEN, O.
 1:286a, 412a, 517a
 2:167a, 176b, 216b, 247a
 5:56b(2), 73a(2), 74b, 156a, 464a
CLEMENCE, G.M.
 3:86a
CLEMENS, J.R.
 3:394a
CLEMENT, A.
 1:99a, 492a
 2:496a
 4:363a
 5:173b, 175a
CLEMENT, A.G.
 3:71b
CLEMENTS, E.
 4:114b
CLEMENTS, F.E.
 3:310b
 4:11a
CLEMENTS, W.L.
 3:67b
CLEMM, -. (MARTIN)
 3:463b
CLEMO, G.R.
 1:247b
CLENDENING, L.
 2:712a
 3:371b, 381b, 493a
CLEPPER, H.
 3:531a
CLERE, J.J.
 4:40a, 41b
CLERF, L.H.
 3:491a(2)
CLERK, D.
 1:660b
CLERQ, C. DE
 2:173b
CLERY, A.R. DE
 2:404a
 3:76a
CLEU, H.
 1:180a, 599b
 2:434b
 3:467b
 4:350b
 5:71a, 153b, 384a
CLEUGH, M.F.
 3:45b

CLEVE, F.M.
 1:39a
CLEVES, F.W.
 1:649b
CLIBBENS, D.A.
 3:189b
CLIFFE, W.H.
 2:300a
 5:426a
CLIFFORD, W.
 3:86b
CLIFFORD, W.K.
 3:107a
CLINE, G.G.
 3:259b
CLINE, H.F.
 2:256a
 4:277b
 5:32a
CLINE, I.M.
 3:225b
CLINE, W.
 4:267b
CLOCHE, P.
 4:140b
CLODD, E.
 3:87b, 611a
CLOSE, C.F.
 2:747b
 3:84b, 246b, 255a, 255b
 5:511a
CLOSE, O.
 2:712b
CLOSS, A.
 3:76a
CLOSSON, E.
 4:54b
CLOUGH, S.B.
 3:545b
CLOUZOT, E.
 1:505b
 5:133a
CLOUZOT, H.
 3:586b
CLOW, A.
 1:609b
 2:606b
 3:529b, 543b, 545a, 584a
 5:208b, 291a(2), 300a, 425a
CLOW, N.L. (CLOW, A.)
 1:609b
 3:529b, 543b, 584a
 5:291a(2), 425a
CLOWES, G.H.A.
 3:491b
CLOWES, G.S.L.
 2:757a
 3:554a, 556a(2)
CLUSKEY, J.E.
 1:499a
CLUVERIUS, W.T.
 1:368b
CLUZEL, M.
 4:325b
CLYDE, W.M.
 5:7a, 98b, 104b
CMELIK, S. (GRMEK)
 4:157a
COATES, A.
 3:93b
COATES, H.
 2:125a(2)
COATS, P.
 2:724a
 3:308a

COBB

COBB, R.
 3:14a
COBB, R. (FLINN)
 3:70a
COBB, W.M.
 3:424b
 5:512a
COBBEN, J.J.
 2:625b
 5:49b
COBIANCHI, M.
 4:126a
COBLENTZ, W.W.
 3:167b
COCA, A.F.
 3:465b
COCCHI, A.
 1:75b
COCHEZ, J. (LEFORT)
 4:381a
COCHIN, D.
 1:331b
COCHRAN, T.C. (CLARKSON)
 3:356b
COCHRANE, C.N.
 2:544b, 548a
COCHRANE, E.W.
 5:193a
COCHRANE, J.A.
 2:52a
COCHRANE, R.C.
 1:96a
 5:293b
COCHRANE, R.G.
 3:469b
COCHREN, A.
 3:196a
COCKBURN, A.
 3:466a
COCKCROFT, J.
 3:172b, 173b
COCKCROFT, J. (BRETCHER)
 1:413b
COCKER, W.
 3:185a
 5:523b, 528b
COCKERELL, J.A.
 2:251a
COCKERELL, T.D.A
 1:659a
COCKERELL, T.D.A.
 1:359b
 2:682b
 3:61a, 273b
 4:43a, 349b
COCKX-INDESTAGE, E.
 1:504a
COCKX-INDESTEGE, E.
 1:411a
 2:193b, 443a
COCULESCO, P.S.
 3:47b, 65a, 65b
CODAZZI AGUIRRE, J.A.
 4:281a
CODAZZI, A.
 2:208a, 359b
CODELLAS, P.S.
 1:347a, 510a
 2:233a, 288b, 311a, 536a, 573a, 588a, 736a
 3:457b
 4:100a, 127b, 131b, 136a, 373b, 377b, 378b
 5:155b, 543b
 CODELLAS. P.S.
 1:25b
CODEMAN, W.
 1:15a
CODRINGTON, K. DE B.
 4:179a, 210b
COEDES, G.
 4:170b, 256a, 256b, 257a
COFER, C.N.
 3:345a
COFFIN, C.M.
 1:355a(2)
COFFMAN, G.B.
 4:369b
COFFMAN, G.R.
 4:289b
COGHLAN, H.H.
 4:14a, 15a(2), 31b
COGLIEVINA, B.
 1:591b
 2:151b
 5:230b
COGNASSO, F.
 2:659b
 5:306b
COHEN DE MEESTER, W.A.T. (COHEN)
 1:163a(3)
COHEN OF BIRKENHEAD
 1:227b,233b, 546a
 2:473a
 3:365a
 5:379b
COHEN ROSENFIELD, L.D. [ROSENFIELD, L.C.]
 1:264a, 338a(3)
 2:42b
 5:231a(2)
COHEN, A.
 2:131b
COHEN, B.
 1:659b
COHEN, C.
 1:370a, 374a, 610a, 645a
 3:218a
COHEN, D.E.
 3:403b, 488a
 5:58a
COHEN, D.M.
 1:120a, 503b
 5:359a
COHEN, E.
 1:163a(3), 403b, 486a, 585b
 2:286a
 3:191b
 5:325b, 328b, 464a, 470a
COHEN, E.L. (COHEN, J.H.L.)
 2:144a
 5:260a
COHEN, F.
 3:50b
COHEN, G.
 1:332b
 2:413b
 4:303b
 5:110a
COHEN, H.
 1:262a
 2:147b
 3:506b, 511a
 5:172a, 189b
COHEN, H.G.
 3:472b
COHEN, I.B.
 1:32b, 42b, 94b, 163b, 176a, 184b(2), 280b, 337b(2), 342a, 350a, 362a(2), 374b, 403b, 407a, 433b(2), 434a(4), 434b(5), 436a, 436b(4), 437b(2), 440b, 457b(3), 463a(3), 464a, 509b, 518b, 583b, 584a, 593b, 647b
 2:12a, 14a, 68a, 100b, 117b(2), 160b, 175a, 201b, 203b, 222b(5), 225b(2), 226a, 228a(2), 228b(2), 229b, 230a(2), 231a, 298a, 349a, 409b(2), 441a(2), 509a, 555b, 644b, 658a, 661b, 700a(5), 707a
 3:7b, 17a(4), 22a, 23a, 26a(2), 35a, 48b, 49b(3), 52b, 54b, 68b(2), 71a, 83b(2), 134b, 145a, 158a(2), 160a, 211b, 234b, 247b, 366b, 560b
 4:147b
 5:36b, 103a, 103b, 118b, 119a, 127b, 128b, 194a, 205a(2), 205b, 206a(2), 208b, 215b, 284a, 286b, 293a, 295b, 303a, 304b, 315b, 317b, 331b, 336a, 414b, 481b, 489a, 511a(2)
COHEN, I.B. (ABRAMS)
 3:247b
COHEN, I.B. (JONES)
 5:305a
COHEN, I.B. (KOYRE)
 1:258b(2), 276b, 339b, 461b
 2:65a, 68a, 226a, 226b(2), 229b, 230b, 332b
 3:217a
 5:187a, 200a
COHEN, J.
 3:56a, 73a
COHEN, J. (CATTELL)
 3:53b
COHEN, J.H.L.
 2:144a
 5:260a
COHEN, J.J.
 3:340b, 344b, 499a
COHEN, J.M.
 2:189b
COHEN, L.D.
 2:195a
 5:142a
COHEN, M.
 3:610a
 4:100b
COHEN, M. (MEILLET)
 2:498a
 3:612b
COHEN, M.H.
 2:498a
 3:386a
 5:147b
COHEN, M.J.
 1:381a
COHEN, M.R.
 3:30b, 37b, 40a, 67a, 97a, 606a
COHEN, R.A.
 2:670b
 3:495b, 496a
COHEN, R.S.
 2:178a, 216b
 3:25b(3)
COHEN, W.A.T. (COHEN, E.)
 1:403b
COHN, A.E.
 1:546a
 2:629b, 641a
 3:361a, 383b, 385a, 446b, 615a
 5:456a, 496a
COHN, B.
 2:646b
COHN, E.J.
 3:380a, 447a, 515b

COHN, F.
3:147a
COHN, J.
3:340b
COHN, L.
2:310a
COHN, S.
4:79a
COHN, Z. (BARUK)
4:79b
COHN-HAFT, L.
4:129b
COHN-VOSSEN, S. (HILBERT)
3:127a
COHOE, W.P.
1:100a
COISSAC, G.M.
3:597a
COLA, F.
3:583a
COLA, S. (AMODEO)
1:489b
COLANI, M.
4:9b
COLAPINTO, L.
3:506a
COLBERT, E.H.
3:273a
COLE, A.B.
5:344b
COLE, F.C.
4:258b
COLE, F.J.
1:63b, 294b, 362a, 499b, 545b
2:60b, 62a, 349b, 385b, 429a, 519a(5), 715a
3:278b, 285a, 296b, 297a, 297b, 315b, 321a, 403a, 426a
4:125b
5:142b(2), 144a(2), 160a
COLE, G.D.H.
2:262a
COLE, H.
1:358a
COLE, J.H.
4:51b
COLE, L.J.
3:283b, 320b, 533a
COLE, R.
2:391a, 700b
3:365a
COLE, R.J.
1:224a
2:523b
COLE, S.
4:264a
COLE, W.S.
3:50b
COLE, W.V.
3:498b
COLEBROOK, L.
1:422a
2:639a
COLEBY, L.J.M.
1:526a
2:127a, 181a, 184b, 591b, 613a, 676b
3:582a
5:122a, 208b, 209a(2)
COLEMAN, E.E.
5:216b
COLEMAN, H.A. (LINK)
3:482b
COLEMAN, J.A.
3:149a

COLEMAN, L.V.
3:86b(2)
COLEMAN, R.
3:126b
COLEMAN, W.
1:301b(2), 302a(2), 603b
2:120b, 619b
5:349b(3)
COLEMAN-COOKE, J.
3:269a
COLER, M.A.
3:29a
COLERUS, E.
3:103b(2)
COLES, R.R.
3:324b
COLIE, R.L.
2:638a
5:106a, 110a
COLIN, E.C.
2:169b
COLIN, G.
5:94b
COLIN, G.S.
1:8a, 637a
3:444a
4:391b, 395a, 395b, 427b, 429b(2), 438b
COLIN, G.S. (RENAUD)
4:423a
COLLANDER, R.
1:378b
COLLARD, A.
1:498b, 594b, 639a
2:364b, 372a, 372a(2), 372b(2), 582b
3:201a(2), 223a
4:317b
5:300a, 329b, 513a, 520b
COLLARD, E.
3:507b
COLLART, P.
4:145b
COLLE, H.
3:501b(2), 502a
COLLETT, F.J.
3:491a
COLLETT, H.
1:415a
COLLIE, J.N.
5:323a, 530a, 538b
COLLIER, D. (MARTIN)
4:268b
COLLIER, D.M.B. (JACOT DE BOINOD)
2:145a
COLLIER, H.B.
3:533b
4:243b
COLLIER, K.B.
3:218a
COLLIER, V.W.F.
3:532b
4:214b
COLLIJN, I.
1:151a(4), 233a
4:371b
5:94b, 99b, 517b, 552b
COLLIJN, I. (BIRKENMAJER)
1:281b
COLLIN, R.
3:53b, 279b, 447b
COLLINA GRAZIANI, G. [COLLINA, G.]
1:204a, 327b
2:195a, 367b
5:364b

COLLINDER, B.
4:4a
COLLINDER, M.
3:10a
COLLINDER, P.
1:341b
3:249b
4:22b, 113b, 120b(2), 317a
COLLINGWOOD, F.J.
2:542a
4:310b
COLLINGWOOD, R.G.
3:2a, 42a, 606a
COLLINS, A.F.
3:541b
COLLINS, G.N.
3:528b
COLLINS, H.B.
3:275b, 339b
4:271a(2)
COLLINS, J.L.
3:530a
4:283a
COLLINS, M.
4:192a
COLLINS, S.
1:30a
5:153a
COLLINS, W.J.
1:240b
COLLIS, M.
4:184a
COLLISON, R.
3:13b
COLLOCOTT, E.E.V.
4:262a
COLLUM, V.C.C.
2:189b
4:4b
COLLY, M.
3:419b
COLMAN, E.
2:153a(2)
3:113a
5:313a
COLNORT-BODET, S. [COLNORT, S.]
1:66b, 195b, 199b
5:19b, 86a, 445a
COLODNY, R.G.
3:30b
COLOMBO, A.
1:520b
2:754b
COLOMBO, G.
3:7b
COLOMBO, J.P.
1:151a
COLONNA D'ISTRIA, F.
1:148a, 273a, 290b
2:135a
5:240a, 361b
COLP, R.
2:501b(2)
COLSON, A.
3:185b
COLSON, F.H.
3:218b
COLTON, H.S.
4:271b
COLUMBA, G.M.
4:24a
COLVERD, O.
3:190a
COLVIN, E.M. (WARNER)
3:309b

COLWELL, H.A.
1:542b
3:462b, 498a
5:150a
COLYER, F.
3:496a
COMAS, J.
1:316a, 409a, 581b
4:281b
5:55a
COMBE, J.
1:175b
5:20a
COMBES, A.
1:19a, 43a, 256a, 259b,
645a
2:489a
5:12a
COMBES, M.
2:417b
5:305b
COMBES, R.
1:306b
3:304a, 306a, 310b
COMBRIDGE, J.T.
3:150a
COMFORT, A.
3:457a(2)
COMFORT, W.W.
2:298a
COMMISSARIAT, M.S.
2:140b
5:138a
COMPAYRE, G.
3:613a
COMPERNOLLE, R. VAN
2:548a
4:108a
COMPIN, P.
3:241b
COMPTER, H.
1:272b
COMPTON, A.H.
3:52b, 62b, 144b, 167a,
167b(2)
COMPTON, J.J.
3:36a
COMPTON, K.T.
1:368b, 370b
2:545a(2), 722b
3:54b, 70b, 169a, 172a,
569a
COMPTON, K.T. (COOLIDGE)
2:545a
COMPTON, P.
2:285a
COMRIE, J.D.
1:296b, 301a
2:624b
3:394a
5:246b, 262b, 549a
COMRIE, J.D. (JAMIESON)
1:579a
4:138b
CONANT, J.B.
1:184b, 224b
2:55a(2), 287a(2), 353b, 441a, 565b,
700a
3:2a(2), 24a(2), 37b, 49a, 49b,
50b, 52b, 53b, 57a, 67a, 69b, 70a,
615a
5:105b, 209a, 210a(2), 284a,
349a
CONANT, K.J.
4:364b, 365a(2), 380a
5:504b
CONARD, A.
1:388b
3:310b
CONCI, G.
3:499b
5:485b
CONCOLORCORVO
5:224b
CONDE GARGOLLO, E.
5:363a
CONDIT, C.W.
1:12a
2:517a(2)
3:587b(2)
5:427a(3)
CONDON, E.U.
2:322b
3:153b(2)
CONDUIT, I.J.
3:530a
CONE, C.B.
2:351b
CONFORTO, F.
2:403a
CONGER, G.P.
3:30b(2), 91a
CONKLIN, E.G.
3:61a, 288b, 293a, 332a, 334a,
335b
CONN, H.J.
3:285b, 286a
CONNELL, V.
3:49b
CONNELY, W.
1:234a
2:517a
3:587b
5:427a
CONNERS, J.W. (IHDE)
5:425a
CONNOLLY, J.L.
1:481a
CONNOR, E.
2:82a, 231a, 471a
3:221a
CONNOR, R.D.
3:84b, 85a
CONOR, M.
2:217b
4:157b
CONRADIS, H.
3:562a
CONRADY, A.
4:218a
CONRADY, A.E. (SAMPSON)
1:612b
2:750a
5:120a
CONROY, G.P.
1:134a
CONSENTIUS, E.
5:94b
CONSIGLIO, C.
1:77a, 307a
CONSOLAZIO, W.V.
3:284b
CONSTANS, L.A.
1:214a
CONSTANS, S.
2:490b
CONSTANTIN-WEYER, M.
1:80a
CONSTANTINOWA, A
2:50a
CONTANT, J.P.
2:737a
5:209a
CONTE, L.
1:139b
2:464a, 529b
4:110a
5:201a
CONTENAU, G.
4:17a, 58a, 65a, 65b, 66b, 68a, 68b,
71a(2), 176a
CONTI, A.
1:147b
CONTRONEI, G.
1:517a
CONWAY, A.W.
1:535b
2:255a, 453a
CONWAY, H.G.
1:205a
3:550b, 557b
CONWAY, R.S.
2:595b
CONYBEARE, F.C.
4:382b
COOK, A.B.
4:102b
COOK, A.F.
2:160b
5:332a
COOK, A.H.
1:551b
COOK, A.S.
1:82b, 591a
4:325a
COOK, E.
2:236a, 310a
5:425b, 445b
COOK, E.F.
3:502b
COOK, E.S.
1:320a
COOK, F.A.
3:266b(2)
COOK, G.A.
3:193a
COOK, J.M.
2:335a
4:97a, 151a
COOK, M.T.
2:660a

3:523a
COOK, O.F.
 3:283b, 522a, 531a,
  583b
 4:12a, 282b(2)
COOK, R.B.
 3:503b
COOK, R.C.
 2:82a, 121b, 208a
 3:70b, 296a, 299a
COOK, S.F.
 1:106a, 129a
 2:698b
 4:282a
 5:253a, 266b, 374b(2), 395a,
  395b
COOK, T.A.
 2:72b, 78b
 3:296b
COOLEY, D.A. (DE BAKEY)
 1:294a, 609a
 3:516a
COOLIDGE, H.J.
 1:279a
COOLIDGE, J.L.
 1:12b, 16a, 360b, 480b,
  613b
 2:29a, 491a, 700a
 3:103b(2), 114a, 125b, 126b,
  129b(2), 130a
 5:310b, 314b
COOLIDGE, T.
 1:182a
 5:226b
COOLIDGE, W.D.
 2:545a
COOLS, R.H.A.
 3:552b
COOMARASWAMY, A.K.
 1:203b, 362a, 644a
 2:73b, 491b
 3:290b
 4:7a, 102b, 127a, 188b(3), 189b(2),
  192b, 199a, 200a, 209b, 210a, 210b,
  211a, 211b(2)
 5:6b
COON, C.S.
 3:332a, 334a, 338a
COON, C.S. (CHAPPLE)
 3:331a
COONEN, L.P.
 1:63a, 449b, 563a
 2:121b, 537b
 3:281a
 4:6b, 25b(2), 73a, 123b(2)
COONEY, J.D.
 4:51a
COONS, G.H.
 3:529a, 538a
COOPE, R.
 3:371b
COOPER, C.F.
 2:637b
COOPER, D.A.
 2:403b
COOPER, L.
 1:54b, 62a, 164b, 463a(2)

COOPER, P.
 1:265b, 655b
 2:668b
 3:418b
 5:208a, 322b
COOPER, R.E.
 1:427a
COOPER, S.
 2:725a
COOPER, W.A.
 3:489b
COOPER, W.B.
 2:565a
COOPLAND, G.W.
 2:179b
 4:361b
COPE, J.I.
 1:184b, 399a
 2:627b
 5:106a, 504a
COPE, L.
 4:271b
COPE, T.D.
 1:350b(5), 400a, 437a
 2:154b(2), 155a(4), 472b,
  751b(2)
 5:189a, 213b, 215a, 220b(3),
  293b, 486b
COPE, Z.
 1:150a, 251a(2)
 2:236a(3), 480b, 551b, 710b, 717b,
  747a
 3:361a, 365a, 395a, 487a, 489a, 491a,
  495b
 5:272a(2), 377a, 385b
COPELAND, E.B.
 3:528a
COPELMAN, L.S.
 2:148a
 3:460a
COPEMAN, W.S.C.
 1:236b, 493b
 2:482b, 568b, 679b
 3:465a
 5:55a(2), 72a, 278b
COPIN, J.
 1:116b
 5:406b
COPLAND, B.D.
 4:265b
COPLESTON, F.
 2:540a
 4:88b, 303b(2)
 5:11b, 109b, 195b(2), 308b
COPLEY, A.L.
 3:511b
COPLEY, F.B.
 2:529b
COPLEY, G.N.
 1:92b, 480a
 2:512b, 603b
 3:143b, 191b
 5:321a
COPPEZ, H.
 2:583b
COPPING, A.M.
 1:359a

COPPOLA, E.D.
 1:34b, 267a, 619a
 2:573a
 5:66b, 160a
COPSON, E.T. (BAKER)
 1:612a
CORALNIK, A.
 2:437b
CORBETT, J.
 5:20a
CORBETT, O.R. (BROCKBANK)
 1:506a
 5:169b
CORBETT, P.E.
 4:139a
CORBIE, A. DE
 2:36a
CORBIERE, E.
 1:305b
CORBIN, H.
 1:87b, 664b
CORBIN, P.
 3:249a(2)
CORBIN, S.
 1:82a
 4:165a
CORDASCO, F.
 2:614a
 5:364a
CORDEBAS, R.
 3:30b
CORDEIRO, L.
 3:259a
CORDIER, E.M. (ROTH)
 2:688b
CORDIER, H.
 1:249b(2)
 2:155a, 341b
 4:217a, 219a, 248a
CORDIER, P.
 4:206b
CORDIER, V.
 3:183a
CORDOBA, F.H. DE
 5:38b
CORDOBA, S.
 3:493a
CORDOLIANI, A.
 1:341b
 4:319a(2)
CORDONNIER, D.
 2:52a
COREMANS, P.
 3:597a
 4:53b
CORIAT, I.H.
 2:375b
 3:379a, 386a
 4:47a
CORKILL, N.L.
 4:414a
CORLETT, W.T.
 4:272b
CORNACCHIA, V.
 3:463a, 506a
CORNELISSEN, C.
 1:376b

CORNELL

3:141a, 150b
CORNELL, E.S.
1:566a
2:167b
5:205a, 320b
CORNER, B.C.
1:425b, 428a(3), 434b, 608a
2:473b
5:244a, 245a, 260b
CORNER, E.J.H.
1:48a
CORNER, G.W.
1:435a
2:3a, 10a, 411b, 622b, 754b(2)
3:344a, 384b, 422b, 453a(3)
4:342b, 352a(2), 353a
5:260a, 344a
CORNET, P. (GILBERT)
1:524b
2:147a, 521a
5:251b
CORNET, R.J.
1:286b
CORNEY, B.G.
3:379a
CORNFIELD, J.R.
1:208a
5:378b
CORNFORD, F.M.
2:328b, 488a
4:101a, 103b(2), 112a(2)
CORNFORD, L.C.
2:695b
3:270b
CORNILLEAU, R.
3:513b
CORNILLIER, P.E.
3:346b
CORNISH, L.C.
1:15b
5:531b
CORNISH, V.
3:275a
CORNOG, W.H.
1:470b
CORNWALL, E.E.
4:131b
CORNWALL, I.W.
3:608b
CORONEDI, G.
1:127a
2:693b
3:506a
5:407b
COROT, H.
4:160b
CORPAS, J.N.
2:755b
3:418b
CORRA, E.
1:273b
CORREA, G.
1:468a
CORREIA, F. DA S.
3:411b

CORREIA, F. DA S. (FERRARI)
3:497b
2:676a
CORREIA, S.
5:153b
CORRELL, D.S.
3:529b(2), 530a
CORRENS, C.E.
3:293a
CORRIGAN, J.F.
1:509b
CORRIGAN, J.M.
3:614a
CORSANO, A.
1:223b
5:7a
CORSI, D.
2:718b
3:11b
CORSINI, A.
1:109b, 113b, 145b, 222a, 231a, 240a, 262b, 267a, 416b, 472b, 536a
2:88b, 118b, 391a, 460a, 504b, 532a, 554b(2), 583b, 585b, 708b
3:19a, 385a, 469a, 479b, 485a
4:67a, 290a, 339a
5:149b, 266b, 267b, 357a, 374b, 473b, 514b, 519a
CORSINI, A. (CHIAPPELLI)
2:756b
4:341b
CORSO, R.
3:351b
CORSON, D.R.
1:324a
CORSON, E.R.
1:15b, 126b
5:348a
CORSON, P.S.
3:299b
5:503b
CORSSEN, P.
1:41b
4:108a
CORT, J.H.
3:204a
CORTE, M. DE
1:62a
2:535a, 540b
CORTEJOSO VILLANEUVA, L.
5:155a
CORTES, P.
2:181b
CORTESAO, A.
1:229a, 270a, 559a
2:394b, 765b
3:21a, 56a, 253b
4:73a
5:28a(3), 29b, 31a(2), 34a, 34b(2)
CORTESAO, J.
1:268b, 559a, 565a
5:36b, 37a, 42b
CORTESE, E.
3:208b
CORTI, A.
1:288a, 449a(2), 480a, 591b
2:90a, 197b, 198a, 391b,
671a
3:401a
4:124a
5:142b, 254b, 258b(2), 259a, 385a
CORTI, E.C.
3:415b
CORTIE, A.L.
1:457b
CORTZ, M. DE
1:64b
CORWIN, A.H.
1:11a
CORWIN, E.H.L.
3:412a
CORY, R.
2:748a
COSANDEY, F.
1:532a
2:543a(3), 543b, 544a
5:228a, 346a
COSBY, C.B.
1:298b
5:275a
COSENZ, P.
1:335b
COST, M.
2:423b
COSTA DE BEAUREGARD, O.
1:3a
3:147a, 147b, 160a, 217a
COSTA PIMPAO, A.J. DA
5:42b, 452b
COSTA SACADURA, S.C. DA
See DA COSTA SACADURA, S.C.
COSTA SANTOS, S.
5:76a, 273a, 516b(2)
COSTA, A.
3:425a, 462a
5:440b, 508a
COSTA, A.B.
1:251b
COSTA, A.C. DA
2:716a
3:425a
COSTA, C.
1:127b
5:369a
COSTA, E.
5:521a, 533b
COSTA, F.
1:83a
COSTA, N.P.
See PALACIOS COSTA, N.
COSTABEL, P.
1:62a, 140a, 176b(3), 330b, 344a, 362b, 462b, 463b, 612a(2)
2:29b, 39b, 64b, 65a, 67a, 68a(2), 70a, 148a, 282a, 283a, 284a(2), 299b(2), 398a(2), 407a, 707a
3:157b, 158a
5:113b, 117b(2), 131b, 201a, 203b, 204a, 538a
COSTABEL, P. (HOFMANN)
2:407a
5:113b
COSTAIN, T.B.
1:126a

3:598b
COSTANTIN, J.
  3:302a
COSTANZO, G.
  1:304a
  2:145b, 263a
  3:175a
  5:203a, 422a
COSTE, C. (DESCHIENS)
  3:469a, 512b
COSTE, J.F.
  5:245a
COSTELLO, W.T.
  5:182a, 502b
COSTER, C.H.
  1:164b
  2:356a, 523b
COSTIL, P.
  1:361a
COT, D.
  1:416b
COTARD, H.
  1:135b, 412b
  2:369a, 649b
COTGROVE, S.F.
  3:545a
COTINAT, L.
  1:157b
  2:769b
  3:508a
  4:349b
  5:229a
COTTER, C.H.
  3:249b
COTTON, A.
  3:165b
  5:497b, 503b, 537b, 538a
COTTRELL, G.W.
  5:46b
COTTRELL, G.W. (HOFER)
  2:308b, 581a
  4:328b
COTTRELL, G.W. (SCHURHAMMER)
  5:94a, 98b
COTTRELL, L.S. (MERTON)
  3:355a
COTTRILL, F. (BELL)
  3:601a
COTURRI, E.
  1:419a
  2:379b
  4:349b(2)
  5:163a
COUCH, J.F.
  3:183a, 464a
  5:408b, 444a(2)
COUCHOUD, P.L.
  1:126a
  2:29b
  3:438b
  5:361b
COUCHOUD, P.L. (TASTEVIN)
  3:342b
COUDER, A.
  1:425a

COUDERC, P.
  2:736a
  3:204b
COUFFIGNAL, L.
  3:591a
COUISSIN, P.
  2:467b
  4:105a(2)
COULING, S.
  1:249b
  4:218a
COULLAUD, -.
  1:123a
COULON, M.
  1:401a(3), 416a
COULSON, C.A.
  2:161a, 453b
  3:62b(3), 175b
COULSON, T.
  1:493b, 559b
  5:215a
COULTER, C.C.
  1:387a, 490b
  2:151b
  4:369a, 371b
COULTER, J.M.
  3:290b, 292b
COULTER, J.S.
  3:498b
COULTER, M.C. (COULTER, J.M.)
  3:292b
COULTON, G.G.
  1:135a
  3:64a
  4:296b, 300a, 349b, 445a
COUNILLON, J.F.
  3:41b(1)
COUNSON, A.
  3:56a
COUNT, E.W.
  3:338a
COUPIN, H.
  3:306a
COUPLAND, R.
  2:22a, 103a, 377a
  5:342b
COURANT, R.
  2:403a
  3:107a, 115a
COURAU, R.
  2:83b
  5:416a
COURBE, A.
  1:519a
COURBON, P.
  2:317a
  3:435b
COURCELLE, P.
  1:82a, 230b
  2:127a
  4:100b
COURNOT, A.A.
  3:2b
COURRET, G.
  3:86b

COURRIER, R.
  1:179b, 296b
  2:35b, 161a, 199a
  3:329b
COURT, N.A.
  1:46a, 330b
  2:649b
  3:123b, 129a
  5:115b, 537a, 538a
COURT, T.H.
  3:207a
COURT, T.H. (CLAY)
  3:163a
  5:293b
COURT, W.H.B.
  3:547b
COURTADE, A.
  3:406a
COURTES, F.
  3:291a, 438a
COURTILLIER, G.
  4:184a
COURTIN, M.
  3:24a, 543a
COURTINES, L.P.
  1:119b
COURTINES, M.
  2:301b
  3:161a
COURTNEY, J.E.
  5:302b
COURTNEY, J.W.
  1:443a
  2:188a, 215b, 288a, 330a, 612a, 738a
  4:133b
  5:150a, 151a, 383a, 546b
COURTOIS, J.E.
  1:181a
  5:329a
COURTOIS, J.E. (FLEURY)
  3:287b
COURTOIS, V.
  1:152a(2)
COURTY, G.
  4:276a
COURY, C.
  2:304a, 464b
  5:396b
COURY, C. (BARIETY)
  3:360a
COUSIN, J.
  2:658b
  5:192a
COUSTET, E.
  3:12a, 588a
COUTANT, V.
  2:538a
  3:60a
  4:127a
COUTINHO, G.
  1:287b
  5:28a, 38a(2)
COUTO, G.
  1:356b
  5:29a

COUTTS, A.
1:295a
COUTURAT, L.
3:98a, 108b
COUVREUR, A.
2:419a
5:277a
COVERT, W.C.
2:310a
COVILLE, A.
1:264b
3:245b
4:300a
COWAN, H.J.
3:86a
COWAN, R.W.
1:413b
COWAN, T.A.
3:25b
COWAN, W.
3:255a
COWARD, H.F.
1:305a
COWDRY, E. VON
2:515a
4:235b(2)
COWDRY, E.V.
3:298b
COWEN, D.L.
1:325b, 372b
2:106a, 522a
3:388b, 501b, 503a, 503b, 504a, 504b, 516a
5:171a, 276b, 277b, 278a, 279b, 407a, 407b(3), 523b(2)
COWEN, D.L. (BOWERS)
2:744a(2)
3:504b
COWEN, R.C.
3:242a
COWGILL, G.N.
1:181b
COWGILL, G.R.
1:364a
2:351b
3:426b
5:386b
COWLES, T.
1:101b, 198b, 318a
2:140a, 349b
5:350a
COWLEY, A.E.
1:249a
COWLEY, E.B.
4:307b
COX, A.
3:395b
COX, C.M.
3:345b
COX, D.W.
3:69a
COX, E.F.
5:308a
COX, E.H.M.
3:312a
COX, F.J.
2:512b

COX, J.
2:512b
COX, J.F.
1:360b, 428a
2:82b, 372b, 557a, 601a
3:215a
4:117a
5:332a
COX, J.F. (DUNGEN)
2:687b
3:211b(2)
5:216a
COX, J.H.
3:353a
COX, R.E.
1:399b
COX, R.T.
3:170b
COXETER, H.S.M.
3:128b
COYECQUE, E.
5:166a
CRABB, A.R.
1:368b
2:475a
3:528b
CRABBE, R.
3:554a
CRABOUILLET, Y.G.
2:376a
5:46a
CRABTREE, J.H.
1:69b
CRAGG, G.R.
5:195b
CRAHAY, R.
4:135a
CRAIG, C.
2:714a
3:421a
CRAIG, G.S.
3:68b
CRAIG, G.Y.
2:696a
3:230b
CRAIG, J.
2:221b, 222b(2), 698b
3:593a
CRAIGIE, J. (MACNALTY)
1:279b
CRAIGIE, W.A.
4:322a, 330b
CRAIK, K.J.W.
3:37a
CRAIN, G.L. (NELSON)
3:469a, 475a
CRAIN, M. (LEAHY)
4:263b
CRAMER, F.H.
4:103a, 146b, 149b
CRAMER, G.F.
4:278a
CRAMER, H.
2:17a
3:131b
CRAMER, M.
4:164a

CRAMP, W.
1:406b
CRANDALL, L.S.
3:276b
CRANE, E.J.
3:180a
CRANE, T.F.
5:49a
CRANE, V.W.
1:434a(2)
CRANEFIELD, P.F.
1:359b
2:160b, 198a, 275b, 629b
3:286b, 428b, 439a, 448a
5:067a, 157b, 379b, 393b, 405b
CRANEFIELD, P.F. (BROOKS)
3:426a
CRANMER-BYNG, L.
4:170b
CRANSTON, J.A. (CAVEN)
3:183a
CRANSTON, M.
2:105a
CRANSTONE, B.A.L.
4:262b
CRANZ, F.E.
1:28b, 67a, 81b
CRAPOW, H.
1:388a
CRASTER, E.
2:670b
3:619b
CRAVEN, A.O.
3:525a
CRAVEN, R.M.
2:352a
CRAVENER, E.K.
2:752b
4:353a
CRAWFORD, D.G.
5:547b
CRAWFORD, M. DE C.
3:585b
CRAWFORD, O.G.S.
2:237a, 652a
3:250b, 545b, 610a
4:13b, 24a, 327a, 366b
5:42b
CRAWFORD, O.G.S. (RICHMOND)
2:385b
4:325a
CRAWFORD, R.
3:319b, 472a
CRAWFORD, S.J.
1:597b
4:72b
CRAWFURD, R.
1:544a
3:453b, 471a, 476b, 484a
4:093b, 137a, 446a
5:81b
CRAWLEY, A.E.
3:351a
4:8b
CRAWLEY, C.
3:598a

CRAWSHAY, L.R.
1:270a
5:36b
CRAWSHAY-WILLIAMS, R.
3:98a
CREASEY, C.H. (EVE)
2:565b
CREED, P.R.
2:672a
3:274a
CREEL, H.G.
1:275a(2)
4:216a, 220b(2)
CRELLIN, J.K.
2:753b(2)
5:277b, 408a
CRESNOVA, L.V.
3:324a
CRESSAC, M.
2:419a
CRESSEY, G.B.
4:230a
CRESSMAN, L.G.
3:333a
CRESSON, A.
1:383b
3:94b, 95a, 96b, 343a
CRESSY, E.
3:2b, 561a
CRESWELL, C.H.
2:747a
3:487a
5:272a
CRESWELL, K.A.C.
4:431a(2), 432a
CREUTZ, R.
1:030b(2), 079a, 276a(4), 284b, 300a, 650a(2)
2:268a, 435b, 568b, 593a
3:361a, 375b
4:153b, 331b, 337b, 343b, 345a, 357b
5:50a
CREUTZ, W.
4:133a
CREUTZ, W. (CREUTZ, R.)
1:276a
4:343b
CREW, F.A.E.
2:494a
3:480b
5:510b
CREW, H.
1:259a, 461a(2), 462b(2), 554b
2:8b, 107a, 222b
3:22b, 134b(2), 137b, 144b
5:317b
CREW, W.H.
5:419a
CRICHTON BROWNE, J.
1:340b
CRIDLER-SEGONNE, L.
2:372a, 658b
5:189b

CRINIVASA, A.P.
4:184a
CRINO, A.M.
1:183a, 347b, 361b, 457b, 460a
2:493a
CRINO, S.
1:269a, 269b
2:415a, 555a
5:31b(2)
CRIPPS, E.C.
2:661b
3:508a
CRIPPS, E.C. (CHAPMAN-HUSTON)
2:661b
3:508a
CRIPPS-DAY, F.H.
4:358b
5:493b
CRISP, F.
4:359a
5:46a
CRITCHLEY, M.
1:506a, 636b, 655b
2:278b, 626b, 728b
3:342b, 432b, 433a(2)
5:256a, 365b, 381a, 466b, 519a
CRIVELLI, E.
3:573b
CRIVELLI, N.
1:398a
CROCE, B.
2:590a(2)
3:605b(2), 606a
5:432a
CROCKER, D.
1:441b
CROCKER, H.J.
3:82b
CROCKER, L.G.
5:196b
CROFT, A.
3:266a
CROFT, N.A.C. (GLEN)
3:267b
CROISET, M.
1:140b
2:327a
4:97a
CROISSANT, J.
1:59a
4:113a
CROISSANT-GOEDERT, J.
3:106a
CROIZAT, L.
2:354b
3:313a, 313b
5:353a, 356b, 466a
CROMBIE, A.C.
1:98b, 302b, 332b, 456b, 461b(2), 465b, 516a, 516b
2:158a, 226a, 734b(2)
3:2b(2), 8b, 23a, 26a, 55b, 71b, 290b
4:293a, 297b(2), 310b, 328a, 329a,

443a(2)
5:65a, 101a, 103a, 146b, 231a
CROMBIE, I.M.
2:324a
CROMER, G.
3:596b
CROMIE, W.J.
2:159a
CROMMELIN, A.C.D.
2:6a
5:440b
CROMMELIN, A.C.D. (PROCTOR)
3:213a
CROMMELIN, C.A.
1:150b, 611a(2), 612a(2), 612b(2), 613a
2:209b, 237b, 253b, 364b, 497b, 705b, 744b(2)
3:17a, 83a, 204b(2), 250a, 253b, 589b, 590b
4:31a, 196a
5:108b, 114a, 117b, 124b, 180a, 187a, 194b, 203b(2), 206b, 287b, 293a, 293b(3), 314b, 319a, 459a(2), 516b, 523a, 551a
CROMMELIN, C.A. (ALPHEN)
2:744b
5:535b
CROMMELIN, C.A. (DORSMAN)
2:23b, 209b
CROMPTON, R.E.B.
5:427b
CRONAU, R.
1:268a
CRONE, G.R.
1:16a, 111b, 213a, 268b, 277b, 484b, 502b, 510a, 550a, 572b
2:138a, 362a, 400b, 481a, 529a
3:244a, 246b, 250b, 263a
4:323a
5:42b, 134a(2), 220a
CRONE, G.R. (NOWELL)
1:148a
5:34b
CRONE, G.R. (TORNOE)
1:387b
4:327a
CRONEIS, C.
3:230b
CRONHEIM, W.
3:533b
CROOK, T.
3:238b
CROOKES, W.
1:488b
2:519b
CROOKS, J.
3:579b
CROON, L.
3:557a
CROSBIE, L.M.
2:740b
3:615b
CROSBY, E.C. (ARIENS KAPPERS)
3:430b

CROSBY, E.C. (ARIENS)
3:296b
CROSBY, R.
1:248a
CROSBY, S.M.
2:753a
CROSKEY, J.W.
2:740a
5:545b
CROSLAND, M.P.
1:156a, 296b, 475a
3:183a
5:123a, 207a, 207b
CROSLEY, A.S.
3:557a
4:366b
CROSS, D.
4:57b
CROSS, E.B.
4:79a
CROSS, F.L.
3:62b
CROSS, R.
3:559a, 579a
CROSS, S.H.
4:298b
CROSS, W.G.
3:495b
CROSSMAN, R.H.S.
2:324a
CROSSON, F.J. (SAYRE)
3:594a
CROSTHWAIT, H.L.
3:270a
CROUSE, N.M.
2:710a(2)
3:259b, 266b
5:136a(3)
CROUZET, E. (CORBIN)
3:249a
CROUZET, F. (METRAUX)
3:4b
5:299b
CROW, W.B.
3:296a
CROWE, M.J.
1:456a
4:88a
CROWE, S.J.
1:534b
3:486b
CROWFOOT, G.M.
4:53b(2), 54a, 267b
CROWFOOT, G.M. (GRIFFITH)
4:54a
CROWLEY, T.
1:98b
CROWTHER, J.A.
1:406b
2:410a, 678a
CROWTHER, J.A. (BECQUEREL)
1:123a
3:173b
CROWTHER, J.G.
1:95b, 117b, 156a, 183a, 235a, 322b(2), 370a, 406b, 422a, 542a, 593a, 595a, 645a, 660b

2:10a, 100b, 160a, 221b, 285a, 290b, 352a, 385b, 416a, 427b, 545b, 613a, 627b, 638a
3:14b, 53b, 58a, 68a, 71a, 72a, 79b(2), 370b, 539b
5:106a, 190b, 305a
CROYDON, F.E.
1:601b
2:51a
CROZE, A.
2:665b
3:419b
CROZET-FOURNEYRON, M.
1:429b
3:565b
5:420b
CRUCE, E.
1:257a
5:104a
CRUCHET, R.
3:617b
CRUM, R.B.
3:65a
CRUM, R.H.
1:353b
CRUM, W.E.
4:168b
CRUMMER, LE R.
1:284b, 550a, 648b
2:576a, 587b(2)
3:380b
4:329a, 342a, 358b
5:061a, 061b(2), 262b
CRUMP, C.G.
3:605b
4:293a
CRUMP, P.E.
5:141a
CRUMP, W.B.
2:444a
CRUSSARD, -.
1:2a, 93b, 616a(2)
4:425a
CRUTTWELL, P.
5:48b, 63a
CRUTZEN, G.
5:43b
CRUVEILHIER, P.
1:536a(2)
CRUXENT, J.M.
4:277b
CRUXENT, J.M. (ROUSE)
4:277b
CRUZ HERNANDEZ, M.
1:89b, 92a
3:93a
CSAPODY, I.
1:296a
CSILLAG, I.
3:199b
5:402a, 472a
CUBBERLEY, E.P.
3:613a
CUBONI, G.
3:527a

CUBRANIC, N.
1:176b
5:220a
CUDELL, R.
2:730a
3:416b
CUDKOWICZ, L.
2:79a
CUENOT, C.
2:530a, 530b(2)
CUENOT, L.
2:158a
3:279b, 280b, 288b(2), 291b, 294a, 318b
CUILLANDRE, I.J.
1:591a
2:368a
4:7b, 127a
CUISINIER, J.
4:259a
CULIN, S.
4:247b
CULLEN, T.S.
1:194a
3:385a
CULLEREE, A.
3:439a
CULPIN, M.
1:643a
3:341b, 433b
CULVER, D.C.
3:349a
CUMMING, H.S.
3:418a
CUMMING, W.P.
1:151a
CUMMINGS, B.F.
2:191b, 494a
CUMMINGS, R.O.
3:415a
5:343b
CUMMINS, H.
3:358a, 449a
CUMMINS, H. (MIDLO)
3:329b
CUMMINS, N.M.
3:394a
CUMMINS, S.L.
2:593a
3:475b
5:166a
CUMONT, F.
1:44a, 148b, 429a, 452b
2:294b, 309a, 336a, 336b, 345b(2), 368a, 488a
4:90a(2), 102b(2), 116b(2), 119a, 130b, 142b, 147a(3), 150b, 162b, 174a, 319b
CUMONT, F. (BIDEZ)
2:259a, 651b
4:103b, 177a
5:465a
CUMSTON, C.G.
1:33a, 37a, 171b(2), 219b, 321b, 532a

2:313b, 332b(2), 375b, 391b,
434b(2), 442b
3:361a, 441a, 444a, 450a, 490a,
491b
4:351b, 421a
5:67b, 69b, 70a, 164b, 165a, 266b,
267b, 278a
CUNEO, E.
3:24b
CUNHA, F.
1:223a
2:258b
5:385a
CUNINGHAM, C.E.
1:368a
CUNLIFFE, R.J.
1:590b(2)
4:120a
CUNNINGHAM, B.
3:326b
CUNNINGHAM, E.
1:376b
3:149a(2), 152a
CUNNINGHAM, E.R.
3:379b
CUNNINGHAM, J.T.
3:277a, 296a
CUNNINGTON, M.E.
1:297b
CUNTZ, O.
1:44b
4:150b
CUNY, H.
2:290b
5:479b
CUONZO, G.
1:200b
2:346b, 531a
5:3a, 50b
CUQ, E.
1:536a
4:152b
CURIE, E.
1:297b(2)
CURIE, F. JOLIOT
See JOLIOT CURIE, F.
CURIE, I.
3:171b
CURIE, M.S.
1:298a(2)
3:188a, 463a
CURLE, A.O. (COOPER)
1:427a
CURLE, R.
2:637a
3:322b
5:358b, 359a, 494b
CURNOW, I.J.
3:250b
CURRAN, C.H.
4:282b
CURRAN, J.A.
1:606a
CURRAN, J.W.
4:324a
CURRAN, W.S.
1:193b

CURRIE, A.S.
1:207b, 539a
2:24b
CURRIE, T.R.
1:398b
5:397b
CURRIER, T.F.
1:589a
CURRY, W.C.
1:247b(2)
4:299b
CURSCHMANN, F.
1:298b
3:256a
CURT, R.H.
3:2b
CURTAYNE, A.
1:233a
CURTH, H.
1:343a
3:34a
CURTI, M.
3:67a, 417a
CURTIS, C.P. (HOMANS)
2:278a
3:354b
CURTIS, C.S.
3:92b
CURTIS, F.D.
3:48b
CURTIS, H.D.
3:215b, 249b
4:116b
CURTIS, H.D. (SHAPLEY)
3:217b
CURTIS, J.
4:114b
CURTIS, J.G.
1:546a
CURTIS, W.C.
3:283b
CURTIS, W.H.
2:686a
3:87a
CURTIS-BENNETT, N.
3:414a
CURTISS, D.R.
3:101b
CURTISS, D.W.
2:37b, 259b, 707b
5:532b
CURTISS, R.H.
3:249b
CURTIUS, E.R.
4:295b
CURTIUS, F.
3:432b
CURTMAN, L.J.
3:188b
CURWEN, E.C.
2:597a
3:521a
4:12a, 12b, 31a, 160a
CUSHING, F.H.
4:275a
CUSHING, H.
1:534b

2:69a, 257a, 485b,
583a(2)
3:56a, 361a, 380b,
381b, 382a, 540b
5:254a
CUSHING, H. (FULTON)
1:26b, 449a, 467b
5:255a
CUSHNY, A.R.
2:633a
3:513a
CUSTANCE, R.
4:144a
5:551b
CUTHBERT,
2:677a
CUTHBERTSON, W. (NELMES)
1:299a
5:234a, 353a
CUTLER, C.
5:416b
CUTLER, E. (HUNTER)
1:246b
5:146b
CUTLER, E.C.
1:300b(2)
CUTLER, H.C.
3:528b
4:274a, 274b
CUTRIGHT, P.R.
3:275b
CUTTER, E. (HUNTER)
2:462b
CUTTER, J.B.
2:678b
3:390b
CUVIER, G.
3:300a
CUVILLIER, A.
3:93b, 339a
CYON, E. DE
3:427b
CYRIAX, E.F.
2:93b(3)
3:498b
5:406a
CYRIAX, R.F.
1:122b, 437b(3)
5:343a
CYRIAX, R.J.
1:266b
2:122b, 698b
3:498b
5:343b, 344a
CYSARZ, H.
3:17a, 29a
CZAKO, E.
1:206a
4:224b
CZAPLICKA, M.A.C.
4:181b
CZARNECKI, R.
1:581a
2:422b
4:354a
CZARNIECKI, S.
1:643b
2:685b

CZEKANOWSKI
    5:219a
CZEKANOWSKI, J.
    3:332b
CZERNY, M.
    3:144a
CZIBULKA, A. VON
    3:258b
CZUBER, E.
    3:132a
CZWALINA, A.
    1:49a, 50a, 51a
    2:269b, 360a, 360b(2)
    4:111a, 115b, 116b, 117a
CZYZEWSKI, K.
    3:449a
D'ABRO, A.
    3:2b
    :134b(2)
D'ACHIARDI, G.
    3:239b
D'ACRES, R.
    5:177a
D'ALFONSO, G.
    3:412a
D'AMATO, V.
    3:469b
D'ARCY, C.F.
    3:62b
D'ARCY, M.C.
    1:81b
D'ARRIGO, A.
    2:77a
    5:18a
D'CRUZ, I.A.
    1:251a
    5:386b
D'ELIA, P.M.
    1:465b(2)
    2:446a
    5:127b
D'ERCOLE, P.
    3:97a
D'ESAGUY, A.
    1:224a(2), 232a, 232b(3)
    2:171a, 255a(2), 279b(2), 342b, 399a(2), 437a, 531a, 716a
    4:236a(2)
    5:243b, 279a, 402a
D'EYNCOURT, E.H.T.
    See TENNYSON D'EYNCOURT, E.H.
D'HALLUIN, H.
    2:266a
D'HARCOURT, M.B. (D:HARCOURT, R.)
    4:279a
D'HARCOURT, R.
    4:279a, 283b(2)
D'IRSAY, S.
    See IRSAY, S.D'
D'YGE, C.
    3:199a
DA BADIA POL, J.
    2:71b
DA BISTICCI, V.
    5:5b
DA COSTA PIMPAO, A.J.
    See COSTA PIMPAO, A.J.DA
DA COSTA SACADURA, S.C.
    3:454b
DA COSTA, A.C.
    See COSTA, A.C.DA

DA COSTA, A.F.
    See FONTOURA DA COSTA, A.
DABBS, J.A.
    3:263b
DABKOWKSA, M. (HUBICKI)
    2:203a
DABKOWSKA, M.
    2:487b
    5:323b
DABKOWSKA, M. (HUBICKI)
    2:247b
    5:208a
DABRITZ, W.
    3:548b
DACOSTA, J.C.
    1:515b
    2:48b, 111b
    3:486b
DACQUE, E.
    3:87b
    4:4b
DADAY, A.
    5:395b
DADIC, Z.
    1:176b
    2:248a
    5:216a
DADOURIAN, H.M.
    3:141b
DAELS, F.
    2:265b
DAEMS, W.F.
    1:71a
    2:234b
    3:506b
    4:355a, 357b, 358a
DAFTARI, K.L.
    4:197a
DAGAN, M.
    5:233b
DAGEN, G.
    2:562a
    5:275a(2)
DAGNAN-BOUVRET, J. (SAINTON)
    1:338a
    5:146b
DAGOGNET, F.
    2:380b, 419a
    3:378a, 468a, 496b
    5:393a
DAHL, F.
    1:246a, 448a
    2:92a
    4:91b
    5:128b, 182b(2)
DAHL, M.
    1:499b
    5:231b
DAHL, P.F.
    1:265a
    5:317b
DAHL, S.
    3:312a, 320b
DAHL, S. (ANKER)
    3:277a
DAHLGREN, E.W.
    1:278b
    2:763b
    3:78b, 257a
    5:138b, 226b, 528a, 535
DAHLMANN, F.C.
    3:75a
DAHLMANN, J.
    5:541b

DAHNERT, U.
    1:23b
    4:298a
DAILLIART, P.
    2:185b
    5:258a
DAIN, A.
    1:13a, 73a, 562b
    4:162a
DAIN, N.
    5:382a
DAINELLI, G.
    1:5b
    3:241a
DAINS, F.B.
    1:515a
    3:183b
    5:321b
DAINS, F.B. (WEEKS)
    2:308b
DAINTON, C.
    3:419a
DAINVILLE, F. DE
    2:710a(2)
    3:48b, 73a, 617a
    5:32b, 111b, 131a, 133a, 181a, 198a, 297b, 536b
DAIRAINES, S.
    4:44a
DAISOMONT, M.
    2:321b
    3:202b, 221a
DAKHEL, A.
    2:7a
    4:396a
DAKHIIA, S.A.
    1:249b
    5:311b
DAKIN, A.N.
    4:33b
DAKIN, E.F.
    1:370b
DAKIN, W.J.
    3:534b
DAL PRA, M.
    1:584a
DALAND, J.
    4:244a
DALBANNE, C.
    5:94a
DALBANNE, J.
    1:660b
    5:286a
DALCQ, A.
    3:296a, 320b
DALCQ, A. (RENAUX)
    3:402b
DALCQ, A.M.
    3:319a
DALE, A.
    2:641a
DALE, H.H.
    1:2b, 109b, 221a, 302b, 361b, 428a, 595b
    2:39a, 121a, 121b, 224a(2), 239b(2), 749a
    3:50b, 54b, 426b
DALE, H.H. (THOMSON)
    3:59b
DALES, R.C.
    1:67a, 516a, 516b(4)
    4:321b
DALL, N.L.G.
    3:510b

DALL, W.H.
1:15b, 80a, 103b, 306a
DALL'OSSO, E.
1:48a, 102a, 419a
5:78a, 169a
DALLARI, U.
2:189b
DALLEMAGNE, G.
2:35b
5:433b
DALLY, P.
1:664b
4:28a
DALMAN, G.
4:175a, 175b
DALMAS, A.
1:467a
DALORTO, A.
4:323b
DALRYMPLE, D.G.
3:524b
DALRYMPLE-CHAMPNEYS, W.
4:281a
DALTON, E.W.
1:155a
5:343b
DALTON, O.M.
1:525b
2:119a
4:318b, 375a
5:22a
DALY, L.W.
1:214a
2:323b, 512b
DALY, R.A.
1:322a
3:228a
DALY, S.R.
2:306a
DAMBIER, P.
3:188a
DAMBSKA, I.
1:370a
DAMM, H.
1:357b
DAMME, D. VAN
1:384b
DAMME, L. VAN
1:638b
5:261a
DAMON, S.F.
1:22b, 253a
DAMON, W.A.
3:486b
5:522a
DAMPASES, I.N.
1:563a
DAMPIER-WHETHAM, C.D.
[WHETHAM, C.D.]
3:2b
1:313a
2:10b, 223b
5:534b
DAMPIER-WHETHAM, M.
[WHETHAM, M.D.]
3:16a
DAMPIER-WHETHAM, W.C.
[WHETHAM, W.C.D.]
1:181a, 313a, 514a
2:10b, 223b
3:2b(3), 16a, 169a
5:534b
DAMRY, A.
2:580b

DANA, C.L.
1:223a
2:288a, 460a(2), 523a
3:361a, 382b
5:71a, 303a
DANA, E.S.
2:478a
3:67a
DANCE, S.P.
2:91b, 347a
5:297a
DANCHAKOVA, V.
3:328a
DANDEKAR, R.N.
4:185a
DANDIEU, A. (CHEVALLEY)
1:570b
3:108b
DANDY, J.E.
2:482b
DANGEARD, P.A.
3:310a
DANGEL, R.
4:257a, 271a
DANI, A.H.
4:431b
DANIEL, F.
1:173a
DANIEL, G.E.
3:331b, 608b, 609a
4:3a
DANIEL, H.
3:554b
DANIEL, J.F.
3:325a
DANIEL, W.
1:19b
DANIEL-ROPS, H.
4:81b
DANIELS, C.E.
1:163b, 595a
2:188a
5:162b, 260b
DANIELS, F.
3:53b, 74a
DANIELS, G.H.
1:18a
5:7a, 379a
DANILEVSKY, J.L.
1:432b
DANILOFF, S.
3:585b
DANIS, M.
1:466b
DANJON, A.
1:10b, 466b
2:47a(2), 84b, 550b
3:86a
5:332a
DANKMEIJER, J.
1:338a(2)
2:79a
DANN, G.E.
2:22b(2)
DANNE, J.
3:300b
DANNEMANN, F.
1:142a, 360a
2:334a
3:2b(2), 7b, 16a, 17a(2), 27a, 36a, 165a, 199a, 377a, 544a
5:101a, 299a, 300a, 442b
DANTHINE, H.
4:65b

DANTIN CERECADA, J.
3:532a(3)
DANTO, A.
3:30b
DANTZIG, D. VAN
3:131b
2:47b
DANTZIG, T.
2:338a
3:47a, 108a, 123b
4:107a
DANYSZ, R.
2:502a
5:335b
DANZEL, T.W.
3:87b, 337b, 610a
DANZER-VANOTTI, H.
3:143a
5:453a
DARBON, A.
2:426b
3:106b
DARBOUX, J.G.
1:1a, 142b, 562b
2:177b, 301b, 338a, 706a
3:52a
DARBY, G.O.S.
1:3b, 620b
4:301b
DARBY, H.C.
1:11b
3:261a(2), 552b
4:316b, 325a(4)
5:28a
DARDONVILLE, -.
2:723b
5:295a
DAREMBERG, C.
2:422b
3:377a, 472a
4:134a
DARESSY, G.
4:36a, 40b
DARKO, E.
1:241a
2:332a
4:373a
DARKOW, M.D. (HILL)
3:129b
DARKOWSKA, M.
2:247b
DARLING, C.R.
3:344b
DARLING, F.F.
3:349a, 412b
DARLING, L. (MAGOUN)
3:79b
DARLINGTON, C.D.
1:311b, 313a
2:121b, 577b
3:54b, 57a, 293a(2), 295b, 298b, 528a
DARLINGTON, C.D. (HARLAND)
2:577b
DARLINGTON, H.S.
4:280a
DARLINGTON, I.
3:419b
5:516a, 546a
DARLINGTON, O.G.
2:522b(2)
4:369a
DARLINGTON, P.J.
1:316a
5:357b

DARLU, A.
3:91a
DARMOIS, E.
3:193b
DARMOIS, G.
1:376b
3:152b
DARMSTAEDTER, E.
1:16b, 22a, 43b, 72a, 73b, 140b, 236b, 292b, 312a, 635a, 635b(2)
2:28a, 274a(3), 274b, 275a(2), 279b
3:24b, 195a, 196a, 303b, 443b, 447b, 468b, 469a, 475a, 476b, 483b, 492b(4), 511b(2), 515a(2), 575b, 593a
4:33a, 65a, 70a(2), 93a, 136b, 303a, 375b, 426b
5:18b, 19b(2), 52b, 81b, 85b, 90b, 93a, 394b, 429a, 487a
DARMSTAEDTER, L.
1:37b, 407b, 492a, 648a
2:568a
3:1a, 14b
5:426a
DARRAH, W.C.
2:348b
3:302a
DARROW, F.L.
3:14b
DARROW, G.M.
3:530a
DARROW, K.K.
1:531a
3:84a, 134b, 137b, 153b, 174a, 566b
5:319b
DART, R.A.
4:264b, 267b(2)
DARTIGUES, -.
3:487b
DARTIGUES, L.
2:602b
3:457b
DARVILLE, W. (BELLET)
3:586a
DARWIN, C.G.
1:196a, 312a
3:141b, 164a, 169a(2), 358a
DARWIN, F.
1:311b, 315b, 421a
3:304a, 427b
DARWIN, G.H.
1:565b
DARWIN, L.
3:416b(2)
DAS, A.
4:184b
DAS, B.
4:200a
DAS, L.R.
1:74b
DAS, S.K.
4:212b
DAS, S.R.
4:192a, 193a, 195a, 195b(2), 196a(5), 196b(3), 197a, 197b(3)
DASGUPTA, S.N.
4:189a, 190a, 200b, 201b
DASHZEVEG, D.
1:316b
DASTIN, J.
1:654a
4:313a
DASZYNSKA-GOLINSKA, M.
2:640a
DATE, G.T.
4:211b

DATTA, B.
1:74b(4), 75a, 146b(4), 153b(2), 188a(2), 243a
2:130b(2), 214a(2), 499b, 574b
4:170b, 187b, 191a(3), 191b(3), 192a(7), 192b(4), 193a(5), 193b(5), 196a, 197a, 395a(2)
5:442b(2), 479b
DATTA, N.C.
1:316b
5:542a
DATTA, N.K.
4:201b(2)
DAU, M.
3:511b
DAUBENTON, L.J.M.
1:320b
DAUDIN, H.
1:185a, 301b, 664a
2:40b, 97b, 498a
5:103a, 230b, 358a
DAUGHERTY, D.H.
3:67b
DAUJAT, J.
1:338b, 518b
2:138b, 314b
3:33a, 158a, 164b
5:120b, 121a
DAUMAS, F.
4:125a
DAUMAS, M.
1:47b, 344a, 429a, 475a
2:52a(3), 54b(2), 55a(5), 434b, 684a, 760a
3:2b, 182b, 249a, 539b, 543b(2), 544a, 589a
4:224a
5:101a, 194a, 203a, 207b(2), 209b, 210a, 211b, 284a, 293b(2), 306a, 323b, 424a
DAUPHIN, V.
2:665a, 753b
3:487b
5:60b
DAURIAC, L.
2:88a
3:95a
DAUTREBANDE, L.
1:569b
DAUTRY, J.
1:343b
DAUVILLIER, A.
3:209b, 217a, 288a
DAUWE, O.
3:458a
DAUZAT, A.
1:181a
3:261a(2), 352b, 611b, 612b
5:430a
DAVENPORT, C.B.
3:290b, 295a
DAVENPORT, W.H.
3:381b
DAVEY, N.
3:565b
DAVEY, T.F. (COCHRANE)
3:469b
DAVID, A.
3:594a
4:57b, 67b, 71a, 245b
DAVID, C.
2:690b
DAVID, C.W.
1:558b

DAVID, E.
1:196b
DAVID, F.N.
2:227a, 298b
3:131b
5:116b
DAVID, L. VON
1:168b(2)
DAVID, M.
4:65b
DAVID, M.E.
1:321b
DAVID, P.
4:303a
DAVID, R.
3:413b
DAVID-DANEL, M.L.
1:288b
5:548b
DAVID-NEEL, A.
3:263b
4:181b(4)
DAVIDAN, M.L.
2:370b
4:407b
DAVIDEK, V.
3:85a
DAVIDIAN, M.L.
1:153b
4:406a
DAVIDS, C.A.F.R.
1:203b
4:200a
DAVIDSOHN, I.A.
3:536a
DAVIDSON, C.F.
3:230a
DAVIDSON, C.G.
1:411a
DAVIDSON, D.
4:19b, 51b
DAVIDSON, D.S.
3:593b
4:262b, 263b(2)
DAVIDSON, G.
1:467b
DAVIDSON, H.B.
1:553b
DAVIDSON, H.R.E.
4:367b
DAVIDSON, I.
2:85a(2), 131b
4:436a
DAVIDSON, J.T. (BORMAN)
3:491a
DAVIDSON, M.
2:734b
3:44b, 71b, 169a, 202b(2), 218a
5:299a
DAVIDSON, P.B.
1:550a
DAVIDSON, T.D.
3:519a, 519b
DAVIDSON, W.
3:217b
DAVIDSON, W.L. (POLLARD)
3:172b
DAVIDSON, W.T.
3:480a
DAVIDSSON, J.A.
3:190a
DAVIE, D.
5:189a
DAVIE, M.R.
3:70b

DAVIES, A.
2:129a
3:554a
DAVIES, A.M.
1:399a
DAVIES, A.S.
2:220b, 627b
3:574b
5:288a(2), 418a
DAVIES, C.D.P.
1:566a
5:214b
DAVIES, E.G.
2:121b, 577b
DAVIES, G.M.
3:230a
DAVIES, H.W.
4:16a
DAVIES, J.D.
5:362a, 457b
DAVIES, J.D.G.
1:107a, 107b
DAVIES, J.N.P.
3:407a
DAVIES, M.
3:2b
DAVIES, M.B. (JEFFARES)
3:35b
DAVIES, N. DE C.
2:217a
DAVIES, N. DE G.
2:11a, 367a, 394b(2)
4:54b
DAVIES, N.M.
4:43a
DAVIES, O.
4:85a, 142a, 160a
DAVIES, P.
5:414b
DAVIES, R.T.
4:300a
DAVIES, S.H.
3:265a
DAVILA, G.F.
2:320b, 755b
3:418b
5:77b
DAVIS, A.
3:357a
DAVIS, A.C.
3:581a
DAVIS, A.G.
1:514a
2:486b(2)
3:232a
5:334a
DAVIS, A.M.
4:244a(2)
DAVIS, A.W.
2:10a
DAVIS, B.
3:176a
DAVIS, B.M.
2:511a
DAVIS, C.J.
3:257a
DAVIS, D.D. (SCHMIDT)
3:326b
DAVIS, D.J.
5:244a
DAVIS, D.W.
2:682a
3:284a
DAVIS, E.C. (MAGOFFIN)
3:608b

DAVIS, G.A.
4:64a
DAVIS, H.B.
2:354a
DAVIS, H.M.
3:187b, 591a
DAVIS, H.T.
2:602a
3:46b, 99b, 120b, 126b(2), 133a, 349b
5:313b
DAVIS, J.W.
2:189a
5:240a
DAVIS, L.
2:662b
3:486b
DAVIS, N.Z.
5:13b, 17b
DAVIS, P.J.
1:396b
DAVIS, R.
1:123b
DAVIS, R.B.
1:287a, 489a, 646a(2), 646b
5:303a(2), 432b
DAVIS, R.H.
3:485a
DAVIS, S.
4:126a, 128a
DAVIS, T.L.
1:98b, 99a(3), 138a, 163a, 163b,
164a(3), 184a, 184b, 243a(6), 407a,
524a, 538a, 555a, 562a, 598a(3), 599a
2:5b, 15b, 25a(2), 32b(2), 55a, 131a,
172a, 178a, 194b, 208a, 220b, 271a,
352a, 353a, 353b(2), 470b, 473b,
528a, 571a, 616a, 616b, 722a(2)
3:14a, 61a, 144b, 181a, 184b, 185b,
187b, 196a(2), 197b, 198a, 577b(2)
4:224b(5), 225a, 313a, 363a(2)
5:122b(2), 123a(2), 178b, 190a, 211a,
212b, 290b, 329a, 424b
DAVIS, V.D.
2:720b
3:616b
DAVIS, W.
3:2b, 16a, 550b
DAVIS, W.M.
2:515a
3:240a(2), 246a
DAVISON, C.
2:248b
3:236a(3), 236b, 237a
DAVISON, C.ST.C.
3:84a(2)
4:31a(2)
DAVISON, E.S.
1:432a
DAVISON, M.H.A.
3:482b
DAVISON, W.C.
1:597b
3:368b
DAVITASHVILI, I.S.
2:29b(2)
DAVITASHVILI, L.S.
1:610b
3:272a, 272b, 295a
DAVRIL, R.
1:426a
5:156b
DAVY DE VIRVILLE, A.
2:389b(2)
3:302a, 306a
5:233a

DAVY, G. (MORET)
4:26a
DAVY, J.B.
4:328b
5:504a
DAVY, J.B. (GUNTHER)
4:328b
DAVY, M.J.B.
1:560a
2:512a
3:559a
5:419a
DAVY, N.
5:106a
DAVY, R.
1:119a
5:278a, 279b
DAVYDOFF, C.
2:29a
DAVYDOV, B.I.
1:168a
DAVYDOVA, L.G.
3:569b
DAWES HICKS, G.
2:640b
DAWES, B.
3:277a
DAWES, C.L.
2:11b
DAWKINS, J.M.
3:575b
DAWKINS, R.M.
2:666b
4:124b, 373a
DAWSON, A.H.G.
3:249a
DAWSON, B.
3:361a
DAWSON, C.
1:485b
4:17a, 299a
DAWSON, F.
2:11a
DAWSON, G.G.
3:483a
DAWSON, M.M.
2:325a, 488a, 642a
DAWSON, P.M.
2:276a, 462a, 572b, 615a
3:414a
4:235a
5:546b
DAWSON, W.H. (BOYCE)
2:742a
3:618a
DAWSON, W.R.
1:39a, 190a, 503b, 540b, 594b
2:307a(2), 436a, 485a, 563a
4:10b, 26a, 35a, 41b, 42a, 44b(3), 45b,
46b(2), 48a(2), 49b(2), 52a, 130b,
167a
5:82a
DAWSON, W.R. (SMITH)
4:46b
DAWSON, W.T.
2:633a
5:409a
DAY, C.B.
4:221a
DAY, D.
2:487a
5:339b
DAY, E.
4:18b

DAY, F.E.
  1:349b
  4:425b, 431a, 431b
DAYTON, W.A.
  1:76b
DE BAKEY, M. E.
  3:516a
DE BAKEY, M.E.
  1:294a, 609a
DE BEER, E.S. [BEER, E.S. DE]
  1:246a, 399a
  2:453a, 750b
  5:39b, 106a
DE BEER, G.R. [BEER, G.R. DE] [DE BEER, G.]
  1:157a(2), 311b, 314a(4), 316b(4), 340a, 410a, 420b, 485b, 503b, 533a, 584a, 596b
  2:32b, 168b, 198b, 200a, 323a, 418a, 442b, 482b(2), 485a, 511a, 563b, 572b, 601a(2), 606b, 613a, 641b, 673b, 751b(2), 752a
  3:236b, 269b, 288b, 296a, 297a, 298a, 316a
  4:159b
  5:183b, 192a, 194b, 219b, 220a, 227b, 233a, 235b, 259b, 301b(2), 334a, 337a, 340b
DE BEER, G.R. (FISHER)
  2:199a
DE BEER, G.R. (MCKIE)
  2:223a
DE BOER, J.
  2:488b
  4:136b
DE BURGH, W.G.
  4:17a
DE CAMP, C.C. (DE CAMP, L.S.)
  3:608b
DE CAMP, L.S.
  1:46a
  3:270b, 271a, 546b, 608b
  4:96a, 122b, 143b, 159b(2), 290b
DE CAPRARIIS, V.
  1:520a
DE CICCO, J.
  3:125a
DE COSTER, S.
  1:324b
DE FILIPPI, F.
  1:339b
  2:569b
  3:264b(2)
DE FIORI, O.
  3:237a
DE FORD, M.A.
  3:14b
DE FORD, W.H.
  5:404b
DE FOREST, L.
  1:325b, 485b
DE FRANCIS, J.
  4:245b
DE GAURY, G.
  3:262a
DE GEER, G.
  3:235a
DE GEER, S.
  3:245b
DE GIULI, G.
  1:332b, 461b
DE GRE, G.
  3:54b, 55b
DE HAAS, J.
  4:173a

DE HEER, J.
  2:59a
DE JONG, H.W.M.
  See JONG, H.W.M. DE
DE JONG, R.N.
  1:608b
  3:432b(2)
  5:381b
DE KRUIF, P.H.
  2:1b
  3:301b, 383a, 521b
DE KRUIF, P.H. (HOWARD)
  2:57a, 392a, 509b
  5:396b
DE KRUIF, R. (DE KRUIF, P.)
  3:383a
DE L:ISLE, R.
  3:247a
  5:521a, 524a, 540b
DE LA MARE, P.B.D.
  1:601a
DE LA MARE, W.
  1:227b
DE LABILLIERE, P.F.D.
  2:613a
DE LACY, P.
  1:383b, 384a
  2:116b
DE LAGUNA, F. (BIRKET-SMITH)
  4:269b
DE LAGUNA, G.A. [LAGUNA, G.A. DE]
  3:291a, 612a
DE LASZLO, H.
  4:12a
DE LEE, S.T. (FISHBEIN)
  2:60a
  3:454a
DE LINT, J.G.
  See LINT, J.G. DE
DE LOLLIS, C.
  1:268a, 270a
DE LUIGI, E.
  3:3a
DE MARE, E.S.
  3:554a
DE MARR, F.E.R.
  2:769a
  3:496a
DE MILT, C.
  1:480a, 492a, 593a
  2:51a(2), 618b, 679b
  3:181b
  5:325a
DE MORGAN, A.
  2:221b
DE MOTT, B.
  3:65b
DE PAULEY, W.C.
  5:110a
DE POERCK, G.
  4:364a
DE RENZI, S.
  3:400b
  5:545a
DE RICCI, S.
  See RICCI, S. DE
DE ROOVER, F.E.
  2:442a, 722b
DE ROOVER, R. [ROOVER, R. DE]
  2:428b
  3:133a(2)
  4:310a
DE ROSA, R. [ROSA, R. DE]
  1:129a
  2:594b

  5:66a
DE RUGGIERO, G.
  3:25b, 91a, 97b
DE SANTILLANA, G. [SANTILLANA, G. DE]
  1:280b, 339a, 393b, 456b(3), 457b(4), 458a, 461a, 463a, 478a
  2:12a, 251b, 310b, 325a, 329b, 369a, 436a, 590a
  3:33a, 57b
  4:98b, 101a(2), 103b, 105a
  5:109b, 127b, 414a, 451a
DE SANTILLANA, G. (ENRIQUES)
  3:3a
  4:99a(2)
DE SARLO, F.
  3:28a, 46b
DE SMET, A.
  See SMET, A. DE
DE SOLA PINTO, V.
  1:26a
  5:168a
DE SOUSA, J.M.C.
  5:38a
DE TERRA, H.
  See TERRA, H. DE
DE TONI, E.
  2:181a
  5:84a(2)
DE TONI, G.B. [TONI, G.B. DE]
  1:26b(4), 105a, 111a, 238b, 240a(2), 272b, 288a, 410b, 515a
  2:60b, 72b(2), 73b(2), 76a(5), 78b(2), 79a, 144a, 155a, 196b, 372a, 572a, 580a(2)
  5:44b, 83b, 84a, 161b, 278b, 356a, 447b, 484b
DE TONI, G.B. (GIORDANO)
  2:440b
DE TONI, N.
  1:52a(2)
  2:77a, 80a(2), 80b(6)
DE VILLAMIL, R.
  2:221b
DE VORE, N.
  3:221b
DE WAARD, C.
  See WAARD, C. DE
DE WILDEMAN, E. (TOURNEUR)
  1:562a
DE WIT, C.
  4:42a
DE WITT, N.
  3:80a
DE WITT, N.W.
  2:595b
DE WITTE, A.
  1:101a, 246a
DEACON, A.B.
  4:261b
DEACON, G.E.R.
  3:242a(3), 243b, 269a
DEAKIN, W.H.
  3:558b
DEAN, B.
  3:325a, 601a
DEAN, J.C.
  2:469a
  5:21a
DEAN, J.E.
  4:165b
DEAN, R.J.
  2:103a, 143b, 232b, 559a(3)
  4:298b

DEASON, H.J.
3:13a
DEAUX, R.
2:103b, 130a
5:198a, 221a
DEBENEDETTI, S.
2:668b
4:276a
DEBENHAM, F.
2:627a
3:250b
DEBENHAM, F. (SCOTT)
2:612b
DEBES, M.
1:425b
DEBESSE, M.
1:429b
DEBIEN, G.
5:252a, 281a
DEBO, A.
4:269b
DEBORIN, A.M.
1:457b
DEBOVE, G.M.
3:461a
DEBRE, R.
1:191b
DEBRUNNER, H.
2:191b
5:69a
DEBUS, A.G.
1:183b, 198a, 423a(2), 471a, 487b
2:274a, 276a(2), 333a, 637a
5:19a, 19b, 55a, 63b, 78a, 118a, 122b, 130a, 160a, 168a, 169a, 170a, 209b, 443b
DEBYE, P.
2:410a, 491b
3:151a
DECAMPS, M.
3:323b
DECHEN, H. VON (OEYNHAUSEN)
5:418b
DECHEND, H. VON
2:90a
DECKER, A.
1:260a
4:167a
DECKER, J. DE
4:127b
DECKER, W.F.
3:564a
DECKERHAUFF, H. (ENGELHARDT)
2:765a
5:306a
DECKERS, T.
1:384b
DECOURDEMANCHE, J.A.
3:118b
4:65a, 288a
DECOURT, P.
4:351a
DECROLY, C. (DONY-HENAULT)
1:355a
5:550b
DEDEBANT, G.
3:158a, 225a
DEDECK-HERY, V.L.
1:164b, 644b
DEDIEU, J.
2:193a
DEDIJER, S.
3:50b(2), 57a
DEDRON, P.
3:99b

DEE, P.I.
2:428a, 630b
3:173b
DEELMAN, H.T.
1:385b
5:71a
DEEMS, W.F.
1:448b
5:276b
DEERR, N.
3:538a(2), 538b, 564b
5:284a
DEETJEN, C.
3:386a
DEETZ, C.H.
3:254a
DEEVEY, E.S.
2:546b
3:227b, 272b
DEFERRARI, R.J.
2:261a, 539b
DEFFONTAINES, P.
1:200a
DEFOSSEZ, L.
5:108b
DEFOURNY, M.
1:59a
4:127b
DEFRIES, A.
1:475b
2:644a
5:281a
DEFRISE, P.
3:112a
DEGEN, H.
2:247a, 697a
5:510a(4)
DEGENSHEIM, G.A. (HURWITZ)
3:485b
DEGERING, H.
2:537a
3:610a(2)
4:358a
DEGLI INNOCENTI, G.
1:491a
5:336b
DEGNER, H. (HANKE)
2:687b
5:221b
DEGOLYER, E.
3:36a
DEGRANGE, M.
1:273b
5:363a
DEGRYSE, R.
4:359b
5:87b
DEGUERET, E.
1:47b, 306b(2), 403a, 403b
2:114a(2), 572b
DEHALU, M.
3:247b
DEHAUT, G.
1:302a
5:348a
DEHERAIN, H.
1:234b, 285b, 301b, 302a
2:39a, 63a(2), 213b, 418a, 419a, 422a, 431b(5), 704b
3:263a, 270a
5:134a, 140b, 307b, 432b
DEHN, M.
3:126b
4:21b

DEICHERT, H.
1:125b
2:64a, 68a, 319b
3:439a
5:153b, 173a
DEICHGRABER, K.
1:496b, 576b, 577b(2), 581b
3:382a
4:101a, 105a, 129a(2), 135b, 136b
DEIMAN, I.I.
1:383b
DEINEKA, O.I.
2:147b
5:327b
DEINES, H. VON (GRAPOW)
4:49b
DEISCHER, C.K.
1:70a(2), 197a
2:17b
5:20a, 54b
DEISCHER, C.K. (ARMSTRONG)
1:492a
DEISCHER, C.K. (DAVID)
2:690b
DEISCHER, C.K. (GIBBS)
2:415a
5:425b
DEJONG, R.N.
2:425b
DEJUST, L.H.
1:528b
3:484a
DEL CHICCA, T.
1:489b
DEL GAIZO, M. [GAIZO, M. DEL]
1:174a, 238a, 546a, 576b
DEL GAUDIO , A.
1:309b
DEL GAUDIO, A.
2:502a
3:491b
4:346a
DEL GRANDE, C.
4:40a
DEL GRECO, F.
3:433b, 435a
DEL GUERRA, G.
1:28a, 558b
2:165a, 167a, 427b
3:17a, 361a, 373a, 516b
4:335b, 339a, 344b, 347b, 350b, 351a, 377b, 378a
5:57a(2)
DEL LUNGO, C.
1:235b(2), 465a
2:708b
5:301a, 508a(2), 535b, 537b
DEL MAR, F.
4:263b
DEL POZO, E.C.
1:99b, 295b
DEL REAL, C.A.
See REAL, C.A. DEL
DELABARRE, E.B.
5:38a(2)
DELABORDE, H.F.
2:113b
4:369a
DELABY, R.
5:514b, 538b
DELACHET, A.
3:124a
DELACOURCELLE, D.
2:570b

DELACRE

DELACRE, M.
  1:137a, 555a
  2:640b
  3:177a, 182b
  5:300b
DELACROIX, H.
  1:102b
  2:135a, 196a
  3:611b
  5:382a
DELAGE, A.
  2:738a
  3:396a
DELAGE, E.
  1:46b
  4:120a
DELAGE, Y.
  3:297b
DELAHAY, P.
  3:36a
DELAHAYE, K.
  1:82b
  2:3b
DELANEY, J.P.
  2:78a
  5:26b
DELANGLEZ, J.
  1:657a
  5:132b
DELANY, M.C.
  3:574b
DELAPORTE, L.J.
  4:72b
DELASSUS, A.
  3:365a, 475b
DELATTE, A.
  1:578b
  3:509b
  4:29a, 102b, 103a, 105b, 135a, 302b, 372b, 373a, 373b, 375b, 376a(3), 376b, 377b, 380b
DELATTE, L.
  4:149a, 302b
DELATTE, L. (DELATTE, A.)
  4:376a
DELAUNAY, A.
  1:517a, 191b
  2:285a, 384a, 417a, 419b, 577a, 705a
  3:74b
DELAUNAY, P.
  1:108b, 120b, 127b(4), 189b, 195b, 246b(2), 340a, 356a, 359a, 360a, 477a, 647b, 662a
  2:34a, 35a, 36a, 58b, 84a, 114a, 158a, 196a(2), 232b, 290b, 376a, 570a, 580b, 690a, 706b, 721a, 761a
  3:361a(2), 365a, 381b, 386a, 396b, 480a
  4:347a
  5:46b(3), 47b, 55a, 56a, 230b, 247a, 248a, 253a, 264b, 271a, 272a, 273b, 370a(2), 370b, 375b, 389b, 390b, 391a, 393b, 395b, 398b, 399b, 403a, 403b, 491a, 508b
DELBET, P.
  3:35a
DELBOS, V.
  1:335b
  2:137a
DELCOURT, M.
  1:384b
  2:382a, 398b
DELCOURT, R.
  2:392a
DELEAGE, A.
  4:359a

DELEAGE, E.
  2:34b
DELEDALLE, G. (FOULQUIE)
  3:339b
DELEHAYE, H.
  2:671a
DELEKAT, F.
  2:302b
DELEN, A.J.J.
  2:323a
DELEPINE, M.
  1:125a, 141a, 235b, 472b, 480a, 585b, 663a
  2:36a, 58a(2), 286b, 297a, 577a, 634b
  3:192a
  5:320b, 328b(2), 409a, 442b, 464a, 470a, 521b, 548b, 549a
DELEPINNE, B.
  1:384b
DELEVSKY, J.
  2:173b
  3:22a, 25b(4), 37a, 55b(4), 64a, 90b, 105b, 217b(2), 606a
  5:541a
DELHOUME, L.
  1:73b, 137a(2), 366a
  2:50a
DELHOUME, L. (BLANC)
  1:475a
DELITSCH, H.
  3:610b
DELITZSCH, F.
  1:563a
DELLA CORTE, M.
  4:150a
DELLA VALLE, G.
  1:384a
  2:116b
DELLENBAUGH, F.S.
  2:349a
DELLEPIANE, L.
  2:277b, 587a
  5:63b
DELLINGER, S.C. (WAKEFIELD)
  3:490a
  4:273a, 273b
DELMAS, P.
  1:249a, 660b
  2:375b, 539b, 579b, 725b(5)
  3:377a, 396a
  5:55b, 268a, 518b, 544b
DELMEGE, J.A.
  3:410b
DELMOTTE, R. (MEESTER)
  1:262a, 351b
  2:98a, 157b
  5:84b
DELOFF, A.
  1:434b
DELONE, B.N.
  1:397a
  2:50a, 148b, 185a
  3:176a
  5:312a
DELORME, A.
  1:342a, 374b, 384b
  2:280a(2), 281b, 375b, 490b, 530b
  3:153b, 250b
  5:233a, 471a, 542b
DELORME, F.
  1:432a
  2:596b
  4:298a
DELORME, S.
  1:119b, 139b, 140b(2), 295a(2), 299a,

343b, 425a(6), 425b, 606a
  2:41a, 177b, 301a, 442a, 560a, 579a, 658a
  3:20a, 93a
  5:27a, 101a, 108a, 130b, 187b, 191a, 192a, 200a, 483a, 490a(2), 513b
DELPHIN, T.
  2:660a
  3:508b
DELPHY, J.
  3:290b
DELPORTE, E.
  4:40b(2)
DELPRAT, C.C.
  3:403a
  5:373a
DELSAUX, H.
  1:274b
DELTEIL, Y.
  2:374a
DELTHEIL, A.
  3:7b
DELVILLE, L.
  3:545b
DEMAREE, A.L.
  5:410b
DEMAREST, W.H.S.
  2:752a
  3:615b
DEMARGNE, P.
  4:84a
DEMARS, C.
  1:351b
DEMAUS, R.
  2:565a
DEMBER, W.
  3:343b
DEMBINSKA, M.
  4:340b
DEMEL, S.
  2:328b
DEMENGE, E.
  2:152a
DEMEOCQ, A.
  3:443b
DEMESAINA, A.I. (VUL)
  2:481b
DEMIEVILLE, P.
  2:155a
DEMING, L.S.
  3:132a
DEMING, W.E.
  1:329a
DEMOLON, A.
  2:204a
  3:523b
DEMOOR, J.
  2:291a, 401b
  3:426b
DEMOS, R.
  5:195b, 308b
DEMOTT, B.
  1:272a
  2:385b, 627b
  5:103a
DEMOULIN, A.
  2:142b, 372a
  5:330b
DEMPF, A.
  3:96b
  4:303b, 305b, 306a
  5:467a, 489a
DEMPSEY, P.J.R.
  3:71b

DEMPSTER, A.J.
3:189a
DEMPSTER, G.
1:248a
DEMPSTER, J.H.
2:105a, 468b, 521b
DEMPSTER, W.T.
2:585a
4:445b
DEN DOOREN DE JONG, L.E. (VAN ITERSON)
1:125b
DENAYER, M.
3:239b
DENDY, A.
3:282a, 283b, 316b
DENEKE, T.
2:756a
3:420a
DENES, M.
2:160b
DENGEL, I.F.
5:29b
DENGEL, P.
5:29b
DENGLER, H.W.
1:399a
DENHARDT, R.M.
3:532b
5:87b
DENHOLM-YOUNG, N.
2:400b, 608b
4:295a, 323a
DENIEUL-CORMIER, A.
2:443b
5:49a
DENIS, E.
3:516a
DENIS, H.
3:356a
5:301a, 449a
DENIS, W.
3:340b
DENISOV, A.P.
2:33b
DENJEAN, -.
5:279a
DENJOY, A.
1:429b
2:58a
3:101b(2), 126b
DENLINGER, P.B.
4:245b
DENMAN, C.
3:240a
DENNEFELD, L.
4:67a
DENNERT, E.
4:13b
DENNERY, E.
3:358a
DENNES, W.R. (ADAMS)
3:41a
DENNIE, C.C.
3:473b
DENNING, W.F.
1:195a
DENNINGER, H.S.
2:264b
3:518b
DENNIS, R.W.G. (BUTTRESS)
3:526a
DENNIS, W.
3:30a, 48a
4:273a

DENNIS, W.H.
3:573a
DENNY, A.
3:553b
DENNY, M.
1:399a, 469b(2)
2:97b, 99a, 749a, 750b
3:50b
5:233b, 236b
DENSMORE, F.
4:271a, 274b
DENT, H.C.
4:302a
DENTAN, R.C.
4:18a
DENTI, M.A.
2:178b
DENTICE DI ACCADIA, C.
1:218b
DENTON, G.B.
3:494a, 494b
4:67b
DENTZ, F.O.
1:112a, 509a, 561a(2), 648b
5:395b
DENUCE, J.
3:253b
4:24a
5:43a, 43b, 116b
DENY, J.
1:32b
4:389b, 391b, 421a
DEO, S.B.
4:211a
DEONNA, W.
1:448b
2:485a
3:379a, 546b, 609a(6)
4:6b, 8a, 161b, 289b
5:110b, 362b
DEPAU, R.
2:507b
DEPDOLLA, P.
2:205b
5:348a
DEPENDORF, K.
1:200a
5:274b
DEPMAN, I.I.
1:112a, 206a, 391b
2:29a, 32b, 103b(2), 503b, 578b, 648b, 714b(2), 737b
3:117a, 117b, 126b
5:200b, 311b, 311a, 314a
DEPREAUX, A.
3:15b
DEPREZ, E.
3:258a
DEPRIT, A.
2:69a
3:217a
DEPT, G.G.
2:307b, 683b
3:223a, 245a, 246a
4:325a
5:26a, 130b, 223a
DER KROEF, J.M. VAN
4:259a
DER NERSESSIAN, S.
4:381a
DERAEVE, E.A.
3:57a
DERANCOURT
2:362a
4:121a

DERANIYAGALA, P.E.P.
3:329a
4:199b
DERBY, H.C.
1:113a
4:322a
DERCHAIN, P.
3:212a
DERENBOURG, H.
2:669b
4:385a
DERENNE, E.
4:104b
DERENZINI, T.
1:92b, 174a(2), 230b, 414a
2:145a, 203a
5:321a
DERI, F.
1:442b
2:479a
DERIBERE, M.
3:588a
DERKSEN, W.
5:358b, 543a
DERMUL, A.
2:420a
DERNEHL, P.H.
1:309b
DEROM, G.
3:269a
DEROY, L.
4:86a
DERRY, T.K.
3:539b
DERUISSEAU, L.G.
3:456a
DES CILLEULS, J.
1:364a, 429b
2:141b, 577b, 668b, 690a
3:395b, 411b
5:269a, 273b, 273b(2), 398b, 399a
DES GACHONS, J.
2:92a
DES MAREZ, G.
4:359a
5:502a, 552b
DES PLACES, E. [PLACES, E. DES]
2:309a(2), 325a, 327a, 327b, 328b
4:62b, 110b, 115b
DES ROTOURS, R.
2:297a
DESAUTELS, A.R.
5:191a, 515b
DESCAMPS, P.
3:348a, 351b, 356b
4:7b
DESCH, C.H.
1:128b, 526a, 548b
2:59a(2), 153a(2), 415b, 492b
3:573a(2), 574b, 609b
4:15a
DESCHAMPES, P. (DUSSAUD)
4:173a
DESCHAMPS, P.
4:368a
DESCHAMPS, P. (MORTET)
4:365a
DESCHIENS, R.
3:469a, 512b
DESCLIN, L.
1:340a
DESCOLA, J.
3:410b
DESCOQS, P.
2:417b, 541b

DESCOUR

4:303b
DESCOUR, L.
  2:285a
DESCOURTILZ, M.E.
  5:346b
DESCY, A. (EVRARD)
  3:575a
DESFORGE, J.
  1:526a
  3:614a
DESFORGES, A.
  4:16b
DESGRANGES, J. (BOULIGAND)
  3:108b
DESGREZ, A.
  2:204a
DESHAYES, M.
  3:158a
DESLANDRES, H.
  2:106b
DESMARETS, M.
  3:577b
DESNEUX, J.
  1:400a
  5:71b
DESNOS, S.
  3:450b
DESOILLE, H.
  3:464b
DESONAY, F.
  2:49a
DESRUELLE, M.
  4:420b
DESSAU, H.
  2:463a
DESSAUER, F.
  2:221b
  3:27b, 42b
DESSEFFY, M.
  1:59a
  4:21b
DESSEFY, M.
  1:54b
  2:46b
  4:217b, 285a
DESSOIR, M.
  3:346b
DESTOMBES, M.
  1:157a, 191b, 382a, 480b, 590a
  2:128b, 140b, 321a, 394b, 400b, 582b
  3:257b
  4:308a, 316a, 323a, 323b, 402a, 402b, 405a(2)
  5:30a, 30b, 34b(3), 40a, 131b, 132a, 134a(2)
DESTOMBES, M. (CARACI)
  1:590a
  2:394a
DESTOMBES, M. (HUARD)
  1:9b
  2:189a, 255a
  4:257b
  5:84a
DESTOUCHES, J.L.
  3:143a, 147b, 170b
DESTOUCHES-FEVRIER, P.
  3:140b(2)
DESTREE, J.
  1:495a
DESTREZ, J.
  4:371b
DESVERGNES, L.
  3:581a
  5:410a, 431a

DETERING, A.
  3:314b
DETHIER, V.G.
  3:324a
DETILLEUX, A.
  2:490b
DETLAF, T.A.
  1:101a
  2:268a, 635b
  5:351b
DETOLE, P.
  2:357b
  5:227a
DETURK, E.E.
  3:522a
DETWEILER, S.R.
  3:423b
DEUBNER, A.
  2:703a
  3:145a
DEUBNER, F.
  2:403a
DEUCHLER, W.
  1:223b
  5:45a
DEUEL, H.
  3:190b
DEURSEN, A.V.
  4:272b
DEUSSEN, E.
  5:419a
DEUSSEN, P.
  1:99b
  2:438b, 452b
DEUTSCH, A.
  1:499b
  3:408a, 417a, 435a
  5:382b
DEUTSCH, K.
  3:163a, 166a
DEUTSCH, K.W.
  3:57b
DEUTSCH, R.E.
  2:117b
  4:148a
DEUTSCHBEIN, M. (BRAND)
  3:108b
DEVAUX, E.
  3:271a, 297a(2)
DEVAUX, P.
  1:37b, 370b, 467a, 493a, 497b
  2:85b, 113b, 613a
  3:14b, 46b, 91a, 164b
  5:309a
DEVEREUX, G.
  4:10a, 273a
DEVI, K.K.
  4:189a
DEVLIN, M.A.
  1:201b
DEVOLVE, J.
  1:273a
DEVOS, P.
  2:295a
DEVOTO, B.
  1:258a
  2:86a
DEVRAIGNE, L.
  3:453b
DEVREESSE, R.
  4:100a, 372a
DEVRIENT, W.
  3:496b
DEWAILLY, P.
  3:415a, 513b

DEWAR, D.
  1:316b
  3:288b
DEWAR, J.M.
  3:328a
DEWE, H.
  2:194b
  5:289a
DEWERT, J.
  2:526a
  4:319a
DEWEY, J.
  2:149b, 426b
  3:54b, 61a, 93b(2), 98a, 98b, 292b
  5:309a
DEWEY, R.
  3:343b
  5:382a
DEWHIRST, D.W.
  2:392a
  5:125b, 214a
DEWHURST, K.
  1:185a, 250a, 265a, 356b, 503b, 518a
  2:105b(4), 106a(7), 106b, 184a, 424b, 482b(2), 521b(2), 522a(5), 629b(2)
  5:152b, 153b, 156a, 157a, 159a, 159b, 161a, 163a, 163b, 164b, 166a, 270a, 374a
DEWHURST, P.C.
  1:404a
  5:418a
DEWING, F.R.
  2:286a
DEWING, S.B.
  3:174a, 463a
DEWING, W. (GOUIN)
  5:397b
DEWITT, N.W.
  1:383b(2)
  4:126b
DEXTER, R.W.
  1:613b(2)
  2:470b, 582b, 662a, 719b, 721b, 733a
  3:68b, 299b
  5:345a, 345b
DEXTER, T.F.G.
  3:89b
DEY, N.
  4:186a
DEYRUP, F.J.
  5:431a
DHALLA, M.N.
  4:176a
DHAR, N.R.
  3:81b
DHOTEL, Y. (LAIGNEL-LAVASTINE)
  2:58b
  5:256a
DI BENEDETTO, G.
  2:145b(2), 414b
DI GIOVANNI, A. [GIOVANNI, A. DI]
  2:550a, 736a
  3:395b, 458a, 368b
  5:53b, 68a, 473a
DI LEO, E.
  1:430b
  5:7a
DI PASQUALI, L.
  See PASQUALI, L. DI
DI PIETRO, P. [PIETRO, P.D.]
  1:532b
  2:494b, 755a
  3:447a
DI PINO, G.
  5:107b

DI TOCCO, R.
    See TOCCO, R. DI
DIAD'KOVSKII, J.E.
    5:409b
DIAMARE, V.
    1:412b
    2:647b
    5:249a
DIAMOND, A.S.
    4:18a
DIAMOND, D.M.
    3:14b
DIAMOND, R.J.
    3:122b
DIANNI, J.
    3:115a, 129b
    5:197a, 487a
DIASIO, F.A.
    2:136a
DIAZ DEL CASTILLO, B.
    5:38b
DIAZ GONZALEZ, J.
    4:26a, 45b
DIAZ SOLIS, L.
    4:280b
DIAZ VARA CALDERON, G.
    4:269b
DIBLE, H.J.
    2:48b
DIBNER, B.
    1:17b, 184b, 311b(2), 408a, 467b, 487a,
        487b
    2:80b, 153a, 245b(2), 310a, 599b, 600a
    3:53b, 165a, 598b
    5:89a, 90a, 95a, 177b(2), 206a, 206b,
        288b
DIBON, P.
    1:119b
    5:110a
DICE, L.R.
    3:299a
DICK, F.
    4:365b
DICK, H.G.
    5:150a
DICK, O.
    3:562b
DICK, W.E.
    1:312a
DICKERMAN, W.C.
    3:557b, 558a
DICKEY, P.A.
    3:238b
DICKINS, B.
    2:11a
    5:432a
DICKINSON, A.
    1:311b
DICKINSON, B.B.
    5:337b
DICKINSON, G.A.
    2:608a
    5:114a
DICKINSON, H.W.
    1:107a, 180a, 188b, 287b(2), 387a,
        534b, 657a
    2:166a, 220a, 268b, 384a, 384b, 398a,
        406b, 529b, 557b, 613b(4), 622b, 701b
    3:547b, 548a(2), 549a, 549b, 556b,
        563a, 565a, 566a, 573a, 580b, 588b,
        592a, 593b
    5:285a, 286a, 287b, 289a, 290a, 300b,
        416a, 419b, 427a
DICKINSON, J.
    1:654a

DICKINSON, J.C.
    1:82b
DICKINSON, R.E.
    3:244a
DICKMANN, H.
    1:159b, 529a
    3:573b, 574b
    4:241b
    5:420a, 423a, 423b
DICKS, D.R.
    2:534b
DICKSON, H.R.P.
    4:415a
DICKSON, L.E.
    1:349a
    3:122b(3)
DICKSON, S.A.
    5:60a
DICKSTEIN, S.
    3:120a
DICKSTEIN, S. (BIRKENMAJER)
    3:76a
DIDDLE, A.W.
    3:482a
    5:515b, 547b
DIDE, M.
    3:30b
DIDIER, L.
    3:232b
DIDIER, R.
    2:292b
DIDSBURY, G.
    1:52b
    4:133a
DIECK, W.
    2:328b
    3:108b
DIECKMANN, H.
    1:173b, 342b(5), 343a(2)
    2:693b
    3:502b, 505b
    5:195b, 240b, 263a
DIEGUEZ, D.G.
    1:222b
DIEHL, E.
    3:594b
DIEHL, R.
    2:384b
    5:93b
DIEHL, W.
    2:89a
DIELMANN, H.
    5:153b
DIELS, H.
    1:452a, 574a, 580a
    2:116b, 234a, 331a, 356a
    3:221a, 536a
    4:95b, 98a, 98b, 143a, 380a
DIEMER, A.
    1:59a
    4:102a
DIENES, M.
    4:326a
DIENSTAG, J.I.
    1:469a(2)
    2:135a
DIEPGEN, P.
    1:71a(2), 71b(2), 75b, 82b, 162b, 345a,
        347a, 500b, 525a, 532a, 551a, 573b,
        574a, 578b(3), 586a, 600b, 601b
    2:163a, 197a, 238a(2), 240b, 264a,
        270b, 271a(2), 275b, 276a, 387a,
        448b, 477b, 492b, 515a(3), 594b,
        604b, 618a(2), 678b, 679a, 688a,
        694b(2), 703a, 705a(2), 720b

    3:14b, 20b(2), 361a, 361b(2), 365a,
        366b(2), 370b, 371b, 372a, 374a(2),
        375b, 376a(2), 376b(4), 378a(2),
        379b, 381b, 383b, 384a, 384b,
        386a(4), 398a, 398a(5), 398b, 399a,
        399b, 408a, 411a, 415a, 422b, 429a,
        445a, 461a(2), 463a, 483a, 485a,
        507b, 509a, 516b
    4:26a, 28a, 128a, 152b, 201b, 330b,
        331b, 335a(3), 335b, 343a, 346a(2),
        346b(2), 446a
    5:58b, 68a, 81b, 149b, 241b, 248a(2),
        248b(4), 270b, 363a, 365a, 366a,
        371a, 371b, 372a, 388b(2), 389b,
        390b, 443a, 460b, 509a(2)
DIEPGEN, P. (ASCHOFF)
    3:360a
DIERCKE, P.
    1:388a
    5:33a
DIERGART, P.
    1:155a, 165b, 279b, 280b, 281b, 525b,
        568b, 569a
    2:89b, 219a, 560b, 641a
    3:182a
    5:20a, 175a, 209b
DIES, A.
    2:328b(2)
    4:105b
DIES, E.J.
    3:521b
DIESEL, E.
    1:130a, 175b, 303b, 345a
    2:260a
    3:557b, 566b
    5:421a
DIESENDRUCK, Z.
    2:134a
DIETERICHS, K.
    5:93b, 460a
DIETRICH, A.
    2:275b
    4:425b
    5:70b, 468b
DIETRICH, G.
    4:301b, 390b
DIETRICH, H.J.
    2:56b
    5:245b
DIETSCHY, H.
    4:281a
DIETZ, D.
    3:144b
DIETZ, L.D.
    3:421b
DIETZ, P.
    1:139a
    5:114a
DIETZ, R.
    2:476a
    5:425b
DIEUDONNE, A.
    1:167b
    2:15b
    5:393a
DIEUDONNE, A.E.
    3:84a
    4:302a
DIEUDONNE, J.
    1:473a
    3:101b
DIEULAFOY, M.
    4:21b
DIEZ, E.
    4:405b, 431a

DIGBY, B.
3:273a
DIGHTON THOMAS, H.
1:564b
DIHLE, A.
4:144a
5:463b
DIHLE, H.
1:410b(2)
2:569b
DIJK, J. VAN
4:64a
DIJKGRAAF, S.
2:494b(2)
5:239a(2)
DIJKMAN, M.J.
3:583b
DIJKSTERHUIS, E.J.
1:49a, 50b, 124b(2), 187a, 336b, 338b, 391b, 392a, 408a, 434b, 464a, 496a, 611a(2), 612a(2), 612b
2:131a, 142a, 281b, 355b, 441a, 507b(7), 521a
3:3a(3), 7b(2), 10b(2), 17a(3), 19a(2), 22b, 36a, 48a, 112a, 129b, 130b, 155b
4:37b, 109a, 147b
5:3a, 110a, 118a(2), 127b, 200b, 201a, 437b
DIJKSTERHUIS, E.J. (FORBES)
3:3a
DIJKSTRA, J.G.
5:165a
DIK, N.E.
2:110b
DILGAN, H.
1:393a, 617a
2:563b, 564a
DILLEMANN, G.
3:502b
DILLENBERGER, J.
3:64a
DILLER, A.
1:386b, 573b
2:233a, 290b(2), 323b, 333b, 347a, 359b(2), 362a(3), 505b(2), 510b(2)
4:120a, 120b(2), 327a, 372a, 373a, 375b, 376a
5:221b(2)
DILLER, H.
1:450a, 576b(2), 577b(2), 578b, 580a
4:101a, 132b, 135b
DILLER, T.
3:388b
5:244b, 366a
DILLING, W.J.
3:454b
DILTHEY, W.
2:63b
3:93a
DIMA, L.M. (BOLOGA)
2:681a
3:405a, 460a
DIMAND, M.S.
4:432b
DIMAROVA, E.N.
3:176b
DIMIER, L.
1:204b, 331b
DIMMER, F.
1:70a, 496b
DIMPFEL, R.
3:608a
DINANAH, T.
1:625b
4:423a

DINGLE, E.J.
3:257a
DINGLE, H.
1:187a, 280b(2), 332b, 370a, 377b, 430a, 458a, 533b(2)
2:520a(2), 624b, 640a
3:3a(2), 7b, 17a(3), 19b, 22a, 27a, 30b(2), 33a(2), 36a, 53b, 54b, 55a, 61a, 64b, 86a, 140a(2), 140b, 142a, 144b, 147b, 151a(3), 151b, 167b(2), 168a, 209b, 217b(3)
5:101a, 124b, 202a
DINGLE, H. (SAMUEL)
3:32a, 63b
DINGLE, R.J.
3:62b
DINGLER, H.
1:554b(2)
2:123b(2), 252b
3:3a, 25b, 33a, 37a, 37b, 41a, 45b, 108b, 118a, 122b, 127a, 136b, 141a, 141b, 142a, 147b, 150b, 157b, 214b
4:101b
5:314a(2)
DINGLER, M.
4:43a
DINGUIZLI, -.
1:91a
4:426b
DINGWALL, E.J.
3:346b(2), 451b(2)
4:11b, 26a
DINSMOOR, W.B.
3:207b, 609a
4:143a
DINTLER, A.
2:415a
DION, R.
4:140a
DIONESOV, S.M.
5:255a
DIOSI, P.
3:466a
5:164b, 265b(2), 477a, 547a
DIRAC, P.A.M.
3:136b, 143b, 153b, 166b, 171b
DIRINGER, D.
3:594b, 611a
4:82b
DIRINGER, D. (FAULKNER)
4:55b
DIRLMEIER, F.
1:54a
DISNEY, A.N.
3:163a
DISSELHORST, R.
2:78b, 699b
3:398a
5:45a
DITISHEIM, P.
3:589b(2)
DITMAR, R.
1:503b
DITMARS, R.L.
1:509a
2:485b, 663b
3:274b, 514a
DITTRICH, A.
2:14b, 18b
4:63a(2), 63b, 279b
DITTRICH, E.
2:104b
5:314a
DITTRICH, O.
4:286a

DITTRICK, H.
3:381b, 385a, 388b, 392a, 420a, 456b
4:235b
DIVE, P.
3:237b
DIVIN, V.A.
5:227b
DIXIT, K.H. (DIXIT, R.S.)
1:350b
DIXIT, K.R.
4:195b
DIXIT, R.S.
1:350b
DIXON, A.L.
2:411b
DIXON, J.D.
2:38b
5:199a
DIXON, P.
4:85b
DIXON, R.B.
4:262a, 269b
DIXON, W.H.
3:577b
DIZERBO, A.
3:505a
DJAJADININGRAT, L.
3:619b
DJURBERG, V.
1:595a
5:162b
DJURBERG, W.
4:67a
DJURICIE, A. (ELAZAR)
4:419a
DMITRIYEV, N.K.
2:483b
DOBBIN, L.
1:296b
2:274a
3:177a, 195a
5:19b
DOBELL, C.
1:199a, 204a, 372a, 566b, 594b
2:42a, 60b, 61b, 194b, 476a, 544a, 568a, 579a, 750b
3:316a, 477b(2), 496a
5:108b, 178b, 358a
DOBIASH-ROSHDESTVENSKAYA, O.A.
2:685a
DOBIASH-ROZHDESTVENSKAYA, O.A.
4:358b, 359a
DOBIASH-ROSHDESTVENSKAYA, O.A.
4:367a
DOBLING, H.
5:209b, 515a
DOBROTIN, N.A.
1:250b
2:582a
DOBROTIN, R.B.
2:170b
5:326a
DOBROV, G.M.
1:104a
3:79b, 572b, 578b
DOBROV, G.M. (ANISIMOV)
3:562a
DOBROVICI, A.
2:330b(2)
3:405b
4:27a

DOBROVOLSKII, I.G.
 4:148b
DOBROVOLSKII, V.A.
 1:206a, 508b
 2:551b
 5:311b, 330b, 515b, 522b
DOBROWOLSKI, A.B.
 3:29a, 266a, 269a
DOBROWOLSKI, K.
 5:8b
DOBROWOLSKI, W.O.
 2:638a
DOBRZYCKI, J.
 1:283a
 4:6a
 5:24a
DOBSON, J.
 1:197a, 261a, 265a, 294a, 365a
 2:312a, 348b, 474b
 3:423b
 5:144b, 159b, 236b, 251b, 374a, 510b
DOBSON, J.F.
 1:564b
 4:97a
DOBSON, J.M.
 1:211b, 351a, 607a, 607b(2)
 5:271b
DOBSON, J.O.
 2:142b, 416a
DOBSON, R.M.
 3:352b
DOBY, T.
 3:445b
DOBYNS, H.F.
 3:467b
DOBZHANSKY, T.
 2:121b, 320b, 577b
 3:281b, 288b, 290b, 293a, 294a, 295b, 298b, 318b, 335a, 343b
DOBZHANSKY, T. (SINNOTT)
 3:293b
DOCK, G.
 1:287a
 2:35a, 48b, 257a, 467a, 526a
 5:173a, 263b, 386b, 391b
DOCK, L.L.
 3:421b
DOCKX, S.I.
 3:35a, 42b
 5:514b
DODD, L.E.
 3:144a
DODD, S.C.
 3:26b, 133a, 349b
DODDS, C.
 2:174b
DODDS, E.R.
 4:102b
DODDS, H.W.
 5:495a
DODGE, E.S.
 2:738b
 3:556a
 4:263a
DODGE, E.S. (SPECK)
 2:367a
 4:274a
 5:278b
DODGSON, C.
 1:362a
 5:95b
DODSON, E.O.
 2:168b
 3:294a

DODSON, S.
 1:588a
 5:25a
DOE, J.
 1:78a
 2:276b(2), 277a
 3:366b
DOE, J. (BRY)
 3:58a
DOERING, C. (GORMAN)
 3:195a
DOERMER, L.
 3:577a
DOERPFELD, W.
 1:590b
DOERR, A.H.
 3:260a
DOERRIES, H.
 1:387a
DOESBORCH, J. VAN
 2:499a
 5:38b
DOESSCHATE, G. TEN [TEN DOESSCHATE, G.]
 1:313a, 354a, 361b, 484b
 2:745a, 769a
 3:130b, 402b, 403a, 441b, 464a
 4:301b, 312a
 5:18b, 65b, 349b
DOETSCH, R.N.
 2:406b
 3:301b
 5:349a, 352b
DOGEN, G. (BESOMBES)
 1:410a
DOHI, K.
 3:473b
DOHLEMANN, K.
 3:151a
 4:310a
DOHNER, O.H.
 3:575b
DOHRING, K.
 4:258a
DOHRN, M. (HELMHOLTZ)
 1:497b
DOHRN, R.
 2:727b(2)
 3:300a(2), 317b(2)
DOIG, P.
 3:199b
DOLD, A.
 4:355a
DOLGER, F.
 2:167b
 4:372b, 377a
DOLL, -.
 3:462a
 5:391b
DOLLARD, J.
 3:357b
DOLLFUS, C.
 3:557b
DOLMAN, A.
 2:103a
DOMANOVSZKY, S.
 1:632a
 3:605a
DOMB, C.
 2:160a
DOMBART, T.
 4:22b, 69a(2), 318a
DOMEL, G.
 4:364a

DOMINGO JIMENO, P.
 2:677b
 3:508b
DOMINGUEZ, J.A.
 3:504b
DOMINGUEZ, R.
 5:369a
DOMINKE, H.
 5:422a
DOMUS, G.
 1:459b
DONADI, G.
 5:157a
DONADI, G. (BAZZI)
 3:430a
 5:381b, 469b
DONALD, M.B.
 1:445a
 2:30a(2), 683b(2)
 3:580b
 5:91a(3), 91a
DONALDSON, B.A.
 4:415a
DONALDSON, D.M.
 3:208a
 4:393b
DONAT, J.
 3:62b
DONATH, E.
 3:7b
DONATI, L.
 2:403b
DONAZZOLO, P.
 2:316b
 3:259a
 4:215a
 5:226a
DONDER, T. DE
 1:94b, 335b, 337b, 554b, 643b
 2:380a
 3:149a
 5:120b
DONDERS, F.C.
 1:182b
DONDI, R.F.
 1:292b
 2:174a
 5:72b
DONDORE, D.A.
 3:260b
DONELDEY, A.
 4:355b
DONER, M.H. (WILSON)
 3:323b
DONEY, W.
 1:335b
DONGIER, R.
 3:557a
DONINCK, A. VAN
 1:149b
 2:697a
 3:421b, 422b(2), 433a, 436a, 436b(2), 471b
 5:71b, 257a, 510b
DONKIN, S.B.
 1:354b
 2:761b
 5:285b
DONLEY, J.
 1:102a, 543a
 2:139a, 404b
 5:160b
DONNAN, F.G.
 1:106a, 263b, 443b, 485b
 2:189b

DONNAY
3:280b
DONNAY, G.
2:329b
DONNER, H.W.
2:196a
DONNET, V.
2:146b
DONTCHEFF-DEZEUZE, -.
2:291b
DONY, A.
1:355a
5:424a
DONY-HENAULT, O.
1:355a(3)
2:490b
3:24a
5:424a(2), 550b
DOOLIN, W.
3:361b, 394a
DOOLITTLE, H.
1:441a
DOOLITTLE, J.H.
3:560b
DOOREN, L.
1:264b(2), 596b
2:625b(3)
DOORLY, E.
1:401a
2:285a
DOORMAN, C.
1:413b, 533b
5:116b
DOORMAN, G.
3:551b
4:360a
DOPP, H.
1:527b
2:180b
3:166b, 226b
DORAN, A.
2:747a
5:261b(2)
DORAN, F.S.A.
3:344a
DORAN, M.
5:10a
DORBECK, F.
3:497b
DORDAIN, M.C.
5:272b, 497b
DORDAIN, Y.
5:272a
DORE, F.J.
4:238a
DORE, H.
4:232b
DOREAU, J.L.
4:207b
DOREMUS, C.A.
3:286b
DORER, M.
3:437a
DORFLER, H.
3:444a
DORFMAN, I.G.
1:397a
2:52a, 553a
3:164a
DORGELO, H.B.
2:687a
3:167b
DORIAN, D.C.
1:347b(2)
DORING-HIRSCH, E.
4:306a

DORIODOT, H. DE
1:319a
DORMIDONTOV, N.
2:32b
5:416b
DORNER, O.
3:145a
DORNICKX, C.G.J.
5:269b
DORNSEIFF, F.
3:611a
5:552a
DOROFEEVA, A.V.
3:125b
5:313a
DOROLLE, M.
3:39a
DOROSZEWSKI, W.
1:366b
2:442b
3:612a
DORR, W.
3:503b, 508b
5:277a
DORRIE, H.
3:99b
DORRIES, H.
3:255b
5:222a, 458a, 462b
DORSEN, M.M. (GOLDFARB)
3:439a
DORSEY, G.A.
1:311b
DORSEY, M.J.
2:169b
DORSEY, N.E.
3:163b
DORSLAER, G. VAN
1:351b
DORSMAN, C.
2:23b, 209b
5:206b
DORSON, R.M.
3:89a
DORVEAUX, P.
1:82a, 179b(2), 180b, 213a, 244b, 252b,
361a, 478b(3), 515b
2:59a, 62b, 69a, 69b, 114a, 186b,
216b(2), 323b, 417b, 577a, 658a, 681b
3:487b, 509a
4:167a, 354b, 355b
5:74b, 87a, 167a, 171a, 171b, 173a,
248b, 274b, 277a, 407b, 441a, 484b
DORWART, H.L.
2:24b
5:312b
DORWART, R.A.
2:682b
5:248b, 251a
DOS PASSOS, C.F.
1:167a, 600a
2:59b
5:358b, 359a
DOSSELER, E.
2:589a
3:505b
DOSSIN, G.
4:70b
DOSTAL-WINKLER, J.
2:4b, 89a
DOSTOIEVSKY, A.A.
2:461b
DOTSENKO, S.B.
1:3b
5:335b

DOTT, R.H.
2:662b
3:238b
DOTTERER, R.H.
3:30b
DOTY, J.D.
1:161b
2:670b
5:99b
DOUBLEDAY, F.N.
2:713a
3:495b
5:275a
DOUBLET, E.
1:310b, 458a, 602b
2:39b, 148b, 312a, 635b, 736b
3:199b, 203a, 206a, 224a(2)
DOUCET, V.
4:370b
DOUGHERTY, R.P.
4:70b
DOUGHTY, R.G.
2:696b
3:391a
DOUGLAS, A.V.
1:370a
5:303b
DOUGLAS, C.G.
1:530a
2:298a
DOUGLAS, D.C.
5:190b
DOUGLAS, E.H.
1:619b
DOUGLAS, H.P.
1:278b
5:219b
DOUGLAS, J.
2:323b
5:314b
DOUGLAS, J.A.
2:310a
5:335a
DOUGLAS, N.
3:518b
4:125a
DOUGLAS, R.L.
2:72b
DOUGLAS, S.R.
1:359a
DOUGLASS, A.E.
3:314a(3)
4:269a(2)
DOUIE, D.L.
2:694a
DOULL, J.A. (WINSLOW)
3:467b
DOUMERGUE, E.
1:217a
DOUMIC, R.
1:332b
DOURING, K.
4:258b
DOUTZARIS, P.
4:114b
DOUVILLE, R.
3:290b
5:452a
DOVE, C.C.
2:146a
DOW, R.S.
2:629b
DOW, S.
4:84b(2), 87a, 108a, 128a

DOW, S. (PEASE)
  4:87a
DOW, S. (ROUNDS)
  3:13b
  4:87a
DOWDESWELL, W.H.
  3:289a
DOWDING, G.
  3:594b
DOWNEY, G.
  1:59a
  2:269b, 356a(2), 510b
  3:27a
  4:142b, 168b, 375b(2), 380a(4)
DOWNIE, R.A.
  1:438a
DOWNING, A.F.
  3:473b
DOWNS, R.B.
  3:12b
DOWSON, E.
  3:248a
DOWSON, R.
  2:510a
DOYEN, P.
  3:269a
DOYLE, A.C.
  3:346b
DOYLE, P.A.
  3:501a
DOZY, R.P.A.
  4:390a
DRABKIN, D.L.
  2:548a
  5:380b
DRABKIN, I.E.
  1:62a(3), 128a(2), 213b(2), 383b, 459a, 461a
  2:117a, 171a, 347a, 492a
  4:92b, 93a, 99a, 112a, 120b, 128a, 135b, 155b
  5:18a(2)
DRABKIN, I.E. (COHEN)
  4:100b
DRABKIN, M.
  4:92a, 332b
DRABOWITCH, W.
  1:84b
  5:361b
DRACHMAN, A.B.
  4:88b
DRACHMAN, J.M.
  3:278b
DRACHMANN, A.G.
  1:42a, 51a(3), 296a(2), 564a(5)
  2:311a, 360b
  4:30a, 30b, 33a, 89b(2), 96a, 112b(2), 121a, 141a, 141b(2)
DRAEGER, I.J.
  5:368b
DRAESEKE, J.
  1:387a
DRAHN, E.
  2:153b
DRAKE AV HAGELSRUM, G.
  2:97a
DRAKE, D.
  5:303b
DRAKE, Q.C.
  2:699a
DRAKE, R.J.
  3:321b
DRAKE, S.
  1:128a(2), 239b, 456a(2), 458a(2), 460a, 461a(6), 461b, 463a(3), 463b, 464a(3), 464b(2)
  2:12b(2), 14b, 128a, 296a, 436a, 481b
  3:441b
  5:126b
DRAKE, S. (AITON)
  1:239b, 459b
DRAKE, S. (DE SANTILLANA)
  1:280b, 457b
  2:12a
  5:127b
DRAKE, T.G.H.
  2:419b
  3:370a, 407b, 453a, 454a, 456b, 509a
  5:244a, 246b, 252b, 262a, 275a, 370a(2)
DRAKE, W.J.
  3:581b
DRAKE-BROCKMAN, H.
  2:297b
  5:140b
DRAPER, J.W.
  1:202a, 231a
  2:469b(1)
  3:64a
  4:152b
  5:70a, 481a, 486a
DRAWBRIDGE, C.L.
  3:52b
DRAZIN, N.
  4:83b
DREBEN, B.
  1:561a
DRECHSEL, C.F. (PETTERSSON)
  3:243b
DRECKER, J.
  1:390a, 561b
  2:311a
  3:86a, 219a, 221a
  4:316a, 318b, 375a
  5:29a
DREESEN, W.C. (BELLINGTON)
  3:479b
DREGER, M.
  1:517b
DRENCKHAHN, F.
  4:194a
DRENNAN, M.R.
  1:196a
DRESDEN, A.
  3:113a
DRESDEN, S.
  2:434b
  5:302b
DRESSEL, J.
  1:359a
  2:28b
  5:549a
DRESSLER, B.
  3:616a
DREVER, J.
  3:342a
DREW, K.F.
  4:293b
DREWITT, F.D.
  1:402b, 647b
  2:2a, 94b, 679b
  3:511a
  5:278b
DREWRY, E.B.
  3:607b
DREWS, A.
  3:214a
  4:20b, 165a
DREWS, R.S.
  3:383b
  5:252a, 376b
DREXL, F.
  1:18b(2)
  2:358a
  4:373b
DREYER, A.
  3:269b
DREYER, J.L.E.
  1:31b, 187a(2), 187b(2), 309a, 363b, 386b, 421b, 565b, 651a
  2:312b, 360b, 555b, 634a, 746a
  3:199b, 203a
  4:117a, 314a, 315a, 318b
  5:17a, 23b, 24a(2)
DREYFUS, C.
  2:193a
  3:447a
  5:241b
DREYFUS, G.
  1:337b
  2:137b
DREYFUS-LE FOYER, H.
  1:338a
  5:148b
DRIAK, F.
  3:496a
DRIBERG, J.H.
  4:265a
DRIESCH, H.
  2:403b
  3:27b, 30b(2), 42b, 150b, 279b, 280b, 282a(3), 340b(2), 344b
DRIESSCHE, A. VAN
  2:583a, 587b
DRIEUX, Y.
  4:359b
DRING, E.H.
  5:418a
DRINKER, C.K.
  2:486b
  5:244b
DRIOTON, E.
  4:164b
DRIOTON, E. (SOTTAS)
  1:242b
  4:55b
DRIVER, A.H.
  3:371b
  5:523b
DRIVER, G.R.
  4:33b, 67a, 78b, 81a
DRIVON, J.
  3:395b
  5:73b
DROGENDIJK, A.C.
  2:609a
  3:432b, 454b
  5:389a
DROLSHAGEN, C.
  5:220b
DROOGLEEVER FORTUYN, H.J.W.
  3:412a
DROPPERS, G.
  2:253a
DROUET, J.
  2:433b
DROUIN, H.
  2:285a
DROWER, E.S.
  4:177a
DROZ, E.
  4:350b
DROZ, E. (CHAPUIS)
  3:591a
DROZ, E. (DALBANNE)
  5:94a

DROZ, E. (KLEBS)
5:73b
DRUBBA, H.
3:243a(3)
DRUCE, G.
1:189b, 271a
2:171a
3:76a, 186a, 295a, 306b
5:323b(2)
DRUCE, G.C. (VINES)
1:160a
2:200a, 734a
3:511a
5:172b
DRUCKER, P.F.
3:545b, 562b
DRUE, H.
1:609a
3:341a
DRUETT, W.W.
2:700a
3:616a
DRUGER, K.H. (CURTIUS)
3:432b
DRUMMOND, B.
2:208b
DRUMMOND, J.C.
3:415a(2)
DRURY, A.
3:85a
DRURY, A.N.
2:86b
DRURY, B. (DUGGAN)
3:70b
DRUYVESTEYN, M.J.
1:355b
DRY, A.M.
1:662b
DRY, T.J. (WILLIUS)
3:445a
DRYDEN, H.L.
2:6b(2)
3:158a, 559a(2)
DRYDEN, H.L. (EMME)
3:559a
DRYER, C.R.
3:246a
DRYGALSKI, E. VON
3:269a
DRYOFF, A.
2:315a
DRYSDALE, C.V.
3:358a
DRZEWINA, A. (BOHN)
3:287a
DSHALALOV, G.D.
1:153b
4:195b
DU BOIS, A.M.
3:294a
DU BOIS, C.
2:115a
4:259b
DU BOULAY, G. (FRANKLIN)
1:543a
DU BUS, C.
1:657b
2:670a
5:338b, 439a
DU COUEDIC, -.
3:417b
5:525a
DU DSCHENG-HSING (SEIFFERT)
3:473a

DU JARRIC, P.
See JARRIC, P. DU
DU MESNIL DU BUISSON, R.
3:609b(3)
4:58a
DU MEZ, A.G.
3:515a
DU PASQUIER, L.G.
1:394b
3:123b, 131b
DU PRE, A.M.
2:30a
5:201b
DU RIETZ, R.
1:107a
DU ROI, L.
1:367a
DU RU, P.
1:326b
DU SHANE, G.
3:69a(2)
DU TOIT, A.L.
2:411b
3:237b(2)
DUANE, W.
3:168b
DUARTE, E.
3:477a(2)
DUBAR, L.
2:114a
5:258a
DUBARLE, D.
1:458a
3:57a
DUBARLE, H.D.
3:37b
DUBBERSTEIN, W.H.
4:56b
DUBBERSTEIN, W.H. (PARKER)
4:56b
DUBBEY, J.M.
1:94a, 565b
2:292a, 637a
5:313b
DUBIE, P.
4:418b
DUBIEF, L. (PASTOUREAU)
1:361b
DUBININ, N.P.
3:295b
DUBISLAV, W.
1:169a
DUBISLAW, W.
3:106b, 115a
DUBLER, C.E.
1:349b, 565a, 630a
2:38b
4:410b, 424b, 425a, 428b
5:82b, 86b
DUBLIN, L.I.
3:412a
DUBOIS, A.
2:144b
3:407a, 411b
5:374a
DUBOIS, G.
1:236b
2:763a
3:231a
5:325b
DUBOS, J. (DUBOS, R.J.)
DUBOS, R.J.
2:25a, 60b, 285a, 285b(3), 286a
3:40a, 56a, 57a, 59b, 302a, 384a, 408b,
475b
DUBREUIL, L.
1:140b
DUBREUIL-CHAMBARDEL, L.
1:334a
4:336b
DUBRIDGE, L.A.
2:184a
3:7b
DUBRISAY, R.
2:59a
3:193b
DUBS, H.H.
1:275a, 598b
2:46b(2), 645b
3:196a
4:23a, 162a, 217b, 221b, 224b, 225b,
227a(4), 244b
5:342a
DUBS, R.
2:460a
5:287b
DUBUISSON, M.
2:765a
3:585b
DUCAS, L.
5:432b
DUCASSE, C.J.
1:96a, 565b
3:36a, 93b
5:300b
DUCASSE, C.J. (BLAKE)
3:34a, 38b
DUCASSE, P.
1:273a(2), 273b(4), 274a(4), 338b(3),
343b
2:190a, 527b
3:45a(5), 60a, 86a, 539b, 544a
5:299a, 310a, 313b, 414a, 449a
DUCATI, P.
4:85a
DUCCESCHI, V.
1:76a
2:349b, 466b
4:10a
5:79b, 147b, 161a
DUCHESNE-GUILLEMIN, M.
4:70b
DUCKETT, E.S.
1:26a, 32a
4:295b
DUCKETT, S.
2:348b
5:255b
DUCLAUX, E.
2:285b
DUCLAUX, M.
2:280b
DUCLOS, H.
2:36a
DUCLOU, R.
2:284a
5:176b
DUCROCQ, A.
3:288a
DUCROS, L.
5:241a
DUCROS, M.A.H.
4:425a
DUDDEN, F.H.
1:35b
DUDENEY, H.E.
3:133b(2)
DUDLEY, E.C.
3:361b

DUDLEY, F.A.
3:65a
DUDLEY, H.A.
5:401a
DUE ROJO, A.
1:187a
DUELL, P.
4:86b
DUERR, K.
1:165a
DUFF, C.
1:268a
DUFF, R.
3:328b
4:260a, 262a, 263b
DUFFUS, R.L.
1:589b
2:107b, 578b
5:348a
DUFFY, J.
2:156a
3:388b, 493b
4:273a
5:266b, 366a
DUFFY, P.H.
5:55a
DUFOUR, L.
1:109a, 137b
2:43a, 142a, 193b, 210a, 372b, 396a,
404a, 434a, 593b(2), 651b
3:222a, 222b, 223b(3), 224a, 224b(7),
225a, 226a(3), 226b(3)
5:128b, 217a(3), 217b(2), 333a, 540a
DUFOUR, L. (FISCHER)
1:493a
5:217b
DUFOUR, L. (THIER)
1:493b
5:217b
DUFOUR, P.
2:35b
3:416a
DUFOURCQ, A.
3:7b
DUFRENOY, J.
1:138a
2:158a
3:195b, 272a, 292a, 338a
4:427a
5:144b, 233a
DUFRENOY, J. (DUFRENOY, J.L.)
2:761a
3:300b
DUFRENOY, J. (DUFRENOY, M.L.)
1:11b, 268b, 313a
2:131a, 158a
3:193b, 195b, 457b, 536b
5:142b, 204b
DUFRENOY, J. (REED)
3:310a
DUFRENOY, J.L.
2:761a
3:300b
DUFRENOY, M.L.
1:11b, 138a(4), 268b, 313a, 333a, 471b
2:131a, 158a(2), 193a
3:193b, 195b, 457b, 536b, 612a
4:188a, 201b, 202a
5:142b, 146a(2), 153b, 174a, 186b,
201b, 204b, 442a, 475a, 549b
DUFRENOY, M.L. (DUFRENOY, J.)
1:138a
2:158a
3:195b, 272a, 292a, 338a
4:427a

5:144b, 233a
DUFTON, A.F.
2:424a
5:252a, 427b
DUGAS, L.
2:183a, 399b
DUGAS, R.
1:168b, 285b, 338b(2), 363b, 535b, 611b
2:158a, 223b
3:105b(2), 141b, 148a, 154b, 155a,
155b(2), 156b, 160b
5:18a, 117b(2), 204b, 316b
DUGGAN, S.
3:70b
DUGUET, F.
4:419a
DUHAMEL, G.
1:194b
DUHEM, H.P.
1:363a
DUHEM, J.
1:446b, 523a
3:559a(2), 560a
4:362a
5:177a, 286b
DUHEM, P.
1:459a
2:55a, 72b, 137b, 500a
3:74b, 141a
4:115b, 117b, 287b, 403a
5:119b, 122a, 209a
DUIN, J.J.
1:67a
2:476b
DUJARDIN, B.
2:286b, 547b
3:473b, 479a
5:76b
DUJARRIC DE LA RIVIERE, R.
2:52b(2)
DUJMUSIC, S. (GRMEK)
3:405a
DUKE, N.
3:559a, 560a
DUKES, C.
2:100b
DUKES, C.E.
2:436a, 480a, 754a(2)
3:450b
5:246b, 377a
DUKOV, V.M.
1:408a
2:160b, 230b
3:160a, 169a, 176b
5:320b
DULIEN, L.
1:339b
DULIERE, W.L.
1:87b
2:523b
3:336a
4:112b, 127a
DULIEU, L.
1:343b, 358b, 360a, 429a, 505b
2:83a, 130a, 574b, 658a, 660a, 725b(4),
753a
3:396a, 419b
5:107a, 151b, 191b, 208a, 242a, 247a,
472b, 518b
DULLES, A.
2:313a
DULLES, F.R.
3:535a
DULSEY, B.
1:326b

5:74b
DULUC, A.
3:551b
DUMAITRE, P.
1:87b, 241b
2:69a
3:367a
5:161b, 521b
DUMAITRE, P. (HAHN)
2:738a
3:362a, 367b, 368a
5:521b
DUMAS, A.
4:368a
DUMAS, G.
1:496a
5:191b, 515b
DUMBAULD, E.
1:646a
5:189a
DUMCKE, J.
3:353b
DUMERIL, H.
2:122a
5:302a
DUMESNIL, R.
3:361b, 370b
DUMON, D.
2:507b
DUMONT, L.
1:559a
DUMONT, M.
2:17b
DUMONT, M.E.
1:330a(2)
DUMONT, P.E.
4:188a, 197b, 211a
DUMONT-WILDEN, L.
4:349b
DUMORTIER, J.
1:13a, 577b
4:130a
DUMREICHER, A. VON
3:263a
DUNBAR, H.F.
1:308a
3:463b
4:298b
DUNBAR, M.J.
3:268a, 412b
DUNBAR, R.G.
5:395b
DUNCAN, A.M.
5:212a
DUNCAN, E.H.
2:184b
5:130a
DUNCAN, G.S.
3:581b
DUNCAN, J.G.
4:74a
DUNCAN, L.C.
5:269b
DUNCAN, O.D.
2:246b
DUNCAN, O.D. (HAUSER)
3:358b
DUNCAN, O.D. (SPENGLER)
3:358b
DUNCAN, P. (ELBERS)
3:53b
DUNCUM, B.M.
5:404a
DUNGEN, F.H. VAN DEN
2:687b

DUNGEN
3:48b, 148a, 155b, 211b(2)
5:216a
DUNGEN, F.H. VAN DEN (COX)
1:428a
4:117a
DUNHAM, A.L.
5:415a
DUNHAM, C.F.
3:62b
DUNHAM, D.
4:52b
DUNIN, M.S.
3:527a
DUNIN-BORKOWSKI, S. VON
2:497a
DUNIWAY, D.C.
5:96b
DUNKEL, M.
1:448b, 640a
DUNKEN, G.
1:602b
2:703a
5:432b
DUNKEN, G. (BIERMANN)
5:507a, 534b
DUNLAP, O.E.
2:145b
3:598a
DUNLOP, D.M.
1:84b, 155b, 616b, 623b, 626a
2:17b, 363a
4:320b, 386b
DUNN, A.J. (CHORLEY)
3:240a
DUNN, L.C.
3:293a, 295b, 337a
DUNN, L.C. (SINNOTT)
3:293b
DUNN, L.G.
2:664a
3:50b
DUNN, T.F.
5:11b, 438b
DUNN, W.F.
1:197b
DUNN, W.L. (EUWING)
3:227a
DUNNE, G.H.
2:710a
4:219b
DUNNER, J.
2:497a
DUNNINGTON, F.P.
2:138b
DUNNINGTON, G.W.
1:350a, 473a
2:183b, 308a, 539b
5:310a
DUNNINGTON, G.W. (GEPPERT)
1:474a
2:660b
DUNOYER, L.
5:336a
DUNPHY, E.B.
3:441a
DUNSHEATH, P.
3:539b, 568a
DUNTHORNE, G.
5:233b, 353a
DUONG BA BANH
4:257a(5)
DUPONT, -.
4:237a, 266b
DUPONT, A.
2:263a

DUPONT, P.
1:331b
3:127b
DUPRE, H.
1:225a
2:377b
DUPRE, J.S.
3:50b
DUPREE, A.H.
1:509a(3)
2:201a, 302a, 641a(2), 728a
3:11b, 49b, 67a, 69a(3), 350a
5:304b, 334a, 343b, 349b, 477b
DUPREEL, E.
1:504a, 573b
2:325a, 356b(2), 489a
3:29a, 96b, 356a
4:99a, 105a
DUPRONT, A.
1:600b
DUPUY, A.
2:651b
5:365b
DUPUY, D.N.
1:604b
5:346b
DUPUY, P.
1:467a
2:286b
DURAN, C.M.
See MARTINEZ DURAN, C.
DURAN-REYNALS, M.L.
3:512b
DURAN-REYNALS, M.L. (WINSLOW)
1:637a
4:350a
DURAND, D.B.
1:133a
2:252b, 547a
4:293b, 323b
5:9a, 14b, 31a
DURAND, M.
4:257a
DURAND, M. (HUARD)
1:528b(2)
4:257a, 257b
DURAND, W.F.
1:351a
2:297b
3:120b, 158a, 565b
5:420b, 452b
DURAND-DOAT, J.
3:96a(2)
DURANT, W.
4:146a, 299a
DUREN, A. (DUBOIS)
3:411b
DURHAM, J.
2:183a
DURIG, A.
3:346a
DURING, I.
1:54a, 55a, 59a(2), 65a
2:324a, 345a, 360a, 488b
4:101b, 114b
5:533a
DURKEN, B.
1:316b
2:40b
3:289a
DURKHEIM, E.
2:434a
3:617a
DURLING, R.J.
1:423a, 454b, 543a

5:52a
DURR, K.
2:66a
3:43b
DURRIEU, P.
3:596a
DURTAIN, L.
3:73b
DURVILLE, G.
3:243b, 413a
4:44a
DUSSAUD, R.
1:129a, 567a
2:85b, 395b(2), 447b, 510b, 548b
4:18a, 73a, 73b, 74b, 84a, 122a, 173a(2), 174a
DUSTIN, A.
3:28a, 53a, 377b, 384a
DUSTIN, P. (EIGSTI)
2:300b
5:351b
DUSTMANN, M.
4:28b
DUTILLY, A.
4:276a
DUTKA, J.
2:498a
5:116b
DUTKOWA, R.
2:685b
5:306b, 506b, 534b
DUTRY, F.
1:421b
DUTSCHMANN, G.
5:87b(2)
DUTT, A.K.
3:584b
4:210a
DUTT, B.B.
4:210a
DUTTON, R.
2:638a
5:101a
DUVAL, C.
1:339a
5:211a
DUVAL, C.R. (MITCHELL)
2:293b
DUVEEN, D.I.
1:142a, 146a, 157a, 189b, 268b, 304b(2), 427b, 429a, 434b, 524b(2), 548a, 597a
2:47b, 52a, 53a(6), 53b(2), 54a(3), 54b(6), 55a(3), 55b, 56a(4), 126b(2), 127a(2), 137a, 150b, 177b, 264b, 351b, 478b, 761a, 774a(2)
3:180a(2), 182a, 197b(2), 198a, 199a
5:19b(2), 84a, 121b, 122a, 191b, 192a, 207a(2), 207b, 208a, 208b, 212b, 241b, 291a, 293a
DUVEEN, D.I. (DAUMAS)
2:55a
DUVEEN, D.I. (FULTON)
2:55b, 56a
5:258b, 279b, 470a
DUVEEN, D.I. (VERGNAUD)
2:54a
DUVIC, G.O.
2:285b
DUVIGNEAUD, P.
2:704b
3:307a
DUYSE, D. VAN
5:383b

DUYVENDAK, J.J.L.
 1:537a, 598b(2)
 2:297a, 470b, 508a, 517a, 609b
 4:216b, 221a, 227a, 229b, 231a(3), 245b
 5:89b, 448a, 472a
DVOICHENKO-MARKOV, E.
 1:129b, 434b(3), 632b, 646a
 2:6b, 551b, 660b, 663b(2)
 5:187b, 223b, 301b, 315b, 330b, 398b, 522b
DVORJETSKI, M.
 3:382a, 465a
DWELSHAUVERS, G.
 1:442a
DWIGHT, C.H.
 2:423b
DWORSCHAK, F.
 1:370b
DWULFF, E.V.
 2:507a
DYBIEC, J.
 2:632b, 685b
 5:432a
DYCK, M.
 1:498b(2)
 2:240b(2)
 5:196b(2)
DYCK, W. VON
 2:12a, 393b
DYDAS, J. (MOSTOWSKI)
 1:205a
 5:396a
DYE, D.S.
 4:243a
DYER, F.L.
 1:371a
DYKE, P. VAN
 2:115a
DYKE, S.C.
 2:416b
DYKES, E.B.
 5:361a
DYKMANS, G.
 4:44a
DYKSTRA, D.L.
 5:406b
DYMENT, S.A.
 2:47b
 3:159a
 5:205a, 538a
DYNNIK, M.A.
 1:416a
DYROFF, A.
 1:96a, 308b, 453a
 2:187a
 5:11b, 53a
DYSON, F.W.
 1:219a, 254a, 278b, 376b, 565b
 2:747b
 3:152b, 205b
DYSON, G.M.
 3:180a
DYSONT F.
 5:213a
DZHALALOV, G.D.
 4:401b
DZHIVELEGOV, A.K.
 2:72b
DZIEKONSKI, T.
 5:411b
DZIEKONSKI, T. (PAZDUR)
 5:178a
DZIEUWULSKI, W.
 2:771b
 3:206b

DZIOBEK, O.
 3:99b
EAKIN, L. (RODNAN)
 3:430b
EALES, N.B. (COLE)
 3:297a
EAMES, W.
 1:269b
EARLE, E.M.
 3:600b
EARLES, M.P.
 1:424b
 3:517b
 5:264a, 277b
EARNEST, E.
 1:114b, 115a
 2:186a
EAST, E.M.
 3:294a
EAST, T.
 3:445b
EAST, W.G.
 3:261a
EASTERLING, H.J.
 1:62b
EASTMAN, C.R.
 1:268b
 3:324b, 329a
EASTMAN, M.
 3:64b
EASTMAN, R.M. (FORBES)
 5:344a
EASTON, C.
 3:228a, 266a
EASTON, J.B.
 2:633b
 5:115b
EASTON, S.C.
 1:97a
 3:3a
 4:285a
EASTRUCCI, C.L.
 3:37b
EASTWOOD, W.
 3:65a
EATON, C.
 3:67a
EATON, F.M.
 3:552b
EATON, H.S.
 3:613b
EATON, L.K.
 1:205a
 2:57b, 551a, 722a
 5:366b, 377a(2), 398b, 402a
EBBECKE, U.
 1:498b
 2:205a
EBBEL, B.
 4:47a, 48b(2), 49a, 49b, 53b
EBBERS, M.
 2:571b
 5:80a
EBELING, A.
 4:159b
EBELING, E.
 4:56a, 66a, 66b, 67a
EBENSTEIN, W.
 1:318a
 5:350b
EBERHARD, A.
 2:91a
 4:244a
 5:407b

EBERHARD, W.
 1:433b
 4:195b, 224b, 225b(5), 226a(3), 227b, 228b(2)
EBERHARD, W. (EBERHARD, A.)
 4:244a
EBERLE, W.
 1:590a
 5:221a
EBERMANN, O.
 3:546b
EBERSOLT, J.
 4:376a
EBERSON, F.
 3:466a(2)
EBERT, A.
 3:190b
EBERT, H.
 1:554a
EBHARDT, B.
 2:597a
EBISCH, W.
 2:469a
EBNER, J.
 2:400b
 4:298a
EBSTEIN, E.
 1:11b, 101b, 104b, 126b, 142b, 149b, 159b, 221a, 373a, 432b, 466a(2), 492b, 493a, 496b, 499b, 500b, 602b, 603a, 604a
 2:83b, 89a(3), 136a, 199b, 205a, 275b, 278b, 357a, 365a, 396a, 444a, 452a(4), 502b, 549a, 562a
 3:368a, 379a, 407b, 413a, 414a, 433a, 441a, 446a, 449b, 451a, 462b(6), 476a, 476b, 484a, 490b(2), 498b, 509a, 513a
 5:64a, 70b, 163a, 163b, 172a, 237a, 239a, 256a, 260b, 262b, 275a, 369a, 371b, 381b(2), 385b, 388a, 403a, 443a, 458b, 460b, 475b, 491a
EBSTEIN, W.
 2:264a
EBY, L.S.
 3:96b
ECCLES, J.C.
 2:473a
ECCLES, W.H.
 1:422a
ECHAGUE, J.P.
 4:281a
ECK, A.
 2:345b
ECK, L.
 1:293a
 2:697a
 5:209b
ECKARDT, A.
 4:247a
ECKARDT, A.R.
 3:331b
ECKELS, R.P.
 4:126a
ECKERT, H.
 2:176a
ECKERT, M.
 3:252b
ECKERT, P.W. (HEINZ-MOHR)
 1:299a
ECKHARDT, G.H.
 5:428a
ECKLEBEN, W.
 1:92a

ECKMAN, J.
 1:223a
 2:257a, 510a
 3:388b, 390a(2), 390b
 5:368a, 395a, 400b
ECKMANN, J.
 2:18a
ECKSTEIN, G.
 2:238a
ECKSTEIN, O.
 4:237a
ECO, U.
 3:539b
ECOLE, J.
 2:68a, 635b
 5:216b
ECONOMO, -.
 1:370a
EDDELBUTTEL, H.
 2:51a
 5:173a, 174b
EDDINGTON, A.S.
 1:368a, 488b
 2:12a, 48b
 3:44b, 62b, 139a, 140a(2), 146a, 149a(5), 152a, 200b, 213b(2), 215b
EDDY, H.L. (OLSON)
 1:616a
 2:78a
 4:427a
 5:87a
EDEL, A.
 1:59a
 3:61a, 61b
 4:102a
EDELHEIT, H.
 1:662b
EDELMAN, N.
 4:296b
 5:181b
EDELSTEIN, E.J.
 1:13b
EDELSTEIN, L.
 1:65a, 238b, 349b, 574a, 575b, 576b
 2:117a, 257a, 310b, 325b, 327b, 331a, 347a, 369a, 521a, 583b, 631a
 3:25b, 376b
 4:88a, 92b, 93a, 101a, 102b, 105a(2), 129b, 130b, 132a, 135b
 5:364a
EDELSTEIN, L. (EDELSTEIN, E.J.)
 1:13b
EDELSTEIN, S.M.
 1:408b, 489a
 2:252b, 268b, 300a, 353b, 539b
 3:582a(3)
 5:91b(3), 122a, 179a, 212a, 291b, 292a, 426a
EDELSTEN, H.M.
 1:445b
EDEN, F.M.
 5:241a
EDEN, P.T.
 4:158a
EDEN, W.A.
 2:540b, 597a
 4:364b
EDER, H.M.
 3:246b
EDER, J.M.
 3:596b
EDGAR, C.L.
 1:371a
EDGAR, I.I.
 2:101b, 462a, 470a(2)
 3:485b
 5:55b, 64b, 66b
EDGAR, J.H.
 4:181a, 216b
EDGELL, J.A.
 1:417a
EDGERTON, F.
 1:658a
EDGERTON, H.A. (KURTZ)
 3:132b
EDGERTON, W.F.
 2:382a
 4:52a(3)
EDGERTON, W.F. (BULL)
 5:453b
EDINGER, D.
 1:443a
 2:269a
EDINGER, T.
 1:15a
 4:10a
EDMONDS, J.M.
 1:203a
EDMONDS, J.M. (DOUGLAS)
 2:310a
 5:335a
EDMONSON, M.S.
 4:271b
EDMUNDS, V.
 3:382a
EDRIDGE-GREEN, F.W.
 1:126b
EDSALL, J.T.
 1:264a
 3:58b
EDSMAN, C.M.
 2:255a, 329b
 3:89b
 4:75a
EDWARDS, C.A.
 1:226a
EDWARDS, C.W. (MILLIKAN)
 3:135b
EDWARDS, E.
 1:229b
EDWARDS, E.D.
 2:201a
 4:260b
EDWARDS, E.E.
 1:647a
 2:560a
 3:522b
 5:280b
EDWARDS, E.J.
 3:102a
EDWARDS, G.
 2:488a, 704b
EDWARDS, H.T.
 3:529a
EDWARDS, I.E.S.
 4:51a
EDWARDS, J.J.
 3:408a
EDWARDS, L.F.
 1:541a
 2:549a, 555b, 753a
 3:418b
 5:378a(2), 410b
EDWARDS, L.N.
 3:551b(2)
EDWARDS, M.J. (EDWARDS, J.J.)
 3:408a
EDWARDS, P.
 3:93a, 314b
EDWARDS, R.W.
 2:530a, 774a
 3:495a
 5:405a
EDWARDS, W.G.H.
 1:198b
 5:121b
EDWARDS, W.M.
 4:108a
EDWARDS, W.N.
 1:594a
 2:233b, 492b
 5:142b
EDWARDS, W.N. (ROSSITER)
 1:594a
EELLS, W.C.
 2:204a
 3:103b
 4:271a
 5:111a
EELLS, W.C. (SVIATLOVSKY)
 3:245b
EERDE, J.C. VAN
 4:25a
EFFERTZ, O.
 3:460b, 466a
EFFLATOUN, H.C.
 3:323a
EFFLER, R.R.
 1:365b
EFIMOV, A.V.
 5:135a, 223a, 228a
EFREMOV, D.V.
 3:569b(2)
EFRON, D.
 3:342b
EFROS, I.
 1:4a(2), 406a, 622b
 2:134a, 332a, 369a, 429b(2)
 4:436a, 437a(2), 438b
EGERMANN, F.
 2:548a
EGERT, F.P.
 4:346a
EGERTON, A.C.
 2:309b, 386b, 480b
EGERTON, A.C. (FINCH)
 1:170b
EGERTON, F.N.
 1:426b
 2:630a
 5:360a
EGERTON, R.J.
 1:372a
EGGAN, F.
 4:271b(2)
EGGERS, F.
 3:296b
EGGERS, G.
 4:30b
EGGERT, J.
 2:218a
EGIDI, P.
 4:294b
EGIDI, R.
 1:439b
 2:5a
 5:198a
EGINITIS, D.
 2:347a
 4:119b(2)
 5:36b
EGLI, M.
 3:306a

EGLOFF, G.
3:190a
EGUIGUREN, L.A.
3:392b
EHELOFL, H.
4:64b
EHINGEN, G. VON
5:35a
EHLERS, E.
3:475a
EHLERS, G.
4:361a
EHNMARK, E.
2:488b
EHRENBERG, R.
1:446b
EHRENBERG, V.
1:28b(2), 55a, 563b
EHRENCRON-MULLER, H.
3:79a
EHRENFEST, P.
3:161a
EHRENFEST, T. (EHRENFEST, P.)
3:161a
EHRENKREUTZ, A.S. (KRONICK)
4:416a
EHRLE, F.
1:29b
2:559a, 670a
4:370a
5:12a, 179a
EHRLICH, H. (MARTIN)
2:480a
5:392a
EHRMAN, J.
2:698b
5:181a
EHRSTROM, A.
2:94b
EIBEN, O. (ISTVAN)
3:496b
EIBNER, A.
3:582b
EICHENBERG, -. (GRUNEWALD)
3:578a
EICHHOLTZ, M.
1:135a
4:353b
EICHHORN, G.
3:599a
EICHHORN, W.
1:254a
EICHLER, H.
1:477b
5:77b, 81b
EIDINOFF, M.L.
3:172b
EIDUS, I.T. (PUZITSKII)
2:254b
3:195a
5:328a
EIGSTI, O.J.
2:300b
5:351b
EILERS, W.
1:536b
4:66b
EILHAUER, -.
4:280a
EINARSON, B.
1:59a, 61a
2:309b
EINSTEIN, A.
1:458a
2:112b, 222b, 228a, 322b, 487a
3:134b, 142a, 153b, 173a, 602b
5:537a
EINSTEIN, D.G.
1:438b
EINTHOVEN, W.
3:446b
EIS, G.
1:25a(2), 29b, 283b, 448a(2), 567b, 649b
2:237a, 272b, 274b, 275b
4:332b, 339b, 342b, 344b, 349a(2), 358a(2), 358b
5:10b, 47a, 50b, 80b, 82a, 85b, 86a, 142b, 231b, 271a, 480a
EISELE, C. [EISELE-HALPERN, C.]
1:329b
2:71a, 220a, 295a(3), 295b, 296a(4), 479b
5:102b, 301a, 338a
EISELE-HALPERN, C.
See EISELE, C.
EISELEY, L.C.
1:95b(2), 160a, 311a, 312b, 316b, 318a
3:331b(2)
4:15b
5:345a, 349b, 360b
EISEMAN, R. (GAUL)
1:189b
EISEN, S.
1:610b
5:301a
EISENBERG, A.
4:77a
EISENBERG, M.M.
1:175a
EISENDRATH, E.R.
5:85a
EISENHART, C.
1:176b, 374b
5:194a
EISENHART, L.P.
1:388b
2:185b
3:67a
5:197a, 476b
EISENMANN, J.
3:153b, 154b
EISENSCHIML, O.
1:378a
EISENSTEIN, J.D.
3:263a
EISHOUT, J.M.
4:259b
EISINGER, C.E.
5:281a
EISLER, R.
1:362a, 404b, 567a
2:30a, 330b, 478a
3:207a, 221a, 273a, 346a
4:40a, 62a, 64b, 73b, 142a
5:25a
EISSLER, K.R. (EISSLER, R.S.)
1:541b
EISSLER, R.S.
1:541b
EITREM, S.
3:321b
4:115a, 119b
EJDLIN, L.Z.
1:27a
EKECRANTZ, T.
3:177b
EKELEY, J.B. (POTRATZ)
3:194a
EKELOF, G. (STROH)
2:519b
EKENVALL, A.
1:130a
5:102b, 186a
EKERT, G.
2:80b
EKHOLM, G.
2:524b
EKHOLM, G.F.
4:269b, 283a
EKIRCH, A.A.
3:412b
EKMAN, E.
2:642a
4:140a
EKSTRAND, A.G.
2:236b
EKWALL, E.
3:261a
EL FASI, M.
1:410a
ELANDER, R.
1:387b
2:514a
5:25a
ELAUT, L.
1:33b, 92a, 99a, 198b, 262a, 286a, 316b, 417a, 454a, 454b, 515b, 547b(2), 568a, 568b, 569a, 586a, 606b
2:2b, 71a, 83b, 152b, 178a, 244b, 297b, 330b, 372a, 385a, 491b, 500a, 535a, 547a, 586a
3:372a, 382a
4:92a, 134a, 289a, 340a, 347a, 442a
5:50b, 58a, 59b(2), 60a, 74b(2), 78a, 80b, 81b(2), 163a, 170a, 243b, 255a, 280a, 387b, 402a, 409a, 468a, 484a, 492b
ELAZAR, S.
4:419a
ELBEE, J. D'
2:83b
ELBERS G.W.
3:53b
ELDER, J.D. (BLUH)
3:134a
ELDER, J.R.
3:265b
ELDERKIN, G.W.
4:140a
ELESSEEFF, V. (WIET)
4:428b
ELFTMAN, A.G.
2:164a
5:356b
ELGOOD, C.
1:102a(2)
2:388b
4:178a(2), 415b, 422a(2), 423a
ELIADE, M.
3:87b, 90b, 196a, 198a, 342a, 513b, 573a
4:64a, 170b, 189b, 190a, 199a, 200b(5)
ELIAS, E.L.
3:266a
ELIAS, H.
3:443b
ELIASBERG, W.G.
3:433a
5:381b
ELIASON, E.L.
3:489b
ELIOT, C.
4:170b

ELISSEEFF, S. (BORTON)
4:248a
ELKIN, A.P.
4:261a, 263a, 263b
ELKIN, D.C.
1:572a
5:367b, 528b
ELKINTON, J.R.
1:96b
5:163a
ELLEGARD, A.
1:311a, 315b, 316b, 319a(2)
4:322b
5:350b(2)
ELLENBERGER, H.F.
1:662b(2)
ELLENBERGER, H.F. (MAY)
3:434b
ELLINGER, T.U.H.
2:169b
5:351b
ELLINWOOD, L.
1:561b
4:314a(2)
ELLIOT SMITH, G.
See SMITH, G.E.
ELLIOT, H.
2:495b
ELLIOT, H.S.R.
3:43b
ELLIOT, R.H.
4:188b
ELLIOTT, I.M.
3:488b
ELLIOTT, J.
1:549b
ELLIOTT, J.H.
1:488a
2:631b
5:391b
ELLIOTT, J.R. (ELLIOTT, I.M.)
3:488b
ELLIOTT, J.S.
4:92a
ELLIOTT, O.L.
2:762b
3:615b
ELLIOTT, T.R.
1:110b, 168a, 186a, 422a
2:559b
ELLIS, A.G.
2:130b
ELLIS, A.J.
3:244a
ELLIS, B.A. (ROBERTSON)
1:408b
5:324b
ELLIS, B.D.
2:228b
3:156b
ELLIS, E.S.
3:492b
ELLIS, F.H.
1:292a(2), 470b
5:150b
ELLIS, H.R.
4:330b
ELLIS, O.C. DE C.
3:577b
ELLIS, R.
2:267b
ELLIS, T.D.
3:171b
ELLISON, F.B.
5:418b

ELLS, S.C.
1:380b
ELLSBERG, E.
1:327b
5:343a
ELLSON, D.G.
3:37b
ELLSWORTH, L.
3:268b
ELLSWORTH, L. (AMUNDSEN)
3:266b(2)
ELMER, W.G.
2:186a
ELOESSER, L.
5:270a
ELOSU, S.
2:418b
5:257a
ELOY, P.
1:403b
2:114a, 146a
ELSASSER, G.
2:620b
4:345b
5:68a
ELSBACH, A.C.
1:377b
2:4b
3:33a, 150b
ELSBERG, C.A.
4:49a
ELTERMAN, L.
2:386b
3:226b
ELTON, A.
3:578b
ELTON, C.
3:319b, 329b
ELTRINGHAM, H.
3:322a
ELVEHJEM, C.A.
3:414a
ELWES, E.V.
3:274b
5:528b
ELWES, H.G.
4:283b
ELWIN, V.
4:209b
ELZE, C.
2:79a
3:329a
EMANUEL', N.M.
3:189b
EMANUELLI, P.
1:41b, 309a, 428a
2:12a, 81b, 598a
4:148a, 315b
5:126b, 331b, 469a
EMBERGER, L.
3:312a
EMBERGER, M.R.
3:47b
EMBREE, E.R.
4:269b
EMBREE, J.F.
4:248a
EMCH, A.
1:473a
2:431a, 502b, 658a
3:129a
5:196b
EMCK, W.F.
2:698a
3:472a

EMDEN, A.B.
4:370a
5:503a, 525a
EMDEN, C.S.
2:298b
EMELEUS, H.J.
2:268a
EMENEAU, M.B.
4:185b
EMERSON, A.E.
3:334a
EMERSON, H.
1:242b
5:375b
EMERSON, W.
4:380a
EMERTON, E.
2:150b
EMERY, A.
3:38a
EMERY, C.
1:319b, 571b
2:531b, 627b, 751b
5:103a, 233b, 419b
EMERY, J.A.
2:83a
5:185b
EMERY, W.B.
4:35a
EMILIANI, C.
3:334a
EMMANOUIL, E.J.
3:499b
EMMANUEL, E.
1:591b
4:138b
EMMANUEL, M.
1:59a, 62b, 244b, 547b
2:49a, 140a
4:112b
5:19b, 213a
EMMART, E.W.
1:99b(2), 295b(2)
EMME, E.M.
3:207b, 559a, 561b, 566b
EMMET, D.
2:623b
EMMETT, P.H. (LOVE)
2:637a
5:327b
EMORY, K.
2:412a
5:226b
EMRICH, D.B.M.
1:87b
ENCKELL, C.
2:321a, 561a
5:32a(2)
ENDER, F.
3:218b
ENDERES, B.
3:553a
5:419a(2)
ENDERS, J.F.
1:590a
5:250b
ENDO, T.
4:249b
ENDREI, W.
5:292a, 426b
ENDRES, H.
1:28b
4:120a
ENDRES, J.A.
4:303b

ENDROS, A.
1:63a
3:243a
4:119b
ENESTROM, G.
1:331a, 394a, 395a, 396b, 462b, 479b, 480b(2), 637b, 659a(2)
2:14a, 210b, 227a(2), 529b, 591a(2)
3:104a, 105a(2), 123a
4:307b, 308b(2), 309a, 310a, 311a
5:15a, 16b, 114a(2), 114b, 115b, 118a
ENG, E.
5:48b
ENGBERG, R.M.
4:74a
ENGBRING, G.M.
1:571a
ENGEL, C.E.
2:511a
3:269a
5:344a
ENGEL, F.
2:513b
ENGEL, H.
1:73b, 116b, 120b, 166a, 312b, 351b(3), 372a, 597a
2:95a, 97a, 97b(2), 391a, 459a, 519a(2), 571b, 665a
3:316a, 318a(2), 318b
5:47b(2), 228b, 237a, 237b(2), 238a, 499b
ENGEL, M.S.
1:284a
2:3b
ENGEL, M.S.J. (ENGEL, H.)
1:312b
ENGELBACH, R.
2:691b
4:50b, 164b
ENGELBACH, R. (CLARKE)
4:54a
ENGELEN, G. VAN
5:444a
ENGELEN, G. VAN (MAGNEL)
1:180a
ENGELHARD, J.L.B.
1:219a
ENGELHARDT, R. VON
2:689a
3:617b
ENGELHARDT, W. VON
2:765a
5:306a
ENGELHARDT, W.U.
2:66a
5:102b
ENGELMANN, G.
1:194b, 604b
2:471b
5:338b, 354a
ENGELMANN, M.
1:528a
5:179b
ENGELN, O.D. VON
2:469b
5:44b
ENGEMANN, W.
2:601b
5:239b
ENGERAND, R.
1:191b
2:286b
ENGERRAND, J.
2:723b
3:615b

4:14a
ENGERT, K.
3:520b
ENGLE, A.
4:82b
ENGLEDOW, F.L.
1:149a
ENGLEFIELD, W.A.D.
2:717b
5:551a
ENGLER, A.
1:594b
ENGLERT, L.
1:453a
2:174a, 247a, 270b, 271a, 456a, 697a
3:384a, 468b
4:26b, 88a, 131b, 355b
5:60a, 510a
ENGLEY, D.B.
3:22b
ENGLHARDT, G.
1:3a
2:310a
4:330a
ENGREN, F.E.
4:42a
ENLART, C.
4:365a, 446b
ENRIQUES, F.
1:328a, 392a
2:5b, 527b
3:3a, 30b, 34a, 40a, 43b(2), 45b, 97b, 100a, 124b(2), 131a
4:99a(2), 101b, 110a, 120b
ENSSLIN, W.
1:37a
2:535b
EPERSON, D.B.
1:227b
EPHRAIM, J.
1:570a
2:58b, 470b
5:291a
EPSTEIN, H.
3:531b
4:25b, 46b
EPSTEIN, H.J.
1:160b, 248a
4:29b
EPSTEIN, I.
1:366a, 661b
2:131b, 490a
4:301b, 437a
EPSTEIN, L.M.
4:78b
EPSTEIN, P.
1:440b, 497b
2:14a
5:112b
EPSTEIN, S.
2:605a
3:489b, 516b
ERASMUS, C.I.
3:337b
ERBACH, R.
3:603a
ERBEN, H.K.
3:271a
ERBT, W.
4:330b
ERCHENBRECHER, H.
1:49a
4:354a
ERCKER, L.
5:90b

ERCOLE, F.
1:35a, 114a
5:9a, 12a
ERDELYI, A.
1:117a
ERDMANN, B.
1:133b, 554b
5:362a
ERDMANNSDORFFER, O.H.
3:238b
ERDTMAN, G.
3:272b
ERGIN, O.
1:87a, 240a
2:568a
ERHARD, H.
1:25b, 39b, 171b, 347b, 499b, 582b
2:274b
4:123b(4), 124a, 132a
5:45a, 87b, 231b(2), 232b
ERHARD, L.
3:543b
ERHARD, R.
1:39a
ERHARDT, O.
2:12b, 128a
5:126b
ERHARDT, R. VON
1:51a, 53b, 281b
2:329b
4:116a
ERHARDT, R. VON (ERHARDT-SIEBOLD)
1:387a(2)
2:151b
4:314a, 318a
ERHARDT-SIEBOLD, E. VON
1:26a, 26b, 78b, 245a, 387a(2)
2:151b
3:313b
4:305b, 314a, 318a, 362a, 364a
ERHARDT-SIEBOLD, E. VON (ERHARDT)
1:51a, 53b, 281b
2:329b
4:116a
ERICHSEN, F.C.
2:141a
ERICKSON, A.B.
5:370a
ERICKSON, R.F.
5:220b
ERIKSSON, G.
1:77b, 444a(2)
5:347a, 356a
ERIKSSON, H.
2:237a
ERIKSSON, J.V.
5:37a, 476b
ERIKSSON, P.S. (KRUTCH)
3:327a
ERIKSSON, R.
2:586a
ERKES, E.
1:599a
2:46b
4:216b, 220a, 220b(2), 227b, 228a, 229b, 239b(3), 240a
ERKES, H.
4:325a
ERLACHER, P.
3:489b
ERLANDSSON, H.
3:208a

ERLANGER

ERLANGER, R. D'
1:663b
2:568b
ERMAN, A.
4:44b, 56a
ERMATINGER, C.J.
1:58a
2:476b
ERMERINS, F.Z.
1:452a, 580a
ERNEST, A.
2:509b
ERNLE, R.E.P.
3:523b
ERNOUT, A.
2:116b
ERNST, B.
1:124b
3:199b
5:125b
ERNST, F.
3:345a
ERNST, J.
3:48a
5:98a
ERNST, P.
2:23a
ERNST, W.
2:336b
ERPYLEV, N.P.
5:332b
ERRERA, A.
1:44b, 222b, 388b
3:116a, 131a
ERRERA, C.
5:35a
ERSLEV, K.
3:605a
ERVINE, ST.J.
2:636b
4:98a
ERWIN, A.T.
3:537a
ESAFOV, V.I.
3:195a
ESAKI, T.
3:323b
4:252b
ESAKOV, V.A.
1:45a
2:28b
3:245b
5:337b, 344a
ESCHE, S.
2:79a
ESCHEVANNES, C. D'
2:276b
ESCHWEILER, K.
5:110b
ESCLANGON, E.
3:151a
ESCOTT, E.B.
3:123a
ESCRIBANO GARCIA, V.
5:79a
ESDAILE, A.
3:619a
ESKEW, G.L.
2:667b
3:555b
ESNAULT-PELTERIE, R.
3:84b(2)
ESPARTEIRO, A.M.
1:217b
5:89b

ESPENSCHIED, L.
1:436b
5:206a
ESPER, E.E.
3:339a
ESPINAS, A.
1:331b
ESPINAS, G.
4:364a
ESPINASSE, M.
1:593a
5:101b
ESPINER-SCOTT, J.G.
1:410b
ESPINO, J.M.
3:439b
ESPOSITO VITOLO, A. [ESPOSITO, A.]
1:276b, 418a
2:149b, 525a
5:144b, 278b, 325a, 407b
ESPOSITO, A.
See ESPOSITO VITOLO, A.
ESSED, W.F.R.
3:473b(2)
ESSEN, I.
3:163b
ESSEN, L. VAN DER
2:718b
3:618a
ESSER, A.
4:155b
ESSER, A.A.M.
1:147a(2)
4:93b(2), 94a, 205a(4)
5:477a
ESSERTIER, D.
3:37a
ESSIG, J.
3:118b
ESSIO, E.O.
3:322a(2)
ESSLINGER, W.
3:57b
ESSO, I. VAN
3:380b(3)
5:250a, 261b
ESTELREICH, J.
2:597b
ESTEY, F.N.
1:245a
4:315a
ESTIU, E.
1:337b
ESTREE, P. D'
1:422b
5:273b, 276a, 279b, 491a
ESTREICHER, T.
2:249b
5:318a
ESTRIN, H.A. (OBLER)
3:35b
ETIENVRE, M.
1:363b
ETKIN, W.
3:357a
ETTER, C.
4:252b
ETTINGHAUSEN, R. (HARTNER)
3:214b
ETTLINGER, H.J.
3:156b, 569a
5:462a, 467b, 481b, 488a
ETZIONI, B.M.
2:215a
4:441b

ETZIONY, M.
2:134b, 587a(3)
5:62a(2)
EUDE, E.
1:193b, 653a
2:128b, 394b
5:29a
EULER, K.
1:395a
EULNER, H.H.
2:699b
3:459b
5:388b
EUSTAFIEFF, V.K.
3:404b
EUWENS, P.A.
5:132b
EUWING, M.
3:227a
EVANS, A.
4:17b, 84a, 84b, 85b
EVANS, A.F.
3:566a
EVANS, A.J.
4:3a
EVANS, A.P. (FARRAR)
4:296b
EVANS, A.S.
1:422b
EVANS, B.
1:208b
3:325b
EVANS, B.I.
2:8b
3:64b
EVANS, C.A.L.
3:425b, 428a
EVANS, D.S.
1:565b
2:125b
3:204b
5:331a
EVANS, E.C.
1:453a
4:91b, 126b
EVANS, E.R.G.R.
2:458a
3:268b
EVANS, F.G.
3:333b
EVANS, G.
3:312a
EVANS, G.H.
1:44a, 584b
3:471b
5:50b
EVANS, G.W.
1:234b
4:110b
EVANS, H.M.
2:249a
3:13a, 14b, 294a
EVANS, I.B.N.
2:427b(2)
EVANS, I.H.N.
4:258b(2)
EVANS, J.
1:178b
2:681a
3:239b, 546b
4:321b, 331a, 444b
5:454a
EVANS, J. (STUDER)
4:321b

EVANS, L.H.
3:11b
EVANS, M.G.
1:61a, 61b
2:227a
3:124a, 151b
EVANS, M.M.
3:581a
EVANS, W.H.
2:179b
5:181a
EVANS-PRITCHARD, E.E.
3:350a
4:264b, 266a
EVANS-WENTZ, W.Y.
See WENTZ, W.Y.E.
EVE, A.S.
1:458a
2:126a, 427b, 428a, 565b
3:142a, 152b
EVENARI, M.
4:81b
EVERDINGEN, E. VAN
1:211a
EVERSHED, J.
3:211a
EVERSHED, M.A.
3:201b, 212a
EVES, C.K.
2:354b
EVES, H.
3:100a
EVIEUX, E.
1:522a
2:194a
3:582a
5:426a
EVLAKHOV, A.M.
2:79a
EVRARD, A.
1:522a
EVRARD, E.
1:65b
2:311a
4:375b
EVRARD, R.
3:575a
EVRARD, R. (BUFFET)
3:552a
EWALD, K.
3:558a
EWALD, P.P.
1:186b(3), 187a
2:50a, 50b, 491b
3:175b, 176a(3)
EWAN, J.
1:35a, 107a, 114b, 310b, 363a, 428b
2:126a, 150a, 366b
3:275b
5:141a, 236b, 356b, 411b, 477b
EWAN, N. (EWAN, J.)
1:107a
5:141a
EWEN, A.H.
3:22b
EWEN, C. L'E.
3:354a, 354b
EWING, A.
3:141b
EWING, A.W.
1:400a
EWING, J.
3:380a
EWING, J.A.
3:541a

EXELL, A.W.
3:305a
EXNER, W.
2:688a
EXSTEENS, M.
4:3a
EY, H.
3:438b
5:382b
EYDOUX, H.P.
3:265b
EYLES, J.M.
1:16b, 420b, 486b
2:69a, 233b, 278b, 385b, 492b, 696a
5:334b
EYLES, J.M. (EYLES, V.A.)
1:326a, 510b, 609b
3:232a
EYLES, V.A.
1:326a, 510b, 531a(2), 609b(4), 642b
2:120b, 122b(2), 216b, 504b, 619b, 748b
3:71b, 229a, 232a, 232b
5:335a(2), 346a
EYMIEU, A.
5:302b
EYNDE, D. VAN DEN
1:601b
EYQUEM, A.
3:468a
EYRE, E.
4:4a, 303b
EYRE, J.V.
1:70b
EYSSELSTEIJN, G. VAN
3:485a
EZELL, P.H.
1:193a
5:221b
FABER, G.
5:423b
FABER, H.
4:340a
FABER, K.
2:522a
3:458a
5:163b
FABIAN, F.
3:132b
FABIETTI, E.
2:599b
FABRE, A.
1:401a
FABRE, F.
5:239a
FABRE, J.
1:558a
FABRE, M.
1:142a
3:594a
5:275a
FABRICIUS, E.
2:342a
4:162a
FABRIKANT, V.A.
1:140a
2:228b
5:117b
FABRIS, P.
2:760a
3:401b
FABRY, C.
1:441a, 589b
3:145a
FACCHINETTI, P.V.
1:268b

FACKENHEIM, E.L.
1:87b, 90b, 405a, 406a
2:134a, 703b
4:393b, 406a
FADDEGON, B.
2:268a
4:188a, 190a, 197a
FADDEGON, J.M.
2:524a
4:29b, 387a, 395b
FADIGA, E. (PUPILLI)
3:429a
FAERSHTEIN, M.G. (KUZNETSOV)
3:179b
FAES, A. (HERVE)
5:269b
FAGAN, C.
3:214a
FAGE, L.
2:145a
FAGGART, H.L.
1:470b
2:740a
3:496b
5:405a
FAGGIANI, D.
3:142a
FAGIN, N.B.
1:115a
FAGNAN, E.
4:409b
FAHIE, J.J.
1:456b, 458a, 459b
FAHMY, M.
5:415a
FAHR, G. (EINTHOVEN)
3:446b
FAHRAEUS, R.
3:444b, 483a
FAHRI FINDIKOGLU, Z.
1:625a
FAIDER, P.
2:463a
FAINBOIM, I.B.
1:656b, 657a
FAIR, W.S. (COOPER)
1:427a
FAIRBANK, J.K.
4:217b
5:543b
FAIRBANKS, H.R.
2:298b
FAIRBRIDGE, D.
2:402b, 503b
5:281b
FAIRCHILD, D.
1:126b
3:312b
FAIRCHILD, H.L.
1:241a
2:47b, 203b, 662a, 696a
3:209b, 228a
5:215a
3:231a
5:331a
FAIRCHILD, H.P.
3:359b
FAIRCLOUGH, H.R.
4:91a
FAIRHOLME, E.G.
2:752a
3:519b
FAIRLEY, T.C.
2:518b
3:266b

FAIRSERVIS, W.A.
   4:169a
FAIZ RAHAMIN, A.B.
   4:195a
FAJANS, K.
   3:190a
FAKHRY, A.
   4:51a
FALCK, C.P.
   1:192b
   5:388a
FALCKENBERG, R.
   3:91a
FALCO, V. DE
   1:65b, 83b, 613b
   2:294b
   4:110a
FALCONER, J.D.
   1:315b
FALCONER, J.I. (BIDWELL)
   3:522b
FALDINI, J.
   2:367a
   5:492a
FALIGOT, L.
   5:407b
FALK, H. (SHETELIG)
   3:609a
FALK, L.A.
   2:477a
FALK, M.
   4:171b
FALKENBURGER, F.
   4:47a
FALKENHAGEN, H.
   3:14b
FALLER, A.
   1:112a
   2:62a, 504b
   5:161a
FALLER, J.
   5:289a, 462b(2)
FALLS, C.
   3:600a
FALLS, W.F.
   1:204b, 205a, 434b
   5:189b, 237a
FALQUI, E.
   1:456a
FAN CH'ENG-TA
   4:239a
FANG CHAO-YING
   4:219a
FANG, C.Y. (REYNOLDS)
   4:239b
FANO, G.
   3:344a
FANTINI, R.
   2:575b
FARAH, E.
   1:405a
FARAJ, -.
   1:84b, 581a
FARAJ, 'ABD AL-M.
   4:418b
FARAL, E.
   1:207a
FARAUDO DE ST-GERMAIN, L. (MILLAS VALLI)
   4:315b
FARBER, E.
   1:551a
   2:100a, 129b, 186b, 259b
   3:25b, 177b(2), 179a(2), 180b, 181a(2), 181b, 182a(5), 187b, 189b, 190a(2), 191b, 193b, 195a, 195b, 280b, 286b, 287b, 447a, 583b
   5:210a, 235a, 322a, 324b, 348b
FARBER, E. (SCOTT)
   3:190b
FARBER, M.
   3:95a(2)
   5:464b
FARBER, M. (SELLARS)
   3:95b
FARBRIDGE, M.H.
   4:76b, 78a
FARES, B.
   1:616a, 622b
   4:425b, 426a
FARGIN-FAYOLLE, P.
   1:222a
FARGUES, P.
   1:259a
FARIA, A. DE P. DE F. [FARIA, VISCOMTE DE]
   1:523a
   2:657a
   3:560b
   5:286b
FARIA, T.V. DE
   3:492a
FARIA, VISCOMTE DE.
   See FARIA, A. DE P. DE F.
FARINA, F.
   3:554a
FARINELLI, A.
   1:495b, 605a
FARIS, N.A.
   1:484a
   4:383a
FARIS, N.A. (HITTI)
   2:742a
FARLEY, D.L.
   1:244a
   5:367b
FARLOW, W.G.
   1:409b
FARMER, H.
   2:629a
   5:245b, 403b
FARMER, H.G.
   1:28b, 90b, 209b, 406a(3), 608a, 616b, 625b, 655a
   2:17b, 133b, 244a, 429b, 470b, 596b
   3:337a
   4:32b, 70b, 143a, 243a, 306b, 380a, 393b, 400b(2), 401a(9), 431b(6), 432a(6)
FARMER, J.B.
   1:515b
FARMER, L.
   3:465b
FARMER, R.C.
   2:406b
FARMY, A.M.
   4:433b
FARNELL, L.R.
   4:102b
FARNSWORTH, M.
   4:53a
FARQUHAR, F.P.
   5:224a
FARQUHARSON, A.S.L.
   2:146a
FARRADANE, J.
   3:188a
FARRAND, M.
   1:436a(2)
   2:563b
FARRAR, C.P.
   4:296b
FARRAR, K.R.
   1:235b
   5:211a
FARRAR, W.V.
   1:103b, 194a
   3:571a
   5:325a, 445a
FARRELL, B.A.
   3:339a
FARRELL, G.
   3:441a
FARRELL, H.
   3:184a
FARREN, W.S.
   1:492a
   2:550b
FARRINGTON, B.
   1:95b(2), 96a(2), 96b, 210a
   2:441a
   3:60a, 606a
   4:18b, 88a, 99a(3)
FARRINGTON, O.C.
   3:239b
FARROW, R.T.
   1:411b
   5:392a
FARRUGIA DE CANDIA, J.
   4:391a
FARRUKH, O.A. [FARRUKH, U.A.]
   1:66a, 84b, 89b, 405a, 616b, 621a, 625a, 628b
   2:441a, 703b
   4:104b, 383a, 392a, 392b, 393a
FARSY, M.S.
   4:419a
FASQUELLE, A.
   1:647b
FASS, R.O. (OBER)
   3:455a
FASSETT, F.C.
   3:60a
FASTLICHT, S.
   4:282b
FAUBLEE, J.
   3:337a
FAUCCI, U.
   1:116a, 171b(2), 263b
   2:383b, 391b, 396b
   3:479a(2)
   5:268b, 269a, 280b, 397b
FAUCONNET, A.
   2:761b
   5:485b, 536a
FAULDS, H.
   3:358a
FAULKNER, B. (ROEMER)
   3:410a
FAULKNER, R.O.
   2:483a
   4:52a, 55b
FAURE, G.
   2:460b
FAURE, J.L.
   1:20b, 135b, 257a, 366a, 524b
   2:34a, 401b
   3:486a, 491b
   5:403b
FAURE-FREMIET, E.
   1:234b, 289b
   3:298a
   5:504b
FAUSER, A.
   4:351b

FAUST, E.C.
3:478b
FAUTH, H.
1:410b
3:211b
5:332a
FAUTH, P.
3:212a
FAUVET, J.
3:361b
FAVA, D.
1:267b
FAVARD, J.
3:127b
FAVARO, A.
1:16a, 49a(2), 226a, 231a, 235b, 256a,
327b(2), 399b, 456a(2), 456b(2),
458a(7), 459a, 459b(4), 463a, 464b,
465a(2), 465b, 466b, 506a, 518a,
613a(2)
2:72b, 74a(2), 74b, 76a(6), 76b, 77a,
79a, 81b, 188a, 315a, 528b(2), 552b,
553a, 553b, 598a, 735b(3)
3:618a(3)
4:319b
5:10a, 114b, 127a, 182b, 203a, 447a,
453b, 457b(4)
FAVARO, G.
1:131a, 215b(2), 401b(4), 402a(2),
404b, 411a, 458a
2:74a(2), 74b, 78b, 79a(6), 79b(3), 81b,
197a(2), 435b, 445a(6), 543a, 550a,
735b
3:48a
5:45a, 47b, 50b, 62b, 63a, 66a, 253b,
296a, 378a
FAVARO, G. (FAVARO, A.)
2:79a
FAVARO, G.A.
3:201b, 206b
FAVERTY, F.E.
1:72b
FAVEZ, C.
1:83b
FAVRE, A.
3:85a
FAVRESSE, F.
5:92a
FAWTIER, R.
1:233a
FAY, B.
1:434a(2)
5:188a, 188b
FAY, C.R.
5:414a
FAY, M.I.
1:241a
5:128b
FAYE, C.U.
4:443a
5:98b
FAYET, G.
3:212b
FAYET, J.
5:192a
FAYOL, A.
1:145b
2:253b
FAYRER, J.
1:246b
FAZY, R.
1:339b
2:194a
4:196b
5:341b

FEAD, M.I.
3:250b
FEARING, F.
3:343b
FEARNSIDE, K.
3:567a
FEARNSIDES, W.G.
2:11a, 484a
FEASBY, W.R.
1:108a, 145b, 266b
3:448b
FEATHER, N.
1:240b
2:428a, 428b
3:171b
FEBVRE, L.
1:301b, 664a
2:40b, 97b
3:246b, 612b
5:230b, 296a, 358a
FECKES, K.
2:541a
FEDCHINA, V.N.
5:222b
FEDELI, C.
1:484b
2:154a, 165a, 741a(2)
3:375a, 384b, 618a
5:46a, 378a
FEDELI, M.
1:277a
5:61a
FEDER, K.
2:275b
5:70b
FEDER, W.
5:326a
FEDERER, C.A.
1:48a, 256b
4:148a, 317b
5:213b
FEDERICO, P.J.
2:286a, 624a
3:550a
5:292b, 529b
FEDERMANN, N.
2:618b
5:38b
FEDERN, W. (CRANEFIELD)
2:275b
5:67a
FEDOROV, A.S.
1:250b
2:31b, 281b
FEDOROVA-GROT, A.K.
2:660b
3:428b
FEDOROWICZ, Z.
2:685b
3:315a, 317b
FEDOSEEV, I.A.
2:110b, 429b
3:241a, 241b
5:217a, 337a(2)
FEGHALI, A.
4:418b
FEHLERING, H.
2:520b
5:219b
FEHLING, H.
5:388b
FEHLINGER, H.
4:8b
FEHR, H.
1:396a

2:23b
3:106a
5:310a
FEHRINGER, O.
3:532b
FEHRLE, E.
4:379b
FEI HSIAO-TUNG
3:524b(2)
4:239a(2)
FEIBLEMAN, J.K.
1:315b
3:43b, 54b
FEIBLEMAN, J.K. (FRIEND)
3:35a(2)
FEIDER, V.A.
2:6b
FEIGENBAUM, A.
1:128b(2), 443b, 506b
3:490a, 490b
4:47a, 344a, 358a
FEIGL, H.
3:30b, 39a, 45a, 141a, 340b, 341a, 344b,
437b
FEIJFER, F.M.G. DE
2:521b
3:192b, 378a, 429b, 488b
5:158b
FEIL, H.
3:513a
5:386b
FEINBERG, J.G.
3:567a
FEINBERG, S.M.
3:465b
FEINER, E. (HERRLINGER)
2:587a
5:68b
FEIS, -.
1:660a
4:81b
FEIS, O.
1:36a, 172a, 422a
2:44b, 113a, 248b, 411a(2), 462b, 489b,
626b, 627a
5:54b, 56b(3), 70a, 76a, 79b, 137a,
149b, 270b, 495a
FEKETE, A.
2:462a
FEL', S.E.
2:303a
3:248b
5:200b, 222b
FELD, J.
3:237b
FELDHAUS, F.M.
1:32a, 65a, 193b, 259a, 296a, 386b,
552a, 563b, 601a
2:20a, 31a, 68a, 80b, 82b, 84b, 91b,
118a, 157a, 174a, 200a, 283b(2),
301a, 339b, 476a(3), 537a, 626a,
692b, 705b, 762b
3:204b, 413b, 539b(3), 541b, 542a(2),
542b, 543a, 545a, 545b, 546b, 548b,
549a, 549b(2), 551b, 557b, 559a,
562b(2), 563b(2), 579b, 588b,
591a(3), 594a, 601a
4:22a, 31a(2), 32a, 32b, 70a, 141b(2),
143a, 158b, 161b, 239a, 290b, 291a,
316a, 331b, 362a, 365b, 366a
5:19a, 22a, 28a, 80b, 91a, 91b(2), 112b,
113a, 180a(3), 287a, 290b, 294a(2),
294b(2), 295b, 403a, 419a, 424b,
430b, 431b, 444a, 451b, 510a, 550a

FELDHAUS

FELDHAUS, F.M. (BOJUNGA)
 3:579a
FELDHAUS, G.W.
 2:74b
 3:559a
FELDHAUS, W.
 1:652b
 4:353b
FELDMAN, A.
 4:82a
FELDMAN, W.M.
 2:131b
 4:76a(2), 76b, 80b
FELDMANN, H.
 3:442b
FELDMANN, R.W.
 1:236a
FELIN, F. (TORREY)
 1:63b
 4:124a
FELIX, L.
 3:107a
FELIX, L. (DENJOY)
 2:58a
FELKIN, F.W.
 1:495b
FELL, H.B.
 2:763a
 3:395a
FELLENBERG, R. VON
 2:449a(2)
 5:402b, 404a
FELLMAN, A.
 1:387b
 4:326a
FELLMANN, E.A.
 3:125a, 162b
FELLOWS, E.W.
 3:26b(2), 124a, 66b, 348a
FELLOWS, O.
 1:204b
FELLOWS, R.B.
 5:418b
FELSENTHAL, S.
 2:48b
 3:399b
 5:153b
FELTEN, J.
 3:411b
FELTER, H.W.
 1:660a
 5:171a
FELTER, W.C. (GRIFFENHAGEN)
 3:503b
FENAUD, F.
 2:693a
FENG CHIA-SHENG
 3:602a
 4:245a
FENG CHÍA-SHENG (WITTFOGEL)
 4:233a
FENG, D.R.
 4:236b
FENG, H.Y.
 4:232b
FENICHEL, O.
 3:437a, 437b, 438b
FENN, W.O.
 2:664a
 3:428a
FENNER, F.
 4:167a
FENSTAD, J.E.
 3:41b

FENTON, C.L.
 3:229b
FENTON, M.A. (FENTON, C.)
 3:229b
FENTON, P.
 2:129a
FENTON, W.N.
 4:272b, 273b, 274a, 275b
 5:278b
FENYES, G.
 2:165a
 5:77b
FERCHL, F,
 3:180b(2)
FERCHL, F.
 2:757a
 3:177b(2), 501a, 506a, 508a, 509a
FERCKEL, C.
 1:21a, 23a
 2:16a, 542b
 4:154b, 312b, 331b, 340a, 342a, 342b, 345b, 346a(2)
 5:52a, 438a, 492b
FERCKEL, C. (SUDHOFF)
 5:61b(2)
FERDON, E.N. (HEYERDAHL)
 4:260a
FEREMUTSCH, K.
 1:228a
 5:380b
FERGUSON, A.
 1:242b
 2:42b, 160a, 322b, 644b
 3:71b, 143a
 4:55b
FERGUSON, A. (GREGORY)
 2:107a
FERGUSON, E.S.
 1:387a
 2:614a
 3:541b, 561b
 5:287b, 317b, 477a, 550b
FERGUSON, H.L.
 2:721b
 3:556a
FERGUSON, I.
 3:354a
FERGUSON, J.
 1:28a
 2:10a, 394b, 457b, 539b, 581a, 709a
 3:180a, 197b
 5:82a, 88b, 91b
FERGUSON, J.C.
 4:213b, 220a, 243b
 5:471a
FERGUSON, J.H.
 3:454a
FERGUSON, J.K.
 3:472b
FERGUSON, T.
 3:410b
FERGUSON, W.K.
 1:111a
 5:5b
FERM, V.
 3:95a
FERMI, E.
 3:174a
FERMI, L.
 1:414a, 456b
 3:567b
 5:101b
FERMOR, L.
 2:704a
 3:233a

 5:512b, 540a
FERMOR, L.L.
 1:588b
 2:181a, 316a
FERNALD, E.I.
 1:122a
 5:355a
FERNALD, M.L.
 1:515a
 3:310b
 5:234a, 235a, 353b, 499a
FERNANDES TRANCOSO, G.
 5:24b
FERNANDEZ DEL CASTILLO, F.
 2:432b
 4:281a
FERNANDEZ, J. (TOUSSAINT)
 5:179a
FERNANDEZ, M.G. (HANKE)
 1:229b
FERNANDEZ, O.C.
 3:430a
FEROCI, A.
 4:337b
FERRAN, C.
 1:167a, 293b
 2:179a, 711a, 719b
 5:151a, 154b, 168a, 253a
FERRAN, C. (AUDRY)
 2:51a
FERRAND, G.
 1:116a
 2:516b
 4:171a, 171b, 188a, 327a, 408b(2), 410a(3)
 5:34a
FERRAND, H.
 3:255b
FERRANNINI, L.
 2:357b
FERRARI, A.
 5:165a
FERRARI, A. DE M.
 2:676a
 3:497b
FERRARI, G.
 2:413a
FERRARI, G.E.
 1:215a
FERRARI, G.M.
 2:68a, 590a
FERRARI, H.
 2:725b
 5:407b
FERRARI, M. DE M. (FERRARI, A. DE M.)
 2:676a
 3:497b
FERRARI, S.
 2:315a
FERRARIO, A.
 3:548b
FERRARIO, E.V.
 1:546a, 587a
 3:379b
FERRARO, G.
 1:131a
FERRAZ, A.
 2:14a
 4:312a
 5:495a
FERREE, C.E.
 3:588b
FERREIRA, E.
 2:399a

3:77a, 94b
5:263b
FERREIRA, H.A.
3:50b, 77b
FERRERI, G.
1:174a, 484a
2:399b
FERRERO, G.
4:163a
FERRETTI, G.
1:308b
FERRIER, R.
1:337b
5:127b
FERRIERE, A.
3:356a
FERRIERES, G.
1:234b
FERRIGNI, M.
2:143a
FERRIGUTO, A.
1:108b
5:87a
FERRIO, C.
1:338a
FERRIO, L.
1:310a
FERRON, M.
5:273b
FERTIG, G.J.
3:547a
FERTIG, H.H.
2:615b, 616a
5:242b
FESCHE, C.F.P.
1:179a
FESENKOV, V.G.
5:214a
FESS, S.D.
2:302a
3:266b
5:343b
FESSENDEN, H.M.
1:416a
FESSLER, A.
5:157b, 260a
FESTER, G.A.
2:334b, 597a
3:190b, 579b
4:161a, 283a, 283b(2)
5:211b, 469b, 494a
FESTUGIERE, A.J. [FESTUGIERE, A.M.]
1:67a, 256b, 383b, 562a, 614a
2:290a, 313a, 342b, 345b, 369a, 457a, 540b
4:102b, 114a, 118b, 330a
FESTUGIERE, A.M.
See FESTUGIERE, A.J.
FETTWEIS, E.
2:368a
3:22b, 84b(2), 105b(2), 112b, 118a(2), 119b
4:4b, 5a, 5b(7), 21b, 22a, 110a, 147b, 271a, 278b, 280a
FEUCHTINGER, M.E.
3:553a
FEUER, L.S.
1:333a(2), 377b
3:28b, 150b, 438a
FEUEREISEN, A.
5:25a
FEUERSTEIN, A.
5:30a

FEVRIER, J.G.
3:610a, 611a
4:73a
FEWKES, J.W.
4:271a, 275b(2)
FEWKES, V.J.
4:275b
FEYERABEND, E.
1:474b
2:615a
3:598b(2)
5:430a(2)
FEYFER, F.M.G. DE
1:215b, 543a, 555a(2)
2:271b, 448b, 505b, 583a, 585a(2)
3:484b, 492a
5:266a
FFOULKES, C.
3:601b
4:367b
FIALA, F.
3:46a
FIALON, C.H.
2:719b
5:171b, 271a
FICARRA, B.J.
3:361b, 461b, 516a
FICCKI, R.F.
5:422a
FICHEFET, J.
1:493a
FICHERA, G.
3:125b
FICHOT, E.
1:173b, 411a
3:243a
FICHTENAU, H.
4:368a
FICHTER, J.H.
2:514b
FICHTNER, H.
4:178a
FICHTNER, J.
4:75b
FICK, R.
1:29a, 400a
FICKER, H. VON
1:158a
FIECHTER, A.
2:724a
3:247a
FIEK, W.
2:764b
3:507a
FIELD, E.J.
3:423b
FIELD, G.C.
2:324a(2)
FIELD, H.
3:336a
FIELD, M.J.
4:266a
FIELD, R.M. (CANNON)
3:50b
FIELDER, G.
1:378b
5:332a
FIELDS, A.
1:121a, 249a, 546a
FIENNES, R.
3:461a
FIERZ, M.
1:259a
2:228a, 289a(2)
3:135a

5:117a
FIERZ-DAVID, H.E.
1:132a
2:9a
3:177b
5:207b
FIESER, L.F.
3:38a
FIGAL, J.L. (LEPRINCE-RINGUET)
3:4a
FIGANIER, J.
2:493a
4:434a
5:296a
FIGUEIREDO, F. DE
1:93b
4:301b
5:35b
FIGUEROA, H.
1:84a
FIGUROVSKII, N.A.
1:656b
2:17a, 90b, 110a(2), 115a, 170a(3), 474a, 602b, 651a
3:19b(2), 56a, 79b(2), 179a, 181b(2), 182a, 186b(2), 194a
4:224a
5:20b, 328a, 518b
FILASSIER, A.
1:79b, 506a, 587b
3:436b
5:256a
FILATOVA, A.N. (SENCHENKOVA)
1:328a
2:549b
FILBY, F.A.
3:535a
FILCHNER, W.
2:20b, 357b, 713b
3:263b(2), 269a
FILDES, P.
2:565a
FILICE, F.P.
1:38b
3:266b
FILIPCHENKO, I.
1:117b
FILIPOVIC, V.
1:177b
3:34a
FILIPPI, A.
1:459b
2:693b
3:401a
FILIPPI, E.
3:473b
FILIPPOFF, L.
1:573a
3:271a
4:40b
FILLEAU DE LA CHAISE, J.
5:110b, 115a
FILLIOZAT, J.
2:236b, 385a
3:377a
4:127a, 146b, 171a, 171b, 182a, 186b, 187a, 188b(2), 200a(2), 203a, 203b(3), 204a(2), 206a, 206b, 209a, 212b
FILLIOZAT, J. (RENOU)
4:185a
FILON, L.N.G.
2:228b
4:21b

FILON, L.N.G. (UDNY YULE)
2:293a
FIMMEN, D.
4:84a
FINALY, I. (BALLENEGGER)
3:525b
FINAN, J.J.
3:528b
FINCH, B.E.
3:451b
FINCH, G.I.
1:170b
FINCH, J.K.
1:649a
2:280a, 683a
3:539b, 543b, 544a, 545b, 547a
FINCH, J.S.
1:197b(2), 198b
FINCH, W.C.
3:565a
FINCKE, H.
3:536b
FINCKH, L.
2:161b
FINDLAY, A.
1:475a
2:657a
3:177b, 184a, 185a(3)
FINDLAY, G.M.
2:209a
FINDLAY, J.R.
3:219a
FINDLEY, P.
3:384b, 453b(3), 454a
FINE, A.
3:141a
FINE, H.B.
3:121a
5:312a
FINER, S.E.
1:240b
FINGER, C.J.
2:103a
FINGER, O.
3:75a
5:196a
FINGERHUT, A. (JAHIER)
1:366a
4:441b
FINIKOV, S.P. (ALEKSANDROV)
1:236a
FINK, C.G.
1:358a
2:484b
3:190b
FINK-FINOWICKI, C.
3:499b
FINKE, H.
4:301a
FINKEL, B.F.
5:310b
FINKEL, J.
1:640b
2:432b
4:435a
FINKELSCHERER, B.
1:659b
4:442b
FINKELSTEIN, L.
1:20a
4:79a
FINKERNRATH, K.
5:372a
FINLAY-FREUNDLICH, E.
See FREUNDLICH, E.

FINLAYSON, R.
3:443a
FINLEY, J.H.
2:548a
FINLEY, M.I.
4:97a
FINN, B.S.
2:47b
5:205a
FINNEGAN, J.
1:28b
FINNEGAN, S.
2:260b
FINNEY, J.M.T.
1:418b
FINOT, A.
1:79b
2:147b, 364b, 738a
3:408a, 446a, 458a
5:247a, 371a
FINOT, A. (LIAN)
2:37a
FINOT, L.
1:539b, 598a
2:462b
4:231a
FIOLLE, J.
1:419a
FIORENTINI, C.
2:197a
FIORENTINO, G.
2:299b
FIORENZOLA, F.
4:152b
FIORINI, J.M.
3:495b
5:405a, 453b, 502b
FIREBAUGH, W.C.
4:95b
FIRESTONE, C.B.
3:259a
FIRTH, C.H.
2:378b
5:181a, 495b
FIRTH, C.M.
4:51a
FIRTH, D.
1:340a
5:381b
FIRTH, R.
3:355b
4:262b(2)
FISCH, H.
1:97a, 184a, 531b
2:498b, 750b
3:199a
FISCH, M.H.
1:103a, 265b
2:339a(2), 350a, 586a(2), 590a(2), 659a
3:94a
5:85a, 107b, 309a
FISCH, M.H. (FISCH, R.B.)
2:681a
3:510a
FISCH, R.B.
2:681a
3:510a
FISCHEL, W.
3:319b
FISCHEL, W.G.
4:263b
FISCHEL, W.J.
1:624b(3), 659b
2:526b
4:439b

FISCHER, A.
3:382a, 411a, 614a
4:340b, 395a
5:251a, 262b, 374b, 375a, 472b
FISCHER, C.
3:203b
FISCHER, E.
1:165b, 554b
2:90a, 259b, 617b
FISCHER, E. (SCHWALBE)
3:350a
FISCHER, F.P.
1:498b
5:257a, 471a
FISCHER, G.
1:420a(2)
2:696a(2)
3:575a
FISCHER, H.
1:83a(2), 148b, 150a, 231b, 481b, 497b, 500b, 555a, 571a
2:53a, 79b, 113b, 184b, 192b, 275a, 463b, 477a, 512b, 583b, 609a, 619a, 692a
3:12a, 226a, 314b, 562b
4:328a, 357a, 357b
5:45b, 46a, 48a, 84a(2), 143a, 241b, 362b, 404a, 424a, 424b, 426b, 428a
FISCHER, H. (BIRCHLER)
2:271a
FISCHER, I.
1:150a, 167b, 178b, 224a, 349b, 386b, 447a
2:131b, 335a, 497a, 517b, 696b, 771a
3:380b, 381a, 382a(2), 388a, 398b, 452a, 453a, 463a
4:28b(2), 79b, 80b, 134b, 155b, 205b
5:81a, 147b, 149a, 243b, 372a, 393b, 491b, 495a
FISCHER, J.
1:16a
2:269b, 359b, 362a(2), 363a
3:251a
4:121a
5:220b
FISCHER, K.
2:63b
4:320a
FISCHER, L.
1:36b
5:97a
FISCHER, L.A.
3:84b(2)
FISCHER, M.
1:589a
5:464a
FISCHER, M.G.
5:217b
FISCHER, M.H.
2:622a
FISCHER, M.O.
1:493a(2)
FISCHER, N.
3:252a
FISCHER, P.
1:495b
3:577b
FISCHER, R.A.
3:291b
FISCHER, T.
3:128b
FISCHER, W.
2:15b, 619b, 689a
3:238a, 239a
5:384b

FISCHINGER, G.
3:569a
FISH, G.
3:524a
FISH, S.A.
1:470a
5:400a
FISHBEIN, M.
2:60a, 663a
3:361b, 388b, 391b, 454a, 472b, 480a
FISHER, A.
1:621b
FISHER, A.K.
2:264b
FISHER, B.
2:342a
4:179a
FISHER, C.P.
1:542b
2:592a
5:51b, 74b, 504b
FISHER, J.
3:326b
5:206b
FISHER, J. (SITWELL)
5:359b
FISHER, J.D.
2:724a
3:239a
FISHER, M.S.
1:183a
FISHER, R.
2:773a
3:131b, 419a
FISHER, R.A.
1:140a
2:168b, 193b, 199a
3:294a, 358b
5:201b
FISHER, R.A. (DALE)
2:121b
FISHER, W.B.
2:764a
3:569a
FISHER, W.K.
1:275a
FISHMAN, A.P.
3:445a
FISHMAN, J.L.
2:131b
FISHMAN, S.
1:560a
2:49b
FISK, D.
1:647b
FISK, H.W.
1:83a
FISKE, B.A.
3:539b
FITCH, J.M.
3:587b
FITCHEN, J.
4:364b
FITE, E.D.
3:254a
FITTER, R.S.R.
3:275b
FITTON, R.S.
1:69b, 70a
2:513a
5:285a, 415b
FITZ, R.
1:379a, 589a, 648b
2:49b, 612a
5:266b, 395b

FITZGERALD, G.M.
2:669b
4:167b
FITZGERALD, W.
3:244b, 261a
FITZGERALD, W.A.
3:384b
FITZLER, M.A.H. (PIERIS)
5:41b
FITZSIMONS, M.A.
3:604a
FITZWILLIAMS, D.C.L.
1:607b
FIUMI, E.
4:362b
FLACELIERE, R.
2:337a(2)
FLACHSBERGER, K.
4:12b
FLACK, I.H.
See GRAHAM, H. (PSEUD.)
FLAD, J.M.
5:455b
FLAD, J.P. (TATON)
3:591b
FLADT, K.
1:390a, 473a
FLAHIFF, G.B.
2:741b
4:296b, 371a
FLAMM, L.
1:168a, 177b
2:160b
5:320a
FLAMMARION, C.
1:45b, 223b
2:737b
3:199b, 206a, 214b
5:22a
FLAMMARION, G.C.
2:176b
FLASCHBART, O.
5:90a
FLASCHNER, L.
3:148a
FLASKAMP, F.
2:448a
5:136b
FLATELY, F.W.
3:283a
FLATOW, E.
5:399a
FLAXMAN, E.
3:539b
FLAXMAN, N.
1:5a, 595a, 643a
2:292b
3:445b(4)
5:386a, 386b, 547a
FLAXMAN, N. (VOLINI)
2:380a
FLECHSIG, E.
1:361b
FLECK, A.
2:489a
3:57a, 576b
FLECK, G.M.
5:321a, 325b
FLECK, L.
3:26b
5:533b
FLECKEN, F.A.
1:448b
FLECKENSTEIN, J.O.
1:138b(2), 139a(3), 140a(2), 176b,
177b, 337b, 338b, 465b, 466b
2:63b, 64a, 67a, 84b, 193b, 227a, 228b,
235b, 448b, 529b, 575a
3:34a, 121a, 125b, 211b
5:101b, 110b, 117a, 198a, 201b, 204b,
214b, 215b, 332a
FLEET, J.F.
1:75a
4:198b
FLEETWOOD, J.
3:394a
FLEISCH, H.
1:260a
FLEISCHER, U.
1:576b
4:128b
FLEISCHER, Y.L.
1:4b(2)
FLEITMANN, L.L.
3:533a
FLEMING, A.
2:107a
3:516b
5:315a
FLEMING, A.P.M.
3:540a
FLEMING, D.
1:312b, 316b, 358b, 453a, 546a
2:613b, 617b, 674a
3:66b, 67b, 68b
4:134a
5:205a, 302b
FLEMING, J.A.
1:118b(2), 425b
3:210b, 234b(2), 568a(2)
FLEMING, J.J.
3:172a
FLEMMING, P.
4:336a
FLEMMING, W.
1:22a
5:239b
FLENLEY, R.
1:242a
FLETCHER, A.
3:120b
5:113a
FLETCHER, C.R.L.
5:305a
FLETCHER, F.T.H.
2:193a
5:217b
FLETCHER, G.W. (KLOPFER)
3:24a
FLETCHER, H.G.
1:360a
5:413a
FLETCHER, M.
1:422a
FLETCHER, R.
3:460a, 551b
FLETCHER, W.
2:116a
FLETT, J.S.
1:10b
3:232b
5:511a
FLEUR, E.
2:539b
FLEUR, E. (DORVEAUX)
5:167a
FLEURE, H.J.
1:438a, 526a
2:721a
3:338a

FLEURE

FLEURE, H.J. (JONES)
 1:572b
FLEURE, H.J. (PEAKE)
 4:3b
FLEURENT, H.
 1:517b
 2:452a, 682b
 5:54a
FLEURY, H. DE
 2:117b
 3:138b
FLEURY, M. DE
 3:381b
FLEURY, P.F.
 3:287b
FLEW, A.
 1:605b
 3:98b
FLEXNER, A.
 3:60a, 416b, 615a
FLEXNER, J.T.
 1:121a, 357b
 2:111b, 123a, 198b, 425a
 3:555a
 5:244b, 366b
FLEXNER, J.T. (FLEXNER, S.)
 2:617b
 3:389a
FLEXNER, S.
 2:107b, 238a, 415a, 617b(3)
 3:388b, 389a, 466a(2)
 5:347a
FLICK, E.M.E.
 1:422b
FLICK, L.
 2:36b
 3:475b
FLIGHT, J.W.
 4:33b
FLINN, A.D.
 3:70a
FLINN, M.W.
 1:295a
 2:636b
 3:543b, 584a
 5:178a, 284a, 284a, 290a
FLINT, H.T.
 2:321b(2)
FLINT, R.F.
 3:235b
 4:269a
FLINT, W.P.
 3:526b
FLOCON, A.
 3:130b
FLOERICKE, K.
 1:191a
FLOQUET, A.
 1:591b
FLORANGE, C.
 2:738a
 5:247b
FLORESCU, R.R.
 3:81a
FLOREY, H.W.
 3:7b, 517a(2)
FLORIAN, A.
 1:108b, 365a
 2:708a
 3:481b
FLORIAN, J.
 2:455a
 3:298b
 5:351b

FLORISOONE, A.
 4:64a(2)
FLORISOONE, M.
 3:65b
FLORKIN, M.
 1:287b(3), 439b, 555a
 2:164b, 356a(2), 455a(6), 455b(5), 715b
 3:73a, 78a, 372a(2), 402b, 428a, 429b, 618b
 4:214b
 5:257a, 275b, 349a, 371b, 375b, 380a
FLOROVSKY, A.
 2:543b
 5:133b
FLOSDORF, E.W.
 3:509a
FLOSS, S.W.
 1:291a
FLOUD, P.
 3:585b, 586a
 5:427a, 480a
FLOURNOY, T.
 3:346b
FLOURNOY, T. (FEHR)
 3:106a
FLOWER, C.T.
 4:364b
FLOWER, R.
 1:146a
 2:241a
 5:39b, 294b
FLOWETT, J.W. (HATTON)
 1:259b
 2:614a
 5:420b
FLOYD, J.P.
 2:151a, 470a
 5:157b
FLOYD, W.F.
 2:620b
 5:199a
FLUCKIGER, O.
 3:255b
FLUELER, B.
 3:397a
FLUGEL, J.C.
 3:339b
FLUGGE, S.
 3:146a
FLUHRER, W.F.
 5:401b
FLURIN, H. (RAMADIER)
 2:679a
 3:419b
FLURY, F.
 1:362b
 2:180a(2), 514a
 5:29a, 222a(2), 339a
FLYNN, V.J.
 2:92a
 5:97a
FOA, C.
 2:108b
 3:436a
 5:382b, 519a
FOCILLON, H.
 1:632b
FOCK, V.A.
 1:166a, 374b, 376b(2), 443b
 2:361a
 3:152a(2)
FOCKE, F.
 1:563b
FOCKE, W.O.
 See OLBERS FOCKE, W.

FOCKEMA, A.
 1:262b
 3:256a
 4:361a
FOCKEN, C.M.
 2:427b
FODEN, F.E.
 1:587a, 610b
 2:565b
 5:305a, 323a
FODERE, R.
 1:486b
FODOR, N.
 1:443a
 3:347b, 437b
FOERSTER, N.
 3:70a
FOERSTER, W.
 4:314b
 5:470b, 478a
FOEX, G. (WEISS)
 3:164a
FOG, R.
 4:348b
FOKKER, A.D.
 4:22a
FOLCH JOU, G.
 2:756b
 3:504b, 508b
FOLCH Y ANDREU, R.
 3:499b, 506a(2), 506b
FOLEY, H.
 4:419a
FOLEY, J.P. (ANASTASI)
 3:357b
FOLIGNO, C.
 4:303b
FOLKIERSKI, W.
 1:284a, 425b
 2:601b
FOLLET, R.
 4:189a
FOLLIS, R.H.
 1:503b
 5:391a
FOLMER, H.R.
 3:454b
FOLTA, J.
 3:102b
FOLZ, R.
 1:245b(2)
FOMICHEVA, T.D. (ZHDANOV)
 2:585a
FONAHN, A.
 4:235a, 342b, 420a, 423b
FONAHN, A. (VANGENSTEN)
 2:80a(2)
FONCIN, M.
 3:251b
 5:501b, 540b
FONSNY, J.
 2:283b
FONTAINE, J.
 1:633b
FONTANA, E.
 2:445a
 4:202a
 5:272b, 548a
FONTENELLE, B. LE B. DE
 4:134a
FONTES, V. (SUEIRO)
 2:716a
 3:425a
FONTOURA DA COSTA, A. [DA COSTA, A.F.]

1:212b, 213a, 362a
2:210a, 241b, 646b
3:250a(2)
5:22b, 29a(2), 35a, 36a, 43b
FONTOYNONT, A.
3:265b
FOOTE, G.A.
1:322b
5:304b(2), 305b, 323b
FOOTE, H.S.
3:407b
FOOTE, H.W.
1:646a
FOOTE, J.
3:418a, 456b
FOOTE, P.A.
3:507b
FOOTE, P.D.
3:196a
FOOTE, R.B.
2:720a
FOPPL, L.
1:423b
FORAN, W.R.
1:217b
FORBES, A.
3:600b
5:344b, 511a
FORBES, E.G.
3:152b, 210b
FORBES, G.
5:458b
FORBES, G.S.
2:401a
3:188a
5:325a
FORBES, H.C.
4:263a
FORBES, H.O.
4:280b
FORBES, M.D.
2:680b
3:616b
FORBES, R.H.
4:267a
FORBES, R.J.
1:236b, 555a, 631a, 636a
2:231a, 508a, 747b, 749a
3:3a(2), 17a, 23b, 56a(2), 72b, 83a, 190a, 190b, 198a, 535a, 540a(3), 541a, 545a, 545b, 556b(3), 570a, 573a(2), 578b(4), 579a(5), 582a, 582b, 609b(2)
4:15a, 18b(3), 22b, 30a(3), 30b(3), 31a(3), 31b(4), 32a(6), 50a, 50b, 69b(3), 100a, 362a, 400b
5:85b, 88a, 173a, 422a, 425a(2), 447b, 451b, 539a
FORBES, R.J. (DIJKSTERHUIS)
3:3a
FORBES, T.R.
1:141b
2:643a
3:455a, 532a
FORBES, V.S.
3:212a
FORBES-LEITH, W.
5:8a
FORBIN, V.
4:75b
FORBIN, V. (MARTEL)
4:6a
FORBUS, W.D.
3:458a

FORCE, J.N.
2:518a
5:266b
FORCEVILLE, G. DE
1:217b
4:154a
FORD, A.E.
1:80a
FORD, C. (BEECHER)
2:201b, 400b, 618a
5:404a, 475b
FORD, E.
2:405a
FORD, E.B.
2:169b
5:351a
FORD, G.S.
3:56a
FORD, J.D.M.
1:77a, 653a
2:536a
FORD, W.C.
2:349a, 485b, 550a
5:132b(3)
FORD, W.J.
2:279b
FORD, W.E.
1:306a
FORD, W.W.
2:201b
3:163a
FORDE, C.D.
4:7b
FORDER, H.G.
1:392a
5:537a
FORDHAM, H.G.
1:229a, 230a
2:238b, 246b, 288a, 444a(3), 523b
3:251a(2), 251b, 252b, 254b, 255a(2), 556b
5:32b, 89b, 221a, 222a(3), 338b
FORDHAM, M.
1:662b
FOREGGER, R.
2:55b
5:258b
FOREL, A.
3:323b, 356a
FOREST, A.
1:486b
FORESTI, A.
2:304b
FORETAY, E.
3:570a
FORGUE, E.
2:396a, 725b
3:487a
5:148b
FORKE, A.
1:515b
2:25a
4:221a(2), 221b, 227b, 244b
FORMAN, J.
2:546a, 774b
3:375b
5:393b, 408b
FORMICHI, C.
2:8a
FORMOY, B.E.R.
2:688b
FORMOY, B.E.
4:300a
FORNI, G.C.
3:487b

FOROT, V.
1:289a
5:547b
FORRER, E.
1:630b
2:201b
4:33b, 41a, 72b
5:487b
FORRESTER, J.M.
1:453b
4:134a
FORSEY, G.F.
1:211b
FORSHUFVUD, S.
2:213a
5:392b
FORSSKAL, P.
2:235a
FORSSMAN, J.
2:51b
FORSTER, E.
1:71b, 99a
4:347a
FORSTER, F.M.
1:126b
2:556a
5:259b, 403b
FORSTER, L.
5:151b
FORSTER, M.O.
1:420a
5:328a, 455b
FORSTER, R.
2:592a
5:80a
FORSTER-COOPER, C.
1:469b
FORSTER-COOPER, C. (FERMOR)
2:316a
FORSYTH, A.R.
3:112b
5:310b, 503a
FORSYTH, W.H.
4:359b
FORTESCUE, J.W.
2:698a
3:600b
FORTI, A.
2:155a(2)
3:300a
FORTI, U.
1:133b, 383a, 461a, 611a, 612b
2:644b
3:161a(2), 210b, 548b
4:446b
5:119b, 318b
FORTUNE, R.F.
4:261b, 262b
FORTUYN, A.B.
2:526a
FORWARD, E.A.
1:503b, 523a
2:506b(2)
3:562b
5:418b(3)
FOSI, V.
2:391b(2)
5:144b
FOSKETT, D.J.
1:611a
2:626a
5:350a
FOSSEL, V.
1:361a
2:44b

FOSSEY
 3:386a
 5:50b, 85b, 173a
FOSSEY, C.
 3:47a
 4:71a
FOSSEYEUX, M.
 1:309b, 338a, 427b
 2:343b, 374b, 479b, 679a, 705a, 736b, 737a(2)
 3:373a, 374b, 408a, 419b
 4:354b, 445b
 5:53b, 58b, 73b, 77a, 149a, 153b, 156a, 165a, 169b, 253a(2), 253b(2), 254b, 256b(2), 296b, 364a, 370a(2), 377a, 432b, 513b, 521a
FOSSIER, A.E.
 2:733b
 3:390b, 391b
FOSSING, P.
 4:32a
FOSTER, C.
 3:72b
FOSTER, E.P.
 3:613b
FOSTER, F.
 1:587b
FOSTER, H.M.
 1:427b
FOSTER, J.S.
 1:399a
FOSTER, M.
 3:426b, 517b
FOSTER, M.L.
 1:31b
 2:52b, 265b
 4:321b
FOSTER, W.
 1:357a
 2:43a, 125b(3), 353b, 364b
 3:177b
 4:98a
 5:41b, 138a, 139b, 210a(2), 211b, 322a
FOSTER, W.D.
 1:120a, 262b
 2:754a
 3:458a, 460a, 462a
 5:391a, 397a
FOTHERGILL, P.G.
 3:289a, 292b
FOTHERINGHAM, D.R.
 3:219b
FOTHERINGHAM, J.K.
 1:260b, 573a(2)
 2:24b, 186b, 361a(3)
 3:209b, 210a, 211b, 219b
 4:23a(2), 57b, 63b, 115b(2), 116b, 117a(3), 118a, 143a
FOTHERINGHAM, J.K. (LANGDON)
 1:37a
 4:64b
FOUCART, G.
 1:563b
 4:119b
FOUCAUD, A.
 4:28b, 125a
FOUCAULT, M.
 3:458a
 5:389b
FOUCH JOU, G.
 1:409a
 5:81b
FOUCHER, A.
 1:598a
 4:198b, 231a

FOUCHER, L.
 2:396a
FOUGNIES, A.
 2:127b
 4:146b
FOULKES, H.O.
 3:121b
FOULQUIE, P.
 3:339b
FOUQUE, V.
 5:429a, 477a
FOURMESTRAUX, I. DE
 3:487a
FOURNEAU, E.
 2:549a
FOURNIER D'ALBE, E.E.
 1:294b, 502b
 3:346b
 5:543b
FOURNIER, P.
 2:392b
 3:259a, 274b, 464b, 510b
FOVEAU DE COURMELLES, F.V.
 5:299a
FOWKES, E.H.
 3:558a
FOWLE, F.F.
 5:416a
FOWLER, A.
 2:106b, 114b
 3:167b
 5:333a
FOWLER, G.B.
 1:382a(2)
FOWLER, G.H.
 3:242a
 5:222a
FOWLER, M.
 1:279a
FOWLER, W.M.
 3:447b
FOWLER, W.S.
 3:38b
FOWLER, W.W.
 4:259b
FOWLES, G.
 3:22b
FOX STRANGWAYS, A.H.
 4:195a
FOX, C.
 3:557a
FOX, C.L.
 3:516b
FOX, C.S.
 3:233a
 5:512b
FOX, D.C. (FROBENIUS)
 4:265b
FOX, D.R.
 2:240a, 256b
FOX, F.
 3:547b
FOX, G.G.
 1:506a
 4:299b
FOX, G.H.
 3:449b
FOX, H.
 1:584b
 2:22b
 5:378b
FOX, H.M.
 3:297b, 300a
FOX, L.E. (BARNES)
 3:464a

FOX, M.M.
 1:115b
FOX, P.
 2:564b, 660a
 3:204b
FOX, R.
 1:477a
 3:141b
FOX, R.H.
 1:428a
 5:246b
FOXE, A.N.
 2:36a
FRAATZ, P.
 1:418a, 467a
 2:451a, 727a
 3:398a
 5:372a
FRADLIN, B.N.
 1:46b
 2:176a, 602b
 3:157a(4)
FRAENGER, W.
 1:175b
FRAENKEL, A.
 1:221b(2)
 2:108a, 583b
FRAENKEL, A.A.
 3:106b, 108b(3), 113b(2), 122b(4), 123a, 202b, 203a
FRAENKEL, A.A. (BERNAYS)
 3:122b
FRAGA DE AZEVEDO, J. [AZEVEDO, J.F. DE]
 2:255a
 3:479b
FRAISE, P.
 3:341a
FRAJESE, A.
 1:390a, 392a(2), 462b
 3:100a
 4:106b, 109a(2)
FRAME, J.S.
 3:122a
FRANCE, H. DE
 3:244a
FRANCE, R.H.
 1:431b
 3:309b
FRANCE-LANORD, A. (SALIN)
 4:362b
FRANCES, M.
 2:497a(2)
FRANCESCHINI, E.
 1:516b
FRANCESCHINI, P.
 1:155b, 174a, 193b, 252a, 287b, 366a, 404b
 2:48a, 79b, 198a, 249a, 297a, 505a
 3:426a, 444b, 488b
 5:142b, 156b, 377b, 378b, 386a
FRANCESCO, G. DE
 3:89b, 371a, 385a, 387b
FRANCHET, L.
 3:608b
 4:267b
FRANCHINI, A.
 1:252a
 5:342b
FRANCHINI, G.
 2:494a(2), 671a
FRANCHINI, J.
 2:51b, 572a
FRANCIC, M.
 5:177a

FRANCIONI, C.
2:560b
5:69b
FRANCIS, A.G.
4:156b
FRANCIS, C.
3:535a
FRANCIS, E.T.B.
3:326b
FRANCIS, H.S.
3:385a
FRANCIS, W.W.
1:77b, 543a, 648a
FRANCK, J.
1:166a
FRANCKE, A.H.
4:181a, 182b
FRANCKE, K.
5:195a
FRANCO, E.E.
2:439b
3:425a
5:530b
FRANCO, E.E. (FRAENKEL)
2:583b
FRANCOIS, A.
2:375b
5:6b
FRANCOIS, C.
3:157b
FRANCOIS, T. (FRANCOIS, Y.)
1:343a
5:254b
FRANCOIS, Y.
1:205a, 343a, 343b
5:234b, 254b
FRANCOIS, Y. (BOURDIER)
1:204b
FRANCOIS-FRANCK, C.A.
2:146b
FRANCON, F. (FABRE)
1:142a
5:275a
FRANCON, M.
1:83b(2), 560a
2:191b, 304b, 376a(2), 418b
4:147b(2)
5:14b, 24b, 197b
FRANK, B.
3:552a
FRANK, C.
4:56a
FRANK, E.
2:325b, 369a
3:94a
4:101a
2:134a
FRANK, E.B.
4:366a, 439a
FRANK, I.M. (SKOBEL'TSYN)
2:661a
3:146a
FRANK, J.
1:154b(2)
2:18a
3:208a
4:196a, 403b
FRANK, J. (WIEDEMANN)
2:533b
4:397a, 404a(2), 406a, 406b
FRANK, L.K.
3:33a
FRANK, P.
1:282b, 374a(2), 377b
3:30b, 33a, 33b(2), 34b, 37a, 41a, 42b,
44b, 45a, 60a, 139a, 140a, 141a,
142a(2), 150b
5:23a
FRANK, T.
1:256b
2:595b
4:162b
FRANKARD, P.
3:41a
FRANKE, H.
2:383b, 775a
3:398a
4:245a
FRANKE, J.
1:415a
4:351b
5:46a
FRANKE, N.H.
5:407a(2)
FRANKE, N.H. (STIEB)
5:407a
FRANKE, O.
1:275a
2:67a, 87b(2), 400a, 609a
4:217b, 219a, 223a, 229b, 245a(2)
FRANKE, W.
2:645b
4:216b
FRANKEL, C.
5:191b
FRANKEL, H.
2:347b, 492a, 641b, 649b
4:103b
FRANKEL, J.P.
4:260b
FRANKEL, W.K.
1:589b
2:206a(2), 275b, 410a, 442b, 462a, 465b
3:369b, 379a, 382b
5:54a, 56a, 76b, 404b
FRANKEN, F.H.
1:253b
2:171a, 454a
5:366a
FRANKENBERG, R.
1:19a
FRANKENBERGER, Z.
1:166a
FRANKFORT, H.
3:342a
4:17b, 18a, 20a, 32a, 36b
FRANKFURT, U.I.
1:280b, 554b, 611a
2:110a, 112b, 281b
3:161a, 176b
5:203b, 319b, 320a
FRANKFURT, U.I. (KUZNETSOV)
1:554b
2:161b
3:159b
5:318a
FRANKHAUSER, A.
2:763a
FRANKL, T.
4:421b
FRANKL', F.I.
1:396b
FRANKLIN, A.W.
1:543a
FRANKLIN, B.
5:522a
FRANKLIN, C.L.
3:164a
FRANKLIN, F.A. (COOK)
2:160b
5:332a
FRANKLIN, K.J.
1:109a, 246a, 265a, 447a, 542b,
543a(3), 545a
2:114b(3), 176a, 734b
3:298a, 394b, 426b(2), 427a, 427b,
445a(3)
5:162b, 547a
FRANKLIN, K.J. (BARCLAY)
3:455a
FRANKLIN, P.
2:194a
3:131b
FRANKLIN, W.S.
3:44b
FRANZ, S.I.
3:343a
FRANZ, V.
1:500b
3:288a, 341b, 432a
FRANZ, W.
1:381b
FRANZIS, E.
1:169a
5:306b
FRASER, C.C.
3:135a
FRASER, E.D.H.
5:490b
FRASER, H.M.
2:203b
4:29b
FRASER, J.G.
1:274b
FRASER-HARRIS, D.F.
1:264b(2), 543a
2:83b
3:473a, 504b
5:70b
FRATI, C.
2:139a
FRATI, L.
1:22a, 242a, 520a
FRAYSER, B.H.
2:712a
FRAYSSE, C.
3:505a
FRAZER, G.L.
3:585a
FRAZER, J.G.
2:290b(2), 327b
3:87b, 88a(7), 350a, 513b
4:8b(3), 78b, 169b, 261a, 261b, 262b,
264b, 265b, 269b, 271b
FRAZER, W.M.
3:411a
FRAZIER, A.H.
1:559b
3:241b
5:337a
FRAZIER, C.N.
3:377a, 465a
FRECH, F.
3:587b
FRECHET, M.
1:48b, 205a
3:122b, 131b, 132a, 132b
5:197a
FRECHKOP, S.
4:44a
FREDBARJ, T.
2:97b, 99a(2), 604a
5:217b
FREDEN, G.
5:11a

FREDERICQ

FREDERICQ, L.
2:583b
3:428b
FREDERIX, P.
1:331b
FREDERKING, H.
3:11b
FREDGA, A.
2:446b, 447a
5:277b
FREE, E.E.
3:300a
FREE, J.P.
4:43b
FREEBURY, H.A.
3:100a
FREED, A.
4:440b
FREEDMAN, B.
2:630b, 767b
5:376a
FREEDMAN, P.
3:49b
FREEMAN, A. (FITE)
3:254a
FREEMAN, A.W.
3:408b, 410a
FREEMAN, E.
2:296a
FREEMAN, J.F.
2:452a, 663b
4:277a
FREEMAN, J.T.
2:382b
3:457b
5:70a
FREEMAN, K.J.
4:145a
FREEMAN, L.
4:273b
FREEMAN, L.R.
3:259b
FREEMAN, M.B.
1:374a
4:356b
FREEMAN, S.E.
5:151b, 521b
FREEMAN, T.W.
3:244b
FREEMAN, W.
2:199a
5:246b
FREEMAN-GRENVILLE, G.S.P.
4:264a
FREERKSEN, E.
2:274b, 583b
FREETH, F.A.
2:251a
FREIDSON, E.
3:418a
FREIESLEBEN, H.C.
1:456b
2:635a
3:206b, 249b
FREIMAN, L.S.
1:285b
FREIMANN, A.
4:369a
FREIMARK, H.
2:407b
FREIRE-MARRECO, B. (ROBBINS)
4:274b
FREISE, F.
3:576b
4:14b, 446b

FREISE, F.W.
3:563b
FREITAG, C.R.
2:121b
FREITAS, J. DE
1:368b
5:37a, 42b
FREMANTLE, C.H.
1:440a
FREMERSDORF, F.
4:159a
FREMERY, N.C. DE
1:440a
FREMONT, C.
4:160b
FREMONT, J.C.
1:440a
5:481b
FRENCH, C.A.
3:234b
5:507b
FRENCH, F. (CABLE)
3:263b(2)
FRENCH, J.C.
1:595a
2:122a
5:365a
FRENCH, J.M.
2:184b
FRENCH, J.W.
1:111a
FRENCH, R.A.
3:247a
FRENCH, S.J.
2:52b, 55b, 353b
5:207a
FRENK, A.M.
1:612b
FRENK, A.M. (FRANKFURT)
1:611a
3:161a
FRENK, E.
1:207b
2:776b
5:253b, 263b
FRENKIAN, A.M.
4:20b
FRENKIEL, F.N.
2:741a
5:304b
FRENTZEL, H.
1:519b
5:131a
FRENZEL, E.
2:271b
5:7b
FRERI, M.
1:92b
FRERS, E.
2:401a
FRESA, A.
1:160b
FRESHFIELD, D.W.
2:442b
FRESHFIELD, E.H.
5:92a
FRESOW, B.
1:497b
FRETAGEOT, M.D. (MACLURE)
1:441a
5:304a
FRETZ, D.
1:481b
5:87b

FREUD, S.
2:74b(2)
3:351b(3), 437a(4), 438a
FREUDENBERG, K.
3:185b
5:511b
FREUDENBERGER, H.
2:771b
5:292b
FREUDENTHAL, E.
2:639b
FREUDENTHAL, H.
1:374b, 474a
2:5a, 67a, 68a, 228a, 373a(2)
3:89b, 108a(2), 127a, 127b(2), 141b, 142a, 147b, 600b
5:111b, 536b
FREUND, G.
5:429b
FREUND, H.
3:285b
FREUND, H. (SCHMID)
2:95a
FREUND, L.
2:411a
3:498a(2)
FREUND, W.
4:298a
FREUNDLICH, E. [FINLAY-FREUNDLICH, E.]
1:376b
3:152b, 217b
FREUNDLICH, H.
2:259b
3:192b
FREUNDLICH, M.M.
3:163a, 166a
FREUNDORFER, J.
1:652b
4:165b
FREY, G.
3:44b
FREY, H.
1:368a
5:159a
FREY, J.B.
4:82b
FREY, K.
1:267a
FREY, M.
2:182a
5:380a
FREY, W.
2:432b
FREY-WYSSLING, A.
3:296b
FREYBERG, B. VON
2:63a
3:232b
FREYTAG, B.
3:109a
FREYTAG, L.
1:480a
FREYTAG, L. (RIEPPEL)
3:156a
FRIANT, M.
1:44a
2:727b
3:297a
FRIBERG, N.
1:207a
5:133b
FRIC, R.
2:54a, 55b(2)
5:290b

FRICHET, H.
4:235a
FRICK, B.M.
2:234a, 394b, 484a(2), 683a
3:102b, 219b
5:14a
FRICK, G.N.
1:233a(2)
FRICK, H.
1:82b, 483a
FRICK, K.
1:293a(2)
2:28a, 385a
3:197b
5:213a
FRIDMAN, V.G.
2:228b
5:117b
FRIED, B.M.
1:316b
2:164b
3:319a
5:352b
FRIEDBERG, S.A.
2:630b
5:258b
FRIEDELL, E.
3:3a
FRIEDENWALD, H.
1:35b(2), 47b, 78b, 109a, 193a, 199a, 215b, 348b, 443b, 482b, 581a, 633a
2:38b(2), 114a, 131b, 147b, 192a, 219a, 240a, 397a, 437b, 439b, 449a, 535a, 592a, 646b, 700a, 725b, 771a
3:387b(3), 402b, 439b
4:79b, 335a, 418a, 438a
5:49b, 54b, 56a, 57a, 58a, 67a, 72b, 80b, 151b(2), 151b, 152a, 247b, 371a, 384a, 496a, 544b
FRIEDENWALD, J.
2:37a
3:491a(2), 496b
FRIEDERICHS, H.F.
4:25b
FRIEDERICHS, K.
3:299a
FRIEDERICI, G.
3:259b
4:261a, 269b
5:36a, 37a
FRIEDLAENDER, I. (ALFANO)
3:237a
FRIEDLANDER, A.M.
4:76b
FRIEDLANDER, I.
2:132a
FRIEDLANDER, P.
2:21a, 117b, 316b, 324b, 329b
4:113a, 148a
FRIEDMAN, E.S. (FRIEDMAN W.F.)
5:109a
FRIEDMAN, E.S. (FRIEDMAN, W.F.)
2:469a
FRIEDMAN, H.B.
1:175a
5:326a, 452b
FRIEDMAN, H.B. (WHITE)
1:250a
2:636a
5:328a
FRIEDMAN, J.
3:231b
FRIEDMAN, J.S.
3:596b

FRIEDMAN, L.M.
1:516a
3:357b
FRIEDMAN, R.
1:171b(2), 243b
2:163b, 203b, 209b, 213a(2), 391b(2), 396b, 524a, 624b
3:479a(6)
4:94b, 237a, 423a
5:166b, 269a(2), 398a(2)
FRIEDMAN, W.F.
2:469a
5:109a
FRIEDMANN, G.
3:550b
FRIEDMANN, H.
3:327b
FRIEDRICH, A.
4:265b
FRIEDRICH, C.J.
3:57b
5:101b
FRIEDRICH, H.
1:299a
FRIEDRICH, J.
3:612b
4:23a, 72b, 74b
FRIEDRICH-FREKSA, H.
2:711b, 722a
3:295a
FRIEDRICK, W.
2:410b
FRIEND, J.L.
4:228a
FRIEND, J.N.
1:304b, 403b
3:187b
4:31b(3), 160b
FRIEND, J.N. (MEYER)
1:403b
2:409b
5:119a, 205a
FRIEND, J.W.
3:35a(2)
FRIES, R.E.
1:131b
2:95a, 97b, 763b
3:307a
5:233b
FRIES, S.
2:97b
5:233b, 235b
FRIESE, A.
5:165b
FRIESENHAHN, P.
4:108a, 165a
FRIESER, R.
3:196a
FRIK, F.
3:406a
FRINGS, H.J.
1:254b
3:382a
4:166a
FRISCH, K. VON
2:498b
3:285a, 533a
FRISCHAUF, J.
3:208b
FRISCHEISEN-KOHLER, M.
3:45b
FRISK, G.
2:244b
FRISON, E.
1:251a, 327a, 475a, 568b(3)

2:393b, 475b, 491b
3:163a(2)
5:206a, 319a(3), 354a, 356a, 428a
FRITZ, F.
1:590a
2:454b
3:582a
5:180b, 212a, 295a
FRITZ, J.
1:163b, 402a
2:411a, 520b, 523b
5:57a, 69b, 254b
FRITZ, K. VON
1:59a, 328b(2), 348a, 573a, 592a
2:327b, 328b, 534b, 539a
4:101b, 102a, 104b, 106b, 107b, 110b, 133b, 141a, 144a
FROBENIUS, L.
3:265b, 331b
4:265b(2)
FROBOESE, C.
2:594b
FROEHLICH, A.
2:34b, 419a
5:222a
FROEHNER, R.
1:7a, 423b, 552b, 615b
2:1b, 311b, 617b, 646a
3:472b
4:29a, 49b, 65b, 73b, 137a, 290a, 358b, 426b, 427a(2), 427b
5:86b, 174a, 280b, 283a
FROGER, F.
5:140b
FROGGATT, P.
1:371a, 419a
2:526b
3:449b
4:182b, 345a
FROHLICH, L.W.
3:503b
FROHN, W.
3:469b, 470a(3), 473b
FROLOV, Y.P.
2:290b
FROMM, E.
1:441a
3:97a
FRORIEP, A. VON
2:449a
FROSCHELS, E.
4:46a
FROST, E.B.
3:202b
FROST, H.
4:30b
FROST, W.
1:96b
FROST, W.H.
3:467b
FROTHINGHAM, A.L. (STURGIS)
3:587a
FRUCHAUD, H.
3:487a
FRUIN-MEES, W.
1:437b
5:139b
FRUMKIN, M.
3:550b
5:176a
FRY, H.S.
3:180b
FRY, T.C.
3:109a

FRYDE, M.W.
2:476b
FRYE, R.N.
2:208a
4:383a
FRYE, R.N. (BLAKE)
1:622b
FRYXELL, F.
2:728a
3:230b
FUBINI, G.
1:147b, 377b
3:149a
FUBINI, G. (CONTI)
1:147b
FUCHS, A.
3:439b
FUCHS, C.F.
3:461a
5:547a
FUCHS, C.H.
1:326b
5:85b
FUCHS, F.
2:411a, 688a
3:159a, 463a, 568a
4:381b
FUCHS, H.
1:81b
FUCHS, H.P.
2:165a
5:234b
FUCHS, J.
4:47b
FUCHS, W
4:247b
FUCHS, W.
1:255a
2:710a
4:216a, 221b, 230a(5), 235b
5:515b
FUCHSEL, M.
3:563a
FUCHTBAUER, H.R. VON
2:246b
FUCK, J.
1:153a, 619a(2)
4:169b, 387a(2), 434b
FUENTES GUERRA, R.
3:3a
FUERTES, L.A.
3:535b
FUESS, C.M.
2:664b
3:615b
FUETER, E.
1:139a, 397b
2:184b, 222b
3:7b, 10b, 75a, 104b, 604a, 605b
5:107b, 192b, 284a, 306a, 519b
FUETER, R.
1:394b
FUHNER, H.
2:642a
4:140a
FUHRKOTTER, A. (SCHRADER)
1:571b
FUHRMANN, M.
4:87b
FUHRMANN, O.W.
1:523b(2)
FUJIKAWA, Y.
4:252b(3), 253a, 253b
FUJINAMI, G.
4:234b

FUJIWARA, J.
4:248a
FUJIWARA, M.
4:249b
FUKAGAWA, S.
4:252b
FUKUKITA, Y.
4:254a
FULCANELLI,
4:313b
FULCHIGNONI, E.
2:139a
5:158a
FULD, E.
1:591a, 591b
4:99a, 123b
FULLER, B.A.G.
4:103b
FULLER, H.C.
3:499b
FULLER, H.M.
2:775a
3:83b
FULLER, J.F.C.
3:601b
FULLING, E.H.
3:314a, 523a, 527a(2), 529b, 530b
5:282a
FULLMER, J.Z.
1:322b(2), 323a(2)
5:123a, 404a
FULOP-MILLER, R.
2:710a
FULTON, A.S.
1:615a, 627a
2:518a
4:416b
FULTON, G.
3:603b
FULTON, J.F.
1:26b, 33b, 96b, 103a, 182b(3), 183a(2), 183b, 217b, 231b, 242a, 300b(2), 346a(3), 352b, 380b, 422b, 449a, 467b, 477b, 539a
2:23a, 46b, 55b, 56a, 81b, 92a, 114b, 154a, 162b, 202a, 219a, 257a, 257b, 352a(2), 441a(2), 465b, 473a(2), 477a, 478b, 581a(2), 583b, 588a, 633a, 700a, 750b, 772a, 775a(3)
3:17a, 64b, 68b(2), 70a, 367a, 367b, 369b, 383b, 426b, 427a, 430a, 431a(4), 432a, 433a, 482a, 490a(2), 493a
5:52a, 66a, 88b, 165a, 190b, 241b, 255a, 255b, 258b, 259b, 279b, 303b, 380b, 381b(2), 404b, 470a, 504a, 531b
FULTON, J.F. (BAUMGARTNER)
1:430b
FULTON, J.F. (HOFF)
2:664a
3:428a, 482a
5:379a, 438a, 459a
FUNCK-BRENTANO, M.
2:144a
FUNCK-HELLET, C.
5:16b
FUNG YU-LAN
1:255a
4:221a(3)
FUNK, C.
1:595a
3:287b
5:349a
FUNK, W.
1:165b

FUNKHOUSER, H.G.
2:333b
3:121b, 132b
4:307b
5:201b
FURBER, H.
1:447a
2:213b
5:295a, 431a
FURFARO, D.
1:493a
2:144a
5:392a
FURLANI, G.
1:65a, 66a(2), 89a, 92a, 110a, 333b, 393a, 490a, 606b, 618b, 630a
2:345b, 362a, 363a, 600a, 642b
4:173b, 174a(3), 329a, 392b, 411a, 414a
FURMAN, S.
5:89a
FURNAS, C.C.
3:45b, 570a
FURNESS, C.E.
2:186a, 624a
FURON, R.
3:265a
FURST, A.
3:588a
FURTH, E.
2:477b
5:401b
FURTH, R.
1:193a
FURUKAWA, T.
4:249a
FUSSELL, G.E.
1:420b
2:145a
3:521b, 523b, 524b, 525a, 526a
5:87a, 174b, 220a, 281a(4), 281b, 353b, 466a, 476a, 493a
FUTCHER, P.H.
3:455b, 477b
FYOT, E.
2:235a
GABB, G.H.
1:379b
5:22b
GABBA, L.
1:281b
2:448b(2)
5:222b, 502a
GABBI, U.
1:76a
5:161a
GABEL-JORGENSEN, -.
2:383b
3:268a
GABELLI, V.
3:425a
5:63a, 501b, 546a
GABIUS, P.
3:160a
GABRA, S.
4:39a, 109b
GABRIEL, A.
2:340a
4:176b
GABRIEL, A.L.
2:737b
4:369b, 370b(2)
GABRIEL, M.
3:277a
GABRIEL, R. (PARISOT, J.)
3:448a

GABRIEL, R.H.
  3:552a
  5:416a
GABRIEL, R.M.
  3:104b
GABRIELI, F.
  1:614b, 625a
  2:17b
  4:383a, 385b, 389b, 409b
GABRIELI, G.
  1:33a, 85a, 87b, 214b, 239b(2), 307b,
    411a, 465b, 551a, 606b, 624b
  2:132a, 387a, 432a, 453b, 659b(5)
  3:77a
  4:328a, 384b, 386b
  5:104a, 107b, 138b, 141b, 482a
GACHET, P.
  1:448a
GADAMER, H.G.
  1:59b
GADD, C.J.
  4:61b, 70a
GADD, C.J. (SMITH)
  4:56a
GADDONI, S.
  2:572b
GADDUM, J.H.
  3:500a
GADE, J.A.
  1:187a
  4:325b
GADEAU, R.
  3:575b
GADELIUS, B.
  2:626a
  5:64b
GADSDEN, P. (TAYLOR)
  3:482b
GAFAFER, W.M.
  1:346a, 426a, 491b
  2:122a, 268b
  5:170b, 258b, 375b
GAFFIOT, F.
  1:256a
  4:146b
GAGARIN, E.I.
  3:566a
GAGE, S.H.
  2:486a
GAGER, C.S.
  2:691b, 773a
  3:62b, 305a, 308a(2), 526a(2)
GAGNEBIN, E.
  2:616a
GAGNEBIN, S.
  1:336b
GAGNEBIN, S. (ISCHER)
  3:74b
GAGNER, A.
  4:148b
GAIDUK, I.M.
  1:638a
  5:311b
GAILLARD, C.
  4:50a
GAIN, M.
  1:244b
  3:268b
GAINSBOROUGH, C.W.F.N.
  (HORWOOD)
  3:311b
GAISER, K.
  2:327b
GAISINOVICH, A.E.
  1:318a, 543a, 545b

  2:163b, 164a, 164b, 169a, 291a, 635b(3)
  3:318b
  5:349b
GAIT, E.A.
  1:513b
GAJDA, Z.
  2:286a, 594b
GAL, L.
  4:365a
GALAMBOS, R.
  2:494b
  5:360a
GALBIATI, I.
  1:508b
  2:261a
  4:158a
GALBRAITH, G.R.
  2:688b
  4:299a
GALCHENKOVA, P.I.
  2:714b
  5:311a
GALDI, F.
  1:256b
  4:155a
GALDI, M.
  1:164b
GALDSTON, I.
  1:231b, 333a, 373a(2), 442a(2), 443a(2)
  2:257b, 275b, 449b, 492a, 730b
  3:29a, 262b, 361b, 365a(2), 372a, 373b,
    379b, 380a, 382a, 382b, 391b,
    408b(2), 409b(2), 412a, 414a, 416b,
    433b, 434b, 435a, 437a, 438a, 438b,
    461a(2), 462a, 466a, 476a, 516b(2),
    517a
  5:64a
GALE, H.G. (MILLIKAN)
  3:135b
GALE, W.K.V.
  2:762a
  3:573b, 574b
  5:420a, 428b
GALEOTTI-HEYWOOD, E.
  4:149a
GALIMBERTI DE CARBAJO, L. (RUIZ
MORENO)
  1:454a
  4:136b
GALL, F.J.
  2:511b
GALL, P.
  1:241a
  2:158b, 346b
  5:68b, 162a, 162b
GALLACHER, S.A.
  3:469a
GALLAND, P.
  4:339a
GALLAND, P. (LAIGNEL-LAVASTINE)
  2:113b
  4:340b
GALLAS, T.
  3:370a
GALLASSI, A.
  1:132b, 260a, 632a
  2:139a, 347a, 437b, 750b
  3:418a
  4:132a, 153b
  5:156a
GALLEGO, A.
  3:430a
GALLEN, J.
  2:688b

GALLENKAMP, C.
  4:276a
GALLI, M.
  2:68a
  5:117b
GALLI, P.
  2:597b
  5:70a
GALLICHAN, W.M.
  3:351a
GALLIOT, A.
  2:277b
  5:74b
GALLO, R.
  1:217b, 423a
  3:251b
  5:30a, 32a, 33b, 506a
GALLOIS, P.
  2:37a, 290a
  4:379a
  5:53b, 276b, 390b
GALLOT-LAVALLEE, P.
  1:267a
  5:252b
GALLOWAY, E.
  5:420b
GALLOWAY, J.
  2:754a
GALLOWAY, J.J.
  3:321a
GALPIN, F.W.
  3:592b
  4:62a
GALT, H.S.
  4:246a
GALVAO, A.
  5:35a
GALVAO, D.
  1:32a, 218a
GALVEZ-CANERO, A. DE [GALVEZ-
CANERO Y ALZOLA, A. DE]
  1:378b(2)
  3:575b
  5:453a
GALVEZ-RODRIGUEZ, E.
  4:418b
GAMARD, -. (LAVIER)
  2:41a
  5:167b
GAMAS, A.
  3:466a
GAMBAROV, A.I.
  5:178a
GAMBLE, W.T.M.
  3:75a
GAMBRELL, H.
  1:657b
GAMER, H.M. (MCNEILL)
  4:331a
GAMMERMANN, A.F.
  4:182b
GAMOW, G.
  3:135a(2), 169a, 210b, 215b, 567a
GANDEVIA, B.
  1:449b, 574a
  2:48a
  3:407a(2)
  5:148b
GANDHI, J.M.
  1:413a
GANDILLAC, M. DE
  1:19a, 299a, 300a
  5:7a
GANDILLOT, M.
  3:158a

GANDOLFO, C.F.
  3:365a
GANDOLPHE, M.
  4:10b, 11a
GANDZ, S.
  1:4b, 171a, 221b, 349a, 393a, 564a, 602a, 628a
  2:6a, 17b, 18a, 133b, 134a, 217a, 333b, 429b
  3:111a, 121b, 129a, 611b(2)
  4:5b, 20b, 22a, 29b, 58b(2), 60b, 75b, 76a(3), 76b(3), 77a(8), 77b, 78b, 83a, 83b, 107b, 286b(3), 308b, 394b, 395a, 395b(3), 396a(2), 397a, 438b, 439a, 441b
GANGOLY, O.C.
  2:74a
GANGOPADHYAY, R.
  4:208b
GANGULI, S.K.
  1:74b(5), 146b(3), 188a
  3:119a
  4:59b, 191a, 192a, 192b(3), 193a(4), 193b, 278b
GANIERE, P.
  1:288a, 288b
  2:213a, 657b
GANN, T.W.F.
  3:260b
  4:276a, 277a(2)
GANONG, W.F.
  1:288b
  3:254a
  5:32a
GANS, R.
  3:136b
GANSHOF, F.L.
  1:26a, 245b(3), 373b(3)
  2:256a
GANSSER, A.
  3:586b
GANSSER, A. (HEIM)
  3:270a
GANSZYNIEC, R.
  1:22a, 280b, 521a
  2:505b
  4:123b, 130b, 351b, 352a
GANT, C.G.
  3:69a
GANTZER, -.
  2:148b
GANZENMULLER, W.
  1:636a
  2:721b
  3:196a, 198a(2), 540a
  4:302a, 313a(2), 328a, 355a, 363b(2), 400b
  5:19b, 20a, 122b, 467b
GANZINGER, K.
  1:446a
  5:277b, 406b, 407a, 548b
GANZINGER, K. (ZEKERT)
  3:505b
GAOS, J.
  2:134a
GAPOSCHKIN, C.P.
  See PAYNE-GAPOSCHKIN, C.
GAPOSCHKIN, S.
  1:593b
  2:228b(2)
GARATE, J.
  1:648b
  5:267b
GARAUDY, R.
  1:333a

GARBATY, T.J.
  4:351a
  5:448b
GARBE, R.
  4:190a
GARBEDIAN, H.G.
  1:374a
  3:3a
GARBER, C.
  2:153a
  5:419b
GARBERS, K.
  1:153a(2)
  4:169b, 387a
GARBERS, K. (RUSKA)
  1:636a
  2:389a
  4:426b
GARBETT, L.G.
  1:120b
  5:333a
GARBINI, A.
  3:319b
GARBOE, A.
  1:112b(2), 254a
  2:26b(2), 169a, 335a, 505a, 638a
  3:231b, 513b
  4:152b
  5:130a, 144b, 181b, 232b(2)
GARCIA CHUECOS, H.
  3:393b
GARCIA DE BRITO, R.
  4:20a
GARCIA DE ZUNIGA, E.
  2:67a, 222b
  3:133a
GARCIA DEL REAL, E.
  3:361b, 401b
  4:338b
GARCIA FRANCO, S.
  3:208a
GARCIA GOMEZ, E. [GOMEZ, E.G.]
  1:77a(2), 506b, 529a, 618b, 623a(2), 628b
  2:85a, 703b, 399a
  4:390b, 427a
GARCIA Y BARBARIN, E.
  3:613a
GARCIA, A.B.
  1:212a
GARCIA-LUQUERO, C.
  3:458a
GARCON, M.
  3:386a
GARCON, M. (VINCHON)
  3:439a
GARDEDIEU, A.
  3:23a
GARDENGHI, G.
  1:122a
GARDET, L.
  1:87b
GARDINER, A.H.
  2:305a, 673b
  3:611b, 612a
  4:33b, 35a, 36b, 37a(2), 41b, 42a, 55a(2), 55b(2), 77b(2)
GARDINER, A.H. (BUCK)
  4:37a
GARDINER, D.
  3:617a
GARDINER, E.N.
  4:93a, 131b, 145b
GARDINER, H.M.
  3:345a

GARDINER, J.S.
  1:109a, 181a, 570a
  2:155a
  3:276a, 321b, 514a
  4:260a
GARDINER, P.
  3:606a
GARDNER, A. TEN E.
  1:255b, 604b
  5:340b
GARDNER, B.B. (DAVIS)
  3:357a
GARDNER, C.S.
  4:215b, 216b, 245a
GARDNER, E.M.
  3:565b
GARDNER, E.W. (CATON-THOMPSON)
  4:34a, 42b
GARDNER, F.T.
  1:265a
  2:45b, 350a, 551a
  5:273b, 275a, 367a, 377a, 478b, 502b(2)
GARDNER, G.B.
  4:151b
GARDNER, J.A.
  2:579b
GARDNER, L.I.
  2:764a
  3:274a, 371b
GARDNER, M.
  3:88a, 131b
GARDNER, M.R. (DAVIS)
  3:357a
GARDNER, P.
  4:33a, 105b
GARDNER, W.D. (BAST)
  1:583a
GARDNER, W.M.
  3:579b
GARDTHAUSEN, V.
  4:145b
  5:498b
GARFIELD, E.
  3:24b
GARFINKLE, N.
  5:191a
GARGAZ, P.A.
  1:436a
GARIN, E.
  1:584a
  2:77a, 313a
  4:305b
  5:12a
GARLAND, H.
  3:346b
  4:52b
GARLAND, J.
  2:261a
GARNER, H.V.
  3:525a
GARNER, V.C. (KRUMBHAAR)
  2:681b
  3:474b
GARNER, W.E.
  1:433b
GARNETT, C.B.
  2:4b
GARNETT, H.
  1:304b
GARNIER, B.J.
  3:265b
GARNIER, F.
  1:200a

GAROFALO, F.
3:487b, 493a
GAROSI, A.
1:106b, 130a, 230a
2:47a, 154a, 312b, 367a, 461b, 464b
3:400b
4:337b, 351b, 445b
5:51b
GARRAGHAN, G.J.
3:605b
GARRATT, G.T.
4:184b
GARREAU, A.
1:97b
GARRETT, A.B.
3:29a
GARRETT, J.A. (WREN)
3:124b
GARRISON, F.H.
1:96b, 150a, 158a, 238a, 425a, 637b(2)
2:81b, 107a, 238a, 257b(2), 366a, 380b, 423a, 486a, 503b(2), 584a, 585a, 728b
3:278a, 361b, 368b(3), 370a(3), 371b, 372a, 375b, 379b, 395b, 401b, 404a, 412b, 428b, 431b, 443b, 445a, 449a, 460b(2), 466a, 476b, 479b, 480a, 491b, 496b, 552a
4:130b, 178b, 202a, 334a, 445b
5:51b, 242b, 246b, 273a, 274a, 372a, 445a, 519a
GARRISON, F.H. (GORGAS)
2:416a
GARRISON, F.H. (MITCHELL)
1:150a
GARRISON, F.H. (VIETS)
2:366a
5:381a, 481b
GARRISON, F.H. (VOYNICH)
4:342b
GARROD, A.E.
3:365a
GARRY, J.G.
1:631a
4:36b
GARRY, R.C. (CATHCART)
2:393b
GARSTANG, J.
4:71a, 71b, 79a
GARSTANG, W.
2:637b
GART, P.
1:592a
GARTMANN, H.
3:540a(2)
GARTMANN, J.
1:38a
GARVAN, A.N.B.
3:120a
GARVER, R.
5:310b
GARZON, W.P.
1:288b
GASBARRINI, A.
3:401b
5:390b
GASELEE, S.
1:642a
2:216b, 298b
GASIOROWSKI, S.J.
4:290b
GASK, G.E.
1:13b, 371a, 574b, 658b
2:267b, 349a, 411b, 417b, 661b, 681a, 685b, 686a
3:361b, 418a

4:128a(2), 131a, 152b, 336a
GASKIN, L.J.P.
1:171a, 233b(3)
3:332a
5:358b
GASKING, E.B.
2:168b
GASON, P.
2:37a
5:128a
GASPARRINI LEPORACE, T.
4:357a
GASPERINI, C.G.
1:114a, 207a
2:70b
4:331b
GASSENDI, P.
1:187a
GASTER, M.
4:330b
GASTER, T.H.
4:19b
GATEAU, A.
1:624b
4:413a
GATENBY, J.B.
2:765a
3:317b
GATES, J.
4:218b
GATES, P.W.
5:410b
GATES, R.R.
2:603a
3:335b
GATES, W.
4:284a
GATHORNE-HARDY, G.M.
4:324b
GATIN, C.L.
3:303a
GATLAND, K.W.
3:561a, 566b, 602b
GATTAI, R.
1:116b
2:128a, 405b
5:166b, 397b, 547b
GATTEFOSSE, J.
1:661b
3:271b, 347b
4:161a
GATTEFOSSE, R.M.
3:271a
GATTERER, A.
3:93b, 348a
5:535b
GAUCHET, L.
2:33a
4:223a, 224a
GAUDEFROY-DEMOMBYNES, M.
4:389a(2), 391a, 411b
GAUDEFROY-DEMOMBYNES, R.
3:617b
GAUDERBERT, G.L.
3:490b
GAUDIN, A.M.
1:626a
4:430a
GAUJA, P.
2:658a(3)
5:306a
GAUL, H.A.
1:189b
GAUL, J.H.
4:15a

GAUL, L.
1:23b
2:332a
GAULLIEUR L'HARDY, A.
1:288b
GAULTIER, J. DE
2:374a
5:308b
GAUPP, E.
2:617a
GAUSE, G.F.
3:289a, 293a
GAUSSEN, I. (RAMADIER)
2:679a
3:419b
GAUT, R.C.
3:523b
GAUTHIER, H.
1:505b
3:222b
GAUTHIER, L.
1:85a, 207a, 264b
2:20b, 113b
4:392a, 392b, 393a, 426b
GAUTHIER, P.
2:127a
5:208a
GAUTHIEZ, P.
1:233a
2:74a
GAUTHIOT, R.
4:190b
GAUTIER, A.
2:412a
GAUTIER, E.F.
1:444b
3:265b
4:390b, 415a
GAUTIER, H.
1:181b, 364a
2:501b
5:327b
GAUTIER, L.
3:505a
GAUTIER, P.
2:404a
5:396b
GAUTIER, R.
2:443b
GAUTIER-VIGNAL, L. [VIGNAL, L.G.]
1:385a
2:313b
GAVALA Y LABORDE, J.
2:152b
5:237b
GAVIRA, J.
5:220a
GAVIT, J.P.
3:415a
GAVRILOV, M.
4:183a
GAVRILOVA, S.A.
2:172b
GAW, H.Z.
4:238b
GAY, F.P.
2:493a
3:378a
GAY, J.H.
1:258b
GAY-WINN, N. (EIGSTI)
2:300b
5:351b
GAYNOR, F.
3:567a

GAYNOR

GAYNOR, F. (FODOR)
1:443a
3:437b
GAYNOR, F. (PEI)
3:611a
GAYNOR, F. (SPITZ)
3:202b
GAYTHORPE, S.B.
1:596a
5:127a
GAZIS, D.C.
1:50a
GEANAKOPLOS, D.J.
4:373a
5:6a
GEBAUER, C.
5:240b
GEBHARD, B.
3:411b(4)
GEBHARDT, L.
3:327b
GEBHARDT, M.
1:497b, 498b
3:105a
GEBHARDT, M. (WITTING)
3:104a
GEBHARDT, O.
3:190b
GEDDA, L.
1:47b, 78a, 472b
2:44a
3:455b
5:77b
GEDDES, L.A.
2:118a(2)
GEDDES, L.A. (HOFF)
1:507b
2:157a, 199b, 265a, 348a, 621b
3:86b, 428b(2), 429a, 432a, 446a
5:217b, 256a, 379a, 444b
GEDDES, P.
1:177b
GEDEONOV, D.D.
1:475b
2:596b
GEDO, J.E.
3:438b
5:383a, 445a, 457a
GEE, J.A.
2:119b
GEER, P. VAN
1:612a
5:115a
GEERS, F.W.
4:66a
GEFFCKEN, J.
4:87b, 98a
GEHENIAU, J.
1:374b
GEHLKE, C.E.
1:366b
GEHMAN, H.S.
2:132a
GEHRCKE, E.
3:142a, 150a
5:453a
GEIGER, B.
4:177a, 179b
GEIGER, F.
2:310a
GEIGER, H.
2:428a
3:153b
GEIKIE, A.
2:180b

4:151b
GEIL, W.E.
5:541b
GEILER, H.
3:234a
GEIRINGER, E.
2:376a
GEIRINGER, H.
3:37a, 107a
GEISBERG, M.
1:515a
5:95a(2)
GEISE, J.
3:557b
GEISER, B.T. (GEISER, S.W.)
3:10b
GEISER, S.W.
1:167b(2), 208a, 216a, 291b, 298b,
    424a, 492b, 522b, 568b, 570a, 600b
2:6a, 8b, 117b, 157a, 194b(2), 216a,
    383a, 422b, 427a, 487a, 511b, 578b,
    594a, 607a, 637a, 639a, 640b, 764a
3:10b, 69b, 185a, 246a, 284a, 305a,
    390a, 390b, 523a
5:229a, 303b(2), 333b, 334b, 335a,
    339b, 344b, 346b(8), 355a(3), 359a,
    359b, 410b, 411a, 425a, 429b, 477b,
    528b
GEISER, S.W. (DAY)
2:487a
5:339b
GEISLER, K.W.
3:536a(2)
GEISMAR, E.
2:19a
GEIST, H.
2:463a
4:146a
GEITEL, M.
3:540a
GEL'FOND, A.O.
1:396a, 396b
GEL'MAN, N.S. (OPARIN)
3:308b
GEL'MAN, N.S. (SISAKIAN)
3:308b
GELATT, R.
3:599a
GELB, I.J.
3:610a
4:72b(2)
GELDEREN, D.N. VAN
5:376b
GELEY, G.
3:346b
GELFAND, M.
3:411b
4:266a
GELIS, E. (CHAPUIS)
3:591a
GELLA, A.
2:517b
3:356b
GELLERT, J.F.
1:603a
GELLHORN, W.
3:58b
GELLNER, G.
1:173a
5:170a
GELMAN, N.S.
See GEL'MAN, N.S.
GELZER, M.
4:162b

GEMAYEL, -.
1:617b
4:423a
GEMAYEL, A.
4:79a
GEMELLI, A.
2:694a
3:46b, 62b
GENDRON, V.
1:602b
GENELLIS, M.F. DE
3:532b
GENET, J.
4:268b, 276a
GENEVOIS, L.
1:559b
3:286a
GENEZ, A.
3:600a
GENICOT, L.
3:557b
GENIL-PERRIN, G.
2:332a
3:457b
5:64a
GENIL-PERRIN, G. (VALLON)
2:478b, 646a
5:71a, 167b
GENNEP, A. VAN
3:336b, 351b, 438a
4:53b, 432b
5:239b, 362b
GENOUILLAC, H. DE
4:70b
GENOVIE, L.
1:206b
5:33b
GENSCHEL, R.
1:319a
GENT, W.
3:147b(2)
GENTIL, K.
1:34a
2:413a
5:318b, 428b
GENTILE, F.
2:280b
GENTILE, G.
1:200b, 458a
2:74a
5:3a
GENTILI, G.A.
1:419a, 632a, 639b
2:481b, 525b, 657b, 682a
5:61a, 271b
GENTNER, G.
3:527b
GENTNER, W.
3:172a
GENTRY, C. (BROWNING)
1:198b
3:601b
5:431a
GENTY, M.
1:148a
2:417b, 442b
GENTY, V.
2:407b
GENTZ, L.
2:446b
GENUNG, E.F.
3:163a
GEOFFROY, E. DE (DOLLFUS)
3:557b

GEOGHEGAN, D.
  1:558b
  2:231a, 333a
  5:20b, 123b
GEOGHEGAN, R.H.
  4:276b
GEORG, E.
  4:19b
GEORGACAS, D.J.
  4:376b
GEORGE, A.
  1:194b
  2:428a
  3:54b, 174a
GEORGE, A.J.
  1:243b
  2:658a
  5:107a
GEORGE, F.
  1:540a
  5:28b, 221a
GEORGE, F.H.
  3:594a
GEORGE, K.
  3:336b
GEORGE, M.D.
  5:241a
GEORGE, P.
  5:122a, 208b, 524a, 524b
GEORGE, W.
  2:606b
  5:239b
GEORGE, W.H.
  3:38a
GEORGES-BERTHIER, A.
  1:205a, 333a, 338a
  2:216b, 494b
  5:156b, 231b
GEORGI, J.
  2:616a
  3:268a
GEORGII, W.
  3:226b, 560b
GEORLETTE, R.
  3:307a
GEORR, K.
  1:66a, 406a
GEORR, K. (KUTSCH)
  1:66a, 620a
  4:398a
GEPPERT, H.
  1:393b, 474a(2)
  2:187b, 658a, 660b
  3:128b
GERARD, J.P.
  2:246a
GERARD, L.
  1:428b
  2:138a
  3:136b
  5:202a, 315a
GERARD, P.
  2:511b, 631b
GERARD, R.W.
  3:280b, 281a, 284a
GERARDE, H.W.
  3:379a
GERBER, G.
  1:95b
  5:140b
GERBER, O.P.
  3:377b
GERBI, A.
  5:346a, 445b, 451a, 462b

GERCIKOV, M.G.
  3:583b
GERCKE, A.
  4:20a
GERECKE, E.
  1:569a
GERHARD, E.S.
  5:294a
GERHARD, G.A.
  4:136a
GERHARDT, K.I.
  2:64a, 64b, 284a
GERHARDT, O.
  3:467a
GERKAN, A. VON
  4:138b, 142b
GERLACH, H.
  4:27b
GERLACH, J.E.
  3:109a
GERLACH, K.
  3:339a
GERLACH, W.
  1:43a, 452b
  2:50b, 246b
  3:176b
  4:122b, 289b
GERLAND, E.
  3:135a
  4:372b
GERLITT, J.
  1:289a, 546a
  3:385a, 413a, 490a
  5:544a
GERLO, A.
  2:116b
  4:148b
GERMAIN, L.
  2:198b
  3:271b, 316a, 319b
GERMAIN, L. (BESNIER)
  3:271b
GERMANI, G.M.
  1:459b
  2:92a, 746b
  5:158b, 166a
GERMEZ, D.
  2:172b
GERNET, J.
  2:472b
GERNEZ, D.
  3:243b
  4:122b
  5:134b
GERNEZ, D. (DESTOMBES)
  1:157a
  5:134a
GERNSHEIM, A. (GERNSHEIM, H.)
  1:303b
  3:596b
  5:429a
GERNSHEIM, H.
  1:303b
  3:596b
  5:429a
GEROCARNI, B.
  1:222a
  2:139a
GEROLD, T.
  4:287b, 314a
GERONIMUS, I.L.
  1:244a
  2:88a
  3:158b
  5:316b

GEROULD, J.H.
  2:450a, 455b
  3:323a(3)
  5:352a
GERRESHEIM, E.
  2:172a
GERRITS, G.C.
  3:78a
GERSAO VENTURA, A.F.
  See VENTURA, A.F.G.
GERSCHEL, L.
  4:147b
GERSHENFELD, L.
  2:132a
  3:66a
GERSHENSON, D.E.
  1:39a(3), 59b(2)
  4:101b(2), 111b(2)
GERSHON-COHEN, J.
  3:462b
GERSHTEIN, J.
  2:136b
GERSTER, K.
  1:481b
GERSTINGER, H.
  4:109b, 380b
GERTZ, O.
  1:237a
  2:95a, 97a, 97b, 520b
  3:303a
  5:233b, 235a, 447b
GERVAIS, A.
  3:406b(2)
GERZ, O.
  2:695a
  3:240b
GESCHICKTER, C.F.
  3:455a
GESELL, A.
  2:2b
  3:456b
GESKE, H.H.
  2:172b
GESSFORD, N.L. (MACHT)
  2:416b
  5:376b
GESSLER, J.
  5:53b
GESSNER, O.
  4:352a
GETAZ, E.
  3:220b
GETMAN, F.H.
  1:157a, 175a
  2:196b, 383a, 395b(2)
GETTENS, R.J.
  3:582a
  4:24a, 183a, 210a
GETTENS, R.J. (DUELL)
  4:86b
GETTY, R.J.
  1:417b
  2:116a
  4:147b, 148b, 149a
  5:492b
GETZ, B.
  5:394b
GEURTS, P.M.M.
  4:124a
GEUS, A.
  1:104b
  5:144a
GEUSER, R. DE
  5:50b

GEWIN

GEWIN, E.
4:329b
GEWIRTH, A.
1:335b, 644b
2:150b
GEX, M.
2:428b, 623b
3:95a
GEYER, B.
1:23a, 24a
4:307a
GEYER, D.W.
3:563b
GEYL, A.
1:426b
5:67b
GEYMONAT, L.
1:457a, 461b
3:124a
5:103b
GEYMONAT, M.
1:386b
GEYMULLER, H. VON
2:520a
GEYSKES, D.C.
2:715a
3:425b
GEZE, J.B.
4:125b
GEZELIUS, B.
5:138b
GHALEB, K.O.
4:408b
GHALIOUNGUI, P.
4:44b, 47b
GHALIOUNGUI, P. (NAZIF)
1:616b
GHALLAB, M.
4:44a
GHANDY, J.
3:81b
GHASWALA, S.K.
3:575b
GHATAK, J.
4:208a
GHELARDONI PISANI, P.
1:460a
GHELERTER, I.
1:94a
GHELLINCK, J. DE
1:490a
2:306b, 694a
4:219b, 295b, 371a
GHEON, H.
2:540a
GHEORGHIU, C.
1:384a
5:373b
GHERSI, E. (TUCCI)
3:264b
GHEURY DE BRAY, M.E.J.
3:163b(4)
GHEUSI, M.
1:37b
GHIA, F.
2:459a
5:316b
GHIBELLINI, I.
2:185a, 272a
GHIM, W.
2:172b
GHINOPOULO, S.
4:94a
5:370b, 531a

GHIRSHMAN, R.
4:176a
GHISELIN, B.
3:29a
GHISLERI, A.
3:263a
GHOSH, A.K.
1:224a
2:704a
3:233a(2)
5:512b
GHOSH, J.
3:95a
GHOSHAL, U.N.
4:184b, 194a, 208b
GHUNAIM, M.A.AL-R.
4:434b
GHURYE, G.S.
4:201b
GIACHETTI, C.
1:204a
GIACOMELLI, R.
1:105b, 463a(2)
2:80b(6), 639b
3:158b
5:89b, 117b
GIALALOV, G.D.
1:153b
GIANELLI, C.
2:358a
GIANNELLI, G.
4:103a
GIANNITRAPANI, L.
4:123a
GIANNULI, F.
2:745b, 756b
3:435b, 436b
GIARD, A.
1:485a
GIARDINA, F.S.
2:234b
5:130b
GIBB, A.
2:11b, 203a, 531a
3:545a
5:285a
GIBB, H.A.R.
1:640b
2:123a, 146b, 416a, 435a
4:180b, 297a, 383b, 388a(2), 389b, 434b
GIBB, H.A.R. (ROSS)
1:102b
2:250a
GIBBES, J.H.
3:485a
GIBBON, J.H.
1:515b
2:206a
GIBBONS, C.H.
3:570b, 571a
GIBBONS, P.D.
1:125a
5:63b
GIBBONS, W.A.
3:583b
GIBBS, F.W.
1:123b, 163b, 164a(2), 253a, 263a, 356a(2), 488b, 655b
2:86b(3), 201b, 353b, 472a, 630b, 751b
3:193b, 576a, 582a, 582b
5:202b, 208b, 212b, 233a, 289b, 448a
GIBBS, W.E.
2:415a
5:425b

GIBBS, W.E. (SAIDLA)
3:39a
GIBBS-SMITH, C.H.
1:236a
2:639b
3:559a(2)
GIBERT, L.
4:215b
GIBOIN, L.M.
4:208a
GIBSON, A.B.
1:331b
GIBSON, A.G.
2:106b, 743a
3:361b, 419a
GIBSON, C.E.
3:554a
GIBSON, C.R.
3:596b
GIBSON, C.S.
1:70a
2:344b(2)
GIBSON, E.H.
5:375b
GIBSON, G.A.
1:512b
2:212b
3:114b
5:197b, 200b, 462a, 486b
GIBSON, G.E.
4:197a
GIBSON, G.S.
2:679b
GIBSON, H.J.C.
2:689b
GIBSON, J.
2:105b(2)
5:103b
GIBSON, J.E.
2:260a, 425a(2)
5:245b, 269b(2)
GIBSON, J.F.
1:205b
GIBSON, J.M.
1:504a
2:506b
GIBSON, R.E.
1:461b
3:65b
GIBSON, R.W.
1:95a
GIBSON, S.
2:734b
GIBSON, T.
2:162a(4)
5:163a
GIBSON, T. (GOODALL)
2:614a
5:363b
GIBSON, W.
1:437b
5:343a
GIBSON, W.B.
3:119b
GIBSON, W.C.
2:380b
3:361b, 365a, 370b, 377b(2), 482b
5:299a, 377b
GIBSON, W.C. (PRADOS)
5:483b
GICKLHORN, J.
1:527a(2), 604b
5:266b
GICKLHORN, R.
5:279a, 491b

GICKLHORN, R. (GICKLHORN, J.)
1:527a, 604b
GIDDENS, P.H.
3:578b
GIDDINGS, F.H.
3:292b, 355b(2)
GIDON, F.
1:664a
2:675b
5:247a
GIEDION, S.
3:550a, 587b
GIEDROYC, F.
3:481a
GIEDYMIN, J.
3:41a
GIEHM, G.
3:241a
GIERLICH, H.
3:446a
GIESECKE, W.
4:143b
GIESEKE, D.
2:505b
GIESELER, G.
4:232a
GIESSBERGER, H.
2:556b
3:236b(2)
5:130a
GIEYSZTOR, A.
4:359b
GIFFORD, A.C.
3:209b
GIFFORD, G.E.
1:80a
2:485a
GIFFORD, L.T. (GIFFORD, G.E.)
1:80a
2:485a
GIGNOUX, M. (KILIAN)
3:231a
GIGON, A.
3:426b
GIGON, O.
4:91a, 103b
GIHRING, K.
3:91a
GIL FERNANDEZ, L.
4:125b
GILBERT, A.
1:80b, 288b(2), 524b
2:147a, 521a, 738a
3:462a
5:247a, 251b
GILBERT, B.B.
1:504b
5:545b
GILBERT, C.S.
2:747b
5:125a
GILBERT, E.
2:275a
5:86a
GILBERT, E.J.
3:47b
GILBERT, E.W.
1:426b
2:125b
5:339b, 341a
GILBERT, F.
1:427b
GILBERT, J.B.
3:390a, 459b

GILBERT, J.E. (WIESE)
2:26b
GILBERT, K.R.
1:36b
5:431a
GILBERT, L.
3:151a
GILBERT, L.F.
2:636a(2)
GILBERT, N.W.
1:458a
5:6a
GILBERT, P.
1:222a, 591a
4:37a, 54a, 122a, 161b
GILBERT, W.H.
4:201b
GILBERT-CARTER, H.
3:311b
GILBERTO, B. (FERMI)
1:456b
5:101b
GILCKHORN, J.
1:441b
GILCKHORN, R. (GILCKHORN, J.)
1:441b
GILDEMEISTER, E.
3:190a, 195b
4:290b
GILES, H.A.
2:91a
4:216a, 237a, 241a
GILES, L.
2:673b(2)
4:216a(2), 229b, 230a, 244a(2)
GILFILLAN, S.C.
3:26b, 543a, 543b, 545b, 546b, 554a
4:95b
GILG, E.
3:500a
GILIS, P.
2:294a(2)
GILL, C.
3:585b
GILL, C.A.
3:466a
GILL, H.V.
1:176a
GILLAIN, O.
4:38b
GILLAM, J.G.
2:352a
GILLE, B.
1:343b
3:573b, 574a, 575b
4:267b, 360a, 360b, 362a, 362b
5:88a, 176a, 503a
GILLE, B. (DELVILLE)
3:545b
GILLE, M.
2:34b, 737a
5:143b, 149a
GILLE, P.
1:120b
3:554a, 556a
5:420b
GILLEN, F.J. (SPENCER)
4:261a
GILLES, A.
3:294a
GILLES, M.
3:513b
GILLESPIE, C.M.
1:44b, 577a

GILLESPIE, J.E.
3:258a
GILLESPIE, T.H.
2:691a, 752a, 758a
3:317a, 318b
GILLET, A.
2:499a
GILLIER, R.P.L.
3:265b
GILLIERON, J.
3:323a
GILLIN, J.
3:331b
GILLINGS, R.J.
1:343a(2), 394b
2:368a
3:119b
4:38a, 39a(4), 39b, 58b, 59a, 61a, 107a
5:196b(2)
GILLIS, I.V.
4:245b
GILLIS, J.
1:100a(3)
2:9a(2), 9b, 697a
3:189a
5:324a
GILLIS, J.B.
3:78b
5:498a
GILLISPIE, C.C.
1:312b, 530b(2)
2:40a, 41a(2), 53a, 56a, 58b
3:3b, 141b
4:111b
5:192a, 285a, 305b, 334b
GILLISPIE, C.C. (COSTABEL)
2:29b
GILLOT, F.
1:649b
2:490b, 640a
3:97b
5:301a
GILMAN, B.I.
3:87a
5:501b
GILMAN, R.L.
2:626b
GILMAN, R.R.
2:148a
5:419a
GILMORE, H.R.
2:92b
5:399b, 400a
GILMORE, M.R.
4:273a, 274b
GILMOUR, J.
3:305b
GILMOUR, J.P.
3:504b
GILMOUR, J.S.L.
1:299a(2)
3:281b(2)
5:235b
GILMOUR, S.C. (KELTIE)
3:258a
GILPIN, R.G.
3:50b
GILRUTH, J.D.
1:13b, 253a
GILS, J.B.F. VAN
1:159a, 162b, 328b, 472b, 501b, 574a
2:99b, 617a
3:385a, 473b, 491b, 513b
5:244a

GILS, J.M. VAN
 3:236a, 237a
GILSON, E.
 1:3a, 23b, 82b(2), 92a(2), 137b, 170b, 331b(2), 333a, 333b, 365b(2), 520b, 556a
 2:540a(2), 540b, 541b(2), 640b
 3:91a, 93b, 94a
 4:303b(3), 304b, 305a, 306a, 318a
GIMBUTAS, M.
 4:4a
GIMLETTE, J.D.
 4:259b, 260a(2)
GIMPEL, J.
 4:364b
GIMSON, B.L.
 3:255a
GINGER, R.
 2:457b
 3:293a
 5:450b
GINGERICH, O.
 2:14b, 34b, 176b(2)
 3:201b
 5:215a(2), 216a
GINGERICH, O. (STAHLMAN)
 3:209a
GINI, C.
 3:132b, 358b(2)
GINORIO, J.G.
 5:38b
GINS, H.A.
 1:648b
 5:267b
GINSBERG, D.M.
 3:165b
GINSBERG, E.
 3:545b
GINSBERG, M. (HOBHOUSE)
 4:8a
GINSBURG, B.
 3:17b
GINSBURG, J.
 1:106b, 210b, 259a, 306b, 480b
 2:129b(2), 295a
 3:118a, 119b, 208a
 4:307a
 5:15a(3), 112b, 446b
GINSBURG, J. (SMITH)
 1:4b, 153a, 154a
 2:18b
 3:114a
 4:394b, 402a, 438b
GINSBURGER, E.
 2:420b
 5:181b
GINSBURGER, M.
 1:5a
 5:95b
GINZBERG, L.
 2:446b
 3:615b
 4:75a
GINZBERG, R.
 1:131a
GINZBURG, B.
 1:282b, 363b, 659a
 3:3b, 217b
 5:23a
GINZBURG, O.F.
 3:195b, 582b
GINZEL, F.K.
 3:210a, 218b
 4:57b, 60a

GIORDANO, D.
 1:77b, 109b, 134b, 256b, 286a, 304a(3), 419a, 581a
 2:126b, 128a, 197a, 276b, 399b, 412b, 440b, 445a, 481b, 592a, 706b
 3:362a, 488b, 517b
 5:67b, 169a(2), 262b, 273b
GIORGI, G.
 3:100a
GIOVANNI, A. DI
 See DI GIOVANNI, A.
GIOVANNOZZI, G.
 1:46a, 174a, 199b, 235b, 413b
 5:115b, 301a
GIPSON, L.H.
 1:399a
GIRAN, P.
 3:91a
GIRARD, H.
 2:395b
GIRARDET, F.
 5:91a
GIRAUD, V.
 2:280b
GIRAULT, L. (LAIGNEL-LAVASTINE)
 5:399a
GIRINDRANATH, M.
 3:488b
 4:207a
GIRONCOURT, G. DE
 4:432b
GIRSHVAL'D, L.I. (BERNSHTEIN)
 2:481a
GIRVIN, H.F.
 3:155b
GISINGER, F.
 1:394a
 4:90b, 120b
GITELSON, M.
 3:437b
GITHENS, T.S.
 3:524b
GITTINGER, G.S.
 2:123b, 345b, 525a
 3:504b
 4:282a
GITTLER, J.B.
 4:128a
GIUA, M.
 1:93a(2), 184a, 461b
 2:321b
 3:25b, 177b, 191b(2)
 5:533b
GIUA, M. (GLIOZZI)
 3:135b
GIUFFRIDA-RUGGERI, V.
 3:334a
 5:479b
GIUGNI, F.
 1:206b
 5:389a, 390a, 445b
GIVHAN, E.G.
 1:418b
GIVNER, D.A.
 2:106a
 5:181b
GIZYCKI, F. VON
 1:352a
 5:424b
GLADSTONE, E.
 1:44a, 347a, 380b
 5:172a
GLAGOLEV, N.A.
 2:243a

GLANGEAUD, L.
 3:222a, 281a
GLANSDORFF, M.
 2:226a
 3:38a, 96a
GLANVILLE, S.R.K.
 1:563b
 4:35a, 35b, 36a, 38a, 44b, 126a
GLANZMANN, S.
 2:133b
GLASENAPP, H. VON
 1:637b
 4:189a
GLASER, E.
 3:467a
GLASER, H.
 2:521a
 3:407b
 5:262a
GLASER, O.C.
 3:176b
 5:330a
GLASGOW, T.
 5:96a
GLASS, B.
 1:313a
 3:52b, 64b, 294a, 335b, 428b
 5:349b
GLASS, D.V.
 1:508b
GLASS, H.B.
 2:158a, 158b, 601b
 3:11b
 5:232b
GLASS, J.
 3:286b
GLASSCHEIB, H.S.
 3:362a
GLASSER, O.
 2:410a(3), 410b(2), 411a(3)
 3:167b(2), 167b, 450a
GLASSPOOLE, J. (BROOKS)
 3:226a, 228a
GLASSTONE, S.
 3:567a
GLATHE, A.
 4:223a
GLATZER, N.N.
 4:82b
GLAUBERMAN, A.E.
 2:182b
GLAZE, F.W.
 3:592a
GLAZEBROOK, R.T.
 1:400a
 2:41a, 678a
 3:84a, 134a
 5:454b
GLAZEBROOK, R.T. (STONEY)
 2:280a
GLAZER, S.
 1:7b, 620b, 625b, 626a
 4:384b
GLEBOV, L.A.
 1:372a
 3:153b, 159b
GLEICHEN-RUSSWURM, A. VON
 3:387a
 4:330b
GLEITSMANN, H.
 3:469a
GLEIZES, A.
 4:320b
GLEN, A.R.
 3:267b(2)

GLENDENNING, I.
  3:601b
GLENDINNING, H.
  2:335b
  4:160a
GLENISTER, T.W.
  3:455b
GLESINGER, A.
  2:711a
  5:275a
GLESINGER, E.
  3:583b, 584a
GLESINGER, L.
  1:481b
  2:182a, 481b
  3:388a
  5:6b
GLESY, J.U.
  3:498a
GLEY, E.
  1:486b
  2:725b
  3:396a, 447b, 448a(2)
GLICKSBERG, C.I.
  1:10b, 202a
  2:56b
  3:64b(2), 73a
  5:302b, 534a
GLIDDEN, H.W.
  3:530a
  4:410a, 427b
GLIDDON, G.H. (AMES)
  3:441b
GLINKA, G.B.
  3:264a
GLIOZZI, M.
  1:122b(2), 177a, 362a, 400b, 408a,
    413b, 436b, 519a
  2:238a, 292b, 346a(2), 440b, 554a,
    599b, 613a, 630a, 659b
  3:85a, 135a, 146a, 160a, 169a, 566a,
    598b
  5:9a, 18b, 119b, 177b, 203a, 205b,
    206a(3), 211b, 320b, 430a, 439a,
    478b, 538a
GLIVICH, A.N.
  3:117a, 117b
GLOAG, J.
  3:588a
GLOCK, W.S.
  3:314a(2)
  4:269a
GLOCKLER, G.
  2:92b
  3:191a
GLODEN, A.
  1:232b, 258b, 533b(2)
  2:218b, 515a, 666b
  3:116b, 121b, 122b, 123a(3), 125a(3)
  5:115a(2), 193a(2), 202b, 532a, 537a
GLOOR, B.
  1:533a
  5:186a
GLORIEUX, P.
  1:654a
  4:304b
GLOTZ, G.
  4:84a, 127b, 140b, 142b
GLOUBERMAN, E. (PARK)
  5:426b
GLOVER, J.A.
  3:472b
GLOVER, J.H.
  1:102b

GLOVER, T.R.
  1:563a
  2:595b
GLOWACKA, A.
  2:636a
  5:410b
GLOWACKI, W.W.
  3:496b
GLOYNE, S.R.
  1:607a
GLUECK, N.
  3:262a
  4:72a, 74a, 405b
GLUMER, H. VON
  2:187b
GMELIN, O.
  1:493a
GMINDER, G.
  2:425a
GNADE, R. (SCHIB)
  1:420a
GNEDENKO, B.V.
  1:249b, 397a
  2:17a, 88a, 104b, 259a(2)
  3:101b(2), 104a, 116b(2), 131b(2),
    132b
  5:201b, 315a(2)
GNEDENKO, B.V. (ALEKSANDROV)
  2:726a
  3:116b
GNEKOW, R.
  3:511b
GNIRS, A.
  4:150b
GNUCHEVA, V.F.
  2:660b
  5:220a
GNUDI, M.T.
  2:129b, 525b(2)
  3:367b
  5:9a, 25a
GOAD, E.F. (HAMMOND)
  1:106b
  4:269a
  5:361a
GOBER, W.
  3:620a
  5:512a
GOBERT, E.
  4:424a
GOBLET D'ALVIELLA, E.F.A.
  1:366b
  3:314b
  4:187b
GOBLET, Y.M.
  2:307a
  3:245a
  5:136b, 514b, 540b
GOBLOT, E.
  2:182b
  3:39a
GOBLET, E.
  3:41a
GOBLOT, E.
  3:97b, 98a
GOBLOT, F. (KERGOMARD)
  1:493a
GODARD, A.
  2:564a, 721a
  4:402b
GODART, J.
  1:136a
GODDARD, T.R.
  2:729a
  3:274b

GODE, A.
  3:613b
GODE, P.K.
  3:530b(2), 577b, 583a
  4:208a, 209a(3), 209b, 210a(2)
  5:550b
GODE-VON AESCH, A.
  5:306a
GODEAUX, L.
  1:192a, 329b, 330b(2), 424a, 546a
  2:82a, 82b, 156b, 465a, 514b, 526a, 581a
  3:116a(3), 127a, 128b
  4:109a
  5:116a, 415a, 451a
GODEAUX, L. (ERRERA)
  3:116a
GODEE MILSBERGER, E.C.
  5:227a
GODEL, K.
  2:426b, 623b
  3:109a
GODET, M.
  1:180b, 633b
GODITSKII-TSVIRKO, A.M.
  3:157a
GODLEE, R.J.
  1:607a
  2:100b(2), 101a(2), 747a
  3:408a
GODLEWSKI, H.
  1:203a
  5:371a
GODWIN, F.
  1:494a
GODWIN, G.S.
  2:573a
GOE, G.
  1:473b, 570b
  2:1a, 284b
  3:127b
GOEBEL, K.
  1:587a(3)
  3:310a
GOEBEL, W.F.
  2:248b
GOERKE, H.
  1:372b, 532a
  2:2a, 95a, 415b
  5:243b, 250b
GOERKE, H. (BERGNER)
  2:415a, 699b
  5:248b
GOETHALS, E.
  2:117b
GOETHE, F.
  1:514b
  5:360a
GOETZ, G.
  2:575b
GOETZ, H.
  2:49b, 370b, 395a
  4:184b, 185b
GOETZ, W.
  3:606a
GOETZE, A.
  4:56b, 59a, 59b, 66a
GOETZL, A.
  2:527a
GOETZMAN, W.H.
  5:339b
GOFF, F.R.
  1:269b
  2:715b
  5:5a, 98b

GOFFART, A. (GRAVIS)
3:304b
GOHEEN, J.D.
3:606b
GOHLKE, P.
1:59b, 60b(2)
4:100a
GOICHON, A.M.
1:87b, 90a(5)
4:415b(2)
GOIDANICH, G.
1:594a
2:139b, 528a
5:143a
GOITEIN, S.D.
4:440a
GOKAY, F.K.
1:91a
GOKMEN, F.
4:171a
GOKOVSKII, M.A.
1:22a
5:18a
GOLAB, S.
3:115b
GOLB, N.
1:86a
GOLD, E.
1:155b
2:472a(2)
3:225b
GOLDAMMER, K.
2:270b, 271b(2)
GOLDANSKII, V.I.
1:656b, 657a
3:174a
GOLDAT, G.
1:392b
4:309b
GOLDBECK, E.
3:215b
GOLDBECK, G.
2:146a
GOLDBECK, G. (DIESEL)
1:130a, 175b, 303b, 345a
2:260a
3:557b, 566b
5:421a
GOLDBERG, A.
4:356a
GOLDBERG, I.
1:380a
GOLDBERG, I. (MYERSON)
3:76a
GOLDBERG, J.P.
5:375b
GOLDBERG, L.
2:513a
GOLDBERG, O.
4:76a
GOLDBLATT, L.A.
2:536a
3:193a
5:91b
GOLDE, R.H.
1:436b
GOLDEN, A.
5:312a
GOLDEN, L.
4:103b
GOLDENBERG, L.A.
3:259a
5:133b, 136b
GOLDENRING, R.
3:129a

GOLDENWEISER, A. (OGBURN)
3:348b
GOLDER, F.A.
1:133a
2:504a
5:223b
GOLDER, H.Q.
3:237b
GOLDFARB, A.J.
3:378a
GOLDFARB, W.
3:439a
GOLDHAHN, R.
3:418a
GOLDIE, S. (BISCHOP)
2:235b
GOLDING, L.T.
1:217a, 501b
2:261a
GOLDMAN, E.
4:103b
GOLDMAN, J.
2:69a
4:74b
GOLDMAN, L.
2:188b, 594b
4:281a
5:302a
GOLDMAN, S.
4:437b
5:472b
GOLDRING, W.
3:272b
GOLDRING, W. (RUEDEMANN)
2:731a
3:86b
GOLDSCHMID, E.
1:25a
2:23b, 58a, 126a, 373b, 433b
3:369b, 370b, 408a, 423a, 424a, 425b, 459a(2), 461a(2)
5:363b, 387b, 391b, 401a
GOLDSCHMIDT, A.
4:296a, 367a
GOLDSCHMIDT, B.
3:567a
GOLDSCHMIDT, D.
3:452a
GOLDSCHMIDT, E.P.
1:262b, 301a
5:31b, 33b, 34b, 93b, 94a
GOLDSCHMIDT, F.
4:28b
GOLDSCHMIDT, G.
1:47a, 553b
4:313b, 333a, 374a
5:531b
GOLDSCHMIDT, J.
5:372a
GOLDSCHMIDT, K.
2:246a(2), 634b(2)
5:327b(2)
GOLDSCHMIDT, R.
5:444a
GOLDSCHMIDT, R.B.
1:204a
3:293b(2), 295a, 315a, 317a, 317b
5:352a
GOLDSCHMIDT, V.
1:65a
2:537b
3:118b, 212b, 280b
4:127a
GOLDSCHMIDT, V. (RUSKA)
5:513a, 533a

GOLDSCHMIDT, W.
1:160a
3:350a
GOLDSMITH, E.E.
3:283a
GOLDSMITH, J.N.
3:577b
GOLDSMITH, M.
1:439a
2:176a
3:71b, 415b, 516b
GOLDSMITH, M. (DELAGE)
3:297b
GOLDSMITH, W.M.
1:319a
GOLDSTEIN, A.
4:80b
GOLDSTEIN, B.R.
2:154b
4:396a, 406a, 438b
GOLDSTEIN, H.I.
1:3b, 84b, 86a, 111a, 129a, 294a, 558a
2:213a, 316b, 442b
3:443b, 444a(2), 444b, 447b, 515b(4)
4:344b, 421b, 445b
5:66a(2), 160a, 385b, 439b
GOLDSTEIN, K.
3:286a, 433b, 434b
GOLDSTEIN, M.H.
1:137a
GOLDSTEIN, M.S.
3:349b
GOLDSTINE, H.H.
3:594a
GOLDSTROM, J.
3:559a
GOLDWATER, L.J.
3:479b, 515a
GOLDWYN, R.M.
2:562b
GOLDZIEHER, C. (SMITH)
3:111b
GOLDZIHER, I.
4:388a
GOLIGHER, W.A. (MAHAFFY)
4:127b
GOLLAN, A.Z.
4:283a
GOLLAN, J.
3:196a
GOLLANCZ, H.
3:613a
4:83b
5:552a
GOLLOB, H.
2:770b
3:548b
GOLOUBEW, V.
2:85a
GOLOVENSKY, D.I.
5:199b
GOLOVIN, O.N. (ALEKSANDROV)
2:726b
3:117a
GOLOVINE, A.F.
1:250b
GOLUBEV, V.V.
2:650b
3:157a
GOLUBTSOVA, V.A.
3:570a
GOLUTVIN, I.M. (AGEEV)
2:110a
5:207a, 212a

GOMBRICH, E. (KRIS)
  3:342a
GOMES TEIXEIRA, F.
  3:116a(2), 127a
  4:89a
  5:28b
GOMEZ DE OROZCO, F.
  5:477b
GOMEZ DE OROZCO, F. (TOUSSAINT)
  5:179a
GOMEZ RATON, J.L.
  4:281b
  5:55a
GOMEZ, A.
  5:393b
GOMEZ, E.G.
  See GARCIA GOMEZ, E.
GOMEZ, F.M.
  1:172a
GOMEZ, P.I. (DOMINGO JIMENO)
  2:677b
  3:508b
GOMME, A.A.
  2:530a
  3:551a
  4:241a
  5:89a, 90a, 176a, 285a(2), 493b
GOMME, A.A. (DICKINSON)
  2:166a
  3:547b, 548a(2), 549a
GOMME, A.A. (YOUNG)
  1:244a, 538a
  5:417a
GOMME, A.W.
  2:548a
GOMOIU, V.
  3:81a, 405a
  4:154a
GOMPERZ, H.
  1:560a
  2:330b
  3:42b
  4:101b, 105b
GOMPERZ, T.
  4:104a
GONCALVES, M.J.
  5:36a
GONNET, P.
  2:678b, 754b
  3:419b
  4:341a
GONSETH, F.
  3:33b, 34b(2), 110a, 127b
GONZALEZ DE LA CALLE, P.U.
  2:437b
GONZALEZ PALENCIA, A.
  1:20a
  2:378b, 380a
  4:390a(2)
  5:78a, 149b
GONZALEZ PALENCIA, A.(HURTADO Y JIMENEZ)
  4:436b
GONZALEZ, L.F.
  3:71a
GOOCH, G.P.
  1:584a
  5:431b
GOOCH, G.P. (STANHOPE)
  2:501a
GOOD, H.G.
  2:425a, 644a
  5:296b
GOOD, I.J.
  3:27b

GOODALL, A.L.
  1:642a
  2:614a, 747b
  3:455a, 468b
  5:363b
GOODALL, E.W.
  1:103a, 579a
  2:155a
  4:136b
  5:73a
GOODCHILD, R.G.
  4:160a
GOODDY, W.
  1:197a
GOODDY, W. (RIESE)
  1:637a
GOODE, J.P.
  3:251a
GOODE, P.R.
  2:768a
  3:480b
GOODENOUGH, E.R.
  2:310b
GOODENOUGH, W.H.
  4:262a
GOODFIELD, J.
  1:398a
  3:426b
  4:120b, 399b
GOODFIELD, J. (TOULMIN)
  3:156a, 170a, 200a
GOODHART, J.
  3:461b
GOODLAND, R.
  3:351b
GOODMAN, H.
  1:205b, 418b, 426b
  2:217b, 300a
  3:164b, 450a, 498a
GOODMAN, N.
  3:37a, 42b
GOODMAN, N. (LEONARD)
  3:109a
GOODMAN, N. (QUINE)
  3:109b
GOODMAN, N.G.
  2:425a
GOODMAN, W.L.
  3:562b, 593b
GOODNOW, M.
  3:421b
GOODRICH, E.S.
  3:289a
GOODRICH, H.B. (KNAPP)
  3:70a
GOODRICH, L.C.
  1:252b
  2:739b
  3:273a, 312b, 620b
  4:213b, 215a, 217b(2), 220a, 223b(2), 230b, 231a, 235b(2), 239b, 240a, 242a(2), 242b, 243a, 244a(2), 244b(4)
GOODSPEED, T.H.
  2:466b
  3:311b
GOODSPEED, T.W.
  2:680a
  3:615b
GOODSTEIN, R.L.
  3:109a
GOODWIN, G.M.
  1:569b
GOODWIN, G.M. (LAMBERT)
  3:370b

GOODWIN, H.M. (DAVIS)
  2:722a
  3:144b, 184b
GOODWIN, W.E.
  2:10a, 257b
GOODWIN, W.E. (CORNER)
  1:435a
  5:260a
GOOLD, G.P.
  4:145b
GOOME, A.
  5:177a
GOOSSENS, R.
  2:266a
  4:126a, 146a, 376b
GOPPEL, J.M. (DORGELO)
  2:687a
  3:167b
GORALSKI, Z.
  5:285b
GORANSSON, S.
  1:271a
  5:108a
GORBUNOV, N.P.
  2:109a
  5:193b
GORCE, D.
  1:362b
GORCE, M.M.
  1:22b
  2:540a
GORCEIX, S.
  2:70b(2)
  4:337b
  5:162a, 471b
GORDEEV, D.I.
  3:229a, 241b
GORDIENKO, P.A.
  3:266b
GORDIN, H.M.
  3:127b
GORDIS, R.
  4:7b
GORDON, B.L.
  3:362a, 386a, 387b, 441b
  4:26a, 79a(3), 80a, 415b, 418a, 445a
GORDON, C.H.
  4:59b, 65a, 85b(5), 173a
GORDON, D.H.
  1:343b
  3:601a
GORDON, G.F.C.
  3:589b
GORDON, H.L.
  1:226a
  2:157b, 478b
  4:80a, 80b, 82b, 441b
GORDON, J.E. (WINSLOW)
  3:467b
GORDON, L.S.
  2:601b
  5:228b
GORDON, M.B.
  4:67a, 73b, 79a
  5:244b(2)
GORDON, M.H.
  1:596b
GORDON, N.E.
  2:484b
GORDON, P.
  4:23a
GORDON, W.T.
  2:636a
GORDON-TAYLOR, G.
  1:126b, 412b

GORGAS, W.C.
2:416a
3:412b
GORGE, V.
3:142a
GORGENYI, G.
3:497b
GORI, V. (PERUCCA)
3:598a
GORMAN, M.
1:120a, 125a, 201b, 471a
2:755b
3:170a, 184b, 193b(2), 195a(2)
5:18b, 214a, 326b, 427b
GORMAN, W.
1:23b, 67a
4:330a
GORNICKI, B.
1:533a
3:456b
5:255a
GORNSHTEIN, T.N.
2:351b
5:205a
GORRES, J. VON
3:88a
GORS, M.E.W. (READER)
3:383a
GORSKI, J.
5:107b
GORSLEBEN, R.J.
3:352a
GORSSE, B. DE
2:138a
5:219b
GORTANI, M.
2:78a
3:231a, 239b
GORTARI, E. DE
3:71a
4:278a
GORTEMAN, C.
4:131a
GORTER, C.J.
3:165b
GORTER, R.A.
3:485a(4)
5:401a
GORTNER, R.A. (ROSENDAHL)
1:540b
GORTVAY, G.
2:461b
GOSIEWSKI, W.
3:160b
GOSNEY, E.S.
3:451b
GOSSART, E.
1:21a
2:372b
GOSSE, P.
2:612b
GOSSELS, C.L.
2:511b
GOSSEN, H.
1:12b, 78b, 568a
3:12b, 368b
4:125a(3), 134b, 153a
GOSSEN, I.
1:453a
4:134a
GOSSET, A.
1:356a
GOSSET, P.
2:743b
3:379a

GOSSMAN, L.
1:605b
5:197a
GOT, M.
1:343a
GOTFREDSEN, E
3:421a
GOTFREDSEN, E.
1:187a, 547a, 581b
2:504b(2), 694b
3:362a, 372b, 404a, 444b, 485b, 498b
4:27b
5:68a, 160b, 243b
GOTHEIN, M.L.
3:530b
GOTHEIN, P.
1:108b
GOTO KIMPEI
4:216a
GOTO, S.
4:219a
5:191b
GOTTESMANN, B.
3:143a
GOTTHEIL, R.
4:435b(2), 438a, 439a, 440b(2), 442a
5:460a
GOTTLIEB, B.J.
1:543a
2:450a, 500b(2), 725b
3:398a, 492b
5:102a, 160a, 168a, 231a, 404a
GOTTLIEB, J.
1:528b
5:231a
GOTTSCHALK, H.
1:133a
GOTTSCHALK, H.B.
1:65a
2:538a
GOTTSCHALK, L.R.
2:144a
GOTTSCHALK, P.
5:36a
GOTTSCHED, J.C.
2:59b
GOTZE, A.
4:20a, 71a, 72a
GOUAULT, E.
1:95a
5:379b
GOUDGE, T.A.
2:295b
3:109a, 291b
GOUDSMIT, S.A.
2:289a
3:58b, 173b, 175a
GOUGH, J.W.
1:209b
2:210b
3:571b
GOUHIER, H.
1:273a(4), 332a, 333a, 335a, 382a, 428b
2:137a(3), 434a
5:109b, 456a
GOUIN, J.
5:397b
GOULARD, R.
1:267a, 290b, 330b, 352b, 488b, 660b
2:346b, 373b, 422a, 529a, 532a(3), 672b
5:151a, 154a, 155a, 162a(3), 162b, 164a, 164b, 168b(3), 169a, 247b(2), 248a(3), 252b, 266a, 270b(2), 271a, 272b(4), 277a, 458b, 466b

GOULARD, R. (SERIEUX)
3:417b
5:252b(2)
GOULD, C.N.
3:231b
GOULD, F.J.
2:264b
GOULD, J.A.
3:147b
GOULD, R.T.
1:270a, 541a
3:250a, 326a
GOULD, S.A. (PEARL)
3:358b
GOULD, S.H.
1:50b
2:521a
5:216a
GOULLET, R.
2:737b
5:97b
GOUNOT, R.
3:509a
GOURON, M.
2:725b
5:55b
GOUSSINSKY, B.
3:123b
GOVAERTS, J. (RENAUX)
3:402b
GOVE, P.B.
3:259a
GOWEN, H.H.
2:609a
4:76b, 185b
GOWEN, J.W.
3:309a
GOWER, H.D.
3:605b
GOWERS, W.
4:91b
GOWING, M.M.
3:568b
GOWLAND, W.
4:31b
GOYANES, C.J.
5:525b
GOYANES-CAPDEVILA, J.
4:371a, 423b
GRABAU, A.W.
4:217b
GRABIG, H.
4:362b
GRABMANN, M.
1:22b, 28b, 65b, 67a(8), 67b(2), 101a, 165a, 165b(2), 512a, 521a, 632a, 639b, 653b(2)
2:234a, 311a, 355b, 476b(2), 479a, 535a, 540a(4), 541a, 628b(3), 737b
4:293b, 295a, 296b, 299a, 301a, 303b(2), 304b, 305a(2), 306b(2), 330a, 370b
GRABO, C.
2:472a
5:299a, 303a
GRABOWSKI, J.
1:560b
5:14a
GRACE, E.R.
1:319a
GRADENIGO, G.
2:445b
5:239a
GRADENWITZ, A.
1:444b

3:265b
GRADMANN, R. (GMELIN)
1:493a
GRADSTEIN, S.
2:283b
GRAEBE, C.
1:93a
3:194b
GRAEBNER, F.
4:5a
GRAEF FERNANDEZ, C.
1:152a, 374b
3:149a
GRAESSE, J.G.T.
3:592b
GRAETZ, L.
3:135a
GRAETZER, H.G.
1:528a
2:511a
3:174a, 175a
GRAEVEN, H.
1:13b, 613b
2:64b
GRAF, A.
3:353b
GRAF, A. (SARTON)
1:595b
GRAF, G.
1:2a
4:407a
GRAF, O.
1:255a
2:497b
GRAF, P.
2:597b
GRAFF, L.
4:351b
GRAFF, W.L.
3:611a
GRAFFAR, M.
3:418a
GRAHAM, E.A.
3:485b
GRAHAM, H.
3:452a, 453b, 485b
4:370a
GRAHAM, J.M.
1:547a
5:173b
GRAHAM, L.R.
3:191b
GRAHAM, W.
5:182b
GRAHAM-SMITH, G.S.
2:242a(2)
GRAINGER, T.H.
3:17b, 301a
GRAMONT, A. DE
1:93a, 434b
GRAMONT-LESPARRE, A. DE
3:282a
GRAND, R.
4:446a
GRANDGENT, C.H.
4:369a
GRANET, M.
4:217b, 221a
GRANGE, K.M.
1:252a, 655b
2:317a(2)
5:174a, 257a
GRANGEE, F.M.
2:69b
3:516a

5:273a
GRANGER, F.
1:489b
2:597a
5:92b, 458b
GRANGER, G.G.
1:274b(2)
3:41b
5:187a
GRANGER, J.P.
3:471a
GRANIER-DOYEUX, M.
3:393b
5:369a, 527a
GRANIT, R.
1:589a
5:384a
GRANJEL, L.S.
1:9a, 190a
2:105a, 144a, 299b
3:401b(2), 402a
5:57b, 158a, 544a
GRANJUX, A.P.L.
5:251b
GRANLUND, J.
2:130a
GRANQUIST, H.
4:422a
GRANT DUFF, U.D.
2:115b
GRANT, C.
1:242a
GRANT, C.K.
1:266a
3:606b
GRANT, C.K. (KAPP)
3:33b
GRANT, C.P.
3:262a
GRANT, E.
1:62a, 282b
2:253a(3)
4:311a, 311b(2), 317b
5:6a(2)
GRANT, G.
3:534b
GRANT, J.
3:605a
GRANT, K.
1:409b
2:121a
GRANT, M.
4:146a
GRANT, R.M.
4:164b
GRANT, R.N.R.
3:450a
GRANT, R.T. (DRURY)
2:86b
GRANT, V.
1:351a
3:294a
5:235a
GRANVILLE, W.A.
3:113a
GRAPE, A.
1:9b, 100a(2), 271b
2:96a(2), 99a, 482a, 489b, 750b
5:104a, 193a, 277b, 437a
GRAPE, H.
2:130a
GRAPOW, H.
4:44b, 45b(2), 47a, 49b, 55b(2)
GRAPOW, H. (ERMAN)
4:56a

GRAS, N.S.B.
2:544b
3:521a
GRASSE, P.P.
1:316b
2:41a, 390b, 607a
GRASSET, H.
3:288a
GRASSET, J.
3:31a, 45a, 279b, 291b, 422a
GRASSI, B.
2:416a
GRASSI, E.
3:35a
GRASSI, E. (UEXKULL)
3:41a
GRASSI, F.
1:305a, 475a
2:600a
5:212a, 317b
GRASSI, G.
3:489b
GRASSMUCK, J.
5:394b
GRATTAN, J.H.G.
4:336b
GRAUBARD, M.
2:256b, 724b
3:54b, 61b, 196b, 221a, 278a, 352a,
  353b, 356a, 414a, 445b, 549a, 567b
4:10a
5:217a
GRAULICH, K.
1:41b
4:138b
5:548b
GRAUMANN, H.
4:82a
GRAUS, F.
4:296b
GRAUSTEIN, J.E.
1:80a
5:355a, 477b(2)
GRAUX, L.
2:118b
4:234b
GRAVE, E.
2:48b, 54a
GRAVES, C.B.
2:563b
GRAVES, F.P.
2:193a
3:614a
GRAVES, H.G.
5:91b
GRAVES, M.
4:216b
GRAVIER, C.
2:764b
3:299b
GRAVIS, A.
3:304b
GRAVIT, F.W.
2:296a
GRAY, A.
1:316b, 529b
GRAY, A. (ENGELMANN)
2:471b
5:354a
GRAY, A.A. (WILKINSON)
3:442a
GRAY, A.K.
1:435a
2:108a, 715b
3:11b

GRAY

GRAY, C.C.
2:92b
3:551b
5:418a
GRAY, E.
1:607a
2:68b
3:300a, 321b
4:324b
GRAY, G.W.
3:3b
GRAY, H.
2:186b
GRAY, H.L.
5:39b
GRAY, I.
3:443b
GRAY, J.
2:472a, 695b, 748b
3:395a
5:549b
GRAY, J.M.
2:739b
3:616a
GRAY, L.C.
3:522b
GRAY, L.H.
1:619a
3:611a
GRAY, P.
3:277a
GRAY, R.C.
2:15b
5:319b, 422a
GRAY, R.D.
1:499a
GRAY, R.W.
1:323b
GRAZIA, A. DE
1:173b
5:202a
GREAVES, W.M.H.
1:370a
2:337a
GREBE, W.
3:93b, 111b
GRECO, E.
2:494a
GREEF, C.R.
4:253b
GREEFF, R.
1:507a
3:441b
4:344b
5:65b, 258a(2)
GREELEY, W.B.
3:531a
GREELY, A.W.
3:266a
GREEN, A.R.
3:219a
GREEN, A.T.
2:168a
GREEN, E.R.R.
5:284b, 414a, 414b
GREEN, F.
2:293b
GREEN, F.E.
3:523b
GREEN, G.C.
1:513a
GREEN, H. (FINCH)
3:451b
GREEN, H.G.
1:509b, 538a

2:43b
5:348b
GREEN, J.H.S.
1:258a
2:351b
GREEN, J.R.
3:305b
GREEN, R.M.
1:13b, 564b
4:130a
GREEN, T.S.
3:567a
GREEN, W.M.
1:81b, 601b
2:117a
4:368a
GREEN-ARMYTAGE, R.N.
1:159a
GREENACRE, P.
1:210a, 311b
GREENAWAY, F.
1:294b, 304b
2:757a(3)
3:187a, 188b
4:362b
GREENBERG, D.A. (GERSHENSON)
1:39a(2), 59b(2)
4:101b(2), 111b(2)
GREENBERG, S.
1:200b
5:12b
GREENE, H.C.
2:522b
4:293b, 349a, 349b
GREENE, J.C.
1:319a(3)
3:25a, 292a(2), 335b, 336b
5:190a, 214a, 361b
GREENE, J.E.
3:14b
GREENE, L.J.
5:240a
GREENE, M. (SMITH)
5:195b
GREENE, R.A.
1:184b
2:195a
5:102b
GREENE, S.W.
2:485a, 563a, 633a
5:235b(2), 353a, 355b
GREENE, T.M.
3:60a, 614b
GREENE, W.C.
2:331a
4:97b, 105b
GREENER, C.E.
3:601a
GREENHILL, G.
2:229a
GREENHILL, W.
1:452a, 574a
GREENING, W.E.
5:339b
GREENLEAF, W.
1:426a
2:461a
3:557b
5:417b
GREENLEE, W.B.
1:213a
GREENSLET, F. (CURTIS)
3:92b
GREENSTEIN, J.P.
2:182a

5:329a
GREENSTREET, W.J.
2:222b
GREENWALD, I.
1:167b, 247a
3:448b, 449a(8)
4:263a
5:67a, 387b
GREENWAY, P.J.
3:307b
GREENWOOD, D.
3:35b, 41a
GREENWOOD, D.C.
3:70b
GREENWOOD, E.
3:355b
GREENWOOD, M.
1:440a, 453a, 508b, 534a
2:92b, 123a, 307a, 552a
3:378a, 411a, 412a, 466a
5:154a
GREENWOOD, T.
1:23b
2:320b, 426b
3:110b, 127a
5:302b, 452b, 513b
GREGG, A.
1:422b
GREGG, J.R.
3:31a, 281b
GREGOIRE, A.
3:31a, 131a
GREGOIRE, F.
1:425a, 425b
5:126b
GREGOIRE, H.
1:13b, 42b, 633b, 652a
2:345a, 441a, 516a
4:204a, 372b, 376b
GREGOIRE, H. (DVOICHENKO-MARKOFF)
1:632b
GREGORIO, S.
2:158b
5:65a
GREGORY, C.J. (GREGORY, J.W.)
3:269b
GREGORY, D.
2:221b
5:106a
GREGORY, H.A.
3:228a
GREGORY, J.C.
1:96b, 322b
2:229a
3:170b, 190b, 282a
4:23b
5:123b, 124b
GREGORY, J.W.
3:228b, 230b, 244a, 269b, 338b, 359a, 556b
4:217b, 267b
GREGORY, R.
1:197a, 407a, 434b, 564b
2:107a
3:7b, 35b, 48a, 56a, 57b, 59a(2), 60a, 61b, 62b(3), 71b
5:494a
GREGORY, S.
3:247a
GREGORY, T.
1:471a
GREGORY, W.K.
1:324a(2)
2:256a, 256b, 485a, 663b

3:275a, 289a, 329b, 334a, 336b
GREIFF, G.
3:219b
4:20a
GREIG, J.Y.T.
1:605a, 605b
GREINACHER, H.
3:173b
GREINER, J.
5:56a
GREITHER, A.
2:579a
5:387b
GREKOV, B.D.
2:109a, 660b
GREKOV, G.
5:174a
GREKOV, V.I.
2:110b
5:220a
GREMILLET, -.
2:714b
3:470b
GREN, E.
1:106b
2:249a, 414a
5:135a
GRENACHER, F.
1:505b
5:33a
GRENARD, F.
1:477a
GRENDEL, E.
3:506b
5:408a
GRENE, M.
1:54a
2:66a
5:110b
GRENIER, A.
1:662a
4:146a, 159a
5:551b
GRESSITT, J.L.
3:285a
GRESSMANN, H.
4:69a
GREULACH, V.A.
3:305b
GREVANDER, S.
1:253a
4:139a
GREVE, E.
2:128b
5:28b, 34a
GREVE, H.C.
3:494a
GREVE, M. DE
2:375a, 375b
5:6b(2)
GREVE, P.
3:511b
GREY, Z.
3:533b
GRIAULE, M.
4:266b
GRIBEL, F.
5:402b
GRIEG, S.
4:16a
GRIERSON, P.
4:366b
GRIERSON, W. (KROCHMAL)
3:530b

GRIESBACH, H.
3:360a
GRIEVE, A.
1:26a
2:629b
GRIFFENHAGEN, G.B.
3:445a, 500b, 503a, 503b(3), 507a, 508a
5:278a, 408a
GRIFFIN, A.K.
1:64b
GRIFFIN, F.J.
1:446b, 556b, 600a
2:465a, 472b
3:323a
5:238a, 357b, 358b
GRIFFIN, F.J. (NEAVE)
2:747b
3:323a
GRIFFIN, J.
2:633b
3:95a
GRIFFITH, F.L.
1:36a
2:444b
4:38b, 51b, 54a
GRIFFITH, G.T.
2:140a
GRIFFITH, L.M.
2:470a
GRIFFITHS, E.
2:8b
GRIFFITHS, J.G.
1:567b
4:144b
GRIFFITHS, O.M.
5:191a
GRIGG, E.R.N.
2:97a
3:434b, 475b
4:253a
GRIGOR'EV, A.A.
1:603a
GRIGORIAN, A.T.
1:174b, 375a(3), 394b
2:31b, 68a, 110a(2), 176a, 229a(2), 231a, 259a, 707a(2)
3:19b, 146a, 155b, 156a, 157a(4), 158b
5:117b, 317a(2), 496b
GRIGORIAN, A.T. (LAVRENT'EV)
1:394b
GRIGORIAN, N.A.
2:603b
5:349b, 379b
GRILLOT DE GIVRY, E.A.
3:88a, 196b, 353b
GRIMAL, P.
2:463a
4:158a
GRIMBERT, C.
1:495a, 536b
5:65a
GRIMES, W.F.
1:292b
GRIMM, P.
4:156a
GRIMME, H.
4:82b
GRIMPE, G.
5:444b
GRIMSHAW, P.H.
2:748b
GRIMSLEY, R.
1:27a
GRIMWOOD, J.M.
3:561b

GRININA, O.V.
3:376a
GRINNELL, G.B.
2:150a
4:268b
GRINNELL, J.
3:320b, 328a
GRINNELL, R.
4:298b
GRINSELL, L.V.
4:51a
GRISCOM, A.
1:478a
GRISWOLD, W.S.
5:418a
GRMEK, M.D.
1:71b, 102a, 136a, 176a, 177a, 353a
2:439b, 532a, 775b
3:281a, 345b, 346a, 405a(2), 445a, 457a(2), 459b, 460b, 498a
4:157a, 299b, 330b, 336a, 339b, 356a
5:153b, 194a, 250a, 257a, 373b
GROB, G.N.
2:637b
5:382a
GRODZINS, M.
3:57b
GRODZINSKI, P.
1:114b
3:562b
5:420a
GROENMAN, A.W.
4:76a
GROETHUYSEN, B.
2:274b
GROHMANN, A.
4:391a
GROHMANN, A. (ARNOLD)
4:435a
GROHMANN, A. (WIEDEMANN)
4:424b
GROLL, M.
3:257b
GROMBAKH, S.M.
2:356b
5:254b
GROMODKA, O.
3:557a
GRON, F.
4:94a, 338b
GRON, K. (KLINGMULLER)
3:470a
GRONAU, K.
2:331a
GRONDONA, F.
1:127a, 453a, 570b
3:450b
4:134a
5:161b(2)
GRONIOWSKI, K.
5:306b
GRONOWICZ, A.
2:448b
GROOT, L. DE
2:172b
GROOTE, H.L.V. DE
5:14b
GROPENGIESSER, H.
4:124b
GROS, C.
3:589b
GROS, H.
1:360a
5:50b

GROSCLAUDE, P.
  1:343b
GROSER, J.
  5:544b
GROSLIER, G.
  4:256a, 257b
GROSS, A.T.
  3:568a, 588a
GROSSE, R.
  1:467a
  4:162a
GROSSELIN, -.
  2:50b
GROSSER, M.
  1:11a
  2:84b
  3:212b
  5:332a
GROSSET-GRANGE, H.
  1:625b
  2:516b
  4:410a
GROSSKINSKY, A.
  1:563b
  4:122a
GROSSMAN, P.
  4:441b
GROSSMAN, W.
  2:449a
  5:295b
GROSSMANN, H.
  3:311a, 581b
GROSSMANN, K.J.
  3:610b
GROSU, A.
  2:88b
GROSVENOR, G.
  2:293b, 728a
  3:259a
GROSZ, E. VON
  2:674b
  3:440a
GROTE, L.R.R.
  3:370b
GROTH, P.
  3:238b
GROUSSET, R.
  1:203b, 598a, 614a
  4:169a(2), 170b, 190a, 213a
GROUSSET, R. (HACKIN)
  2:727a
GROVE, C.S. (SCHOEN)
  3:537b
GROVER, W.C.
  3:12a
GROVES, E.W.
  1:108a, 278b
  2:489b
  5:233b, 236a
GROZIEUX DE LAGUERENNE, J.
  1:403b
  2:114a
  5:143b
GRUAU, -.
  2:621a(2)
  3:226a
  5:333b
GRUBE, G.M.A.
  1:44b
GRUBER, A.
  1:45b
GRUBER, F.C.
  3:339b
GRUBER, G.B.
  1:367a, 515a
  2:205b, 456a
  3:362a, 435b, 455b(2), 509b
  5:263b, 380a, 391b, 510b
GRUBER, G.B. (RISCHER)
  3:460a
GRUBER, H.E.
  1:312b, 319a, 554a
  2:153b
GRUBER, J.W.
  1:319b
  2:187a
  3:292a
  4:69a
  5:360b
GRUBER, V. (GRUBER, H.E.)
  1:312b, 554a
GRUEN, E.
  2:198a
  5:258b
GRUENBERG, B.C.
  2:496b
  3:36a, 48b, 49a, 49b(2), 54b, 57a, 294a, 614b
GRUENDER, D.
  3:46b, 89a
GRUMAN, G.J.
  2:506a(2)
  3:12a(2), 413b, 457b(2)
  5:59b, 449b
GRUMM-GRZHIMAILO, A.G.
  2:577b
  4:239b(2)
GRUN, R.
  3:581a
GRUNBAUM, A.
  1:363b, 377b(2)
  2:373b, 649b
  3:25b, 36a, 37a, 41a, 147a, 152a(2), 152b, 160a
  5:301a, 537b
GRUNDEL, E.
  1:595b
  5:59b
GRUNDEL, F.
  3:115a
GRUNDFEST, H.
  1:444b
GRUNDMANN, G.
  1:64b
  2:172a, 538a
  3:581b
  4:138a
GRUNDMANN, H.
  1:105b, 489b
  5:405a
GRUNDWALD, E.
  3:55b
GRUNDY, G.B.
  3:84a
GRUNEBAUM, G.E. VON
  2:435a
GRUNEIS, P.
  2:770b
  3:420a
GRUNER, O.C.
  1:89b, 92a
  4:203b
GRUNEWALD, -.
  3:578a
GRUNEWALD, L.
  2:421b
  5:69a
GRUNICKE, L.
  5:301b
GRUNNER, O.
  2:352a
  5:405b, 548a
GRUNTH, P.
  1:3b
  5:283a
GRUNTHAL, E.
  1:497b
GRUNWALD, K.
  3:549a
GRUNWALD, W.
  5:319b
GRUNWEDEL, A.
  4:86a, 181b
GRUVEL, A.
  3:534b
  4:29b
GRUVEL, J.
  3:324a, 514a
GRZYBOWSKI, S.
  2:214b
  5:193a
GSELL, S.
  1:214b
  3:572b
  4:122a, 291a
GUALINO, L.
  3:362a
GUARESCHI, I.
  1:196b, 519b
  2:38a, 461b, 488a(3), 569b, 600a
  3:183b, 193a
  5:209b, 212a, 337b
GUASTI, T.C.
  2:647b
GUAYDIER, P.
  3:135a(2)
GUAZZO, F.M.
  5:147a
GUBER, A.A.
  2:72b
GUBERLET, M.L.
  3:242b
GUDDE, E.G.
  3:203a, 248a
GUDGER, E.W.
  1:9b, 27a(2), 63b, 127b(2), 203a, 481b(2)
  2:1a, 145a(3), 301a, 316a, 334b, 413b(4), 436b, 467a, 505a, 519a, 635b
  3:273a, 297a, 299b, 321a(3), 321b(3), 324b(1), 325a(8), 325b(19), 326a(13), 326b, 328a, 329b(2), 330a(7), 464b(3), 477b(2), 491a(2), 532b, 533a, 533b(4), 534a(4), 534b(2), 586b(2)
  4:125b, 140a, 240a, 254a
  5:47a(4), 47b(2), 48a, 145a(3), 145b, 161a, 238b, 359a(2), 417a, 451a, 478a
GUDINO KRAMER, L.
  3:393b
GUEBEN, G.
  2:428a
GUEBEN, G. (RASSENFOSSE)
  3:174b
GUEGUEN, E.
  2:677a
  5:107a
GUELLIOT, O.
  1:180b
  2:44a, 209b, 260b
  4:155a
  5:273a, 469b
GUELLUY, R.
  2:243b

GUENIOT, Y. (PEQUIGNOT)
 1:47b
 4:156a
GUENON, R.
 1:308b
 3:125b, 347a
 4:189b
GUENTHER, K.
 2:456b
GUENTHER, S.
 2:496b
 5:217b
GUERARD, A.L.
 3:613b
 5:305b
GUERAUD, O.
 4:145b
GUERCHBERG, S.
 4:350a
GUERIN, P.
 4:105b
GUERIN-VALMALE, C. (DELMAS)
 3:377a
 5:518b, 544b
GUERINOT, A.
 2:462b
GUERLAC, H.
 1:156a, 208a, 304b, 447a, 530b(2), 587b
 2:52b, 53a(2), 54a, 54b, 55b, 71b,
  162b(2), 193a, 222b, 232a, 353b,
  402a, 576b, 601a
 3:3b, 10a, 12a, 16a, 60a, 74b, 182b, 599b
 5:4a, 104b, 122a, 188b, 192a(2), 202b,
  210a, 212a(2), 241a
GUERMONPREZ, F.J.O.
 3:384a
GUEROULT, M.
 1:335b(2), 337b
 2:131a, 137b, 329b
GUERRA, F.
 1:547a
 2:49b, 144a, 189a, 423a(2)
 3:388b, 392b, 465a
 4:278a, 281a
 5:150a, 245a(2), 259a, 369a
GUERRA, G.S.
 3:392b
GUERRA-COPPIOLI, L.
 3:481a
GUERREIRO, L.
 2:493a
 3:423b(2)
GUERRIERI, L.
 2:314a(2), 574a
GUERRIERO, H.
 5:403b
GUERRINI, G.
 3:471a
GUERRINO, A.A.
 2:583a
GUERTLER, W.
 3:573a
GUEST, A.R.
 4:430b
GUEST, E.M.
 4:48b
GUETROT, M.
 1:453a
GUGEL, K.F.
 1:492a
GUGGENBUHL, D.
 3:483a
GUGGENBUHL, L.
 1:416a, 480a
 4:38a

 5:311a
GUGGENHEIM, K.
 1:401a
GUGLIELMI-ZAZO, G.
 2:359b, 363b, 478b
 5:27b
GUGLIELMINI, T.
 2:340a, 425a, 528a
GUHRAUER, G.E.
 1:663a
GUIARD, E.
 4:11b(2)
GUIART, J.
 1:472a, 488a
 2:233b, 438a, 681a, 706a
 3:351b, 373a, 385a, 395b, 405b, 471b,
  472a
 4:44b, 45a, 47b
 5:165b, 247b, 504a
GUIBERT, J.
 1:365b
 2:670a
 5:552b
GUICHONNET, P.
 1:225a
GUICHOT Y SIERRA, A.
 3:41b
GUIDO, A.
 2:470a
GUIDO, F. (STROPPIANA)
 3:416b
GUIGNON, J.
 3:613b
GUIJARRO OLIVERAS, J.
 2:755b
 3:418b
 5:153b
GUILCHER, J.M.
 3:310a
GUILFORD, E.L.
 4:324a
GUILHIERMOZ, P.
 4:302a(2)
GUILHON, J.
 3:517a
GUILLAIN, G.
 1:94b, 245a(2)
 3:419b
 5:525b
GUILLAND, R.
 1:511a
 2:177a
GUILLAUME, A.
 2:536a
 3:347a, 444b
 4:75b, 166b
GUILLAUME, A. (ARNOLD)
 4:383a
GUILLAUME, A.C.
 1:173b
 5:259b
GUILLAUME, C.
 2:706b
 3:84b
GUILLAUME, C.E.
 1:244b, 373b
 3:85a, 85b, 160a
 5:318a
GUILLAUME, E.
 1:132b, 377b
 3:147b, 149a, 150b
 5:533b
GUILLAUME, P.
 3:319b

GUILLEMET, -.
 4:233b
GUILLEMIN, E.A.
 1:38a, 400a
 5:320a
GUILLEMIN, R. (HOFF)
 1:137a, 507b
 2:265a
 3:446a
 5:217b, 256a
GUILLEMINOT, H.
 3:279b, 282a
GUILLEN Y TATO, J.F.
 2:152a
 5:30a
GUILLEN, J.
 3:257b
GUILLET, J.
 2:541b
GUILLET, L.
 2:384b, 389b
 3:573a
GUILLIERMOND, A.
 2:59a
GUILMOT, M.
 2:642a
 4:100b
GUIMARAES, R.
 2:241b
 3:116a
GUINAGH, K.
 1:98b, 365b
 2:151a, 411b
GUINCHANT, J.
 1:38a, 47b
 2:246a, 514a
 3:599a
 5:320a
GUINET, L.
 1:37b, 476a
 2:102a, 395b
 3:16a, 57a, 77a, 93a
 5:412b
GUINIER, A.
 3:176b
GUISAN, A.
 1:46b, 321b, 402b, 466b, 533a
 2:603b
 5:247b(2), 269a, 270b, 274a, 401a
GUISANDE, G.S.
 See SANCHEZ GUISANDE, S.
GUISLAIN, A.
 3:506b(2)
 5:278a, 407b
GUITARD, E.H.
 1:291a, 415b, 522a
 2:671b, 764b, 765b
 3:303a, 489b, 497a, 501b, 505a(2), 505b
 4:334b, 354b
 5:82b, 83b, 253b, 276a, 277a, 277b, 327a
GUITEL, G.
 4:38b, 278b
GUITTON, J.
 2:64b(2), 280b, 284a
GUIZZARDI, V.
 1:401a
GUKOVSKII, M.A.
 2:80b(3)
 4:444a
 5:9a
GULAT-WELLENBURG, W. VON
 3:347a
GULICK, A.
 1:522a, 522b
 3:288a

GULIK, H. VAN
 4:214b
GULLI, L.
 3:17b(2), 166b
GULLSTRAND, A.
 2:16a
 5:391b
GULLSTROM, S.
 2:446b
GUMILEVSKII, L.I.
 2:581b
GUMMERE, R.M.
 1:115a
 2:463a
GUMMERUS, H.
 4:161b
GUMPERT, C.G. (COCCHI)
 1:75b
GUMPERT, M.
 1:365a(2), 528a(2)
 2:584a, 708a(2)
 3:14b, 481b(2)
GUMPRECHT, F.
 1:526b, 554a, 602b
 2:161b
 3:14b
 5:299a, 347a
GUNALTAY, S.
 1:87b
GUNDEL, H.G.
 4:90a
GUNDEL, W.
 3:214b(2), 221a
 4:23b, 89b, 320b
GUNDERSEN, A.
 3:304a, 313a
GUNDLACH, F.
 2:721b
 3:617b
GUNDOLF, F.
 1:214b(2)
 2:270b(2)
GUNN, B.
 4:39b
GUNN, J.A.
 1:2b, 351a
 2:497a
 3:45b, 94b
GUNN, S.M.
 3:417a
GUNNING, H.E.
 2:502a
GUNSBURG, F.
 5:381b
GUNTERT, H.
 4:5b
GUNTHER, G.
 2:771a
 3:519a
GUNTHER, H.
 3:449a, 459b
GUNTHER, H.F.K.
 3:338b(2)
GUNTHER, K.
 1:645a
 4:354a
GUNTHER, N.
 1:1b
 3:204b
GUNTHER, O.
 5:57a
GUNTHER, R.T. [GUNTHER, R.W.T.]
 1:76b, 157b, 218b, 248a, 265a, 320b, 379b, 399a, 476b, 593a, 593b
 2:114b, 154b, 336a, 401a, 403b, 546a, 638a, 666a, 676b, 720b, 734a, 734b(3), 735a(6), 762b
 3:11b, 71b(3), 83a(4), 114b, 146a, 185a, 185b, 203a, 208a(3), 248b, 284b, 305b
 4:328b, 438b
 5:22a, 22b(2), 106b, 122b, 126a, 185b, 305a, 318b, 453b
GUNTHER, R.T. (JAMES)
 1:593a
GUNTHER, S.
 3:224b, 247b(2), 464a
 4:115a, 192a, 278b
 5:35a, 218a, 219a, 222a
GUNTHER, U.
 4:290b
GUNTZEL-LINGNER, H.
 3:511b
GUOJONSSON, S.V.
 4:340a
GUPPY, H.
 2:710b
 3:619b
GUR'IANOV, V.P.
 1:567a
 5:311a, 316a
GURJAR, L.V.
 4:191a
GURLEY, J.E.
 3:495a
 5:506b(2)
GURNEY, J.H.
 3:327a
GURTNER, H.
 2:146b, 210a
 5:316a, 357a
GURWITSCH, A.
 3:341a, 344a
GUSAK, A.A.
 3:125a
GUSDORF, G.
 3:331a
GUSEINOV, A.I.
 3:116b
GUSEV, V.A.
 2:466b
 5:314b
GUSHCHIN, A.S.
 4:366a
GUSHEE, V.
 2:640a
GUSMAN, P.
 3:596a
GUSSIN, A.E.S.
 2:107b
 3:319b
 5:357b
GUSSOV, V.V.
 3:125b
GUTERBOCK, H.G.
 4:72a
GUTHE, C.E.
 4:279b
GUTHLING, W.
 1:399b
GUTHREY, N.H.
 5:366b(3)
GUTHRIE, D.
 1:547a, 642a, 663a
 2:100b, 101a, 690b, 715a, 749a(2)
 3:72a, 72b, 362a(2), 372a, 372b, 380b, 407a, 444b, 457a, 491a
 4:266a
 5:55a, 274a, 409b, 473b
GUTHRIE, D. (STEVENSON)
 3:442b
GUTHRIE, L.
 2:213a, 459b
 5:170b, 387a
GUTHRIE, W.G.
 2:469a
 5:21b
GUTHRIE, W.K.C.
 4:104a
GUTIERREZ, A.
 3:424a
GUTIERREZ-NORIEGA, C.
 1:238b
 3:511b
GUTINA, V.N.
 3:279a
GUTKIND, K.S.
 2:165a
GUTMAN, J. (SCHWABE)
 2:86b
GUTMANN, B.
 4:267b
GUTMANN, M.
 1:577a
GUTMANN, R.A. (GILBERT)
 1:80b, 288b
 3:462a
GUTSCHE, F.
 3:556a
GUTSEVICH, A.V.
 2:291b
GUTTENBERG, K. VON
 3:529a
GUTTENTAG, O.E.
 3:378a, 484b
GUTTLER, A.
 3:211b
GUTTMACHER, A.F.
 2:277b, 629b
 3:288a
 5:68b
GUTTMACHER, M.S.
 1:479a
 5:257a
GUTTMANN, J.
 1:20b, 86b, 327b
 4:75b, 437a
GUTZMER, A.
 2:212b
GUY, H.L.
 1:530a
GUYE, C.E.
 1:407a
 3:189a
 5:316a
GUYE, P.A.
 2:381a, 619b
 3:183a, 188a
GUYENOT, E.
 3:289a, 293b
 5:230a
GUYER, M.F.
 3:331b
GUYONNET, G.
 1:662a
 2:408b
 4:349a
 5:271a, 547a
GUYOT, A.L.
 3:527a(2)
GUYOT, C.
 1:171b, 343b, 532a
GUYOT, E.
 2:616a, 730a
 3:200b, 206a, 211b

GUYOT, L.
  3:275b
GUYOTJEANNIN, C.
  3:463a
GUYOTJEANNIN, C. (LAIGNEL-
  LAVASTINE)
  2:37a
  5:162b
GUZMAN, E.
  4:280a
GUZZO, A.
  1:200b, 390a
  3:3b, 31a
GVAI, I.I.
  2:561a
  5:317b
GWYN, N.B.
  1:587b, 655a, 656a
  2:257b(2)
  5:251b
GWYNN, A.O.
  4:163b
GWYNN, S.
  2:21a, 458a, 278a
  5:342b, 468a
GWYNNE, C.S.
  3:577a
GYLDENKERNE, K.
  1:566b
GYORY, T. VON
  2:480a, 727b
  3:399b
  5:74b, 148b, 249a(2), 372b, 463b,
    502a(2)
HA-REUBENI, E.
  4:78b
HAAC, O.A.
  2:180a
  5:431b
HAAG, H.B. (LARSON)
  3:415b
HAAG, J.
  3:155b
HAAGENSEN, C.D.
  3:362a
HAAGENSEN, C.D. (MUNRO)
  1:30b, 42b
  2:569a
  4:378a
HAAR, C.M.
  2:644a
  5:303b
HAAR, D.
  3:217a
HAARBECK, W.
  2:89b
  5:20b
HAARDT, G.M.
  3:263a, 265b
HAARDT, R.
  1:287a
  3:252b(3)
  5:31b
HAARHOFF, T.
  4:163b
HAARHOFF, T.J.
  2:596a
  4:92a
HAARMANN, E.
  3:229b
HAAS, A.
  1:194b(2), 553a(2)
  2:453b(2)
  3:135a(2), 138a, 140a, 153b, 155b,
    169a(2), 215b

  4:89b, 111b
  5:537b
HAAS, A. (DONNAN)
  1:485b
HAAS, H.
  3:222a, 500a
HAAS, J.H. DE
  1:191b
HAAS, K.
  1:600a
HAAS, O.
  1:499b
  3:288b
HAAS, W.S.
  4:176a
HAAS-LORENTZ, G.L. DE
  1:196b
  2:112b
HAAST, H.F. VON
  1:525b
HABAKKUK, H.J.
  2:140a
HABAKKUK. H.J.
  5:413b
HABELT, T.
  3:511b
HABER, F.
  1:382b
HABER, F.C.
  2:610a
  3:45b, 235a
  5:302a
HABER, L.F.
  5:425a
HABERLANDT, A.
  4:14a
HABERLANDT, G.
  1:499b
  2:457a
  5:235a
HABERLE, D.
  3:241b
HABERLEIN, P.
  3:319b
HABERLING, E.
  3:454b
HABERLING, W.
  1:44b, 64a, 200a, 309b, 552a, 557a, 603b
  2:179a, 205a(4), 277a, 277b, 303b,
    450b, 514b, 591b, 632a, 704b
  3:374a, 379a, 397a(2), 416b, 420a,
    446a, 459a, 515a
  4:11a, 49b, 93a, 94b, 125b, 131a, 131b,
    353a
  5:160b, 167a, 359a, 366a, 377a, 400a
HABERLY, L.
  4:363b
HABLER, T.
  2:124a
HABSHUSH, H.
  1:530b
HACK, M.
  3:207b
HACKETT, C.W.
  5:37b, 541a
HACKETT, L.W.
  3:479a
HACKFORTH, R.
  2:329b
HACKH, I.W.D.
  3:183b
HACKIN, J.
  2:727a
  4:170a

HACKING, I.
  3:132b
HACKMANN, H.
  1:601b
  4:218b, 221a
HACQUAERT, A.
  1:149b, 330a
HADAMARD, J.
  1:612b
  2:47a, 265a, 312a, 338a
  3:26b, 29a, 54b, 73b, 106a(2), 132a
  5:465a(2)
HADAS, M.
  1:348a, 659b
  2:331b
  4:92a
HADCOCK, R.N.
  4:331a
HADDAD, H. (LEVEY)
  4:430a, 433a
HADDAD, S.I.
  1:619a(2)
  4:416a(2)
HADDAD, S.I. (KHAIRALLAH)
  5:546a
HADDOCK, M.H.
  3:571b
HADDON, A.C.
  1:105a
  2:405b, 565a
  3:331b, 338a
  4:261a, 263b
HADDON, A.C. (HUXLEY)
  3:338b
HADDON, K.
  3:111a
HADDOW, A.
  2:437a
  3:463a
HADEN, J.
  1:282b
HADEN, R.L.
  1:463b
  5:120a
HADFIELD, C.
  3:554b
HADFIELD, R.A.
  1:408b
  5:423a(2)
HADJIBEYLI, D.
  1:103b
HADLEY, R.M.
  2:631a
HADLICH, H.
  3:613b
HADORN, E.
  2:199a
HADZSITS, G.D.
  2:117a
HAEBLER, K.
  5:93b(2), 94b(2), 98a
HAECKEL, E.
  3:288b
HAECKEL, W.
  1:526b
HAECKER, V.
  1:499b
HAEDICKE, H.
  4:15b
HAEFKE, F.
  2:703a
  3:247a
HAEFLIGER, J.A.
  3:509a

HAEHL, E.
  1:527a, 528a
  2:699a
  3:484b
HAEHL, R.
  1:528a(3)
HAENDCKE, E.
  5:399a
HAENEL, H.
  3:244a
HAENISCH, E.
  1:53a, 477a
  2:249a, 309a
  4:180b, 183a
HAENTZSCHEL, E.
  1:349a, 396b
  2:180b, 227b, 616b
  5:115b, 313a
HAERING, T.L.
  1:551b
  3:139a
HAESER, H.
  1:192b, 240a
  2:754b(2)
  3:362a(2), 466a
  4:338a, 351a
  5:166b, 388a, 525b
HAEUSSLER, E.P.
  1:541a
  2:457a
  5:118a(2), 160b
HAFEN, LE R.R.
  5:417a
HAFERKAMP, H.J.
  3:381a
HAFFNER, A.E.
  3:578b
HAFKER, H.
  3:215a
HAFLIGER, J.A.
  2:333a, 667b
  3:500b, 501a, 503a, 505b
  4:355b
  5:82b
HAFSTAD, L.R.
  3:54b
HAGA, T.
  1:204b
  5:185a
HAGBERG, K.
  2:94b(4)
  3:304b, 315a
HAGEDOORN, A.L.
  3:289a
HAGEDOORN-VORSTHEUVEL, A.C. (VORSTHEUVEL)
  3:289a
HAGEDORN, H.
  2:456b
HAGELAND, A. VAN
  4:328a, 328b
HAGEN, B.
  1:500b
HAGEN, B. VON
  4:28a
HAGEN, H.F. (GRAY)
  3:551b
HAGEN, H.L.
  4:93b
HAGEN, J.G.
  3:215a
HAGEN, S.N.
  4:324b
HAGEN, V.W. VON [VON HAGEN, V.W.]
  1:172a, 233a(3), 315b, 562b, 603b, 604b, 605a
  2:33a, 35a, 210a, 377b, 499a(2), 506a, 606a
  3:260b, 275b, 584b
  4:283a(2), 283b
  5:45a, 229b, 235b, 346b(2), 353b
HAGENAH, D.J. (MCVAUGH)
  1:410a
HAGENBACH, A.
  1:244b
HAGENSICK, P.W.
  1:461b
HAGERTY, M.J.
  4:239b
HAGESTROEM, K.G.
  1:382a
HAGG, G.
  3:192b
HAGGARD, H.W.
  3:362a(2), 365a, 383b(2)
HAGGIS, A.W.
  3:512b
HAGSTROEM, K.G.
  2:328b, 467b
  3:96a, 118b, 132b
  4:89a, 90a(2), 111a
HAGUE, E.B.
  1:344b
  5:403a
HAGUENAUER, M.C.
  4:213b
HAHN, A.
  1:91a
  2:503a, 532b, 738a
  3:362a, 367a, 368a
  4:416a
  5:70a, 205b, 521b
HAHN, C. VON
  2:42a
  3:404b
  5:153a
HAHN, E.
  3:521b, 527a, 530b
  4:77a, 438b
  5:36b
HAHN, E.A. (STURTEVANT)
  4:72b
HAHN, F.L.
  1:499b
HAHN, H.
  3:110b
HAHN, M.
  4:340a
HAHN, O.
  2:166b
  3:174a(2)
HAHN, P.
  2:89a
HAHN, R.
  1:103a, 266a, 429a
  2:47a, 53a, 169a, 563a
  5:188a, 204b
HAHN, R. (DUVEEN)
  1:146a
  2:47a, 47b, 54a(2)
  5:191b
HAHNE, H.
  2:699b
  5:26a
HAHNEL, R.
  4:28a
HAIG, H. (KURY)
  2:676b, 734b
  3:394b
HAIG, W.
  2:20b
HAIGERTY, L.J.
  2:320b
HAILE, B.
  4:272a
HAINES, C.
  3:80b
HAINES, G.
  5:305a(2)
HAIRS, E. DE
  2:172a
HAISCH, E.
  3:436a
  5:147a
HAJDUKIEWICZ, L.
  2:124b, 551b
  5:8b
HAJNAL, I.
  4:368b
HALA, R.
  2:323a
  5:94b
HALAHAN, B.C.
  4:363b
HALBE, A.
  2:369b
  4:121b
HALBERTSMA, H.
  1:25a
HALBERTSMA, K.T.A.
  1:200b
  2:1a
  3:164a, 490b(2)
HALBFASS, W.
  3:241a
HALBWACHS, M.
  2:373a
  3:358b
  4:127a
HALCRO-JOHNSTON, J.
  3:119a
HALDANE, J.B.S.
  1:318a, 530a
  3:3b, 53b, 57b, 59b, 61b, 154b, 289a, 290b(2), 416b, 602b
HALDANE, J.B.S. (LUNN)
  3:63a
HALDANE, J.S.
  3:46b, 279b, 282a, 284b, 426b, 430a, 443a
HALDANE, R.B.
  3:149a, 606b
HALDIN-DAVIS, -.
  2:627b
  5:260a
HALDY, B.
  3:227a, 524a
HALE CARPENTER, G.D.
  See CARPENTER, G.D. HALE
HALE, G.E.
  2:676a
  3:50b, 51b, 52a, 199b(2), 204b, 205b, 207a, 210b, 211a(2), 215b
  5:330b, 518b
HALE, H.
  2:484b
  3:184b
HALE, W.J.
  3:580b
HALE-WHITE, W.
  1:95b, 487a, 543a
  2:633a
HALEVY, D.
  2:180a, 577a

HALEVY, E.
5:309a
HALEVY, M.A.
1:659b
3:405b
4:336b, 441a
5:54b
HALFORD, F.J.
1:662a
5:368a
HALKIN, A.S.
1:659b
4:437b
HALKIN, F.
2:692b
HALKIN, L.
1:447b
HALL, -.
5:264a
HALL, A.D.
2:603a
HALL, A.R.
1:258b, 337b, 463a(2), 464b, 520b,
593a, 594a
2:222b, 224a, 225b, 226a(2), 228a(2),
229a, 230a, 230b, 231a, 231b,
248a(2), 480b, 575a, 638a, 676b,
749a, 773b
3:3b(2), 7b, 23a, 73a, 544b(2)
4:220b, 362a, 367a
5:66b, 101b(2), 104b, 106b, 118a, 121a,
126b, 130b, 175b, 179b, 186a, 457b
HALL, A.R. (BOAS HALL)
1:187b
2:230b
5:122b
HALL, A.R. (SINGER)
3:540b
HALL, C.J.
3:523b
HALL, C.R.
1:647a
2:186b(2)
3:392a, 547a
5:241b, 269b, 303b, 366b, 398b, 401b
HALL, C.S.
3:342b
HALL, D.
3:52b, 522a
HALL, E. (HARRISON)
2:108b
HALL, E.H.
2:430b
HALL, E.R.
1:206a
HALL, E.W.
3:89a
HALL, H.
4:361a
HALL, H.P.
3:349b
HALL, H.R.
1:630b
2:673b
4:45b, 84a
HALL, I.C.
1:524b
5:300a
HALL, J.J.
4:366a
HALL, J.W.
1:310a
3:574b, 575b
HALL, M.
See BOAS HALL, M.

HALL, M.C.
3:53a
HALL, M.G.
2:156a
5:105b
HALL, M.R. (EMBERGER)
3:47b
HALL, M.S.
4:281a
HALL, R.B.
4:254b
HALL, S.A.
5:410a
HALL, T.F.
1:277b
2:293b
3:267a
HALL, T.S.
3:316a
4:124b
HALL, V.
2:445a
HALLAND, R.
1:296a
HALLAYS, A.
1:167a
2:301a(3)
5:107a
HALLBERG, I.
4:323b
HALLE, N.
3:377b, 379b
HALLEMA, A.
2:417a, 628a
3:538b
5:168b, 173b, 251a, 252b, 394a, 395b,
500a(2)
HALLER, A. VON
3:414a
HALLER, E.
1:208a
5:129b
HALLER, M.H.
3:416b
HALLERBERG, A.E.
1:393b
2:187b, 204a
5:111a
HALLEY, C.R.L.
2:129b
HALLGREN, W.
3:519b
HALLIDAY, W.R.
1:563b
4:16a, 92a, 127b, 137b, 144b, 147a, 158a
HALLIE, P.P.
2:135a
HALLIER-SCHLEIDEN, H.
1:13b
3:379a
HALLIWELL PHILLIPPS, J.O.
3:613a
4:369a
HALLO, R.
2:712b
4:108a
5:214b
HALLOPEAU, L.A.
3:198a
HALLOWELL, A.I.
4:272a
HALLOWES, K.K.
3:230b
HALLUIN, M. D'
3:429a

HALMAI, J.
2:686b
3:508b
HALOUN, G.
2:297a
4:245a
HALPERIN, G.
2:319a
HALPERIN, S.W.
3:604b
HALPERN, J.
2:497a
HALPHEN, L.
1:245b(2)
3:605a, 607b(2)
4:327a
HALSBAND, R.
2:191b
5:266b
HALSEY, A.H.
3:79a
HALSEY, R.H.
1:647a
2:612a
5:267b
HALSTEAD, F.
5:202a, 449a, 452b
HALSTEAD, F.G.
1:379a
2:210b, 546a
5:398b, 408b
HALSTEAD, P.E.
1:549b
3:599a
5:425b
HALSTEAD, W.C.
3:343a
HALSTED, G.B.
3:118a, 131a
5:14b
HAMACHER, J. (DORNER)
3:145a
HAMADA, K.
4:247a
HAMADANIZADEH, J.
4:403a
HAMANN, R.
4:329a
HAMARNEH, S.
2:20a, 430b, 647a(2), 759a
3:501a
4:416b, 421b, 424b(3), 425a, 425b(3),
426b(2)
5:465a
HAMARNEH, S. (COWEN)
3:516a
HAMBERG, P.G.
1:272a
HAMBLIN, C.L.
3:38a
HAMBLY, W.D.
3:336b
4:7b, 8a
HAMBLY, W.D. (LAUFER)
3:416a
HAMBRUCH, P.
4:262a, 263b
HAMBURG, C.H.
1:230b
HAMBURGER, H.J.
3:286b
HAMBURGER, K.
2:240b
HAMBURGER, O.
4:48a

HAMBURGER, W.W.
3:444b
HAMEL, G.
3:106b
HAMELIN, O.
1:54a
2:396a
HAMER, P.M.
2:764a
3:12b, 67b, 391b, 604b
HAMER, W.
3:466a(2)
HAMILTON, A.
3:479b(2)
HAMILTON, E.L. (LOVE)
3:481a
5:512a, 529a
HAMILTON, E.P.
3:565a
HAMILTON, G.H. (THOMPSON)
4:367a
HAMILTON, G.R. (RADBILL)
3:471a
HAMILTON, H.W.
1:271a, 607b
5:274b
HAMILTON, J.A.
4:380a
HAMILTON, J.G. DE R.
2:701b
3:549b
HAMILTON, M.A.
2:731b
3:616b
HAMILTON, M.P.
1:248b
4:313b
HAMILTON, R.A.B.
4:175b
HAMILTON, R.N.
5:132b
HAMILTON, S.B.
1:290b, 371b
2:302a, 638b
3:542b, 547b, 588a
4:96a, 364b
5:176a, 285a, 285b(3), 414b
HAMLYN, D.W.
3:344a
HAMMARSTROM, M.
4:33a
HAMMER, J.
1:230b, 478a(2)
2:593b
HAMMER-JENSEN, I.
1:62b, 564a
3:196b
4:141b, 287a
HAMMERLING, J.
1:542a
HAMMERMAYER, L.
2:668a
5:192b
HAMMERSCHMIDT, W.W.
2:623b
HAMMETT, F.S.
4:197a, 199b, 204b, 208b
HAMMING, R.W.
3:600b
HAMMOND, D.B.
3:3b
HAMMOND, E.A.
4:336a, 336b
HAMMOND, G.P.
1:106b
2:251a
4:269a
5:37b, 361a
HAMMOND, J.
3:532a
HAMMOND, J. (MARSHALL)
3:532a
HAMMOND, J.H.
3:599a
HAMMOND, M.P. (AKERT)
2:520a
HAMMOND, N.G.L.
2:438a
HAMOR, W.A.
1:34b
3:13a
5:325b
HAMPE, K.
2:727b
HAMPE, T.
2:486a
5:50a
HAMPSHIRE, S.
2:426b
HAMPTON, I.A.
5:377b, 513b
HAMPTON, J.
1:179b
5:218b
HAMRE, I.
2:238b
3:269a
HAMSHAW THOMAS, H. [THOMAS, H.H.]
1:48a, 186a
2:432b, 467a
3:22a, 230b, 302a, 309b
HAMUI, R.
1:405a
4:305a
HAMY, M.
1:281a
2:100a, 101a
HAN YEN-CHIH
4:239b
HAN YU
2:475a
HANAPPE, E.
3:31a
HANAUER, W.
2:511b
HANCAR, F.
4:13a
HANCOCK, H.
2:32b, 328b
3:119b
5:312b
HANCOCK, H.B.
1:489a
5:292a
HANCOCK, J.D.
5:369b
HANDEL-MAZZETTI, H.
3:265a
HANDERSON, H.E.
1:488a
4:331b
HANDFORD, S.A.
1:13a
4:141b
HANDLER, E.
5:86a
HANDOVER, P.M.
3:595b
HANDSCHIN, E.
3:533b
HANECKI, M.
1:195b
HANEKE, H.
3:549b, 562b
HANEL, K.
4:344b
HANER, G.
2:708b
3:406a
HANFMANN, G.M.A.
4:148b
HANFORD, J.H.
2:264b
HANIFF, M. (BURKILL)
4:259b
HANINGTON, C.H.
2:682b
3:275a
HANISCH, E.
4:230b
HANKAMER, P.
1:161b
5:181b
HANKE, L.
1:229b(3)
2:289a
4:269b
5:48a
HANKE, M.
2:687b
3:255b
5:221b
HANKIN, E.H.
4:397b
HANKINS, F.H.
3:337b
HANKS, L.
1:205a
5:288b
HANNA, P.R. (BARRY)
3:560a
HANNACK, G.
4:254b
HANNAN, W.E.
2:731a(2)
HANNOVER, E.
3:581a
HANQUET, M. (BUISSERET)
3:488a
HANS, N.
1:434b(2), 646a
2:716b
5:188a
HANS, O.
2:493b
HANSEL, C.E.M. (COHEN)
3:73a
HANSEMANN, D.P. VON
3:386a
HANSEN, A.
1:561a, 656a
3:447b
4:94a
5:10a, 232a
HANSEN, A.O.
5:296b
HANSEN, H.D.
4:84a
HANSEN, H.P.
3:386a
HANSEN, H.P. (CRESSMAN)
3:333a

HANSEN, M.L.
3:358b
HANSON, N.R.
1:40a, 62b, 156b, 166a, 282b, 283a,
284a, 350a, 553a
2:3b, 14b(2), 84b, 230a, 243a, 361a
3:23b, 25b, 29a(2), 34b, 37a, 40a, 138a,
154b, 155a, 158a, 170a, 171b, 172a
4:116a
5:331a, 481b
HANSON, W.G.
4:370a
HANSOTTE, G.
2:678b
3:578a
HANSSEN, P.
3:466a, 519b
5:264b
HANSSON, S.A.
1:663b
HANSTEIN, O. VON
4:280b
HANSTEIN, R. VON
2:617a
HANZLIK, H.
5:244b
HANZLIK, P.J.
2:366b
5:410a
HAPGOOD, C.H.
1:418a
2:318b
3:237b
4:410b
5:31b
HARA, K.
2:283a(2)
5:111a
HARA, M.
3:41b
HARADA, Y.
2:609b
HARANT, H.
2:725a(2)
3:308a(2), 320a, 478b
HARASZTI, Z.
1:10b(2), 289b, 353b, 436b, 523b
5:4b, 93b
HARBORD, J.G.
3:599a, 599b
HARCOURT, R.
2:365a
HARCUM, C.G.
4:158b
HARDEN, A.
2:313a
HARDEN, D.B.
4:73a, 161a(3)
HARDIE, C.
1:590b
HARDIE, C.D.
2:624b
3:138b
HARDIE, D.W.F.
2:209b
3:580a(2)
5:425b
HARDIE, R.
1:110b
HARDIN, G.
1:316a
3:336a
5:349a
HARDING, L.A.
3:249b

HARDING, M.E.
3:341a, 437a
5:467a, 543b
HARDING, R.E.M.
3:29a
HARDING, T.S.
2:767a
3:41b, 523a(2)
HARDMAN, D.
3:60a
HARDWICK, J.C.
3:64a
HARDY, A.C.
1:583b
3:335a, 348a
HARDY, G.H.
1:584b
2:58a, 379a, 379b(2), 426b, 645a, 765a
3:107a, 123a
5:199a
HARDY, W.B.
2:547b
3:158b, 192a
HARE, H.A.
1:490b
5:268b
HARE, R.
3:466a
5:344b
HARE, T.
1:103b
4:427a
5:276b
HARFF, H.
3:185b
HARGRAVE, C.P.
3:133b
HARGRAVE, J.
2:270b
HARGRAVE, L.L. (HAURY)
4:269a
HARGREAVES-MAWDSLEY, W.
3:616a
HARIG, G.
1:223b(2), 283a, 284a, 603a
2:14b, 160a, 256b, 410b, 528b(2)
3:3b, 75b
5:18a, 22b, 128a
HARIM, N. BEN
4:80a(2)
HARING, C.H.
5:44a
HARINGTON, C.R.
2:408a
HARIZ, -. (MOUSSON-LANAUZE)
3:464b
HARIZ, J.
3:396a
HARIZ, J. (VILLARET)
2:387b
4:175a
HARKER, A.
2:543b
HARKIN, D.
2:116a
HARKINS, W.D.
3:172b
HARLAN, J.R.
3:527b
HARLAND, S.C.
2:577b(2)
HARLESS, J.C.F.
3:515a
4:29a

HARLEY, G.W.
4:266a
HARLEY, J.B.
1:510b
2:748b
5:225a, 339a
HARLOR, -.
1:480b
HARLOW, A.F.
3:556b, 597b, 598a
5:418a
HARLOW, V.T.
2:378b
HARMAN, E.G.
1:95b
2:496a
HARMAN, J.B.
5:365b
HARMER, S.F.
3:534b
HARMS, B.
1:125b
5:225a
HARMS, E.
1:442a, 552b, 662b
2:191a, 447b, 550b
3:434a(2), 434b, 435b, 438a, 498a
5:264a, 279b, 389b, 406a
HARMS, H.
3:252b
5:486a, 549b
HARNACK, A. VON
2:3b, 711b
3:75b, 606b
HARNACK, E.
4:28a
HARNWELL, G.P.
1:437a
5:296b
HARPER, F.
1:114b, 115a(6), 320b
2:50a, 60a, 492a
3:330b
5:229a, 238b(2), 359b
HARPER, H.
3:559a
HARPER, R.M.J.
3:335a, 459b
HARPER, R.S.
1:642b(2)
2:700a(2)
5:361b, 511b, 512b
HARRADON, H.D.
1:420b
HARRAH, D.
2:623b
HARRANT, M. (IRISSOU)
1:631a
HARRAR, J.A.
2:730b
3:455a
HARRE, R.
3:31a(2), 39a, 217b
HARRINGTON, J.C.
5:178b
HARRINGTON, J.P.
1:175b
4:269b
5:361b
HARRINGTON, J.P. (HENDERSON)
4:275a
HARRINGTON, J.P. (ROBBINS)
4:274b
HARRIS, B.J.
1:505b

HARRIS
2:563b
5:331a
HARRIS, C.R.S.
1:365b
HARRIS, D.F.
1:239a, 454b(2), 530b, 546a, 647b
2:38b(2), 60b, 470a
3:282a, 286b
4:100b
5:53a(2), 64a, 251a
HARRIS, F.D.
2:469b
3:427b
5:45a
HARRIS, F.S.
3:53b
HARRIS, F.T.C. (GREGG)
3:31a
HARRIS, H.
2:720b
3:389a
5:252a
HARRIS, H.H.
4:80b
HARRIS, J.E.G.
4:51a
HARRIS, L.E.
1:186a, 358b(2)
2:581b
5:176b
HARRIS, L.J.
3:287b, 465a
HARRIS, R.
4:24b
HARRIS, R.L.
4:82a
HARRIS, S.
1:108a
2:480a
5:403b
HARRIS, T.J.
5:245b
HARRIS, T.N. (HARRIS, H.H.)
4:80b
HARRIS, T.R.
1:371b
3:547b
5:290a
HARRIS, V.
5:109b, 459a, 460b
HARRIS, Z.S.
4:74b
HARRISON, A.
1:541a
HARRISON, C.T.
1:96b, 184b, 584a
3:170b
5:121a
HARRISON, F.M.
3:433b
HARRISON, G.B.
5:147a
HARRISON, G.R.
1:272b
3:60a, 144b, 168a, 173a
HARRISON, H.S.
3:543b
HARRISON, I. (KASNER)
2:602a
5:197b
HARRISON, J.A.
2:204a
HARRISON, J.M.
2:108b

HARRISON, J.P.
5:340b
HARRISON, M.H.
4:190a
HARRISON, P.W.
3:405b
HARRISON, R.G.
2:637a
HARRISON, R.J. (FIELD)
3:423b
HARRISON, R.K.
4:81b
HARRISON, T.P.
1:248b, 358b
2:111b, 184b, 496a
3:327b
4:444b
5:47b, 127a, 145b(2), 475b, 543a
HARRISON, W.R.
3:358a
HARRISSON, T.
4:260a
HARROD, R.
1:250b
HARRODON, H.D.
1:83a
HARROW, B.
2:300a, 381a
3:180b
5:455b
HARSANYI, Z. DE
1:457a
HARSIN, P.
5:175b
HART, A.D.
1:647a
2:771b
5:245a
HART, B.
2:144a
HART, E.J.
3:191a
HART, H.H.
1:291b, 341a, 468a, 559a
2:340b
5:43b, 44a
HART, I.B.
1:17b
2:72b(2), 77a(2), 81a(2), 613b
3:15a, 137b
5:90b
HART, J. DE
1:537b
4:73a
HART, T.J.
1:317b
5:356a
HARTECK, P.
3:189a
HARTEL, F.
4:253a
HARTENSTEIN, J.G.
1:228a, 496b
2:393a
HARTFORD, W.H.
1:11a
2:395b
HARTIG, P.
1:22b
2:540a
HARTILL, I.
2:224a
HARTKOPF, -.
2:342a

HARTLAND, E.S.
4:7b
HARTLAUB, G.F.
3:196b, 198b
5:20b
HARTLEY, D.
4:366b
HARTLEY, E.N.
2:683b
5:289b
HARTLEY, H.
1:143a, 144a, 261a, 408b, 513a
2:222b, 262a, 381a, 401a, 550b, 698b, 749b(5)
3:73a
5:329a, 359b, 442a
HARTLEY, H. (BOWEN)
2:627a
HARTLEY, H. (HARTOG)
2:352b
HARTLEY, H. (PAYNE)
1:294b
HARTLEY, H. (RONAN)
2:217a
HARTLEY, H. (SCOTT)
1:195b
HARTLEY, P.H.S.
1:653a
HARTMAN, L.F.
4:69a
HARTMAN, L.F. (OPPENHEIM)
4:68b
HARTMANN, A.
2:68b
HARTMANN, C.H.
3:556b
HARTMANN, F.
3:376b
4:50a
HARTMANN, G.F.
2:568b, 754b
4:333a
HARTMANN, H.
1:16b, 376a, 603a
2:321b(2), 322b, 452b
3:45b
HARTMANN, J.
1:300a(2)
5:22a(2)
HARTMANN, L.
1:38a, 150b, 408b, 552b
2:186b, 245b, 247a, 449a, 459a
HARTMANN, M.
3:31a, 33b
4:88b, 216b
HARTMANN, N.
3:91a
HARTMANN, R.
1:502a, 621a
2:467b
3:262a
HARTMANN, R.J.
2:271b
HARTMANN, W.C.
3:347b
HARTNER, W.
1:252a, 641b
2:102b, 181a, 361a, 560b
3:118b, 214b
4:197b, 225b, 226a, 226b(2), 227a, 228a, 233b, 297a, 387b, 402a, 403b, 405a, 405b
5:25a
HARTNER, W. (RUSKA)
3:12b

5:512b
HARTOCOLLIS, P.
　5:547b
HARTOG, M.
　1:210a, 542a
　3:286a
HARTOG, P.J.
　2:55b, 281b, 352a, 352b(2)
HARTOG, P.J. (CRAVEN)
　2:352a
HARTOGS, R.
　1:541b
　2:453a
　3:438b
HARTREE, D.R.
　3:169a
HARTSHORNE, C.
　3:141b, 341a
HARTSHORNE, E.Y.
　3:617b
HARTSHORNE, R.
　3:245b
HARTSTON, W.
　5:278a
HARTUNG, E.F.
　1:432a, 438b, 488a, 654a
　4:332a, 336a, 338a
HARTWELL, R.
　4:241b
HARVEY, A.G.
　1:356a
HARVEY, E.D.
　4:217b
HARVEY, E.N.
　1:437a
　3:161a, 297b
　4:119b, 150a, 288a
　5:219b, 471a
HARVEY, F.E. (BRAND)
　1:569a
HARVEY, F.I.
　2:526a
HARVEY, H.W.
　3:299b
HARVEY, S.C.
　2:485b
　3:489a
　5:246b
HARVEY-GIBSON, R.J.
　3:3b, 302a(2)
HARVITT, H.J.
　1:120b
　5:54a
HASAMA, B.I.
　4:253a
HASAN, A.Z.
　5:462a
HASAN, H.
　4:178a
HASAN, K.
　4:45a
HASCHE-KLUNDER, I.
　2:595b
　5:392b
HASCHMI, M.Y. [AL-HASMI, M.Y.]
[YAHYA AL-HASHIMI, M.]
　1:90b, 154b, 640a
　2:703b
　4:389a, 398a, 399b, 400b, 408a(2), 432b
HASE, M. VON
　5:56a
HASEBROEK, J.
　4:140b
HASEGAWA, I. (IMOTO)
　4:214a

HASELDEN, R.B.
　3:605a
HASENCLEVER, A.
　1:641b
　2:107a
　5:377b
HASENJAEGER, G. (SCHOLZ)
　3:109b
HASHAGEN, J.
　5:185a
HASHIMI, M.Y.
　See HASCHMI, M.Y.
HASHIMOTO, M.
　3:234b, 411b
　4:228a, 253a
HASHIMOTO, U.
　3:81b
HASHINGER, E.H.
　1:566b
　3:421a
HASKELL, D.C.
　2:627a
HASKINS, C.H.
　1:10a, 11b, 20b, 135a, 438b(2), 518a,
　　539b
　2:457b(3)
　3:71a, 607b
　4:293b(2), 295b, 297a(2), 300a, 303a,
　　308b, 329b, 359b, 368a, 368b, 369b
HASKINS, C.P.
　3:57b, 323b, 356a
HASKINS, G.L.
　1:9a
HASLER, F.
　1:118b
HASLUCK, F.W.
　2:332a
　4:415a, 424a, 426b
HASSE, F.
　4:16b, 291b
HASSE, H.
　4:107b
HASSELROT, B.
　1:276a
　2:500a
HASSENFORDER, -.
　1:360b
　2:769b
　3:419b
　5:409b
HASSENSTEIN, W.
　2:762a
　5:295a
HASSID, I.
　3:288a, 290b, 334a
HASSINGER, H.
　2:421b, 498b, 569b
　5:29a
HASSLER, F.
　1:188b
　2:157a, 403a
　3:542b, 543a, 548b, 601b
　5:90b, 426b, 530b
HASSRICK, R.B. (SPECK)
　4:274a
HAST, T.H.
　2:454b
　5:377b
HASTINGS, H.
　5:231a
HATCH, C.E.
　5:178a
HATCH, L.C.
　2:672b
　3:615b

HATCH, M.H.
　1:229b, 557a, 655a
　2:19b, 538a
　3:25b, 28b, 49b, 322b
　4:125b
　5:358b
HATFIELD, H.C.
　2:631a
HATFIELD, H.S.
　3:540a, 545a
HATFIELD, W.H.
　2:749b
　3:574b
HATFIETD, W.H.
　3:574a
HATHAWAY, A.S.
　2:67a(2), 227b(2)
HATSCHECK, E.
　5:327a(2)
HATT, G.
　4:269b
HATT, G. (CURWEN)
　3:521a
HATT, P.
　1:320a
HATTERY, L.H. (BUSH)
　3:49b
HATTON, A.P.
　1:259b, 660b
　2:614a
　5:420b
HATTON, H. (CAMPBELL)
　1:357a
HATZISSARANTOS, C. (KANELLIS)
　3:320b
HAUARD, P.
　1:528b(2)
HAUBELT, J.
　2:109a, 354b, 457b
HAUBEN, S.S.
　3:187b
HAUBER, A.
　1:651b
　2:515b
　4:317a
　5:54b
HAUBERG, P.
　4:338b, 339a
HAUBOLD, H.
　1:433a(2)
HAUBOLD, R.
　2:20b
　4:418a
HAUDRICOURT, A.G.
　3:527b
HAUER, J.W.
　1:153a
　2:288a
　4:207b
HAUG, E.
　3:229b
HAUGEN, E.I.
　4:324b
HAUGER, A.
　4:157b
HAUGHTON, S.H.
　1:367b
HAULOTTE, R. (STEVELINCK)
　2:162a, 508a
　5:17a(2)
HAUMAN, L.
　2:32a, 626b
HAUPT, H.
　2:262a
　3:75b

HAUPT

5:347b
HAUPT, M.
  3:417b
HAUPT, P.
  4:60a, 82a
HAUPTMANN, C.
  4:150a
HAUPTMANN, H.
  2:511b
HAURY, E.W.
  4:269a(2)
HAUSBRAND, E.
  1:550b
  5:424a
HAUSEN, J.
  3:584b
HAUSER, E.A.
  1:507a
  5:327a
HAUSER, F.
  1:108a
  4:429b
HAUSER, F. (WIEDEMANN)
  1:51b, 108a, 644b(3)
  4:143a, 374a, 398b, 424a, 429b, 431b(2), 432b
HAUSER, G.
  4:109a
HAUSER, H.
  1:356b
  5:3a(2)
HAUSER, K.
  2:774a
  5:60b
HAUSER, P.M.
  3:358b
HAUSER, W.
  2:723a
HAUSHEER, H.
  1:212a
  5:371a
HAUSHOFER, A.
  5:332b, 510a, 540a
HAUSMAN, L.A.
  1:133a
HAUSSER, F.
  3:536a
HAUSSLEITER, J.
  4:93a
HAUST, J.
  4:356a
  5:83b
HAUSTEIN, H.
  5:162a, 260a
HAUT, F.J.G.
  5:419a
HAUTECOEUR, L.
  4:431a
HAUVETTE, H.
  1:160b
HAVELL, E.B.
  3:587b
  4:198b, 210b(2)
  5:551a
HAVENS, G.R.
  5:196a
HAVER DROEZE, J.J.
  2:682a
  5:167a, 249b, 519b
HAVERKAMP, A.D.
  1:194a
  2:518b, 523b
  5:384b
HAVILAND, T.N.
  5:63a

HAWES, M.A. (FURNESS)
  2:186a
HAWKES, A.J.
  3:571b
HAWKES, C.F.C.
  4:4b, 52b
HAWKES, C.F.C. (KENDRICK)
  3:609a
HAWKES, J.
  3:608b
  4:3a
HAWKES, L. (EYLES)
  2:696a
  5:334b
HAWKINS, D.
  3:31a
HAWKINS, G.S.
  4:6a
HAWKINS, H.
  2:710b
  5:304a
HAWKINS, H.L.
  3:272a
HAWLEY, P.R.
  3:362b
HAWORTH, R.D.
  1:522b
HAWTHORNE, R.
  1:211a
  3:268b
HAY, C.L.
  4:276a
HAY, D.
  2:581b
HAY, W.H.
  1:224b, 228b, 300b
  2:441a
HAYAKAWA, S.I.
  3:612a
HAYASHI, K.
  4:255b
HAYASHI, T.
  1:19b
  2:157a, 246b, 530b
  4:250a(3), 250b(2)
  5:489a
HAYDON, A.E.
  4:213a
HAYDON, F.S.
  5:431b
HAYEK, F.A.
  2:183a, 529b
  3:59a, 348b, 349a
HAYEN, A.
  1:486b
HAYES, C.J.H.
  3:71a
HAYES, E.N.
  2:759b
  3:561b
HAYES, H.K.
  1:368b
  2:475a
  3:528b
HAYES, J.G.
  3:267a, 268b(3)
HAYES, W.C.
  4:34a
HAYHURST, E.R.
  2:427a
  5:279a
HAYLEY, T.T.S.
  4:264b
HAYMAKER, W.
  3:432b

HAYME, L.E. (BLACKWELDER)
  3:281a
HAYNES, W.
  3:570a, 579b, 580a
  5:425a
HAYS, H.R.
  3:350a
HAYTON, J.J.
  3:509a
HAYWARD, E.
  3:514a
HAYWARD, G.S.
  2:210a
HAYWARD, H.E.
  3:527a
HAYWARD, J.F.
  3:601a
HAYWARD, O.S.
  2:485b(3)
  5:378a
HAYWOOD, C.
  3:353a
HAZARD, D.L.
  3:234b
HAZARD, H.W.
  4:384b
HAZARD, P.
  2:68b, 601a
  5:190b, 195b
HAZEN, A.T.
  1:642a, 655b(2)
  2:429a
HEAD, J.R.
  1:238b
HEADLAM, M.F.
  5:462a
HEAGERTY, J.J.
  3:389a
HEAL, A.
  3:610b
HEALEY, F.G.
  5:284a
HEAPE, W.
  4:6b
HEARD, G.
  3:334a
HEARNSHAW, F.J.C.
  2:713a
  3:605b, 616b
  4:293b
HEARNSHAW, L.S.
  3:342a
HEATH, A.E.
  1:508a
  2:68b
  3:3b, 27a
  5:312a
HEATH, H.F. (STONEY)
  2:280a
HEATH, T.L.
  1:49a, 53b(2), 61a
  4:106b(3), 109a, 115a(2), 115b
HEATHCOTE, N.H. DE V.
  1:436b, 509b, 519a
  3:137b
  5:34b
HEATHCOTE, N.H. DE V. (MCKIE)
  1:156a
  2:626b
  5:205a
HEATHCOTE, R.L.
  5:412a
HEATON, C.E.
  1:432a
  3:389a, 477a

5:150a, 244b, 261a
HEAWOOD, E.
1:10b, 157a, 276b, 361a, 590a(2)
2:37b(2), 238b, 359b, 415a, 419a, 523b, 561a, 635b, 747b
5:30a(3), 30b, 32b(4), 131b, 132b, 223a
HEAWOOD, P.J.
4:77a(2)
HEBB, D.O.
3:432a
HEBER, A.R.
3:276b
HEBER, K.M. (HEBER, A.R.)
3:276b
HEBERER, G.
1:318a
3:289a
HECHT, S.
2:644b
3:440b
HECHT, W.
1:457a
HECK, N.H.
3:236a, 236b, 237a
4:251b
HECKE, A. VAN
1:34a
HECKE, E.
3:123a
HECKMANN, B.
3:478a
HECKMANS, J.
1:386a
5:47a
HECKSCHER, A.
3:157b
HECKSCHER, E.F.
5:281b
HECKSCHER, W.S.
2:395a, 562b
5:156a
HEDBERG, T.
1:398a(2)
4:381a
HEDDON, V. (LAUGHTON)
3:225b
HEDGES, E.S.
3:576a
HEDGPETH, J.W.
3:242b, 299a, 299b(2), 534a
5:344b
HEDIN, A.
1:551a
HEDIN, L. (HAUDRICOURT)
3:527b, 264a(5)
HEDIN, S.
3:265a, 270a
4:230b
5:137a, 341b
HEDLUND, E.
2:417a
HEDRICK, U.P.
3:522b, 525b
HEDVALL, J.A.
3:588a, 609b
1:255a, 391b, 598a
2:3a
HEE, L. VAN [VAN HEE, L.] [VANHEE, L.]
2:102b(2), 166a, 212b, 398b, 443a, 446a, 580b, 645b
4:215b, 219a, 222b(2), 223a(6), 223b(7), 224a
HEE, L. VAN (VATH)
2:446a

HEEGAARD, P.
2:310b
4:37b, 118b(2)
HEER, G.
3:617b
HEERE, W.R.
2:82b
HEERKLOTZ, J.G.A.
1:404a
4:353b
HEERSWYNGHELS, J.
3:446a
HEFFENING, W.
2:1b
HEFFTER, L.
3:133b
HEFTER, A.
3:500a
HEGER, P.
2:584a, 704b
3:613a
HEGNER, R.W.
3:315a
HEHN, V.
3:537b
HEIBERG, J.L.
1:43b, 49a, 344b, 348b, 390b, 573b
2:290a
4:18b(2), 87b(2), 89a, 93a, 93b, 100b, 107a, 135b, 142b, 443b
5:4b
HEIBERT, E.N.
3:159b(2)
HEICHELHEIM, F.
4:108a
HEICHELHEIM, F.M.
4:379b
HEIDEL, A.
4:58a
HEIDEL, W.A.
1:39b, 550b, 563a, 578a
2:330a
4:77a, 101a, 104b, 120a, 121a
HEIDENREICH, H.
2:754b
4:354a
HEIDINGSFELDER, G.
1:21b, 67b, 348b
2:343a
4:306b
5:49a
HEILBRONN, I.
1:327a
5:101b, 110b
HEILFURTH, G.
3:572a
HEILMANN, G.
3:326b
HEILPRIN, J.B.I.
2:7b
4:440a
HEIM, A.
3:264a, 270a
HEIM, K.
3:62b(2)
HEIM, R.
1:306b, 521b
2:555a
HEIMAN, M.
2:566b
HEIMANN, B.
4:189a(2), 200a
HEIMANN, T.
3:442a

HEIMANN, W.J.
3:449a
HEIMBERGER, H.
4:353b
HEIMENDAHL, E.
3:164a
HEIMSOETH, H.
1:335b(2)
2:66a
4:305b
5:103b
HEIN, G.E.
2:91a, 287a
5:322a, 348a
HEIN, J.
2:210a
4:433a
HEIN, W.H.
1:438b
2:246a, 402a
4:355b
5:83a, 408b
HEINDEL, R.H.
1:486b
2:746a, 749b
3:50b, 51a, 67b, 202b, 203a
5:498a
HEINE, A.
2:32b
HEINE, H.H.
1:417b
HEINE-GELDERN, R.
4:122b, 258a, 258b
HEINEBRODT, P.
1:348a
5:169b
HEINECKE, W.
2:254a
4:138b
HEINEMANN, F.
1:37a
2:4b, 331b, 336a
4:105a
HEINEMANN, I.
2:347a
4:105b, 286a
HEINEMANN, K.
2:139b
5:156a, 161a(2), 470a, 473a, 488b
HEINES, V.
1:514a
5:329a
HEINIG, K.
2:452b
5:322a, 538b
HEINIG, K. (BUCHHOLZ)
2:703a
3:617b
HEINIMANN, F.
4:101a
HEINRICH, C.
1:113b
5:65b
HEINRICH, E.
2:439b
4:70b
5:169a
HEINRICHER, E.
2:704a
3:308a
HEINRICHS, H.
1:455a(2)
5:52b
HEINRICHS, W.
3:587a

HEINTZENBERG, F.
2:476a
3:569b
5:422a
HEINZ-MOHR, G.
1:299a
HEIRONIMUS, T.W.
3:492b
HEISCHKEL, E. [HEISCHKEL-ARTELT, E.]
1:289b
2:209a, 461b, 594b, 679a
3:376a, 384a, 387a, 515a
4:289a, 338b
5:148a, 241b, 242b, 248a, 276a, 364a, 364b, 365b(2), 371b, 405b, 406b
HEISCHKEL, E. (ARTELT)
1:345a
3:369b
HEISCHKEL, E. (DIEPGEN)
2:679a
5:248b
HEISCHKEL-ARTELT, E. [HEISCHKEL, E.]
4:338b
5:148a, 364b
HEISENBERG, W.
1:375a
3:31a, 139a(2), 140a, 153b(2), 171b, 172b, 247b
HEISKANEN, W.
3:248b
5:511b
HEISS, E.D.
3:49a
HEISSIG, W.
4:180a, 181a
HEITLAND, W.E.
4:95a
HEITLER, W.H.
3:35b
HEITZ, J.
2:414a
5:63b, 158a
HEIZER, R.F.
1:358a
2:544b
4:13b, 268b, 269b, 273b, 275a
5:48b
HEIZMANN, C.L.
3:481a
HELBACK, H.
3:527b(2)
HELBAEK, H.
1:629b
4:50a, 72a
HELBAEK, H. (JESSEN)
4:12b
HELBIG, J.
3:219a
HELBLING-GLOOR, B.
1:654b
4:302b
HELBRONNER, P.
2:283a
3:247b, 255b, 269b
HELD, I.W.
2:108a
HELD, W.
3:463a
HELDERMAN, L.C.
2:611a
5:189b
HELFFT, -.
3:469a

HELFREICH, F.
2:775a
3:440a
HELFRITZ, H.
5:541a
HELIN, E.
1:477b
5:284a
HELIN, M.
4:295a
5:49a
HELIPACH, W.
3:343a
HELL, B.
2:124a, 161b
HELL, J.
4:383b
HELL, J. (WIEDEMANN)
1:152b
HELLBIG, H.
2:450b
HELLER, B.
1:502a
2:371a
HELLER, H.
3:278a
HELLER, J.L.
2:97a
HELLER, K.D.
2:124a
HELLER, L.
3:396b
HELLER, S.
1:50a, 55a, 392a, 573a
2:328b, 368a
4:110b(2)
HELLER-WILENSKY, S.
1:48a
5:24a
HELLERICH, J.
1:527b
HELLIER, J.B.
5:261b
HELLINGA, G.
2:664b(9), 665a(2)
3:417b, 418a(2), 420b(3), 425a, 436b, 455a, 472a, 489a
5:266a, 273a, 373a(2), 377a(3), 395a, 499b
HELLMAN, C.D.
1:151a, 187a, 507a(2), 647a
2:116a, 158b, 397a, 441a, 649a, 661b, 707a
3:454a
5:3a, 23a(2), 24a(4), 127a, 194b(2)
HELLMAN, C.D. (KLEBS)
2:458b
HELLMAN, I.L. (LOVE)
3:481a
5:512a, 529a
HELLMANN, G.
1:54a, 573b
2:362a, 509b
3:223a(2), 223b(3), 224b(2), 225b, 227a, 227b
4:90a, 119a, 321a
5:26a(4), 128b(2), 129a(2), 129b, 217a, 217b, 333a, 333b
HELLMANN, W.
1:132b
3:45b
HELLMUND, H.
3:96a
HELLPACH, W.
3:61b, 300a

HELLRIEGEL, H.
2:401a
HELLWEG, H.
1:398a
5:80a
HELLWIG, A.
3:352b
HELM, G.
2:124a
HELM, O.
3:484b
HELMAN, C.D.
2:62b
HELMAN, M.D.
3:583a
HELMER, O.
3:42b
HELMHOLTZ, A. VON
1:554a(2)
HELMHOLTZ, H. VON
1:497b
HELMREICH, G.
1:213b(2), 452a, 580a
2:167a
HELOT, -.
2:50b
5:254a, 274b
HELOT, P.
5:266b
HELSER, A.D.
4:265b
HELTON, T.
5:5b
HEMARDINQUER, J.J.
1:266a
5:426b
HEMBT, P.H.
5:106b, 524a
HEMMETER, E.
4:45a, 46b
HEMMETER, J.C.
2:53a, 77a, 465b
3:362b, 376b
HEMMY, A.S.
2:739b
4:19b(2), 36a, 102b, 188a
HEMPEL, K.
3:98b
HEMPL, G.
4:33a
HEMPLER, F.
3:399b
HENDEL, C.W.
1:340b
5:308b
HENDERSON, A.
3:149a, 217b
HENDERSON, A.R.
2:739a
HENDERSON, C.
1:233b, 445b
2:463a
4:152a
HENDERSON, D.
1:156a
HENDERSON, D.K.
3:435b
HENDERSON, E.P.
3:213a(2)
HENDERSON, G.C.
1:127a, 158b, 278a
2:529a, 630b
5:342a
HENDERSON, I.F.
3:283b

HENDERSON, J.
 1:445a
 3:121a, 240a
 4:275a
 5:113a
HENDERSON, J.B.
 2:382b, 512b
 3:156b
HENDERSON, L.J.
 2:278a
 3:34a, 279b, 282a, 354b, 421a, 447a
HENDERSON, M.C.
 3:159a
HENDERSON, W.D. (HENDERSON, I.F.)
 3:283b
HENDERSON, W.O.
 2:220b
HENDERSON, W.O. (CHALONER)
 2:140b
HENDERSON, Y.
 3:427a
HENDERSON, Y. (HALDANE)
 3:430a
HENDRICHS, F.
 1:388a
 3:540a, 593a, 593b(3)
 4:366b
 5:294b, 429a
HENDRICK, E.
 2:183b
HENDRICK, J.
 1:127a
 2:122b(2)
 5:411b
HENDRICKS, G.
 1:371a
 3:597b
 5:429b
HENDRICKS, L.V.
 2:408a
 5:432a
HENDRICKSON, G.L.
 1:431a
 5:75b
HENDRICKSON, W.B.
 2:22a, 261b(2), 665b, 666a, 773a(2)
 3:274a(2)
 5:300b, 304a, 334b, 345b, 347b, 463b
HENEL, H.
 1:211b, 497b
 4:319a
HENEL, H. (KING)
 1:498a
HENINGER, S.K.
 2:369b
 5:14b, 26a, 487b
HENKE, F.G.
 2:609b
HENKIN, L.
 2:426b
 3:109a
HENKIN, L.J.
 1:248b, 319b
 4:321b
 5:350b
HENKLE, H.H.
 2:97a
 3:287a
HENLINE, R.
 1:647a
 5:228b
HENN, T.R.
 3:65a

HENNE, H.
 2:642a
 4:122a
HENNEBO, D.
 4:328a, 359b
HENNEGUY, F.
 2:317a
 3:298a
HENNELL, T.B.
 3:593b
HENNEMANN, G.
 2:245b
 5:299a
HENNIG, E.
 1:278a
HENNIG, J.
 1:498b
HENNIG, R.
 1:436b, 537b, 563b, 591a(4)
 2:128b, 237a, 362a
 3:234b(2), 242b, 258a, 270b, 542a, 553b, 559a(2)
 4:24a, 24b, 25a, 73a, 90b, 121b, 122b, 123a, 288b, 291a, 325a, 327b, 375b, 379b, 411a
 5:32a
HENNIG, R. (HERRMANN)
 4:122a
HENNING, H.
 2:124a
 3:442b
HENNING, W.B.
 4:177a, 177b
HENQUINET, F.
 1:170b
HENREY, B.
 1:572a
 2:152b
 5:87b
HENRICH, F.
 1:101b, 586b
 2:732a
 5:122b
HENRICK, J.
 3:525a
HENRIKSSON, F.
 2:237a
HENRIOT, E.
 2:58b, 210a
 5:332b
HENRIQUEZ-PHILLIPE, -.
 2:737b
HENRY, F.P.
 1:76a
 5:161a
HENRY, J.
 3:335a
HENRY, P.
 1:82a, 419b
 2:127a, 336a, 336b, 516a, 590b
 4:100a, 147a, 372b
HENRY, P.S.H.
 3:164b
HENRY, R.
 1:296a
 2:311b
 4:121b, 376b
HENRY, R.S.
 2:766a
 3:481b
HENRY, T.A.
 1:365b
HENRY, T.R.
 3:268b

HENSCHEL, A.W.E.T.
 1:14b, 453a, 517b, 551a
 2:305a, 492a, 755a
 3:372a(2)
 4:332b, 333b, 337a, 337b
 5:83b, 364a, 365a, 372a
HENSCHEL, G.
 3:255b
HENSCHEN, F.
 4:45a
HENSEL, K.
 1:95a
HENSELING, R.
 4:279a
HENSELING, R. (EBERHARD)
 4:225b(2)
HENSHAW, C.L.
 3:138a
HENSHAW, D.M.
 1:354b
 5:429a
HENSHAW, P.S. (DE LASZLO)
 4:12a
HENSON, R.G.
 3:37a
HENTING, H. VON
 2:42b
 5:241a
HENTZE, C.
 4:171a, 232b, 236a
HEPBURN, J.S.
 2:198b, 486a
 3:188a
 5:208b, 509a, 522a(2)
HEPBURN, W.M.
 2:742b
 3:615b
HEPP, M.H.
 3:39a
HERBE, P.M.
 5:187b
HERBEN, S.J.
 1:249a
 4:367b
HERBER, E.C.
 1:103b
HERBERT, A. (HUDSON)
 2:92b
 5:270a
HERBERTSON, A.J.
 3:245b, 259b, 261a
HERBRAND, J.
 1:570b
 3:109a
HERBRAND-HOCHMUTH, G.
 2:515a
HERBSMAN, H.
 3:490b
HERBST, C.
 2:630b
HERBST, J.
 1:114b
HERCKE, J.J. VAN
 2:507b
HERCZEG, A.
 2:36a, 130b, 140b, 395a
 5:397a
HERDI, E.
 4:95b
HERDMANN, W.A.
 1:21a
 3:242b
HERFORD, R.T.
 4:76a

HERIBERT-NILSSON, N.
3:290b
HERICOURT, J.
3:460b
HERIG, F.
4:13a
HERING, D.W.
2:731a
3:88a(2), 591a
HERINGA, G.C.
1:506a
HERISSAY, J.
2:39a
5:248a, 263b, 265a, 271a, 371a
HERITSCH, F.
3:237b
HERIVEL, J.W.
1:463a, 533b
2:222b, 229a(9), 231a
5:126b(2), 477a
HERLITZIUS, E.
1:16b
HERLITZKA, A.
3:428a
HERMAN, R. (GAZIS)
1:50a
HERMANIDES, C.H.
3:497b
HERMANN, A.
1:174b
2:705b
3:137b
HERMANN, A. (SACHTLEBEN)
3:181a
HERMANN, H.
5:380b, 442a
HERMANN, L.
1:104b
HERMANNSSON, H.
1:108a, 518b
2:68b, 247b, 546b, 547a
3:256b
4:324b(2), 367a
5:99a, 133b, 141b, 180b, 225b, 230a
HERMANS, E.H.
3:477a
HERMANT, A.
2:324b
HERMANT, P.
3:386b
HERMELINK, H.
1:8a, 50b, 153b, 644a
2:175a
4:394b, 396a, 397a, 401b
HERMELINK, H. (KENNEDY)
4:394b
HERMEREN, H.
2:768b
5:98a
HERMES, H.
3:109a
HERMITE, C.
1:562b
HERNANDEZ BENITO, E.
5:257b
HERNANDEZ JIMENEZ, F.
4:409b
HERNANDEZ MOREJON, A.
3:402a
HERNANDEZ, F.
2:309a
HERNANDEZ-ALCANTARA, A.
1:222b
5:68a

HERNANDO, T.
3:423b
HERNDON, T.
2:440a
5:79a
HERNECK, F.
1:374a, 375a, 375b
2:124a(2)
HERNECK, F. (FINGER)
3:75a
HERON-ALLEN, E.
3:321b
HEROUVILLE, P.D'
2:596a(2)
4:148b(2), 157b
HERPIN, A.
1:96b
4:342b
HERRERO HINOJO, P. (FOLCH JOU)
2:756b
3:504b, 508b
HERRICK, C.J.
1:263b
3:282a
HERRICK, F.H.
1:80b
3:326b
HERRICK, J.B.
1:11a, 247b, 550a
3:444b
5:386b
HERRIE, T. (BUCHWALD)
5:98a
HERRINGHAM, W.
1:542b, 543b
HERRIOTT, J.H.
1:31a
2:341b
HERRIOTT, R.
2:239b
HERRLINGER, R.
1:37a(2), 141b, 264b(2)
2:206a, 273b(2), 587a(2)
3:371a, 422b, 423a, 424a, 443b
4:339b
5:61b, 62a, 67b, 68b, 78a, 378a, 455b
HERRMANN, A.
1:295b, 591a(2)
2:148a, 330a
4:25a, 77b, 85a, 91a, 110a, 122a, 181a, 215a, 215b, 230a(2)
5:391a
HERRMANN, D.
1:355b
2:38a
HERRMANN, H.
1:63a
3:279b
HERRMANN, H.J.
4:301a
HERRMANN, L.
1:216b
4:148b
HERRMANN, O.
3:96a
5:507a
HERSEY, J.
3:602a
HERSH, A.H.
3:295a
HERSHEY, M.D.
2:247a
HERSHMAN, A.M.
1:632b

HERSKOVITS, M.J.
1:!60a
2:248a
3:336b, 350a
4:13b, 265a
HERTEL, J.
4:177a(2), 202a
HERTER, H.
1:13b, 578a(3)
2:330b, 685b
4:128a
HERTING, J.
1:637b
HERTLING, G.F. VON
1:22b
HERTWIG, A.
3:551a, 556b, 557b
HERTWIG, O.
3:297b
HERTZ, A.
3:610a
4:20a, 57a, 61a(2)
HERTZ, R.
3:352b
HERTZBERGER, M.
1:162a
HERTZLER, A.E.
3:421b
HERTZLER, J.O.
3:59b
HERUM, F.L. (KOHLMEYER)
3:524b
HERVE, C.
2:1a
5:371a
HERVE, G.
1:109b, 212a, 288b, 536b, 590a, 608a, 648b
2:32a, 158b, 301a, 371b, 372a, 576a
5:232b(2), 267b, 269b, 360a, 361a, 389a, 400a
HERVEY, G.F.
1:149b
5:238b
HERVEY, H.
1:235a, 333a, 584a
5:480a
HERVEY, M.F.S.
1:597b
HERWERDEN, M.A. VAN
1:325a, 354a(2), 506b
2:188a
5:378b
HERZ, W.G.
3:177b
HERZFELD, E.
1:130b
2:651b
4:176a(2), 390b
HERZFELD, K.F.
1:200b
HERZOG, M.A.
1:59b, 64a
3:49a
4:125b
HERZOG, R.
1:13b
4:130a, 130b, 132a
5:506a
HES, J.P.
4:80a
HESCHEL, A.
2:131b, 429b(2)
HESELER, B.
1:299a

HESKE, F.
3:531a
HESKETH, E.
1:531b
2:699b
3:561b
HESS, J.J.
4:77a, 113a, 177b, 224a, 410a, 427b
HESS, W.
3:201b, 223b
HESSE, A.
4:345a
5:525b
HESSE, E.
3:517b
HESSE, G.
2:561b
3:188b
HESSE, G.A.
2:265a
HESSE, J.
2:243a, 539b
5:428a
HESSE, M.B.
1:97a, 173a, 487a, 593a
3:135a, 140a, 141a, 141b, 148a, 157b, 169a
5:6a, 538a
HESSE, P.G.
3:279a
HESSE, R.
3:319b
HESSELMANN, E.
3:475a
HESSEN, B.
2:226a
5:104b
HESSEN, J.
1:82a
4:164b
HESZ, W.
5:109a
HETHERINGTON, A.L.
4:241b, 242a
HETHERINGTON, A.L. (HOBSON)
4:242a
HETTEMER, M.
1:571a
4:347b
HETTNER, A.
3:244b, 245b
HEUBACH, S.
2:452a
5:388b
HEUCHAMPS, E.
2:368a
4:22a
HEURCK, E.H. VAN
3:503b
5:171a
HEURTLEY, W.A.
4:84a
HEUSER, E.
3:195a
HEUSINGER, C.F.
1:583b
2:290a, 555a, 563a
3:473a
4:166a, 167b, 175a, 202a, 204b, 233b, 289a, 377b
5:383a, 387b, 437b, 441b
HEUSINGER, J.C.K.F. VON
3:444a, 459b, 464b, 465a, 469b, 526b
4:341a

HEUSS, T.
2:660a
3:75b
HEUTEN, G.
2:345b
4:37a
HEUZEY, L.
4:96b
HEVESI, J.
1:462b
5:16a
HEVESY, A. DE
2:157b
5:99b
HEVESY, G.
1:78a
HEVESY, G. DE
4:199b
HEWETT, E.L.
3:350a
HEWITT, J.N.B.
4:271b
HEWITT, W.H.
2:278b
HEWLETT, R.G.
1:414a
2:651a, 766b
3:25a, 567a, 568a(2)
5:529b
HEWSON, J.B.
3:249b
HEXTER, J.H.
2:196a
HEY, M.H.
2:11a, 625a
3:175b
5:321a, 423a
HEYD, W. VON
4:174b
HEYDE, J.E.
3:37a
HEYDENREICH, L.H.
2:72b(3), 74a, 77a
5:5b, 96b
HEYERDAHL, T.
3:270a
4:260a, 280a
HEYL, P.R.
3:7b, 31a, 146b, 157b(3)
HEYM, G.
2:388b
3:197b(2)
5:213a(2), 468a
HEYMAN, H.J.
1:211a
2:23b(2), 138b, 517b
4:315b
5:196b, 199b, 313a
HEYMAN, R.
3:603a
HEYMANN, B.
2:25b
HEYMANN, R.C.
1:546a
3:445b
HEYMANN, R.E.
3:549b
4:13b
HEYMANNS, W.W.
3:504a, 505b
HEYMANS, C.
1:259b
2:265b, 286b(2), 421a, 455a(2), 455b, 586a, 605b, 715b
3:445a

5:161a, 373a(2), 380a, 406b
HEYNE, R.
4:156b
HEYSER, K.
3:511b
HEYTING, A.
3:109a
HEYWOOD, H.
5:194b
HEYWOOD, R.
3:347a
HEYWORTH-DUNNE, J.
3:619a
4:434a
HIBBEN, F.C.
4:268a
HIBBERT, E.T.
2:3a
4:219b
HICKEL, E.
5:82a
HICKMANN, H.
2:691b
4:54b, 432a
HICKSON, S.J.
1:76b, 181a
3:321b
HIDAYAT, H.M. (STAPLETON)
4:399a
HIEBERT, E.N.
2:9b
3:189b, 191b, 567b
5:326b
HIERONS, R.
2:115a, 629b(3)
5:156b
HIERONS, R. (MEYER)
1:230a, 404b
2:619a
5:66b, 157a, 492a
HIERSEMANN, C.
2:559b
4:347b
HIESEY, W.M. (CLAUSEN)
3:309a
HIESTAND, M.
2:324b, 489a
HIFNI, M.A. AL- [AL-HIFNI, M.A.]
4:401a
1:90b
HIGGER, M.
1:5a
HIGGINBOTTOM, S.
3:522b
HIGGINS, B.B.
3:530a
HIGGINS, K.
3:219a
HIGGINS, L.G.
2:177b, 457b
5:236b, 238a, 346a, 459b
HIGGINS, S.H.
3:582b
HIGGINS, T.J.
3:103b, 125b, 137b, 180b, 201b, 542a(2), 543a, 569a, 570a
HIGGINS, W.
1:570a
HIGGS, E. (BROTHWELL)
3:609b
HIGHAM, A.R.C.
2:754a
3:419a
HIGHAM, N.
2:492b

HIGHTOWER, J.R.
4:216a
HIGINBOTHAM, B.W.
3:315b
HIGUTI, K. (KUWABARA)
1:343b
HILBERRY, C.
1:266b
HILBERT, D.
1:609a
2:185a, 616b
3:40a, 109a, 127a, 127b
HILBORN, L.G. (FENG)
4:236b
HILDBURGH, W.L.
4:366a, 366b
HILDEBRAND, A.S.
2:128a
HILDEBRAND, B.
1:174b, 242b
2:446b, 763b
3:608a
4:3b
HILDEBRAND, E.M.
3:52b
HILDEBRAND, J.H.
2:86a, 676a
3:38a, 48b, 52b, 183b, 189a, 614a
HILDEBRAND, J.R.
1:278a
HILDEBRANDT, E.
2:72b
HILDEBRANDT, H.
2:626a
HILDEBRANDT, K.
1:499b
HILDERBRANDT, F.
5:290b
HILDERBRANDT, H.
5:47b
HILDERBRANDT, K.
1:313a
HILDITCH, T.P. (GIBSON)
1:70a
HILGARD, E.R.
3:345a, 437a
HILGENBERG, L.
4:197a, 204b
HILL, A.E. (HILL, W.H.)
1:518a
5:294a
HILL, A.F. (HILL, W.H.)
1:518a
5:294a
HILL, A.V.
2:30b, 749b
3:30a, 50b, 51a, 61b, 81b, 426b
HILL, A.W.
1:263a, 470a
2:163a, 501a, 620a, 746b
3:530a
5:241b
HILL, B. (KEYNES)
1:210a
HILL, B.H.
2:276b
4:342b, 346b
5:492b
HILL, B.H. (MACKINNEY)
4:342b
HILL, C.
1:543b
HILL, D.W.
3:53b

HILL, F.E. (NEVINS)
1:426a
HILL, G.F.
3:118b
4:161b
HILL, H.O.
2:728b
3:252b
HILL, J.
3:466a
HILL, J.D.
3:522a
HILL, J.P.
1:185b
2:630b
HILL, K.
3:49b
HILL, L.
2:471b
HILL, L.E.
5:542a
HILL, L.L.
2:101a
HILL, L.S.
1:221b
3:129b
HILL, M.J.M.
3:128b
HILL, P.A.
4:6a
HILL, R.N.
3:590b
HILL, S.C.
4:201b
HILL, T.W.
2:701b
HILL, W.H.
1:518a
5:294a
HILLARY, E. (HUNT)
3:270a
HILLE, E.
1:515b
HILLE, H.
3:192b, 378b
HILLEBRAND, K.
3:215b
HILLELSON, S.
2:397a
5:42b
HILLEMAND, C.
1:136a(2), 274a
HILLER, J.E.
1:172b(2)
2:50b, 274b
3:193b
4:90a
HILLER, R.
4:23a
HILLERBRAND, W.F.
3:188b
HILLIPERN, E.P.
2:259b
HILLMAN, D.J.
3:39b
HILLMAN, O.N.
2:178b
5:300b
HILLS, J.W.
3:534a
HILPRECHT, H.V.
4:59a
HILTON, A.M.
3:600b

HILTON-SIMPSON, M.W.
4:418b, 419a
HILZHEIMER, M.
3:531a
4:29b, 172b
HIMES, N.E.
3:451b(3)
HIMMELFARB, G.
1:311b
HINCKS, E.
4:55a, 179b
HIND, A.M.
3:596a
HINDLE, B.
1:265a
2:222b, 232a, 405a(4), 633b, 662a, 664a
5:102b, 189a, 190a, 204b, 206a, 257b
HINDLE, E.
2:186a, 337b, 749b(2)
3:284b
HINDLE, H.M. (HINDLE, B.)
2:405a
5:257b
HINE, M.
2:220a
HINES, E.A.
2:629b
HINGSTON, R.W.G.
1:311b
HINKEL, R.
4:346a
HINKS, A.R.
1:38b, 189a, 230a, 278b
2:158b, 267a(2), 312b, 359b, 458a, 552b, 644a
3:247b, 251a, 252b, 268b
5:126b, 140b, 216b, 220a, 343b(2)
HINMAN, R.B.
1:291b
HINS, C.H.
2:6a
HINSDALE, G.
2:68b, 114a, 194b, 267b
3:395b, 497a
5:143a, 405b
HINSHELWOOD, C.
1:93a
2:749b(3)
3:33b, 59b
HINSHELWOOD, C. (HARTLEY)
2:698b, 749b
3:73a
HINTZE, K.
3:414a
HINTZE, R.
3:496a
HINTZSCHE, E.
1:288a(2), 482a, 532a, 532b(2), 533a(2), 533b, 547a
2:571a(2)
3:163a, 424b
4:235b
5:155a, 156a, 242b, 253b(2), 254a, 385a, 501a
HINTZSCHE, E. (RENNEFAHRT)
2:704b
3:420a
HINZ, G.
2:701a
3:617b
HINZ, H.
2:27b
5:468b
HINZ, W.
4:391a

HIORTDAHL, T.
5:123a
HIORTHDAHL, T.
5:467a
HIPPOLYTE-BOUSSAC, P.
4:43b
HIRASE, S.
3:316a
HIRATA, Y.
2:182a
3:22b
HIRD, F.
2:501a
HIRIYANNA, M.
4:189a(2)
HIRMER, M.
1:494a
HIROSIGE, T.
1:166a
2:112b
3:138a, 166a, 169a, 173b
HIROSIGE, T. (MIZUKAMI)
3:17b
HIRSCH, A.
3:370b
HIRSCH, E.W.
3:469a
4:66a
HIRSCH, G.C.
1:499b
2:205a
HIRSCH, M.
3:448a
HIRSCH, P. (MEYER)
2:673b
HIRSCH, R.
5:19a
HIRSCH, W. (BARBER)
3:52b
HIRSCH-SCHWEIGGER, E.
3:316b
HIRSCHBERG, J.
1:159a, 423b, 453a, 578a(2), 582b
4:93b, 133b
5:546b
HIRSCHBERG, W.
4:6a, 265b(2), 267a
HIRSCHEL, B.
1:196a
5:390b
HIRSCHFELD, E.
2:594b
3:511b
4:335a
5:363b
HIRSCHFELD, H.
1:640b
4:442b
HIRSCHFELD, M.
3:351a, 451a
HIRSCHLER, P.
3:423a
HIRSCHMANN, F.
2:632b
HIRSH, J.
3:443a
5:252a
HIRSHFELD, M.A.
1:225b
HIRST, D.
1:157b
5:535b
HIRST, E.L.
1:549a
2:389b

HIRST, F.W.
1:646a
2:200b
HIRST, H.S. (OSGOOD)
2:428b
3:174b
HIRST, L.F.
3:471a
HIRZEL, S.
1:495a
HIS, W.
1:583a
2:687b
3:460a
HISCOCK, W.G.
1:512a
2:223a
HISCOCKS, E.S.
3:72b
HITCHENS, A.P.
1:567b
2:26a
3:302a
5:352b
HITTI, P.K.
1:511a
2:742a
4:173a, 383b(2)
5:98b
HJELMQUIST, H.
4:12b
HJELMSLEV, J.
1:50b, 394a
2:187b
4:110b
HJELT, E.
1:100a
2:446b
3:194b
HJORT, J.
3:283b
HJORTH, H.
3:311a
HO PENG YOKE
4:227a, 256b
HO PING-TI
3:528a
4:239b
HO PING-YU
4:225a(2), 236b
HO PING-YU (TS'AO T'IEN-CH'IN)
4:225a
HO TZ'U-CHUN
2:499b
HO YUNG-CHI (YANG CHIH-CHIU)
2:341b
HOANG, P.
3:237a
4:229a
HOARE, C.A.
1:319b, 351a
2:619a
HOARE, C.A. (MACKINNON)
1:351a
HOBBS, A.W. (HENDERSON)
3:149a
HOBBS, C.C.
4:256a(2)
HOBBS, E.W.
3:554a
HOBBS, W.H.
1:189a, 270a(2), 277a, 277b, 610a
2:267a(2), 293b(2), 349a, 582b, 616a, 627a(2), 650a(2)
3:225b(2), 226a, 228b(2), 235a, 235b,
236a, 236b, 241a, 257b(2), 266a, 266b(2), 267a(2), 267b, 268a, 268b
4:323b, 324a
5:37b, 339a(2), 343b, 540a, 541b
HOBBY, G.L.
3:301b, 517a
HOBHOUSE, E.
5:148a
HOBHOUSE, L.T.
3:96b
4:8a
HOBHOUSE, R.W.
1:528a
HOBLEY, C.W.
1:513a
4:265a
HOBSON, A.
2:707b
3:522a
HOBSON, E.W.
2:174a, 212b
3:35b, 129b(2), 140a
HOBSON, J.M.
4:340b
HOBSON, R.L.
2:50b
4:242a(4), 430a
HOBSON, W.
3:383b
HOC, M.
1:482b
3:120a
HOCART, A.M.
3:357a
4:7b
HOCEDEZ, E.
2:181b, 314a
4:303b
HOCH, J.H.
1:380a
2:762a
3:503b, 510a
5:208a
HOCH, J.H. (STIEB)
5:407a
HOCHBERG, A. (LORENZ)
1:498b
HOCHBERG, L.A.
3:490b
HOCHE, A.E.
3:398b
HOCHREUTINER, B.P.G.
1:220b, 497b
2:449b
HOCHSINGER, C.
2:770b
3:456b
HOCHSTETTER, E.
2:243b
HOCHWALT, C.A.
3:179b
HOCK, G.
4:14b
HOCKETT, H.C.
3:67a
HOCKING, W.E.
1:255a
3:62b
4:219a
HODENPIJL, A.K.A.G.
4:208a
5:171b, 172b, 270b, 519b
HODGE, A.T.
4:143a

HODGE

HODGE, J.Z.
2:562b
HODGE, W.H.
3:511b, 529a
HODGE, W.V.D.
2:85a
HODGEN, M.T.
1:162a, 530a
2:153b, 205b
3:332b(3), 548a, 581a, 584a
4:362a
5:48a(2), 146a, 175b
HODGES, H.
4:13b
HODGES, H.A.
1:346b
HODGES, P.C.
1:517a
HODGINS, E. (MAGOUN)
3:559b
HODGKIN, A.E.
3:535b
HODGKINSON, R.G.
5:376b
HODGSON, H.B.
3:246a
HODGSON, J.E.
1:236a
2:432a
3:560b
HODGSON, P.E.
3:57b
HODGSON, R.W.
4:283a
HODOUS, L.
4:232b
HODSON, G.
3:347a
HODSON, T.C.
4:184a
HOEBEL, E.A.
3:332a
4:8a
HOEG, C.
4:374b, 375a
HOEK, J.M.
1:164b
HOEL, A.
1:41a, 224b, 387b
3:241a
5:341a, 343a
HOENERBACH, W.
4:413a
HOEPP, W.
2:109b(2)
HOEPPLI, R.
3:477b(3), 496b
4:172a, 237a(6), 238a, 266b
HOERBER, R.G.
2:327b
HOERNES, M.
4:3a, 3b
HOERNLE, R.F.A.
3:95a, 282a
HOESCH, K.
1:420a
HOESEN, H.B. VAN
See VAN HOESEN, H.B.
HOEVEN, A. VAN DER
1:585a
5:304b
HOEVEN, J. VAN DER
1:77b, 120b, 124b, 388a, 466a, 482a, 585a(3)
2:24b, 38b, 60a, 409a, 457a(2), 489a, 506a, 580b, 688b
3:439b, 454a, 488a(2)
5:9b, 165b, 259b, 260a, 267a(2), 374a
HOF, H.
1:369b
HOFER, H.
2:534a
HOFER, P.
1:439a
2:308b, 581a
4:328b
5:46b, 180b, 511b
HOFERT, H.J.
1:542a
3:33b
HOFF, B. VAN'T [VAN'T HOFF, B.]
2:16a, 173b, 173a
5:33b
HOFF, C.G. (HOFF, J.J.)
3:414a
HOFF, E.C.
2:115a
3:482a
HOFF, E.C. (RIESE)
3:431b
HOFF, H.
2:771a
3:432a
HOFF, H. E.
3:428a
HOFF, H.E.
1:137a, 185a, 300b, 424b(2), 447a, 468a, 507b, 556a, 631b
2:118a(2), 157a, 199b, 265a, 348a, 614b, 615a, 621b, 664a
3:86b, 319a, 428b(2), 429a(2), 431a(3), 432a(2), 446a
5:45a, 143b, 173b, 217b, 231b(2), 255a, 256a, 379a, 380b, 390b, 438a, 444b, 459a
HOFF, H.E. (BAR-SELA)
1:581a
2:134b
4:440b
HOFF, H.E. (LISCOMB)
2:567b
4:167a
HOFF, H.E. (MARCHAND)
1:424b
HOFF, J.H. VAN'T
2:383a
HOFF, J.J.
3:414a
HOFF, N.J.
3:559b
HOFF, P.M. (HOFF, E.C.)
2:115a
HOFFDING, H.
2:19a(2), 284a, 418a
3:91a, 96a, 150b
HOFFLEIT, H.B.
2:422b
4:332b
HOFFMAN, B.G.
4:270a
5:48b
HOFFMAN, C.W. (HEISS)
3:49a
HOFFMAN, M.
2:43b
HOFFMANN, A.
2:341b
HOFFMANN, B.
1:538a
3:153b
HOFFMANN, E.
1:299a
2:332a, 446a, 488b
3:473b
4:145a
HOFFMANN, F.
1:586b
HOFFMANN, F. (GILDEMEISTER)
3:190a, 195b
4:290b
HOFFMANN, G.
1:71b, 276a
4:346a, 353b
HOFFMANN, H.
1:245b
2:196b
HOFFMANN, J.E.
1:299b
HOFFMANN, K.F.
1:402b
3:384b
HOFFMANN, P.
1:72a, 603a
2:405a
HOFFMANN, V.L.
2:32b
HOFFMANN, W.
2:501a
HOFFMANN, W.G.
3:547b
HOFFMANN, W.H.
1:418b
HOFFMANS, J.
1:493b
HOFFMEISTER, C.
1:458b
HOFFMEISTER, J.E.
1:403b
HOFLER, M.
3:386b, 387a, 454a
4:9b, 10b, 12a
HOFMAN, J.J.
2:708a
3:502b
HOFMAN, R.
2:775a
3:247a
HOFMANN, E.
1:145b
HOFMANN, J.E.
1:50a(2), 50b, 139a(2), 186a, 266b, 289b, 311a, 329a, 349a, 396a(2), 396b(2), 413a(2), 512b(3), 534a, 564a
2:63b, 67a(5), 100a, 173b(3), 227b(2), 346b(2), 400a, 405b, 407a, 452b, 560b, 591a
3:100a, 104a, 123a
4:108a, 110b
5:16a(2), 16b, 112b, 113b(2), 114a(2), 115a, 115b, 196b, 199b, 456b
HOFMANN, J.E. (BECKER)
3:99a
HOFMANN, J.E. (RUSKA)
1:620a
4:396b
HOFMANN, J.E. (SCHOLZ)
1:333a
HOFMANN, M.
4:149a
HOFMANN, W.
4:27b
HOFMEIER, H.K.
1:5a
5:71b, 169b

HOFMEYER, J.H.
3:82b
HOFSCHLAEGER, R.
3:492a
4:9a, 358b
HOFSTADTER, R.
1:319b
3:292b
5:350b
HOFSTATTER, R.
3:518b
HOFSTEN, N. VON
1:112b, 302a(2), 313a, 313b(3), 601b
2:40a, 97b(2), 98a(2), 239a, 294a, 421a
3:273a, 511b
4:132b, 328a
5:142a, 161a, 229a, 237a, 351b(2), 451a, 542a(2)
HOFSTRA, S.
3:55b
HOGARTH, D.G.
1:356a
HOGBEN, L.
1:510b
2:607a
3:35b, 55b, 60a, 84a, 100a(2), 279b, 359b, 564a
HOGBERG, S.
2:738b
5:281b
HOGBOM, A.G.
5:333b
HOGENBERG, F. (BRAUN)
5:39b, 92a, 179a
HOGG, H.S.
2:293b
3:207b, 213b
HOGREBE, J.
4:316b
HOH TO-YUEN
4:218a
HOHENBERGER, A.
4:198a
HOHL, E.
4:163a
HOHLER, F.
4:361b
HOHLFELD, G.
1:71b
4:340a
HOHLWEG, A. (BUCHWALD)
4:286a
HOHLWEIN, N.
4:44b, 50a, 125a, 151a
HOHNE, H.
1:568b
5:80a
HOLAND, H.R.
4:324b
HOLBORN, H.
1:346b
3:606b
5:431b
HOLBROOK, S.H.
1:229b
2:677b
3:485a, 524b
HOLCOMB, R.C.
1:209b, 270a, 341a(3), 641b
2:767b
3:473b, 474a(2), 482a, 482b
4:353a
5:74b
HOLDEN, P.G.
5:412a

HOLDEN, R.
2:775a
5:533b
HOLDER, H.
3:222a, 228b, 271a
HOLDER, O.
3:47a, 118a
HOLE, C.
3:354b
HOLFERT, J.
3:505b
HOLL, K.
1:81b
HOLL, M.
2:79b(2), 587a(3)
4:346b
5:64a, 66a, 67b
HOLLAND, F.C.
2:463a
HOLLAND, F.D.
3:272b
HOLLAND, L.A.
4:159a
HOLLAND, L.B.
4:361a
HOLLAND, T.H.
2:182a
3:237b, 543a
HOLLANDER, B.
1:466a
3:3b, 91b, 339b
HOLLANDER, E.
1:489a
2:149b, 574a
3:362b, 383b, 385a(3), 455b, 488b
4:178b
5:149b, 395b
HOLLANDER, F. D'
3:435a
HOLLARD, A.
1:217a
2:465a
HOLLCROFT, T.R.
2:199b
HOLLEAUX, M.
2:342a
4:119a
HOLLEMAN, A.F.
1:585b
2:9b
HOLLENBACK, G.M.
3:495b
HOLLIDAY, C.
3:483b
HOLLIS, H.
4:235a
HOLLIS, H.P.
5:384a, 442b, 452a(2)
HOLLISTER, S.C.
2:52a
HOLLNAGEL-JENSEN, O.C. (ANDREASEN)
1:638b
5:384b
HOLLNSTEINER, J.
4:305b
HOLLON, W.E.
2:316a
HOLLOWAY, J.
1:530a
HOLLOWAY, S.W.F.
2:768a
5:377b
HOLLOWAY, S.W.F. (SINGER)
2:718a

3:394b
HOLM, B.J. (THOMPSON)
3:604b
HOLM, G.
3:267b
HOLMA, H.
2:607b
4:71b
HOLMAN, B.W.
4:267b
HOLMAN, H.
2:460a
5:432b
HOLMAN, L.A.
3:251a
HOLMBACK, A.
5:228a
HOLMBERG, A.
1:131b(8), 142b, 143a(2), 143b(5), 144a(3), 144b, 188b, 206a
2:90b, 634b, 712a, 763b(6)
3:79a, 367b
5:278b, 295b(2), 318b
HOLMBERG, A. (ALMHULT)
3:79a
HOLMBOE, C.F.
1:406b
HOLMBOE, J.
3:527b
HOLME, M.
2:728a
3:561b
HOLMES, A.
3:238a(2)
HOLMES, B.
5:366b
HOLMES, C.J.
2:74a
HOLMES, E.C.
3:147a
HOLMES, F.L.
1:137a, 142a
3:429b
5:212a, 352a, 442a
HOLMES, G.K.
3:415b
HOLMES, G.M.
1:293b, 549b
HOLMES, H.N.
1:531a(2), 649b
5:424a(2)
HOLMES, J.J.
1:319b
HOLMES, M.
1:277b(2), 278a(2)
HOLMES, P.
2:672a
3:615a
HOLMES, R.W.
1:478a
HOLMES, S.J.
1:101a, 611a
2:285b
3:97b, 281a, 284a, 289a, 290b(2), 335a, 416b(2)
5:349b(2), 350a(2), 485b
HOLMES, T.J.
2:156a(2), 156b
HOLMES, U.T.
1:490b
2:302b
4:300b, 318a, 321b, 327b, 348a, 365a
HOLMES, W.
3:488b

HOLMES

HOLMES, W.H.
 4:275b
HOLMGREN, E.J.
 1:345a
 2:532a
HOLMQVIST, W.
 4:341b
HOLMSTEDT, B.
 3:501a
HOLMSTROM, J.E.
 3:47b(2)
HOLMYARD, E.J.
 1:6b, 141b, 562a, 635a(5), 650a
 2:136a(2), 142b, 153b, 199b, 718a
 3:3b(2), 72a, 72b, 177b, 181a(2), 196b,
  523b, 536b, 609b
 4:165a, 313a, 391a, 399a(3), 399b,
  400b, 424b, 432b
HOLMYARD, E.J. (MARGOLIOUTH)
 4:400a
HOLMYARD, E.J. (PHILBRICK)
 3:192b
HOLMYARD, E.J. (SINGER)
 3:540b
HOLT, A.
 2:352a
HOLT, A.C.
 2:177a, 700a
 3:367b
 5:368a
HOLT, L.E. (DUFFUS)
 1:589b
HOLT, R.
 1:229a
HOLT, W.L.
 2:240a
HOLTEDAHL, O.
 2:120b
 5:335b
HOLTER, K.
 1:454a, 539a
HOLTHOUSE, E.H.
 2:64a
HOLTHUIS, L.B.
 1:525a
 2:475b
 5:358b
HOLTON, G.
 1:192a, 374a, 377a
 2:12b, 14b, 15a, 338b
 3:8b, 26b, 49b, 53a, 60b(2), 136b, 138a,
  140a, 140b, 142a, 150a, 151a, 155b
 5:105a
HOLTROP, L.S.A.
 5:364a
HOLTSMARK, A.
 2:266a, 547a
HOLTSMARK, J.
 3:147a
HOLUBOWICZ, V.
 3:542b
HOLZER, L.
 1:396a
 3:123a
HOLZHAUSEN, P.
 1:542a
 5:395b
HOLZKNECHT, G.
 2:411a
 3:498a
HOLZMAIR, E.
 2:711a
 3:370a
HOLZMAN, D.
 2:472b

HOLZNER, B.
 3:342a
HOMANS, G.C.
 2:278a
 3:354b
 4:359a
HOMBERG, R.
 1:382b, 388a
 5:238a
HOMBURGER, L.
 3:425b
 4:47a, 266b
HOMES, J.L.A.
 3:309a
HOMES, M.V.
 2:704b
 3:310b
HOMEYER, H.
 1:79a
HOMM, G. (KINDLER)
 3:442b
HOMMEL, E.
 4:27a
HOMMEL, F.
 1:201b
 4:33a
 5:84a
HOMMEL, H.
 1:577b
 3:294b
 4:124a
HOMMEL, R.P.
 4:240b
HOMMEL, W.
 2:107b(2)
 3:193b, 575b
HOMO, L.
 4:145a
HOMOLLE, T.
 1:563a
 4:24a
HONCAMP, F.
 2:91a
 3:525a
HONE, C.R.
 2:376b, 734b
HONE, J.M.
 1:133b
HONECKER, M.
 1:209b, 299b, 300a(2)
 5:97a
HONEY, J.C. (AHLBERG)
 3:52b
HONEYMAN, A.M.
 1:209a, 618b
 4:415a
HONEYWELL, R.J.
 1:646a
 5:296a
HONIG, J.
 1:511b
 5:535a
HONIG, P.
 3:82a
HONIG, P.J.J.
 3:478b
HONIGMANN, E.
 1:48a, 110a, 117b, 652a
 2:168a, 362a
 4:118b, 151a, 166a, 287b, 375b(2),
  376a, 405b, 409a, 411b
 5:481a, 487b
HONIGMANN, G.
 3:362b(2), 376b

HONIGSBERG, P.
 4:46b
HONIGSHEIM, P.
 2:447b, 615a(2)
 3:521a, 522a
 4:270b
 5:239b
HONIGSWALD, R.
 3:33b, 43b, 143a
 5:12a
HONL, H.
 1:375b(2), 463a
 2:124a, 229a, 321b
 3:155b
HONNCHER, E.
 2:454a, 549b
 5:56b, 242b, 361b
HONNELAITRE, A.
 2:138a
HONORE, D. (BUISSERET)
 3:488a
HONORE, F. (REVERCHON)
 1:190b
HOOD, H.P. (BRILL)
 3:581b
HOOD, P.
 3:86a
HOOGENBOOM, J.H.
 2:606a
HOOGEWERFF, J.A.
 3:250a
HOOIJER, D.A.
 3:329a
HOOK, S.
 1:551b
 2:153b
 3:44b, 95a
HOOKE, S.H.
 4:20a, 63b, 75b
HOOPER, A.
 3:103b
HOOPER, D.
 4:175a, 238a
HOOPES, P.R.
 1:208a
 5:294a
HOOPS, J.
 4:300b
HOOTON, E.A.
 3:334a(3), 334b, 357b, 358a
 4:49b
HOOVER, C.F.
 3:225a
HOOVER, H.C.
 1:17b
HOOVER, L.H. (HOOVER, H.C.)
 1:17b
HOOYKAAS, R.
 1:132a(2), 183a, 183b, 305a, 344a,
  346b, 397a(2), 549a(2)
 2:55b, 153a, 274a(4), 382a, 604a(2)
 3:64a(3), 143b, 146b, 156a, 169a, 182b,
  187b(3), 189b, 230b, 235b, 318b
 4:299a
 5:7a, 122b, 186b, 205b, 207a(3), 219a,
  538a
HOPE, R.
 1:348a
HOPE-JONES, F.
 3:589b
HOPE-JONES, W.
 1:240a
HOPF, C.
 1:202b

HOPF, L.
3:563b
HOPF, N.J.
2:639b
HOPFNER, T.
1:46b
2:311b
4:43a
HOPKIN, C.E.
2:542a
4:331a
HOPKINS, A.A.
2:695b
3:593a
HOPKINS, A.D.
3:300a
HOPKINS, A.J.
2:652a
3:196b(3)
4:114a(3), 114b, 400a
HOPKINS, E.W.
4:190b, 265b
HOPKINS, F.G.
1:470b, 538b
3:7b, 54b, 286b(2)
HOPKINS, L.C.
2:33a
3:526a
4:232a, 239a, 245b
HOPKINS, R.T.
3:564b
HOPKINS, V.C.
1:97a, 381a
HOPLEY, I.B.
2:140b, 160b(3)
5:317b
HOPMANN, J.
2:32a
HOPPE, E.
1:50a, 397b, 464b, 519a, 564a
2:14b, 64b, 145a, 227b
3:135a(2), 148b, 161b
4:59b, 89b, 90a
5:115a, 203b, 319a, 537a
HOPPE, K.
2:296b, 421b
4:94a, 139a
5:86b
HOPPE, K. (ODER)
4:139b
HOPPE, M.L.
1:337b, 487b
HOPPEN, K.T.
2:189a, 750b
HOPPER, G.M.
2:368a
HOPPER, V.F.
4:308a
HOPSTOCK, H.
2:79b(2)
HOPSTOCK, H. (VANGENSTEN)
2:80a(2)
HOPWOOD, A.T.
2:77a
HOPWOOD, A.T. (FERMOR)
2:316a
HORA, S.L.
2:491b
4:187a, 199b, 209a(2), 256b
HORAK, B.
2:578a
5:30a
HORDER, LORD
See HORDER, T.J.H.

HORDER, T.J.H.
3:549b, 362b, 458b
HORINE, E.F.
1:216a, 357b(5), 449a
2:123a
3:445a
4:236a
5:366b, 367a, 367b
HORLBECK, E.
3:512b
HORLE, J.
1:233b
HORMANN, G.
3:452b
HORMANN, G. (PHILIPP)
2:712b
HORN, A.H.
5:233b
HORN, C.
1:498b
2:124a, 161b, 415b
3:148b
5:317b
HORN, E.E.
5:517b, 534b
HORN, S.H.
4:77a
HORN, W.
2:205b
3:322a, 323a(2)
5:33a, 543a
HORN-D'ARTURO, G.
1:257b
2:141b
3:202b
5:216a
HORNADAY, C.L.
5:229b
HORNBERGER, T.
1:371b
2:60a
3:67b
5:104a, 189b
HORNBOSTEL, E. VON
4:278a
HORNE, A.J.
1:188b
HORNE, R.A.
2:327b
4:26b, 101a, 113b, 194b
5:206b
HORNELL, J.
3:529a, 534a, 554a(6), 554b(2), 555b(2)
4:14a, 25a, 52a, 172b, 290b
HORNELL, J. (HADDON)
4:263b
HORNER, J.
3:585b
HORNER, N.G.
2:621a
HORNEY, K.
3:437b, 438a
HOROVITZ, K.
1:377b
3:149b
HOROVITZ, S.
2:430a
HOROWITZ, I.L.
1:200b
3:348b
HORRAX, G.
3:490a
HORRELL, J.
1:249a
4:359a

HORSBURGH, E.M.
2:83a, 212b
3:120a, 250a
HORSKA-VRBOVA, P.
3:543b
HORSKY, Z.
5:23b
HORSTINK, J.T.
3:247b
HORT, G.M.
1:325a
HORTEN, M.
1:91a
2:432a
4:389b, 392a(2), 393a, 407b
HORTON, P.B.
3:26b
HORTON-SMITH, L.G.H.
1:103a
HORVATH, A.
5:288a
HORVATH, J.
4:444a
HORWITZ, H.T.
1:236b, 564a
2:77a, 81a, 147a, 438b, 495b, 573a, 580a(2), 770b
3:319b, 535b, 536b, 542a, 543a, 543b, 544b, 549b, 551b, 562a, 562b, 563a, 563b(4), 564b, 570a
4:13b, 30a, 51b, 141b, 172b(2), 214b, 282b, 283a, 360b
5:88a, 95a, 177a(2), 413b, 420a, 473a, 491b
HORWOOD, A.R.
3:311b
HORWOOD, M.P.
3:283b
HOSELITZ, B.F.
3:348a
HOSER, A.
1:649b
5:169b
HOSIASSON-LINDENBAUM, J.
3:25b
HOSKIN, M.A.
1:258b, 565b, 566a(2)
2:412a
HOSKISON, T.M.
5:423b
HOSOTTE-REYNAUD, M.
4:403b
HOSS, I.
2:493b
HOSSFELD, P.
1:97a
HOSSLE, F. VON
3:584a, 584b
HOSTELET, G.
3:39a(3), 544a(3)
HOSTEN, H.
1:339b
HOSTETTLER, F. (DEUEL)
3:190b
HOTCHKISS, W.O.
3:228b
5:416a
HOTTA, M.
5:332a
HOU WAI-LU
4:221a
HOU-JENSEN, H.
2:504b
HOUBEN, H.H.
1:369a, 495b

HOUDRY

HOUDRY, R.
  1:328a
HOUDRY, R. (MENETRIER)
  1:79a, 328a
  4:135a, 178b
HOUGH, J.L.
  3:241b
HOUGH, W.
  2:767b
  3:338a, 549b, 577b(2)
  4:14b, 270b
  5:529b
HOUGHTON, W.E.
  5:106a, 308a
HOULBERT, C.
  3:323a
HOULLEVIGUE, L.
  2:56a
  3:169a, 201b
  5:280b
HOURANI, G.F.
  1:483b, 484a
  4:171b, 406a, 413a
HOURANI, G.F. (CHUNG KEI WON)
  4:412b
HOURS, H.
  2:690a
  5:280a
HOURTICQ, L.
  3:65b(2)
HOUSE, R.T.
  1:499a
HOUSEHOLDER, A.S.
  1:306a, 507a
  2:104b
  5:311b
HOUSSAY, B.A.
  1:208a
  3:365b, 448b
HOUSSAY, F.
  2:88b
  3:44b
  5:162b
HOUSSAYE, N. DE LA
  1:127b
  2:113b
HOUSTON, W.V.
  3:139a
HOUSTOUN, R.A.
  2:14a, 230a
HOUTZAGER, D.
  3:133a
HOUZEAU, J.C.
  3:201b
HOVELACQUE, A.
  3:612b
HOVELAQUE, E.
  2:527a
  4:217b, 248a
HOVELL, T.M.
  3:413a
HOVER, O.
  3:593a(2)
HOVEY, E.O.
  3:260b
HOVEY, R.B.
  2:184b
HOVGAARD, W.
  4:142b
HOVORKA, O. VON
  3:386b
  4:130b(2)
HOWALD, E.
  1:47a, 54a, 605a
  2:209a, 310b, 321a, 324b, 537b
  4:157a
HOWARD, A.A.
  2:515b
HOWARD, A.L.
  3:314b(1)
HOWARD, A.V.
  3:15a
HOWARD, C.
  3:265b
  5:35b
HOWARD, D.H.
  2:107b
  5:357a
HOWARD, E.B.
  4:268a(2)
HOWARD, G.D. (OSGOOD)
  4:277a
HOWARD, H.N.
  3:620b
  5:552b
HOWARD, J.N.
  2:386a(4), 386b(2), 475b
HOWARD, J.T.
  1:196a
HOWARD, L.O.
  1:401a, 416a
  3:322a, 323b, 324a(2), 477b
HOWARD, P.
  5:419b
HOWARD, R.C.
  3:82a
HOWARD, R.W.
  3:522b
HOWARD, S.
  2:57a, 392a, 509b
  5:396b
HOWARD, W.L.
  1:206b(2)
  5:411b, 445b
HOWARD, W.T.
  3:410a
HOWARD-JONES, N.
  2:373b, 439b
  3:509a
  5:276b
HOWARD-WHITE, F.B.
  3:193b, 575b
HOWARTH, E.K. (HOWARTH, O.J.R.)
  1:314a
HOWARTH, H.E. (SHAPLEY)
  3:202a
HOWARTH, O.J.R.
  1:314a
  2:672b(3)
HOWARTH, O.J.R. (DICKINSON)
  3:244a
HOWARTH, O.J.R. (HERBERTSON)
  3:259b, 261a
HOWAY, F.W.
  3:260a
  5:224a
HOWE, G.W.O.
  1:126b
  3:568a
HOWE, M.A. DE W.
  2:398b
HOWE, W.
  2:686a
  5:422b
HOWE, W.N.
  3:317b
HOWELL, E.M.
  2:508b
HOWELL, H.A.L.
  5:398b
HOWELL, J.V.
  1:549a
  3:230a
  5:335a
HOWELL, W.B.
  1:426b
  2:472b, 743a
  3:389a, 394a, 418b
  5:377b
HOWELL, W.H.
  2:168a
HOWELLS, T.H.
  3:345a
HOWELLS, W.
  3:334b(4)
HOWERTON, P.W. (BOIG)
  3:188b, 194b
HOWES, F.N.
  3:529b
HOWES, P.G.
  3:318a
  5:502a
HOWETH, L.S.
  3:603b
HOWEY, M.O.
  3:326b, 329a
HOWGRAVE-GRAHAM, R.P.
  3:589b(2)
HOWIE, W.B.
  2:748b
  5:253a, 377a, 524a
HOWORTH, M.
  2:489a
HOWSON, M.C. (ROBINS)
  2:180a, 442b
  5:234b, 282b
HOYER, H.
  3:317b
HOYLAND, G.
  3:113a
HOYLE, F.
  3:199b, 215b, 216a
HOYME, L.E.
  3:336a, 336b
HOYOUX, J.
  1:232b, 364b, 385a, 458b
  2:715b
  3:12b
HOYT, W.D.
  5:245a
HOYT, W.G.
  3:226a, 227b
HOZAYEN, S.A.S.
  1:630a
  2:155b
  4:408b, 410b
HRABETOWA, -.
  2:168b
HRADECKY, K.
  3:577a
HRDLICKA, A.
  1:493a
  2:98a
  3:333a(2), 336b(2), 338a, 339a, 339b, 455b
  4:11b, 182b, 262a, 273a, 273b(2), 276a
  5:239b
HROZNY, F.
  4:29a, 68b(2), 72a, 72b
HRYNIEWIECKI, B.
  1:293b
  3:306b
HRYNTSCHAK, T.
  3:451a
HSI TSE-TSUNG

1:458b
2:561a,609a
4:225b, 227b
HSIANG TA
4:230a
HSIN T'ANG SHU
4:246a
HSU TA-CH'UAN
4:238a
HSU, C.Y.
1:275a
HSU, F.L.K.
4:233a, 235a
HU HSIEN-SU
2:98a
5:236a
HU SHIH
2:46b
4:217b,222a
HU SHIU-YING (MERRILL)
2:207b
HUA SHOU
4:236b
HUA T'O
4:236b
HUAN K'UAN
4:241b
HUANG CHI-CH'UAN
4:236a
HUANG CHUAN-SHENG
4:245b,55a
HUANG FU-MI
4:237b
HUANG HUA (SHANG CH'ENG-TSO)
4:218b
HUANG SIU-CHI
2:115b
HUANG SU-SHU
1:645a
3:217a
HUANG TI
4:237b
HUANG TUI-MEI
4:236a
HUARD, G.
1:343b
HUARD, M.G.
3:565b
HUARD, P.
1:9b, 36b, 100b, 116b, 193b, 301b, 326b, 338a, 358b, 364a, 526b, 538b, 605a
2:36b, 176b, 189a, 255a, 384a, 390b, 477a, 517b, 586a, 617a
3:81b, 278b(2), 283a, 284a, 301a, 370a(2), 379b, 423a, 424a, 430a, 478a, 487a, 549b
4:213a, 213b, 214b, 233a(3), 234a, 234b, 237b(2), 238a, 240b(2), 248b, 256b(2), 257a, 257b(2)
5:84a, 271a, 360b, 397a, 452a(2), 468b, 482b(2)
HUARD, P. (DELHOUME)
1:137b
HUARD, P. (MING WONG)
5:536a
HUART, C.
2:431b
4:176a
HUBACH, R.R.
3:260a
HUBAUX, J.
4:91b
HUBBARD, C.E.
2:746b

HUBBARD, L.L.
1:270a
HUBBARD, N.S.
3:45b
HUBBLE, D.
2:236a, 246b
HUBBLE, E.
3:35b, 215b(2), 216a(2), 217a
HUBENER, G.
1:32a
HUBER, A.
1:150a
HUBER, E.
4:30a(2), 183a
HUBER, F.
1:138b
5:283a
HUBER, G.C. (ARIENS KAPPERS)
3:296b, 430b
HUBER, K.
2:63b
HUBER, M.
3:133a(2)
5:509a
HUBER, P.
1:554a
4:59a, 63a
HUBER, R.
4:127b
HUBER, R.M.
2:694a
4:443b
HUBERT, H.
3:338b
HUBERT, R.
1:344a(3), 587b
2:137b
3:26b(2), 42b
5:239b, 240b(2)
HUBICKI, W.
1:417b
2:27a, 203a, 247b(2), 447b, 462b, 514b(2), 685b
5:19a(2), 19b, 20b(2), 122b, 208a, 211a, 470a, 485a
HUBOTTER, F.
1:255a, 599a
2:475a
3:362b, 406b
4:172a, 182a, 233b(2), 234a, 234b(2)
HUBSCHMANN, K.
2:23a
5:396a
HUCKEL, W.
2:26b, 607a
HUDGENS, L. (BRASCH)
2:484a, 701b
5:532b
HUDSON, A.E.A.
2:92b
5:270a
HUDSON, C.F.
4:216b
5:533b
HUDSON, D.R.
4:33a, 96a, 366a, 367a
5:112b, 460a
HUDSON, H.P.
3:128b
HUDSON, J.P.
5:180b
HUDSON, P.S.
2:577b
3:295b, 309a
5:472a

HUE, F.
2:746a
3:487b
HUEFFMEIER, F.
1:347b
HUELSEN, C.
1:424b
5:92b
HUET, G.
1:47a, 574a
3:352b
HUET, J.A.
3:457b
HUETTNER, A.F.
3:324b
HUFFMANN, F.R.
3:572b
HUFFMEIER, D.
2:405a
HUFNAGEL, A.
2:541b
4:298a
HUGEL, H.
2:707a
3:501b
HUGELSHOFER, W.
2:272a
HUGGENBERG, F.M.
5:20b
HUGH-HELLMUTH, H. VON
3:105b
HUGHES, A.
3:298b
5:217a, 218b, 304b, 333a, 336a
HUGHES, A.A.
3:592b
HUGHES, A.J.
3:250b
HUGHES, C B.
3:593a
HUGHES, C.H. (GRIFFENHAGEN)
3:445a
HUGHES, D.J.
3:171b
HUGHES, E.
2:640a
HUGHES, E.R.
4:219a, 221a, 221b
HUGHES, G.R.
4:41b
HUGHES, H.S.
3:543b
HUGHES, J.Q.
5:92b
HUGHES, J.V.
2:386a
3:226b
HUGHES, M.J.
4:335a
HUGHES, T.H.
3:586a
HUGHES, T.P.
5:421b
HUGHES, W.J.
2:186b
HUGLI, H.
4:359a
HUGUET, A.
2:348b
HUHNERFELD, J.
1:584b
2:498a
5:156b
HUHNERFELD, P.
3:362b

HUISGEN

HUISGEN, R.
2:630a
HUISMAN, G.
5:83a
HUIZINGA, J.
1:3a, 20a, 385a(3), 587b
2:318a
3:53b
5:7a, 186a
HUJER, K.
1:149a, 350b(2), 355b
2:366b
3:139a, 212b
5:332a, 384a
HULBURT, R.G.
2:509a
5:488a
HULEWICZ, J.
2:741b
5:306b
HULL, A.W.
2:45b, 695b
3:167b
HULL, E.
3:353a
HULL, G.F.
3:136b
HULL, L.W. (FLOSDORF)
3:509a
HULL, L.W.H.
3:3b, 31a
HULLE, H.
4:216a
HULLEY, K.K.
1:649a
HULLS, L.G.
5:106a, 524a
HULME, E.M.
4:293b
HULME, E.W.
1:214b, 216b, 608b
2:335b, 384b
3:541b, 575b, 581b
4:15a, 16a, 53a, 160b, 162a, 363a
5:282a, 289b(2)
HULME, E.W. (GOLDSMITH)
3:577b
HULME, E.W. (SMITH)
4:16a
HULSEN, C.
2:307b
HULSHOF, M.H.
5:73b
HULST, J.P.L.
3:483b
HULT, O.
2:152a
5:247b
HULT, O.T.
1:159a, 285a, 338b
2:60b, 98a, 271b
3:285b, 470b, 492b
5:110a, 149a, 269a
HULTH, J.M.
2:96a
HULTON, P.
2:623a
HUMASON, M.L.
1:599b
HUMAYUN KABIR
4:389a
HUMBER, W.J. (DEWEY)
3:343b
HUMBERD, C.D.
1:187b

HUMBERSTONE, T. L.
3:29a
HUMBERT, P.
1:36b, 43b, 246b, 344a, 363a, 458b, 471b(6), 473b
2:163b, 167b, 223b, 243a, 280b, 284a, 296b(6), 320a, 443a
3:4a, 15a, 92b, 199b, 202b, 212a, 214b
4:107a, 315b
5:103a, 120a, 124b, 125a(2), 125b, 126b, 127a(3), 127b, 131a(4), 158a, 213b(2), 216b, 479b(2)
HUME, E.D.
1:122b
2:287a
HUME, E.E.
1:150a, 590a, 657b
2:307a(2), 506b, 720b, 723b, 728b(2), 766b(2)
3:224a, 327b, 367b(2), 392b, 410b, 417a, 418b, 476b, 480a, 480b(2), 481a(2)
5:265a, 367a, 529a(5)
HUME, E.H.
2:103a, 617b
3:384b, 406b(2)
4:233b(3), 234b
HUME, I.N.
4:275a
HUME, W.F.
4:52b
HUMMEL, A.W.
2:50b
4:218b(2), 219a, 238b, 244a(2), 245a
HUMMEL, C.
1:299b
HUMMEL, K.
3:228b
HUMMERICH, F.
1:468a
2:163a, 499a
5:41b, 44a
HUMPHREY, H.B.
3:305a
HUMPHREYS, A.L.
1:76b
3:251b(2)
5:519b, 540b
HUMPHREYS, A.W.
3:165b
HUMPHREYS, H.
3:386b, 609b
HUMPHREYS, W.J.
2:419b
3:223b(2), 224a, 225a, 227a
5:315b, 530a
HUND, F.
1:166b
3:153b(2), 168a, 171a(2)
HUND, R.
3:503b
HUNDT, J.
1:592a
4:127b
HUNG CHEN-HUAN
4:224a
HUNG, W.
2:562a
4:183b
HUNGER, E.
3:4a
HUNGER, F.W.T.
1:47a, 194a(2), 262a(4), 351b(3)
2:95b, 414a
5:153a

HUNGER, H.
4:373b
HUNKIN, J.W.
1:299a
2:764b
3:308a
5:234a
HUNLEY, E.S.
2:534b
HUNNCHER, -.
3:367b
5:512b
HUNNIUS, C.
3:196b, 387a
HUNSAKER, J.C.
3:559b
HUNT, A.B. (SCOTT)
1:608b
5:260b
HUNT, F.V.
3:599a
HUNT, J.
3:270a(2)
HUNT, R.M.
1:184b
HUNT, R.W.
1:553a(2)
2:354b, 379a, 505b, 566b
4:369a
HUNTER, A.
2:496a
HUNTER, D.
1:543b
3:584a(2)
4:214b
HUNTER, G.G.R.
4:212a
HUNTER, H.
3:528a
HUNTER, I.J.
1:607b
5:268a
HUNTER, L.
3:578b
HUNTER, L.C.
1:432a
2:297b
5:420b
HUNTER, P.R.
2:624b
HUNTER, R.A.
1:151a, 185a, 246b, 509b, 523a, 543b(2), 547a(2), 548a, 584b
2:161a, 462b
3:433b
5:146b, 157a, 160a, 163a, 168a
HUNTER, R.A. (MACALPINE)
1:118a, 183a
2:486b
5:157b
HUNTER, R.F.
5:417a
HUNTER, R.H.
3:422b
HUNTER, R.J.
1:437a
2:663b, 740a(3)
5:252a
HUNTER, W.
2:678b
3:394b, 419a
HUNTINGFORD, G.W.B.
4:12b
HUNTINGFORD, G.W.B. (BECKINGHAM)

1:34a, 102a
4:264a
5:140a
HUNTINGTON, E.
3:227b, 335b
HUNTINGTON, E.V.
3:39a, 98a, 132b, 148b, 156b
HUNTLEY, F.L.
1:197b, 198b, 546a
5:160b
HUNTRESS, E.R.
3:137b, 181a
HURD, C.B.
3:179b
HURD, D.L.
3:4a
HURD-MEAD, K.C. [MEAD, K.C.H.]
1:18a, 429a, 609b
2:458b, 559b, 652b
3:383a, 392a, 426a
4:9b, 27a, 289a, 335a(2)
5:50a, 170b
HURD-MEAD, K.C. (KLEBS)
2:458b
HUREWICZ, W.
3:131a
HURLBUT, C.S.
3:238b
HURLBUTT, R.H.
1:606a
HURLEY, F.
2:159b, 468a
3:268b
HURLEY, P.M.
3:235a
HURRY, J.B.
1:631a
2:652a
3:529b, 582b
HURST, C.C.
3:289a
HURTADO GALTES, F.
1:418b
HURTADO Y JIMENEZ DE LA SERNA, J.
4:436b
HURTON, K.H.
1:571a
HURWITZ, A.
3:485b
HUSAIN, M.H. (STAPLETON)
1:636a
2:17b, 389a, 527a(2), 646b(2)
HUSAIN, Y.
2:423a
HUSCHKE, R.
3:225a
HUSIK, I.
4:437a
HUSING, G.
4:121b
HUSKINS, C.L.
3:54b, 299a
HUSNER, F.
1:446b
2:251b, 635a
3:397b
4:372b
HUSSAIN, Z.
2:229a
HUSSELMAN, E.
5:465a
HUSSERL, E.
1:335b
3:89a, 95a

HUSSEY, J.M.
2:357b
4:373a
HUSSY, E.R.
2:502b
HUSTIN, A.
3:488a, 516a
5:402a
HUSTIN, R.
1:263a(2)
5:423b
HUSTON, M.
2:630a
HUSZAR, G.B. DE
3:357a
HUTCHESON, J.M.
1:656a
HUTCHINGS, E.
3:35b
HUTCHINS, H.L.
3:250a
HUTCHINS, R.M.
3:58a, 86b
HUTCHINSON, C.A.
5:393b
HUTCHINSON, E.W.
5:139b
HUTCHINSON, G.E.
2:387a
3:4a, 60b, 271b, 328b, 334a, 527b
HUTCHINSON, H.
1:609b
HUTCHINSON, J.
3:312b, 585b
HUTCHISON, J.
2:469a
5:75b
HUTCHISON, J.D.
3:412b
HUTCHISON, R.
2:608a
3:381b
5:242a
HUTCHISSON, E.
3:60b
HUTIN, S.
3:196b
HUTIN, S. (CARON)
3:196a
HUTTEN, E.H.
2:289b
3:4a, 44b, 139a, 170b
4:99a
HUTTON, C.A.
2:636b
4:98a
HUTTON, E.
2:694a
4:443b
HUTTON, J.H.
2:224a
3:456b
4:5a, 25b, 201b
HUTTON, M.
4:97b
HUURI, K.
4:367b
HUXLEY, A.
1:610a
3:59a, 64b
HUXLEY, F.
1:312b
HUXLEY, G.
1:289b
5:202a

HUXLEY, G.L.
1:43b, 534a
2:223a, 638b
4:374a
5:115a
HUXLEY, J.
1:312b, 316b(2)
2:765b
3:52a, 53b, 58a, 61b(2), 62b(2), 277a, 281b, 283b, 289a(3), 293b, 295b, 334b, 338b, 354b, 416b, 619b
HUXLEY, J. (WELLS)
3:278a
HUXLEY, L.
1:610b
HUXLEY, M.
4:100b
HYAASHI, T.
2:461a
HYAMS, E.
3:522a
HYAMSON, A.M.
3:15a
HYDE, G.E.
4:268b(2)
HYDE, W.W.
2:631a, 753a
3:269b(2)
4:122b, 159b
HYKES, O.V.
2:365a(2), 366a
5:345a
HYLANDER, C.J.
3:68a, 547a
HYLLERAS, E.A.
1:174b
3:153b, 171a
HYMA, A.
1:385a
HYMAN, H.H.
3:193a
HYMAN, R. (VOGT)
3:244b
HYMAN, S.E.
1:312b(2), 438a, 441b
2:153b
3:64b
5:302b, 348a
HYNDMAN, O.R.
3:289a
HYPPOLITE, J.
1:95a
IAKHONTOVA, N.S.
1:629b
IAKOVLEV, V.B.
2:152a, 476a(2)
5:423b
IAKOVLEVA, O.A.
3:240a
5:130a
IANOVSKAIA, S.A.
2:103b, 412b
3:104a, 108a
4:38b
5:114a
IANOVSKAIA, S.A. (LIKHOLETOV)
2:726a
5:311a
IAROTSKII, A.V.
2:473b
5:430a
IASNOV, P.
2:12b
IASTREBOV, E.V.
2:429a

IBA, Y.
    4:247a, 251a
IBACH, H.
    1:275b
IBANEZ VARONA, R.
    5:253a
IBARROLA, J.V.
    5:74a
IBN ARABSHAH, A.
    2:526b
IBN YAHYA, M.A.B.
    4:416a
IBRAHIM RIF'AT
    4:412a
ICHAK, F.
    3:562a
ICHIDA, A.
    1:635a
    2:246b
    4:250b
ICKX, J.
    3:557a
ICKX, L.
    3:559b
ICTIS, J.
    1:574a
    2:596a
IDEL'SON, N.I.
    1:464b
    2:84b, 104b
    5:329b
IDELER, J.L.
    4:100a
IDELSON, N.I.
    See IDEL'SON, N.I.
IDENBURG-SIEGENBEEK VAN HEUKELOM, O.C.D.
    5:453a
IDO, M.
    2:154b
IDRIES SHAH, S.
    4:170a
IDRIESS, I.L.
    4:263b
IDRIS, H.R.
    1:7a
IFF, W.
    3:449a, 492a
IFFT, J.D. (ALDEN)
    3:275b
IGGERS, G.G.
    3:349a
IGNA, N.
    1:13b, 613b
    4:154a, 156a
IHDE, A.J.
    1:93a, 183b, 184b, 220b
    2:271b, 422a, 774a
    3:24a, 29a, 53a, 82b, 177b, 179b, 182a, 192a, 500a
    5:122b(2), 323a, 324a, 325a, 425a(2), 504a, 538b
IHDE, A.J. (IVES)
    2:774a
    3:180b, 197b
IHDE, A.J. (PEARSON)
    5:325b, 445b, 468a
IHDE, A.J. (SIEGFRIED)
    2:714a, 745a
    3:185a
    5:322b
IHMELS, C.
    1:316b
    2:447b, 640b
    3:289a

    5:349b
IHNE, E.
    2:621b(2)
IJZERMAN, J.W.
    1:481a
    5:42a
IJZERMAN, J.W. (ROUFFAER)
    1:352b
    5:42a
IKBAL 'ALI SHAH, S.
    3:262a
IKEDA, S.
    4:253a
IKEGUCHI, K. (SHIMOYAMA)
    4:254a
ILARDI, A.
    1:366b, 453a
    5:71b
ILBERG, J.
    1:213b, 214a(2), 328b, 449b, 574a
    2:422b
    4:128b, 129a
    5:504b
ILIOVICI, G.
    3:159a
ILIOVICI, G. (DESFORGE)
    1:526a
    3:614a
ILLGEN, H.O.
    2:389a
    4:445a
ILLIES, -.
    3:575a
ILLIS, L.
    3:447b
ILTIS, A.
    2:168b
ILTIS, H.
    2:168b, 169a(2), 169b
IMANN, G.
    1:127b
    2:420a
    5:265b
IMBELLONI, J.
    4:277b
IMBERT, J.
    2:737a
    4:341a
IMHOF, G.
    1:532a
IMMS, A.D.
    1:371b
    2:549b
    3:322a, 323b
IMOTO, S.
    4:214a
IMPERATO, P.J.
    3:407a
INAN, M. 'A.A.
    1:625a(2)
INAYAT ULLAH
    4:408b, 419b
INCE, S. (ROUSE)
    3:552a
INDESTEGE, E.
    5:85b
INDESTEGE, L.
    2:575a, 584a
INFELD, L.
    1:374a(3), 467a
    3:146b, 151a
INFELD, L. (EINSTEIN)
    3:134a
INGALLS, D.H.H.
    2:156b, 378a

    4:190b
INGARDEN, R.S.
    1:338b
INGE, W.R.
    2:336a(2)
    3:61b, 63a, 202b
INGEGNIEROS, J.
    1:36a
INGERSLEV, E.
    2:444b
INGERSOLL, E.
    3:326b, 327b
INGERSON, E.
    2:696a
    3:235a
INGHRAM, M. (PATTERSON)
    3:235a
INGLE, D.J.
    3:370b
INGLE, E.
    5:245b
INGLIS, A.
    1:266b, 512b(2)
    2:212b, 448a, 507b, 509a
    5:114a(2)
INGLIS, C.E.
    1:303b
INGLOT, S.
    3:524a
    5:281b, 549b
INGOLD, C.K.
    2:547b
INGRAMS, H.
    4:174b
INHELDER, B. (PIAGET)
    3:127a
INLOW, W.D.
    2:166a
    3:377b(2)
    5:389a
INNES, R. (DIAMOND)
    3:14b
INNIS, H.A.
    3:534a, 535b
INOSTRANTSEV, C.
    2:249b
    4:179b
INOUYE, K.
    3:233a
    5:515a
INWARDS, R.
    3:224a
INZA, R.
    2:494a
IOFFE, A.F.
    1:372b, 375a
    3:79b
IONA, G.
    2:197a
IONESCU, G.
    1:515a
    5:395a
IONESCU, I.
    1:37b
    5:198a
IONIDES, M.G.
    4:69a
IONIDES, M.L. (IONIDES, S.A.)
    3:199b
IONIDES, S.A.
    1:45b(2)
    3:119b(2), 199b, 208a
    5:22b
IORGA, N.
    1:221a

3:262a(3), 405a
4:293b
5:225a, 341a
IPATIEFF, V.N.
3:186b
IPPOLITO, F.
2:316b(2)
IRANI, R.A.K.
4:395a, 395b
IREDALE, T.
3:191a
IREDELL, C.E.
3:498b
IRELAND, M.W.
1:504a
IRELAND, N.O.
3:15a
IRIARTE, M. DE
1:599b
5:48b
IRISSOU, L.
1:401b
2:402b, 591b, 725a
3:396b, 505a
5:83a, 272b, 365a, 401b, 483b(2)
IRISSOU, M.
1:631a
2:464a
IRONMONGER, E.E.
1:188b
2:748a
5:305a
IRONS, E.E.
1:171a
5:163a
IRSAY, S. D' [D'IRSAY, S.]
1:13a, 59b, 488b, 532a
2:601b, 738a
3:45b, 366b, 381b, 427a, 444b, 471a, 614b
4:130a, 164a, 298b, 334b, 335b, 337a(2), 350a(2)
5:185a, 255b, 521b
IRTENKAUF, W.
4:319a
IRVINE, J.C.
1:557a
2:198b
IRVINE, W.
1:311b, 319b, 610b(2)
3:292b
IRVING, H.
3:146a, 193b
IRVING, J.A.
1:191b
2:66a
5:121a
IRVING, J.R.
1:407a
2:589b
IRVING, W.
1:78a
IRWIN, J.B.
3:202a
IRWIN, J.O.
3:131b
IRWIN, K.G.
3:84a
ISAAC, E.
4:12b, 29b
ISAAC, F.S.
5:94b
ISAACS, R.
5:150a

ISACHSEN, G.
3:269a
ISAGER, K.
4:334b, 354a
5:60b
ISCHER, A.
1:532a
3:74b
5:186b
ISCHER, T.
4:16a
ISCOLDSKII, I.I.
2:291b
ISEMONGER, N.E.
4:255b
ISENBERG, I.H.
3:584a
ISENSEE, E.
3:362b
ISHAM, J.
1:380a
ISHIGAI, S.
3:543b
ISHIKURA, J.
1:498b
ISKANDAR, A.Z.
1:454a
ISKOL'DSKII, I.I.
5:320b
ISNARD, A.
1:270a
ISPIZUA, S. DE
1:221a
2:128b
4:288a
5:36a, 37a
ISRAELS, A.H.
4:79a, 80b
ISSAWI, C.
4:413a
ISSERLIN, B.S.J.
2:116b
4:151b
5:471b
ISSERLIS, L.
1:510b
ISTVAN, L.
3:496b
ISTVAN, Z.
2:674b
3:436b
ITAKURA, K.
1:281a
2:211b
4:250b, 251a
ITAKURA, R. (ITAKURA, K.)
4:251a
ITALIA, S.R.
2:239a
ITARD, J.
1:50b, 95a, 120b, 336b, 392a, 412b, 413a, 413b, 462b
2:14a, 35a, 62b, 283a, 581a
3:123a, 126a
4:109a, 110a
5:197b, 200b, 430a
ITARD, J. (DEDRON)
3:99b
ITERSON, G. VAN [VAN ITERSON, G.]
1:125b
2:729b
3:78b
ITHURRIAGUE, J.
2:327b

ITO, S.
3:81b
4:248b
IUGAI, G.A.
3:279b
IUGAI, R.L.
2:208b
5:222b, 341b
IUR'EV, K.B.
2:584a
5:45b
IUSHKEVICH, A.P. [YUSHKEVICH, A.P.] [YOUSCHKEVITCH, A.P.]
1:50a, 234a, 391b, 394b(2), 395b(2), 396b, 501b
2:7a, 18a, 38b, 67a, 104b, 204b, 249b, 281b, 533b, 660b, 687b, 714b, 726a
3:102b, 116b(2)
4:170b, 222a, 394a(2), 395a, 396b
5:187b, 198a(2), 199b, 313b
IUSHKEVICH, A.P. (BASHMAKOVA)
1:394b
IUSHKEVICH, A.P. (GRIGORIAN)
5:496b
IUSHKEVICH, A.P. (LAVRENT'EV)
1:394b
IUSHKEVICH, A.P. (ROSENFELD)
2:370a(2), 564a(2)
IUSHKEVICH, A.P. (ROZENFEL'D)
2:250b, 436b, 534a
4:394a, 396b
5:454a, 489a
IUSHKEVICH, A.P. (ZUBOV)
4:307a
IVANENKO, D.D.
1:375a
2:321b
3:76b, 145b
IVANITZKY, N.
4:8a, 8b
IVANOV, A.A.
2:231a
IVANOV, A.B.
3:570b
IVANOVIC, D.M.
1:177a
5:203b
IVANOW, E.
3:519b
IVANOW, W.
1:7a, 633b
2:468b, 564a
4:386a, 413a
IVANYI, B.
3:190a
IVASHKEVICH, V.I.
3:155b
IVENS, W.G.
4:263b
IVERSEN, E.
4:42a, 55a
IVES, H.E.
1:421a
3:161b, 166b
IVES, J.D.
3:267b
IVES, R.L.
3:270a
IVES, S.A.
1:524a
2:774a
3:180b, 197b
4:329a
5:7b

IVES

IVES, S.A. (FRICK)
  3:219b
IVINS, L.S.
  3:522b
IVINS, W.M.
  1:22a, 47a, 331a(3)
  2:587a, 587b, 597a
  3:14a, 610b
  5:17a, 92b, 95a
IVINS, W.M. (LAMBERT)
  2:584a
IVINS, W.M.J.
  3:128a
IVY, A.C.
  3:407b
IVY, R.H.
  3:486b
IWAMOTO, Y. (YAJIMA)
  4:191b
IWANICKI, J.
  2:66a, 199b
  5:111b
IYENGAR, H.S. (RAO)
  4:208a
IYER, R.V.
  4:192b
IZEDDIN, -.
  1:142b
  2:525a
  5:40b
IZEDDIN, M.
  1:542a, 627a
IZJERMAN, J.W. (ROUFFAER)
  1:597a
  2:107a
IZQUIERDO, J.J.
  1:13b, 35a, 135b(2), 137a, 196a, 226b,
    231b, 239a, 543a, 545b(2), 546a,
    547a(2), 582a(3)
  2:39a, 186b, 192a(4), 219a, 291a, 380b,
    384b, 435b, 466a, 473a, 477a, 651a,
    657a, 723b, 723b(2), 742b
  3:19a, 274b, 284b, 370a, 377a, 393b(5),
    427b, 428a(4), 429b, 431a, 445b,
    447a, 480b
  4:280b
  5:187b, 190a, 254b, 263a, 302a, 369a,
    380a, 391a, 401b, 407a(2), 422b,
    464a, 492b, 518a(3), 527b
IZRAEL, S. (PANEFF)
  3:380b, 405a
IZSAK, S.
  2:681a
  3:507a
IZZEDDINE, C.
  4:422b
JA'FAR, 'A.A.K.
  4:391a(2)
JABERG, K.
  3:611a
JABLONSKI, B.
  3:569b
JABLONSKI, H.
  2:741b
JABLONSKI, W.
  1:501a
  4:133b
  5:384a
JACCARD, P.
  3:345a
JACK, H.A.
  3:283b
JACK, J.G.
  2:700b
  3:308a

JACK, R.L.
  3:265a
JACKMAN, W.T.
  3:553a
JACKS, L.P.
  1:370a
JACKS, L.V.
  2:49a
JACKSON, A.
  4:50a
JACKSON, A.V.W.
  4:165b
JACKSON, B.D.
  2:94b, 97a, 98a
JACKSON, C.L.
  1:409b
JACKSON, C.N. (HOWARD)
  2:515b
JACKSON, D.
  1:258a
  2:86a
  3:112b
JACKSON, D.C.
  1:407a
  2:145b, 498b, 545a, 624a, 663b
  3:545a, 546a
  5:414a
JACKSON, E. (JACKSON, J.)
  2:703b
  3:495a
JACKSON, G.G.
  3:554b, 597b
JACKSON, H.
  2:545a, 551b
  3:13b
JACKSON, H.E.
  3:594b
JACKSON, H.H.T.
  3:319b
JACKSON, H.J.
  3:601b
JACKSON, J.
  2:703b
  3:495a
JACKSON, J.W.
  4:6b
JACKSON, K.
  4:328a
JACKSON, L.C.
  2:715a
  3:145b, 186a
JACKSON, M.H.
  1:212a, 323b
JACKSON, R.L.
  1:636b
  3:392a
JACKSON, S.L.
  3:67b
JACKSON, T.G.
  4:364b, 380a
  5:179a
JACKSON, W.
  1:549b
JACKSON, W.A.
  5:26b
JACOB, C.
  1:111b, 548b
  2:530b
  3:237b
  5:439b, 494a
JACOB, C.T.
  2:224b, 239b
JACOB, E.F. (CRUMP)
  4:293a

JACOB, E.G.
  1:125a, 270a
  2:128b
  5:35a
JACOB, G.
  2:249b
  3:162b, 596b
  4:297a, 431a
JACOB, H.E.
  3:536b, 537a(2)
JACOB, M.
  2:689b
  3:85a, 85b
JACOBI, A.
  1:150a
  2:689a, 730b
  3:338a, 391a
JACOBI, G.
  1:577b
  4:120a
JACOBI, H.
  4:16b, 31a, 162a, 197a, 200b
JACOBOWITZ, A.L.
  3:219b
JACOBS, A.H.
  2:484b
JACOBS, B.A.
  5:299b
JACOBS, E.
  2:206b, 758a
  4:386a, 435b
JACOBS, H.B.
  1:422b, 445b
  2:236a
  5:376b
JACOBS, J.
  3:66a
JACOBS, M.S.
  1:123b, 373a
  2:732a
  3:391b, 513a, 516b
  4:81b
  5:268a, 366b
JACOBS, W.H.
  2:190b
  5:274b
JACOBSEN, J.V.
  2:710a
  5:97b
JACOBSEN, V.C.
  1:229a(2)
  2:84a(2)
JACOBSON, A.C.
  2:258b
  5:388a
JACOBSON, T.
  2:463b
  4:69a
JACOBSSON, N.
  1:568a
  5:224a
JACOBY, A.
  3:326b, 577a
  4:82a, 167b
JACOBY, F.
  1:567b, 592a
  4:141b, 144a
JACOBY, G.W.
  3:421a
JACOT DE BOINOD, B.L.
  2:145b
JACQUES, J.
  1:364a
  2:51a
  3:184a

5:326b, 328a
JACQUES, J. (BYKOV)
1:210b
2:640b
JACQUET, L.
3:536a
JACQUIOT, J.
1:13b
JACQUOT, J.
1:9b, 159b, 231b, 235a(2), 333a, 540a, 584a(2)
2:288b, 482b(2)
5:8a, 96b, 104a(3)
JACQUOT, R.
3:529a
JAEGER, A.
2:604b
5:13b
JAEGER, E.C.
3:283a
JAEGER, F.
2:271b
JAEGER, F.M.
1:122b, 358b
2:287a
3:46b, 169b, 187b
5:104a, 108a
JAEGER, M.
1:640a
3:341a
JAEGER, W.
1:54a, 54b, 62b, 65a, 69b, 347b(3), 634b
2:324b, 330b, 488b, 642a
3:165b
4:99a, 104b, 105a, 129a
JAEGHER, K. DE
2:580b
5:182a
JAFAR, 'A.A.K.
See JA'FAR, 'A.A.K.
JAFFE, A.
3:584b
JAFFE, B.
2:180b
3:15a, 68a(2), 163b, 178a(2), 181a
JAFFE, G.
1:297b, 298a
2:259b, 545b
3:144a
5:315b
JAGER, F.
1:24b
2:295a, 499b, 542b, 593a
4:230b, 353b
JAGIC, N. VON
3:398a
JAGOW, K.
3:325a
JAGU, A.
1:383a
2:331b, 649b
JAGUARIBE DE MATTOS, F.
3:240b, 554a
JAHIER, H.
1:366a
2:290a
4:378a, 422a(2), 423b, 441b
JAHN, F.
3:466a
5:390a
JAHN, I.
5:550a
JAHN, M.E.
1:133a(2)

JAHN, R.
3:415b
JAIN, J.C.
4:201a
JAKI, O.
2:452a
JAKOBI, R.
3:127b
5:201b
JAKUBEC, J.
1:271b
JAKUBOVSKII, B.V.
2:32b
JAKUBOWSKI, J.
5:33b
JALLAND, T.
2:70b
JAMES, D.G.
1:167b, 584a
2:105a
JAMES, E.O.
4:5a
JAMES, G.
3:111b
JAMES, H.
1:642b
JAMES, J.A.
3:442b
JAMES, M.R.
1:325a
2:278a
4:285b, 329a, 370b
JAMES, N.G.B.
1:266b
JAMES, R.C. (JAMES, G.)
3:111b
JAMES, R.R.
1:513a, 613a
2:153b
3:440a
5:78b, 168b, 247a, 544b
JAMES, R.R. (BLOOM)
3:394a
JAMES, T.E:
1:593a
2:139a, 224a, 298b, 423b, 748a
JAMES, W.O.
2:95a
JAMESON, E.
3:485a
JAMESON, E.M.
2:57a
3:452a
5:261a, 266a
JAMESON, T.H.
1:95b
JAMIESON, W.A.
1:579a
4:138b
JAMISON, C.
2:753b
JAMMER, M.
3:4a, 141b, 147b(2), 148b, 156a, 156b
4:311a
JAN, E. VON
1:343a
5:241b
JANACEK, J.
5:92a
JANAKI-AMMAL, E.K. (DARLINGTON)
3:528a
JANDOLO, M.
3:431a, 461a

JANE, C.
1:269b
JANELID, I.
3:552a, 572b
JANENTZKY, C.
2:51b
JANET, C.
3:321a
JANET, P.
1:27b, 37b
2:599b
3:41b, 339b, 499a(2)
JANICKI, C.
1:508a
JANICSEK, S.
1:621b, 641a
JANINI CUESTA, J.
1:511b
4:377b
JANISCH, E.
3:286a
JANKELEVITCH, -.
1:319b
JANKELEVITCH, V.
1:132b
JANKOWSKY, W. VON
1:280a
2:270b
JANNACO, C.
5:107b
JANNE, H.
3:545b
JANNI, E.
2:378b
JANOWITZ, H.D.
1:121a
2:433b, 662b
5:412b
JANSE, O.R.T.
4:213b, 219a, 256a, 256b, 258a, 258b
JANSEN, B.
2:249a, 306b
4:311a
JANSEN, B.C.P.
1:373b
JANSEN, M.B.
5:307b
JANSEN, P.
1:611b, 613a
5:176b(2)
JANSKY, C.M.
1:643a
3:207b
JANSKY, H.
4:413a
JANSKY, K.G.
3:207b
JANSMA, J.R.
1:150b
5:155b, 169b
JANSON, H.W.
4:444b
JANSSEN, J.
2:21b
4:35a, 55a
JANSSENS, E.
1:64a, 315b
2:327b, 369b
3:270a, 319b, 320a
4:99a, 120a, 125a, 125b
JANSSENS, H.F.
1:110a(3), 485a, 621b(2)
4:174b, 393b, 437a
JANSSENS, P.A.
4:10a

JAQUEROD, A.
    3:86a
JARAMILLO-ARANGO, J.
    3:394a, 478a, 512b(2)
JARCHO, J.
    3:453b
JARCHO, S.
    1:9b, 41a, 80b(3), 190a, 265a(3), 409a,
        502a, 507a
    2:8b, 37a, 92a, 186a, 197a(2), 425b,
        562a, 575a, 647b
    3:368b, 462b, 478a
    4:267a, 270a, 273a
    5:48a, 54b, 84a, 263b(2), 264b(2), 268b,
        386b(2), 391b
JARDE, A.
    4:140a
JARMAN, T.L.
    3:616a
JARMER, K.
    5:53a, 479a
JARRETT, B.
    4:331a
JARRETT-BELL, C.D. [BELL, C.D.J.]
    1:548b
    4:52a(3)
JARRIC, P. DU
    1:19b
JARVIS, C.S.
    4:173a
JARYC, M.
    3:604b
JARYC, M. (CARON)
    3:604a
JASCHKE, H.A.
    4:183b
JASCHNOFF, P.
    2:13a
JASHEMSKI, W.
    4:158a
JASINOWSKY, B.
    3:170b
    4:107b
JASINSKI, R.
    2:283a
    5:113b
JASNY, N.
    4:95a, 95b, 140a(2)
JASON, M.
    5:370b
JASPER, J.E.
    4:260b
JASPERS, K.
    3:92b, 94a, 433b, 606b
JAST, L.S. (GOWER)
    3:605b
JASTROW, J.
    3:4a, 341b, 433b
    4:5a
JASTROW, M.
    1:530b
    4:20a, 66b(3), 67b
JAUMOTTE, J.
    2:37b
JAUNCEY, G.E.M.
    1:123a, 186a, 298a(2)
    2:428b, 489a
    3:174a
    5:321a
JAUNEAUD, M.
    3:559b
JAUSSI, R.
    2:722b
    5:372a

JAVILLIER, M.
    1:289b
JAYAWARDENE, S.A.
    1:170a(2)
JAYLE, F.
    3:379b
JAYNE, W.A.
    4:27a, 178b
JAYNES, R.A.
    1:509a
JEAN, C.F.
    4:33a, 64a, 66b
JEANNET, A. (MONTMOLLIN)
    2:558a
JEANNIN, J.
    4:314a(2)
JEANS, J.H.
    2:223a
    3:4a, 27a, 66a, 135a(2), 136b, 139a,
        154a, 161a(2), 171a(2), 199b, 209b,
        213b(3), 214b, 216a(4), 217a(6), 218a
    5:485b
JEANSELME, E.
    1:172b, 560b, 575a, 581a, 632b, 652b
    2:202a, 210b, 214b, 255a, 358a(2),
        413a, 413b, 536a(2), 736a, 756a
    3:222b, 284a, 469b(2), 471a, 474a(2)
    4:67a, 93a, 134b, 154b(2), 167a, 339a,
        340b, 348a, 349b(2), 352b, 377a(5),
        377b(6), 378a(3), 378b(6), 379a(2),
        379b
    5:54b, 74b(2), 77a, 274a
JEDLICKI, J.
    5:423b
JEFFARES, A.N.
    3:35b, 64b
JEFFERSON, G.
    1:301a, 531b
    5:380b
JEFFERSON, M.
    3:546b
JEFFERY, A.
    1:77a, 152a, 484b
JEFFERY, G.B.
    1:418a
JEFFREY, J.H.
    4:183b
JEFFREYS, A.
    1:406b
    3:12a
JEFFREYS, H.
    3:33b, 39a, 107a
JEFFREYS, R.
    3:556b
JEGEL, -.
    2:327b
    4:145a
JEGEL, A.
    5:68a, 153b
JEHL, F.
    1:371a
    2:722b
    3:569a
JELITAI, J.
    1:27b, 138b(2), 140a, 168b, 250b,
        257b(2), 382a, 474b
    2:35a, 364b, 481a(2), 530b(4), 531a
    3:115a(2)
    5:90b, 330a
JELKS, E.
    1:504b
    5:405b, 420a
JELLINEK, S.
    1:73b, 409a
    2:546a

    3:279b, 464a, 498a
    5:428a
JELLISON, R.M.
    2:531b
    5:189a, 278b
JENDREYCZYK, E.
    3:508a
JENISON, M.
    3:556b
JENKIN, A.K.H.
    3:572a(2)
JENKINS, A.E.
    1:478a
    3:527a
    5:412a
JENKINS, C.
    1:82a
    4:164b
JENKINS, E.H.
    1:379a
JENKINS, F.
    3:587b
JENKINS, G.K.
    4:54b
JENKINS, J.A.
    3:530a
JENKINS, J.T.
    3:534a, 534b(2), 535a
JENKINS, P.G.
    1:469b
JENKINS, R.
    1:294b, 361a, 426a, 595b
    2:220a(2), 443b, 544b, 637b, 645a
    3:547b(6), 574b(4), 576a, 601a, 601b
    4:362b
    5:89b, 91a, 176b, 177a(3), 178a(3),
        178b, 179a, 288a, 288b, 425b, 511b
JENKINS, R. (DICKINSON)
    2:613b
JENKINS, W.J.
    3:578a
JENKINSON, H.
    4:308b
JENKINSON, J.W.
    3:33b, 282a
JENKS, A.E.
    3:333a
JENKS, W.L.
    1:609b
    5:221b
JENNESS, D.
    3:353b(2)
    4:269b, 270a
JENNETT, S.
    3:595a
JENNINGS, H.S.
    3:281a, 282a, 283b, 422a(2)
JENNINGS, J.D. (HOEBEL)
    3:332a
JENNISON, G.
    4:158a
JENNY, J.
    3:544a
JENNY, J.J.
    4:200b
JENNY, J.J. (BING)
    4:200a
JENSEN, A.E.
    4:5a, 12a
JENSEN, A.S.
    4:44a
JENSEN, D.M.
    3:421a
JENSEN, D.W. (BURKS)
    3:345b

JENSEN, H.
3:610a(2)
JENSEN, J.H.D.
3:173b
JENSEN, J.V.
1:268a
JENSEN, L.B.
3:414a
JENSEN, P.
4:71b
JENSON, L.B.
4:74b
JENTSCH, E.
2:161b
JENTZCH, R.
5:297b
JENYNS, S.
4:243b
JEON SANG WOON
4:247a
JEPSEN, G.L.
3:272a, 293b
JEPSON, R.W.
3:98b
JEPSON, W.L.
1:510a
JEQUIER, G.
4:35b(2), 38b, 43b, 51b, 54a
JEQUIER, G. (GENNEP)
4:53b
JEREMIAS, A.
3:351a
4:20b, 64a(3)
JEREMY, M.
1:235b
2:574b
JERMSTAD, A.
3:502a
JERPHANION, G. DE
3:219b
JERVIS, W.W.
3:251a, 584b
JESINGER, A.
5:192b
JESPERSEN, A.
3:565b
JESPERSEN, O.
3:611a, 612a, 612b
JESPERSEN, P.H.
1:312b, 402b, 507b
5:232a
JESSAKOW, W.A.
1:603a
5:307b
JESSEN, K.
4:12b
JESSEN, K.F.W.
3:302b
JESSEN, O.
4:123a
JESSOP, J.C.
3:616a
JESSOP, T.E.
1:133b
JESSUP, E.C.
2:375a
4:332a
5:482a
JETTER, D.
2:724a, 757a
3:420b, 472a
4:419b, 431b
5:60b, 382b, 383a
JEVONS, F.R.
1:164a, 545b

2:274a, 336b
4:117b
5:25a, 231b
JEVONS, W.S.
3:40b
JEWESBURY, E.C.O.
2:748b
3:419a
JEWETT, F.B.
1:371a
JEWITT, J.R.
2:136b
4:272a
JEWKES, J.
3:545b
JEWSIEWICKI, W.
3:543a
JEZEWSKI, K. VON
2:16b
5:253b
JIJON Y CAAMANO, J.
4:276a
JILLSON, W.R.
3:238b
JIMENEZ DE ASUA, F.
2:380b
JIMENEZ GIRONA, J.
1:102a
JIN, P.M.
3:495b
JIRKA, F.J.
3:390a
JIRKEN, A.
4:78b
JIRKU, A.
4:42b
JITKOV, B.
1:663b
2:475b
3:261b
5:341a
JOACHIM, H.H.
1:62b
4:113b
JOACHIM, J.
2:697a
5:192b
JOAD, C.E.M.
1:210a
2:376b
3:31b, 282a
JOANNIDES, D.C.
2:290a
4:378a, 421b
JOANNIDES, D.C. (MEYERHOF)
1:91a
4:421b
JOB, A.
3:179b
JOBES, G.
3:208b
JOBES, J. (JOBES, G.)
3:208b
JOCHELSON, W.
4:180a, 270b, 271a
JOCHMANN, E.O.
3:566a
JOEL, C.A.
3:451a
JOERG, W.L.G.
1:211a
3:246b, 251a, 253a, 259b, 266a, 268b
JOERGENSEN, J.
3:43b, 139a

JOERIMANN, J.
4:355b
JOFFE, A.
2:410b
JOFFE, M.
3:200a
JOHANNESSON, A.
3:613b
JOHANNET, R.
1:325a
JOHANNSEN, O.
1:151b, 200b
2:142b(3)
3:574a, 575a, 575b, 585a
4:363a, 446b
5:88a, 92b, 95b
JOHANNSEN, W.
3:293b
JOHANNSEN, W. (CHUN)
3:277a
JOHANSSON, B.
1:658a
2:181b
5:147a
JOHANSSON, E.
1:265b(2)
5:154a, 158b, 170b
JOHL, C.H.
4:53b
JOHN, H.J.
2:365a(3), 742a
5:401b
JOHN, R.L.
1:307b
JOHNS, V.
3:132b
JOHNSON, A.
3:605b
JOHNSON, A.B.
3:612a
JOHNSON, A.C.
2:742a
4:97b
JOHNSON, A.H.
2:623b, 717a
3:585a
JOHNSON, C.
4:369a
JOHNSON, D.
1:322a
3:231b
JOHNSON, D.H.
3:330b
JOHNSON, D.S.
3:310a
JOHNSON, E.H.
3:12a, 17b, 23a, 138a, 147a
JOHNSON, E.N.
3:169b
JOHNSON, F.
3:175a
4:268a
JOHNSON, F.R.
1:106b, 284a(2), 346b(3), 572a, 592b, 610b
2:149a(2), 244b, 390b, 641a, 698b, 750b
3:26b
5:4b, 6b(2), 13b, 21a, 21b(2), 24a, 84a
JOHNSON, H.B.
1:444a
JOHNSON, H.M.
1:556b
3:530a
4:197b, 199a, 208b, 209a

JOHNSON

JOHNSON, J.
4:23b
JOHNSON, J. DE M.
4:124b
JOHNSON, J.B.
1:371a
2:91b
3:166a, 570b
JOHNSON, J.H.
1:294a
JOHNSON, L.P.V.
2:496b
3:294a
JOHNSON, M.C.
1:51b
2:74b
3:61b, 65b
4:115b, 226b, 401b, 403a
JOHNSON, O.
1:387a
JOHNSON, O.S.
4:224b
JOHNSON, R.A.
3:103b
JOHNSON, R.B.
1:326a
5:233b
JOHNSON, R.H. (POPENOE)
3:416b
JOHNSON, R.I.
1:250b
5:358a
JOHNSON, R.P.
2:537a
4:313b(2), 363a
JOHNSON, S.
1:197b
JOHNSON, T.C.
5:303b
JOHNSON, T.H. (MILLER)
5:105b
JOHNSON, W.
2:622b
JOHNSON, W.E.
3:40b
JOHNSSON, J.W.S.
1:112b, 256a, 431a, 538a, 558a
2:289b
3:354a, 386b, 404a(3), 407b, 484a, 514b
4:235b, 338b, 354a, 357b
5:75b, 76a, 97b, 165b(2), 250a, 348b, 379a, 395b, 463a, 517b
JOHNSSON, J.W.S. (CLEMENT)
1:492a
2:496a
5:173b, 175a
JOHNSTON, A.
1:656a
JOHNSTON, E.H.
1:296a(2), 638a
2:8a, 362a
4:199b, 208b
JOHNSTON, E.S. (BRACKETT)
3:309b
JOHNSTON, G.A.
1:134a(2)
5:195b, 197b(2)
JOHNSTON, H.H.
2:103a
JOHNSTON, J.
1:486a
2:490b
3:179b
4:102b

JOHNSTON-SAINT, P.
4:202a
JOHNSTONE, H.
2:294a
JOHNSTONE, J.
3:279b, 283a
JOHNSTONE, P.
4:361b
JOHNSTONE, P.H.
1:582b
5:280b
JOHNSTONE, R.W.
1:296b
2:483b
JOHNSTONE, R.W. (KERR)
3:452b
JOJA, A.
3:40b
JOJA, C.
1:551b
JOLEAUD, L.
3:273a, 273b
4:50a, 267a
5:514b, 540a, 543a
JOLIBOIS, P.
1:475a
JOLIOT-CURIE, F.
2:45a(3)
3:79b, 171b, 174a
JOLIVET, R.
1:59b
JOLLER, H. (KURY)
3:404a
JOLLIVET-CASTELOT, F.
3:196b(2), 198a
JOLLY, H.L.P. (BULLARD)
3:234a
JOLLY, J.
2:8a
4:202a
JOLLY, P.
1:365b
JOLY, J.
3:235b, 240b
JOLY, J.P.
3:441b
JOLY, R.
1:579a(2), 580a
2:330b
4:136a, 137b(2)
JONAS, S.
3:370b
JONCKHEERE, F.
2:674b
4:45a(4), 46a(4), 46b, 47a, 47b, 48a, 48b(3), 49a(6), 49b
JONCKHEERE, P.
2:247a(2)
JONCKHEERE, R. (NATUCCI)
5:506b
JONCKHEERE, T. (KALKEN)
2:149b
JONDET, G.
3:257a
4:51b, 85a
JONES, A.E.
3:437a
JONES, A.T.
1:323a
JONES, B.C.
3:415b(2), 416b, 504a, 515a
JONES, B.M.
3:17b
JONES, C.E.
2:486b(2)

5:260b
JONES, C.W.
1:123b, 124a(4), 348b
2:339b, 590b
4:149a, 165b, 293b, 317a, 319a(3)
JONES, D.W.C.
2:734a
3:407a
JONES, E.
1:441b(2), 478a
JONES, E. (ROBBINS)
4:269a
5:289b
JONES, E.E.
3:98a
JONES, E.J.
3:616a
JONES, E.R.H.
1:551b
JONES, E.T. (PRITCHARD)
2:6b
JONES, E.W. (FEARNSIDE)
3:567a
JONES, E.W.P.
1:403a
JONES, F.M.
1:317b
5:356b
JONES, F.P.
2:473a
JONES, G.
2:149a
4:324b
5:328a
JONES, G.O.
3:169b, 216a
JONES, G.P.
2:87a
JONES, G.P. (KNOOP)
4:446b
JONES, G.S.
2:6b
JONES, G.W.
1:185a, 584b
2:389b
3:447b
5:147b, 168a, 257b, 271a, 387a, 397a, 398b
JONES, H.
4:272b
JONES, H.L.
3:498a
JONES, H.M.
2:662a
3:60b, 69b, 543b
5:147b, 305a
JONES, H.S.
1:572b
2:219b
JONES, H.W.
1:126b, 159b
2:236a, 522a, 612b, 638b, 738a, 750b
3:371b, 396a, 447b
5:101b(2), 386a, 399a, 409b, 519a
JONES, H.W. (FISCH)
1:97a
2:498b, 750b
JONES, I.
3:595b
JONES, I.B.
4:336a
JONES, L.C.
1:524b(2)
2:742a
3:387a

JONES, L.W.
  1:230b(2)
  2:685a, 752b
  4:297a, 300a, 367a, 368b(2), 371b
JONES, L.W. (SPEARMAN)
  3:343a
JONES, M.G.
  5:296a
JONES, N.
  4:264a
JONES, O.T.
  1:486b
  2:279a
JONES, P.B.
  3:241b
JONES, P.F.
  1:124a, 511b
  4:370a
JONES, P.S.
  2:529b(2)
  5:201b
JONES, R.F.
  2:680b
  5:106a(2), 106b(2), 109a, 181b
JONES, R.M.
  2:328b, 701a
  3:615b
  4:110b
JONES, R.V.
  2:333b
  3:56a, 72b
JONES, S.I.
  3:112a, 133b(2)
JONES, S.J. (JERVIS)
  3:584b
JONES, S.R.
  2:748a
  3:72a
JONES, S.V.
  3:84a
JONES, T.
  1:490b
  3:380a
  4:325a
JONES, T.W.
  3:184a
JONES, V.H.
  4:6b
JONES, W.H.S.
  1:237a, 574a(2), 578a
  2:335b, 753a
  3:616b
  4:92b, 153b
JONES, W.H.S. (PANETH)
  2:271b, 571a
JONES, W.P.
  5:229a
JONES, W.R. (CISSARZ)
  3:230a
JONG, H.W.M. DE [DE JONG, H.W.M.]
  2:492a
  4:27b, 167a, 67b
JONG, M. DE
  2:255b
JONKERS, E.J.
  2:335b
JONSSON, F.
  4:9b
JOOS, P.
  1:578a
JOOS-RENFER, S.
  5:263b
JOOST, F.
  4:354a

JOPE, E.M.
  3:587a
JOPLING, W.H. (MOLLER-CHRISTENSEN)
  3:469b
JORANSON, E.
  1:559a
  4:326a
JORAVSKY, D.
  2:121b
  3:19b, 80b(2), 295b, 549a
JORDAN, C. (JORDAN, H.)
  1:434b
JORDAN, D.S.
  1:15a, 103b, 245b, 522b
  2:377b, 509a, 767a
  3:36a, 88a
  5:412b
JORDAN, E.O.
  2:459b
JORDAN, F.C.
  5:444b
JORDAN, G.J.
  2:63b
JORDAN, H.
  1:434b
  3:344a
JORDAN, K.
  2:417a
JORDAN, P.
  3:56a, 139a
JORDAN, P.D.
  2:636b
  5:374b, 401b, 407a
JORDAN, R.
  3:91b
JORDAN, W.T.
  3:525a
JORDAN-SMITH, P.
  1:208b
JORE, L.
  2:187b
  5:344b
JORG, E.
  1:32a, 392b
  4:309b
JORGE, R.
  3:51a, 380b, 402a
  5:57b, 72a, 276b
JORGENSEN, I.
  3:525b
JORGENSEN, J.
  1:151a, 151b
  3:97b
JORISSEN, W.P.
  1:585b
JORISSEN, W.P. (ROOSEBOOM)
  1:585b
JORPES, J.E.
  2:712a
  3:404a
JOSEFOWICZ, K.
  4:365a
JOSEPH, G.
  2:37a
  3:446b
  5:386a
JOSEPH, H.
  1:531b
JOSEPH, H.W.B.
  2:63b
  3:291b
JOSEPH, L.
  1:454b
  3:413b

  4:445a
  5:51a
JOSEPH, T.K.
  2:542b
JOSEPHSON, A.G.
  3:11a
JOSEPHSON, M.
  1:371a(2)
  3:588a
  5:427b
JOSEPHY, A.M.
  3:559b
JOSEY, E.
  2:283a
JOSSELIN DE JONG, R. DE
  1:1b, 354a
  5:391a
JOSSERAND, C. (DELATTE)
  4:373a
JOST, L.
  1:115b
  2:449b, 450a
  3:302b
JOSTEN, C.H.
  1:76b(2), 95a, 423a(3)
  2:666a
  5:26b, 123b, 131a, 174b
JOSTEN, C.H. (TAYLOR)
  1:493b, 608b(2)
  5:123a
JOUAI, L.A.A.
  1:83b
JOUBIN, L.
  2:451a
  3:315a, 319a, 326a
JOUGUET, E.
  1:363a
  2:384b
  3:155b
JOUGUET, P.
  4:102a
JOUGUET, P. (GUERAUD)
  4:145b
JOUGUET, R.
  3:158b
JOUIN, J.
  4:419b
JOUNIAUX, A.
  3:188b
JOURDAIN, L.
  1:661a
JOURDAIN, M.
  2:468b
JOURDAIN, P.E.B.
  1:192b, 204a, 234a, 255b, 320a, 324b, 429b, 465b, 594b
  2:66a, 124a, 158b, 212b, 223b(2), 229a(2), 231a(3), 244a, 246a
  3:33b, 98b, 107a, 109a, 122b, 156a, 158a(2)
  4:112a
  5:204b, 310a, 313b, 472b, 496b
JOURDAN, P.
  2:458b
  4:157a
JOURDAN, V.J.C.
  3:471a
JOUVEAU-DUBREUIL, G.
  4:210b
JOUVENEL, B. DE
  3:58a
JOVIGNOT, L.
  2:155b
JOVY, E.
  2:115a, 172a, 280b(2), 281a, 284a,

JOWTSCHUK
433a, 478a
5:176b
JOWTSCHUK, M.T.
5:309a
JOY, C.R.
2:456b
JOY, R.J.T.
2:520b
5:403a, 548a
JOYCE, E.E.M.
3:269a
JOYCE, T.A.
3:529b
4:277a(3)
JOYET-LAVERGNE, P.
3:451a
JOYEUX, C.
2:266b
JUCHHOFF, R.
2:263b
5:93b
JUD, J. (JABERG)
3:611a
JUDD, N.M.
4:275a
JUDEICH, W.
4:121b
JUDSON, L. VAN H.
3:84b
JUDSON, S.
3:609b
JUEL, H.O.
1:208b
2:98a, 548b, 701b
3:311a
5:172b, 234b
JUET, R.
1:600a
JUHN, B.
1:115b
2:108b
5:386b
JUHOS, B.
3:39a
JULIEN, C.A.
2:436a
5:432b
JULIN, A.
1:382a
2:372b, 373a
JULIN, C. (LOHEST)
1:431b
JULIN, L.A. (KEYS)
3:370a
JULIUSBURGER, O.
2:452b
5:382a
JULLIOT, C.L.
2:374a
JUMELLE, H.
1:550b
JUMP, P.
3:586a
JUNES, E.
4:81b
JUNG, C.G.
2:270b
3:198a(2), 343a
5:19b
JUNG, G.
4:330b
JUNG, P.
1:302a
2:451b, 753a(2)
4:341a(2)
5:168a, 261a
JUNGBAUER, G.
3:399b
JUNGE, G.
1:392a(3), 392b
2:269a, 328b, 329a, 368a(2)
4:106b, 108a(2), 110b
JUNGE, M.E.
2:30a
5:313b
JUNGHANS, S.
4:15b
JUNGK, R.
3:602a
JUNGMANN, C. VON
1:333a
JUNK, V.
3:15b
JUNK, W.
2:95a
3:273b, 322b(3)
JUNKER, H.
1:632b
4:44a, 46a
JUNOD, H.A.
4:265b
JUNOD, M.
3:481b
JUPPE, F.
3:505b
JUPPONT, P. (DIDE)
3:30b
JUPTNER VON JONSTORFF, H.
3:574a
JUPTNER, H.
3:406b
JUQUELIER, P.
2:343a
5:256a
JURDAQ, M.
4:394a, 401b
JUSSERAND, J.J.
3:605b
JUST, T.
3:290b, 304b
JUST-NAVARRE, P.
2:282a(2)
JUSTESEN, P.T.
1:591b
4:126b
JUSTUS, L.
5:401a
JUYNBOLL, W.M.C.
1:388b, 502b
5:182a
KABERRY, P.M.
4:263a
KABITZ, W.
1:133b
2:26b, 64a, 65a, 158b
KABLUKOV, I.A.
2:55b
KAC, M.
1:134b
KADEK, M.G.
2:110b
KAECH, R.
3:438b
KAEGI, W.
1:206b
KAEMPFFERT, W.
2:745b
3:4a, 50b, 58a, 546b, 547a, 549b
KAEPPEL, C.
4:24b
KAERST, J.
4:97b
KAFTANOV, S.V.
2:109b
KAGAN, S.R.
1:105b, 115a, 426a, 442a, 470b(2), 501b, 567b, 630b, 639a
2:85b, 125a, 134b(3), 219a, 408a, 441a, 490a
3:370b(2), 377a, 388a, 392b(2), 442b, 456a
4:79a, 79b, 81a, 441a
5:544b
KAGAN, S.R. (HARIM)
4:80a
KAGAN, V.F.
1:169a, 474b
2:10(2), 103b, 104b
5:314b
KAHAN, T.
1:375b
3:151b
5:453a
KAHANE, E.
3:287a
KAHIL, N.
2:370a
4:420b
KAHL, R.
3:37a
KAHLE, I. (HORN)
3:322a, 323a
KAHLE, P.
1:32b, 154b, 270a(2), 622a, 627b
2:318b(3), 475b
4:410a, 410b(3), 412b, 423b, 425a, 429a, 430b, 435b
KAHLENBERG, W. (DIEPGEN)
3:371b
KAHLER, E.
3:605b
KAHLO, G.
4:24a
KAHLSON, G.
3:287b
KAHN, C.H.
1:39b, 381b
4:117b
KAHN, M.
3:384b, 444a, 451a, 463a, 491b, 496a
KAHN, M.H.
2:523a
5:546b
KAHN, R.G. (KAHN, M.)
3:384b
KAHN, R.L.
1:427a, 434b, 435b
2:384a
3:475a
KAHN, S.J.
1:134a
5:188b
KAHRSTEDT, U.
4:139b
KAIGH, F.
4:266a
KAINEN, J.
1:146a, 636b
5:294b(2)
KAISER, A.
4:78a
KAISER, E.
4:3a
KAISER, R.
5:86a

KAISIN, F.
2:532a
3:237b
KAJAVA, Y.
3:425b
KAJITA, A.
3:421b(2)
KALAFATI, D.D.
2:111a, 342b
5:205a
KALIMULLAH HUSAINI, Q.S.
1:102b
KALINKA, E.
4:144b
KALKEN, F. VAN
2:149b
KALKSCHMIDT, E.
1:165b
2:183b
KALLEN, H.M.
1:132b, 642b, 646b(2)
3:36a(2), 95a, 356b, 615a
KALLEN, H.M. (DEWEY)
2:426b
KALLINICH, G.
2:418a, 727a
3:506a
KALLMORGEN, W.
3:397a
KALLQUIST, E.
2:421a(2)
5:182a(2)
KALMUS, H.
3:105b, 319b, 323a
KALMYKOVA, V.
5:339a
KALOYEREAS, S.A.
3:535b
KALTHOFF, P.
1:64b
4:131a
KALUGAI, J.
1:99a, 184b
2:626b
3:579b, 582b
4:312a(2)
5:121b, 208a
KAMAI, G.K.
1:48b
KAMATANI, C.
3:82a
KAMEN, M.D.
3:175a(2)
KAMENSKII, V.A.
1:572a
5:285a, 289a, 290a, 423a, 423b
KAMERLINGH ONNES, H. [ONNES, H.K.]
2:249a, 604a
KAMIENSKA, Z.
5:426a
KAMIENSKI, M.
1:283a
2:772a
3:206a
KAMIL, M.
2:758b
4:163b
KAMINER, L.V.
2:110a
5:203b
KAMINSKY, J.
2:85b
KAMMERER, A.
3:262a, 265b
4:173b, 264a, 288b
5:34a, 137a
KAMMERER, F.A.
1:590a(2)
2:394b
KAMMERER, O.
3:562a, 563b
KAMMERER, P.
3:297b
5:542a
KAMMERER, W.
4:164a
KAMO, G.
2:74a
KAMP, A.F.
2:24a
KAMPF, H.
1:359b
KAMPFFMEYER, G. (BRUGSCH)
3:546b
KAMYKOWSKI, L. (BIRKENMAJER)
2:487b
5:187b
KANAEV, I.I.
1:313b
2:158b, 266b
5:231a
KANAKKUSARAM, B.
4:192a
KANDA, S.
4:251a(2), 251b
KANDEL, I.L.
3:614a
KANE, J.A.
4:32b
KANELLIS, A.
3:320b
KANETSUNE, S.
4:251a
KANHERE, S.G.
4:195a
KANNABICH, I.V.
3:434a
KANNER, L.
1:519b
2:289b
3:386b(2), 433a, 434b, 439a, 443a(2), 443b, 453b, 457a, 495a(2)
5:383b
KANNGIESSER, F.
1:53b, 347b, 576a
2:213a
4:124b, 130a, 136b, 137a
5:381b
KANO, K.
4:251b(2)
5:486a
KANTOR, J.R.
3:19b, 39a, 335a, 339b, 341b
KANTOROVICH, L.V.
1:417b
KANTOROWICZ, E.
1:439a(2), 520b
2:334a
4:155b
KANZER, M.
1:443a
KAO CHING-LANG
4:237a
KAO, P.C. (TONG)
1:253b
4:228a
KAPADIA, K.M.
4:201b
KAPADIA, S.A. (CRANMER-BYNG)
4:170b
KAPFERER, R.
1:578b(2)
4:236a
KAPLAN, D.
4:82a(2)
KAPLAN, E.
2:390b
5:68a
KAPLAN, E.B.
1:360b
2:640a
5:255a
KAPLAN, L.
3:68a, 527b
KAPLUN, A.B.
2:560b
3:566b
KAPOOR, S.C.
1:142a
2:357a
5:211b
KAPP, A.G.
1:393a, 619b
4:394b
KAPP, R.O.
3:33b, 44b, 147b, 217b, 281b
KAPPAUF, W.
4:424a
KAPPELI, T.
1:114a
KAPPELMACHER, A.
4:285b
KAPTEYN, J.C.
3:217a
KAPUSTINSKAIA, K.A.
3:609b
5:324a
KAPUSTINSKII, A.F.
3:186b
KAR, R.
3:152a
KARADJA, C.I.
1:43a
3:514b
5:335b
KARAFIAT, K.
1:525b
KARAPETOFF, V.
2:6a, 160b
KARAU, J.R.
2:491b
KARAVAEV, M.N.
1:427a
5:233b
KARCHER, H.
3:373a
5:256b
KARCHER, J.
1:386a
2:276a, 333a, 489b, 652b
3:94b
5:56a, 70b
KARDINER, A.
3:332a
KARES, B.
1:519b
4:353a
KARGIN, D.I.
1:244a
2:32b(2)
5:295a, 420b
KARGON, R.
1:96b, 177b, 184b, 246b, 408a, 508b,

KARL
535b
2:750b
3:170b
5:121a, 154a, 205a, 321a, 485b
KARL, L.
1:433a
2:157b, 535b
5:20a, 269b
KARLGREN, B.
4:236a, 245a, 245b, 246a, 246b
5:490b
KARPINSKI, L.C.
1:232b, 281a(2), 284a, 333a, 420a, 554a, 639a
2:19b, 209a(2), 389b, 437b, 474b(2), 723b
3:47a, 85b, 103a, 105a, 105b, 108a, 112a(3), 113b(2), 114a(2), 117b, 118a, 121a(2), 121b, 128a, 130b(2), 252a, 254a
4:21b, 39b, 58b(2), 108b(3), 111a, 191a(2), 192a, 307b(2), 308a, 308b(3), 323a, 395b
5:7b, 14a(3), 15a, 31b, 112a, 198a, 198a(2), 221b, 310b(2), 338b(2), 447b, 536b
KARPINSKI, L.C. (SPAULDING)
2:723b
3:600a
KARPOV, B.
2:64a, 500b
KARPP, H.
1:59b
KARRER, P.
1:373a(2)
2:619b, 630a
KARSLAKE, J.B.P.
4:302a
KARST, J.
3:271a
4:18b
KARSTEN, M.C.
2:715a, 729b
3:308a, 313a
KARSTEN, R.
4:5a, 278a
KARUTZ, R.
3:95b
KASCHADE, R.
2:475b
KASICH, A.M.
2:357a
5:385b
KASNER, E.
2:602a
3:107a, 111b, 130b
5:197b
KASSEL, K.
3:442b, 491a
5:268a
KASSNER, K.
1:630a
KAST, L.
2:711b
5:544a
KASTEN, L.
1:67b
KASUMKHANOV, F.A.
2:564a
4:396b
KATE, W. TEN
3:471b
KATHREN, R.L.
2:413a
3:413a

KATNER, W.
3:444a
5:149b
KATO, S.
3:586b
4:254b(2)
KATRE, S.M.
4:185b
KATSAINOS, G.M.
3:416b, 451a, 469b, 474b, 475a
KATSH, A.I.
1:377a
3:149b
KATSNELSON, Z.S.
2:455a
KATTSOFF, L.O.
1:60b
2:361a
3:39a, 106b, 139b
KATZ, D.
3:341a
KATZ, M.
4:80a
KATZ, N. (HEILPRIN)
2:7b
4:440a
KATZ, S.M.
3:57a
KAUBLER, R.
2:450b
KAUFFEISEN, L.
3:515a
KAUFFELDT, A.
1:280b
KAUFFMAN, G.B.
1:255a, 651b
2:33b, 519b
3:195a
5:327a, 329a
KAUFFMANN, H.
3:192a
KAUFMANN, F.
3:36a, 40b, 41a, 124b
KAUFMANN, G.
3:617b
KAUFMANN, J.
2:215b
KAULBACH, F.
2:5a(2)
3:147b
5:203b(2)
KAUPPI, R.
2:66a
KAUSCH, F.
3:458b
KAVKA, J.
2:317a
KAWAKAMI, T.
3:376a
KAWASE, K.
4:255a
KAY, I.L.
4:149b
KAY, M.L. (BROCKBANK)
2:8b
5:262b
KAY, W.A.
2:428a
KAYE, G.R.
1:74b, 641a
2:730a
3:119a, 205a
4:191a(3), 191b(4), 195b, 196a, 307a
5:214b, 466a

KAYE, G.R. (RAMANUJACARYA)
2:499b
KAYE, G.W.C.
3:167b
KAYE, I.
2:750b
KAYSER, H.
4:52b
KAYSER, R.
1:661b
2:497a
KAZANSKY, B.A.
1:210b, 290b
2:9b, 149a
5:326b
KAZANTSEV, P.M.
2:488a
5:427b
KEANE, A.H.
3:334b
KEARNEY, H.F.
5:3a
KECK, D.D. (CLAUSEN)
3:309a
KECKOWA, A.
3:537b, 577a
KEDROV, B.M.
1:176a
2:70a, 170a, 170b(3)
3:42a, 80b
5:324a
KEEBLE, F.W.
1:70b
KEELE, K.D.
1:543b
2:79b(3), 125a
1:545b
3:458b, 462a(2)
5:150b, 163b, 523b
KEELE, K.D. (POYNTER)
3:363b
KEELER, L.
1:478a
KEEN, W.W.
2:122b, 709b
5:267b, 367b
KEENAN, M.E.
1:82a(2), 511b(3)
4:165b, 166b(2), 377a
KEENEY, E.L.
2:168a
3:443a
KEES, H.
4:34a, 36b
KEESING, F.M.
3:339b
4:262a
KEESOM, W.H.
3:193a
KEETON, M.T.
2:193b(2)
3:43b
KEEVIL, J.J.
1:33b, 40a, 211a, 246a, 488b, 505b, 535a
2:172a, 445a
3:482a
5:150a, 155a, 163a, 167a, 251b, 270a, 271b, 273b, 399b, 458b, 511a
KEFFER, L.
3:469b
KEHLER, L.F.
1:122b
KEIL, G.
1:113a
2:256a, 303b

3:221a
4:345b, 360a
5:78a, 82a
KEIL, H.
1:648b
2:470a, 548a, 618a
3:452a, 463b, 474b, 512b
4:137a
5:76b, 85b, 266b(2)
KEIL, I.
4:362a
KEILIN, D. (GRAHAM-SMITH)
2:242a(2)
KEIM, A.
2:285b
KEIMER, L.
1:36a, 563b
2:178b, 456b
4:35a(2), 42b(3), 43a(7), 43b(1),
44a(2), 50a(2), 50b(3), 54b(3),
55a(2), 140a
5:541a
KEIN, O.
1:498a
2:447b
KEIPER, W.
1:228a
KEITH, A.
1:123b, 198a(2), 202a, 311a, 311b,
317b, 318a, 319b(2), 411a, 597b, 607a
2:127b, 188a, 213a, 406a, 513a
3:289a, 333a(3), 334b(2), 357a, 426b,
455b
5:360b, 378a, 391b, 400a, 411a
KEITH, A. (MCCOWN)
3:333a
KEITH, A.B.
1:203b, 634b
4:185b, 189a, 189b, 190a(2), 190b, 194b
KEITT, G.W.
2:351a
KELENYI, B.O.
3:203b
KELER, V.
2:578a
KELKEL, L.
1:609a
KELLAWAY, P.
3:498a
KELLAWAY, P. (HOFF)
3:431a
KELLEN, T.
1:514b
5:415a
KELLER, A.
1:132b
3:483a
KELLER, A.G.
3:355b
KELLER, C.
3:315a
KELLER, C.L.
3:602b
KELLER, F.
2:451b
5:352a
KELLER, H.
4:79b
KELLER, J.
2:11b
5:67b
KELLER, K.
1:429b
2:460a

KELLER, O.
4:91b
KELLER, R.
3:297b, 344a, 422b
KELLER-ZSCHOKKE, J.V.
1:303b
5:428b
KELLETT, C.E.
1:198b, 389b(2)
2:416b, 436b, 523a, 591a, 591b
3:469a
5:61a, 61b, 78b, 162b
KELLEY, M.J. (WATERMAN)
3:59a
KELLING, K.
3:532b
KELLNER, -.
3:385b, 503a
KELLNER, C.
1:602b
KELLNER, L.
1:603a, 604b
3:51a, 233b
5:335b
KELLOGG, E.R.
1:355b
2:773a
KELLOGG, V.
2:729a
KELLY, A.D.
5:154b
KELLY, E.C.
1:70a
2:145a, 661a
3:371b
KELLY, F.C.
2:639b(2)
KELLY, F.M.
3:593b
KELLY, H.A.
1:206a
3:305a, 390a
5:339b
KELLY, H.C.
3:82a
4:248b
KELLY, M.
1:156b, 314a, 320a, 437a, 471a
2:125a(2), 209b, 501a
3:430b, 463a
5:255b, 380a
KELLY, M.J.
1:649a
KELLY, R.
1:105a
KELLY, S.
1:96a, 487a, 487b
5:23b
KELLY, T.
1:152a
KELLY, T.R.
2:178b
5:301a
KELSEN, H.
3:44b, 356a
4:127a
KELSEY, F.W.
4:72b
KELSEY, H.
1:351a
KELSEY, R.W.
3:521b
KELSO, J.A.
4:82b

KELSO, J.L.
4:31b, 74a, 74b(2)
KELSO, R.
5:50a
KELTIE, J.S.
3:244b, 258a
KEMBLE, E.C.
2:322a
3:147a, 154b
KEMBLE, J.
1:558b
3:479b
KEMENY, J.G.
3:31b, 98a
KEMNER, N.A.
2:413b
5:47a
KEMP, D.A.
2:691a
3:201a
KEMP, J.
1:342a
KEMP, P.
4:11a
KEMP, S.
1:34a
KEMP, S.W.
2:506b
KEMP, S.W. (CALMAN)
1:26a
KEMP, W.
3:576b
KEMPE, A.B.
3:129a
KEMPERS, A.J.B.
4:205a
KEMPF, N.
3:225a
KEMPFI, A.
1:216b, 417a
2:100b
5:12a, 49a
KEMPTON, J.H.
3:528b
4:274b
KEMTER, M.
2:116b
5:292b
KENDAL, J.
2:606b
KENDALL, E.C.
1:325a
5:411b
KENDALL, J.
1:100a, 322b, 406b
2:351b, 357a, 484a, 661a(2), 691a, 749a
3:178a, 191b
5:208a, 208b, 209a, 323b, 443a, 507b,
538b
KENDALL, M.G.
1:420b
KENDRICK PRITCHETT, W.
4:118a(3), 118b
KENDRICK, A.F.
4:53b, 430b
5:530b
KENDRICK, T.D.
3:609a
4:4a
5:219a
KENEALY, A.
3:300a
KENK, R. (CLAPP)
3:324a, 556a

KENK

KENK, V.C.
3:304b
KENNA, B.T.
3:194a
KENNARD, E.H. (RICHTMYER)
3:136a
KENNAWAY, E.
2:28b
KENNEDY, A.G. (TATLOCK)
1:247b, 521b, 644b
KENNEDY, E.S.
1:8a, 153b(3), 248b, 620a
2:7a(5), 18a, 154b, 533b
3:93b, 111a
4:177a, 228a, 308a, 308b, 316a, 320b, 394b, 401b, 403a(3), 404a(2), 405a, 407a, 407b, 439a
KENNEDY, E.S. (DAVIDAN)
2:370b
KENNEDY, E.S. (HERMELINK)
4:394b, 397a
KENNEDY, F.
3:56a
KENNEDY, G.A.
4:245b
KENNEDY, H.C.
2:293a
3:106b
KENNEDY, J.
4:151b
KENNEDY, R.
4:258a, 261a
KENNEDY, R.M. (BUREN)
2:575b
4:152a
KENNELLY, A.E.
1:408a, 512a, 559b
2:658a
3:84a, 84b, 85b(2), 165b(2), 166a
5:193b, 513a
KENNETT, R.H.
4:79a
KENNEY, C.E.
2:514a
5:131b
KENNEY-HERBERT, A.
4:23b
KENT, A.
1:19a, 296b(2), 351a
2:288b, 489a, 546a, 679b, 697b(2)
3:194a
5:208b(2), 275b
KENT, A. (MADDISON)
4:365b
KENT, A. (PEAKES)
3:180a
KENT, G.C. (MELHUS)
3:526b
KENT, H.W.
2:196a
KENTER, H. (KNIPPING)
3:385b
KENTON, E.
3:211b
KENYON, F.G.
3:48b, 86b, 614a
4:97b
5:506a, 534a
KENYON, J.
2:312b
KENYON, K.M.
3:609b
4:72b, 73b
KENYON, T.
3:353b

KEPINSKI, F.
2:741b
3:206a
KEPP, F.V.
2:758b
5:61a
KEPP, R.
5:399a
KEPPLER, G.
2:12b
KER, N.R.
4:371b
KERBOSCH, M.
5:409a
KERCHENSTEINER, H.
3:420a
5:518b
KERENYI, K.
1:13b
2:255a, 329b, 367b, 369b, 488b
3:131a
4:103a, 118b
KERGOMARD, J.
1:493a
KERKER, M.
1:164a, 225a, 225b
3:566a
KERN, B.
3:341a
KERN, H.
1:228a, 228b
KERN, J.
5:294a
KERN, M.
4:170a
KERN, O.
1:344b
2:406b
KERNEIS, S.P.
5:282b
KERNER, D.
1:386a, 499a
2:272b, 274b
5:45b
KERNER, R.J.
4:213a
KERP, H.
3:245b
KERR, C.
3:607a
KERR, C.B.
5:386b
KERR, J.G.
2:628a
3:275b, 289a
KERR, J.M.M.
3:452b
KERR, W.H.
1:358a, 529b
KERR, W.M.
2:3a, 637a
KERR, W.M. (PLEADWELL)
1:551a
KERSAINT, G.
1:429a(4)
2:53a, 54a, 577a
5:291a
KERSAINT, M. (BOUVET)
1:429a
2:577a
KERSBERGEN, L.C.
2:758b
3:420b
KERSCHENSTEINER, G.
3:48b

KERSHAW, F.S.
4:220a
KERSHAW, J.D.
3:408b
KERTESZ, R.
2:461b
KERVAIRE, M. (MERCIER)
1:377a
KERVAN, R.
1:216b
2:36a(2)
3:476b
KESAVARAMA, V.
4:207a
KESKIN, R.M.
3:453a
KESTEN, H.
1:280a
KESTNER, O.
3:43b
KETT, J.F.
5:246b
KETTELER, J.
5:408a
KETTERING, C.F. (BOWEN)
3:539a
KETTING, G.N.A.
3:470a
KETTNER, R.
2:507a
5:334b
KETTON-CREMER, R.W.
1:198b
KEUDEL, K.
3:294a
KEUDELL, E. VON
1:495b
5:297b
KEUNING, J.
1:43b, 157a, 480b, 592a, 592b, 643b
2:155a, 321a, 633b
4:444b
5:31b, 131b, 132a(2), 136b, 473b
KEUSSEN, H.
2:682b(2), 692a
3:470a
5:163b, 488b, 505a, 552a
KEW, H.W.
1:655b
KEY, C.A.
4:31b
KEY, C.E.
3:258a
KEYDELL, R.
4:119a, 139a
KEYES, C.
1:15b
2:126a, 234b
5:334b, 337a
KEYES, T.E. (WILLIUS)
3:445a
KEYNES, G.
1:192b, 197b, 210a, 542b(2), 543b, 544b, 592b
2:276b, 385b
3:430b
KEYNES, J.M.
2:227b
5:116b
KEYS, A.
3:414b
KEYS, D.A.
2:428b
3:567a

KEYS, T.E.
1:115a
2:618b
3:368b, 369a, 370a, 441a, 446a, 492b, 493a
4:332b
5:375b
KEYS, T.E. (BALFOUR)
3:369b
KEYS, T.E. (BURCHELL)
1:479a
5:259b
KEYS, T.E. (RUCKER)
1:554b
3:441b
KEYSER, C.J.
1:97b, 384a
2:278a, 283a, 295b, 367b, 486b, 497a
3:47a(2), 60b, 106b(4), 107a, 107b(4), 110a, 110b, 112b, 113a(3)
4:118a
5:453b
KEYSER, E.
3:605b
KEYSER, L. DE
4:349b(3)
KHADZHIOLOV, A.I.
2:675a(2)
3:81a
KHAIRALLAH, A.A.
3:389b
4:175a, 416a, 420a, 423b
5:546a
KHAIRALLAH, A.A. (HADDAD)
1:619a
KHALIFE, I.A.
2:144b
4:386b
KHALIL, S. (GHALIOUNGUI)
4:47b
KHALPAKHCH'IAN, O.K.
4:361a
KHAN, A.H.
1:630a
KHAN, M.A.M.
4:434b
KHAN, M.A.R.
1:617b
3:210b, 213a
4:196b, 383b(2), 387a, 405a(2)
KHAN, M.U.
1:619a
KHARADLY, M.
4:45a
KHARADZE, E.K.
4:316a
KHASTGIR, S.R.
1:186b
KHEISALLA, G.J.
4:418a
KHEMIRI, T.
1:625a
KHIL'KEVICH, E.K.
2:104b
KHIMSHIASHVILI, N.G. (DAVITASHVILI)
3:272a
KHLEBNIKOV, N.S.
2:31b
KHOD'KOV, L.E.
1:315b
KHODORKOVSKII, V.R.
3:542a
KHRENOV, C.C.
3:563b

KHRENOV, L.S.
2:357b
KHRGIAN, A.K.
2:24a, 442b
3:224b(2)
KHVOL'SON, O.D. [CHWOLSON, O.D.]
3:62a, 135a, 135b, 144a
KIBRE, P.
1:23a(2), 24a(4), 115b, 353a, 581a
2:85b, 313a, 547a
4:302b(2), 313b, 334a, 337a, 369b(2), 370b, 371b
5:521b
KIBRE, P. (THORNDIKE)
4:296a(2)
KIDD, C.V.
3:69b
KIDD, H.M.
1:554a
KIDDER, A.
4:275a
KIDDER, A. (RICKERTSON)
3:610a
KIDDER, A. (STRONG)
2:700b, 759b
3:609a
KIEBITZ, F.
2:532b
KIECKERS, E.
3:612b
KIEFER, O.
4:152b
KIEFFER, J.E.
5:244b
KIEFFER, L.
3:121b, 128b, 129b
KIELY, E.R.
3:249a
KIENAST, R.
1:40b
KIENLE, H.
1:284a
3:217a
KIEPERT, L.
2:616b
KIERBOE, T.
1:50b
KIERNAN, R.H.
3:262b
KIESSELBACH, T.A.
3:528b
KIFFNER, F.
2:119b
KIGER, J.C.
3:69b
KIKOIN, I.K.
1:651a
KIKUCHI, K.
2:516a
4:248b
KILDUFFE, R.A.
3:418a
KILGOUR, F.G.
1:453b, 455b, 543b, 545a, 545b, 546a
2:407b, 597a, 632b, 700a, 775a(2)
3:67a, 367b, 541a, 550b
4:6b, 148a
5:160b, 189b(2), 215b, 242a, 320b, 363a
KILGOUR, F.G. (FULTON)
2:775a
3:367b
KILIAN, K.
4:345b
KILIAN, W.
3:231a

KILLEFER, D.H.
3:545a
KILLERMANN, S.
1:117b, 324a, 361b, 362a
2:551a
5:44b, 46b, 77a, 454b
KILLIAN, H.
3:487b
KILLIAN, J.R.
2:722a
3:547a
KILMER, F.B.
1:400b
5:173a
KILPATRICK, W.H.
3:614a
KIM TU-JONG
4:247b(2)
KIMBALL, F.
1:646b
KIMBALL, M.
1:646a(2)
KIMBLE, G.A.
3:341a
KIMBLE, G.H.T.
2:262b
4:322a, 323a
5:30a, 35a
KIMURA, K.
3:22b
4:234a
KIMURA, T.
2:576a
KINCAID, C.A.
4:197b
KIND, F.E.
2:492a
4:138a, 355b(2)
KINDLER, W.
3:442b
KING, A.C.
3:131b
KING, A.G.
2:10b
KING, C.
2:71a
KING, C.R. (KING, J.W.)
3:392a
KING, F.A.
3:536a
KING, H.
2:367b
KING, H.C.
2:474a, 562b
3:200a(2), 204b, 207a(2)
5:318b
KING, H.R.
1:61b
KING, H.S.
2:700a
3:188a
KING, J.E.
2:114a
5:107a
KING, J.W.
2:343a, 414b, 770a
3:392a
5:367a
KING, L.
4:25b, 65b
KING, L.S.
1:586b
2:26a, 330b, 500b
3:362b, 448b
5:230b, 231a, 241b, 242a, 243a(3),

KING

391b, 405b, 438b, 441b
KING, L.W.
1:597b
4:72b
KING, R.
1:498a, 596a
5:303b
KING, R.W.
2:8b
KING, T.
2:424b
KING, W.B.R.
1:471a
KING, W.J.
1:38a, 290b, 487a
2:663a
3:138a, 165a
5:3a, 108b, 206b, 320a, 421b, 430a
KING-FARLOW, J.
3:39a, 41a
KING-HELE, D.G.
1:313b, 319b, 320a
KING-WEBSTER, W.A.
4:52a
KINGDON-WARD, F.
3:264a, 276b, 312a(4), 312b, 264a
KINGDON-WARD, J.
3:264a
KINGSBURY, J.E.
3:598b
KINGSBURY, J.M.
3:311b, 464b
KINGSFORD, C.L.
5:8a, 96b
KINGSFORD, P.W.
3:545a
KINGSLAND, W.
4:51a
KINGSLEY, J.S.
1:15b, 318b
2:201a
KINGSLEY, R.G.
2:720b
3:417a
KINIETZ, W.V.
4:272b
KINKELDEY, O.
1:417a, 448b
5:98b
KINNEAR, N.B.
1:244a
KIPLING, J.J. (HURD)
3:4a
KIPNIS, A.I.
1:486a
2:57b
3:161a, 189b(3)
KIPNIS, A.I. (SOLOV'EV)
2:28a
KIPPENBERG, A. (WAHL)
1:496a
KIRAM, Z.H.
5:546a
KIRBY, R.S.
2:621a
3:540a, 551a
5:285b
KIRCHBERG, P.
5:286b, 417b
KIRCHBERGER, P.
3:169b
KIRCHENBERGER, S.
3:481a
KIRCHHEIMER, F.
3:194a, 575b

KIRCHHOFF, T.
3:434a, 435b
KIRCHNER, F.
2:27a, 615b
5:319a
KIRCHNER, W.
3:269b
KIRCHVOGEL, P.A.
3:544a, 591b
KIRCHVOGEL, P.A. (STICKER)
3:207b
KIRFEL, W.
4:26b, 197a, 202a
KIRFEL, W. (HEFFENING)
2:1b
KIRK, G.S.
1:39b, 560a
2:279a
4:104a, 112a(2)
KIRK, W.
3:245b
KIRK, W.C.
1:560a
KIRK-GREENE, A.H.M.
1:112a
5:342b
KIRKHAM, N.
2:661b
3:576a
5:424a
KIRKPATRICK, E.A.
3:331a
KIRKPATRICK, T.P.C.
2:688b, 765a
3:394b, 436a
5:546a
KIRMISSON, E.
1:327b
5:402a, 403a
KIRMSE, R.
2:172b(2), 173a(3), 173b(2), 468a
5:33b
KIRMSSE, M.
3:430a
KIRNBAUER, F.
3:572b
5:90b
KIRO, S.N.
3:117a
KIRSCHE, W.
2:205a
KIRSCHSTEIN, M.
1:233a
4:350b
KIRSOP, W.
2:265b
KIRSTE, H.
2:259a
KIRWAN, L.P.
3:266a
KIRWIN, H.W.
2:608b
KISCH, A.I.
3:162b
KISCH, B.
1:81a, 275a, 288a, 500a, 517a, 554a(2), 595b
2:395a, 571a(2)
3:370a, 370b, 371a
4:146b, 302a
5:249b, 299b, 363b, 381b, 385a(2), 464b
KISCH, G.
2:742a
3:400a, 618a

KISELEV, A.A.
1:250a
5:307b
KISH, G.
1:269a
4:252a
5:34a
KISHIMOTO, H.
2:637b
KISS, E.
1:585a
3:227a
5:540b
KISS, G.
4:252a
KISSANE, J.
5:308a
KISSEL, C.
2:376b, 521b
4:153a
KISSEL, P.
1:138a
2:89b
5:362b
KISSKALT, K.
2:307a
3:397b, 412a
5:76b
KISSLING, H.J.
1:94a
4:415a
KISSMEYER, A.
2:113a
5:260a
KISTIAKOVSKII, V.A.
1:72b
3:190b
KISTLER, E.D.
1:510a
KISTNER, A.
1:283a, 464b, 528a
2:178a(2), 667a
3:135b, 138a, 590b(2), 591a
5:161a, 192b, 213a, 293b, 500b
KITAGAWA, K.
1:41b
KITAMURA, S.
2:1a
4:221b
5:144a
KITAYAMA, J.
2:576a
KITCHEL, A.T.
1:379a
KITELEY, M.J. (MADDEN)
3:39b
KITHNUN, 'A.A.
1:621b
KITTREDGE, G.L.
1:252b
2:60a, 156a(2), 467a, 501b, 750b
3:354a
4:270a
5:105b, 124a, 135b, 146a
KITTS, D.B.
3:229b
KLAATSCH, H.
3:334b, 336b
KLAAUW, C.J. VAN DER
1:25a, 199b, 258a, 585a(2)
2:5b, 218b, 262a, 715a, 744b
3:163b, 297a, 319b, 425b, 488b
5:258a, 345b, 351b, 357a
KLAAUW, C.J. VAN DER (ALPHEN)
2:744b

5:535b
KLAAUW, C.J. VAN DER (GEYSKES)
2:715a
KLADO, T.N.
5:216a, 332a
KLAGES, L.
2:488b
3:283a
KLARE, V.
3:498b
5:531a
KLARWILL, V. VON
1:446b(2)
KLATZKIN, J.
4:76a
KLAUBER, L.M.
5:145b, 477a
KLAUDER, J.V.
1:609b, 629b
3:378b, 518b
5:396a
KLAUS, F.W.
2:323b
4:354b
KLEBE, D.
3:456b
KLEBER, W.
1:604b
2:703a
3:239a
5:336b
KLEBERG, T.
4:97b
5:182a
KLEBS, A.C.
1:415a, 430b
2:79b(2), 162a, 334b, 391a, 458b, 503a, 714b
3:28a, 375a, 466b, 473a, 508a
4:10b, 354b
5:4b(2), 5a, 51a, 51b, 70a, 73b(2), 84b(2), 85b, 267a, 488a
KLEBS, A.C. (ERNST)
2:23a
KLEBS, A.C. (LEFANU)
2:747a
5:52a
KLEBS, E.T.A.
5:394a
KLECPOV, I.L.
3:233a
5:530a
KLEEBERG, I.
2:630a
KLEEBERG, R. (BURKHARDT)
3:125a
KLEIBERG, J.
2:479b
KLEIJ, J.J. VAN DER [KLEY, J.J. VAN DER]
1:80b, 426b
2:453b, 521a, 522a
3:399b, 473a
5:157b, 263a, 267a, 382b
KLEIM, J.A.
5:429b
KLEIN, F.
1:2b, 474a
3:100a, 103b, 127a, 131a, 356b
5:309b
KLEIN, J.
4:108b
KLEIN, J.E.
2:246a
5:364b

KLEIN, M.
1:506a
2:41a, 51a
3:298b(2), 299a, 343a
5:351a, 387b
KLEIN, M.J.
1:372b(2), 376b(2)
2:322b(2)
3:154a(4), 155a, 159b
KLEIN, O.
1:166b, 659a
2:284a
4:311a
5:117a
KLEIN, R.
5:7a
KLEIN, W.
3:576b
KLEINCLAUSZ, A.
1:26a, 373b
KLEINE, H.O.
1:496b
KLEINE, W.
1:92a
2:540b
4:305b
KLEINEIBST, R.
2:89a
KLEINER, I.S.
1:528b
KLEINHANS, A.
4:434a
KLEINPETER, H.
3:97b
KLEINSCHMIDT, E.E.
3:410a
5:376a, 390b
KLEINSCHMIDT, H.E.
3:557a
KLEIWEG DE ZWAAN, J.P.
3:484a
4:259b
KLEMM, F.
1:420a, 498b
2:13a, 59b, 669a
3:540a(3), 540b
4:360b
5:220b, 231b
KLEMM, F. (SCHNITHALS)
3:540b
KLEMMING, S.
1:649a
5:417a
KLEMPERER, G.
2:687b
3:460a
KLEMPERER, P.
2:198a, 412a, 595b
5:262b
KLENGEL, F.
5:543a
KLEPL, J. (BRANALD)
5:415a
KLEPPISCH, K.
4:51a(2)
KLETHER, B.
3:123b
KLETLER, P.
1:387a
4:360b
KLEY, J.J. VAN DER
See KLEIJ, J.J. VAN DER
KLEYN, H.
3:511b, 530a

KLIBANOFF, M.
3:465a
4:289b
KLIBANSKY, R.
1:230b, 300a, 331b, 654b
2:65a, 279a, 305a, 331b, 332a(2), 355b, 628b
3:27a, 60b, 606b
4:106a, 306b, 444a
KLICKSTEIN, H.S.
1:216a, 279b, 596a
2:91a, 279a, 484b, 546a, 615b, 682a, 683a, 739a, 752a
3:179b, 180b, 184b, 380a
5:323a(2), 365a, 380a, 400a
KLICKSTEIN, H.S. (DUVEEN)
1:142a, 157a, 268b, 304b(2), 434b, 524b(2), 597a
2:52a, 53a(4), 54a(4), 55a(3), 55b, 56a(2), 126b(2), 127a(2), 177b, 264b
5:207a(2), 207b, 208a, 208b, 212b, 241b, 291a
KLICKSTEIN, H.S. (FULTON)
2:55b, 56a
5:258b, 279b, 470a
KLICKSTEIN, H.S. (LEICESTER)
1:322a
3:181a
KLICKSTEIN, H.S. (MILES)
3:180b
KLIEM, F.
1:46a, 49a
3:113a
KLIMAS, P.
2:46a
5:40a
KLINCKOWSTROEM, C. VON
1:125b, 203b, 424b, 498b, 519a
2:21b, 30a, 34a, 283b, 405a(2), 405b, 438b, 452a, 520b, 643b(2), 668a, 770b
3:24b, 138a, 244a(2), 244b, 347a, 541b, 542a, 545a, 550a, 552b, 572a, 574a, 577b
4:13b, 188b, 367a
5:178b, 187b, 286b(2), 320a, 414b, 415b, 455a
KLINCKOWSTROEM, C. VON(GULAT-WELLENBURG)
3:347a
KLINE, G.L.
2:623b
KLINE, G.M.
3:583b
KLINE, M.
3:100a, 107b, 112b
KLINGE, G.
1:209a
2:17a
KLINGENHEBEN, A.
4:395b
KLINGMULLER, V.
3:470a
KLINKOWSKI, M.
3:529b
KLITSCHER, K. (BERGELL)
2:48b, 213b
KLOCKLER, H. VON
3:221a
KLOPFER, L.E.
3:11a(2), 22b, 24a
KLOPSTEG, P.E.
3:83a
KLOSE, C.W.
1:52b

KLOSE

KLOSE, H.
3:491b
KLOSE, N.
3:527b, 529b
KLOSE, O.
2:682b
3:261b
KLOTZ, A.
1:18a
2:571b
4:150a
KLOTZ, E.L.
5:8a
KLOTZ, O.
1:532a
KLOTZ, P.L.
1:438b
5:403b
KLOYDA, M.
5:113a
KLOYDA, M.T. A K.
1:16a
KLUBER, H. VON
1:641a
4:259a
KLUBERTANZ, G.P.
3:34b
KLUCKHOHN, C.
3:88a, 332b, 350b
4:270a, 272b
KLUCKHOHN, C. (KROEBER)
3:350b
KLUCKHOHN, C. (LEIGHTON)
4:272a
KLUCKHOHN, C. (MCCOMBE)
4:270a
KLUG, R.
1:651b
KLUNZINGER, C.B.
2:24a
3:276a
KLUVER, H.
3:517b
KLUYVER, A.
3:465a
KLUYVER, A.J.
2:287a
KLUYVER, A.J. (VAN ITERSON)
1:125b
KNAPP, F.
2:72b
KNAPP, L.M.
2:486b
KNAPP, N.S.
4:32b
KNAPP, R.H.
3:70a
KNAPPERT, L.
2:586b
5:7a
KNAPPICH, W. (KOCH)
3:221a
KNEALE, M. (KNEALE, W.)
3:97b
KNEALE, W.
1:173a
3:39a, 97b
KNESER, A.
2:31a
3:158a
KNETSCH, C.
2:164b, 309a
KNEUCKER, A.W.
3:377b

KNIASEV, G.A.
2:170a, 459a, 660b(2)
KNIASEVA, M.F. (KNIASEV)
2:459a, 660b
KNIBBS, G.H.
3:358b, 359b
KNICKERBOCKER, F.W.
2:200b
KNICKERBOCKER, W.S.
3:16b
KNIGHT, D.C.
2:12a
KNIGHT, W.F.J.
2:596a
KNIPOWITSCH, T.N.
4:160b
KNIPPING, H.W.
3:385b
KNOBEL, E.B.
1:597a
2:16b
5:127b
KNOBLAUCH, J.
1:395a
KNOBLOCH, I.W.
3:304a
KNOD, G.C.
2:671a
5:9a
KNOEPFLMACHER, U.C.
2:288a, 332b
5:309a
KNOFF, W.F. (PAPATHOMOPOULOS)
3:439a
KNOOP, D.
4:446b
KNOPF, A.
3:234a
KNOPF, O.
2:709b
3:203b
KNOPF, S.A.
3:476a
KNORR, R.
4:96a
KNORRINGA, H.
4:141a
KNORZER, K.H.
4:157a
KNOS, B.
2:49a, 191b
KNOTT, C.G.
2:212b(3)
KNOWLES, A.A.
1:293b
KNOWLES, D.
3:606a
KNOWLES, F.H.S.
4:14a
KNOWLES, G.W.
2:742b
KNOWLES, J.A.
3:581a
KNOWLSON, T.S.
3:29a, 352a
KNOX, C.
3:48a
KNOX, J.H.M.
2:611a
KNOX-SHAW, H.
2:743b
3:205b
KNUDSEN, O.
2:229a

KNUDTZON, E.J.
4:115a
KNUTZEN, G.H.
1:580a
4:140b
KOBAYASHI, T.
4:252b
KOBER, A.E.
4:113a
KOBER, G.M.
2:25a
KOBERT, R.
3:586b
KOBLER, J.
1:607a
KOBLER, R.
3:344a
KOBORI, A.
3:82a, 591b
4:249b(2), 250b
KOBRO, I.
1:538a, 542a, 589b
5:373a
KOCH, A.
1:646a
KOCH, C.F.A.
5:401a
KOCH, H.A.
2:217b
KOCH, J.
1:12b, 366a, 366b(2), 637b
2:249a
4:298b
KOCH, K.
3:533b
KOCH, M.
3:571b
KOCH, M.S.
3:367a
KOCH, R.
1:579a(3)
2:271b, 275a, 419b, 500b
3:44b, 282a, 375b, 378a, 380a, 448a, 462a
4:20a
5:250a
KOCH, T.
3:424a
KOCH, T.W.
3:619a
KOCH, W.
2:392b
3:221a
KOCHER, P.C.H.
2:276a
KOCHER, P.H.
5:8a, 55a
KOCHLASHVILI, T.A. (KHARADZE)
4:316a
KOCIAN, V.
3:44a
KOCK, W.
1:131a
2:99a
3:362b
5:271b, 401b
KOCKEL, B.
2:229a
KOCKEL, H.
3:476a
KOCKUM, A.
5:58a
KOCKUM, A. (AHLBERG)
2:446b

KODITZ, E.
3:596a
KOEBERT, R.
1:153a
2:388b
KOEHLER, A.
1:476a
5:147b
KOEHNE, C.
3:565a
4:360b
KOELNER, P.
3:537b
KOELSCH, F.
2:379b
KOEMAN, C.
3:252a, 256b
KOENIG, D.
5:295a, 430b
KOENIG, F.O.
1:225b
2:509a
3:60b
KOENIG, P.
2:235a
5:87a
KOERBLER, G.
1:102a, 147b(2)
2:265a, 572a
5:232a, 248a
KOESTLER, A.
1:280a, 457a, 458b
2:12a(2)
3:29a
5:128a
KOFLER, E.
3:100a
KOFLER, L.
3:503a
KOFOID, C.A.
1:178b
2:618b
3:324a
5:359b
KOGERER, H.
3:499a
KOHL, C. VON
5:265b
KOHL, J.F.
4:188b, 196b, 197a
KOHL, K.
1:617a
4:397a, 406a
KOHL, K. (BURGER)
2:533b
4:397b
KOHL, K. (WIEDEMANN)
2:17a
KOHLBRUGGE, J.H.F.
1:301b(2), 498a, 561a
2:19a
3:76a
KOHLER, J.
2:538b, 543a
4:353b, 377a
KOHLER, M.
2:167a
KOHLER, P.
2:66a
KOHLER, W.
3:61b
KOHLIN, H.
2:457a
3:256b
5:132b, 181a

KOHLMEYER, F.W.
3:524b
KOHM, H.S.
4:362b
KOHM, J.
4:93b
KOHN, H.
3:240b
KOHN, L.A.
1:314a
KOHN, M.
3:187a
KOIDZUMI, G.
3:312b
KOIZUMI, H.
1:643a
KOKOMOOR, F.W.
3:112b
5:115a(2)
KOKOWZOFF, P.
1:102a
KOKUBU, Y.
3:165b
KOL'TSOV, A.V. (PREDTECHENSKII)
2:661a
KOLACEK, F.
2:510a
5:335b
KOLB, G.J. (SLEDD)
1:655b
5:296a
KOLB, W.
2:667b
3:424b
5:500b
KOLL, K. (FELDHAUS)
3:548b
KOLL, W.
2:544a, 722a
3:399a
KOLLE, K.
1:441b
2:30a
3:432a
KOLLER, A.H.
1:360a, 561a
5:240b
KOLLER, F.
3:376b
KOLLER, G.
2:205a
3:315a
KOLLER, W.
1:271a
4:157a
KOLLERT, E.
1:135a, 645a
4:347b
KOLLROS, L
2:503a
KOLLROS, L.
1:375a, 467a
KOLMAN, E. [KOL'MAN, E.]
1:176a, 177a
2:70a, 104a, 104b
3:7b, 56b, 144b, 170b
4:20b, 89b
5:197b
KOLMER, J.A.
3:365b, 380a
KOLMOGOROV, A.N.
1:492b
2:483a
KOLMOGOROV, A.N. (GNEDENKO)
2:17a

KOLODZIEJCZYK, R.
5:419a, 516a
KOLRAUSCH, K.W.F.
2:379a
3:191b
KOLTAN, J.
5:482b
KOLTERMANN, J.
2:157a
5:165b(2)
KOLTSOV, A.V.
See KOL'TSOV, A.V.
KOLUPAILA, S.
3:552a
5:416a
KOMAI, T.
3:295b
KOMASZYNSKI, M.
3:586a
KOMLOS, O.
1:582b
KOMONS, N.A.
2:766a(2)
3:173b, 185a, 568a
KOMONS, N.A. (BUSHNELL)
2:766a
3:603b
KOMORA, P.O. (BOND)
2:436a
KOMPFNER, R.
3:570b(2)
KOMPPA, G.
3:186b
KOMROFF, M.
1:129b, 226b
2:245a, 340b, 429a
4:326b
KONARSKA, B.
2:138b
KONCHEV, S.K.
3:234b
KONCZEWSKA, H.
2:228a, 602a
KONDO, A.
2:289b
3:173b
KONDO, H.
1:407a
3:138a
KONDO, Y.
2:77a
3:126a
KONDRATEV, V.N.
3:189b
KONDRATIOUK, T.
1:316b
KONETZKE, R.
5:36a
KONFEDERATOV, I.I.
3:562a
KONFEDERATOV, I.V.
2:342b
5:287b
KONIG, E.
1:300b
2:307b, 640b
5:30a
KONIG, F.W.
1:310b
KONIG, J.
3:109a
KONIG, K.G.
1:402a
2:267a, 584a, 588a
5:62b, 67b

KONIG

KONIG, R.
3:349a
KONIG, W.
2:451a
5:318a
KONIGSBERGER, L.
3:107b
KONINCK, C. DE
3:218a
KONINGSBERGER, V.J.
1:388b
3:310a
5:354b
KONIUS, E.M.
3:456b
KONJIAS, H.T.
3:260a, 382b
5:226b, 242b, 342a, 364a
KONNECKE, G.
2:32a
KONO, I.
2:64a
KONOBEEVSKI, S.T.
2:50b
KONOLD, D.E.
3:392a
KONONKOV, A.F.
2:108b, 110a, 495a
KONOPKA, S.
3:441b, 380b, 396b, 400a
KONOROVA, E.A. (VUL)
2:481b
KONOVALOV, S.
1:141a
KONOW, S.
2:8a
4:183a
KONSTANTINOWA, A.
4:329a
KONVITZ, M.R.
2:2a
KOOI, D. VAN DER
3:403b
KOOP, A.J.
4:243b
KOOPMAN, J.
1:94b
2:483b, 696a
3:429a, 448a, 448b
5:153a, 244b(2), 366a, 383b, 544a
KOOPMANS, W.
4:24b
KOPACZEWSKI, W.
3:516a
KOPCIOWSKI, A.
4:81a
KOPELEVICH, I.K.
1:395b
2:161b
KOPF, E.W.
2:236a
KOPF, L.
1:627a, 641a
4:413a
KOPFF, A.
1:33b
2:13a
3:150b, 152b, 214a
KOPP, H.
3:178a, 196b
KOPPEL, I.
1:132a, 378b(2)
2:447b
5:212b
KOPPELMANN, H.
4:214a, 278b
KOPPELMANN, W.
3:118a
KOPPENS, H.
1:180b
5:274b
KOPPERS, W.
3:531a
KOPSCH, F.
3:423b, 424b
5:512a
KORACH, A.
3:409b
KORAN, J.
3:231a, 572a(2)
KORBER, H.G.
1:375b, 473b, 603b
2:259b, 696a
3:219a, 235a
4:229a
5:124b, 318a, 336a
KORBER, H.G. (BIERMANN)
1:473b, 603b
KORBLER, G.
1:79b
5:400b
KORBLER, J.
1:347b, 540a
3:463a
4:155b
5:71b, 159b, 279b, 392a
KORBUT, M.K.
2:712b
3:618b
KORDES, H.
5:411a
KOREN, J.
3:131b
KORFF, H.A.
1:498a
KORFMACHER, W.C.
2:267b
4:105b
KORN, A.
2:38a
3:165b, 599a
KORN, N.
2:423a
KORNAUS, J.
1:351a
KORNER, O.
1:64a, 498a, 567b(2), 574b, 591a, 591b(4), 592a
2:27a
4:119a, 123b, 125a(2), 127a, 132b, 140a
5:468b
KORNER, S.
3:40b, 106b, 141b
KORNITZER, L.
3:534b
KORNMULLER, A.E.
3:139b
KORNS, H.M.
3:397a, 462a
KOROL, A.G.
3:80a
KOROLEV, F.A.
2:57b
KORSCH, B. (STEGGERDA)
4:282b
KORSCHEFSKY, R. (HORN)
3:322a, 323a
KORSCHELT, E.
3:534b
KORTE, A.
2:642a
KORTENHAUS, F.
3:478b
KORTHALS-ALTHES, J.
2:581b
5:176b
KORTING, A.
3:578b
KORTING, J.
3:588b
KORTNIKOV, S.N.
1:629b
KORVIN-KRASINSKI, P.C. VON
4:182a
KORZENDORFER, A.
3:556b
KORZYBSKI, A.
2:576a
3:41b
KOSADA, T.
4:255b
KOSAMBI, D.D.
4:184b, 188a, 211b
KOSHIO, T. (KOKUBU)
3:165b
KOSHKIN, L.V.
3:195a
KOSHKIN, L.V. (MUSABEKOV)
3:191b
KOSHTOIANTS, K.S.
3:287a, 297a, 428b, 431a
KOSIEK, Z.
5:410b, 522b
KOSTER, A.
4:25a(2)
KOSTER, D.N.
3:67b
KOSTER, H.
2:739a
5:535b
KOSTER, S.
4:214a
KOSTER, W.J.W.
2:325b
4:100b
KOSTERMANN, E.
1:92b
KOSTRIUKOV, K.I.
1:396a
KOSTROV, V.N.
3:549a
KOSTYCHEV, S.
3:310a
KOT, S.
1:231b
2:465b
KOTARBINSKI, T.
1:96a
2:741b
KOTAY, P.
2:278a
5:162a
KOTHE, G. (BEHNKE)
2:551a
KOTSAKIS, D.
5:214a(2), 493a
KOTSEVALOV, A.
4:92a
KOTSOVSKY, D.
3:457a(2), 457b
KOTSUJI, A.S.
4:33b
KOTTERITZSCH, J.P.
1:238a

4:156b
KOTTLER, F.
1:375b, 441a
2:112b, 338b
3:149b
5:316b
KOTWICZ, W.
2:29b
KOTY, J.
4:10a
KOUDELKA, J. (TEMKIN)
1:470a
2:220a
5:400a
KOUSIS, A.P.
4:136a
KOUTAISSOFF, E.
3:80b
KOUWER, B.J.
1:340a
KOVALEVSKII, V.I.
2:170a
KOVALEVSKY, P.
1:250a
KOWALEWSKI, G.
1:439b
2:14a
3:103b, 122a, 123b, 133b(2)
4:38b
KOWALSKI, T.
3:220b
KOWECKA, E.
5:426b
KOYRE, A.
1:67b, 162a(2), 174a, 174b, 235a(2), 258b(2), 274b, 276b, 281a(3), 283a, 332a(3), 337b, 339b, 458b(3), 461a(3), 461b(3), 462a, 463a(2), 593a, 593b
2:14b(2), 15a(2), 65a, 68a, 224a, 224b, 226a(3), 226b(6), 229a, 229b(4), 230b, 281b, 324b(2), 332a, 332b(3), 400a
3:25b, 98b, 216a, 217a(2)
4:305a(2)
5:3a, 11a, 101b(2), 103a, 118a(3), 118b, 126a, 126b, 187a, 200a, 204b, 449b
KOZAKOVA, O.V.
2:114b
KOZLOV, P.K.
3:264b
5:525a
KOZMINSKY, I.
3:239b
KOZUCHOWSKI, J.
2:291a
KOZYREW, A.
3:558b
KRAAK, W.K.
1:439a
2:538b
4:125b
KRAAK, W.K. (RUITER)
3:328b
KRAATZ, W.C.
3:88a
KRABBE, T.N.
3:268a
KRACHKOVSKII, I.I.
[KRATCHKOVSKY, I.]
1:520a, 615b, 624b, 626a
2:528a
4:385a, 387a, 409a, 413b
KRACKE, E.A.
4:218a, 246a

KRAELING, C.H.
4:32b
KRAEMER, E. VON
4:348a
KRAEMER, H.
3:531b, 532a
4:199b
KRAEMER, J.
4:383b
KRAENNER, P.
3:535b
KRAENTZEL, F.
3:78b
KRAEPELIN, E.
3:434a
KRAEPELIN, K.
3:86b
KRAFKA, J.
5:245b
KRAFT, F.G.
2:702a
3:558b
KRAFT, I.
2:460a
5:383b
KRAFT, V.
2:770b
3:38a, 42b
KRAGEMO, H.B.
1:553b
2:435a
5:215b, 225b
KRAGLIEVICH, L.
1:318b
KRAH, F.A.
2:646a
4:344a
KRAINER, N.P.
2:31a, 467a
3:227a
5:337a(2)
KRAITCHIK, M.
2:348a
3:123b, 133b(2)
KRAKEUR, L.G.
1:343a
5:196b
KRAMAR, F.D.
2:227b, 608a(2)
5:111a, 113b, 114b, 313b
KRAMAROV, G.M.
2:732a
3:209b, 594a
KRAMER, A.
3:240b
KRAMER, B. (MURLIN, J.R.)
3:448b
KRAMER, E.E.
3:100a
KRAMER, G. (KILLIAN)
3:487b
KRAMER, H.D.
2:767a
5:374b(3), 376a
KRAMER, J.B.
3:164a
KRAMER, P.J.
3:311a
KRAMER, S.
2:264b, 425b
KRAMER, S.N.
4:17b, 56a, 58a(3), 67b, 68b, 69a, 71b(2)
KRAMER, W.
3:575a

KRAMERS, J.H.
1:105b, 623a, 634b
4:410b
KRAMISH, A.
3:568b
KRAMM, H.
2:241a
5:242a
KRAMMER, L.
3:443a
KRAMRISCH, S.
4:199a, 211a
KRANEFELDT, W.M.
1:12a, 441b, 662b
3:499a
5:406a
KRANENBURG, W.R.H.
2:379b
KRANTZ, J.C.
2:249a
KRANTZ, J.C. (MUSSER)
1:121a, 183b, 320a
2:60a, 633b, 638b
KRANZ, W.
1:381b
3:244b
4:113b
KRANZBERG, M.
3:17b, 543b
KRAPPE, A.H.
3:88a
KRASSOIEVITCH, A.G.
3:590a
KRASSOWSKI, J.
3:76a
KRATCHKOVSKY, I.
See KRACHKOVSKII, I.I.
KRATOCHVIL, C.H.
1:643a
5:392b
KRATZER, A. (SCHOLZ)
1:333a
KRAUS, C.A.
1:485b
KRAUS, E.
3:239a
KRAUS, F.R.
4:66a(2)
KRAUS, K.
2:362a
4:120a
KRAUS, M.
5:187b, 189b, 242a
KRAUS, P.
1:635a(3)
2:22a, 336b, 387a, 426a
4:386a, 388a, 392b, 412b
KRAUS, R.
3:467b, 519b
KRAUSE, A.
3:221a
KRAUSE, A.C.
4:47a, 67a
KRAUSE, E.
1:347b
KRAUSE, E.H.L.
3:510b, 528a
KRAUSE, F.C.A.
1:568a
4:213a
KRAUSE, G.
4:259b
KRAUSE, H.
3:317b

KRAUSE, K.
3:415a
KRAUSE, M.
4:394b
KRAUSE, P.
2:410b
KRAUSE, R.
2:701b
KRAUSS, H.
2:275b
5:71b, 272b
KRAUSS, S.
3:387b
KRAZER, A.
3:125b
KRCAL, R.
2:186b
3:594a
5:429a
KREBS, A.T.
3:173b
KREBS, B. (KINDLER)
3:442b
KREBS, E.
1:567a
2:542b
4:299a
KREBS, N.
3:244b
KREEMER, J.
4:259b
KREGLINGER, R.
4:164a
KREHL, W.A.
2:92b
KREIBIG, J.K.
1:169a
KREICHGAUER, D.
4:277b, 278b, 279a
KREIG, M.B.
3:509b
KREILING, F.
2:4b
5:186b
KREITNER, J.
3:101b
KREK, M. (LEVEY)
4:430a, 433a
KREMERS, E.
1:148b, 423a
2:86b, 245a, 245b, 607a, 661b, 689a, 693b
3:308b(3), 500a, 500b, 501b(2), 502a, 503b, 504a(2), 506a, 509b, 512b, 617b
4:357b
5:57a, 278a(3)
KREMERS, E. (BRANDEL)
3:509a
KRENGER, W.
5:9b, 57b
KRENKOW, F.
1:116a, 620a, 622b
2:146b, 652a
4:386a, 422b, 429a
KRETSCHMER, E.
3:28b
KRETSCHMER, K.
1:270a
3:245a
4:323a
KRETSCHMER, P.
4:381a
KRETZMANN, E.M.J.
3:548b

KREUZINGER, V.
2:521a
KREVELEN, D.A. VAN
2:374a
4:130b
KREY, A.C.
1:521b
4:367b
KRICKEBERG, W.
4:273b(2)
KRICKER, G.
3:367b
KRIEGER, C.C.
4:249a
5:194a
KRIEGER, F.J.
3:561b
KRIEGER, H.W.
4:258b, 261a, 275b
KRIEGHBAUM, H.
3:68b
KRIES, J. VON
2:5b
KRIGE, E.J.
4:266a(2)
KRIGE, J.D. (KRIGE, E.J.)
4:266a
KRIKORIAN, Y.H.
3:96a
KRILOV, A.N. [KRILOFF, A.N.] [KRYLOV, A.N.]
1:147b, 394b, 421b
2:38a, 224a, 231a, 231b, 597a
5:127b, 336a
KRILOV, A.N. (RYNIN)
2:561b
KRINGLEN, E.
1:400b
3:341a
KRININE, P.D.
1:63a, 328b
2:330a
4:119b
KRIS, E.
3:342a
KRISCHEN, F. (GERKAN)
4:138b
KRISHNASWAMI, A.A.
4:208a
KRISHNASWAMI, G.V.
4:197b
KRISTELLER, P.O.
1:67b, 82b(2), 86b, 233b, 417a(5)
2:305a, 332a, 332b, 343a, 671a, 755a
3:90a
4:443b(2)
5:9a(2), 11a(6), 11b, 12a, 12b(2)
KRISTELLER, P.O. (CASSIRER)
5:11b
KRISTELLER, P.O. (REIS)
3:606a
KRITCHEVSKY, D.
1:504a
5:325b
KRITOBOULOS
2:166a
KRITZIER, H.
2:308a
5:79a
KRITZLER, H.
1:403a
KRIZEK, J.
5:413b
KRIZENECKY, J.
2:168b, 169a, 726a

3:296a
KROCHMAL, A.
3:530b
KROEBEL, W.
1:432b
KROEBER, A.L.
3:56b, 331b, 350b
4:272a
KROEBER, C.B.
5:416b
KROEBER, L.
3:510a
KROEF, J.M. VAN DER
See DER KROEF, J.M. VAN DER
KROEMER, G.H.
1:651b
4:355a
KROGH, A.
3:443a, 444b, 445b
5:533a
KROGMAN, W.M.
1:357a, 597b
3:296b, 331b, 336a, 336b(2), 422a, 426a
4:10b, 178b(2), 272b
5:360b
KROLL, J.
1:562b
KROLL, W.
1:168a, 328a
2:334a, 334b
4:145a, 148b
KROMECKE, F.
2:465a
KRONECKER, F.
2:333b
5:400a
KRONENBERG, M.E.
5:94a
KRONER, H.
2:134b
4:441a
KRONFELD, E.M.
1:478a
3:530b
5:352b
KRONFELD, P.C.
3:439b
KRONHEIMER, H.
2:626a
KRONICK, D.A.
4:416a
5:186a, 242b
KRONMAN, E.S.
2:237b, 525a
3:194a
KROOK, D.
1:183a, 491b
KROON, J.E.
1:24b, 163a, 172b
3:402b
5:58a
KROPOTKIN, P.A.
3:58a, 290b
KROPOTOV, A.I.
3:102b
KROPP, G.
2:39b(2)
3:173a
5:114b(2), 536a
KROPP, M.
4:164b
KROTIKOV, V.A.
2:170a, 714b, 752a
3:186b
5:324b

KROYMANN, J.
    2:290b, 398b
KRUBER, A.
    1:45a
KRUCKE, W.
    1:370b
    2:694a
    3:432a
KRUDY, E. VON
    3:207a
KRUEGER, F.
    3:454a
KRUEGER, H.C.
    4:326b(2)
KRUEGER, R.L. (KRAKEUR)
    1:343a
    5:196b
KRUGER, G.
    2:703a
KRUGER, H.
    1:21b
    4:325b
KRUHM, A.
    3:85b
KRULIS, I.
    2:649b
    5:290a, 427b, 463a, 469a, 485b, 503b
KRULL, W.
    3:113a
KRUMBHAAR, E.B.
    1:246a, 313b, 320a, 432a, 480a, 545a(2)
    2:200b, 249a, 254b, 260a, 450a, 455b,
        662a, 681b, 706b, 740a
    3:370a, 373b, 384a, 390a, 458b, 462a,
        463a, 474b, 491a
    4:282a, 330b
    5:148a, 254a, 262b, 265a, 283b, 367a,
        387a, 504b
KRUMBIEGEL, I.
    1:64a, 500a
    2:169a
    3:313b, 324a, 330b, 519b
    5:239a
KRUMBIEGEL, J.
    4:232a
KRUMPEL, O. (DWORSCHAK)
    1:370b
KRUNING, J.
    2:1a
KRUPATKIN, I.L.
    1:1a
    5:327a
KRUPPA, E.
    2:204b(2)
KRUSCH, B.
    1:348b, 438b, 512a
    2:260b, 590b
    4:165b(2), 318b, 331a
KRUSE, F.V.
    3:61b, 356b
KRUSE, W.
    3:339a
KRUSEN, F.H. (KEYS)
    1:115a
    5:375b
KRUTA, V.
    1:423a
    2:354b(3), 355a, 365a(2), 365b(3),
        366b(2), 397a
    5:380a, 384b, 385a
KRUTCH, J.W.
    2:546b
    3:316b, 327a
KRUYTZER, E.M.
    2:720a

    3:271b, 275a
    5:408a
KRYGIER, E.
    3:571b
KRYLOV, A.N.
    See KRILOV, A.N.
KRZYWICKI, A. (CHARZYNSKI)
    2:636a
KRZYWICKI, L.
    4:8a
KU CHIEH-KANG
    4:245a
KUBACH, F.
    2:14a
KUBIE, L.S.
    3:52b
KUBIE, L.S. (HILGARD)
    3:437a
KUBITSCHEK, J.W.
    4:90a
KUBITSCHEK, W.
    2:360a, 362a
    4:18a, 23b, 150b
KUBLER-SUTTERLIN, O.
    2:374a
    5:139b
KUBOTA, T.
    3:127a
KUBZANSKY, P.E. (MENDELSON)
    3:442a
KUCHAR, K.
    5:133a
KUCHARSKI, P.
    1:580a
    2:330b, 368a
    4:136a
KUCHMAR, M.I.
    2:216a
KUCZYNSKI, M.H.
    3:461b
KUCZYNSKI, R.R.
    3:358b
KUDLIEN, F.
    1:347b, 348a, 564b, 579a
    2:467b
    4:129a, 137b
KUDO, C.
    1:41b
KUDRAVTSEV, P.S.
    1:397b
    2:110a(2)
    3:135b
KUDRYAVTSEV, F.A.
    1:479a
    2:266b
    5:218b, 458a, 478b
KUENY, G.
    4:50b
KUGELGEN, A. VON
    2:651b
KUGENER, M.A.
    1:391b
KUGENER, M.A. (GREGOIRE)
    2:345a
KUGLER, F.X.
    4:62a, 63b, 90a
KUGUSHEV, A.M.
    2:344b
KUHL, W.
    2:431a
    5:80b
KUHLE, H.
    1:24b
KUHLMAY, K.U. (SCHMITZ)
    1:18a

KUHN, A.
    4:256b
KUHN, A.J.
    1:609b
    2:229b
    5:202b
KUHN, J.H.
    1:578a
    4:105b, 135b
KUHN, R.
    1:585b
KUHN, T.S.
    1:184b, 214b, 225b(4), 283a
    2:228a, 230b
    3:26b(2), 39b
    5:121a, 123a, 123b, 318a, 420b
KUHNEL, E.
    4:430b(2)
KUHNEL, J.
    1:527a
KUHNER, F.
    2:40a
KUHNERT, E.
    2:712a
    3:620a
KUHNERT, F.
    4:97a, 245b
KUHNERT, H.
    2:453a, 709b
    3:582a
    5:425b
KUIPER, G.P.
    3:203a, 204a
KUKARKIN, B.V.
    1:281a
KUKENHEIM, L.
    5:96b
KUKENTHAL, W. (SCHULZE)
    3:316b
KUKHTIN, V.A. (KAMAI)
    1:48b
KUKOWKA, A.
    4:156b
KULA, W.
    2:713a
    5:289a
KULCZYCKI, J.
    3:543b
KULIABKO, E.S.
    2:110b
    5:233a
KULIKOVSKII, P.G.
    1:492a, 447b, 569a
    2:110a(2), 513a, 569b
    3:202a
    5:213a(2)
KULISHER, I.M.
    5:411a
KULJABKO, E.S.
    1:394b
    5:187b
KULL, I.S.
    3:67a
KULL, N.M. (KULL)
    3:67a
KULPE, O.
    2:3b
KULSDOM, M.E.
    3:492b
KULYABKO, E.S.
    2:109a, 660b
KUMANIECKI, K.
    2:356a
KUMM, H.K.W.
    4:91a, 413a

KUNDU, B.C.
3:529a
KUNESCH, A.M. (GATLAND)
3:561a, 566b
KUNG T'ING-HSIEN
4:235a
KUNG TAO-YUN
1:537a
4:236b
KUNITSCH, P.
3:214a
4:405b(2)
KUNKEL, B.W.
1:437a
KUNOW, A.D. VON
3:111a
KUNST, J.
4:225b
KUNSTLER, W.E.
3:488b
KUNTZ, J.
1:388a
5:152a
KUNTZE, F.
3:93a, 106b
KUNZ, G.F.
1:353a
3:239b(2), 329a
KUNZ-KRAUSE, H.
3:508a
5:518a
KUNZE, A.F.
5:38b
KUNZE, F.
2:131a
KUNZMANN, T.
2:634a
5:425b
KUO CHAN PO
4:222a
KUO HSI
4:231b
KUO MO-JO
3:333a
KUO PING WEN
4:246a
KUPFER, M.
2:9b
KUPREVICH, V.F.
3:79b
KURATOWSKI, K.
3:103a
KURDIAN, H.
1:110a, 259a, 623a, 658b
2:118a, 526b
3:582b
4:326a, 326b(2), 409a, 412a
KURDZIALEK, M.
1:321a, 488a
4:328a, 342a, 343b
KURDZIEL, R.
2:532b
KURE, S. (FUJIKAWA)
4:253a
KURELLA, H.
3:336a, 357a
KURMANN, J.A.
5:192b
KUROCHKIN, G.D.
3:232b
KUROSH, A.G.
1:134b
2:451a
KURREIN, M.
3:562b

KURSANOV, G.A.
1:433a
3:33b
KURTEN, H.
1:379b
4:289b
5:76b
KURTH, B.
4:366b
KURTH, J.
4:255a
KURTH, R.
2:4b
3:45b, 86a
KURTZ, A.K.
3:132b
KURTZ, B.P.
2:472a
KURTZ, S.G.
2:426a
KURY, H.
2:676b, 734b
3:394b, 404a
KURZ, E.G.
2:694b
5:371b
KURZ, M.
3:262a
KURZANSKY, P.E. (MENDELSON)
3:432b
KURZE, D.
2:89b
5:25a
KURZEL-RUNTSCHEINER, E.
1:420a
2:427b, 689a
5:283b, 288a, 417a
KURZER, F.
3:195a
KURZINGER, J.
2:575a
KURZROK, R.
3:453a
KUSEL, W.
1:126b
5:274b
KUSES, A.
2:167b
4:377a
KUSHNER, K.F.
1:312b
2:40a
KUSHNER, M.D.
1:287a
5:386b
KUSLAN, L.I.
5:304a(3), 322b
KUSTER, E. [KUSTER-GIESSEN, E.]
3:303b, 526b
KUSTER, E. (ASCHOFF)
3:298b
KUSTER-GIESSEN, E.
See KUSTER, E.
KUTASH, S.B. (BRANHAM)
3:357b
KUTHMANN, E.
1:200a
KUTRZEBIANKA, A.
3:338a
KUTSCH, F.
4:130b
KUTSCH, W.
1:66a, 620a
4:398a

KUTUMBIAH, P.
4:202a, 205b
KUWABABA, J.
2:364a
KUWABARA, J.
4:217a
KUWABARA, T.
1:343b(2)
KUWAKI, A.
1:374a, 408a
2:160a
3:82a
4:214a, 249a(2)
KUWATA, F. (WATANABE)
4:251a
KUYJER, P.J.
2:450a
KUZ'MIN, R.O.
2:651b
KUZIN, A.A.
2:111a
3:588a
5:288b, 290b
KUZMIN, R.O.
See KUZ'MIN, R.O.
KUZNETSOV, B.G.
1:62a, 166b, 337b, 374a(2), 397b(2), 457a, 464b, 554b
2:68a, 161a(2), 161b, 228a, 578a
3:17b, 79b, 135b(3), 142a, 146b, 151b, 154a, 159b, 166a(2), 216a
5:202a, 204a, 206b, 318a
KUZNETSOV, B.G. (GRIGORIAN)
5:496b
KUZNETSOV, B.G. (IVANENKO)
1:375a
KUZNETSOV, I.V.
2:70a, 578a
3:93a, 138b
KUZNETSOV, V.I.
1:144b, 210b, 567b
2:17a, 91a
3:179b, 189b, 195a
5:325b, 328b, 329b
KYBURG, H.E.
3:39a, 39b(2)
KYEWSKI, B.
2:173a, 173b
KYLE, J.H.
2:764a
3:569a
KYLEN, H.
1:178a
2:447b, 520a
5:195b, 308b
KYRIAKIDIS, S.P. (ARGENTI)
3:262a
L'HERITIER, P.
3:296a
L'HUILLIER, P.
5:396b
LA BARRE, J.
2:674b
3:403a
LA CAVA, A.F.
1:77b, 245b
2:702b
3:514a
4:339a, 341a
5:74a, 397a
LA CROIX, H. DE
5:95b(2)
LA FONTAINE, H.
3:13a

LA FORCE, J.C.
5:292b
LA FUYE, R. DE
4:237b(2)
LA HARPE, J. DE
1:291a
LA MER, V.K.
1:225b(2)
LA MONTE, J.L.
4:174b
1:548a
LA PIANA, A.
1:307a
LA PIANA, G.
1:489b
LA RIVIERE, J.W.M. (KAMP)
2:24a
LA ROERIE, L.G.
3:554b
LA RONCIERE, C. DE
1:228a, 270a, 358a
2:49a, 138a(2), 148a
3:258b
4:323b, 327a
5:35a(2), 38a, 42b(2), 44a, 465b, 492a, 505a
LA RONCIERE, C.B. DE
3:555b, 603b
LA ROSA, M.
3:153a, 166b, 213b
LA SALLE DE ROCHEMAURE
2:522b
4:299a
LA SALLE, J.P.
3:126b, 157a
LA TORRE, F.
3:453a
LA TOUCHE, T.H.D.
3:233a
LA TOUCHE, T.W.
3:239b
4:198a
LA VAISSIERE, J. DE
3:38a
LA VALLEE POUSSIN, C.J. DE
1:474b
3:151b
5:319b
LA VARENDE, -.
1:194b(2)
LA WALL, C.H. [LAWALL, C.H.]
3:500a, 513a
LAARSS, R.H.
3:352a
LABANDE, L.H.
4:365a
LABAREE, L.W.
1:434b, 436a
LABAT, R.
4:64b(2), 66b(3), 67b
LABBE, A.
2:11a, 59a
3:287a, 291b
5:349a
LABHARDT, A.
2:667b
3:380a, 453a
LABORDE, A.
1:298a
LABORDE, A. DE
2:147b
LABORDE, E.D.
1:32a
2:254b

LABOULLE, M.J.
1:274b
5:187a
LABOVITCH, J.
4:83a
LABOWSKY, L.
1:28b, 67b, 144b, 145a(2), 387a
2:151b, 628b
LABRIOLLE, P. DE
1:81b
2:345a, 345b
LABUDA, G.
5:128b
LACAILLE, A.D.
4:10b, 14a
LACASSAGNE, A.
2:11b, 108b
3:463b
LACASSAGNE, J.
1:158a
2:719b
3:419b, 452a
LACASSAGNE, J. (THIBIERGE)
3:475a
LACAU, P.
4:46a
LACAZE, A.
4:114b
LACEY, A.D. (CHANDLER)
3:578b
LACH, D.F.
2:64a, 204b
4:223a
LACHIEZE-REY, P.
2:324b
LACHMAN, A.
2:86a
LACHMAN, S.J.
3:343b
LACHS, G.
2:735b
3:401b
LACHS, J.
1:423b
2:10a, 26a, 192b, 593b
4:332a
5:54a, 56b, 65b
LACHTIN, J.
3:404b
LACHTIN, M.J.
3:404a
LACK, D.
1:317a
3:292b
5:359b
LACKENBACHER, H.
4:112b
LACOARRET, M.
1:391b
LACOIN, M.
1:363b
2:131a
3:7b(2)
5:3a
LACOMBE, D.
4:107b
LACOMBE, G.
1:32b
LACOSTE, E.
1:119b
2:120a
LACROIX, A.
1:11b, 175b, 181b, 301b, 353a(4), 371b, 550b, 662b, 663b, 664a(2), 664b
2:59b, 116a, 301b, 603b, 658b(2), 727b,

737a
3:15a, 66b, 74a, 239a, 284b, 306a, 308a, 312a, 317a
5:218b, 223b, 227a, 228b, 230a, 346a, 497b, 498a(4), 534b
LACROIX, L.
4:125b, 126a
LACROIX, P.
4:443a
LACY, M.G.
1:596b
5:281a
LADAME, P.L.
2:465b
LADD, E.C.
1:556b, 587b
LADD, H.S.
3:240b
LADENBURG, A.
3:178a
LADENHEIM, J.C.
5:254a
LADEUZE, P.
1:510b
2:718b
3:618b
LADRIERE, J.
3:45a
LAEMMEL, R.
1:457a(2), 458b
2:221b
LAEMMER, M.
5:165b
LAER, P.H. VAN
3:31b(2)
LAFFAL, J.
1:442b
3:611a
LAFFITTE, P.
2:59a
LAFLEUR, L.J.
1:333a
3:208b
LAFOND, L.
1:556b(4)
5:276a, 471b
LAFONT, J.B.
4:26b
LAFORET, C.
1:212a
2:526b
LAFORGE, L.
3:231b
LAFUMA, H.
1:377a
3:150a
LAFUMA, L.
2:282b
LAGARDE, G. DE
1:557b
2:243b
4:331a
LAGARDE, G. DE.
1:493b
LAGE, G.
2:701a
5:546a
LAGEMANN, R.T.
3:135b
LAGERCRANTZ, O.
1:650b
4:114a(2), 313b
LAGIER, C.
4:55a

LAGMANN

LAGMANN, R.
3:137b
LAGOWSKI, J.J.
3:169b
LAGRANGE, E.
1:428b, 458b
2:25b, 419b
3:225a
4:6a
LAGRANGE, E. (BRANDNER)
2:372b
5:337b
LAGUNA, G.A.DE
See DE LAGUNA, G.A.
LAGUNOW, G.L.
1:225b
LAHOOD, C.G. (SAUNDERS)
4:372a
LAHR, E.
3:228b
LAIDLAW, P.
1:356a
LAIDLER, P.W.
1:78b
2:762a(2)
3:407a, 407b, 412b, 421a
4:266a, 266b
5:250a, 374a, 377b, 404b
LAIGNEL-LAVASTINE, M.
1:131a, 158a, 162b, 163b, 212a, 216b, 309b, 310b, 321b(2), 344a, 367b, 419a, 487a, 520b, 550b, 645b
2:36b, 37a(2), 42b, 58b, 113b, 116a, 124b, 147a, 171b(2), 185b, 196b, 218b(2), 317b, 448a, 467a, 531b, 557a, 558a, 593b, 603b, 706b(2), 711b, 736a, 753a
3:17b, 291b, 343a, 362b, 373a, 376b, 386b, 395b, 431a(2), 434a, 434b, 435b, 344b, 455a, 470b
4:11a, 26b, 133a, 166b, 178b(2), 334a, 340b, 349b, 418b, 419a, 424a
5:64a, 64b(2), 155b, 157a, 162b, 163a, 164a, 174a, 242b, 244a, 247a, 248a, 253a, 256a, 256b, 257a, 259b, 274a, 382a, 399a, 437a, 439b, 481a, 483a
LAIGNEL-LAVASTINE, R.
1:8b
LAIN ENTRALGO, P. [ENTRALGO, P.L.]
1:148a, 543b
2:144a, 271a, 330b, 380b
3:4a, 77a, 362b(2), 458b
4:138b
5:231a
LAIRD, A.G.
2:329a, 356a
LAIRD, J.
1:605b
LAISSUS, Y.
1:27b
2:47b
LAISTNER, M.L.W.
1:123b, 124a, 230b
4:163a, 304a, 365b
LAKATOS, I.
3:108a
LAKE, K.
4:372a
LAKE, S. (LAKE, K.)
4:372a
LAKING, G.F.
3:601b
LAKOFF, S.A. (DUPRE)
3:50b

LAKOWITZ, C.
2:729a
3:75a
LAKSHMI PATHI, A.
4:202a(2)
LAL, M.B.
4:208a
LALANDE, A.
2:182b
3:24a, 36a, 39b(2), 40b, 93b, 291b
LALLEMAND, C.
3:85b, 120a, 218b, 248a, 249a
LALOU, M.
4:182a, 188b, 207a
LALOUP, J.
3:16b
LALOY, L.
1:69b, 599a
4:225b
LAM, H.J.
1:515a
3:312b
LAMAKIN, V.V.
5:286a
LAMALLE, U.
3:558b
LAMAN, N.K.
3:573b
LAMAR, D.L. (ROMIG)
3:213a(2)
LAMARE, A.D.
2:685a
LAMB, A.B.
3:179b
LAMB, H.
1:477a
2:526b
3:136b, 247b
LAMBA, B.S.
3:318a
LAMBART, H.H.
3:241b
LAMBERT, A.M.
5:281a
LAMBERT, E.
1:415a
LAMBERT, J. (HANNAN)
2:731a(2)
LAMBERT, L.
4:341a
LAMBERT, P. (LAVOIPIERRE)
1:170a
5:144b
LAMBERT, P.P. (BASTENIE)
3:403a
LAMBERT, R.J.
5:395b
LAMBERT, S.M.
3:482b
LAMBERT, S.W.
1:422a
2:371b, 584a, 587a
3:370b
5:66a, 155a
LAMBERT, W.D.
3:247b
LAMBERTZ, A. (MECKE)
3:144a
LAMBIE, T.A.
3:407a(2)
LAMBILLIOTTE, M.
2:490b
LAMBORN, E.A.G. (HUGHES)
3:586a

LAMBOSSY, P.
1:51a
LAMBOTTE, A.
2:350b
5:402b
LAMBRECHT, K.
3:272a
LAMBRECHTS, P.
2:318a
LAME, G.
5:313b
LAMEERE, A.
1:128a
2:566b
3:283a, 321b
LAMEERE, W.
1:59b, 297a(2), 511a
4:103a
LAMER, H.
4:87a, 147b
LAMERS, A.J.M.
1:340b(2)
LAMLA, E.
3:75a
LAMM, C.J.
4:53b, 70a, 430b
LAMM, M.
2:520a(2)
LAMMERT, F.
2:217b, 360a, 363a
4:101b, 166b
LAMMLEIN, G.
2:115a
5:211a
LAMMLI, F.
4:23a
LAMONT, A.
3:272a
LAMONTAGNE, R.
1:179a, 240b, 363a(2), 664a
2:37b(3), 69b, 526b
5:135b, 219b, 228b, 236b
LAMONTE, F.R.
1:518b
LAMOUCHE, A.
3:38a(2), 39b
LAMPA, A.
2:124a
3:144b
LAMPE, W.
2:28b
3:186a
LAMPKIN, R.H.
3:49a
LAMPRECHT, S.P.
1:338b
5:109b
LAMPUGNANI, G.
1:414b
LAMS, H.
5:271b
LAMSTER, J.C.
4:259a
LAN P'U
1:250b
4:242a
LANCASTER, A. (HOUZEAU)
3:201b
LANCASTER, H.C.
2:83b
5:416a
LANCHBERY, E. (DUKE)
3:559a, 560a
LANCHOU, G. (HUARD)
1:538b

LANCZOS, C.
1:376a
3:141a, 158a
LANDA, D. DE
4:276b
LANDAU, L.D.
2:289b
3:148a
LANDAU, P.
3:303b
LANDAU, R.
4:383b
LANDAUER, W.
3:533a
LANDE, A.
3:154b(4), 155a
LANDECKER, K. (BAILEY)
2:145b, 344b
LANDELS, J.G.
4:143a
LANDEN, D.
3:231b, 249a
LANDER, K.F.
3:424a
LANDES, H.
3:230b
LANDES, R.
4:280b
LANDES, R.R.
1:32b
5:169a
LANDGRAF, A.
1:521a
2:296b
LANDGRAF, E.
4:357a
LANDHEER, B. (BARNOUW)
3:77b
LANDING, B.H.
1:510b
2:287b
LANDIS, H.R.M.
2:26a
5:396b
LANDMAN, J.H.
3:451b
LANDOGNA, F.
4:321a
LANDON, F.
3:522b
LANDRIANI, M.
5:292a
LANDRY, A.
3:358b
LANDRY, B.
1:67b, 83a, 365b, 521a
4:299a, 304a
LANDSBERG, H.
2:565b
5:409b
LANDSBERG, H.E.
3:227b
LANDSBERG, M.
1:574a, 579a
3:479a, 496b
4:94a, 133a, 137a, 137b
LANDSBERGER, B.
4:62a, 64a, 64b, 66a, 71b
LANDSBERGER, B. (EHELOFL)
4:64b
LANDSTROM, B.
3:554b
LANDUCCI, L.
5:9a

LANE, A.
4:430a
LANE, A.C.
3:297a
LANE, E.P.
2:626b
LANE, F.C.
4:322b
5:88a
LANE, J.E.
1:224b, 340b
2:563a, 775a
5:245a, 268b
LANE, M.
4:52b
LANE, M.A.
2:509a
LANESSAN, J.L. DE
1:313b, 205a
3:291b
5:237a, 240b
LANESSEAU, J.J. DE
1:338a
5:142a
LANG, A.
4:305a
5:270b
LANG, A.W.
5:34b
LANG, M.
2:703a
3:617b
LANG, P.H.
3:607b
LANG, R.
2:307b
5:159b
LANG, W.
1:388a
5:33a
LANG, W.D.
1:42b, 117b
5:344b
LANG, W.H.
1:588b
2:349a
5:444a
LANGBEIN, W.B. (HOYT)
3:226a, 227b
LANGDALE, A.B.
1:422a
5:155b
LANGDON, S.H.
1:37a
2:666a
4:18a, 20a(2), 58a(2), 64a(2), 64b(3), 65a, 67b
5:456a
LANGDON, S.H. (GRIFFITH)
2:444b
LANGDON, W.C.
3:598b
5:430a(2), 459a, 474b
LANGDON-BROWN, W.
1:33b, 487a
2:676b
3:394b, 500a
5:50b, 370a, 544b
LANGDON-DAVIES, J.
2:121b, 728b
3:35b
LANGE, E.F.
1:145a, 398b, 494b, 597b
2:209b, 749b
3:72b

5:423a
LANGE, F.
5:548a, 548b
LANGE, F.A.
3:95a
LANGE, F.G. (BIERMANN)
1:604a
LANGE, H.
1:248b, 608a
3:135b
LANGE, H.O.
4:47b
LANGE, J.
2:30a
LANGE, J.J. DE (DORGELO)
2:687a
3:167b
LANGE, K.
4:286a
LANGE, L.
1:512a
LANGE, M.
1:493a
LANGE, O.
3:133a
LANGE-EICHBAUM, W.
3:345b, 346a, 434b
LANGEBARTELS, E.
2:423a
4:353b
LANGEN, C.D. DE
1:164a
3:407a
5:259a
LANGENBECK, W.
1:586a
LANGENHAN, H.A.
3:504a, 515b
LANGENHOVE, F. VAN
2:614b(2)
LANGENMEIER, T.
3:265b
LANGER, F.
3:89a
LANGER, R.E.
1:333a, 394b, 485b
2:223a
LANGER, R.E. (BIRKHOFF)
3:148b
LANGER, S.K.
3:65b, 96b, 109a
LANGER, T.W.
2:98a
5:238a
LANGER, W.L.
4:350a
LANGERBECK, H.
1:328a
LANGEVELD, L.A.
3:198b
LANGEVIN, J.
1:199b
LANGEVIN, L.
2:109b
3:85b
LANGEVIN, P.
1:343b, 377a(2)
2:286a
3:24a, 58a, 135b, 143a, 152b(2), 164b, 174a
LANGFELD, H.S.
3:342a, 343b
LANGFORD, C.H. (LEWIS)
3:109a

LANGFORS, A.
2:692b
LANGIE, A.
3:111a
LANGLEY, L.L.
3:443a
LANGLOIS, A.
4:324b
LANGLOIS, C.V.
1:418a, 548a, 600b
4:361a
5:31b
LANGLOIS, J.P.
2:163b
LANGLOIS, T.H.
2:733a
3:284b
LANGMUIR, I.
3:61b, 143b, 169b, 189a
LANGSTAFF, J.B.
1:109b
2:611a
LANGTON, H.H.
2:126a
LANJOUW, J.
3:304b
LANKESTER, E.R.
1:594b
LANKHOUT, J.
1:288b
2:115a, 462b, 498a
3:345a
5:146b, 259b
LANNA, D.
2:541b
4:298a
5:489b
LANNOIS, M.
2:679a, 681b
3:417b
5:265b
LANOS, J. (LE ROY)
3:518b
LANOWSKI, J.
1:469a
LANSDELL, N.
3:567a
LANSDOWN, B.
3:191b
LANSDOWNE, MARQUIS
1:508b
2:307a
LANSELLE, M.
2:572a
5:69b, 167a
LANSELLE, M. (JEANSELME)
2:413b
LANSELLE, M. (PAS)
5:73b
LANSING, A.
2:468a
LANSON, G.
2:191b
LANTIS, M.
3:349b
LANTSCHOOT, A. VAN
2:21b, 242b
4:166a
LANZONI, F.
1:140b
2:525b
5:173a
LAO, K.
4:232a

LAOUST, E.
4:427a, 434b
LAPAGE, G.
1:373a
3:65b, 316a, 458b
LAPAN, A.
3:33b, 147a
LAPANNE-JOINVILLE, J.
4:430b
LAPAUZE, H.
2:657a
5:432a
LAPEYRE, G.G.
1:326a
4:72b
LAPICQUE, L.
2:291a
3:431a
5:362a
LAPIN, V.V.
3:238a
LAPKO, A.F.
3:117a
LAPP, R.E.
3:172b, 207b
LAPTEV, B.L.
2:104b, 712b
3:117a
LAPTEV, I.
3:295b
LARCHER, J.
3:601b
LARGE, E.C.
3:526b
LARGENSKIOLD, K.
2:103b
LARGIADER, A.
2:9b, 665b
5:432a
LARGUIER, E.H.
1:195b
3:108a
LARK-HOROVITZ, K.
3:4a
LARKE, W.J.
3:574a
LARKEY, S.V.
1:107a, 131a, 215a, 449b, 476b, 559b,
 581a, 636b
2:189b, 586b, 589b
5:8a, 25b, 55a, 61a, 66b, 72b, 148b,
 156a, 369b
LARKEY, S.V. (JOHNSON)
1:284a, 346b
2:390b
5:4b, 24a
LARKEY, S.V. (LEAKE)
4:49a
LARKEY, S.V. (MILLER)
1:135b
LARKIN, O.W.
2:201a
LARKIN, V.R.
2:542a
4:345a
LARMOR, J.
1:225b, 408a, 512a, 535b
2:112b, 160a, 223a, 226a, 406a
3:84a, 153a, 243b
5:316b
LARNAUDIE, R.
1:528b
LAROCHE, E.
4:115b

LAROCK, V.
4:126b
LARRANAGA, V.
2:115a
LARREGLA, S.
1:378b
2:83a, 112a, 152b, 216a
LARRONDE, N.
1:302a
LARSELL, O.
2:397a, 421a, 624a, 641b
3:389a(2), 390b
LARSEN, E.
1:158b
2:423b(2), 678a
3:15a, 559b
5:202b
LARSEN, E.L.
1:95a
2:2b
5:279a
LARSEN, H.
1:155b
4:339a, 351b
LARSEN, H.D.
3:117b
LARSEN, J.A.
3:68b
5:531a
LARSEN, R.E.
1:67b, 96a
LARSEN, S.
1:268b(2)
2:360a
4:322b
LARSON, H.M.
3:547a
LARSON, M.E. (WEEKS)
1:53a
LARSON, P.S.
3:415b
LARSSON, B.H.
2:95a
LARUELLE, E.
2:746a
3:396b, 505a
LARWOOD, H.J.C.
3:81a(2)
4:188a
LASAREV, P.P.
2:107b
LASAULX, E. VON
4:90a
LASBAX, E.
3:97b, 354b
LASCARIS, P.A.
3:614a
LASCOFF, J.L.
3:504a
LASKER, E.
1:384a
3:109a
4:118a
LASKI, H.
2:153b
LASKIEWICZ, A.
1:125a
5:384b
LASLETT, P.
5:106a
LASLEY, J.W. (HENDERSON)
3:149a
LASS, W.E.
3:555a

LASSALLY, O.
3:214a, 221a, 239a
LASSEK, A.M.
3:425b
LASSEN, H.
3:299a
LASSERRE, F.
2:329a
LASSERRE, P.
2:395b
LASSWITZ, K.
3:169b
5:310b
LASTRES, J.B.
1:18a, 34a(2), 227a, 383a, 469b(2), 547a
2:320b, 525a, 570a, 716a, 755b
3:236b, 375b, 392b(2), 410b, 432b, 432b(2), 449a, 473a
4:281a(2)
5:54a(2), 57b, 79a, 154b, 190a, 259a, 437b
LATHAM, B.
3:584a
LATHAM, J.
5:361b
LATHAM, M.
3:208a
LATIL, P. DE
2:312b
3:600b
LATIMER, J.F.
1:29b
4:87a
LATINI, B.
4:293b
LATOR, E.
1:627a
LATOUCHE, R.
4:360b, 368a
LATOUR, A.
3:584a, 585a, 593b
4:275b
LATOURETTE, K.S.
4:215a
LATRONICO, N.
1:78a
2:525b
3:444b, 456b, 515a, 536a
4:92a, 94a
5:72a, 79a
LATTES, E.
4:85a(2), 86b
LATTIMORE, O.
1:477a
2:502b
4:179b(2), 181a, 217a, 244b
LATTIN, H.P.
1:202b
2:119b, 127a, 522b(2)
4:148b, 286b, 307b
LAUBER, H.
3:440b
LAUBIE, Y.
4:256b
LAUBRY, C.
4:201a
LAUDA, E. VON
1:80b
LAUE, H.
1:328b
LAUE, M. VON
1:283a, 375b
2:44b, 230a, 322a, 491b
3:149b(2), 152a, 176a, 176b, 217a

5:453a
LAUE, T.H. VON
See VON LAUE, T.H.
LAUER, C.N.
1:387a
2:298a
LAUER, H.H.
2:631a
5:390b
LAUER, J.P.
4:39a, 51a(4)
LAUFER, B.
1:223a
2:245a
3:162b, 313b, 327a, 329a, 358a(2), 416a, 513b, 527b, 528a, 529a, 530a, 533a, 559b, 599b
4:119b, 142a, 172a, 179a, 181b, 183a, 183b(2), 194a(2), 214b(2), 216a, 217a, 224a, 229b, 232a(2), 232b, 233a, 239b(2), 241b, 242a, 242b(2), 243b(2), 244b, 250a, 275a, 326b, 429b
5:545b
LAUGHLIN, H.H.
2:692a
3:416b
LAUGHLIN, R.C.
3:441a
LAUGHTON, C.
3:225b
LAUGHTON, L.G.C.
3:555b
LAULAN, R.
2:285a
4:89b
LAUMANN, J.
5:115a, 200b
LAUMONNIER, J.
1:441b
LAUNAY, A.
4:219b
LAUNAY, L. DE
1:37b(2), 332a
2:190a(2), 213b, 690b, 704b
3:228b, 229b, 230a
4:35a
5:286b
LAURAND, L.
1:256b
4:87a, 87b
LAURENCE, D.H. (BONI)
1:374a
LAURENT, F.
1:103a
LAURENT, G.
3:15a
LAURENT, H.
1:513a
2:253a
4:364a
LAURENT, L.V.
1:650a
LAURENT, M.H.
1:521b
4:371b
LAURENT, V.
1:511a
2:262b(3)
LAURENTIUS, P.
3:498a
LAURES, C.
3:127b, 142a
LAURICELLA, G.
3:125b

LAURIE, A.P.
3:582b
5:92a
LAURIE, P.S.
2:747b
3:205b
LAURSON, P.G. (KIRBY)
3:551a
LAUTERBORN, R.
3:241b
5:485b
LAUTNER, J.G.
4:68a
LAUVERNIER, C. (BERTHIER)
3:10a
LAUVRIERE, E.
1:657a
2:49a, 149b
5:135b
LAVAL, M.E.
3:393a
LAVALLE, C.R.
3:475b, 490b
LAVENNE, F.
3:491b
LAVIER, -.
2:41a
5:167b
LAVIER, G.
1:639b
2:348b, 417a
5:149b, 363b
LAVIS-TRAFFORD, M.A. DE
5:33a
LAVOCAT, R.
2:542a
4:346a
LAVOIPIERRE, M.
1:170a
5:144b
LAVONDES, A.
2:464b
LAVRENT'EV, M.A.
1:394b
LAVROVA, N.B.
3:201a, 201b
LAW, B.C.
4:198b(3)
LAW, E.
2:469b, 638b
5:46a
LAW, N.N.
4:201a, 212b
LAW, W.
2:56a, 231b
LAWALL, C.H.
See LA WALL, C.H.
LAWN, B.
2:755a
4:445a
LAWRENCE, A.W.
1:51b, 212b, 269b
4:143b
5:36b
LAWRENCE, D.G.
5:378a
LAWRENCE, E.
3:348b(2)
LAWRENCE, E.O.
3:173b
LAWRENCE, G.H.M.
2:677b
3:303a
LAWRENCE, L.
2:543a

LAWRENCE
4:352b
LAWRENCE, W.W.
1:247b
LAWRIE, J.
2:183b
LAWRIE, L.G.
3:585b
LAWSON, E.W.
2:343b
5:37b
LAWSON, H.C.
5:367b
LAWSON, R.W.
1:298a, 298b
2:515a
3:175a
LAWTON, H.W.
2:532a
LAYARD, J.
4:260b
LAYNG, T.E.
5:32a
LAYNG, T.F.
3:254a
LAYSSUS, Y.
2:47b
LAYTON, D.
2:231b
LAYTON, T.B.
2:44a
LAYTON, W.T.
1:259b
5:179b
LAZANSFELD, P.
3:349a
LAZAREV, P.P.
2:230a, 567b
3:79b
LAZAREV, V.N.
2:73a
LAZARSFELD, P.F.
3:356a
LAZARUS, A.
1:373a
LAZERGES, G.
2:676b, 678a
LAZZARINI, V.
1:354b
LAZZATI, G.
1:58b
LAZZERI, G.
1:307a
LE BON, G.
3:244a, 606b
LE BONDIDIER, L.
3:269b
5:519a
LE BONNIEC, H.
2:334a
LE BOW, R.H.
5:382b
LE BOZEC, A. [BOZEC, A. LE]
2:745a
5:272b
LE CHARPENTIER, C.
1:536b
LE CHATELIER, H.
1:141b, 633b, 650b, 657a
2:147b, 434b, 451b, 492b, 529b, 535a, 559b(2)
3:36a, 38a, 57a
5:424b
LE CORBEILLER, P.
3:42a, 42b, 59b, 139b, 175b

LE CORBUSIER,
3:586b
LE DANOIS, E.
3:243b
LE DANTEC, F.
3:279b, 293b, 463b
LE DOUBLE, A.F. [LEDOUBLE, A.F.]
1:178a, 334a
2:376a
5:6a, 155a
LE FANU, W.R. [LEFANU, W.R.]
1:25a, 48b, 447a, 163b, 194a, 292b, 547a, 607b, 647b, 648a(3)
2:151a, 218b, 473a, 747a(2)
3:394a, 487a
5:52a, 155b, 280a
LE GALLEC, Y.
3:566a
LE GAUBICHON, J.
1:193b
LE GENDRE, P.
1:178b(2), 249a, 339b, 532a, 567a
2:318a, 770b
5:364b, 366a, 371a, 377a
LE GENTILHOMME, P.
4:161b
LE GOFF, J.
4:299a
LE LIONNAIS, F.
1:338b, 375b
3:38a, 100b, 114b, 140a
LE MAIRE, O.
3:204a
5:214b, 330b, 517b
LE MORVAN, C.
3:212a
LE PENA Y CAMARA, J.M. DE
2:758a
5:541a
LE PETIT, J.
3:452a
LE POUTOUNEL, N.
3:442a
LE ROY DES BARRES, -. (DUPONT)
4:237a, 266b
LE ROY, E.
3:41a, 291b, 335a, 343b
LE ROY, G.
2:281a
LE ROY, L.
4:285a
LE ROY, R.
1:348a
3:518b
5:163a
LE SAVOUREUX, H.
3:438b
LE SENNE, R.
3:91b
LE TESSIER, -.
4:9b
LE TESSIER, R. (LAIGNEL-LAVASTINE)
4:349b
LE THANH KHOI
3:583b
LE THOMAS, P.J.
See THOMAS P.J. LE
LE TOURNEAU, R.
1:260b
5:41a
LE VERRIER, M.L.
2:37a, 201a
LEA, H.C.
3:353b(2)

LEACH, A.F.
4:370a
LEADBETTER, C.W. (BESANT)
3:188a
LEAF, W.
1:590b, 591a
2:57a
4:144b
LEAHY, M.J.
4:263b
LEAKE, C.D.
1:157b, 196b, 285b, 447a
2:27b, 108a, 299a, 676a, 712a, 742b
3:12a, 59a(2), 61b(2), 63a, 96b, 367b, 368b, 493a(4), 517b(3), 542a
4:45b(3), 48b, 49a, 154a, 234a
5:243b, 404a, 464a
LEAKE, C.D. (GARDNER)
2:45b
5:275a
LEAKEY, L.S.B.
3:336a
4:264a(2), 267a
LEAMAN, W.G.
3:375b, 446b
LEANDER, P.
2:652a
LEAR, F.S. (DREW)
4:293b
LEAR, J.
2:12b(2)
5:147a, 467b
LEARMONTH, J.
3:409b, 486a
LEATHES, J.B.
2:122a, 167b
3:427b
LEAVENWORTH, I.
2:284a
LEAVIS, F.R.
3:60b
LEAVY, S.A.
1:662b
LEBEAU, P.
2:188a, 441a
LEBEDEV, P.N.
3:166b(2)
LEBEDINSKI, V.K.
2:161a, 344b
LEBEDOVA, A.
3:11a
LEBEGUE, R.
2:296b
5:104a
LEBEL, A.R.
3:266a
LEBEL, R.
3:263b
LEBENGARC, J.
2:79b
LEBESGUE, H. [LEBESQUE, H.]
1:38a, 658b(2)
2:574a
3:100b, 115a, 126a
5:13b, 311a
LEBESON, A.L.
3:70b
LEBESQUE, H.
See LEBESGUE, H.
LEBLANC, H.
1:478a
3:39b
LEBLANC, L.
3:478a

LEBLOND, V.
2:753b
3:470b
LEBON, E.
1:310a, 475a, 531b
2:100a, 338a
LEBOUCQ, G.
2:583a, 587a
LEBOUCQ, G. (BIDEZ)
2:310a, 330a
4:134a
LEBOUCQ, H.
1:106b
LEBRIJA CELAY, M.
3:224a
LEBRON, C.J.
2:467b
5:369a
LEBRUN, G.
3:78a
LEBRUN, J.
3:276b
LEBS, C.H.
1:660b
LECAT, M.
1:236a, 374a, 471a
2:400b
3:78b, 100b, 122a, 125a, 126a
5:312a
LECENE, P.
1:579a
3:485b
4:138a
LECENE, P. (JEANSELME)
5:274a
LECHALAS, G.
1:363b
3:46a
LECHE, W.
3:334b
LECHLER, W.H.
2:317a
LECHNER, A.
5:73b
LECHNER, J.
2:756b
5:4b
LECLAINCHE, E.
3:337b, 518a, 531b
LECLAINCHE, X.
3:7b
LECLAIR, E.
2:719b
5:161b, 274a
LECLAIR, H.
3:481b
LECLANT, J.
4:47a
LECLERC DU SABLON, M.
3:35b, 281b
LECLERC, E.
3:584a
LECLERC, H.
1:215a, 349b, 353a
2:157b, 185b, 288a, 319b, 466b, 470a, 606a
3:314b(3), 415a(2), 442b, 500a, 503b, 510b(2), 511b(4), 512a(5), 512b, 513b, 517b, 530a, 530b
4:138b
5:85a(2), 166a, 173a(2)
LECLERC, I.
2:623b
3:139b

LECLERC, J.
3:220b
LECLERCQ, E.
5:294b
LECLERCQ, J.
1:547a, 601b
3:317a
5:173b, 174a, 549a
LECLERCQ, R.
3:38b
LECOCQ, R.
4:149b
LECOINTE, G.
2:706b
3:218b
LECOMTE DU NOUY, P.
3:45b, 283a, 427b(2)
LECOMTE, J.
1:212a
2:749b
LECORNU, L.
3:218b
LEDENT, A.
3:96b
LEDERBERG, J.
3:294a, 302b
LEDERER, A.
3:556b
LEDINGHAM, J.C.G.
1:205b
LEDOUBLE, A.F.
See LE DOUBLE, A.F.
LEDOUX-LEBARD, G. (LEDOUX-LEBARD, R.)
5:397a
LEDOUX-LEBARD, R.
3:369b
5:254a, 397a
LEDUC, S.
3:288a
LEE WON-CHUL (RUFUS)
4:247a, 247b
LEE, A. (DICKINSON)
2:384a, 384b
5:285a
LEE, C.E.
2:506a
3:557b, 558a(3)
5:417b, 418b, 428a
LEE, D.
4:212a, 276b
LEE, E.
2:742a
3:422a
LEE, G.
1:550a
3:598a
LEE, I.
1:195a, 278b, 297a, 306a
5:139b, 226b, 342a
LEE, J.
3:598b
LEE, N.E.
3:525b
LEE, O.
3:91b
LEE, O.J.
1:110b
LEE, R.A.
2:24b
5:179b
LEE, R.E.
3:4a
LEE, T.
4:235a

LEECHMAN, D.
4:275b
LEEF, G.
1:511a
LEEMANN-VAN ELCK, P.
2:733a
3:595b
LEEMANS, E.A.
2:241b
LEEN, J. VAN
2:746a
3:436b, 472a
LEENER, G. DE
1:345a
2:490b
3:595a
5:550a
LEERSUM, E.C. VAN
1:162b(4)
2:296b, 307b, 511a, 584a, 619a, 645a(3)
3:287b, 373a, 428b, 449a(2)
5:152b, 155b
LEES, G.M.
3:578b
LEESON, J.R.
2:100b
LEEUWEN, H.G. VAN
5:109a
LEEUWENBURG, L.G.
1:630b
LEFANU, W.R.
See LE FANU, W.R.
LEFAS, -.
1:237b
LEFEBURE, E.
5:399a, 459b
LEFEBVRE DES NOETTES, R.
3:556b, 565a(3)
4:159b, 291a, 360b, 367b, 379b
5:89b, 550a
LEFEBVRE, B.
4:286b
LEFEBVRE, G.
2:304a
4:45a, 48a, 56b
LEFEBVRE, H.
1:332a
LEFEBVRE, L.
2:375a
LEFEVRE, L.E.
4:319b
LEFEVRE, P.
4:319b
LEFEVRE, R.
1:332a(3)
LEFF, G.
1:186b
2:296b
4:305a, 318a
LEFF, S.
3:408b
LEFF, V. (LEFF, S.)
3:408b
LEFFMANN, H.
2:45b, 444b
5:422a
LEFLON, J.
2:522b
LEFORT, F.L.
3:306b
LEFORT, T.H.
4:381a
LEFRANC, A.
1:260b
2:681b(2)

LEFRANC
5:8b(2)
LEFRANC, J.
1:179a
LEFRANCOIS-PILLION, L.
4:364b
LEFSHETZ, S. (LA SALLE)
3:126b, 157a
LEGANGNEUX, H. (LOIR)
3:86b
LEGEAR, C.E.
2:493a
5:221b
LEGEAR, C.E. (RISTOW)
3:251a
LEGENDRE,
See also LE GENDRE
LEGENDRE, P.
See LE GENDRE, P.
LEGENDRE, R.
3:74b
5:520b, 550a
LEGEY, F.
3:353a
LEGGE, C.M.
1:304b
LEGGE, J.
2:168a
LEGGE, M.D.
2:294a
LEGGET, H.W.
2:426b
LEGGET, R.F.
3:552a
LEGGETT, W.F.
3:585b, 586a
4:291b
LEGIARDI-LAURA, C.
1:443a
2:108b(3)
LEGIER-DESGRANGES, H.
2:736b
5:253a
LEGLAIR, E. (OLIVIER)
1:324b
5:242a
LEGRAIN, G.
4:54a
LEGRAND, C.
3:590a
LEGRAND, L.
3:287a, 294a, 298b(2)
LEGRAND, M.
3:491a
LEGRAND, N.
2:738a
3:367b, 396a, 486b
LEGROS, G.V.
1:401a(2)
LEHMAN, H.C.
3:30a(3), 182a
LEHMANN, A.
1:14b
4:379a
LEHMANN, A.G.L.
3:88a
LEHMANN, E.
1:524b
3:510b
5:133a, 234b
LEHMANN, E.H.
3:13b
LEHMANN, F.M.
3:463b
LEHMANN, F.R.
4:262b

LEHMANN, G.
2:4b, 172a
LEHMANN, H.
1:14b, 276a(2), 641a, 650a
2:210b
3:314b
4:377a
5:390b
LEHMANN, K.
1:646a
LEHMANN, O.
2:50b
3:176a
LEHMANN, P.
1:124a, 245b, 387a
4:291b, 302a, 306b, 371b
LEHMANN, W.
1:498a
2:461a
5:295b
LEHMANN, W.C.
1:412a
5:241a
LEHMANN-HARTLEBEN, K.
4:96a
LEHMANN-HAUPT, C.F.
4:19b, 57b, 58a, 146b
LEHMANN-HAUPT, H.
2:451b
3:595a(2)
5:93b
LEHMANN-HAUPT, H. (IVES)
4:329a
LEHMANN-NITSCHE, R.
3:203b, 215a(7), 519b
4:279a, 279b(3), 280a(2)
5:39a
LEHMER, D.H.
3:121a, 123a(2), 591b
LEHNER, E.
3:207b, 509b, 527b
LEHNER, J. (LEHNER, E.)
3:207b, 509b, 527b
LEHNER, W.
3:269b
LEHNERT, G.
2:90a
5:371b
LEHTISALO, T.
3:533a
LEIBBRAND, W.
1:230a, 347a, 428b
2:28b(2), 107a, 350a
3:363a, 382a, 434a, 434b
5:363b, 377b, 464b, 468b
LEIBMAN, E.B.
2:732a
3:117a
LEIBOWITZ, J.O.
1:21b, 35b(5), 91a, 220a, 275a, 543b
2:134b(2), 135a, 323b, 351a, 424a,
460b, 465b, 585a(2), 585b, 586b,
588a, 647a
4:79b, 299b, 424a, 440a, 441b(2)
5:66a(2), 66b, 67a(2)
LEICESTER, H.M.
1:210b, 322a(2), 322b, 364a
2:56a, 90a, 170a, 170b
3:178a, 181a, 182a, 186b(2), 579b
4:124a
5:209b, 326b
LEICESTER, H.M. (KLICKSTEIN)
3:180b
LEICK, E.
3:530b

LEICK, H.
2:579a
4:156b
LEIDY, J.
1:312b
2:377b
LEIGH, D.
1:548a
3:434b
5:382b
LEIGH, R.W.
4:48a
LEIGHTON, A.H.
4:270a
LEIGHTON, D.
4:272a
LEIGHTON, D. (KLUCKHOHN)
4:270a
LEIGHTON, D. (LEIGHTON, A.H.)
4:270a
LEIKIND, M.C.
2:766a, 768a(2)
3:19a, 163b, 295a, 413b(2), 444b, 446b,
462b, 466b, 473a
5:264b, 395b, 529a
LEIKIND, M.C. (HITCHENS)
1:567b
2:26a
3:302a
5:352b
LEIPZIGER, H.
3:587a
LEIRO, J.M.
5:79b
LEITE CORDEIRO, J.P.
5:150a
LEITE DE VASCONCELLOS, J.
1:389b
3:402b
LEITE, D.
2:589a
LEITE, S.
2:710a
5:544b
LEITH, C.K.
3:238b
LEITHAUSER, J.G.
3:540b
LEITZMANN, A.
1:605a
LEIX, A.
4:66b
LEJARD, A.
3:73b
LEJARD, A. (LEJARD, A.)
3:73b
LEJEUNE, A.
1:51a(2), 391b, 392b(2), 394a
2:360a(3), 360b(3)
4:101b, 113a, 133b, 287a
5:454a
LEJEUNE, F.
1:266a, 410a, 489a, 519b
2:38b, 573a, 576a, 588a(2)
3:190a, 363a, 399b(2), 425a
4:12a
5:50b, 55a, 57b, 62b(2)
LEJEWSKI, C.
1:60b
LELAND, W.G.
2:662b, 706a
3:52a, 604a, 607b
LELEUX, C.
3:464a

LELOUP, E. (ADAM)
2:297b
LEMAIRE, L.
5:271b
LEMAITRE, G.
1:370a
2:47b
3:153a, 216a(2), 217a
5:215a
LEMARCHAL, R.
1:493a
3:336a, 608a
LEMAY, J.A.L.
1:434b, 436b
2:21a(2)
LEMAY, P.
1:142a(3), 260a, 340a, 364a, 550b, 555a
2:53b, 53b(4), 135a, 135b, 253b(2), 282a, 397b, 406b, 417b, 553a, 658b, 761a(2)
5:154a, 212a, 252a, 265b, 277a, 289b, 291b, 325b, 376a
LEMAY, P. (OESPER)
2:434b
LEMAY, R.
1:8a, 66a
4:297b
LEMEE, P.
2:42a
LEMELAND, P.
3:488b
LEMERAY, E.M.
3:166b
LEMKAU, P.V.
2:711a
3:435a
LEMMER, G.F.
3:532a
LEMOINE, G.
3:189a
LEMOINE, J.G.
1:622a
3:118b
4:395b
LEMOINE, P.
2:727b
3:275a
LEMOISNE, P.A.
4:255a
LEMONNIER, H.
1:363b
2:74a
5:288a, 497a
LEMONNIER, L.
2:49a
LEMOS, M.
1:229a
2:733b
3:402a
5:373a
LEMPFERT, R.G.K.
2:472a
LEMPKE, B.J.
1:131a
5:358b
LEMPRIERE, W.
2:680b
3:616a
LENAIZAN, B. DE
3:137a
LENARD, A.
3:448a
LENARD, P.
3:15a(2), 167a

LENARD, P. (APPLEYARD)
2:160b, 180b
5:320b
LENDRUM, F.C.
3:469b
LENGER, F.
1:331a
LENGHEL, A.
1:13b
2:376b
3:453a, 490a
4:154a(2)
5:265b
LENGHEL, A. (BOLOGA)
4:9b
5:75b
LENKEITH, N.
1:308b
LENNARD-JONES, J.
3:182a
LENNEBERG, E.H.
3:41b
LENNOX, W.G.
1:135a, 517b, 652b
4:343b(2)
5:64a
LENOBLE, R.
1:338a, 428b, 471b
2:50b, 175a(4), 175b, 233a, 407a
3:27b, 37a, 464a
5:101b, 117a, 129b, 146b
LENOIR, H.
3:515a
5:279a
LENOIR, J.
3:313a
LENOIR, R.
1:127b, 137a, 167b, 181b, 273a, 274a, 274b(2), 340a, 366b, 425a
2:40a(2), 42a, 59b, 135b, 148b, 176b, 399b, 577b(3)
3:280b, 341a
4:7a, 113a
5:186a, 199a, 240a, 240b, 311b, 364b, 456a, 469a, 548a
LENOIRE, P.
2:375b
LENORMAND, C.
1:27a, 367b
5:272a
LENOX-CONYNGHAM, G.P.
1:208b
LENS, A.R. DE
4:419a
LENTZ, W.
2:341b
4:181a
LENZ, G.
5:291b, 522b
LENZ, J.W.
1:606a
5:195b
LENZEN, V.F.
1:51a, 363b, 554b
2:231b(2), 296a
3:38a, 44b, 141a(2)
5:301a, 338a
LEON, E.F.
1:259a
4:154b
LEON, H.J.
2:117b
4:148a, 161a
5:473b

LEON, P.
1:150b, 514a
5:289a, 290a, 459b
LEON, X.
1:416b
LEONARD, F.E.
3:414a
LEONARD, H.S.
3:109a
LEONARD, I.A.
2:478a
LEONARD, J.N.
2:503b
LEONARD, L.
2:114b
LEONARD, R.S. (BENTLEY)
3:133a
LEONARDI, C.
2:151b
LEONARDI, E.
4:339b
LEONARDO, R.A.
3:363a, 383a, 452a, 485b, 486b, 491a
LEONCINI, F.
1:459b
2:190b, 460a, 756b
4:341b
5:455a
LEONCINI, L.
1:222a
LEONHARDT, O.K.
4:346b
5:68b, 458a
LEOPOLD, E.J.
1:52b
4:134a
LEPINE, P.
1:194b, 437a
LEPLAE, E.
4:12b
LEPLEY, R.
3:41a(2)
LEPRINCE-RINGUET, L.
3:4a, 15a, 172a, 172b, 542b
LEPSIUS, B.
2:82b
3:580a
LEPSIUS, R.
2:218a, 518b
LERCH, P.
4:350b
LEREBOULLET, L.
2:593a
LEREBOULLET, P.
1:546a
LEREDU, R.
1:377a
LEREL, A.
1:342a
LERI, A.
3:461a
LERICHE, E.
3:496a
LERICHE, M.
1:236a, 286b
3:232b
LERICHE, R.
1:636a
2:249a
3:485b
LERIS, P. (TASSY)
3:74a
LERMITTE, C.
1:491a

LERNER

LERNER, D.
   3:38a, 349b
LERNER, F.
   3:582b, 585a
LERNER, I.M.
   3:290b
LERNER, M.
   3:410a
LEROI-GOURHAN, A.
   3:574a
LEROUX, D.
   2:265b
LEROUX, D. (LEROUX, L.)
   2:52b
LEROUX, E.
   1:642b
   3:95b
LEROUX, G.
   4:32b
LEROUX, L.
   2:52b, 69b
   3:602b
LEROY,
   See also LE ROY
LEROY Y GALVEZ, L.F.
   1:389b
   5:323a
LEROY, A.L.
   1:133b, 134b, 605b
   2:623b
LEROY, E.
   3:620a
LEROY, E.B.
   3:346b
LEROY, J.F.
   1:338b
   2:555a(2)
   3:310a, 311b
   5:144a
LEROY, M.
   1:332a(2), 391b, 511b
   2:434a
   3:548a
   4:381a, 381b
LEROY, M. (HUBAUX)
   4:91b
LEROY, O.
   1:197b
   3:344b
   4:7b, 13b
LEROY, P. (BARJON)
   2:530a
LESCHMANN, W.
   1:238b
LESER, P.
   3:526a
LESEY, F.
   4:289b
LESIEUR, C.
   3:378a
LESKY, E.
   1:14b, 25b, 63a, 102a, 150a(2), 164a, 212a, 238b, 433a, 452a, 453b, 532a, 544b, 577b, 579b
   2:118a, 146a, 412a, 461b, 521a, 651a, 771a(3)
   3:365b, 398b, 449b, 452b, 471b, 483b, 515b
   4:25b, 27b, 28a, 124a, 134a, 134b(2)
   5:155a, 243a, 248a, 248b, 251a, 269a, 365a, 371a, 382b, 388a, 400b, 455a, 510a(2)
LESLAU, W.
   4:264b
   5:546a

LESLEY, M.
   1:153b
   4:404b
LESMANN, E.
   3:306a
LESNE, E.
   4:371a
LESNIAK, K.
   1:96b
LESNY, V.
   5:495a
LESPIEAU, R.
   3:183a, 191b
LESSA, W.A.
   3:422a
LESSING, L.P.
   1:70a
LESTER, G.M.
   2:111a, 660b
   5:187b
LETACQ, -.
   1:324a
   5:365a
LETHABY, W.R.
   1:386b
   4:121a
LETHBRIDGE, T.C.
   3:554b
   4:4a, 327b
LETROYE, A.
   1:415a
   3:249a
   5:330a
LETTENBAUER, W.
   3:460b
LETTS, E.A.
   3:178a
LETTS, M.
   2:140b
LETULLE, M.
   2:36b
   3:372a
   5:391b
LEUBUSCHER, R.
   3:434a
LEUE, G.
   1:348a
   4:120a
LEUPP, F.E.
   2:620b
LEV, I.D.
   2:714b
   3:333a
LEVE, A.
   2:156b
LEVEEN, J.
   2:132a
LEVEILLE, A.
   2:736a(2)
   3:83b, 550a(2)
LEVENE, C.M. (SCHUCHERT)
   2:150a
LEVENE, P.A.
   2:107a
LEVEQUE, P.
   2:535b
LEVEQUE, R.
   1:291a
   2:497b
LEVER, R.J.A.W.
   2:168b
   5:42a
LEVEUF, J.
   2:63a

LEVEY, M.
   1:4a(2), 153b, 367a, 469a, 620b(2)
   2:20b, 474b, 689b
   3:190b
   4:22b, 61b, 62a(3), 65b, 66b(2), 69a, 69b(6), 70a(8), 195a, 395a, 399a(3), 418a, 422b, 425a(3), 425b(2), 430a(4), 433a(2), 437b(2), 442b
   5:229b, 485a
LEVI CIVITA, T.
   3:137a
LEVI DELLA VIDA, G.
   1:2a, 46b, 74a, 308a
   2:6a, 42b, 154b, 254b, 510a, 670a(2)
   4:174a, 302b, 357b, 385b(3), 386b, 388b, 394a, 395a, 407a, 411b, 425b, 432b, 433a
   5:40b
LEVI, A.
   1:44b
   4:105a
LEVI, A.C.
   4:150b
LEVI, B.
   1:390a
LEVI, I.
   3:41a(2)
LEVI, J.
   4:125a
LEVI, S.
   2:35b, 362a, 576a(2)
   4:184b, 186a, 186b, 187b
LEVI-PROVENCAL, E.
   1:116a
   2:471a
   4:385a, 390a(2), 409a
LEVI-PROVENCAL, E. (MARCAIS)
   4:391a
LEVILLIER, R.
   2:589a(3)
   5:36a
LEVIN, H.
   3:89a
LEVIN, S.
   2:488b
   4:99a
LEVIN, S.I.
   3:319a
   4:80a
   5:545b
LEVIN, V.L.
   3:318a
LEVINAS, E.
   1:609a(2)
   3:95a
LEVINE, I.
   1:95b
LEVINE, V.I.
   2:379b
LEVINSON, A.
   1:290a
   2:164a, 166a
   3:431b, 444a, 456a(2), 457a
   5:389b
LEVINSON, H.C.
   3:152a
LEVINSON, R.
   2:324b
LEVIS, J.H.
   4:225b
LEVITSKAIA, N.A.
   5:419b
LEVITT, J.
   2:463a

LEVSHIN, V.L.
2:578a
LEVY, G.R.
4:5a
LEVY, H.
3:4a, 27a, 35b, 54a
LEVY, H. (LABOULLE)
5:187a
LEVY, H.L.
1:476b
4:149a
LEVY, I.
2:367b(2)
LEVY, J.
1:592b
2:497b
LEVY, L.G.
1:4b
2:131b
LEVY, M.J.
3:354b
LEVY, P.
1:352a
3:109a
4:257b
LEVY, R.
1:4b(3), 87b, 245b
2:133b, 252b, 383a, 480a
3:475a
4:57a, 316b, 320a
LEVY, R. (SINGER)
1:645a
2:141a
4:442a
LEVY-BRUHL, L.
1:119b, 425a
4:5a(2), 7a(3), 7b, 261b, 265a
LEVY-VALENSI, J.
3:375b
5:151a
LEWEK, W.R.
1:579b(2)
4:134a, 138a
LEWICKI, T.
4:12b, 427b(2)
LEWIN, B.
1:618a, 641a
4:393b
LEWIN, H.G.
5:418b(2)
LEWIN, J.
3:245b
LEWIN, K.
5:141b, 542a
LEWIN, L.
3:464a(2), 518a(2)
LEWIN, W.
2:396a
LEWIN, W.H.
2:153a
3:267a
LEWINSOHN, R.
3:316b
LEWINSON, M.
5:247a
LEWIS, A.
3:350a
LEWIS, A.R.
4:327b(2)
LEWIS, B.
2:703b
3:450b
4:387b, 432a
LEWIS, B.R.
5:431a

LEWIS, C.I.
3:42b, 109a(2)
LEWIS, C.L.
2:159a
LEWIS, C.S.
4:443b
LEWIS, D.C. (BIRKHOFF)
3:44a
LEWIS, D.H.
4:262a
LEWIS, E.
3:328b
LEWIS, E. (GASKIN)
1:171a
5:358b
LEWIS, F.A.
3:588a
LEWIS, F.O.
2:611a
LEWIS, F.T.
2:62a, 156a, 591b
3:163b, 309b(2)
5:120b, 142a, 239a
LEWIS, G.
1:189b, 332a, 335b
5:320a
LEWIS, G.L. (STAPLETON)
2:527a
LEWIS, G.N.
3:35b, 192a
LEWIS, H.M.
3:231b
LEWIS, J.
3:91b
LEWIS, M.
1:258a, 258b
LEWIS, N.
1:347b
4:142b, 157b
LEWIS, N.D.
3:434a
LEWIS, O.
1:321b
LEWIS, T.
4:351b
LEWIS, W.B.
1:557a
LEWIS, W.D. (BEER)
3:50a
LEWISOHN, L.
1:495b
LEWISON, E.F.
1:16a
5:547a
LEWITTES, M.H.
1:327a
5:126b
LEWKOWITZ, A.
5:303a
LEWONTEN, R.C.
3:38a
LEWTON, F.L.
2:482a
3:585a, 588b
5:292b(2)
LEWTSCHUK, A. (STEPPUHN)
3:404b
LEWY, A.
1:45a
2:308b, 347b
4:128b
LEWY, F.H.
3:432b
LEWY, H.
1:35b

2:203a
4:19b, 57b, 59a, 60a, 174a, 176b
5:480b
LEWY, J.
2:695a
4:64b(2)
LEWY, J. (LEWY, H.)
4:174a
LEXA, F.
4:36b
LEY, C.D.
5:36a, 134b
LEY, R.
4:415b
LEY, W.
1:481b
3:200a, 317a, 326b
LEY, W. (DE CAMP)
3:270b
LEYACKER, J.
3:344a
LEYBURN, J.G.
3:357a
LEYDER, J.
4:265a(2)
LEYH, G.
3:620a
LEYTON, S.E.
5:441b
LEZHNEVA, O.A.
1:177b, 441a, 502b
5:319b
LHERITIER, M.
3:22a, 605a
LHERITIER, P.
See L'HERITIER, P.
LHERMET, J.
2:281a
LHERMITTE, J.
1:360b
3:344a, 429b
LI CH'IAO-P'ING
4:224a, 224b
LI CHAO-PE
4:228b
LI CHI
4:215a, 217a, 233a
LI CHIEH
4:242b
LI CHIH-CH'ANG
1:253a
4:224b, 230b
LI HUI-LIN
1:232a
5:235a
LI JUNG
4:240b
LI KUANG-SHEN
4:243a
LI LIU-FANG
4:242a(2)
LI SHU-HUA
4:229a
LI SHU-T'IEN
4:223b
LI T'AO
2:88a
4:236a(2), 238a
LI TIEH-TSENG
4:217a, 389a
LI YEN
4:222b(3), 223a
LI, H.
4:240b

LIAN, C.
2:37a
3:446a, 446b
LIANG SSU-YUNG
4:215a
LIANG YU-KAO
4:233a
LIANG, B.
4:233b
LIAO WEN-JEN
4:233b, 253b
LIAPIN, N.M. (CHERNIAEV)
2:195a
LIAPUNOV, B.V.
2:312b
LIBAULT, A.
3:251a
LIBBY, M.S.
2:602a
5:195a
LIBBY, W.
2:107a, 470a
3:4a(2), 29a(2), 363a
5:471b
LIBBY, W.F.
3:175a(3)
LIBBY, W.F. (ARNOLD)
3:175a
LIBERT, L.
1:479a
2:200a
3:470b
4:377b
5:147b, 546b
LIBERT, L. (SERIEUX)
2:679a
5:256b
LIBMAN, E.P.
3:194a
LIBOIS, P.
3:128a
LIBON, G. (STRACMANS)
4:41a
LIBRACH, I.M.
2:140b
4:440a
LICENT, E.
3:265a
LICHT, H.
4:127b
LICHT, S.
3:385b, 462b, 498a
LICHTENBERG, N.
3:549a
LICHTENBERG, R. VON
4:33a
LICHTENFELT, H.
3:414b
LICHTENSTADTER, I.
2:207a
4:389a, 433b, 436a
LICHTENSTEIN, A.
2:195a
LICHTENSTEIN, L.
2:178b(2)
3:106b
LICHTENTHAELER, C.
1:578a(3), 581a
2:129a
3:372b
5:52b, 543b
LICHTIGFELD, A.
1:551b, 643b
2:5b

LICHTWARDT, H.A.
2:620a
4:178b
5:271a
LIDDELL, E.G.T.
2:473a
5:380b
LIDDELL, M.H.
1:96b
3:612b
LIDELL, H.
2:130a
LIDONNICI, A.
2:368a
4:22a
LIDSTONE, G.J. (ARCHIBALD)
1:329a, 534a
5:116b
LIDZ, T.
2:512a
3:439a
5:383b
LIEB, F.
1:148b
2:616b
5:12b
LIEB, J.W.
2:73a, 81a(2)
LIEBAERT, P. (ERHLE)
2:670a
LIEBEN, F.
2:89b, 214a
3:169b, 429b
5:349a
LIEBER, H.
2:5b
LIEBER, L.R. (GRAY)
2:186a
LIEBERMAN, S.
4:75b(2)
LIEBERMAN, W.
3:496b
LIEBESCHUTZ, H.
1:98b, 571a, 654b
4:297b, 299a, 318b
LIEBHOFSKY, H.A. (PFEIFFER)
1:125a
5:325a
LIEBMANN, A.J.
3:190a
LIEBMANN, H.
3:131a
LIEBMANN, L.
3:560a
5:514b
LIEBSCHER, H.
4:343b
LIECHTENHAN, E.
4:357b
LIEDGREN, J.
2:130a
LIEF, A.
1:419b
LIEH YU-K'OU
2:643a
LIEK, E.
3:381b
LIEN-TEH, W.
3:472a
LIENARD, E.
1:104a
4:90a
LIENHARD, S.
4:200a

LIERTZ, R.
1:22b, 23b
LIESEGANG, F.P.
1:303b
2:152b, 235a, 346b(2)
3:597b(2), 597b
5:18b(2), 180b, 427b, 429b, 473b
LIETZMANN, H.
1:81b
4:380b
LIETZMANN, W.
1:413a
2:368b
3:100b, 104a, 109a, 112a(2), 113b, 123b
4:5b(2), 21b, 110a
LIEVEN, E.
1:261a
5:226a
LIFSHITZ, E.M. (LANDAU)
3:148a
LIGEROS, K.A.
4:129a
LIGETI, L.
1:296a
3:76a
LIGHT, R.U.
3:460b
LIGHT, S.F.
3:534b
LIHBERT, R.
2:743b
3:508b
LIKHIN, V.V.
1:139a
3:125b
5:114a
LIKHOLETOV, I.I.
2:726a
5:311a
LILGE, F.
3:75b, 614a
LILIEN, O.M.
3:596a
LILIENTHAL, A.
2:91b(2)
LILIENTHAL, G. (LILIENTHAL, A.)
2:91b(2)
LILJENCRANTZ, A.
2:339b, 770a
5:193b
LILJESTRAND, G.
2:30b
LILJESTRAND, G. (HOLMSTEDT)
3:501a
LILLEY, S.
1:593a
2:47a, 233b, 390b
3:26b, 56b(2), 546a, 550a, 562a, 591b
5:6a, 105a, 305a, 318a
LILLIACUS, L.A.
3:105a
LILLICO, J.
4:12a(2)
LILLICRAP, C.S.
1:341a
LILLIE, F.R.
2:612a, 774b
3:297b, 299b, 316b
LILLIE, F.R. (CREW)
2:107a
LILLIE, R.S.
3:44b, 279b, 280b(1), 282a(3), 282b, 427b
LIMBERGEN, J. VAN
1:280a

LIMON, G.
5:270b
LIN TUNG-CHI
4:221a
LIN YUEH-HWA
4:233a
LIN, H.
4:233b
LINCKE, J.
2:580b
LINCKENHELD, E.
2:334b
4:149a
LINCOLN, A.
1:258b, 647a
2:86a
LINCOLN, J.S.
4:7b, 280a
LIND, J.
2:26b
LINDAUER, M.W.
3:189b
LINDBERG, J.
4:352a
LINDBERG, S.G.
1:653a
2:256a, 586b, 615b, 768b
3:90a, 614b
5:5a, 61b, 98a
LINDBLAD, B.
3:215a
LINDBORG, J.
1:455b, 546b
3:445b
LINDE, C. VON
3:564a
5:420a
LINDE, C.P.G.
2:716a
3:564b
LINDEBOOM, G.A.
1:162a, 162b(4), 163a(3), 164a, 386a, 508a, 546b, 547b, 573b, 632a
2:95a, 99a(2), 216a, 251b, 320a, 559b, 583a, 585b(3), 594b, 595b
3:403a, 424a, 461a(2), 461b
5:86a, 152b, 160b, 243a, 392a
LINDEBOOM, J.
1:175b
5:202b
LINDEMANN, F.
1:111b, 401b
2:67a
3:128b
4:4b
5:111b
LINDEMANN, F.A.
See CHERWELL, LORD
LINDEMANN, H.A.
2:770b
LINDEMANS, P.
3:524a
LINDEN, H. VAN DER
1:171a, 412a
2:318a, 646a
4:322a
LINDENBEIN, W.
5:347b, 542a
LINDERER, J.
5:405a
LINDERSKI, J.
1:32a
LINDESTROM, P.M.
4:270a

LINDET, L.
3:538a
5:513b, 550b
LINDGREN, A.M.
1:412a
5:301b
LINDHEIM, B. VON
4:328b
LINDMARK, G.
3:543b
LINDNER, B.
2:543b
4:298a
LINDQUIST, S.
4:200b
LINDROTH, S.
1:15a, 123a, 159a, 207a, 311b, 312b, 338a, 427a, 543b, 583b(2)
2:99a, 115b, 120b, 236b, 276a(2), 339b, 421a, 508b, 607b, 650b
3:11a, 288a, 576b
4:302a
5:53b, 58a, 110a, 153a, 160a, 172a, 180b, 193b, 216b, 243a, 250a, 290a, 307a, 446a, 456a, 459a, 493b, 528a
6:79a
LINDSAY, A.D.
3:63a
LINDSAY, J.
2:243b, 356a
3:58a
LINDSAY, J.K.
1:64b
2:330b
4:128b
LINDSAY, J.O.
3:11a
LINDSAY, L.
1:423a
2:62a
3:493b, 495a, 495b, 496a
5:169b
LINDSAY, R.B.
1:223a, 463a, 471b
3:56b(2), 142a, 143b
5:121b
LINDSAY, W.M.
4:296a, 368b
LINDSEY, A.
3:417a
LINDSEY, J.
2:638b
LINDSKOG, I.
2:417a
5:250a
LINDZEY, G. (HALL)
3:342b
LINFORD, M.
1:494a
LINFORTH, I.M.
1:563a
LING SHUN-SHENG
4:240a
LING YEH-CH'IN
4:243a
LING, A.S.H. (CHEN)
1:599a
4:238a
LINGE, W.
2:412b, 423a
LINGELBACH, W.E.B.
1:435a, 436a
2:662a, 664a(3), 751b
5:188a, 302a

LINK, E.P.
1:637b, 638a
LINK, G.K.K.
1:329b
LINK, M.M.
3:482b
LINN, J.W.
3:541b
LINNE, S.
3:529a
LINNIK, I.V.
2:28b
LINON, G.
5:274a
LINSTEAD, P.
1:21a
2:703b
5:305a
LINT, J.G. DE [DE LINT, J.G.]
1:162b, 213a, 249a(3), 264b, 285b, 340b, 355b, 402a, 466b, 586a, 648a, 649a, 649b
2:117b, 395a, 518a, 559b, 585a, 606b, 706b, 744b
3:403b(2), 408b, 422b, 455b(2), 470b, 474a, 477a, 479a
4:45b, 46a(3), 47a(3), 48b, 49a(4), 49b, 129a, 290a, 346b, 352b, 353a, 353b
5:61b(4), 85b, 169a(3), 231a, 261a, 267a(2), 398a, 488b
LINTON, O.
3:218b
LINTON, R.
3:331b
4:270a
LINTON, R. (LAUFER)
3:416a
LION, L.
2:719a
4:234b
LIOT, A.
3:505b
LIOUBINSKI, T.
1:317b
5:354b
LIPMAN, C.B.
2:466b
LIPMAN, F.A. (NACHMANSOHN)
2:178b
LIPMAN, H.E.
3:324b
LIPMAN, T.O.
2:634b
5:322a
LIPPMAN, E.A.
4:114b
LIPPMANN, E.O. VON
1:9a(5), 12a, 17b, 26b, 83b, 113b, 117b, 125a, 141b, 143b, 144b(2), 151b, 155a, 236a, 242b, 251b, 309a(2), 360a, 367b, 368a, 384a, 439a, 496b, 497b, 499a(6), 508a, 528b, 562a, 562b, 563b, 570a, 588b(3), 597a, 601a, 604a, 616a, 629a, 635a, 635b, 640a
2:3b(2), 7b, 8a, 16b, 28a, 41a, 53b, 56a, 90a, 116b, 117b, 127a, 143b, 146b, 156b(2), 161b, 174b, 186b, 210b, 216b, 231a, 240b(2), 274a, 277b, 305a, 311a, 337a, 424b, 432a, 444a, 464b(2), 468b, 496b, 537b, 555b, 593b, 596b
3:4a(2), 44b, 180a, 187a, 190a, 190b, 193a, 194a(4), 194b(2), 196b(4), 288a, 448b, 525b, 528a, 529b(3),

LIPS

536a(7), 538a(8), 538b(7), 544b, 577a, 582b
4:13a, 39b(2), 49b, 50b, 53a, 68b, 69a(2), 99a, 113b(3), 114a, 141b(2), 142a, 148a, 158b, 195a, 209a(2), 225a, 240a, 287a(2), 290b, 312b(6), 314a, 321a, 321b, 355a, 358a(2), 360a(3), 362a, 363a(4), 374b, 380b, 399a(2), 399b, 421b, 428a(5)
5:19a, 19b, 71b, 88a(2), 88b, 123b, 196a, 202a, 209b, 210a, 212a, 213a, 234b, 282a, 283b(4), 284a, 286b, 290b, 315a, 319a, 325b, 328b(2), 411a, 413a, 413b(2), 441a, 443a, 467a, 477b, 478b, 479b, 481a, 496b, 549b

LIPS, J.
4:13a

LIPSCHITZ, S.J.
1:603b

LIPSCHUTZ, A.
3:50b

LIPSIUS, F.R.
3:150b

LIPSKI, A.
2:660b

LIPSON, E.
3:586a

LISCOMB, H.S.
2:567b
4:167a

LISICHKIN, S.M.
3:562b, 563a

LIST, M.
1:187b
2:13a

LIST, S.
4:146b, 148a, 152a, 158b

LISZT, E.R. VON
5:85b

LITHBERG, N.
3:220a, 220b

LITHGOW, W.
5:134b

LITINETSKII, I.B.
2:111a
5:194b

LITT, T.
2:161a, 542a
4:317a

LITTEN, W.
2:250a

LITTLE, A.D.
2:694b

LITTLE, A.G.
1:97b(3), 351a
2:694a(2), 734b
4:300a
5:509a

LITTLE, C.C.
1:366a

LITTLE, C.H.
1:178b

LITTLE, E.M.
2:673a
3:395a, 476b, 490a

LITTLE, G.A.
1:191a

LITTLE, N.C.
3:140b

LITTLEWOOD, J.E.
3:107b

LITTLEWOOD, J.E. (BAKER)
2:122a

LITTMANN, E.
3:612b
4:173b, 265a, 407a
5:460a

LITTRE, M.P.E.
4:351a

LITWAK, B.
1:2b
3:122a

LIU CH'AO-YANG
4:228b

LIU CHIN-HSI
4:221b

LIU CHUNGSHEE H.
3:81b

LIU HSIEN-CHOU
4:220a, 240b, 243a

LIU SHAO
4:232b

LIU WEN T'AI
4:238a

LIU YU-LIANG
4:238b

LIU, C.H.
4:217a

LIU, G.K.C.
4:232a(2), 240a

LIU, T.C. (TONG)
1:253b
4:228a

LIUBIMENKO, I.
2:660b

LIUSTERNIK, L.A.
1:509a
2:31b
3:128b

LIUSTERNIK, L.A. (LAPKO)
3:117a

LIVEING, S.
1:192a

LIVENS, G.H.
1:408a
2:161a
5:320b

LIVET, -. (LAIGNEL-LAVASTINE)
5:155b

LIVET, L.
3:512a

LIVETT, G.M.
1:492b
2:444a, 523b
5:32b

LIVINGSTON, D.F.
1:95a

LIVINGSTONE, R.W.
3:614a
4:99a, 147a

LLAMAS, J.
2:131b, 132a, 310b

LLANG CHI-CHAO
4:216a

LLANOIS, M.
3:395b

LLOPIS, J.M.
1:324b, 535a
2:196a, 286b, 380b
5:392b

LLOYD, A.C.
1:63a
4:123b

LLOYD, A.H.
2:281b

LLOYD, C.
1:278a
3:270b
5:279a

LLOYD, C.C.
3:465a

LLOYD, C.G. (LLOYD, J.U.)
3:510b

LLOYD, G.E.R.
1:64a, 578a
2:310b
4:101b, 112a, 125b

LLOYD, G.I.H.
3:593a

LLOYD, H.A.
1:278b, 354b(2)
2:117b, 472b
3:590a, 590b
5:293b(3)

LLOYD, J.H.
1:198b, 522a
2:140b, 425a
5:147a, 241a

LLOYD, J.U.
3:510b

LLOYD, L.S.
5:119a, 483b, 493a

LLOYD, O.M.
2:746b
3:395a

LLOYD, R.E.
3:289a

LLOYD, S. (JACOBSON)
2:463b
4:69a

LLOYD, W.E.B. (HAAGENSEN)
3:362a

LO BIANCO, V.
1:9a
2:143a

LO CHEN-YING
4:245a

LO DUCA, G.
3:597b

LO DUCA, G. (BESSY)
2:119a, 167b

LO PARCO, F.
2:232b

LOBANOV-ROSTOVSKY, A.
3:265a

LOBEL, J.
3:363a

LOBKOWICZ, N.
3:94b

LOCARD, E.
3:358a

LOCHMANN, W.
2:443b
5:80a

LOCKE, L.L.
1:105a(2)
2:67a, 140a, 342b, 581a, 611a
3:591b(3)
4:278b(5)
5:112b, 200b, 428b(4)

LOCKEMANN, G.
1:206a(2), 281b
2:26a, 146b, 149b, 465a(2), 763b
3:29b, 178a(2), 537b
5:323b, 325a, 393a

LOCKEMANN, T.
1:378a
5:271b

LOCKHART, L.
4:178a

LOCKWOOD, D.P.
1:130a(2)
2:404a

3:365b
LOCKYER, J.N.
4:40a
LOCKYER, T.M.
2:106b
LOCKYER, W.J.S.
3:207a(2), 210a
LOCKYER, W.L. (LOCKYER, T.M.)
2:106b
LOCY, W.A.
1:275b, 587a
2:585a
3:277b(2), 315a
4:327b, 445b
LODGE, O.
1:123a
2:160a, 180b, 183b, 403b, 545b, 648b, 672b, 678a
3:15a, 33b, 54a, 56b, 137a, 139b, 147a, 167a(4), 168a, 169b, 174b, 290b, 334b, 573a, 598b, 599a
5:430b
LODGE, R.C.
2:327b
LODS, A.
2:763a
4:76b
LOEB, J.
3:282b(3), 297b, 319a(2)
LOEB, L.
3:383b
LOEB, L.B.
3:49b
LOEBEL, J.
3:378b
LOEBER, K.
2:138a
LOEFFLER, E.
2:467a
3:24a, 112a, 118b(3)
4:192a, 192b
LOEHR, M.
4:244b
LOEMKER, L.E.
1:34b, 155a, 185a
2:64b(2)
5:102b
LOENEN, J.H.M.M.
1:504a
2:167b, 279a
4:105a
LOENING, G.
3:559b
LOEPER, M.
3:443b
LOESCHCKE, S.
4:161b
LOESCHMANN, A. (EBELING)
4:159b
LOESENER, T.
2:449b
LOESER, J.A.
3:320a
LOEVENBRUCK, P.
3:316b
LOEW, J.W.
5:395a
LOEWE, H.
1:373a
LOEWE, H. (TREND)
1:5a
LOEWE, R.
1:71b
3:306a
4:344a

LOEWENBERG, B.J.
1:311a, 311b, 318b
2:607a
3:54b
5:350b
LOEWENBERG, R.D.
5:264a, 469b, 496b
LOEWENFELD, K.
1:253a, 305a
2:54a, 353a
5:207b, 322a
LOEWY, A.
4:437b
LOEWY, E.
2:342b
LOFFIN, D.O.
1:23a
LOFFLER, E.
3:47a
4:21b
LOFFLER, W.
1:574b
LOFGREN, O.
1:535a
LOFSTEDT, E.
1:389b
LOFTIN, U.C.
3:526b
LOGHEM, J.J. VAN
1:389a
2:408b, 725b
3:472a, 474a
4:337a
5:165a(2)
LOHEST, M.
1:431b
2:499a
5:336a
LOHMEYER, H.
2:596b
LOHNE, J.
1:540a(3), 593b
2:230a, 231b, 403b, 646a
3:161b
5:118b, 119b, 300a
LOHR, H.
3:386b
LOHS, K.
1:525b
LOHUIZEN DE LEEUW, J.E. VAN
1:658a
LOIR, A.
3:86b, 492a
LOIR, E.
4:161a
LOISEAU, J.
3:591a
5:505b
LOISEL, G.
3:318b
LOISON, -.
4:80b
LOKKER, J.C.
3:588a
LOKOTSCH, K.
1:90b, 393a
4:396b
LOMBARD, A.
2:442b
5:227b, 540a
LOMBARDI, F.
2:396b
3:417a
5:545a

LOMBARDO, C.
1:171b
LOMHOLT, A.
2:686b
3:79a
LOMHOLT, S.
1:418b
LOMMER, F.
1:577a
LONDON, I.D.
2:291b
3:342a, 343b
LONES, T.E.
1:51b, 62a, 63b, 361b
2:220b
3:572a
4:112a, 140b
5:178a
LONG, A.A.
2:279a
4:117b
LONG, E.L.
3:70a
LONG, E.R.
1:11b, 253b, 414b(2)
2:31a, 241a, 662a
3:52b, 373b, 446a, 458b, 459a, 460a, 467a, 469b, 475b, 476a
5:71a, 76b, 259b, 385a, 387a, 393a, 396b
LONG, F.L. (CLEMENTS)
3:310b
LONG, M.F.
4:261b
LONG, W.H.
3:524b
LONGBOTTOM, G. (FOTHERINGHAM)
2:361a
4:117a
LONGCOPE, W.T.
2:122b
LONGHENA, M.
1:12b, 185b, 276b, 277a
2:439a
4:41a
LONGHURST, J.E.
1:385a
2:571a
LONGINOS MARTINEZ, J.
5:235a(2)
LONGLAND, C.J.
1:543b
2:735b
5:152a
LONGMAN, L.D.
4:167b
LONGNON, A.
3:261a
LONGNON, J.
2:593a
4:326a
LONGO, B.
2:573b, 681a
5:234b
LONGO, L.
1:255b
5:178b, 424a
LONGO, R.E.
3:188b
LONGPRE, E.
1:104a, 365b, 369b, 644b
2:157b, 543a
4:318b
LONGRE, E.
1:104a, 369b

LONGRIGG, J.
1:39b
4:92b
LONGSTAFF, T.G.
1:440b
5:339a, 341a, 456b
LONGWELL, C.R.
1:565b
5:336a
LONIE, I.M.
1:560a
4:113b
LONNBERG, E.
2:91b, 417a, 762b
3:275a
5:239a
LONNQUIST, B.
3:425b
5:497a, 545a
LONSDALE, K.
1:537b
2:188a, 280a
3:61b, 176b, 577a
5:424b
LOO, L.M. VAN
1:342b
LOOKER, S.J.
3:258b
LOOMIE, A.F.
5:32b
LOOMIS, C.G.
1:124a, 432b
2:615b
3:387b, 514b
4:331a, 346b
5:148a, 154a
LOOMIS, E.S.
2:368b
LOOMIS, G.S.
4:293b
LOOMIS, R.S.
1:74a, 478a
LOON, L. VAN
2:746a
3:488a, 489b
LOOS, J.L.
2:708a
3:579a
LOOSER, G.
2:188b
LOPATIN, I.A.
3:264a
LOPERFIDO, A.
2:708b
3:247a
LOPES, F.F.
2:262b(3)
LOPEZ PIÑERO, J.M.
2:49b
3:438b
5:392a
LOPEZ PIÑERO, J.M. (LAIN ENTRALGO)
3:4a, 77a
LOPEZ SANCHEZ, J.
2:413a(2)
5:396b
LOPEZ, C.A.
1:436b
2:55b
5:290b
LOPEZ, E.A.
1:220a
2:261a, 335b
5:44b, 356a

LOPEZ, F.M.
5:378a
LOPEZ, L.V.
See VELEZ LOPEZ, L.
LOPEZ, R.S.
4:242b, 293b, 364b, 379b
LOPEZ-IBOR, J.
1:443a
LOPEZ-JIMENEZ, C.
2:702b
4:341a
LORCH, J.
3:310a, 310b
5:354b, 452b
LORD, C.
1:158b
LORD, R.
3:521a
LORD, R.H. (COOLIDGE)
1:279a
LORD, W.M.
1:145a
5:423b
LOREE, L.F.
3:555a, 557b
5:418a(2), 421a, 506b
LORENT, H.
2:649b
4:108b
LORENTZ, H.A.
1:377a
2:161a(2), 322b
3:135b, 137a, 146b, 149b, 150a, 154a
LORENZ, A.J.
5:392b
LORENZ, B.
1:37b, 38a
2:5b, 640b
5:362a
LORENZ, F.W. (ASMUNDSON)
3:533a
LORENZ, H.
1:508a
5:415a
LORENZ, H.J.
1:47a
4:343b
LORENZ, R.
1:498b
2:487a
LORENZEN, P.
3:4a, 106b
LORENZO, G. DE
2:78a
LORET, V.
4:42a
LOREY, W.
1:2b, 18b, 173a, 293a, 382a, 396a, 474b
2:23b, 41b, 604a
3:115a
LORIA, A.
2:153b
LORIA, G.
1:19b, 27b, 49a, 50b, 51b, 126a, 170a, 173a, 219b, 221b(2), 234a, 247a, 308b, 336b(2), 339a, 349a, 357a, 396b, 397b, 413a, 413b, 440b, 456a, 457a(2), 458b, 462b, 519b, 611b, 658a, 661a
2:37b, 38a(4), 38b, 71a, 88b, 100a(2), 142a, 161b, 190b, 221b, 232a, 264a, 283a, 407a, 514a, 527b, 528b, 534b, 553b, 554a(3), 598a, 650b(2), 658b, 687b
3:4b, 17b, 24a, 29b, 60b, 100b(3), 101b(2), 102b, 104a(2), 104b, 105a, 105b(3), 106a, 108a, 110b, 111b(3), 112a(2), 112b, 113a, 113b, 114a, 114b(2), 115b(3), 116a(3), 117b, 119b, 121b, 123b, 124a, 124b, 127a, 128a, 129b(2), 130a(4), 591b
4:37b, 59b, 99a, 106b, 107a, 108b(2), 109a, 110a(3), 111a, 141b, 193a, 193b, 222b(3), 286b, 299b, 308b, 394b(2)
5:16a, 101b, 102a, 110b, 113b, 115b, 185a, 193a, 196b, 197a(2), 201a, 205a, 310a, 314b(2), 453b, 491b
LORIA, L.
1:285a
4:154b
5:393b
LORIA, M.
1:235a, 415a
3:543b
5:411b, 422a
LORIA, S.
3:161b
LORIMER, H.L.
1:590b(2)
4:144b
LORIMER, W.L.
1:58b(2)
LORINCZY-LANDGRAF, E.
3:443b
LORING, F.H.
3:169b
LORTIE, L.
2:166a
5:322b
LOSACCO, -.
3:33b
LOSACCO, C.L.
5:367a
LOSADA Y PUGA, C. DE
1:281a, 457a
2:592b
LOSCHBURG, H.
1:26b
4:353b
LOSEE, J.
3:154b
LOSSEN, H.
2:776b
5:546a
LOSSKII, N.
3:282b
LOT, F.
1:294a
2:522b
3:29b, 218a
4:285a, 331a
LOT, G.
2:234b
LOTE, G.
2:375b
LOTE, R.
3:76a, 94b
LOTH, E.
3:424b
LOTHIAN, A.
5:172a
LOTHROP, S.K.
4:277a, 283b
LOTKA, A.J. (DUBLIN)
3:412a
LOTMULLER, L.
2:532a
5:426b

LOTSCHER, K.
  2:620b
LOTTIN, J.
  2:372b, 373a
LOTTIN, O.
  1:23b, 67b
  4:306a(2), 306b
LOTURE, R. DE
  3:534a
LOTZ, H.
  1:263a
LOUBERE, L.A.
  1:157b
  5:431b
LOUCH, A.R.
  3:28a
LOUD, G.
  4:70a
LOUDON, W.J.
  2:566a
LOUGEE, R.J.
  3:235a
LOUGH, J.
  1:27b
LOUIS, A.
  1:351b
LOUIS, H.
  3:574a
LOUIS, M.
  4:66a
LOUIS, P.
  4:158b
LOUKIANOV, P.M.
  3:583a
LOURIDANT, F.
  3:78a, 78b
  5:497b
LOUVET, P. (MOURA)
  2:240a
LOVE, A.E.H. (GLAZEBROOK)
  2:41a
LOVE, A.G.
  3:481a
  5:512a, 529a
LOVE, K.S.
  2:637a
  5:327b
LOVEJOY, A.O.
  1:35b, 502a
  2:5b, 184b, 189a, 418a
  3:34a, 46a, 89a, 90a, 90b, 291b
  4:20a, 166a
  5:195a, 232a, 239b, 308a, 441b, 542a
LOVELL, A.C.B.
  1:187a
  3:216a
LOVERIDGE, A.
  2:261b
  5:238b
LOVETT, B.R.
  1:191b
LOVETT, D.R.A. (BALLENTYNE)
  3:183b
LOVI, G.
  3:214a
LOW, D.M.
  1:485b
LOW, F.N.
  1:536a
  2:585a
LOW, G.C.
  3:327a
LOW, I.
  4:73b, 78a

LOW, J.O. (WARNER)
  3:550b
LOWAN, A.N.
  2:728a
  3:120a
LOWDERMILK, W.C.
  4:241a
LOWE, A.B.
  3:224a
LOWE, C.G.
  2:251a
  4:380b
LOWE, E.A.
  1:26a
  4:368b(3)
LOWE, J.E.
  4:88b
LOWE, P.
  3:526a
LOWE, V.
  2:623b
LOWEGREN, Y.
  2:98a
  3:318a
  5:144b, 229a, 237a
LOWELL, A.L.
  2:114b
LOWENBERG, J.
  1:551b
LOWENHEIM, L.
  1:328b
  3:27a
  4:100b
LOWENSTEIN, J.S.
  3:398b
  5:509a
LOWENTHAL, J. (LEWIN)
  3:518a
LOWENTHAL, R.
  4:217a
LOWER, R.
  5:173b
LOWERY, H.
  2:721a
LOWIE, R.H.
  2:30b, 239a, 242b
  3:331b, 332b, 336b, 337b, 350a, 357a
  4:4a, 5a, 8a, 13a, 272a, 275a
LOWINGER, A.
  1:363a, 363b
  3:141a
LOWINGER, S.
  1:409b, 502a
LOWIS, A. VON
  3:353a
LOWNES, A.E.
  1:156b, 265b, 297a, 318a
  3:531a
  5:144b, 172b, 392b
LOWREY, G.H. (WATSON)
  3:456a
LOWRIE, W.
  2:19a
LOWRY, C.D. (EGLOFF)
  3:190a
LOWRY, C.D. (LOWRY, L.M.H.)
  2:423b(2)
  5:217a
LOWRY, L.M.H.
  2:423b(2)
  5:217a
LOWRY, T.M.
  1:150b
  3:169b, 178a
  5:318b

LOWY, H.
  2:124a, 344b
  3:43b, 106b
  5:301a
LOZ, A. DE
  3:498b
LU GWEI-DJEN
  4:234b, 235a, 238b, 241a
LU GWEI-DJEN (NEEDHAM)
  4:241a, 229a, 235a
LU SHIH-HSIEN
  2:102b
  4:228b
LU SHOU
  4:239a, 242b
LUBBOCK, B.
  3:535a
LUBBOCK, C.A.
  1:565a, 566a
LUBBOCK, S.G.
  1:642a
LUBIMENKO, I.
  2:86b
  3:261b
  5:188a
LUBKE, A.
  3:590a
  4:220a, 226b
LUBKER, F.
  4:87a
LUBLINSKI, I.
  4:273a
LUCARELLI, U.
  1:229b
  4:281b
LUCAS, A.
  4:32a, 46b(3), 47a, 47b, 48b, 49b, 50b,
    51a, 52b, 53a(5)
  5:535b
LUCAS, A.C. DE
  2:439a
  5:48a
LUCAS, E.
  1:349a
LUCAS, F.A.
  1:647a
  3:326b
  5:85b, 308a, 345a, 346a, 445b, 462a,
    502b
LUCAS, H.S.
  1:162a, 292a, 371a
  4:324a, 327a, 359a
LUCAS, J.M.
  2:497a
LUCAS-CHAMPIONNIERE, J.
  2:101a
  4:11b(2)
LUCASSE, C. (HOEPPLI)
  4:266b
LUCCARELLI, V.
  1:629b
LUCCHETTA, P.
  1:34b
LUCCIO, M.
  1:309a
LUCCIO, M. (OPARIN)
  4:318a
LUCE, A.A.
  1:133b
LUCE, J.H.
  2:597a
  4:147b
LUCE, R.D.
  3:342b

LUCHINS, A.S.
3:33b
LUCHINS, E.H. (LUCHINS)
3:33b
LUCKENBILL, D.D.
4:56a
LUCKEY, P.
2:7a, 361a, 533b
3:120a(2)
4:38b, 39a(2), 115b, 394a(2), 395b, 396b, 397b, 406a
LUCKHARDT, A.B.
1:121a
3:50b, 426b, 427b(2), 443b, 448a
5:271b, 461b, 504a
LUCKHURST, K.W.
2:748b
3:548a
5:413b
LUCKIESH, M.
3:588a, 588b
LUCZAK, C.
5:413b
LUDEMANN, K.
2:454a
3:249a
5:288b
LUDENDORFF, H.
1:254b, 477a
2:172a, 199b
4:279a(4)
5:126a, 332b
LUDERS, H.
4:183a, 203a, 214a
LUDLUM, D.M.
1:638b
3:225b, 227b
5:333b(2)
LUDOVICI, L.J.
1:422a
LUDTKE, G.
3:548b
LUDTKE, H.
1:333a, 663a(3)
LUDWIG, A.F.
3:347a
LUDWIG, E.
1:441b
2:450a
3:263a
LUDWIG, W.
3:297b
LUEDY, F.
3:198b
LUETKENS, C.
3:532a, 585b, 586a
5:284b, 414b
LUFKIN, A.W.
3:493b
LUGARO, E.
3:282b, 343a
LUGER, F.
1:67b, 365b
LUHR, O.
3:140b
LUISADA, A.A.
3:444b
LUK'IANOV, P.M.
2:377a, 488a
5:175b, 210a
LUKASIEWICZ, J.
1:60b
3:132b
LUKIANOV, P.M.
See LUK'IANOV, P.M.

LUKE, H.C.
5:40b
LUKIN, B.V.
3:260b
LUKINA, T.A.
2:82a
LUKOMSKAYA, A.M.
3:80a, 116b, 145b
LUKOMSKII, G.K.
3:587a
LUKOWSKY, A.
3:283a
LULL, R.S.
3:272a, 292a
5:345a
LULOFS, H.J.
1:63a, 63b(2), 453a(2), 577b, 578a(2)
2:330b, 337a, 463a, 509b, 510b
4:93b(2), 119b, 124a, 126b(3), 127a, 131a(2), 131b(2), 152b, 153a, 320b
5:471b
LULOFS, P.K.D.
3:513b
LUMET, L.
2:285b
LUMET, L. (KEIM)
2:285b
LUMIERE, A.
3:49b, 465b
LUND, F.M.
3:587b
LUNDBERG, G.A.
3:356a
LUNDBERG, G.W.
2:95a, 416a
LUNDMARK, E.
2:201b, 205b, 239a
LUNDMARK, K.
1:39b, 62b, 187b, 281a, 328b
2:361a, 515b
3:213b, 214b
4:23a(2), 76b(2), 115a, 117b, 405a
LUNDQVIST, M.
1:131b
2:191b
5:50b, 369b
LUNDSGAARD, E.
2:30b
4:37b, 41b
LUNDSGAARD, K.K.K.
1:112b, 175a, 506b
2:482a
5:158a
LUNDSGAARD-HANSEN VON FISCHER, S.
1:531b
LUNING, O.
5:325a
LUNN, A.
3:63a, 269b, 414a
LUNN, A.C.
3:153a
LUNT, P.S. (WARNER)
3:357a(2)
LUNT, W.E. (GRAS)
2:544b
LUNTS, G.L.
2:104b(2)
LUOMALA, K.
4:261b
LUPASCO, S.
3:139b
LUPORINI, C.
2:4b

LUQUET, G.H.
3:105b
4:346b
LUR-SALUCES, M. DE
2:109a
LUR'E, S.Y. [LURIA, S.]
1:59b, 235a, 313b, 328b, 329a
2:327b, 356b
3:102b, 121a
4:91a, 91b, 99a, 106b, 107a, 108a, 109a(2), 109b, 112a, 113b
5:114b
LURIA, S.
See LUR'E, S.Y.
LURIE, E.
1:15a(2), 15b(2), 318b
5:303b, 304a, 361a
LURIE, I.M.
4:52b
LURQUIN, C.
1:291a
LUSCHAN, F. VON
4:141a
LUSCHEI, E.C.
2:83b
3:109a
LUSK, G.
2:420b, 598b, 700b
3:391b, 395b, 414b, 443b
5:247a, 470a
LUSKNIKOV, A.G.
5:390a, 451b
LUSTENBERGER, F.
5:371b
LUTAUD, A.
1:106a(3), 179b, 366a(2)
LUTH, O.
2:431b
LUTHER, F.
1:303a
5:429b(2)
LUTHER, W.
3:618a
LUTHY, H.
3:585b
LUTJEHARMS, W.J.
3:313b
5:236a
LUTOSTAWSKI, W.
2:324b
LUTTINGER, P.
1:237a
5:74b, 86a
LUTZ, A.
3:467b
LUTZ, F.J.
2:308a
5:78a
LUTZ, H.F.
4:24a, 33b, 42a, 66b
LUTZ, H.F. (LEAKE)
4:49a
LUTZE, E.
2:245a
5:84b
LUTZHOFT, F.
3:472b
LUYCKX, B.A.
1:170b
4:298a
LUYET, B.J.
2:450a, 455b
LUYET, R.J.
3:429a

LUYTEN, W.J.
3:212b
LUZIO, L.
1:157a
5:132a
LUZIO, L. (ALMAGIA)
5:132a
LUZZATTO, G.
2:268a
LYALL, A.
2:168a
5:261b
LYDENBERG, H.M.
2:731a
3:619b
LYLE, D.J.
1:357b
LYLE, G.G. (LYLE, R.E.)
3:190b
LYLE, H.W.
2:713a(2)
3:394b, 395a, 419a
LYLE, R.E.
3:190b
LYMAN, E.
2:360a
LYMAN, G.D.
1:229b, 285a
2:20b, 123b, 150a
5:402b
LYMAN, T.
3:168a
LYNAM, E.
1:160a, 529b
2:92a, 130a, 321b, 604b, 638a
3:251a, 252b, 253a
5:28b, 32b(2), 132b(2)
LYNCH, A.
1:377a
3:35b, 149b
LYNCH, L.E.
1:516b
LYNDS, B.T.
2:6a
3:215a
LYNEN, F.
2:610a
LYNN, C.
2:475b
LYNTON, N. (HUGHES)
5:92b
LYON, C.J.
2:636b
5:353a
LYON, H.G.
1:521b
LYON, R.A.
3:409b
LYONS, H.
2:749b(3)
4:109b, 150a, 262a
LYONS, H.G.
1:78a, 94a, 403b, 521b
2:607b, 632a
5:282b, 307b, 384a, 524a, 524b
LYONS, J.B.
2:473a
LYONS, M.
4:388a
LYOT, B.
1:339b
LYSAGHT, A.
1:107b(2)
2:485a
5:238b

LYSAGHT, D.J.
1:593b
LYSENKO, T.D.
3:277b
LYSENKO, V.I.
1:447b(2)
2:86b, 474b, 714b
3:130a
5:198a, 200b, 201a, 221a
LYTHE, S.G.E.
5:416a
LYTHGOE, A.M.
4:54b
MA K'AN-WEN
2:609a
MA, C.C.
4:223b
MA, E.
2:516a
4:253b(2)
5:488b
MA'LUF, A.I. AL-
4:416a
MAACK, F.
4:396b
MAANEN, A. VAN
2:1b
5:467b
MAAS, P.L. (OLIVER)
4:129b
MAASS, A.
4:259a(2)
MAASS, E.
1:496b
4:98b
MABBOTT, M.C.
2:71b
MABEE, C.
2:201a
MABILEAU, J.F.
3:498b
MAC,
See also MC
MAC LAGAN, E.
1:19b
MACALISTER, J.Y.W.
2:103b
MACALPINE, I.
1:118a, 183a, 442a
2:486b
5:157b
MACALPINE, I. (HUNTER)
1:151a, 185a, 509b, 523a, 543b(2),
547a(2), 548a
2:161a
3:433b
5:157a, 160a, 163a, 168a
MACARTHUR, W.
4:137a, 288b, 349a
MACARTNEY, G.
1:252b
MACAULAY, F.S.
1:510b
5:459a
MACAULAY, T.C.
3:613b
MACBETH, J.C.H.
2:480a
MACBRIDE, E.W.
1:318b, 526b, 610b
2:169b, 199a
3:290b, 294a
MACBRIDE, T.H.
3:313b

MACCAGNI, C.
1:462a
2:652a
MACCALLUM, W.G.
1:534b
MACCANN, W.
5:472a
MACCIO, M.
1:96b
5:121b
MACCLINTOCK, S.
1:87a, 644b
MACCURDY, G.G.
4:14a
MACDERMOT, H.E.
2:258b, 409a, 677a
3:391b
5:368a
MACDONALD, A.
3:605b
MACDONALD, A.J.
4:305a
MACDONALD, D.B.
1:98b, 466b, 484a(2)
2:303b
4:75a, 75b, 76a, 391b, 392a, 406a
MACDONALD, D.K.C.
1:406b
2:10b, 160a
MACDONALD, E.J.
2:722a
3:410b
MACDONALD, G.
4:160b, 162a
MACDONALD, H.M.
3:161b
MACDONALD, J.H.A.
3:556b
MACDONALD, K.A.B. (MACDONELL)
4:185b
MACDONALD, M.
3:91b
MACDONALD, S.M. (GUDGER)
3:325a
MACDONALD, T.L.
1:474b
MACDONELL, A.A.
4:185b
MACDONELL, W.R.
4:154a
MACDUFFEE, C.C.
1:535b
MACE, A.C.
2:463a
4:53b
MACE, A.C. (CARTER)
1:224b
2:564b
4:35a
MACFADYEN, A.
3:299a
MACFARLAN, J.
1:350b
5:290b, 293a
MACFARLANE, A.
5:310b, 316a
MACFARLANE, J.M.
3:289a, 325a
MACGILL, C.E.
3:553a
MACGOWAN, K.
4:268a
MACGREGOR, M.
1:610a

MACGREGOR-MORRIS, J.T.
  1:422a
MACH, E.
  3:29b(2), 139b, 155b, 159b, 161b, 344b
MACHABEY, A.
  1:344a, 412b
  3:84a(3), 85a(2), 85b
  5:105b, 108b, 194b
MACHADO E COSTA, A.A. DE O.
[OLIVEIRA MACHADO E COSTA, A.A. DE]
  1:218a
  3:239b
  5:27a(2), 229b
MACHELSON, S.G.
  3:549a
MACHIN, A.
  1:318a
  3:334b
MACHINSKII, A.
  4:50a
MACHT, D.I.
  1:2b
  2:85b, 132a, 416b, 470a
  3:450a
  4:78a, 80a, 80b, 81a, 81b(2)
  5:71b, 376b, 471a
MACHT, D.I. (ABEL)
  3:464b
MACINNES, M. (MCCORMICK)
  3:59a
MACIVER, R.M.
  3:354b(2)
MACK, E.C.
  3:616a
MACK, G.
  3:553b
MACK, H.
  1:473a, 473b
MACK, H.C.
  3:444a
MACK, W.E.
  2:102b
MACKAIL, J.W.
  1:37a
  2:596a
MACKALL, L.L.
  2:466a
MACKANESS, G.
  1:107b
  5:194a
MACKAY, A.L.
  3:48a
MACKAY, D.L.
  1:246a
  2:406a, 727b
  4:301a, 341a, 369b
MACKAY, D.M.
  3:594a
  5:551b
MACKAY, D.S. (ADAMS)
  3:41a
MACKAY, E.
  4:39b, 57a
MACKAY, E.J.H.
  4:184b, 185b, 186b, 208b, 210a, 211b
MACKAYE, J.
  3:157b, 612a
MACKEHENIE, D.
  5:447a
MACKENSEN, L. (LUDTKE)
  3:548b
MACKENSEN, R.S.
  4:435b(4)

MACKENZIE, A.E.E.
  3:4b
MACKENZIE, D.A.
  3:350b
MACKENZIE, J.
  3:378b
MACKENZIE, J.E.
  2:691a
  3:185b
MACKENZIE, L.M.
  3:50a
MACKENZIE, W.M.
  4:365a
MACKIE, J.L.
  3:41a
MACKINDER, H.J.
  3:246b
MACKINNEY, L.C.
  1:447a, 452a, 581a
  2:189b, 401b
  3:300a, 330a, 455a, 514a(2)
  4:130b, 289a, 329b, 332a(2), 333a,
    333b(4), 334b, 335a, 336b, 342a,
    342b, 346b, 348a, 355a, 356b, 358a
  5:503b
MACKINNON, D.
  4:336b
MACKINNON, D.L.
  1:351a
MACKINNON, D.L. (HOARE)
  1:351a
MACKINNON, M.
  1:198a
MACKINTOSH, N.A.
  3:269a
MACKLEM, M.
  5:110b, 196a
MACKMULL, G. (JONES)
  1:159b
  5:409b
MACKWORTH, M.L.
  3:144b
MACLACHLAN, H.
  2:231b
  5:105a
MACLAGAN, E.
  1:19b
  4:318a
MACLAREN, M.
  5:421b
MACLAURIN, C.
  3:363a(2)
MACLAURIN, W.R.
  3:599a
MACLEAN, G.F.
  3:4b, 31b
MACLEAN, J.
  1:585b
  3:155b
MACLEOD, A.H.D.
  3:41a, 91b, 96a, 131a
  5:480b
MACLEOD, J.
  3:281b
MACLEOD, J.J.R.
  1:546b
MACLEOD, M.N.
  1:551a
  3:255a
MACLER, F.
  1:38b
  4:382b
MACLURE, W.
  1:441a
  5:304a

MACMAHON, P.A.
  3:133b
MACMILLAN, D.B.
  2:293b(2)
  3:267a(3)
MACMILLAN, D.H. (RUSSELL)
  3:242a
MACMILLAN, G.A.
  2:761b
  4:98b
MACMILLAN, W.D.
  3:217a
MACNAIR, J.I.
  2:103a(2)
MACNALTY, A.S.
  1:106b, 207a, 279b, 432b, 558b
  2:153b, 196a(2), 257b, 344a, 401b
  3:72b, 404b
  5:58b(2), 245b, 255b
MACNAUGHTON, D.
  4:35b, 56b, 317b
MACNEILL, N.
  5:377a
MACOMBER, H.P.
  2:223a, 226a(2)
MACPHAIL, A.
  3:291a, 480b
MACPHAIL, J.M.
  1:77b
MACPHERSON, A.G.H.
  5:416b, 519b
MACPHERSON, H.
  1:566a
  3:063a, 200a, 201b, 216a
MACPHERSON, W.G.
  3:480b
MACPHILLAMY, H.B.
  3:509b
MACPIKE, E.F.
  1:421b, 533b(2), 534a(5), 569a
  2:223a, 224b
  5:455b
MACQUIDY, E.L.
  3:418b
MACRI, I.P.
  1:582a
  3:377a
MACSWEENEY, D.T. (REILLY)
  1:570b
MACVAIL, J.C.
  3:473a(2)
MACY, R.W.
  3:323b
MADAN, F.
  1:209a
  2:258a, 734b
MADAN, F. (WILLERDING)
  1:227b
MADARIAGA, S. DE
  1:268a, 287b
MADDALENA, A.
  2:369b
  4:117b
MADDEN, D.H.
  4:359b
MADDEN, E.H.
  2:639a
  3:31b, 37a, 39b
MADDEN, E.H. (BLAKE)
  3:34a, 38b
MADDEN, H.M.
  2:641b
  5:346b, 394a
MADDISON, F.
  3:117b, 204b

4:365b, 403b
MADDISON, F. (MADDISON, R.E.W.)
2:352b
MADDISON, F. (POULLE)
2:442a
5:22b
MADDISON, R.E. (MADDISON, R.E.W.)
1:107b
MADDISON, R.E.W.
1:105b, 107b, 182b, 183a(3), 183b(3), 184a(3), 237a, 424a(2), 537a, 537b(2), 571b
2:352b
5:170b, 278a, 444b, 524a(2), 524b
MADDOX, J.
3:286b
MADDOX, J.L.
3:387a
MADE, R. VAN DER
2:703a
3:420b
MADELIN, L.
3:73b
MADERO, M.
3:392b
MADIER, M.G.
1:600b
5:358b
MADISON, P.
1:443a
MADKOUR, I.
1:66a, 90a, 405a
MADRAS, S.
3:182b
MADSEN, E.R. [RANKE MADSEN, E.]
1:183b
3:188b
5:211a, 451b
MADSEN, T.
3:468a
MADUROWICZ-URBANSKA, H.
5:289a
MAEDA, K.
2:211b
4:252a
MAEDGE, C. (TONNIES)
3:356b
MAEDGE, C.M.
4:14b
MAENCHEN-HELFEN, O.
4:229b
MAENNCHEN, P.
1:474b(2)
5:311b
MAES, P.
1:639b
2:504a
MAESTRO, M.T.
1:122a
5:241a
MAGATH, T.B.
3:517b
MAGER, A.
1:59b
2:540b
MAGER, H.
3:88a, 244a(3)
MAGET, M.
3:545b
4:30a
MAGGINI, M.
3:212b
MAGGIORA, A.
2:379b

MAGGIORE, L.
4:133b
MAGIE, W.F.
1:559b
3:138a
MAGINNIS, J.P.
3:594a
MAGNAGHI, A.
1:212b, 268b, 270a, 309a
2:129a, 588b(5), 597b
4:322a, 327b
5:28b, 29a, 30a, 44a, 527a
MAGNAN, A.
3:158b, 286a, 597b(2)
MAGNANI, L.
2:555a, 659a
5:107b
MAGNEL, G.
1:180a
MAGNIEN, V.
1:580a, 591a
2:327b
4:126b
MAGNIN, A.
2:237b
MAGNUS, L.
3:66a
MAGNUS, P.
3:526b
MAGNUS, R.
1:498a
MAGNUS-LEVY, A.
3:429b, 499b
5:371a
MAGOFFIN, R. VAN D.
3:608b(2), 609a
MAGOUN, F.A.
3:559b
MAGOUN, F.P.
1:32a
2:236b
4:324a, 325a, 325b, 340a, 370a
MAGOUN, F.P. (COULTER)
1:490b
4:369a
MAGOUN, H.W.
1:318a
2:495b
3:79b, 335a, 341b, 431b
5:380b
MAGOUN, H.W. (O'MALLEY)
3:329a
MAGRATH, J.R.
2:743a
3:616b
MAGRINI, S.
1:487b
3:166a
5:121a
MAGROU, J.
2:188b
3:309a, 311a
5:442a, 542b
MAGULIAS, H.J.
4:377a
MAGYARY-KOSSA, J. VON
5:56a, 276a
MAHAFFY, J.P.
4:127b
MAHALANOBIS, P.C.
1:420b
3:50a
MAHDI, M.
1:625a

MAHDIHASSAN, S.
2:9b(2)
3:89b, 196b(2), 198a, 198b, 221b, 502a, 573a
4:28b, 171a, 224b(2), 225a, 229a, 242a
5:171a, 328b(2), 471a, 539a
MAHEU, R.
1:133b
5:195b
MAHFUZ, N.
4:419a
MAHMUD MURAD
3:258a
MAHNKE, D.
1:69a, 111b, 230a, 495b
2:63b(2), 66a, 67b(5), 227b
3:45b
5:6a, 111b, 113b(2), 536b
MAHOUDEAU, P.G.
2:330a
MAHR, O.
3:542b, 557a, 557b, 558b, 569b
MAI, E.
3:556b
MAIER, A.
1:67b, 459a
2:253a, 253b, 476b
4:298b, 309a, 310b(3), 311a(2)
MAIGNE, R.
5:406a, 474a, 488a, 548b
MAILLARD, L.
3:216a
MAILLY, E.
3:98b
MAIN, A.K.
1:510a
MAIN, C.F.
2:513b
5:175a
MAINE, R.
2:46b
MAINX, F.
3:281b
MAINZ, E.
2:133b
4:393b
MAIRE, A.
2:280b(2)
MAIRE, R.
3:307b
MAIRE, R. (EMBERGER)
3:312a
MAISTROV, D.E.
2:110a
5:196b
MAISTROV, L.E.
1:250a, 392a, 462b
3:220b
4:319b
5:116b, 310b, 311b, 463a
MAITRE, C.E.
2:300a
MAIWALD, P.R.
2:394b
MAJENDIE, S.A.A.
2:753b
MAJEWSKI, K.
3:542b
MAJLUF, T.
4:416a
MAJOR, J.
5:12b
MAJOR, R.
3:79a

MAJOR, R.C.
    4:272b
MAJOR, R.H.
    1:116b, 129a, 197a, 200a, 229a,
        260b(2), 261b, 536a
    2:21b, 44b, 194b, 439b, 539b, 591a,
        591b, 702b, 706b, 720b
    3:363a, 417a, 443a, 446a, 446b, 451a,
        459a, 459b, 464a, 491b
    4:46a, 86a, 134b, 272b, 378a
    5:74b, 161a, 264a, 437b, 460a, 484a
MAJUMDAR, G.P.
    4:199a(3)
MAJUMDAR, R.C.
    4:184b, 186b, 187a
MAJURI, A.
    4:162a
MAKARENIA, A.A.
    1:152a
    2:170b(2)
    5:324b, 410a
MAKARENIA, A.A. (SHCHUKAREV)
    3:188b
MAKARENIA, A.A. (SOLOV'EV)
    2:22b
MAKEMSON, M.W.
    3:218b, 247b
    4:262a, 279a, 279b
MAKOROVA, V.I.
    2:259a
MAKOVER, H.B.
    2:477a
MAKOWSKY, L.
    3:487b
    5:528b
MAKS, C.S.
    1:234b
MAKSIMOV, N.A.
    3:310b
MAL, L.K.
    4:205b
MALACRIDA, G.
    3:500a
MALAGUZZI-VALERI, F.
    1:188b
    2:73a(2), 427b, 467b, 582b
    5:9b, 92b
MALATO, M.T.
    2:198a(2)
    4:166b
    5:255a, 256b
MALCOLM, L.W.G.
    3:556b
    4:11a
    5:243b
MALCOVATI, P.
    3:453b
MALDONADO DE GUEVARA Y
ANDRES, F.
    1:270b
MALE, E.
    2:515b
    4:366a
MALEK, I.
    3:295a
    5:474b, 542b
MALEK, I. (ZICH)
    3:38b
MALENGREAU, J.
    1:392a
    5:537a
MALFITANO, G.
    3:170b
MALIK, C.H.
    2:441a

MALIK, S.C.
    4:209a
MALIN, J.C.
    1:196b
    3:521a
MALININ, D.R.
    3:160a
MALINOWSKI, B.
    3:88a, 350b(2)
    4:5a, 8a, 8b(2), 9a, 261b, 262a, 262b,
        263a
MALISOFF, W.M.
    1:232b
    3:42a, 61b, 138b, 154b, 208b, 457a
MALIUZHINETS, G.D.
    2:644b
MALKIN, I.
    1:467a
    2:185a
    3:549a
MALL, F.P.
    3:455b
MALLAT, A.
    3:497a
    5:508b
MALLERET, L.
    4:257b(2)
MALLET, C.E.
    2:734b
    3:616b
MALLET, R.
    3:308a
MALLIK, D.N.
    3:161b
MALLOCH, A.
    1:103a, 418a, 449b, 543a
    2:123a
    3:464a
    5:150a
MALLOCK, A.
    1:306a
    5:129a
MALMESTROM, E.
    2:94b(4), 95a, 595b
MALMGREN, E.
    5:430b
MALMQUIST, C.P.
    3:437b
MALONE, C.B.
    4:242b
MALONE, D.
    1:279b, 646a
MALONE, K.
    1:32a(2), 247b
    2:254b, 362a
    4:121b
MALONEY, W.J.
    1:70b
    2:567b
    5:260b
MALOWIST, M.
    5:88b
MALQUAD, W.
    2:4b
MALSCH, F.
    3:100b
MALT, R.A.
    2:604b
    5:169a
MALTER, H.
    2:430a
    4:436a
MALTSBERGER, J.T.
    1:608b
    3:432b

    5:381b
MALTZ, M.
    3:489b
MALTZAHN, R. VON
    3:244a
MALTZAHN, R. VON
(KLINCKOWSTROEM)
    3:244a
MALUF, A.I. AL-
    See MA'LUF, A.I. AL-
MALUF, N.S.R.
    1:182b, 227b, 354a, 507a
    2:118a(2), 555b
    3:516a
    5:238b, 327a, 379b, 385a, 388a
MAMBOURY, E.
    4:380a
MAMEDBEILI, G.D.
    2:721b, 739a
    4:226b, 402b
MAMLOCK, G.
    3:415b
MAN, E.H.
    4:258a
MAN'KOVSKII, G.I.
    5:424b
MANACORDA, G.
    5:83b
MANARA, R.
    1:173b
MANARESI, C.
    4:368b
MANCHESTER, C.A.
    4:252a
MANCHIP WHITE, J.E.
    4:34a
MANCINI, C.
    3:400b
MANCINI, G.
    1:431b
    2:263a
    5:16b
MANDELBAUM, M.
    1:312b
    3:31b, 291b
MANDELBROJT, S.
    2:312a
MANDLER, G. (MANDLER, J.M.)
    3:345a
MANDLER, J.M.
    3:345a
MANDONNET, P.
    1:23b(2), 67b(2), 165b, 308b, 353b,
        521a
    2:628b
MANDRYKA, A.P.
    2:131a, 247b, 284b
    5:204a, 295a, 317a
MANES, G.I.
    2:410b
MANFRE, P.
    3:363a
MANFRONI, C.
    1:268a
    5:35b, 44a, 472b
MANGAN, J.J.
    1:385a
MANGELSDORF, P.C.
    3:528b(4)
MANGIN, L.
    1:251b
MANGOLD, E.
    1:586b
    2:703a
    3:519b

MANGOLD, O.
2:495a
MANHART, G.B.
1:322a, 445a
2:614b
5:44a
MANI, N.
1:452a, 493a
2:307b, 549a, 587a
4:93b(2)
5:174a, 385b
MANITIUS, K.
4:297a, 300b
MANITIUS, M.
2:314b
4:87a, 293b, 295b
MANKOVSKII, G.I.
  See MAN'KOVSKII, G.I.
MANLEY, G.
1:594a
2:321b, 444a
5:32b, 129b, 263a
MANLEY, R.M.
3:42b
MANLEY-BENDALL, M.
3:227a
5:530a
MANLY, J.M.
1:98b(2), 247b, 249a
MANN, F.J. (LEWIS)
1:189b
5:320a
MANN, G.
1:104b, 345a, 478a
2:429a
3:366b, 399a
5:155b, 248b, 400b
MANN, G.S.
4:262a
MANN, J.
1:254a, 379a
MANN, J.H.
2:285b
MANN, L.M.
4:4b
MANN, M.
3:164b
MANN, W.
3:347a
MANNA, A.
2:589b
4:28a
5:79a
MANNEBACK, C.
3:142b
MANNELLI, M.A.
1:130a, 326b
2:693b
4:338a
MANNERFELT, M.
2:97b
5:223a
MANNHEIM, K.
3:55b, 355a
MANNINEN, I.
3:404b
MANNING, F.
2:623a
MANNING, W.F.
1:353b
MANNINGER, W.
3:486a
MANOLIU, V. (BARBU)
3:404b

MANOLIU, V. (BOLOGA)
4:153b
MANOLIU, V. (BRATESCU)
5:58a
MANQUAT, M.
1:63b, 518b
5:232a
MANSA, F.V.
5:265b
MANSA, H.H.
5:288a
MANSBRIDGE, A.
2:676b, 734b
3:616b
MANSER, G.M.
1:68a, 97b
MANSION, A.
1:23b, 55a, 61b(2), 62a, 68a, 86a
2:311b, 541b
4:298b
MANSION, P.
1:61a
2:47b, 522b
MANSION, S.
1:59b(2)
MANSON, M.
3:241a
MANSON-BAHR, P.
2:142b(2)
3:478a
MANSON-BAHR, P. (CALMAN)
1:26a
MANSOOR, M.
4:169a
MANSUY, H.
4:256a(2)
MANTEN, A.A.
3:242a
MANTINBAND, J.H.
4:285b
MANTON, I.
3:313a
MANTON, S.M.
3:79b
MANTOUX, P.
5:285a
MANUEL II
5:9b
MANUEL, F.E.
2:221b
5:188b, 196a, 309a, 449a(2), 456a,
  484b, 490b
MANZI, L.
2:391b
5:157a, 164a
MAO TSAO-BEN
4:240b
MAQUET, A.
1:518a
2:321a, 504a
MARAKUEV, A.V. (RUDAKOV)
4:238b
MARAN, R.
1:126a, 242a
2:49a
5:135b
MARANON, G.
1:227a, 411b
3:432b
5:157a, 230a
MARAS, R.J.
1:276b
2:213b
5:306a

MARBUT, C.F.
2:140a
3:358b
MARCAIS, G.
2:711b
4:390b, 391a, 430b, 431a
MARCAIS, W.
1:641a
MARCARD, R.
3:174b, 178a
MARCEL, -.
1:342a, 344b
MARCEL-DUBOIS, C.
4:211a
MARCELLE, H.
2:82b
MARCH, L.
2:614b
3:39b
MARCHAL, A.
5:533b
MARCHAL, A.F.
2:428a
MARCHAL, E.
2:155b
MARCHAL, E. (LADEUZE)
1:510b
MARCHAL, G.
3:194a
5:212b, 491b
MARCHAL, H.
4:172b
MARCHAM, F.G.
2:523a
MARCHAND, J.F.
1:424b
MARCHANT, A.
1:653a
5:354a
MARCHESINI, G.
3:613a
MARCHI, C.
2:136a
MARCHIS, L.
3:564a
MARCHOUX, M.
1:240b
MARCOLONGO, R.
1:438a, 461a, 463b(2), 617a
2:73a, 76b(3), 77b(8), 81a(2), 229b
4:20b
5:16b, 18a, 95a, 538a
MARCOLONGO, R.A. (BURALI-
FORTI)
3:126b
MARCONDES DE SOUZA, T.O.
1:213a
2:317b, 588b
5:37a, 38b
MARCONI, D.
2:145b
MARCONI, E.
2:379b, 525b, 554b
3:492a
5:162a
MARCOVITCH, S.
1:286a
5:71b
MARCUCCI, S.
2:179a(3), 622a(2)
3:25b
5:301b
MARCUS, A.
3:564a

MARCUS, B.
1:103b
MARCUS, E.
2:4b
MARCUS, G.J.
3:603a
4:325b
MARCUS, H.
3:336b
MARCUS, J.R.
4:300a
MARCUS, M.F.
3:510a
MARCUS, R.
2:337a
MARCUS, R.B.
1:543a
2:52b
MARCUS, R.B. (MARCUS A)
3:564a
MARCUSE, J.
1:587b
MARCUSE, M.
3:451b
MARCY, G.
1:538a(2)
4:73a(2), 415a
MARCY, H.O.
2:101b
5:401b
MARCZEWSKI, E.
3:115a
MARDER, C.C.
1:396b, 436b
2:39a
5:199a
MARECHAL, J.R.
3:575b
4:14b(2), 15a
MARECHALAR, -. (NEGRIER)
3:413b
MAREK, J.
1:611b
2:145a, 145b(2), 750b
5:119b(2), 120a
MARESCH, G.
4:303a
MARESCH, R.
1:613b
MARETT, J.R. DE LA H.
3:337a
MARETT, R.R.
1:438a, 438b
2:565a
3:332b, 342a
4:8a, 9a
MARGALITH, D.
1:66a, 527b, 583a
2:202b, 203a, 209b
3:381b, 388a, 405b, 450b
4:79b, 80a, 81a(2), 436b, 440a(3), 440b
5:546a
MARGAROT, J.
2:375b
MARGARY, I.D.
4:159b(2), 160a
MARGARY, I.D. (STRAKER)
4:160b
MARGENAU, H.
3:31b, 34b(2), 44b, 61b(2), 139b, 141b, 154b(2)
MARGENAU, H. (LINDSAY)
3:142a
MARGERIE, E. DE
1:130b, 548b, 549b, 551a, 552a(2), 639b

2:442b, 443a, 453a, 513b(2), 532a, 666b, 684a, 724b, 761a
3:51b, 74a, 228b, 229a(2), 231a(3), 231b, 232a, 232b(4), 237b, 241a, 243a, 246b, 253a, 259b, 264a, 269b
5:335a, 335b, 336b(2), 338b, 341b, 344a, 508b, 514b
MARGETTS, E.L.
1:548b
3:434a, 463b
4:47b
MARGOLIOUTH, D.S.
1:618a
2:524a, 643a
4:173b, 387a, 400a, 433b
MARGOULIES, G.
4:245b
MARGUERITE, H.
1:58b
MARGUET, F.
2:173b
3:249b, 250a
5:220b
MARIADASSOU, P.
4:188b, 202a
MARIAN, V.
1:155a, 339a
2:57a, 242b, 480b, 635b
5:112a, 124b, 198b, 203a, 311b
MARIANI, J.
1:467a
3:154b
MARIANOFF, D.
1:374b
MARICHAL, R.
2:375b(2)
5:7a
MARICHAL, R. (SAMARAN)
4:295b
MARIE, A.
3:437b
MARIE, F.
3:603b
MARIES, L.
1:582a
MARIN OCETE, A.
1:42a
MARIN, J.
4:243b
MARIN, L.
3:337a
MARINECU, C.
2:350b(2)
MARINI, A.
5:59a
MARINUS, A.
3:66a(2), 86b, 89a, 253a, 338a, 352a(4), 352b(8), 353a(2), 353b, 386b, 609b
MARION, M.
5:192a
MARION, S.
5:136a
MARIOTTI, M.
2:157b
3:460a
5:58a, 85a
MARITAIN, J.
2:541b
3:33b
MARIUS, S.
5:457b
MARK, E.L.
2:669a
3:284b, 317a

MARKHAM, C.R.
3:266a
MARKHAM, J.W.
5:403a
MARKMAN, S.D.
4:140a
MARKOV, A.A.
5:312a
MARKOVIC, M.
3:44b
MARKOVIC, Z.
1:61a, 176a(2), 177a
2:329a(3)
4:102b
MARKOVICH, M.
2:109b
MARKOWSKI, B.
4:209b
MARKS, H. (SCHMITZ)
2:110a, 179b
MARKUSHEVICH, A.I.
1:392a, 397a
4:110b
MARKWART, J.
4:177b, 178a, 412b
MARKWOOD, L.N.
5:425a
MARMELSZADT, W.L.
1:322a
3:382b
5:260a
MARMELSZADT, W.L. (FRAZIER)
3:465a
MARMER, H.A.
3:243a, 243b
MAROGER, A.
2:269b
MAROGER, J.
1:400a
5:92a
MAROTTE, F.
1:386b, 573a
4:109a, 120b
MAROUZEAU, J.
3:611a, 612a(2)
MARPLES, E.A.
4:14a, 31b
MARQUARDT, E. (MALTZAHN)
3:244a
MARQUARDT, M.
1:373a(2)
MARQUEZ MIRANDA, F.
3:576b
MARQUIS, D.G. (HILGARD)
3:345a
MARR, J.P.
3:453b
MARR, N.Y.
4:7a
MARRA, P. (ILARDI)
1:366b
5:71b
MARROQUIN, J.
2:674a
3:418b
4:281a
MARROU, H.I.
1:81b
3:606b
4:97a, 163a
MARS, G.
3:574a
MARSAK, L.M.
1:339a, 425a(2), 425b
2:296b

5:105a, 191a(2)
MARSDEN, W.A.
 2:277b
MARSH, J.E.
 3:178a
MARSH, W.L.
 3:560a
MARSH-EDWARDS, J.C.
 2:589a
MARSHALL, A.
 3:195b, 577b
MARSHALL, A.E.
 4:70a
MARSHALL, C.F.D.
 2:384b, 622b, 716b
 3:541a, 558a, 597b
 5:417b(2), 418b(4)
MARSHALL, C.R.
 1:230a
MARSHALL, E.K.
 1:2b
MARSHALL, F.H.
 4:98a
MARSHALL, F.H.A.
 1:400a
 3:457b, 532a
 5:493a
MARSHALL, H.E.
 1:350b
MARSHALL, J.
 2:376a
 5:75a
MARSHALL, J.S.
 1:51a
 3:158b
MARSHALL, L.C.
 3:348a
MARSHALL, M.
 3:494a(2)
MARSHALL, M.H.
 2:278a
 4:369b
MARSHALL, M.L.
 1:589a
 2:604a
 5:368a, 368b
MARSHALL, M.L. (DOE)
 3:366b
MARSHALL, O.S.
 1:617a
 4:403a
MARSHALL, R.K.
 2:117b
 3:204b
MARSHALL, T.H.
 2:613b
MARSHALL, T.K. (POLSON)
 3:413a
MARSICO, V.
 3:400b
MARSTON, A.T.
 3:333a
MARSTON, M.
 1:240b
MARSTRAND, V.
 4:142b
MARTEL, E.A.
 4:6a
MARTELL, P.
 3:558a
MARTELLI, M.I.
 4:360a
MARTELLI, U.
 1:485a
 5:353b

MARTENE, E.
 2:754a
MARTENS, P.
 1:511a(2)
MARTENSEN, H.L.
 1:162a
MARTHA, A. (SCHUMAN)
 2:689a
 5:150b
MARTHA, J.
 4:86b
MARTI IBANEZ, F.
 1:422a
 2:378b, 477a, 706b
 3:173a, 363a(3), 377a, 383b, 389a,
  435a, 438a, 474a(2), 483b, 517a(2)
 4:199b, 200b, 205a
 5:83b, 85b, 475b
MARTIN SAINT-LEON, E.
 3:548a
MARTIN, A.
 1:104b, 206a
 2:208b, 551a
 3:413b(4), 450b, 453b, 463a, 468b,
  474a, 479b, 484a, 497a
 5:68b, 76a, 80b, 83a, 152a, 155b, 248b,
  266a, 283b, 405b
MARTIN, A. VON
 2:436a
 5:50a
MARTIN, A.E.
 3:452b
MARTIN, A.P.
 2:219a
MARTIN, C.
 1:68a
MARTIN, C.J.
 1:69b, 182b, 216b
 2:101b, 501b
 5:376a
MARTIN, C.J. (HOPKINS)
 1:538b
MARTIN, D.C.
 2:194b, 749b(4)
MARTIN, D.C. (ANDRADE)
 3:72b
MARTIN, E.A.
 2:622b
MARTIN, E.T.
 1:646a
MARTIN, G.
 1:425a
 5:191b, 523a
MARTIN, G.R.
 2:268a
MARTIN, G.W. (MACBRIDE)
 3:313b
MARTIN, H.
 2:480a
 3:333a
 5:392a
MARTIN, H.D.
 1:477a(2)
MARTIN, H.M. (ALLEN)
 5:346b
MARTIN, J.E.
 1:179a
MARTIN, J.H.
 5:412a
MARTIN, L.
 1:16a
 2:186a, 236a, 267a, 372b, 373a, 611b
 3:260b
 5:221b, 343b

MARTIN, M.E.
 1:157b, 411b
 2:24a
 5:255b, 546b
MARTIN, P.S.
 4:268b
MARTIN, R.
 1:150b
 3:42b, 343a
MARTIN, R.A.
 4:18a
MARTIN, R.C.G.
 1:338a
MARTIN, R.M.
 2:541a
 3:98b
MARTIN, T.
 1:107b, 406b(2), 407a, 408a
 2:423b(3), 748a(5)
MARTIN, T.C. (DYER)
 1:371a
MARTIN, T.W.
 3:564b
MARTIN, V.
 4:103b
MARTIN, W.A.P.
 1:561a
MARTIN, W.H.
 3:598b
MARTINAZZOLI, F.
 2:463a
MARTINDALE, L.
 3:487a
MARTINEAU, A.
 3:258a
MARTINELLI, G.
 5:457b
MARTINELLI, L.
 1:190b, 463b
MARTINEZ DE SANTAOLALLA, J.
 4:11b
MARTINEZ DURAN, C. [DURAN, C.M.]
 1:122b, 145b, 503a
 2:74a, 264a, 380b, 414a
 3:379b, 393a, 418b, 474a, 486b
 4:281b
 5:65a, 150a, 257a, 396a
MARTINEZ FORTUN Y FOYO, J.A.
 3:466b
MARTINEZ PAEZ, J.
 3:480b
MARTINEZ, J.A.F.
 1:480b
MARTINEZ, M.G.
 1:469b
 5:432a
MARTINO, E. DE
 3:88a, 438b
MARTINOTTI, G.
 1:131a, 304b, 518b
 2:575b, 588b
 3:484a
 5:63b, 79b
MARTINOVITCH, N.N.
 2:383b
MARTINS, J.
 3:610b
MARTINY, G.
 4:62a, 63a(2), 69a(2)
MARTINY, V.G.
 2:666a
 3:420b
MARTIUS, H.
 2:697b

MARTON

5:547a
MARTON, L.
　2:664a
　3:166b
MARTONNE, E. DE
　3:246b, 248b
　5:492b
MARTY, F.
　1:27b, 344a
　5:197a
MARTY, P.
　4:435a
　5:523a, 552b
MARUSS, A.
　3:248b
MARVIN, C.F.
　1:1a
MARVIN, F.S.
　1:273a(2), 541a
　3:4b(2), 24b, 56b(3), 71a, 89a, 332a
　4:186b
　5:299b
MARVIN, W.T.
　3:282b
MARX, A.
　1:581a, 583a, 623a, 659b
　2:19b, 132a, 133b, 134b, 349b, 503b,
　　646b, 652b, 710b(2)
　4:299b, 320b, 435a, 439a(2), 440b(2)
　5:98b
MARX, E.
　5:381a
MARX, L.
　3:531b, 547a
MARX, O.
　3:119a, 399b
MARX, R.S.
　2:85a
　4:438a
MARY OF MERCY
　2:431a
MARY THOMAS A KEMPIS
　1:565a, 566a
MARYON, H.
　4:14b, 15a
MARZ, E.
　5:93a
MARZELL, H.
　1:83a, 160b, 351b, 446a
　3:306a, 306a(2), 306b(3), 311b,
　　314a(2), 351b, 399b, 509b, 510b(2),
　　511a, 512a(4), 527a
　4:28b
　5:45b(2), 85a(2), 249a
MAS Y GUINDAL, J.
　2:518a, 578b
　3:506a
　4:416a
　5:277b
MAS'UD H̤ASAN
　1:623b
MASANI, R.P.
　4:198a
　5:540b
MASART, J.
　3:13a
MASARYK, T.G.
　3:608a
MASATIKA BANNO (FAIRBANK)
　5:543b
MASCART, J.
　1:45a, 173b
　2:527a
　3:227b, 237b
　4:116a

5:213b
MASE-DARI, E.
　1:240a
　5:202a
MASEFIELD, G.B.
　3:522a
MASI, E.C.
　1:128a
　4:270a
　5:361a
MASINO, C.
　3:501a, 506a(2)
　4:356a
MASINO, C. (BIANCHI)
　3:501a
MASINO, C. (OSTINO)
　1:289a
　5:547b
MASKE, E.
　4:337a
MASKELL, E.J. (PRINGSHEIM)
　1:660a
MASLANKIEWICZ, K.
　1:16b, 353a
MASNOVO, A.
　1:521a
MASON, E.W.
　1:209b
MASON, F.
　3:27b, 289a
MASON, G.
　4:283b
MASON, H.S.
　3:194b
MASON, J.M.
　1:541a, 607a
　2:510a, 562b, 718b, 765a
　5:367b
MASON, K.
　3:267a
MASON, K. (CRONE)
　1:572b
MASON, S.F.
　1:217a
　2:120a, 465b
　3:4b, 26b, 286a
　5:7b, 63b, 106b, 534a
MASON, S.L. (MATHER)
　3:229b
MASON, W.A.
　3:610a
MASON, W.W.
　2:558a
　5:417b
MASOTTI, A.
　1:27b
　2:400a, 528b
　5:204b
MASPERO, G.C.C.
　4:36b
MASPERO, H.
　1:249b
　2:33a, 187a, 562b
　4:215a(2), 216b, 220b, 222a(2), 225b,
　　226b
MASPERO, J.
　4:412b
MASSAGLIA, A.
　2:494a
MASSAIN, R.
　3:138a, 178a
MASSOLONGO, R.
　1:128a
MASSALONGO, R.
　1:430b

5:57a(2)
MASSE, H.
　1:419a
　2:250b, 432a
　4:383b, 406b
MASSELINK, J.F.
　4:90b
MASSEY, G.B.
　5:405b
MASSEY, H.S.W.
　3:567a
MASSEY, I.
　2:592a
　3:343b
　5:362b, 381a
MASSIGNON, L.
　1:406a, 468b, 502a, 627a
　3:81a
　4:383b, 393a, 395a, 415b, 428b, 434a
MASSIGNON, L. (DENY)
　4:421a
MASSINGHAM, H.J.
　1:600a
MASSON, -.
　3:439b(2)
MASSON, D.O.
　2:502b
　3:82b
MASSON, F.
　1:183a
　2:657a
　5:192a
MASSON, I.
　2:307a, 750b
　3:178a
MASSON, L.
　2:596a, 671a
　3:425a, 425b
　4:153a
MASSON, P.
　2:369b
　4:125b
MASSON-OURSEL, P.
　1:132b, 275a
　3:26a, 91b, 93b, 606a
　4:184b, 187b, 200a, 221a, 222a
MASSOULARD, E.
　4:34a
MASSY, R.
　1:170a
　2:196a
　3:515b
MAST, S.O.
　3:36a, 297b
MASTER, D.
　3:458b
MASTERMAN, E.W.G.
　4:73b
MASTERS, D.
　1:422a, 422b
　3:517a, 602a
MASTERSON, J.R.
　1:133a, 211b
　2:266b
　5:224b, 237b, 400b
MASTRORILLI, M.
　1:485a
　2:396b
MASUD HASAN
　See MAS'UD HASAN
MASUR, G.
　2:382b
　5:431b
MATEESCU, V.G. (BOLOGA)
　1:581b

3:377a
MATER, A.
2:710a
MATES, B.
4:106a
MATHER, F.J.
1:308a
MATHER, K.
1:321a, 420b
3:286a
MATHER, K. (YATES)
1:420b
MATHER, K.F.
2:662a
3:60b, 229b, 231a, 334b
MATHESON, C.
2:200b, 298a, 493b
5:236b
MATHESON, N.M.
1:489a
MATHESON, N.M. (BISHOP)
3:14a, 370a
MATHEW, G.
4:373b
MATHEWS, J.A.
3:575b
MATHEWS, J.J.
4:270a
MATHEWS, S.
3:63a
MATHIAS, E.
2:251a
MATHIAS, O.
2:180b
3:167a
MATHIAS, P.
5:283b, 413a
MATHIASSEN, T.
4:270b
MATHIESON, J.
3:247b
MATHIEU, P. (GUILLAIN)
3:419b
5:525b
MATHIS, C.
3:467b
5:479b
MATHISON, R.
3:500a
MATHUR, G.B.
1:606a
2:4b
MATIGNON, C.
1:141a, 291b, 364b
2:352b(2)
3:194a, 515a, 609b
5:291b
MATIGNON, J.J.
4:237b
MATISSE, G.
3:44b, 73b, 284b, 428a
MATOUSEK, M.
3:384b
4:166b
MATOUSEK, M.M.
1:87b
MATOUSEK, O.
1:205a, 227a, 302b, 648b
2:241a, 288b, 320a, 365a, 365b(4), 366b, 441a, 678b(3)
3:20b, 76a
5:76b(2), 77a, 229a, 372a, 372b(3), 442b, 464b
MATOUSEK, O. (NEMEC)
2:365b

MATOUSKOVA, B.
1:236b, 318b
5:350b
MATOUSKOVA, B. (MATOUSEK)
1:227a, 648b
2:365b
5:77a
MATSCHOSS, C.
1:20b, 175b, 303b, 439a, 539b
2:21a, 44b, 220b, 260a, 635a, 688a(3), 769b
3:541a, 542b(3), 548b(2), 550a, 558b
5:292a, 415a, 417b, 419b, 421a, 428a, 509b, 550b
MATSON, F.W.
3:54a
MATSON, W.I.
1:329a
2:167b
4:112a
MATSUMOTO, N.
4:249a
MATTESON, D.M.
3:67b
MATTHAEI, R.
1:498b
MATTHAUS, K.
3:386b
MATTHEW, W.D.
2:330a
MATTHEWS, C.D.
2:46a
4:78b
MATTHEWS, L.G.
1:653a
3:504b
4:360a
5:82b, 171b
MATTHEWS, L.H.
1:306a
2:776a
3:317a
MATTHEWS, W.
2:105a
MATTHEWS, W.H.
3:131a
MATTHEWS, W.R.
3:63a
MATTHIS, A.R.
1:100a(2)
2:245b
MATTICK, P.
3:144b
MATTINGLY, G.
2:175a
MATTINGLY, H.
4:161a
MATTINGLY, J.R.
2:347b
4:117b
MATTIROLO, O.
1:594b
2:511a
4:50a
5:447b, 475a
MATTOS ROMAO, J.A. DE
1:462a
MATUKHIN, G.R.
1:634b
MATUSZEWSKI, J.
4:361b
MATVEEV, G.A.
3:569b
MATVIEVSKAIA, G.P.
1:142b, 396b(2)

4:181a
5:199a
MATZDORFF, C.
1:189a
MATZKE, E.B.
1:513b, 594a
5:143a
MAU, F.
1:138a
5:63b
MAUCLAIR, C.
2:73a
MAUCLAIRE, -.
1:180b, 249b
2:58b, 82b, 481b, 733b
5:253a
MAUCLAIRE, M.
2:37a
5:396a
MAUCLAIRE, P.
1:41b(2), 159a, 181a
5:170a, 181a
MAUDE, A.
2:510a, 510b
MAUDERLI, S.
3:212b
MAUDUIT, R.
1:273a
MAUER, E.F.
2:583a
MAUGE, F.
3:31b
MAUNDER, A.S.D.
1:383a
4:178a, 197a, 319b
MAUNIER, R.
1:276a
3:348a
4:44b
MAUNY, R.
2:334b, 342a
4:91a, 123a
MAURA, D. DE
1:20b
MAURAIN, C.
1:40b
3:234b, 559b
MAURAIN, C. (PAINLEVE)
3:559b
MAURANO, F.
3:470a
MAUREL, A.
1:360b(2)
2:600b(2)
MAURER, A.
1:557b
2:244a, 476b, 542a
4:297b, 305b, 307a
MAURER, F.
1:476a, 526b(2)
2:247a
MAURER, K.
3:84a
MAURIAC, F.
2:281a, 284b
MAURIAC, P.
1:135b(2), 136a, 342a, 496b
2:193a, 418a, 571b
3:395b
5:189a
MAURICE, F.
1:530a
MAURICE, J.
4:147a

MAURIZIO, A.
3:414b(2), 536b
MAUROIS, A.
1:422a(2)
2:639a
MAURY, -.
2:84a
5:345b
MAURY, M.F.
2:159a
MAUS, H.
3:355a
MAUTNER, F.H.
2:89a
MAUTZ, O.
1:204a(2)
2:212b
MAVERICK, L.A.
4:219a
MAVOR, J.
2:159b
MAWER, A.
3:261a(2)
MAWSON, D.
1:155a, 321b
2:11a, 15b
5:226b, 343b
MAWSON, P.
2:159b
MAXIA, C.
2:197a, 345a
4:86a
5:73a
MAXSON, R.N.
1:197a
5:424b
MAXWELL, G. (FEIGL)
3:30b, 344b
MAXWELL, I.S. (DARBY)
4:325a
MAXWELL, J.
3:88a, 347a
MAXWELL, J.P.
4:236a
MAXWELL, W.R.
3:561a
MAY, E.
3:11a, 34a, 282b
MAY, E.F. (COHEN)
3:73a
MAY, G.
1:342a
MAY, J.M.
3:406b
MAY, L.P. (MARTINEAU)
3:258a
MAY, M.T.
1:453b
4:132b
MAY, R.
3:47a, 434b
MAY, R.M.
3:23b, 319a
5:357a
MAY, W.
1:312b, 313b, 500a, 561a, 565b, 663a
3:278b
4:6b, 25b
5:230b
MAY, W.E.
2:474b
3:250b
5:221a
MAY, W.E. (HUTCHINS)
3:250a

MAYALL, M.W. (BOK)
3:220b
MAYALL, N.U.
1:599b
MAYALL, R.N.
3:219a
MAYER, A.
1:264a
2:91a, 401b, 445b, 681b
3:274b, 365b, 426b, 428a, 525a
MAYER, A.W.
3:183b
MAYER, C.
3:26b, 95b, 402b
5:488a
MAYER, C.A.
2:551a
5:86a
MAYER, C.F.
1:23b, 582a
2:169b, 178b, 182a, 291b
3:294a, 365b(2), 369a(3), 372b, 455b, 459a, 469a, 480a, 481a, 481b
4:337b, 354b, 416b(2)
5:52a(2), 72a, 519b(2), 547b(2)
MAYER, F.
5:90b
MAYER, F.C.
2:254a
MAYER, J.
1:27a, 136a
2:161b, 560a
3:4b, 349a(3)
5:389b
MAYER, L.A.
1:644a
4:398a, 403b(2), 430b, 431a, 432b, 433a, 433b
MAYER, L.A. (SUKENIK)
4:82a
MAYER, M.
2:15b
3:485b
5:419a
MAYER, O.G.
3:536a
MAYER, S.
2:275b
5:81a
MAYER-FURTH, W.
2:632b
MAYERHOFER, E.
3:456b
MAYERHOFER, J.
2:124a
3:1a
MAYERSOHN, L.
3:405b
MAYERSON, H.S.
1:655b
5:265a
MAYET, C.
2:285b
MAYJONADE, C.
2:135b
MAYNARD, J.A.
4:83b
MAYNARD, K.
5:107b
MAYNARD, T.
1:340a
5:38b
MAYNIAL, E.
1:401a

MAYNIAL, E. (BOUVIER)
1:172a(2)
MAYO, E.
1:643a
MAYO, L.S.
2:632a
5:534a
MAYOR, A.
1:370b
MAYPER, J.
3:555a
MAYR, E.
1:15b, 318b
3:291a, 318b, 320b
MAYR, E. (JEPSEN)
3:272a, 293b
MAYR, J.
4:23b
MAYS, W.
3:22b(2), 345b
MAYSER, E.
4:145a
MAYSTRE, C.
4:37a
MAZAHERI, A.
2:250b
4:399a, 428b
MAZAURIC, R.
1:519a
5:88b
MAZENTA, G.A.
2:73a
MAZERAN, A.
4:156b
MAZETS, E. (SLIV)
2:426a
MAZEYRIE, J.
3:470a
MAZIARZ, E.A.
3:106b
MAZLISH, B. (BRONOWSKI)
3:2a
MAZON, A.
1:233a
4:368a
MAZUEL, J.
2:92b
MAZURMOVICH, B.N.
2:493b
MAZZA, L.
3:192b
MAZZEO, J.A.
1:308b, 355a
5:124a, 195a
MAZZEO, M.
3:417a
4:80a, 167a
MAZZINI, G.
1:20b, 71a, 263a(2), 484b
2:154b, 315b, 703b
3:231b
4:281a(2), 281b
5:77b, 81a, 472b
MAZZIOTTI, M. (ENRIQUES)
1:328a
MAZZITELLI, M.
2:143a, 208b
5:154a, 165b, 242a, 249a
MAZZUCCO, R.
5:20b, 83a
MC,
See also MAC
MCADIE, A.
1:436b, 550a
2:11b

3:225a, 300a, 343a, 598a
5:540a
MCALEAVY, H.
4:218b
MCALLISTER, E.M.
1:369a
MCATEE, W.L.
1:24b, 233a, 316a, 371b
2:97a, 98a, 298a
5:145b, 239a(5), 524b
MCAULIFFE, E.
3:578a
MCBRIDE, E.W.
5:495a
MCBRYDE, F.W.
5:72b
MCCABE, J.
3:92b, 347a
5:299b
MCCALLUM, J.D.
2:622a
4:269a
5:239b
MCCALLUM, J.R.
1:3a
MCCANCE, R.A.
1:595a
3:537a
MCCANN, F.T.
5:36b
MCCANN, L.
2:240a
MCCARTHY, B.P.
2:358a
MCCARTHY, C.J.
3:603b
MCCARTHY, F.D.
4:263b
MCCARTHY, J.S.
5:202b
MCCARTNEY, E.S.
4:91a
MCCARTNEY, J.E.
5:456a
MCCARTY, A.C.
1:189b, 472b
MCCAWLEY, E.L. (STRONG)
5:82a
MCCAY, C.M.
1:181b, 205b
5:409a
MCCLEES, H.
4:92a
MCCLELLAN, W.S.
4:497a
MCCLELLAND, C.W.
5:304a
MCCLELLAND, D.C.
1:442a, 601b
3:437a
MCCLENAGHAN, B.
5:92a
MCCLENON, R.B.
2:67a, 71a
5:113b
MCCLOY, S.T.
5:241a, 284b
MCCLUGGAGE, R.W.
2:662b
3:495b
MCCLUNG, C.E.
3:280b
MCCLURE, M.T.
4:102a

MCCLYMONT, J.R.
1:213a
3:327a
MCCOLLEY, G.
1:69a, 147b, 170b, 200b, 218b, 226a, 283a(3), 284a(3), 284b, 458b, 476b, 487a, 491a, 494a(3), 572a, 589a, 635a
2:105b, 163a, 184b(5), 194b, 199b, 223a, 238b, 416a, 425a, 436a, 447b, 514a, 569a, 571b, 602b, 627b(5)
3:64b, 202a, 211b
4:318b
5:23a(5), 102b, 121b, 125b(3), 126a(4), 128a(4), 287a
MCCOLLUM, E.V.
1:364a
2:166a
3:414b(2)
5:349a
MCCOMBE, L.
4:270a
MCCONAGHEY, R.M.S.
1:159a
3:412a
5:244a
MCCONNAUGHEY, G.
1:319b
MCCONNELL, J.W.
2:740a
MCCONNELL, V.F.
1:328a
MCCORD, C.P.
3:479b
MCCORISON, M.A.
5:426a
MCCORMICK, E.M.
3:591b
MCCORMICK, J.
3:59a
MCCOWN, T.D.
3:333a
4:277a
MCCOY, J.C.
2:710a
3:123b
MCCOY, R.F.
5:251b
MCCRACKEN, I.E.
5:252a
MCCRADIE, A.R.
3:448b
MCCRAE, T.
2:752b
3:419a
MCCREA, W.H.
1:375a, 421a(2)
2:184a(2)
3:150a, 151b(2), 217a
MCCRENSKY, E.
3:71a
MCCRINDLE, J.W.
1:73a
4:151a
MCCUE, G.A.
3:530b
MCCUE, J.F.
1:456a
MCCULLOCH, C.C.
2:728b
5:51b
MCCULLOCH, F.
4:329a(2)
MCCULLOCH, J.A.
4:92b

MCCULLOCH, W.S.
3:594a
MCCURDY, E.
2:73a, 81a
MCCUSICK, V.A.
See MCKUSICK, V.A.
MCCUTHCHEON, W.A.
5:176b
MCDANIEL, W.B.
1:226b, 264b, 437a, 455a, 479b, 543b, 589a
2:174a, 181a, 186a, 198b, 392a, 466a, 483b, 612a, 682a(2)
3:300a, 367b, 373b, 386b, 390a, 391b
4:155b, 156a, 347b, 348a
5:49a, 69a(2), 73a, 242b, 364b, 368a, 444b, 504b(2), 547a, 547b
MCDANIEL, W.B. (KRUMBHAAR)
2:200b, 254b
5:265a
MCDERMOTT, J.F.
1:607a
2:467b
5:340a
MCDIARMID, J.B.
2:331b, 538a, 538b
4:105b, 126b
MCDONALD, A.H.
5:281b, 411a
MCDONALD, A.L.
1:288b
MCDONALD, D.
1:346a
2:704a
3:406b(2), 576b
5:512b
MCDONALD, D.A.
1:547a
3:445b
MCDONALD, E.
3:69a, 287a
MCDONALD, J.C.
5:376a
MCDONALD, J.E.
1:389a
2:11a, 397b
5:333a(2)
MCDONALD, J.M.
2:379b
5:174a
MCDONNELL, J.N.
3:516b, 517a
MCDONOUGH, M.L.
3:382b
MCDOUGALL, W.
3:58a, 284a, 341a
MCEACHRAN, F.
1:561a
MCENTIRE, W.F.
1:268a
MCEWEN, G.F.
3:242a, 243b
MCFALL, W.A.
2:625a
MCFARLAND, J.
2:68b, 425b, 682a, 740a
3:408b, 422a
5:268b, 352b
MCFEE, W.
1:445a
MCGARRY, D.D.
1:654a
4:369a
MCGEACHY, J.A.
4:296a

MCGEE, J.D.
2:521b
3:599b
MCGILL, V.J. (SELLARS)
3:95b
MCGOVERN, M.P.
4:252a
MCGOVERN, W.M.
3:264a
MCGOWAN, F. (KATZ)
3:57b
MCGOWAN, F.J. (POOL)
2:730b
5:401b
MCGOWAN, H.
3:547b
MCGRATH, E.J.
3:24b
MCGRATH, E.J. (NEWCOMER)
3:502a
MCGREARY, M.N.
2:316b
MCGREGOR, J.C.
4:269a
MCGREW, R.E.
5:393b, 394a
MCGUIGAN, H.A.
3:462b
MCGUINESS, I. (DEFERRARI)
2:539b
MCGUIRE, J.K.
2:731a
3:227a
MCGUIRE, M.R.P. (DEFERRARI)
2:261a
MCGUIRE, S.
2:123b
MCHARGUE, J.S.
2:303b
MCHENRY, L.C.
1:655b
MCHUGH, G. (KRONFELD)
3:439b
MCHUGH, J.
2:696a
3:574b
MCILWAIN, H.
5:379b, 489b
MCINNES, E.M.
2:754a
3:419a
MCINTYRE, A.R.
3:513a
MCKAY, R.C.
2:125a
MCKEE, R.H.
2:484a
MCKEEHAN, L.W.
2:775b
5:189b
MCKELVEY, B. (BATES)
2:521a
MCKELVEY, S.D.
5:355a
MCKENZIE, D.
1:570b
3:386b
4:11b, 353a
3:484a
5:405a
MCKEON, C.K.
1:516b
2:19b
MCKEON, R.
1:59b, 65a
2:430a, 497a, 541b
3:95a
4:101b, 298a, 304b, 305a, 306a
MCKIE, A.B.
2:257b
MCKIE, D.
1:130b, 151b, 156a(4), 183b, 184b(3), 185a, 198b, 216a, 250b, 263a, 285a, 323a, 425a(2), 540b, 542a, 589b, 593b, 642a, 647a
2:52b(2), 53a, 54b, 127a(2), 148a, 162b(3), 223a, 230b, 231a, 248a, 352b(3), 353a(3), 353b, 397b, 417b, 420a, 427b, 501a, 529b, 610b, 626b, 634b, 750b, 751b(2)
3:51b, 71b, 72b, 85b, 137b, 183a
5:106a, 123a, 125a, 159a, 186a, 190b, 205a, 207a, 207b, 209a(2), 209b, 210a, 211b(2), 212a(2), 282b, 284a, 322b, 507b
MCKIE, D. (PARTINGTON)
1:379b(2), 513a, 524b, 610a
2:115b, 127a
5:210b
MCKINLAY, A.P.
1:165a
MCKRACKEN, G.E.
2:21b
5:181b
MCKUSICK, V.A. [MCCUSICK, V.A.]
1:194a
2:169b, 398a, 417a, 443b, 518a, 711a
3:294a, 446b(2)
5:364a, 381b, 386a(3)
MCKUSICK, V.A. (WILLIAMS)
1:107a
MCLACHLAN, N.W.
1:550a
5:313b
MCLAREN, S.B.
3:166a
MCLAUGHLIN, E.F.
4:334b
MCLAUGHLIN, P.J.
1:216a, 407a, 559b
2:320b, 426b
5:316a
MCLEAN, F.C.
2:116b
MCLEAN, F.C. (VEITH)
2:680a
3:391a
MCLEAN, R.C.
2:117b, 169a
4:152a
MCMANUS, J.F.A.
3:363a
MCMASTERS, J.H. (SCHENK)
3:316a, 321a
MCMENEMEY, W.H.
1:548a
2:309b, 673a, 728b, 774b
3:365b, 419a
5:381a, 405b
MCMICHAEL, J.
1:546b
3:427b, 459b
MCMILLAN, E.M.
3:151b
MCMILLAN, R.T.
3:524b
MCMULLIN, E.
3:169b
MCMURRICH, J.P.
2:74a, 79b
MCMURTRIE, D.C.
1:523b
5:541a
MCNAIR, J.B.
1:217b
2:126b
3:528b, 537b
5:423a
MCNEIL, D.R.
3:389a, 412b
5:399b
MCNEIL, G.H.
2:418a
MCNEILL, D.B.
2:403b
5:319b
MCNEILL, J.T.
4:331a
MCNINCH, J.H.
3:480b
5:529a
MCPEEK, J.A.S.
1:247b
4:370a
MCPHERSON, J.W.
4:407a
MCQUARRIE, I.
4:235a
MCQUEEN, A.
1:207a
MCRAE, R.
1:97a, 336a
2:64b
3:34b(2)
5:102b
MCSHANE, E.J.
3:126a
MCTIGHE, T.P.
1:299b
MCVAUGH, R.
1:410a
2:57b, 216a, 267a
5:353b, 355a(2)
MCVITTIE, G.C.
3:152a
MEACHAM, S.
2:352b
MEACHEN, G.N.
3:475b
MEAD, G.H.
3:54a, 91b, 96b
MEAD, H.R.
1:513b
2:701b
5:25a, 52a
MEAD, K.C.H.
See HURD-MEAD, K.C.
MEAD, M.
3:80b, 332b
4:8a, 8b, 262b(2)
MEAD, M. (BATESON)
4:259a
MEAD, W.E.
4:360a
MEADE, G.P.
3:30a
MEADE, R.H.
3:490b
MEADER, C.L.(PILLSBURY)
3:611b
MEADOWCROFT, W.H. (DYER)
1:371a
MEAKIN, A.M.B.
1:495b
2:449b

MEANS, B.W.
3:93b
MEANS, J.H.
3:559b
MEANS, P.A.
3:71a
4:276b(2), 277b, 283b
5:177a
MEANS, R.K.
3:410b
MEARNS, D.C.
1:278b
3:67b
MEARS, I.
4:218a
MEARS, J.E.
3:389a, 482b, 553b
MEARS, L.E. (MEARS, I.)
4:218a
MECATI, G.
2:492a
MECERIAN, J.
4:382a
MECHAM, J.L.
1:389a
2:409a, 437b
5:38a
MECKE, R.
3:144a
MECKING, L.
3:266a
MECQUENEM, R. DE
4:69b
MECUM, I.M.
2:287b
MEDARD, M.
4:231a
MEDAWAR, P.B.
3:332a, 334b
MEDER, A.
1:473a
2:689a
MEDER, A.E.
2:663a
3:114a
MEDICUS, F.
2:274a
MEDICUS, F. (BIRCHLER)
2:271a
MEDINA, J.T.
1:195b, 228b, 287b
3:254b, 595b
4:277b
5:38b, 136a
MEDOVOI, M.I.
1:7a(3)
4:395a(2), 396b
MEDRANO, J.M.
2:408b
3:478a
MEDUNIN, Á.E.
2:102a, 279b, 394a
3:234a
5:204a, 317a
MEDVEDEV, F.A.
1:234a
2:58a, 88a, 508b(2)
3:122b, 125a, 126a
5:313b(2)
MEDVEI, V.C. (TICKNER)
5:167b
MEEHL, P.E.
3:347b
MEEK, T.J.
4:65a

MEEK, W.J.
1:357a
5:379a
MEEKER, G.H.
2:634b
MEER, F. VAN DER
4:163b
MEER, P. VAN DER
2:171b
4:18a, 35b, 65a
MEERLOO, A.M.
3:461b
MEERSSEMAN, G.
2:689a
5:99b
MEES, C.E.K.
3:50a, 545a, 596b(2)
MEESTER, V.H. DE
1:262a, 351b
2:98a, 157b
5:84b
MEEUS, J.
1:464b
3:208b
5:216a
MEFFERT, F.
3:468a
4:289b
MEGAW, J.
3:358b
MEGOW, R.
4:91b
MEGROZ, R.L.
2:416a
MEHL, E.
2:592b
4:301a
MEHLBERG, H.
3:35b
MEHLIN, T.G.
2:773b
3:205b
MEHLIS, C.
2:362a(3)
MEHLIS, G.
3:606b
MEHMKE, R.L.
4:50b, 51b
MEHNER, M.A.
1:490a
4:354a
MEHRING, G.
5:58b
MEHTA, D.M.
4:193a
MEHTA, N.P.
4:177b
MEHTA, P.M.
4:203b
MEHTA, S.M.
3:193a
MEI JUNG-CHAO
2:102b
4:222b
MEI YI-PAO
1:275a
2:187a
MEICK Y BANON, A.M.
3:509a
MEIER, A.
1:11b
MEIER, H.
4:88a
MEIER, H. (SAXL)
4:320a

MEIER, H.A.
5:414a
MEIER, J.I.
3:499a
MEIER, K.
2:1a
5:268b, 278b
MEIER, M.
1:333b
4:285b
5:12a
MEIER, R.L.
3:57b(2)
MEIER-LEMGO, K.
2:1a
MEIGE, H.
1:245a
3:450b
MEIGHAN, C.W.
4:284a
MEIGS, J.F.
3:249b
MEIJER, M.J.
4:230a
MEIKLE, W.P.
5:286a
MEIKLEJOHN, A.
2:92b, 534a
5:246b, 493b
MEIKLEJOHN, M.F.M.
1:309b
4:329b
MEILLET, A.
3:610a, 611a, 612a, 612b(5)
4:145a
MEINDL, R.
3:448b
MEINECKE, B.
1:237b
4:94b, 135a
MEINIG, D.W.
3:228b, 524b
5:333b, 459a
MEINSMA, K.O.
4:350a
MEISEL, M.
5:345b
MEISEN, V.
3:79a
MEISSNER, B.
4:56a, 57a(2), 65a, 67a, 68b, 71b
MEISSNER, B. (EBELING)
4:56a
MEISSNER, P.
5:305a
MEISSNER, R.
5:83b
MEISSNER, W.W.
2:322a
3:179b, 182b, 192b
MEISTER, K.
1:167b
4:119a
MEISTER, R.
2:732b
3:75b
MEITNER, L.
2:322a
3:174b(2)
MEL'NIKOV, I.G.
1:206a, 396b
2:651b
5:312b
MEL'NIKOV, O.A.
2:99b

MELA, P.
4:150a
MELANDRE, M.
1:387a, 649a
MELCHIONDA, E.
1:592a
4:137b
MELCHIOR, E.
1:344b
5:390a
MELCHIOR, P.
1:283a
2:147a
MELDAU, R.
3:551a
5:176a
MELDRUM, A.N.
1:93a, 119a, 142a, 305a(2), 330a, 475a, 570a, 570b(2)
2:52b, 53a, 55b(2), 83a, 231a, 352a, 353b
3:169b(2), 184a
5:207a, 210a, 212b
MELDRUM, A.N. (HARTOG)
2:352b
MELHUS, I.E.
3:526b
MELI, R.
4:155a, 155b, 156a
MELIKOVA-TOLSTAYA, S.
1:504a
4:133b
MELINE, P.
2:82b
MELLANBY, E.
3:365b
MELLANBY, J.
3:570a
MELLER, E.
3:564b
MELLER, J.
2:351a
MELLETT, L.
1:78a
3:70b
MELLO, F. DE
5:373b
MELLON, M.G.
3:180a
MELLOR, C.M.
3:582b
MELLOR, P.H. (HAMILTON)
4:364b
MELMORE, S.
1:503b
2:316a, 471b
5:214b(2)
MELNIKOV, I.G.
See MEL'NIKOV, I.G.
MELSEN, A.G. VAN
3:4b, 169b
MELSON, E.W.
2:455b
3:299a
MELY, F. DE
1:400a(2)
2:182a
4:364b
5:49b
MELZI D'ERIL, C. (BOFFITO)
1:628a
2:314b
4:316b
MENARD, P.
3:610b

MENASCE, P.J.
4:177b, 178a, 392a
MENASCHA, I.
4:48a
MENCHUTKIN, B.N.
1:141b
2:634b
5:328b
MENCKE, J.B.
5:188b
MENCKE, S.
3:489b
MENDANA DE NEYRA, A. DE
5:42a
MENDEL, K.
3:309a
MENDEL, L.
2:42a
MENDEL, L.B.
3:414b
MENDELEEV, D.I.
5:306a, 510a
MENDELEEVA, M.D.
2:170b
5:347a
MENDELS, J.
5:90b
MENDELS, J.I.H.
1:637b
5:141b, 152b
MENDELS, J.I.H. (HERINGA)
1:506a
MENDELSOHN, C.J.
1:21b, 223b
2:591b
5:13a(3)
MENDELSOHN, E.
2:93b, 456a
3:299a, 319a, 429a
5:304b, 347a
MENDELSOHN, I.
1:419b
4:26a
MENDELSOHN, S.
3:413a(2)
4:46b
MENDELSON, J.H.
3:432b, 442a
MENDELSON, W.
2:132a
MENDELSSOHN BARTHOLDY, P.
2:634b
MENDELSSOHN, K.
2:218a
3:141b, 165b
MENDELSSOHN, M.
1:546b
MENDELSSOHN, W.
3:105a
MENDENHALL, T.C.
3:84b
MENDES DA COSTA, S.
3:476b
MENDES-CORREA, A.A.
3:334b, 357b
MENDEZ TRONGE, M.F.
2:256a
5:77a
MENDIRI, H. DE
5:70b
MENDOZA, E.
1:214b, 225b(2)
3:159b, 161a(2)
5:318a, 420b

MENENDEZ PIDAL, G.
1:634a
4:390a
MENENDEZ PIDAL, R.
1:256b(2)
MENETRIER, P. [MENETRIER, M.P.]
1:40b(2), 64b, 79a, 119b, 201b, 295b, 325b, 328a, 362a, 578b
2:114a, 129a, 389a, 422b, 736b, 738a
3:375b, 396a, 424a
4:132b, 134a, 135a, 137b, 178b, 340b
5:54a(2), 268a, 364b, 392a, 452a, 546b
MENGER, K.
3:126a
MENGERINGHAUSEN, J.
4:160a
MENGERINGHAUSEN, M.
4:339b, 364b
MENGERINGHAUSEN, M.(MENGERINGHAUSEN, J.)
4:160a
MENGERT, W.F.
3:454a
MENGHIN, O.
3:537b
MENINI, C.
1:189b, 404b
5:70b
MENKE-GLUCKERT, E.
1:161b
2:8b
5:96a, 181a
MENN, W. (DIEPGEN)
1:345a
5:149b
MENNE, F.R.
2:412a
MENNELL, R.O.
3:536b
MENNESSIER DE LA LANCE, G.R.
3:532b
MENNINGER, K.
3:118b(2)
MENNINGER, W.C.
3:434a
MENON, C.P.S.
4:23b
MENSHUTKIN, B.N.
1:326b
2:109a(3), 109b, 110a(2), 170b, 305b
3:178a(2), 191b
5:205a, 211a
MENSING, A.W.M.
3:83b
5:498a
MENTLER, E.
1:403a
5:80a
MENTRE, F.
1:389a
3:343a
MENTZ, A.
4:163a, 291b
MENZEL, D.H.
3:48a, 208a
MENZEL, T.
2:29b
4:387b
MENZIES, A.W.C.
2:484a
MENZIES, J.M.
4:215a
MERBACH, P.A.
1:125b(2), 245b, 496b
5:284a, 413b

MERCATI, A.
1:200b
3:12a
MERCATI, G.
1:14b, 28a, 618a
4:422a
MERCATI, S.G.
1:255a
4:373b
MERCER, H.C.
5:294b
MERCER, J.E.
3:197a
MERCER, S.
2:558a
5:418b
MERCER, S.A.B.
2:564b
4:37a, 57b
MERCIER, A.
1:377a(2)
3:149b
5:172b
MERCIER, C.A.
3:221b, 387a
4:349b
MERCIER, G.
4:395b
MERCIER, L.
4:428a
MERCIER, M.
1:246b
3:578b, 602a
4:53a, 93a
MERCIER, P.A.
5:16b
MERCIER, R.
1:260a, 491a
2:161a, 254b
3:395b
5:169b, 247a, 269b
MERCK LUENGO, J.G.
5:171b, 496b
MERCK, E.
2:723a
3:580a
MERDINGER, C.J.
3:551a
MERGENTALER, J.
3:203b
MERIAM, L. (BACHMAN)
3:417a
MERINGER, R.
3:496b
4:5b
MERINO, D.A.
1:218a, 468b
5:27b
MERITT, B.D.
4:118a
MERKE, F.
4:345a
MERKELBACH, O.
3:297b, 429a
MERKENSCHLAGER, F. (BOAS)
3:274a
MERKULOV, V.L.
1:72b
2:111b, 566b
3:428b
MERLAN, P.
1:28b, 55a, 86b, 132b, 191a, 442b
2:117a, 331b, 336b(3), 479b, 496b, 658b
3:47a
4:102a, 103a, 104a, 127a

5:362b, 481a
MERLIER, M.
1:254b
4:374b
MERLIN, A.
1:297a
MERLINCK-ROELOFSZ, M.A.P.
4:258b
5:42a
MERRENS, H.R.
5:223b
MERRIAM, C.H.
1:103b, 304a
2:414a
MERRIAM, J.C.
2:605b, 677b
3:36a, 48b(2), 50b, 51a, 54b, 222a,
   230a, 235a, 272b, 274a, 275b(2),
   299b, 333b, 355a
MERRIEN, J.
3:554b
MERRILL, E.D.
1:122a, 278b, 369a
2:207b, 298a, 377b, 378a(3), 669a, 716a
3:273a, 304b, 307b, 312b, 313a, 527b
5:236a, 353b
MERRILL, E.D. (BURKILL)
3:511b
MERRILL, E.T.
4:149b
MERRILL, G.P.
3:213a, 222b, 230b, 232a, 238a, 275b
MERRILL, R.H.
2:561a
4:271b
MERRITT, E.
3:161b
MERRITT, H.H. (ROMANO)
2:591b
5:386b
MERRITT, R.H.
1:229a
MERRITT, W.
3:389a
MERRYWEATHER, F.S.
4:371a
MERSEY, P.R.
3:435a
MERTENS, J.
4:160a
MERTON, E.S.
1:197b(2), 198b(4)
5:123a, 143a, 143b, 144a, 159a
MERTON, R.K.
1:366b
2:142a, 492b
3:27a, 50a, 52b, 54a, 54b(3), 55b(3),
   349a, 355a, 356b, 357a(3), 545b
5:106b, 106b(3)
MERTON, R.K. (BARBER)
3:55a
MERTON, R.K. (SOROKIN)
4:387b
MERTZ, H.
1:591a
MERZ, J.T.
2:63b
5:308a(2)
MERZ, L.
3:587a
MERZBACH, A.
3:384b, 387b, 399b, 400a
MESCHKOWSKI, H.
3:103b(2)

MESHCHERYAKOV, M.G.
2:210b
MESNAGE, P.
3:590a
MESNARD, H.
4:405b
MESNARD, J.
2:65a, 281a(2), 281b, 283a, 300a
MESNARD, P.
1:161b(2), 367b, 386a(2), 577b
2:327b
4:101b
5:12a, 17b
MESNIL, F.
2:25b, 51b
MESNIL, J.
2:77b, 153b
5:17a
MESSAC, R.
3:64b
MESSEDAGLIA, L.
1:238b, 327a, 409b(2)
2:139b, 176b, 460a, 494b, 735b
3:457b, 528a, 528b
5:225b, 357a, 373b, 375a, 389b
MESSELOFF, C.R.
3:430b
MESSER, A.
3:339b
MESSERLI, M.
5:58b
MESSERSCHMIDT, F.
4:165a
MESSIMI, M.
1:424a, 504b
5:84a
MESSINA, G.
4:177a
MESSING, G.M.
1:43b
MESTLER, G.E.
4:253a
MESTWERDT, P.
1:385a
METADIER, J.
3:190a
METALNIKOV, S.
3:294a, 468a
METCALF, C.L. (FLINT)
3:526b
METCALF, R.C. (GARDINER)
3:345a
METCHNIKOFF, O.
2:164a(2)
METIANU, C. (DOBROVICI)
4:27a
METRAL, D.
2:591b
METRAUX, A.
3:338a
4:260b(2), 282a, 283a
METRAUX, G.S.
3:4b
5:299b
METROPOLIS, N.
1:414a
METS, A. DE
2:665b(2)
3:488a(2)
4:351b
5:165a
METTE, A.
1:441b
2:291a, 449b
5:254b

METTE

METTE, H.J.
1:292b
4:117b
METTENHEIM, H. VON
5:372a, 405b
METTLER, C.C.
1:218b, 362b(3)
2:696b
3:363a, 391a
5:245b, 368b(2), 390a, 401a, 403a
METTLER, F.A. (METTLER, C.C.)
1:218b
METTLING, C.
2:36a
METTRIER, H.
1:243a, 279a, 364b
5:222a, 344a
METZ, -.
5:394b
METZ, A.
1:225b
2:179a(6)
3:151a, 151b, 152a, 158a, 280b
5:317a, 321a
METZ, R.
1:605b
3:94a
METZ, W.
2:42a
METZE, E.
1:360a, 604a
5:332b
METZELTIN, E.
3:558a, 558b
5:419a
METZGER, C.R.
2:546b
5:300b
METZGER, H.
1:164a(2), 251b, 556a
2:4a, 55b, 85b, 167a, 179a, 230a, 231a(2), 231b, 500b(4)
3:19a, 25a, 26a(5), 27a, 45b, 63a, 170a, 175b, 178b
5:123b, 191a, 204b, 207a, 209a, 210a, 210b(3), 211a, 211b(2), 452b, 514a, 533a
METZLER, J.
2:504a
MEULEN, D. VAN DER
See VAN DER MEULEN, D.
MEULEN, J. VAN DER
1:551b
MEUNIER, L.
3:363a, 404a
MEUNIER, S.
3:229a, 241a
MEURERS, J.
3:46b, 143a, 218a
MEWALDT, J.
1:247a, 452a, 452b, 577a, 580a
5:148b
MEYER VON KNONAU, G.
2:9b
MEYER, A.
1:63b, 101a, 228b(2), 230a, 404b, 427a, 500a(2), 605a, 663b(2)
2:40a, 205a, 247a, 600b, 619a
3:17b, 34b, 50a, 74b, 279a, 279a(6), 280b(4), 281b(3), 282b, 296b, 377a, 378a
5:66b, 157a, 230a, 347b(2), 492a
MEYER, A. (HIERONS)
2:115a, 629b(3)
5:156b
MEYER, A. (LUDTKE)
1:663b
MEYER, A.E.
2:87b
MEYER, A.W.
1:101a(3), 206b, 352b, 472a(2), 545b(3), 608a(3)
2:60b, 139b, 573a
3:298a, 319b, 455a
5:61b, 143a, 256a, 261b(2), 389a, 546b
MEYER, B. (SCHNEIDER)
4:380b
MEYER, B.K.
5:194b
MEYER, D.H.
1:228b
5:302b
MEYER, E.
1:46b
2:311b, 594b
3:526b
4:18a, 35b
MEYER, E. VON
3:178b
5:86a, 450a
MEYER, E.H.F.
1:341b
2:510b
4:124b
MEYER, E.P.C.
5:290b
MEYER, F.
3:289a
MEYER, G.
1:437b
MEYER, G.D.
5:191a
MEYER, H.
1:282b, 495b, 498a
2:120a
3:148a, 218b, 612a
5:23a
MEYER, J.J.
2:8a
4:200a, 201a
MEYER, K.
1:112b, 403b, 407a
2:245b(2), 409b, 673b
3:160a
5:119a, 205a
MEYER, K.F.
3:413a(2)
5:251b
MEYER, L.
1:493b
2:91a
3:525a
MEYER, M.
3:504a
MEYER, P.
3:549a
MEYER, R.
2:178b
3:178b
MEYER, R.B.
3:566a
MEYER, R.W.
2:63b(2)
MEYER, W.
3:463b
MEYER-ABICH, A. [ABICH, A.M.]
1:602b
3:23b, 291b
MEYER-AHRENS, K.
4:156a
5:72b, 172a
MEYER-STEINEG, T.
1:75b, 214a, 449b, 453b, 472b, 574b, 579b
2:177a, 492a, 535a, 539a(2)
3:363a, 373b, 474a
4:27b, 91b, 92b, 93a, 94b, 134b, 135b, 136a(2)
5:271a
MEYERDING, H.W.
2:156b
5:403a
MEYERE, V. DE
3:403b
MEYERFOF, M.
4:435b(2)
MEYERHOF, M.
1:1a, 33a(2), 45a, 53b, 91a(2), 102b, 133a, 154b(3), 190a, 349b, 454a, 454b(6), 482b(2), 606b(3), 615a, 619a, 619b, 621a, 621b, 622a, 622b, 624a, 625b, 627a, 630a(2), 635a, 643b
2:9a, 134b(4), 211b, 311b, 370b(2), 387b, 388b(2), 432a, 468b, 524a(2), 534a, 661b
3:406a, 441a(2), 498b, 506b(2), 512b
4:27b(2), 39b, 46a, 47a, 49a, 49b, 78a, 131a, 133b, 138a(2), 145b, 259b, 289b, 381b, 383b(2), 393a, 398b, 414a(2), 416a, 417a, 417b(6), 418a, 418b, 420b(3), 421a(4), 421b, 422b(2), 423a(2), 423b(3), 424a, 424b(3), 425a(2), 425b(2), 426a(3), 427a, 428a, 440a, 441a(2), 442b
5:383b, 384b, 438b, 479b, 545a
MEYERHOF, M. (FRANK)
4:196a
MEYERHOF, M. (FRIEDENWALD)
1:482b, 581a
4:418a
MEYERHOF, M. (PRUFER)
1:626a
4:420b
MEYERHOF, M. (SCHACHT)
1:33a, 454b, 622a
2:134a
4:437b
MEYERHOF, O.
1:500a
2:217b
5:301a
MEYERSON, A.
3:407b
5:526b
MEYERSON, E.
3:17b, 31b(2), 34b, 37a(2), 42b, 144b, 150b, 155a
MEZ, A.
4:383b
MEZAN, S.
4:436a
MEZGER, C.
3:182b
MEZZANA, N.
2:756b
3:275a
MIALL, L.C.
3:274a
MIALL, S.
3:192b, 580a
5:528a
MIANET, H.
2:698a
3:421a

MICCA, A.B. [BOTTO-MICA, A.]
1:430b, 455b
2:191a
4:155b
5:262a
MICHAELIS, E.
1:441b
MICHAELIS, L.
3:336b, 461b, 474a
MICHAELS, L.
3:587a
MICHALSKI, C.
2:306b
MICHAUT, G.
1:204b
MICHAUX, M.
1:392b
2:148a
MICHEAUX, R. DE
2:678a
3:585a
MICHEL, H.
1:305b, 525b, 612b
2:173b, 203b, 207a, 401a, 564a, 670a, 727a, 732b
3:86a(2), 117b(2), 202b, 204b(2), 205a, 207b, 208a, 209b, 219a, 225b, 234b, 590a, 591b
4:225b, 226b(6), 314b, 316a, 316b(2), 403b(2), 404a
5:13b, 21a, 22a, 22b(2), 24b(2), 93a, 125b, 126a, 539b
MICHEL, J.
3:562a
MICHEL, K.
2:377a
MICHEL, L.
1:645b
MICHEL, P.H.
1:201a(2), 218b, 417a
2:368a
4:106b, 110b
5:24a
MICHELET, L.
2:276b
MICHELL, A.G.M.
2:180b
MICHELMAN, J.
2:511a
5:180a
MICHELMORE, P.
1:374b
MICHELONI, P.
5:374b, 500a
MICHELS, A.K.
2:241a
4:149a
MICHELS, N.A.
2:662a
3:424b
MICHELS, R.
3:355b
MICHELSON, A.A.
3:161b
MICHELSON, T.
4:272a
MICHIELI, A.A.
1:639a
2:340b, 341b
MICHLER, M.
1:214a, 249a, 331a, 454a, 579b(2)
2:277b
4:128b, 132b(3), 157a, 342a
5:69a, 273a

MICHON, Y.
3:505a
5:277a, 279a
MICZULSKI, S.
5:411a
MIDBOE, H.
2:731b
3:79a
MIDDLEHURST, B.M.
1:566a
5:216a
MIDDLETON, D.
1:103b
MIDDLETON, W.E.K.
1:18a, 51b, 179a, 179b, 205a
2:21b, 42a, 200a, 554a(2)
3:162b, 225b, 226b
4:141b
5:120b, 129a(2), 206a, 217b, 257b(2), 444a, 469a, 495b
MIDDLETON, W.S.
1:114b(2), 213b, 216a, 355b(2), 480a, 514a, 594a, 595b
2:68b, 184a, 198b, 279b, 284b, 312a, 392a, 473b, 740a
3:390b, 462b
5:156a, 264a, 268b(2), 269a, 269b
MIDLO, C.
3:329b
MIDLO, C. (CUMMINS)
3:358a, 449a
MIDOLO, P.
1:49a
MIEGHEM, J. VAN
1:643b
3:225b
MIEGHEM, J. VAN (COX)
4:117a
MIEGHEM, J. VAN (DUFOUR)
3:226b
MIEGHEM, J. VAN (DUNGEN)
2:687b
3:211b(2)
5:216a
MIELEITNER, K.
1:519b
4:288a
MIELI, A.
1:16b, 39a(2), 53b, 59b, 91a, 110a, 128a, 141a, 151b(3), 156a, 220b(2), 235b, 239a, 304b, 363b, 381b, 430b, 459b, 461a, 538a
2:52b(2), 53a(2), 53b, 54a, 71b, 73a, 76b, 89b, 239a, 288a, 325b, 340a, 397b, 443b, 488b, 553a, 599b(3), 657b, 688a, 745b
3:4b(3), 10a(2), 11a(3), 16b, 17b(3), 19a(3), 19b(2), 20a, 21a, 22a, 23b, 27a, 47b, 66b, 76b, 77a, 172b, 178b, 179b, 180a, 181b, 191b, 277b, 373a, 613b
4:18b, 87b, 99a(3), 113a, 294a, 310b, 383b, 387b, 394b, 401b, 408b, 420a, 422b, 424b
5:3a, 3b, 9a, 10a(2), 27a, 89a, 122b, 210b(2), 300a, 322a, 324a, 452a, 464a, 484a, 490b, 503a, 526a, 533a, 538b
MIELI, A. (BRUNET)
1:260a, 271a
4:18b, 114a, 374a
MIELI, A. (THORNDIKE)
5:9a
MIELKE, F. (MITSCHERLICH)
3:399a

MIEROW, C.C.
2:260a
MIERS, H.A.
2:380b
MIERZECKI, H.
3:461b
MIESSNER, B.F.
1:536a
3:599b
MIGLIORATO GARAVINI, E.
3:305b
MIGLIORINI, E.
1:34a
MIGNARD, M.
3:434b
MIGNON, M.
5:231a, 485a
MIGRON, M.
2:443a
MIHAILOV, G.K.
1:395b
MIKAMI, Y.
1:19b, 37a
2:11a, 185a(2), 461a(2), 645b, 702a
4:213b, 222b(2), 249b(3), 250a(2), 250b(8), 251a(4), 251b
5:125a, 437b, 455a(2)
MIKAMI, Y. (SMITH)
4:250a
MIKHAILOV, A.A.
1:219a
2:5a
3:153a, 211a
5:204b
MIKHAILOV, I.A.
3:571a
MIKKELSEN, E
4:271a
MIKKOLA, E.
1:634b
MIKUCKI, T.
3:579a
MIKULAK, M.W.
3:218b
MIKULINSKII, S.R.
2:136b
5:348b(2)
MILAD, A. BEN (LAIGNEL-LAVASTINE)
2:711b
4:419a
MILANKOVITCH, M.
3:227b
MILBANK, J.
3:560a
MILCAMPS, E.
2:120a
MILCH, W.
1:302b
3:372b
5:162a, 363b, 391a
MILDBRAED, J.
4:267a
MILES, A.
2:101b
5:548a
MILES, G.C.
1:567a
4:391a(3), 425b, 432b
MILES, J.C. (DRIVER)
4:67a
MILES, V.W.
3:49a
MILES, W.D.
1:156a, 292a, 305a, 323a, 346a(2),

MILEWSKI
525b, 638b
2:8b, 125b, 288b, 425a, 426a(2), 486a, 577a(2), 679b, 739a(2), 758a
3:180b, 185a(2), 197a, 602b
5:171a, 207a, 208b(4), 210b, 300a, 322b, 323a(2), 364b, 411a, 505a(2), 522a, 522b, 525a, 538b

MILEWSKI, M. (ODLANICKI-POCZOBUTT)
5:178a

MILHAM, W.I.
3:590a

MILHAUD, G.
1:97a, 291a, 332a, 333b, 336a(2), 337a(3), 413b
2:182b, 396b, 621a
3:24b
4:4b
5:113b, 114b

MILICE, A.
2:420a

MILJANIC, P.
3:167a

MILKAU, F.
4:34b

MILKOV, F.N.
2:429b
5:220a

MILL, H.R.
1:38b, 155a, 173a, 322a
2:10a, 126b, 212a, 468a(3), 747b
3:244b, 246b
5:337b, 343b, 456b

MILLAK, K.
2:299b

MILLAR, A.H.
2:93b
5:414b

MILLAR, E.G.
1:445b

MILLARES CARLO, A.
3:610b

MILLAS VALLICROSA, F.V.G. DE
1:30b
5:9b

MILLAS VALLICROSA, J.M.
1:4a(2), 4b(6), 31a, 31b(2), 66a, 77a, 254a, 293a, 583a, 619a, 623a, 629a(3), 641b, 655a, 661b
2:18a, 171b, 178b, 183a, 202b, 294b(3), 441a, 533b, 556a, 566a, 577b, 597b, 648a(2), 648b(2), 764b(2)
3:77a, 606a
4:73a, 296a, 296b, 298b, 299b, 301a, 301b(3), 307b, 311a, 314b(3), 315a(2), 315b, 316b(2), 319b, 322b, 386b(2), 390a(4), 392a, 402a, 404a, 407a(2), 407a, 415a, 427a(5), 435a, 436a, 436b, 438a, 438b, 439a, 442b
5:21b, 31a, 447a

MILLER, A.H.
1:123b, 636b
2:201a, 202a, 741b
3:318b
5:275b, 404a, 430a

MILLER, B.
2:206b
4:431a, 434b

MILLER, B.S. (NEWMAN)
3:567b

MILLER, C.W.
1:265b
5:308a

MILLER, D.C.
3:159a, 164b, 167a(2)

MILLER, D.G.
1:363b, 486a
5:325b

MILLER, D.L.
3:33b

MILLER, E.
2:691b
3:439a
4:331a

MILLER, E.C.
1:357b
3:310a
5:425a

MILLER, E.F.
1:481a
5:432b

MILLER, E.R.
3:224a

MILLER, E.V.
3:530b(2)

MILLER, F.H. (MAUTNER)
2:89a

MILLER, F.T.
1:211a
3:268b

MILLER, G.
1:135b, 223a
2:59a, 152b, 198b, 253b, 435a, 454b, 525a, 583a, 611b, 772a
3:17b, 390a, 390b
4:135b
5:148a, 164a, 218a, 228b, 245a(2), 266b, 267a(2), 267b, 269b, 366b, 399a, 408a, 464a, 473b, 544a, 545b

MILLER, G.A.
1:50b, 192b, 236a, 386b, 444b, 522a
2:23b, 31a, 89b, 523a, 608a, 615a
3:24b, 25a, 102a(2), 102b(2), 105a(7), 105b(4), 108a(2), 110b(3), 114a(2), 119a, 120b, 121b, 122a(13), 123b, 342b
4:20b, 21a, 21b, 38a, 39b, 58b, 61a, 106b, 110a
5:111a, 113a, 312b(2)

MILLER, G.H.
3:122a

MILLER, G.S.
2:261b
3:333b, 334a
5:48a

MILLER, H.
3:19b, 42b, 355b

MILLER, H.W.
1:53b, 449b, 578a, 580a
2:330b
4:127a, 128b, 129b, 130a(2)
5:463b(2)

MILLER, H.W. (MCCOLLEY)
1:170b
2:163a, 602b
4:318b

MILLER, J.
2:231b

MILLER, J.A.
1:279a
3:553a

MILLER, J.C.P. (FLETCHER)
3:120b

MILLER, J.E.
2:229b

MILLER, J.L.
1:209a
3:474a
4:28a
5:404a

MILLER, J.W.
1:60b

MILLER, J.W.A.
2:56a
5:323b

MILLER, K.
1:630a
4:150b(2), 376a, 410b
5:459b

MILLER, L.G.
2:254a
4:127b

MILLER, L.H.
3:327a

MILLER, M.
3:609b

MILLER, N.
4:8b

MILLER, O. VON
3:549b

MILLER, O.M.
3:257b

MILLER, P.
1:371b
5:105b, 109a(2), 190a

MILLER, R. VON
3:569a

MILLER, R.A. (D'CRUZ)
1:251a
5:386b

MILLER, W.
1:241a, 356b
2:311b
4:143a, 380b

MILLER, W.J.
1:458b

MILLER, W.M.
2:523a
5:331b, 420b, 539b

MILLER, W.S.
1:121a(2), 254a, 494a, 542b
2:163b, 239b, 635a
3:443a

MILLET, R.
1:136a

MILLHAUSER, M.
1:241b, 313b
3:230b

MILLIKAN, C.B. (PRITCHARD)
2:6b

MILLIKAN, R.A.
1:298a, 371a, 435a, 436b
2:184a(2)
3:46a, 60b, 63a, 135b(2), 137a(2), 171b(2), 172a, 172b, 174b, 292b
5:461a

MILLIKEN, W.M.
3:509a

MILLINGTON, E.C.
1:554b
2:644b
3:175b
5:121a, 204b, 384a

MILLNER, S.L.
2:497b

MILLOSEVICH, E.
3:205b

MILLOSEVICH, F.
4:146a

MILLOUX, H.
2:69a

MILLS, A.R.
4:139a
5:545a

MILLS, C.W.
3:355a(2)
MILLS, G.
4:270a
MILLS, J.V.
4:230a, 231a
5:448a
MILLS, W.H.
5:305a
MILLS, W.H. (FINDLAY)
3:185a
MILMED, B.K.
2:5b
3:43b
MILNE, C.H.M.
1:81b
MILNE, E.A.
1:430a, 645b(3)
2:114b, 219b, 402a
3:26a, 139b, 147a, 149b(3), 214a, 216a, 216b
MILNE, E.A. (SPENCER JONES)
1:370a
MILNE, H.J.M.
1:273b
3:45a
4:144b
5:301b
MILNE, J.G.
4:143b
MILNE, J.J.
1:46a, 333b, 337a
2:227b, 269b
3:130a
MILNE, J.S.
1:453b
4:132b
MILNE, L.J.
3:299a
MILNE, M.J. (MILNE, L.J.)
3:299a
MILNER, A.M.
3:615a
MILNER, H.B.
3:229b
MILNER, S.R.
1:570a
MILON, R. (LIAN)
3:446a
MILT, B.
1:481b, 482a
2:51b, 176a(2), 203b, 271b, 275b, 537b, 569b
3:378a
4:444a, 445a
5:25a, 44b, 81a
MIN WANG-CHI
4:233b
MINAR, E.L.
1:381b
2:367b(2)
4:117b
MINCHENKO, L.S.
1:397b
5:206b
MINCHINTON, W.E.
3:576a
MINDAN, M.
2:318a
5:242b
MINER, J.R. (LOWRY)
2:423b(2)
5:217a
MINEUR, A.
4:109a

MINEUR, H.
3:46a, 214a, 217b
MING WONG
See WONG MING
MINGANA, A.
4:395a
MINICK, J.L.
2:661b
3:558a
MINIO, M.
2:404a, 408b
5:84b
MINIO-PALUELLO, L.
1:58b(2), 164b
4:147a, 328a
MINKIN, J.S.
1:5a
5:195a
MINKOVSKII, V.L. (DOBROVOLSKI)
1:206a
2:551b
5:311b
MINKOWSKI, H.
1:96b(2)
3:152a
5:148b
MINKOWSKI, O.
3:448b
MINNIGERODE, W.
3:447b
MINORSKY, V.
1:41b, 152a, 641a
2:527a
4:409a, 412b(2)
MINOST, E.
2:144a
MINTY, L. LE M.
3:485a
MINTZ, S.I.
1:463b, 584a, 584b
5:126b
MIOLLAN, -.
4:419a
MIONI, E.
1:349b
MIOTTO, A.
2:270b
MIRABAUD, R.
1:559b
2:276b
5:302a
MIRAGLIA, B.
2:155b
MIRANDA, J.M.M.
3:493a
MIRANDA, M.G. DE
5:31a
MIRANDA, R. DE
3:237a
MIRANDE, D.
1:536b
MIRANDE, M.
1:131b
5:421b
MIRIDONOVA, O.P.
1:463b
2:175b
5:119a
MIRONE, G.
1:648a
2:458b
4:159a
5:267a
MIROT, L.
1:424b, 445a

MIRSKY, J.
3:267a
MIRZOIAN, E.N.
1:319b
2:29a(2)
MISCH, G.
4:20b, 33a
MISES, R. VON
3:45a, 132a(2)
MISHRA, U.
4:194a
5:467a
MISIAK, H.
3:340b, 342a
MISSELBACHER, J. (DIOSI)
5:164b, 547a
MISSIROLI, A.
3:478a
MITA, H.
1:50a
MITCHEL, F.W.
4:137a
MITCHELL, A.C.
3:234b
MITCHELL, C.A.
4:53b
MITCHELL, E.T.
3:96b
MITCHELL, E.V.
3:550a
5:511b
MITCHELL, G.A.G.
5:378a
MITCHELL, H.C.
2:293b(2)
MITCHELL, J.B.
2:278a
4:323b
MITCHELL, J.L.
3:258b
5:431a, 448b
MITCHELL, P.C.
2:776a
3:277b, 281b, 282b, 315a, 317a
MITCHELL, R.
1:249b
5:339b, 366b
MITCHELL, S.A.
2:664a
3:210a
5:214a
MITCHELL, S.W.
1:150a, 544b
MITCHELL, U.G.
3:124a
MITCHELL, W.F.
1:355a
MITCHELL, W.S.
1:205b, 557a
MITCHELLY, P.C.
2:427a
MITCHISON, R.
2:480b
MITJANA, R.
4:401a
MITKEWICH, W.T.
1:409a(2)
3:165b, 568a
MITMAN, C.W.
2:507a
3:556b
5:285b, 416a, 417a, 421a
MITRA, S.C.
3:339b, 342b

MITROPOL'SKII, I.A.
1:166a
MITROPOULOS, K.
4:129b
MITROVITCH, R.
1:336a
MITSCHERLICH, A.
3:399a
MITTASCH, A.
1:144b, 323a, 324a, 352a(2), 499a
2:162a, 235b, 452b
3:44b, 190a(3), 193b, 287a(3), 580b
5:321b, 322a, 325b(2)
MITTELBERGER, T. (SEEMANN)
1:31b
4:317a
MITTELBERGER, T. (WIEDEMANN)
2:648b
MITTELSTRASS, H.
3:430b
MITTERER, A.
2:542a(3)
4:311b, 346a(2)
MITTERLING, P.I.
5:344a
MITTLER, P.T. (SCHNUSENBERG)
4:221b
MITTMANN, J.
5:180b
MITTON, G.E.
2:103a
MITTWOCH, E.
1:537a, 624b
2:15b
4:415a, 416b, 423a, 424b
MITTWOCH, U.
5:475a
MITZSCHERLING, A.
3:129a
MIURA, T.
3:480a
4:254a
MIURA-STANGE, A.
1:237b
MIYAJIMA, M.
2:22b
MIYAZAKI, I.
4:241a
MIZUKAMI, D.
3:17b
MIZUKI, K.
4:250a
MIZWA, S.P.
1:280a(2), 281a
MJARTAN, J.
1:589b
MLADENTSEV, M.N.
2:171a
5:308a
MOBERG, A.
1:563b
4:69a, 406b
MOBIUS, M.
3:302b, 303b
MOCH, G.
3:149b
MOCHI, A.
3:42b
MOCK, R.
1:349b, 580b
4:139a
MODDERMAN, P.J.R.
4:15b, 291b, 363b
MODELEVICH, D.M.
2:178a

5:423b
MODELSKA-STRZELECKA, B.
2:360a
MODELSKI, G.A.
3:568b
MODI, J.J.
1:537a, 621a
2:155b(2), 371a, 651b
4:176a
MODICA, M.
4:368b
MODIGLIANI, G.
2:73a
MODIGLIANT, G.
2:73a
MODILEWSKI, T.
1:317b
5:354b
MODONA, A.N.
See NEPPI MODONA, A.
MODY, N.H.N.
4:254b
MODY, R.R.
4:198a
MODZALEVSKIJ, L.B.
1:638b
MOEBIUS, M.
1:500a
MOED, F.
2:98a
MOELLER, G.H.
1:498a
MOELWYN-HUGHES, E.A. (BERRY)
2:676b
3:185b
MOERMAN, H.J.
3:250a
MOERMAN, J.D.
1:588b
MOESCHLIN-KRIEG, B.
5:232a
MOESE, H.
3:28a
MOFFATT, L.G. (FORD)
1:653a
2:536a
MOGENET, J.
1:84a(3), 426a, 479b, 511a, 643a
2:269b, 361a, 581a
4:108b(2), 315a, 375a(2), 402a
5:13a
MOGHADAM, S.
4:25b
MOGK, E.
2:212a
4:324b
MOGK, W.
3:411b
MOGUEL, M.
1:539b
MOHLER, L.
1:145a
2:326b
MOHLER, N.M. (NICOLSON)
2:521a(2)
MOHLER, S.L.
2:596a
4:159b
MOHOLY, L.
3:596b
MOHOROVICIC, S.
1:377a
3:150b
MOHR, E.
4:329b

5:508a
MOHR, G.J. (EVANS)
1:208b
MOHR, H.N.
5:343a
MOHRMANN, C. (MEER)
4:163b
MOILLIET, J.L.
2:9a
5:207a, 321b
MOINET, P.
4:153a
MOIR, J.R.
1:440b
4:14b
MOISAO, R.
3:426a
MOISSAN, H.
2:188a
MOISSIDES, M.
2:140a
3:512a
4:128a, 131b, 133b, 135a(2)
5:546b
MOISSL, R.A.
1:613b
MOKRUSHIN, S.C.
1:507a
5:327a
MOLDENKE, A.L. (MOLDENKE, H.N.)
4:78a
MOLDENKE, H.N.
4:78a
MOLENGRAAFF, G.A.F.
3:228b
MOLES, A.A.
3:29b
MOLES, E.
1:222b, 327b, 378b
2:151a, 253b
5:307a
MOLHUYSEN, P.C.
3:78a
MOLIN, G.G.
5:166a
MOLINA, E.C.
2:47b
MOLINARI, D.L.
5:36a
MOLINERY, -.
1:470b
3:397a
MOLINERY, P.M.J.
2:282a
3:497a
MOLINERY, P.M.J. (MOLINERY, R.)
3:497a
MOLINERY, R.
1:33b, 111a(2), 173b(3)
2:202b, 412a, 753b
3:462a, 497a
4:206a
5:260a, 275b, 283b, 389a, 405b, 548a, 548b
MOLINERY, R. (LAIGNEL-LAVASTINE)
3:395b
MOLISCH, H.
3:302b
MOLISH, H.B. (BECK)
3:340b
MOLL, A.
3:347a
MOLL, A.A.
3:393a, 393b

MOLL, F.
3:321a, 584a
4:291a, 428b
MOLL, O.E.E.
4:291a
MOLL, W.
2:699a
3:420b
MOLLAT, M.
4:327b
MOLLENBERG, W.
1:373b
4:301a
MOLLER, C.
3:170b
MOLLER, E.
2:74b(2), 79b
MOLLER, G.
4:38a, 54b, 286a
MOLLER, H.J.
3:195b, 512a
MOLLER, J.M.
5:22b
MOLLER, R.
1:446b
MOLLER-CHRISTENSEN, V.
3:469b(3)
4:338b, 349b(2)
MOLLERS, B.J.
2:25b
MOLLIARD, M.
1:171b
MOLLIERE, A.
2:720a
3:408b
MOLLING, P. (BUESS)
2:652b
MOLNAR, E.J.
3:512b
MOLODSHII, V.N.
1:390b
2:331b
5:199a
MOLONEY, M.F.
3:394a, 510b
MOLTKE, E.
4:325a
MOMIGLIANO, A.
1:44b, 294a, 329a, 573b
2:356a
4:105b, 144b
MONACHINO, J.
3:512a, 518a
MONAKOW, C. VON
3:431b
MONAL, E.
5:171b
MONCEAUX, P.
1:82a, 649a
4:163b, 166b
MONCEL, H. (GIRARD)
2:395b
MONCH, W.
1:242a
MOND, R.
3:198a
MONDALE, C.
2:615b
5:414b
MONDELLA, F.
1:205a
MONDELLA, F. (CARUGO)
3:76b
MONDOLFO, R.
1:61a, 201a, 382b
2:597a
4:24a, 88b, 89a, 102a(2), 104a, 107b, 140b
5:471a
MONDOR, H.
1:366a
2:285b, 593b
3:396a, 423a, 486a
MONDOUX, -.
2:726a
5:253a
MONERY, A.
2:87a
3:481b
5:166b
MONEY-KYRLE, R.E.
3:437b
MONGAIT, A.L.
3:609b
MONGE, C.
4:282a(2)
MONGREDIEN, G.
1:458b
2:114a
MONIZ, E.
3:490a
MONK, A.J. (THORNTON)
3:370b
MONKS, G.H.
1:589a
MONLEONE, G.
1:269a
MONNERET DE VILLARD, U.
2:402b
4:164a, 326a, 387b
MONNEROT-DUMAINE, M. (MEYERHOF)
1:627a
4:422b
MONOD, T.
2:405a
MONOD, V.
3:202b
MONOD-CASSIDY, H.
2:58b
MONRO, T.K.
3:382b
MONTAGNANA, M.
2:528b
MONTAGNANI, C. (FAVA)
1:267b
MONTAGNE, M. (HUARD)
1:100b, 301b, 526b
2:617a
3:278b(2), 370a(2), 430a
MONTAGNE, R.
4:428a
MONTAGNIER, H.F. (FRESHFIELD)
2:442b
MONTAGU, M.F.A. [ASHLEY MONTAGU, M.F.]
1:313b, 411b, 455a(2), 570b, 593a, 594a, 597b
2:43a, 67b, 76b, 138b, 227b, 293a, 521a, 528b, 531b, 536b, 566a(4), 584a(2)
3:64b, 283b, 291a, 298a, 329b(2), 332a(2), 335b(2), 336a(2), 336b(2), 337a(2), 337b(2), 345a, 346a, 350b, 351a, 356a(2), 357a, 378b, 426a(2), 451b, 532b, 614b
4:8a, 8b, 9a, 10a, 10b, 25b, 47a, 131b, 167b, 263a(2), 268a, 275a
5:52b(2), 96a, 145b, 156a, 176b, 179b, 181a, 345a, 369b, 419b, 468a
MONTAGU, M.F.A. (DOBZHANSKY)
3:335a, 343b
MONTAGU, M.F.A. (GRACE)
1:319a
MONTAGU, M.F.A. (MITCHELL)
1:355a
MONTAGUE, H.F.
3:100b
MONTALENTI, G.
1:64a, 223a, 485a
2:494a(2), 659b
3:285a, 294a, 408b
5:447a, 459a, 473b
MONTANA, L.J.
1:582a
5:246a, 391a
MONTANDON, G.
3:334b
4:252b
MONTANDON, R.
3:88b
MONTARIOL, L.
3:395b
MONTEBAUR, J.
1:538b
MONTEIL, C.
2:384b
3:566a
MONTEIL, J.
1:148a(2)
5:263a(2)
MONTEIL, V.
4:402a, 409b
MONTEIRO, A.C.
1:3b, 34a, 160a, 196a(2), 218a, 296b(2), 367b, 437b, 438a, 481b(2), 482a, 659a(3)
2:124b, 168a, 181b, 573b(2)
3:509b
4:253a
5:7b, 234a, 391a(2), 446b
MONTEIRO, H.
1:131a
2:58b, 79b, 285a, 584a(3), 585a, 586b(4), 733b(2)
3:402a, 488a
4:445b
5:378a
MONTEL, P.
1:73b, 320b
2:312a, 464a
3:113b
MONTEL, P. (DENJOY)
2:58a
MONTELL, G.
4:284a
MONTEROS-VALDIVIESO, M.Y.
1:394a
3:474a
5:266b
MONTESSUS DE BALLORE, F.
3:235b(3), 236a, 236b
MONTESTRUC, E.
3:469b
MONTET, E.
4:384b
MONTET, P.
4:44b(2)
MONTGOMERY, B.E.
3:322b
MONTGOMERY, D.
2:578b
MONTGOMERY, D.S. (BOYD)
3:238b, 577a

MONTGOMERY, D.W.
1:430b, 595b
2:375b
3:426a, 450a, 479a
4:158b
MONTGOMERY, J.A.
1:12a
MONTGOMERY, J.W.
5:20a, 25b
MONTGOMERY, M.D. (MONTAGUE)
3:100b
MONTI, A.
2:445b(2)
5:193a
MONTMASSON, J.M.
3:29b
MONTMOLLIN, M. DE
2:558a
MONTOLIU, M. DE
1:71a
2:118b
MONTORGUELL, G.
2:48b
MONTREUIL, J.
3:301a
MONTROSS, L.
3:600a
MONTUCLA, J.F.
3:100b
MONY, P.
2:41a
5:231a
MONZIE, A. DE
1:136a
2:684a
3:548a
MONZLINGER, E.
1:29b
4:379a
MOODIE, R.L.
1:36a, 222b
2:348a
4:6b(3), 7a(3), 10b(4), 11a(2), 281b(3), 282a(5)
5:396a
MOODY, E.A.
1:50a, 84b, 147a, 207a, 391a, 463b, 659a
2:243b, 533a
4:302a, 306b, 311b(2), 321b, 398b
MOODY, J.W.T.
1:320a
MOOG, W.
3:91b
MOOKERJEE, S.
4:190a
MOOKERJI, R.
1:77b
4:184b
MOON, P.
3:166a
MOON, R.O.
1:555a, 573b
2:275a, 369a
4:129a
MOONEY, J.
4:269b, 273b
MOONEY, J.J.
1:482a
4:147a
MOONEY, W.W.
4:150b
MOONJE, B.S.
4:205a
MOORAD, P.J.
4:26a

MOORE, A.S.
3:585b
MOORE, B.
3:80b
MOORE, C.B.
3:326b(2)
MOORE, C.C.
2:683a
5:189b
MOORE, C.G.
2:130a, 229b
5:118a, 317a
MOORE, E.C.
1:341a, 642b
2:295b
3:96a
5:309a
MOORE, F.J.
3:178b
MOORE, H.
1:636b
4:70a
MOORE, H.H.
3:410a
MOORE, J.H.
4:359b
MOORE, J.P.
2:126a
MOORE, J.R.
1:325b, 502a
5:239a, 240a
MOORE, M.
1:517b
5:75a
MOORE, M.H.
3:33b
MOORE, N.
2:752b
3:394a, 419a
MOORE, O.K. (ANDERSON)
3:350b
MOORE, P.
3:200a, 204a, 212a
MOORE, P.S.
2:314b
MOORE, R.
1:312a(2)
3:229a, 277b, 289b
MOORE, R.A.
2:185b
MOORE, T.E.
2:700a
5:367b
MOORE, T.S.
2:679b
MOORE, W.D.
3:563b
MOOREHEAD, A.
1:446a
2:242a, 344a
3:173a
MOORHOUSE, A.C.
3:610a
MOORMAN, J.R.H.
1:432a
MOORMAN, L.J.
1:381a, 432a
2:472a, 507a, 601a, 633b
3:389a(2), 390b, 476a, 480a
4:351a
5:268a, 396b(3)
MOORTGAT, A.
4:33a
MOOTZ, M.
2:168a

MORA, G.
1:252b(2), 364a
2:108b, 319a
3:434b, 438b
5:256b, 382a(2), 383a
MORANT, H. DE
4:50b
MORAT, J.L.
2:412b
MORATA, N.
1:85a
2:669b
4:385a
MORAUX, P.
1:58b, 59b
2:335b
4:143a, 159b
MORDELL, L.J.
3:123a
MORDELL, P.
4:76b
MORDTMANN, J.H.
2:528a
4:402b
MORDUKHAI-BOLTOVSKOI, D.
3:124b(2), 130a
MORE, L.T.
1:183a, 184b
2:221b, 226b
3:35b, 151b, 289b
5:123b
MORE, P.E.
2:328a
4:104a
MOREAU, E. DE
1:35a
MOREAU, F.
2:43a
MOREAU, F. (RYCKMANS)
2:468a
4:406b
MOREAU, J.
2:59b, 331a
3:93a
MOREAU, R.E.
3:328b
MOREHOUSE, D.W.
3:202b
MOREIRA DE SA, A.
2:437b(2)
MOREL, C.
4:9b
MORELAND, W.H.
4:429a
5:138a
MORENA, O.
1:438b
MORENO, A.R.
See RUIZ MORENO, A.
MORENO, G.R.
2:711a
3:374a
MORENO, M.M.
4:434b
MORENO, N.B.
2:589a
MORENO, W.J.
4:276b
MORENZ, S.
4:118a
MORET, A.
4:26a, 36b(2), 55b
MOREUX, T.
1:374b
3:63a, 201b, 202a, 216b

4:35b
5:539b
MOREY, D.A.
1:113b
MOREY, G.W.
4:32a
MORGAGNI, G.B.
2:572b
MORGAN, A.
2:691a
3:616b(2)
MORGAN, A.E.
1:127a
MORGAN, B.
3:181a
MORGAN, C.
2:720a
5:534b
MORGAN, C.L.
3:292b(2)
MORGAN, D.P.
3:566a
MORGAN, F.C.
1:192a
2:701b
3:563a
5:91a, 185b
MORGAN, G.A.
1:346b
2:235b
MORGAN, G.T.
3:580a
MORGAN, J.
1:82a
4:166a
MORGAN, J. DE
3:26b
MORGAN, J. DE.
4:17a
MORGAN, J. DE
4:35b, 381a
MORGAN, J.R.
1:593a
3:578b, 588a
MORGAN, L.H.
4:269a
MORGAN, T.H.
1:117b(2), 317a
2:169b(2), 630b(3)
3:289b, 293b, 294a
5:351a, 360a, 494b
MORGAN, W.G.
2:662b
3:391b
MORGAN, W.S. (POLLOCK)
3:586b
MORGENBERGER, S.
3:98b
MORGENBESSER, S. (DANTO)
3:30b
MORGENSTERN, A.
1:47b, 581b
4:354b
MORGENTHALER, W.
2:453b
5:157b
MORGENTHAU, H.J.
3:58a
MORGHEN, R.
1:458b
2:659b
MORGUE, R.
1:443a
3:344b

MORI, A.
3:256a(2), 263a
4:90b
5:515a
MORI, A. (ALMAGIA)
3:259a
MORI, G.
1:523b
3:595b
5:93b
MORIN, G.
2:215b, 434b
5:148a, 364b
MORIN, J.
4:161a
MORISON, R.S.
3:52b
MORISON, S.
1:323b
2:263a
3:594b(2)
5:99a
MORISON, S.E.
1:268a, 269b, 270b(2)
2:501b, 623a, 672a, 700b(2)
3:605a, 607b, 615a, 615b
5:37a, 105b(2), 182a, 416a, 511b
MORISSET, -.
3:470b
MORITA, S. (TAMIYA)
3:313b
MORITZ, L.A.
4:95b
MORITZ, R.
2:212b
5:116a
MORITZ, R.E.
2:529b
3:100b, 128a
MORITZ-VILLARME, -.
2:315b, 769b
3:507a
MORL, A. VON
3:4b
4:19a, 87a
MORLAND, H.
1:29b, 238a
2:254a(4)
MORLAND, N.
3:358a
MORLET, A.
4:4b, 16b
MORLEY, F.
3:332a
MORLEY, F.V.
1:540a
2:390b
MORLEY, H.
2:200a, 584a
MORLEY, S.G.
4:269a, 276b, 278a, 284a, 284b(3)
MORNER, B.
3:270b
4:5a
MORNER, C.T.
1:195b
2:98a
5:236b
MORNET, D.
5:191a, 191b, 192a, 196a
MOROSAN, N.
1:354b
MOROSOV, A.A.
2:109a

MOROZOV, V.V.
2:105a
MORPURGO, E.
2:442a
5:65a, 83b, 93a
MORPURGO-TAGLIABUE, G.
1:462a
5:103b
MORRAH, H.A.
2:734a
3:617a
MORRAL, F.R.
3:571b
MORRILL, R.L.
3:261b
MORRIS, A.D.
1:571b
MORRIS, B.
3:96b
MORRIS, C.W.
3:44a, 46b, 47b, 60b
5:514a, 533a
MORRIS, E.H.
4:275b
MORRIS, F.K. (BERKEY)
3:233a
MORRIS, H.
2:611b
3:474a
MORRIS, M.
1:22a
3:411a
4:341b
MORRIS, M.C.F.
1:411a
2:200b
5:429a
MORRIS, M.P. (OAKES)
4:274a
MORRIS, R.C.
5:219a, 339b
MORRIS, W.F. (PARSONS)
2:639a
MORRIS, W.I.C.
1:607b, 608b
MORRISON, E. (MORRISON, P.)
1:94a(2), 566b
MORRISON, H.
1:420b(3), 421a(2)
2:415b, 556b, 617a
3:378b, 390b, 392b, 444a(2), 486a
5:368b, 390b
MORRISON, J.S.
2:329b
4:120b
MORRISON, P.
1:94a(2), 566b
3:208b, 594a
MORRISON, P.G.
3:291a
MORRISON, S. (FRIEDENWALD)
2:37a
3:491a, 496b
MORROW, G.R.
2:327a
MORROW, J.
2:302a
MORSE, D.
4:48b
MORSE, E.S.
1:15b
5:531b
MORSE, K.
2:184b

MORSE, M.
3:113a
MORSE, W.J. (PIPER)
3:530a
MORSE, W.R.
4:233b, 237b
MORSIER, G. DE
2:79b
5:64a
MORSON, C.
2:754a
3:450b
MORTENSEN, H.
2:752a
3:205a
MORTENSEN, H.C.C.
3:328a
MORTENSEN, T.
2:631a
MORTET, C.
3:595a
5:93b
MORTET, V.
4:365a
MORTIER, R.
1:28a, 342a, 343a
2:390b
5:189a, 232b, 234b
MORTIER, R. (CHARLIER)
1:343b
MORTIMER, E.
2:281a
MORTON, A.G.
3:295b
MORTON, H.C.
1:318b
3:289b
MORTON, L.
1:227b
5:282b
MORTON, L.T. (GARRISON)
3:368b
MORTON, W.C.
3:423b
MORTON, W.T.G.
1:48a
MORUZZI, G.
2:157a
3:429b
5:379b
MORY, A.V.H. (REDMAN)
3:57b
MOSCATI, P.
5:208a
MOSCHCOWITZ, E.
1:198a(2), 362b
MOSCHCOWITZ, E. (ROUDIN)
1:557a
5:366a
MOSCHELES, J.
3:240b
MOSCHETTI, L.
2:124b
3:142b
MOSCHOPOULOS, M.
2:202a
4:374a
MOSCOVICI, S.
1:105a, 461b
2:483b, 575b
5:18a, 102b, 186a
MOSCRIP, V.
2:745a
5:52a

MOSER, A.
3:558b
MOSER, E.
1:13a
MOSER, J.
2:7b
MOSER, S.
1:59b
3:34b, 45b
MOSHER, F.J. (TAYLOR)
3:12b
MOSKOWITZ, S.
3:65a
MOSOLFF, A.
1:276a
4:353b
MOSORIAK, R.
3:592b
MOSS, G.C.
1:216a
2:218a, 549a
4:152b
MOSS, L.W.
3:351a
MOSS, R.L.B. (PORTER)
4:35a
MOSSE, G.L.
1:161b
MOSSNER, E.C.
1:209b, 605b(2)
5:195a
MOSTAERT, A.
4:183b
MOSTOWSKI, J.
1:205a
5:396a
MOSTROM, B.
1:132a
MOSZKOWSKI, A.
1:374b
MOTEFINDT, H.
2:456b
3:557a
4:12b, 14a, 16a, 16b
MOTHERSOLE, J.
1:17b
4:160a
MOTT, F.L.
3:68a
MOTT, R.A.
1:310a(2), 361b
2:220a
5:178a, 289b(2)
MOTT-SMITH, M.
3:156a
MOTTELAY, P.F.
2:159b
3:165a
MOTTRON, J.
2:376a
5:75a
MOTZO, B.R.
4:323a
MOUCHELET, E.
2:690a
3:548a
MOUGIN, H.
1:234b
MOULE, A.C.
1:243a, 252b
2:245a(3), 340a, 341b(3), 729b
3:315a
4:229a, 229b, 230a, 230b, 231a, 232a,
   241a, 243a, 432a
5:447a, 495b, 496a

MOULE, L.
1:180b, 592a
2:335b, 590b
4:28a, 28b, 29a, 95a, 131a, 153b, 358b
5:86b, 280a(3)
MOULIJN, J.A.
1:410a
MOULIN, D. DE
1:41b
4:352b
5:274a
MOULINIER, L.
1:591b
MOULTON, F.R.
1:183b
2:662a
3:5a, 16b, 36b, 54b, 209b
MOUNTCASTLE, H.W.
2:183b
MOUNTEVANS, E.R.G.R.E.
3:267a
MOUNTFORD, J.F.
4:114b
MOUQUIN, M.
3:444b
MOURA, J.
2:240a
MOURAD, S. (SMITH)
4:395a
MOURANT, A.E.
3:294b, 335b
MOURELLE, F.A.
1:161a, 202b
MOURELOS, G.
2:179a
3:45a
MOUREU, C.
1:141a
2:56a, 381a
3:178b, 184a
5:321b
MOURGUE, R.
1:35a, 112a, 132b
2:455a, 557b
3:344b, 430a, 435b, 438b
5:347b, 364b, 370b, 381a
MOURGUE, R. (MONAKOW)
3:431b
MOUSNIER, R.
5:185a(2)
MOUSSON-LANAULE, J.B.O.P.
4:92a
MOUSSON-LANAUZE, -.
1:476b, 536b, 559a
2:53b, 115b, 266b, 335b, 397b
3:464b
4:20a
MOUSSON-LANAUZE, V.
4:153a
MOUTERDE, R.
4:162b, 174b
MOUTIER, F.
2:395a, 493b
5:155b, 474b, 484a
MOUTIER, F. (VILLARET)
1:158b
3:509a(2)
5:62a, 159b, 259a
MOUTLIER, F. (VILLARET)
1:25a
MOUY, P.
1:339a(2)
2:137b(2), 226b, 339a, 396b
3:123a
5:116b(2)

MOVIUS, H.L.
  2:530b
MOVIUS, H.L. (DE TERRA)
  3:271a
  4:256a
MOWINCKEL, S.
  4:77b
MOWRER, O.H.
  3:345a
MOYLLUS, D.
  5:93b
MOYNIHAN, B.G.A.M.
  3:365b, 370b
MOZANS, H.J.
  3:53a
MOZET, E.P.
  5:264b
MOZLEY, A.
  1:306a
  5:335b
MOZLEY, J.F.
  1:430b
  2:565b
MRAS, K.
  1:256b
  2:127b, 457a
MROCEK, V.R.
  3:131b
MUCCIOLI, M.
  2:143b
  4:224b(2)
MUCH, H.
  1:573b
  3:377b
  4:34a
MUCKLE, J.T.
  1:516b(2), 523a, 633a
  4:304b, 330a, 437a
MUDD, S. (FLOSDORF)
  3:509a
MUDRY, J.
  3:173a
MUELLER, F.J.
  2:382b
  5:338a
MUELLER, F.L.
  3:339b
MUELLER, G.E.
  1:217a
  2:282b, 324b
MUELLER, I.W.
  2:183a
MUELLER, W.M.
  4:33a
MUENCH, O.B.
  3:235b
MUENSTERBERG, H.
  3:550b
MUGGERIDGE, D.W.
  3:565b
MUGLER, C.
  1:53b, 61b, 591a
  2:84a, 329a, 329b
  4:99a, 109b, 111b, 113a, 113b
MUGNIER, R. (SOUILHE)
  3:92a
MUGRIDGE, D.H.
  1:436a
MUHEIM, E.
  2:753a
  3:454b
MUHL, M.
  4:89a
MUHLBACHER, F.
  5:250a

MUHLBERGER, J.
  3:255b
MUHLL, P. VON DER
  1:329a, 384a
MUHLMANN, W.E.
  3:331b
MUIR, E. (ROGERS)
  3:469b
MUIR, J.
  3:103b
MUIR, J.R.
  1:278a
MUIR, T.
  3:122a(2)
  5:312b
MUIR, W.
  1:615b
  2:524a
MUIRHEAD, J.H.
  2:331a
  3:96a
MUKERJEE, R.
  3:356b, 524a
  4:208b
MUKERJI, B.
  4:194b(2)
MUKERJI, D.G.
  4:201b
MUKERJI, D.P.
  4:195a
MUKHERJEE, G.N.
  4:182b
MUKHERJEE, J.N.
  3:81a, 524a
MUKHERJEE, S.K.
  3:530a
MUKHERJI, D.K.
  2:121b
MUKHOPADHYAYA, D.
  4:196b
MUKHOPADHYAYA, G.
  4:202b
MUKHOPADHYAYA, P.
  4:190a
MULCASTER, R.
  5:97a
MULDER, D.
  1:590b
MULDER, W.Z.
  2:143b
  4:230b
MULHERN, J.
  3:613a
MULLAHY, P.
  2:517a
MULLAHY, P. (THOMPSON)
  3:437a
MULLENER, E.R.
  3:464a
  4:348b
  5:451a
MULLENS, W.H.
  3:327b
  5:308a, 346a, 445b, 502b
MULLER, A.
  1:377b
  2:410b
  3:149b, 150b
MULLER, C.
  1:50a, 74b, 337a, 505a
  2:212b, 346a
  3:63a
  4:191a, 193b, 194a
  5:365b, 404a, 548a

MULLER, E.
  1:214b
  2:368b(2)
MULLER, F.
  2:28b, 309b, 327a, 617b
  3:100b, 102a
MULLER, F.J.
  1:189a
  2:414b, 489b(3), 493b, 501b, 727a
  3:85b, 247b
MULLER, F.W.
  1:87a
MULLER, G.
  2:327a
  3:147a
  4:356a
MULLER, G.E.
  3:440b
MULLER, H.J.
  1:527a
  2:199b, 630b
  3:64b, 80b, 289b, 335b, 606b
  5:351a
MULLER, J.A.
  2:448b
MULLER, J.C.
  5:222b
MULLER, K.
  1:282b
  2:167a
  4:85a
  5:23a
MULLER, M.
  1:27a, 306b, 472b
  2:165a, 205a(2), 292a, 412a, 594b
  4:294a
  5:230a, 269a, 348a, 391a
MULLER, O.H.
  3:190b
MULLER, P.
  2:107a
  3:517b
  4:155b
MULLER, R.
  1:13b, 189b, 321a, 326a
  2:25b, 307b, 340a(3)
  3:379a
  4:6a, 30b, 67b, 150b, 151a, 279b(2), 316b
  5:392b
MULLER, R. (EBERHARD)
  4:225b(3)
MULLER, R. (GROMODKA)
  3:557a
MULLER, R.F.G.
  1:244b
  2:8a, 518a, 570a, 643a
  3:423a
  4:172a(2), 182a(3), 199a, 200a(2), 200b, 201a, 202a(5), 202b(5), 203a(2), 203b(4), 204b(7), 205a(4), 205b(8), 206a(6), 206b(2), 207a(7), 207b, 210a
MULLER, S.
  1:47b
  4:148b
MULLER, W.
  2:536b, 650a
  4:110a, 162b
MULLER, W. (STARK)
  3:145b
MULLER, W.D.
  3:207b
MULLER-DIETZ, H.
  1:525b

MULLER-FREIENFELS

5:250a
MULLER-FREIENFELS, R.
3:339b, 342a, 357b
MULLER-GRAUPA, E.
3:323b, 533a
MULLER-HEGEMANN, D.
3:383a
MULLER-HESS, H.G.
3:453a
MULLER-HILLEBRAND, D.
1:132a
5:217b
MULLER-LYER, F.
3:350a
MULLER-MARKUS, S.
1:377b(2)
3:151a, 152a
MULLER-REINHARD, J. (AVERDUNK)
2:172b
MULLER-SCHLOSSER, H.
5:271b
MULLER-THYM, B.J.
1:369b
MULLETT, C.F.
1:94a, 197b, 279a, 294a, 491b, 508a
2:115a, 120b, 125b, 148b, 201a, 307a, 323b, 606b, 699b
3:245b, 372b, 394a, 416a, 471b(2), 472b, 512a
4:335b, 351a
5:73b, 146b, 149a, 154b, 165a(3), 251b(2), 265b, 280a, 330a, 370a, 388b, 393a, 395a, 475b, 478a, 545b, 547b
MULLO-WEIR, C.J.
4:67b
MULS, G.
2:733b
3:508b
MULTHAUF, R.P.
1:17b, 420b, 455b, 556b, 588a
2:276a, 293b, 425a
3:86b, 87a, 187a, 225a, 239a, 243a, 544b, 549b, 572b
4:89b, 358a
5:83b, 86a, 90b, 159b, 428b
MUMBY, F.A.
3:48a
MUMFORD, F.B.
2:724b
3:522b
MUMFORD, L.
3:59b, 355a, 542b, 546a(3), 567b, 587b
MUNBY, A.E.
3:82b
MUNBY, A.N.L.
2:16a, 221a, 226a(2), 563a
MUNCK, A.
3:397a
MUND, W.
3:186a
MUNDY, J.
1:651b
MUNDY, N.H.
2:701a
3:538a
MUNGER, R.S.
3:512b
5:85b
MUNITZ, M.K.
2:5a, 439a
3:96b, 216b, 218a(4)
MUNK, S.
1:622b, 623a

MUNOZ MALUSCHKA, D.
5:31b
MUNOZ, A.
1:424a
MUNOZ, J.E.
3:504b
MUNRO, D.C.
1:30b, 42b, 428b
2:569a
4:299a, 378a
MUNRO, H.N.
3:329b
MUNRO, T.
4:46a, 272b
MUNROE, C.E.
1:182b, 539a
5:323a, 424b, 461b, 498b, 503a, 538b
MUNROE, J.A.
5:368b
MUNSTER, C.
3:85b
MUNSTER, L.
1:9a, 26b, 102a, 114a, 116b, 119a(2), 324a, 379a, 521b
2:101b, 139b, 150a, 343a, 462a, 535b(2), 650a(2)
5:57a, 57b, 70a, 77b, 78b, 163b, 166a, 391a, 392b
MUNSTER, L. (BOERLIN)
2:548b
5:62a
MUNSTER, L. (BUSACCHI)
1:545b
MUNSTERBERG, M.
1:159b, 287b, 370b
2:672a
3:102b, 201a
5:28b, 29a
MUNTNER, S.
1:75a(4), 75b(2), 85a, 87a, 355a(2), 582b, 633a
2:7b, 132a(2), 133b, 134b(3), 135a(2), 351a, 370a, 422b
3:143b, 281a, 378b(2), 388a, 483b
4:79a, 79b, 81b, 336a, 338b, 436a, 440b(3), 441a, 442a
MUNTZING, A.
1:317a(2)
MUNZ, I.
2:131b
4:336a
MUNZ, R.
2:347b, 510b
MUNZEL, K.
4:165b
MUNZENMAYER, H.
5:248b
MUNZER, F.
2:575b
MUNZER, G.
3:576b
MURAINE, R.
2:769b
3:507b
MURALT, W. VON (BRUNNER)
5:151b
MURAMATSU, T.
3:575b
MURATORI, G.
1:220a, 404b
2:574b, 693a
3:493b
5:63a, 387a
MURAYAMA, S.
1:477a

4:183b
MURCHIE, G.
3:250b
MURCHISON, C.
3:340a(3)
MURDOCH, J.E.
1:186b
4:307b
MURDOCH, J.E. (CLAGETT)
4:295a
MURDOCH, R.T.
2:232a
5:192a
MURDOCK, G.P.
4:268b
MURE, G.R.G.
1:54b
MURI, W.
4:92b
MURIAS, M. (BAIAO)
5:35b
MURIS, O.
1:125a
3:252b
5:30b
MURKO, V.
2:396b(2)
MURLEY, C.
2:117a
MURLIN, J.R.
3:448b
MURNAGHAN, F.D.
3:111b
5:461a
MUROGA, N.
4:252a
MURPHEY, G.
1:443a
MURPHEY, M.G.
2:295b
MURPHY, C.J.V.
3:560b
MURPHY, E.L.
3:433a
MURPHY, F.P.
2:461b, 462a, 771a
5:389a
MURPHY, F.X.
2:422b
MURPHY, G.
3:340a, 340b
5:543a
MURPHY, G. (SOLLEY)
3:343b
MURPHY, G.E.
3:472b
MURPHY, M.G.
1:115b
MURPHY, R.C.
1:415b
2:292b
MURRAY, D.
2:10b, 62b, 697b
3:133a, 616b
MURRAY, D.M.
1:202a
5:390a
MURRAY, D.S.
3:83a, 466b
MURRAY, E.G.D.
3:467a
MURRAY, F.J.
3:591b
MURRAY, G.
2:146b

MURRAY, G.W.
  2:16b
  4:53a, 415a
MURRAY, J.A.
  1:110b
  2:16a
MURRAY, M.A.
  3:354a(2)
  4:34a, 35b, 44a, 48b, 54a
MURRAY, M.J. (WATSON)
  1:126b
MURRAY, R.H.
  1:385a
  2:120a
  5:299b
MURUWWA, A. (KENNEDY)
  1:153b
MURUYAMA, K.
  4:250a
MURZAEV, E.M.
  1:604b
  5:341b
MUS, P.
  4:189a
MUSABEKOV, I.S.
  2:30a, 82b
  3:183b, 191b
MUSABEKOV, I.S. (FIGUROVSKII)
  2:474a
MUSABEKOV, I.S. (KOSHKIN)
  3:195a
MUSABEKOV, I.S. (VORONENKOV)
  3:195b
MUSCHAMP, E.A.
  1:80b
MUSCHEL, J.
  1:581a
  4:441b
MUSES, C.A.
  1:162a, 440a
MUSHAM, J.F. (SHEPPARD)
  3:84a
MUSICK, W.J. (MONTAGU)
  1:411b
  5:369b
MUSIL, A.
  3:262b(5)
  4:174b, 288b, 415a
  5:541a
MUSKENS, L.J.J.
  4:11b
MUSKHELISHVILI, N.
  2:27b
MUSSA, B.
  3:472b
MUSSEHL, J.
  2:117b
  4:148a
MUSSER, R.
  1:121a, 183b, 320a
  2:60a, 633b, 638b
MUSSET, L.
  4:150a, 359a
MUSSON, A.E.
  5:285a, 287a, 414b
MUSSON, A.E. (CHALONER)
  3:547b
MUSSOTTER, R.
  3:126a
MUSTARD, H.S.
  3:409b
MILLAS VALLICROSA, J.M.
  1:4a(2), 4b(6), 31a, 31b(2), 66a, 77a, 254a, 293a, 583a, 619a, 623a, 629a(3), 641b, 655a, 661b
  2:18a, 171b, 178b, 183a, 202b, 294b(3), 441a, 533b, 556a, 566a, 577b, 597b, 648a(2), 648b(2), 764b(2)
  3:77a, 606a
  4:73a, 296a, 296b, 298b, 299b, 301a, 301b(3), 307b, 311a, 314b(3), 315a(2), 315b, 316b(2), 319b, 322b, 386b(2), 390a(4), 392a, 402a, 404a, 407a(2), 407a, 415a, 427a(5), 435b, 436a, 436b, 438a, 438b, 439a, 442b
  5:21b, 31a, 447a
MILLER, A.H.
  1:123b, 636b
  2:201a, 202a, 741b
  3:318b
  5:275b, 404a, 430a
MILLER, B.
  2:206b
  4:431a, 434b
MILLER, B.S. (NEWMAN)
  3:567b
MILLER, C.W.
  1:265b
  5:308a
MILLER, D.C.
  3:159a, 164b, 167a(2)
MILLER, D.G.
  1:363b, 486a
  5:325b
MILLER, D.L.
  3:33b
MILLER, E.
  2:691b
  3:439a
  4:331a
MILLER, E.C.
  1:357b
  3:310a
  5:425a
MILLER, E.F.
  1:481a
  5:432b
MILLER, E.R.
  3:224a
MILLER, E.V.
  3:530b(2)
MILLER, F.H. (MAUTNER)
  2:89a
MILLER, F.T.
  1:211b
  3:268b
MILLER, G.
  1:135b, 223a
  2:59a, 152b, 198b, 253a, 435a, 454b, 525a, 583a, 611b, 772a
  3:17b, 390a, 390b
  4:135b
  5:148a, 164a, 218a, 228b, 245a(2), 266b, 267a(2), 267b, 269b, 366b, 399a, 408a, 464a, 473b, 544a, 545b
MILLER, G.A.
  1:50b, 192b, 236a, 386b, 444b, 522a
  2:23b, 31a, 89b, 523a, 608a, 615a
  3:24b, 25a, 102a(2), 102b(2), 105a(7), 105b(4), 108a(2), 110b(3), 114a(2), 119a, 120b, 121b, 122a(13), 123b, 342b
  4:20b, 21a, 21b, 38a, 39b, 58a, 61a, 106b, 110a
  5:111a, 113a, 312b(2)
MILLER, G.H.
  3:122a
MILLER, G.S.
  2:261b
  3:333b, 334a
  5:48a
MILLER, H.
  3:19b, 42b, 355b
MILLER, H.W.
  1:53b, 449b, 578a, 580a
  2:330b
  4:127a, 128b, 129b, 130a(2)
  5:463b(2)
MILLER, H.W. (MCCOLLEY)
  1:170b
  2:163a, 602b
  4:318b
MILLER, J.
  2:231b
MILLER, J.A.
  1:279a
  3:553a
MILLER, J.C.P. (FLETCHER)
  3:120b
MILLER, J.E.
  2:229b
MILLER, J.L.
  1:209a
  3:474a
  4:28a
  5:404a
MILLER, J.W.
  1:60b
MILLER, J.W.A.
  2:56a
  5:323b
MILLER, K.
  1:630a
  4:150b(2), 376a, 410b
  5:459b
MILLER, L.G.
  2:254a
  4:127b
MILLER, L.H.
  3:327b
MILLER, M.
  3:609b
MILLER, N.
  4:8b
MILLER, O. VON
  3:549b
MILLER, O.M.
  3:257b
MILLER, P.
  1:371b
  5:105b, 109a(2), 190a
MILLER, R. VON
  3:569a
MILLER, R.A. (D'CRUZ)
  1:251a
  5:386b
MILLER, W.
  1:241a, 356b
  2:311b
  4:143a, 380b
MILLER, W.J.
  1:458b
MILLER, W.M.
  2:523a
  5:331b, 420b, 539b
MILLER, W.S.
  1:121a(2), 254a, 494a, 542b
  2:163b, 239b, 635a
  3:443a
MILLET, R.
  1:136a
MILLHAUSER, M.
  1:241b, 313b
  3:230b

MILLIKAN, C.B. (PRITCHARD)
  2:6b
MILLIKAN, R.A.
  1:298a, 371a, 435a, 436b
  2:184a(2)
  3:46a, 60b, 63a, 135b(2), 137a(2),
    171b(2), 172a, 172b, 174b, 292b
  5:461a
MILLIKEN, W.M.
  3:509a
MILLINGTON, E.C.
  1:554b
  2:644b
  3:175b
  5:121a, 204b, 384a
MILLNER, S.L.
  2:497b
MILLOSEVICH, E.
  3:205b
MILLOSEVICH, F.
  4:146a
MILLOUX, H.
  2:69a
MILLS, A.R.
  4:139a
  5:545a
MILLS, C.W.
  3:355a(2)
MILLS, G.
  4:270a
MILLS, J.V.
  4:230a, 231a
  5:448a
MILLS, W.H.
  5:305a
MILLS, W.H. (FINDLAY)
  3:185a
MILMED, B.K.
  2:5b
  3:43b
MILNE, C.H.M.
  1:81b
MILNE, E.A.
  1:430a, 645b(3)
  2:114b, 219b, 402a
  3:26a, 139b, 147a, 149b(3), 214a, 216a,
    216b
MILNE, E.A. (SPENCER JONES)
  1:370a
MILNE, H.J.M.
  1:273b
  3:45a
  4:144b
  5:301b
MILNE, J.G.
  4:143b
MILNE, J.J.
  1:46a, 333b, 337a
  2:227b, 269b
  3:130a
MILNE, J.S.
  1:453b
  4:132b
MILNE, L.J.
  3:299a
MILNE, M.J. (MILNE, L.J.)
  3:299a
MILNER, A.M.
  3:615a
MILNER, H.B.
  3:229b
MILNER, S.R.
  1:570a
MILON, R. (LIAN)
  3:446a

MILT, B.
  1:481b, 482a
  2:51b, 176a(2), 203b, 271b, 275b, 537b,
    569b
  3:378a
  4:444a, 445a
  5:25a, 44b, 81a
MIN WANG-CHI
  4:233b
MINAR, E.L.
  1:381b
  2:367b(2)
  4:117b
MINCHENKO, L.S.
  1:397b
  5:206b
MINCHINTON, W.E.
  3:576a
MINDAN, M.
  2:318a
  5:242b
MINER, J.R. (LOWRY)
  2:423b(2)
  5:217b
MINEUR, A.
  4:109a
MINEUR, H.
  3:46a, 214a, 217b
MING WONG
  See WONG MING
MINGANA, A.
  4:395a
MINICK, J.L.
  2:661b
  3:558a
MINIO, M.
  2:404a, 408b
  5:84b
MINIO-PALUELLO, L.
  1:58b(2), 164b
  4:147a, 328a
MINKIN, J.S.
  1:5a
  5:195a
MINKOVSKII, V.L. (DOBROVOLSKI)
  1:206a
  2:551b
  5:311b
MINKOWSKI, H.
  1:96b(2)
  3:152a
  5:148b
MINKOWSKI, O.
  3:448b
MINNIGERODE, W.
  3:447b
MINORSKY, V.
  1:41b, 152a, 641a
  2:527a
  4:409a, 412b(2)
MINOST, E.
  2:144a
MINTY, L. LE M.
  3:485a
MINTZ, S.I.
  1:463b, 584a, 584b
  5:126b
MIOLLAN, -.
  4:419a
MIONI, E.
  1:349b
MIOTTO, A.
  2:270b
MIRABAUD, R.
  1:559b

  2:276b
  5:302b
MIRAGLIA, B.
  2:155b
MIRANDA, J.M.M.
  3:493a
MIRANDA, M.G. DE
  5:31a
MIRANDA, R. DE
  3:237a
MIRANDE, D.
  1:536b
MIRANDE, M.
  1:131b
  5:421b
MIRIDONOVA, O.P.
  1:463b
  2:175b
  5:119a
MIRONE, G.
  1:648a
  2:458b
  4:159a
  5:267a
MIROT, L.
  1:424b, 445a
MIRSKY, J.
  3:267a
MIRZOIAN, E.N.
  1:319b
  2:29a(2)
MISCH, G.
  4:20b, 33a
MISES, R. VON
  3:45a, 132a(2)
MISHRA, U.
  4:194a
  5:467a
MISIAK, H.
  3:340b, 342a
MISSELBACHER, J. (DIOSI)
  5:164b, 547a
MISSIROLI, A.
  3:478b
MITA, H.
  1:50a
MITCHEL, F.W.
  4:137a
MITCHELL, A.C.
  3:234b
MITCHELL, C.A.
  4:53b
MITCHELL, E.T.
  3:96b
MITCHELL, E.V.
  3:550a
  5:511b
MITCHELL, G.A.G.
  5:378a
MITCHELL, H.C.
  2:293b(2)
MITCHELL, J.B.
  2:278a
  4:323b
MITCHELL, J.L.
  3:258b
  5:431a, 448b
MITCHELL, P.C.
  2:776a
  3:277b, 281b, 282b, 315a, 317a
MITCHELL, R.
  1:249b
  5:339b, 366b
MITCHELL, S.A.
  2:664a

3:210a
5:214a
MITCHELL, S.W.
1:150a, 544b
MITCHELL, U.G.
3:124a
MITCHELL, W.F.
1:355a
MITCHELL, W.S.
1:205b, 557a
MITCHELLY, P.C.
2:427a
MITCHISON, R.
2:480b
MITJANA, R.
4:401a
MITKEWICH, W.T.
1:409a(2)
3:165b, 568a
MITMAN, C.W.
2:507a
3:556b
5:285b, 416a, 417a, 421a
MITRA, S.C.
3:339b, 342b
MITROPOL'SKII, I.A.
1:166a
MITROPOULOS, K.
4:129b
MITROVITCH, R.
1:336a
MITSCHERLICH, A.
3:399a
MITTASCH, A.
1:144b, 323a, 324a, 352a(2), 499a
2:162a, 235b, 452a
3:44b, 190a(3), 193b, 287a(3), 580b
5:321b, 322a, 325b(2)
MITTELBERGER, T. (SEEMANN)
1:31b
4:317a
MITTELBERGER, T. (WIEDEMANN)
2:648b
MITTELSTRASS, H.
3:430b
MITTERER, A.
2:542a(3)
4:311b, 346a(2)
MITTERLING, P.I.
5:344a
MITTLER, P.T. (SCHNUSENBERG)
4:221b
MITTMANN, J.
5:180b
MITTON, G.E.
2:103a
MITTWOCH, E.
1:537a, 624b
2:15b
4:415a, 416b, 423a, 424b
MITTWOCH, U.
5:475a
MITZSCHERLING, A.
3:129a
MIURA, T.
3:480a
4:254a
MIURA-STANGE, A.
1:237b
MIYAJIMA, M.
2:22b
MIYAZAKI, I.
4:241a
MIZUKAMI, D.
3:17b

MIZUKI, K.
4:250a
MIZWA, S.P.
1:280a(2), 281a
MJARTAN, J.
1:589b
MLADENTSEV, M.N.
2:171a
5:308a
MOBERG, A.
1:563b
4:69a, 406b
MOBIUS, M.
3:302b, 303b
MOCH, G.
3:149b
MOCHI, A.
3:42b
MOCK, R.
1:349b, 580b
4:139a
MODDERMAN, P.J.R.
4:15b, 291b, 363b
MODELEVICH, D.M.
2:178a
5:423b
MODELSKA-STRZELECKA, B.
2:360a
MODELSKI, G.A.
3:568b
MODI, J.J.
1:537a, 621a
2:155b(2), 371a, 651b
4:176a
MODICA, M.
4:368b
MODIGLIANI, G.
2:73a
MODIGLIANT, G.
2:73a
MODILEWSKI, T.
1:317b
5:354b
MODONA, A.N.
See NEPPI MODONA, A.
MODY, N.H.N.
4:254b
MODY, R.R.
4:198a
MODZALEVSKIJ, L.B.
1:638b
MOEBIUS, M.
1:500a
MOED, F.
2:98a
MOELLER, G.H.
1:498a
MOELWYN-HUGHES, E.A. (BERRY)
2:676b
3:185b
MOERMAN, H.J.
3:250a
MOERMAN, J.D.
1:588b
MOESCHLIN-KRIEG, B.
5:232a
MOESE, H.
3:28a
MOFFATT, L.G. (FORD)
1:653a
2:536a
MOGENET, J.
1:84a(3), 426a, 479b, 511a, 643a
2:269b, 361a, 581a
4:108b(2), 315a, 375a(2), 402a

5:13a
MOGHADAM, S.
4:25b
MOGK, E.
2:212a
4:324b
MOGK, W.
3:411a
MOGUEL, M.
1:539b
MOHLER, L.
1:145a
2:326b
MOHLER, N.M. (NICOLSON)
2:521a(2)
MOHLER, S.L.
2:596a
4:159b
MOHOLY, L.
3:596b
MOHOROVICIC, S.
1:377a
3:150b
MOHR, E.
4:329b
5:508a
MOHR, G.J. (EVANS)
1:208b
MOHR, H.N.
5:343a
MOHRMANN, C. (MEER)
4:163b
MOILLIET, J.L.
2:9a
5:207a, 321b
MOINET, P.
4:153a
MOIR, J.R.
1:440b
4:14b
MOISAO, R.
3:426a
MOISSAN, H.
2:188a
MOISSIDES, M.
2:140a
3:512a
4:128a, 131b, 133b, 135a(2)
5:546b
MOISSL, R.A.
1:613b
MOKRUSHIN, S.C.
1:507a
5:327a
MOLDENKE, A.L. (MOLDENKE, H.N.)
4:78a
MOLDENKE, H.N.
4:78a
MOLENGRAAFF, G.A.F.
3:228b
MOLES, A.A.
3:29b
MOLES, E.
1:222b, 327b, 378b
2:151a, 253b
5:307a
MOLHUYSEN, P.C.
3:78a
MOLIN, G.G.
5:166a
MOLINA, E.C.
2:47b
MOLINARI, D.L.
5:36a

MOLINERY

MOLINERY, -.
  1:470b
  3:397a
MOLINERY, P.M.J.
  2:282a
  3:497a
MOLINERY, P.M.J. (MOLINERY, R.)
  3:497a
MOLINERY, R.
  1:33b, 111a(2), 173b(3)
  2:202b, 412a, 753b
  3:462a, 497a
  4:206a
  5:260a, 275b, 283b, 389a, 405b, 548a, 548b
MOLINERY, R. (LAIGNEL-LAVASTINE)
  3:395b
MOLISCH, H.
  3:302b
MOLISH, H.B. (BECK)
  3:340b
MOLL, A.
  3:347a
MOLL, A.A.
  3:393a, 393b
MOLL, F.
  3:321a, 584a
  4:291a, 428b
MOLL, O.E.E.
  4:291a
MOLL, W.
  2:699a
  3:420b
MOLLAT, M.
  4:327b
MOLLENBERG, W.
  1:373b
  4:301a
MOLLER, C.
  3:170b
MOLLER, E.
  2:74b(2), 79b
MOLLER, G.
  4:38a, 54b, 286a
MOLLER, H.J.
  3:195b, 512a
MOLLER, J.M.
  5:22b
MOLLER, R.
  1:446b
MOLLER-CHRISTENSEN, V.
  3:469b(3)
  4:338b, 349b(2)
MOLLERS, B.J.
  2:25b
MOLLIARD, M.
  1:171b
MOLLIERE, A.
  2:720a
  3:408b
MOLLING, P. (BUESS)
  2:652b
MOLNAR, E.J.
  3:512b
MOLODSHII, V.N.
  1:390b
  2:331b
  5:199a
MOLONEY, M.F.
  3:394a, 510b
MOLTKE, E.
  4:325a
MOMIGLIANO, A.
  1:44b, 294a, 329a, 573b
  2:356b
  4:105b, 144b
MONACHINO, J.
  3:512a, 518a
MONAKOW, C. VON
  3:431b
MONAL, E.
  5:171b
MONCEAUX, P.
  1:82a, 649a
  4:163b, 166b
MONCEL, H. (GIRARD)
  2:395b
MONCH, W.
  1:242a
MOND, R.
  3:198a
MONDALE, C.
  2:615b
  5:414b
MONDELLA, F.
  1:205a
MONDELLA, F. (CARUGO)
  3:76b
MONDOLFO, R.
  1:61a, 201a, 382b
  2:597a
  4:24a, 88b, 89a, 102a(2), 104a, 107b, 140b
  5:471a
MONDOR, H.
  1:366a
  2:285b, 593b
  3:396a, 423a, 486a
MONDOUX, -.
  2:726a
  5:253a
MONERY, A.
  2:87a
  3:481b
  5:166b
MONEY-KYRLE, R.E.
  3:437b
MONGAIT, A.L.
  3:609b
MONGE, C.
  4:282a(2)
MONGREDIEN, G.
  1:458b
  2:114a
MONIZ, E.
  3:490a
MONK, A.J. (THORNTON)
  3:370b
MONKS, G.H.
  1:589a
MONLEONE, G.
  1:269a
MONNERET DE VILLARD, U.
  2:402b
  4:164a, 326a, 387b
MONNEROT-DUMAINE, M. (MEYERHOF)
  1:627b
  4:422b
MONOD, T.
  2:405a
MONOD, V.
  3:202b
MONOD-CASSIDY, H.
  2:58b
MONRO, T.K.
  3:382b
MONTAGNANA, M.
  2:528b
MONTAGNANI, C. (FAVA)
  1:267b
MONTAGNE, M. (HUARD)
  1:100b, 301b, 526b
  2:617a
  3:278b(2), 370a(2), 430a
MONTAGNE, R.
  4:428a
MONTAGNIER, H.F. (FRESHFIELD)
  2:442b
MONTAGU, M.F.A. [ASHLEY MONTAGU, M.F.]
  1:313b, 411b, 455a(2), 570b, 593a, 594a, 597b
  2:43a, 67b, 76b, 138b, 227b, 293a, 521a, 528b, 531b, 536b, 566a(4), 584a(2)
  3:64b, 283b, 291a, 298a, 329b(2), 332a(2), 335b(2), 336a(2), 336b(2), 337a(2), 337b(2), 345a, 346a, 350b, 351a, 356a(2), 357a, 378b, 426a(2), 451b, 532b, 614b
  4:8a, 8b, 9a, 10a, 10b, 25b, 47a, 131b, 167b, 263a(2), 268a, 275a
  5:52b(2), 96a, 145b, 156a, 176b, 179b, 181a, 345a, 369b, 419b, 468a
MONTAGU, M.F.A. (DOBZHANSKY)
  3:335a, 343b
MONTAGU, M.F.A. (GRACE)
  1:319a
MONTAGU, M.F.A. (MITCHELL)
  1:355a
MONTAGUE, H.F.
  3:100b
MONTALENTI, G.
  1:64a, 223a, 485a
  2:494a(2), 659b
  3:285a, 294a, 408b
  5:447a, 459a, 473b
MONTANA, L.J.
  1:582a
  5:246a, 391a
MONTANDON, G.
  3:334b
  4:252b
MONTANDON, R.
  3:88b
MONTARIOL, L.
  3:395b
MONTEBAUR, J.
  1:538b
MONTEIL, C.
  2:384b
  3:566a
MONTEIL, J.
  1:148a(2)
  5:263a(2)
MONTEIL, V.
  4:402a, 409b
MONTEIRO, A.C.
  1:3b, 34a, 160a, 196a(2), 218a, 296b(2), 367b, 437b, 438a, 481b(2), 482a, 659a(3)
  2:124b, 168a, 181b, 573b(2)
  3:509b
  4:253a
  5:7b, 234a, 391a(2), 446b
MONTEIRO, H.
  1:131a
  2:58b, 79b, 285a, 584a(3), 585a, 586b(4), 733b(2)
  3:402a, 488a
  4:445b
  5:378a
MONTEL, P.
  1:73b, 320b

2:312a, 464a
3:113b
MONTEL, P. (DENJOY)
2:58a
MONTELL, G.
4:284a
MONTEROS-VALDIVIESO, M.Y.
1:394a
3:474a
5:266b
MONTESSUS DE BALLORE, F.
3:235b(3), 236a, 236b
MONTESTRUC, E.
3:469b
MONTET, E.
4:384b
MONTET, P.
4:44b(2)
MONTGOMERY, B.E.
3:322b
MONTGOMERY, D.
2:578b
MONTGOMERY, D.S. (BOYD)
3:238b, 577a
MONTGOMERY, D.W.
1:430b, 595b
2:375b
3:426a, 450a, 479a
4:158b
MONTGOMERY, J.A.
1:12a
MONTGOMERY, J.W.
5:20a, 25b
MONTGOMERY, M.D. (MONTAGUE)
3:100b
MONTI, A.
2:445b(2)
5:193a
MONTMASSON, J.M.
3:29b
MONTMOLLIN, M. DE
2:558a
MONTOLIU, M. DE
1:71a
2:118b
MONTORGUELL, G.
2:48b
MONTREUIL, J.
3:301a
MONTROSS, L.
3:600a
MONTUCLA, J.F.
3:100b
MONY, P.
2:41a
5:231a
MONZIE, A. DE
1:136a
2:684a
3:548a
MONZLINGER, E.
1:29b
4:379a
MOODIE, R.L.
1:36a, 222b
2:348a
4:6b(3), 7a(3), 10b(4), 11a(2), 281b(3), 282a(5)
5:396a
MOODY, E.A.
1:50a, 84b, 147a, 207a, 391a, 463b, 659a
2:243b, 533a
4:302a, 306b, 311b(2), 321b, 398b
MOODY, J.W.T.
1:320a

MOOG, W.
3:91b
MOOKERJEE, S.
4:190a
MOOKERJI, R.
1:77b
4:184b
MOON, P.
3:166a
MOON, R.O.
1:555a, 573b
2:275a, 369a
4:129a
MOONEY, J.
4:269b, 273b
MOONEY, J.J.
1:482a
4:147a
MOONEY, W.W.
4:150b
MOONJE, B.S.
4:205a
MOORAD, P.J.
4:26a
MOORE, A.S.
3:585b
MOORE, B.
3:80b
MOORE, C.B.
3:326b(2)
MOORE, C.C.
2:683a
5:189b
MOORE, C.G.
2:130a, 229b
5:118a, 317a
MOORE, E.C.
1:341a, 642b
2:295b
3:96a
5:309a
MOORE, F.J.
3:178b
MOORE, H.
1:636b
4:70a
MOORE, H.H.
3:410a
MOORE, J.H.
4:359b
MOORE, J.P.
2:126a
MOORE, J.R.
1:325b, 502a
5:239a, 240a
MOORE, M.
1:517b
5:75a
MOORE, M.H.
3:33b
MOORE, N.
2:752b
3:394a, 419a
MOORE, O.K. (ANDERSON)
3:350b
MOORE, P.
3:200a, 204a, 212a
MOORE, P.S.
2:314b
MOORE, R.
1:312a(2)
3:229a, 277b, 289b
MOORE, R.A.
2:185b

MOORE, T.E.
2:700a
5:367b
MOORE, T.S.
2:679b
MOORE, W.D.
3:563b
MOOREHEAD, A.
1:446a
2:242a, 344a
3:173a
MOORHOUSE, A.C.
3:610a
MOORMAN, J.R.H.
1:432a
MOORMAN, L.J.
1:381a, 432a
2:472a, 507a, 601a, 633b
3:389a(2), 390b, 476a, 480a
4:351a
5:268a, 396b(3)
MOORTGAT, A.
4:33a
MOOTZ, M.
2:168a
MORA, G.
1:252b(2), 364a
2:108b, 319a
3:434b, 438b
5:256b, 382a(2), 383a
MORANT, H. DE
4:50b
MORAT, J.L.
2:412b
MORATA, N.
1:85a
2:669b
4:385a
MORAUX, P.
1:58b, 59b
2:335b
4:143a, 159b
MORDELL, L.J.
3:123a
MORDELL, P.
4:76b
MORDTMANN, J.H.
2:528a
4:402b
MORDUKHAI-BOLTOVSKOI, D.
3:124b(2), 130a
MORE, L.T.
1:183a, 184b
2:221b, 226b
3:35b, 151b, 289b
5:123b
MORE, P.E.
2:328a
4:104a
MOREAU, E. DE
1:35a
MOREAU, F.
2:43a
MOREAU, F. (RYCKMANS)
2:468a
4:406b
MOREAU, J.
2:59b, 331a
3:93a
MOREAU, R.E.
3:328b
MOREHOUSE, D.W.
3:202b
MOREIRA DE SA, A.
2:437b(2)

MOREL, C.
 4:9b
MORELAND, W.H.
 4:429a
 5:138a
MORENA, O.
 1:438b
MORENO, A.R.
 See RUIZ MORENO, A.
MORENO, G.R.
 2:711a
 3:374a
MORENO, M.M.
 4:434b
MORENO, N.B.
 2:589a
MORENO, W.J.
 4:276b
MORENZ, S.
 4:118a
MORET, A.
 4:26a, 36b(2), 55b
MOREUX, T.
 1:374b
 3:63a, 201b, 202a, 216b
 4:35b
 5:539b
MOREY, D.A.
 1:113b
MOREY, G.W.
 4:32a
MORGAGNI, G.B.
 2:572b
MORGAN, A.
 2:691a
 3:616b(2)
MORGAN, A.E.
 1:127a
MORGAN, B.
 3:181a
MORGAN, C.
 2:720a
 5:534b
MORGAN, C.L.
 3:292b(2)
MORGAN, D.P.
 3:566a
MORGAN, F.C.
 1:192a
 2:701b
 3:563a
 5:91a, 185b
MORGAN, G.A.
 1:346b
 2:235b
MORGAN, G.T.
 3:580a
MORGAN, J.
 1:82a
 4:166a
MORGAN, J. DE
 3:26b
MORGAN, J. DE.
 4:17a
MORGAN, J. DE
 4:35b, 381a
MORGAN, J.R.
 1:593a
 3:578b, 588a
MORGAN, L.H.
 4:269a
MORGAN, T.H.
 1:117b(2), 317a
 2:169b(2), 630b(3)
 3:289b, 293b, 294a
 5:351a, 360a, 494b
MORGAN, W.G.
 2:662b
 3:391b
MORGAN, W.S. (POLLOCK)
 3:586b
MORGENBERGER, S.
 3:98b
MORGENBESSER, S. (DANTO)
 3:30b
MORGENSTERN, A.
 1:47b, 581b
 4:354b
MORGENTHALER, W.
 2:453b
 5:157b
MORGENTHAU, H.J.
 3:58a
MORGHEN, R.
 1:458b
 2:659b
MORGUE, R.
 1:443a
 3:344b
MORI, A.
 3:256a(2), 263a
 4:90b
 5:515a
MORI, A. (ALMAGIA)
 3:259a
MORI, G.
 1:523b
 3:595b
 5:93b
MORIN, G.
 2:215b, 434b
 5:148a, 364b
MORIN, J.
 4:161a
MORISON, R.S.
 3:52b
MORISON, S.
 1:323b
 2:263a
 3:594b(2)
 5:99a
MORISON, S.E.
 1:268a, 269b, 270b(2)
 2:501b, 623a, 672a, 700b(2)
 3:605a, 607b, 615a, 615b
 5:37a, 105b(2), 182a, 416a, 511b
MORISSET, -.
 3:470b
MORITA, S. (TAMIYA)
 3:313b
MORITZ, L.A.
 4:95b
MORITZ, R.
 2:212b
 5:116a
MORITZ, R.E.
 2:529b
 3:100b, 128a
MORITZ-VILLARME, -.
 2:315b, 769b
 3:507a
MORL, A. VON
 3:4b
 4:19a, 87a
MORLAND, H.
 1:29b, 238a
 2:254a(4)
MORLAND, N.
 3:358a
MORLET, A.
 4:4b, 16b
MORLEY, F.
 3:332a
MORLEY, F.V.
 1:540a
 2:390b
MORLEY, H.
 2:200a, 584a
MORLEY, S.G.
 4:269a, 276b, 278a, 284a, 284b(3)
MORNER, B.
 3:270b
 4:5a
MORNER, C.T.
 1:195b
 2:98a
 5:236b
MORNET, D.
 5:191a, 191b, 192a, 196a
MOROSAN, N.
 1:354b
MOROSOV, A.A.
 2:109a
MOROZOV, V.V.
 2:105a
MORPURGO, E.
 2:442a
 5:65a, 83b, 93a
MORPURGO-TAGLIABUE, G.
 1:462a
 5:103b
MORRAH, H.A.
 2:734a
 3:617a
MORRAL, F.R.
 3:571b
MORRILL, R.L.
 3:261b
MORRIS, A.D.
 1:571b
MORRIS, B.
 3:96b
MORRIS, C.W.
 3:44a, 46b, 47b, 60b
 5:514a, 533a
MORRIS, E.H.
 4:275b
MORRIS, F.K. (BERKEY)
 3:233a
MORRIS, H.
 2:611b
 3:474a
MORRIS, M.
 1:22a
 3:411a
 4:341b
MORRIS, M.C.F.
 1:411a
 2:200b
 5:429a
MORRIS, M.P. (OAKES)
 4:274a
MORRIS, R.C.
 5:219a, 339b
MORRIS, W.F. (PARSONS)
 2:639a
MORRIS, W.I.C.
 1:607b, 608b
MORRISON, E. (MORRISON, P.)
 1:94a(2), 566b
MORRISON, H.
 1:420b(3), 421a(2)
 2:415b, 556b, 617a
 3:378b, 390b, 392b, 444a(2), 486a

5:368b, 390b
MORRISON, J.S.
  2:329b
  4:120b
MORRISON, P.
  1:94a(2), 566b
  3:208b, 594a
MORRISON, P.G.
  3:291a
MORRISON, S. (FRIEDENWALD)
  2:37a
  3:491a, 496b
MORROW, G.R.
  2:327a
MORROW, J.
  2:302a
MORSE, D.
  4:48b
MORSE, E.S.
  1:15b
  5:531b
MORSE, K.
  2:184b
MORSE, M.
  3:113a
MORSE, W.J. (PIPER)
  3:530a
MORSE, W.R.
  4:233b, 237b
MORSIER, G. DE
  2:79b
  5:64a
MORSON, C.
  2:754a
  3:450b
MORTENSEN, H.
  2:752a
  3:205a
MORTENSEN, H.C.C.
  3:328a
MORTENSEN, T.
  2:631a
MORTET, C.
  3:595a
  5:93b
MORTET, V.
  4:365a
MORTIER, R.
  1:28a, 342a, 343a
  2:390b
  5:189a, 232b, 234b
MORTIER, R. (CHARLIER)
  1:343b
MORTIMER, E.
  2:281a
MORTON, A.G.
  3:295b
MORTON, H.C.
  1:318b
  3:289b
MORTON, L.
  1:227b
  5:282b
MORTON, L.T. (GARRISON)
  3:368b
MORTON, W.C.
  3:423b
MORTON, W.T.G.
  1:48a
MORUZZI, G.
  2:157a
  3:429b
  5:379b
MORY, A.V.H. (REDMAN)
  3:57b

MOSCATI, P.
  5:208a
MOSCHCOWITZ, E.
  1:198a(2), 362b
MOSCHCOWITZ, E. (ROUDIN)
  1:557a
  5:366a
MOSCHELES, J.
  3:240b
MOSCHETTI, L.
  2:124b
  3:142b
MOSCHOPOULOS, M.
  2:202a
  4:374a
MOSCOVICI, S.
  1:105a, 461b
  2:483b, 575b
  5:18a, 102b, 186a
MOSCRIP, V.
  2:745a
  5:52a
MOSER, A.
  3:558b
MOSER, E.
  1:13a
MOSER, J.
  2:7b
MOSER, S.
  1:59b
  3:34b, 45b
MOSHER, F.J. (TAYLOR)
  3:12b
MOSKOWITZ, S.
  3:65a
MOSOLFF, A.
  1:276a
  4:353b
MOSORIAK, R.
  3:592b
MOSS, G.C.
  1:216a
  2:218a, 549a
  4:152b
MOSS, L.W.
  3:351a
MOSS, R.L.B. (PORTER)
  4:35a
MOSSE, G.L.
  1:161b
MOSSNER, E.C.
  1:209b, 605b(2)
  5:195a
MOSTAERT, A.
  4:183b
MOSTOWSKI, J.
  1:205a
  5:396a
MOSTROM, B.
  1:132a
MOSZKOWSKI, A.
  1:374b
MOTEFINDT, H.
  2:456a
  3:557a
  4:12b, 14a, 16a, 16b
MOTHERSOLE, J.
  1:17b
  4:160a
MOTT, F.L.
  3:68a
MOTT, R.A.
  1:310a(2), 361b
  2:220b
  5:178a, 289b(2)

MOTT-SMITH, M.
  3:156a
MOTTELAY, P.F.
  2:159b
  3:165a
MOTTRON, J.
  2:376a
  5:75a
MOTZO, B.R.
  4:323a
MOUCHELET, E.
  2:690a
  3:548a
MOUGIN, H.
  1:234b
MOULE, A.C.
  1:243a, 252b
  2:245a(3), 340a, 341b(3), 729b
  3:315a
  4:229a, 229b, 230a, 230b, 231a, 232a,
    241a, 243a, 432a
  5:447a, 495b, 496a
MOULE, L.
  1:180b, 592a
  2:335b, 590b
  4:28a, 28b, 29a, 95a, 131a, 153b, 358b
  5:86b, 280a(3)
MOULIJN, J.A.
  1:410a
MOULIN, D. DE
  1:41b
  4:352b
  5:274a
MOULINIER, L.
  1:591b
MOULTON, F.R.
  1:183b
  2:662a
  3:5a, 16b, 36b, 54b, 209b
MOUNTCASTLE, H.W.
  2:183b
MOUNTEVANS, E.R.G.R.E.
  3:267a
MOUNTFORD, J.F.
  4:114b
MOUQUIN, M.
  3:444b
MOURA, J.
  2:240a
MOURAD, S. (SMITH)
  4:395a
MOURANT, A.E.
  3:294b, 335b
MOURELLE, F.A.
  1:161a, 202b
MOURELOS, G.
  2:179a
  3:45a
MOUREU, C.
  1:141a
  2:56a, 381a
  3:178b, 184a
  5:321b
MOURGUE, R.
  1:35a, 112a, 132b
  2:455a, 557b
  3:344b, 430a, 435b, 438b
  5:347b, 364b, 370b, 381a
MOURGUE, R. (MONAKOW)
  3:431b
MOUSNIER, R.
  5:185a(2)
MOUSSON-LANAULE, J.B.O.P.
  4:92a

MOUSSON-LANAUZE, -.
1:476b, 536b, 559a
2:53b, 115b, 266b, 335b, 397b
3:464b
4:20a
MOUSSON-LANAUZE, V.
4:153a
MOUTERDE, R.
4:162b, 174b
MOUTIER, F.
2:395a, 493b
5:155b, 474b, 484a
MOUTIER, F. (VILLARET)
1:158b
3:509a(2)
5:62a, 159b, 259a
MOUTLIER, F. (VILLARET)
1:25a
MOUY, P.
1:339a(2)
2:137b(2), 226b, 339a, 396b
3:123a
5:116b(2)
MOVIUS, H.L.
2:530b
MOVIUS, H.L. (DE TERRA)
3:271a
4:256a
MOWINCKEL, S.
4:77b
MOWRER, O.H.
3:345a
MOYLLUS, D.
5:93b
MOYNIHAN, B.G.A.M.
3:365b, 370b
MOZANS, H.J.
3:53a
MOZET, E.P.
5:264b
MOZLEY, A.
1:306a
5:335b
MOZLEY, J.F.
1:430b
2:565b
MRAS, K.
1:256b
2:127b, 457a
MROCEK, V.R.
3:131b
MUCCIOLI, M.
2:143b
4:224b(2)
MUCH, H.
1:573b
3:377b
4:34a
MUCKLE, J.T.
1:516b(2), 523a, 633a
4:304b, 330a, 437a
MUDD, S. (FLOSDORF)
3:509a
MUDRY, J.
3:173a
MUELLER, F.J.
2:382b
5:338a
MUELLER, F.L.
3:339b
MUELLER, G.E.
1:217a
2:282b, 324b
MUELLER, I.W.
2:183a

MUELLER, W.M.
4:33a
MUENCH, O.B.
3:235b
MUENSTERBERG, H.
3:550b
MUGGERIDGE, D.W.
3:565b
MUGLER, C.
1:53b, 61b, 591a
2:84a, 329a, 329b
4:99a, 109b, 111b, 113a, 113b
MUGNIER, R. (SOUILHE)
3:92a
MUGRIDGE, D.H.
1:436a
MUHEIM, E.
2:753a
3:454b
MUHL, M.
4:89a
MUHLBACHER, F.
5:250a
MUHLBERGER, J.
3:255b
MUHLL, P. VON DER
1:329a, 384a
MUHLMANN, W.E.
3:331b
MUIR, E. (ROGERS)
3:469b
MUIR, J.
3:103b
MUIR, J.R.
1:278a
MUIR, T.
3:122a(2)
5:312b
MUIR, W.
1:615b
2:524a
MUIRHEAD, J.H.
2:331a
3:96a
MUKERJEE, R.
3:356b, 524a
4:208b
MUKERJI, B.
4:194b(2)
MUKERJI, D.G.
4:201b
MUKERJI, D.P.
4:195a
MUKHERJEE, G.N.
4:182b
MUKHERJEE, J.N.
3:81a, 524a
MUKHERJEE, S.K.
3:530a
MUKHERJI, D.K.
2:121b
MUKHOPADHYAYA, D.
4:196b
MUKHOPADHYAYA, G.
4:202b
MUKHOPADHYAYA, P.
4:190a
MULCASTER, R.
5:97a
MULDER, D.
1:590b
MULDER, W.Z.
2:143b
4:230b

MULHERN, J.
3:613b
MULLAHY, P.
2:517a
MULLAHY, P. (THOMPSON)
3:437a
MULLENER, E.R.
3:464a
4:348b
5:451a
MULLENS, W.H.
3:327b
5:308a, 346a, 445b, 502b
MULLER, A.
1:377b
2:410b
3:149b, 150b
MULLER, C.
1:50a, 74b, 337a, 505a
2:212b, 346a
3:63a
4:191a, 193b, 194a
5:365b, 404a, 548a
MULLER, E.
1:214b
2:368b(2)
MULLER, F.
2:28b, 309b, 327a, 617b
3:100b, 102a
MULLER, F.J.
1:189b
2:414b, 489b(3), 493b, 501b, 727a
3:85b, 247b
MULLER, F.W.
1:87a
MULLER, G.
2:327a
3:147a
4:356a
MULLER, G.E.
3:440b
MULLER, H.J.
1:527a
2:199b, 630b
3:64b, 80b, 289b, 335b, 606b
5:351a
MULLER, J.A.
2:448a
MULLER, J.C.
5:222b
MULLER, K.
1:282b
2:167a
4:85a
5:23a
MULLER, M.
1:27a, 306b, 472b
2:165a, 205a(2), 292a, 412a, 594b
4:294a
5:230a, 269a, 348a, 391a
MULLER, O.H.
3:190b
MULLER, P.
2:107a
3:517b
4:155b
MULLER, R.
1:13b, 189b, 321a, 326a
2:25b, 307b, 340a(3)
3:379a
4:6a, 30b, 67b, 150b, 151a, 279b(2), 316b
5:392b
MULLER, R. (EBERHARD)
4:225b(3)

MULLER, R. (GROMODKA)
3:557a
MULLER, R.F.G.
1:244b
2:8a, 518a, 570a, 643a
3:423a
4:172a(2), 182a(3), 199a, 200a(2),
200b, 201a, 202a(5), 202b(5),
203a(2), 203b(4), 204b(7), 205a(4),
205b(8), 206a(6), 206b(2), 207a(7),
207b, 210a
MULLER, S.
1:47b
4:148b
MULLER, W.
2:536b, 650a
4:110a, 162b
MULLER, W. (STARK)
3:145b
MULLER, W.D.
3:207b
MULLER-DIETZ, H.
1:525b
5:250a
MULLER-FREIENFELS, R.
3:339b, 342a, 357b
MULLER-GRAUPA, E.
3:323b, 533a
MULLER-HEGEMANN, D.
3:383a
MULLER-HESS, H.G.
3:453a
MULLER-HILLEBRAND, D.
1:132a
5:217b
MULLER-LYER, F.
3:350a
MULLER-MARKUS, S.
1:377b(2)
3:151a, 152a
MULLER-REINHARD, J.
(AVERDUNK)
2:172b
MULLER-SCHLOSSER, H.
5:271b
MULLER-THYM, B.J.
1:369b
MULLETT, C.F.
1:94a, 197b, 279a, 294a, 491b, 508a
2:115a, 120b, 125b, 148b, 201a, 307a,
323b, 606b, 699b
3:245b, 372b, 394a, 416a, 471b(2),
472b, 512a
4:335b, 351a
5:73b, 146b, 149a, 154b, 165a(3),
251b(2), 265b, 280a, 330a, 370a,
388b, 393a, 395a, 475b, 478a, 545b,
547b
MULLO-WEIR, C.J.
4:67b
MULS, G.
2:733b
3:508b
MULTHAUF, R.P.
1:17b, 420b, 455b, 556a, 588a
2:276a, 293b, 425a
3:86b, 87a, 187a, 225a, 239a, 243a,
544b, 549b, 572b
4:89b, 358a
5:83b, 86a, 90b, 159b, 428b
MUMBY, F.A.
3:48a
MUMFORD, F.B.
2:724b
3:522b

MUMFORD, L.
3:59b, 355a, 542b, 546a(3), 567b, 587b
MUNBY, A.E.
3:82b
MUNBY, A.N.L.
2:16a, 221a, 226a(2), 563a
MUNCK, A.
3:397a
MUND, W.
3:186a
MUNDY, J.
1:651b
MUNDY, N.H.
2:701a
3:538a
MUNGER, R.S.
3:512b
5:85b
MUNITZ, M.K.
2:5a, 439a
3:96b, 216b, 218a(4)
MUNK, S.
1:622b, 623a
MUNOZ MALUSCHKA, D.
5:31b
MUNOZ, A.
1:424a
MUNOZ, J.E.
3:504b
MUNRO, D.C.
1:30b, 42b, 428b
2:569a
4:299a, 378a
MUNRO, H.N.
3:329b
MUNRO, T.
4:46a, 272b
MUNROE, C.E.
1:182b, 539a
5:323a, 424b, 461b, 498b, 503a, 538b
MUNROE, J.A.
5:368b
MUNSTER, C.
3:85b
MUNSTER, L.
1:9a, 26b, 102a, 114a, 116b, 119a(2),
324a, 379a, 521b
2:101a, 139b, 150a, 343a, 462a,
535b(2), 650a(2)
5:57a, 57b, 70a, 77b, 78b, 163b, 166a,
391a, 392b
MUNSTER, L. (BOERLIN)
2:548b
5:62a
MUNSTER, L. (BUSACCHI)
1:545b
MUNSTERBERG, M.
1:159b, 287b, 370b
2:672a
3:102b, 201a
5:28b, 29a
MUNTNER, S.
1:75a(4), 75b(2), 85a, 87a, 355a(2),
582b, 633a
2:7b, 132a(2), 133b, 134b(3), 135a(2),
351a, 370a, 422b
3:143b, 281a, 378b(2), 388a, 483b
4:79a, 79b, 81b, 336a, 338b, 436a,
440b(3), 441a, 442a
MUNTZING, A.
1:317a(2)
MUNZ, I.
2:131b
4:336a

MUNZ, R.
2:347b, 510b
MUNZEL, K.
4:165b
MUNZENMAYER, H.
5:248b
MUNZER, F.
2:575b
MUNZER, G.
3:576b
MURAINE, R.
2:769b
3:507b
MURALT, W. VON (BRUNNER)
5:151b
MURAMATSU, T.
3:575b
MURATORI, G.
1:220a, 404b
2:574b, 693a
3:493b
5:63a, 387a
MURAYAMA, S.
1:477a
4:183b
MURCHIE, G.
3:250b
MURCHISON, C.
3:340a(3)
MURDOCH, J.E.
1:186b
4:307b
MURDOCH, J.E. (CLAGETT)
4:295a
MURDOCH, R.T.
2:232a
5:192a
MURDOCK, G.P.
4:268b
MURE, G.R.G.
1:54b
MURI, W.
4:92b
MURIAS, M. (BAIAO)
5:35b
MURIS, O.
1:125a
3:252b
5:30b
MURKO, V.
2:396b(2)
MURLEY, C.
2:117a
MURLIN, J.R.
3:448b
MURNAGHAN, F.D.
3:111b
5:461a
MUROGA, N.
4:252a
MURPHEY, G.
1:443a
MURPHEY, M.G.
2:295b
MURPHY, C.J.V.
3:560b
MURPHY, E.L.
3:433a
MURPHY, F.P.
2:461b, 462a, 771a
5:389a
MURPHY, F.X.
2:422a
MURPHY, G.
3:340a, 340b

MURPHY

5:543a
MURPHY, G. (SOLLEY)
3:343b
MURPHY, G.E.
3:472b
MURPHY, M.G.
1:115b
MURPHY, R.C.
1:415b
2:292b
MURRAY, D.
2:10b, 62b, 697b
3:133a, 616b
MURRAY, D.M.
1:202a
5:390a
MURRAY, D.S.
3:83a, 466b
MURRAY, E.G.D.
3:467a
MURRAY, F.J.
3:591b
MURRAY, G.
2:146b
MURRAY, G.W.
2:16b
4:53a, 415a
MURRAY, J.A.
1:110b
2:16a
MURRAY, M.A.
3:354a(2)
4:34a, 35b, 44a, 48b, 54a
MURRAY, M.J. (WATSON)
1:126b
MURRAY, R.H.
1:385a
2:120a
5:299b
MURUWWA, A. (KENNEDY)
1:153b
MURUYAMA, K.
4:250a
MURZAEV, E.M.
1:604b
5:341b
MUS, P.
4:189a
MUSABEKOV, I.S.
2:30a, 82b
3:183b, 191b
MUSABEKOV, I.S. (FIGUROVSKII)
2:474a
MUSABEKOV, I.S. (KOSHKIN)
3:195a
MUSABEKOV, I.S. (VORONENKOV)
3:195b
MUSCHAMP, E.A.
1:80b
MUSCHEL, J.
1:581a
4:441b
MUSES, C.A.
1:162a, 440a
MUSHAM, J.F. (SHEPPARD)
3:84a
MUSICK, W.J. (MONTAGU)
1:411b
5:369b
MUSIL, A.
3:262b(5)
4:174b, 288b, 415a
5:541a
MUSKENS, L.J.J.
4:11b

MUSKHELISHVILI, N.
2:27b
MUSSA, B.
3:472b
MUSSEHL, J.
2:117b
4:148a
MUSSER, R.
1:121a, 183b, 320a
2:60a, 633b, 638b
MUSSET, L.
4:150a, 359a
MUSSON, A.E.
5:285a, 287a, 414b
MUSSON, A.E. (CHALONER)
3:547b
MUSSOTTER, R.
3:126a
MUSTARD, H.S.
3:409b
MUSTELIN, O.
2:265a, 454a
5:338a
MUSTO, D.F.
2:172b
5:71b, 330a
MUTHMANN, F.
1:602b
MUTHU, D.J.A.C.
4:202b
MUTO, T.
3:22b
MUTSCHLECHNER, A.
2:69b
5:61a
MUTSCHMANN, H.
1:384a
2:463a
MUYBRIDGE, E.
5:380a
MUZIO, C.
3:460b
MYER, J.S.
1:121a
2:433b
MYERS, C.M.
3:344a
MYERS, C.S.
3:28a, 344b
MYERS, G.S.
1:373b
MYERS, J.A.
3:475b, 519b
MYERS, J.G.
3:322b
MYERS, S.C.
2:461a
MYERSON, A.
3:76a
MYGIND, H.
4:154a, 159a
MYLLER, A.
3:117a
5:515a
MYRDAL, G.
3:358b
MYRES, J.
3:332b
MYRES, J.L.
1:231a, 398b, 428a, 563a, 563b
4:17b, 120a, 121a
5:454a(2)
MYRES, J.L. (CALMAN)
2:544a

MYSHKOVSKII, E.V.
5:295a, 528b
MZIK, H. VON
2:18b(2), 203a, 362b, 363b
3:256b, 262b
4:382a(2), 410b, 411a(2), 413a
NABER, S.P. L'H.
5:224a, 226b
NABERT, J.
2:4b
NABOKOV, M.E.
2:242b
5:330a
NACHMANSOHN, D.
2:178b
NACHMANSON, E.
1:236b, 388b, 491a, 511a, 577a, 580b(2)
NACHMANSON, E. (MEWALDT)
1:577a
NACHOD, H.
2:192b, 589b
NACHOD, O.
4:245b
NACHTWEH, A.
1:372a
NACHTWEY, R.
1:317a
NACKE, P.
3:434b, 607a
NADAL, A.
2:182b
NADAL, D.M.
5:174b
NADAR, P.
1:251b
NADEAU, G.
1:145b
2:611b
3:476a
4:272a
5:273a
NADEL, S.F.
4:264a
NADER, A.N.
2:726b
4:393b
NADIR, N.
1:7a
4:403a
NADLER, K.
1:228b, 551b
5:300b
NADOV, G.
1:336a
3:27a
NADVI, S.A.Z.
4:212b
NAEF, H.
1:118a, 161b, 517b
NAERSSEN, F.H. VAN
4:259b
NAF, W.
2:570a
NAFICY, A.
1:663b
4:178b
NAFICY, A. (LAIGNEL-LAVASTINE)
1:419a
4:178b(2), 424a
NAFIZ, M.F.
5:394a, 441b
NAGAEVA, V.M.
2:10(2)
NAGAR, B.R.
4:208b

NAGARAJAN, K.S.
1:146b
NAGASAWA KIKUYA
4:216a
NAGEL, E.
1:494a(2)
3:8a, 31b(2), 37a, 40b, 42b, 98b, 109b, 127b, 132a
NAGEL, E. (COHEN)
3:40a
NAGEL, E. (KYBURG)
3:39b
NAGEL, P.
4:228b
NAGELL, T.
2:482a
NAGEOTTE, J.
3:279b
NAGIRNER, B.E.
1:210a, 220b
2:170a
NAGL, A.
4:89a
NAGLER, K.
3:321b
NAHLIK, A.
3:585a
NAHM, M.C. (CLARKE)
3:91a
NAIDEN, J.R.
1:188a, 203a, 284b
5:23a
NAILE, F.
2:46a
NAILIS, C.
1:254b
2:334a, 334b, 335a, 347b
4:120a, 150a
NAIRN, J.A.
4:87a
NAIS, H.
5:47a
NAJIB MAHFUZ
2:675b, 720b
3:453a
NAJMABADI, M.
2:387b
NAKAGAWA, Y.
3:373a
NAKAMURA, S.
2:211b
4:251a
5:412b
NAKAO, M.
4:214b, 238a
NAKASEKO, R.
3:178b(2)
NAKASEKO, R. (DAVIS)
1:598a
NAKAYA, K.
4:248a
NAKAYAMA, S.
1:75a, 284b, 464b(2)
2:171a, 231b(2), 233a, 526a
3:201a
4:214a(2), 226b, 228a(2), 228b, 251a, 251b(5)
5:126a(2), 318a, 440a
NAKAYAMA, T.
4:237b, 253b, 254a
NALDER, L.F.
4:264b
NALDONI, A.M.
5:18b

NALDONI, M.A.
2:346a, 346b(3)
NALLINO, C.A.
1:90a, 110a(2), 230a
2:471a, 532b, 589b
4:101a, 149b, 379b, 401b, 403b, 407a, 410b, 427a
NAMER, E.
1:201a, 457a, 462a
NANCE, R.M.
3:556a
NANKIVELL, P.H.
2:483b
5:261a
NANNINI, M.C.
2:317b
3:473a
5:59a
NANSEN, F.
3:261b(2)
NANSOUTY, M. DE
3:553a
NAORA, N. (TOKUNAGA)
3:272a
4:248a
NAPJUS, J.W.
1:10a, 82b, 261a, 302b, 349b, 359b, 416b, 440b, 557a
2:49b, 93a(4), 157a(2), 207b, 631b, 694a
3:403a
5:152b(2), 471a, 476a, 495a, 509a, 545a
NARAYANASVAMI, V.
3:312a
4:199a
NARDI, B.
1:68a, 308b
4:304a
5:12b
NARDI, G.M.
1:240a, 262b, 453b
2:174a, 390b
3:401b
4:132b
5:74a, 262a
NARDI, M.G.
1:545b
2:214a
4:343a
NARR, P. (CHEMNITIUS)
5:178a
NASALLI-ROCCA, E.
3:418a
NASATIR, A.P.
1:398b
5:253a
NASH, G.D.
2:676a
5:334b
NASH, L.K.
1:305a
3:35b, 170a
5:235a
NASH, L.K. (CONANT)
3:2a
NASH, W.G.
1:268a
2:437b
5:36a
NASINI, R.
4:161a
5:459b
NASIO, J.
3:402a, 443b

NASMITH, F.
1:69b
5:292b
NASR, S.H.
1:88a, 90b, 153b, 621a
2:516a, 703b
4:406a
NASRALLAH, J.
4:433a
NASS, L.
5:363a
NASSTROM, G.
3:497b
NAT, J.
5:432b
NATAF, B. (JACQUOT)
3:529a
NATANSON, I.P. (KANTOROVICH)
1:417b
NATANSON, I.P. (VENKOV)
2:33b
NATANSON, W.
2:160a, 223a
3:154a
4:102b
5:472a
NATH, P.
4:209b
NATHANSON, J.
3:58a
NATTAN-LARRIER, L.
2:287b
5:400a
NATUCCI, A.
1:51a, 54a, 105a, 463b
2:113a, 179a, 324a, 528b(2)
3:17b, 42a, 100b, 123b(2), 164a
5:15a, 18a, 314a, 506b
NAU, F.
1:484a
4:78b, 164a
NAUCK, E.T.
1:525a
2:6b, 454b
3:398b(2)
5:56a, 56b, 509b, 545a
NAUCK, E.T. (DIEPGEN)
5:248b, 509a
NAUMANN, J.F.
2:89b
NAUMANN, W.
2:213b
3:513a
5:371a
NAUMANN, W. (SCHAEFER)
3:165a, 382b, 560a, 566a, 592a
NAUMBURG, R.E.
1:306b
2:547b
3:550a, 585a
5:426b
NAUMOV, G.V.
1:475b
5:341b
NAUROY, -.
3:507b
NAUX, C.
2:434a
5:115a
NAVA, P.
1:586b, 590a
2:138b, 198a, 343a
3:373a, 383a, 393a, 446a, 458b, 477a
5:259b, 386b

NAVA, P. (CHAGAS)
3:393b
NAVARRO, L.F.
3:271a
NAVILLE, A.
3:42a
NAVILLE, E.
2:155a
4:33b, 53a, 55b, 77b
NAVIN, W.E.
5:418a, 525a
NAVLET, J.
3:436b
NAYLOR, M.V.
1:264a, 507a
5:245b
NAYRAC, J.P.
3:26b
NAZAROV, V.I.
2:170b, 215b
5:356b
NAZIF BEY, M.
1:409b, 616b(2)
3:156a
4:398b
NAZIM, M.
1:153b
2:130b, 592a
4:195b
NEAL, J.B.
2:207b, 530a
5:398b
NEALE, A.V.
2:436a
5:385a
NEALE, R.S.
5:414b
NEANDER, G.
2:99a
5:268b
NEAVE, E.W.J.
1:119a, 142a, 156a
2:420b
5:170a, 186a, 209a, 459b
NEAVE, S.A.
2:747b
3:323a
NEBEL, W.
3:445a
NEBENFUHRER, L.
3:474a
NECHVILLE, V.
2:467b
NECTOUX, A.
1:473a
3:254a
NEDELKOVITCH, D.
1:176a, 177a
2:73a(2)
5:307b
NEDOSPASOV, V.V.
1:427a
NEEDHAM, D. (NEEDHAM, J.)
3:81b
NEEDHAM, J.
1:271b, 595a
2:42b, 657a, 710a, 739a
3:5a, 26a, 31b, 52a(2), 56b(2), 63a, 81b(9), 279b, 280a, 280b, 281b, 287a, 298a(2), 298b, 426b, 566a, 570b
4:170a, 187a, 216b, 217b, 219b(2), 220a(3), 226a, 226b, 227a(3), 229a(2), 235a, 241a(2), 241b, 256b
5:533b(3), 535a, 542a

NEEDHAM, J. (HO PING-YU)
4:225a(2), 236b
NEEDHAM, J. (LU GWEI-DJEN)
4:234b, 235a, 238b, 241a
NEEDHAM, J. (TS'AO T'IEN-CH'IN)
4:225a
NEEDHAM, J. (WANG LING)
4:223b
NEEDHAM, J.G.
1:272b
2:713a
3:284b, 323a
5:359a
NEEF, F.
3:31b
NEELAMEGHAN, A.
3:406b
NEF, J.U.
3:58b, 545b, 546a(2)
5:102a
NEFF, E.
3:607b
NEGELEIN, J. VON
1:469a, 470a
2:603a
3:352a
4:171a, 184b, 198a(2)
NEGHME, A.
1:418b, 508a
NEGIS, A. (CHERPIN)
1:320b
2:317a
NEGRI, L.
1:215b
5:398a
NEGRIER, P.
3:413b
NEGRIS, P.
3:271a
NEHER, H.V.
2:184a
NEHLBERG, J.J.
3:110b
NEHRING, A.
3:119a
NEHRING, K.
2:713b
3:525a, 525b
NEIDORF, R.
1:376a
3:143b
NEILL, T.P.
2:372a
NEILSEN, A.V.
2:427a
NEILSON, J. (BISHOP)
3:444b(2)
NEILSON, N.
4:359a
NEILSON, N. (GRAS)
2:544b
NEISS, A.
2:587a
NEISSER, A.
1:373a
3:516b
NEIVA, A.
2:120a, 488a
5:45a, 541b
NEKRASOV, A.D.
2:164a(2), 377a, 570a
5:142b, 351b, 359a
NEKRASOVA, V.L.
2:698a
3:308a

NEKRASSOFF, V.A.
3:80b
NELIS, P.
3:468b(2)
NELL, A.
4:207b
NELMES, E.
1:299a
5:234a, 353a
NELSON, A.
2:768b
4:371a
NELSON, B.
5:103a
NELSON, E.J.
3:37a
NELSON, G.W.
4:143b
NELSON, J.O.
1:336a
NELSON, L.
3:91b, 109b
NELSON, N.A.
3:469a, 475a
NELSON, N.C.
4:3b
NELSON, W.F.C. (DAVIS)
3:133a
NEMCHINOV, V.P.
3:578b
NEMEC, B.
2:365b, 431a
NEMECEK, O.
3:351a
NEMENYI, P.F.
3:158b
NEMETH, J.
1:299a
3:261a
NEMIROVSKII, Y.M.
1:367a
NEMOY, L.
1:38b(2), 616a, 661b
2:70b, 371a, 371b(3), 518b
4:385a, 425a, 441a, 441b
NENQUIN, J.
4:267b
NEPPI MODONA, A. [MODONA, A.N.]
4:86b, 97b
NERNST, W.
3:159b, 176b
NESBIT, L.
1:229a
2:451b(2)
3:382b, 399b
5:262a, 547a
NESMEIANOV, A.N.
1:656b
3:36b
NESS, W.
3:110b
NESTERENKO, A.I.
3:80a
NESTERUK, F.I.
2:713b
3:569b
NESTLE, W.
1:574b
4:104a, 144a
NESTOROVICH, N.M. (CHERNIAEV)
2:195a
NETBOY, A. (FRANK)
3:552a
NETHERCOT, A.H.
1:144b

NETOLITZKY, F.
2:330a
3:413a, 509b, 518b, 527b, 529b
4:47b, 49b, 123a
NETT, E.M.
3:383b
NETTER, F.H.
3:369b
NETTLESHIP, A.
3:379a
4:48a, 129a, 281b
NETZSCH, H.
3:255b
NEUBERG, J.
3:129a
NEUBURG, F.
4:32a(2)
NEUBURGER, A.
3:542b, 557a
4:30a
NEUBURGER, M.
1:81a, 94b, 97a, 120b, 156b, 185a, 228b, 261a, 411b, 416a(2), 423a, 433a(3), 466a(2), 476b, 543b, 550b, 599b, 660a
2:36b, 58a, 127b(2), 159b, 176b, 204b, 240a, 299b, 394a, 412b, 413b, 478a, 482a, 535b(2), 697b, 771a(4)
3:301a, 363b(2), 376b, 380b(2), 388a, 397a(2), 397b, 422a(2), 433a(2), 446a, 450a, 462a, 468a, 479b, 483b, 484b(3), 493a, 515b
4:79a, 153a(2), 153b, 155b, 281a, 289a
5:48b, 60b, 149a, 160a, 163b, 168a, 242b, 243a, 243b(2), 248a, 248b, 252b, 256a(3), 271a, 369b, 371a, 371b, 381b(2), 382b, 386b(2), 387b, 390a, 391b
NEUDECK, G.
3:540b
NEUENDORFF, E.
3:414a
5:466a
NEUGEBAUER, H.G.
1:519b
4:352b
NEUGEBAUER, K.
2:772a
3:420a
NEUGEBAUER, O.
1:8a, 46a, 46a(2), 51a, 53b, 128b, 166a, 221b, 236b, 260b, 394a, 452b, 553b, 564b, 573a
2:12b, 89a, 134b, 168a, 177a, 309a, 337a, 360b, 368b, 532b, 574b, 589b
3:47b, 104b
4:19a(2), 20b, 21a(2), 21b, 22a, 22b(3), 23b, 36a(2), 38a, 38b(3), 39a(2), 40a(3), 40b(4), 41a(3), 41b, 42a, 56b, 57b, 58b(2), 59a(3), 59b(3), 60a(3), 60b(4), 61a(3), 61b, 62a, 62b(6), 63a(5), 63b(6), 64a(3), 64b(2), 70b(2), 107a, 110b, 115a(5), 115b, 116a(4), 116b(2), 117a, 118b(4), 120b(2), 148b, 149b, 195b(2), 198a, 286a, 287b, 315b, 375a(3)
NEUGEBAUER, O. (ADAMS)
1:48b
NEUGEBAUER, O. (KENDRICK PRITCHETT)
4:118a
NEUGEBAUER, O. (KNUDTZON)
4:115a
NEUGEBAUER, O. (SACHS)
4:63b

NEUGEBAUER, O. (TURNER)
4:118a
NEUGEBAUER, P.V.
2:451b
3:218b
4:23a, 62b(2), 63a
NEUGEBAUER, P.V. (HILLER)
4:23a
NEUHAUS, E.
1:41b
NEULAND, W.
2:694b
3:424b
NEUMAN, A.A.
4:436b, 442b
NEUMANN, A.H.
3:515b
NEUMANN, B.
4:160b
NEUMANN, C.
1:206b
2:219a
5:321a
NEUMANN, C.W.
1:191a
NEUMANN, F.
1:446a
NEUMANN, H.
1:356b(2)
5:382b
NEUMANN, R.
1:226a
2:512b
NEUMARK, D.
4:437a
NEUMARK, S.
1:488b
NEUMULLER, K.
5:58b
NEUPERT, C.
1:488b
4:345a
NEURATH, O.
2:770b
3:36b(4), 161b, 355b
4:96a
NEURDENBURG, E.
3:581a
NEUSCHLOSZ, S.M.
3:142b
NEUSS, E.
2:776a
3:508a
NEUSS, W.
1:652b
4:366b
NEUSTATTER, O.
1:651a
2:307a
3:485a, 489b, 471a
4:80b, 81a
5:164b
NEUVILLE, R.
4:74a
NEUWIRTH, J.
2:770b
3:548b
NEVE DE MEVERGNIES, M.
2:760b
3:145b
NEVE DE MEVERGNIES, P.
1:555a
NEVERMANN, J.F.
3:491b

NEVERS, G.M.
3:232a
NEVES, H.
2:439b, 581b
5:253b
NEVEU, R.
1:13b, 14a(2), 178a, 179a, 433a, 502a, 508b, 613b(2)
2:39b, 103a, 305a, 393a, 406a, 741a
4:86b, 130b, 153b, 154a, 156b, 157b, 159b, 334b, 419a
5:61a, 74a, 153a, 265b, 268a, 370b, 373b, 399a
NEVEU, R. (MENETRIER)
1:201b
NEVIANI, A.
1:170a
2:40a, 139b, 150a(2), 150b(5), 172b, 444b, 572a, 716b
3:163a, 175b, 321a
5:85a, 142b, 193a, 219b, 229b, 237a, 447b, 474a, 498a
NEVILLE, A.H.
2:142a, 373a
5:314a
NEVILLE, E.H.
1:510b
2:62b(2), 379b(2), 608a
3:110b
5:203b, 466b
NEVILLE, R.G.
1:163b(2), 178a, 184b(2), 305a, 346a
2:157a(2)
5:121b(2), 170a
NEVILLE-POLLEY, L.J.
1:304b
NEVINS, A.
1:426a, 440b
5:303b
NEVSKAIA, N.I.
1:190b
NEWALD, R.
4:88a
5:533a
NEWALD, R. (MEIER)
4:88a
NEWALL, H.F.
1:530a(2)
2:180b
NEWALL, R.S.
4:6a
NEWBERRY, P.E.
2:305a
3:530a
4:29b, 42b
NEWBOLD, W.R.
1:98b
NEWBOLT, H.
1:279a
NEWBOULD, G.T.
5:421a
NEWBOULD, P.J. (MACFADYEN)
3:299a
NEWBURY, N.F.
3:537b
NEWCOMB, R.
3:587b, 588a
4:32a, 96a, 179a, 210a, 430a, 430b
NEWCOMER, J.
3:502a
NEWCOMER, L.N.
1:301a
NEWELL, E.T.
4:143b

NEWELL, L.C.
1:196b, 220b, 262b, 379a, 408b
2:353a(2), 424a, 662b
3:181a, 181b(2), 184b(4)
4:35a
5:208a, 329a
NEWELL, N.D.
3:272a
NEWELL, W.S.
3:555a
NEWHALL, B.
3:596b(2)
NEWITT, D.M.
1:192a, 372a
NEWMAN, B.
1:207b
NEWMAN, C.
3:462a, 462b
5:365a
NEWMAN, G.
2:521b
3:409a
NEWMAN, H.
3:66a
NEWMAN, H.H.
3:289b
NEWMAN, J.
4:82a
NEWMAN, J.R.
1:261a, 467b
2:47a
3:5a, 35b, 104a, 567b
NEWMAN, J.R. (KASNER)
3:107a
NEWMAN, J.R. (NAGEL)
1:494a(2)
NEWMAN, L.F.
3:518b
NEWMAN, L.I.
2:19b
NEWSHOLME, A.
3:409a(2), 412a
NEWTON, A.P.
4:324a
5:35a
NEWTON, H.W.
1:380a
NEWVILLE, L.J.
1:126b
5:430b
NEYMAN, J.
3:133a
NGUYEN THUONG XUAN
4:233b, 416a
NGUYEN TRAN HUAN
1:529a
2:562a
4:214a, 214b, 231b, 257b
NGUYEN-BINH, M.
1:368a, 404b
NIAS, J.B.
2:376b, 734b
5:166b
NICAISE, V.
3:425b, 491b
NICCOLAI, G.C. (BUCCARELLI)
3:453b
NICE, M.M.
3:328a
NICEFORO, A.
3:26b, 77a, 133a(2)
NICHOLAS, J.S.
1:541a
3:297b

NICHOLLS, A.G.
4:313b
NICHOLLS, R.V.V.
1:588b
5:377a, 518b
NICHOLLS, R.V.V. (WARRINGTON)
3:184b
NICHOLS, E.L. (MERRITT)
3:161b
NICHOLS, H.W.
3:581a
NICHOLS, J.R.
1:167b
3:592b
5:417b
NICHOLS, M.W.
5:37a
NICHOLS, S.H.
2:728a
3:579a
NICHOLSON, D.G.
3:198b
NICHOLSON, D.H.S.
1:432a
NICHOLSON, I.
4:278a
NICHOLSON, J.A.
3:91b
NICHOLSON, R.A.
1:197a
4:176b, 393a, 414b
NICHOLSON, R.A. (ARNOLD)
1:197a
NICHOLSON, S.B.
3:212b
NICHOLSON, W.
1:325b
5:165a
NICKEL, E.
3:37a
NICKERSON, H. (SPAULDING)
3:600a
NICKLES, J.M.
3:232a
NICKLIN, T.
2:141a
4:35b
NICLOT, V.
4:28a
NICLOUX, M.
3:183b
NICOD, J.
2:426b
3:127b, 148a
NICODEMI, G.
2:74a
NICOL, H.
3:324a, 542a, 561b
NICOL, J.
2:478a
4:150a
NICOLAISEN, N.A.M.
1:187a
5:92a
NICOLAS, C.
4:263a(2)
NICOLAS, J.P.
1:11b
NICOLINI, F.
2:582b
NICOLL, A.
5:8a
NICOLLE, C.
3:29b, 280a

NICOLLE, J.
2:243b, 285b(2), 286a, 287b
3:516b
NICOLSKY, N.
4:75b
NICOLSON, D.C.W.
3:475b
NICOLSON, M.H.
1:277a, 355a, 464a
2:12b, 15a, 184b, 195a, 232a, 521a(2)
3:65a(2), 207a, 212a, 285b
5:7b, 105a, 120b, 125b, 126a, 128a,
157a, 205b, 216a
NICOT, J.
3:301a
NICOULLAUD, C.
2:240a
NIDDITCH, P.
3:109b
NIEBECKER, E.
4:39a
NIEBEL, E.
4:89a
NIEBURG, H.L.
3:568b
NIEDERLAND, W.G.
1:442a, 657b
NIEDLING, J.
1:455a
4:445a
NIELSEN, A.V.
1:553b, 566b, 567a
2:31a, 410a, 426b, 732b, 733a
3:206b(2), 214a(2)
5:215b, 330b
NIELSEN, H.
3:514a
NIELSEN, J.R.
2:245b
3:53a
NIELSEN, L.
1:187b
5:94b, 99a
NIELSEN, N.
3:116b
5:200b(2)
NIEMANN, W.
1:53a, 359a, 523a
2:2b
3:577b(2), 588a, 588b, 599a
5:293a, 427b(2)
NIEMANN, W.B.
2:669a
4:50b
5:284b
NIEMEYER, G.A.
2:248b
NIERENSTEIN, M.
1:113b, 132a, 155a, 156a, 355a, 556b
2:45a, 172b, 216b, 239b(2), 303a, 398b,
417a, 497b
3:188b, 195b
5:122b, 123b(2), 150a, 154b, 158a,
171a, 207b, 328b, 354a, 539a
NIESE, H.
1:439a
4:294a
NIESSEN, J.
3:306b
NIEUWENHUIS, A.W.
3:351a, 451b, 479a
4:8b, 9a, 261b, 271a, 272b
NIEUWENHUIS, G.
3:448a

NIGGLI, A.
1:186b, 187a
2:50b
3:176b
NIGGLI, P.
3:239a
NIGST, H.
1:200a
2:619a, 619b
5:159b
NIJESSEN, D.J.H.
3:403b
NIJHOFF, G.C.
3:454b, 492a
5:389a
NIJLAND, A.A.
1:611b
NIKIFOROV, P.M.
2:503b
NIKITENKO, G.I.
3:161b
NIKOLIC, D.
1:177a
3:247b
5:220a
NIKOLITCH, G.
1:176a
3:204b
NIKOLSKII, G.V.
4:199b
NILES, A.S.
5:418a
NILSON, G.
2:99a
NILSSON, M.P.
1:590b, 591a
4:4b, 23b, 41a, 84a, 84b(2), 103b, 117b, 118b(2), 126b, 149a
NILSSON, N.G.
3:111a, 556a
NIMAL, H. DE
3:573a
NIMEH, W.
4:416a
NIMS, C.F.
4:53a
NINCK, M.
4:24a, 121b
NININGER, H.H.
3:213a(2)
NIPPOLDT, A.
3:234b
NIPPOLDT, A. (LANGE)
1:248b
NIRO, P.
1:376a
3:139b
NISCHER VON FALKENHOF, E.
3:253a
5:220b
NISHIDA, M. (GRIGG)
4:253a
NISI, C.
1:309a
4:312a
NISIO, S. (HIROSIGE)
1:166a
3:169a
NISSEN, C.
2:246b
3:14a, 201b, 303b(2), 325a(2), 327a, 510a
5:353a
NISSEN, R.
3:490b

NISSER, M.
2:339b
5:286a
NISSON, C.
3:269b
NITARDY, F.W. (URDANG)
2:762b
3:508a
5:408a
NITTA, I.
3:191a
NITTIS, S.
1:577a, 579b, 582a
3:382a
4:138a
NITULESCO-BOLOGA, V.
5:513a
NITULESCU-BOLOGA, V.
3:374a
NIXON, F.
5:288a
NIXON, J.A.
1:249a
2:43a
3:385b
5:167b
NIXON, P.I.
1:540b, 641b
2:100a
3:389a
5:168b
NIZAMUDDIN, M.
2:388b
NOACK, B.
3:512a
NOACK, F.
4:142b
NOBEL, G.
4:81b
NOBEL, J.
4:206b
NOBILE, U.
3:267b(4)
NOBLE, A.
2:732a
3:504a
NOBLE, H.J.
3:563b
NOBLE, R.E.
1:504a
NOCHOD, O.
4:248a
NOCK, A.D.
4:103a(2)
NOCK, A.D. (BELL)
4:37a, 103a
NOCK, O.S.
2:501a
NOCKHER, L.
2:183b, 212a, 688b
NODA, C.
1:243b
4:222b, 227a
NOE, S.P.
4:143b
NOE-NYGAARD, A.
2:505a
NOEL, E.
3:244b
5:530b
NOEL, J.P.
2:374a
NOELLE-NEUMANN, E.
3:355b

NOETHER, M.
2:502a
NOGARA, B.
4:85a
NOGGLER, J.
3:506a
NOGUEIRA, P.
3:477b
NOGUERA, M.G.
4:281a
NOGUES, R.
1:413a
3:123b
NOHL, J.
4:350a
NOICE, H.
2:502b
3:267a
NOIR, J.
5:169a
NOIVILLE, J.
4:165a
NOLAN, J.B.
1:173a, 434a, 435a
NOLAN, T.B.
2:767a
3:232a
NOLAND, A. (WIENER)
3:7a
NOLDEKE, T.
1:618b
NOLF, P.
1:439b
2:574a
NOLL, A.
3:282b
NOLL, R.
4:129b
NOLL-HUSUM, H.
1:275b
2:240a
4:279b
5:20b, 24b
NOLTE, F.
3:209a
NONNENMACHER, G.
5:421a
NOORDEGRAAF, C.A.
4:376a
NOORDEN, W. VON
2:215a(2)
NOPCSA, F.
3:233a, 256b, 262a
NORD, K.
1:276a
4:353b
NORDAU, M.S.
3:97b, 335a
NORDEN, A.P.
2:105a(2)
3:131a
5:314a
NORDEN, E.
3:56b
NORDENFALK, C.
4:369a
NORDENMARK, N.V.E.
1:139b, 237a(3), 573a
2:24a, 97a(2), 138b, 167a, 512b, 520b, 610b(3), 763b(2)
5:205a, 206a, 214a, 216b, 220a
NORDENSKIOLD, E.
4:187b, 276a, 276b, 277a, 277b, 278b, 284a, 284b
5:10a, 38b

NORDENSKIOLD, N.E.
3:277b, 291a
NORDENSKJOLD, O.
3:266a, 266b
NORDGAARD, M.A.
2:35b
3:119b, 121b
5:310a
NORDHOLM, G.
5:133b
NORDLINGER, H.H.
3:207b
NORDMANN, C.
1:132b, 374b, 376b
3:46a
NORDMANN, V.A.
2:511b
5:96b
NORDSTROM, J.
1:132a, 165b, 175a, 237a, 254b, 333a, 334a, 515a, 515b, 609a
2:95a, 129b, 130b(2), 168b, 224b, 305a, 447a, 498b, 504b, 509a, 519a, 539a
4:301b, 443a
5:124b, 141a, 161a, 369b, 464b, 480a
NORDSTROM, J. (NORDENMARK)
2:24a
5:206a
NORIEGA TRIGO, M.
3:452b
5:517b
NORLIND, A.
1:288b, 309b
3:242a
4:321a, 321b(2), 376a
NORLIND, W.
1:187a, 187b(3), 259a, 283a
2:24a, 120a
5:23a, 23b, 24a
NORLING, G.
4:77a
NORLUND, P.
4:327a(2)
NORMAN, D.
1:358b
3:206b, 211b
4:279a
5:331a, 331b, 489a
NORMAN, E.H.
1:40a
NORMAN, H.J.
1:205b
3:435a, 436a
5:170b
NORMAN, H.L.
2:82a
5:414a
NORMAN, J.R.
2:473a
NORMAN, J.R. (BURNE)
2:392a
NORMANN, H.
1:68a
2:332b
4:330b, 352a
NORPOTH, L.
2:315a
4:294b
NORREGAARD, K.
2:19a
NORRIE, G.
5:402a, 506a
NORRIS, F.A. (BUTLER)
3:263a

NORRIS, O.O.
3:40b, 42b
NORRISH, R.G.W.
2:333b
5:413b
NORSTROM, G.
3:498b
NORTH, F.J.
1:203a, 326a
2:87a, 677a, 698a
3:232a, 232b, 272b, 576a
5:32b(2), 335a, 337a
NORTH, S.N.D.
1:225a
2:677b
3:70a
NORTHROP, E.P.
3:48b, 133b
NORTHROP, F.S.C.
2:623b
3:31b, 40b, 143b, 282a, 283a, 378b
NORTON, T.
1:76b
5:123b
NORVIK, J. (HOEL)
3:241a
NORVIN, W.
2:30a, 382a
NORWAY, A.H.
1:308b
NORWOOD, W.F.
1:255b
3:391b
5:245b(2), 367b(3), 368a
NOSOV, S.P. (GOLDENBERG)
3:259a
NOSSKE, B.
1:29b
4:378b
NOSSOL, R.
1:130a, 305b
2:191b
5:80a
NOTARI, V.
1:415a
5:15b
NOTESTEIN, W.
5:147a
NOTHAFFT, A. VON
4:351a
NOTHMAN, M.M.
2:174b, 185a
3:448b
5:387a
NOTZEL, K.
1:525b
5:377a
NOUGAYROL, J.
2:718b
4:67a
NOUGIER, L.R.
4:9a
NOUREDDINE, A. (JAHIER)
4:422a
NOURRY, E.
3:474b
5:480a
NOURY AL-KHALEDY (LEVEY)
4:425a
5:485a
NOURY, P.
4:147b, 395b
NOVAK, A.
1:292b
5:258b

NOVAK, B.J.
3:66a
NOVAKOVA, E.
2:355a
NOVGORODETS, K.
4:318b
NOVIKOFF, A.
3:289b, 426b
NOVIKOV, M.M.
3:277b(2)
NOVIKOV, P.A.
1:241b, 389a
2:28b, 30a, 169b, 199b, 617a
3:318a(2), 318b
5:237a, 237b, 357a, 357b, 516a(2)
NOVIKOVA, V.N.
3:301a
NOVLIANSKAIA, M.G.
2:149a
NOVO, S.
5:397a
NOVOKSHANOVA, Z.K.
2:752a, 769a
3:206b, 248b(2)
5:330a, 338a, 530a
NOVY, L.
2:32b
3:76a
5:312a, 313a, 492b
NOWACKI, T.
5:411a, 426b
NOWACKI, W.
3:175b
NOWAK, K.
3:137a
NOWELL, C.E.
1:148a, 267b, 270b, 287a
2:128b, 159b, 315b
5:34b
NOWELL, C.E. (FITZSIMONS)
3:604a
NOWOTNY, E.
4:146b
NOWREY, J.E.
3:439a
NOYES, A.
3:201b
NOYES, G.E. (STARNES)
5:296a
NOYES, W.A.
2:395b
3:174b, 602a
NOYES, W.A. JR (NOYES)
3:174b
NOYON, I.
5:369b
NOZIKOV, N.
3:259b
NOZOC, T.
3:507a
4:254a
NUGENT, E.M.
5:8a
NUIJENS, B.W.T.
1:262a, 289b
5:62b
NUMAZAWA, K.
3:88b
NUMELIN, R.
3:359a
NUNEMAKER, J.H.
1:31a, 31b(2)
2:144b
4:321b(3), 356b, 369a

NUNES, L.
1:232a
NUNIS, D.B.
3:543a
NUNN, G.E.
1:19a, 268a, 268b, 270b
2:129a, 148a, 647b
5:29b, 30b, 36b
NUSSBAUM, F.L.
5:102a
NUSSBAUM, J.
2:527b
NUSSBERGER, M.
1:500a
NUSSHAG, W.
2:703a
3:519a
NUTTALL, G.H.F.
2:416a, 486a
NUTTALL, Z.
1:357b
2:440a, 478b
NUVOLI, L.
3:127b
NUYENS, B.W.T.
1:219a, 264b(2), 386a
2:140b, 453a, 496b, 588b, 631a
3:425a
5:81b, 260b(2), 369b, 499b
NUYENS, F.J.
1:64b(2)
NYBELIN, O.
1:73b
2:97a
NYBERG, H.S.
1:618a
4:177b(2)
NYE, H.M. (SOKOL)
3:16b
NYE, R.B.
1:106b
NYESSEN, D.J.H.
4:259a
NYKL, A.R.
1:29a, 32b, 623b
2:317b, 677a
4:301b, 310a, 386b, 405a, 407b
5:96b, 466b
O'BEIRNE, D.R. (FORBES)
2:747b
3:579a
O'BRIEN, R.
3:562a
O'BRIEN, T.P.
4:264a
O'BRIEN-MOORE, A.
4:27b
O'BURILL, Y.M.
1:330a
5:376b
O'CONNOR, C.M. (WOLSTENHOLME)
4:85b
O'CONNOR, D.D.
1:1b
2:296a
O'CONNOR, F.
5:496a(2)
O'CONNOR, F.B.
5:340b
O'CONNOR, J.J.
1:248b
4:320b
O'CONNOR, M.C.
5:63a

O'DEA, W.T.
2:724a
3:547b, 568b, 588b
O'DELL, C.R.
3:163b
O'DONNELL, J.R.
1:68a, 241a
2:234a, 327a
4:152a
O'DONNELL, M.
1:267b
2:244b
O'DONOVAN, P.H.
2:629b
O'FLAHERTY, J.C.
2:322a
O'FLYNN, N. (REILLY)
2:22a
O'LEARY, DE L.
4:388a, 392a
O'MALLEY, C.D.
1:9b, 78b, 215a, 455a, 476b, 485b, 559a,
619b(2), 648b
2:38b, 243a, 465b, 583b, 584a(4), 585a,
586b(2), 587b(3), 588a(3), 676a, 762b
3:278b, 329a, 367b, 369a, 426b, 442a
5:7a, 52a, 52b, 54a, 61a, 61b, 62b, 259b,
469a, 492a, 521b
O'MALLEY, C.D. (SAUNDERS)
1:476b
2:189a, 192a, 588a, 588b, 590a
5:61a, 66b
O'MALLEY, I.B.
2:236a
O'MALLEY, L.S.S.
4:201b
O'NEALE, L.M.
4:282b, 283b
O'NEIL, B.H. ST. J.
1:547b, 558b
5:88a
O'NEILL, H.
1:98b
3:313b
4:328a
O'NEILL, J.
4:113a, 312a
O'NEILL, J.E.
5:376b
O'NEILL, J.J.
2:532b
OAKES, A.J.
4:274a
OAKESHOTT, R.E.
3:601a
OAKESHOTT, W.F.
3:546a
OAKLEY, K.
4:14a(2), 15b
3:334a
OBER, W.B.
3:455a
OBERG, L. (BEHRE)
3:441a
OBERGUGGENBERGER, V.
3:206a
5:512b
OBERHOFFER, M.
1:496b
OBERHUMMER, E.
1:287b, 339a
2:128b
3:252a, 460b
5:30b, 31b

OBERHUMMER, W.
3:577b
OBERMAIER, H.
3:333b(2)
OBERMAN, H.A.
1:149a
5:12a
OBERMANN, J.
1:484a
4:58a, 73a, 74b, 393a
OBERMAYER, J.
4:77b
OBERMILLER, E.A.
4:182a
OBERMILLER, J.
3:582b
OBERNDORF, C.P.
1:589a
3:438a
5:382a
OBERSTEIN, -.
2:598b
5:282a
OBLER, P.C.
3:35b
OBOUKHOFF, N.M.
3:544a
OBOURN, E.S. (HEISS)
3:49a
OBREGON, B. DE
5:37b
OBRUCEV, V.A.
3:232b
OBST, E.
1:563b
4:126a
OCAGNE, M. D'
1:37b, 276b, 548b, 602a
2:39b, 53a, 212b, 283b, 294b, 312a,
389b, 544a, 552b(2)
3:74a, 100b, 120a, 120b(2), 130b, 157b,
544b
5:311a(2), 507b
OCANA JIMENEZ, M.
4:388a, 390a
OCARANZA, F.
3:393a
OCHMANSKI, W.
4:359a
OCHS, J.
4:80b
OCKENDEN, C.V.
3:225b
OCKENDEN, L.C.
2:717a
5:422a, 480a
OCKENDEN, R.E.
1:337b, 352a, 353b
2:85b, 121b, 230a, 557a
3:27b
5:87a, 112b, 129a
ODEGARD, D.
2:64b, 106a, 332b
3:93a
5:103a
ODELSTIERNA, I.
2:97a, 500b
ODER, E.
1:47a
4:139a, 139b
ODERWALD, J.
4:30b
5:399b
ODGERS, M.M.
1:94b

ODISHAW, H.
3:233b
ODLANICKI-POCZOBUTT, M.
5:178a
ODLOZILIK, O.
1:271b, 272a
ODQVIST, F.K.G.
3:544b
ODSTEDT, E.
3:353a
ODUM, H.W.
3:337b
ODY, F.
3:486b
OECHELHAEUSER, W. VON
3:578b
OECONOMOS, L. (JEANSELME)
1:575a
2:210b, 536a(2), 756a
4:134b, 340b, 377b, 378b, 379a, 379b
5:54b
OEFELE, F. VON
3:353b, 497a
4:273b
OEHLER, K.
1:65b
4:373a
OEHSER, P.H.
1:192a, 197a
2:759b(2)
3:65a
5:141b, 334b, 405a
OEING-HANHOFF, L.
1:336a
OESER, M.
1:331a
2:721a
3:620a
OESPER, P.
2:610a
3:443a
OESPER, R.E.
1:206a, 390a, 485b, 505a
2:106b, 188a, 434b, 529b
OESPER, R.E. (LEMAY)
1:364a
OESPER, R.E. (LOCKEMANN)
1:206a
OESTERLE, F.
2:274b
OESTERLEY, W.O.E.
3:352a
OESTERREICH, T.K.
3:347a, 438b
4:10a
OETTEL, H.
2:560b
OETTINGEN, W.F. VON
2:196b
5:404a
OEYNHAUSEN, C. VON
5:418b
OFFENBACHER, E. (DUVEEN)
3:199a
OGANESOW, L.A.
4:382a
OGATA, K.
2:246b
OGAWA, K.
4:253b
OGAWA, S. (WATANABE)
3:208b
OGBURN, W.F.
3:348b, 545a

OGDEN, C.K.
3:611b
OGG, D.
5:105b
OGG, F.A.
3:349b
OGILVIE, A.G.
3:260b
OGILVY, J.D.A.
4:296a
OGLE, K.N. (AMES)
3:441b
OGLE, M.B.
2:177a, 306a
OGURA, K.
2:182a
3:100b
4:250a(3)
OHANESSIAN, L.A.
3:404a
4:382a
OHLMARKS, A.
2:487b
3:215a
4:316b, 318a, 320b
OHLMARKS, A. (BECKMAN)
3:258a
OHM, T.
2:541b
OHMANN, O.
2:307b
5:210b
OHMORI, M.
2:474a
4:251a
OHOA, S. (NACHMANSOHN)
2:178b
OJHA, G.H.
4:212a
OKA, F.
4:252a
OKA, K.
3:17b, 348b
OKAKURA, K.
4:254a
OKAMOTO, N.
4:250a
OKAMOTO, Y.
3:191b
5:34a
OKAZAKI, K.
4:253b
OKULICZ, L.
2:361a
OLBERS FOCKE, W. [FOCKE, W.O.]
2:248a
3:309a
OLBRECHTS, F.M.
3:259a
4:273a, 273b
5:271a
OLBRECHTS, F.M. (MOONEY)
4:273b
OLBRIGHT, P.
4:244b
OLBY, R.C.
1:316a
5:349a
OLCOTT, C.T.
2:730b
3:460b
OLDEBERG, A.
4:14b
OLDEKOP, E.
3:282b

OLDENBERG, H.
4:189b
OLDENBURG, S.
1:232a
OLDFATHER, W.A.
1:383a, 383b
2:448a
OLDFIELD, K. (OLDFIELD, R.C.)
1:541b
5:240a
OLDFIELD, R.C.
1:541b
3:342b
5:240a, 362a, 455a
OLDHAM, C.E.A.W.
2:498b
OLDHAM, F.
2:644b
OLDHAM, G.
2:472a
OLDHAM, J.B.
1:20a
2:278a
5:271b
OLDHAM, R.D.
1:50b
2:249a
4:323b
OLDMEADOW, C.
2:69a
5:60b
OLESON, T.J.
4:444b
OLGIATI, F.
1:332a(2)
OLIARO, T.
1:634a
2:704b
3:374a
OLIVEIRA BOLEO, J. DE
1:213a
3:227b
5:42b
OLIVEIRA MACHADO E COSTA, A.A. DE
    See MACHADO E. COSTA, A.A. DE O.
OLIVEIRA MARTINS, J.P.
1:559a
OLIVER, D.L.
4:262b
OLIVER, E.
2:460b
OLIVER, F.W.
3:305b
OLIVER, J.
2:200b
5:217a
OLIVER, J.H.
4:129b
OLIVER, J.R.
1:14a, 292b, 470b, 564b, 577a
2:458b, 631a
4:130a(2)
5:400b, 465b
OLIVER, J.W.
1:646b
3:547a
5:299a
OLIVER, P.
5:374b
OLIVER, W.W.
2:278b
3:466b

OLIVEROS, G. (LARREGLA)
2:83a
OLIVIER, C.P.
3:213a
OLIVIER, E.
1:71b, 193a, 324b, 403a, 564b
2:23a, 49b, 114a, 277a, 372a, 444a, 479a, 557a(2), 558a, 683b
3:369b, 397a, 467a
4:159a, 335b, 339b
5:25b, 59b, 164b, 242a(3), 243b, 248a, 405b
OLIVIER, E. (AEBISCHER)
4:357a
OLIVIER, G.
2:402a
5:54a
OLIVIER, J.
1:227a
OLIVIER, R.P.
2:304b
OLLION, H.
2:106a
OLMEDELLA Y PUIG, J.
2:583a
OLMSTEAD, A.T.
1:76b
4:62a, 173a, 176a
OLMSTED, E.H. (OLMSTED, J.M.D.)
1:136a
OLMSTED, J.M.D.
1:126b, 136a(2), 137a(4), 140b, 197a, 423a, 607b
2:129a(2), 284b, 287b
3:427b, 443a
5:247a, 253b, 365b, 366b, 369b, 378b, 381a(2), 456a
OLMSTED, J.W.
1:265a
2:401b(2)
5:125b, 131b, 135b(2)
OLPP, G.
3:482b(2)
OLSCHKI, L.
1:178b, 201a, 270b, 308a, 457a, 458b, 462a
2:124b, 340b, 341b(3), 343b, 529a, 659a
3:76b
4:183a, 324a, 326b, 339a, 364a, 446b
5:9a, 9b, 37b, 108a
OLSCHKI, L. (KOYRE)
5:3a
OLSEN, J.C.
3:188b
OLSEN, O.
3:258a, 258b
OLSON, C.C.
1:248b
4:314a
OLSON, L. [OLSEN, L.]
1:233b, 271a, 293b, 616a
2:78a, 289b, 596a
4:157b(2), 427a
5:87a, 176a
OLSSON, B.
3:235b
OLSVANGER, I.
1:446a
OLSZEWICZ, B.
1:283b
2:211b
3:253a(2), 256a
5:29b, 31a
OLSZEWSKI, E.
1:257a

3:27a, 542b
OLTMANNS, K.
1:369b
OLWER, L.N. D'
4:163b
OMAN, C.
4:367a
5:95a
OMELIANOVSKII, M.E.
3:154b, 155a
OMELIANSKII, W.L.
2:631b
OMER, G.C.
3:136a
OMODEO, P.
1:317a
3:291a
5:351a
OMONT, H.
1:78b, 413a
2:535b
4:326a
ONCKEN, H.
2:302a, 382b
ONFRAY, R.
2:281a
3:440a
ONG, W.J.
1:18a, 289a, 319b, 364b, 429a
2:319b, 382a(7), 526b
5:12a, 12b
ONGARO, G.
2:88b
5:160a
ONIANS, R.B.
4:20a
ONNES, H.K.
See KAMERLINGH ONNES, H
ONO, A.
4:254b
ONO, G.
2:576b
ONO, S.
4:252b
ONSLOW, M.
2:251a
ONUIGBO, W.I.B.
2:595b
3:463b(2), 489a
5:385a, 392a
OORT, J.H.
1:572b
2:93a
4:227a
OOSTERHUIS, R.A.B.
1:162b(2), 219a(3), 271b, 528b
2:276a
3:484a
OPALEK, K.
1:437a
5:192b
OPARIN, A.I.
1:309a
3:288a, 308b
4:318b
OPENCHAIM, M.
4:440a
OPIAL, Z.
1:195a
5:113b
OPIK, E.J.
3:216b
OPITZ, D. (WOLFF)
4:30a

OPITZ, H.R.G.
3:161b
OPLER, M.E.
4:270a
OPLER, M.E. (CASTETTER)
4:274b
OPLER, M.K.
3:435a
OPPEL, V.A.
3:488a
OPPELN-BRONIKOWSKI, F. VON
3:608b
OPPENHEIM, A.L.
4:57b, 64a, 66a, 66b, 67b, 68b
OPPENHEIM, A.L. (HARTMAN)
4:69a
OPPENHEIM, D.
2:686b
OPPENHEIM, M. VON
4:56a
OPPENHEIM, P.
3:42a
OPPENHEIM, S.
3:200a
OPPENHEIMER, H.
4:153b
OPPENHEIMER, J.M.
1:101a, 198b, 487b, 607a(3), 607b, 608a, 608b(3)
2:413b, 455a, 486b
3:298a, 325b
5:87a, 148b, 185a, 243a, 247a, 253b
OPPENHEIMER, J.M. (WILLIER)
3:298a
OPPENHEIMER, J.R.
3:8a, 144b, 146b
OPPENHEIMER, R.
1:166b
2:428a
3:60b, 602a
OPPERMAN, H.
1:214b
4:151a
OPPOLZER, T. VON
5:331b
OPSOMER, J.E.
2:371b
5:87a, 174b
ORBAAN, J.A.F.
5:92a
ORBAN, L.
3:346b
ORBELI, L.A.
2:252a, 291a
ORCEL, J.
5:336b
ORCUTT, W.D.
2:430b
ORDIORNE, T.
5:377b
ORDONEZ, E.
3:236b
ORE, O.
1:2b(2), 3a, 138b, 223a
2:174b, 283a
3:123a
5:17a
ORESTANO, F.
2:167b
3:106b
ORFILA, J.
2:254a, 738a
5:370b
ORGAN, T.W.
1:54a

ORGEL, S.E.
3:434a
ORIENT, J.
3:405b, 507a
4:154a, 156a
ORIGENE, A.D.
1:210b
5:284b
ORLANDI, T.
1:55a, 614a
4:106b
ORLANDINI, G.
2:340b
ORLANDO-SALINAS, F.
See SALINAS, F.O.
ORLIKOWSKA, C.
1:318b
5:351a
ORLINSKY, H.M.
1:25b
ORLOB, G.B.
3:526b
ORLOV, B.P.
2:474a
ORLOV, S.N.
3:85a
ORLOWSKI, B. (STASIEWICZ)
3:24b
ORMA, F.
2:530b
ORMEROD, H.A.
4:25a
ORNSTEIN, M.
5:104b
ORR, H.W.
1:658a
2:402b, 543b
3:489b
5:403a
ORR, J.
3:523b
ORR, M.A.
1:309a(2)
ORROK, G.A.
3:541a
5:421b, 453a
ORTEGA Y GASSET, J.
1:625a
3:614b
ORTH, F.
3:585a
4:15a
ORTH, H.
1:231a
4:94a, 135b
ORTIZ, E.L.
5:190a, 204b
ORTIZ, V.C. (GUTIERREZ-NORIEGA)
3:511b
ORTNER, N.
2:771a
3:398b
ORTROY, F. VAN
1:476b, 650b, 651a
2:173b, 449a
5:29b
ORUS, J.J. DE
3:215b
ORUS, J.J. DE (VERNET)
1:31b
ORWIN, C.S.
3:523b
OS, C.H. VAN
2:498a
5:103b

OSATHANONDH, V.
3:451a
OSBON, G.A.
5:431a
OSBORN, C.S.
2:111b, 452b
OSBORN, E.B.
2:488b
OSBORN, F.
3:412a
OSBORN, H.
3:322a(2)
OSBORN, H.F.
1:279b, 314b(2), 317a, 610b, 647a(2)
2:68b, 204b, 607a, 663b
3:5a, 233a, 272a, 273a, 274a, 275a,
288a, 291a, 292a, 293a, 329a, 333b,
613a
5:499a, 540a
OSBORN, S. (OSBORN, C.S.)
2:111b, 452b
OSBORN, T.G.B.
2:734a
3:308a
OSBORNE, A.
3:440a
OSBORNE, C.P.
4:112a
OSBORNE, G.E.
2:508b
3:514b
OSBORNE, G.E. (COWEN)
3:516a
OSBORNE, H.
4:276b
OSBORNE, N.F.
5:55b
OSBORNE, W.A.
1:177a
2:518a
OSEEN, C.W.
1:189a, 372b
2:232a, 520a, 607b, 626b
5:212b, 216b, 300b
OSGOOD, C.
4:247a, 277a
OSGOOD, C.G.
2:184b
OSGOOD, E.L.
3:540b
OSGOOD, T.H.
2:428b
3:174a
OSGOOD, W.H.
1:588b
OSHLAG, J.A.
2:482b
5:149a
OSIANDER, J.F.
3:453b
5:470b
OSIPOVSKII, T.F.
2:5a
5:203b
OSLER, W.
1:121a(2), 209a, 298b
2:36b, 202a(2), 277b, 288b, 465b
3:13b, 363b, 369a
5:51a
OSLEY, A.S.
1:73b
4:127b
OSMAN, R.
5:267a

OSMAN, W.A.
2:600a
5:211a
OSMOND, P.H.
1:111b
OSPOVAT, A.M.
2:619b
5:218a
OSSOWSKA, M.
3:33b
OSSOWSKI, S. (OSSOWSKA)
3:33b
OSTACHOWSKI, E.
1:446a, 555b
2:318a(2), 462b
5:234b, 329b(2), 380a, 466a
OSTBERG, K.
1:631a
4:45a
OSTEN, H.H. VON DER
2:680a, 723a
4:71b
OSTENFELD, C.H.
2:684b
3:308a
OSTERHOUT, W.J.V.
2:107b
3:280a
OSTERMUTH, H.J.
1:651b
4:340a
OSTERTAG, R. VON
3:535b
OSTINO, G.
1:289a
5:277b, 547b
OSTINO, G. (MASINO)
4:356a
OSTOL'SKII, V.I.
3:17b, 563b
OSTOYA, P.
3:289b
OSTROMETSKII, A.A.
3:572b
OSTROUMOV, B.A.
2:344b, 731b
3:599b(2)
OSTROVITIANOV, K.V.
2:660b
OSTWALD, G.
2:259b
OSTWALD, W.
1:143a, 273a, 406b, 498b
2:162a, 381b, 452b, 706a, 708a
3:25a, 29b(2), 33b, 95b, 180a, 183b(4),
184a, 336a, 345b
5:325a
OSTWALD, WALTER
2:259b
OSTWALD, WILHELM
See OSTWALD, W.
OSTY, E.
3:347a(2)
OSTY, M. (OSTY, E.)
3:347a
OSWALD, F.
4:160b
OSWALD, M.
5:322a
OSWALD, W.
3:184a
OSWIECIMSKI, S.
2:534b
4:99b

OSZAST, Z.
  1:419a
  3:498a
  5:405b
OTANI, R.
  1:632a
  3:566a
  4:251b
OTERO, M.L.
  1:620a
  4:141a, 429a
OTLET, P.
  3:12b, 13a(3)
OTLET, P. (LA FONTAINE)
  3:13a
OTRADNYKH, F.P.
  2:149a(2), 338b
OTSUKI, N.
  3:82a
OTTO, E.
  4:50a
OTTO, M.
  3:61b
OTTO, R.
  3:88b
OTTSEN, H.
  2:260b
OUDEMANS, A.C.
  3:321a, 479a
  5:397b
OUDRY, J. (CORSON)
  3:299b
  5:503b
OUGHTWATER, J.O.
  4:283b
OULIANOFF, N.
  3:238a
OULIE, M.
  1:244b(2)
OULMANN, L.
  2:568a
OURSEL, C.
  2:593b
  4:296a
OUTES, F.F.
  3:254b
OUTHWAITE, L.
  3:243b, 258b
OVCHARENKO, F.D.
  3:186b
OVERBECK, F.
  1:418a
OVERBERGH, C. VAN
  3:337a
OVERHOFF, W.
  1:356a
  5:274a
OVERHOLSER, W.
  1:350b
  3:435b
  5:515a
OVIO, G.
  2:198a
  3:440a
  5:257a
OWEN, A.E.B.
  3:552b
OWEN, E.C.
  3:37a
OWEN, E.W.
  3:238b
OWEN, G.E.
  2:545b
  3:171b

OWEN, G.E.L.
  2:649b
OWEN, G.E.L. (DURING)
  1:55a
  2:324a
OWEN, G.R.
  1:277a
  2:298b
  5:157a, 165a
OWEN, R.
  3:268b
OWEN, W.O.
  5:269b
OWENS, J.
  1:68a
  4:306a
OWSLANNY, S.
  3:400a
OWST, G.R.
  1:226a
OXTOBY, J.C.
  2:602b
OYA, S.I.
  2:182a
  3:22b
  4:250a(2)
  5:474b
OYE, E.L. VAN
  2:62a
OYE, P. VAN
  1:388b
  2:126a, 441a(2), 579b, 582b, 603a, 697a
  3:22b, 278b, 285a, 307a
OZHIGOVA, E.P. (KISELEV)
  1:250a
  5:307b
PAAL, H.
  1:263b
  2:376b
PABST, A.
  1:362b
  3:175b
  5:207a
PACCHI, A.
  1:583b, 584b
  5:117b
PACE, A.
  1:122b, 434a, 435a, 436a(2)
  2:197b, 198b(2), 600a, 664a
  3:51a, 77a
  5:193a(2), 534b
PACHINGER, -.
  3:454a
PACHTER, H.
  2:270b(2)
PACINOTTI, A.
  2:263a
PACK, G.T.
  1:438b
  5:385a
PACK, R.A.
  1:73b, 74a
  4:126b
PACKARD, F.R.
  1:251a, 486b, 543b
  2:101a, 139a, 186a, 277a, 288b(2),
    317a, 470a, 611b, 664a, 739a, 746b
  3:389a, 391b, 418b, 474a, 493a
  5:75b, 151a, 243b, 244b, 245b, 268b,
    369b, 392a, 522a
PACKE, M.ST.J.
  2:183a, 529b
PACOTTE, J.
  3:42a, 44a, 107b, 142b, 146a

PADEN, W.D.
  2:256b
  5:357a
PADILLA, M.
  3:452a
  5:388b
PADIS, N.
  2:330b
  4:136b
PADOA, A.
  1:564b, 617a
  3:118a
  4:39a
PADOA, E.
  3:451b
PADOVANI, E.
  3:436a
PADWICK, C.E.
  1:449a
PAEPKE, K.
  2:277b
  5:80a
PAETOW, L.J.
  1:470b
  4:294b, 369a
PAFFRATH, J.
  1:235a
  5:206b
PAGACZEWSKI, J.
  1:283b
  5:22a
PAGANI, P.L. (PARENTI)
  3:357b
PAGE, C.C. (MACIVER)
  3:354b
PAGE, C.S.
  3:88b
PAGE, L. (WEBSTER)
  3:170a
PAGE, R.M.
  2:613a
  3:599b(2)
  5:493b
PAGEL, A.
  2:264a
PAGEL, J.L.
  3:363b
PAGEL, W.
  1:53a, 69a, 132b, 170a, 201b(2), 218b,
    239a(2), 246b, 338a, 491b, 492b,
    529a, 543b(3), 544a, 546b(4), 547b,
    555b(7), 556a(4), 641a
  2:68a, 264a(3), 270b(2), 274a(2), 274b,
    275a, 276a, 477a, 500b, 530a, 584b,
    587a, 594b, 595b
  3:283a, 372b, 376b, 444a, 455a, 475b
  5:18b, 66b(3), 105a, 123a, 142a(2),
    148b, 149a, 159b, 160b, 363b, 390a,
    461b, 462b, 544a
PAGEL, W. (NEEDHAM)
  3:5a
PAGEL-KROLL, M.
  1:641b
PAGENSTECHER, A.
  2:37a
  5:370b
PAGES, J.C. (BOLL)
  3:43b
PAGET, J.
  2:264b
PAGET, R.A.S.
  3:611b, 612b
PAGNINI, P. (ABETTI)
  1:465b
  5:117a

PAHL

PAHL, F.
3:49a
PAILLOT, A.
3:468a
PAIN, J.
3:357a
PAIN, S.A.
3:259b, 571b
PAIN, W. (FAIRHOLME)
2:752a
3:519b
PAINE, E.M.S.
1:642b
2:506a, 506b
5:417b
PAINLEVE, P.
1:141a
3:156b, 161b, 559b
PAINTER, G.S.
3:27b
PAL, R.K.
4:206a
PAL'NIKOV, M.P.
3:566a
PALACHE, C. (DALY)
1:322a
PALACIOS COSTA, N. [COSTA, N.P.]
1:53a, 414a
5:369a
PALADINI, P.
1:217b
3:446b
5:402a
PALAFOX MARQUES, S.
2:84a(2)
5:365a
PALAMA, G. (GLODEN)
3:123a
PALANQUE, J.R.
1:35b
PALAS, R.
2:328a
4:126b
PALATINI, A.
1:377a
3:149b
PALAZZO, E.
1:142b(2), 393b
5:200b(3)
PALERMO, J.A. (SCHOEN)
3:537b
PALFREY, H.E.
3:547b
PALHORIES, F.
1:489b
4:88b
PALITZSCH, F.
4:348b
5:440b
PALLA, A.
3:399b, 400a
5:56b, 372b
PALLARY, P.
2:48b
PALM, A.
1:577a
PALM, E.W.
2:756a
3:419a
5:21b
PALMER, A.W.
3:585b
PALMER, C.S.
1:237a
2:97a
5:205a
PALMER, H.
1:278a
2:60a
PALMER, H.D.
1:193b
2:740a
PALMER, H.R.
1:538a, 630a
4:73b, 411a
PALMER, J.A.B.
2:362b(2)
4:122b
PALMER, L.S.
3:332a
PALMER, M.
3:255a
PALMER, R.
4:264b
PALMER, R.G.
2:463a
5:11b
PALMER, R.R.
2:710a
5:191b, 515b
PALMER, T.S.
2:686b
3:327b
PALMER, W.G.
3:192a
PALOU, F.
1:293b
PALTER, R.
1:282b
2:623b
PALTER, R.M.
4:285a, 443a
5:3b
PALTRINIERI, M.
3:476b
PALTSITS, V.H.
2:571b
5:4b
PAMARD, Y.M.
5:395a
PAMPANINI, R.
2:436b, 580a
5:353b, 355b
PAN KU
4:215b, 227b
PANAITESCU, P.P.
1:221a
PANAYOTATOU, A.G.
2:548a
4:100a, 131a, 131b(2), 135b, 137a
5:545a
PANCHANANA MITRA
3:332b
PANCONCELLI-CALZIA, G.
2:174a
3:612b(2)
5:66a, 97a
PANCRITIUS, M.
4:65b
PANEBAKER, G.
1:298a, 298b
3:443b, 449a, 498b
PANEFF, A.K.
3:380b, 405a(2)
PANETH, F.A.
1:24a(3), 498a
2:5a(2), 178a, 271b, 571a, 640a(4)
3:174b, 187b, 192b, 197a
4:312b
5:216b, 324b

PANGBORN, M.W.
3:230b
PANGE, J. DE
1:194b
PANHORST, K.H.
1:372a(2), 446b
2:618b(2)
5:6b, 39a(2)
PANIAGUA, J.A.
1:71a, 71b(5)
4:313a, 337a, 349a
PANIKKAR, K.M.
5:138b
PANINI, F.
1:229b
5:278b
PANITZ, H.
1:563a
PANKHURST, E.S.
3:613b
PANNARIA, F.
1:60a
PANNEKOEK, A.
1:11a, 560a
2:6a, 84b, 361a
3:200a(2), 200b, 208b, 334b
4:63b, 116b
5:23a, 126a(2), 215a, 449b, 467b, 469b, 477a
PANNEKOEK, A.J.
3:231b
PANNELL, J.P.M.
3:551a
PANNWITZ, M.
5:35b
PANOFSKY, E.
1:281b, 361b(3), 462a(3), 613a
2:76b, 515b
3:546b
5:5b, 65a
PANOFSKY, E. (KLIBANSKY)
3:60b
PANSIER, P.
1:520b, 645a
4:337a, 340b, 420b
5:75b
PANTIN, C.F.A.
1:317a
2:607a
PANTIN, W.A.
2:668b
4:444a
PAO KUO-YI
4:183b
PAOLETTI, I.
2:572b
5:261b
PAOLI, H.J. [PAOLI, U.G.]
1:9b, 108b, 270b, 419a, 438a, 562b, 644b
2:189a(2), 255b, 364a
3:71a
5:45a, 143b(2), 177b
PAOLI, U.G.
See PAOLI, H.J.
PAOLO, A.
3:436a
PAOLUCCI, H. (BROPHY)
1:127a, 218a, 456b
PAP, A.
3:32a, 141a
PAP, A. (EDWARDS)
3:93a
PAPAIOANNOU, K.
4:117b

PAPANASTASSIOU, C.E.
  1:457a
  3:137a, 161b
PAPANTI, P.L.
  2:364a
  5:398a
PAPARELLI, G.
  2:346b
  5:10b
PAPASPYROS, N.S.
  3:363b, 448b
PAPATHOMOPOULOS, E.
  3:439a
PAPE, I.
  2:66a
PAPI, G.U.
  3:376a
PAPILLAULT, G.
  1:333a
  3:432a
PAPINI, G.
  1:81b, 307b(2)
  3:95b
PAPLAUSKAS, A.B.
  3:125a(3)
  5:313a
PAPP, D.
  1:305a(2)
  2:410a, 519a
  3:5a, 136a, 216b, 517a(2)
  5:3b, 102a, 117b, 156b, 160a, 185a, 230a, 242a, 299b, 332b, 347b
PAPPALARDO, I.
  2:756b
  3:420a
PAPPAS, J.N.
  1:141b
  2:600b
  5:191b, 515b
PAPRITZ, J.
  1:281a
PARAIN, C.
  3:523b
PARDAL, R.
  3:502b
  4:281a, 282a
PARDI, G.
  1:630a(2)
  4:411a
PARDO, R.
  2:417b
  3:42b(2), 43a
PARE, G.
  4:369b
PAREDES BORJA, V.
  2:743a
  3:393a, 393b
PAREJA CASANAS, F.M.
  4:384a, 398a
PARENTE, A.
  4:106a
PARENTI, F.
  3:357b
PARET, R.
  2:102a, 216a
  4:388a, 413b, 415b
PARETO, V.
  3:355a
PARGELLIS, S.
  4:270a
  5:146a
PARGITER, F.E.
  2:746a
  4:169b, 212a

PARHON, C.I.
  3:448a
PARIS, F.E.
  3:554b
PARIS, P.
  2:335a, 510b
  4:256b, 257b, 429a
PARISELLE, H.
  3:162b
PARISH, W.F.
  4:14a, 15b
PARISOT, J.
  3:448a
PARIZEK, R.R.
  3:241b
PARK, C.F.
  2:718b
  3:615b
PARK, J.H.
  5:426b
PARKADZE, V.D.
  2:111a
  5:307a
PARKER, A.
  2:481b
  3:412b
  5:291a
PARKER, C.M.
  3:574a
PARKER, D.D.
  3:606a
PARKER, G.
  3:486b, 487a
PARKER, G.H.
  2:395a, 519a
  3:282a, 289b, 315a, 319a, 431b
PARKER, G.H. (DALY)
  1:322a
PARKER, H.W.
  2:148a
  5:238b
PARKER, J.M.
  4:265a
PARKER, R.A.
  4:38a, 40b, 41b, 56b, 77a
PARKER, R.A. (NEUGEBAUER)
  4:40a
PARKER, R.E.
  4:299b
  5:440b, 447b, 463b, 490a
PARKER, W.M.
  1:323a, 323b
PARKES, A.S.
  2:150a
PARKES, J.
  5:136a
PARKIN, J.H.
  1:105a, 126b
  3:560a
  5:419b
PARKIN, T.
  5:359b
PARKS, G.B.
  1:529b(2)
  5:134b
PARKS, W.A.
  3:222a, 230b, 238a, 273b
PARMA, J.B.
  3:571a(2)
PARMELEE, M.
  3:5a
PARMENTIER, L.
  3:536b
PARODI, D.
  2:179a

PARTINGTON

  3:94b, 97a
PARR, C.M.
  2:99b
PARR, J.
  2:149a
  5:25b
PARROT, A.
  4:66a
PARROT, L. (SERGENT, E.)
  2:51b
PARRY, A.
  2:279b
PARRY, J.H.
  5:35b
PARRY, J.J.
  1:74a, 478a(3)
PARRY, J.W.
  3:537b
PARRY, L.A.
  3:482b
PARRY, R. ST J.
  1:636b
PARRY, T.W.
  4:11b, 353b
PARSON, E.A.
  2:661b
  4:145b
PARSON, G.
  3:211b
PARSON, J.H.
  2:198b, 644b
PARSONS, C.A.
  3:541a
PARSONS, C.L.
  2:353a
  5:538b
PARSONS, D.H.
  1:310a
  5:313b
PARSONS, E.C.
  4:271b
PARSONS, E.J.S.
  2:639a
PARSONS, R.H.
  2:280a
  5:421b
PARSONS, R.P.
  1:79b, 501b
  2:114b
  3:393a(2)
  5:369a
PARSONS, W.B.
  1:447a
  5:88b, 295a, 431b
PARTIN, R.
  1:263a
PARTINGTON, J.R.
  1:17b, 24a, 93a, 101b, 132a, 142a, 151b(2), 304b(2), 305a, 305b, 323a, 379b(2), 513a, 524b(2), 555b, 570b(2), 589b, 610a, 635b
  2:53a, 54a, 55b, 100a, 115b, 127a, 162b(2), 259b, 271b, 322a, 352b, 353b, 381b, 388b, 402a, 447b, 546a, 559a, 616b
  3:159b, 178b(3), 183a, 187a, 187b, 190b, 191b, 192b, 193a, 195b, 197a, 198a, 198b(2), 209a, 512a, 582b, 602a
  4:22a, 30a, 31b, 32a, 39b, 53a, 76b, 114a(2), 225a(2), 363a, 379b, 380b(2)
  5:19b, 121b, 122b, 123a, 207a, 210b(3), 212b(3), 251b, 321b, 411a, 439b, 483a
PARTINGTON, J.R. (HIGGINS)
  1:570a

PARTINGTON, J.R. (READ)
4:225a
PARUCK, F.D.J.
4:177b
PARUSCHEW, M.
2:452b
5:324a
PAS, J. DE
5:73b
PAS, P.W. VAN DER
See VAN DER PAS, P.W.
PASCAL, A.
2:431a
PASCAL, C.
4:88b
PASCARELLA, F.
2:198a
5:77a, 165b, 243b
PASCH, M.
3:109b(2)
PASINETTI, C.
5:268a
PASLER, M.
2:50b
PASQUALE, L. DI
1:415a
2:529a
5:13a
PASQUALI, G.
3:605b
4:120a
PASQUIER, E.
1:138a
2:268b, 398b
3:595b
PASSEMARD, L.
4:10a
PASSER, H.C.
2:498b
3:558a
5:419a, 421b
PASSERINI, G.L.
1:160b, 200a, 307b(2)
2:141a, 592a, 592b
PASSKONIG, O.
2:640b
PASSMORE, J.A.
1:296b, 318b
3:91b
PASSMORE, J.B.
3:526a
PASTEAU, O.
3:492a
PASTELLS, P.
2:128b
PASTERNAK, A. (ADWENTOWSKI)
1:340b
2:249b
3:160b
5:318a
PASTI, G. (STEARNS)
5:267b
PASTOR, A.R.
3:236a
PASTORE, A.
1:61a
2:498a
5:103a
PASTORE, F.
2:759b
3:231a, 239a
PASTORE, N.
3:335b
PASTORI, C.
3:459a

PASTORI, M.
3:125a
PASTORINI, R.
2:675a
3:452b
PASTOUREAU, H.
1:361b
PATAI, R.
4:75b, 78a
PATCH, H.R.
1:164b(2), 165a, 247b, 248a, 308b
4:298a, 305a
PATCH, H.R. (COSTER)
1:164b
2:356a
PATEL, B.
4:208a
PATERSON, E.B.
1:574b
PATERSON, R.G.
2:471b, 729a
3:409b, 476a
5:375a(2), 511b
PATERSON, T.T. (DE TERRA)
4:184a
PATERSON, W.J.
1:435a
PATHAK, B.D.
4:197a(2)
PATHAK, S.K.
4:181a, 195a
PATON, D.
2:548b
4:42b, 43a
PATON, L.A.
1:15a
PATON, L.B.
4:26a
PATON, W.D.M.
3:517b
PATRI, A.
3:8a
PATRICK, A.
3:468a
PATRICK, M.M.
4:105a
PATRIDES, C.A.
5:24b, 61a
PATRIZI, F.
5:17b
PATSON, H.J. (KLIBANSKY)
3:606b
PATTE, E.
4:256a
PATTEN, C.J.
3:295a
PATTEN, N. VAN
See VAN PATTEN, N.
PATTERSON, A.M. (CRANE)
3:180a
PATTERSON, B.C.
1:126a, 306a, 640a
2:130a, 336b, 373a, 503a
3:129a
5:112a, 313b
PATTERSON, C.
3:235a
PATTERSON, L.D.
1:346a, 346b(2), 548b, 593a, 593b(2), 594a(3)
2:229b, 391a, 638b, 750b(2)
5:21a, 117b, 118b, 119a(2), 179b
PATTERSON, M. (BRYANT)
1:364b
2:225b

5:185b
PATTERSON, M.A.
2:413a
PATTERSON, S.W.
3:444a
PATTERSON, T.S.
1:125a, 182b, 183b, 412b(2), 556a
2:58b, 162b, 353b, 592a
3:192a, 195b
5:19a, 19b, 118b, 326b, 329a, 442b
PATTIE, F.A.
2:163b, 176a
5:263a
PATTISON, W.D.
3:245a
PATZELD, E.
4:301a
PATZIG, G.
1:60a
PAUCOT, R.
3:48b
PAUDLER, F.
4:9a
PAUKSTAT, B.
4:233b
PAUL, A.J.D. (STRONG)
2:700b, 759b
3:609a
PAUL, J.H.
3:242b
PAUL, R.W.
5:303b
PAUL, W.
3:146a
PAULCKE, W.
3:230a
PAULI, H.E.
2:237b
PAULI, W.
1:166b
2:12b
3:143a, 149b(2), 170a
PAULING, L.
2:9b
3:184a
5:326b
PAULING, L. (HINSHELWOOD)
1:93a
PAULL, C.V.
3:572a
PAULLIN, C.O.
3:254b, 260a
PAULME, D.
4:265a
PAULO, J. DE S.
2:676a
3:497b
PAULSON, J.
2:116b
PAULUS, C.
2:34b
PAULUS, J.
1:557b(2)
4:305b(2)
PAULUS, N.
2:499a
5:49b
PAULY, A.F. VON
4:87a
PAUSCHMANN, G.
3:162b, 596b
PAUTY, E.
2:742b
3:619a
4:419b, 431a

PAVANELLO, G.
1:212b
PAVEY, A.E.
3:421b
PAVICEVIC, V.
1:177b
2:235b
PAVLICEK, J.B.
2:104a
PAVLOVA, G.E.
1:603a
2:39b, 660b
5:188a
PAVLOVA, O.I.
1:638b
5:429a
PAVLOVSKII, E.N.
1:100b, 504b
2:164a, 769a
3:464b
5:399a
PAWSON, H.C.
1:103b
5:283a
PAX, F.
3:323b
5:357a
PAYEN, J.
1:71b, 120b, 601a
2:70a, 283b, 566a
5:421a(2)
PAYENNEVILLE, J.
2:144a
5:260a
PAYN, H.
1:386b
PAYNE, F.
3:614b
PAYNE, L.M.
1:294b
2:445a
5:461b
PAYNE, P.S.R.
3:553b
PAYNE, V.F.
1:196b, 197a
5:268b
PAYNE-GAPOSCHKIN, C.
[GAPOSCHKIN, C.P.]
1:221a
2:513a
3:60b
PAZ SOLDAN, C.E.
1:189a, 232a, 253a, 561a
2:123b, 232a, 378b, 460b, 493a, 567b, 570b, 588b, 715b(2), 760a, 774a
3:373a, 374a, 393b(2), 410b, 477a
5:62b, 173a, 190a, 246a, 369a, 374b(2), 389a, 409a, 516b, 521a, 545b(2), 547a
PAZ, E.
2:287a
PAZ, F.
3:317b
PAZDUR, J.
3:542a, 542b, 572a
4:362b
5:178a, 423a
PAZUKHIN, V.A.
4:31b
PAZZI, M.
1:328a
2:209a
PAZZINI, A.
1:101b, 116b, 236a, 239a, 402a, 536b, 543b, 544a, 546b, 578a, 579a
2:79b, 197b(3), 276a, 477a, 584b, 659b, 674a, 709a, 724b, 735b, 745b(2)
3:363b(2), 372b, 374a, 382a, 383b, 400b(2), 401a(2), 401b, 408b, 420a, 431b, 470b, 486a, 514b
4:26b, 87b, 130b, 335b
5:54b, 57a, 152a
PEABODY, E.H.
3:578b
PEACEY, E.
1:151b
PEACHEY, G.C.
1:40b, 103a, 117a, 194b, 294b, 322b, 416a, 493b, 549b, 607b, 608b(2)
2:292a, 294a, 556b
5:150b(2), 246b, 260b, 267a
PEACOCK, D.H.
2:352a
PEACOCK, G.
2:292b
5:312a
PEACOCK, R.
3:65a
PEAKE, C.H.
3:81b, 619b
4:219a, 244a, 244b, 245a
5:552b
PEAKE, H.
2:193a
3:574a
4:3a, 3b, 4a, 23b, 29a, 65a
PEAKES, G.L.
3:180a
PEANO, G.
3:111a, 124b
PEAR, T.H.
5:361a
PEARCE, R.H.
4:270a
PEARE, C.O.
1:15a
PEARL, O.M.
4:119b
PEARL, R.
1:150a, 262b, 295a, 545b, 608a
2:279b, 293a, 407b, 568b, 579b
3:283b, 284b, 358b(4), 367a, 415b, 422a, 422b, 457b
4:345b
5:154a, 164a, 232a, 255a, 258b, 341a, 362a
PEARL, R.D. (PEARL, R.)
3:457b
PEARSE, A.G.E.
2:384a
3:426a
PEARSON, C.E.
3:573b
PEARSON, E.S.
2:293a
PEARSON, G.L.
3:176b
PEARSON, H.
1:320a(2)
2:264b
PEARSON, K.
1:203a, 312b, 329b, 467b(2), 473b
2:47a, 47b, 406a
3:54a, 131b
5:201b, 311a, 503a, 543b
PEARSON, K. (ARCHIBALD)
1:329a
PEARSON, L.
1:29a
4:106a, 144a
PEARSON, N.
2:74b
PEARSON, T.G.
3:328a
PEARSON, T.H.
5:325b, 445b, 468a
PEASE, A.E.
2:107a
PEASE, A.S.
1:348a
2:642a, 730a
3:273b, 305b
4:20b, 25b, 29b, 87b, 94b, 123a, 125a
PEASE, E.R.
2:692b
PEASE, F.S.
3:207a
PEATE, I.C.
3:350b, 593a
4:359b
PEATTIE, D.C.
1:80b, 258b
2:86a
3:274a, 327b
PECAUT, F.
1:274a, 366b
PECHNER, G.
3:617b
5:509a
PECK, A.L.
1:63b
PECK, E.S.
3:422b
5:278a
PECK, H.
1:418a
5:267a
PECK, M.J.
3:601b
PECK, P.
1:246a
2:473a
PECK, R.W.
2:633b
PECKHAM, C.H.
3:472b
PECKHAM, J.
4:330a
PECKHAM, M.
2:48a
5:301b
PECKITT, L.
3:574a
5:489b
PECZELI, P. (GORGENYI)
3:497b
PEDDIE, R.A.
3:595a
5:98b
PEDDIE, W. (LEBS)
1:660b
PEDERSEN, H.
5:432a
PEDERSEN, J.
1:638b
2:677a, 694b
3:275a
4:435a
PEDERSEN, J.P.E.
4:74b
PEDERSEN, O.
2:215a, 252b, 300b
4:287a, 315b, 316b, 317a
5:190b, 201a

PEDERSON

PEDERSON, C.S.
3:415a
PEDOTE, V.
2:313a
3:453a
5:68b, 501b
PEDRAZZINI, C.
1:309b
2:682a
3:506a
4:356b
5:83a
PEDRETTI, C.
2:75a(3), 76b, 77b, 81a(2), 420b
5:89a
PEDROTTI, G.
3:306b
PEEK, W.
1:14a
PEERS, E.A.
2:118b(2)
PEET, T.E.
4:17b, 35a, 37b, 39a
PEET, T.E. (GUNN)
4:39b
PEETERS, F.
1:17b, 595a
PEETERS, K.C.
3:503b
PEETERS, P.
1:178a
2:458b
4:382a, 382b
5:501b
PEETERS, W.
1:572a
PEETERSEN-FONTAINAS, J.
5:183a
PEGIS, A.C.
2:244a
PEHRSSON, A.
2:415b
5:243a
PEI, M.A.
3:611a
PEIERLS, R.E.
1:166b
3:141a, 171b
PEILLARD, L.
2:128b
PEINE, J.
1:633a
4:441b
PEIPER, -.
4:266a, 266b
PEIPER, A.
3:221b, 456a
PEIRCE, C.S.
3:32a
PEITZ, W.M.
5:31b
PEIXOTO, A.
3:393b
PEIZER, A.
2:306a
PEKELHARING, C.A.
1:354a(2)
2:769a
3:420b
PELHAM, R.A.
3:565a
4:323b
PELIZZARI, A.
5:3b

PELLAT, S.
2:297a
PELLATI, F.
2:597a
4:150a
PELLEGRINI, F.
1:430b(2), 431a(3)
2:316b, 416b, 693a, 735b
3:401a
4:351b
5:70b, 71a, 74a, 297a
PELLER, S.
1:239b, 418b, 546b
2:392a
3:412a
5:397a
PELLESON, J.
5:277a
PELLETT, F.C.
3:533a
PELLIOT, M.
3:581b
PELLIOT, P.
1:178a, 185b, 250a(2), 253b, 276a,
  285b, 448a, 480a, 598b(2), 600a
2:136a, 161a, 340b, 371a, 429a, 443a,
  580b
3:264a
4:180a, 216a, 216b(2), 217a, 218b,
  219b(2), 230a, 230b, 231b(3), 242a,
  243a, 244b, 432b
5:41a, 139a(2), 182a, 448a, 464a, 472a,
  484b
PELLIOT, P. (GAUTHIOT)
4:190b
PELOUX, C. DU
5:191a
PELSENEER, J.
1:37b, 97a, 144a, 166b, 182a, 194b,
  234a, 247a(2), 274b, 333a, 339a,
  388b(2), 395b, 408a, 428b, 458b,
  487b, 507b(3), 532b, 534a, 543b,
  593b(3), 601a
2:5a, 12b, 47a, 54b, 62b, 85b, 148a,
  223a(2), 224b(3), 226a, 227b(2),
  248a, 250b, 299a, 339a, 372b(3),
  380a, 390a, 434a(2), 490b, 501b,
  508a, 581a, 586b, 602a(2), 603a,
  674b, 683b, 704b, 706a(3), 721b
3:12a, 14a, 17b, 18a(2), 20b, 23b, 26b,
  27b(2), 28b(2), 29b, 38b, 48b, 50a,
  51b, 53a(2), 54b, 56b, 57a, 63a, 64a,
  66a(2), 77b(2), 101a, 106a, 111a,
  136a, 144a(2), 180a, 184a(2), 303a,
  597a
5:7b(3), 9b(3), 102b, 104a, 105a, 113b,
  116b, 203b, 308a, 315b, 329b, 429b,
  438b, 451b, 463a, 467a, 475a(2),
  478b, 479a, 487b, 514a, 527b(3)
PELSENEER, J. (DONDER)
1:337b
5:120b
PELSENEER, P.
1:302a, 478b
2:41a
3:78b
5:349b
PELSNER, P.
2:658a
PELSTER, F.
1:516b
2:543a
4:306a
PELSTER, F. (LITTLE)
2:734b

PELTZER, R.A.
3:576a
PELZER, A.
1:68a, 112a
2:356b
PEMSEL, F.
2:397b
PENCK, A.
1:439a
2:703a
3:222b
5:222a
PENDLEBURY, J.D.S.
4:84a
PENDRED, L.ST.L.
1:201b
2:220a, 558a(2), 730b
3:542b
5:418b, 421a, 423a
PENFIELD, W.
3:406b
4:79a, 128b
5:483b
PENFOLD, J.B.
3:452a
PENGLAOU, C.
3:131b, 132a
PENN, R.G.
4:156a
PENNACHIA, T.
2:119b
PENNELL, F.W.
1:114b
2:377b(3)
5:477b
PENNETIER, G.
3:273a, 274b
PENNIMAN, T.K.
3:332a
PENNING, C.P.J.
2:191b, 402b, 699b(2)
3:386b, 472a
5:267a, 399b
PENNING, C.P.J. (EUNGER)
2:95b
PENNING, C.P.J. (HUNGER)
2:95b
PENROSE, B.
5:35b, 134b
PENROSE, C.
3:555a
PENROSE, S.B.L.
2:664b
3:619a
PENSA, A.
2:445b
3:432a
PENSA, H.
5:240b
PENSUTI, V.
1:574b(2)
4:129a(2)
PENUELA, J.M.
1:618b
4:417a
PENZER, N.M.
4:171b
PENZIG, O.
3:306b
PEOLA, P.
2:552a
5:218b
PEPPER, O.H.P.
1:211a
2:426a

3:379b, 496b
5:275a, 394a
PEQUENO, E.A.
2:725a
5:369a
PEQUENO, E.G. (BELTRAN)
3:478a
PEQUIGNOT, H.
1:47b
4:156a
PERARD, M.A.
3:84a
PERCIKOWITSCH, A.
1:539a(2)
4:436a
PERCIVAL, J.
3:528a
4:29b, 68b
PERCIVAL, T.
5:243b
PERDRIZET, P.
2:738a
4:111b, 319b, 370b
PEREIRA DA SILVA, L.
1:218a
5:21b
PEREIRA SALGADO, J.
3:186a
PEREIRA, A.B. DE B.
4:201b
PEREIRA, G.E.
3:265a
PEREIRA, H.A.
1:85a
PEREIRA-MENDOZA, J.
2:383a
PEREIRE, A.
2:434a
PEREL', I.G.
1:421b, 604b
2:42a, 513a
3:202b
5:216b, 332b
PEREMANS, W.
4:128a
PERENC, A.
4:358b
PEREPELKIN, J.J.
4:38a
PERERA, A.
2:373b
PERES, H.
4:411b
5:541a
PERES, J.
1:311a
3:5a, 46a
PERETZ, H.
1:261b
5:373b
PEREVALOV, V.A.
2:110b
PEREYRA, C.
5:43b
PEREZ DE LUXAN, D.
1:389a
5:37b
PEREZ EMBID, F.
5:37a
PEREZ, C.
5:442a
PERFIL:EV, P.P.
3:322a, 478a
PERFILOV, N.A. (MESHCHERYAKOV)
2:210b

PERGAMENI, C.
1:480b, 485a
PERGENS, E.
3:162b, 440a, 441a(2)
PERHAM, M.
5:343a
PERI, H.
1:5a
PERI, N.
4:251a
PERIER, A.
2:642b
PERIER, G.D.
2:315b
5:42b
PERIETEANU, A.
3:38a
PERINO, W.
4:358b, 446a
PERIOT, M.
1:580a
4:126b
PERKIN, W.H.
1:101b(2)
PERKINS, G.H.
3:230b
PERKINS, M.L.
1:584b
2:433b(2)
5:104b
PERLMANN, M.
1:623b
4:393b
PERLMANN, M. (ATLAS)
2:429b
PERLOW, T.
4:83b
PERNA, A.
3:23b(2)
PERNET, G.
2:46a, 396b
5:398a
PERNOUD, R.
5:40b
PERON, F.
5:360b
PERPILLOU, A.
3:246b
PERRET, F.A.
3:236b, 237a
PERRET, L.
5:392a
PERRIER, E.
1:301b, 334a
2:40a
3:291a, 326b
PERRIER, G.
1:191a, 553a
2:119a, 658b, 704b
3:233b, 234a, 247b(2), 248a(2)
PERRIN, C.J.
1:319b
3:291a
PERRIN, F.
3:151b
PERRIN, H.
5:412a
PERRIN, J.
2:265a(2)
3:5a, 59b, 74a, 170a, 172b
PERRIN, M.
5:272b
PERROT, E.
3:464a

PERROT, N.
4:65b
PERROTIN, H. (MANLEY-BENDALL)
3:227a
5:530a
PERROTT, D. (CIOCCO)
3:412a, 460a
PERROY, E.
2:113b
4:294a
5:95b
PERRY, B.E.
1:14a
4:125a
PERRY, I.H.
1:501a
2:309b
5:383b, 386a
PERRY, J.
3:157a
PERRY, J. (PEAKES)
3:180a
PERRY, R.
3:276a
PERRY, R.B.
3:94a
PERRY, S.H. (HENDERSON, E.P.)
3:213a
PERRY, W.J.
4:258a
PERSANTI, C.
1:10a
PERSICO, E.
1:414a
2:77b
3:172b
PERSON, S.
3:94a, 292b
PERSON, S.A.
1:314b
2:27a
PERSSON, A.W.
4:85b, 92b
PERTEGAS, J.R.
5:72b, 74a
PERTI, O.N.
2:570a
4:194b
PERTIS, T. DE
3:454b
PERTZOFF, V.
2:110b
PERUCCA, E.
3:598a
PERUZZI, D.
4:338a
PESCE, G.
2:284b
3:509a
5:50b
PESCHKE, W.
3:565b
PESCI, G.
3:130b, 156b
PESCOTT, R.T.M.
2:722b
3:87b
PESET, V.
1:349b
2:318a, 648a
4:133b, 343b
5:65a, 82b, 152b, 469a
PESSAGNO, G. (MONLEONE)
1:269a

PESSOA, A.
 1:289a, 466a
 2:124b(2), 681a, 681b(3)
 3:379a, 384b, 420b
 5:78a, 362a, 433a
PETARD, H.
 3:133b
PETECH, L.
 4:231a
PETERS, -.
 3:502a
PETERS, A.
 3:10a
PETERS, A. (PETERS)
 3:10a
PETERS, C.
 2:642b
PETERS, C.H. (FULTON)
 2:352a(2)
PETERS, H.
 2:32b, 68a, 120a
 3:311a
 4:29a
 5:19a, 51a, 121b, 178b
PETERS, J.A.
 3:294b
PETERS, J.P.
 2:605a
 3:383a
PETERS, R.
 2:590b
 3:308b, 464b
PETERS, T.
 2:260a
 5:181a
PETERS, W.S.
 2:1a, 5a
 5:201b
PETERSEN, A.
 1:166b
PETERSEN, C.
 1:366b, 577a
PETERSEN, C.E.
 5:248a
PETERSEN, E.
 4:123b
PETERSEN, J.
 1:133a, 496b
 3:128b
PETERSEN, K.
 3:581b
PETERSEN, W.F.
 1:226a, 356a
 2:92b(2), 513a
 5:390b
PETERSEN, W.W.
 4:78b
PETERSON, C.B. (MONTAGU)
 4:268a, 275a
 5:345a, 468a
PETERSON, H.
 1:610b
PETERSON, S.R.
 2:295a
PETERSON, W.F.
 1:578b
PETERSSON, R.T.
 1:346a
PETERSSON, T.
 1:256b
PETERSSON, V.
 1:378a
 2:98a
 5:282a

PETIBON, F. (DAHL)
 5:182b
PETIT, G.
 1:301b, 314b
 2:98b
 3:299b, 315b
PETIT, H.
 1:332a
 2:281a
PETIT, L.
 1:138b, 333a, 458b
 2:49a, 281b
PETR, V.
 2:49b
PETREE, J.F.
 2:722a
 3:561b
PETRESCU, G.Z.
 2:28b
 5:395a
PETRI, -.
 5:213a
PETRI, E.
 1:603a
 2:661a
PETRI, W.
 1:39a
 4:406a
PETRI, W. (GUTTLER)
 3:211b
PETRIDIS, P.
 2:26a
 5:393b
PETRIE, G.F.
 2:25b, 44a, 164a
 5:496b
PETRIE, R.M.
 3:214a
PETRIE, W.M.F.
 3:262b, 562b, 611b
 4:14a, 19b, 22b, 32b, 33a, 34b(2), 35b(3), 36a(5), 36b, 37a, 43a, 44b(2), 50b, 51b, 52a, 52b(2), 53b, 54a, 55b, 271a, 391a
PETRIE, W.M.F. (TARRELL)
 4:51b
PETRIKOVITS, H. VON
 4:160b
PETROFF, B.D.
 See PETROV, B.D.
PETRONIEVICS, B.
 1:169a, 176a, 280a, 312b, 352b, 425b, 560b
 2:67b, 104a, 105a, 170a(2), 178a, 607a
 3:27b, 66a, 96a, 118a, 289b
 5:199a, 301b, 349b
PETROSIAN, G.B.
 1:391b(2)
 4:381b(2)
PETROV, A.A.
 2:609b
 4:221a
PETROV, A.D.
 1:210a
 5:324a
 1:88a
PETROV, B.D. [PETROFF, B.D.]
 2:111a
 3:404a
 5:250b
PETROVIC, M.
 3:139b, 147a
PETROVSKII, A.A.
 3:238b

PETRUCCI, G.B.
 3:77a
PETRUCCI, R.
 4:223b, 243b
PETRUCCI, R. (CHAVANNES)
 2:727a
PETRUNKEVITCH, A.
 2:617a
PETRY, K.
 1:349b
 4:138b
PETRY, R.C.
 1:135b, 432a
 4:331a
PETTAZZONI, R.
 3:346a
PETTENGILL, G.E.
 1:12b, 433b, 655b
 2:435a
PETTERSSON, H.
 3:240b
PETTERSSON, O.
 3:243b
 4:266b
PETTIS, B.J. (OXTOBY)
 2:602b
PETTIT, E.
 1:463b
PETZOLD, I.
 2:394a
PETZOLDT, E.
 1:502a
 5:258b
PETZOLDT, J.
 3:45a(2), 151a, 151b
PEUCH, F.
 1:648b
PEUCKERT, W.E.
 1:162a, 280a
 2:270b
 4:331a
PEUGNIEZ, P.
 3:424a
PEVSNER, N.
 4:364b
PEYER, A. DE
 2:308a
PEYER, B.
 1:64a, 500b
 2:172a, 208a, 308a, 448a, 504b
 5:103b, 144b
PEYER, H. (PEYER, B.)
 2:308a
PEYRE, P.
 3:530a
PEZZI, G.
 2:129a
 3:402a, 481b
 4:281a
 5:53b, 77a
PFAFF, F.
 1:450a, 454b, 580b, 581a
 2:422b
 4:422b
PFAFFENBERG, R.
 4:28b
PFAFFENDORF, E.
 5:272b
PFANNMULLER, G.
 4:385b
PFEIFER, E.J.
 1:318b
PFEIFER, G.
 3:522b

PFEIFFER, E.
4:118b
PFEIFFER, H.G.
1:125a
5:325a
PFEIFFER, J.
3:200a
PFEIFFER, J.E.
3:287b
PFEIFFER, L.
4:13b
PFEIFFER, M.A.
5:291a
PFEIFFER, O.
3:594b(2)
5:429a(2)
PFEIFFER, P.
2:620a
PFEIFFER, R.
1:386a
PFEIFFER, R.H.
4:33b, 75a, 76a, 78a, 163a
PFEILSTICKER, W.
1:180b
2:421b
5:69a
PFISTER, A.
3:303b
5:56a
PFISTER, C.
2:456a, 763a(2)
3:617a
4:98b
PFISTER, E.
4:47b, 48b
PFISTER, F.
4:337a
PFISTER, K. (VOIGT)
3:426a
PFISTER, L.
4:219b
5:139a, 226a, 515b, 541b
PFISTER, O.
1:217a
3:438a, 614a
5:49b
PFISTER, R.
2:564b
4:53b, 142b, 175b(2), 210a(2), 210b,
  427b, 431a
PFIZENMAYER, E.W.
3:271b
PFLAUM, H.
1:5b, 236a, 256b
2:332b, 488b
4:437a
PFLIEGER-HAERTEL, H.
2:598b
5:420b, 426b
PFLUGK, A. VON
5:159a, 258a
PHADKE, B.N.
3:583a
4:210a
PHAM-VAN-GHE
3:422b
PHEAR, D.N.
1:356b
5:270a
PHELAN, G.B. (GILSON)
2:640b
PHELPS, J.
4:6a
PHEMISTER, D.B.
4:92b

PHILBRICK, F.A.
3:192b
PHILBY, H.ST.J.
1:525b, 530b
2:265b
3:262b
4:29b
5:341a
PHILIP, A.
3:220a(3)
PHILIP, DUKE OF EDINBURGH
3:71b
PHILIP, G.
3:253a
PHILIP, I.G.
5:32b
PHILIP, J.C.
3:184a
PHILIP, J.C. (MOORE)
2:679b
PHILIPON, E.
3:499a
PHILIPP, E.
2:712b
3:452b
PHILIPP, H.
1:29a
PHILIPP, J.J.
2:43b, 591b
5:160b, 259b
PHILIPP, K.
4:178b, 179b
PHILIPPE, M. (HUBER)
4:30a
PHILIPPI, W.
3:572b
PHILIPPOVICH, E. VON
5:155a
PHILIPPSON, P.
1:567b
PHILIPPSON, R.
1:328b(2), 590b
PHILIPSBORN, H. VON
3:195b, 285a
PHILLIMORE, R.H.
4:198b
5:222b, 342a, 454a
PHILLIPS, B.
3:377b
PHILLIPS, C.J.
3:581b
PHILLIPS, D.C.
3:176b
PHILLIPS, E.C.
1:259b
5:6b
PHILLIPS, F.C.
3:175b
PHILLIPS, G.L.
3:577b
PHILLIPS, J.G.
2:266a
PHILLIPS, M.H. (KERR)
3:452b
PHILLIPS, M.M.
1:385a
PHILLIPS, P. (WILLEY)
3:609a
PHILLIPS, P.L.
2:413a
3:254b
PHILLIPS, S.E.
1:430a
5:321b

PHILLIPS, T.D.
2:55b, 353b
PHILLIPSON, C.
1:122a, 129b
2:413b, 488b
5:241a
PHILLPOTTS, B.S.
3:356b
PHILPOT, J.H.
2:604a
PHIPSON, S.L.
2:144a
PHIRAEUS, D.I.
3:472b
PHISALIX, M.
2:51b
3:464b(2)
PHOLIEN, F.
3:590b
PHOTIADES, C.
1:214b(2)
PI, H.T.
2:517a
3:440b
4:235b
PI-SUNYER, O.
1:647a
5:294a
PIAGET, J.
3:127a, 170b
PIAGGIO, H.T.H.
1:427b, 535b, 538b, 584b
3:114b
5:311a
PIANKOFF, A.
4:41a(2), 47b
PIASKOWSKI, J.
2:24a, 111a
3:575a(2)
4:16b(2)
5:289a(2)
PIAT, C.
2:63b
PIAZZA, L.
1:237b
PIAZZA-MARTINI, V.
2:556b, 652b
5:375b
PICARD, C.E.
1:443b
PICARD, E.
1:40b(2), 150b, 181b, 190b, 225b, 310a,
  335a, 336a, 363a, 421a(2), 506a,
  536b(2), 611b
2:10b, 47a(3), 47b, 59a, 100a, 180b(2),
  223a(2), 223b, 232a, 251a, 283b,
  338b, 460b, 517a, 527a(2), 592b
3:5a(5), 5b, 36b(2), 73b, 74a, 85b, 107b,
  114b, 153a, 157b, 160b, 161b(2)
5:185a
PICARD, F.
1:401b
PICARD, J.
3:29b
PICARD, P. (RAYNAUD)
3:406a
PICART, L.
3:209b
PICASSO, P.
1:204b
PICAVET, F.
4:304b(2), 305a
PICAZA, S.
1:586b
2:572a

PICCA
5:397a
PICCA, P.
3:386b, 493b, 496b
4:132a
5:81a
PICCARD, A.
2:312b(2)
PICCARD, S.
2:104a
PICCINI, S.
1:489b, 508a
2:192b
5:266a, 347b
PICCININI, G.M.
1:349b
2:208b, 391b
5:170b, 244a
PICCININI, P.
1:94b
2:43b
3:497b, 512a
5:81a, 243b
PICCOLI, G.
4:86a
PICCOLI, V.
3:94b
PICHEVIN, R.
2:657b
5:371a
PICK, F.
1:649b
3:380b
4:445a
5:518b, 522b
PICK, J.
3:445a
PICKARD, M.E.
2:759b
5:366b
PICKEN, D.K.
2:34b
PICKEN, L.
1:583b
PICKENS, E.Z.
4:216b
PICKER, H. VON
5:333a
PICKETT, J.C.
3:430b
PICKLES, W.
1:179a
5:274a
PICKMAN, E.M.
4:164a
5:182b
PICQUET, M.
2:210b
PICTET, A.
3:178b
PIECH, T.
3:145b, 161a
PIEL, G.
3:49b
PIEPER, M.
4:115a
PIEPER, W.
2:421b
3:578a
5:90b
PIER, J.P.
3:105b, 131a
PIERANTONI, A.C.
2:73a
PIERCE, B.L.
3:607b

PIERCE, G.W.
3:323b
PIERCE, J.R.
3:54b, 67a
PIERIS, P.E.
5:41b, 134a, 138b
PIERON, H.
3:282b, 320a, 344b, 429b, 440b
PIERRO, F.
3:424b
5:378a
PIERY, M.
3:475b
PIETRI, J.P.
4:257b
PIETRO, P. DI
See DI PIETRO, P.
PIETSCH, E.
2:162a
3:180a, 181b
4:15b(2)
PIETSOVSKI, C.
2:57b
3:583b
PIETZSCH, G.
4:314a
PIGEAUD, -.
3:452a
PIGEIRE, J.
1:244b
PIGGOTT, H.E.
3:148b
PIGGOTT, S.
1:478a
2:513b, 514a
4:11b, 17b, 184a, 210a, 210b, 349a
PIGGOTT, S. (CLARK)
4:15b
PIGHETTI, C.
1:32b, 41a, 177a, 459a
2:221a, 226b, 232a(2), 244b
5:103a, 128a, 145a, 203a, 465a
PIGHINI, G.
2:494b
5:237b
PIGULEVSKAIA, N.
4:174a
PIHL, M.
2:112b, 410a(2)
PIHL, M. (PEDERSEN)
4:287a
PIJOAN, M.
2:139a
PIJPER, C.
1:548b
5:273a
PILCHER, L.S.
3:369a
5:401a
PILCHER, R.B.
1:184b
5:122a
PILCZ, A.
2:605a
3:516a
PILECKI, J.
2:118a
5:425a
PILET, P.E.
1:136b
2:463a
3:281a
PILISI, J.
5:217a

PILKINGTON, R.
1:183a
PILLAI, L.D.S.
4:186a
PILLEMENT, P.
3:411a
PILLET, M.L.
1:310b
4:123a, 179b
PILLSBURY, W.B.
3:340a, 345a, 611b
PILON, E.
1:302a
PINA GUIMARAES, L.J. DE
3:375b, 402a(4), 442a, 461b
5:57b
PINA, L. DE
2:437b, 646b
3:22a, 77b, 375a
4:171b
5:52a, 61a, 140a, 155b, 249b, 278b
PINCHBECK, C.
4:295a
PINCHERLE, B.
1:125a, 214b, 288a(2), 546b
2:138a, 163a, 214a, 440b
5:66b, 276b, 386a
PINCHES, T.G.
4:62b
PINCUS, G.
3:329b
PINCZOWER, E.
1:91a
PINDBORG, J.J.
3:496a
PINEAU, L.
2:19a
PINEL, E.
3:468a
PINES, J.
2:57a, 584b
3:403b
4:440b, 441a
PINES, S.
1:6a(4), 28b(2), 89b, 90a, 153b(2), 406a, 454a, 454b, 617b
2:355b, 363b, 388b(2), 389a(2), 461a, 641b
4:64a, 106a, 112a, 123b, 388b, 398a(2), 399a(2), 404b, 406a, 437a
PINET, M.J.
2:319a
PINEY, A.
3:285b
PINGREE, D.
4:171a, 196b, 407b
PINI, G.
1:122a
PINKETT, H.T.
3:522b
PINKHOF, H.
1:264a
4:273a
5:161b, 164a
PINNER, F.
5:421b, 482b
PINNIGER, L. (FOSTER)
2:754a
3:462a
PINO Y ROCA, J.G.
3:393a
PINOFF, J.
1:564b
2:492a
4:134b(2)

PINOT, V.
2:418a
5:191b(2)
PINS, J. DE
2:711b
5:83a
PINTARD, R.
1:471a
2:43a, 288b
5:109b
PINTO, M.R. (FRAGA DE AZEVEDO)
3:479b
PIONTELLI, R.
3:190b
PIOTET, G.
2:23a
PIOTROVSKII, K.B. (CELINZEV)
2:31b
PIOTROVSKII, K.B. (CHELINTSEV)
5:328b
PIPER, C.V.
3:530a
PIPER, H.
4:213a
PIPER, O.
4:3b
PIPERNO, A.
3:493b
PIPPON, T.
2:474b
PIPUNYROV, V.N.
3:590a
PIQUE, R.
3:538a, 602a
4:29a
PIQUEMAL, J.
5:393b
PIRENNE, H.
3:606a, 608a, 615b
4:174b, 360b(2), 361a, 364a, 443a(2)
5:3b
PIRENNE, J.
4:35a
PIRENNE, M.H.
2:77b, 644b
3:65b, 344a, 440b
5:16b
PIRENNE, M.H. (HECHT)
3:440b
PIRES DE LIMA, J.A.
2:733b
3:369a
5:520b
PIRIE, N.W.
1:530a
PIRIE, N.W. (CLARK)
3:358b, 522a
PIRKNER, E.H.
3:433a
PIRNGADIE, M. (JASPER)
4:260b
PIRQUET, C. VON
2:448b
3:465b
PIRSCENOK, A.
2:138b
PISEK, M.F.
5:90b
PISSURLANCAR, P.S.S.
4:198b
PISTOLESI, E. (GIACOMELLI)
3:158b
PITCAIRN, H.F.
3:559b

PITFIELD, R.L.
1:157b, 253a, 366b
2:8b, 142b, 299a, 416b, 612b, 614b
3:449a
5:158a, 396b
PITHAWALLA, M.B.
4:171a
5:541a
PITOLLET, C.
2:88b
PITONI, R.
3:136a, 157b
PITRE, G.
3:401a, 401b
PITTARD, E.
3:337b
PITTARD, J.J.
4:362a
PITTS, W. (DE SANTILLANA)
2:310b, 325a, 369a
4:101a
PIUS XII
2:504b
PIVETEAU, J.
1:302a, 478b
3:334b
PIWOWARSKY, E.
4:31b
PIZER, I.H.
3:390a
PIZON, P.
3:498b(2)
PIZZAGALLI, A.M.
4:187a, 194a
PIZZI POZZI, T.
2:197a
PLA, C.
1:48a, 421a, 428b, 457a(2)
2:175a, 221b(2), 246b, 301b, 545b
3:54a, 136a, 151b, 159a, 161b, 163b(2)
5:316b, 319a
PLACE, R.
3:333b, 609b
PLACES, E. DES
See DES PLACES, E.
PLAKHOTNIK, A.F.
3:242a, 242b
PLAKSINE, I.
3:576b
PLAMBOCK, G.
1:578b
PLAMENATZ, J.
2:183a
PLAN, P.P.
1:216b
5:180b
PLANCK, M.
2:160a, 321b
3:45a, 45b, 136a, 139b(3), 142b, 143a(3), 154a(2), 159b(4), 162b, 164b
5:316a
PLANER, R.
3:484b
PLANIOL, M. (BOYER)
3:535a
PLANISCIG, L.
1:68a
2:74b
PLANK, R.
3:535b
PLANTEFOL, L.
1:251a
3:304a
PLANTIER, L.
1:253b

PLASCHKA, R.G.
3:608a
PLASHKES, J.
3:369b
PLASS, G.N.
3:227b
PLASSMANN, J.
1:552b
2:14a
PLAT, G.
4:291b
PLATE, A.F.
2:649a
5:329a
PLATE, L.
3:282b, 295a
PLATE, R.
1:279b
2:150a
PLATOVA, T.P.
2:575a, 726b
5:352a
PLATRIER, C.
1:428b(2)
PLATT, A.
1:64b
4:134a
PLATT, E.T.
3:265b
PLATT, E.T. (WRIGHT)
3:245b
PLATT, J.R.
3:54a
PLATT, P.S. (GUNN)
3:417a
PLATT, R.
1:317a, 467b
2:169a
PLATTARD, J.
1:203b, 284b
2:191b, 375a, 375b(3)
5:23a
PLAUT, A.
2:594b
PLAUT, H.C.
3:44a
PLAYFAIR, J.
1:610a
PLAZAK, D.J.
5:165a
PLEADWELL, F.L.
1:114b, 121a, 301a, 551a, 607b
2:239b, 317b, 492b, 618b, 767b
5:151a, 349b, 394b
PLEDGE, H.T.
3:5b, 47a
PLEINER, R.
4:362b
PLENDERLEITH, H.J.
3:86b, 610a
PLENDERLEITH, H.J. (BANNISTER)
2:548b
PLENDERLEITH, H.J. (CHAPMAN)
2:564b
4:53b
PLENDERLEITH, H.J. (ROBERTSON)
2:458a
PLESSNER, H.
2:161a
PLESSNER, M.
1:43b, 202b, 562b, 620b
2:441a, 503b
3:18a
4:313a(2), 385a, 385b, 387b, 388a(2), 400a, 417a

PLETNEW

5:463a, 484b
PLETNEW, D.D.
2:528a
PLIMMER, R.H.A.
2:670b
3:287a
PLIMPTON, G.A.
1:247b
2:469a
3:102b
4:370a
5:13a, 97b, 505a, 536a
PLISCHKE, H.
1:159b, 229b, 268a, 287a, 468b
3:534a
5:223a
PLOCHMANN, G.K.
1:312b, 545b
2:74a, 495b
PLOEG, W.
1:613a
5:102a
PLOMER, H.R.
1:235b
PLOOIJ, E.B.
1:393a, 644a
4:397a
PLOSS, E.E.
4:363b
PLOSS, H.H.
3:452b
4:8b
PLOTKIN, S.I.
2:109b
3:18a, 573b
5:193b
PLOTKIN, S.I. (BOL'SHAKOV)
2:111a, 726b
3:571a
PLOTKIN, S.I. (LIBMAN)
3:194a
PLOUGH, H.H.
4:65b
PLOYE, M.
1:235b
2:297a
5:409a
PLUM, W.B.
2:180b
PLUMMER, H.C.
1:370a, 459a, 534a, 596a
2:316a
3:209b
5:127b, 539b
POCE, M.
3:197a
POCHE, F.
3:316b
POCKMAN, L.T.
2:229b
POCOCK, D.F.
3:350a
POCORNY, F.J. (BALLARD)
2:674a
3:510a
PODACH, E.F.
1:275a, 603b
2:244a
3:407b
PODETTI, F.
5:115b
PODIAPOLSKY, P.
2:205b(2)
5:395a

PODOLSKY, E.
3:137b, 363b, 382b
4:67a
PODWINSKA, Z.
4:359a(2)
POESCH, J.
2:292b, 627a
POETE, M.
3:586b
POGANY, B.
3:145b
POGGENDORFF, J.C.
3:15a
POGNON, E.
1:10a, 12a, 491b, 553a
2:102b
POGO, A.
1:160b, 428a, 476b, 595b
2:21b(3), 214a(3), 311b, 412a, 451b, 463b, 642a
3:210a(6), 210b(12), 220a(2)
4:40b, 41a, 41b(4), 54b, 148b, 259a, 329b
5:23b, 24a, 28a, 37b, 39a(2), 331b, 439a, 476b(2), 541b
POGO, A. (ARCHIBALD)
1:192a
2:591a
5:112b
POGO, A. (BALSS)
2:5a
POGO, A. (SARTON)
4:303a
POGODIN, S.A.
2:109b, 661a
3:186b
5:207a
POGORELOV, A.V.
1:474b
5:314b
POGREBYSSKII, I.V.
1:459a, 462b
POGREBYSSKII, I.V. (GNEDENKO)
3:104a
POGUE, J.E.
3:240a
POHL, F.J.
2:588b, 589a
4:327b
5:31b
POHL, H.
1:455a
4:345a
POHL, R.
4:148a
5:472a
POHL, R.W.
2:644b(2)
POHLENZ, M.
1:574a, 574b, 577a, 578b
4:100a
POHLMANN, M.
3:601a
POHLMANN, R. VON
4:97b
POHLMEYER, H.
1:52b
2:422b, 492b
4:138b
POIDEBARD, A.
2:556a
4:74a, 162b
POIDEBARD, A. (MOUTERDE)
4:162b, 174b

POINCARE, H.
3:127b, 140b, 151b
5:302b
POINCARE, L.
3:136a
POIRIER, J.
1:301b
POIRIER, R.
3:32a, 39b, 44b, 74a, 147a, 540b
POISSON, C.
1:265b
5:330b
POIVILLIERS, M.G.
2:158b
POKORNY, Z.
1:460a
2:145b
POKROVSKII, G.I.
3:600a
POLACHEK, H.
2:430a
3:128b
4:437b
POLACK, L.
2:454a
POLAIN, L.
5:5a, 98b
POLAIN, M.L.
5:51a
POLAK, B.
5:128a
POLAK, L.S.
1:166b, 535b, 554b(2)
2:38b, 88a, 323a, 339a, 428b
3:154a(3), 156a(2), 161b, 167a, 171a
5:204b, 315b, 316b, 318a, 325b
POLAK, L.S. (GRIGORYAN)
1:394b
POLAK, M.
5:483b
POLAND, F. (BAUMGARTEN)
4:87b, 97a
POLANYI, M.
3:43a, 50a(2), 59a(4), 63a, 332a
POLASCHEK, E.
2:362b
POLE, D.
2:632b, 633b
3:95b
POLEMAN, H.I.
4:186a, 207b
POLET, A.
2:212a
POLETTI, L.
3:120b
POLEY, A.F.E.
2:638b
POLIAK, A.N.
4:439b
POLIAKOV, I.A.
2:169b
3:295b
POLIAKOV, I.M.
2:40b
POLIAKOV, J.A.
2:561b
POLIANSKII, I.I.
2:567a
5:358a
POLICARD, A.
3:163a
POLICARD, P.
2:382b
POLIKAROV, A.
3:154a, 217b

POLIMANTI, O.
1:174b, 423a
2:365b, 425a, 571a
5:159b, 307a
POLINGER, E.H.
2:434a
POLITANO, M.L.
2:67b
POLITZER, A.
3:442a(2)
POLITZER, H.
2:142a
3:460a
POLL, H.
3:455b
POLLACK, S.
1:29b
3:435a
POLLACK, W.
3:93b
POLLAK, M.
2:649a
POLLARD, A.F.C.
3:162a
POLLARD, A.W.
5:8a, 99a
POLLARD, B.J.B.
5:412b
POLLARD, E.C.
3:172b
POLLARD, W.G.
3:63a
POLLNOW, H.
5:48b
POLLOCK, H.M.
3:586b
POLMAN, P.
2:281b, 284b
POLO, L.
1:336a
POLONOFF, I.
2:4a, 231b
5:215a
POLSON, C.J.
3:413a
POLTER, K.H.
3:499b
POLUBARINOVA-KOCHINA, P.I.
1:443b
2:29a(4)
POLUSHKIN, E.P. (FINK)
1:358a
POLVANI, G.
2:263a, 599b, 659a
5:206b, 493a, 535a
POLYA, G.
3:108a
POLYAK, S.L.
3:440b
POLYAK, S.L. (KRONFELD)
3:439b
POLYNOV, B.B.
3:525a
POMERAI, R. DE
3:351a
POMERANTZ, J.
3:448a, 450a
POMERANTZ, S.I.
2:611b
5:287a
POMERANZ, H.
1:341b
2:470a
POMMIER, J.
1:291b, 342a

2:395b
POMPECKJ, J.F.
2:394a
5:349b
POMPER, P.
2:110a
5:211b
PONCETTON, F.
1:373b
POND, A.W.
2:481b
4:15b
PONDOEV, G.S.
3:404b
PONI, C.
3:524a
PONIATOWSKI, Z.
2:70a
5:306b
PONSONBY, A.
1:399b
PONTING, H.G.
2:458a
3:268b
PONZI, E.
1:77b, 419b
2:84b
3:492b
4:424a
POOL, E.H.
2:730b
5:401b
POOLE, G. (POOLE)
3:15a
POOLE, J.B.
4:82b
POOLE, L.
3:15a
POOLE, R.E.
3:72a
POOLE, R.L.
4:294a, 302a, 319a
POOLE, S.P.
4:283b
POOR, C.L.
3:153a, 210a
POORTER, A. DE
4:333a
POOTH, P. (JENDREYCZYK)
3:508a
POP, E.
1:318b
5:351a
POP, G.F.
3:482a
POPA, I.
1:276b, 596a
2:709a, 709b
3:117a(3)
5:198a
POPE, A.U.
4:179b, 382b
POPE, S.T.
3:601a
POPE, W.J.
1:110b, 408b
2:59a, 115a
POPE-HENNESSY, U.
4:243b
POPELKA, F.
1:261b
5:133a
POPENOE, P.
3:416b
4:29b

POPENOE, P. (GOSNEY)
3:451b
POPITZ, F.
2:542b
4:335b
POPKEN, J.
1:473a
POPKIN, R.H.
2:70a
5:110a
POPLEY, H.A.
4:195a
POPOFF, M. (PANEFF)
3:380b, 405a(2)
POPP, K.R.
1:162a
2:224a
POPPE, A.
4:366b
POPPEI, G.
3:218a
POPPER, K.R.
2:324b
3:26b, 32a, 39b, 40b, 43a, 98b, 143a, 348b
POPPER, W.
1:628a
4:408b
POPPLOW, U.
4:30b
POPPOVICH, N.M.
3:148a
PORADA, E.
2:741a
PORGES, N.
2:550b
5:97a
PORSKIEVICS, A.J. (FLINN)
3:70a
PORT, W.
1:272a
5:94a
PORTEN, M. VON DER
2:4b
PORTEOUS, A.
3:314a
PORTEOUS, C.
3:523b
PORTEOUS, S.D.
4:7b
PORTER, B.
4:35a
PORTER, C.L.
3:510a
PORTER, I.A.
1:504a
2:559b
PORTER, I.H.
1:112b(2)
2:292b
PORTER, J.G.
1:272b
PORTER, J.R.
5:102b
PORTER, L.
2:611a
PORTEVIN, A.
2:389b
5:289a
PORTHOUSE, W.
5:455b
PORTIER, P.
1:21a
PORTIGLIOTTI, G.
1:16b, 113b

PORTMANN
    4:343a
    5:62a
PORTMANN, A.
    3:332a
PORTMANN, A. (GUGGENHEIM)
    1:401a
PORTMANN, M.L.
    1:285a
PORTMANN, M.L. (BUESS)
    2:652b
PORTMANN, M.L. (HASLER)
    1:118b
PORTMANN, M.L. (JOOS-RENFER)
    5:263b
PORTO, C.
    3:295a
PORTOGHESI, P.
    2:81a
    5:88b
PORTRATZ, H.A.
    4:68b(2)
PORTUGAL, H.
    3:474a
    5:466a, 472a, 547b
POS, H.J.
    3:43a
POSCHENRIEDER, P.
    3:568b
POSENER, G.
    4:34b, 52a
POSERN, H.
    2:405b
    5:169b
POSEWITZ, T.
    3:261a
POSEY, W.C.
    2:774a
    3:440b
POSIN, D.Q.
    2:170a
POSKE, F.
    1:462a
POSNER, C.
    3:484a
POST, A.
    5:304b
POST, G.
    1:29b, 560a
    2:304b
    4:369b, 370a
POST, G. (CLAGETT)
    4:293a
POST, G.E.
    3:312a
POSTAN, M.M.
    3:348b
POSTELL, W.D.
    1:114b, 265b, 412a
    2:663a
    3:367b, 391b, 476a
    5:367a(2), 368a, 398a, 404a, 528b
POSTELMANN, A.
    2:383a, 392b
    5:219a
POSTGATE, J.P.
    4:145a
POSTGATE, R.W.
    3:587a
POSTL, H.
    3:586b
POSTMA, C.
    1:359a
POSTMAN, L.
    3:340a

POT, J.
    5:58a
POTAPENKO, G.I.
    2:732b
    3:307b
POTONNIEE, G.
    2:235a
    3:596b
POTRATZ, H.A.
    3:194a
POTT, P.H.
    4:200b
POTTENGER, F.M.
    3:475b
POTTER, A.C.
    3:416a
POTTER, A.G.
    2:249b
POTTER, E.L. (OSATHANONDH)
    3:451a
POTTER, E.S.
    3:326b
POTTER, O.
    2:51a
POTTER, P.B.
    3:270b
POTTER, VAN R.
    3:54b
POTTIER, E.
    2:394a
POTTIER, R.
    4:432b
POTTINGER, D.
    3:595a
POTTLE, F.A.
    3:481b
POTTS, H.E.
    3:550b
POTZGER, J.E. (ZUMBERGE)
    3:175a, 232a, 235b, 272b
POTZL, O.
    2:381a
    5:381a
POUCHET, F.A.
    1:23b
    4:294a
POUILLON, H.
    4:306a
POUJADE, J.
    3:270b, 554b
    4:52a, 257b(3), 267b
    5:479a
POULLE, E.
    1:70b(2), 135b, 447b, 489a
    2:442a, 672a
    3:209a, 590b
    4:316a, 316b(4)
    5:4b, 5a, 22a(2), 22b(2)
POULLE, E. (BEAUJOUAN)
    3:249b
    4:322b
    5:28a
POULLE-DRIEUX, Y.
    1:431b
    2:690a, 690b
    5:254b, 410a
POULSEN, F.
    2:701a(2)
    4:85b, 86a
POULTON, E.B.
    1:41a, 317a, 350b
    2:672b
    3:291a(2)
    5:350b, 450b

POUMAILLOUX, M.
    4:202b
POUNDS, N.J.G.
    2:633b
    4:229a
    5:132b
POUPART, H.
    1:251b
POURNAROPOULOS, G.C.
    4:84b
POUSSIER, A.
    2:681b
    3:505b
    4:356a
    5:83a
POUSSON, A.
    3:451a
POVARENNYKH, A.S.
    3:239b
POWELL, A.
    1:79b
POWELL, C.L.H.
    2:621a
POWELL, D. (WEBB)
    2:467a
POWELL, H.E. (KEW)
    1:655b
POWELL, H.J.
    3:581b
POWELL, J.E.
    1:563a(2), 563b(2)
    4:119b
POWELL, J.H.
    5:268b
POWELL, J.W.
    3:259b
POWELL, J.W.D.
    1:524a
    5:135b
POWELL, R.W.
    2:142a
    3:158b, 160a
    5:337a
POWER, D'A.
    1:52a, 238a, 533a, 542a, 542b, 543b, 544b(2), 580b
    2:290a, 589b, 734a, 752b(3)
    3:363(3), 394a, 394b, 419a, 419b, 476b, 486a(2), 487a, 511a
    4:138a, 156a, 379a
    5:123a, 068b, 078b, 271b, 484a
POWICKE, F.M.
    1:68a, 516b
    2:479a, 495a, 723a
    3:605a
    4:295b, 306b, 369b
POWYS, L.
    1:600a
POYER, G.
    3:342b
POYNTER, F.N.L.
    1:70b, 121b(2), 163b, 197a, 244a, 266b, 297a, 317a, 355a, 364b, 543b(2), 544b, 545a
    2:470a, 480a, 486a, 523a, 583a, 599a, 607a, 634a, 717a, 772b
    3:183a, 363b, 367a, 372b, 373a, 378b, 394a, 431b
    4:321b
    5:27a, 148a, 151b, 165a, 170a, 262a
POYNTER, F.N.L. (PAGEL)
    1:53a, 170a, 547b
    5:160b
POYNTER, F.N.L. (SIEGEL)
    1:246a

2:526a
5:173a
POYNTON, F.J.
3:482a
POZDENA, R.
3:85b
POZZI, S.
1:193b
PRADEL DE LAMASE, M. DE
1:364b
2:414b
PRADELLE, V.
3:419b
PRADOS, M.
5:483b
PRAECHTER, K.
2:179b, 358a, 516a, 523b
PRAESENT, H.
2:280a
PRAG, A.
2:608a
PRAGER, F.D.
1:199b
5:92b
PRAIN, D.
1:594b
2:396a, 622b
5:233a
PRANDI, D.
1:404a
2:391a, 493b
5:158b
PRANDTL, W.
1:143a, 303b, 322b, 352a, 438a, 446a, 499a
2:668a(2)
3:185b, 186a
5:291b, 323b, 429b, 443a, 490b
PRANGERL, F.
1:24a
PRANTL, C. VON
3:97b
PRANZO, G.
4:419a
PRASAD, G.
3:102a
4:186a
5:310a
PRASANNA-KUMAR ACHARYA
4:210b(2), 211a
PRASHAD, B.
2:704a
3:275a
PRASHAD, B. (SOUTHWELL)
3:325b
PRAT, M.
1:359b
PRAT, R.
3:161b
PRATELLE, A.
2:420a(2)
PRATINIDHI, B.
4:211b
PRATJE, A.
2:419b
5:351b
PRATT, A.
3:327a
PRATT, C.C.
3:341a
PRATT, D.D. (MORGAN)
3:580a
PRATT, F.
2:570b
3:111a

PRATT, F.H.
2:520b(2), 535a(2)
PRATT, H.T.
2:577a
5:210b
PRATT, I.A.
4:34b(2)
PRATT, I.A. (BLOCH)
1:505a
PRATT, J.B.
3:91b, 95b, 344b
PRATT, J.H.
1:108a(2), 145b, 266b
2:257a
3:448b(2)
PRATT, R.
3:301a
PRAUS, A.A.
3:562b
PRAWDIN, M.
1:477a, 477b
PREAUX, C.
1:222a, 266a, 297a
2:155a, 327a, 650a, 670b
4:122a, 138b, 139b
PREBLE, E. (KARDINER)
3:332a
PRECHAC, F.
1:386a
PRECOPE, J.
3:386b
PREDEEK, A.
1:419b
5:297b
PREDTECHENSKII, A.V.
2:661a
PREDVODITELEV, A.S.
2:110b
5:206b
PREIS, K.
4:441a
PREISENDANZ, K.
2:605b
4:103a(5)
PREISIGKE, F.
4:92a
PREISLER, O.C.S.
3:369a
PRELAT, C.E.
2:254a
PRELL, H.
3:85a
4:24b, 359b
PREMUDA, L.
1:274a, 430b, 450a, 453a, 546b, 580b
2:330b, 340b, 693a, 736a, 755b
3:341b, 363b, 372b, 375b, 377b, 401b, 423a, 434a
4:132a, 153a, 334a
5:152a, 155a, 160b, 390a
PRENANT, L.
1:339a
2:15a, 64b
5:102b
PRENANT, M.
1:312a
PRENDERGAST, J.S.
1:449b, 455b, 546b
PRENTICE, E.P.
3:414b, 415a, 522a, 532a
PRENTICE, R.F.
1:170b
PRENTOUT, H.
2:675b
3:617a

PREOBRAZHENSKY, A.I.
3:256b
PRESCOTT, C.H.
3:38a
PRESCOTT, F.
1:556a
2:494b
5:143a, 232a
PRESCOTT, H.F.M.
1:401b
5:40b
PRESSEY, S.L.
3:345b
PRESSLAND, A.J.
2:88a
PRESSLY, T.J.
3:348b
PRESTAGE, E.
5:36a
PRESTON, M.A.
3:173b
PRETZL, O.
1:76a
4:399a
PREUSS, E.
1:528b
PREUSS, J.
4:80a
PREUSS, K.T.
4:5a, 279b
PREVITE-ORTON, C.W.
2:151a(2)
PREVOST, A.M.
1:127b
2:555b
5:46b, 144a, 542b
PREVOST, A.M. (PLANTEFOL)
3:304a
PREVOT, E. (LALLEMAND)
3:249a
PREWAZNIK, F.
2:142b, 262a, 487a
3:130b
5:116a
PREYER, R.
1:129b, 265b
5:431b
PREYER, W.
3:610b
PREZ, A.S. DE
4:259a
PREZENT, I.I.
2:181a
5:542b
PRIBILLA, W.
2:682b
3:424b, 456b
PRICE, A.G.
3:270b
PRICE, C.H.
5:250b
PRICE, D.J. DE S.
1:190b(2), 248b(4), 283b, 354b
PRICE, D.V. DE S.
2:11a
PRICE, D.J. DE S.
2:14b, 81a, 160b, 230a, 361a(2), 368a, 392b, 428a, 545b(2), 678a, 765a
3:5b, 18a(4), 22a, 26b, 27a, 83a(2), 86b, 205a(2), 208a, 208b, 209a, 235a, 590a(2), 591a
4:61b, 116a(3), 291b, 303a, 316a, 316b, 318b, 322b, 431b
5:22b, 92b, 111b, 179b, 430b

PRICE

PRICE, D.J. DE S. (NEEDHAM)
4:227a(3)
PRICE, D.K.
3:69a
PRICE, E.G.
3:476a
PRICE, F.M. (NIERENSTEIN)
2:239b
PRICE, F.P.
3:592b
PRICE, G.B. (OXTOBY)
2:602b
PRICE, G.E.
2:470a
5:64b
PRICE, G.M.
3:5b
PRICE, G.R.
2:181b, 420a
3:347b(2)
5:149b
PRICE, H.
3:347b
PRICE, I.M.
1:518a
4:65a, 69a
PRICE, J.L.
3:498b
PRICE, K.B.
1:230b
PRICE, P.H.
3:232a
PRICE, R.B.B.
1:546b
PRICE, W.A.
3:414b
PRICHARD, M.M.L. (BARCLAY)
3:455a
PRIEST, A.
2:121b
4:232a
PRIETO AGUIRRE, J.F.
1:167a
2:155b
5:148b, 243a
PRIETO, J.
1:273a
PRIGENT, J.M.
5:370b
PRIM, E.
1:592a
4:133b
PRIMER, I.
1:320a
PRIMROSE, J.B.
2:299a
5:99a
PRINCE, A.
2:421a
5:327b
PRINCE, W.N.
5:282b, 441a, 480a
PRINCIPE, S.
2:563a
5:68b
PRINGLE, P.
3:5b
PRINGSHEIM, E.G.
1:660a
2:431a
PRINS, I.
3:583a
PRINZ, H.
3:493b

PRINZ, O. (BUCHWALD)
4:286a
PRINZING, F.
3:467a
PRIOR, G.T.
2:674a
3:213b
PRIOR, M.E.
3:60b
PRIOR, W.H.
4:302a
PRITCHARD, J.B.
4:18a, 82a
PRITCHARD, J.L.
2:6b
PRITIKIN, R.I.
3:441a(2)
PROBST, J.H.
2:118b, 119a, 387a
3:88b
PROBST, O.
1:214a, 634a
PROCHAZKA, E. (HORSKY)
5:23b
PROCHNO, J.
4:367a
PROCISSI, A.
1:139a, 219b, 235a(2), 265a, 456a, 462b
2:87a
5:116a, 314b
PROCTER, E.S.
1:31a(2)
4:301b
PROCTOR, M.
3:209a, 213a(2)
PROCTOR, W.G.
2:762b
3:173b
PROELL, F.W.
3:493b
PROGGATT, P.
5:266a
PROKHOVNIK, S.J.
3:167a
PROKOP, L. (PROKOP, O.)
3:484b
PROKOP, O.
3:88b, 244b, 484b
PROKSCH, J.K.
2:271b
PROOIJEN, A.M. VAN
3:509b
PROOSDIJ, B.A. VAN
1:294a, 375a, 375b
2:251a, 308a, 599a, 604a, 769a
3:12a
5:300a
PROPER, R.
1:215b
PROSKAUER, C.
1:30a, 89b, 339b, 366a
2:112a, 431b, 482a
3:488a, 493b, 494b(2), 495a
4:95a, 290a, 354a, 421a
5:80a(2), 80b(2), 169b, 398a, 404b, 405a(2), 430b
PROSNAK, M.
4:365a
PROSSER, C.L.
1:317a
3:291a
PROSTOV, E.V.
3:273b
PROSVIRKINA, S.K. (MAISTROV)
3:220b

PROT, M.
3:98b
PROU, M.
3:610b
PROUDMAN, J.
1:534a
5:219b
PROUST, J.
1:343b, 344a, 643b
2:126a
5:186a, 284a
PROUT, H.G.
2:620b
PROVASI, T.
2:573b
PROVENZAL, G.
1:424b
2:312b
3:186a
5:210b
PROVIDENCIA COSTA, J. DA
5:51b, 513b
PROVOST, E.
2:62b
PROWSE, G.R.F.
1:212b
5:37b
PRUCKNER, H.
2:45a
4:319b
PRUDNIKOV, V.E.
1:150b, 206a(2), 234a, 250a(3)
2:42a, 256b, 259a(2), 491b, 514a, 726b
5:300a, 311a(2)
PRUETTE, L.
1:531a
PRUFER, C.
1:626a
4:420b
PRUFER, C. (MEYERHOF)
1:606b
4:421a
PRUTEANU, P.
1:561b
3:421a
4:341b
PRUVOST, P.
3:231a
5:521b
PRYCE, M.H.L. (KORNER)
3:141b
PRYCE, T.D. (OSWALD)
4:160b
PRYOR, H.B.
3:469a
PRZEWORSKI, S.
4:72a
PRZIBRAM, H.
3:283a, 291a
PRZIBRAM, K.
1:375b, 407a
2:89a, 112b, 322b, 454a
3:154a
5:316a
PRZYBYLLOK, E.
3:220a
PRZYLUSKI, J.
2:328a
4:22a, 100b, 169b, 171a, 176b, 187b, 220b
PRZYLUSKI, J. (FALK)
4:171b
PRZYPKOWSKI, T.
1:211a, 283b(3), 569a
2:398b

3:204b
5:21a(2), 22a, 24b, 128a, 130a
PSOTA, F.
5:423b
PSOTNICKOVA, J.
2:365b(2)
PUCCIANTI, L.
3:136a
PUCKLE, B.S.
3:413a
PUECH, A.
1:75b
4:164a
PUECH, H.C.
2:241b
PUGH, A.R.
2:180a
5:363a
PUGH, L.G.C.E.
3:270a
PUGH, L.P.
5:279b
PUGSLEY, A.J.
4:14a
PUHLMANN, W.
4:333a
PUHVEL, J.
3:526a
PUIG Y CADAFALCH, J.
4:365a
PUJATTI, D.
2:572a
5:219b
PULIDO MENDEZ, M.A.
3:393a
PULL, J.H.
4:15b
PULLE, F.L.
4:288a
5:34a
PULLE, G.
2:245a
PULLEYBLANK, E.G.
2:87b
4:229b
PULLICINO, G.C.
1:514b
PULLIN, V.E.
2:221b
PUMPHREY, R.J.
2:115b(2)
3:323a
PUMPIAN-MINDLIN, E. (HILGARD)
3:437a
PUNDT, A.G. (FITZSIMONS)
3:604a
PUNER, H.W.
1:441b
PUNNETT, R.C.
1:117b
2:169a, 170a
3:294b, 295a
PUNTONI, V.
1:116b
PUPILLI, G.C.
3:429a
PUPIN, M.I.
1:408a
2:161a
3:63a, 562a, 598a
PURCELL, E.M.
1:240b
3:173a, 173b
PURCELL, J.F.
3:602a

PURCELL, V.
4:246a
PURCHON, R.D.
1:317a
2:95a, 607a
PURDOM, C.B.
3:587a
PURRINGTON, E.S. (HAMMOND)
3:599a
PURS, J.
3:548b
PURSEGLOVE, J.W.
2:758b
3:308a, 311a
PURSELL, C.W.
1:346b
2:293a
5:423a
PURVER, M.
2:750b
PUSALKER, A.D. (MAJUMDAR)
4:184b
PUSCHEL, E.
1:448a
2:634a
4:419b
5:70a
PUSEY, W.A.
2:366b
3:390a, 449b, 450a, 474a
PUTMAN, J.
3:26a, 28b
4:285a
5:6a
PUTMAN, J. (PELSENEER)
3:18a, 27b
PUTNAM, R.
1:638a
PUTTE, J. VAN DE
3:236b
PUTTI, V.
1:81a, 131a
2:128a, 189b, 367a
3:369a, 498b
5:79b
PUYVELDE, L. VAN
2:670b
4:341b
PUZANOV, I.I.
2:40b, 239a
5:358a
PUZITSKII, K.V.
2:254b
3:195a
5:328a
PYBUS, F.C.
2:731a
3:487a
PYKE, M.
3:29b
PYRITZ, H.
1:495a
QADIR, A.
3:45a
QAZVINI, M.
1:102b
2:478a
QUADE, W.
2:204b
QUADRI, G.
1:85a
4:392a(2)
QUAIN, E.A.
1:387a

QUARENDON, R.
2:122a
5:417a
QUASTEN, J.
1:649a
2:369b
4:32b
QUATREFAGES, L. DE (HERVE)
2:371b
QUECKE, K.
2:271b, 273b, 419a
3:492b
5:79b
QUEN, J.M.
2:300b
QUENEAU, R.
3:101a
QUENSTEDT, A. (LAMBRECHT)
3:272a
QUENSTEDT, W. (LAMBRECHT)
3:272a
QUENTIN, H.
1:113a
2:315a
4:332a
QUERCY, P.
3:346a
QUERFELD, A.H.
2:457b
4:303a
QUERVELLE, P.M.
2:82a(2)
5:428a
QUETELET, L.A.J.
2:581b
QUEVRON, L.
3:167b
QUIBELL, J.E.
1:568a
4:36a
QUIBELL, J.E. (FIRTH)
4:51a
QUIGGIN, A.H.
1:526a
QUIGLEY, M.
3:597b
QUIGNON, G.
1:597a
2:137a
QUILL, H.
1:541a
5:221a
QUILL, L.L.
3:194a
QUIMBY, G.I. (MARTIN)
4:268b
QUIMBY, P.P.
1:370b
QUIMBY, S.L.
3:164a
QUINAN, C.
2:604b
4:270b, 272b
5:146a
QUINE, W. VAN O.
3:98a(2), 98b, 109b(3)
QUINN, D.B.
1:540a
2:378b, 623a
5:38a
QUINN, D.B. (HULTON)
2:623a
QUINTANA Y MARI, A.
2:151b(2)
3:22a

5:9b
QUINTANILHA, A.
2:170a, 181a
3:295a
5:542b
QUINTERO GARCIA, P.
2:252a
QUINTERO QUINTERO, J.
3:381b
QUINTYN, J.B.
3:540b
QUIRING, H.
1:336a
3:576b
4:14b, 31b, 77b, 362b
QUIRK, R.N.
3:72a
QURQUEJO, A.G.
3:473a
QUYNN, D.M.
2:737a
3:419b
QUYNN, W.
2:374b
QVARNSTROM, G.
5:125b
QVIGSTAD, J.
4:9b
RAACH, J.H.
5:150b(2)
RAAF, J.E.
3:444a
RABAUD, E.
1:401a, 401b(2), 416a, 662a
3:278a, 282b, 293b, 322a
RABB, T.K.
5:106b
RABBITT, J.C.
2:767a
3:232a
RABBITT, M.C. (RABBITT, J.C.)
2:767a
3:232a
RABEL, G.
1:313b
2:98b
5:232a
RABENN, W.B.
5:253b
RABI, I.I.
3:60b
RABIER, R.
2:294a
RABIN, C.
1:624b
4:420a
RABIN, C. (SINGER)
2:583b
RABINO, H.L.
1:432b
RABINOVICH, I.M.
1:167a
3:209a
5:331b
RABINOWITCH, E.
3:54a, 58a(2), 182b, 188a
RABINOWITZ, J.L. (DEISCHER)
2:17b
5:20a, 54b
RABINOWITZ, L.
1:378b
2:743a
4:439b(3)
RABINOWITZ, M.
5:117a

RABINOWITZ, S.
3:388a
RABSON, N.
5:294a, 473b, 486a
RABUT, C.
2:621a
3:158b, 587a
5:317b
RACEK, J.
1:336a
RACHFORD, B.K.
5:376a
RACHMATI, G.R.
4:181a, 182b
RACKEMANN, F.M.
2:185b
RADBILL, S.X.
1:33b, 341b, 369a, 657b
2:31a, 425b, 646b
3:471a, 477a
5:168b, 273a, 367b(2)
RADCHENKO, I.V.
3:176b
RADCLIFFE, W.
3:534a
RADCLIFFE-BROWN, A.R.
3:351b
RADECKE, W.
2:429b
5:80a
RADEMACHER, H.
3:107b
RADFIELD, A.C.
3:447a
RADFORD, E.
3:352b
RADFORD, M.A. (RADFORD, E.)
3:352a
RADHAKRISHNAN, S.
2:379a, 438b
4:189b
5:482a
RADHALAXMI, K.K.
4:204b
RADI, E.
2:271b
RADIGUET, M.R.
4:262b
RADIN, M.
4:80a
RADIN, P.
4:5a(3), 8a, 272a, 277b
RADL, E.
3:26a, 277b(2), 606b
RADNER, D.B.
3:28b
RADOJCIC, N.
2:617a
5:341a
RADOVSKII, M.I.
1:139a, 435b, 473a, 480b, 638b
2:32b, 45a, 57a, 57b, 58a, 248b, 471b, 476a, 483b, 569b, 658b, 661a, 728a
3:51a(2), 145b
5:188a, 302a(2), 311b, 421b, 422a, 463a
RADOVSKII, M.I. (EFREMOV)
3:569b(2)
RADOVSKII, M.I. (PEREL)
3:202b
RADOVSKII, M.I. (ZHIGALOVA)
5:231a
RADUL-ZATULOVSKII, I.B.
1:634b
RADWAN, M.
2:420a

5:177b
RADZIG, A.A.
1:225b
3:588b
RAE, J.
5:105a
RAE, J.B.
3:547a, 559b, 560a
RAEDEMAEKER, F. DE
4:104a
RAEDER, H.
1:357a, 551b
2:309b, 328a
RAEVSKII, I.P.
3:168a
5:320b
RAEYMAEKER, L. DE
3:59a, 94a
RAEYMARKER, L. DE
3:91b
RAFFAELE, S.
1:309b
4:329a
RAFFAELLO, C.
2:504a
RAFFENSPERGER, J.G.
1:427b
5:402a
RAGHAVAN, V.
4:211a
RAGHUNATHA SIROMANI
4:212b
RAGUIN, E.
2:532a
RAHIR, E.
4:14b
RAHLFS, A.
2:37b
RAHMAN, A.
1:593a
RAHMAN, A. (AHMAD)
2:155b
RAHMAN, F.
3:37a
RAHMAN, S.A.
4:187b, 416a
RAHN, C.
3:63a
RAIGNIER, A.
2:611b
RAIK, A.E.
1:392a
2:302a
4:21a, 37b, 60b, 223b
RAIKOV, B.E.
1:100b(2), 165b, 313b
2:29a, 474a
3:293a
5:352a
RAILLIET, G.
3:386b, 484a
5:268a
RAIMONDI, C.
1:528b
RAIMONDI, G.
2:128a
RAINAL, J.
3:498b
RAINAL, L. (RAINAL, J.)
3:498b
RAINE, A.
2:754a
3:616a
RAINEY, J.W. (BLENKINSOP)
3:520a

RAINICH, G.Y.
3:152a
RAINOFF, T.
See RAINOV, T.I.
RAINOV, T.I. [RAINOFF, T.]
1:37b
2:38a, 109b, 441b, 454a, 576a, 613b
3:8a, 11a, 28b, 155a, 156a
4:219a
5:194a, 316a
RAISIN, M.
3:66b
RAISTRICK, A.
1:310a
2:717a, 742b
3:576a(2)
5:188b, 288a, 289a, 289b, 423a
RAISZ, E.
2:677b
3:251a(2), 251b, 254a
5:541a
RAITH, O.
2:305b
RAJA SINGAM, S.D.
1:279a
RAJAGOPAL, C.T.
1:512b(2)
2:236b
4:193b(3)
RAKESTRAW, N.W.
2:614a
RAKUSIN, M.A.
2:83b
5:185a
RALL, J.
4:236b
RALLET, L.
2:84a
RALPH, E.K.
3:175b
RALSTON, H.J.
2:413a
5:380a
RAMADIER, J.
2:679a
3:419b
RAMAN, C.V.
1:407a
3:136a
5:316b
RAMANA, C.V.
3:438a
RAMANUJACARYA, N.
2:499b
RAMANUJAN, S.
2:379b
RAMART, P.
1:531b
RAMASWAMI, A.C.P.
4:186b
RAMAZZINI, B.
1:642a
RAMBAUD, P.
2:377a, 741b(2)
3:487a
5:55b, 148a, 151a(2)
RAMGREN, O. (JORPES)
2:712a
3:404a
RAMMING, M.
4:252a
RAMON Y CAJAL, S.
3:38a
RAMOS DA COSTA, A.
3:211a, 223a, 225a, 242b

RAMOS, T.
5:76a
RAMSAUER, C.
3:136a
RAMSAUER, R.
1:663a
RAMSAY, A.M.
4:162a
RAMSAY, W.
1:156b
3:178b, 187b, 193a
RAMSAY, W.M.
4:100b
RAMSBOTTOM, J.
2:95a, 570b, 674a, 734b, 764a
3:305b, 307b, 313b, 513a
5:234b
RAMSDEN, P.M. (DARBY)
3:552b
RAMSER, H.
2:424b
RAMSEY, A.R.J.
3:160b, 550b
RAMSEY, E.M. (BAUMGARTNER)
1:432b
RAMSEY, F.P.
3:109b
RAMSPERGER, A.G.
3:32a
RAMZY, I.
3:437b
RANADE, R.D.
4:189b
RANADE, R.D. (BELVALKAR)
4:189b
RANADIVE, B.T.
5:543b
RANC, A.
1:123a, 141a(2)
2:45a
3:13b, 174b, 580b
RAND, B.
1:133b
RAND, C.
3:69b
RAND, E.K.
1:165a, 230b, 387a(2)
2:151b, 261a, 596a
4:294a, 297a, 367a, 368b
RANDALL, A.
2:312a, 747a
3:451a
RANDALL, F.A.
3:587b
RANDALL, J.
2:160a
RANDALL, J.H.
1:54b
2:77a, 736a
3:91b, 400b
4:301a
5:521a
RANDALL, J.H. (CASSIRER)
5:11b
RANDALL, J.H. (KRISTELLER)
5:11b
RANDALL-MACIVER, D.
3:609a
4:142b
RANDELL, W.L.
1:407a, 415a
RANDELL, W.L. (JOHNSON)
1:294a
RANDELLI, G.
2:559a

5:239a
RANDELLI, M.
1:448b
5:155b
RANDERS-PEHRSON, J.
3:488a
RANDHAWA, M.S.
4:209a
RANDLE, H.N.
4:190b
RANDOLPH, B.M.
5:405b
RANDONE, M.
2:494b
RANEY, M.L.
2:680a
3:619b
RANGACHARYA, V.
4:198b
RANGANATHA PUNJA, P.R.
4:185a
RANK, O.
3:344a
RANKE, H.
4:45a(3), 55a, 55b
RANKE-MADSEN, E.
See MADSEN, E.R.
RANKIN, H.D.
2:330b
4:124a
RANKIN, O.S.
2:604b
4:435b
RANKINE, A.O.
2:347a
RANKING, G.S.A.
2:387b
RANSHAW, G.S.
3:564a
RANSOM, J.E.
1:597a(2)
3:418b, 421a
5:251b, 264b
RANSOM, W.
3:595a
RANSOME, H.M.
3:533a
RANZI, S.
1:252b
3:426b
RAO, A.V.
4:208a
RAO, K.V.
1:177b
RAO, M.N. (RADHALAXMI)
4:204b
RAO, T.A.G.
4:194a
RAOMANDAHY, E. (FONTOYNONT)
3:265b
RAPAPORT, D.
3:345a
RAPAPORT, D. (SHAKOW)
1:443a
3:342a
RAPER, H.R.
2:111b
3:493a
RAPER, H.S.
1:264a
2:123a, 486b
RAPHAEL, M.
4:53a
RAPOPORT, A.
3:41b, 295b

RAPOPORT

RAPOPORT, S.M. (SAUER)
3:287b
RAPPAPORT, R.
2:417b, 500b
5:211a, 218a
RAPPOPORT, A.S.
4:75b
RAPPORT, S.
3:38a, 101a, 540b, 608b
RAPPORT, S. (SHAPLEY)
3:6a
RAPSON, E.J.
4:185a
RAPSON, E.J. (BOYER)
4:180a
RASETTI, F.
1:414a
3:173a
RASHDALL, H.
4:370a
RASHEVSKII, P.K.
2:1a
RASHEVSKY, N.
3:286b(3), 341b, 342b, 356a(2)
5:542a
RASKIN, N.
3:584b
RASKIN, N.M.
1:397b, 639b
2:110b, 406b, 661a
5:210a, 284a, 292b, 426b
RASKIN, N.M. (VINOGRADOV)
2:6a
RASMUSSEN, A.T.
3:431b
RASMUSSEN, E. (MOLLER)
3:170b
RASMUSSEN, K.
3:268a(2)
4:271a, 272a
RASMUSSEN, W.D.
2:676a
3:521b, 522b
5:355b, 411b
RASORI, G.
2:383b
RASPAIL, X.
2:384a
RASSENFOSSE, A. DE
3:174b
RASSLAN, W.
2:206b
4:416a
RASSOW, B.
2:91a
5:425a
RASWAN, C.R.
4:174b, 175b
RATCLIFF, J.D.
3:517a
RATFISCH, W.
3:512a
RATH, E.
5:14a(2)
RATH, G.
1:21a, 155a, 196a, 389b(2), 481b, 488b, 586b, 605a
2:166b, 534a, 558b, 583b, 584b(2), 585a
3:462b, 503a
4:350a, 445b
5:170a, 256a, 306b, 381b, 391a, 392a, 496a
RATHER, L.J.
2:500b
5:146b

RATHGEN, B.
1:190a
4:212a, 367b
5:95b
RATHJE, H.
4:353b
RATHJENS, C.
3:262b
4:173b
RATHMANN, W.
1:381b
2:255a, 367b
RATIGAN, W.
2:503a
3:551b
RATKOCZY, N.
2:674b
3:463a
RATNER, -.
4:80a
RATNER, J.
1:217a, 283a
RATNER, S.
1:341a
5:309a, 350b, 495b
RATOOSH, P. (CHURCHMAN)
3:84b
RATTANSI, P.M.
1:455b, 555b
2:276a
5:150b, 151a
RATTANSI, P.M. (PAGEL)
2:275a, 584b
RATTRAY, R.F.
1:210a
RATTRAY, R.S.
4:264b
RAU, A.
2:670a
3:12b
RAUBENHEIMER, O.
3:504a
RAUDONIKAS, W.J.
4:325b
RAUHUT, L. (PAZDUR)
5:178a
RAUSCHENBERG, R.
1:107b
2:489b
RAUTHER, M.
2:19a
RAV, I.V.M.
4:196b
RAVA, L.
2:150b
5:175b
RAVAGLIA, G.
3:497b
RAVARIT, G.
2:48b
RAVASINI, R. (CARBONELLI)
5:54a
RAVEN, C.E.
1:312b
2:385b
3:61b, 63a(4), 274b, 365b
5:102a
RAVEN, J.E. (KIRK)
4:104a
RAVENEL, M.P.
5:375a, 499a, 545b
RAVETZ, J.R.
1:283b, 429b, 463b
3:125a
4:116b

5:22b, 177b, 203a, 449b, 481b
RAVETZ, J.R. (GRENE)
2:66a
5:110b
RAVIER, E.
2:63a
RAVIKOVICH, A.I.
1:317a
5:334a
RAVIN, A.W.
3:302b
RAVITCH, M.L.
3:404b
RAVITCH, M.M.
1:609b
3:444a
5:385b
RAVN, O.E.
1:563b
4:122a
RAVOGLI, A.
3:449b
RAWCLIFFE, D.H.
3:347a
RAWDON-SMITH, A.F.
3:343b
RAWLINS, F.I.G.
1:133b
3:65b, 95b
RAWLINS, F.I.G. (WHITTAKER)
2:624a
RAWLINSON, H.G.
1:69b, 279a, 296a
4:186b, 187b
RAWNSLEY, W.F.
2:547b, 768b
5:432b
RAY, D.N.
4:202b
RAY, D.P.
3:348a
RAY, H.C.
4:212a
RAY, J.
2:183a
RAY, J.C.
3:12b
RAY, J.N.
3:58b
RAY, L.L. (BRYAN)
4:268a
RAY, M.B.
3:434a
4:266b
RAY, P.C.
3:181a, 187a
4:194b(6)
RAY, P.R.
4:187a, 197a
5:467b
RAYLEIGH, 3RD BARON,
See RAYLEIGH, J.W.S.
RAYLEIGH, 4TH BARON,
See RAYLEIGH, R.J.S.
RAYLEIGH, J.W.S.
3:235a
RAYLEIGH, R.J.S.
1:105a, 185b, 294b, 492a, 537b
2:10b, 230a, 280a, 454b, 545b(2), 648b, 748a
3:58b, 72a(4), 162b, 191a, 213a, 440b, 577a
5:299b, 302a, 318b, 331a, 424b, 479b, 551a

RAYMOND, P.
2:418b(2)
3:509b
4:10b, 349b, 351a
5:233a, 278b
RAYMOND, R.W.
3:571b
RAYNAUD, L.
3:406a
RAZRAN, G.
2:41a, 291a, 291b
3:342b
RAZUMOV, S.A.
2:70a
3:285a
RAZZAUTI, A.
1:172a, 240a
2:391b
5:167a
REA, P.M.
2:679a
3:275a
READ, B.E.
1:255a
2:88a
4:225a, 234a, 235a, 238a, 238b, 240a
READ, C.
3:334b, 352a
4:8b
READ, C.B.
3:102b
READ, C.B. (KING)
3:131b
READ, F.W.
4:37b
READ, H.
3:65b
READ, H.H.
1:422a
3:238a
READ, J.
1:321b(3), 417b, 642a
2:131a, 162b, 300b, 457b, 531b, 742a
3:65a, 178b(2), 197a(2), 197b, 198b(2), 198b, 199a, 577b
4:294a
5:20b, 122a, 123b, 124a
READ, J.M.
1:429b, 569a, 608b
2:344a, 676a
3:391a
5:477b
READ, T.T.
3:573a, 573b, 609b
4:15a, 31b, 241b
5:91b
READE, B.
2:57a
5:359b
READE, W.H.V.
1:307b
4:367b
READER, G.G.
3:383a
REAL, C.A. DEL
1:73a
4:152b
REALDON, E.
4:49b
REALS, W.J.
5:399b, 529a
REASON, H.A.
3:5b
REAU, L.
3:608b

REBEL, A.
5:253a
REBEL, O.J.
1:139b
2:87a
REBER, B.
1:264a
2:550a, 550b, 559b, 651a
3:592b
5:247b, 266a, 409a, 479a
REBOUL, G.
3:174b, 197a
RECHCIGL, M.
3:76b
RECKLESS, W.C.
3:357b
RECLUS, A.
3:553b
RECOULY, R.
1:141a
REDDAWAY, T.F.
5:176b
REDDISH, G.F.
3:517b
REDDY, D.V.S.
1:138b, 147a, 614a, 203b
2:8a, 137a, 143a, 255b(2), 720a
3:368a, 406a
4:202b(3), 203b(2), 204a(2), 204b, 206a, 206b, 207a(2), 417a
5:167b, 168a, 172b, 380b, 409b, 473a
REDER, D.G.
4:50a
REDFIELD, C.L.
2:74b
REDFIELD, R.
3:286a, 355a, 356a
4:280b
REDGRAVE, G.R. (POLLARD)
5:8a
REDGROVE, H.S.
1:491b
3:88b
5:146b
REDGROVE, I.M.L. (REDGROVE, H.S.)
1:491b
5:146b
REDL, G.
2:358a(2)
REDMAN, L.V.
3:57b
REDMAYNE, P.
3:554b
REDONNET, T.A.
5:84b
REDSTONE, L.J. (REDSTONE, V.B.)
1:247b, 569b
REDSTONE, V.B.
1:247b, 569b
REDWITZ, E.F. VON
2:671b
3:487b
REED, C.A.
4:29b, 175b
REED, C.A. (ANGRESS)
3:531a
REED, C.I.
1:327b
REED, H.S.
1:510a(2), 631b(2)
2:342b, 614b
3:284a, 302b, 310a
4:284a
5:87a, 235a

REED, R. (POOLE)
4:82b
REED, S.W.
4:261a
REEDER, J.R. (MERRILL)
1:369a
5:353b
REEKMANS, T.
4:142a
REES, G.
1:106a, 421b
2:651b
5:302b
REES, H.G.ST.M.
1:597b
5:149b
REES, J.A.
2:717a
5:549b
REES, W.
4:325a
REES, W.J.
2:522b
REESE, A.M.
1:502a
5:229a
REESE, G.
4:314a
REEVE, S.A.
3:555a
REEVE, W.D.
3:102a, 111b, 112a
REEVES, E.A.
3:245a, 251a
REEVES, M.E.
1:489b
REEVES, R.G. (MANGELSDORF)
3:528b
REGAUD, C.
1:298a
REGELSBERGER, F.
2:19a
5:424a
REGELSPERGER, G.
1:539b
2:293b, 468a
3:414b
REGENBOGEN, O.
1:574b
2:538b
4:99b, 101b
REGERS, S.L.
4:266a
REGNAULT, F.
1:14a, 328a
2:37a, 80a, 146b
3:336a, 385b, 396b, 397a, 424a, 468a, 477b, 597b
4:27a, 48a, 130a, 175a, 281b
5:75a, 430a
REGNAULT, J.
3:244b, 488b
REGNIER, A.
1:621a
REGNIER, R.
2:298b, 348a(2), 746a(2)
3:275a(2), 285a, 324a
5:523b, 549b
REHDER, H.A. (BARTSCH)
1:304a
REHLER, J.E.
3:603a
REHM, A.
1:214b, 393b(2)
2:347b, 463b

REHM

4:19a, 32b, 117a, 121a, 148b, 149a, 374b
REHM, B.
2:596a
4:151a
REHM, G.J.
3:506b
REHN, J.A.G.
2:59b
5:358b(2)
REICH, H.
1:455a
5:80b, 82b
REICHARDT, G.
3:13a
REICHARDT, H.
1:473a(2)
REICHBORN-KJENNERUD, I.
2:755a
3:404a, 465a
4:9b, 339a(2), 353a
REICHE, F.
2:323a
3:154a
5:480b, 537b
REICHE, H.A.T.
1:62b, 381b, 394a
4:117b
REICHE, K.
1:274a
3:311b
5:432a
REICHEL, E.
3:565b
REICHEL-DOLMATOFF, G.
4:277b
REICHELT, H.
2:703b
3:577a
REICHEN, C.A.
3:136a, 178b
REICHEN, G.
3:488b
5:401b, 500b
REICHENBACH, H.
1:612b
2:4b, 68a, 229b
3:5b, 33b, 34b, 39b(2), 46a, 109b, 140b, 147a, 155a, 216b
5:117b, 186b
REICHENSPERGER, A.
5:493b
REICHER, L.T. (JORISSEN)
1:585b
REICHERT, P.
2:743b
3:462b
REICHINSTEIN, D.
1:374b
REICHLE, H.S.
2:238a
REICHNER, H.
2:313b
5:77a
REICHWEIN, A.
5:188a
REICKE, S.
4:341b
REID, C.
3:101a
REID, E.G.
2:257a, 534b
REID, J.
3:557a
REID, L.A.
3:43a

REIDEMEISTER, K.
1:54b, 60a, 390a
2:324b, 329a
4:99b, 108a
REIDY, J.
2:239b
REIER, H.
2:414b(2)
4:337a
5:56a
REIFSCHNEIDER, O.
3:305a
REIK, L.E.
1:352a
2:385b
5:382a
REIL, T.
4:141a
REILLY, C.
2:21b, 93b
5:471a
REILLY, D.
1:183b, 350a, 468b
2:3a, 126b, 138b, 209b, 480a
3:185a(2)
5:327a, 327b, 328a, 425b
REILLY, J.
1:570b
2:22a
REIMANN, D.
2:124b
3:156a
REIMANN, S.P.
2:31a
REIMER, H.
1:188b
5:406a
REINA, M.E.
1:207b
REINACH, S.
1:62b
2:74b, 445a, 476b
4:6a, 140b, 162a
REINACH, T.
4:102b, 114b
REINBOTH, R.
1:542a
REINDL, J.
3:242a, 308a, 318b, 576b
REINER, E.
4:66a
REINGOLD, N.
1:1b
2:107b, 715b, 766b, 767a
3:12a, 67b(2), 248a(2), 550b
5:303b, 304b, 330b, 522b, 529b
REINHARD, E.G.
3:321b
REINHARD, F.
4:47b
REINHARD, M.
1:225a
REINHARDT, H.
4:355a
REINHARDT, K.
1:165b
2:347b, 560b(2)
4:88b, 96b
5:179a
REINHART, J. (BOLL)
3:97a
REININGER, W.
1:118a, 475a
3:426a
5:376b

REINKE, J.
3:18a, 320a
REIS, L.
3:606a
REIS, R.A.
1:129b
REIS, S. VON
3:510a
REISCHAUER, E.O.
1:382b
4:231b, 248a, 252a, 255b
REISCHAUER, E.O. (BORTON)
4:248a
REISCHEK, A.
5:342b
REISER, A.
1:374b
REISER, O.L.
1:158b
3:46b, 47a, 63a(2), 63b, 147a, 218a, 594a
REISMULLER, G.
4:216a
REISS, S.
3:612b
REITBOCK, G.
2:512b
5:418a
REITER, P.J.S.
2:120a
REITZ, K.
1:447a
REITZENSTEIN, F.
4:8b
REITZENSTEIN, R.
2:117a, 575b
4:114a, 150a, 318b, 374b, 400b
5:448b
REITZENSTEIN, R. (HELIODOROS)
1:553b
4:400a
REKO, B.P.
4:282b
REKSTAD, J.
3:241a
RELE, V.G.
4:198a, 199a, 200b
RELING, H.
3:306a
REMAN, E.
4:324b
REMILLARD, W.J.
3:226b
REMINGTON, C.L.
1:1b
REMINGTON, P.
2:193b(2)
5:286b
REMNANT, P.
1:201b
2:523b
REMOND, A.
1:588a
5:292a
REMPIS, C.H.
1:92a
2:250a(2)
RENAN, E.
1:141b
RENARD, G.
2:196a
3:570b, 595b
4:360b
RENARD, G.F.
4:13b

RENAUD, F.
5:393a, 517b
RENAUD, H.P.J.
1:7a, 20a, 84b(2), 91b(4), 440a, 483a(2), 616a(2), 618b, 619b, 621b(3), 622a(2), 625b(2), 629a
2:134a, 206b, 370a, 376a, 387b, 468b(2), 471a, 647a(3), 693a
3:208a, 313b
4:274a, 297a, 334a, 385b(2), 390b, 391b, 392a, 394a(2), 401a, 402a, 403a, 403b(2), 404a, 407a(2), 407b, 409a, 413b(2), 414a, 414b, 416b(2), 417a, 417b, 418b(2), 419a(2), 422b, 423a(2), 425a, 426a(2), 442a(2)
5:47b, 265b, 266a(3), 395a, 501a(2)
RENAUD, H.P.J. (BLACHERE)
2:726a
4:385a
RENAUD, H.P.J. (COLIN)
1:8a
4:391b
RENAUD, P.
3:43a, 46b, 182b, 189b
RENAUDET, A.
1:385a(3)
RENAUDET, A. (HAUSER)
5:3a
RENAULD, E.
2:358a
RENAULD, J.F.
1:127b
RENAULT, M.
1:122b
RENAUX, E.
3:402b
RENBOURN, E.T.
3:450a, 461b, 468a
RENDINA, G.M.
3:492b
RENDLE, A.B.
1:359a
2:594a
RENDLE-SHORT, J.
1:213b
3:456a, 478a
RENEHAN, R.
5:242b
RENIER, A.
1:286b, 364b
2:41b(2), 92a(4), 520b
3:233b
5:218a, 218b, 228a, 334b
RENNAU, T.
1:71b
4:346a
RENNEFAHRT, H.
2:704b
3:420a
RENOU, L.
1:638a
2:85a
4:185a
RENOUARD, P.V.
3:363b
RENOUARD, Y.
4:361a
RENQVIST, Y.
2:615a
5:362a, 383b
RENSCH, B.
3:289b, 291b
RENTZ, G.
4:427b

RENZO, A.
2:460b, 756b
3:419a
REPARAZ, G. DE [REPARAZ-RUIZ, G. DE]
1:293b, 639a
2:357b, 459b
3:246a, 250a, 253b, 258b, 261a
4:288a, 288b(2), 315b, 322a, 323b
5:31a, 31b, 33b(2), 36a, 132a, 220a
REPARAZ, G. DE (TABERNER)
3:245a
REPARAZ-RUIZ, G. DE
See REPARAZ, G. DE
RESAK, C.
2:244b
RESCHER, N.
1:39b, 66a, 86b, 90a, 207b, 405a, 406a, 483b
2:20a, 66a, 67b, 332a, 642b
3:37a(2), 41a
4:117b, 306b, 393b(3)
5:111b
RESCHER, N. (HELMER)
3:42b
RESCHER, O.
1:66a, 102b
2:210a
4:391b, 393a
RESEK, C.
2:199a
RESENBERG, C.E.
3:335b
RESILLAC-ROESE, R. DE
2:720a
4:216a
RESNIKOFF, L.A.
4:77b
RETHLY, A.
5:394a
RETI, L.
1:344a
2:77b(2), 81a(2), 152b(2)
3:195b, 587a
5:19a, 88b, 91b, 95b, 470b, 551a
RETZLAFF, H. (LUTZE)
2:245a
5:84b
REUCKER, K.
1:194a
REUKAUF, E.
1:500a
5:231b
REUSSE, J.
5:278a
REUSSNER, A.
5:270a
REUTER, F.
1:587a(2)
3:483a(2)
REUTER, O.S.
4:315b
REUTERN, G. VON
4:121b
REUTHER, H.
2:14b
5:128a
REUTTER DE ROSEMONT, L.
See REUTTER, L.
REUTTER, L. [REUTTER DE ROSEMONT, L.]
3:397a, 413b, 500a, 514a
4:27a(2), 28b, 46b, 53b(2), 446a
REUTTER, L. (GUIART)
4:45a

REVEL, E.
1:401a
REVEL, J.F.
3:163a
REVELLI, P.
1:309b
2:188a, 490a
3:256a
4:150b, 325b
5:36b, 39a, 492a
REVELLO, J.T.
2:137a
5:224b, 246a
REVENKOVA, A.I.
2:578a
REVERCHON, L.
1:38a(2), 48a(2), 190b, 613a
2:246a(2), 514a(2)
5:320a(2)
REVI, A.C.
3:581b
5:425b
REVILLET, L.
3:439b
REVILLIOD, P.
3:75b
REY PASTOR, J.
3:5b, 101a, 128a
5:13b, 309b
REY, A.
1:259a, 336a, 363a, 441a
2:160a, 228a
3:11a, 25a, 44a, 90b, 139b(2), 141a, 144b, 147a, 372b
4:19a, 37b, 46a, 58b, 99b(3), 106b(2), 108a, 117b, 395b
5:192a, 316a
REY, A. (LALANDE)
3:24a
REY, B.
3:136a
REY, C.F.
2:350b
5:140a
REY, J.
2:384b
3:562a
REYMOND, A.
1:291a
2:179a, 464a, 657b
3:5b, 8a, 22a, 22b, 26a(2), 27a, 27b, 32a, 33b, 91b, 94b, 98b
4:6b, 16b, 87b, 88a, 102a
REYMOND, P.
4:77b
REYNAUD, J.
1:230a
5:222a
REYNOLDS, C.G.
1:608b
5:417a
REYNOLDS, E.E.
2:212a
REYNOLDS, J.H.
1:629a
REYNOLDS, O.
5:490a
REYNOLDS, P.K.
3:530a
4:172a, 239b
REYNOLDS, R. (CLAGETT)
4:293a
REYNOLDS, R.A. (GOETZL)
2:527a

REYNOLDS, R.L.
4:356a, 370b
REYNOLDS, W.M.
5:267b
REZNECK, S.
2:419b(2)
5:303b, 316a, 366b, 367a, 483a
RHEINBOLDT, H.
1:206b, 514a
3:85b, 187a, 195a
RHINE, J.B.
3:347a, 347b(2)
RHO, F.
1:327a
RHODES, I.K.
1:16a
5:403a
RHODIN, J.G.
2:339b
RHOUSOPOULOS, O.A.
3:194a
4:98a(2)
RHYS, H.H.
5:105a
RIABUSHINSKII, D.
3:51a, 74a
RIAD, N.
4:45a
RIASANOVSKY, A.V.
2:236b
5:41b
RIAZANSKAIA, K.V.
1:117a
RIBADEAU-DUMAS, F.
3:88b
RIBBERT, H.
3:459b
RIBBIUS, P.
3:402b
RIBEIRO DOS SANCTOS, A.
3:116a
RIBEIRO, P.
1:269a
RIBERA Y TARRAGO, J.
4:390a, 435b
RIBIER, L. DE
2:680b
3:419b
5:151a
RICARD, P. (BEL)
4:431a
RICARD, R.
1:25b, 277a, 381a, 494b
2:206a, 262b(2)
4:41a(4)
5:42b, 57b, 97a, 452b
RICARDO, H.R.
1:261a
2:43a
RICCARDI, P.
5:536b
RICCI, D.I.
2:263b
RICCI, J.V.
3:452b, 492a
5:388b
RICCI, M.
3:5b
4:217b
RICCI, S. DE [DE RICCI, S.]
2:394a(2)
3:13b
4:295b, 443a(2)
5:40b, 98b, 520a

RICE, D.S.
1:622b
RICE, D.T.
4:379b, 380a
RICE, E.F.
5:11a
RICE, E.L.
1:202a, 315b
RICE, E.W.
2:503b
RICE, F.O.
3:170a
RICE, H.C.
1:647a
2:405a, 456b, 727b, 742b
3:204b
5:228a
RICE, J.
3:149b
RICE, J.V.
2:215b
RICE, M.P.
2:503b
RICE, P.M.
5:414a
RICH, A.R.
1:367b
5:352a
RICH, I.
2:95a, 684b(2)
3:408b, 436a, 456b
5:57b, 268a, 481a, 515b
RICH, T.F.
2:436a, 438b
RICH, W.E.
2:767b
3:597b
RICHARD, A.
5:422b
RICHARD, G.
5:309a
RICHARD, J.
3:122b, 127a
RICHARDS, A.I.
4:266a
RICHARDS, A.N.
3:517a
RICHARDS, C.R.
3:549b
RICHARDS, D.W. (FISHMAN)
3:445a
RICHARDS, E.M.
2:576b
5:364a
RICHARDS, F.S.
4:54a
RICHARDS, G.R.B.
1:381a
5:60a, 474a
RICHARDS, H.C.
5:202b
RICHARDS, I.A.
2:168a
3:611b
4:232b
RICHARDS, J.C.
1:384a
RICHARDS, J.F.C.
2:538a
4:119b, 310a
RICHARDS, O.W.
2:766a
3:163b, 427a
RICHARDS, P.
3:470b

RICHARDS, R.L.
1:99b
RICHARDS, T.W.
2:381b
RICHARDSON, A.
3:63b
RICHARDSON, B.E.
4:135a
RICHARDSON, E.
2:224a
RICHARDSON, E.C.
4:34b
RICHARDSON, E.G.
3:540b
RICHARDSON, E.H.
3:389a
RICHARDSON, F.D.
5:550b(2)
RICHARDSON, H.
3:52a
RICHARDSON, H.C.
4:15a, 31b, 370a
RICHARDSON, H.G.
2:437a, 735a
4:18b
RICHARDSON, H.K.
2:88a
4:241a
RICHARDSON, J.T.
3:418b
RICHARDSON, K.I.T.
3:157a
RICHARDSON, L.J.
4:21b
RICHARDSON, L.N.
5:297a
RICHARDSON, M.
3:101a
RICHARDSON, O.W.
3:170a
5:496b
RICHE, P.
4:369b
RICHELOT, -.
3:481b
RICHENS, R.H. (HUDSON)
3:295b
5:472a
RICHER, J.
5:308a
RICHER, P.
1:334a
5:62b
RICHES, E.
1:194a
5:403b
RICHES, P.M.
3:15b
RICHESON, A.W.
1:382b, 408b, 492a, 613b
2:491a
3:104b
4:278b
5:14a(2), 16a, 111b, 319b, 454b
RICHET, C.
1:490b, 546b
2:466a
3:280a, 280b, 335b, 344a, 427a, 468a
RICHET, C.R.
3:347a
RICHET, E.
2:433a
RICHET, P.
2:285b

RICHEY, F.D.
3:528b
RICHEY, M.W. (TAYLOR)
3:250a
RICHMOND, D.
2:773b
RICHMOND, E.T.
4:431a
RICHMOND, I.A.
2:362b, 385b
3:609a
4:121a, 162a, 325a
RICHMOND, P.A.
3:461b
5:391a
RICHTER, C.P.
3:414b
RICHTER, E.
3:155a, 221b, 387a
RICHTER, F.
3:342b, 611b
RICHTER, G.
1:618b
2:723a
3:426a
4:98b, 433b
RICHTER, G.M.A.
4:125b, 142a
RICHTER, H.
1:157a(2), 188a(2)
4:368a
5:33b, 133b(2)
RICHTER, O.
2:169a
RICHTER, P.
1:450a, 582b, 627a
2:136b(2), 264a, 271b, 276a
3:449b, 450b, 468b, 473a, 515a
4:136a, 167b, 172b, 420a, 421b(2)
5:75a
RICHTER, R.
1:426a
5:337b
RICHTER, W.
2:356b
3:597b
RICHTHOFEN, E.
2:571b
3:74b
RICHTMYER, F.K.
3:119b, 136a
RICKARD, T.A.
3:571b
4:15a(3), 32a, 160b
5:550b
RICKERT, E.
1:247b, 248a
RICKERT, H.
2:3b
RICKETSON, O.
3:610a
4:279b(2)
RICKETT, H.W.
1:185b
3:302b
5:355a, 355b
RICKETTS, P.C.
1:369a, 510a
2:744a
5:304a
RICKMERS, W.R.
3:264a(2)
RICO-AVELLO, C.
1:238b
3:402a, 459b, 460a(2), 468b, 513a

5:58b, 375b
RIDDELL, G.
1:26b
RIDDELL, H.
1:156b
RIDDELL, W.H.
3:329b, 533a
4:25b(2), 232b
RIDDELL, W.R.
1:251b, 431b
5:74a, 257a
RIDDLE, J.M.
4:290a
RIDDLE, O.
1:321a
3:289b
RIDEAL, E.K.
1:538b
2:406b, 430b(2)
RIDEAU, E.
3:139b
RIDEOUT, J.K.
1:537a
RIDER, F.
3:13a
RIDGE, A.D.
2:726a
3:391b
RIDGELY, B.S.
1:304a
2:82a
5:89b, 126a
RIDGWAY, J.L.
3:14a
RIDLEY, G.N.
3:277b
RIECK, W.
1:439a
2:31a, 266b, 621b, 701a
3:519a
4:179a, 358b
5:280a(2), 280b, 376a, 410a
RIECKE, -.
3:379b
RIED, H.A.
4:11b
RIEDEL, E.
4:108a
RIEDINGER, U.
4:165b
RIEFF, P.
5:457a
RIEFSTAHL, E.
4:53b(3)
RIEFSTAHL, R.M.
1:644a
4:430a, 431b
RIEGEL, R.E.
3:558a
5:362a(2)
RIEGLER, R.
3:321b
RIEHM, K.
4:13a
RIEKHER, R.
3:207a
RIEM, J.K.R.
3:226a
RIEMER, M.F.
3:207a
RIEMSCHNEIDER, W.
4:130a
RIEPE, D.
4:189b

RIEPL, W.
4:162a
RIEPPEL, A. VON
3:156a
RIEPPEL, F.W.
1:360b, 608a
2:691a
3:395a
5:85a, 259b, 409b, 482b(2)
RIERA, J.
2:556b
RIES, E.H.
2:403a
RIES, K.
1:634b
2:324b
RIESCH, H.
1:571a
RIESE, W.
1:136a, 500b, 637a
2:205a, 489b
3:377b, 378a, 382a, 431b(3), 432a,
432b, 433a, 459a, 461b, 499a
5:240a, 350a, 364b, 381b(2), 383b, 471b
RIESENFELD, A.
4:260b
RIESENFELD, E.H.
1:72b
RIESENFELD, H.
4:103a
RIESMAN, D.
1:654a
2:163b, 521b(2), 682a, 740a, 740b
3:365b, 380a(3), 381b, 383a, 383b,
390b(2), 391a, 391b, 443b, 446a,
458b, 459b, 460a(2), 462a
4:3b, 4b, 332a, 370a(2)
5:367a, 515a
RIESS, E.
4:103a
RIESS, K.
1:357a
2:730a
3:69b
5:315b
RIET, S. VAN
1:58b, 89b
RIETH, A.
3:581a
RIETTI, A. (RUFFER)
4:46b
RIETTI, F.
1:370a
3:469a
RIFA'I, A.F.
4:384a
RIGAL, J.
5:272b
RIGBY, G.R. (LAMBART)
3:241b
RIGGS, A.S.
4:19a
RIGHI, A.
2:545b
RIGHINI, G.
1:464b
2:666a
3:206a
RIGNANO, E.
3:32a, 61b, 280a(5), 280b, 282b, 286a,
341a, 345a(2), 345b(5), 429b
5:514a, 543b
RIHANI, A.
3:262b

RIJNBERK

RIJNBERK, G. VAN
2:61b(3), 584b, 587a, 587b
3:385b, 403b
5:62a, 63a
RIJNBERK, G. VAN (ENGELHARD)
1:219a
RIJNBERK, M. VAN
2:61b, 129b
RILEY, H.P.
2:475a
RILEY, Q.
2:383b
RILLE, J.H.
1:500b
5:264a
RING, G.
3:90b
RINMAN, S.
2:657a
5:535a
RINNE, F.
3:176a
RINTELEN, F.
5:158a
RINTELEN, J. VON
3:95b
RIO HORTEGA, P. DEL
3:426a
5:483b
RIOUX, J. (HARANT)
3:478b
RIQUELME SALAR, J. [SALAR, J.R.]
1:270a
2:118b, 289a, 376b, 755a
4:418b, 420b
5:58b, 77a
RISCHER, W.
3:460a
RISLER, J.
3:588b
RISMONDO, P.
5:378a, 468a, 489b
RISNER, F.
2:487a
5:18b
RISSE, W.
1:28b, 87a
5:13a
RIST, E.
1:421a
2:36a, 486b
3:396a
5:263b
RIST, J.M.
2:328a, 336b
RISTER, C.C.
3:579a
RISTOW, W.W.
3:251a, 257b(2)
RITCHEY, G.W.
3:206b
RITCHIE, A.D.
1:370a
3:5b, 38a
RITCHIE, J.
1:559b
2:747a
3:291a, 395a
RITCHIE, P.D.
4:242a
RITCHIE, P.D. (FARNSWORTH)
4:53a
RITCHIE, P.D. (SELIGMAN)
4:242a

RITSCHL, R.
2:703a
3:145b
RITT, J.P.
1:515b
RITTER, C.
2:328a
4:99b
RITTER, E.
3:64a
RITTER, G.
1:113a, 385a, 634a
2:150b, 620b, 701a
3:617b
4:305b, 354a
5:8b, 98a
RITTER, H.
1:615a, 619a, 622b, 624a, 625b, 640b
2:20a, 136b
4:385b, 406a, 408a, 415b, 417a, 429a, 429b, 430a
RITTER, J.
1:82a, 300b
RITTER, P.
1:525b
2:64a, 65a
RITTER, S.
2:81b, 249b
RITTER, W.E.
1:63b, 312a, 312b
3:51b, 280b, 296b, 328a
5:521a
RITTERBUSH, P.C.
2:93b
5:230a, 236a
RITTI, A.
2:761a
3:435b
RITTMEYER, D.F. (STREBEL)
2:272a
RIVARI, E.
1:223b
2:108b, 597b
5:50a, 400a
RIVAUD, A.
1:333a
2:324b, 329b, 527b
3:92a
4:104a, 114b, 126a
RIVERO, R.
See RODRIGUEZ-RIVERO, P
RIVERS, T.M.
3:472b
RIVERS, W.H.R.
3:337a, 341b, 384b, 499b
4:8a(2), 263a
RIVET, F.
5:417a
RIVET, P.
3:336b
4:71a, 146b, 262a(2), 278a, 283a
RIVET, P. (VERNEAU)
4:278a
RIVETT, A.C.D.
2:155b
RIVIER, A.
1:577a
4:133a
RIVIER, G.
2:289a
3:498a
RIVIERE, E.
3:514b

RIVIERE, H.
4:430a
RIVIERE, M.J.
2:613b
RIVINGTON, S.
2:764b
3:616b
RIVKIN, E.
2:70b
RIVLIN, J.B.
2:152a
RIVOIRA, G.T.
4:161b, 431a
5:551a
RIVOIRE, J. (LATIL)
2:312b
RIZA NUR
4:170a
RIZNIK, B.
5:368b
RIZZOLI, R.
2:410b
ROBACK, A.A.
1:642b
3:66a(2), 340a, 341a(3), 342a, 343a
ROBATHAN, D.M.
1:160b
ROBB, A.A.
2:487b, 616a
3:147b
5:336b
ROBB, J.C.
2:48b, 213b
ROBB-SMITH, A.H.T.
3:447a
ROBB-SMITH, A.H.T. (SINCLAIR)
2:735a
3:424b
5:520b
ROBBINS, C.
2:352b
ROBBINS, C.C.
1:596a(2)
2:98b
5:353b
ROBBINS, F.E.
2:310b
4:76a, 108b(2), 119a
ROBBINS, F.E. (CURTIS)
4:116b
ROBBINS, F.E. (KARPINSKI)
4:108b
ROBBINS, H. (COURANT)
3:107a
ROBBINS, M.
3:392b
ROBBINS, R.H.
3:354a
ROBBINS, R.W.
4:269a
5:289b
ROBBINS, W.J.
2:93b
ROBBINS, W.W.
4:274b
ROBERG, L.
2:406a
ROBERT, A.
2:277a
5:77b
ROBERT, A.L.
3:379b
ROBERT, D.
1:301b
2:724b

5:450a
ROBERT, J.
3:558b
ROBERT, L.
1:14a
ROBERT, M.
1:286b
ROBERT, P. (DESFORGE)
1:526a
3:614a
ROBERT, T.
2:298a
ROBERTS, B.
1:111b
5:343b
ROBERTS, F.
3:379b
ROBERTS, F.H.H. (SWANTON)
1:416a
ROBERTS, H.F.
2:169b
3:294b, 309a
5:354b, 542b
ROBERTS, K.S.
1:209a, 359b
5:65a, 83a, 157b
ROBERTS, L.
2:310b
ROBERTS, M.
2:230a
3:461b
ROBERTS, R.S.
1:493b
5:150b, 170b
ROBERTS, S.C.
5:503a, 534b
ROBERTS, V.
1:281b, 620a
4:404a
ROBERTS, V. (KENNEDY)
1:620a
4:404a
ROBERTSON, A.
2:195a
ROBERTSON, A.W.
2:620b
3:570a
5:422a
ROBERTSON, C.C.
4:77b
ROBERTSON, D.W.
2:142a
4:306b
ROBERTSON, E.
1:629b
4:407b, 439a
5:215b
ROBERTSON, F.L.
3:603b
ROBERTSON, G.
2:608a
ROBERTSON, G.H.
1:543b
ROBERTSON, H.F. (ROBERTSON, W.E.)
3:462a
ROBERTSON, H.P.
1:599b
ROBERTSON, J.D.
3:590a
ROBERTSON, J.G.
1:496a(2)
ROBERTSON, J.M.
1:277a, 485b
3:59a, 97a, 176b

ROBERTSON, J.M. (CARPENTER)
4:52b
ROBERTSON, J.W.
1:358a
ROBERTSON, M.
2:506b
ROBERTSON, R.
1:408b, 430a
2:302b, 458a
5:324b
ROBERTSON, R.H.S.
2:538b
4:119b
ROBERTSON, R.H.S. (CLEMENT)
3:71b
ROBERTSON, T.B.
3:50a
ROBERTSON, W.E.
2:411a, 425a, 466a, 740a
3:462a(2)
5:245b, 377a
ROBERTSON, W.E.A.
1:381a
5:261b, 489b
ROBERTSON, W.G.A.
1:26b, 173b, 346a
3:514b
5:70b, 171a(2)
ROBERTY, G.
3:291b
ROBET, H.
3:68b
ROBICHON, C.
4:34b
ROBIN, A. (JOUBIN)
3:315a
ROBIN, L.
1:55a
2:329b, 367b
4:99b(2), 105a
ROBIN, P.A.
3:317a
ROBINET, A.
1:232b, 471b
2:137b
5:111a, 115a, 447a
ROBINET, R.
2:723b
5:295a
ROBINS, F.W.
3:552a, 588b
ROBINS, W.J.
2:180a, 442b
5:234b, 282b
ROBINSON, A.H.W.
3:257b
ROBINSON, B.W.
4:255a
ROBINSON, C.A.
1:29a(2)
4:17b
ROBINSON, C.A. (BOTSFORD)
4:97a
ROBINSON, D.M.
4:131a, 140a
ROBINSON, E.
1:123b, 180a(2), 320a(2), 355a, 435a
2:292b, 384a, 613b, 614a(2), 643b, 681a, 687a, 719a(3), 735a
5:188a, 190b, 194a, 195b, 197b, 221a, 234a, 284b, 285a, 302b, 305b
ROBINSON, E. (MUSSON)
5:285a, 287a, 414b
ROBINSON, F.J. (SCHUETTE)
3:535b

ROBINSON, F.N.
4:296b
ROBINSON, G.C.
3:390b
5:397b
ROBINSON, H.
1:119b
ROBINSON, H. (DAVIES)
3:554a
ROBINSON, H.R.
2:428a
ROBINSON, H.S.
1:216a, 248b, 381a, 455a, 588a, 658a
2:119b, 126b, 470a, 644b
3:371a
4:445a
5:50b, 52b, 54a
ROBINSON, H.W.
1:157a, 350b, 594a
2:268b, 610a, 734a
5:106b, 179b
ROBINSON, H.W. (COPE)
1:350b, 400a
2:155a, 751b
5:213b, 220b(2)
ROBINSON, H.W. (RICHARDSON)
2:224a
ROBINSON, J.
1:296b
2:738b
3:556a
ROBINSON, J.A.
2:232b
ROBINSON, J.B.
3:494b(2)
5:462a
ROBINSON, J.H.
3:52b, 56b, 60b, 355a, 606a
ROBINSON, J.H. (BREASTED)
3:28a
ROBINSON, J.L.
3:267a
ROBINSON, J.T. (BROOM)
3:333a(2)
ROBINSON, L.
2:498a
3:157b
ROBINSON, M.
3:164b
ROBINSON, M.L.
1:15a, 15b
ROBINSON, N.
3:568b
ROBINSON, R.
2:48a, 287a, 300a(3), 300b(3), 328a
3:583a
4:106a
5:328a
ROBINSON, T.
2:538b, 561b
4:112b, 114a
5:86a
ROBINSON, V.
1:143a, 157a, 360b, 524a, 557a, 607b, 637b, 638a, 648a
2:25b, 101b, 123a, 164a, 291a, 365b, 480a, 560a
3:264a, 266a, 363b, 365b, 371a, 375a(6), 379b, 382b(2), 415b, 442a, 442b, 475b, 482a, 490a, 493a, 498b
4:132a
5:75a, 149a, 254a, 286b, 367a, 378b, 425a
ROBINSON, W.
3:514a

ROBISON, R.
1:244a
ROBSON, G.C.
3:289b
ROBSON, J.
4:391b
ROBSON, J.M.
3:517b
ROBSON, R.
2:622a
ROBYNS, W.
2:98b, 626b
3:307b
5:236a
ROCAL, G.
3:244b
ROCARD, Y. (EISENMANN)
3:153b, 154b
ROCART, E.
2:517b
ROCCA, R. (BEVER)
2:58b
5:422b
ROCCATI, A.
1:120b, 429b
2:121a, 357a, 443b, 481a, 513b
5:333b
ROCCHI, V.
5:18b
ROCH, M.
3:449a
ROCH, W.
2:403b
ROCHA LIMA, H.
5:450a
ROCHAS, A. DE
4:88a
ROCHE, H.
2:631b
3:496b
5:269b
ROCHE, P.Q. (POLEMAN)
4:207b
ROCHESTER, DE L.
1:192b
ROCHETTE, -.
5:220b
ROCHLIN, S.A.
5:429a
ROCHOT, B.
1:111b, 124b(2), 333a(2), 336a(2),
  384a, 459a, 471a(3), 471b(3), 472a(3)
2:29b, 64b, 148b, 158b, 284a, 349b,
  407b, 498a, 604a
5:102b, 103b, 110b(2), 115a, 118b,
  121b, 129a, 230b, 527b
ROCK, F.
3:120a
4:5b, 23b, 319b
ROCK, H.
1:578b
ROCK, J.F.
4:215b, 229a, 232b(2)
ROCKWOOD, R.O.
1:122b
5:186b
ROCQUES, P.
1:551b
ROD, W.
1:336a
RODBARD, S.
4:47b
RODD, E.H.
2:419b, 641a

RODD, F.R.
2:39a, 278b, 396a
5:227a, 342b
RODD, R.
1:591b
RODDA, J.C.
1:305b, 351a
5:217b, 333a
RODDIER, H.
1:343a
2:418a
5:189a
RODDIS, L.H.
1:540b, 588a, 648a
2:92b, 255b, 633b, 740b, 767b
3:481b, 509b
4:324b
5:399b(2)
RODENWALDT, E.
5:59b
RODEWALD, F.
4:342a
RODEWALD, H.
4:332a(2)
5:507b
RODGERS, A.D.
1:102b, 290b
2:485a, 517a, 552b
3:305a, 527a
5:353b(2), 356a, 411b
RODGERS, E.C.
4:331a
RODGERS, W.L.
4:96b
RODIGER, J.
1:205a, 425b
2:336b
5:228b, 229b
RODIN, F.H.
2:132a
RODINSON, M.
4:428a
RODIONOV, V.M.
3:599b
RODIS-LEWIS, G.
2:137b
RODNAN, G.P.
3:430b
RODNAN, G.P. (BENEDEK)
2:304b, 411b
4:348b
5:264a
RODOCANACHI, E.
4:338a
5:57a, 247b
RODOLICO, F.
2:357a, 405a, 505a
3:239b, 261a, 276a
5:230a
RODRIGUES, F.
4:226b
RODRIGUES, O.
3:449b
RODRIGUEZ ADRADOS, F.
4:147b
RODRIGUEZ EXPOSITO, C.
1:418b
3:409b
5:473b
RODRIGUEZ EXPOSITO, C.
(ABASCAL)
1:418a(2)
3:477a(2)
RODRIGUEZ EXPOSITO, C.
(HURTADO GALTES)

1:418b
RODRIGUEZ, E.I.
1:22b
4:370a
RODRIGUEZ, L.
2:591a, 721a
3:308a
4:260a
5:354a
RODRIGUEZ-MOLERO, F.X.
1:85a, 86b
4:420a
RODRIGUEZ-RIVERO, P.D. [RIVERO, R.]
1:74a
3:423b, 514a
5:272a, 393b
RODT, W.E. VON
3:448a
ROE, A.
3:28b
ROE, F.G.
3:330b
ROE, J.W.
2:624a
3:550a, 550b, 563a(2)
5:292b, 295a
ROE, T.
2:409a
ROEBUCK, C.
4:132a
ROEDEL, R.
2:143a
5:302b
ROEKEL, G. VAN
1:399b
ROELANTS, H.
3:143b, 156b
ROEMER, M.I.
2:477a
3:376b, 384a, 389a, 391a, 410a
ROEMISCH, B.
4:353a
ROERICH, G. DE
2:46a
ROERICH, G.N.
3:264a
ROERICH, N.K.
3:264a
ROERSCH, A.
1:260b
2:100b
ROES, A.
4:109b
ROESLER, H.
1:419a
5:386b
ROEVER, W.H.
1:249b(2)
5:431b
ROFFO, A.E.
1:73b
3:488b
ROFFO, A.H.
2:410b
3:463b
ROGACHENKO, V.F.
2:105a
5:312a
ROGER, G. (HOFF)
5:173b
ROGER, G.H.
5:347b
ROGER, H.
1:137b, 261b

5:373b
ROGER, J.
  2:29b
  5:126a, 230b, 231b, 237a
ROGER, P.
  1:305b
ROGERS, A.D.
  1:414b
  3:531b
ROGERS, C.
  1:241b, 356a
  2:172b
  5:355a
ROGERS, C.H.
  2:30b
ROGERS, E.M.
  3:28a, 136a, 544a
ROGERS, F.B.
  1:120a, 197b, 435a
  2:31a, 198b
  3:375a
  5:242b
ROGERS, F.B. (SCHULLIAN)
  2:728b
  3:368a
ROGERS, F.M.
  2:597b
  4:327b
ROGERS, G.L.
  2:452a
  5:427a
ROGERS, H. (DICKINSON)
  5:289b
ROGERS, J.A.
  1:319b
ROGERS, J.F.
  1:263b, 381a
  2:470a
  5:59b, 60a
ROGERS, L.
  2:184b
  3:469b, 482b, 490a
  5:158b
ROGERS, R.W.
  4:176b
ROGERS, S.L.
  4:11a, 28b, 266b
ROGET, R.
  4:91a
ROGGE, H.C. (MEYERHOF)
  4:259b
ROGIER, C.R.
  1:513a
ROGINA, J.
  3:473a
ROGOSIN, H.
  3:347a(2)
ROHDE, A.
  3:83a
ROHDE, E.
  4:127a
ROHDE, E.S.
  2:735a
  3:510b, 531a
  4:82a
  5:542b, 549b
ROHEIM, G.
  3:88b
ROHLAND, P.W.
  3:551a, 571a
ROHMER, J.
  4:306b
ROHR, C. VON
  1:468b(2)
  5:44a

ROHR, M. VON
  1:1b, 438a(2), 522a, 531a
  2:14a, 775b
  3:162a, 162b(3), 441b(4), 592a(3), 592b
  5:158a, 159a, 214b(2), 258a, 294a
ROHR, M. VON (COURT)
  3:207a
ROHRBERG, A.
  4:223b
ROI, J.
  4:238b
ROIG-GIRONELLA, J.
  3:143a
ROJAS VILLEGAS, F.
  1:81a
ROKACH, J.A.
  3:524b
ROKHLIN, L.L.
  2:28a
  5:382a
ROLAND, F.
  5:222a
ROLAND, M.
  2:287b
  5:412b
ROLAND, P.
  2:283b
ROLAND-GOSSELIN, M.D.
  1:23a, 87a
ROLANDI, G.
  3:575b
ROLANTS, E.
  3:395b
  5:247b, 264b, 504b
ROLDAM, R.
  3:513a
ROLDAN Y GUERRERO, R.
  3:411b, 507b
  5:59a, 277b, 408a, 528a
ROLET, A.
  3:533b
ROLETTO, G.B.
  1:21b
  5:40a
ROLFE, F.W. (ROLFE, R.T.)
  3:313b
ROLFE, R.T.
  3:313b
ROLFES, E.
  1:60a
ROLL, E.
  2:672a
  5:285a
ROLL, V.
  3:558a
ROLLAND, E.
  3:311b
ROLLAND, R.
  2:52b, 56a
ROLLER, D.
  1:465b
  3:137b, 143b, 164b(2)
  5:205a
ROLLER, D. (MILLIKAN)
  3:135b
ROLLER, D.H.D.
  1:96a, 487b(3)
  2:539b
  3:49a
  5:318b
ROLLER, D.H.D. (HOLTON)
  3:142a
ROLLER, D.H.D. (ROLLER, D.)
  3:164b(2)

ROLLER, K.
  1:447b
  5:182b
ROLLESTON, H.
  1:33b(2), 79a(2), 197b, 241b, 246b,
    341b, 493b, 503b, 544a, 547b(2),
    550a(2), 606a, 655b(2)
  2:156b, 279b, 629b, 676b, 746b
  3:371b, 379b, 381a, 385a, 394a, 394b,
    395a, 409a, 424b, 446a(2), 447a,
    448a, 457b(2), 458b, 461b, 513a
  5:370a, 503a, 520b
ROLLESTON, J.D.
  1:75b, 117a, 157b, 179b, 191b, 229b,
    248b, 659a
  2:116b, 401b, 602a(2), 627b
  3:439b, 442a, 445a, 452a(2), 466b, 467a
  4:130a(2), 335b
  5:244a(3), 264b, 393a
ROLLET DE L'ISLE, M.
  3:241b
  5:509a
ROLLET, A.P.
  1:526a
ROLLIER, M.A.
  2:218a
ROLLINS, C.P.
  3:369b
ROLLIS, R.H.
  3:465a
ROLT, F.H.
  3:85b
ROLT, L.T.C.
  1:199b
  2:220a, 764a
  3:542b, 554a, 558a
ROMAINS, J.
  3:440b
ROMANCHENKO, G.N.
  3:575a
ROMANELL, P.
  2:106b(4), 522a
  3:96a
  5:148b(2), 154b, 166a
ROMANELL, P. (LEAKE)
  3:61b
ROMANES, G.J.
  2:617a
ROMANO, J.
  2:591b
  3:289b, 438b
  5:386b
ROMANOFF, A.J. (ROMANOFF, A.L.)
  3:328a
ROMANOFF, A.L.
  3:328a
ROMANOFF, P.
  4:78a
ROMANOVA, N.S.
  2:561a
ROMBERG, E. VON
  3:446a
ROME, A.
  1:51a, 73b, 146b, 165a, 171a, 178a,
    226b, 392b, 398a, 564b(2), 613b
  2:21b(2), 171b, 269a, 269b, 316b(2),
    346a, 358a, 360b(2), 361a(3), 361b,
    363b(1), 441b, 536b(1), 581a
  3:102b, 210b
  4:21a, 108b, 110a, 111a(2), 116a(2),
    116b, 118a, 120b, 121a, 143a, 147b,
    193a, 286b, 332b, 375b
ROME, R.
  2:504b(2), 750b

ROMEIN

ROMEIN, J.
4:368a

ROMER, A.
1:123a, 294b, 298a, 298b
2:428b, 489a
3:173a, 174b(2), 175a
5:320a(2)

ROMER, A.S.
3:289b

ROMER, L.S.A.M. VON
1:172b
5:149b

ROMERO SOSA, C.G.
1:126a, 518b
2:391a
5:369a, 447a, 460a, 474b, 482b

ROMERO, F.
3:92a

ROMEYN, D.
5:399a

ROMIG, H.G.
3:119b

ROMIG, M.F.
3:213a

ROMPP, H.
3:180b, 514b

RONALL, J.O. (GRUNWALD)
3:549a

RONAN, C.A.
1:459a, 464b
2:217a, 414a
3:201b, 216b

RONAN, C.A. (BULLARD)
1:533b

RONCHESE, F.
3:450a

RONCHI, V.
1:177a, 463b(2), 464a(3), 465a, 499a(2), 514b(4), 617b
2:14a, 77b, 229b(2), 230a(2), 346a, 346b, 452b(2), 554b(6)
3:19a, 22a, 161b(3), 162a(4), 162b(4), 163a(2), 164a, 441b
4:421a
5:18b(2), 119b(4), 120a, 158b(3), 175b, 470a

RONDEAU, J.
1:334a

RONDONI, P.
2:298b

RONEY, J.G.
4:178b

RONGE, G.
1:259a
4:113b

RONHAAR, J.H.
4:8b

RONNE, L. VON
3:397b

RONNEBERGER, W.
2:776b

RONNOW, S.
1:572b
3:549a
5:289a

RONSIL, R.
2:24b
5:359b

RONZY, P.
2:155b(2)

ROOFE, P.G.
1:565a
3:432a

ROOK, A.
3:277b

ROON, J. VAN
5:339a

ROONEY, W.E.
2:730b
3:418b

ROONWAL, M.L.
3:322b

ROOS, H.U.L.
5:399a

ROOS, J.
1:149b
2:128a
3:78b

ROOSBROECK, G.L. VAN
2:318b

ROOSBROECK, R. VAN
2:173a

ROOSEBOOM, M.
1:219b, 325b, 375a, 585b, 612b
2:61a(3), 62a, 744b(2), 769b
3:78a, 285b(4), 408b, 428b, 589a
5:120a, 142a, 194b, 206a, 348b, 523a(2), 545b

ROOSES, M.
2:727a
5:95a, 551b

ROOSEVELT, K.
3:330b

ROOSEVELT, T.
3:275b

ROOTSELAAR, B. VAN
1:169b

ROOVER, R. DE
See DE ROOVER, R.

ROPER, E.J. (BOWMAN)
5:223a

ROPER, R.C.
2:265a
5:213b

ROPKE, W.
2:687a

ROPLOWITZ, E.S.
2:135a, 540b

ROQUES, M.
4:300b

ROQUET, D.
2:711b
3:219a

RORDORF, H.
1:295b
5:407b

ROSA, D.
3:289b, 291a, 335a

ROSA, R. DE
See DE ROSA, R.

ROSCHER, W.H.
4:21b, 24b(3)

ROSCOE, J.
4:265b

ROSE, A.C.
4:159b

ROSE, A.H.
3:536b

ROSE, H.J.
4:84a, 85b, 88a

ROSE, H.J. (ARGENTI)
4:127b

ROSE, J.
1:459a
2:281b

ROSE, J.H.
1:279a
3:270b
4:25a
5:26a, 226b

ROSE, M.
3:297b

ROSE, W.
1:496b

ROSE, W.J.
2:28a
5:297a

ROSEBAULT, C.J.
2:435b

ROSEBURY, T.
3:603a

ROSECRANCE, R.N.
3:602a

ROSEL, R.
4:200b

ROSEN, E.
1:99a, 155b, 188a, 206b, 217a(2), 239b(2), 279b, 281a(2), 281b(3), 282b, 283a(2), 283b, 284b(2), 320b, 329b, 357a, 460a, 461b(2), 464a(3), 464b(4)
2:14b, 15a(2), 15b, 44a, 82a, 158b, 159a(5), 187a, 367a, 382a, 392b, 398b, 418b, 460a, 492a, 569a
3:138b, 217b, 441b
4:344b
5:5b, 18b, 21a, 24a, 36b, 125b, 158b

ROSEN, F.
2:250b(2)
4:399b, 428a

ROSEN, G.
1:121b(4), 137b, 379b, 409b, 415b, 418a, 557a(2), 647a
2:118a, 151a, 176b, 258b(2), 270a, 408a, 477b(3), 521b, 555b, 617b, 631b
3:346a, 366b, 367a, 376a(6), 376b, 377a, 380b(2), 381b(2), 384a, 391b, 395b, 409a(3), 409b(2), 410a, 410b, 438b, 439b, 479b, 480a(3)
4:332a
5:64b, 105a, 149a, 250b, 251a(2), 252a, 252b, 256b, 270a, 364a, 364b, 365a, 368b, 370a, 374a(2), 374b, 375a, 375b, 379a, 392a, 393a, 398a(3), 404b, 429a, 456a, 472b

ROSEN, G. (CASPARI-ROSEN)
3:370a

ROSEN, L. (ROSEN, S.M.)
3:547a

ROSEN, R.
1:486a
3:161a

ROSEN, S.
2:244b
3:68b, 184b
5:315b

ROSEN, S.M.
3:547a

ROSENBERG, A.
2:498b, 510b, 717a
5:105a, 167b

ROSENBERG, C.E.
1:120a, 321a
2:86b
3:65a, 284a, 390b
5:393b, 394a

ROSENBERG, H.H.
3:603a

ROSENBERG, J.C.
3:399b

ROSENBERG, M. (LAZANSFELD)
3:349a

ROSENBERG, O.
4:249b

ROSENBLATT, A.
3:130a
ROSENBLATT, M.B.
5:385a
ROSENBLATT, S.
2:134a
ROSENBLEUTH, A. (CANNON)
3:431a
ROSENBLITH, W.A. (BEKESY)
3:442a
ROSENBLOOM, J.
1:237a, 560b, 657b
2:467a
3:451a
5:54a, 147b(2)
ROSENBLOOM, R.S.
5:415b
ROSENBLUM, S.
1:589b
ROSENBUSCH, H. (GULAT-WELLENBURG)
3:347a
ROSENDAHL, C.O.
1:540b
ROSENFELD, B.A. [ROZENFEL'D, B.A.]
1:153b(2), 393a, 617b
2:85a, 105a, 243a, 250b, 370a(2), 436b, 534a, 564a(3)
3:131a
4:394a, 395b, 396b, 437b
5:454a, 489a
ROSENFELD, B.A. (IUSHKEVICH)
2:7a
4:170b
ROSENFELD, B.A. (ZUBOV)
4:307a
ROSENFELD, L.
1:166b, 595b, 612b, 661a
2:145b, 224b, 230a, 230b(2), 483a
3:25a, 27b, 44b, 124a, 154a(4), 155a, 159b
5:114b, 466b
ROSENFELD, L. (HATTON)
1:660b
ROSENFIELD, L.C.
See COHEN ROSENFIELD, L
ROSENGARTEN, A.G.
2:713b
3:463b
ROSENHEAD, L. (FLETCHER)
3:120b
ROSENKRANZ, K.
2:587b
ROSENMEYER, T.G.
2:330a
4:117b, 120b
ROSENMOLLER, B.
1:170b
ROSENSTOCK-HUESSY, E.
1:408a
2:271b
3:605a
ROSENTHAL, A.
1:369a
ROSENTHAL, C.O.
4:289b
ROSENTHAL, E.
1:658a
2:206a, 332a, 360a
4:195a, 211b
ROSENTHAL, F.
1:406a, 569b, 580b
2:20a, 20b, 332a, 363b, 437a, 440a(2), 649b
4:385b, 387b(2), 393a(2), 424a, 433b
ROSENTHAL, J.
1:583b
2:602a
3:606b
4:295a
5:295b
ROSENTHAL, O.
3:387b
ROSENTHAL, R.
2:219a
ROSENTHAL, R. (JORDAN)
5:407a
ROSENTHAL, T.
1:517a
ROSENTHAL, W.
3:519b
ROSENTHAL-SCHNEIDER, I. [SCHNEIDER, I.]
1:375a, 376b
2:4b, 226b, 322a
3:24a, 24b, 41a, 44b, 55b, 142b, 147b, 281a
ROSENVASSER, A.
4:37b
ROSENWALD, J.
2:494a
ROSENWALD, L.J.
5:29a
ROSETT, J.
3:345b
ROSHDESTVENSKI, D.
3:170a
ROSHEM, J.
1:78b, 158a, 193a
2:69b(2), 277b, 419a
3:472b(2), 497b
5:77b, 151a, 167a, 260b, 261a
ROSHEM, J. (PIERY)
3:475b
ROSHEM, S.
1:550b, 660b
2:434b
3:456a
5:69b
ROSHWALD, M.
3:61b
ROSINGER, L.
5:541b
ROSINO, L.
1:459a, 464b
ROSLER, M.
3:119a
ROSMARIN, T.W.
1:442b
ROSNER, E.
1:379b
2:268a
5:76b(2)
ROSNY, J.H.
3:44a
ROSS, A.S.C.
4:192b
ROSS, D.
4:410b
ROSS, D.M.
3:284b
ROSS, E.A.
3:355b
ROSS, E.D.
1:102b
2:250a, 340b, 473a
4:171a
5:137a
ROSS, E.D. (SCHMIDT)
3:522b
ROSS, H. (ALEXANDER)
3:437a(2)
ROSS, J.
5:343a
ROSS, J.A.
2:25a
5:393b
ROSS, J.F.
5:11b, 488b
ROSS, R.
1:568b
2:299a, 485a, 531a
3:380a
5:235b, 355b, 356a
ROSS, R.S.
1:322b, 323b
ROSS, S.
1:408b
3:47b
ROSS, W.D.
1:54b(3)
ROSSI, C.
2:724a
3:48a
ROSSI, E.
1:629b
2:384a
4:411a
5:133b, 372b
ROSSI, M.M. (HONE)
1:133b
ROSSI, P.
1:95b, 448b
2:119a
5:6a, 201b
ROSSIER, P.
2:442b
3:74b, 127a, 251a
5:127a, 197b, 457a
ROSSIISKII, D.M.
3:373a
ROSSINI, C.C.
4:439b
ROSSITER, A.P.
1:594a
3:5b
ROSSITER, H.P.
1:446a
ROSSLE, R.
2:205a
5:391b
ROSSLER, G.
1:204a
5:17a
ROSSMAN, F.
1:283b, 475a, 603b
ROSSNAGEL, P.
2:15a
ROST, G. (SAUER)
3:287b
ROSTAGNI, A.
2:367b
ROSTAND, F.
2:452b
5:310a
ROSTAND, J.
1:234b, 241b, 266a, 291a, 310b, 312a, 313b, 338a, 343a(2), 362b, 467b, 478b, 556b
2:40a, 48a, 169b, 193a, 196b, 389b, 390b(2), 395b, 494a, 494b
3:277b, 278a, 281b, 283a(2), 284a, 288a(2), 289b(2), 335a, 455b

ROSTAND
5:230b(3), 237a, 238a(2), 239b, 347b, 348a, 350b, 351b, 450b, 542a
ROSTAND, J. (SERGESCU)
3:73b
ROSTENBERG, L.
5:56a, 441a
ROSTENNE, P.
2:282b
ROSTHORN, A. VON
4:245a
ROSTOCK, P. (DIEPGEN)
2:703a
3:398a
ROSTOVTSEV, M.I.
4:17b, 97b, 128a, 140a, 145b, 147a, 152b, 159a, 232a
5:551b
ROSTOVZOV, I.A.
2:32b
3:557a
5:286b, 287b
ROSU, A.
1:592b
5:342a
ROTBLAT, J.
3:58a
5:522b, 534a
ROTBLAT, J. (JONES)
3:169b, 216a
ROTENSTREICH, N.
3:606b
ROTH, A.G.
2:176b
ROTH, C.
1:379a
2:578b(2), 646b(2)
3:66a
4:77b, 299b, 336a, 438b
ROTH, E.
1:164a
2:688b
5:255b, 263b
ROTH, F.
1:17a
2:167a
ROTH, F.W.E.
1:571a
2:415b
4:358a
ROTH, G.
2:771a
5:173b
ROTH, G.B.
1:505b
2:202a, 636b
5:404b
ROTH, H.L.
3:585a
ROTH, L.
1:332a(2), 334b, 336a, 613a
2:85a, 134a, 135a, 497a(2)
3:97a
ROTH, P.
5:99a
ROTH, R.R.
2:295b
ROTH, W.
3:179b
ROTHACKER, E.
3:93a
ROTHE, E.
3:236a
ROTHE, H.
2:470a

ROTHFELD, O.
2:250a
ROTHHAAS, L.
5:418b
ROTHMALER, W.
2:40a
ROTHMANN, S.C.
3:567a
ROTHSCHILD, E.A.J.
2:266a
ROTHSCHUH, K.
3:377b
ROTHSCHUH, K.E.
1:546b, 605a(2)
2:404b, 449b, 454b
3:426b(2), 427a(5), 431b
5:160b, 255a, 378b, 379b, 387a
ROTHSTEIN, J.
3:160a
ROTHWELL, J.J.
2:558b
ROTINI, O.T.
2:357a, 502a
ROTSCHI, H.
3:242a
ROTTEN, E.
1:498a
ROTTENBURG, H.
2:606b
ROTTH, A.
2:152a, 476a(4)
3:598b
5:421a, 423b
ROUANET, G.
1:506a
5:257a, 459a
ROUBAUD, E.
1:509a
2:51b
ROUBTSOV, N.N.
3:573b
ROUCEK, J.S.
3:48b, 66a
ROUCH, J.
1:41a, 211b
2:418b, 596a(2), 627a
3:215a, 223a, 226b(2), 227a, 243a, 249b, 266a, 267a(2), 268a, 268b(2)
4:149b(2)
5:217a, 343a
ROUDIN, M.B.
1:557a
5:366a
ROUECHE, B.
3:458b(2)
ROUFF, M.
5:290b
ROUFFAER, G.P.
1:352b, 597a
2:107a
5:42a
ROUFFIANDIS, -.
1:339b, 631a
2:48b
5:269b, 273b, 527b
ROUGEMONT, E. DE
3:610b
ROUGHTON, F.J.W.
1:109a
ROUGIER, L.
1:237b
2:284a, 300a, 339a, 368b, 541b
3:39b(2), 41b, 43a(2), 146b, 151a, 202a
4:297b, 304a
5:314a

ROUHIER, A.
3:305a, 512b
ROUKEMA, E.
1:270b, 288b
2:489a, 589a
5:32a(2), 39a
ROULE, L.
1:137b(2), 204b, 301b, 320b, 596b
2:26b, 34b, 40a, 451a
3:275a, 325a, 326a(2), 534a(2)
5:228b, 230b, 231a
ROULET, F.C.
1:14a
ROULLEAU, J.
2:284a
5:128b
ROUNDS, D.
3:13b
4:19a, 87a
ROUQUETTE, P.
4:94a, 154b
ROUS, P.
1:422b(2)
2:44a
ROUSE, H.
3:552a
ROUSE, I.
4:276a, 277b
ROUSE, I. (CRUXENT)
4:277b
ROUSSEAU, -.
1:137b
ROUSSEAU, J.
1:228a(2)
5:46a, 85a
ROUSSEAU, M.
2:417a, 530b
3:90b, 291a, 291b
ROUSSEAU, P.
3:5b, 200a, 540b
5:413b
ROUSSEAU-LIESSENS, A.
1:591b
ROUSSET, H.
3:529b
5:523b
ROUSSET, J.
2:304a, 720a
5:247a
ROUSSY, G.
3:526b
ROUSTAN, D.
3:39b
ROUTH, E.M.G.
2:195b
ROUTH, H.V.
3:56b
ROUTLEDGE, K.
4:260b
ROUVIER, G.
3:266a
ROUVIERE, H.
3:423b
ROUVRE, C. DE
1:273b, 274a
2:577b
5:302b
ROUX, A.
3:554b
ROUX, C.
1:401a
ROUX, C. (GATTEFOSSE)
3:271b
ROUX, E.
2:287b

ROUX, G.
3:237a
ROUX, M. DE
2:281b
ROUX, P.
3:355b
ROUXEAU, A.
2:36a, 36b
ROUZAUD, A.
1:181a
5:370b
ROVE, O.N.
2:761b
3:238b
ROVELL, H.S.
2:645a, 697b
ROVERETO, G.
3:240b
ROVESZ, B.
3:344a
ROWAN, W.
3:328a
ROWATT, T.
3:558b
5:286a, 484a, 487a
ROWBOTHAM, A.H.
2:710a
4:219b
5:267b
ROWBOTTOM, M.E.
1:184a
ROWE, A.
2:736a
4:54b
5:288a, 420a
ROWE, A.P.
3:599b
ROWE, J.
4:341a
ROWE, J.S.
1:430a
ROWLAND, J.
2:428a
3:38a
ROWLANDS, J.J.
2:573b
ROWLANDS, M.J. (DE BEER)
1:316b
ROWLETTE, R.J.
3:394a
ROWLEY, J.
3:318a
ROWNTREE, L.G.
2:278b
3:371a
ROY, F. DE
2:323b, 445a
5:24b
ROY, G.R.
4:199b
ROY, H.
1:297b
ROY, H.L.
3:579a
ROY, L.
1:363b, 554b
3:166a
5:320a
ROY, M.
4:188a
ROY, P.G.
1:437b
ROY, P.S.
3:445b

ROY, R.
1:291a
5:315a
ROY, T.C.
3:526b
ROYA, M.
1:302a
ROYCE, J.
3:38b
4:7b
ROYCE, J.R.
3:340a
ROYDS, T.F.
2:596a
4:152a
ROYER, B.F.
5:265b
ROYS, L.
4:283a
ROYS, R.L.
1:104a
4:277b, 279a
ROYSTER, H.A.
1:118a, 601a
3:382a
5:365b, 396b
ROZBROJ, H.
1:496a
2:40a, 144a, 418a
ROZEN, B.I.
3:537b
ROZENBAUM, S.A.
3:576b
ROZENFEL'D, B.A.
See ROSENFELD, B.A.
ROZSIVALOVA, E. (SCHID)
5:249a
ROZWADOWSKI, J.
3:63b
RUBAILOVA, N.G.
1:317a
RUBBINI, C.
1:220a
5:63b
RUBEL, E.
2:696a(2), 757a
3:75b, 311a(3)
5:543a
RUBEN, W.
4:204a, 209b
RUBEN, W. (SAYILI)
4:403a
RUBENS, H.
3:173a
RUBERTIS, A. DE
3:518a
RUBIN, I.
5:401b
RUBIN, M.
3:175b
RUBIN, M. (FLINT)
4:269a
RUBIN, Z.A.
3:541a
RUBINOWICA, A.
2:645a
RUBINSTEIN, B.
3:21a
RUBINSTEIN, B. (GANT)
3:69a
RUBINSTEIN, J.
3:23a
RUBIO I LLUCH, A.
4:331b

RUBIO PALACIOS, H.
2:26a
5:396b
RUBIO, J.M.
5:136a
RUBIO, J.P.
2:758a
5:29a, 44b
RUBIOLA, C.
3:500b
4:356a
RUBNER, K.
3:314b
RUCH, T.C.
3:329a
RUCHLIS, H. (EIDINOFF)
3:172b
RUCHON, F.
2:498b
RUCK, K.
2:335b
4:327b
RUCKER, C.W.
1:554b
3:441a, 441b(2)
RUCKER, E.M. (RUCKER, M.P.)
3:492b
RUCKER, M.P.
1:549b
2:258b, 426a
3:454a(2), 488b, 492b
5:169a, 260b, 274b, 388b
RUCKER, P.
2:177a, 181b
4:298a
RUCKERT, O.E.
5:269b
RUCKMICH, C.A.
3:341b
RUDAKOV, A.V.
4:238b
RUDAUX, L.
3:200a
RUDBERG, G.
1:68a
2:324b, 498b
RUDBERG, S.Y.
1:260b, 564a
RUDD, H.F.
4:233a
RUDD, W.R.
3:585a
RUDDICK, C.T.
1:392b
2:269b
RUDEJEW, M.
1:605b
2:124a
RUDIO, F.
1:396a
RUDLOFF, E. VON
4:339b
RUDNICKI, J.
1:280a
RUDNITSKAIA, E.L.
2:29a, 241a
RUDNYKH, S.P.
3:21a
RUDOLPH, R.C.
4:231b, 232b, 234a, 241b, 243b
5:294b
RUDOMETOV, I.I.
3:578b
RUDWICK, M.J.S.
1:510b, 610a

RUDWIN
  2:619b, 696a
  3:231a, 272a
  5:335a
RUDWIN, M.
  3:354a
RUDY, H.
  1:35b
RUDY, Z.
  1:97b
  3:18a, 294b, 457b
RUEDEMANN, R.
  2:731a
  3:86b
RUEGG, K.
  4:290a
RUFFER, M.A.
  2:691b
  4:46b, 48a(3), 266b
RUFFIN, E.
  3:525a
RUFFNER, J.A.
  2:230a
  5:119a
RUFFNER, J.A. (HALL)
  2:226a
RUFINI, E.
  1:50b, 61a, 390b, 394a
  4:109a
RUFUS, W.C.
  2:232b(2), 405a(3), 643b
  4:227b, 247a(3), 247b
  5:197a, 330b
RUGANI, L.
  1:448a
  5:457b, 498a
RUGE, W.
  3:252a
RUGER, L.
  3:238a
RUGG, H.
  3:29b
RUHL, A.
  4:428b
RUHLE, O.
  2:153b
  4:6a
RUHMER, O.E.
  3:503b
RUHRAH, J.
  1:79a, 213b, 540b, 569b
  2:278b, 308a
  3:456a(2)
  4:281b
  5:264a(2), 364a
RUIN, J.G.G.
  1:109a
RUITER, L.C. DE
  3:328b
RUIZ DE GALARRETA, A.
  1:503a(2)
RUIZ MORENO, A. [MORENO, A.R.]
  1:454a, 579b
  2:592a
  3:253a, 453a
  4:133a, 136b, 338b
RUJA, H.
  1:30a
  3:95b
RUKEYSER, M.
  1:485b(2)
RULAND, H.L.
  2:206a(2), 362b
RULLIERE, R. (COURY)
  2:304a, 464b
  5:396b

RUMILLY, R.
  2:147b
RUMNEY, J.
  2:495b
RUMPLER, E.
  3:559b
RUMRILL, H.B.
  3:202b, 214a
RUMVILLE, H.B.
  1:189b
RUNCIMAN, S.
  2:413a
  4:372a
RUNCIMAN, W.G.
  2:328a
  4:101b
RUNEBERG, A.
  3:353b
RUNES, D.D.
  3:16b, 66b, 92a(2), 92b, 93a, 332b
RUNGE, C.
  2:616b
RUNGE, I.
  2:424b
  3:162a, 168a, 440b
RUNGE, W.T.
  3:591a
RUPE, H.
  1:101b
RUPP, E.
  3:592b
RUPP, O.
  5:201a
RUPPEL, A.
  1:523b(3)
  2:699a
  3:596a
RUPPEL, S.
  3:587a
RUPPRECHT, E.
  1:289b
RUSCONI, A. (CAMPI)
  3:172b
RUSCONI, C.
  3:275b
RUSH, B.
  5:208b
RUSH, H.P.
  1:141b
RUSKA, J.
  1:6b, 89b, 90b(2), 91b, 153a, 230a,
    248b, 309a, 497a, 531b, 562b, 620a,
    635b(4), 636a(9), 640a(2)
  2:8a, 16b(2), 18b, 28a, 100a, 199b,
    207b, 216b, 370b(2), 387b(3),
    388b(4), 389a(4), 453a, 518a,
    527a(2), 625b, 646b(2), 647a, 705a(3)
  3:12b, 18a, 26a, 179a, 179b, 181b, 182a,
    186a, 193a, 193b, 197a, 197b, 198a,
    198b, 199b, 230a, 239a, 536b(3),
    537a, 577a
  4:114a, 206b, 308a, 313a(4), 313b,
    314a, 379b, 388a, 394a(2), 395a,
    395b, 396b, 399a, 399b, 400a(3),
    400b(2), 404b, 408a, 409a, 414b,
    422b(2), 426a, 426b, 427a, 427b,
    428a(2)
  5:264a, 440b, 512b, 513a, 533a(2)
RUSKA, J. (RITTER)
  1:615a
  4:430a
RUSKIN, A.
  3:446a
RUSS, E. (ALTSCHULE)
  3:433b

RUSS, M. (BONI)
  1:374a
RUSSEL, P.F.
  3:478b
RUSSELL, A.
  1:294a, 550a
  2:10b(2), 11b
RUSSELL, B
  3:127b
RUSSELL, B.
  1:132b
  2:64a, 753b
  3:35b, 39b, 43a(2), 45b, 46a, 56b, 63b,
    92a(4), 92b, 93b, 109b(4), 139b, 149b,
    170a, 170b, 340b, 450a, 476b, 614b
RUSSELL, B. (WHITEHEAD)
  3:110a
RUSSELL, C.A.
  1:144b, 323b, 433b
  5:326a(2), 326b
RUSSELL, E.
  2:408a, 742b
  5:534a
RUSSELL, E.J.
  1:531a
  2:56a, 181b, 313a, 746a
  3:54a, 523b(2)
RUSSELL, E.S.
  1:583b
  2:452b
  3:280a, 282b, 295a, 318b(2), 320a
  5:348a
RUSSELL, F.S.
  2:438a
  3:299b
RUSSELL, H.N.
  1:377a
  3:150a
RUSSELL, J.
  1:487a
  2:56a, 746a
  3:47a, 564b
RUSSELL, J. (BURNE)
  3:564b
RUSSELL, J. (WAILES)
  3:565b
RUSSELL, J.C.
  1:109b, 306b, 516a(2)
  2:411b
  4:297b, 300a, 331b, 336a
RUSSELL, J.C.H.
  3:378b, 502a
RUSSELL, J.L.
  2:15a
RUSSELL, K.F.
  1:197b, 251a, 544a, 545a
  2:163b
  3:424b(2)
  5:51b, 150b, 253b, 254a(3)
RUSSELL, L.J.
  1:134b
  5:204a
RUSSELL, P.
  1:434a
RUSSELL, P. (GIMSON)
  3:255a
RUSSELL, P.F.
  3:478a
RUSSELL, R.C.H.
  3:242a
RUSSELL, S.
  3:85a
RUSSELL, W.F.
  3:535b

RUSSELL, W.L.
2:730b
3:436b
RUSSELL-WOOD, J.
1:198b(2)
RUSSO, A.
2:556a
5:170b
RUSSO, A. (RUBIOLA, C.)
3:500b
RUSSO, F.
1:145a, 254b, 460a
2:283b, 380a, 431a, 707a
3:5b, 10a(4), 11a(2), 18a, 42a(2), 146a
4:338a
5:15a, 88b
RUSSO, P.
3:281a
RUSSOTTO, G.
3:417a
5:502a
RUSSU, I.G.
4:353b
5:403a
RUST, H.H. (DRUBBA)
3:243a(2)
RUST, W.M.
1:221b
RUTENBERG, D.
3:165b
RUTHERFORD, E.
2:202b
3:81a, 82b, 167b, 170a, 174b(4), 175b, 193a, 193b, 549b
RUTOT, A.
3:271b, 347b
RUTOT, A. (LOHEST)
1:431b
RUTTEN, L.M.R.
3:232a
RUTTEN, M.
4:22a, 57a, 67a
RUTTEN, M. (BRUINS)
4:59a
RUTTER, R.R.
3:499b
RUYER, R.
1:291a
3:32a
RUYSSEN, T.
2:4b
3:89a
RUYTINX, J.
3:35b
RYAN, J.
3:265b
RYAN, J.H. (BEESON)
2:382b
RYAN, L.V.
3:16b
RYAZANOVSKY, V.
4:169a
RYBAKA, E.
3:208b
RYBICKI, P.
3:60b
RYBKA, E.
1:280b
3:203b
RYBKIN, G.F.
2:104a(3), 257a, 259a
RYBNIKOV, K.A.
1:160a, 473b
3:101a, 104b, 124b(2), 126a
5:114b, 455a

RYBNIKOV, K.A. (GNEDENKO)
3:101b
RYCHLIK, K.
1:169a, 169b(4), 234a(2)
2:678b
RYCKMANS, G.
2:468a
4:173b, 406b
RYDBERG, S.
5:193b
RYDE, H.
3:413a
RYDE, J.W.
2:288a
RYDEN, S.
1:34b
2:99a, 107b, 489b
5:229a, 234a, 235b
RYDER, M.L.
3:586b
RYDZEWSKI, W.
3:328a
RYE, R.A.
3:620a
RYGALOFF, A.
1:275a
RYKERS, H.
2:220a
5:331b
RYLE, J.A.
3:61b, 409a
RYLE, M.
3:218a
RYMILL, J.
3:269a
RYNIN, N.A.
2:561b
RYPKA, J.
5:464b
RYSSELBERGHE, P. VAN
1:354a
RYTEL, A.
1:149a
5:387a
RYTOV, S.M.
1:504a
RYTZ, W.
2:98b(2), 333a, 616b, 669a
3:313a
5:84b(3), 232a, 445b
RYVEL, -. (VEHEL)
4:440a
RYZHKOV, V.L.
3:301b
RZHEVKIN, S.N.
2:187a
SA, A. DE
1:268b
2:579b
SA'DI, L.M.
1:606b, 617a(2)
2:347b, 387b, 574a, 725b, 755a
4:334b, 416a, 420b
5:373b(2)
SAA, M.
1:92b, 538a, 572b
4:24b
SAARMANN, G. (MURIS)
3:252a
SABA, A.
2:669b
5:183b
SABAHUDDIN, S.
4:211b

SABATIER, P.
1:141a, 141b, 432a
3:195a
5:328b
SABBADINI, R.
1:490b
SABBATANI, L.
1:42a, 448b, 484b(6)
2:144a
5:46a, 75a, 81b, 86a, 451b
SABBE, M.
2:323a
SABIN, F.R.
1:298a, 330a
2:138b(2), 238a, 337b, 467a
3:15b
SABINE, E.L.
4:339b(2)
SABINE, J.C.
3:447a
SABINE, W.C.
2:430b
SABOYA DO ARAGAO, J.A.
1:603a
SABRA, A.I.
1:337b, 393a, 428b, 617b
2:230b(3), 564b
3:162a(2)
SABRAZES, J.
2:62a, 559b, 601a
SABRIE, J.B.
1:247a
5:12a
SACCASYN-DELLA SANTA, E.
4:7a
SACCHERI, G.G.
1:393b
2:431a
SACERDOTTI, C.
1:502a
SACHS, A.
3:481b
SACHS, A.J.
4:57b, 58a, 60a, 62b, 63b
SACHS, A.J. (NEUGEBAUER)
4:59a
SACHS, C.
3:592b
4:54b, 62a, 287b
SACHS, E.
3:490a(2)
SACHS, H.
1:441b
3:496a
SACHS, L.
2:471b
5:361b
SACHS, M.
3:490b
SACHS, W.
4:266a
SACHSE, J.D.W.
3:16a
SACHTLEBEN, R.
3:181a(2)
SACKS, J.
3:567a
SACKS, N.P. (ROBERTS)
1:209a, 359b
5:65a, 157b
SACKSTEDER, W.
3:38b
SADI, L.M.
See SA'DI, L.M.

SADLEIR

SADLEIR, M.
2:432a
SADLER, A.L.
4:254b
SADLER, D.H.
2:496a
SADOLETO, I.
2:432a
SADOUL, G.
2:119a(4)
3:597b
5:430a(2)
SADOUN-GOUPIL, M.
2:284a
3:138b
SADYKOV, A.S.
3:80a
SAEGUSA, H.
2:5a
5:196b
SAFFORD, W.E.
3:195b, 196a, 512a(2), 518a, 529a
4:274a, 274b
SAGAR, R.B. (IVES)
3:267b
SAGE, C.M.
1:20b
SAGE, E.T.
2:305b
4:153b
SAGERET, J.
1:132b, 376b
2:59b, 416a
3:8a, 34b, 44a, 89a, 200a
5:533a
SAGHER, -. DE
2:645a
SAGHER, H.E. DE
3:585a
4:364a
SAGI, K. (GORGENYI)
3:497b
SAGLIK, S. (KESKIN)
3:453a
SAGNAC, P.
1:28a, 205a
5:188b
SAGUI, C.L.
2:616a
3:139b, 344b, 531b, 576b
4:14b, 24a, 142a, 291a, 364b
SAHA, M.N.
1:177b
3:602a
SAHLIN, C.
2:86b, 262a
3:575a
5:287a, 419b
SAHNI, B.
4:211b
SAHYUN, M.
3:196a
SAIDLA, L.E.
3:39a
SAIGUSA, H.
4:249a(2)
SAILOR, D.B.
5:121b
SAINEAN, L.
2:376a
SAINT,
See also ST
SAINT-DENIS, E. DE
2:334b
4:30b, 151b, 152a

SAINT-GIRONS, F.
2:402a
SAINT-JACQUES, E.
3:364a
5:244b
SAINT-LEGER, A.R. DE
5:288b
SAINT-MARTIN, A.
1:121a
SAINT-SEINE, P. DE
3:291a
SAINTE-CLAIRE DEVILLE, H.
3:576a
SAINTE-CLAIRE-DEVILLE, C.J.
5:284b, 415a
SAINTE-LAGUE, A. (MAGNAN)
3:158b, 286a
SAINTIN, H.
3:489a
SAINTON, P.
1:338a
5:146b
SAINTYVES, P.
3:88b, 221a, 305a, 351a, 352a, 383a(2), 443a, 450a
4:8b, 78b
SAITO, K.
3:279a(2)
SAITO, S.
4:249a
SAITTA, G.
1:417a
5:9a
SAJNER, J.
2:169b
5:388a
SAKAGUCHI, M
4:251a
SAKAKIBARA, K.
4:255a
SAKANISHI, S.
3:374a
4:231b, 249a, 252b
SAKATA, S.
3:154a, 171b
SAKIZ, E. (HOFF)
1:137a
SAKURAI, J.
4:249a
SAKURAZAWA, N.
4:213a
SAL, M.
4:78a
SALADRIGAS Y ZAYAS, E.
1:418b
SALAMAN, R.A. (LU GWEI-DJEN)
4:241a
SALAMAN, R.N.
2:750a
3:73a, 529a(2)
4:283a
5:87a
SALAMANCA, L.
1:80b
SALAMEH, O.
2:130a
4:378a, 421b
SALAMON, H.
3:495a
SALAR, J.R.
See RIQUELME SALAR, J.
SALATUN, R.J.
3:559b
SALECKER, K.
2:24b

SALEMBIER, L.
1:19a
5:36b
SALES DE COGORNO, N.M.
3:497a
SALESSES, M.J.
4:381a
SALET, P.
2:250a
3:214a, 215b
4:171a
SALIBA, D.
1:90a
4:393a
SALIE, H.
2:337b
3:10a
SALIN, E.
4:232a, 329a, 362b
SALINARI, M.E.
5:30a
SALINAS, F.O. [ORLANDO-SALINAS, F.]
2:458b
4:130a
5:243a
SALINGRE, E.
1:378a
3:442a
5:369b
SALIS, J.R. DE
2:479b
SALISBURY, E.
2:746b
3:48b
SALISHCHEV, K.A.
1:326b
3:251a
5:222b, 451a
SALKER, R.D. (NEVERS)
3:232a
SALLANDER, H.
2:509a, 768b(3)
3:13b, 368a, 369a
4:444a
5:5a, 193b, 535a
SALLET, A.
1:529a
4:257a, 257b
SALMAN, D.
1:24a, 68a, 87a, 483a
2:540b
4:306a
SALMAN, D.H.
1:406a
3:281a
SALMON, C.E.
3:311b
SALMONY, A.
3:87b(2)
SALOMON, R.
1:362a
2:167a, 251b, 376b
SALOMON, W.
2:78a
3:552b
5:216a
SALOMONS, D.L.
1:190b
SALOMONSON, J.G.
3:453b
SALONEN, A.
4:69b(4), 70b(2)
SALPETER, E.E. (CORSON)
1:324a

SALTANOV, I.A. (VOVCHENKO)
2:111a, 726b
3:618a
SALTER, A.
3:602b
SALTER, E.G.
1:432a
SALTER, F.R.
5:60b
SALTER, H.E.
2:735a(2)
SALTER, W.H.
2:762a
3:348b
SALTYKOW, N.
1:337a(3), 484b, 638a
2:269b(2), 306a, 591b
3:102a, 116b
5:313b
SALTZSTEIN, H.C.
2:758b
3:418b
SALVADORI, M.
1:353b
SALVATORELLI, L.
1:432a
SALVEMINI, G.
1:307b
3:349a, 607a
SALVESTRINI, V.
1:200b
SALZA, L.
2:599a
3:345a
5:223a
SALZER, E.C.
2:271b
SALZI, P. (KERGOMARD)
1:493a
SALZMAN, L.
3:437a(2)
SALZMAN, L.F.
4:300a
SALZMAN, L.P.
4:361a(2)
SALZMANN, C.
1:219b(2), 223b, 256a, 481b
5:40a, 67b
SAMAHA, A.H.
4:405b, 406a
SAMARAN, C.
4:295b
SAMARELLI, E.
2:465a
SAMARIN, A.M.
3:575b
SAMBON, L.W.
5:397b, 473a
SAMBURSKY, S.
1:65b, 177a, 183b, 462a, 465a
2:311b
3:40b
4:101a, 101b, 111b(5), 112b, 113b, 374a
5:102b, 204a
SAMION, J.
See SAMION-CONTET, J.
SAMION-CONTET, J. (HAHN)
[SAMION, J.]
2:738a
3:362a, 367b, 368a
5:521b
SAMMARCO, A.
1:193b
5:341b

SAMOJLOVIC, A.
3:533b
SAMPAIO, J.
5:27a
SAMPEY, J.R.
2:485b
SAMPLONIUS, Y.
2:605a
4:397a
SAMPSON, G.
3:16b
SAMPSON, H.
1:400b
5:170b
SAMPSON, J.
1:591b
4:140a
SAMPSON, R.A.
1:359a, 428a, 612b
2:226a, 750a
3:152a
5:120a
SAMSONOV, G.V.
3:549a
SAMSONOWICZ, J.
3:231a
SAMUEL, H.L.S.
3:32a, 63b, 139b
SAMUEL, J.B.
2:546b
4:324b
SANCEAU, E.
1:25b, 232a, 559a
2:350b
5:43a
SANCHES, F.
5:23b
SANCHEZ ALONSO, B.
5:96b, 478a
SANCHEZ GUISANDE, G.
[GUISANDE, G.S.]
3:425a
5:62b
SANCHEZ MARTIN, M.L.
1:641a
2:380b
SANCHEZ PEREZ, J.A.
1:31b
2:566a, 669b
3:103a, 119a
4:21b, 108a, 319b, 395a, 407a
SANCHEZ, A.L.
1:44a
2:112a
5:337b
SANCHEZ, G.I.
4:278b
SANCHEZ-ALBORNOZ, C.
4:390a
SANCHEZ-CAPELOT, F.
1:431b
5:78b
SANCHEZ-SANTAMARINA, A.
5:160a
SANCHO DE SAN ROMAN, R.
5:242b, 497a
SANCTIS, S. DE
3:346a
SAND, R.
3:364a, 409a(2), 409b, 410a
SANDBLAD, H.
1:187a, 237a, 246a, 280b, 284b, 465b, 653a
2:477b, 510a
3:209a

5:23b, 26a, 108a, 131a
SANDERS, L.
3:84a
SANDERSON, P.M. (KURZER)
3:195a
SANDES, E.W.C.
2:698a
3:600b
SANDFORD, K.S.
4:34a
SANDFORD, M.
3:287b
SANDFORD, V.
5:112a
SANDIG, H.U.
3:211a
SANDISON, A.T.
1:79a, 216a, 328a
4:47a(2), 47b, 135a, 154b, 178b
SANDISON, A.T. (ALDRED)
1:630b
4:47b
SANDOW, A.
1:313b
3:292a
5:350a
SANDOZ, E.
3:605b
SANDRA, H.
1:122b, 164a, 219b, 504b
2:251b, 453b, 521a
3:493a
5:76b, 166a, 267b, 268b, 440b, 442b, 443a, 451b, 452a, 456a, 463b, 471b, 489a, 547b
SANDRI, G.
1:430b
SANDWITH, F.
2:149b
SANDYS, J.E.
1:97a
4:291b
SANES, S.
1:157a
SANFORD, E.M.
1:490b, 592b
2:314a(2)
4:294a, 368a
SANFORD, F.
3:164b, 167a
SANFORD, H.A.
5:90a
SANFORD, V.
2:47a, 63a(2), 190a, 508a
3:101a, 118b, 121a, 220a
5:14b
SANGIORGI, G.
3:364a
SANGMEISTER, E. (JUNGHANS)
4:15b
SANKALIA, H.D.
2:727b
3:619b
SANOCHKIN, Y.V. (BOGOLYUBOV)
1:168a
SANSOM, G.B.
4:248a, 249a, 255b
SANSOME, F.W.
2:199b
SANTAPAU, H.
2:704a
3:312a
SANTAYANA, G.
3:96b

SANTELER, J.
1:567a
SANTESSON, C.G.
4:282a
SANTIFALLER, L.
4:366b
SANTILLANA, G. DE
See DE SANTILLANA, G.
SANTORO, M.
2:684b
SANTOS, E.H.
5:383a
SANTOS, L. DE C.
3:393a
SANTOS, V.
1:500b
SANTOVENIA, E.S.
3:410b
SANZIN, R.
5:418b, 419a
SAPIR, E.
3:612a
SAPPER, K.
3:41a, 236a, 236b
SAPPERT, K. (HEIN)
1:438b
4:355b
SARACHEK, J.
2:134a
SARAFIAN, K.A.
3:618b
SARAFIDI E CONTANTA, H.
4:94a
SARANGOV, T.S.
3:141b
SARASIN, A.
4:151b
SARASIN, P.
3:344a
SARCOS, O.
5:82b
SARDESAI, R.N.
4:186a
SARFATTI, G.
4:76b, 437b
SARGANT, W.L.
2:732a
3:616b
SARGEAUNT, G.
2:596a
4:152a
SARGEAUNT, J.
2:668a
3:616b
SARGENT, R.L.
4:128a
SARKAR, B.K.
4:187a, 189b, 201a, 209b
SARKISSIAN, A.O.
2:203a
SARMA, P.J.
4:202b, 207a
SARMA, S.E.R.
2:156b
4:190b
SARNECKA-KELLER, M.
2:149a
5:209b
SARNECKI, K.
3:571a, 580a
SARNECKI, T. (BULAT)
1:323b
SARNELLI, T.
1:482b, 616a
4:426a

SARRADON, P.
2:36b
SARRE, F.
4:430b
SARTIAUX, F.
3:350a
4:299a
SARTON, G.
1:3b, 18a, 42b, 48b, 55a, 76b, 89b(2), 90a, 97b, 101a, 110a, 111a, 120a, 122b, 135a, 140b, 145a, 171a, 172a, 175a, 178a, 184b, 186a(2), 190a, 209b(2), 211a, 219b, 220a, 220b, 229a, 231b, 233b(2), 249a, 251b, 256b, 271b, 273a, 273b, 275b, 286a, 296a, 315b, 317a(2), 331a, 343b, 363b, 382a, 385a, 390a(2), 407a, 407b, 408a, 412b, 424a, 424b, 425a, 440a, 448a, 449b, 467a, 468b, 469a, 469b, 477b, 503a, 508a, 519a, 519b, 530b, 534a, 536a, 546b, 553b, 559a, 581a, 585a, 595b, 598a, 599b, 617b, 627b, 631a, 658b
2:5a, 18b, 37b(2), 38a(3), 47a, 48a, 61b, 62b, 74b, 76b, 77a, 83b, 93a, 103b, 109b, 132a(2), 142a, 170b, 174a, 175a, 176a, 177a, 177b, 186a, 194a(2), 202b, 209a, 212b, 230b, 233a, 250a, 252a(2), 286a, 286b, 296b, 305a, 310a, 314b, 316a, 338b, 358b, 371b, 373a, 396a, 403b, 406a, 410b, 414a, 424b(2), 435a, 464a, 466a, 469a, 495b, 496b, 497a, 502a, 506b, 507a, 508b(2), 510a, 515a, 526b, 527b(3), 529a(2), 530a, 538b, 544b, 557a, 567a, 568a, 570a, 571b, 577b, 584b, 600a, 603a, 607a, 609a(2), 614b, 634a, 637b, 641a, 643b, 645b, 650a, 674b, 676a, 677b(2), 698b, 699a, 706b, 708a, 718a, 727a, 727b, 730a, 750a(2), 760a, 767b
3:6a(2), 9b(9), 10a(5), 10b(5), 11b(2), 12b, 16a(4), 16b(2), 18a(7), 18b(9), 19a(2), 19b(3), 20a, 21a(2), 21b, 22a(3), 23b(2), 24a, 25a(2), 26a, 27a, 27b, 28a, 29a, 45b, 46b, 48a(3), 51a(2), 51b, 52a, 55a, 56b, 58b, 59a, 60b(2), 61a(2), 62a, 66a, 73b, 76a, 77a, 77b, 81b, 86b, 89b, 97b, 102b, 104b(3), 118b, 121b, 129a, 137b, 188a(2), 198b, 202a, 211a, 218b, 229a, 248a, 248b, 251b, 269b, 273b, 300b, 312b, 313b, 314a, 316a, 373a, 375a, 385b, 429b, 446b, 449a, 465b, 474a, 512a, 534a, 535a, 543a(3), 550a, 596a, 613a, 614a
4:5b, 12a, 16a, 19a(3), 22b, 36a, 43a, 59b, 62b, 68b, 84b(3), 99b(2), 100a, 110a, 120b, 169b, 170a, 193a, 222b, 240a, 242a, 242b, 244b, 250b, 257a, 257b, 260b, 280b, 283b, 285a(2), 286a, 296b, 297a, 303a, 308a, 308b, 309b(2), 311b, 327a, 329b, 330a, 333a, 350a, 358b, 359b(2), 367b, 375a, 384a(3), 385b, 386b, 395a, 398a, 403a(3), 408b(2), 416a, 418a, 421a, 426a, 428a, 429a, 434a, 434b, 440a, 485a
5:3b, 4b(2), 5b, 6a, 10a, 14b, 16a, 20b, 25b, 27a, 27b, 47b, 48b, 89a(2), 96b, 108b, 145a, 164a, 172a, 175a(2), 182a, 182b, 216a, 223a, 240b, 264b, 271a, 292b, 300b, 309b, 318b, 353a, 356a, 379b, 386a, 433b, 441a, 442a, 443b, 449a, 452b, 454b, 476a, 478b, 481a, 482b(2), 484a, 490b, 491a, 499b, 511b, 513b, 532b(2), 546a, 547a, 551b, 552a(2)
SARTON, G. (JOURDAIN)
1:661a
SARTON, G. (NORMAN)
3:211b
5:331b, 489a
SARTON, G. (THORNDIKE)
4:404a
SARTON, G. (WARE)
4:220a
SARTON, M.
2:441b(4)
SARTORIUS, B.
2:271a
SARYMSAKOV, T.A.
2:413a
SASAGAWA, T.
4:237b, 254a(2)
SASPORTAS, L.
3:474a
SASS, F.
3:566b
SASSADY, K.
4:257a
SASSEN, F.
2:745a
4:371a
SASSOON, D.S.
2:756b
4:75a
SASTRE, J.R.
1:238a
4:156b
SASTRI, K.S.
4:208a
SASTRI, S.
4:189b
SASTRY, M.V.
4:204a
SASULY, M.
3:132a
SATINELLO, G.
1:21b
SATTAMINI-DUARTE, O.
1:590a
SATTERLEE, G.R.
3:443b
SATTERLY, J.
3:137a
SATTERTHWAITE, L.
4:279b
SATTLER, P.
3:610b
SAUDEK, R.
3:610b(3)
SAUER, C.O.
3:245b
SAUER, G.
3:287b
SAUER, J.D.
3:528a
SAUER, R.
3:159a
SAUER, W.
3:40b
SAUERBRUCH, F.
1:228b
SAUGER, M.
2:183b
3:153a, 167a
SAUL, A. (RODRIGUES)
3:449b

SAULNIER, C.
3:280a
SAULNIER, V.L.
2:375b(2)
5:10b
SAUNDERS, E.W.
4:372a
SAUNDERS, J.B. DE C.M.
1:224a, 476b
2:189b, 192a, 584b, 588a(2), 588b, 590a
4:26a
5:61a, 66b, 79b
SAUNDERS, J.B. DE C.M. (CRUMMER)
2:576a
5:61a
SAUNDERS, J.B. DE C.M. (O'MALLEY)
1:559a
2:588a(3)
SAUNDERS, J.B. DE C.M. (STEUER)
4:28a
SAUNDERS, J.L.
2:100b
5:12a
SAUNDERS, L.
3:86a
SAUNDERS, L.R.
3:156b
SAUNDERS, R.L. DE C.H.
3:489a
SAUNDERS, V.
4:189a
SAUNERON, S. (POSENER)
4:34b
SAUSER, G.
3:423b
SAUSSURE, H. DE
3:554b
SAUSSURE, L. DE
2:204a, 499b(2)
3:209b, 235a, 243b, 246a, 250a
4:63a, 171a(2), 177b(2), 216b, 225b, 226a(2), 227b(5), 228a, 228b(2), 230b, 231a, 405a
SAUSSURE, R. DE
1:130b, 532a
2:42b, 441b, 443a, 529a
3:28b, 120b, 435b
5:157a, 256b, 400b
SAUTER, C.
1:66a, 90a
SAUTER, J.
1:94a
SAUVAGE, -.
2:599a
5:424b
SAUVAGET, J.
1:615b
4:380b, 385b, 410a, 419b, 433a, 433b
SAUVAGET, J. (BLACHERE)
4:387b
SAUVENIER-GOFFIN, E.
2:100a, 196b, 434b, 683b, 715b
3:13b, 20b, 103a
4:285b, 302b
SAUVEUR, M.
2:707b
SAVAGE, F.G.
2:469b
5:46a, 49b
SAVAGE, H. L.
4:359b
SAVAGE, S.
1:299a
2:157b
5:84b

SAVASTANO, L.
1:286b, 293b(2)
2:343b, 580a
4:157b
5:87b
SAVE-SODERBERGH, T.
1:563b
4:45a
SAVELLE, M.
5:190a
SAVELLI, R.
1:122a, 484b, 514b(2)
2:35a, 192b, 494b, 572a, 600a, 600b
5:119b, 120b, 123b, 125b, 235a
SAVESON, J.E.
1:339a
2:485b
5:109b
SAVI-LOPEZ, M.
1:341b
5:39a
SAVIGNAC, R.
2:351a
SAVILE, L.H.
4:30b
SAVIOZ, R.
1:171b(2)
2:389b
SAVITZ, H.A.
2:7b, 135a
3:373a, 388a
5:373a
SAVORGNAN DE BRAZZA, F.
3:549a
SAVORY, T.H.
3:47b, 321a
SAVOURS, A.
2:757b
3:266b
SAVOY, E.
4:29a
SAW, R.L.
2:64a
SAWERS, D. (JEWKES)
3:545b
SAWICKI, L.
2:162a
5:339a
SAWIN, H.A.
3:576b
SAWYER, A.R. (GOLDMAN)
4:281a
SAWYER, F.C.
1:279a, 504b, 509b
2:50a, 102a, 298b, 386a
3:315b
5:144a, 228b, 237b, 238b, 345b, 357b
SAWYER, W.H.
4:274a
SAX, K.
3:80b, 295b, 358b
SAXL, F.
1:252b
2:302a
3:65b, 606b
4:294a, 320a(3), 404b, 405b
5:25b
SAXL, F. (KLIBANSKY)
3:60b
SAXL, F. (PANOFSKY)
1:361b
5:65a
SAYCE, A.H.
1:259b
3:350a

4:25a, 33b, 72b
SAYCE, R.
2:192a
SAYCE, R.U.
4:16b
SAYE, H.
3:387b
4:348b
SAYE, H. (GOLDBERG)
4:356a
SAYILI, A.M.
1:2a, 62b, 88a, 90a, 406a, 483a, 498a
2:17a, 369b, 370b, 533b, 605a(3), 713b, 771b
3:56b, 205b, 405b, 421a
4:119a, 388b, 389a, 397a, 398a(2), 402b(4), 403a(2), 407b, 433b, 435a
SAYLE, C.
2:113a
5:52a
SAYOUS, A.E.
1:269a
4:444b
SAYRE, F.
4:105a
SAYRE, G.
5:353a, 356a
SAYRE, K.M.
3:594a
SAYRE, W.S.
3:58a, 69a
SAZANOVA, L.W.
1:605a
5:354b
SBATH, P.
1:93b, 615a, 622a
2:738b
4:385b, 399b, 425b
SBORDONE, F.
2:310b
4:166a(2)
SBORGI, U.
2:171a
3:193a
SBRZESNY, W.
5:286a, 486b, 490b, 495b, 550a
SCALAIS, R.
2:575b
SCALINCI, N.
1:28a, 45a, 71b, 102a, 128b, 193a, 238a(3), 290a, 321a, 438b, 449a(2), 508b(4), 554b
2:136a, 198a, 232b, 318a, 445b(2), 646a, 755a
3:440a
4:138a, 153a, 155a, 156b, 338a, 344a(4), 344b
5:71b, 72a, 158b, 257a(2), 257b(2)
SCARAMELLA, P.
5:356a, 478b
SCARCELLA, M.
2:196a
5:389b
SCARISBRICK, J.J.
1:188b
5:43b
SCARLETT, E.P.
2:144b
SCARPA, A.
3:386b
4:257a
SCARPADANE, N.M.
2:138a
SCATURRO, A.
1:20b

SCELLINCK
5:165b
SCELLINCK, T.
4:352b
SCHAAD, H.
2:418a
5:257a
SCHAADE, A.
2:525b
SCHAAF, W.L.
1:473b
3:102a, 113a, 133b, 601a
SCHAAR, B.E.
3:355b
SCHAARSCHMIDT, F.O.
1:520a
4:342a
SCHACHAR, Z. BEN
2:134b
SCHACHNER, A.
1:292b
2:123a, 123b
SCHACHT, J.
1:33a, 267a, 454b, 619b(3), 622a
2:134a, 178b, 466a
3:445b
4:388a(2), 419b, 437b
SCHACHT, J. (MEYERHOF)
1:33a, 622a
4:417b
SCHACHT, R.
2:5b
SCHACHTEL, E.G.
3:340a
SCHACHTER, -.
2:524a
SCHACHTER, M.
1:552a
3:447b
5:381b
SCHACK, T.
1:535a
SCHADE, H.
2:744a
3:436b
SCHADELBAUER, K.
1:40a, 400b, 476a(2)
2:159b(2), 180b, 421b
5:49b, 72b, 73b, 74a, 75a, 151b
SCHADENDORF, W.
3:258b
SCHADEWALDT, H.
1:358b
2:198a
3:465b(2), 481b(2), 512a, 556a
5:70a, 262a
SCHADEWALDT, H. (KLEBE)
3:456b
SCHADEWALDT, W.
2:548a
SCHAEFER, A. (ROTHSCHUH)
3:427a
SCHAEFER, C.
1:438a, 474b
2:288a
5:320a
SCHAEFER, G.
3:165a, 382b, 560a, 566a, 582a, 584a, 592a
SCHAEFER, G.K.
5:275b
SCHAEFER, R.J.
1:477b
2:44b, 475b
4:353b
5:69a, 394a

SCHAEFFER, C.
1:473b
SCHAEFFER, C.F.A.
4:73b, 74a(2), 173b, 361b
SCHAEFFNER, A.
4:16b
SCHAEPPI, H.
1:500a
SCHAER, E.
1:243b
4:217a
SCHAERER, M. (RUTOT)
3:347b
SCHAERER, R.
4:101a
SCHAFER, A.
2:357b
SCHAFER, E.H.
4:228b(2), 240b
SCHAFER, H.
4:52b, 55a
SCHAFER, J.
3:522b
SCHAFER, K.H.
2:634a
4:335a, 337a, 353a
5:57a
SCHAFFERS, V.
3:150a
SCHAFFGOTSCH, X.
2:551b
5:365b
SCHAFFSTEIN, F.
1:605a
SCHAGRIN, M.L.
2:247a
SCHALLER, H.
4:304a
SCHALTENBRAND, H.H. (ROBERT)
3:379b
SCHANZ, M. VON
4:146a
SCHAPER, K.
2:198a
5:274b
SCHAPERA, I.
1:309b, 513b
2:399a
4:264b, 265b
5:146a
SCHAPIRO, D.
3:492a
4:28b, 81b
SCHAPIRO, M.
1:443a
2:74b
SCHAR, E.
3:503a, 537a
SCHAR, R.
1:533b
3:422b
SCHARFF, A.
4:55b
SCHARGO, N.N.
1:344a
5:295b
SCHARLIEB, M.A.D.
2:446a
SCHAROLD, H.
1:24b
4:330a
5:192b, 502b
SCHARROO, P.W.
1:655a
3:581a(2)

5:425b
SCHATTNER, I.
4:321b
SCHATZMAN, E.
3:36b
SCHAUB, E.L.
3:92a
SCHAUMBERGER, J.B.
4:56b
SCHAXEL, J.
1:526b
3:281a
SCHEBEN, L.
4:266a
SCHEBESTA, P.
4:260a, 265a, 266b
SCHECHTER, F.I.
3:550b
SCHEDEL, H.
2:626b
5:24a, 80b
SCHEEL, K.
3:137a
SCHEER, B.T.
3:297b
SCHEER, H.
1:410b, 550b, 596b
2:80a, 273b, 598b
3:509b
5:78b
SCHEFFEL, P.H.
4:160a
SCHEFFER, H.
4:351b
SCHEFFEY, L.C.
3:452b
SCHEFFLER, I.
3:38b
SCHEFOLD, M.
2:14b
5:88b, 108b
SCHEFTELOWITZ, I.
3:612a
4:192b
SCHEIBER, A.
1:526a
4:436b
SCHEIBER, A. (LOWINGER)
1:502a
SCHEIBER, S.
2:108a
SCHEIDING, U. (DERKSEN)
5:358b, 543a
SCHEIDT, W.
1:522b
5:252a
SCHEIL, V.
4:56b, 61a, 67a, 68b
SCHELAR, V.M.
3:319a, 429b
5:379b
SCHELENZ, H.
2:469b, 470a(3), 470b, 628a
3:187a(2), 411a, 500a, 510b, 536a
5:11a, 19a, 65a, 75b, 80b, 81b(2), 82b, 83a, 86a, 438b
SCHELENZ, K.
5:130b
SCHELER, L.
1:11b, 265a, 428b, 429a
2:52b, 53a, 53b(2), 54a(2), 282b, 376a, 658b, 719a
5:10b, 189a, 191b, 209a, 229a
SCHELER, L. (DUVEEN)
2:54b

SCHELER, M.
3:55b
SCHELL, C.W.L.
3:598b
SCHELL, O.
3:487b
SCHELLHAS, P.
4:279a
SCHELTING, A. VON
3:355a
SCHEMANN, L.
1:493a(2)
3:337b
SCHENCK, H.P.
2:682a
3:408b
SCHENCK, J.M.
2:120b
5:406b
SCHENDA, R.
5:49a
SCHENGELIA, M.S.
2:305b
4:347b
SCHENK, D.
2:579a
4:162a
SCHENK, E.T.
3:316a, 321a
SCHENK, V.W.D.
1:385b
5:70b
SCHENKLING, S.
3:322b
SCHENKLING, S. (HORN)
5:543a
SCHEPERS, G.W.H. (BROOM)
3:333a
SCHERER, A.
3:214b
SCHERER, F.M. (PECK)
3:601b
SCHERER, R. (KELKEL)
1:609a
SCHERER, W.
1:24b
SCHERMAN, L.
2:30b
SCHERRER, E.C.
3:608a
SCHERTEL, E.
2:448a
5:350a
SCHERZ, G.
2:129b, 504a(2), 504b(5)
5:130a, 170a
SCHEUERMANN, L.
1:446b
5:177b
SCHEUNERT, G.
5:383a
SCHEVENSTEEN, A.F.C. VAN
1:122a, 178b, 446a
2:446a, 598b, 665b, 681b, 754b
3:386b, 387b, 403a, 470a, 471b(3), 488b, 511a, 514a
5:58a, 59a(2), 65b, 73b, 74b, 158b, 249b, 257b(2), 265a, 273a(2)
SCHIAFFINO, R.
3:393a
SCHIAPARELLI, G.V.
4:22b
SCHIAPARELLI, L.
4:368b

SCHIAVO, G.E.
2:177b
SCHIB, K.
1:420a
2:696b
3:574b
SCHICK, A.
1:12a, 442a
3:437b
SCHICK, B. (PIRQUET)
2:448b
3:465b
SCHICK, M.
1:2b
SCHICK, W.
1:411a
4:145a
SCHID, L.
5:249a
SCHIEBEEK, A.
2:61a(8)
SCHIELDROP, E.B.
3:553a, 553b, 556b, 558a, 559b
SCHIENKERMANN, E.
4:355a
SCHIERBEEK, A.
1:63b, 137b, 219b, 241b, 312a, 316a, 498b, 500a(2), 501a, 532a, 586a, 631b
2:46a, 59a, 61b, 62a(5), 139b, 271b, 418a, 519a(3), 537b, 570b, 603a, 750b
3:278b, 281b, 284a, 285a, 287a, 288a, 290a, 297b, 314a, 320a
4:124a
5:120a(2), 131a, 144a, 145a, 159b, 231a, 235a, 254b, 349a(2), 352a
SCHIERBEEK, A. (DOOREN)
1:264b
2:625b
SCHIERLITZ, E.
2:773a, 774b
4:244a, 246b
SCHIEWEK, I.
2:333a
SCHIFF, J.
1:83b(2), 352a(2), 497a, 499a(2), 499b(2), 501a
2:147a, 216b, 454a, 456a, 672b, 709b
3:190b
4:148a
5:209b, 277a, 323b(2), 407b, 455b
SCHIFF, J. (HELMHOLTZ)
1:497b
SCHIFF, L.J.
5:385a
SCHIFF, P.
1:442a
2:208b
5:256b
SCHIFF, U.
5:194b, 346a, 508a
SCHIFFER, S.
4:22b, 62a
SCHIFFERES, J.J. (MOULTON)
3:5a, 16b
SCHIFFMANN, S.
1:661b
4:441a
SCHIFFNER, C.
2:43a
3:572a
5:509a
SCHILD, A. (ROBINSON)
3:157b
SCHILDBERGER, F. (DIESEL)
1:130a, 175b, 303b, 345a

2:260a
3:557b, 566b
5:421a
SCHILFGAARDE, A.P. VAN
5:164a
SCHILFGAARDE, P. VAN
1:60b
SCHILL, A.
2:313b
5:36b
SCHILLER, B. (CZARNIECKI)
1:643b
2:685b
5:219a
SCHILLER, F.
2:611a
SCHILLER, F.C.S.
3:37a, 38b, 92a, 98b, 416b, 611b
SCHILLER, J.
1:137b
2:658b
5:143b, 156a, 348b
SCHILLER, L.
1:527b(2)
2:339a
5:317b
SCHILLER, M.
3:532b
SCHILLER, O.
1:187b
SCHILLER, R.
3:154b
SCHILLER, W.
1:315b, 567b
4:136b
SCHILLING, B.N.
2:602a(2)
SCHILLING, K.
3:92a
SCHILLING-WOLLNY, K.
1:60a
SCHILLINGER, J.
3:113a
SCHILLP, P.A.
2:623b
SCHILPP, P.A.
1:193b, 224b, 375a
2:194b, 426b
3:37b
SCHIMANEK, E.
1:107a
SCHIMANK, H.
1:253a(2), 403b, 408b, 487a, 519a(2), 583b, 595b, 663b
2:15a, 405b(2)
3:28a, 145a, 148b, 165b, 544b
5:107b, 216a, 316a, 319b, 537b
SCHIMANK, H. (PIETSCH)
2:162a
SCHINDLER, B.
4:245b(2)
SCHINDLER, B. (ERKES)
4:216b
SCHINDLER, H.
3:187a
SCHINDLER, W.
3:497a
SCHINNERL, M.
5:84b
SCHINZ, A.
2:418a(2), 418b
SCHINZ, M.
5:187a
SCHIPPER, E.W.
1:606a

SCHIPPER
2:4b
SCHIPPER, J.
2:594a
4:155b
SCHIPPERGES, H.
1:571b, 592b, 601a, 603b, 605a(3)
2:387b, 524a, 679a
4:297b, 300b, 327b, 334a, 335a, 343b, 370b, 387b, 416a, 417a(2), 417b, 418a(2), 418b(2)
5:242a, 364b, 379b
SCHIRMANN, H.
1:661b
2:202b
4:435a
SCHIRMANN, J.
1:539a
SCHIRMER, A.
3:111b
SCHIRMER, O.
1:153b, 615a
2:17b, 214b, 533b
4:403a(2), 404b
SCHIROW, L.
4:354a
SCHISSEL VON FLESCHENBERG, O.. See SCHISSEL, O.
SCHISSEL, O. [SCHISSEL VON FLESCHENBERG, O.]
2:148a(2), 356a
SCHJOTH, F.
2:733b
SCHLACHTER, A.
4:90b
SCHLAGINHAUFEN, O.
2:449b
SCHLATTER, H. (VAN GELDER)
3:578a
SCHLAUCH, M.
3:386b, 613a
SCHLAYER, K.
1:62a
SCHLECHTA, K.
1:69a, 496b
4:133a
SCHLEEBACH, A.
5:209b, 508a
SCHLEGEL, J.J.
3:486a
SCHLEGEL, R.
2:649b
3:43a, 147b, 217b
5:537b
SCHLEIER, -.
2:4b
3:128a
SCHLEIFER, J.
1:454b
2:534a(2)
4:175a
SCHLEISNER, P.A.
3:461a(2)
SCHLENTHER, U.
2:703a
3:338a
SCHLESINGER, A.M.
3:67a(2)
5:414b
SCHLESINGER, F.
1:189b, 548b
5:457a
SCHLESINGER, G.
3:38b
SCHLESINGER, L.
1:375b, 474b
2:498a
5:313a
SCHLESINGER, M.
3:47a
SCHLEYER, F.L.
3:344b
SCHLICHTING, T.H.
1:574b, 579b
2:196a
3:281a, 367a
4:137b
5:77b
SCHLICK, M.
3:32a, 34a, 43a, 44b, 152a
SCHLIEPER, H.
3:296b
4:6a
SCHLINK, W.
1:423b
SCHLOSSER, E.O.
2:67b
5:103b
SCHLOSSER, I.
3:581b
SCHLOSSER, J. VON
1:484b
2:576a
SCHLOSSER, R.
4:243b
SCHLUETER, R.E.
1:121a, 138b, 194b, 581b
2:93b, 100a, 271b, 272a, 275a, 563a, 632b, 753a
3:372b, 382b, 418b
5:162a, 490b
SCHLUMBERGER, H.G.
2:594b(2)
SCHLUND, E.
1:97b
2:314b
SCHMALENBACH, H.
2:64a
SCHMALHAUSEN, I.I.
3:290a
SCHMALZL, P.
4:404a
SCHMASSMANN, H.
3:552a
SCHMASSMANN, W. (SCHMASSMANN, H.)
3:552a
SCHMAUCH, H. (PAPRITZ)
1:281a
SCHMAUS, A. (KISSLING)
1:94a
SCHMECHEL, A.
4:347b
SCHMEIDLER, B.
1:10a
SCHMEIDLER, F.
3:216b
SCHMELLER, H.
4:30b, 428b
SCHMID, A.
1:353b
2:417a
3:300b, 498b, 510a
5:51a, 213b, 275b
SCHMID, B.
3:74b
SCHMID, G.
1:123a, 345b, 495a(2), 498a, 500a(2), 538a
2:94b, 95a(2), 99b, 157b(2), 165a, 219a, 248b, 302a, 459b, 726b(2)
3:308a(2)
4:73b
5:144a, 174b, 229a, 236a
SCHMID, M.
1:414b
5:63a
SCHMID, P.
1:214a
SCHMID, T.
2:204b
4:302a
SCHMID, W.
1:384a
2:331b
4:98a, 113a
SCHMIDL, F.
1:150b, 442a
3:437b, 438a
SCHMIDT, A.
3:502b, 508a, 579b
4:28b, 95a
5:214a
SCHMIDT, A.J.
2:630b
5:53b
SCHMIDT, A.M.
5:8b
SCHMIDT, B.
3:444a
SCHMIDT, C.
2:12b
3:188b
SCHMIDT, C.L.A. (VICKERY)
3:196a
SCHMIDT, C.P.
4:143a
SCHMIDT, C.W.
1:63b
4:124a
SCHMIDT, E.
1:482a, 532b
SCHMIDT, E.G.
2:649b
4:392b
SCHMIDT, E.W.G.
1:519b
4:347b
SCHMIDT, F.
2:66a, 617b
3:93b, 515b
4:288a
5:549a
SCHMIDT, F.R.
3:413b
SCHMIDT, G.
2:178b
3:283b
5:329a
SCHMIDT, G.P.
3:615a
SCHMIDT, H.
1:526b(2)
2:5b, 48a
5:215a
SCHMIDT, K.P.
2:97a
3:326b
SCHMIDT, K.P. (HESSE)
3:319b
SCHMIDT, L.B.
3:522b
SCHMIDT, M.
3:338a
4:276b

SCHMIDT, M.C.P.
4:89a, 96b
SCHMIDT, N.
1:625a
4:169a
5:499a
SCHMIDT, O.H.
4:197a, 197b
SCHMIDT, O.H. (NEUGEBAUER)
4:195b, 315b
SCHMIDT, P.F.
3:38b
SCHMIDT, R.
4:205b
SCHMIDT, R.R.
4:7b
SCHMIDT, V.
2:383b
SCHMIDT, W.
2:215b, 608b
3:337a(2), 444a, 613a
4:179b
5:417a
SCHMIDT, W.J. (ASCHOFF)
3:298b
SCHMIDT-NIELSEN, K.
3:319a
SCHMIDT-ROHR, G.
3:612a
SCHMIEDEBERG, O.
1:592a
4:138b
SCHMIEDEN, V.
1:553a
SCHMIEDER, K.C.
3:197a
SCHMIEGELOW, E.
5:274a
SCHMITT, C. (STIEB)
5:407a, 495a
SCHMITT, E.
4:232b, 238b
SCHMITT, W.L.
3:283b
SCHMITTHENNER, P.
3:600a
SCHMITZ, F.
4:172b
SCHMITZ, R.
1:18a
2:110a, 179b
4:356b
SCHMITZ-CLIEVER, E.
3:444a, 467b, 497b
4:343b
5:394a
SCHMIZ, K.
1:294b
2:350a, 636b, 671b(2)
3:398b
5:160b, 248b, 408b
SCHMON, A.A.
2:733a, 743a
3:584b
SCHMORL, K.
1:101b
SCHMUCKER, T.
3:278a
SCHMUCKING, A.
1:402a
5:80a
SCHMUTZER, R.
1:25a, 296a
2:469b, 587b, 588a(2)
5:67b, 73a, 86b(4), 252a, 280a

SCHNABEL, F.
5:415a
SCHNABEL, P.
1:44b, 140a, 573a
2:18b, 362b(2)
4:63b, 116a, 150b
SCHNABEL, T.G.
2:257b
SCHNECK, J.M.
1:197b, 198b, 389a, 430a, 609a
2:176b, 425a, 506b, 679a
3:434a, 499b
5:157b(2), 252a, 276a, 362b, 379b, 497a, 546a, 548b
SCHNEER, C.
2:14b
3:6a
5:121b, 130a
SCHNEEWEIS, E.
3:353a
SCHNEIBERG, I.A.
2:305b
SCHNEIDER, A.
1:22b, 66a, 113a, 654b
2:89a(2)
4:298a, 306a
5:56b
SCHNEIDER, A.M.
4:380a(2), 380b
SCHNEIDER, B.H.
3:532a
4:209a
SCHNEIDER, C. (SCHNEIDER, H.)
1:655b
2:683a
5:296b, 466b
SCHNEIDER, F.
3:43a
SCHNEIDER, G.
1:101a, 318b
3:290a, 544a
SCHNEIDER, H.
1:208b, 302a, 497a, 655b
2:64a, 83b, 683a, 685a
3:354a, 530a
4:19a, 285b, 294a
5:192b, 296b, 466b
SCHNEIDER, H.W.
1:319b
2:183a, 495b
3:94a(2)
5:309b, 350b
SCHNEIDER, I.
See ROSENTHAL-SCHNEIDER, I.
SCHNEIDER, J.
2:21b
SCHNEIDER, K.E.C.
1:73b, 452b, 574b
4:137a, 178b
SCHNEIDER, M.
4:15b
SCHNEIDER, N.
4:64a, 64b(2)
SCHNEIDER, T.
1:369b
SCHNEIDER, W.
1:82b
2:275a(2), 540b
3:182a, 198b, 500b, 502b(2)
5:86a, 124a
SCHNEIDER, W. (HICKEL)
5:82a
SCHNELL, I.
3:441b

SCHNEPPEN, H.
5:193b
SCHNETZ, J.
2:385b
4:322a
SCHNIDERSCHITSCH, N.
3:505b
SCHNIPPEL, E.
3:220b
SCHNITHALS, H.
3:540a
SCHNITKER, M.A.
3:465a
SCHNITZLER, E.
4:300b
SCHNURER, G.
4:299a
SCHNUSENBERG, P.A.
4:221b
SCHNYDER, C.
1:599b
SCHOCH, C.
1:37a
2:252a
3:209a
4:57a(2), 63a(2), 64a, 64b, 116b
5:331b
SCHOEDEL, W. (KOLL)
2:544a, 722a
3:399a
SCHOEFFLER, H.
3:502b
SCHOELLHORN, F.
3:536b
SCHOEN, E.
1:2b
SCHOEN, H.M.
3:537b
SCHOEN, M. (SCHULLIAN)
3:386a
SCHOENRICH, O.
1:268a
SCHOENWALD, R.L.
1:441b, 442a(2)
3:433a
5:381b, 457a
SCHOEPS, H.J.
2:49a, 85b(2), 496a, 599a
5:432a
SCHOFF, W.H.
3:512a
4:146b, 151b
SCHOFFLER, H.
4:336a(2)
SCHOFIELD, B.
2:231a
SCHOFIELD, J.F.
4:267b
SCHOFIELD, M.
2:493a
3:576b
5:286b
SCHOFIELD, R.E.
2:352b, 353a, 353b, 354a, 613b(2), 616a(3), 620a, 719a(4)
3:51b
5:191a, 211b, 212b, 284b, 291b(2)
SCHOFIELD, R.E. (COHEN)
1:350a
SCHOLDERER, V.
1:164b, 275b
5:84b, 94b
SCHOLEM, G.
5:476a, 536a

SCHOLEM, G.G.
 4:437a
SCHOLES, A.
 3:269a
SCHOLKALSKY, J.
 1:127a
 5:344a
SCHOLZ, H.
 1:333a
 2:67b
 3:98a(2), 109b
 4:106a
 5:111a
SCHOLZ, H. (HASSE)
 4:107b
SCHOLZ, W.
 3:433a
SCHOMERUS, H.W.
 1:369b
 2:142a
 4:189b
SCHONACK, W.
 2:458b
 4:157a
SCHONBAUER, E.
 4:31a
SCHONBAUER, L.
 1:592a
 3:397b
 4:137b
SCHONBERG, J.
 3:399a
 4:441a
SCHONE, H.
 1:452b(2), 454a, 577a
 2:254b, 556a
 4:131b(2), 154b
SCHONEBAUM, H.
 2:302b(3)
SCHONEMANN, J.
 3:580b(2)
SCHONER, E.
 4:135b
SCHONEWILLE, O.
 1:500a
SCHONFELD, W.
 1:561b
 3:383a, 449b, 462a, 469a
 5:396a
SCHONFELDT, K.
 5:21a
SCHONLAND, B.F.J.
 1:435a, 436b
 2:573b
 3:226b
SCHOOF, F.
 3:569b
SCHOONOVER, K.
 2:207b
SCHOOR, G. VAN
 5:143b, 233a
SCHOOR, O. VAN
 1:41b
 2:733b
 3:507a, 508b
 4:356a
 5:276a, 277a
SCHOPF, J.D.
 5:278b
SCHOPFER, W.H.
 3:279a, 308b, 309b(2), 525b
 5:349a
SCHOPPER, H.
 3:46b, 148a

SCHOPPLER, H.
 1:275b, 558b
 2:6a, 233b
 3:471b
 5:56a, 83a, 161b, 171a, 254a, 265b(2), 269b, 272b
SCHORR, M.
 1:530b
SCHOTT, A.
 3:445a
 4:56a, 59b, 63a
SCHOTT, L.
 2:703a
 3:332b
SCHOTT, S.
 4:40a, 40b, 55b
SCHOTTEN, H.
 1:289b
SCHOTTENLOHER, K.
 2:63a, 461a
 3:595a
 5:26a, 56a, 94b
SCHOTZ, A. VON
 3:167a
SCHOUTE, D.
 1:162b, 163a, 172b, 207a, 303a, 423b
 2:48a, 377a, 729b
 3:403a, 406b, 420b, 467b, 475a, 484a
 5:149b, 250b, 273b, 374a(2)
SCHOUTE, D. (ENGELHARD)
 1:219a
SCHOUTEET, A.
 1:512a
 2:507b
SCHOUTEN, J.
 1:14a
 3:379a
SCHOUTEN, J.A.
 3:151a
SCHOUTEN, W.J.A.
 3:201b
SCHOVE, D.J.
 3:28a, 211a(4), 213a, 218b(2), 226a, 228b, 314a
 4:219b, 227a, 229a, 317b, 320b, 328b
 5:129a(2), 533b
SCHOY, C.
 1:50a, 51b, 154a(6), 617b, 618b, 629a(3), 663b
 2:206b, 363b, 475a, 478a, 533b, 605a
 4:24b, 118a, 388b, 396b(2), 397a(2), 397b(5), 403b, 406b(4), 407b, 409a, 409b(2), 410a, 410b
SCHRADE, L.
 1:165a
 4:147a
SCHRADER, M.
 1:571b
SCHRADER, R.
 3:58a
SCHRAMM, E.
 1:37a, 45b, 562b
 2:597a
 4:96b, 143b, 162b(2)
SCHRAMM, G.
 3:406b
 4:234b
SCHRAM, G.
 4:254a
SCHRAMM, H.
 3:593b(3)
SCHRAMM, J.R.
 3:48a
SCHRAMM, M.
 1:62a, 409b, 617a, 617b

 2:649b
 4:421a
SCHRAMM, P.E.
 1:245b
SCHREBER, D.G.P.
 3:438b
SCHREBER, K.
 1:225b, 259a
 3:142a
 5:117a, 474a, 537b
SCHRECKER, P.
 1:72a, 331b, 336a(2)
 2:63b, 64a, 64b(2), 65a, 66a, 66b(3), 137b(5), 232b, 332b, 351a
 3:16a, 59a, 122b, 158a, 606b
 5:102b, 110b, 111b, 113b, 142a
SCHREIBER, E.W.
 1:215b
SCHREIBER, G.
 3:75b, 571a
SCHREIBER, H.
 1:124a
 4:371a
SCHREIBER, M.
 1:639a
 4:347b
SCHREIDER, E.
 1:137b
 5:348b
SCHREIDER, S.N.
 1:659a
 4:308b
SCHREINER, O.
 3:190a
SCHREK, D.J.E.
 1:149a, 613b
SCHREMPF, C.
 1:496a
 2:19a
SCHRENK VON NOTZING, A.P.F VON
 3:347a
SCHRENK, A.G.
 4:182b
SCHRETLEN, M.J.
 5:95a
SCHRIEFERS, H.
 1:604b
 5:322a
SCHRIEKE, B.J.O.
 4:258b
SCHRIER, E.
 3:546a
SCHRIJVER, J.
 2:165b, 251b, 397a
 5:159b(2), 259a, 483a
SCHRIRE, D.
 1:11a
 2:317a
 5:34b, 294b
SCHROD, K.
 4:361b
SCHRODER, A.
 3:552b
SCHRODER, C.
 3:322a
SCHRODER, E.
 5:345b
SCHRODER, E.E.W.G.
 4:258a, 260b, 261a
SCHRODER, G.
 5:173b
SCHRODER, H.
 2:356a
 3:471a
 4:378b

5:293a, 461a
SCHRODER, J. (FRANKE)
2:775a
3:398a
SCHRODER, K.
1:394b
2:450b
SCHRODER, M. (JUNGHANS)
4:15b
SCHRODINGER, E. [SCHROEDINGER, E.]
1:168b
3:32a(2), 143a, 144b, 152b, 154a(2), 154b(2), 172a, 280a
4:99b
SCHROEDER, A.
3:562b
SCHROEDER, E.
4:384a
SCHROEDER, H.
3:588b
SCHROEDER, L. VON
4:187a
SCHROETER, J.
1:17b
2:274b
3:193b, 194a, 239a, 580b
4:22b, 287a
5:549a
SCHROETER, J.F.
3:210b
SCHROETTER, H. VON
2:482a
SCHROHE, A.
5:284a
SCHUB, P.
1:274a
2:385a
4:374a
5:131a
SCHUBARTH, E.
3:128a
SCHUBERT, B.G.
1:640a
SCHUBERT, H.R.
1:310a
3:574b
5:290a
SCHUBERT, P.
2:347b
SCHUBERT-SOLDERN, R.
3:282b
SCHUBRING, K.
1:577a
2:350a
SCHUCHARDT, H.E.
3:476a
SCHUCHERT, C.
1:306a
2:150a, 174b, 175a, 605b
3:237b, 271b
SCHUCHHARDT, C.
1:602a
2:556a
4:162a
SCHUCK, A.
3:235a(2), 250a
4:229a, 321a
SCHUCK, A. (ALMHULT)
3:79a
SCHUCK, H.
2:237b(2)
SCHUCKING, E. (ROBINSON)
3:157b

SCHUCKING, L.L. (EBISCH)
2:469a
SCHUDER, W.
3:1a
SCHUEPP, H.
2:161a
SCHUEPP, O.
1:500a
SCHUETTE, H.A.
3:535b
SCHUETTE, H.A. (IHDE)
2:774a
5:323a
SCHUHL, P.M.
1:95b
2:325a, 328a, 329a(2), 330b, 596a
3:239a, 544a
4:91a, 104a, 110b, 111a, 139a, 148b
SCHULLER, R.
2:252a, 255b, 261b
4:278a
5:32a
SCHULLIAN, D.M.
1:114a, 170a, 174a, 231b, 264b, 290a, 350a, 353b, 432b
2:43b, 191b(2), 297a, 318a, 480b, 486a, 558b, 584b, 662b, 728b(2)
3:368a(2), 376a, 386a, 495a
4:289a
5:51b, 52b, 53b, 63b, 73b, 180b, 297b
SCHULLIAN, D.M. (BELLONI)
1:263b
2:163b
SCHULLIAN, D.M. (BENJAMIN)
1:178a
5:67b
SCHULLIAN, D.M. (STEWART)
4:146a
SCHULMAN, E.
3:314a
SCHULTE, A.
5:95a, 523a
SCHULTE, B.P.M.
1:164a
5:256a
SCHULTE, H.W.
1:637b
SCHULTE, J.E.
1:386a
5:60a
SCHULTE, M.L.
5:112b, 537a
SCHULTE-VAERTING, H.
3:335a
SCHULTEN, A.
3:270b
4:86b, 90b
SCHULTES, R.E. (VESTAL)
4:274b
SCHULTHEISS, E.
1:24b, 113a, 164a, 501a, 525a(2)
2:254b
4:333a, 335b
5:73a
SCHULTHESS, O.
4:155a
SCHULTHESS, U. VON
2:378a
SCHULTZ, A.H.
3:459a
SCHULTZ, E.H.
3:575b
SCHULTZ, J.
3:281a

SCHULTZ, W.
4:18a
SCHULTZE, E.
4:108a
SCHULTZE, J.H.
1:603a
SCHULTZE-FAHRENWALDE, M.
4:13a
SCHULTZIK, R.
2:497b
5:167a
SCHULZ CONTRERAS, M. (RUBIO PALACIOS)
2:26a
5:396b
SCHULZ, A.
3:528a
5:46b
SCHULZ, B.
3:243a, 577b
SCHULZ, E.
3:588b
SCHULZ, E.H.
3:407b
SCHULZ, H.
1:72a, 466a
5:348a
SCHULZ, H.C.
1:584b
SCHULZ, O.T.
2:362b
SCHULZ, R.P.C.
4:279b(2)
SCHULZ, W.
1:172a, 604b
5:427b
SCHULZE, B.
3:557a
SCHULZE, F.
5:419a
SCHULZE, F.E.
3:316a(2)
SCHULZE, W.
3:520b
SCHULZE-BESSE, H.
4:214b, 267a
SCHUMACHER, C.J.
2:361b
4:117a
SCHUMACHER, J.
1:381b
2:694b
3:372b, 377b, 398b
4:101a, 129a, 129b, 343b
SCHUMACHER, P.
4:265a
SCHUMACKER, H.B.
3:448a
SCHUMAN, H.
2:689a, 714a
3:368a
5:150b
SCHUMANN, E.A.
1:608b
2:622b
5:260b, 266a
SCHUMANN, O.
2:465a
SCHUNKE, I.
1:389b
2:557b
5:94a
SCHUR, F.
2:502a

SCHURER

SCHURER, H.
  1:238b
  3:583b
  4:292a(3)
  5:234a, 236b
SCHURER-WALDHEIM, F.
  2:176a
SCHURHAMMER, G.
  1:147a
  2:317b, 641b(4)
  5:35b, 41a, 41b, 42a(2), 94a, 98b
SCHURHOFF, P.N. (GILG)
  3:500a
SCHURITZ, H.
  1:361b
  5:17a
SCHURMANN, P.F.
  1:375a
  2:181b
  3:8a, 15b, 24b, 136a, 159b, 162a
  5:458a
SCHURR, G.
  3:83a
SCHURR, P.H.
  1:545b
  5:157a
SCHURR, V.
  1:165a
SCHURUPOW, A.
  3:148b
SCHUSTER, A.
  2:386b(2)
  3:15b, 51a, 71b
  5:331b, 443b
SCHUSTER, F.
  2:77b
SCHUSTER, H.S.
  4:61a
SCHUSTER, J.
  1:301b, 373a, 402b, 479a, 498a(2), 500a, 533a, 603a(2)
  2:98b, 99a, 99b, 247a, 247b, 385a, 635b, 636b
  3:18b, 51b, 86b, 282b, 307b
  5:78a, 248a, 399a, 502b, 525b
SCHUSTER, M. (KAPPELMACHER)
  4:285b
SCHUTER, O.
  1:2b
  2:687a
SCHUTTE, E.
  2:544a
SCHUTTE, G.
  2:360a, 362b(2)
  4:121a
SCHUTTE, J.F.
  1:41b
  2:196a
  5:34a
SCHUTTE, K.
  3:109b
SCHUTZ, A.
  2:81a
  5:90a
SCHUTZ, A.H.
  1:320b
SCHUTZ, J.F.
  3:261b
SCHUTZ, V.
  2:635b
SCHUTZ, W.
  1:462b
SCHUWIRTH, P.
  1:426b
  5:80a

SCHUYLER, H.
  2:409a(2), 409b
  3:547a
SCHUYLER, R.L.
  2:495a, 761b
  5:96b, 181a
SCHWAB, G.
  4:264b
SCHWAB, G.M.
  3:189a
SCHWAB, R.
  1:42b
SCHWAB, R.N.
  1:343b, 344a, 643b
  5:243a
SCHWABE, M.
  2:86b
SCHWABE, R. (KELLY)
  3:593b
SCHWABL, F.
  5:98a
SCHWALBE, E.
  3:364a
SCHWALBE, G.
  3:350a
SCHWALBE, J.
  2:594a
SCHWALLER DE LUBICZ, R.A.
  4:54a
SCHWANGART, F.
  3:532b
SCHWANITZ, F. (HEBERER)
  1:318a
  3:289a
SCHWARTE, M.
  3:540b
SCHWARTZ, B.
  1:250a, 555a
  4:71a
  5:170b
SCHWARTZ, G.
  3:6a
SCHWARTZ, H.
  1:597b
  3:613b
SCHWARTZ, J.
  4:381b
SCHWARTZ, J.J.
  2:171b, 564a
  4:391b, 398a
  5:474a
SCHWARTZ, L.L.
  3:390b, 495a
  5:405a, 455b, 459b, 479b
SCHWARTZ, M.S. (STANTON)
  3:436a
SCHWARTZ, P.
  1:118b
  5:144a
SCHWARZ, E.H.L.
  4:217a, 264b
SCHWARZ, G.T.
  1:532a
SCHWARZ, H.
  3:510a
SCHWARZ, H.F.
  1:263a
  4:271b
SCHWARZ, I.
  2:168b
  5:89a
SCHWARZ, O.L.
  3:345b
SCHWARZ, P.
  4:412a, 428a, 428b

SCHWARZBACH, M.
  3:227b, 229a
SCHWARZE, B.
  3:558b
SCHWEDENBERG, T.H.
  2:520b
SCHWEIG, B.
  4:287a
SCHWEINFURTH, G.
  2:456b
  4:413b
SCHWEITZER, A.
  1:496a
  3:97b, 471a
SCHWEITZER, A.R.
  3:109b
SCHWEITZER, U.
  4:44a
SCHWEMANN, A.
  1:552b
  2:391a
  5:288b
SCHWENKE, P.
  1:523b
SCHWENNINGER, O.
  3:590b
SCHWERING, J.
  2:615a
SCHWERTNER, T.M.
  1:22b
SCHWERZ, F.
  1:481b
  2:482a
  5:166a
SCHWETZ, J.
  3:407a
SCHWIND, M.
  3:246a, 412a
SCHWIND, O.
  1:249a
  4:354a
SCHWINGE, E.
  3:28b
SCIAMA, D.W.
  3:216b
SCISCO, L.D.
  5:37a
SCKOMMODAU, H.
  5:240a
SCLAFERT, T.
  4:362b
SCOFIELD, C.L.
  1:371a
SCOLLARD, R.J.
  2:741b
  4:295b
SCOLTEN, A.
  2:562b
SCOON, R.
  1:312b
  4:104a
SCORER, C.G. (EDMUNDS)
  3:382a
SCOT, R.
  5:49b
SCOTT, A.
  3:86b
SCOTT, B. (MADDISON)
  4:365b
SCOTT, C.
  3:52b
SCOTT, D.H.
  2:440a
  3:272b, 292a

SCOTT, E.
  1:306a, 383a
  3:265a
  5:226b
SCOTT, E.K.
  2:209a, 352b, 483a
  3:548a, 586a
  5:288a
SCOTT, F.M.
  2:139b
SCOTT, G.
  1:468b
SCOTT, G.H.
  2:121a
  5:334a
SCOTT, H.
  3:323b
SCOTT, H.H.
  3:467b, 482b
SCOTT, J.C.
  1:608b
  5:260b
SCOTT, J.F.
  1:195b, 332a
  2:608a(3)
SCOTT, J.G.
  4:256a
SCOTT, J.M.
  2:188a, 612b
  5:325a
SCOTT, J.R.
  3:101a
SCOTT, K.
  4:149b
SCOTT, L.
  4:14a
SCOTT, N.E.
  4:36a, 37a, 41b
SCOTT, P.
  3:327a
SCOTT, R.B.Y.
  4:75b
SCOTT, W.B.
  3:273b
SCOTT, W.L.
  3:190b
  5:121a
SCOTT, W.R.
  2:483b
SCOTT, W.T.
  1:368b, 406b
  3:166a
  5:317a
SCOVIL, E.R.
  2:236a
SCOVILLE, V.C.
  3:581b
SCOVILLE, W.C.
  5:291b
SCREMIN, L.
  2:495a
  4:340b
  5:147a, 484b
SCRIBA, C.J.
  1:121b, 337a, 512b
  2:19b, 67b, 174a, 227b
  5:113a, 114b(2)
SCRIBNER, C.
  1:376a
  2:339a
  3:151b
SCRIVAN, G.B.
  5:150a
SCRIVEN, M.
  3:291b

SCRIVEN, M. (FEIGL)
  3:340b, 341a, 344b, 437b
SCRIVEN, M. (MEEHL)
  3:347b
SCUDDER, J.
  3:447a
SCUDER, V.D.
  2:694a
  4:299a
SCULLY, B.M.
  1:176a
  4:90b
SEABORG, G.T.
  3:61a
SEABORN, E.
  3:389b
SEABROOK, W.B.
  2:636b
  4:174b
SEAGRAVE, G.S.
  3:406b(2)
SEAILLES, G.
  2:396b
SEAL, B.N.
  4:187a
SEALEY, R.
  1:58b
SEALL, R.E.
  3:98b
SEALY, J.R.
  2:746b
SEAMAN, F.
  2:124b
  3:141b
SEARES, F.H.
  1:459a, 530a
  2:6a
  3:27b, 214b
SEARS, C.E.
  5:363a, 474b
SEARS, L.M. (HEPBURN)
  2:742b
  3:615b
SEARS, P.
  1:312a
SEARS, P.B.
  3:144b
SEATON, E.
  2:142a, 149a, 256a
  5:30a
SEAVER, G.
  2:456a, 458a(2), 630b
SEBBA, G.
  1:331b
SEBELIEN, J.
  4:53a
SEBILLOT, P.
  3:352b
SEBOV, L.I.
  2:63a
SEBRELL, W.H.
  3:283b
SECHAN, L.
  4:142a
SECHER, K.
  1:416b
  5:392a
SECKENDORF, E.
  1:217b, 528b
  5:58b
SECKENDORF, E. (BURKART)
  3:473b
SECO DE LUCENA PAREDES, L.
  1:621b, 623b
  4:411b

SECRET, F.
  2:535b
SECRETAN, C.
  2:53b, 417b
  3:198a
  5:207b
SEDDON, C.N.
  2:237a
SEDGWICK, H.D.
  2:115b, 146a
SEDGWICK, M.K.R.
  4:268b
SEDGWICK, W.T.
  3:6a
SEDKY, M.
  1:622a
  4:418a
SEDLACEK, F.
  1:81a
SEE, H.
  1:291a, 551b, 561a
  2:179a, 396a, 644a
  3:357a, 546a, 606b
  5:225a, 241a, 295b, 432a(2)
SEE, P.
  3:584b(2)
SEEBERG, E.
  1:369b
SEEBOHM, F.
  4:359a
SEEGER, R.J.
  1:459a, 462b
  3:19b, 55a, 58b, 65a, 65b, 68b, 138a,
    140a, 140b, 154b, 157b
  4:111b
SEELE, K.C. (STEINDORFF)
  4:34b
SEELIG, C.
  1:374b
SEELIG, G.
  3:364a
SEELY, C.E. (SMITH)
  3:103a
SEELY, C.S.
  3:32a
SEELYE, L.C.
  2:759a
  3:615b
SEEMAN, B.
  3:500a
SEEMANN, H.J.
  1:31b
  2:568b, 625a, 721b
  4:317a, 402b
SEEMEN, H. VON
  5:364b
SEERS, A.W.
  3:259a
SEGAL, J.
  2:121b, 181a
  5:542b
SEGAL, L.
  3:267a
SEGAL, V.A.
  3:580b(2)
SEGALL, H.N.
  1:550a, 608a
  5:259b
SEGER, H.
  2:545a
  4:13b
SEGERS, E.G.
  3:508b
SEGOND, J.
  1:274a, 332a

SEGRE
2:434a, 497a
3:34b, 340a, 345b(2)
5:363a
SEGRE, A.
4:19b(2)
SEGRE, B.
3:121a, 128b, 130a
SEGRE, E.
3:171b
5:455a
SEGRE, M.
1:661b
2:335a
4:151b
SEGUIN, A.
3:439a
4:53a, 69b, 72a, 74a, 96a
SEGUIN, A. (MERCIER)
1:246b
4:93a
SEGUIN, C.A. (LASTRES)
1:18a
5:437b
SEGUIN, L. (ACHARD)
2:460b(2)
5:418a, 420b
SEHM, J.O.
4:362b
5:90b
SEHRWALD, E.
3:478b
SEHSUVAROGLU, B.N.
1:14a, 18b
3:413b
4:418a, 422a, 422b
SEIBELS, R.E.
1:304a
SEIBERT, H.
3:456a
SEIDE, J.
1:9b, 129b, 264a, 318b, 388b, 552a, 603b
2:255b, 395a, 521a
3:262b, 276a, 364a, 382b
4:441a
5:45b, 264a
SEIDEL, E.
3:460b
4:416a, 422b
SEIDEL, F.
1:500a
SEIDEL, G.
3:468b, 519a
SEIDELL, A.
1:141a(2)
3:184a
SEIDEMANN, M.
1:488a
4:354a
SEIDENBERG, A.
3:120a
4:5b(2), 109b
SEIDENBERG, R.
3:335b
SEIDENSCHNUR, O.
3:385a, 473b
SEIDLER, E.
4:334a, 345a
5:262a, 363b
SEIDLIN, J.
3:112a
SEIFERT, A.
2:43a, 90a, 92b
5:549a

SEIFERT, H.
1:499b
SEIFFERT, G.
3:466b, 473a, 519b
SEIFFERT, H.
2:505a
SEIFFERT, H.W.
2:625a
5:195b
SEIFFERT, W.
3:338b
SEIFRIZ, W.
2:450a, 456a
3:299a
SEIG, L.
3:415b
SEILLIERE, E.
1:273a
2:418b
SEITELBERGER, F. (HOFF)
2:771a
3:432a
SEITZ, A.
1:438a
SEITZ, F.
2:728a
3:476b
5:396b
SEKALY, A.
2:675b
3:619a
SEKOWSKI, S.
2:608b
SELANDER, S.
2:99b
5:228b
SELBY, F.J. (RAYLEIGH)
1:492a
SELDEL, E.
1:615b
4:386a
SELGA, M.
3:237a
SELIGER, M.
5:146a
SELIGMAN, B.Z.
4:415a(2)
SELIGMAN, B.Z. (SELIGMAN)
4:264b
SELIGMAN, C.G.
4:146b, 242a(2), 264b
5:460b
SELIGMAN, P.
1:39b
4:105b
SELIGMAN, S.A.
2:551a
5:261b
SELIGMANN, A.E.M.
3:253b
SELIGMANN, K.
3:88b
SELIGMANN, S.
3:484a
4:92a
SELLA, P.
4:356b
SELLARS, R.W.
3:95b
SELLARS, W.
3:41b, 344a
SELLE, G. VON (FICK)
1:400a
SELLE, G. VON (SATTLER)
3:610b

SELLERS, C.C.
1:435a(2)
2:292b(2)
SELLERS, O.R.
4:40a, 78b
SELLERS, T.B.
3:452b
SELLERY, G.C.
5:3b
SELLIER, F.
2:53b
SELLIN, T.
3:357b
SELLING, O.H.
1:527b
2:95b, 98b, 489b, 567b
5:228b, 229a
SELMER, C.
1:58b
SELMON, B.L.
3:380b, 391a
SELSAM, H.
2:498a
5:115b
SELTER, H.F.
2:442a
5:224a
SELTMAN, C.
4:30a
SELTSAM, P.
1:518a
5:74a
SELVAGGI, F.
3:34a
SELYE, H.
3:448a, 463b
SEMACH, Y.D.
2:464b
SEMASHKO, N.A.
1:387b
5:375b
SEMBIANTI, P.
3:400b
SEMELAIGNE, R.
2:317a(2), 562a
3:435b
5:382a
SEMENOV, S.A.
4:13b
SEMENTSOV, A.
2:58a, 392a
3:195a
5:328b, 329a
SEMENZA, G.
2:81a
5:89b
SEMICHOV, B.V.
4:182a
5:498b
SEMICHOV, B.V. (GAMMERMANN)
4:182b
SEMKOWICZ, W.
3:608a
SEMMEL, B.
2:293a
3:85b
SEMON, F.
2:462b
SEMPER, M.
1:500b
5:239b
SEMPLE, A.T.
3:532a
SEMPLE, E.C.
4:25a

SEMPRINI, G.
 2:313b, 659a
SEMYONOV, L.
 1:39a, 511b
 4:381b
SEN, S.N.
 1:476b
 2:432b, 539a
 3:6a, 602a
 4:19a, 187b, 193a, 234a
 5:138b
SENAC, E.J.
 3:209a, 590a
SENART, E.C.M.
 1:77b
 4:201b
SENART, E.C.M. (BOYER)
 4:180a
SENCHENKO, I.I.
 2:483b
SENCHENKOVA, E.M.
 1:328a
 2:266a, 549b, 731b
 3:296a, 308a, 310a
SENET, A.
 3:333b, 518a
SENF, H.
 3:473b
SENGUPTA, P.C.
 1:74b(2), 79a, 188a(2)
 2:1b
 4:116a, 186a(3), 192b, 193b, 196a(2),
  196b, 197a, 197b(4)
SENK, H.
 4:351a
SENN, E.
 1:149b(2)
SENN, G.
 1:65b, 76a, 333b, 578b(2)
 2:537b(4), 538b(5)
 4:99b, 123b, 124b(2), 125a, 129b,
  131a(2), 140a
 5:103a
SENSBURG, W.
 3:620a
SEPER, H.
 2:762b
 3:557b
SEPESHSHI, I. (DUNIN)
 3:527a
SEQUIERA, J.H.
 2:51b
SERBOIANU, P.
 3:338b
SERDIUKOV, A.R.
 2:57b, 567b
SEREBRIAKOV, A.E.
 5:237a, 516b, 543a
SEREFEDDIN, M.
 1:439a, 627a
SERGEANT, P.W.
 3:353b
SERGEIENKO, M.E.
 4:157b(2), 158a
SERGENT, E.
 2:36b, 51b
 3:276a
SERGENT, E. (SERGENT, E.)
 2:51b
 3:276a
 1:320b
SERGENT, L. (CHERPIN)
 2:317a
SERGESCU, P.
 1:275a, 276b, 337a, 344a, 602a

 2:77a(2), 116a, 175b, 181b(2), 190a,
  281b, 527b, 657a, 681a
 3:6a, 14a, 21b, 73b, 81a(3), 102a(2),
  106a, 112b, 114b(3), 115a, 117a(3),
  117b, 119a, 119b, 124b, 405b, 618b(2)
 4:296b, 307a(2)
 5:102a, 104b, 112a(3), 175b, 198a,
  204a, 311b, 445b, 460b, 469a, 486a,
  504a
SERGI, A.
 3:513a
SERGI, G.
 3:288a, 335a
SERGIENKO, S.R.
 3:194b
SERIEUX, P.
 2:679a
 3:417b
 5:252b(2), 256b
SERJEANT, R.B.
 5:137b
SERJEANT, R.B. (LANE)
 4:430a
SERJEANTSON, M.S. (EVANS)
 4:321b
SERNANDER, R.
 2:97b, 98b
 5:282b
SEROUYA, H.
 2:85b, 131b, 134a
 4:436b
SERRANO, J.A.
 3:424a
SERRURIER, C.
 1:332b(2)
SERRUS, C.
 1:174b
 5:118b
SERRUYS, P.L.M.
 1:598b
 4:240b
SERSTEVENS, A. T'
 1:226b
 2:340b(2), 429a
 4:180a, 326b
SERT, J.L.
 3:587a
SERTILLANGES, A.D.
 1:136a
SERVIEN, P.
 2:282b
SESMAT, A.
 1:377a
 3:150a, 156a, 210a
SETCHELL, W.A.
 1:188b, 266a, 266b, 409b, 470a(2), 597b
 2:534b
 3:303a, 304a, 312b, 313a, 416a
SETERS, W.H. VAN
 2:61a(2), 62a(2), 121a(2), 152a
 5:178b, 232b, 238a(2), 257b
SETH, G.
 1:295a, 467b
 3:8a, 340a
SETH, J.
 3:94a
SETH, R.K.
 3:170a
SETHE, K.
 2:305b
 4:37a(2), 38a, 38b, 40b, 41b, 46b, 51a,
  55b(3), 56b
SETHE, K. (GARDINER)
 4:37a

SETTLE, T.B.
 1:463b
 5:108b
SEUBERLICH, E.
 3:508b
SEURAT, L.G.
 2:158a
 3:276a, 320b
 5:527b
SEVCENKO, I.
 1:255a
 2:177a(2), 202a, 680a
 4:375a
 5:552b
SEVENSMA, T.P.
 3:78a
SEVERAC, J.R.
 1:275a
SEVERI, F.
 1:462a
 2:77b
 3:113b, 150b
SEVERY, -. DE (SEVERY, W. DE)
 1:502b
SEVERY, W. DE
 1:502b
 2:550b
SEVILLA, H.J.
 4:95a, 139b(4), 379a
SEVNIK, F. (MURKO)
 2:396b
SEWALL, H.
 3:443a
SEWARD, A.C.
 1:539b
 2:458a, 680b, 750a
 3:73a
SEWARD, B.P.
 3:389b
SEWELL, R.
 2:241b, 264a
 4:185a
 5:96a
SEWELL, R.B.S.
 3:320b
 5:512b
SEYBOLD, C.F.
 1:3b, 404b
SEYBOLT, R.F.
 2:574b(3)
 5:296b
SEYDL, O.
 2:506b, 512a(2)
 3:226b
 5:213b(2), 214b, 428b, 503b
SEYFARTH, C.
 2:756a
 3:420a
SEYFERT, H.
 2:401a
 4:354b
SEYFERT, W.
 2:219a
 4:341b
SEYFFERT, C.
 4:267a
SEYLAZ, L.
 2:333a
SEYMER, L.R.
 3:421b
SEYMOUR, F. (GABRIEL)
 3:277a
SEYMOUR-JONES, A.
 1:69b
 2:289a

SEYRIG

5:292b
SEYRIG, H. (DUSSAUD)
4:173a
SEZGIN, F.
1:635b
SEZNEC, J.
1:44a, 342a, 421b
5:362b
SHACKLETON, E.
3:267b
SHACKLETON, R.
2:232b
5:202b
SHADID, M.A.
2:691b
3:418b
SHAFER, E.H.
4:240a
SHAFER, H.B.
5:367a, 368b
SHAFI:, M.
1:614b
SHAFRANOVSKII, I.I.
3:176a
SHAFRANOVSKII, I.I. (BOKII)
3:176a
SHAH, K.T.
4:185a
SHAH, S.
4:186a
SHAIN, J.
2:412b
5:113b
SHAKOW, D.
1:443a
3:342a
SHALEM, N.
4:77b
SHALER, A.J.
3:211a
SHALOWITZ, A.L.
3:257b
SHAMIN, A.N.
1:210b, 307a
SHAMOS, M.H.
3:136b
SHANG CH'ENG-TSO
4:218b
SHANKARNARAYAN, D. (SINHA)
4:199b
SHANKLAND, R.
2:156b
3:275b
SHANKLAND, R.S.
1:375a
2:180b(4), 183b, 200a(3)
3:167a(3)
SHANNON, F.A.
5:410b
SHANTZ, H.L.
1:260a
SHAPERE, D.
1:333b
2:332b
3:148a
SHAPIRA, N. [SHAPIRO, N.]
2:275a, 383a, 630a
3:536b(2), 538b
4:82a(2), 82b(3), 442b
5:303a
SHAPIRO, A.K.
3:496b
SHAPIRO, E.
2:185b
3:446b

5:386b
SHAPIRO, H.
2:244a
4:311b
SHAPIRO, H.L.
3:350a
SHAPIRO, I.A.
1:188a, 355a(2)
SHAPIRO, N.
See SHAPIRA, N.
SHAPIRO, R.W.
1:298b
SHAPIRO, S.
3:563b
SHAPIRO, T.R.
3:52b
SHAPLEY, D.
1:611b
5:127a
SHAPLEY, H.
1:436b, 646b
3:6a, 8a, 63b, 202a(2), 215b, 216b(2), 217b
5:539a
SHARAF, M.
5:544b
SHARIF, M.M.
4:392b
SHARKAS, H. (KENNEDY)
1:8a
4:316a, 403a
SHARLIN, H.I.
3:25a, 568b, 598a
5:421b(2), 422a
SHARP, A.J.
3:313a
SHARP, C.A.
3:265a
4:262a
SHARP, D.
1:68a
2:479a
4:330a
SHARP, D.E.
1:432a
4:305b
SHARP, D.L.
3:533a
SHARP, E.
1:93a
5:421b
SHARP, H.A.
3:255a
SHARP, J.A.
2:103a, 191a
5:255b
SHARPE, E.
4:200b, 203a
SHARPE, W.D.
1:634a
2:92b
SHARPE, W.D. (MCKUSICK)
3:446b
SHARPEY-SCHAFER, E.
2:741a
3:428a
SHARPEY-SCHAFER, E.A.
3:448a
SHARPLESS, W.T.S.
2:428b
SHARROCK, R.
1:322b
2:637b
5:322b

SHASKOL'SKAYA, M.P.
1:656b
SHASTID, T.H.
5:400b, 546b
SHATTUCK, L.
2:722a
5:375a, 486a
SHATUNOVA, E.S.
2:493a
5:313a
SHATZKY, J.
2:736a
3:388a, 401b
SHAVER, C.L.
1:588a
SHAVROV, V.B.
2:111a
5:286b
SHAW, E.N. (FEARNSIDE)
3:567a
SHAW, J.B.
2:283b
3:106b, 110b
5:115b
SHAW, J.E.
1:308b
SHAW, M.
1:323a
SHAW, M.B.
3:473b
SHAW, M.M.
1:108a
SHAW, N.
1:347a
2:678a
3:85b
SHAW, R.R.
5:413b
SHAW, W.N.
3:223a(4), 225a, 227a(2)
SHCHEGLOV, V.P.
1:475b
2:764a
3:206b
5:330b
SHCHELKIN, K.I.
2:33b
SHCHERBAKOV, D.I.
1:415b
2:242b, 451a, 581b
3:239b
5:336b
SHCHERBAKOVA, A.A.
1:126a
3:307a
SHCHERBATSKII, F.I.
4:190b(2)
SHCHERBINA, V.V.
2:218a
SHCHUKAREV, S.A.
3:188b
SHEAR, C.L.
1:168a
2:507a
3:313b
5:236a
SHEARS, F.S.
1:445a
SHEBALIN, S.F.
1:240b
3:171b
SHEBBEARE, C.E.
2:195b
SHEBUNIN, A.N.
1:518b

2:652b, 661a
5:225b
SHEDD, J.C.
2:247a
SHEDLOVSKY, T.
2:246a
SHEEHAN, D.
2:622b, 721a
SHEEN, F.J.
2:542b
3:32a
SHEEP, J.T.
2:519b
3:574b
5:423a
SHEHADI, F. (RESCHER)
2:642b
4:393b
SHEIBLEY, F.E.
1:444b
5:329a
SHEKHTER, M.
2:170b
SHELBY, L.R.
4:365a, 365b
SHELDON, G.F. (AGNEW)
2:312a
SHELESNYAK, M.C.
2:3a
3:267a(2)
5:431b, 529b
SHELLARD, E.J.
3:512a
SHELLEY, H.S.
3:491b(2)
SHELLY, P. VAN D.
1:248a
SHEN CHUNG-T'AO
4:222a
SHENTON, W.F.
1:324a, 391b
5:16a
SHEPARD, A.M.
4:96b
SHEPARD, A.O.
3:128a
4:283b
SHEPARD, H.H. (MACY)
3:323b
SHEPARD, O.
3:329b
SHEPARD, R.E.
3:530b
SHEPPARD, H.J.
3:47a, 197b, 198b(3)
4:165a(2), 287a, 313b
5:20a
SHEPPARD, P.M.
3:293b
SHEPPARD, S.E.
3:191a, 596b
SHEPPARD, T.
2:486b
3:84a, 229b
5:334a
SHEPTUNOVA, Z.I.
2:641b
SHER, I.H. (GARFIELD)
3:24b
SHERAP, P.
3:264b
SHERBORN, C.D.
1:359b
3:273b

SHERBURN, G.
2:344a
SHERBURNE, D.W.
2:623b
SHERLOCH, R.L.
3:230a
SHERLOCK, T.P.
2:274a
SHERMAN, H.C.
3:414b(2)
SHERMAN, M.A. (WARNER)
3:309b
SHERR, S.A.
3:603a
SHERRILL, M.S.
2:241a
SHERRINGTON, C.E.R.
3:553a
SHERRINGTON, C.S.
1:414b(2), 498a
2:101b, 380b
3:13b, 48a, 62a, 431b
5:378b, 542a
SHETELIG, H.
3:609b
SHETELIG, H. (BROGGER)
4:361b
SHETRONE, H.C.
4:268a, 275a
SHEVELEV, F.I.
1:205a
SHEVYAKOV, L.D.
3:572b
SHEWAN, A.
1:590b
SHIBANOV, F.A.
1:502b
SHIELDS, B.E. (BARTSCH)
1:304a
SHIELDS, J.W.
3:601b
SHIH SHENG-HAN
1:252a(2)
4:239a(2)
SHIH-YU YU LI
4:181b
SHIMKIN, M.B.
2:57a
SHIMOYAMA, J.
4:254a
SHINIZU, T.
2:526b
SHINJO, S.
4:226a
SHINNERS, L.H.
3:307b
5:528a
SHIPLEY, A.E.
5:46b
SHIPLEY, A.E. (SCHUSTER)
3:71b
SHIPLEY, M.
3:64a, 292b
SHIPLEY, P.G.
5:173b
SHIPLEY, P.G. (CHAVARRIA)
2:261a
5:69b
SHIPLEY, T.
3:340b
SHIPMAN, J.C.
1:306a
SHIPMAN, J.T.
3:13b

SHIPTON, G.M. (ENGBERG)
4:74a
SHIRLEY, J.W.
1:540a(2), 600b
2:67b, 299a, 378b, 610b
3:119a
5:14b, 123a
SHIROKOGOROV, S.M.
4:217a, 233a(2)
SHIROKOVA, F.V. (STSILLARDA)
2:404b
SHIRRAS, G.F.
2:223b(3)
3:359b
SHISHAKOV, V.A.
1:459a
SHLAER, S. (HECHT)
3:440b
SHNEEBERGER, G.
2:448a
SHOCK, N.W.
3:457b
SHOEMAKER, E.C.
2:615b
5:296a
SHOEN, H.H.
1:21a, 49a
2:373a
5:315a
SHOHARA, H. (BARTLETT)
4:252b
SHOLPO, N.A.
4:52b, 54a
SHOREY, P.
1:55a
2:325a, 331a, 331b
3:95b
SHORR, P.
1:178b, 440a(2)
2:450b
4:3b
5:186a
SHORT, A.K.
3:524a
SHORTER, A.H.
3:584b
SHORTER, A.W.
1:388a
SHORTRIDGE, J.D.
5:180a
SHOTWELL, J.T.
3:604a(2)
SHOU CHEN-HUANG
2:98b
SHOU SHIH-PIEN
4:236a
SHPOL'SKII, E.V.
3:145b, 168a
SHREVE, F.
3:311b
SHREWSBURY, J.F.D.
1:558b
4:137a, 351a
SHRYOCK, J.K. (FENG)
4:232b
SHRYOCK, R.H.
1:42a, 313b
2:425b, 477b, 618b, 711a(2), 729a
3:12a, 18b, 21a, 23a, 55a, 68a, 69a,
364a, 365b, 368a(2), 372b, 374a,
378a, 383a(3), 383b, 384a(2), 384b,
389b(2), 391a, 392a(3), 409a,
410b(2), 421b, 476a, 485a, 607b
5:303b, 350a, 363b, 365b, 366b,
368a(2), 375a, 398b

SHRYOCK, R.H. (BEALL)
2:156a
SHUBNIKOV, A.V.
2:603b
SHUBNIKOVA, E.A.
3:299a
SHUFELDT, R.W.
2:776a
3:300b
SHUJA, F.M.
1:409b
4:398b
SHUKHARDIN, S.V.
3:543b, 544b, 564a
SHUKOFF, A.
2:90b
SHULEIKIN, V.V.
3:242b
SHULL, A.F.
3:315b
SHULL, G.H.
1:368b
3:528b
SHUMAN, J.W.
1:329b
3:389b
SHUNJO HOIN
1:592b
SHURLOCK, F.W.
2:495b, 496a
5:319b, 422a
SHUSTER, L.
3:501b
SHUSTERY, A.
4:384a
SHUTE, C.
1:64b
SHVETSOV, K.I. (BELYI)
5:115a
SIAO TSEN-TSAN
3:586b
4:242b
SIBIRANI, F.
1:50b
SIBUYA, K.
1:316a
5:352a
SICCO, A.
2:725a
3:435b
SICHEL, J.
4:155a
SIDDALL, R.S.
1:251b
SIDDIQI, M.R.
2:516b
3:143b
4:384a
SIDDIQI, M.Z.
4:416b
SIDDONS, A.W.
3:114b
SIDERSKY, D.
1:536b
4:23b, 57a(2), 60a, 61a, 75a, 77a, 77b, 82a(2), 196b
SIDGWICK, H.
3:97a
SIDGWICK, J.B.
1:566a
SIDGWICK, N.V.
3:192a
SIDOROV, N.I.
2:111a
5:291b

SIDOROWIEZ, Z. (BIENKOWSKA)
2:772a
3:11b
SIEBEL, J.
1:552a
3:399a
SIEBENTHAL, W. VON
3:460a
SIEBER, S.
3:573b, 575a, 576a
SIEBERT, F.
4:329b
SIEBOLD, K.
2:475b
SIEDLER, P.
3:514b
SIEGBAHN, M.
3:168b
SIEGEL, A.
3:66a, 155a
SIEGEL, C.
3:74b, 280a
SIEGEL, C.L.
2:403a
5:312b
SIEGEL, G.
3:165b
SIEGEL, P.N.
5:65a
SIEGEL, R.E.
1:137b, 214a, 246a, 329a, 381b, 453b, 454a, 455b, 579b(3)
2:526a, 649b
3:440b, 445b, 465a, 467a
4:117b, 133b, 134a(2), 136a, 136b(2), 155a
5:173a, 403b, 537b
SIEGFRIED, A.
3:467a
SIEGFRIED, K. (FELDHAUS)
3:413b
SIEGFRIED, R.
1:304b, 323a, 323b(3), 475b
2:357a, 535a, 714a, 745a
3:184b, 185a
5:210b, 322b, 324b, 327b, 328a
SIEGFRIED, W.
2:342a
SIEGMUND, G.
2:169a
SIEMENS, H. VON
2:476b
SIERPINSKI, W.
1:49a
SIEUR, -.
1:249b
2:101b
SIEUR, P.M.M.
3:481a
5:508b
SIEVEKING, A.F.
1:399b
5:179b, 524a
SIEVEKING, G.H.
3:472a
SIEWERS, A.B.
5:174a
SIFFRE, A.F.
4:12a
SIGER, L. (MENDELSON)
3:432b, 442a
SIGERIST, H.E.
1:13a, 47a, 113b, 140a, 148a, 150a, 159b, 162b, 231b, 232a, 310b(2), 329a, 410b(2), 470b, 482a(2), 539a, 541b, 544a, 552b, 553a, 574b(2), 576b, 582a, 632b
2:16a, 23a, 102a(2), 113b, 138b, 180a, 219a, 264b, 271b, 272a, 275a, 277b, 286b, 307a, 321a, 334a, 336a, 402b(2), 408b, 459a, 515a(3), 552a, 584b, 586b, 617b, 651a, 696b, 704b, 711a, 714b, 725b
3:21a(2), 22a, 58b, 69a, 69b, 364a(3), 365b, 371a(2), 371b, 372b(4), 373a(2), 374a(2), 374b(3), 376a(5), 378a, 380a(2), 381b(3), 382a, 383a(4), 383b, 384a(2), 385b, 389b(3), 390b, 391b, 392a, 393a, 397b(3), 399a, 402b, 404b, 407a, 409a(2), 409b, 411b, 417a, 417b(2), 418a, 421a, 422a, 423a, 427a, 435a, 449a, 452a, 452b, 455b, 459b(2), 460b, 461b, 463b, 474b(5), 478b, 479b, 480a, 497a(2), 497b, 512a, 530a, 605a, 614b(2)
4:9a, 26a, 128b(3), 136a, 137b, 152a, 154b, 332a, 333a(4), 334a, 334b, 337a, 343a, 350b, 352b(2), 355a, 355b, 356b, 446a
5:50b, 52b, 53a, 53b, 54b, 59a, 59b, 62a, 68b, 82a, 85a(2), 85b, 88a, 217b, 244b(2), 245a, 251b, 260b, 275b, 283b, 363b, 376b, 401a, 404a, 443a, 462b, 479a, 485b, 494a(2), 520a, 525b(2), 526a, 527
SIGERIST, H.E. (HOWALD)
1:47a
2:209a, 321a
4:157a
SIGERIST, H.E. (SINGER)
3:364a
SIGGEL, A.
2:20b, 426a, 698a
4:399b, 400a, 400b(2), 424b
SIGNORINI, A.
2:77b
3:156a
SIHLER, E.G. (BOTSFORD)
4:97a
SIK, L.
3:405b
SIKES, E.E.
2:117a
4:126a
SIKORA, J.
4:116b
5:481b
SILBERRAD, C.A.
3:85a
4:188a, 194b
SILBERSTEIN, L.
3:44b, 150a, 168a
SILBERSTEIN, W.
2:102a
3:388a
5:402b
SILIN, C.I.
5:368b
SILINK, K. (CZYZEWSKI)
3:449a
SILK, E.T.
1:12a, 165a(2), 387b
SILLA, L.
3:77a
SILLCOX, L.K.
3:553b
SILLIMAN, R.H.
2:11a
5:321a

SILVA CARVALHO, A. DA
See CARVALHO, A. DA S.
SILVA DOMINGUEZ, A.
5:168b
SILVA, C.A. DE
3:470a
SILVAIN, R.
1:165a, 486b
SILVERMAN, A.
3:194a
5:528a
SILVERMAN, M.
3:500a
SILVERMAN, M.G. (SILVERMAN, S.L.)
3:98b
SILVERMAN, S.L.
3:98b
SILVERSTEIN, H.T.
1:22b, 307b, 308b
2:127b
SILVERSTEIN, T.
1:137b, 306b, 308a, 521a
4:297b, 318b
SILVERYSER, F.
2:618b(2), 619a
SILVESTRE, H.
1:124a, 164b, 165a, 387b, 634a
2:522b
4:147b, 296a, 308a
SILVETTE, H.
1:588a(3), 588b(2)
2:330b, 334b
3:384a
5:149b, 156a, 157b, 168a
SILVETTE, H. (LARSON)
3:415b
SIM, R.J.
3:578a
SIM, R.J. (WEISS)
3:565a
SIMAR, T.
5:239b, 361a
SIMARD, E.
3:38b
SIMEIKA, M.
2:685a
4:167b
SIMEK, A.
2:91b
5:220b
SIMETERRE, R.
2:327a
SIMIAND, F.
3:39b
SIMILI, A.
1:119a(2), 130a
2:174a, 188b, 572a
3:509a, 516a
5:263a
SIMIZU, T.
3:507a
SIMMEL, G.
1:498a
SIMMER, H.
2:186b, 450b, 478a
5:380a, 410a
SIMMONS, A.
2:748a
5:411b
SIMMONS, J. (PERHAM)
5:343a
SIMMONS, J.S.
3:409a
SIMMONS, L.W.
4:8b

SIMMONS, R.H.
3:22b(2), 34b
SIMON, C.
2:716b
3:500b
SIMON, E.
4:252b
SIMON, F.
3:159b
4:139b
SIMON, F. (CHERWELL)
2:218a
SIMON, G.M. (TINKCOM)
5:293a, 483b, 551a
SIMON, H. (RONNE)
3:397b
SIMON, I.
1:75b(2), 161a, 581a, 583a
2:39a(2), 102b, 132a, 135a, 647a, 708a
3:279a, 367a, 375a, 381a, 388a, 531b
4:79b, 80a, 80b, 81a, 81b, 82a, 436b, 440b(2)
5:513a
SIMON, I. (BARUK)
3:387b
SIMON, L.
1:339a
2:460b
SIMON, M.
1:188a, 299b, 349a
3:131a
4:193a
SIMON, P.
4:298a, 370a
SIMON, R.I.
1:501a
5:382a
SIMON, S.M.
3:392b
SIMON, S.W.
2:191a, 191a(2), 770a(2)
3:480b(2)
5:242a, 369b
SIMONART, F.
2:51b(2)
SIMONDS, W.A.
1:371a
SIMONE, F.
5:8a
SIMONELLI, F.
1:341a
2:261b
5:75a
SIMONIDE, H.
4:372a
SIMONIN, H.D.
1:654a
SIMONINI, R.
1:47b
2:135b, 147a
4:339b, 347a, 350a, 356b, 357a, 379a
5:439a, 481b
SIMONOV, N.I.
1:397a(4)
SIMONOV, N.I. (GNEDENKO)
3:101b
SIMONS, J.J.
4:42b
SIMONS, L.G.
1:215b, 259b, 401b, 510b(2), 604b
2:60a, 354a, 484a, 638b, 683a(2), 700b(2), 739b, 775b
3:12a, 111b, 119b, 120b
5:15a, 111a, 197b(3), 198a, 198b(4), 200a, 200b, 309b(2), 310b, 312a(2)

SIMONSEN, D.
2:135a
4:442a
SIMONSEN, J.
5:329b
SIMONSEN, J.L.
1:486b
2:386a
SIMONSEN, J.L. (ARMSTRONG)
1:427b
SIMONSON, J.L. (IRVINE)
1:557a
SIMONSON, R.W.
3:525a
SIMPSON, A.
1:78b
SIMPSON, D.C.
1:36a
5:401a
SIMPSON, D.H.
3:14a
SIMPSON, G.C.
1:537b
2:454b
3:223a
SIMPSON, G.E.
1:263b
5:59b
SIMPSON, G.G.
1:210a, 317a, 317b
2:41a, 292b, 664a, 679a
3:272a, 273b, 290a(4), 291a, 292a, 296b, 532b
5:229b, 345a
SIMPSON, G.G. (HAAS)
3:288b
SIMPSON, G.G. (JEPSEN)
3:272a, 293b
SIMPSON, G.L.
3:227b
SIMPSON, J.
5:58b, 375a
SIMPSON, J.Y.
2:480a
3:63b, 64a
SIMPSON, L.B.
5:82b
SIMPSON, P.
3:596b
SIMPSON, R.R.
2:470a
SIMPSON, W.J.R.
3:409a
SIMS, L.G.A.
2:247a
SIMS, R.E.
2:470b
5:70a
SINAISKI, V.
4:148b, 149a
SINCLAIR, H.M.
2:735a
3:424b
5:520b
SINCLAIR, J.H.
1:42a
SINCLAIR, K.V.
1:160b
4:314b, 320a
SINCLAIR, T.A.
2:330b
SINDIK, I.
1:287a
5:27a, 34a, 133b

SINGER

SINGER, C.
    1:10b, 211b(2), 239b, 249a, 249b, 254b,
    276a, 276b, 307a, 428a, 430b, 449b,
    452b, 453b, 454b, 455a, 487b,
    546b(2), 571b, 580b, 593b
    2:141b, 177b, 441b(2), 504a, 583a,
    583b, 584b(3), 585a, 587b, 636a,
    718a, 755a
    3:6a(4), 8a(2), 18b(2), 63b, 64a, 88b,
    163a, 278a, 364a(3), 394b, 422a,
    423b, 461b, 482b, 540b, 542b, 580b
    4:30a, 33a, 100a, 123b(2), 139a, 289a,
    290b, 294a, 332a, 333a, 336b(2),
    338a, 345b, 346b, 347b, 349a, 353a,
    378b(2), 379a, 420a, 445b
    5:36b, 45a, 45b, 52b(2), 61b, 62a, 62b,
    63a, 64a, 67a, 79a, 120b, 142b, 145a,
    175b, 270a, 413b, 451b, 461b
SINGER, C. (GRATTAN)
    4:336b
SINGER, C. (STREETER)
    1:89b
    4:420a
SINGER, C. (WOODWARD)
    4:379a
SINGER, C. (ZAMMIT)
    4:86a
SINGER, D.W. [WALEY SINGER, D.]
    1:48b, 99a, 201a, 201b(2), 265b, 645a
    2:119a, 141a(2), 244b, 330a, 354a,
    397b, 457b, 502b
    3:197a, 446b
    4:114a, 289a(3), 313a(2), 348b,
    350a(3), 442a
    5:3b, 21a, 67a, 73b, 96a, 145a, 251a,
    386a, 464a, 472a, 486b
SINGER, D.W. (CORNER)
    1:428a
SINGER, D.W. (SINGER, C.)
    1:211b(2), 430b
    2:441b, 755a
    3:461b
SINGER, E.A.
    2:105b
    3:282b(2)
SINGER, I.
    3:518b
SINGER, K.
    2:325a
    3:357a
SINGH, A.N.
    3:125a
    4:191b, 192b, 193b
SINGH, A.N. (DATTA)
    4:191a
SINGH, A.N. (LORIA)
    4:193a
SINGH, J.
    3:105b, 216b
SINGH, R.
    1:560a
    4:101a
SINGH, S.D.
    4:209b
SINGLETON, C.S.
    1:308b
SINGLETON, E.
    2:469b
    5:46a
SINGLETON, W.
    3:294b
SINHA, J.
    4:190b, 200a
SINHA, R.N.
    4:199b

SINIARSKA-CZAPLICKA, J.
    2:670b
    5:292a
SINISTRARI, L.M.
    5:109a
SINNO, A.
    2:755a
SINNOTT, E.W.
    3:284a, 293b
    5:303b
SINOR, D.
    5:464b
SION, J.
    4:171a
SIRCAR, D.C.
    4:185a
SIREN, O.
    2:73a, 185b, 447b
    4:239b, 242b(2), 243a
    5:281b
SIRKAR, K.L.
    2:3a
    4:194a
    5:467a
SIRKAR, S.C.
    2:410b
SIRKS, M.J.
    3:278a(2), 310a, 314a
SIRVEN, J.
    1:332b
SIRY, J.W.
    3:566b(2)
SISAKIAN, N.M.
    3:308b
SISAKIAN, N.M. (OPARIN)
    3:308b
SISCO, A.
    5:90b
SISCO, A. (SMITH)
    1:661a
    5:180a
SISTRUNK, T.O.
    1:307a
SITNIK, T.
    1:318b
    5:351a
SITTER, W. DE
    2:715a
    3:206b, 216b, 218b
SITWELL, S.
    5:353b, 359b
SIU, R.G.H.
    3:44a
SIVADJIAN, J.
    3:46a, 146b
SIVERZEV, I.N.
    3:554b
SIVIN, N.
    2:86b
SIWEK, P.
    1:65a
    2:498a
    4:127a
    5:146b
SIX, J.
    1:16a
    4:111a
SIZI, F.
    2:481b
SJOBERG, S.G.
    2:459b
    5:328a
SJOQVIST, E.
    4:139a

SJOSTEDT, C.E.
    3:127b
SJOSTRAND, W.
    2:382a
SKALLERUP, H.R.
    3:70a
SKARD, E.
    2:217b
SKARD, S.
    3:164a
SKARZYNSKI, B.
    2:487b, 595a
    3:399b, 448a
SKATKIN, M.N.
    3:544b
SKATKIN, P.N.
    1:101a
    2:494b
    5:237a, 412a
SKAVLEM, J.H.
    1:112b
SKEAT, T.C.
    4:108b, 303a
SKEAT, W.O.
    3:558a
SKELTON, R.A.
    1:278b
    2:83a, 173a
    3:255a, 258b
    5:27b, 32b
SKELTON, R.A. (HUMPHREYS)
    3:251b
SKELTON, R.W.
    2:420a
SKEMP, J.B.
    2:330a
    4:112a
SKEMPTON, A.W.
    1:266a
    5:176a, 286a, 415b, 425b
SKILLING, H.H.
    3:164b
SKILLING, W.T.
    3:209b
SKINNER, B.F.
    3:340a
SKINNER, C.L.
    3:535b
SKINNER, C.M.
    3:305a
SKINNER, F.G.
    3:84b, 85a
SKINNER, H.A.
    3:379b
SKOBEL:TSYN, D.V.
    2:661a
    3:146a
SKOBEL:TSYN, D.V. (NESMEIANOV)
    1:656b
SKOLD, H.
    2:268a
SKOLEM, T.
    3:109b
SKOLIMOWSKI, H.
    3:248b
SKOOG, A.L.
    5:409b
SKOSS, S.L.
    2:430a(2)
SKOTTSBERG, C.
    2:2b
SKOWRON, S.
    3:292a, 378b
SKOWRONNEK, K.
    1:494a

3:570b
5:427b
SKRAMLIK, E. VON
1:2b
SKRZEK, M.
3:528b
5:412a
SKUBALA, Z.
2:741b
3:21a, 618a
SKULIMOWSKI, M.
2:182b
SKULSKY, S.
3:46a
SKURATOV, S.M. (SOLOV'EV)
2:652a
SKUTIL, J.
2:116b
4:9a
5:228a
SLABCZYNSKI, W.
1:314b
2:31b, 513a(2), 513b
5:35b, 339b, 344b
SLABY, A.
1:519a
SLATER, D.A.
2:596b
SLATER, W.
3:521a
SLATIS, H.M.
3:296a
SLAUGHT, H.E.
2:194a
3:114a
4:21a
SLAUGHTER, D.
2:376a
SLAUGHTER, F.G.
2:462a
SLAVENAS, P.
3:211b
SLAVUTSKII, I.S. (MEL'NIKOV)
1:206a
2:651b
5:312b
SLEDD, J.H.
1:655b
5:296a
SLEEN, W.G.N. VAN DER
3:269b
SLEEPER, H.J.
2:131a
SLESSER, H.
4:294a
SLICHER VAN BATH, B.H.
3:523a
SLICHTER, C.S.
2:229b, 749a
3:6a, 72b, 156a
SLIPHER, E.C.
3:212b
SLIUSAREV, G.G.
1:397b
5:205b
SLIV, L.
2:426a
SLJIVIC, S.
1:177a
SLOANE, E.
3:563a
SLOCUM, S.E.
3:119a
SLOLEY, R.W.
4:36b, 37b, 39b, 54b, 150a, 150b

SLOMANN, H.C.
4:48a
SLOOTMANS, C.J.
3:536b
SLOSSON, E.E.
1:371b, 442a
3:6a(2), 49b
5:256b
SLOTKIN, J.S.
1:266a
3:606b
SLOTTY, F.
4:86a
SLOUKA, H.
3:203b
SLOUSCHZ, N.
3:263a
SLUYS, F.
3:476b
SMALE, S.
3:131a
SMALL, A.W.
2:483a, 610a
SMALL, R.
2:15a
SMALLWOOD, M.S.C. (SMALLWOOD, M.M.)
3:274a
SMALLWOOD, W.M.
3:274a
SMART, C.E.
3:249a
SMART, H.R.
3:40b
SMART, J.J.C.
3:44a
SMART, W.M.
1:11a
3:211b, 214a
SMART, W.M. (SPENCER JONES)
1:11a, 19b
2:84b
5:332a
SMEATON, W.A.
1:132a(2), 171a, 352a, 429a(4), 524b, 525a(4)
2:21a, 53b(6), 54b, 127a(2), 220b, 244b, 316a(2), 577a, 690b, 719b(2), 761a(2)
5:191b(2), 207b(2), 209a(3), 210b, 212a(2), 212b, 247b, 281a, 286b(2), 290b, 324a, 325a
SMEATON, W.A. (GIBBS)
1:123b
SMEATON, W.A. (SCHELER)
2:54a
5:189a
SMEDLEY, D. (BECK)
3:415a
SMELSER, M.
2:414a
5:421a
SMELSER, N.J.
5:427a
SMELTZER, D.
3:119a
SMENTSOV, A.
1:586a
SMERDON, G.T.
2:622b
5:163a
SMET, A. DE [DE SMET, A.]
1:167a, 520b
2:173a(2), 348b, 573b(2)
3:81a, 260b, 506b
5:29a, 33b, 338a, 338b, 472b(2), 508a

SMET, P. DE
1:52b
2:185a
5:291a
SMET, R.
3:74a
5:507b
SMETS, G.
4:266a, 267a(2)
SMEUR, A.J.E.M.
1:382a
2:377a, 398b
4:308a
5:14a(4)
SMILES, A.
2:483b
SMILEY, E.M. (ARTSCHWAGER)
3:304b
SMILLIE, W.G.
2:546a
5:376b
SMILLIE, W.G. (WINSLOW)
3:467b
SMIRNOV, A.A.
3:249a
SMIRNOV, J.I. (MARR)
4:7a
SMIRNOV, V.I.
1:443b, 502b
2:31b
SMIRNOV, V.I. (LINNIK)
2:28b
SMIRNOV, V.I. (MIHAILOV)
1:395b
SMIRNOVA, O.K.
3:229a
SMIT, P.
2:247b
SMITH WOODWARD, A.
See WOODWARD, A.S.
SMITH, A.
2:109b
SMITH, A.H.
1:99a, 121a
2:357a
5:385b
SMITH, A.W.
2:565b
SMITH, B.G.
3:325a
SMITH, C.A.
2:159a
SMITH, C.A.H.
2:202a
SMITH, C.C.
3:88b
SMITH, C.E.
2:207b
SMITH, C.R.
4:79b
SMITH, C.S.
1:151b, 661a
3:573a(2), 573b, 593a, 601a
4:366a
5:10a, 91a, 180a, 289b
SMITH, D.
1:412b
3:565b
5:398b
SMITH, D.E.
1:4b, 39a, 42a, 99a, 153a, 154a, 221b, 326a(2), 333b, 393a, 536a, 549b, 647a
2:8b, 18b, 39b, 190a(2), 194a(2), 224a, 224b, 250b, 282a, 391a, 431a, 453a, 486b(2), 608a, 759b(2)

SMITH

3:101a, 102a(2), 103a(3), 104a, 105b, 111b(3), 112b, 113b(3), 114a, 115a, 117b(2), 118a, 119a, 120a
4:21a, 60b, 89a, 107a, 193b, 222b(2), 250a, 307a, 394b, 395a, 402a, 438b
5:13a(2), 13b, 14a, 14b, 15a, 17a, 17b, 24b, 53a, 111b(2), 196b, 197a, 310b, 446a, 451a, 536a(2)

SMITH, E.A.
2:485b

SMITH, E.B.
1:103a
4:54a

SMITH, E.C.
1:285a, 407b, 488b, 531b
2:47a, 213b, 220a, 239a, 266b, 443b, 599b, 705b
3:72a, 72b, 551a, 553b, 555a, 555b, 556a, 558a, 564b, 603b(2)
5:112a, 124b, 190b, 193b, 306a, 416b, 417a(2), 431b, 454a, 495b, 550a, 550b

SMITH, E.F.
1:104a, 182b, 301a, 515a, 539a
2:57a, 108a, 352a, 352b, 411b, 486a, 621a, 634b, 637a
3:181a, 181b, 184b(4), 185a, 193a, 526b
5:189b, 208a, 208b, 296b, 322b, 327b, 328b, 531b

SMITH, E.H.
3:183a

SMITH, E.R. (HOEBEL)
3:332a

SMITH, E.V.
3:486b

SMITH, F.
2:684b
3:519a(2), 519b, 618b
5:279b, 410a

SMITH, F.E.
1:213b
3:234b

SMITH, F.E. (HOPKINS)
1:538b

SMITH, G.
2:124b
3:471a
5:94a

SMITH, G.E. [ELLIOT SMITH, G.]
1:156a, 224b, 227b
2:564b, 606a
3:28a(2), 326b, 333b(3), 335a(2)
4:3b, 27a, 34b, 35a, 46b(2), 50a, 215a, 256b, 280b
5:450b, 465a

SMITH, G.F. (GRAY)
1:323b

SMITH, G.G.
2:420a

SMITH, G.M.
3:557b, 313a

SMITH, G.M.C.
2:506b

SMITH, G.O.
2:606a

SMITH, G.S.
3:251a

SMITH, G.W.
2:499b, 766b
5:408a(2)

SMITH, H. (FORSHUFVUD)
2:213a
5:392b

SMITH, H.B.
3:98b

SMITH, H.F.
1:540a

SMITH, H.F.R.
5:105a

SMITH, H.H.
4:274b(2)

SMITH, H.M.
5:181a

SMITH, H.S.
1:491b

SMITH, H.T.
3:223a

SMITH, H.W.
3:63b

SMITH, J.
3:590b

SMITH, J.A. (MACAULAY)
3:613b

SMITH, J.L.B.
3:325a

SMiTH, J.M.
1:530a
3:290a

SMITH, J.R.
3:522a
4:90b

SMITH, K.M.
3:301b, 526b(2)

SMITH, L.M.
2:681a
4:331b

SMITH, M.
1:123b, 483a
2:207b(2)
3:493b
5:359b

SMITH, M. (GREENWOOD)
2:123a

SMITH, N.K.
1:332b, 605b

SMITH, P.
1:385a
5:3b, 102a, 185a

SMITH, R.A.
4:16a

SMITH, R.C.
3:86b

SMITH, R.D.
3:166b

SMITH, R.E.
2:85b
5:378b

SMITH, R.S.
4:331b
5:176b, 282b

SMITH, R.W.I.
5:249b, 516b, 545a

SMITH, S.
1:315b, 567a
2:305b(2)
4:56a

SMITH, S.P.
4:260b

SMITH, S.W.
2:406b

SMITH, T.
2:26a
5:393a

SMITH, T.C.
4:254b

SMITH, T.M.
1:229a
2:253a, 253b
4:307b

SMITH, T.M. (DANIELS)
3:53b

SMITH, T.R.
2:712a
3:252a

SMITH, T.V.
5:195b

SMITH, V.A.
1:19b, 46b, 77b
4:185a

SMITH, V.E.
3:32a, 40b, 280a
5:439b, 489b

SMITH, W.
2:623a

SMITH, W.A.
4:34a

SMITH, W.B.
3:170a

SMITH, W.C.
1:609b
2:35b, 696a
3:231a, 238a
5:412b

SMITH, W.F.
2:375b

SMITH, W.W.
2:159b
3:311a

SMITH-ROSE, R.L.
2:160a

SMITHCORS, J.F.
1:486b
2:163b, 426a
3:518a, 518b, 519b
5:279b, 280a(2), 410a

SMITHSON, J.R.
2:180b

SMITT, K.W.
2:426b

SMOLAREK, P.
4:361b

SMOLKA, J.
1:350b(2), 395b, 436b
2:661a
5:188a

SMOLUCHOWSKY, M. VON
2:249b

SMORGONSKII, I.
3:555b

SMORODINTSEV, A.A.
1:634b

SMUGLYI, S.I.
2:420b

SMUTS, J.C.
3:8a, 82b, 281b, 291b

SMYTH, H.D.
3:59a, 69a, 137a, 144a, 602a

SMYTH, N.A.
3:63b

SMYTHE, G.F.
2:712b
3:615b

SMYTHE, J.A.
4:32a, 159a, 160b(2)

SMYTHE, R.H.
3:519a

SNELL, A.H.
3:568a
5:520b

SNELL, B.
1:560b
4:100a, 101a

SNELL, G.D.
3:337b

SNELL, S.
1:351b
5:417b
SNELL, W.E.
1:40a, 41a, 279a
2:208b, 288b, 437a
5:273b
SNEYERS, R.
5:333a
SNOECK, J.
3:453b
SNORRASON, E.
1:504b, 630b
4:47b
SNOW, A.J.
1:337a
2:226b, 228a
5:117a
SNOW, C.P.
3:50b(2), 61a, 62a
SNOW, J.P. (FLETCHER)
3:551b
SNOWDEN, F.M.
4:128a
SNOWMAN, J.
4:79b
SNUIF, M.G.
2:720a
3:485b
SNYDER, C.
3:439b
SNYDER, E.E.
1:107b
2:121a
3:278a
SNYDER, L.H.
3:336a, 516a
SOAL, S.G.
3:347b
SOARES, J.C.
4:235a
SOBEL, A.
2:462a
SOBHY, G.P.G.
4:36a, 46a, 48a, 167a
5:548a
SOBOL, S.L.
1:311a(2), 313a, 313b, 314a, 341a, 425b
2:27a, 110b, 287b
3:163a
5:120a, 231b, 232a(2), 348b, 350b, 351a
SOBOLEV, S.L.
2:214b
SODANO, A.R.
1:60a, 241a
2:327b
SODDY, F.
1:304b, 570b
2:150a
3:57b, 170a, 174b, 567a
SODERBAUM, H.G.
1:143a, 144a, 613b
2:634b
5:348b
SODNIK-ZUPANEC, A.
1:177b
5:186b
SOENEN, M.
2:460b
SOERGEL, W.
4:13a
SOFER, J.
1:634a
SOGNNAES, R.F.
3:493b

SOHLMAN, R. (SCHUCK)
2:237b(2)
SOHN POW-KEY
4:247b
SOHNS, F.
3:306b
SOIFER, M.E.
2:618a
SOKOL, A.E.
3:16b
5:139a
SOKOL, S.
2:695b
3:399b, 487b
5:56b
SOKOL:SKII, V.A.
2:561b
SOKOL:SKII, V.N.
2:680a
3:560b, 566b
SOKOLOFF, B.
3:517a
SOKOLOV, N.N.
2:31a
SOKOLOV, V.A.
2:182a
3:165b, 177a
SOKOLOV, Y.M.
3:353a
SOKOLOVA, S.A.
5:417b
SOKOLOVSKY, G.N.
1:40b, 93b
5:138a(2)
SOKOLSKII, V.N.
See SOKOL'SKII, V.N.
SOLAGES, B. DE
1:94b
SOLALINDE, A.G.
1:30b, 31a
2:116a
SOLDAN, C.E.P.
1:204b
SOLDAN, W.G.
3:353b
SOLECKI, R.S.
4:271a
SOLENTE, S.
2:319a
SOLENTE, S. (JEANSELME)
2:413b
SOLIS-COHEN, M.
2:740b
3:459a
5:384b
SOLIS-COHEN, R.T.
3:413a
SOLLA, R.
2:391a
SOLLAS, W.J.
4:13a
SOLLEDER, F.
5:145b
SOLLEY, C.M.
3:343b
SOLLMANN, T.
1:137b
2:739b
3:504b
5:365b
SOLLNER, A.
2:597a
4:154a
SOLMI, E.
2:73a

SOLMITZ, W. (KLIBANSKY)
1:230b
SOLMSEN, F.
1:60b, 61b, 63a, 386b
2:329a, 331b
4:101a, 107b
SOLODNIKOV, V.P.
2:216a
5:421a
SOLOMIAC, M.
1:660a
SOLOMON, A.K.
3:174b
SOLOMON, B.S.
3:119a
SOLOMON, H.C. (MOORE)
1:517b
5:75a
SOLOV'EV, I.I.
1:72b, 143a(2), 144a, 567b, 638b
2:22b, 23a, 28a, 218a, 434b, 652a
3:189b, 191a, 192b
5:307b, 324a, 424a
SOLOV'EV, I.I. (FIGUROVSKII)
2:17a
SOLOV'EV, I.I. (POLAK)
1:554b
5:325b
SOLOV'EV, I.I. (TIKHOMIROV)
1:17b
SOLOV'EV, I.I. (USHAKOVA)
1:632b
5:324a
SOLOVEICHIK, S.
1:295a, 323a
2:354a, 447b, 637a
3:181b, 187a
5:210a, 324b
SOLOVEV, I.I.
See SOLOV'EV, I.I.
SOLOVIEV, M.
2:215a
SOLOVIEV, M.M.
1:100b
SOLOVIEV, V.S.
2:325a
SOLOVINE, M.
2:148b, 399b
SOLOVYOV, Y.I.
2:33b
3:188b
5:325a
SOLSKI, S.
5:179b
SOLTAU, K. (FEDER)
2:275b
5:70b
SOLTAU, R.H.
2:281a
SOLVAY, E.
3:357a
SOLVER, C.V.
4:52a
SOMAN, M.
2:396a
SOMBART, W.
3:57b, 351a
SOMEDA DE MARCO, P.
3:401a
SOMENZI, V.
1:300b, 463b
2:81a(2)
5:18a
SOMER, F.E. (SCHULLIAN)
2:728b

SOMERVELL, T.H.
3:270a
SOMERVILLE, B.
1:43a
4:6a
5:227b
SOMERVILLE, H.B.T.
3:257b
SOMERVILLE, J.
3:36b, 95a
SOMIGLIANA, C.
2:338b
SOMINSKII, M.S. (KIKOIN)
1:651a
SOMKIN, F.
1:317b
2:115b
5:350a
SOMMER, F.E.
4:253a
SOMMER, F.E. (SCHULLIAN)
5:51b
SOMMERFELD, A.
1:571a
2:323a
3:154b, 171a, 173a
SOMMERFELD, A. (GERLACH)
1:43a
SOMMERFELDT, G.
5:172a, 172b
SOMMERHOFF, G.
3:286a
SOMMERLAD, G.
3:447b
SOMOGYI, J. DE
1:305b(6), 502a, 618a(2)
2:524a, 568b
4:414a, 428b
SOMOGYI, J. DE (LOWINGER)
1:502a
SOMOLINOS D'ARDOIS, G.
3:367a, 393a
4:282b
5:497a
SONDEREGGER, A.
5:69a
SONDERVORST, F.A.
2:39a, 558a, 718b
3:408b
5:57b, 491a, 491b
SONDERVORST, M.F.
2:588b
5:50b
SONNE, I.
2:430a
SONNE, I. (WERNER)
4:438a
SONNEBORN, T.M.
3:294b
SONNEDECKER, G.
1:244a
2:568a
3:500b, 501a(2), 502a(3), 502b(2), 504a(2), 506a, 516b, 518a
5:407a(3)
SONNEDECKER, G. (GRIFFENHAGEN)
3:500b
SONNEDECKER, G. (HAMARNEH)
2:647a
4:424b
SONNEDECKER, G. (URDANG)
3:501a, 502a
SONNEFELD, A.
1:464a(2)
2:15a
5:125b
SONNENSCHEIN, R.
3:491a
SONNIE-MORET, P.
2:467a
5:147b
SONOLET, J. (HUARD)
1:36b
2:176b
4:237b
5:271a
SONTHEIMER, J. VON
1:624b
4:420a
SOODER, M.
3:533b
SOONAWALA, M.F.
1:641a
SOONS, M.
2:526a
SOOS, P. (SPIELMANN)
5:478a
SOOTHILL, W.E.
2:401a
4:217a, 230a
5:533b
SOOTIN, H.
1:407a
2:221b
SORBELLI, A.
2:671a
SORBETS, J.
2:616a
3:268a
SOREAU, E.
5:280b
SOREAU, R.
2:39b, 243a
3:120a, 120b(2)
5:311b
SORENSEN, J.
2:212a
SORET, F.
1:496a
SORGE, F.
5:253b
SORGO, J.
3:418a
SORKIN, A.M.
3:12b, 13a
5:524a
SORLEY, W.R.
2:497b
3:94b
SOROKIN, C.
3:295b
SOROKIN, I.N.
2:243a
5:423b
SOROKIN, P.A.
3:355a(4), 355b(3), 356b
4:387b
SOROKINA, L.A.
1:3a
5:312a
SOROKINA, L.A. (BASHMAKOVA)
3:21a
SORRE, M.
3:269b, 275b
SORSBY, A.
1:107a
2:747b
3:440b
5:158a
SORTAIS, G.
1:457a
4:286a
SOTERIOS, G.A.
2:675a
SOTHERAN, H.C.
2:221a
SOTIN, B.S.
2:404a
5:206b
SOTO, O.
2:410b
SOTTAS, H.
1:242b
4:55b
SOTTAS, J.
2:746a
3:208a
SOUBIRAN, A.
1:88a
2:316a
4:48a
5:174a, 287a, 370b, 437b
SOUEGES, R.
1:265a
3:310b
SOUILHE, J.
3:92a
SOUKHOV, V.I.
3:251a
SOULAIRE, J.
3:512b
SOULARD, R.
1:180a
3:562a
5:430a
SOULE, M.J.
3:530b
SOULIE DE MORANT, G.
4:220b, 237b(2)
SOULIE, H. (RAYNAUD)
3:406a
SOULIER, G.
1:568a
4:381a
SOUPAULT, R.
1:227a(2)
SOUQUES, A.
1:384b, 564b, 579b(3)
4:133a(2), 136a, 137a(2)
SOURIAU, M.
2:5a
3:97a
SOURKES, T.L.
2:556b
5:349a
SOUROY, J.C.
4:266a
SOURS, J.A.
1:442b
SOURY, G.
2:337a(3)
SOUSA, A.
4:429a(3)
SOUSTELLE, J.
3:349a, 356a
4:279b
SOUTAR, G.
4:123a
SOUTER, A.
4:163a
SOUTH, H.P.
1:32a
SOUTHERN, R.W.
1:43a

4:389a
SOUTHWELL, R.V.
1:647b
SOUTHWELL, T.
3:325b
SOUTHWORTH, C.
3:259a
SOUTHWORTH, G.C.
3:207b
SOUTZO, M.
4:57b
SOWERBY, A. DE C.
3:320b
4:231b
SOYER, J.
2:147b
SOYTER, G.
4:380b
SPACKMAN, C.
3:581a
SPADA, N.
3:412b, 580a
SPAE, J.J.
1:634b
SPAIGHT, J.M.
2:698a
3:603b
SPALDING, R.W.
2:493b
SPALLICCI, A.
1:77b
2:214a, 317b
4:153b
5:365b, 464b
SPAMPANATO, V.
1:201a
SPANN, O.
3:355b
SPANO, N.
2:745b
3:618a
SPANOPULOS, G.
1:600b
SPANTON, W.D.
4:43a
SPARBERG, E.B.
1:528a
2:511a
3:174b
SPARCK, R.
2:504b, 684b(2)
3:318a
SPARGO, J.W.
2:596b
4:444a
SPARKS, J.B.
3:235b, 271b
SPARN, E.
3:51b, 112b, 230a, 381a, 529b, 619a
SPARROW, W.J.
2:423b, 424a(4), 748a
5:206a
SPARROW, W.S.
2:150a, 513b
5:357a
SPASSKII, B.I.
2:111a
3:136b, 137a
SPASSKII, B.I. (KONONKOV)
2:108b, 110a
SPASSKII, B.I. (SARANGOV)
3:141b
SPASSKII, I.G.
3:120a

SPATZ, H. (KRUCKE)
1:370b
2:694b
3:432a
SPAULDING, E.G.
3:44a
SPAULDING, O.L.
3:600a
SPAULDING, T.M.
2:723b
3:600a
SPEARMAN, C.
3:340a, 343a(2)
SPECK, F.G.
2:367a
4:268b, 272a, 274a(2), 275a, 275b
5:278b
SPECTOR, B.
1:126b, 129b, 192a, 313a
2:257b, 765a
3:364a, 384a, 389b, 391a
5:365b, 378b, 445a
SPEERT, H.
1:112b
3:452b
5:162a
SPEIJER, N.
5:256b
SPEISER, A.
1:396a, 397b, 499a
2:403a
3:104a, 106b, 107b(2)
5:300b
SPEISER, D.
1:397b
3:151b, 156b
5:203b
SPEISER, E.A.
4:18a, 19b, 57a(3)
SPEKKE, A.
5:33b
SPELEERS, L.
4:37a, 65b
SPELTZ, A.
3:546b
SPEMANN, H.
5:444a
SPENCE, C.C.
3:524b, 526a
SPENCE, L.
3:88b, 271b, 347b
4:271b
SPENCE, S.A.
1:277b
SPENCER JONES, H.
1:11a(2), 19b, 187b, 281a, 370a(2), 421b, 534a(2), 541a
2:84b, 223b, 323b, 677a, 747b(2), 751a
3:86a, 86b, 205b(3), 208b, 209b, 250b
5:131b, 221a, 332a
SPENCER, B.
1:438b
3:260b
4:261a
SPENCER, D.E. (MOON)
3:166a
SPENCER, D.M.
4:263a
SPENCER, H.J.
3:208b
5:542b
SPENCER, H.R.
1:648b
3:492a
5:261a, 416b

SPENCER, J.E.
3:538a
SPENCER, J.R.
1:417b
5:91a
SPENCER, L.J.
1:30a
2:354b
5:332a
SPENCER, R.F.
3:350b, 351a
4:10b
SPENCER, T.
1:484a
SPENCER, W.G.
1:238a
2:586b
SPENDER, M.
2:383b
3:268a
SPENGLER, J.J.
1:563b
2:140a
3:133a, 358b
5:241b
SPENGLER, L.
1:529a, 634a
3:397b(2)
4:416b
SPENGLER, O.
3:546b, 606b
SPERANSKII, A.D.
3:404b
SPERLING, A.
3:484b
SPERLING, O.
5:102a
SPERRY, W.L.
3:382b
SPETER, M.
1:9a(5), 141b, 144b, 156b, 185a, 329b, 356a, 388b, 427b, 440a, 524a, 525a, 528b, 537b, 557b
2:28a, 30b, 55b(2), 91a, 146b, 319b, 337b(2), 402a, 417b, 426a, 454a, 456a(2), 493a
3:179b, 536b, 596b
5:88a, 122b, 123a, 210b, 211b(2), 248b, 263b(2), 269a, 275b, 279b, 283b, 288b, 289a, 291a, 293b, 294b, 311b(2), 324b, 329a(2), 406a(3), 413a(2), 422b(4), 424b, 457b, 463a, 468a, 481a, 486a, 494a(3), 539a(2)
SPETTMANN, H.
2:294a
4:306a
SPEYER, J.S.
4:190a
SPEYER, N.
3:483b
SPEYERER, K.
1:495a
5:202a
SPEZIALI, P.
1:274b, 292a(2), 396a, 441a
2:77b(3), 158b, 263b(3), 390a, 514a
5:185b, 220b, 316a
SPIEGEL, K.
5:190a
SPIEGELBERG, W.
1:563b
2:304a
4:42b, 43a, 47b
SPIELMANN, J.
5:478a

SPIELMANN, M.H.
2:585a
SPIELMANN, P.E.
4:46b
SPIER, A.
4:77b
5:540a
SPIERS, C.H.
3:509a
SPIERS, F.S.
4:300a
SPIES, M.
1:571b
4:348a
SPIES, O.
2:20b, 453a, 516a
4:386a, 407b, 435b
SPIESS, C.
2:645b
SPIESS, O.
1:138b(2), 394b
SPIESS, O. (BESSEL-HAGEN)
2:533b
SPIETH, E.W. (PAYNE)
3:614b
SPILLEMAECKERS, E.
5:58a
SPILLER, G.
3:38b
SPINA, G.
2:198a
5:255a
SPINDEN, H.J.
4:277a, 279b(2), 280a(2)
SPINDLER, M.
2:668a
5:296b
SPINEUX, A.
1:355b
5:415a
SPINK, J.S.
1:302b
5:105a, 121b, 196a
SPINK, M.S.
2:647a
4:421b
SPINKA, M.
1:271b
SPIR, A.
5:308b
SPITZ, A.
3:202b
SPITZ, L.W.
1:561a
2:64b
5:295b
SPITZER, L.
3:200b, 207b, 329a, 474b, 612a
SPITZNER, H.R.
2:560a
4:346a
SPIVAK, C.D.
4:80b, 81b
SPOEHR, A.
3:82b
4:260b
SPOEHR, A. (STEWART)
4:11a
SPOEHR, H.A.
1:631b
3:27a
5:542b
SPOER, H.H.
4:407b, 419a

SPOKES, S.
2:143a
SPON, C. (BELL)
3:601a
SPOONER, R.C.
4:225a
SPRAGUE, F.J.
3:558b
SPRAGUE, T.A.
1:349b
2:421b
5:45b
SPRANGER, E.
3:606a, 614b
SPRAT, T.
2:751a
SPRATT, H.P.
5:417a(2)
SPRENGEL, K.
3:364b
SPRENGLING, M.
3:611b
4:33b, 173a
SPRIGGE, S.S.
3:503a
SPRIGGS, E.A.
1:608a
5:262b
SPRIGGS, G.W.
1:184b
5:102b
SPRING, K.H.
3:171b
SPRINGER, L.F.
2:98b
3:308b
SPRINGER, W.
3:537a, 562b
SPROCKHOFF, E.
4:13b
SPRONCK, C.H.H.
2:287b
SPROTT, W.J.H.
3:54a
SPRUNCK, A.
3:403a
SPRY, I.M.
2:266b
5:340a
SPUDILOVA, V.
5:354a
SPULER, B.
4:390b
SPUNDA, F.
2:271a(2)
SPURGEON, C.F.E.
1:247b
SPURLIN, P.M.
2:193a
SPURLING, R.G.
3:490a
SPURR, J.E.
3:212a
SQUIRES, A.W.
2:520b
SQUIRES, H.C.
2:763a
3:411b
SQUIRES, J.D.
5:431b
SRBIK, H. VON
3:74b, 608a
SRBIK, R. VON
2:394b, 468a
5:8b, 33a

SRETENSKII, L.N.
1:397b
2:339a
5:204a
SRIKANTIA, B.M.
2:379b
SRINIVASACHARI, C.S.
4:198b
SRINIVASAN, K.S.
1:224a
5:281b
SRIVASTAVA, G.P.
4:207b
SROLE, L. (WARNER)
3:357b
ST,
See also SAINT
ST JOHN, C.
2:209a
ST JOHN, C.E.
3:211a
ST JOHN, H.
1:297a, 572a
5:342b
ST JOSEPH, J.K.S.
1:292b
ST LOUP BUSTILLO, E.
2:714a
3:513a
4:281a
STAAK, G.
3:484a
STAAL, J.F.
4:190b
STABY, D.
3:558b
STACE, W.T.
1:551b
3:43a, 92a
4:104a
STACEY, M.H.
1:120a
STACEY, R.S. (ROBSON)
3:517b
STACKEL, P.
1:168b, 169a, 396a, 397a(2), 447b,
508a, 638a
STADELMANN, H.
2:46b(2)
4:231b(2)
STADELMANN, R.
5:11b
STADERINI, R.
2:154a
STADLER, H.
1:23a(2), 24a, 68b
2:335a
4:158a
STADLER, P.B.
1:605a
STAECKEL, P.
3:130a, 544b
STAEHELIN, A.
2:667b(2)
3:617b
5:433a
STAEHLE, K.
2:310b
4:76b
STAEL-HOLSTEIN, A. VON
1:598b
4:181a
STAFSKI, H.
4:356b

STAGEMAN, P.
1:504b
5:345b
STAHL, E.L.
1:498a
STAHL, W.H.
1:53b
2:127b, 358b
3:300b, 439a
4:116b, 146a, 148a, 285b, 288a, 294a, 323a
STAHLE, N.K.
2:237b
STAHLIN, F.
4:90b
STAHLMAN, W.D.
1:48b
3:209a
4:317b(2), 318b, 320a
5:217a
STAIG, R.A.
1:402b, 608b
2:697b
3:323b
5:238a
STAINBROOK, E.
5:406a
STAINBROOK, E. (SANTOS)
5:383a
STAKMAN, E.C.
3:55a
STALEY, E.
3:546a
STALKER, H.
3:368a
STALLO, J.B.
3:140b
STAMATIS, E.
1:392b
2:329a
4:109b, 110a
STAMM, E.
1:186b, 195b
2:67b
4:5b
5:111b, 112a
STAMMLER, G.
1:134b, 474b
3:98b, 118a, 123b
5:197b
STAMMLER, W.
4:300b
STAMP, J.
3:55a, 246a
STAMPER, A.W.
3:128a
STANDEN, A.
2:59a
3:61a
STANDEN, O.D. (WAY)
3:316a
STANDLEE, M.W.
4:253b
STANFORD, A.
1:182a
2:47b
STANFORD, E.
3:257a
STANFORD, H.R.
3:553b
STANFORD, M.J.G.
2:378b, 379a
5:140b
STANGE, H.O.H.
4:231a, 326b

5:481a
STANHOPE, G.
2:501a
STANKOV, A.G.
3:422b
STANLEY, O.
1:611a
STANLEY-STONE, A.C.
2:718a
5:551b
STANNARD, J.
1:258b, 579a
2:106b
3:512b
4:138b
5:45b, 170b
STANNARD, J. (CLARKE)
1:64b
4:133a
STANOJEVIC, V.
3:364b
STANTON, A.H.
3:436a
STANTON, M.E. (FULTON)
2:202a, 775a
3:367b, 493a
5:404b
STANTON, S.M.
1:270a
2:362b
STANTON, W.
5:360b, 361a
STAPLETON, H.E.
1:90b, 636a, 636a(4)
2:17b, 367b, 389a, 527a(3), 646b(2)
3:197a(2)
4:5b, 186a, 399a, 400a(2), 400b, 406b
STAPLETON, L.
3:356b
STAPLETON, T.
2:195b
STAR, P. VAN DER
3:165a
STARCK, A.T.
3:306b
STARK, F.
3:265a
4:174b
STARK, J.
2:70a
3:139b, 145b
STARK, R.
1:60a
STARK, W.
2:193a
5:188b
STARKENSTEIN, E.
2:158a, 334a
4:155b
5:84b
STARKENSTEIN, W.
4:355b
STARKEY, J.A.
3:574b
STARKEY, M.L.
5:147a
STARKMAN, M.K.
2:521a
STARLING, E.H.
2:291a
3:415b, 427a, 515a
STARMANS, J.H.
3:454b
STARNES, DE W.T.
5:296a

STAROBINSKI, J.
1:204b
2:418b
3:364b
5:240b
STAROSEL'SKAYA-NIKITINA, O.A.
1:656b, 657a
2:45a, 45b
3:150a, 175a
5:192a
STAROSEL'SKII, P.I. (SOLOV'EV)
3:189b
STARR, C.G.
4:162b
STARZYNSKI, W. (DELOFF)
1:434b
STAS, J.S.
2:502a
5:424a
STASIEWICZ, I.
3:24b
5:192b
STASIEWICZOWNA, I.
5:185a
STASZEWSKI, J.
2:27b
5:218b, 468b
STASZIC, S.
5:335b(2)
STAUBACH, C.N. (KARPINSKI)
4:308a
STAUDENMAIER, L.
3:89a
STAUDT, V.M. (MISIAK)
3:342a
STAUFFER, R.C.
1:315b, 316a, 527a
2:246a(2)
5:352a
STAVEREN, C. VAN
3:491b
STAVISKY, L.P.
5:294a
STAWELL, F.M.
4:85b
STAYT, H.A.
4:265a
STCHERBATSKY, T.
1:203b
STCHOUKINE, I.
2:718b
STEADMAN, J.M.
1:249a
4:329b
STEARN, A.E. (STEARN, E.W.)
3:473a
4:273a
STEARN, E.W.
3:473a
4:273a
STEARN, W.T.
1:118b(2), 129b, 171b, 237a, 356b, 527a, 560b, 594b, 604b, 660a
2:25a, 93b, 182a, 217a, 292a, 392a, 459b, 580a, 617a
3:311b
5:233a, 233b, 234a, 347a, 353a(4), 355a, 355b, 356b
STEARNS, M.W.
1:559b
STEARNS, R.P.
1:534b
2:304a, 632a, 751b(2), 751b
5:106a, 106b, 140b, 175b, 189b, 194a, 218a, 267b, 524b

STEARNS, R.P. (FRICK)
1:233a
STEARNS, W.N.
1:383a
4:75a
STEAVENSON, W.H.
1:566a
5:214b
STEBBING, E.P.
2:560a
3:314b, 531b
5:412a, 512b, 549b
STEBBING, L.S.
3:98a
5:452b
STEBBINS, F.A.
1:309a
STEBBINS, G.L.
2:578a
3:283b, 291a, 295b, 309a
STECHE, T.
2:362b
STECHER, R.M.
1:314b, 632a
STECHOW, E.
4:25a, 42b, 73b, 151a
5:461b
STECK, F.B.
1:657a
2:149b
5:135b
STECK, M.
1:361b(2), 482a, 633b
2:41b(4), 356a
STECKBECK, W.
2:123b
STECKEL, W.
3:352b
STEDE, W.
1:321b
STEEDMAN, E.V.
4:274b
STEELE, A.D.
4:109b
STEELE, A.R.
2:291b, 423a
5:235b
STEELE, D.A.
2:329a
STEELE, F.R.
4:68a
STEELE, R.
1:30a, 68b, 97b, 98b, 99a
2:391a, 431b
4:294a, 308a, 355a, 371b
5:14b
STEENBERGHEN, F. VAN
1:23a, 65a
2:477a
4:296b, 300b, 304a, 305b
STEENIS-KRUSEMAN, M.J. VAN
3:312b
STEENSBERG, A.
3:526a
4:290b, 321a
STEENSBY, H.P.
2:369b
4:121b, 324b
STEER, F.W.
2:119b, 746b
STEERE, W.C.
3:302b
STEEVES, G.W.
1:97a

STEFANINI, G.
1:240a(2)
5:144b
STEFANSSON, V.
1:270b
2:369b
3:258b, 261b, 267a, 267b(3), 268a, 414b
4:10a, 122b
5:43a
STEFANUTTI, U.
1:402a
4:337b
5:62a
STEFFANIDES, G.F.
3:47b
STEFFEN, H.
1:212b, 239b
3:260b
5:39a(2)
STEFFEN, J.
1:25b
STEGAGNO, G.
1:52b
5:218a
STEGEMANN, V.
1:355b(2), 615a(2)
2:238b, 432b, 651b
4:165a, 178a, 375b, 439a
STEGGERDA, M.
4:277b, 282b
STEGMANN, K. (ROHR)
3:441b
STEGMANN, O.
4:321a
STEGMULLER, F.
1:345b
2:19b, 188b
4:298b
5:12a
STEGMULLER, W.
3:110a
STEGNER, W.
2:349a
STEHBENS, W.E.
3:446a
STEHLE, H.
1:367b, 399b
STEHLI, G.
2:519a
5:144a
STEHLIN, K.
2:525b
4:155a
STEHLING, K.R.
3:559b
STEIDA, W.
1:394b
STEIDLE, W.
2:515b
4:162b
STEIER, A.
1:64a(2)
2:335a(4)
STEIGER, A.L. VON
3:221a
STEIGER, R.
2:448a, 448b
STEIN, A.
1:29a(3), 400b, 598b(2)
2:347a, 560a
3:257a, 264b(3), 265a
4:162b(2), 180b, 208a, 220a, 230b, 231a(3), 242b
STEIN, E.
1:287a

3:294b
STEIN, H.
2:108b, 113b
3:601a
STEIN, J.
2:355a
STEIN, J.B.
3:515b
5:279b, 409a, 444b
STEIN, L.
2:604b
STEIN, M.A.
4:178a
STEIN, O.
2:8a, 165b, 311b, 458b
4:126b, 171a, 186b
STEIN, R.
1:72a, 303b, 429a, 429b(2), 494b(4), 497b, 500b(2), 501a, 561a
2:83b(2), 240b
3:47b, 59b, 75a, 397b
5:185a, 209b, 210b, 229b, 300a, 306a, 324b
STEIN, R.A.
4:180b, 214b, 256a
STEIN, S.
2:342a
5:97a
STEIN, S.K.
3:131a
STEIN, W.
1:51a
STEINBERG, S.
3:605a
STEINBERG, S.H.
1:366a
2:495a
4:368b
STEINBICHLER, E.
5:408b
STEINBUCHEL, T.
2:541b
STEINDORFF, G.
4:34b, 45a, 168a
STEINEN, W. VON DEN
1:496a
4:318b
STEINER, A.
2:141a, 301a(2), 593b
4:370a
STEINER, F.
3:351b
STEINER, H.
1:501a
5:232b
STEINER, I.
3:464b
STEINER, L.
3:224b
STEINER, R.
3:483b
STEINER, W.R.
2:114a, 114b, 534a
3:485a
STEINFUHRER, G.
1:454b
2:388b
STEINHAUS, E.A.
5:359a
STEINHAUS, H.
1:106b
3:107b
STEINHAUSEN, G.
3:74b

STEINHEIM, D.
1:239b, 546b
STEINITZ, K.T.
2:72a, 76b, 691b
5:16b, 470b
STEINITZ, K.T. (MAUER)
2:583a
STEINITZER, A.
3:269b
STEINLEIN, S.
5:54b, 75a
STEINMAN, D.B.
2:409a, 409b
3:551b
5:416a
STEINMANN, A.
3:537a
STEINMANN, E.
2:180a
STEINMANN, H.G.
2:226b
5:103b
STEINMAURER, R.
1:567b
STEINMETZ, C.P.
3:150a, 151a
STEINMETZ, H.C.
3:484a
STEINMETZ, S.R.
3:337a
STEINSCHNEIDER, M.
4:443b
STEJNEGER, L.
1:133a
2:504a
3:316b
STEKLOV, V.A.
1:250a
2:259a
STEKLOV, V.I.
2:70a
STEKOL:NIKOV, I.S.
3:226b
STELLA, L.A.
1:25b
STELLJES, W.
2:702a
3:508a
STEMMERMANN, P.H.
4:4b
5:181b
STEMPELL, G. VON
2:102a
STEMPLINGER, E.
3:386b(2), 499b
4:26a, 92b
STENDER, J.L.
1:215a
STENGEL, A.
2:740a
3:390b
STENGER, E.
1:303b
3:593b, 596b, 597a
5:294b, 429b
STENGERS, J.
4:19b
STENN, F.
1:102a
3:380a, 464a
5:512b
STENSTROM, F.
1:651a
2:99b, 193b, 256a
5:236a

STENTA, M.
2:25a
3:300a, 317b
5:528b
STENTON, F.M. (MAWER)
3:261a
STENZEL, J.
1:61b(2)
2:328a, 329a
4:88b, 106a(2), 107b
STENZLER, A.F.
4:202b
STEPANOV, V.V. (ALEKSANDROV)
2:726a
3:116b
STEPHANIDES, M.
1:29a, 60a(2), 61b, 62b, 64b, 329a, 384a, 568a
2:335b, 340a, 441b
3:24b, 158a
4:22a, 33b, 89b, 100a, 102a(2), 112a, 113a, 113b(5), 114a, 114b, 127b, 134b, 140b, 144b(2), 145a, 166a, 372a, 373a(2), 373b(2), 374b, 380a
5:10a, 194a
STEPHEN, D.J.
4:189b
STEPHEN, G.A.
1:197b
STEPHENS, A.
1:112b, 547b
2:605b
STEPHENS, A.E.
5:28b
STEPHENS, F.J.
4:33b
STEPHENS, I.K.
2:193b
STEPHENS, J.L.
4:276b
STEPHENSON, C.
4:366a
STEPHENSON, G.E.B.
4:227a, 228a(2)
STEPHENSON, J.
2:371a, 419a, 564b
4:388b
5:402b
STEPHENSON, O.W.
5:290b
STEPHENSON, T.A.
3:299b
STEPPUHN, O.A.
3:404b
STERN, A.
2:770b
3:34a, 97a, 97b
STERN, B. (SACHS)
2:471b
5:361b
STERN, B.J.
1:160a, 273a, 313a, 382b
2:199a(2), 416a, 496a, 607a, 610a(2)
3:383b(2), 389b, 417a, 479b, 546a
5:374a
STERN, B.J. (GRACE)
1:319a
STERN, C.
1:182a
3:36b, 58b, 294b, 337b
STERN, E. VON
2:511a
4:121b
STERN, F.
3:605a

STERN, H.
4:149a
STERN, H.S.
3:349a
STERN, P.
4:401a
STERN, P. (MASSON-OURSEL)
4:184b
STERN, R.
3:179a
STERN, S.M.
1:365a
2:20b
4:394a, 438b
STERNBACH, L.
2:8a
4:204a
STERNBERG, C.H.
3:272a
STERNBERG, M.
2:482a
3:377a
STERNBERG, M.L.
2:506b
STERNER, W.
3:551b
STERNER-RAINER, R.
3:576a
STERNES, F.H.
4:267a
STERNGLASS, E.J.
3:172a(2)
STERNON, F.
3:500a
STERRETT, F.W.
3:544a
STETSON, H.T.
3:211a, 211b, 236a
STEUDEL, J.
1:578b
2:68a, 205a, 449b, 585a
3:423b, 457b
4:334a, 445b
5:62a, 148a
STEUDEL, J. (ARTELT)
1:345a
STEUDEL, J. (CREUTZ)
3:361a
STEUER, R.O.
1:657b
4:28a, 47a, 48b, 49b, 53a
STEVELINCK, E.
2:162a, 508a
5:17a(2), 140b
STEVENIN, H.
3:477a
STEVENS, B.
3:138b
STEVENS, C.E.
1:45b
4:145b
STEVENS, C.G.
4:90b
STEVENS, F.
4:6a
STEVENS, F.W.
1:486b
STEVENS, G.W.W.
3:597a
STEVENS, H.
3:276b
STEVENS, H.N.
1:202a, 399a(2)
5:31b, 221b(2)

STEVENS

STEVENS, L.J.
  3:186a
STEVENS, N.E.
  1:79b, 298b
  2:385a, 385b
  3:303a(2), 523a
  5:282a, 356a, 356b, 411b, 509b
STEVENS, S.S.
  3:28b, 341a
STEVENS-MIDDLETON, R.L.
  1:602b
STEVENSON, A.
  3:584a, 605b
STEVENSON, A.F.C.
  2:220a
STEVENSON, C.S.
  1:608b
STEVENSON, D.A.
  3:249b
STEVENSON, E.L.
  3:251b(2), 252b
  5:30a, 30b, 35a, 498b, 527a
STEVENSON, F.J.
  3:529a
STEVENSON, I.
  3:455b, 480b
  5:269b, 366b, 529a
STEVENSON, I.P.
  2:386a
  5:142a
STEVENSON, L.
  1:108a
  5:300a
STEVENSON, L.G.
  1:271a, 447a, 512b, 607b, 608a(3)
  2:471b, 477b, 495b, 761b
  3:370a, 371a, 407a, 464a, 487a
  4:95a
  5:246b, 259b, 263a, 272a(2), 274a,
    274b, 473a, 512a
STEVENSON, L.G. (FRANCIS)
  1:648a
STEVENSON, M.C.
  4:274b
STEVENSON, R.S.
  2:125a
  3:442b, 459b
STEVENSON, W.B.
  4:415a
STEWARD, F.C.
  1:189a
STEWARD, G.C.
  1:536a
STEWARD, J.H.
  1:572a
  2:349a
  4:270b, 278a
  5:361b
STEWART, A.B.
  1:186a
STEWART, B.
  4:51b(4)
STEWART, C.
  4:364a
STEWART, C.E.
  3:497a
STEWART, D.A.
  3:459b
STEWART, F.H.
  1:588b
STEWART, G.
  1:270b
  4:146a
STEWART, H.F.
  1:300b, 647b
  2:281a(2), 281b
STEWART, I.E.
  3:321b
STEWART, I.M.
  3:421b(2)
STEWART, I.M. (DOCK)
  3:421b
STEWART, J.A.
  3:417a
STEWART, J.Q.
  3:356a
STEWART, O.
  3:559b
STEWART, T.D.
  2:92b
  3:333b, 336b
  4:11a, 11b, 273b, 282a
  5:360b
STEWART, W.W.
  2:764b
  3:615b
STEYERTHAL, A.
  3:344b, 439a
STICKELBERGER, E.
  3:586b
STICKER, B.
  1:53b, 566a(2)
  2:628a
  3:18b, 23b, 207b
  4:117a, 317a, 318a
  5:22b, 215a
STICKER, B. (BARON)
  1:159b, 566a
  5:186b
STICKER, G.
  1:412a, 414b, 500b, 514a, 558b, 579a,
    579b
  2:271a, 272a, 275a(2), 403a, 416a,
    640b, 704b, 775a
  3:374b, 397b, 398b, 443a, 452a, 461b,
    468b(2), 470b
  4:9b, 133a, 136a, 136b, 138b, 349a,
    353b, 357b
  5:61b, 72a(3), 75b, 79b, 166a, 166b,
    268b, 371a, 401b
STIEB, E.W.
  1:185a, 349b
  2:335b, 538b
  3:502b(2)
  4:95a
  5:172a, 407a(2), 495a
STIEBITZ, F.
  1:63b
  4:124a
STIEDA, W.
  1:140a, 394a
  2:63a, 687b
  5:193b, 498b
STIEGLITZ, J.
  3:183a, 378b
STIEHL, R.
  1:381b
STIEHL, R. (ALTHEIM)
  2:345b, 649b
  4:392b
STIELER, G.
  2:66b, 138a
STIER, E.
  3:435a
STIERNOTTE, A.P.
  1:30a
  3:34a, 95b
STIEVE, H.
  2:419b
STILES, W.
  1:400a
  3:287a, 310a
STILES, W. (JORGENSEN)
  3:525b
STILES, W.S.
  3:441a
STILL, A.
  3:164a, 165a
STILL, G.F.
  3:456a
STILL, J.W.
  3:48b
STILLERMAN, R. (JEWKES)
  3:545b
STILLMAN, C.G.
  1:210a
STILLMAN, J.M.
  1:201b
  2:271a, 275a, 306a
  3:179a, 197a
  4:313a
  5:83b
STILLWELL, A.N.
  4:142a
STILLWELL, M.B.
  1:523b
  2:665b
  3:67b, 619b
  5:96a
STIMSON, D.
  1:161b, 271b, 284b, 416b, 491b, 525a,
    541b
  2:248a, 361b, 441b, 627b, 638b, 698b,
    702a, 750a, 751a(3)
  3:10a, 22a, 23a(2), 208b
  5:23a, 103b, 104b, 106a, 106b, 510b
STINE, C.M.A.
  3:184a, 581a
STINE, W.M.
  2:70a
  5:320a
STIPANIC, E.
  1:177a, 324b, 484b
  2:650a
  3:125a
  5:313a
STIRLING, M.W.
  2:481b
  4:261a, 271b, 273a, 284a
STIRLING, W.
  1:544a, 607b
  2:402a, 466a
  3:445b
STITES, R.S.
  1:443b
  2:74b, 75a
STITT, E.R.
  3:467a
STOCK, C.
  2:174b
  3:14a
STOCKBERGER, W.W.
  3:305a
STOCKER, A.
  3:499b
STOCKERT-MEYNERT, D.
  2:179a
  5:371a
STOCKING, G.W.
  2:41a
  3:336a
  5:360b
STOCKL, K.
  2:12b

STOCKLIN, W.
2:421b
5:361a
STOCKMAN, R.
3:464b
STOCKS, J.L.
1:129b
STODDARD, L.
4:384a
STODDARD, T.L.
3:339a
STODDART, A.M.
2:271a
STODDART, R.
1:290a
STOEVER, E.R. (BUTLER)
3:263a
STOGOV, V.V.
3:189b
STOHSEL, R.
1:518a
5:71a
STOKAR, W. VON
4:16a
STOKES, A.
1:21b, 431b, 490a
5:7b
STOKES, H.P.
2:676b
4:370b
STOKES, J.H.
2:446a
STOKES, M.C.
1:39b, 567b
4:117b
STOKES, M.C. (KIRK)
2:279a
4:112a
STOKES, M.V.
1:544a
2:752b
STOKLEY, J.
3:598a
STOLKIND, E.
3:443b(2), 465b
STOLL, A. (WILLSTATTER)
3:196a
STOLLER, L.
2:546b
5:352b
STOLOWSKI, J.
3:281a
STOLTE, P.H.
2:385b
4:322a
STOLYHWO, K.
1:368a
STOLZ, O.
3:269b
STOLZE, A.
1:482a
5:87b
STOLZLE, R.
3:288a
STOMMEL, H.
3:243a
STOMPS, T.G.
2:169a, 603a
STOMPS, T.J.
3:309a
STONE, A.P.
4:196a
STONE, E.
4:272b(2)

STONE, E.H.
4:6a(2)
STONE, E.N.
4:150b
STONE, G.
3:550a
STONE, G.C.
3:601a
STONE, H.
5:54b
STONE, M.
3:102a
STONE, M.M.
5:77b
STONE, R.G.
2:726b
3:224a(2)
STONE, S.
1:115a
5:360a
STONEHILL, C.A.
3:66b
STONEQUIST, E.V.
3:61a
STONER, E.C.
3:171a
STONES, G.B.
3:170b
STONEY, G.
2:280a
STOOKEY, B.
3:490a
5:367b
STOOP, M.W.
4:124b
STOPES, M.C.
3:451b
STORCH, E.P. VON
1:71b
4:343b
STORCH, T.J.C. VON
3:433a
STORCH, T.J.C. VON (STORCH, E.P. VON)
1:71b
4:343b
STORCK, A.
2:509b
5:278b
STORCK, J.
3:537a
STORER, H.R.
3:370a
STORER, T.I.
3:315b
STORER, T.I. (GRINNELL)
3:320b
STORIG, H.J.
3:6b
STORMER, C.
3:226b
STORNI, J.S.
4:281b
STORR, A.
1:662b
STORR, R.J.
2:683a
3:615a
STOSKOVA, N.N.
2:765a
4:362b
5:295a
STOTT, W.
3:104b

STOUFFER, J.F.
2:740b
3:436b
STOUT, G.L. (GETTENS)
3:582a
STOWERS, A.
2:220b(2)
STRAATEN, M. VAN
2:267b
STRACKE, J.C.
3:397b
STRACMANS, M.
4:41a
STRADIN, I.P.
1:323b
3:192b, 195b
STRADINS, J.
1:323b, 517a(2)
STRAELEN, V. VAN
1:313a, 315b
3:229a
5:333b
STRAHAN, A.
1:476a
STRAHM, H.
2:66b
STRAIN, M. (MITCHELL)
3:124a
STRAKER, E.
3:574b
4:160b
STRAKER, E. (DICKINSON)
3:565a
STRAMPF, I. VON
4:325b
STRAND, K.A.
3:207a, 214a
STRANDBERG, O.
1:583b
STRANDELL, B.
1:325b
2:95a, 99a(2), 298b
STRANDH, S.
2:567b
3:566b
5:421b
STRANGE, E.F.
4:242a, 255a
STRANSKY, E.
1:494b
2:771a
3:439a
STRASSMAIER, J.N. (PINCHES)
4:62b
STRASSMAN, P.W.
5:415b
STRASSMANN, P.
1:237a, 501a
5:54a
STRATHMANN, E.A.
2:379a
STRATMAN-THOMAS, W.K.
1:430b
STRATTON, F.J.M.
1:513a, 596a
2:676b
3:206a
5:126b, 454b, 484a
STRATZ, C.H.
3:424a, 454a
4:253b
STRAUB, H.
1:140a, 177a
2:625a
3:551a

STRAUBEL
    5:285b
STRAUBEL, K.
    2:290a
    4:379a
STRAUS, R.
    3:482a
STRAUS, W.L.
    2:587b
    3:334a
STRAUS, W.L. (GLASS)
    1:313a
    5:349b
STRAUSS, A.
    3:124a
STRAUSS, A.L.
    3:185a
STRAUSS, B.
    2:8a
    4:206b
STRAUSS, E.
    2:307b
STRAUSS, F. (GRUNTHAL)
    1:497b
STRAUSS, G.
    5:33a
STRAUSS, H.A.
    3:221b
STRAUSS, L.
    1:406a
    2:332a
    5:467a
STRAUSS, L. (SHAPIRO)
    2:185b
    3:446b
    5:386b
STRAUSS, L.L.
    3:568a
STRAUSS, M.D.H.
    3:155a
STRAUSS, O.
    2:59b
    4:189b, 190b
STRAWN, A.
    1:104b
    5:43b
STRAYER, J.R.
    3:606b
STREAT, E.R.
    3:585b
STREBEL, J.
    2:272a(4), 273b, 274a, 275b(2), 555b
    5:76b, 79a
STRECKER, E.A.
    2:739a
STRECKER, K.
    4:369a
STREET, H.E.
    3:196a
STREET, J.H.
    3:529a
STREETER, B.H.
    3:63b(2)
    4:371b
STREETER, E.C.
    1:89b
    2:36a, 257b
    3:83a, 466b
    4:299a, 332a(2), 420a
    5:62a, 62b, 75a
STREETER, G.L.
    3:47a, 298a
STREETER, J.W.
    2:632a
    3:212a
    5:127a

STREICH, A.
    3:451b
STREICHER, A.
    1:466b
STREICHER, F.
    1:269b
STREICHER, J.A.
    2:412b, 511b
STREICHER, N. (STREICHER, A.)
    1:466b
STREICHER, N. (STREICHER, J.A.)
    2:412b, 511b
STRELETZKI, C.
    1:365b
STRELSKY, K.
    2:440b
STRENA, B.
    1:205a
STRENGER, F.
    2:511a
    4:122a
STRESEMANN, E.
    2:215b, 300b, 531a
    3:327a(3), 327b, 328b
    5:239a, 359b
STRESINO, A.
    4:422a, 423b
STRICH, F
    3:617a
STRICH, F.
    1:496a
STRICKER, B.H.
    1:631a
    4:56b
STRICKER, W.
    1:296a
    2:24a, 111b, 411a
    3:397b
    5:68b, 86b, 276a
STRIEDER, J.
    1:446b
    5:90b
STRIEDINGER, I.
    1:186b
STRIKER, C.
    3:371a, 448b
STROBL, K.H.
    2:393b
STROH, A.H.
    2:519b, 520a
STROHAL, R.
    3:127a
STROHL, J.
    1:203b
    2:247b
    3:278b, 297a
STROHM, H.
    1:63a
    4:119a
STROHMEIER, W.
    3:214b
STROMBACH, W.
    3:148a
STROMBERG, R.
    1:305b, 592a
    2:538b
    4:119a, 123a, 124b, 129b, 373b
STROMER VON REICHENBACH, E.
    3:74b
STROMGREN, E.
    2:117b, 410a
STROMGREN, H.L.
    2:93b, 443a
    3:494b, 495b
    4:290a

    5:171b, 274b, 405a, 527a
STRONG, C.A.
    3:43a
STRONG, C.L.
    1:235b
    5:204b
STRONG, E.W.
    2:183a, 226b, 229b, 232a, 622a
    5:103a, 300b
STRONG, H.M.
    3:86b
STRONG, L.C.
    1:75b, 98b
    5:25b, 82a
STRONG, R.M.
    3:327a
STRONG, W.D.
    2:700b, 705b, 759b
    3:609a
    4:277b
STRONG, W.D. (STEWART)
    3:336b
STRONG, W.W.
    3:32b
STRONSKI, I.
    1:199b
    2:35a, 686a
    3:189a
STROOBANT, P.
    2:532a, 732b
    3:204a, 205b, 206b, 208b, 226b
STROPPIANA, L.
    1:402a, 501b, 544a
    2:198a(2)
    3:416b, 515b
    4:347b
    5:255b
STROWSKI, F.
    2:192a
STRUBE, I.
    2:500b
    5:210b
STRUBE, W.
    2:500b
    5:209b
STRUBECKER, K.
    3:102a, 107b
STRUBELL-HARKORT, A.
    2:607b
    5:157b
STRUBING, E.
    1:76a, 275b, 571b
    2:335b
    4:157a, 158b, 340a(2)
STRUIK, D.J.
    1:140a, 279a, 343a, 394b, 489a, 509a
    2:7a, 87a, 194a, 290b(2), 508b, 722a
    3:67a, 101a(2), 103a, 104b, 112b(2), 129a, 130a(2), 132b
    4:5b, 222b, 325a, 395b
    5:13b, 14b, 15a, 108a, 114b, 188a, 190a, 197b, 303b, 414b, 475a, 507b
STRUIK, D.J. (STRUIK, R.)
    1:169a, 234a
STRUIK, R.
    1:169a, 234a
STRULOVICI, J.
    2:135a, 540b
STRUMILIN, S.G.
    3:541a, 573b, 575a
STRUNA, A. (MURKO)
    2:396b
STRUNCKMANN, K.
    3:377b

STRUNZ, E.
2:335b
4:156b
STRUNZ, F.
1:22b, 24a, 118a, 272a
2:235b, 271a(2), 272a(2), 274b, 274b(2), 276a
3:88b, 197a, 221b, 345a, 514b, 545a
5:142b, 178b, 490b
STRUTT, C.R.
2:386b(2)
STRUTT, G.R.
2:386b
STRUVE, O.
1:110b, 190b, 251a, 479b
2:29b, 248a, 469a, 720a, 742b
3:200a, 200b, 204a(2), 205b, 206b, 214a(3), 215a(2), 215b, 216b(2)
5:332b(2)
STRYCKER, E. DE
1:60a, 562b
2:324a, 329a, 329b(2), 331b
3:221b
4:108a, 110b(2)
STRZEMSKI, M.
3:524a
5:513a
STRZYGOWSKI, J.
4:170a, 382b
STSILLARDA, K.S.
2:404b
STUART, D.R.
4:96b
STUBBE, H.
2:169a
3:293b
STUBBS, S.G.B.
3:364b
STUBE, R.
3:536b, 611b
4:214b, 244a
STUBLER, E.
1:446a
2:216a, 701a
3:398b
5:244a, 260b
STUCK, W.G.
3:489b
STUCKEN, E.
4:33b
STUCKVERT, G.V.
2:685a
3:420b
STUCKI, C.W.
4:169a
STUDER, G.
3:411a
STUDER, P.
4:321b
STUDHALTER, R.A.
3:314a
STUDNICKA, F.K.
1:367b
2:184a, 187b, 366a(7), 366b(2), 384a, 450a, 455b, 456a(3)
3:299a(2)
5:352a, 357b, 378b
STUDNITZ, G. VON
3:280a, 441a
STUDY, E.
3:32b, 109b, 110b, 128a, 142b
STUERMANN, W.E. (HILL)
3:522a
STUERZBECHER, M.
5:56b

STUHLINGER, E.
3:561a
STUHLMANN, F.
2:25b
STUKELEY, W.
2:222a
STULDREHER-NIENHUIS, J.
2:147a
5:141a, 474a
STULOFF, N.
2:503a
STULPNER, K.
4:265b
STUMFLER, H.
1:64a
4:139b
STUMKE, H.
3:381b
STUNKARD, H.W.
3:356a
STUPART, F.
3:224a
STUR, J.
2:358b
4:376b
STURGE, C.
2:563a
STURGIS, R.
3:587a
STURLER, J. DE
4:365b(2)
STURMER, J.W.
3:498a
STURT, G.
3:557a
STURT, M.
1:95b
STURTEVANT, A.H.
3:293b
STURTEVANT, E.H.
4:72b
STURTEVANT, E.H. (GOTZE)
4:72a
STURZBECHER, M.
1:439b
2:83b, 205b
3:366b
5:254b, 259b, 371b, 512a
STUVE, R.
2:40a
STUYVAERT, M.
3:108a
STYBE, S.E.
3:89b
STYLE, J.M.
1:273a
SU SING-GING
4:233a
SUALI, L.
4:188a, 189b(2)
SUBBOTIN, M.F.
1:397b(2), 474b
2:339a
5:213b, 331b, 338a
SUBKLEW, W.
1:587b
5:86b
SUBOTOWICZ, M.
2:130a, 407b, 476b
5:118b, 177b, 486b
SUBYAKANTA, S.
4:198a
SUCHIER, W.
2:87a
5:234a

SUCHODOLSKI, B.
1:97a, 271b(2)
3:18b, 26a, 57a, 76a, 332a, 614a
5:102a, 193a
SUCHORZEWSKI, W. (FURMAN)
5:89a
SUCHOVA, N.G.
1:602a
SUCKOW, G.F.W.
2:331a
SUDBURY, L.
3:272b
SUDEN, L.T. (LARKEY)
1:131a, 636b
5:148b, 156a
SUDHOFF, K.
1:8b, 24b, 29b, 86b, 101b, 141b, 158a, 160b, 200b, 203a, 214a, 276a(2), 276b, 285b, 328b, 412b, 430b, 439a, 446a, 454a, 455a(4), 477b, 479b, 481a, 488b, 493b, 496b, 505a(2), 544a, 552b, 558a, 562b, 574b(2), 575a, 581b, 587b, 588b, 595b, 634a(2), 654a(2), 662b, 663a
2:16a, 36b, 81a, 84b, 91a, 113b, 146a, 146b, 159a(2), 177a, 234a, 234b(2), 257b, 270a(2), 271a, 272a(2), 272b, 273b, 274a, 276a(2), 308a, 345a, 350b, 351a, 380a, 394a, 401a(2), 409b(2), 415b, 430b, 446b, 477b(2), 478b, 503a, 505b, 515a, 521b, 538b, 548a, 550b, 559a, 567a, 568b(2), 569a, 571a, 580a(2), 584b, 588a, 594a, 602b, 605b, 620a, 697a, 725b, 738a, 755a(3), 755b, 756a, 771a
3:14a, 75b(2), 190a, 336a, 364b(2), 365b, 367a, 368a, 372b, 375b, 381b, 383b, 398a, 399a(2), 409a, 409b, 410a, 418a, 439b, 460b(2), 461b, 466b(2), 467a, 470a, 474b(2), 481a, 493b, 596a
4:27a, 48b, 94b(2), 119b, 128b, 131a, 136b, 138a, 142a, 153b, 154b, 156a(4), 157a(2), 182b, 273a, 289a, 297b, 313a, 329b, 332a(2), 332b(3), 333a(3), 334a(4), 334b(3), 337a, 337b(2), 338a(2), 338b, 339a, 340a(2), 340b(2), 341a, 341b(2), 342a(4), 342b(7), 343a, 343b(2), 344a, 345a, 345b(2), 346b(2), 347a, 348a(4), 348b, 349a(4), 349b, 350a(2), 352a, 352b(2), 354a, 355b(2), 356a(2), 356b(3), 357b(2), 358a(2), 358b, 377a, 378b(2), 379a, 421a
5:19a, 51a(2), 52a, 53a, 56b, 58b, 59b(2), 60b, 61b(2), 62a, 63a, 65b(2), 67b, 68a, 69a(2), 69b(2), 71a(2), 72b(3), 73a, 73b, 75a(7), 75b(4), 76a(9), 77b, 78a, 79a, 81a(3), 81b(2), 82a, 86a(2), 86b(2), 94a, 165a, 251a, 254a, 396a, 439a, 449b, 457a, 499b, 504b, 506a, 510a, 524b, 525b, 544b
SUDHOFF, K. (HOLL)
2:79b
SUDHOFF, K. (KLEBS)
2:503a
5:73b, 488a
SUDHOFF, K. (MEYER-STEINEG)
3:363a
SUDHOFF, W.
4:289b
SUDRE, R.
2:119b

SUEIRO, M.B.B.
1:276a
2:716a
3:425a, 425b
SUEJI, U.
4:241a
SUESS, H.E.
3:175b
SUESS, H.E. (RUBIN)
3:175b
SUESSMANN, M.
2:471a
SUGDEN, E.H.
2:469b
5:27b
SUGITA, M.
3:25a
SUIDA, W.
2:73a, 75a
5:9a
SUITS, G.
3:48b
SUKENIK, E.L.
4:82a, 82b(2)
SUKHAREBSKII, L.M.
3:370a
SUKHOV, B.P.
3:569b
SULAIMAN NADAVI, S.
4:410a
SULBLE, H.
5:168a
SULLIVAN, F.
2:195a
SULLIVAN, J.W.N.
2:222a
3:6b, 35b, 36a, 113a, 114b
SULLIVAN, M.P. (SULLIVAN, F.)
2:195a
SULLIVAN, W.J.
1:368a
SULZBERGER, M.
4:79a
SULZBERGER, M.R.
1:381b
SULZBERGER, S.
3:130b
SUMIEN, N.
1:269b
2:555a
SUMMENT, G.A.
1:83b, 390b
5:200b
SUMMERHAYES, V.S.
5:461b
SUMMERS, F.M. (CALKINS)
3:321a
SUMMERS, M.
1:595b
3:352a, 353b(2), 354a
5:147a
SUMMERSON, J.
2:638b(2)
SUMNER, W.G.
3:350b
SUMNER, W.L.
3:592b
SUMPNER, W.E.
2:156b
SUN CH'ANG-HSU
4:239a
SUN TS'UNG-T'IEN
4:246b
SUNAMOTO, E.
3:329a

SUNDBORG, B.
2:415b
5:147a
SUNDERMAN, F.W.
1:175a
3:459b
SUNDQUIST, N.
2:95b, 421a
SUNDSTROM, G.R.
4:266b, 267a
SUNG TA-JEN
4:234b
SUNG YING-HSING
4:240b
SUPF, P.
3:560b
SUPPES, P.
3:38b
SUPPES, P. (NAGEL)
3:31b
SURANYI, J.
4:133b
5:546b
SURENDRANATH, D.
2:288a
SURICO, L.A.
1:413b
2:554a
SURING, R.
1:537b
SURINGAR, J.V.
1:372b
3:453b
5:234a, 236a
SURREY, A.R.
3:195a
SURY, C.
2:127b
5:338b, 472b, 508a
SUSHKEICH, A.K.
3:121b
SUSKI, P.M.
4:214a
SUSS, R.
3:287a
SUSSENGUTH, A. (FERCHL)
3:177b(2)
SUSSKIND, C.
1:566b(2)
2:145b, 344b
3:166b(2), 599b
5:320b(2)
SUSSMAN, M.
1:579b
4:137a
SUTCLIFFE, J.H.
1:446a
5:65b
SUTER, H.
1:152a, 154a, 439a, 629b
2:533b
4:107a, 298b, 389a, 394a, 410b
SUTER, J.F.
1:347a
3:606b
SUTER, R.
1:96a, 201a, 201b, 284b, 336a, 341b, 455b, 459a(2), 459b(3), 462a, 487b(3)
2:15a, 261b, 281b, 598a, 642a
3:15a
4:226b
5:21a, 23a, 216b
SUTERMEISTER, H.M.
2:449b
5:264a

SUTHERLAND, C.H.V.
3:593a
SUTHERLAND, D.
3:578a
SUTTER, P.
3:439a
SUTTON, L.E.
2:515b
SUTTON, O.G.
3:107b, 223a
SUTUR, R.
1:606a
2:613b
SUYS, E.
1:245a
2:304a
4:103a
5:137b
SUZUKI, D.T.
4:221a, 249b(5)
SUZUKI, Y.
4:220b
SVEDBERG, T.
3:170a, 175b, 192b(2)
SVEDELIUS, N.
2:548b, 768b
3:307a
SVENDSEN, K.
2:184b(3), 185a
5:102b, 128a, 149b
SVENNUNG, J.
2:118b, 254b, 266b
4:163a, 363a
SVENONIUS, B.
3:215a
4:51b
5:331b
SVIAGINTSEV, O.E.
1:638b
SVIATLOVSKY, E.E.
3:245b
SVIATSKII, D.O. [SVYATSKII, D.O.]
2:115b
4:316a
5:26a
3:226b
SVOBODA, K.
2:337a, 358b
SVYATSKII, D.O.
See SVIATSKII, D.O.
SWADOS, F.
5:398a
SWAIN, B.
4:445b
SWAIN, D.C.
2:768a
3:410b
SWALLOW, R.W.
4:224a
SWAMINATHAN, V.S.
3:81b
SWAN, E.W.
2:636b
5:290b(2), 418b
SWAN, K.R. (SWAN, M.E.)
2:519b
SWAN, M.E.
2:519b
SWAN, M.W.S.
2:463b
SWANENBURG, B.D.
3:136b
SWANKER, W.A.
2:441b

SWANN, C.K.
3:273a
SWANN, H.K. (MULLENS)
3:327b
SWANN, N.L.
2:267b
4:219b, 238b
SWANN, W.F.G.
1:186b, 407b
2:107b
3:166a, 172b
SWANN, W.F.G. (JOHNSTON)
1:486a
SWANSON, G.E.
3:88b
SWANSON, J.H.
4:81a
SWANTON, J.R.
1:340a, 416a
4:270b, 279a, 324b
5:37b
SWARTWOUT, R.E.
4:366a
SWARZENSKI, H.
4:299b(2)
SWEET, J.M.
1:435a, 642b
2:483a(2)
5:130a, 204a, 225a, 462a
SWEIGART, J.
1:224b
SWELLENGREBEL, N.H.H. (HONIG)
3:478b
SWENSON, H.N.
1:394a
4:116b
SWERR, A.
1:328a
SWEZEY, K.M.
2:532b
3:568b
SWEZY, O. (EVANS)
3:294a
SWIECHOWSKI, Z.
2:713b
4:365a
SWIEZAWSKI, S.
1:365b
SWIFT, F.A.
4:83b
SWIFT, J.D.
1:348b
SWINBURNE, R.G.
3:294b
5:441a
SWINGLE, W.T.
2:715b
3:527a
4:216a, 234a, 238b
SWINNERTON, A.C.
2:256a
SWINNY, S.H.
1:97a, 333b
4:185a
SWINTON, A.A.C.
1:601a
5:430b
SWINTON, W.E.
1:302a
2:41a, 143a
3:297a
5:232b
SWISHER, C.N.
2:629b

SWITALSKI, B.W.
1:82a
2:336b
SYDOW, C.O. VON
1:130a
2:94a(4)
5:217a, 225b, 530b
SYFRET, R.H.
2:751a(3)
SYKES, J. (ASHTON)
5:290a
SYKES, P.
3:258b
4:176b, 326b
SYKES, W.S.
3:493a
SYKUTRIS, J.
2:358b
SYLVIA, E.
5:26b
SYLVIUS, J.
5:53b
SYLWAN, B.
1:660a
5:382a
SYMOENS, J.J.
1:313a
SYMONDS, C.
2:629b
SYMONDS, R.W.
2:552b
3:590b
SYMONS, K.E.
2:713a
3:616b
SYNAVE, P.
2:540a
5:441a
SYNGE, J.L.
1:417a, 536a(2)
2:180b, 200a
3:36a, 167a
SYNGE, J.L. (CONWAY)
1:535b
SYNGE, P.M.
3:312b
SZABADVARY, F.
1:486b
2:402a, 631b
3:186a, 188b, 191a
5:210b, 211a, 324b
SZABO, A.
1:390b(2)
2:368b, 650a
4:105a, 106a(2), 107b(6), 112b
SZABOLCSI, B.
4:76b
SZAFER, W.
2:686a
3:306b
SZALAY, B.
3:329b(2)
4:329b(3)
SZATHMARY, L. VON
2:22b
5:212b
SZCZESNIAK, B.
1:185b(3), 284b(3), 327a, 423a
2:14a, 21b(3), 152b, 739b(2)
3:209a(3), 620b
4:217b, 234b, 246a
5:131a, 134a(2), 138b, 148b, 182a(3), 220a, 226a
SZCZYGIEL, P.
4:75a

SZECHTMAN, J.
4:76b
SZEKESSY, W.
1:596a
5:145a
SZELINSKA, W.
1:303a
5:98a
SZELINSKI, -.
2:36a
5:280b
SZEMINSKA, A. (PIAGET)
3:127a
SZIDAT, L.
1:189b
SZINNYEI, F.
1:390a
SZLADITS, L.L.
2:180a
5:62b
SZODORAY, L.
5:388b
SZOSTKIEWICZ, S. (SEKOWSKI)
2:608b
SZPILCZYNSKI, S.
2:234b
5:50b
SZUCS, A.
3:115b
SZUMOWSKI, W.
1:345a
2:124b, 686a
3:364b, 376a, 377b, 378a, 399b, 400a(2), 411b
5:73a, 249a(2), 433a
SZYFMAN, L.
2:441b, 487b(2), 595a
3:25a
SZYMANSKI, H.
3:554b
SZYMANSKI, H. (MOLL)
4:291a
SZYMANSKI, J.S.
3:281a
T'AN CHIEH-FU
4:222a
5:468b
T'ANG YUNG-T'UNG
2:609b
4:218a
T'AO LI-KUNG (LIANG YU-KAO)
4:233a
T'UMANYAN, B.E.
See TUMANIAN, B.E.
TAAM CHEUK-WOON
4:246b
TABACHOVITZ, D.
2:537a
TABANELLI, M.
2:647a
3:488b
4:86a
TABARRONI, G.
1:465a
2:15a
TABERNER, F.V.
3:245a
TABOR, D.
3:157a
TABOUIS, G.R.
2:216a, 564b
4:66b
TACHIBANA, S.
4:170b

TACKE

TACKE, W.
1:570b
5:66a, 159a
TACKHOLM, U.
4:160a
TADDEI, A.
2:584b
TAEGER, F.
2:342a
4:144b
TAESCHNER, F.
1:529a, 620b
2:215a, 333b, 370b, 516b
4:297b, 373a, 388b, 409b(2), 412a(2)
TAFT, D.R.
3:357b
TAFT, R.
3:580b
5:429b, 446a, 456b, 468b
TAGGART, W.T.
2:484b(2)
TAGORE, A.
4:204b
TAIT, E.S.R.
2:343b
5:32b
TAIT, H.P.
2:483b
5:242a
TAIT, J.
2:102a
5:378b
TAJUDDIN, S.
4:416b
TAKAGI, K.
4:252a
TAKAHASHI, S.
4:253b
TAKAI, F.
3:233a
TAKAKUSU, J.
2:576b
4:170b
TAKAYAMA, S.
4:249a
TAKEDA, K.
3:591b
4:222b
TAKEKUMA, R.
1:335a, 413b
2:283b
5:116b
TAKLA HAMANOT
4:265a
TALAS, A.
4:434b
TALBOT, C.H.
1:113a, 190b
2:113b
4:289b, 336a, 345a
TALBOT, P.A.
4:265b
TALGERI, K.M.
1:641a
TALIAFERRO, R.C.
1:336a
2:66b
5:121a
TALIAFERRO, W.H.
3:384a
TALLANT, R.
3:354a
TALLGREN, A.M.
4:3b

TALLGREN, O.J.
1:31b(5), 630a
2:360a, 364a
4:315a, 318a, 402a, 405b
TALLMADGE, G.K.
1:94a, 389b, 424a, 472a, 482a
2:147a, 331a, 434b, 651a
3:94a, 221b(2), 384a, 501a
5:63a, 70a, 90a, 160a, 160b, 162b, 453b, 484b
TALLOT, L.
3:489a
TALLQVIST, K.
3:225b
TALMAN, C.F.
3:253a
TALMEY, M.
1:375a
TALMON, S.
4:73a
TAMIYA, H.
3:313b
TAMM, I.E.
1:166b
TAMMANN, G.
1:583b
T AN.
See T'AN.
TANABE, H.
4:251a
TANAKA, M.
1:93a
3:187a, 191b
5:328a, 538b
TANAKA, T.
4:250a
TANAKADATE, A.
4:255b
TANDBERG, J.G.
1:519a(2)
2:245b, 509a, 530a(3), 558b, 719a
3:85b(2), 129a
5:108b, 315b, 322b, 517a, 535a
TANDLER, J.
2:590b
5:274a
TANER, F.
4:409a
TANFANI, G.
1:214a, 223b, 310b, 354b, 639b
2:315a, 439a(2), 558b, 736a
3:401b, 618a
4:157a, 294b, 333a, 337b, 356b, 360a
5:64b, 65a, 70b, 249a, 251a
TANG, C.C. (HOEPPLI)
3:496b
4:238a
TANG PEI-SUNG
3:285a(2)
TANGL, K.
1:383a
3:157b
5:317a
TANIYAMA, K.
4:253a
TANNEHILL, I.R.
3:223a, 225b, 227b
TANNER, L.E.
2:773b
3:616b
TANNER, P.
4:100a
TANNER, R.C.H.
3:110b

TANNER, W.E.
2:44a
TANNERY, J.
3:46b
TANNERY, M.
1:334b(2), 613a(2)
2:175b, 553b
TANNERY, M.P. (SARTON)
1:363b
TANNERY, P.
1:602a
2:527b(4), 650b
3:6b, 22a, 158b
4:104a, 112b, 294b, 372a
5:308b, 439b
TANNOUS, A.I.
4:175a
TANON, -. (DUPONT)
4:237a, 266b
TANSLEY, A.G.
1:255b, 442a
2:761b
3:59b, 304a
TANSLEY, A.G. (BAKER)
3:58b
TANSLEY, A.G. (GARDINER)
3:276a
TANTAQUIDGEON, G.
4:273b
TANZER, H.H.
2:336a
TANZER, K.
2:619b
3:548b, 575a
5:431a
T AO.
See T'AO.
TAQIZADEH, S.H.
4:177b(2), 407a
TARANOVICH, V.P.
2:82a(2), 416b, 661a
5:283a
TARARIN, R.A.
3:481b
TARDO, L.
4:374b
TARDY, L. (SCHULTHEISS)
1:164a, 501a, 525a(2)
2:254b
TARGOSZ, K.
1:327b
5:104b
TARLE, Y.
2:172a
5:384b
TARN, W.W.
1:29a(3)
4:97b, 98b, 143b
TARRELL, J.
4:51b
TARSKI, A.
3:40b
TARSKI, A. (NAGEL)
3:31b
TAS, J.
4:81a
TASCH, P.
1:315b, 328b, 347b
2:112a, 180a, 616a
4:31a, 112b, 113a, 113b
TASCHNER, F.
4:429b
TASNADI, A.K. [TASNADI KUBACSKA, A.]
1:529a

4:6b
TASNADI KUBACSKA, A.
   See TASNADI, A.K.
TASS, A.M.
   3:202a, 203b(2)
   5:500a
TASSMANN, G.
   4:267b
TASSY, E.
   3:74a
TASTEVIN, J.
   3:342b, 463b
TATAKIS, B.N.
   2:267b
   4:373b
TATARKIEWICZ, K.
   3:98b
TATARKIEWICZ, L.
   3:42a
TATARKIEWICZ, W.
   3:74a, 94b
TATE, R.B.
   2:146b
TATE, V.D.
   3:605b
TATHAM, E.H.R.
   2:304b
TATLOCK, J.S.P.
   1:247b, 478b(3), 521b, 644b
TATON, R.
   1:3a, 27b, 257a, 257b(2), 261b(4),
   275a(2), 331a(5), 344b, 350a, 362b,
   416a, 459a, 467a, 657b
   2:35b(4), 39a, 47a(2), 47b, 54b,
   190a(2), 190b(7), 221a, 283b(3),
   343b, 389b, 441b, 449a, 464b, 484b,
   658b(2)
   3:6b(2), 18b, 22a, 29b(2), 118a,
   119b(2), 128b(2), 130b, 591b(2)
   4:285b
   5:116a, 129a, 180a, 191b, 196b,
   197a(2), 200a, 201a(2), 202a, 299b,
   311a, 314b, 483a, 489b, 537a
TATON, R. (FLOCON)
   3:130b
TATON, R. (MESNARD)
   2:65a, 300a
TATON, R. (SARTON)
   2:37b, 38a, 194a, 526b
TATTABHUSAN, H.G.
   4:188b, 207b
TATUM, E.L.
   3:294b
TAUB, J.
   4:80b
TAUB, L.
   3:508b
TAUBE, E.
   3:571b
TAUBE, G.
   1:524a
   5:181a
TAUBE, M.
   3:44a
TAUBLER, E.
   2:548a
   4:144b
TAUE, M. VON
   3:135b(2)
TAUSSKY, O.
   1:571a
TAVIANI, S.
   2:80a(2), 593b(2)
   5:63b(2), 470b(2)

TAX, S.
   1:318b
   3:290a, 335a
TAYLOR, A.
   3:12b, 353a
   5:98b(2), 182b
TAYLOR, A.C.
   1:195b
TAYLOR, A.E.
   1:54b, 96a, 208a, 605b
   2:279a, 309b, 325a, 325b, 327b, 328a,
   488b(2), 650a
   4:106a, 286a
TAYLOR, A.J.
   4:156b
TAYLOR, A.P.
   1:278a
TAYLOR, C.F.
   3:561a
TAYLOR, C.H.
   1:548a
TAYLOR, C.M.
   3:443a
TAYLOR, E.G.R.
   1:10b, 110b, 118a, 181a, 268b, 325a(3),
   358a, 404a, 412a, 476b, 529b(2),
   572b, 594a(2), 595b, 600a
   2:129a(2), 173a, 219b, 278a, 320a,
   365a, 606a
   3:222b, 247b, 249b(2), 250a, 270b
   4:288a, 288b, 322b, 324a, 324b
   5:26b, 27b, 28b(3), 33a, 34a, 37b, 43b,
   87b, 111b, 130a, 131a, 131b(3), 132a
TAYLOR, E.S.
   3:579b
TAYLOR, F.A.
   2:767b
   3:550a, 555a
TAYLOR, F.J.
   2:765b
   3:579a
TAYLOR, F.L.
   2:111b(2)
TAYLOR, F.R.F.
   3:563b
TAYLOR, F.S.
   1:246b, 399b, 457a, 493b, 608b(2), 649a
   2:336a, 381b, 404b, 505b, 536a, 679b,
   735a, 751a, 757b
   3:6b(5), 25a, 57b, 63b, 71b, 160b, 185a,
   190b, 197a, 197b, 516b, 547b
   4:114a(2), 114b, 167a, 312b, 314a,
   348b, 374b
   5:19a, 20a(2), 91a, 122a, 123a, 124a(2),
   129a, 305b, 327b, 463b
TAYLOR, F.S. (STAPLETON)
   2:527a
TAYLOR, F.W.
   3:550a(2)
TAYLOR, G.
   1:173a, 306a
   3:245a, 268b, 338b(2)
TAYLOR, G.C.
   2:192a, 469a
TAYLOR, G.R.
   3:278a
TAYLOR, H.L.
   4:27b
TAYLOR, H.M.
   1:504b
   5:405b, 420b, 459a
TAYLOR, H.O.
   3:614b
   4:17b, 123b, 304a, 330b
   5:3b

TAYLOR, H.S.
   2:615b
TAYLOR, H.W.Y. (ROSS)
   2:25a
TAYLOR, J.
   1:283b
TAYLOR, J.E.
   3:599b
TAYLOR, J.H.
   1:81b
TAYLOR, J.M.
   2:186a
TAYLOR, J.N.
   2:208b
   3:183b
TAYLOR, J.S.
   2:192a
   5:54a
TAYLOR, L.R.
   4:86a
TAYLOR, L.W.
   1:509a
   2:230b
   3:49a, 136b, 144a
   5:430b
TAYLOR, M.
   2:631a
TAYLOR, N.
   3:513a(2)
TAYLOR, R.A.
   2:73a
TAYLOR, R.E.
   2:263b
TAYLOR, R.L.
   2:662a
TAYLOR, S.
   3:482b
TAYLOR, W.R.
   1:409b
TAZAWA, K. (HARADA)
   2:609b
TCHEMERZINE, A.
   5:5a
TCHERNIAVSKY, A.
   See CHERNIAVSKII, A.
TEA, E.
   2:633a
   4:310a
TEAGUE, W.D. (STORCK)
   3:537a
TEALE, E.W.
   1:80b
   3:533a
TECHERT, M.
   1:387b
   2:336a
TECHOUEYRES, E.
   3:447a
   4:188a(2)
TECK, J.
   2:81a
   5:89b
TEED, R.W.
   1:368a
   5:159a
TEEPLE, J.E.
   4:279a, 280a
TEGELER, E.
   2:28b
TEGGART, F.J.
   1:567b
   3:606b
   4:216b
TEICH, M.
   2:678b

TEICH

3:238b, 287a
TEICH, M. (KRUTA)
2:365a
TEICH, N.
2:223b
TEICHER, J.
1:24a, 68b, 87a, 481a, 523a
4:301b
TEICHMAN, E.
3:264b
TEIKH, M.
3:195b
TEILHARD DE CHARDIN, P.
3:281b, 292a, 332b, 333b(2)
TEIRLINCK, I.
3:305a
TEIT, S.A. (STEEDMAN)
4:274a
TEIXEIRA DA MOTA, A. (CORTESAO)
3:253b
TEIXEIRA DE MATTOS, E.
2:496b
5:64b
TEIXEIRA, C.
1:411b
5:345a
TEKELI, S.
1:154a, 188a(2)
2:528a(2), 564b, 604a, 708b
4:402b(3), 403b, 404b
5:22a, 22b
TELEKY, L.
3:410a, 479b, 487a
TELEPNEF, B. DE
2:271a, 272b
TELLENBACH, H.
3:439a
TELLER, E.
3:567a, 602a
TELLER, E. (RICE)
3:170a
TELLER, J.D.
1:15b, 610b, 611a
3:24b
TELLEZ CARRASCO, P.J.
1:175b
5:64b
TELLO, J.C.
4:282a
TELONI, G.C.
4:71a
TEMBROCK, G.
3:317b(2)
5:510a, 512a(2)
TEMIN, P.
5:423a
TEMKIN, C.I. (TEMKIN, O.)
1:527a
TEMKIN, C.L. (TEMKIN, O.)
1:479a
2:39b
TEMKIN, L. (TEMKIN, O.)
2:640b
5:364b
TEMKIN, O.
1:12a, 238a(2), 443b, 449b, 453b(2), 454a, 466b(2), 470a, 479a, 492b, 527a, 577a, 579b(2), 580a, 580b, 619b
2:39b, 129a, 174b, 219a, 220a, 272a, 308b, 347b, 426a, 466a, 477b(2), 499a, 522a(2), 640b, 651a
3:373a, 376a, 376b, 378b, 382b, 409b, 433a, 466b, 474b, 486a, 500a
4:26a(2), 26b, 79b, 128b, 129b, 132b, 133a(3), 135b, 136a, 400a
5:75b, 142a, 148a, 149b, 156b, 163b, 243a, 299b, 349a, 364b, 369b, 379a, 381a, 400a, 403b, 475a, 486a
TEMKIN, O. (GLASS)
1:313a
5:349b
TEMKIN, O. (LARKEY)
1:107a
5:66b
TEMKIN, O. (STRAUS)
2:587b
TEMMEN, H.
2:415b
5:406a
TEMPIR, Z.
4:12b
TEMPLADO, J.
1:93b
2:456a
3:279a
5:4a, 230b
TEMPLE, G.
2:624b
TEMPLE, R.C.
1:598b
2:491a
3:220a
4:185a, 194a, 201a
TEMPLIN, E.H.
1:111a
TEN DOESSCHATE, A.
See DOESSCHATE, A. TEN
TENCA, L.
1:465a, 507b
2:165a, 554a
3:124b
5:181a
TENG SHU-CHUN
4:239b
TENG SSU-YU
4:246b(2)
TENG YEN-LIN
4:223a
TENNANT, F.R.
3:32b
TENNE, A.
4:96b
TENNYSON D'EYNCOURT, E.H.
[D'EYNCOURT, E.H.T.]
1:526a
2:252a, 643a
TEREKHOV, P.G.
2:164a, 566b, 661a
TERESA SANTANDER, M. (GRANJEL)
3:402a
TERGOLINA, U. (CASTALDI)
2:760a
3:373b
TERGOLINA-GISLANZONI-BRASCO, U.
3:509a
TERMAN, L.M.
3:345b
TERMAN, L.M. (BURKS)
3:345b
TERMER, F.
4:277b
TERMIER, P.
2:515b
3:229a, 271b
5:441a, 442b, 470a, 473a, 488b
TERNOWSKY, W.N.
2:303a, 429a
5:155b, 168b

TERPSTRA, P.
3:219a
TERRA, H. DE [DE TERRA, H.]
1:466b, 602b, 603a, 603b(2), 647a
2:127a
3:271a
4:184a, 256a
TERRACHER, L.A.
3:613a
TERRACINA, S.
2:358a
4:26a
TERRACINI, A.
1:234a
TERRASSE, H.
1:77a
2:85a
4:390b(2), 403b, 431a
TERRAT-BRANLY, J.
1:189a
TERRES, J.K.
3:274a
TERRETT, I.B. (DARBY)
4:325a
TERREY, H.
2:563b
TERRIEN, F.
1:644a
TERRILLON, M.
2:532a
3:517b
5:409b
TERRIS, M.
1:149a
3:417a
5:376b
TERRY, G.S.
3:119a
TERSON, A.
1:430b
2:297a, 397a, 531b
3:441a
TERTSCH, H.
3:176a
TESCHNER, C. (ZANDER)
3:531a
TESDORPF, P.H.
1:603a
2:755b
3:373a, 376b
TESKE, A.
1:177a
2:5a, 215a, 281b, 487a(2)
3:23b, 61a
TESTI, A.
1:381a
5:404a
TESTI, F.
3:481a
TESTI, G.
1:142a, 151b, 306b, 429b, 525a
2:55a, 200b, 278a, 563a, 600a, 659b
3:8a, 77a, 181a, 186a, 198b, 319a, 429a, 579a, 583a, 594b
4:160b, 312b
5:429a, 493a
TETLEY, H.
2:262a
5:360a
TETRY, A.
3:562b
TETRY, A. (CUENOT)
3:288b
TEUFFEL, R.
4:368a

TEW, D.H.
2:485b
THACKERAY, H. ST J.
1:660a(2)
THAER, C.
1:46a, 390b, 392b, 393a(2)
2:360b, 564b
4:21a, 22a, 111a(2)
THALAMAS, A.
1:386b(2)
THALBITZER, W.
4:324b, 325a
THALLON, I.C.
2:179b
THARALDSEN, C.E.
2:107a
THARAUD, J.
2:151a
THARAUD, J. (THARAUD, J.)
2:151a
THARP, L.H.
1:15a, 15b, 242a
THAU, W.
2:366b(2)
5:384b
THAYER, G.H.
2:534b
3:319a
THAYER, W.S.
2:257b(2), 286a
3:382b
THEBAULT, V.
3:133b(2)
5:314a
THEEL, H.
2:680b
3:318a
THEILER, W.
4:101a, 105a
THEIS, E. (MITTASCH)
1:323a, 324a, 352a
5:325b
THELLUNG, A.
2:725b
3:311b, 527b
THEOBALD, -.
1:465a
5:176b
THEOBALD, W.
2:537a
THEODORIDES, J.
1:14b, 48a, 84b, 136a, 161a, 176a, 234b,
 265a, 321a(3), 517a, 603a, 604a(2),
 639b(2)
2:35b, 47a, 134b
3:278b, 320a(2)
4:328b, 376b, 378b, 414a(2), 423a, 440a
5:347b, 348b
THEODORIDES, J. (BELLONI)
5:348b
THEODORIDES, J. (DELHOUME)
2:50a
THEODORIDES, J. (DEWAILLY)
3:415a, 513b
THEODORIDES, J. (HUARD)
1:326b, 358b, 364a, 605a
2:36b, 384a, 390b
3:478a
5:360b, 397a, 452a(2), 468b, 482b(2)
THEODORIDES, J. (PETIT)
1:301b, 314b
2:98b
3:315b
THEODORIDES, J. (SIMONIDE)
4:372a

THEORELL, H.
1:144b
5:322b
THERIVE, A.
1:181a, 273b
2:577b
THERRE, -.
2:277b
5:80b
THERRIAT, P. (IZEDDIN)
1:542a, 627a
THERY, P.G.
2:417b, 541a, 541b
4:304a
THESLEFF, H.
2:369b
THETTER, R.
5:78a
THEUERMEISTER, R.
4:13b
THEUNISSEN, B.
1:433b
THEUNISZ, J.
1:194a, 262a
5:59a
THEVENOT, E.
4:155a
THEVENOT, J.
1:631b
THEWLIS, J.
3:134a
THIBIERGE, G.
1:144b
2:39a, 412b(2), 591a
3:475a
5:377a, 387b, 396a(2)
THIEL, R.
3:371a
THIEL, V.
3:584b
THIELE, E.R.
4:75a
THIELE, J.
2:123b
THIELEN, J.E.
5:365a
THIEME, -.
3:578a
THIEME, P.
2:268a
THIER, H. DE
1:493b
5:217b
THIERENS, A.E.
4:64b
THIERFELDER, A.
1:45b
3:344b
THIERFELDER, J.G.
1:633a
2:136b, 244b, 376b, 522a
3:515a
4:29a, 416b
THIEROT, A.
4:362b
THIERRY, J.B.
2:739b
THIERSCH, H.
1:394a(2), 395a(3)
THIERY, L.M.
2:697b(2)
3:308b
THIERY, M.
1:179a, 278a
2:265b

3:454b
THIESSEN, N.W.
3:461b
THIESSEN, P.A.
3:182b
THIIS, J.
2:73b
THIJSSEN-SCHOUTE, C.L.
1:339a(2)
5:110a(2)
THILLET, P.
1:54a
THILO, E. (RABINOWITSCH)
3:188a
THIMBLE, W.R.
5:96b
THIRION, J.
1:53b, 97b
THIRRING, H.
1:168a
3:564a, 602b
THIRSK, J.
3:521b
THOMA, H.
3:439a
THOMA, H.F.
5:109a
THOMALEN, A.
2:758b(2)
5:419a, 422a
THOMAS, A.
2:144b, 320a(2)
4:157a, 352b(2)
THOMAS, A.B.
5:136a, 224b(2)
THOMAS, A.L.
1:192a, 193a
5:286a
THOMAS, B.L. (SMITH)
2:712a
3:252a
THOMAS, B.S.
3:262b(2)
THOMAS, D.
5:410b
THOMAS, D.L.
3:353a
THOMAS, D.W.
4:83a
THOMAS, E.J.
4:170b
THOMAS, E.N.
2:440a
THOMAS, E.R. (ROBERTS)
2:230a
THOMAS, E.S.
3:344b
THOMAS, F.
3:355a, 483a
THOMAS, F.C.
3:519b
THOMAS, F.M.
2:291b
5:381a
THOMAS, F.W.
1:146a
4:180a
5:459b
THOMAS, H.
2:718a
5:150b
THOMAS, H.H.
See HAMSHAW THOMAS, H.
THOMAS, H.L.
3:214a

THOMAS

THOMAS, I.
4:107a
THOMAS, J.
2:616a(2), 750a
5:186a(2), 291b
THOMAS, J.B.
3:535b
THOMAS, J.F.
1:333b
2:282a
THOMAS, J.H.
5:50a
THOMAS, J.J.
1:357b
5:367b
THOMAS, J.S.G.
2:486a
THOMAS, K.
2:610a
THOMAS, K.B.
1:157b, 608a, 608b, 648b
3:513a
5:261b, 274b, 403a
THOMAS, L.
3:258b, 266b, 560a
THOMAS, L.B. (THOMAS, D.L.)
3:353a
THOMAS, M.
1:274b, 401b
5:240b
THOMAS, M.E.
1:248a
4:305b
THOMAS, M.G. (WAGG)
3:440b
THOMAS, O.
3:200a
THOMAS, P.J. LE
3:573a
THOMAS, R.H.
5:306b
THOMAS, S.
3:207b, 561a, 561b
THOMAS, T.B.
1:286b
THOMAS, W.I.
3:355b
THOMAS, W.R.
2:213a
4:38a
THOMAS, W.S.
3:50a
THOMAS-STANFORD, C.
1:391b
5:16a
THOMMEN, E.
3:315b
5:144a, 467a
THOMMEN, R. (STEHLIN)
2:525b
THOMPSON, A.H.
1:124a
THOMPSON, A.J.
1:192b
THOMPSON, A.R.
1:592b
4:138a
THOMPSON, C.
3:437a
THOMPSON, C.J.
3:375a
THOMPSON, C.J.S.
1:241a
2:101a, 308b, 392b, 406a, 591a
3:88b, 197a, 352a, 455b, 462b, 464a,
485a, 488b, 500a, 512b, 513a, 513b,
514b, 517b
4:27a, 290a, 355b
5:69a, 79b
THOMPSON, C.J.S. (POWER)
3:363b
THOMPSON, D.
2:565b, 743a, 748a
5:305a, 305b
THOMPSON, D.V.
1:35b
2:306b, 537a
4:363b(6), 364a(3), 366a(2), 366b, 367a
5:91b
THOMPSON, D'A.W.
1:55a, 63b(2), 64a, 82a, 347b, 530a, 549b
2:152a, 321a, 463b, 496a, 615a, 749a
3:008a, 065a, 071b, 278a, 296b(2)
4:87b, 89b, 100a, 109a, 126a(5), 157a, 329b
5:305b, 462a, 480b, 482a, 493a
THOMPSON, D'A.W. (FLEMING)
1:425b
THOMPSON, E.
2:379a
THOMPSON, E.A.
1:37a
THOMPSON, E.E.
4:26b
THOMPSON, E.H.
4:280b
THOMPSON, E.M.
2:677b
4:444a
THOMPSON, F.C.
4:143b
THOMPSON, F.T.
1:381a, 479a
THOMPSON, G.
2:495a
THOMPSON, G.P.
1:166b
3:48a
THOMPSON, H.
3:547a
4:102b, 374a
THOMPSON, H. (BELL)
4:37a, 103a
THOMPSON, H.G. (THOMPSON, J.S.)
2:544b
THOMPSON, H.R.
2:266a
5:27a
THOMPSON, J.A.
2:423b
THOMPSON, J.E.
3:120a, 220a
THOMPSON, J.E.S.
4:276b, 277b, 278b(2), 280a(3), 284b
THOMPSON, J.E.S. (GANN)
4:276a
THOMPSON, J.H.
1:505b
5:279b
THOMPSON, J.J.
5:315a
THOMPSON, J.S.
2:544b
THOMPSON, J.W.
1:245b, 374a
2:122a, 193b
3:532a, 604a
4:294b, 300b, 360b, 369b, 371b
5:4a, 35b, 102a
THOMPSON, L.G.
2:544a
5:423b
THOMPSON, L.S.
3:586b
THOMPSON, M.
1:196b
2:295b, 462a
5:250b, 292a
THOMPSON, R.C.
2:673b
4:57b, 61b(2), 62a(2), 65a(3), 65b, 66b, 67a, 67b(2), 68a(9), 68b
THOMPSON, R.C. (GADD)
4:70a
THOMPSON, R.D:A.
2:544b
THOMPSON, R.L.
3:353b
5:430b
THOMPSON, S.
3:352b(3)
5:512b
THOMPSON, S.P.
2:10b, 246a
3:250b, 569a
5:514a
THOMPSON, T.G.
3:242b
THOMS, H.
1:379a
2:22a, 348a, 459a, 606a, 775b
3:452b, 454a
5:242a, 245b(2)
THOMS, W.W.
1:89b
THOMSEN, O.
1:107a
THOMSEN, P.
4:376a(2)
THOMSEN, P. (STRESEMANN)
2:215b, 531a
5:359b
THOMSEN, V.
5:552a
THOMSON, A.P.D.
3:329a
THOMSON, C.J.S.
2:286b
THOMSON, E.
2:694b
5:422a
THOMSON, E.H.
1:300b, 542b
5:244a
THOMSON, E.H. (FULTON)
2:478b
5:303b
THOMSON, G.
2:545b(3)
3:36a, 36b, 59b, 166a, 546a
4:84a, 118b
5:532a
THOMSON, G.P.
1:78a, 251a
THOMSON, G.S.
2:427a
5:147b
THOMSON, H.C.
2:724a
3:395a
THOMSON, H.J. (LINDSAY)
4:296a
THOMSON, J. (THOMSON, G.)
2:545b

THOMSON, J.A.
   3:63b, 278b, 282b, 284a, 290a, 297b
THOMSON, J.A.K.
   2:209a
   4:104a
THOMSON, J.J.
   2:678a
   3:137a, 144a, 162a, 165a, 166a, 170a,
      171b, 188a, 191b
THOMSON, J.M.
   1:412b
THOMSON, J.O.
   4:24a, 90b
THOMSON, M.H.
   4:124b, 376b
THOMSON, M.T.
   3:226a, 227b
THOMSON, R.
   3:345b
THOMSON, S.C.
   2:698b
   3:443b
   5:370a
THOMSON, S.H.
   1:10a(3), 68b(4), 99a, 207b, 246a,
      516a(2), 516b(6)
   2:19b
   3:605a
   4:294b, 298b, 306b, 311b, 314b, 317b,
      368b
THOMSON, ST C.
   2:084a(2), 101a, 722b
   3:372b, 442b, 518a
   5:247a
THOMSON, W.
   1:633a
THOMSON-WALKER, J.
   1:295a
THORADE, H.
   3:241b, 243b
THORARINSSON, S.
   3:241a
THORBURN, A.D.
   1:304b
THORDARSON, M.
   4:324b
THORDEMANN, B. (ANDERSSON)
   2:570b
THOREK, M.
   3:444a, 486b
THOREK, P. (THOREK, M.)
   3:444a
THORINGTON, J.M.
   1:120a, 249b, 550b
   2:70b, 126a, 419b
   3:241a, 255b, 514a
   4:336a
   5:366b, 385a, 392b, 401a
THORLEY, J.P. (KELSO)
   4:74b
THORN, A.C.
   3:396b
THORN, J. VAN S.
   2:597b
   3:499b
THORNDIKE, E.L.
   3:118a, 121a, 342a, 357b
THORNDIKE, L.
   1:4b, 5a, 8a, 10a, 12b, 19a, 20a, 23a,
      31b, 40a, 50a, 68b(5), 82b, 96b, 97b,
      104b, 110b, 112a, 115b, 117a, 142b,
      146a, 147a(2), 148a(3), 155a, 171a,
      180a, 185b, 189a, 207b, 226b, 229a,
      236a, 263b, 284b, 304a, 336b, 344a,
      354b(4), 363b, 384a, 388a, 403a,
      410b, 424b(4), 432b, 438b, 450a,
      455a(3), 475b, 477b(2), 488b,
      490a(2), 521a, 548a, 552b, 561b,
      569a, 578b, 588a, 601a, 615a,
      628b(3), 644b, 645a, 650a, 650b(2),
      652a, 653b, 655a
   2:33a, 71a(3), 119a, 135b, 147b, 151a,
      151b, 154b, 232b, 235b, 253b(3),
      276b(2), 294a(2), 306b, 313b, 314b,
      315a(4), 315b(3), 334b, 335b, 371b,
      383a, 388b, 407a(3), 422a, 431b(2),
      436b, 442a, 458b, 521b, 538a, 542b,
      551a(2), 552a(2), 595b(4), 619b
   3:6b(2), 8a, 21a(2), 24b, 88b, 221b,
      384a, 387a, 471a
   4:103a, 130b, 149b, 166a, 196a, 285b,
      294b(2), 295a(4), 295b(4), 296a(6),
      296b, 297a, 298b, 299a, 303a(5),
      309b(2), 310b(3), 311b, 312a,
      313a(2), 313b(2), 314b(7), 315a(4),
      315b(2), 316a(2), 317a(4), 317b(6),
      319a(3), 320a(6), 320b(2), 321a,
      321b, 322a, 328a, 329b, 330a, 332a,
      332b(4), 333b(5), 335a, 335b, 340a,
      340b, 341b(3), 344a, 348a, 350a(2),
      351a, 351b, 356b, 357a, 360a(2),
      364a(2), 365b(2), 369b(2), 370a(2),
      373a, 386b, 395a, 404a, 417b(2),
      439a, 443b, 445b
   5:4a(5), 4b(3), 5b, 7b, 9a, 10b(2), 14b,
      18a, 19b, 20a(2), 21a(2), 22a(2),
      23b(4), 25b(2), 28a, 44b, 51a, 53a,
      57b, 59b, 61a, 66b, 70b, 71a(3), 71b,
      78a, 81a, 98a, 102a(2), 107a, 109a(3),
      109b, 131a, 148a(2), 186b, 440a,
      443b, 446a, 447a, 466a, 466b, 475a,
      499a, 501a, 531b
THORNDIKE, L. (LEVEY)
   4:395a
THORNDIKE, L. (MILLAS VALLICROSA)
   4:315a
THORNE, W.
   2:752b
THORNTON, J.B.
   2:247a
THORNTON, J.E.
   3:57a
THORNTON, J.F.
   1:156b
   5:404b
THORNTON, J.L.
   1:542b
   2:244b, 752b, 753a
   3:12b, 370b, 419b, 428a
THORNTON, J.L. (BROWN)
   2:427a
   5:333a
THORNTON, J.L. (HUNTER)
   1:584b
THORNTON, R.
   2:103a
   4:355a
THOROSSIAN, H.
   1:511b
   4:381a
THORP, M.F.
   2:21a
THORP, R.W.
   3:321a, 464b
THORPE, E.
   3:179a
THORPE, J.F.
   1:103b, 408b, 530b
   2:022b, 189b
   3:194b
   5:329a
THORPE, M.R.
   3:290a
THORPE, T.E.
   1:156b, 475a
THORPE, W.A.
   3:581b
THORPE, W.H.
   2:491a
   3:284a
   5:176a
THORWALD, J.
   2:442a
   3:486a(2)
   4:26b
THOULET, J.
   1:426b
   3:242b
THOUVENOT, R.
   2:362b
   4:122a
THRAMER, E.
   1:233b
   4:153a
THRELFALL, R.E.
   3:580b
THROCKMORTON, P.
   4:159b
THUER, H.R.
   2:116a
THUILE, J.
   2:727a
   3:509a
THULSTRUP, W.
   1:419a
THUN, R.
   3:597b
THUREAU, M.
   2:297a
THUREAU-DANGIN, F.
   1:536b
   2:368a, 470b
   3:119a
   4:32b, 57a, 57b(6), 58a(2), 58b(3),
      59a(3), 59b(6), 60a(13), 60b(8),
      61a(4), 61b(7), 62b, 64b, 65a, 68a,
      69b, 70a, 70b(4), 71a, 74b
THURER, G.
   2:570b
THURING, B.
   3:157b(2)
THURLOW, G.G. (HATCH)
   5:178a
THURNWALD, R.
   4:8a
THURSFIELD, H.
   5:266b
THURSTON, A.P.
   2:159b, 278b
   3:559b(2), 560b
   5:419b, 425b
THURSTON, B.
   1:657b
   2:548b
   5:342b
THURSTON, H.
   3:352a
THURSTON, R.H.
   3:566a
THURSTONE, L.L.
   3:343a
THWAITES, F.T.
   3:241a

THWAITES, R.G.
5:340a
THWING, C.F.
3:69a, 615a
THYSSEN, E.H.M.
2:562b
TIABLIKOV, S.V. (MITROPOL'SKII)
1:166a
TIBERGHIEN, A.
1:118a, 230b, 262a
2:137a, 167b, 373a, 450a, 508a, 549a
3:253b, 303b
5:127a, 307a
TIBERGHIEN, A. (BIESBROECK)
2:409b
TICEHURST, C.B.
3:328b
TICHY, F.
5:333b
TICKNER, F.J.
5:167b
TIDBURY, G.E.
3:315a
TIEBOUT, H.M.
2:549b
3:437b
TIEGHEM, P. VAN
1:136a, 364b(2)
5:191b
TIELSCH, E.
1:60b
TIEN HSING-CHIH (RUFUS)
4:227b
TIERIE, G.
1:358b
TIERNEY, J.J.
2:362b
4:121a
TIETJEN, C.H.
3:128a
TIETSCH, F.L.
1:470b
TIETZE, E.
2:515b
3:240b
TIETZE, H.
1:361b
3:101a
TIETZE-CONRAT, E. (TIETZE)
1:361b
TIFFENEAU, M.
1:480a(2)
2:51a, 640b
TIGRANIAN, S.T.
3:572b
TIKHOMIROV, G.S.
2:390b
TIKHOMIROV, V.V.
1:17b
2:110b, 121a, 471b, 581b
3:229a, 229b, 231b
5:218a, 334a, 334b(2)
TILAK, L.B.G.
4:186b
TILANDER, G.
1:306a
4:382b
5:88a
TILDEN, J.E.
3:313a
TILDEN, W.A.
1:143a, 183b
2:381b
3:179a(2), 181a

TILDESLEY, M.L.
1:198a
TILEMANN, H.
1:482a
TILKE, M.
3:593b
TILL, W.C.
4:164b, 166b, 167b
TILLETT, A.W.
2:496a
TILLEY, A.
5:8a
TILLEY, C.E.
1:10b, 194a, 502a
TILLEY, C.E. (ALDERMAN)
2:159b
TILLEY, C.E. (SEWARD)
1:539b
TILLHAGEN, C.H.
3:404a
TILLMANN, H.
2:456b
TILLYARD, H.J.W.
4:374b(3), 375a
TILNEY, F.
3:335b
TILQUIN, A.
3:321a
TILTMAN, H.H. (BRIDGES)
3:14b
TILTON, E.M.
1:589a
TILTON, G. (PATTERSON)
3:235a
TIMERDING, H.E.
2:162a
3:101a, 126a, 144a
TIMMAN, R.
1:191a
TIMMER, B.C.J.
2:165b
4:201a
TIMMERMANS, J.
1:294a
2:499a, 502a, 519b, 674b
3:77b, 179a, 182b
5:433b
TIMOFEEV, V.I. (MAKARENIA)
1:152a
TIMOFEEV, V.P. (ZHOGIN)
2:170b, 769a
5:307b
TIMOSHENKO, S.P.
3:80b, 571a
TIMPANARO CARDINI, M.
1:052a, 63a, 64a, 381b, 573b
2:311a, 367b
4:125b
TIMPANARO, S.
1:223a, 459b
2:77a, 263a, 403b
3:7a, 18b, 166a
TING CHAO-TS'ING
5:226a
TING, S.H.
3:179a
TINKCOM, H.M.
5:293a, 483b, 551a
TINKCOM, M.B. (TINKCOM, H.M.)
5:293a, 483b, 551a
TISCHBIEREK, H. (PAZ)
3:317b
TISCHER, M.
3:511a

TISCHLEDER, P.
2:541b
TISCHLER, H.
2:81b, 301a
4:314a
TISCHNER, R.
1:313b, 528b(2), 582a
2:176a(2), 176b, 448a
3:347b, 484b(2)
4:137b
5:232a, 400b, 460b
TISELIUS, E.
2:550b
TISHCHENKO, V.E.
1:210a
TISSERAND, P.
2:135b
TISSERANT, E.
1:1a, 260a
TISSOT, R.
3:282b
TISZA, L.
3:142a
TITCHMARSH, E.C.
1:538b
TITECA, J.
1:417b
5:383b
TITIUS, A.
3:63b
TITLEY, A.
1:193a, 549b
2:384b, 483a, 557b, 558a(2)
3:564b
5:287b(2), 288b, 417b(2), 421a(2)
TITLEY, A. (BECKER)
2:220b
TITLEY, A. (DICKINSON)
2:557b
TITLEY, A.F.
2:272a
4:313a
TITLEY, J.
2:474a
3:369b
5:367a
TITOV, N.G.
2:111a
5:290b
TITOVA, V.M.
2:472a
3:598a
5:430b
TITS, D.
3:614a
TITTMAN, R.
2:389a
4:424a
TIULINA, I.A.
3:566b
5:317a
TIZARD, B.
1:423a
2:49b
3:431b
TIZARD, H.
2:428a
3:57a, 58a
TIZARD, H. (FARREN)
1:492a
TJERNELD, H.
4:359b
TJOMSLAND, A.
1:601b
2:408a, 504b

TORREY

3:529a
TKACZ, B.
  2:686a
  3:467b
TKHORSHCHEVSKI, I.I. (GLINKA)
  3:264a
TOBEY, J.A.
  3:459a
TOBIASZ, M.
  1:368b
TOBIEN, H.
  5:345a
TOBIEN, H. (SIMPSON)
  2:292b
TOCANTINS, L.M. (JONES, H.W.)
  3:447b
TOCCO, R.DI
  3:533b
TOD, M.N.
  4:108a, 125b
TODD, A.C.
  1:123b
  5:255b
TODD, A.R.
  3:185b, 194b(2)
TODD, J. (GASK)
  3:418a
TODD, T.W.
  4:335a
TODHUNTER, I.
  3:132a
  5:204b
TOEPLITZ, O.
  1:50a
  2:329b(2)
  3:126a(2)
TOEPLITZ, O. (RADEMACHER)
  3:107b
TOFFANIN, G.
  5:12a
TOGAN, A.Z.V.
  1:622b
  4:170a
TOGLIATTI, E.G.
  3:129a
TOGUNOVA, A.I.
  1:216b
TOKARSKI, J.
  3:239b
TOKARSKI, Z. (SKUBALA)
  3:618a
TOKIN, B.P.
  1:118b
TOKSVIG, S.
  2:520a
TOKUNAGA, S.
  3:272a
  4:248a
TOLKOWSKY, S.
  3:530a
TOLL, H.
  3:429a
TOLL, J.S.
  3:137a
TOLLES, F.B.
  2:108a(5)
  5:189b, 190a, 281a
TOLLINGTON, R.B.
  1:260a
  4:118a
TOLMAN, E.C.
  3:340b
TOLMAN, M.
  3:474b

TOLMAN, R.C.
  3:150a(2), 216b
TOLMER, L.
  3:47b
TOLSTOI, M.P.
  1:502b
  5:336a
TOMBA, T.
  1:465b
  2:13a, 88b, 129b
  5:131b
TOMBAUGH, C.W.
  3:212b
TOMITA, T.
  3:551b
  4:244b
TOMKEIEFF, S.I.
  2:582a
  3:229b, 291a
TOMKIS, T.
  2:346b
TOMPKINS, D.D.
  2:683a
TOMPKINS, F.C.
  2:692b
  3:185b
TONDL, L. (ZICH)
  3:38b
TONELLI, G.
  2:5a
  5:187a, 195a
TONELLI, L.
  2:316b
TONG, C.P.
  1:253b
  4:228a
TONI, G.B. DE
  See DE TONI, G.B.
TONINI, V.
  1:377a
  3:150a
TONNELAT, M.A.
  3:142b, 148a(2), 162a, 164a
TONNES, H.
  3:446a
TONNIES, F.
  1:584b
  3:356b
TONOLO, A.
  2:399b
  3:126b
  5:313b
TONQUEDEC, J. DE
  3:32b
TOOLE, H.
  4:138a
TOOLEY, R.V.
  1:140b, 361a, 427a
  2:037b
  3:251a, 252a, 256b, 257a, 257b(2)
  5:31a, 221b
TOOLEY, S.A.
  2:236a
TOOMER, G.J.
  4:195b(2)
TOOMEY, T.N.
  1:156b, 210b, 558b
  2:470b, 579b
  5:246a
TOP, F.H.
  3:467b
TOPCHIEV, A.
  2:109b
  3:55a, 080a

TOPFER, E.
  1:514b
  3:145a
  5:315b
TOPFER, H.
  2:107b
TOPITSCH, E.
  3:47a, 349a
TOPLEY, W.W. (GOWER)
  3:605b
TOPSELL, E. (WHITE)
  5:145b
TOPSENT, E.
  2:763a
  3:318a
TORAUDE, L.G.
  1:291a
  3:505a
  5:327b
TORBARINA, J.
  1:176a
TORDAY, E.
  4:264b
TORHOUDT, A.
  2:337a
TORII, H.
  2:5a
  5:187a
TORKOMIAN, V.H.
  1:36b, 102a, 105b, 135b, 146a
  2:091b, 166b, 590a
  3:404b, 454b, 468b, 473a, 489b, 512b
  4:382a(3), 382b(2)
  5:371a, 372b, 373b
TORLAIS, J.
  1:119a, 330b, 436b
  2:37a, 210a, 238a(3), 238b, 389b(3),
    390a(3), 390b, 579b, 657b
  5:154b, 192a, 206b(2), 229a, 247a, 283a
TORNAY, S.C.
  2:243b
TORNEBOHM, H.
  1:377b(2)
  2:112b
  3:151b, 152a(3)
TORNOE, J.K.
  1:387b
  4:327a
TORPIE, R.J. (GARFIELD)
  3:24b
TORR, C.
  1:537b
  4:73a
TORRES BALBAS, L.
  2:81a
  4:419b, 428b
TORRES, C. DE
  4:249b
TORRES-DIAZ, L.
  3:504b
TORREY, C.C.
  4:74b, 392b
TORREY, H.B.
  1:63b
  2:21b
  4:112a, 124a
  5:148a
TORREY, N.L.
  5:195b
TORREY, N.L. (GORDON)
  1:343b
TORREY, T.W.
  2:704a
  3:317a

TORTONESE, E.
2:494a
TORY, H.M.
1:10b
3:67a
TOTH, M.K.
5:84b
TOTH, S.
1:480a
5:112b
TOTHILL, J.D.
3:324a
TOTZAUER, R.
1:495a
5:218a
TOUCHARD, H.
4:361b
TOULA, F.
1:179a
5:333b
TOULMIN, S.
2:55b, 354a, 625b
3:26a, 32b(3), 36b, 46a, 96b, 097b, 098b, 156a, 170a, 200a
5:207b
TOULMIN, S. (GOODFIELD)
1:398a
4:120b, 399b
TOUNG-DEKIEN
4:269b
TOUPIN, R.A. (TRUESDELL)
3:148a
TOURAEFF, B.
4:39b
TOURIN, R.H.
2:519b, 611a
3:563a, 592a
5:420a, 428b
TOURNEUR, V.
1:562a
TOURNEY, G.
1:381b, 560b, 662b
3:340b
TOURNIER-LASSERVE, M.
1:173b
5:254b
TOURTELOT, H.A.
3:238a
TOUSSAINT, M.
5:179a
TOUSSAINT, R.
4:90a
TOUSSOUN, O.
1:1a
2:206b, 432b
5:307b, 437a, 484b
TOUT, T.F.
3:600a
TOUTAIN, J.
4:4b, 147a
TOUZAUD, D.
1:508b
TOUZET, H.P.
2:418b, 610b
5:277a
TOVELL, H.M.
2:753b
3:420b
TOVEY, G.
2:306a
TOWE, A.L. (CURTIUS)
3:432b
TOWER, O.F.
2:200a

TOWER, P.
1:506b
TOWLE, E.L.
3:243b
TOWLE, M.E.
4:282b
TOWNEND, B.R.
3:495a
4:67b
TOWNSEND, A.C.
2:113a, 378a, 637b, 674a
3:13b
5:346a, 358a
TOWNSEND, C.H.
3:535a
TOWNSEND, E.W.
1:205b
2:203b
TOWNSEND, G.L.
1:609b
5:063b, 251b, 484b
TOWNSEND, J.F.
3:469a
TOWNSEND, J.M.
2:345a
TOWNSEND, J.S.
2:301b(2)
3:166b
TOY, S.
3:601a(2)
TOYNBEE, A.J.
3:606b
4:98a, 144a
TOYNBEE, P.
1:307a(2)
TOYODA, T.
4:254b
TOZER, H.F.
4:24a
TOZZER, A.M.
3:355a
4:284b
TRABUCCO, C.
1:400b(2)
5:376b
TRACHTENBERG, A.
2:344b, 409b
3:546b
5:416a
TRACHTENBERG, J.
3:353a
TRACY, H.C.
3:274a
TRACY, J.I. (LADD)
3:240b
TRAMER, M.
3:30a(2)
TRAMONTANO-GUERRITORE, G.
1:290a
2:154a(7), 197b
5:185b, 253b
TRAN NGOC NINH
4:257a
TRANSCAU, E.N.
3:302b, 305b
TRANSUE, W.R. (KENNEDY)
4:308a
TRAPIER, B.
4:411a
TRAPP, C.E.
3:435a
TRAPP, M.C. (TRAPP, C.E.)
3:435a
TRATTNER, E.R.
3:15b

TRATTNER, W.I.
1:325a
TRAU, W.
5:362a
TRAUB, H.P.
1:560b
TRAUTZ, M.
2:607b
TRAVERS, M.W.
1:537b(2)
2:381b(5), 386b(2), 556b
3:193b(3), 577a
5:327b(3), 424b
TRAVERS, R.M.W. (CATTELL)
3:53b
TREASE, G.E.
3:510a
TREASE, G.E. (STREET)
3:196a
TREBITSCH, R.
3:387a, 554b
TREDALE, T.
2:489b
5:238b
TREHARNE, R.F.
3:604b(2)
TREILLE, G.F.
3:390b
TREISMAN, M.
3:37b
TRELEASE, S.F.
3:48a(2)
TRELEASE, W.
1:220a(3), 220b
3:306a
TRELI, B. (LEVI)
4:150b
TREMAUD, H.
2:737a
3:542a
TREMBLAY, P. (PARE)
4:369b
TREMOUROUX, J. (LAVENNE)
3:491b
TRENCSENI, T. (PALLA)
3:400a
5:372b
TREND, J.B.
1:5a
TRENDELENBURG, A.
2:596b
4:151b
TRENEER, A.
1:322b
TRENEL, M.
1:040a, 148b, 213b
2:49a(3), 192a
5:147a, 151b, 157b, 254a, 365a, 376a, 391b
TRENGOVE, L.
2:751b
5:209a
TRENT, J.C.
1:518b, 596b
2:84a, 425b, 467a, 612a(2)
5:61b, 143a, 160a, 245b
TREPKA, E.
5:324a
TREPTOW, E.
3:571b, 572a(2), 572a
4:31a
TRESSE, R.
1:244b
2:684a, 760b
4:429a

5:415a(2), 415b
TRESSE, R. (DAUMAS)
  5:284a
TRESSLER, A.G. (PIERCE)
  3:67a
TRESTON, H.J.P.
  4:127b
TRETHEWEY, W.H.
  4:296a
TREUE, W.
  3:563a
TREVELYAN, G.M.
  2:223b
TREVIRANUS, L.C.
  3:303b
TREW, C.G.
  3:532b
TRIBALET, J.
  4:336b
  5:503b
TRIBALET, J. (LAIGNEL-LAVASTINE)
  1:131a
  4:334a
TRIBOUT, H.
  2:343b
TRICOT-ROYER, J.J.G.
  1:193a, 194a, 245b, 286a, 340a, 368a,
    551b, 599b, 645a
  2:88b, 99b, 129a, 255b, 309b, 315b,
    323a(3), 333b, 371b, 420b, 584b,
    645a, 666b, 707a, 718b(2), 739b, 758b
  3:396a, 403a(3), 403b(2), 408b, 413a,
    420b, 424a, 425b, 470a, 470b(6),
    497b, 508b
  4:9b, 154a, 281a, 330b, 344b, 351a
  5:48a(2), 53a, 58b, 62b, 72b, 83b,
    148a(2), 156a, 156b, 164b, 167a,
    265a(3), 487b, 504b, 514a, 544a
TRICOU, J.
  1:242a
TRIDENTE, M.
  1:528b
TRIEPEL, H.
  3:423b
TRIEWALD, M.
  2:558b
TRIFILO, S.
  1:315b
TRIFOGLI, R.
  2:573a
  5:66b
TRIFONOV, D.N.
  1:144b
  3:194a
  5:328a
TRILK, F.
  2:458b
  4:157a
TRILLAT, A.
  3:461b
TRILLAT, J.J.
  3:177b, 195b, 549a, 618b
TRIMBORN, H.
  4:277a
TRINKAUS, C.E.
  2:305a
  4:331a
  5:12b
TRINKS, F.
  3:591b
TRIOLO, V.A.
  5:392a
TRITTON, A.S.
  4:174b, 389b, 434b

TROAN, J.
  3:48a
TROELS-LUND, T.F.
  3:216b
TROELTSCH, E.
  3:607a
TROILO, E.
  2:440b
TROILO, E. (MIELI)
  3:16b
TROJAN, F.
  1:499a
TROLAND, L.T.
  3:288a, 345b, 441a
TROLL, C.
  1:603a
  2:405a
TROLL, W.
  1:500b
TROMMSDORFF, H.
  2:89b, 465a, 556b, 559a
TROMMSDORFF, J.B.
  2:692a
TROMMSDORFF, P.
  2:699b
  3:548b
TROMP, S.W.
  3:88b
TRONDLE, A.
  3:310a
TRONNIER, A.
  1:303b
  5:286b
TROPFKE, J.
  1:50b(2), 337a
  2:533b
  3:101b(2), 121b
  5:113a, 537b
TROSHIN, A.K.
  2:22b, 170b, 598a
  5:177b, 179a, 291a
TROTTER, W.
  3:357b(2)
TROTZ, T.
  1:388a, 455b
  5:52a
TROTZKI, J.
  1:271a
TROUESSART, E.
  3:320a
  4:275a
TROUT, H.H.
  3:389b
  5:245b
TROUVELOT, J.
  4:364b
TROUVENOT, R.
  2:335a
  4:149b, 151a
TROW, W.D.
  2:352b
TROW-SMITH, R.
  3:523b
TROWBRIDGE, A.
  2:403b
TROWBRIDGE, M.L.
  4:32b
TRUAX, R.
  1:637b, 638b
  2:101a
TRUBY, A.E.
  2:392a
  5:397a
TRUDEL, J.P.
  1:81b

TRUDGIAN, H.
  1:136a
TRUDINGER, K.
  4:91b
TRUE, A.C.
  3:522b
  5:529b
TRUE, D.O.
  3:254b
TRUE, R.H.
  1:647a, 647b
  2:180a
  3:530b
  5:233a, 281a, 282b
TRUE, W.P.
  2:759b(2)
  3:7a
TRUESDALE, W.H.
  5:418a
TRUESDELL, C.
  1:138b, 139b, 397a, 397b(3), 583b
  2:161a, 217b
  3:89b, 126b, 148a, 56a(3), 158b(4),
    159a
  5:204a(2), 317b(2), 476b, 488a(2), 538a
TRUETA, J.
  5:50a
TRUHELKA, A.
  1:176a
TRUMMETER, F.
  2:433a
  4:173b
TRUMPLER, R.
  1:377a
  2:490a
  3:153a, 211a
TRUSELL, F.
  2:183b
  5:332b
TRYPUCKO, J.
  2:768b
  3:76b
TRZEBINSKI, S.
  1:433a, 648b
  2:213a, 550b
  5:264a, 370b
TS'AI CHING-FENG
  2:88a
TS'AO T'IEN-CH'IN
  4:225a
TS'AO WAN-JU
  4:229b, 230b
TS'AO YUAN-YU
  4:225a, 240a
TSAN YIN
  4:236a
TSANOFF, R.A.
  3:96b
TSCHAN, F.J.
  1:135a
  4:312b
TSCHANTER, E.
  3:569b
TSCHEN YUAN
  2:446a
TSCHERMAK, G.
  5:490a
TSCHERMAK-SEYSENEGG, E.
  2:169a
  3:294b
TSCHIRCH, A.
  3:511a
TSCHOLAKOWA, M.
  3:512b

TSCHULOCK, S.
1:317b
3:290a
TSEBENKO, M.D.
5:196a
TSENG CHUNG-MING
4:222a
TSERASKII, V.K.
3:206b
5:518b
TSETKOV, M.A. (GLINKA)
3:264a
TSIEN LING-CHAO
4:224a
TSIEN TSUEN-HSUIN
4:246b
TSING TUNG-CHUN
3:586b
4:242b
TSIURUPA, M.G. (ALIMARIN)
2:110a
5:211a
TSOU SHU-WEN
1:598a
4:232a
TSU WEN SHION
3:210b
4:227a
TSUKUBA, H. (YASUGI)
3:279a
4:252a
TSUSAKI, T.
4:253a
TSVERAVA, G.K.
1:158a
3:569a
TSYGANOVA, N.I.
2:489b
5:317a
TU SHIH-JAN (LI YEN)
4:222b
TUAN YI-FU
2:607a
5:338a
TUBBS, F.R.
2:690a
3:523b
TUBEUF, K.
3:315a
TUCCI, G.
1:75a, 339b, 346b(3)
2:211a(2), 576b
3:264b(2)
4:191a(2), 196a, 217b, 221a
TUCKER, A.W.
3:131a
TUCKER, B.R.
3:432a, 435b
TUCKER, D.A.
2:16b
TUCKER, D.W.
1:290a
2:373a, 386a
TUCKER, L.
1:257b
5:189b
TUCKERMAN, B.
3:209a
4:23a
TUCKERMAN, F.
1:583a
2:664b, 666b
3:231a
5:304a, 334a

TUDEER, L.O.T.
2:363a(2)
TUFFRAU, P.
1:191a
TUGE, H.
3:82a
4:248b
TUKAN, K.H.
4:394a, 401b
TUKE, S.
2:742b
TULLY, R.I.J. (THORNTON)
3:12b
TUMAN'IAN, T.G.
1:392b
4:381b
TUMANIAN, B.E.
1:39a
3:204a, 205a, 212a
4:381b, 382a
TUMANIAN, B.E. (ABRAMIAN)
1:039a
TUMIN, M.M.
4:280b
TUMMERS, J.H.
3:34b, 128a
TUNBERG, S.
2:763a
3:576b
TUNKI, M.H. AL-
4:387a
TUNNELL, J.M.
3:537b
TURAN, P.
1:411b
TURBAYNE, C.M.
1:134b, 516b
2:189a
3:41b
4:312a
5:158b
TURCHINI, J.
2:725b(2)
3:396a
5:52a
TURCK, H.
3:346a
TURENNE, A.
2:725a
3:393b
TURKEVICH, J.
3:80a
TURKOWSKI, T. (MASLANKIEWICZ)
1:353a
TURLEY, C.
1:38b
TURNBULL, A.D.
2:507a(2)
5:414a
TURNBULL, G.H.
1:40b, 271b(2), 367a, 416b, 531b, 541b(4)
2:500b, 689b, 751a
5:104a, 122a, 182a, 296a
TURNBULL, H.W.
1:380a, 512b(4)
2:67b, 207b, 227b(2), 644a, 751a
3:103b
5:112b
TURNER, A.H.
1:491b
TURNER, A.L.
2:101a(2), 691a
3:419b

TURNER, C.C.
3:560a
TURNER, D.M.
1:611a
2:411b, 496a, 622a, 645a
3:7a, 49a, 72b, 165a
5:301b, 319b
TURNER, E.G.
4:118a
TURNER, E.H.
5:399b
TURNER, E.M.
2:424b
TURNER, E.R.
4:192a
TURNER, E.S.
3:381b
TURNER, G.G.
2:264b(2)
TURNER, H.D.
1:185a, 594a(2)
TURNER, H.H.
3:200a, 211a
TURNER, J.
2:161a(2)
5:315b(2)
TURNER, J.E.
3:282b
TURNER, R.
4:19a
TURNER, R.H.
2:472b, 698a
3:391a
TURNER, R.L.
2:383a
5:459b
TURNER, R.L. (THOMAS)
5:459b
TURNER, T.D.
3:464b
TURNER, W.E.S.
4:291b
TURNEY, G.
1:442b
TURNHEER, Y.
5:58b
TURPAIN, A.
2:532b
3:165a, 564a, 588b, 595a, 597b
TURRELL, F.M.
2:67b
TURRELL, W.J.
1:507a
2:144b, 620a
5:275b
TURRIERE, E.
1:337a, 349a, 438a, 541a
2:67b
3:205a, 565a, 592a(4)
5:116a, 331a
TURRILL, W.B.
1:594b(3)
2:746b(3)
3:302b, 305b, 311a
5:234a, 355a, 450a
TURRINI, G.
2:659a
TURRO, R.
3:43a
TURSINI, L.
4:159b
TURSKA, J.
2:670a
3:12b

TURST, C.
 1:388a
TURUMI, S. (KUWABARA)
 1:343b
TUSHNET, L.
 3:404b, 411a
TUSSER, T.
 2:564b
TUTIN, T.G.
 1:317b
 5:354b
TUTTON, A.E.H.
 2:724b
 3:176a
 5:330b
TUTZKE, D.
 1:568a
 3:411a
 5:254a, 261a, 502a
TUULIO, O.J.
 1:630b
 4:411b
TUVE, R.
 2:382a
 5:13a
TUVESON, E.
 2:521a
TUZET, H.
 5:539b
TVING, R.
 3:268a
TWEEDIE, C.
 2:125b(2), 509b
 5:200b, 472b, 488a
TWERSKY, I.
 1:4a
 4:436a
TWERSKY, V.
 2:386b
 3:226b
TWIESSELMANN, F.
 1:317b
TWYMAN, F.
 2:530a
TWYNE, T.
 2:565a
 5:26b
TYARD, P. DE
 5:24a
TYAS, G.F.
 2:209a
TYKOCINSKI, H.
 2:430a
TYLECOTE, M.
 5:419b
TYLECOTE, R.F.
 3:609b
 4:15a, 160b, 291a
TYLER, A.F.
 3:389b
TYLER, D.
 1:198b
 2:257b
TYLER, H.W. (SEDGWICK)
 3:6a
TYLER, J.E.
 4:327a
TYMIENIECKI, K.
 3:608a
TYNDALL, A.M.
 1:247b
TYNDALL, J.
 1:407a
TYNG, D.
 1:275a

TYRKIEL, E.
 3:574a
TYRRELL, H.J.V.
 1:417a
 3:192b
TYRRELL, J.B.
 5:345a
TYULICHEV, D.V.
 2:110b
TZANCK, A. (GILBERT)
 1:80b, 288b
 3:462a
UBBELOHDE, A.R.
 2:717b
 3:544b, 564a
UCCELLI, A.
 2:77b, 78a, 81b
 3:1a(2), 540b
 5:89b
UCCELLI, G.
 2:072a, 81b
UCKO, P.J. (MORSE)
 4:48b
UCOK, A.K.
 1:406b
UDDEN, J.A.
 3:48a
UDE, H.
 3:558a
UDNI YULE, G.
 See YULE, G.U.
UEBERREITER, K.
 3:75b
UEDA, D.
 3:44b
UEMURA, T.
 1:141a
UETA, J.
 2:361b, 473b
 4:117a, 227b
UETSKI, T.
 1:72b
UEXKULL, T. VON
 3:41a
UEYAMA, S.
 2:296a
UGATA, T.
 3:416a
 4:253a
UGGLA, A.H.
 1:12b, 100a, 208a, 346b, 418b, 532a
 2:94a, 95b(5), 96a, 97a, 98b, 99a,
  99b(3), 183b, 209a, 489b, 601a, 751a
 5:271b, 282b, 345b
UGOLINI, U.
 5:172b
UGURGIERI DELLA BERARDENGA,
C.
 1:459a
UHDEN, R.
 1:18a, 481a, 634a
 2:151b, 363a
 4:150b(3), 323a(2), 324a
 5:29b, 34b(2)
UHL, A.H.
 2:663a, 663b
 3:501b(2)
UHL, F.
 3:389b
UHLENBECK, G.E.
 1:372b
UHLENDAHL, H.
 2:688b
 3:619a

UHLER, H.S.
 2:175b
 3:119b, 123a(2), 124a
UHLIG, G.
 1:554a
UHLIG, P.
 5:53b, 56a, 58b, 73b, 76a
UHLIG, W.
 5:92a
UIBO, A.A.
 3:64b
UKERS, W.H.
 3:537a(2)
UKIL, A.C.
 4:202b
UL'IANOV, A.I.
 5:358a
ULANOVSKAIA, M.A.
 1:126a
 2:171a
 5:325a
ULEGLA, I.
 3:151b
ULICH, R.
 3:613b, 615a, 616a
 6:613a
ULKEN, H.Z.
 1:6a
ULLERSPERGER, J.B.
 3:436a
ULLMAN, B.L.
 1:200a, 300a
 2:593b
 3:610b
 4:88a, 309b
 5:96a
ULLMAN, E.V.
 1:288a, 506b
ULLMANN, M.A.
 4:340b
ULLMO, J.
 1:370a
 3:32b, 148a, 154b
ULLOA, L.
 1:268a
ULLRICH, F.
 1:453b
 4:132b
ULM, A.
 3:315a
ULMER, K.
 1:462a
ULRICH, F.
 2:347b
ULSHOFER, K.
 2:187b(2)
 5:352a, 355b
ULUDAG, O.S.
 3:496b
UMAR TUSUN
 3:263a
 4:042a, 408b
UMBGROVE, J.H.F.
 3:233b
UMEHARA, S. (HAMADA)
 4:247b
UMERUDDIN, M.
 1:484a
UMERUDDIN, M. (SPIES)
 2:516a
UMURAZAKOV, S.U.
 3:261b
UNAMUNO, P. DE
 5:37b

UNDERHILL, R.M.
    4:272a
UNDERHILL, R.M. (CASTETTER)
    4:274b
UNDERWOOD, E.A.
    1:131a, 292b, 648a(2)
    2:202a, 219a(2), 480b, 612a, 699a, 718a
    3:365b, 378a, 386a, 395a, 411a, 417b,
      419b, 425a, 462a, 463a, 468b, 493a,
      504b
    5:55a, 77a, 78a, 82a, 244a, 254b, 258b,
      267b, 363b, 364b, 375a, 393b, 441b,
      461b, 468b, 470a, 473b, 483b, 486b,
      487a, 492a, 521a, 524a, 546a, 548b
UNDERWOOD, E.A. (SINGER)
    3:364a
UNGER, E.
    4:24b, 63a, 63b, 65a, 70b
UNGER, F.C.
    1:423b, 577a, 578b, 582a
    2:102a
    4:129a
    5:52b
UNGER, H.
    2:25b
UNGER, W.S.
    3:77b, 285a, 402b
UNGERER, A.
    3:209a(2), 590a(2), 590b(2)
UNGERER, E.
    1:317b
    2:5b, 40a
    3:310a
UNGNAD, A.
    4:21b, 33b, 62a, 64a, 71b, 117a, 174b
UNKLESBAY, A.G.
    3:229b
UNKRIG, W.A.
    4:182a(2), 182b(2), 183a(2)
UNNA, P.G.
    3:469b(2)
    4:81a(2)
UNNO, K. (MUROGA)
    4:252a
UNOLD, J.
    3:95b
UNSOLD, A.
    2:513a
UNSTEAD, J.F.
    2:10a, 125b
UNTERSTEINER, M.
    4:105a
UNVER, A.S.
    1:19a, 88a(4), 88b(2), 90a(2), 90b(2),
      91b(4), 135b, 152b, 154b, 393a,
      406b(3), 550b, 580a(2)
    2:7b, 206b, 211b, 250a, 374b, 471a(2),
      516b, 569b, 647b, 660a, 700b, 712b,
      759a, 764b
    3:368a, 368b, 405b, 406a(7), 415a,
      421a(2), 440a, 449b, 450a, 463b,
      471a, 471b(2), 472b, 473b, 479a,
      497b, 509a
    4:26a, 172a, 182b(3), 234a, 349a, 386a,
      389b(3), 390a, 406b, 407b, 415a(2),
      418a(2), 418b(2), 419b(2), 420a(3),
      422b, 423b(2), 424a, 424b, 425b,
      426b, 434a
    5:373b(3), 528a
UNVER, A.S. (GUNALTAY)
    1:87b
UNWIN, G.
    1:70a(2)
    2:248b
    5:285a
UNZ, H.
    1:550a
UOEK, W.
    1:601b
UPADHYAYA, B.S.
    2:1b
    4:198b
UPDIKE, D.B.
    3:595a
UPTON, J.M.
    2:515b
    4:405a
URANOSOV, A.A.
    5:132a
URBACH, O.
    2:476b
URBAIN, A.
    1:302a
URBAIN, G.
    1:69b, 274a, 514a
    3:7a, 182b, 189a
    5:322a
URBAN, M.
    5:283a
URBAN, W.M.
    3:47a, 63b, 612a
URDANG, G.
    1:125b, 144b, 373a, 501a
    2:30b(3), 56a(2), 447a(2), 663a(2),
      663b(2), 728a, 739b, 762b, 772b
    3:382b, 401b(7), 403a(4), 500a,
      500b(3), 501a(3), 502a(4), 502b(4),
      503a, 504a(4), 504b, 506b, 507a,
      507b(4), 508a(2), 508b, 510a, 513a,
      514a, 514b(2), 515a(2), 517a, 560a
    4:28b, 95a
    5:83b, 171b, 276a(3), 276b, 406b(2),
      407a, 408a(2), 445a, 471a
URDANG, G. (ADLUNG)
    3:505b
URDANG, G. (KREMERS)
    3:500a
URDANG, G. (SONNEDECKER)
    3:502a, 502b, 504a
UREY, H.C.
    3:70b, 179b, 209b, 567b
URMENETA, F. DE
    2:598a
URMSON, J.O.
    3:92b
URONDO, F.E.
    1:465a
    5:127b
URQUIJO, J. DE
    2:208a, 298a
URSAN, J. (BOLOGA)
    2:367a
    5:268a
URSELL, H.D.
    2:645a
URTIN, H.
    3:96b
USCHMANN, G.
    2:709b
    3:317b, 333b
    5:357a, 460b, 475a, 515a
USHAKOV, I.F.
    2:680a
    5:421a
USHAKOVA, N.N.
    1:632b
    5:324a
USHER, A.P.
    3:163a, 407b, 547b, 561a
USPENSKII, F.
    4:372b
USPENSKY, J.V. (TIMOSHENKO)
    3:80b
USSHER, R.J.
    3:305a
UTA, M.
    1:274a
    5:301a
UVANOVIC, D.
    4:191b
UVAROV, B.P.
    1:161a
    3:300b, 323a
UVAROVA, L.I.
    3:562a, 563b(2)
    5:287a
UXKULL-GYLLENBAND, W.
    2:337b
    4:144a
UYEDA, M.
    2:473b
    4:227b
UYEDA, S.
    4:254a
UYEMURA, R.
    4:254b
UZLUK, F.N.
    1:33a
UZUNCARSILIOGLU, I.H.
    4:389b
UZUREAU, F.
    2:268b, 665a(3)
    5:55b, 151b, 370b, 389a
VACCA, G.
    2:341b
    3:159a
    4:218a, 226a, 229b
VACCARI, A.
    1:379a
VACCARINO, G.
    3:98a
VACCARO, L.
    1:309b, 459a
    2:80a, 755b
    5:50b
VAGTS, A.
    3:603a
VAHLQVIST, B.
    2:415b
VAIHINGER, H.
    3:95b
VAILATI, G.
    5:301a
VAILLANT, G.C.
    4:283b
VAILLANT, G.E.
    3:439a
VAILLE, E.
    3:598a
VAIMAN, A.A.
    4:58b, 61b
VAISIERE, M.L.
    4:23a
VAJDA, G.
    1:4(2), 7b, 102b, 117a, 205b, 405a,
      626a(2), 640b
    2:430a
    4:387b, 399b, 436b(2), 437a, 437b,
      438a, 439a, 441b
VAJDA, G. (ALVERNY)
    1:628b
    2:144b
VALADARES, M.
    1:656b, 657a

3:175a
VALCOVICI, V.
3:157a
VALDARNINI, A.
1:477b
2:4a
VALDENBERG, V.
2:535a
4:373b(2)
VALDIZAN, H.
1:471a
2:716a
3:393b
VALDOUR, J.
3:349a
VALE, G.
2:439a
5:39b
VALENTE, T.
1:457a
VALENTIN, B.
1:251a
2:579b
3:430b, 489b(2)
5:275b, 406a
VALENTIN, F.L.
2:755b
3:419a
VALENTIN, G.
1:178a, 331a
2:210b, 543b
5:18a, 115b
VALENTIN, J.
2:634b
VALENTINER, W.R.
2:74b, 582b
VALERDI, A.M.
3:179a, 500b
VALERY, P.
1:333b(2)
2:73b(2), 175a
VALETTE, G.
3:515b
VALIDI, A.Z.
1:154b
4:389a, 414b
VALIGNANO, A.S.J.
4:252b
VALIUDDIN, M.
4:393a
VALJAVEC, F.
3:7a
5:188b
VALKENBURG, C.T. VON
3:431b
VALKO, E.I.
2:289b
VALLANDER, S.V.
1:27a
VALLAURI, M.
1:147a
2:603b
4:187a, 187b, 203a(3), 204b(2),
 206a(2), 206b, 207a, 208b, 211a
VALLAUX, C.
1:318a
2:599a
3:222a, 245b
5:241b, 363a
VALLE, R.H.
4:277a
VALLEE, A.
1:472b
2:390a
5:205a, 283a

VALLENILLA, E.M.
1:609a
VALLENTIN, A.
1:374b(2)
2:73b
VALLERY-RADOT, P.
1:216b, 247a, 503a
2:36b, 158b, 285b(3), 339a, 443a, 555a,
 601a, 738b
3:385b, 396a, 419b
4:341a
5:153a, 253a, 365b, 366a, 432b, 546a
VALLERY-RADOT, P. (BINET)
2:738a
3:396a
VALLERY-RADOT, R.
2:285b, 286a, 287b(2)
5:348b
VALLI, L.
1:308b(4)
2:284b
VALLIERI, W.
1:27a
2:144a
VALLOIS, H.V.
1:179b(2)
VALLOIS, H.V. (ACKERKNECHT)
1:466a(2)
VALLON, C.
2:478b, 646b
5:71a, 167b
VALLOT, J.
3:255b
VALLS I SUBIRA, O.
4:364a
VALORI, L.
5:173a
VALTON, E.
5:98b
VAN ARSDALL, C.A.
3:497a
5:459a, 511a
VAN BEEK, G.W.
4:175b
VAN BUREN, E.D.
4:66a(3), 86b
VAN DE WALLE, B.
See WALLE, B. VAN DE
VAN DEMAN, E.B.
4:159a
VAN DEN BROEK, J.A.
1:398a
5:285b
VAN DER MEULEN, D.
3:262b
VAN DER MEULEN, J.
See MEULEN, J. VAN DER
VAN DER PAS, P.W. [PAS, P.W. VAN DER]
1:631b(2), 648b(2)
4:252a
5:267a, 448a
VAN DOREN, C.
1:434a, 435a
2:164a
VAN GELDER, A.P.
3:578a
VAN HEE, L.
See HEE, L. VAN
VAN HEURN, W.C. (RUITER)
3:328b
VAN HOESEN, H.B. (JOHNSON)
[HOESEN, H.B. VAN]
2:742a
4:97b

VAN HOESEN, H.B. (NEUGEBAUER)
[HOESEN, H.B. VAN]
4:118b
VAN HOOK, LA R.
4:97b
VAN INGEN, P.
2:730b
3:391b
5:515b
VAN ITERSON, G.
See ITERSON, G. VAN
VAN KLOOSTER, H.S.
1:141b, 162b, 206b, 257b, 369a, 400b,
 585b
2:91a(2), 300b
3:185b, 194b, 515a
5:323a(2), 323b, 325b, 452b, 454a, 523a
VAN LOON, H.
3:357a
VAN NAME, R.G. (JOHNSTON)
1:486a
VAN NICE, R.L. (EMERSON)
4:380a
VAN PATTEN, N. [PATTEN, N. VAN]
3:393a
4:281b
5:246a
VAN SICKLE, C.E.
4:160a
VAN SPRONSEN, J.W.
3:188b
VAN VLECK, J.H.
3:61a, 144b, 164a, 168a
VAN'T HOFF, B.
See HOFF, B. VAN'T
VANAS, E.
3:120a
VANBREUSEGHEM, R.
2:45a
VANCE, M.M.
2:574a
VANDEGRIFT, G.W.
3:421b
VANDEL, A.
1:317b
2:41a
3:335a
VANDENPLAS, A.
3:224b
VANDERLINDEN, E.
3:224b
VANDERLINDEN, H.L.
2:268a
VANDEVELDE, A.J.J.
2:61a, 61b
VANDEVYVER, L.M.
2:768a
3:223b
VANDEWIELE, L.J.
1:262a
2:154a, 722b
3:509a
4:330a
5:277a
VANDIER, J.
4:50a, 52b
VANDIER-NICOLAS, N.
4:245b
VANDIVEER, C.A.
3:260a, 535b
VANDIVER, H.S.
1:152a
VANECEK, V. (KORAN)
3:572a

VANGENSTEN, O.C.L.
2:80a(2)
VANHAMME, M.
5:261a
VANIZETTI, B.L.
3:184b
VANNIER, L.
1:294a
2:272a, 294a
5:391b
VANOVERBERGH, M.
4:259a(3)
VANSTEENBERGHE, E.
1:19a, 299b, 300a
VARAGNAC, A.
3:350b
VARBERG, D.E.
3:132a
VARENNE, G.
1:237a
5:49a
VARET, G.
3:92b
VARGAS FERNANDEZ, L.
1:108a, 145b
5:547a
VARGAS ROSADO, P.
5:154b
VARGAS, J.M.
3:393a
VARGAS, L.
3:478b
VARI, R.
2:252a(2)
VARIGNY, H. DE
3:457b
VARILLE, A.
2:487a
4:51b, 54a(3), 54b
VARILLE, A. (ROBICHON)
4:34b
VARIOT, G.
1:204b(2), 219b(2)
2:115a, 407b, 418b(3), 601b, 737a
5:262a(3), 378b
VARLEY, D.H.
1:146a
5:160a
VARLEY, J.
2:408b
5:221a
VARLOT, G.
5:252b
VARMA, S.
4:212b
VARRON, A.G.
4:339a
VARTANIAN, A.
1:332b, 342a
2:42b, 557a
VASARI, G.
2:73b(2)
VASCONCELLOS, E. DE
1:221a, 468b
5:30a, 34b(2), 132a
VASCONCELLOS, F. DE A.E
See ALMEIDA E VASCONCELLOS, F DE
VASCONCELLOS, I. DE
1:296a(2), 442a
2:203b, 320b
3:375b, 388b
4:281b
5:150a, 450a, 491b(2), 501b, 515b

VASCONCELLOS, J. LEITE DE
See LEITE DE VASCONCELLOS, J.
VASCONCELOS, F. DE
5:28b
VASIL:EV, K.G. (SMORODINTSEV)
1:634b
VASILIEV, A.A.
1:651a
4:318b, 326a, 372b
VASILIEV, A.V.
3:123a
1:377a
3:152b
VASMER, R.
4:381a
VASOLI, C.
1:53a
2:571b
5:13a
VASSAILS, G.
1:344b, 383a
3:190b
5:202a
VASSAL, P.A.
2:9a
VASSELLI, J.A.
5:375b
VASSILIEFF, A.
2:104b, 105a
VASSILIEV, B.
2:576b
VASSILIEV, S.F.
1:382b
2:5b, 179a
3:7a, 141b
5:204a
VATH, A.
2:446a
VATULIAN, K.S. (KUZNETSOV)
5:329b
VAUCAIRE, M.
1:360b
5:360a
VAUCHER, P. (BARKER)
3:1b, 71a
VAUCLAIN, S.M.
3:550a, 566a
VAUCOULEURS, G. DE
3:200b, 206b, 212b, 214b
VAUCOULEURS, G. DE (RUDAUX)
3:200a
VAUGHAN, A.C.
4:84b
VAUGHAN, P.
2:673a
3:395a
VAUGHAN, T.W.
3:240b
VAUTHIER, M.
2:674b
3:618b
VAUX DE FOLETIER, F. DE
1:477b
3:397a
5:95b
VAUX, R. DE
1:87a, 92a, 321a
4:297b(2)
VAVILOV, N.I.
3:521a, 527b(2), 528a
VAVILOV, S.I.
2:110b, 222a(3), 230b
5:205a
VAVILOV, V.S.
2:603b

VAYSON DE PRADENNE, A.
4:4a
VAYSSIERE, P.
3:526b, 527a, 533b
VAZ DIAS, A.M.
2:497b
VEAZIE, W.B.
1:248b, 381b
2:431b
4:101b, 126b
VEBLEN, T.B.
3:57a
VECCHI, B. DE
1:129a
VECCHIO-VENEZIANI, A.
1:328a
VEDAMURTI AIYAR, T.V. (RAJAGOPAL)
1:512b
4:193b(2)
VEDENOV, M.F.
1:526b
VEDRANI, A.
3:364b
VEEN, H.
2:153a
5:250b
VEEN, J. VAN
3:552b
VEEN, S.C. VAN
2:154b
5:201a
VEENDORP, H.
2:715a
VEHEL, J.
4:440a
VEIBEL, S.
3:186a
5:538b
VEIGA, A.
3:137a
VEIL, S.
2:45b
3:192a
VEITCH, G.S.
5:418b
VEITH, I.
1:453b
2:186a, 459a, 477b, 680a
3:376a, 381b, 382b, 384a, 391a, 425b, 427a, 434a(2), 454b, 463b, 471a
4:126b, 154a, 182a, 207a, 214a, 234b, 235a, 235b, 237b, 253a, 253b(2), 259b, 350b
5:376a, 382a, 446a, 457a, 466b
VEITH, I. (ZIMMERMAN)
3:486a
VELARDE, A.G. (PRELAT)
2:254a
VELDE, A.J.J. VAN DE
1:24a, 27a(2), 88a, 97b, 100a, 119a, 123b, 127b, 137b, 158a, 183b, 223a, 286a, 304b, 323a, 346a, 352a(2), 364b, 407b, 420a, 481b, 482a(2), 555b(3), 585b, 634a, 648a
2:43a, 53b, 60b, 83b, 112a, 158a, 164a, 185a, 188a, 191a, 265b, 272a, 279b, 284b, 324a, 372a, 372b(2), 381b, 387b, 393a, 397b, 413b, 447a, 499a, 500b, 502a(2), 508b, 602a, 634b, 697a, 771b
3:13b, 15b, 18b(2), 77b, 78b, 170a, 181b, 197a, 297b, 301b, 402b, 414b, 415a, 424a, 425a
4:296b, 321b

5:46b, 60a, 84b, 122a(2), 130a, 143a, 210b, 291a, 307a, 510b, 535b
VELDE, J. VAN DE
 3:368a, 423a
VELEZ LOPEZ, L. [LOPEZ, L.V.]
 3:333b
 4:281a
VELEZ, I.
 4:275a, 275b
VELGHE, A.
 1:597a
 5:331a
VELIKOVSKY, I.
 3:208b
VELLAY, C.
 4:84b
VELLUZ, L.
 1:141a, 251a
VEN, A.J. VAN DE
 5:169b
VENABLE, W.H.
 1:189b
VENABLE, W.H. (VENABLE, W.H.)
 1:189b
VENDORP, H.
 3:308b
VENDRELL GALLOSTRA, F. (CARDONER PLANAS)
 1:3a
 4:338b
VENDROV, S.L.
 5:219b
VENDRYES, J.
 3:613a(2)
VENKOV, B.A.
 1:474b
 2:33b
VENTRIS, M.
 4:85b
VENTURA, A.F.G. [GERSAO VENTURA, A.F.]
 1:218a
 2:590a
 5:22b, 82a
VENTURA, M.
 1:661b
 2:430a
VENTURI, A.
 2:73b
VENTURI, F.
 1:179b, 344a
 5:218b
VENTURI, L.
 2:73b, 74b
VENZMER, G.
 3:474b
VER EECKE, P.
 1:43b, 222b, 344b, 386b, 398b(2), 522a
 2:269b(3), 364a, 368b
 4:107a, 109b, 110a, 111a, 112a(2), 112b, 374a
 5:201a
VERA, F.
 1:634a
 2:136b, 255b, 593a, 764b
 3:7a, 106a, 127a
 4:286b, 301b, 307a, 307b, 308b, 394a, 394b, 436b, 437b
 5:9b, 15b, 25b
VERA, V.
 2:374a, 552b
 5:139b, 140b
VERAART, B.A.G.
 2:101b, 102a(2), 462a(2)
 3:517b

5:363b
VERBEKE, G.
 1:60a, 62a
 4:93a
VERBRUGGEN, J.F.
 4:367b
VERCAMER, E.
 4:51b
VERCAUTEREN, F.
 4:336b, 338b
VERCEL, R.
 3:266b
VERCELLI, F.
 1:309a
VERCHRUYSSE, J.
 3:360b
VERCOUTRE, M.A.F.
 4:125a
VERDENIUS, W.J.
 1:58b
VERDIER, H.
 2:80a(2)
 5:50b
VERDOORN, F.
 1:409b
 2:706a
 3:51a, 82b, 279a, 284a(2), 303b, 304a, 304b, 305b(2), 306a(2), 308b(2), 313a, 510a
 5:454b
VERDOORN, F. (HONIG)
 3:82a
VERDOORN, J.G. (VERDOORN, F.)
 3:82b, 305b
VEREBELY, L. DE
 1:645b
VERGA, E.
 2:72a(4), 74b
VERGIAT, A.M.
 4:266a
VERGNAUD, M.
 2:53b(2), 54a
 5:186b
VERGNIOL, C.
 1:364b
VERGOTE, J.
 1:260a(2), 295b
VERHAEGHE, J.
 2:324a
 5:316b
VERHAEREN, H.
 2:152b, 739b
 3:620b
 5:134a
VERHAGEN, C.J.D.M.
 3:86a
VERHOEVEN, W. (KAMP)
 2:24a
VERHULST, A.E.
 4:359a
VERHULST, A.E. (AMERYCKX)
 3:261b
VERJAAL, A.
 3:433b
VERKADE, P.E.
 2:9b
VERLAINE, L.
 3:106a, 320a(2), 330a
VERLE, D.
 2:487a
 5:10a, 131a
VERLEYEN, E.J.B.
 1:568b(2)
VERLINDEN, C.
 2:340b, 429a

4:350b
VERMEER, H.J.
 4:356a
 5:90a
VERMEIL DE CONCHARD, -.
 1:212a
VERMEIRE, M.S.
 4:195b
VERMEULE, C.C.
 2:726a
 3:553b
 5:181b
VERMILYE, W.M.
 3:550b, 585a
VERNADEAU, P.
 1:42b, 503a
VERNADSKII, V.I.
 3:18b, 235a
VERNADSKII, W.
 1:100b
VERNADSKY, G.
 1:477b
VERNANT, J.P.
 4:140b
VERNEAU, -.
 1:334a
VERNEAU, R.
 4:4a, 278a
VERNER, C.
 1:19b, 647b
 5:221a, 221b
VERNES, M.
 1:14a
 3:64b
VERNET, A.
 1:644b
 2:301b
VERNET, J. [VERNET-GINES, J.]
 1:31b, 85a, 616a, 616b(2), 618a, 627a
 2:119a, 433a
 3:202a
 4:57a, 314b, 317b, 401b, 406a, 411a, 411b, 414b, 422a
VERNET-GINES, J.
 See VERNET, J.
VERNEY, E.B.
 2:501b
VERNON, H.M.
 3:415b
VERNON, K.D.C.
 2:748a(3), 748b
 3:11b
 5:300a
VERNOTTE, P.
 3:38b
VERONNET, A.
 3:158b, 216b, 217b, 218a
VERRIER, R.
 1:71a
VERRIEST, G.
 1:467b
 3:101b
 5:312a
VERRILL, A.E.
 1:486a
 3:316b
VERRILL, A.H.
 3:413b, 527b, 537b
 4:274b
VERSCHAFFELT, J.
 2:172a, 324a
VERSCHAFFELT, J.E.
 1:79b, 551a
 3:165a

VERSHOFEN, W.
3:503a
VERSO, M.L.
3:447a, 447b
VERSTER, J.F.L. DE B.
5:226b, 481b
VERTES, A.O.
1:333b
VERY, F.W.
2:520a(2)
VERZAR, F.
1:109a
VESCOVINI, G.F.
1:207b, 353b
4:310a
VESELOV, M.G.
1:423b
VESELOVSKII, I.N.
1:283b
4:36a
VESELOVSKII, O.N.
1:352b
VESEY-FITZGERALD, B.
3:338b
VESTAL, P.A.
4:274b, 283a
VESTER, H.
3:508b
VETH, C.
3:371a
VETRI, P.
2:77b
5:18b
VETTER, Q.
1:18b, 238b, 272a, 281a, 282b(2), 473b, 494b(2), 527b(3)
2:49b, 71b(2), 182b, 355a(3), 414a
3:8a, 19a(2), 23b, 28a, 76a, 76b(2), 102b, 103a(2), 104b, 105b(2), 112b, 113b, 114b, 115b(7), 118a(2), 119b, 120a, 121b, 124b, 132b, 203b
4:21b, 39a, 39b(2), 58b, 60b, 108b, 309a, 309b, 310a
5:8b, 14b, 15b, 112a, 471a, 505b, 522b, 536b
VHINK, W.
3:207a
VIAENE, A.
3:470b
5:286b
VIAL, E.
1:242a
2:657a
5:55b
VIALA, F.
3:455a
VIALET, -.
2:36b
VIALLE, L.
3:346a
VIALLETON, L.
3:292a(2), 324b
VIANA, O.
1:431a
2:770a
3:452b
VIANO, C.A.
1:60b
VICAIRE, M.
4:391a
VICHNEVSKII, B.
3:332b
VICINI, E.P. (SELLA)
4:356b

VICKERY, B.C.
2:627b
5:182b
VICKERY, H.B.
2:256b
3:196a
VICTOR, A.C.
2:647b
VICTOR, R.G.
5:254b
VIDAL ABASCAL, E.
3:107b
VIDAL, C.
1:174a
3:397a
5:272b, 278a
VIDAL, E.
4:26b
VIDAL, L.
4:183a
VIDE, S.B.
2:98b
5:233b
VIDYABHUSANA, S.C.
1:60b
4:191a(2)
VIE, J.
5:256b, 265b, 525b
VIE, J. (LAIGNEL-LAVASTINE)
2:593b
5:157a
VIE, J. (VINCHON)
2:630a
VIEDEBANTT, O.
1:386b, 573a
2:148a, 347b(2), 363a
4:19b, 102b, 120b(2)
VIELLIARD, J.
4:325b
VIENOT, J.
1:302a
VIERENDEEL, A.
3:540b
VIERKANDT, A.
1:527b
VIERORDT, H.
2:510a
3:364b, 381b
5:121b, 259a
VIETMEIER, K.
1:214a
2:492b
4:129b
VIETOR, K.
1:496a(3), 496b
2:449b
VIETS, H.R.
1:94a, 173b, 185a(2), 242a, 251b, 290a, 295b, 300a, 300b, 301a, 356b, 472a(2), 582b, 589a(2), 607b, 632b, 638b
2:23a(2), 99a(2), 257b, 349a, 366a, 367a, 399a(2), 400b, 402b, 487a, 534a(2), 612a(2), 617b, 630a, 641a, 671b(2), 767a
4:341b
3:368a, 368b, 376a, 389b, 431b, 446b, 481b
4:274a
5:18a, 50b, 73b, 153b, 157a, 245a, 255b, 256a, 377a, 381a, 383a, 395a, 400a, 403b, 404b, 450a, 475b, 481b, 526a, 546b
VIETS, H.R. (GARRISON)
2:366a

VIEWEG, R.
3:84b
VIEYRA, D.
5:161b, 249b, 264a, 376b
VIEYRA, M.M.
4:71b
VIGLIERI, A.
3:243a
VIGNAL, L.G.
See GAUTIER VIGNAL, L.
VIGNAUD, H.
1:270b(2)
2:555a(2), 589a
VIGNAUX, P.
4:304a
VIGNERAS, L.A.
2:399a
VIGOUREUX, C. (MAUCLAIRE)
1:159a
5:181a
VILAR, A.
3:378a, 459a
VILENCHIK, I.S.
2:29b
VILENKIN, V.L.
3:232b
VILHENA, H. DE
1:182a, 213a
2:464b, 530b, 716a
3:423b, 425a, 345a
VILLA ROJAS, A.
4:276b
VILLACIS, M.H.
2:756a
3:419a
VILLACORTA, A.B.
4:281b
VILLALOBOS CAPRILES, T.
1:127b
VILLANI, A.
1:514a
5:356a
VILLARD, P.
3:165a
VILLARET, M.
1:25a, 158b
2:387b
3:509a(2)
4:175a
5:62a, 159b, 259a
VILLARET, M. (MOUTIER)
2:395a, 493b
5:155b, 474b, 484a
VILLARS, N. DE M.
5:109a
VILLAT, H.
2:193a, 222a
VILLAVERDE, M. (PICAZA)
2:572a
5:397a
VILLEGAS, A.
4:259b
VILLELA, E.
1:240b
VILLENEUVE, R. DE
1:71a, 171a
VILLERS, R.
3:596a
VILLEY, J.
3:74a
VILLEY, P.
1:343a
3:440b
5:257b

VILLIERS, A.J.
   3:535a
VILLIERS, E.
   3:352a
VILLIERS, M. DE
   3:119a
VILLOSLADA, R.G.
   2:597a
   5:97b
VILNAY, Z.
   4:439b
VINAJ, A.
   4:95a
VINAR, J.
   3:435a
VINCENT, A.
   2:549a
   3:261b
VINCENT, E.
   4:234a
VINCENT, J.
   2:508b
   5:26b
VINCENT, M.
   2:84b
   3:210a
VINCHON, J.
   1:471a
   2:85b, 176a, 237a, 277b, 630a
   3:439a
   4:177a, 419b
   5:64b(2), 382a
VINCHON, J. (FILASSIER)
   1:79b, 506a, 587b
   3:436b
   5:256b
VINCHON, J. (GARCON)
   3:386a
VINCHON, J. (JUQUELIER)
   2:343a
   5:256a
VINCHON, J. (LAIGNEL-LAVASTINE)
   1:162b, 163b, 216b, 550b
   2:42b, 124b, 196b, 448a, 557a
   3:343a, 434a, 434b
   4:418b
   5:64a, 64b(2), 174a, 244a, 256b, 382a
VINCHON, J. (SERGESCU)
   5:469a
VINCI, F.
   1:459a
   2:400a
VINDEL, F.
   5:94b(2)
VINES, S.H.
   1:160a
   2:200a, 734a
   3:511a
   5:172b
VINKEN, P.J.
   2:554b
   5:94a
VINKEVICH, G.A.
   1:368a
VINOGRADOV, A.P.
   2:582a
VINOGRADOV, I.A.
   2:6a
VINTEJOUX, M.
   4:384a
VINTER, A.V.
   3:569b
VIOLLIER, D.
   4:15b, 151a

VIRA, R.
   2:268a
VIRCHOW, H.
   2:595a
VIRCHOW, R.
   2:198a
VIRE, A.
   3:244b
VIRES, -.
   1:582a
   2:726a
   3:396b
   5:518b, 544b
VIRIEUX-REYMOND, A.
   1:60b, 161a
   2:397b
   3:61a, 94b, 98a, 170b
   4:102a, 104a(2), 106a, 126b
VIROLLEAUD, C.
   4:57a, 65b, 72a, 73b
VIRTANEN, R.
   1:136a
VISCONTI, A.
   2:581a
VISHER, S.S.
   3:68a, 70a
VISSER, P.C.
   3:264b
VISSER, S.W.
   1:612b
   5:26a
VITOLO, A.E.
   2:135b
   3:506a
   5:171a
VITOLO, A.E. (BIANCHI)
   3:501a
VITOLO, A.E. (MASINO)
   3:501a
VITOUX, G.
   5:279a
VITTORINI, D.
   1:200a, 308b
   4:301a
VIVALDI, M.
   2:466a
   5:352b
VIVANTI, G.
   3:121a
VIVAS, E.
   3:36b
VIVIANI, A.
   1:361b
   5:176b
VIVIANI, U.
   1:52b, 147b, 172b, 239a(3), 416b, 417a,
     424a, 432a(2)
   2:165a, 268b, 299b, 305a, 316a, 391a,
     391b(4)
   3:401a, 465a
   4:337b, 347b, 352a
   5:57a, 77b
VIVIANI, V.
   1:457b
VIVIELLE, J.
   2:63a
   5:140b
VIVIELLE, J. (LA ROERIE)
   3:554b
VIVIER, P.
   1:289b, 476a, 549a
   2:192a, 395b
   3:534b
   5:4a, 412b

VLADIMIRTSOV, B.Y.
   1:477b
VLASTOS, G.
   2:279a
   4:102a
VLEESCHAUWER, H.J. DE
   1:612a
   2:3b, 67b, 227b, 561a, 635b
   5:200a, 315a
VLEKKE, B.H.M.
   4:258a
VLOTEN, G. VAN
   1:641a
   4:388b
VOCHT, H. DE
   1:260b
   2:195b
VOEGELIN, E.W.
   3:332b
VOELCKER, K.
   5:12b
VOELLMY, E.
   1:204a
VOET, L.
   2:172b, 173a(4), 323a
   5:31a
VOGEL, C.J. DE
   1:56a
   2:326a, 534b
   4:104a
VOGEL, F.
   2:241a
   5:169b
VOGEL, J.P.
   2:16a, 363a(2), 715a
   4:185a, 186a, 199b, 211a(2)
   5:296a
VOGEL, K.
   1:39a, 50b
   2:18b, 71b, 403b, 625b
   3:105b, 121b(2)
   4:21a(4), 22a, 36a, 38a(2), 38b(2), 39a,
     39b, 58b(2), 59a, 59b, 61a(3), 61b(2),
     108b, 108b(2), 308b, 309a, 372a,
     373b(2)
   5:14b, 490a
VOGEL, K. (GERSTINGER)
   4:109b
VOGEL, K. (HUNGER)
   4:373b
VOGEL, K. (REHM)
   4:19a
VOGEL, O.
   2:339b
   3:412b
   4:240a
   5:177b, 289b, 292a
VOGEL, R.M.
   1:373b
   3:552a
   5:420a
VOGEL, W.
   4:288b
VOGELE, H.H.
   3:535b
VOGELER, H.
   3:453b
VOGELSTEIN, H.
   5:535a
VOGLIANIO, A.
   1:384a
VOGT, A.
   2:271a
VOGT, E.Z.
   3:244b

VOGT, E.Z. (MCCOMBE)
4:270a
VOGT, E.Z. (PERROT)
3:464a
VOGT, H.
1:390b
2:361b
3:217b
4:111a(2), 118b
VOGT, J.
1:563b
VOGT, O.
3:80a
VOGT, P.L.
3:382a
VOGT, W.
3:412a
VOGTS, H.
2:756a
5:60b
VOICE, E.H.
3:594b
VOIGT, H.
2:771b
3:569a
VOIGT, R.
3:426a
VOIROL, A.
4:92b
VOISE, W.
2:48a, 124b
3:18b, 348b
5:4a, 49a(2), 50a, 96b
VOL'FKOVICH, S.I.
1:294b
2:28a, 200b, 351b, 437a
3:170a, 186b, 525b, 580b
5:325a
VOLBACH, W.F. (WULFF)
4:167b
VOLBEHR, F.
2:712b
3:617b
VOLFKOVICH, S.I.
See VOL'FKOVICH, S.I.
VOLHARD, J.
2:599a
VOLINI, I.F.
2:380a
VOLKART, O.
1:426b
VOLKOVA, T.V.
2:109b, 661a
VOLKRINGER, H.
3:136b, 162a
VOLLGRAFF, C.W.
1:601b
VOLLGRAFF, J.A.
1:28a, 139a, 216b, 358b(2), 455b, 611b, 612a(2), 612b(2), 613a
2:165a, 382b, 487a(2), 491a, 508b, 561a
3:366b
4:19a, 30b
5:28b, 115b, 117b, 176b, 177b, 179b, 180a, 203b, 464b, 465a
VOLLGRAFF, J.A. (BURGER)
3:143b
VOLLGRAFF, W.
4:100b
VOLLMANN, R.
3:160b(2)
VOLLMER, F.
1:45b
VOLLRATH, W.
1:496a

VOLOGDINA-KASHINSKAYA, M.P.(NEMIROVSKII)
1:367a
VOLPATI, C.
2:599b(2), 600a
5:206b, 286b
VOLPI, G.
2:391b, 659a
VOLTA, L.
1:176b
2:599b
VOLTAGGIO, F.
2:66b
VOLTAIRE
2:226b
VOLTEN, A.
1:42a
4:44a
VOLTEN, A. (NEUGEBAUER)
4:40b
VOLTER, D.
4:4b(2)
VOLTERRA, N.
2:391b
5:161b
VOLTERRA, V.
1:329b, 407b
2:338b
3:126a
5:316a
VON ARX, W.S.
3:242b
VON DER BECKE, A.
1:142a
VON ECKARDT, U.M.
3:58a
VON GRUNEBAUM, G.E.
4:384a(5), 389a, 406b, 415b
VON HAGEN, V.W.
See HAGEN, V.W. VON
VON LAUE, T.H.
3:55a
VON LOESECKE, H.W.
3:530b
VON NEUMANN, J.
3:432a, 600b
VON WRIGHT, G.H. [WRIGHT, G.H. VON]
2:1b
3:39b, 98a
VONDERLAGE, B.
2:189b
4:346a
VOOT, H.
1:390b
VORBERG, G.
1:439a
3:474b
5:248b
VORBERG, G. (BURKART)
3:473b
VORETZSCH, E.A. (SCHURHAMMER)
1:147a
2:641b
5:41b
VORKASTNER, W.
3:483a
VORLANDER, K.
2:3b
VOROB'EV, A.A.
3:166b, 173b
VOROB'EV, B.N.
2:110b, 561b(2)
3:209b, 594a

VOROBYEV, A.G. (RYNIN)
2:561b
VORONENKOV, V.V.
2:171a
3:195b
5:329a
VORONTSOV-VEL:IAMINOV, B.A.
5:330a
VORTISCH VAN VLOTEN, H.
4:235b
VORWAHL, H.
1:160b
2:275a
3:345a, 364b, 409a, 448a, 514b, 515b, 518b, 537b
4:78b, 152b, 229b, 335b, 346a
5:82a, 262b, 388a
VORZIMMER, P.
1:317b
5:354b
VOS, A. DE
1:557b
VOS, A.M. DE
1:60a
VOS, T.A.
1:14a
2:319b
5:158a
VOSKRESENSKAIA, N.A. (TIKHOMIROV)
3:231b
VOSKUIL, J.
1:358b
3:163a, 599a
5:120a(2)
VOSMAER, G.C.J.
3:321b
VOSNESSENSKII, S.V.
5:426a
VOSS, A.
1:310a
3:101b, 107b, 304b
VOSS, W.
4:290a
5:79b, 548a
VOSSLER, K.
1:307b
3:612a
VOSSMANN, J.
1:553a
5:274b
VOSTE, J.M.
1:637a
2:642b
VOUGA, P.
4:16a(3)
VOUILLEMIN, C.E.
2:770b
3:141a
VOVCHENKO, G.D.
2:111a, 726b
3:618b
VOWLES, H.P.
1:225a, 564b
2:335b
3:119a, 564a(2), 565a
4:141b, 160a, 241a
5:90a
VOWLES, H.P. (DICKINSON)
2:613b
VOWLES, M.W. (VOWLES, H.P.)
3:564a
VOYNICH, W.M. DE
4:342b

VOZZA, F. (VIANA)
3:452b
VOZZA, J.V.
5:82b, 171b
VRAGALI, J.
3:19a
VRAM, U.G.
1:380b
5:146a
VRANY, A.
3:186a
VREESE, K. DE
4:194a
VRGOC, A.
3:507a
VRIEND-VERMEER, D.W.
1:552b
5:403a
VRIEND-VERMEER, W.
(ROOSEBOOM)
3:428b
VRIES, H. DE
1:395a
2:61a, 519b
3:101b, 128a, 130a
5:142a
VRIES, T.E. DE (ERNST)
3:199b
VRIJER, M.J.A. DE
1:334b
VUCINICH, A.
2:104a
3:80a, 117a
VUIBERT, H.
3:128b
VUILLEMIN, J.
1:332b
2:38b
3:121b
5:198b
VUL, B.M.
2:481b
VULLERS, J.H.
4:206a
VULLIAMY, C.E.
2:600b
3:413a
VUUREN, L. VAN (CALLENFELS)
4:259a
VYGODSKII, M.I.
1:392b
2:190b
4:59a, 60a, 286b
5:311a
VYSSOTSKI, B.P.
3:230a
VYSSOTSKY, A.N.
2:742b
3:204a, 206b
VYVER, A. VAN DE
1:1b, 230b, 341b, 600a
2:181a
4:294b(2), 304a, 315a, 317a, 319a(2)
WAAL, M. DE
4:29a
WAARD, C. DE [DE WAARD, C.]
1:124b, 234b, 256a, 333b(2), 334b(2), 337b, 339a, 367a, 399b
2:175b(3), 304a, 393a, 407b, 487a, 508a, 527b, 553a, 611b
3:225b
5:114b, 118b, 119b(2), 135b
WAARD, C. DE (DIJKSTERHUIS)
1:124b
2:507b

WAARDENBURG, P.J.
3:336a
5:360b, 458a
WAARDT, A. DE
1:378a
WAARDT, A. DE (EINTHOVEN)
3:446b
WACE, A.J.B.
4:84b
WACHHOLZ, L.
2:427a, 686a
3:400a
5:372b
WACHOWSKI, M.
1:279a
5:282a, 449b
WACHSMUTH, B.
1:498a
3:385a
5:299b
WACHTEL, C.
3:417b, 464a
5:460b
WACHULKA, A.
2:182a, 552a
WACHULKA, A. (DIANNI)
3:115a
WADDELL, L.A.
3:264b
4:35b
WADDINGTON, C.H.
3:62a(3), 291a, 293b
WADE, E.N.
1:613b
2:682a(2)
3:408b(2), 441b
4:253a
WADE, I.O.
1:360b(2)
2:601a(3), 602a
5:189a, 196a
WADE, J.S.
1:597a
3:322b
WADE, M.S.
2:125a
WADE, P.
3:368a
5:524b
WADIA, D.N.
3:81a, 572b
WADSWORTH, A.P. (FITTON)
1:69b, 70a
2:513a
5:285a, 415b
WAELDER, R.
1:442a
3:348a, 437a, 437b
WAELE, F.J. DE
2:173a
WAELE, F.J.M. DE
4:140b
WAELE, H. DE
1:555b
WAERDEN, B.L. VAN DER
1:560a, 564b
2:361b, 368a, 368b, 369a
3:106a, 130a, 148a, 214a, 215a
4:21a(2), 22b, 23a, 23b, 39a, 40b, 62a, 63b(4), 101b, 109a, 111a, 115a(3), 115b, 117a, 118b, 120b(2), 143a, 177a, 195b, 196a, 196b(3), 375b
WAERLAND, A.
2:558b
5:288a

WAFER, L.
2:604b
WAGEMANN, H.
1:548b, 645b
5:287b
WAGENINGEN, J. VAN
2:141b, 185b
3:343a
4:156b
WAGENSEIL, F.
1:559a
2:588a
4:130b, 253b
WAGG, H.J.
3:440b
WAGLEY, M.F.
1:198b, 655b
WAGLEY, P.F. (WAGLEY, M.F.)
1:198b, 655b
WAGMAN, F.H.
5:107b, 109a
WAGNER, E.
3:585b
WAGNER, G. (STURZBECHER)
2:83b
5:371b
WAGNER, H.
1:270b, 347a
2:173b, 489a, 589a(2)
5:28b
WAGNER, H. (BASHFORD)
1:440a
WAGNER, H.R.
1:16a, 20a, 167a, 268b, 358a, 524a
2:341b, 567a
3:254b, 260a, 270b
5:30a, 37b, 44b, 98b, 340a
WAGNER, J.
3:564a
WAGNER, K.G.
3:183b
WAGNER, R.
3:279a
WAGNER, R. (BAUMGARTEN)
4:87b, 97a
WAGNER, R.L.
1:161b
3:89b
5:10b, 50a
WAGNER, W.
3:524b
WAGNER-JAUREGG, J. VON
(ECONOMO)
1:370a
WAGONER, G.W.
4:86b
WAHL, G. (LIEBMANN)
3:560a
5:514b
WAHL, H.
1:496a
WAHL, J.
1:44b
5:187a
WAHL, J.A.
1:551b, 553a
2:328a, 623b
3:92a
WAHL, K.
3:552b
WAHLEN, F.T.
3:525b
WAHLIN, T.
2:91b
4:317b

WAI-T'AI PI-YAO
   2:609b
   4:236b
WAILES, E.
   5:177a
WAILES, R.
   3:565a(3), 565b(7), 566a
WAILES, R. (ADDISON)
   3:565a
WAILES, R. (BAKER)
   3:565a
WAILES, R. (BURNE)
   3:564b
WAILES, R. (CLARK)
   3:583a
WAILES, R. (HUARD)
   3:565b
WAILES, R. (WAILES, E.)
   5:177a
WAIN, H.
   3:379b
WAINERDI, H.R.
   1:245a
   5:381a
WAINWRIGHT, G.A.
   4:15a, 36b, 40b, 41a, 42a, 53a(3), 74a, 254b
WAISMANN, F.
   3:107b
WAITE, A.E.
   2:118b
   3:197a
   4:436b
WAITE, F.C.
   1:157a, 430a
   2:624a, 677b, 678a(2), 680b, 725a, 730a, 770a, 773b
   3:391a, 425b
   5:245b, 368a, 530b
WAITZ, G. (DAHLMANN)
   3:75a
WAJDOWICZ, R.
   3:543a, 599a(2)
WAKEFIELD, E.G.
   3:490a
   4:273a, 273b
WAKELEY, C. (DOBSON)
   1:197a
WAKIL, A.W.
   3:472a
WAKSMAN, S.A.
   1:527b
   2:22b, 631b
   3:301b(2), 475b, 517a(2), 525b
WALBANK, F.W.
   2:342a
   4:120a
WALCOTT, C.D.
   1:559b
   3:271b
WALDE, O.
   1:285a, 459a, 507b
   2:12b
   3:12a
   5:127a
WALDEN, P.
   1:143a, 492a, 498a, 499b(2)
   2:62b, 91a, 115a, 274a, 635a
   3:28b, 148b, 179a, 179b, 182a(3), 182b, 183a, 186b, 192a(3), 194b, 579a, 580a
   5:171b, 212a
WALDENMAIER, H.
   2:649a
WALDENSTROM, J.
   2:99b
   3:380b
WALDMAN, M.
   2:379a
WALES, A.E.
   2:531b
WALES, H.G.Q.
   4:186b, 258b
WALEY, A.
   1:203b
   2:337b
   4:204a, 218a, 221b, 225a, 239a, 241b
WALEY-SINGER, D.
   See SINGER, D.W.
WALKER, A.E.
   3:490a
   5:381a
WALKER, C.V.
   2:595a
WALKER, D.P.
   5:10b, 54b
WALKER, E.
   2:407b
   5:114b
WALKER, E. (FLETCHER)
   5:305a
WALKER, E.H.
   2:408b
   3:527b
   4:239b
WALKER, E.H. (COLLINS)
   3:275b
WALKER, E.H. (MERRILL)
   3:312b
WALKER, F.
   1:248b
   4:314a
WALKER, F.D.
   1:224a
WALKER, G.T.
   1:554b
   2:11a
   5:317b, 333a
WALKER, G.W.
   3:220a(2)
WALKER, H.M.
   1:190a, 329b
   2:321a, 407b, 664a
   3:132b, 133a, 619b
   5:176a, 315a
WALKER, H.M. (FUNKHOUSER)
   2:333b
   5:201b
WALKER, J.
   1:73a(2)
   3:183a
WALKER, K.
   2:101a
   3:364b, 447a
WALKER, L.J.
   3:63b
WALKER, M.
   3:36a, 141a
WALKER, M.E.M.
   3:409a
WALKER, N.
   3:499b
WALKER, N.W.G.
   3:583a
WALKER, O.J.
   2:9b
WALKER, R.L.
   2:308a
   4:218b
WALKER, T.A.
   2:739b
   3:616b
WALKER, T.K.
   2:287b
   3:302b
WALKER, W.B.
   1:286a
   5:375a
WALKER, W.C.
   1:221b, 468a
   2:352b, 353a, 600a
   3:319a, 429a
   5:206b, 211b, 255a
WALKER, W.C. (MCKIE)
   2:353a(2)
WALKLING, A.A.
   1:182a
WALL, C.
   2:718a
   5:272a
WALL, E.J.
   3:597a
WALL, F.E.
   1:407b, 587a
   2:641a
WALL, O.A.
   3:351a
WALLACE, A.R.
   3:280a, 290a
   5:299b
WALLACE, A.T.
   2:309b
   3:475b
WALLACE, A.T. (TAIT)
   2:483b
   5:242a
WALLACE, F.W.
   3:555a
WALLACE, L.A.R.
   3:220a
WALLACE, R.C.
   3:36b
WALLACE, W.A.
   1:345b(3), 375b, 462a
   2:540a, 541b
   3:34b, 140a
   4:298a, 311b, 312a
WALLACH, E.
   1:338a, 544a
WALLACH, L.
   1:26a, 29a, 245b
   4:437a
WALLAS, M.
   2:577b
WALLE, B. VAN DE [VAN DE WALLE, B.]
   1:222a, 242b, 485a
   2:217a
   5:41a, 137b
WALLE, P.
   3:547a
WALLER ZEPER, C.M.
   2:508a
   5:17b
WALLER, A.E.
   1:149a, 571b
   2:106b, 219b, 402b(2), 446a
   5:368b
WALLER, E.
   2:23a, 586b
WALLER, I.
   3:142a
WALLERAND, G.
   1:117a
   2:540a

WALLERANT, F.
2:760b
3:239a
WALLERSTEIN, M.G.
3:392a
WALLERSTEIN, R.S.
3:437b
WALLERT, I.
4:50a
WALLESER, M.
1:77b(2)
2:211a
4:183b, 212b
WALLGREN, A.
2:415b
WALLGREN, A. (VAHLQVIST)
2:415b
WALLIN, S.
2:95b
WALLINGA, H.T.
2:342a
4:162b
WALLIS, C.E.
2:144b
3:493b
WALLIS, F.S.
2:748b
WALLIS, H.M.
1:592b, 600b
2:188b, 189a
5:132a
WALLIS, J.P.R.
1:40a
WALLIS, W.D.
4:274a
WALLMAN, H. (HUREWICZ)
3:131a
WALLMANN, J.C.
3:194b
WALLMEN, O.
3:306b
WALLON, H.
3:341a
WALLQUIST, E.
3:407b
WALLS, E.W.
1:126b
WALLS, E.W. (GORDON-TAYLOR)
1:126b
WALLS, G.L.
1:565b
2:267a
3:329b, 439b
5:257b, 384b
WALMSLEY, R.
1:545b
WALSDORFF, F.
2:327b
WALSH, E.H.C.
4:183b, 188a
WALSH, H.T.
2:183a, 622a(2)
5:301a
WALSH, J.
1:450a(5), 453a, 453b, 454a(2)
2:146a
4:122a, 135b, 137b, 142a, 153a, 155b
WALSH, J.J.
1:113a, 190a, 409a
3:64b, 365b, 376a, 384b, 389b, 436a, 442b
4:332a, 333b, 347b
5:53a, 55a, 82b, 150b, 296b
WALSH, J.W.T.
1:179b

5:206a
WALSH, M.N.
2:412b
5:53a
WALTER, E.J.
3:7a(2), 19a, 23b, 74b, 75b, 76a(2), 223a, 225b, 228a, 355a, 356a
4:22a, 89b
5:324a
WALTER, F.
2:510b
5:67b
WALTER, G.
1:214a, 581b
2:492b
4:134b, 332b, 346b
WALTER, G.A.
3:583a
WALTER, R.
1:43a
5:227b
WALTER, R.D.
1:203a
WALTER, W.G.
3:431b
WALTERS, H.B.
2:488b
3:609a
WALTERS, R.
2:680b
3:205b
WALTERS, R.C.S.
3:241b
4:90b, 96b, 150b
WALTHER, J.
1:228b, 498b(2)
2:340a, 687a, 699b
3:617b
5:98a
WALTON, C.E.
2:700b(2)
3:615b, 619b
WALTON, E.W.K.
3:268b
WALTON, F.
3:588b
5:428a
WALTON, R.P.
3:415b
WALTZ, P.
4:143a
WALZ, A.
1:22b
5:507a
WALZER, R.
1:66a, 450a, 453a, 454a
2:20a, 266a
4:102a, 388a, 392b, 393a, 416b
WALZER, R. (RITTER)
4:417a
WAN KUO-TING
4:238b
WANDERS, A.J.M.
3:212a
WANDRUSZKA, A.
2:82a
WANG CH'ANG CHIH
2:609b
WANG CHEN-JU
2:95b
WANG CHI
3:82a
WANG CHIA-YIN
4:229a
WANG HSIEN-CH'ENG

4:230b
WANG K'UEI-K'O
4:225a
WANG KWANG-CHI
4:225b
WANG LI-HSING
4:243b
WANG LING
2:517a
4:223a(2),223b, 244b
WANG LING (NEEDHAM)
4:227a(3)
WANG PING-JEN (LING YEH-CH'IN)
4:243a
WANG YU-HU
4:239a
WANG YUN-WU
4:245b
WANG, C.H. (SPOONER)
4:225a
WANG, H.P. (GAW)
4:238b
WANGERIN, A.
1:524a
5:446b
WANGERIN, W.
3:303a
WANGH, M.
3:438a
5:520a(2)
WANN, T.W.
3:341b
WARBURG, A.
2:756a
3:204b, 221b(2)
4:361b, 362a
5:4a, 10b, 25a
WARBURG, E.
2:21b
3:136b
WARD, B.R.
2:491a
WARD, E.
2:239b
3:421b
WARD, E.R.
1:217a
2:142a
5:426a
WARD, G.
4:366b
WARD, H.
1:312a
3:16b
WARD, H.B.
2:68b
5:357b
WARD, J.
2:3b
3:582b
WARD, J.C. (WATERMAN)
3:59a
WARD, J.W.
1:435a
WARD, R.
2:610a
5:308a
WARD, R.DE C.
3:338b
WARD, T.H.
2:666b
3:72b
WARD, W.H.
4:173a

WARDA, A.
2:3b
WARDALE, W.L.
1:25a
5:82a
WARDEN, C.J.
3:350a
WARDLAW, C.W.
3:304a, 309b
WARE, C.F.
3:607b
WARE, J.H.
4:220a
WARE, J.R.
4:216a
WARECKA, D.
2:741b
3:252a
WARGNY, C.
3:101b
WARHAFT, S.
1:96b
WARING, J.I.
1:241a
2:19b, 426a, 679a, 754a, 762a
3:391b, 482a
5:245a(2), 253a, 267b, 275a
WARING, M.G.
2:9a, 354a
WARKENTIN, J.
3:260a
WARMINGTON, E.H.
4:120a, 151b
WARMINGTON, E.H. (CARY)
4:24b
WARNER, A.O. (MCKUSICK)
3:446b
WARNER, F.
3:586a
WARNER, L.
4:241a
WARNER, M.F.
2:382b
3:309b
5:282b
WARNER, W.H.L.
4:175b
WARNER, W.L.
3:357a(2), 357b, 550b
4:261a
WARNOCK, G.J.
1:133b
WARNTZ, W.
3:246a
WARRAIN, F.
1:559b
2:15a
5:348b
WARREN, C.
2:768a
4:73a
WARREN, H.A.
3:544b
WARREN, H.A. (OSBORN)
1:279b
WARREN, H.C.
3:220a, 341b(2)
WARREN, H.L.
4:96a
WARREN, J.C.
2:499a, 672a
5:271b, 279a, 362a
WARREN, J.G.H.
2:242a, 506b, 745a
5:417b, 418b

WARREN, V.L.
5:401a
WARREN, W.H.
2:635a
WARRINGTON, C.J.S.
3:184b
WARSCHAUER, D.M. (PAUL)
3:146a
WARSHAW, L.J.
3:478b
WARTELLE, A.
1:54a
WARTHEN, H.J.
3:389b
WARTHIN, A.S.
3:280a, 385b
4:445a
WARTMAN, W.B.
3:380a
WARTNABY, J.
3:236a
5:526b
WARTOFSKY, M.W.
3:32a
WASCHE, H.
3:118a
WASCHOW, H.
4:59b, 61a, 61b, 70b
WASHBURN, F.A.
2:722a
3:418b
WASHBURN, S.L.
3:337a
4:14a
WASHBURN, W.L.
3:470a
WASIK, W.
1:68b
5:6a
WASILIEWSKI, W. VON
1:499a
3:347b
WASIUTYNSKI, J.
1:280b, 282a
WASMANN, E.
1:571b
3:290a
WASSEN, A. (FORSHUFVUD)
2:213a
5:392b
WASSEN, H.
4:279a
WASSER, H.
1:10b
WASSERMANN, F.M.
2:342a
WASSERMANN, J.
2:501a
WASSERSTEIN, A.
4:100a, 110b
WASZING, J.H. (VERDENIUS)
1:58b
WASZINK, J.H.
4:289b
WASZINK, J.H. (LESKY)
4:28a
WATANABE, M.
1:661a(2)
2:156a, 185a, 424a(2), 642b(2), 775b
3:7a, 51a, 87b, 159b, 208b, 233a
4:249a, 251a(2)
5:189b, 302a, 318a(2), 420b
WATERFIELD, R.L.
1:221a
3:200b

WATERHOUSE, C.O.
3:316b
WATERHOUSE, G.
2:503b
WATERLOW, S.
2:279a
4:105a
WATERMAN, A.T.
3:8a, 55a, 57a, 59a, 233b
WATERMAN, J.M.
2:174a
WATERMAN, L.
4:65a, 66b, 71b
WATERMANN, R.
1:604b(2)
2:455a, 456a
4:46a(2), 203b
5:327b(2), 379b
WATERS, D.W.
1:465a
5:28b, 131a
WATERS, E.G.R.
4:308a
5:14b
WATERS, R.
1:503b
5:258b
WATESON, G.
5:77a
WATHELET-WILLEM, J.
1:521b
4:322a
WATKINS, A.E.
3:527b
WATKINS, C.M.
5:178b
WATKINS, G.M.
5:421a
WATKINS, H.
3:220a
WATROUS, J.
4:364a
WATSON, B.
2:500a
WATSON, B.W.T.
3:349b
WATSON, C.J.
1:126b
WATSON, C.N.
1:403a
WATSON, D.C.S.
1:427b
WATSON, D.L.
3:28b
WATSON, D.M.S.
1:179b
2:157b, 174b
3:272a
5:495b
WATSON, E.
1:251a
3:598a
5:141b
WATSON, E. (MILLIKAN)
3:135b
WATSON, E.C.
1:11a, 28a, 34b, 156b, 236a(2), 292a, 564b, 596a, 617a, 661a
2:10b, 59a, 148b, 224a, 509b, 558a, 575a, 648b, 658b
3:137b, 168a
4:112b(2), 191b, 365b
5:93a, 107a, 118b, 121a, 126b, 206b, 287a, 319b

WATSON, E.H.
3:456a
WATSON, E.M.
2:470b
WATSON, F.
1:529b
2:598a
3:613b
WATSON, F.G. (COHEN)
3:48b
WATSON, G.
1:359b
5:105b
WATSON, G.N.
1:474a
5:200a
WATSON, H.E.
2:381b
3:588b
WATSON, J.A.S.
5:281a
WATSON, J.R.
1:3b
5:385b
WATSON, J.S.
5:517a, 549b
WATSON, M.
2:416b
3:479a
WATSON, R.A.
2:393a
5:117a
WATSON, R.I.
3:340b, 614a
WATSON, S.R.
2:503a
WATSON, S.R. (STEINMAN)
3:551b
WATSON, T.A.
1:126b
2:613a
WATSON, W.H.
3:140b(2)
WATSON, W.N.
3:577b
WATSON-JONES, R.
3:378b, 486a
WATSON-WATT, R.A.
1:550a
3:600a(3)
WATT, W.M.
1:483a, 483b(2)
4:392b
WATTENBERG, D.
1:466b
2:451a
5:332a
WATTS, G.B.
1:344a
WATTS, J.I.
2:491a
WATTS, R.N.
3:561b
WATTS, W.W.
1:265b
WATTS, W.W. (WOODWARD)
2:490a
WAUCHOPE, G.M.
3:395b
WAUCHOPE, G.M. (HUTCHISON)
3:381b
WAVRE, R.
1:195b, 462a, 571a
2:621b
3:106a, 106b, 109b, 110a, 248a

5:103b
WAWACHTEL, C.
3:603a
WAXELL, S.
5:224b
WAXMAN, M.
1:293a
5:534a
WAXWEILER, E.
3:55b
WAY, K. (MASTERS)
3:602a
WAY, W.D.
3:316a
WAYLING, H.G.
1:407b
2:352b, 636a
WAYMAN, A.
1:203b
4:196b, 206b
WAYMAN, D.G.
2:201a
WAYNE, P. (MARIANOFF)
1:374b
WEALE, R.
1:499a
WEARMOUTH, R.F.
5:241a
WEATHERBY, LE R.S.
2:353a
5:213a
WEATHERWAX, P.
3:528b(2)
4:283a
5:87a
WEAVER, G.H.
1:356b
WEAVER, J.C.
3:528a
WEAVER, J.H.
2:269b, 503a
3:124a, 129a
5:314b
WEAVER, L.
2:638b
WEAVER, W.
1:227b(2)
3:36b(2), 50a, 55a, 59a(2)
WEBB, A.
4:203b
WEBB, C.C.J.
1:34b, 99a, 407b, 435a, 654b(2)
2:5a, 282b, 344a, 477a
4:343a, 344b
WEBB, D.A.
2:257b
WEBB, E.J.
1:261a(2)
WEBB, G.B.
2:25b, 36b(2), 467a
3:385a, 475b
WEBB, H.J.
5:79a, 95b
WEBB, K.R.
1:475a, 517a, 661a
2:531b, 545a
5:319b
WEBB, R.S.
3:248a
5:444b
WEBB, T.W.
2:614b
5:331a
WEBBER, H.J.
3:530b

WEBBER, J.
4:270b
WEBER, B.C. (COWAN)
1:413b
WEBER, C.F.
4:144b
WEBER, E.
4:259b
WEBER, F.
3:299a
WEBER, F.P.
3:370a, 385b
WEBER, G. (NEGRI)
1:215b
5:398a
WEBER, L.
2:83a
3:27a, 143a
WEBER, M.
3:24b, 113a, 349a
WEBER, W.
3:596a
WEBSTER, C.
1:185a
2:555b
5:118b
WEBSTER, D.L.
3:167b, 170a
WEBSTER, E.R.
1:364b
WEBSTER, H.
3:89b, 351b, 352a
WEBSTER, H.A. (HUARD)
3:565b
WEBSTER, J.P.
2:525b
WEBSTER, J.P. (GNUDI)
2:525b
5:9a
WEBSTER, K.G.T.
2:143b
WEBSTER, N.
1:298b
WECHSLER, I.S.S.
2:186a
WECHTER, P.
1:621b
4:442b
WECK, W.
4:259b(2), 260a
WECKERING, R.
3:193b
WECKERLING, A.
4:204b
WECKLER, J.E.
4:262a
WECKMANN, L.
1:29b
5:36b
WEDBERG, A.
2:329b
4:107b
WEDDINGEN, -. VAN
2:286b, 628a
WEDEKIND, E.
2:58a
5:326b
WEDEL, E. VON
3:573b
WEDEL, T.O.
4:320b
WEDEL, W.R.
4:268a, 274a
WEDGWOOD, H.C.
2:616a

WEDKIEWICZ, S.
 1:281a
WEED, L.A.
 2:565b
 5:349a
WEEDON, F.R. (HOLMES)
 2:302b
 4:348a
WEEKS, C.
 2:381a
WEEKS, M.E.
 1:34a, 53a, 251b, 327b, 378b(2), 548b, 656b, 657a
 2:22b, 23a, 171a, 205b, 308b, 458a, 459b, 496b
 3:187b
 4:76b
 5:212b, 290a, 302b, 321b, 325a
WEEKS, M.E. (BROWNE)
 2:662b
 3:185a
WEEMAELS, F.
 2:173a
 3:253b
WEEMS, P. VAN H.
 3:250b
WEERD, H. VAN DE
 4:159a
WEERDT, W.L. DE
 3:516a
WEEVERS, T.
 3:310b
 5:499b
WEGELIN, C.
 1:488b, 491a, 533a(2)
 2:451b
 5:242a(2), 262b
WEGENER, A.
 3:237b(3)
WEGENER, H.
 3:303b
 4:300b
WEGENER-KOPPEN, E.
 2:27a
WEGMANN, I. (STEINER)
 3:483b
WEGNER, R.N.
 2:454a, 558a, 694a
 3:423a, 424b
 5:228b, 364a
WEHMER, C.
 1:524a
 5:24b, 94a
WEHMER, C. (ARTELT)
 3:369b
WEHRBEIN, H.L.
 3:469a
WEHRLE, P. (DEDEBANT)
 3:225a
WEHRLE, P. (DEDERBANT)
 3:158a
WEHRLI, F.
 1:65b, 69b, 259b, 328a, 341b, 560a
 2:511b
 5:439b
WEHRLI, G.A.
 1:259a
 3:220b, 387a, 397b, 420a, 486b, 487b, 489a, 490a
 5:251b, 510b
WEI T:ING-SHENG
 2:561b
 5:490b
WEICKER, W.
 3:570a(2)

WEIDAUER, K.
 1:580b
 2:548a
 4:144a
WEIDEKAMP, M.
 1:586a
WEIDENREICH, F.
 2:40a
 3:335a
WEIDNER, E.F.
 4:62b(4), 64b
WEIDNER, E.F. (NEUGEBAUER)
 4:63a
WEIDNER, H.
 3:321b, 322b
WEIERSHAUSEN, P.
 4:15a
WEIGALL, A.
 1:630b
 2:564b
WEIGELT, J.
 2:608b(2), 687b
WEIGLE, J.
 1:524b
WEIHE, C.
 1:204a
 2:397a
 3:542b
 5:317a, 419a
WEIJDE, A.J. VAN DER
 3:491b
WEIKINN, C.
 3:228a
 5:129b
WEIL, A.
 3:448a
WEIL, A. (CHEVALLEY)
 2:621a
WEIL, E.
 1:301a, 323b, 374a, 421a, 447b, 501b, 545a, 547b, 593b
 2:224a, 343a, 411a, 577a
 5:182b
WEIL, F.
 1:204b, 292a
 5:197a
WEIL, G.
 3:417b
 4:434a
WEIL, H.
 3:188b(2), 189a, 580a
WEIL, H. (HESSE)
 2:561b
 3:188b
WEIL, V.J.
 3:476b
WEILL, A.R.
 3:573a
WEILL, J.
 2:617a
WEILL, R.
 4:35b, 57a, 82b, 85a
WEIMANN, K.H.
 2:44b, 68a, 270a(3), 272b(2), 275a, 276b
 5:85b
WEIN, H.
 3:46b
WEIN, K.
 1:118b, 538b, 663a
 2:386a, 534a, 626a
 5:46b, 143b, 144a
WEIN, K. (ZAUNICK)
 2:534b, 548b
 5:45b

WEINBERG, A.M.
 3:38b, 69a
WEINBERG, A.M. (SNELL)
 3:568a
 5:520b
WEINBERG, B.
 3:55b
WEINBERG, J.
 1:490a
 2:71b
 4:307a
WEINBERG, J.R.
 1:52b
 2:234a(2)
 3:37b
WEINBERG, S.J.
 3:448a
WEINBERGER, B.W.
 1:33b, 34a, 410a, 410b, 510b, 540b, 596b
 2:69a, 611b(3), 664a, 665a
 3:493b(2), 494a(1), 494b(4), 495a(2), 495b(2)
 4:28b, 49b
 5:169b(2), 275a(3), 405a(2), 455b, 461b, 462a
WEINDLER, F.
 2:141a
 3:492b
 4:28a, 337a, 337b
WEINER, J.S.
 3:334a
WEINER, J.S. (OAKLEY)
 3:334a
WEINER, P.P.
 2:66b
WEINERT, H.
 3:336a
WEINREICH, H.
 3:156b
 4:143a
WEINREICH, M.
 3:615a, 618a
WEINREICH, O.
 3:352b
WEINSTEIN, A.
 1:534b
 2:169a, 229b
 3:346a, 416b
WEINTRAUB, R.L.
 3:516b
WEINTROUB, S.
 3:171b
WEIR, C.I.
 1:555a
WEIR, J.
 1:528b
 3:484b
WEIR, T.H.
 2:250a
WEIS, F.
 1:139a
 2:553a
 5:200a(2)
WEISBACH, W.W.
 3:514a
WEISBERGER, S.
 2:423a
WEISHEIPL, J.A.
 1:364b(2), 569b
 3:157b
 4:310b(2)
WEISINGER, H.
 2:83a
 3:71b, 88b

5:5b(4), 6a
WEISKOTTEN, H.G.
　3:390b
WEISMANN, A.
　3:290a
WEISS, A.
　1:584b
　3:447b
　4:77b
　5:387b
WEISS, E.A.
　2:513b
　3:129b
WEISS, F.E.
　2:548b
　4:42b
WEISS, G.M. (WEISS, H.B.)
　3:536b, 565a(2)
　5:283b, 293a
WEISS, H.
　1:69a, 329a, 555b(2)
　2:566b
　4:127a
　5:348a
WEISS, H.B.
　1:120a
　2:48a, 377b, 444b
　3:323a, 346b, 456b, 536b(2), 565a(3), 586a
　5:283b, 293a
WEISS, H.B. (SIM)
　3:578a
WEISS, J.
　2:3a
　5:341a
WEISS, M.M.
　1:544b
WEISS, P.
　3:49a, 65b, 110a, 164a, 172a
　4:282b
WEISS, P.A.
　5:185a
WEISS, R.
　2:92b, 575b
　4:368a
　5:97a
WEISS, S.
　3:444a
WEISS, W.
　3:510b(2)
WEISSBACH, F.H.
　4:58a, 60b
WEISSBERG, A.
　3:80b
WEISSENBERG, R.
　1:566b
WEISSERMEL, W.
　2:243a
WEISSKOPF, V.F. (FIERZ)
　2:289a(2)
　3:135a
WEISSKOPP, V.F.
　3:171b
WEISSMANN, A.
　2:331b
　3:90a, 110a
WEISSMANN, M.A.
　3:143a
　5:453a
WEISWEILER, H.
　1:43a, 521a
WEISWEILER, M.
　4:389a
WEISZ, A.I.
　2:277b

WEISZ, L.
　3:255b
WEITNAUER, A.
　1:446b
　2:456a
　5:17b
WEITZEL, R.B.
　4:280a
WEITZENBOCK, R.
　3:128a
WEITZMANN, K.
　4:386b, 388a
WEIZSACKER, C.F. VON
　1:339a
　3:27b, 32b, 63b, 140b
WEIZSACKER, V. VON
　3:340b
WELBORN, M.C.
　1:345b
　2:154a, 189b
　4:300b, 302a, 317a, 319a, 335a, 355a, 395a
WELCH, C.
　2:717a
　3:593a
WELCH, G.
　1:215a
　5:343a
WELCH, H.
　3:517a
WELCH, S.R.
　5:43a
WELCH, W.H.
　3:409a, 459a
WELCKER, F.G.
　4:128b
WELD, S.B.
　2:162a
　5:402a
WELKER, M.
　4:32a
WELKER, R.H.
　5:360a
WELL, E.A.
　2:93b
WELLCOME, H.S.
　4:94b
WELLENS-DE DONDER, L.
　5:93a
WELLER, F.
　1:400b(2)
WELLESZ, E.
　4:374b(3), 375a(4)
WELLMANN, M.
　1:13a, 26a, 39b, 66a, 81a, 168a(2), 214a, 238a(3), 328b, 329a, 347b, 348a, 450a, 562b, 563a, 574b, 577a(2), 578b(3), 580a, 580b
　2:144b, 267b, 334b, 368a, 492b, 550a
　4:90a, 92a(2), 128b, 130b, 131b, 133b, 139b(2), 166a
　5:438b
WELLMANN, P.
　5:180a, 294a
WELLS, C.
　4:10b, 348b, 349a
WELLS, G.P. (WELLS, H.G.)
　3:278a
WELLS, H.G.
　2:438a
　3:13b, 55a, 278a, 332b, 357a, 617a
WELLS, H.K.
　1:441b
　2:290b, 623b

WELLS, H.W.
　5:107a
WELLS, J.
　1:563a
WELLS, J.W.
　3:229b(2), 238a, 241b
　5:335a
WELLS, L.G. (GARDNER)
　2:764a
　3:274a, 371b
WELLS, L.H.
　2:573a, 723b
　4:289b
　5:61b, 63b
WELLS, R.
　1:439b
WELLS, W.A.
　2:8b
WELLS, W.H.
　4:224a(2)
WELSCH, F.
　5:426a
WELSCH, M.
　2:605a
　3:517a(2)
WELSH, P.C.
　5:293a, 427a
WELTFISH, G.
　4:275b
WELTFISH, G. (BENEDICT)
　3:338a
WELTI, M.E.
　5:7a
WELTY, E.M. (TAYLOR)
　2:765b
　3:579a
WENCK, K.
　1:651a
WENDEL, C.
　1:46b
　2:323b
　4:34a
WENDELL-SMITH, C.P.
　1:545b
WENDEN, H.E. (HURLBUT)
　3:238b
WENDT, C.H.W.
　4:377a
WENG TU-CHIEN (WARE)
　4:216a
WENGER, R.
　1:555a
　5:333a
WENKEBACH, E.
　1:260a, 450a(2), 452b(6), 454a, 577a, 580b(6)
　4:136a, 136b(2), 137a
WENNERBERG, H.
　2:295b
WENRICH, D.H.
　2:122b, 739b
　3:284b
WENSINCK, A.J.
　1:483a, 484a
　4:24a, 174a, 174b, 406a, 419b
WENSTROM, W.H.
　3:599b
WENT, F.W.
　2:450a, 676a, 724b
　3:308b, 310b
WENTINK, L.
　2:346b
WENTSCHER, E.
　2:183a
　3:44b

WENTSCHER, M.
3:97a
WENTWORTH, J.B.L.
3:532b
4:175b
WENTZ, W.Y.E. [EVANS-WENTZ, W.Y.]
2:182b
4:181b
WENTZLAU, K.
4:345b
WENYON, C.M.
2:618a, 644a
WENZEL, A.
1:457b
WENZL, A.
1:359a
3:32b, 344b
WERBROUCK, M.
1:548b
4:54a
WERBROUCK, M. (CAPART)
4:51a
WERKMEISTER, W.H.
3:32b, 43a
WERLAGER, C.A.
4:274b
WERLIN, J.
2:267a
4:309b
5:82b, 91b
WERNECK, H.L.
1:541b
5:84b
WERNER, A.
1:651a
3:192b
4:265a
5:327a
WERNER, C.
2:5a
WERNER, C.F.
3:283b, 316b
WERNER, E.
4:438a
WERNER, E.T.C.
4:233a
WERNER, H.
2:649a
3:442a
4:47b, 89b
5:539b
WERNER, K.
2:84b
WERNER, O.
2:78a
WERNERT, P.
4:9b
WERNICK, G.
2:124b
3:147a
WERNICKE, A.
3:112a
WERSCH, L. VAN
3:371b
WERTENBAKER, T.J.
2:742b
5:304a
WERTH, E.
3:310a, 532b
WERTHEIM, H.
5:32a
WERTHEIMER, M.
4:5b

WERTHEIMER, P.
2:304a
WERTHEMANN, A.
1:385b
5:71a
WERTIME, T.A.
3:193b, 574a
4:15a
WERVEKE, H. VAN
4:362b
WERY, P.
1:595a
WESCHER, H.
1:588a
3:585a
5:92a, 292a
WESENDONK, O.G. VON
4:170b, 177a
WESLAGER, C.A.
2:641a
4:272a
WESLEY, J.
2:620a
WESSELS, C.
5:138a
WESSELY, C.
2:360a
WESSELY, E.A.
3:442b
WESSELY, K.
1:501a
2:452b
5:384a
WESSON, M.B.
1:503b
WEST, E.
2:773b
3:419b
WEST, F.D.
1:115a
5:282b, 480a
WEST, G.
1:312a
WEST, G.A.
4:273a
WEST, H.F.
3:274a
WEST, L.C.
4:151a
WEST, M.
1:96b, 185a
5:124a, 539a
WEST, M.L.
1:26a, 39b
2:232b, 252a, 308b, 374a, 534b
4:118a, 123a
WESTACOTT, E.
1:97b
WESTAWAY, F.W.
3:7a, 38b, 49a, 63b, 88b
WESTBERG, F.
1:563b
4:102b
WESTCOTT, G.F.
3:561b
WESTERGAARD, H.
3:132a
WESTERGAARD, W.
1:403b
3:78b
WESTERINK, L.G.
4:104b
WESTERMANN, E.J.
1:516b

WESTERMANN, J.C.
3:575a
WESTERMARCK, E.
3:351a(3), 352a
4:8a, 391b
WESTERVELT, V.V.
2:624a
WESTFALL, R.S.
1:184a, 594a
2:223b, 228b, 230b(3), 232a
5:106b, 117a, 120b
WESTGATE, L.G.
3:241a
WESTLAND, C.J.
1:399b
4:116b
5:126b
WESTMAN, R.
1:267b
2:337b
4:104b
WESTPHAL, W.H.
2:50b
WESTWOOD, J.N.
3:558b
WETHERED, H.N.
2:334a
WETHERILL, J.H.
2:775b
5:370a
WETTER, G.A.
3:44a, 80b, 96a
WETTERHOLM, A.
2:731b
3:578a
WETTICH, H.
3:562a
WETTLEY, A.
1:426b
WETTLEY, A. (LEIBRAND)
3:434a
WETTWER, A.
4:340a
WETZEL, F.
4:70b
WEULE, K.
4:9a, 13b, 15b
WEULERSSE, G.
2:216b, 563a
5:281a(2)
WEVE, H.J.M.
1:214b
3:441b, 442a
5:384b
WEVER, F.
2:492b
3:575a
5:422b
WEXLER, P.J.
5:419a
WEYDE, A.J. VAN DER
2:522a
3:411b, 436a, 460b, 471b, 473a, 518b
5:98a, 171a, 249b, 376a, 505a
WEYL, H.
1:571a(2)
2:23b, 238a, 289b
3:32b(3), 106b, 107b, 110b, 124b, 152b, 155a, 170b
WEYL, R.
2:78a
WEYLAND, H.
1:500b
WEYNANTS-RONDAY, M.
1:36a

2:147b
4:35b
WEYRAUCH, R.
3:544b, 545b, 546b
WEZEL, K.
2:25b
WHALL, W.B.
3:249b
WHEAT, C.I.
3:254b(2)
5:338b
WHEATLEY, P.
4:231b, 288b
WHEELER, A.C.
1:515b
5:236b
WHEELER, D.E. (LEGGE)
1:304b
WHEELER, G.C. (HOBHOUSE)
4:8a
WHEELER, H. (GMINDER)
2:425a
WHEELER, L.C.
3:314a
5:466a
WHEELER, L.P.
1:486a, 486b
5:318b
WHEELER, L.R.
3:282b
WHEELER, M.
1:292b
3:608b(2)
4:16a, 150b, 185a
WHEELER, N.F.
4:51b
WHEELER, O.D.
1:258b
2:86b
3:260a
WHEELER, R.E.M.
4:161b
WHEELER, R.H.
3:40b
WHEELER, T.S.
1:570b
2:3a
WHEELER, T.S. (COCKER)
3:185a
5:523b, 528b
WHEELER, T.S. (HIGGINS)
1:570a
WHEELER, W.H.
1:279b
2:150a
WHEELER, W.M.
3:50a, 280a, 323b(2), 335b
WHEELWRIGHT, E.G.
3:511a
WHEELWRIGHT, M.C.
4:271a
WHEELWRIGHT, P.
1:560b
WHERRY, E.T.
3:288a
WHETERED, N.
4:366a
WHETHAM, C.D.
See DAMPIER-WHETHAM, C.D.
WHETHAM, M.D.
See DAMPIER-WHETHAM, M.
WHETHAM, W.C.D.
See DAMPIER-WHETHAM, W.C.
WHETZEL, H.H.
3:526b(2)

WHIBLEY, L.
4:97b
WHIDDINGTON, R. (CROWTHER)
3:58a
WHIPPLE, A.O.
2:729b
3:486b, 489a
4:166b
WHIPPLE, G.C.
2:459b
WHIPPLE, M.A. (HEIZER)
4:268b
WHIPPLE, R.S.
2:643a
3:589a
5:120a, 293a, 477a
WHISHAW, E.M.
3:271b
WHITAKER, A.P.
1:378b, 604b
2:702b
3:576a
WHITAKER, H.
2:444b, 714a
3:255a(2)
5:133a
WHITAKER, H.E.
2:722a
WHITAKER, T.W.
4:274b, 275a, 328b
WHITAKER, T.W. (O'NEALE)
4:282b
WHITAKER-WILSON, C.
2:638b
WHITBECK, R.H.
3:546a
WHITE, A.D.
3:64b
WHITE, A.M.
1:250a
2:636a
5:328a
WHITE, A.T.
3:335a
WHITE, F.A.
3:146a
WHITE, F.P. (ARCHIBALD)
1:329a, 534a
5:116b
WHITE, F.P. (MILNE)
2:402a
WHITE, G.
3:593a
5:287b
WHITE, G.W.
1:399a(3), 540a, 660a
2:485b, 624b
3:229a, 230b
5:26b, 129b, 130a, 218a, 218b, 337a
WHITE, G.W. (WELLS)
3:229b
WHITE, H.B.
1:97a
WHITE, H.C.
5:50a
WHITE, J.
5:145b
WHITE, J.E.M.
3:350a
WHITE, J.F.
3:587b
WHITE, J.H.
2:500b
3:558a
5:210b

WHITE, K.D.
4:157b, 158a
WHITE, L.
1:373b
2:537b
3:63b, 332a, 542b, 614b
4:299b, 360b, 361a, 362a
5:414a, 437b
WHITE, L.A.
1:630b
2:199a, 259b
3:36b, 112b, 350a(2), 350b(2)
4:19a
WHITE, M.
3:92a, 93a
WHITE, M.D.
3:294b
WHITE, M.J.D.
3:318b
WHITE, R.
1:387a
5:414a
WHITE, R.B.
5:418a, 500b
WHITE, R.J.
1:323a
WHITE, T.H.
4:329a
WHITE, W.
1:97a, 209a, 301a, 550a(2)
2:257a, 258a(6), 258b(6), 470b, 624a(2), 720a(2)
5:368a(2), 370a
WHITE, W.A.
3:435b(2)
WHITEBREAD, C.
4:26b, 272b
WHITEHEAD, A.
1:447a
WHITEHEAD, A.N.
3:26a, 33a(3), 43a, 47b, 63b, 89b, 98b, 110a, 139b, 140a, 150a, 218a
WHITEHEAD, E.S.
1:403b
WHITEHEAD, G.
3:290a
WHITEHEAD, T.N.
3:61a
WHITEHILL, W.M.
2:690a, 738b
3:555b, 556a, 607a
4:365a, 434a
WHITEHOUSE, E.
1:536a
WHITEHOUSE, J.H.
2:212a
WHITESIDE, D.T.
1:192b
2:226a, 227b(2), 231b, 639a
5:110b, 113b, 114a
WHITESIDE, H.
2:230b
5:119a
WHITFORD, K. (WHITFORD, P.)
2:546b
WHITFORD, P.
2:546b
WHITING, B.J.
1:445a, 569b
5:80b
WHITING, C.E.
2:689b
3:617a
WHITING, G.
3:588b

WHITING

WHITING, J.W.M.
  4:261a
WHITLEY, G.P.
  3:326a
WHITLOCK, F.A.
  3:483a
WHITLOCK, H.P.
  3:240a
WHITLOCK, W.P.
  3:129a
WHITMAN, E.A.
  3:130a
WHITMORE, C.E.
  2:183a
  3:47b
  5:310a
WHITNAH, D.R.
  2:768a
  3:227a
WHITNEY, G.C.
  1:492b
  5:159b
WHITNEY, J.P.
  2:775a
WHITNEY, M.
  3:522a, 528a
WHITNEY, P.C.
  1:437a
  2:354a
  5:286a
WHITNEY, W.R.
  1:407b
  5:316a
WHITROW, G.J.
  1:61b, 134b, 205b, 375a, 421a, 465a,
    593a
  2:112b, 184a, 229b, 330a, 368b
  3:34b, 46a(2), 104b, 124a, 147a, 148a,
    151b, 156a, 216b(2), 218a(2)
  4:102a
  5:204a
WHITROW, G.J. (JONES)
  3:169b, 216a
WHITROW, M.
  3:10b
WHITTAKER, A.H.
  1:121a
WHITTAKER, E.T.
  1:55a, 277a, 291b, 336b, 350b, 370a(2),
    375a, 375b, 377b, 427b, 536a
  2:47b, 123a, 228b, 418a, 437a, 602a,
    624a(2)
  3:46b, 93b, 121b, 138b, 143b, 146b,
    152b, 167a, 202b, 217a, 217b, 218a
  5:443a, 537a
WHITTAKER, E.T. (SPENCER JONES)
  1:370a
WHITTAKER, T.
  2:127b, 356a
  4:105a, 146b
WHITTERIDGE, G.
  1:455b, 544a
WHITTET, M.M.
  3:394b
WHITTET, T.D.
  2:716b
  3:503a, 505a
WHITTICK, G.C.
  4:160a, 160b
WHITTIER, E.O.
  5:123b, 175b, 441a
WHITTLE, F.
  3:566b
WHITWELL, J.R.
  3:434a

  4:289b
WHORF, B.L.
  4:284b
WHYMPER, C.
  4:43b
WHYTE, L.L.
  1:176b, 177a(3), 329a, 442a
  2:48b
  3:33a, 34b, 59b, 65b, 84a, 90a, 140a(2),
    142a, 167a, 170b(2), 172a(3), 286b,
    296b, 332b, 346a
  5:457a
WIART, C. (SYLWAN)
  1:660a
  5:382a
WIATROWSKI, L. (INGLOT)
  5:281b, 549b
WIBERG, J.
  1:453b(2), 544a
  2:115a, 136b(2), 522a, 588b, 591b
  3:445a
  4:133a, 134a, 420a, 420b
WIBORG, F.B.
  3:595a
WICHLER, G.
  1:312a(2), 313a, 317b
  2:607a
  5:353a
WICHMANN, A.
  3:237a, 241a
WICK, H.
  2:579a
  4:157b
WICKENS, G.M.
  1:88a
WICKERSHAM, J.
  3:260a
WICKERSHEIMER, E
  4:339b
WICKERSHEIMER, E.
  1:21a, 23b, 30b, 44a, 47a, 92a, 118b,
    130b(3), 160b, 231a, 232a, 289a,
    292a, 356a, 361a, 382a, 401b,
    409a(2), 426a, 444a, 450a, 452b(2),
    490b, 491a, 511a, 516b, 517b,
    520b(2), 557b, 558a(2), 561b(3),
    565a, 566a, 577b, 581b(4), 606b(2),
    622a, 638a, 645a, 645b, 647b, 651a,
    651b, 664b
  2:5b, 37b, 167a, 217a, 272b, 276b(2),
    284b, 285a, 309a(2), 314a(2), 314b,
    350a, 356b, 441b, 512a, 567a, 631b,
    726a, 736b, 738b(3), 763a(2)
  3:221b, 387a, 418a, 459b, 505b, 515a,
    537a
  4:27b, 155a, 332a, 332b, 333a, 333b,
    334a, 335a, 335b(2), 336b(4), 337a,
    338b, 341a, 342a(3), 342b(2), 343a,
    345a, 346a, 347b(3), 348b, 350a,
    350b(2), 354b, 355a(2), 355b(2),
    356b, 357a(2), 357b, 419b
  5:25b, 51a, 51b, 52a, 52b, 55a, 55b(3),
    59a, 60a(3), 60b, 67a, 67b(2), 68b,
    72a(2), 72b, 73a(4), 73b, 75b, 76a,
    77a, 78a, 78b(2), 81a(2), 81b, 84a,
    148a, 170b, 173a, 229a(2), 229b,
    237b, 238b, 247b, 273a, 369a, 370b,
    372a, 389b, 438a, 439a, 463a, 466b,
    476b, 479a, 503b, 520b, 521b(2), 525b
WICKERSHERMER, E.
  1:367a
WICKES, D.R. (LOWDERMILK)
  4:241a
WICKSTEED, P.H.
  1:307b

  2:541b
WICKWAR, J.W.
  3:354a
WICKWAR, W.H.
  1:587b
WIDDESS, J.D.H.
  2:747a(2)
  3:395a, 487b
WIDDOWSON, E.M. (MCCANCE)
  3:537a
WIDMARK, E.M.P.
  1:121a, 143a
WIDMER, E.
  3:399a, 407a
WIEDEMANN, A.
  1:163b
WIEDEMANN, E.
  1:51b, 86b, 90b(3), 91a, 91b, 108a,
    152b, 154a(6), 154b(4), 393a, 409b,
    439a, 485a, 547b(2), 615b(2), 617a,
    617b, 619b(2), 620a, 620b, 621b,
    622a, 640b, 644a, 644b(3)
  2:16b, 17a(3), 17b, 18b, 20b(2), 33b,
    144a, 210b, 370b, 371a(4), 374b(4),
    389a(2), 471a, 481a, 525b, 533a,
    533b(2), 564a(2), 564b, 625a, 648b
  3:197a, 590a
  4:143a, 294b, 374a, 384a, 388b, 391b,
    394a, 397a, 397b(2), 398a(4), 398b,
    399a, 399b(4), 401a, 401b(4), 402a,
    402b, 403a(2), 404a(4), 404b(3),
    405a(2), 405b, 406a, 406b(2),
    407a(2), 407b(6), 408a(7), 408b,
    410a(2), 410b, 413b, 414a(3), 414b,
    420b, 421a(2), 424a(3), 424b(2),
    428a(3), 428b(2), 429a, 429b(6),
    430b, 431b(5), 432a, 432b, 442a
  5:316a
WIEDEMANN, E. (RUSKA)
  4:400b
WIEDEMANN, E. (SUTER)
  1:152a
WIEDEMANN, P. (JACOB)
  2:249b
WIEDER, F.C.
  1:285b
  2:131a, 594a
  3:251b, 253b, 256b
  5:43b, 132a
WIEDERKEHR, K.H.
  2:615b
  5:319b
WIEDMANN, A.
  3:474b
WIEGAND, T.
  4:132a, 138b
WIEGAND, T. (MAMBOURY)
  4:380a
WIEGAND, T. (SCHUCHHARDT)
  1:602a
WIEGAND, W. (LAMBERT)
  2:584a
WIEGER, L.
  4:215b, 221b, 222a
  5:448a, 469b, 471a
WIELAND, G.R.
  3:272b
WIELAND, H.
  1:595a
WIELAND, W.
  1:61b, 62a
WIELE, L.J. VAN DE
  3:506b, 514a
  4:425a
  5:549a

WIELE, L.J. VAN DE (DAEMS)
3:506b
WIELEITNER, H
1:337b
WIELEITNER, H.
1:51a, 51b, 128b, 170a, 223b(2), 337a,
413b, 463b, 484b, 611b
2:14a(3), 18b(2), 39a, 67b(3), 208b,
223b, 228a(4), 232b, 253b(3), 260b,
283b, 452a, 453a, 508b, 509a, 509b,
543b, 608a
3:24b, 75b, 101b(2), 104a, 104b,
105a(2), 111a, 115a, 121a(2), 124a,
124b, 125b, 126a, 127a(2), 128a,
129a, 129b, 130a
4:36a, 38a, 39a, 49a, 60a, 191b, 309a(3),
396a
5:13a, 15a, 16b, 17a, 113a, 115b,
116a(8), 201b, 443b, 446b
WIELEITNER, H. (HOFMANN)
2:67a(2), 405b, 560b
WIELEN, P. VAN DER
5:171b
WIEMAN, H.N.
3:64a
WIEN, W.
1:498b
2:410b
3:136b, 146b, 150b
WIENER, A.S.
3:447a
5:469b
WIENER, L.
3:416a
WIENER, N.
3:108a
WIENER, O.
1:612b
2:230b, 625b
WIENER, P.P.
1:184b, 315b, 461b, 462a, 606a
2:45b, 66b, 68a, 296a(3), 639a
3:7a, 90a, 292b, 607a
5:103a, 175b, 350a
WIERUSZOWSKI, H.
1:308b
WIERZBICKI, R. (WRZOSEK)
5:391b
WIERZBICKI, W.
1:142b, 191a, 257b, 643b
5:317a
WIESCHHOFF, H.A.
4:10b, 265b, 266b
WIESE, E.R.
1:150a, 366a
2:26b, 49a, 214a, 462a
WIESE, L. VON
3:355b
WIESELGREN, P.
2:509a
WIESER, F.R. VON
1:22a
5:30a, 32a
WIESNER, J.
2:385a
5:96b
WIET, G.
1:419b, 619b
2:42b
4:404a, 408b, 428b, 431a
WIET, G. (HAUTECOEUR)
4:431a
WIET, G. (MASPERO)
4:412b

WIETZKE, A.
1:473b(2)
2:248a
WIFSTRAND, A.
3:90b, 92a, 613b
4:129b
WIGAND, K.
1:169a
2:449a
5:180a
WIGGERS, C.J.
5:386a
WIGGERS, K.
4:127a
WIGGINS, I.L.
3:305a
WIGGLESWORTH, V.B.
1:631a
2:638a
WIGHTMAN, W.P.D.
1:251b, 285a, 296b, 512a
2:229b, 441b, 657a, 691a, 750a(3)
3:7a, 44a, 72a, 72b, 73a, 459a, 617a
5:4a(2), 21a, 53a, 190b, 208a
WIGMORE, J.
3:394a
WIGNER, E.P.
3:173b
WIJK, W.E. VAN
1:30a, 512a
2:699a
3:117b, 220a(2)
4:197b(2), 308b, 319a(2), 407a, 439a
5:459b
WIK, R.M.
1:426a(2)
WIKEN, E.
2:369a
4:122b
WIKI, B.
2:44b
5:264a
WILAMOWITZ-MOELLENDORFF, U. VON
1:381b, 590b, 591b
2:144b, 325a
4:105a, 145a
WILBER, C.G.
1:313a
WILBER, D.N.
4:176b
WILBRAHAM, A. (DRUMMOND)
3:415a
WILBUR, C.M.
3:601a
4:233a
WILBUR, C.M. (GOODRICH)
4:240a
WILBUR, E.M.
2:488a
WILBUR, M.E.
2:689b
WILBUR, R.L.
3:364b
WILCKEN, U.
1:29a(3)
WILCZYNSKI, E.J.
3:130a
WILCZYNSKI, J.Z.
1:91b, 154b(2), 313b(2)
4:413b(2)
WILD, E.
2:624b
5:68a

WILD, F.
2:468a
WILD, J.
1:133b
2:328a
WILD, L.H.
2:565b
WILDE, J.
2:303b
3:529b, 583a
WILDEMAN, E. DE
1:175a, 293a, 488b
2:713a, 761a
3:306b, 307a(2), 307b, 308b, 526b
5:354a, 411a
WILDIERS, N.M.
1:482b
WILE, F.W.
1:134b
5:430b
WILE, I.S.
1:14a
WILENSKY, M.
1:5a
WILES, A. (THORNTON)
2:244b
WILEY, F.A.
5:346b
WILEY, H.W.
1:507b
5:422a
WILEY, M.L.
5:110a(2)
WILHELM, H.
1:242b
4:222a
WILHELM, H.E.
2:331a
4:131b
WILHELM, R.
1:275a
4:213a, 221b, 222a
WILHELMSMEYER, H.
1:228b, 501a
WILINBACHOW, W.
4:367b, 380b
5:95b
WILKE, G.
2:524b
4:9b, 151a
WILKE, W.
1:654a
4:354a
WILKENS, O.
2:503b
WILKER, H.H.
2:512a
5:169b
WILKIE, J.S.
1:205a, 467b, 545b
2:169a, 211a(2)
3:45a, 281a, 286a, 291b, 294b
5:232a, 350a
WILKINS, E.H.
2:304b, 305a
5:9a
WILKINS, G.L.
2:102a
5:144b
WILKINS, H.T.
3:616b
WILKINS, T.
2:20b
WILKINSON, C.
1:306a

WILKINSON, C.K. (HAUSER)
2:723a
WILKINSON, G.
3:442a
WILKINSON, H.P.
4:233a
WILKINSON, J.C.
4:412a
WILKINSON, K.D. (PECK)
2:633b
WILKINSON, N.B.
5:292a, 422a
WILKINSON, N.B. (HANCOCK)
1:489a
WILKINSON, P.B.
2:522a
5:166a
WILKINSON, R.S.
2:308b, 501b, 632a
3:198b
5:124a(2), 495a
WILKINSON, T.W.
3:556b
WILKS, S.S.
3:39b, 40a
WILLARD, B.
2:469b
5:26b
WILLARD, H.M.
1:21a
WILLARD, J.F.
4:361a
WILLARD, J.T.
2:712a
3:523a
WILLCOCKS, W.
3:552b
4:209b
5:550a
WILLCOX, A.
2:121a
5:54a
WILLCOX, W.F.
1:508b
3:132a
WILLE, F.C.
5:261a
WILLE, P.F.C.
1:150b
2:44b, 679a
3:420a(2)
WILLEKE, F.
1:354b
4:355b
WILLEM, V.
2:324a
3:323b, 533a
WILLEMART, A. (DUVEEN)
5:122a
WILLEMS, C.
2:631a
WILLEMS, E.
3:343b
WILLERDING, M.F.
1:227b
5:310b
WILLETT, F. (BRINDLEY)
2:721a
WILLEY, B.
1:210a, 317b
5:302b
WILLEY, G.R.
3:609a
4:268a, 268b, 269a, 278a

WILLFORT, F.
3:264b
WILLIAM, H.A.
2:649a
WILLIAMS, A.F.
3:240a
WILLIAMS, A.N.
2:201a
5:430b
WILLIAMS, B. (EPSTEIN)
2:605a
3:516b
WILLIAMS, C.
3:354a
WILLIAMS, C.C.
3:546a
WILLIAMS, C.H.
3:606a
WILLIAMS, D.
1:398b, 435a
3:39b
WILLIAMS, E.
1:185a, 463b, 526a, 594a
2:78a, 148b, 529b
3:157a, 574a
5:18a, 117b, 119a(2), 212b, 295a, 423a
WILLIAMS, E.I.
5:285b, 453a
WILLIAMS, F.E.
4:261b
WILLIAMS, F.L.
2:159a
WILLIAMS, G.
3:301b
5:227b
WILLIAMS, G.A.
2:466a
WILLIAMS, H.
2:24b
3:241b, 371a, 417a
5:369b
WILLIAMS, H.F.
4:295a
WILLIAMS, H.R.
2:200a
3:67a
WILLIAMS, H.S.
3:202b
5:445b
WILLIAMS, H.U.
4:11a
WILLIAMS, H.U. (TELLO)
4:282a
WILLIAMS, J.
3:319b
WILLIAMS, J.H.
2:712b
3:248b
WILLIAMS, J.H.H.
3:411a
WILLIAMS, J.J.
4:272b
WILLIAMS, J.R.
1:247a, 478b, 520b, 521a(2)
4:294b, 298b
WILLIAMS, K.P.
2:439a
3:213a
5:95b
WILLIAMS, L.P.
1:38a, 407b, 408a, 408b
2:213b, 672b, 752a
5:192a, 300a, 306a, 321a
WILLIAMS, R.C.
2:768a

3:410b
WILLIAMS, R.R.
3:348a, 465a, 525a
WILLIAMS, S.C.
3:260a
WILLIAMS, S.H.
1:227b
WILLIAMS, T.
2:94a
WILLIAMS, T.F.
1:107a, 212b
2:292a
3:421b
WILLIAMS, T.I.
2:480b, 679b
3:189a, 511a
WILLIAMS, T.I. (DERRY)
3:539b
WILLIAMS, T.I. (SINGER)
3:540b
WILLIAMS, T.I. (WEIL)
3:189a
WILLIAMS, W.
1:135a
WILLIAMS, W.E.
3:84a
WILLIAMS, W.R.
3:19a
WILLIAMSON, D.E.
2:565b
5:325b
WILLIAMSON, G.C.
3:240a
WILLIAMSON, H.
1:645b
WILLIAMSON, H.R.
2:609a
WILLIAMSON, J.A.
1:212b(6), 278a, 358a(2)
5:35b
WILLIAMSON, R.
1:129b, 186a(2), 251a, 325b, 501a
2:151a, 152b, 286b
3:471b
5:234a, 263a, 264b, 265b, 391a
WILLIAMSON, R.S.
4:38b, 39a, 39b
WILLIAMSON, R.T.
1:287a
2:50a, 278b
WILLIAMSON, R.W.
4:261b(2), 262b, 263a
WILLIER, B.H.
3:298a
WILLIG, D.
3:411b
WILLIS, B.
1:241a, 241b
3:237a
5:334a
WILLIS, J.C.
3:290a(2)
WILLIUS, F.A.
3:445a(2)
WILLIUS, F.A. (KEYS)
2:618b
3:446a
WILLKOMM-SCHNEIDER, M.
1:552a
WILLMAN-GRABOWSKA, H. DE
(MASSON-OURSEL)
4:184b
WILLNAU, C.
1:492b
2:59b(2)

5:231b
WILLOUGHBY MEAD, G.
  4:220b
WILLOUGHBY, H.R.
  4:88b
WILLS, A.P.
  2:364b
WILLSON, E.J.
  2:60a, 771b
  5:281b
WILLSTATTER, R.
  1:101b, 632b
  3:179b, 196a
WILM, E.C.
  2:3b
WILMART, A.
  4:319b
WILMARTH, M.G.
  2:767a
  3:235b
WILMER, W.H.
  2:185a
  5:158b
WILMS, J.
  5:9b
WILMS, P.H.
  1:22b
WILPERT, P.
  1:60a
  2:542a
WILSDORF, H.
  1:17a
WILSER, L.
  4:11b
  5:548a
WILSON, A.H.
  1:437b
WILSON, A.M.
  1:342a
WILSON, A.T.
  3:237a
  4:176b(2)
WILSON, C.
  1:569b
  2:343a, 521b
  4:311b
  5:18a
WILSON, C.E.
  1:29a
  2:612b, 695b
  3:569a
  4:412b
WILSON, C.M.
  3:482b, 513a, 583b
WILSON, C.T.R.
  1:185b
WILSON, D.B.
  2:297a, 414a
  5:7b
WILSON, D.K.
  3:114b
WILSON, D.W.
  1:136a
WILSON, E.
  5:302a
WILSON, E.A.
  3:337b, 429b
WILSON, E.B.
  1:152a
  2:229b, 459b
  3:82b, 152b, 286b, 299a
WILSON, E.F.
  1:470b
WILSON, E.H.
  3:311b, 312b

WILSON, F.J.
  2:679b
  5:323b
WILSON, F.P.
  2:751a
  5:73b, 165a
WILSON, G.
  3:15b
  4:266a
WILSON, G. (BROCKBANK)
  2:648b
  5:155a
WILSON, G.B.L.
  5:413b
WILSON, G.M.
  1:632a
  2:142b
  5:387b
WILSON, H.E.
  2:765b
  3:52a
WILSON, H.F.
  3:323b
WILSON, H.F.L.
  2:103a
WILSON, I.H.
  2:579a
  5:215b
WILSON, J.A.
  1:317b
  4:36a, 45a, 46a
  5:350a
WILSON, J.A. (EDGERTON)
  2:362a
WILSON, J.C.
  1:54b, 519a
WILSON, J.E.
  1:292b
  5:242b
WILSON, J.S.
  2:568a
WILSON, J.T.
  2:485a
  5:487a
WILSON, J.W.
  1:196b, 367b
  2:595b, 612a
  3:299a
  5:229a, 352a(2)
WILSON, L.
  3:614b
WILSON, L.G.
  1:384b, 453b
  2:121a
  4:132b
  5:159a, 334a
WILSON, L.G. (PAYNE)
  1:294b
WILSON, L.M.
  2:724a
  4:53b, 162a
WILSON, M.
  1:368a, 559b
  2:352b, 424a
  3:67a
  5:209b
WILSON, M. (WILSON, G.)
  4:266a
WILSON, M.G.
  3:472b
WILSON, M.L.
  5:280b, 499a
WILSON, N.G.
  2:538a

WILSON, P.N.
  3:565b, 566a
WILSON, P.W.
  3:220a, 302a
  5:527b
WILSON, R.
  2:240a
  5:397a
WILSON, R.H.L. (NISSEN)
  3:490b
WILSON, R.M.
  2:125a
  3:364b
  4:300a
WILSON, T.G.
  1:94b
  2:521a(2)
  5:258a
WILSON, W.
  3:136b, 137a, 170a
WILSON, W.J.
  1:70b, 252b, 269b, 270b, 449a
  2:715b
  3:12a(2), 13b, 197b
  4:114b, 225a, 287b
  5:20a, 39a, 39b, 78b, 122a
WILSON, W.J. (RICCI)
  4:443a
WILSTADIUS, P.
  3:618b
WILTON, G.W.
  3:358a
WILTSHEAR, F.G.
  1:640a
  2:338a
  5:355b
WIMMER, F.
  4:4b
WIMSATT, W.K.
  1:248a
  2:593b
WINANS, H.M.
  5:390a
WINBOLT, S.E.
  4:363b
WINCH, P.
  3:348b
WINCKEL, C.W.F.
  3:407a
WINCKWORTH, R.
  2:297b
WIND, E.
  5:10b
WIND, E. (MEIER)
  4:88a
WINDELBAND, W.
  4:104b
WINDERLICH, R.
  1:491a
  2:178a(2), 389a, 426a, 619a, 638a
  3:179a, 181b, 183a, 184a, 187a, 194b
  4:89b, 313b, 399b, 400a
  5:205b, 211a, 211b, 289b
WINDERLICH, R. (RITTER)
  1:615a
  4:430a
WINDISCH, E.
  4:186a
WINDISCH, W.
  3:518a
WINDLE, W.F.
  3:455b
WINDRED, G.
  1:408b
  3:110b(2), 124a, 165a(2), 166b

WINGATE, S.D.
　1:68b
　4:328a
WINGFIELD-STRATFORD, E.
　3:71b
WINIEWICZ, K.
　5:417a
WINIWARTER, H. DE
　1:185b
WINKLER, H.
　2:217a
WINKLER, H.A.
　1:305b
　4:35b(2), 391b, 427a
WINKLER, L.
　5:71b
WINLOCK, H.E.
　2:166b, 381b, 564b
　4:41b, 44b, 46b, 53b
WINLOCK, H.E. (MACE)
　2:463a
WINN, C.E.
　3:131a
WINN, R.B.
　3:94a
WINNINGTON-INGRAM, R.P.
　4:114b
WINS, A.
　3:590a
WINSHIP, A.E. (IVINS)
　3:522b
WINSHIP, G.P.
　5:94a
WINSLOW, C.E.A.
　1:149a, 453b, 579a, 637a
　2:163b, 615b
　3:410b, 466b(2), 467b
　4:132b, 350a
　5:264b(2)
WINSLOW, C.E.A. (JORDAN)
　2:459b
WINSLOW-SPRAGGE, L.
　1:323b
WINSPEAR, A.D.
　2:117a
　4:146b
WINSTANLEY, D.A.
　2:676b(2)
　5:190b, 305b
WINSTEDT, R.O.
　4:258a, 258b, 259b
WINTER, E.
　1:169a(4), 169b(2), 395a
　2:109a, 266b, 354a, 450b, 561a(3)
　5:105b, 188a(2), 192b, 306b, 308b, 507a
WINTER, F.
　1:49a
WINTER, H.
　1:439b
　2:158b, 314b(2), 363a, 409a, 604b
　3:234b, 235a, 254a, 257b
　4:322b, 444b
　5:30b, 32a(2), 34b(3), 35a, 339a
WINTER, H.J.J.
　1:88a, 411a, 617b(2)
　2:43b, 223b, 247a, 515b, 564b, 621b,
　　696a, 762a
　3:8a, 22a(2), 24b, 34b
　4:170a, 388a, 390b, 398a, 398b(2),
　　401b, 405b, 429b
　5:190b(2), 319b(2)
WINTER, H.J.J. (GREEN)
　2:43b
WINTER, J.G.
　2:724a

WINTER, J.J.
　4:188b
WINTER, K.
　2:594b
WINTER, M.
　2:368b
　3:108a, 124b, 125a
WINTER, O.
　1:191a
WINTERBOTHAM, H.S.L.
　3:255a
WINTERNITZ, E.
　2:192b
　5:17a
WINTERNITZ, M.
　4:185b
WINTERSTEIN, H.
　1:533a, 535a
　2:365b
　5:258b, 461a(2)
WINTERTON, W.R.
　3:453a
WINTHUIS, J.
　3:351a
　4:7b
WINTNER, A.
　3:210a
WINZENRIED, M.
　5:399a
WIRT, S.K. (MEYER)
　2:573a
　5:61b
WIRTGEN, B.
　2:756a
　4:295b
WIRTH, H.
　3:610b
WIRTH, O.
　3:198b
WIRTSCHAFTER, J.D.
　3:391b
　5:499a
WIRZ, H.G.
　2:632b
　5:78b
WISDOM, J.O.
　3:41a
WISE, T.A.
　4:203a
WISKIND, H.K. (MCKUSICK)
　2:398a, 443b
　5:386a(2)
WISLICKI, A. (PAZDUR)
　3:542a
WISNIEUWSKI, B.
　1:560b
　2:356b
WISNIOWSKI, T.
　2:502a
WISSLER, C.
　2:664a
　3:529a
　4:270b(2), 271a
WISSMANN, H. VON (RATHJENS)
　3:262b
　4:173b
WISSOWA, G.
　2:166b
　4:150a
WISWANATHAN, P.
　3:577a
WIT, J. DE
　3:403b
　4:98a, 140a

WITHINGTON, E.T.
　1:14a, 99a, 453b, 574b
　2:626a
　3:365a
　5:64b
WITHINGTON, S.
　5:417b, 418a
WITT, F.H. (PROSKAUER)
　3:493b
WITT, R.E.
　1:24b
　2:331b
　4:105b
WITTE, E.
　2:365b
WITTE, J.
　2:341b
WITTE, J. DE
　1:81a
　3:265b
　5:343a
WITTEK, K.A.
　5:415b
WITTEK, P.
　1:644b
　3:66b
WITTELS, F.
　1:441b(2)
　2:426a
WITTENBERG, A.
　3:44a, 108a
WITTENBERG, E.
　5:487a
WITTENBERG, E. (AKESSON)
　2:491a, 615a
　3:354b
WITTFOGEL, K.A.
　4:233a(2), 246b
WITTGENSTEIN, L.
　3:95b, 110a
WITTICH, E.
　1:604b
WITTING, A.
　2:228a
　3:104a
WITTING, G.
　3:71b
WITTKOWER, R. (SAXL)
　3:65b
WITTKOWER, R. (STEINMANN)
　2:180a
WITTKOWSKY, G.
　2:521a
WITTMACK, L.
　5:282a
WITTMAN, K.
　3:562b
WITTMANN, F.
　3:399b
WITTOP KONING, D.A.
　1:19a, 163b, 488a, 492a(2)
　2:105a, 665a, 682a, 702b, 729b
　3:85a, 408b, 502b, 503a, 503b, 506b(4)
　5:82a, 171a, 171b, 373a, 408b
WITTOP KONING, D.A. (SEGERS)
　3:508b
WITTOP KONING, D.A.
　(ZEVENBOOM)
　3:85a
WITZ, A.
　3:159b, 165a, 566b
WLASCHKY, M.
　4:333b
WLASSAK, R.
　2:124a

WODAK, E.
3:442a
WODEHOUSE, R.P.
3:310b, 465b
WODETZKY, J.
3:210a
WODLINGER, M.H.
3:287b
WOESTIJNE, P. VAN DE
1:92b
2:464a
WOGLOM, W.H.
3:371a
WOHL, R.
1:204b
5:229a
WOHLBOLD, H.
1:495a
5:206a
WOHLEB, J.L.
2:164b
5:266a
WOHLFARTH, P.
1:215a, 275b
2:470b
WOHLWILL, E.
1:284b, 465a
3:20a, 25a
WOJCIECHOWSKI, J.A.
3:36b, 143a
WOJTASZEK, Z.
2:249b, 686a
3:186a
WOJTASZEK, Z. (ADWENTOWSKI)
1:340b
2:249b
3:160b
5:318a
WOLANDT, G.
1:462a
WOLBARST, A.L.
1:373a
WOLCOTT, R.W.
2:118b
5:423a
WOLDAN, E.
4:323a
WOLDERT, L.
5:217a
WOLDRICH, J. (KOLACEK)
2:510a
5:335b
WOLEDGE, G. (POWELL)
3:160a
WOLF, A.
3:38b, 98a
5:102a, 185b
WOLF, H.
3:572a
WOLF, I. (HAEHL)
1:527a, 528a
2:699a
3:484b
WOLF, M.
3:526b
WOLF, R.
3:156b, 200b
WOLF, R.F.
1:226a
2:235b
3:583b(2)
WOLF, S.A.
5:171a
WOLF, W.
3:212a

4:55a
WOLF-HEIDEGGER, G.
2:584b, 667b
3:398b
WOLFE, D.
5:519b, 534a
WOLFE, D.E.
2:106b, 522b
5:156a
WOLFE, H.G.
2:568b
WOLFE, L.M.
2:207b
WOLFENDEN, H.H.
3:132a
WOLFENDEN, J.
3:613b
WOLFENDEN, J.H.
3:190b
WOLFER, E.P.
1:386b
WOLFF, C.
3:343a(2)
WOLFF, E.
3:456a
WOLFF, F.
1:419b
WOLFF, G.
1:22a
3:113b, 128b, 280a, 463b, 476a
5:13a, 16b, 77b
WOLFF, G. (KLIEM)
1:49a
WOLFF, H.F.
4:48a
WOLFF, H.M.
2:328a
WOLFF, J.
3:463b
WOLFF, K.F.
3:337a
WOLFF, K.H.
3:56a, 350b
WOLFF, M.
1:274a
4:30a
WOLFF, P.
3:104a
WOLFF, P. (WIET)
4:428b
WOLFF, P.O.
3:415b
WOLFF, R.L. (BRINTON)
3:2a
WOLFF, W.
3:344a
4:284b
WOLFF, W.H. (WERSCH)
3:371b
WOLFFHARDT, E.
2:90b, 159b
WOLFFLIN, E.
1:453a
5:257b
WOLFFLIN, H.
3:342a
WOLFLE, D.
3:70b, 347b
WOLFRAM, A.
2:456a
WOLFRAM, S.
3:496a
WOLFSON, A.
2:4a

WOLFSON, H.A.
1:58b(2), 60a(4), 66b(2), 85a, 86a(2),
86b(5), 90b, 260a(2), 293a, 336b,
484a, 606a, 625b, 633a, 661b(3)
2:5b, 66b, 106a, 134a(8), 269a, 310b(2),
328a, 430a(5), 497b, 498a(3), 542a(2)
3:92a, 94a
4:164b, 318b, 320b, 330a, 393a, 399b,
436a(3), 438a(3), 438b(3), 440a(2)
5:109b, 187a, 195b, 465b
WOLFSON, H.A. (GILSON)
2:640b
WOLFSON, H.A. (VAJDA)
4:399b, 438a
WOLKENHAUER, W.
3:251b, 254a, 255b
4:323a
WOLLACOTT, A.P.
2:125a
WOLLASTON, A.F.R.
2:221a
WOLLASTON, T.C.
3:240a
WOLLENSCHLAGER, K.
1:139b, 329b
WOLLEY, R. VAN DER R.
2:496a
WOLLSTEIN, S. (HES)
4:80a
WOLMAN, B.
3:437b
WOLOSZYNSKI, R.W.
5:188a
WOLPE, H.
2:387a
WOLSKA, J.
2:375a
WOLSKA, W.
1:288b
4:376a
WOLSTEIN, B.
1:443a
2:194a
5:309a
WOLSTENHOLME, G.E.W.
2:747a
3:394b
4:85b
WOLTER, A.
4:234a
WOLTER, A.B.
1:365b
WOLTER, F.
3:412b
WONG MING [WONG, M.] [MING WONG]
2:88a
3:367a
5:536a
WONG MING (DELHOUME)
1:137b
WONG MING (HUARD)
1:36b
2:176b, 517b
3:284a, 424a
4:233b(2), 234a, 237b, 238a, 240b(2)
5:271a
WONG, G.H.C.
4:219a
WONG, H.H.C.
4:218a
WONG, K.C.
3:381a
4:234a, 237a

WONG, M.
See WONG MING
WONNACOTT, F.M.
1:588a
WOOD, A.
1:661a
2:645a, 678a
3:64a
WOOD, A.M.
3:12b
WOOD, C.A.
1:121b, 211b, 303a, 619b
2:184a, 346a
3:324a
4:203a, 207a, 421a
5:158b, 517a
WOOD, C.E. (GITHENS)
3:524b
WOOD, E.
4:200b
WOOD, G.A.
5:226b
WOOD, H.G.
3:64a, 65a
WOOD, H.J.
3:258b
WOOD, H.O.
3:236a
WOOD, J.K.
5:439b
WOOD, L.
3:43a
WOOD, L.H. (HORN)
4:77a
WOOD, L.N.
1:350a
WOOD, P.
4:79b
WOOD, R.W.
2:565a
4:53b
WOOD, S.
1:648a(2)
2:102a, 590a
5:144a, 268b
WOOD, W.B.
3:365a, 468b
WOODBRIDGE, F.J.E.
2:106a
WOODBRIDGE, H.E.
2:531b
WOODBURNE, A.S.
3:64a
WOODBURY, D.O.
2:545a(2)
WOODBURY, R.B.
4:274a
WOODBURY, R.S.
2:419b, 624a, 722a
3:22b, 547a, 562b, 563a(4), 590a
5:90a, 177a, 295a, 489b
WOODCOCK, G.
1:125a
2:31a
WOODCOCK, P.G.
4:17b
WOODFORDE, C.
4:363b
WOODGER, J.H.
1:547a
3:37b, 143b, 281a, 281b, 286a, 341a, 378a, 378b
WOODHALL, B. (SPURLING)
3:490a

WOODHAM SMITH, C.
2:236a
WOODHOUSE, H.
5:245a
WOODROFFE, J.
4:185a
WOODRUFF, A.E.
4:116b
5:320a(2), 481b
WOODRUFF, F.W.
1:97b
WOODRUFF, H.
4:329a
WOODRUFF, L.L.
1:103b, 650b
2:62a
3:7a(2), 278a(2), 285b(2), 315b, 321b
5:231b, 237b(2)
WOODS, C.A.
2:199a
WOODS, E.A.
2:317a
WOODS, F.A.
3:25a, 338b, 605b
WOODS, H.
2:22b
WOODS, J.H.
2:288a
4:200b, 201a
WOODSON, W.D. (THORP)
3:321a, 464b
WOODWARD, A.S. [SMITH WOODWARD, A.]
2:221a, 256b, 490a
WOODWARD, B.B.
4:379a
WOODWARD, C.R.
2:389a
5:281a
WOODWARD, G.S.
2:202a
4:270b
WOODWARD, H.B.
3:229a
WOODWARD, R.S.
1:571b
3:50a
WOODWARD, W.E.
2:265a
WOODWORTH, R.S.
3:340a(2)
WOODY, T.
3:615b
WOOG, P.
4:46b
WOOLARD, E.W.
3:201a, 202a, 202b, 207b, 211b, 212b, 234a
5:216a, 455a
WOOLF, A.E.M.
5:242a
WOOLF, H.
3:10a, 12a, 21a, 40a(2), 54a
5:215b(5)
WOOLLAM, D.H.M.
1:355a
5:149b
WOOLLEN, W.W.
2:573b
3:260a
WOOLLEY, L.
2:249b
3:608b(3)
4:56b, 71a, 122a

WOOLLEY, L. (HAWKES)
4:3a
WOOLLEY, L.
4:72a
WOOLNER, A.C.
3:613b
WOOTTON, F.
1:337b
WORBS, E.
1:473b
WORCESTER, G.R.G.
4:241a
WORDIE, J.M.
2:518b
WORDIE, J.M. (CYRIAX)
1:266b, 437b
2:122b
5:344a
WORK, H.K.
5:422b
WORK, R.L.
1:16a
5:541b
WORLEY, C.E.
3:214a
WORM-MULLER, J.S.
3:270b
WORMALD, B.H.G.
1:258a
WORMELL, T.W. (DEE)
2:630b
3:173b
WORMHOUDT, A.
1:162a
2:56a, 226b
WORMSER, -.
1:149b
5:112b
WORRALL, R.L.
3:44a
WORRELL, W.H.
2:374b
4:164a, 164b, 166b, 395a, 396b, 397b, 401b, 402a, 431b, 432a
5:551a
WORRINGER, W.
4:367a
WORTHINGTON, E.B.
3:82b, 276b
5:535a
WOSZCZYK, A.
3:203b
WOUDE, W. VAN DER (CROMMELIN)
1:150b
2:364b
5:314b
WOYCIECHOWSKY, J.
1:161a
2:1a, 481a
WRANY, A.
3:239a
WREDDEN, J.H.
3:163b, 285b
WREDE, A.J.
2:682b
WREDE, W.
4:143b
WREDEN, R.
3:553b
WREGE, C.D.
1:10b(2)
5:427b
WREN, F.L.
3:124b

WRESZINSKI, W.
4:34b, 46a, 49b, 50b
WRIGHT, A.
2:495b
5:139a
WRIGHT, A.F.
1:423b, 446a
4:219a, 221b, 222a
WRIGHT, A.H.
1:15b(2), 286a, 542a
WRIGHT, A.R.
3:220b
WRIGHT, C. (GILPIN)
3:50b
WRIGHT, C.E.
1:104b
2:353a, 427a
4:352a
WRIGHT, C.T.H.
2:296b
WRIGHT, C.W. (WRIGHT, E.V.)
4:14a
WRIGHT, D.
1:76b
2:666a
WRIGHT, E.A.
4:343b
WRIGHT, E.C.
1:501b, 517b
2:643b, 761b
5:285b
WRIGHT, E.H.
2:418b
WRIGHT, E.M.
1:393b
2:443b, 639a(2)
5:16a
WRIGHT, E.P. (WRIGHT, E.M.)
1:393b
2:443b
5:16a
WRIGHT, E.V.
4:14a
WRIGHT, F.A.
4:98a, 127b
WRIGHT, F.E.
1:83a
2:637b
WRIGHT, G.E.
4:74a, 74b
WRIGHT, G.F.
1:1b
2:599a
5:360b
WRIGHT, G.G.N.
3:119a
WRIGHT, G.H. VON
See VON WRIGHT, G.H.
WRIGHT, H.
2:186a
WRIGHT, H. (RAPPORT)
3:38a, 101a, 540b, 608b
WRIGHT, H. (SHAPLEY)
3:6a
WRIGHT, I.
5:44a(2)
WRIGHT, J.
1:60b, 68b, 309a, 452b, 563b, 575a, 580a, 582a(2), 592a
2:331a(2), 332a, 489a
3:467a
4:9a, 67a, 100a, 103b, 118a, 124a, 129b, 133b, 299a
WRIGHT, J.K.
1:477a, 489a, 592b
2:57b, 462b, 578b, 663a(3)
3:240b, 245b, 245b(2), 246b(2), 252a, 258b
4:322a, 322b
5:30b, 132a, 337a
WRIGHT, J.K. (LIGHT)
3:460b
WRIGHT, J.S.
3:68a
WRIGHT, J.W. (SPAULDING)
3:600a
WRIGHT, L.
3:413b
WRIGHT, L.B.
1:173a, 536b
5:140a, 189b
WRIGHT, R.
3:530b
WRIGHT, R.R.
1:509b
2:564a
5:124b
WRIGHT, T.
3:593b
WRIGHT, W.
2:80a
WRIGHT, W.B.
4:14a
WRIGHT, W.D.
2:161a
5:319a
WRIGHT, W.K.
3:92a
WRIGHT-ST CLAIR, R.E.
2:191a(5)
5:242a, 362b, 369b, 378a
WRIGLEY, J.S.
2:304b
WRINCH, D.
1:169a, 377b
3:150b
WRINCH, D. (GLASER)
3:176b
5:330a
WRIPPLE, G.C. (JORDAN)
2:459b
WRONG, H.H.
2:125a
WROTH, L.C.
1:242a
2:261a, 710a
3:249b, 257b(2)
5:132b(2), 294b
WRUBLE, M.
1:180a(2)
2:389b, 413b
5:408b
WRZOSEK, A.
1:488a
2:395a, 698b
5:249a, 372b, 391b
WU GING-DING
4:241b
WU KUANG-CH'ING
4:244a(2)
WU LIEN-TEH
3:472a
5:541a
WU LIEN-TEH (WONG)
4:234a
WU LU CH'IANG (DAVIS)
2:528a
WU LU-CH'IANG (DAVIS)
2:616a, 616b
4:224b
WU TE-TO
2:40a
WUHRER, K.
4:328a
WULF, M. DE
2:542a
3:94a
4:304a(4), 304b
WULFF, A.
3:525a
WULFF, E.V.
1:272b
3:311b
WULFF, E.W.
2:26b
5:235a
WULFF, O.
1:257a, 639a
4:167b
5:403b
WULFF, W.
4:352b
WULSIN, F.R.
4:264a
WUNDERER, C.
2:342b
WUNDERLICH, E.
4:89b
WUNDERLICH, S.A.
4:130b
WUNDT, M.
1:336b
2:325a, 328a
3:96b
WUNDT, W.
2:64a
3:342a, 357b
WURSCHMIDT, J.
1:475b
2:171b, 204a, 522b
3:163a, 597a
4:142a, 322b, 384b, 404a(2), 410a(2)
WURSCHMIDT, J. (WIEDEMANN)
2:481a
4:406b
WURSDORFER, J.
1:511a
4:298a
WUSSING, H.
1:169b
4:21a, 89a
WUST, E.
2:422a
WUST, G.
3:242b
WUYTS, H.
3:194b
WYATT, A.T.
2:563b
WYATT, R.B.H.
1:543a
WYCHERLEY, R.E.
4:142b
WYCKOFF, D.
1:24a
4:321a
WYCZANSKI, A.
5:88b
WYER, S.S.
3:10a
WYKLICKY, H. (BERGHOFF)
5:164a
WYLIE, A.
3:530b

WYLIE, C.R.
2:337b
5:310b
WYLLER, E.A.
1:299b
2:332b
WYLLIE, I.G.
1:319b
WYMAN, D.
3:308b
WYMER, N.
3:593a
WYNN, G.
1:398b
5:402b
WYROBISZ, A.
5:88b, 92b
WYRSCH, J.
3:439a
WYSS, W. VON
1:312a
XAVIER, M.F.
4:357b, 360a
XIRAU, J.
2:404b
YABUUCHI, K. [YABUUTI, K.]
4:218a(2), 226a(2), 227b(2), 243a,
251a, 402a, 407a
YABUUTI, K.
See YABUUCHI, K.
YAGI, E.
2:211a
3:50a, 170a
4:250b
5:316b
YAHUDA, A.S.
2:132a
4:79b, 83a
YAHYA AL-HASHIMI, M.
See HASCHMI, M.Y.
YAJIMA, S.
2:474a, 516a
3:82a
4:191b, 248b(2), 249a, 251b(2)
5:5b, 307a, 533a
YAKUBOVSKII, B.V.
5:285b
YALDEN, J.E.G.
3:219a
YALTKAYA, M.S.
4:172a, 182b, 428a
YALTKAYA, S.
1:91b
YAMADA, K.
1:255a
4:227b
YAMAMOTO, A.S.
3:213a
YAMAMOTO, I.
2:33a(2)
3:204a
4:251a
5:331b, 539b
YAMANOUCHI, S. (LILLIE)
2:612a
YAMAZAKI, T.
3:541b
YAMPOLSKY, P.
3:211b
YANG CHIH-CHIU
2:341b(2)
YANG KEN (CHANG TZU-KAO)
4:241b
YANG LIEN-SHENG
4:215b

YANOV, Y.B.
1:342b
YANOVSKY, E.
4:274b
YAO MING-TA
4:246b
YAO SHAN-YU
3:226a, 228b
4:229a(2)
YAP POW-MENG
3:82a(2)
4:218a
YARNEFELT, G.
3:204a
YASUDA, M.
3:518b
YASUGI, R.
3:25a, 278a, 279a, 295a
YATES, F.A.
1:201a, 387b, 420b, 423a
2:118b, 119a
4:312b
5:8b, 10b
YATES, R.C.
2:523a, 771b
YEARSLEY, MAC L.
5:276b
YEATES, G.K.
3:328b
YEGHIYAN, P.
1:6a
YEH TE-HUI
4:231b
YELDHAM, F.A.
1:124a, 393a, 561b
2:375a
3:118a
4:308a, 308b(2), 309b, 319a
YEN LING-CHOU (CH'EN PANG-HSIEN)
4:234b
YEN TUN-CHIEH
1:396a, 466a
YERKES, R.M.
3:7a, 330a
YETTS, W.P.
2:155a
4:231b, 235a, 240a, 242b
YIH, Z.L.
2:187a
YING, L.W.
4:62b
YOELI, M.
4:73b
YOKL, A.
1:582b
YOLTON, J.W.
1:370b
2:105b, 106a
5:109a
YONGE, C.M. (RUSSELL)
3:299b
YONGE, E.L.
3:252a, 252b
YOSHIDA, M.
See YOSIDA, M.
YOSHITAKE, S.
4:252a
YOSIDA, M. [YOSHIDA, M.]
3:549b
4:218a, 227a, 240b, 254b(2)
5:551a
YOST, R.M.
2:66b, 106a, 522b
5:103a, 148b

YOUNG, A.
2:101b
YOUNG, A.M.
2:331a
4:131a
YOUNG, A.P.
2:10b
YOUNG, C.S.
1:114b
YOUNG, F.G.
1:137b, 359a
5:385b
YOUNG, H.
2:565b
YOUNG, H.H.
2:111b
3:491b
YOUNG, J. (LAWRENCE)
1:212b, 269b
5:36b
YOUNG, J.H.
1:159b, 535b, 570a
2:139b
3:485a, 492b, 503a, 504b
YOUNG, J.H. (GRIFFENHAGEN)
3:503b
YOUNG, J.R.
3:443b
YOUNG, J.S.
3:581a
YOUNG, J.W.
3:566b
YOUNG, J.Z.
3:33a, 432a
YOUNG, K.
1:248b
YOUNG, M.
2:262a
5:363a
YOUNG, M.J.L.
4:425a
YOUNG, R.
1:526a(2)
5:418a(2)
YOUNG, R. (BALFOUR)
3:406b
YOUNG, R.F.
1:138a, 271b(2), 272a
2:412b, 751a(3), 768a
3:618b
4:270b
5:97b, 104b(2), 106a, 107b, 146a
YOUNG, S.
4:275b
YOUNG, T.C.
4:384b, 389a
YOUNG, W.A.
1:244a, 295a, 538a
2:89b, 220a(2)
4:255a
5:176a, 414a, 417a
YOUNG, W.J. (DUNHAM)
4:52b
YOUNGHUSBAND, F.
3:269b, 270a, 276b
YOUNGSON, A.J.
1:199a
5:108b, 178b, 445b, 475b, 524b
YOURGRAU, W.
3:40b
YOUTIE, H.C. (WINTER)
4:140a
YOWELL, E.I.
1:1b
2:185b

YOYOTTE, J. (POSENER)
4:34b
YSANDER, T.
5:195a
YSUGI, R.
4:252a
YU YUN-HSIU
4:236b
YUAN HAN-TSING
3:187a
YUAN T'UNG-LI
3:117b
4:216a(2)
YUAN, C.
2:168a
YUASA, M.
3:27a, 66b, 234a
4:248b
5:307b
YUEN, H.B. (BARNES)
2:528a
YULE, E.S. (TRELEASE)
3:48a
YULE, G.U. [UDNI YULE, G.]
2:293a, 608a
3:612b
YULE, H.
2:245a
4:326b
YUSHKEVICH, A.P.
See IUSHKEVICH, A.P.
YUSUF KAMAL
2:363a
3:257a(2)
4:121a,121b, 288a, 324a(2), 411a
YUSUFJI, D.H.
2:703b
ZABA, Z.
4:40b
ZABARINSKII, P.P.
1:180a
2:483b, 613b, 614a
3:558b
5:288a(3), 421a, 431a, 444a
ZABEEH, F.
1:605b
ZABKI-POTOPOWICZ, A.
3:531b
ZABLUDOVSKI, P.
3:375a
ZACCAGNINI, G.
1:104b
ZACH, E. VON
4:218b
ZACH, F.X.
1:321b
ZACHAIRE, D.
5:19b
ZACHAŘ, O.
5:19a
ZACHARIAS, M.
2:269b
3:131a
ZACHERL, M.K.
1:128b
ZACHERT, M.J.K.
3:504a
ZAGAR, F.
1:177b, 465a
ZAGAR, F. (FLECKENSTEIN)
2:448b
ZAGORSKII, F.N.
2:505b
5:287a, 420a

ZAHM, A.F.
2:45b
ZAHN-HARNACK, A.
1:539b
ZAHNER, D.D.
1:420b
5:428b
ZAITSEVA, L.L.
1:175a
3:175a
5:538b
ZAK, J.
4:361b
ZAKI, A.
4:429b
ZAKI-ALI, -.
1:88a
ZAKON, S.J.
1:517a
3:477b
5:397a
ZAKYTHINOS, D.A.
1:302b, 475b
ZALESKI, Z.L.
1:302b, 479a
2:181a
5:302b
ZAMBACO, D.A.
3:470a
ZAMBAUR, E. DE
4:434a
ZAMBECCARI, G.
1:195a
5:240a, 259a
ZAMBONINI, F.
2:461b
ZAMBRELLI, P.
1:18a
ZAMMIT, T.
4:86a, 86b
ZAMORSKI, J. (CHARZYNSKI)
2:636a
ZANCA, A.
1:353b
ZANCAROL, J.D.
3:455a
ZANCO, F.F.
2:137a
5:260a
ZANDER, R.
3:304b, 531a
ZANETTI, L.
2:113a
ZANOBIO, B.
1:424b
3:426a
ZANOTTI BIANCO, O.
1:474b
2:38b, 48a, 448b
5:216a, 332b
ZANTA, L.
5:12b
ZAPELLONI, M.T.
1:218b
4:308a
ZAPPA, P.
3:469b
ZARAGOZA RUBIRA, J.R.
2:206a
5:57b
ZAREMBA, S.
3:110a
ZART, A.
3:579b

ZATSCHEK, H.
4:371a
ZAUNICK, R.
1:81a, 161a, 202b, 228b(4), 433b(2),
481b, 500b(2), 501a, 527b, 528b, 553b
2:11b, 145a, 162a, 165a, 167a, 239a,
247b(3), 256b, 380b, 394a, 424b(2),
512b, 534b, 548b, 555b, 590b, 687b,
689a, 699a
3:322a, 514a, 534a
5:45b, 46a, 47b, 56b, 69b, 73b, 78b, 86a,
88a, 93a, 130b, 145a, 232a, 232b,
238b, 254a, 325a, 348b, 351b, 378b
ZAUNICK, R. (DIEPGEN)
3:516b
ZAVATTARI, E.
1:147b
2:347a, 531a
5:11b, 47b, 236b
ZAWADZKI, T.
4:158a
5:481a
ZAWIDZKI, J. VON
2:451b
5:326a
ZAWIRSKI, Z.
3:46b, 98a
ZAYAS-BAZAN Y PERDOMO, H.
3:509a
ZBINDEN, C.
3:536b
ZBYSZEWSKI, G.
4:6b
ZEBERGS, V. (STRUVE)
3:200a
ZECHLIN, E.
1:269a
ZECHMEISTER, L.
2:561b
3:189a(3)
ZECHNOWITZER, E. (LAMMLEIN)
2:115a
5:211a
ZEDLER, G.
1:289b, 524a
5:94b
ZEDMAN, P.
3:168a(4)
ZEEMAN, P.
1:408b
2:604a
5:318b
ZEGERT, O.
3:501a
ZEHDEN, G.
5:149a
ZEHL, C.A.
2:631b
5:54a
ZEHNDER, L.
2:410b(3)
3:167a
ZEIJLSTRA, H.H.
2:557b
5:356a
ZEILON, N.
1:439b
ZEISLER, E.B. (LEVINSON)
3:152a
ZEISS, H.
1:125b, 193a, 433a(2)
2:35a, 164a, 242b(2), 450b, 726b
3:21a, 374b, 410a, 544b
5:250a(2), 276b, 373a

ZEITLIN, E.
1:492b
3:585b
5:176a, 292b(2), 427a(2)
ZEITLIN, J.
1:461b, 566a
2:436a
5:145b, 214b, 477a
ZEITLIN, S.
2:131b
3:334a
4:77a, 77b
ZEITLIN, S. (HEAWOOD)
4:77a
ZEITLINGER, H.
2:221a
ZEKERT, O.
1:499b
2:447a(2)
3:185b, 385b, 398a, 428a, 503b, 505b, 512b
5:83a
ZEKI PACHA, A.
2:206b
4:411a
ZEKI, S.
4:394b
ZEL:DOVICH, Y.B.
1:444a
3:217b
ZELENIN, D.
3:353a
ZELLER VON ZELLENBERG, H.
2:649a
5:253a
ZELLER, J.
4:321a
ZELLER, M.C.
1:279b
5:17a
ZELLER, U.
4:295a
ZELLINGER, J.
4:167a
ZELMANOWITS, J.
3:439a
ZEMAITIS, Z.
2:104a
ZEMAN, E.
3:491b
ZEMAN, F.D.
2:633b
5:219a
ZEMBRZUSKI, L
3:375a
ZEMBRZUSKI, L.
3:274b, 400a(2), 487b
5:525b
ZEMPLEN, J.M.
1:177b, 284b
3:145b, 209a
5:126a, 203a, 204a
ZEN, H.C.
4:218a
ZENARI, S. (BEGUINOT)
1:193b
5:355b
ZENARI, S. (CHIOVENDA)
1:193b
5:355b
ZENER, K.
2:123a
ZENGHELIS, C.
4:380b

ZENKER, E.V.
4:221b
ZENKEVICH, E.S. (ARINCHIN)
2:28a
3:446b
ZENKEVICH, L.A.
3:320a
ZENKOVSKII, V.V.
3:80a
ZENNECK, J. VON
1:566b
2:688b
ZERNIKE, F.
3:285b
ZERVOS, C.
2:358a
ZERVOS, S.
1:575a, 580a
4:67a, 138a
ZESCH, E.
3:557a
ZETTERSTEEN, K.V.
1:93b
2:348a, 768b
4:385b, 386b, 387b
5:97a
ZEUNER, F.E.
3:235b, 531a(2)
4:12b
ZEUTHEN, H.G.
1:392b
4:21a, 109b, 111a, 286b
5:111a
ZEVENBOOM, K.M.C.
3:85a
ZEVENHUIZEN, E.
5:510a
ZHDANOV, D.A.
1:215b
2:585a(2)
ZHDANOV, G.S.
2:28a
ZHDANOV, I.U.A. (KUZNETSOV)
3:179b
ZHEBRAK, A.B.
3:295b
ZHIGALOVA, L.V.
1:466a
5:108a, 231a
ZHMUDSKY, A.Z.
3:53a
ZHOGIN, I.I.
2:170b, 769a
5:307b
ZIA, H.
3:81a
ZIBORDI, F.
4:93a
ZIBRT, C.
2:311a
5:59a
ZICH, O.
3:38b
ZIEBA, A. (CHARZYNSKI)
2:648a
ZIEBA, J. (BAJRASZEWSKA-ZIEBA)
2:490b
5:175b
ZIEBARTH, E.
4:123a
ZIEGER, W.G.
1:519b
4:345b
ZIEGLER, G.M. (WEISS)
1:120a

2:444b
3:586a
ZIEGLER, H.E.
3:316b(2), 320a(2)
ZIEGLER, M.R.
3:414b
ZIEHEN, T.
3:43a
ZIEMECKI, S.
1:298a
ZIENTARA, B.
3:573b
ZIESENISS, A.
4:259b
ZIINO, M.
1:239b, 465a(2)
2:139a, 422a
5:130b
ZILBOORG, G.
1:442a(3), 443a
2:477b(2), 584b, 626a
3:346a, 358a(2), 376a, 383a, 434a, 434b(2), 436a(2), 437a, 438a, 483a, 483b
5:64b
ZILLES, W.
1:573b
ZILSEL, E.
1:282b, 487b
3:27a, 28a, 46a, 56a(2), 141a, 144b
5:6b, 18a
ZIMMEL, B.
2:460b
ZIMMELS, H.J.
3:388a
ZIMMER, C.
2:669a
3:275a
ZIMMER, E.
3:136b
ZIMMER, G.F.
1:191b
3:563b
4:15a, 167b
5:90a(2)
ZIMMER, H.
2:59b
ZIMMER, H.R.
4:203a
ZIMMERMAN, I.
3:348a
ZIMMERMAN, L.M.
3:486a, 516a
5:246b, 272a
ZIMMERMAN, L.M. (VEITH)
2:459a
4:350b
ZIMMERMAN, O.C.
1:200b
5:161b
ZIMMERMANN, E.L.
1:609b
2:118a
3:474b, 475a
5:67a, 75b(2), 76a(2)
ZIMMERMANN, H.
1:278a(2)
ZIMMERMANN, K.F.
3:294b
ZIMMERMANN, O.J.
1:230b
ZIMMERMANN, W.
1:314a, 538b(3)
3:290b, 501a
5:84b(2)

ZIMMERN, A.
3:51a
ZIMMERN, H.
4:70a
ZINEER, E.
4:300b
ZINGARELLI, N.
1:307b
ZINKERNAGEL, P.
3:43a
ZINNER, E.
1:20a, 187b, 281b(3), 282a, 283b(3), 354b, 557a, 558b(2), 569a
2:12a, 25a, 148b, 244a, 306a(2), 361b, 392b(2), 393a(7), 449b, 522b, 627a, 713b, 743b(3)
3:27a, 83a, 200b(2), 200b, 201a, 202a(2), 203a, 203b, 205a(3), 206a(3), 208a, 211a, 214a(3), 214b(2), 219a(4), 219b(6), 220a(2), 221b(3), 227b, 228b, 300b, 320a, 590a(2), 590b(2), 591a(2)
4:41a, 62b, 116a(2), 308b, 314a, 315a, 315b(5), 316a(8), 318a, 319a(2), 320a, 365b(3), 402a, 404b, 446b
5:21b(2), 23b, 24b(2), 25a(2), 25b, 69a, 92b, 93a(3), 127b, 180a, 213b, 472b, 507a, 514a, 539b, 551a
ZINNER, E. (DIERGART)
1:281b
ZINSSER, H.
3:476b
ZINSZER, H.A.
3:223a
ZINZEN, A.
3:146b
ZIRKLE, C.
1:259b, 314a(2), 319b, 437a, 534b
2:56b, 121b, 140a, 156a, 169a, 169b, 291a, 435a, 523a
3:53a, 80a, 291a(2), 292a, 292b, 294b(5), 295b, 297b, 309a, 310b, 319a, 329a, 336a, 338b, 343b, 358b
4:329b
5:234a, 234b(3), 236b, 241b, 332a, 539b, 540b
ZIRKLE, C. (SARTON)
3:10a
ZIRKLE, C. (SIRKS)
3:278a
ZISCHKA, G.A.
3:15b, 369b
ZITTEL, K. VON
3:222a, 229a, 271b
ZIUKOV, P.I.
1:502b
ZLOTOWSKI, I.
2:109a
ZNACHKO-IAVORSKII, I.L.
2:384b, 590a
4:142a
ZNAMENSKII, G.A.
2:640a
ZNANIECKI, F.
3:53a
ZOCCOLI, F.G.
3:199b
ZOHARI, M.
3:312a
ZOILA, A.F.
1:428b
ZOLLI, I.
4:80b
ZOLOTAREY, T.L.
3:569b

ZOLTAN, J.
1:104a
3:489b
5:402b
ZORNIG, H.
3:500b
ZORZOLI, G.B. (ECO)
3:539b
ZOSKE, H.
2:587b
5:62a
ZOUBOV, V.P.
See ZUBOV, V.P.
ZUBOV, V.P. [ZOUBOV, V.P.]
1:21b(2), 22a(2), 27a, 69a, 69b(2), 147a, 160a, 171a, 186b, 207b, 234a, 275b, 395a, 462b, 471b(2), 475a, 475b, 491b
2:73b, 74b(2), 88b, 104a, 109b(2), 110b, 119a, 177b, 234a, 240b(2), 244b, 253a(2), 253b(2), 314b, 390a, 402a, 412a, 431b, 553b, 554b, 597b, 598a, 633a, 759a
3:21b, 25a, 126a
4:22a, 88a, 302b, 307a, 307b(2), 309a(2), 309b, 310a, 310b, 311b, 312a(2), 314a, 318b, 364b
5:6b(2), 15b, 17b, 92b(2), 103a, 144b, 188a, 193b, 199b, 203a, 204a(3), 205a, 307a(2), 322a, 483b, 514a, 538b
ZUBOV, V.P. (FIGUROVSKII)
3:19b
ZUBOV, V.P. (GRIGORIAN)
2:707a
3:19b
ZUCKER, F.
2:336a
4:91a
ZUCKER, K.
3:352b
ZUCKERMAN, S.
2:776a
3:59a, 317a, 330a
ZUMAN, F.
3:582a, 584b(2)
ZUMBERGE, J.H.
3:175a, 232a, 235b, 272b
ZUNIGA CISNEROS, M.
See CISNEROS, M.Z.
ZUNKER, F.
3:244b(2)
ZUPANIC, N.N.
2:335a, 363a
4:152b
ZUPKO, A.G. (RUHMER)
3:503b
ZUQUETE, A.E.M.
1:500b
ZURBACH, K.
1:547a
3:445b
ZURCHER, J.
1:54b
ZURETTI, C.O.
4:114b(2), 374b(2)
ZUROWSKI, T.
4:14b
ZVIAGINTSEV, O.E. (SEGAL)
3:580b
ZVORIKINE, A.A.
3:57b, 238a, 542b, 545b
ZWAN, A. VAN DER
1:338a
ZWARENSTEIN, H. (PIJPER)
1:548b

5:273a
ZWEIFEL, P.
1:589a
2:462a
5:395a
ZWEIG, F.M.
4:294b
ZWEIG, S.
1:217a, 231b
2:128b, 465b, 589a
ZWEMER, R.L.
2:728a, 729a
ZWEMER, S.M.
1:483a, 540b
4:391b
ZWICK, K.G.
3:379a
ZWIJNENBERG, H.A.
2:241b
5:410a
ZWOLINSKI, S.
3:572b
ZYBURA, J.S.
3:92b

MAY 31 1984

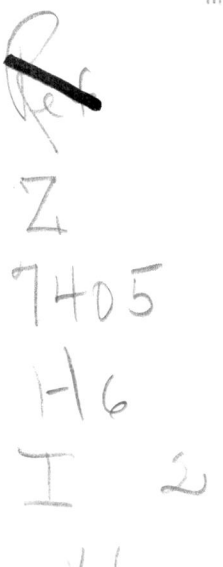

Ref
Z
7405
H6
I 2
v.6